U0230388

绿色催化

过程与工艺

第二版

王延吉　赵新强　编著

化学工业出版社

·北京·

图书在版编目（CIP）数据

绿色催化过程与工艺/王延吉，赵新强编著.—2版.
北京：化学工业出版社，2014.6
ISBN 978-7-122-20296-3

Ⅰ.①绿…　Ⅱ.①王…②赵…　Ⅲ.①催化-化学反应
工程-无污染技术　Ⅳ.①TQ032.4②X78

中国版本图书馆 CIP 数据核字（2014）第 069098 号

责任编辑：徐雅妮　杜进祥　　　　　　　　文字编辑：林　媛
责任校对：吴　静　　　　　　　　　　　　装帧设计：关　飞

出版发行：化学工业出版社（北京市东城区青年湖南街 13 号　邮政编码 100011）
印　　刷：北京永鑫印刷有限责任公司
装　　订：三河市胜利装订厂
787mm×1092mm　1/16　印张 30　字数 754 千字
2015 年 1 月北京第 1 版第 1 次印刷

购书咨询：010-64518888（传真：010-64519686）　售后服务：010-64518899
网　　址：http://www.cip.com.cn
凡购买本书，如有缺损质量问题，本社销售中心负责调换。

定　　价：98.00 元　　　　　　　　　　　　　　　　版权所有　违者必究

序

  资源匮乏、能源短缺和环境污染是当今人类社会可持续发展必须面对的问题。而绿色化学属于能最大限度从资源合理利用、环境保护及生态平衡等方面满足人类可持续发展的化学。其主要特点是从反应的原子经济性和产品全生命周期考量，高效、安全地利用资源，节约能源和减少排放，又不产生污染。因此，绿色化学必将在解决上述问题上发挥重要作用。

  催化科学是绿色化工过程的基础。新型催化材料和催化剂的发明，极大地促进了绿色化学和化工技术的发展。例如，钛硅分子筛催化剂的出现，解决了环氧丙烷、己内酰胺传统生产方法存在的工艺路线长、原子利用率低以及环境污染等问题，使其生产过程更清洁、高效。河北工业大学王延吉教授、赵新强教授长期从事绿色催化反应工程与工艺的研究工作，他们结合自己的研究成果，对绿色化学品碳酸二甲酯、异氰酸酯的绿色催化合成过程，环境友好固体酸、酸性离子液体及其应用，超临界流体中的分子催化反应、多相催化反应、聚合反应、酶催化反应、生物质转化反应，烃类清洁催化氧化反应与工艺，以及催化反应过程集成、简单化工艺等进行了论述。涉及的催化剂包括固体酸、金属、金属络合物、金属氧化物、分子筛、生物酶等，并通过典型化工过程，说明了这些催化剂在绿色催化反应中的作用。

  化工过程绿色化是学术界和企业界追求的目标。该书的出版会对推进绿色化学和化工的教学、科学研究、科学普及，实现社会和经济的可持续发展发挥积极的作用。该书既有传统理论，又有时代特色，对于化学、化工、环境领域的科研人员、工程技术人员、研究生、本科生等都是一本颇有价值的参考书。我乐见此书的补充再版，希望可以引导更多致力于促进社会可持续发展的人们进入相关领域。

中国工程院院士、清华大学教授

2014 年 7 月

第一版序

在全世界范围的传统化学工业，给人类提供了极为丰富的化学产品，根据现有资料，人类生产的化学产品已经达到 10 万种之多，产品总值约达 1 万亿美元（中国化工产值约为 5000 亿人民币）。这些化工产品极大地丰富了人类的物质生活，提高了生活质量，并在控制疾病传播、延长寿命、提高农业产量和作物质量、存储和保鲜食物等诸多方面，起到了十分重要的作用。但是人们也看到，在生产和使用这些化学产品的过程中也会产生大量的废物，造成了环境污染。粗略估计，全世界目前每年产生的废物危险品约 3～4 亿吨（中国化学工业年排放的废水约占全国工业排放总量的 22.5%；废气占 7.82%；固体废物占 5.93%），给人类带来了灾难。解决环境污染、维持人类社会的可持续发展，已经成为新世纪人类面临的重大挑战。

面对上述危机，在 20 世纪 90 年代，在国际化学化工领域兴起了绿色化学研究和开发的新兴潮流。绿色化学的核心是要利用化学原理和新化工技术，以"原子经济性"为基本原则，从源头上消除污染。即在获取新物质的化学过程中，充分利用每个原料原子，实现"零排放"，既不产生污染，又充分利用资源；采用无毒、无害的原料、溶剂、助剂和催化剂，通过无害的反应过程，节约能源，生产对社会安全、对环境友好、对人身健康有益的产品。绿色化学工艺的各个环节都是洁净的和无污染的过程。绿色化学不仅将为传统化学工业带来革命性的变化，而且必将推动绿色能源工业、绿色制造工业和绿色农业等新兴领域的建立与发展。不难想象，绿色化学和绿色化工不但是改造旧传统的过程，也必然是一种多学科互相渗透的创新和艰辛奋进领域，是化学家和化学工程师们面临的一项新的挑战，21 世纪将会给化学产业展开一个崭新的局面。

绿色化学概念是在 20 世纪 90 年代末被引入我国的，立即引发了我国科学界的广泛关注。有关绿色化学的研究与开发工作已有所开始，研究论文报告的发表初见端倪，科学普及宣传作品已有所出版。但是有关的专门学术著作尚不多见（参见第一章绿色化学引论）。绿色化学不但是科学研究和开发的广阔领域，也是多方学术撰述的广大"驰骋疆场"。河北工业大学化工学院王延吉和赵新强同志以绿色催化反应过程与工艺和材料化学为研究方向，已在国内外发表论文数十篇。他们以为本科生和研究生开设的专业课程讲稿为基础，改编结集成为一部专著《绿色催化过程与工艺》，交由化学工业出版社印发出版。他们从催化过程是开发绿色化工技术的重要科学基础这个角度展开对绿色化学化工的系统论述，因而这部专著是一部有特色的作品，它的出版发行无疑将会加强我国科技界对绿色化学的重视，也为化学化工高等教育提供了一部优秀教科书专著，对专业教学、科学研究和技术开发都有重要参考价值。我乐见此书的出版问世，并预见它将会受到化学化工学术界的热烈欢迎，特为序。

中国科学院资深院士、南开大学化学学院教授

申泮文

2002 年 1 月

前 言

绿色化学诞生于 20 世纪 90 年代后期。自进入 21 世纪以来，绿色化学的理念被人们普遍接受，并在学术界和工业界都取得了惊人的进展。尤其是，随着分子化学工程、新催化材料及化工强化技术等研究的深入，开发出了许多绿色化工技术和工艺。为此，本书在第一版的基础上，每章均补充了 2002 年以后绿色催化过程与工艺方面的研究成果。

第二版对全书内容进行了优化，原来的八章归纳为现在的六章。将第一版中的"精细化学品绿色合成过程中的催化技术"（第 6 章）、"电化学技术在绿色化工过程中的应用"（第 7 章）和"生物技术在绿色化工过程中的应用"（第 8 章）等精简并纳入到其他章节中，不再单独成章。增加了"催化反应过程集成及简单化工艺"一章。这样可使本书内容更加集中，系统性更强。为了便于读者了解绿色化学和化工的相关信息，在第 1 章末增加了附录 1～附录 4。

第二版中的每个章节均补充了最新研究进展，并且增加了新的内容，包括：第 1 章中的 2002 年以后的美国"总统绿色化学挑战年度奖"简介及相关概念；第 2 章中的碳酸二甲酯和异氰酸酯新合成方法及应用领域；第 3 章中的酸性离子液体和碳基固体酸；第 4 章中的超临界水中纤维素水解糖化反应和生物质制氢反应、超临界甲醇法制备生物柴油过程及超临界 CO_2-离子液体（聚乙二醇、水）两相催化体系及其应用；第 5 章将烃类清洁催化氧化反应分为晶格氧为氧化剂的高温氧化反应、双氧水为氧化剂的低温氧化反应及分子氧为氧化剂的直接氧化反应等三类进行论述。晶格氧部分氧化甲烷制合成气、丙烷晶格氧氧化反应、H_2O_2-离子液体氧化反应体系、环己烷分子氧选择性氧化制环己醇（酮）及混合导体透氧膜反应器与其在烃类选择氧化中的应用等属于新增内容。

本书由王延吉、赵新强编著。赵茜对全书进行了校对，并撰写了第 2 章，薛伟撰写了 3.9 节。在成稿过程中，王淑芳、王桂荣、李芳、张东升、高丽雅、安华良等老师，以及丁晓墅、孙蕾、岳红杉、任小亮、徐元媛、闫亚辉等研究生做了大量的工作，付出了辛勤的汗水，在此一并表示衷心感谢。

感谢书中引用文献的作者们。感谢化学工业出版社的大力支持。

感谢国家自然科学基金的资助（21236001）。

特别感谢南开大学申泮文院士为第一版作序，清华大学金涌院士为第二版作序。

绿色化学与化工技术给化学工业带来了生机盎然的春天，也必将在与人和自然的和谐发展中结出丰硕的果实。本书如能对读者有所启发，是我们最高兴的事。

王延吉　赵新强

2014 年 7 月

第一版前言

  21 世纪传统的化学与化工行业正面临着人类可持续发展要求的严峻挑战，化学工业的出路在于大力开发和应用绿色化工技术。绿色化工技术是通过绿色化学原理产生和发展的技术。而绿色化学是从源头上防止污染的化学，是能最大限度从资源合理利用、环境保护及生态平衡等方面满足人类可持续发展的化学，是当今化学科学研究的前沿，是在现代化学基础上，与物理、生物、材料及信息等学科交叉而形成的新兴学科，它诞生于 20 世纪 90 年代后期，正处于快速发展之中。

  绿色化学要求反应物及反应过程应具有以下特点：采用无毒无害的原料、在无毒和无害的反应条件（催化剂、溶剂）下进行、反应具有高选择性、产品应是环境友好的。另外，在国际公认的绿色化学 12 条准则中，第 9 条就是新型催化剂的开发和使用，要求合成方法中尽可能采用高选择性的催化剂。这些都说明了催化剂在绿色化学与化工中的重要性。事实上，一种新型催化剂和新催化工艺的研制或开发成功往往会带来化学工业的发展和变革，如 20 世纪 20 年代初期，合成氨铁催化剂的发明推动了煤化学工业的发展。20 世纪 50 年代石油化学工业的兴起与 Ziegler-Natta 聚合催化剂是分不开的。20 世纪 80 年代碳一化学的发展与催化剂息息相关，并且城市大气的最大污染源——汽车尾气的治理也是通过三元催化剂实现的。据统计，现在由工业提供的化学品中有 85% 是通过催化过程生产的，催化剂在化学工业中占有极其重要的地位。因此，可以说催化过程是开发绿色化工技术的重要科学基础。基于这些理由，本书从催化剂和催化反应的角度论述了相关的绿色催化反应和工艺过程。

  首先，本书介绍了绿色化学的基本知识和研究状况，这是本书的基础。目的是使读者对绿色化学知识和发展动态有一定的了解。应该说绿色化学理论是建立在传统化学原理基础之上的，但它更显示出与其他学科交叉的特色。另外，由于其正处于发展过程，编者还不能对绿色化学理论进行系统介绍，只是尽可能较全面地总结了相关的基本原理。

  其次，本书以绿色催化反应与绿色工艺、新催化材料及新催化反应条件等为主线，具体围绕绿色化学品、环境友好固体酸、超临界催化反应、清洁氧化反应过程及绿色精细化工五个方面进行了重点介绍，包含了各种类型催化剂和催化反应过程。

  对于绿色化学品，本书主要介绍了碳酸二甲酯的合成及应用，包括工业化生产工艺、开发中的合成方法以及碳酸二甲酯在异氰酸酯的合成、聚碳酸酯合成、甲基化反应、制造新化学品及在大气保护中的应用；对于环境友好的固体酸，主要介绍了金属氧化物、黏土矿物、沸石分子筛、杂多酸化合物、离子交换树脂及超强酸等固体酸催化剂，以及应用固体超强酸取代液体酸的典型石油化工过程；对于超临界催化反应，主要介绍了超临界流体中化学反应的相关基础、超临界流体中分子与多相催化反应、超临界二氧化碳中高分子合成与脂肪酶催化反应、超临界水催化氧化反应以及超临界技术在新催化材料制备中的应用；对于清洁催化氧化反应，主要介绍了烃类晶格氧选择催化氧化工艺过程和钛硅分子筛催化剂上双氧水为氧化剂的选择氧化反应与工艺；对于绿色精细化工，主要介绍了精细化学品绿色合成中的催化技术以及具体实例等。

最后，对实现绿色化学的另外两个重要途径——电化学技术和生物技术在绿色化工过程中的应用进行了概括介绍。

本书是由作者几年来为本科生、研究生开设的专业课程讲稿改编而成的。由于绿色化学发展较快，在编写过程中尽量采用最新的文献，并包括了作者本人的一些研究成果。

尽管我们力图使该书达到高质量，对读者有所裨益，但由于编者水平有限，书中难免会有不足甚至错误之处，恳请读者批评指正。

本书由王延吉和赵新强编著。在编写过程中，得到了张广林、申群兵、周炜清、邬长城、王荷芳、张海涛、张艳、孟震英及张文健等研究生的大力帮助，他们在资料整理、文字打印及校对等方面付出了辛勤劳动，在此表示衷心感谢！

编者还要特别感谢书中所引用文献的作者们！

衷心感谢南开大学申泮文院士为本书作序！

王延吉　赵新强
2002 年 1 月

目 录

第1章 绿色化学引论 /1

第3章　环境友好固体酸和酸性离子液体及其应用 / 140

第4章　超临界流体中的催化反应过程 / 217

第5章 烃类清洁催化氧化反应与工艺 / 320

第6章　催化反应过程集成及简单化工艺 / 410

第1章

绿色化学引论

1.1 化学工业与可持续发展

1.1.1 可持续发展的基本概念

目前，人类正面临有史以来最严重的环境危机。由于人口急剧增加，资源消耗日益扩大，人均耕地、淡水和矿产等资源占有量逐渐减少，人口与资源的矛盾越来越突出。此外，人类的物质生活随着工业化而不断改善的同时，大量排放的生活污染物和工业污染物使人类的生存环境迅速恶化。世界上无论是发达国家还是发展中国家都不同程度受到了环境污染的危害，引起了各国的广泛重视。1987 年，以挪威首相布伦特兰夫人为首的世界环境与发展委员会（简称 WCED），在其发表的《我们共同的未来》一书中将可持续发展正式定义为："既满足当代人的需求，又不对后代人满足其需求的能力构成危害的发展"，并得到了国际社会的广泛响应和普遍认同。1992 年，在联合国环境与发展大会上，通过了以可持续发展理论为指导方针的《关于环境与发展的里约热内卢宣言》、《21 世纪议程》等多项协议。世界各国均把可持续发展作为国家宏观经济发展战略的一种选择，将可持续发展的原则纳入到国家政策和具体行动之中。可持续发展作为人类社会发展的新模式已跨越概念和理论探讨的范畴，成为人类采取全球共同行动所努力追求的实际目标。

可持续发展的基本概念包括经济持续性、生态持续性及社会持续性等三方面的内容。经济持续性是指在保证自然资源的质量和其所提供服务的前提下，使经济发展的利益增加到最大限度。可持续发展突出强调发展，鼓励经济增长，但实现经济增长必须力求减少经济活动所造成的对环境的压力。改变传统生产方式和消费方式，在生产时尽量少投入、多产出，在消费时尽可能多利用、少排放。生态持续性是指发展要以自然保护为基础，不能超越生态环境系统的更新能力。可持续发展强调要将环境保护作为发展进程中的重要组成部分和衡量发展质量、发展水平和发展程度的客观标准之一，以保持支撑着人类经济活动和社会发展的生态环境系统的承载能力。社会持续性是指发展要以提高人类生活质量为目标，同社会进步相适应。社会持续性的核心问题是社会公平，它包含了当代人的公平、代际间的公平、公平分配和利用有限资源，以及在享有资源利用效益和承担环境保护义务间的公平等多层含义，其共同目标就是实现整个人类的全面发展和社会的共同进步。可持续发展作为崭新的人类发展模式，要求能动地调控社会-经济-自然复合大系统，以生态持续为基础，以经济持续为条件，以社会持续为目的，追求人类和自然的协调发展和共同进步[1]。

1.1.2 化学工业的特点和可持续发展之路

化学工业是我国的支柱产业之一，石油化工、煤化工、生物化工、精细化工、盐化工及医药工业等生产领域与人类的衣、食、住、行及文化需求等各个方面有着紧密的联系。可以说化学与化学工程科学的成果及其知识的应用，创造了无数的新产品，进入每一个普通家庭的生活，使我们的衣食住行各个方面都受益匪浅。但从另一方面看，随着化学品的大量生产和广泛应用，给人类本来绿色平和的生态环境带来了危害。当前全球的十大环境问题都直接或间接与化工产品的化学物质污染有关，即全球气候变暖、臭氧层的耗损与破坏、生物多样性减少、酸雨蔓延、森林锐减、土地荒漠化、大气污染、水污染、海洋污染、危险性废物越境转移等。化学化工正面临着可持续发展要求的严重挑战，这也决定了化学工业在推进可持续发展战略中具有举足轻重的作用。这可由化学工业自身的特点进一步说明。

首先，化学工业属能源密集型产业部门。具体表现在：一是能源消费总量大，我国2012年全年能源消费总量为36.2亿吨标准煤，化工行业生产每年消耗能源占全国能源消费总量的10%左右；二是能源消费总量中约有40%作为生产原料，60%作为动力和燃料，而原料消耗的成本又往往占了产品成本的70%～80%，这与其他生产部门能源消费的特点有很大不同，节能降耗水平是影响企业经济效益的重要因素；三是能源消费结构中，煤和焦炭占68.5%，由于煤炭不同于石油、天然气等优质能源的固体特性，其化学加工难度较大，表现为加工流程长、投资大、能源利用率低、污染排放量大，这种能源结构也是制约我国工业化整体进程的重要因素之一；四是大量的能源消耗主要集中在少数大宗产品，仅合成氨的能源消耗就占全行业能源消费的40%左右。

其次，化学工业属重污染的产业部门，主要污染源有以下两方面：一是化学工业的产品有许多易燃、易爆、有毒的化学物质，在生产、储存、运输及使用过程中，如果发生泄漏，就会危害人们的健康，污染环境；二是在化学工业的生产过程中会产生大量废气、废液和固体废物，如果不加以适当处理就排放到周围环境，也会给大气、水、土壤等自然环境造成危害。

最后，化学工业还必将通过其丰富的最终产品，密切关系到实施可持续发展战略的总体全局。第一，粮食安全问题是我国可持续发展的头等重要大事。多年来，化肥生产对我国粮食生产做出了巨大贡献。随着我国人口的增长，人均粮食消费量水平不断提高，而城市化进程使得本来不足的耕地资源又逐渐减少，我国粮食生产将面临严峻形势。21世纪，化肥工业仍是支撑农业发展不可动摇的基石。第二，大力发展城市燃气化是提高民用能源利用效率、降低城市大气污染的必然趋势。由于我国石油、天然气资源有限，且分布不均匀，大多数城市的燃气化还必须依靠煤制气来实现。经济、高效的城市煤气生产与化学工业是紧密联系在一起的。第三，化学工业本身是重污染行业。但是，要治理污染、解决废弃物的处理和资源化利用等问题又往往离不开化工转化过程和操作，如工业废气和污水的处理，城市垃圾的处理，废塑料制品的回收再生等。随着环境意识的不断强化，各种"绿色"产品的需求也会大大增加，其中不少属化工类产品，如对人体和环境更安全的新型材料和涂料等。新兴的环保产业被看作是未来最有希望的"朝阳产业"，而化学工业在这一领域无疑将占有一席之地。

对于化学工业，可持续发展的含义相对集中到清洁生产和资源综合利用上。化学工业的可持续发展之路在于：在建立与资源能源集约化相适应的化工技术体系的基础上，通过制定合理的产业政策与技术路线，发展清洁生产和资源综合利用，以达到节约资源、能源、保护环境，提高产业综合效益的目的[1]。

1.2 低碳经济与化学工业

所谓低碳经济，是指在可持续发展理念指导下，通过技术创新、制度创新、产业转型、新能源开发等多种手段，尽可能地减少煤炭、石油等高碳能源消耗，减少温室气体排放，达到经济社会发展与生态环境保护双赢的一种经济发展形态，是人类社会继农业文明、工业文明之后的又一次重大进步。低碳经济实质是能源高效利用、清洁能源开发、追求绿色 GDP 的问题，核心是能源技术和减排技术创新、产业结构和制度创新以及人类生存发展观念的根本性转变。

"低碳经济"提出的大背景，是全球气候变暖对人类生存和发展的严峻挑战。大气中二氧化碳浓度升高带来的全球气候变化也已被确认为不争的事实。在此背景下，"碳足迹"、"低碳经济"、"低碳技术"、"低碳发展"、"低碳生活方式"、"低碳社会"、"低碳城市"、"低碳世界"等一系列新概念、新政策应运而生。

"低碳经济"最早见诸于政府文件是在 2003 年的英国能源白皮书《我们能源的未来：创建低碳经济》。2006 年，前世界银行首席经济学家尼古拉斯·斯特恩牵头做出的《斯特恩报告》指出，全球以每年 GDP 1% 的投入，可以避免将来每年 GDP 5%～20% 的损失，呼吁全球向低碳经济转型。2007 年，美国参议院提出了《低碳经济法案》。2007 年，中国国家主席胡锦涛在亚太经合组织(APEC)第 15 次领导人会议上，明确主张"发展低碳经济"。2007 年 12 月 3日，联合国气候变化大会制定了应对气候变化的"巴厘岛路线图"，为全球进一步迈向低碳经济起到了积极的作用，具有里程碑式的意义。2009 年哥本哈根气候变化会议的召开，以低能耗、低污染、低排放为基础的经济模式——"低碳经济"呈现在世界人民面前，发展"低碳经济"已成为世界各国的共识，倡导低碳消费也已成为世界人民新的生活方式。

化学工业在发展低碳经济中扮演着重要角色，可以说起着正面和负面双重作用。其负面作用为，从原料和能源的开采到废弃物的处理整个化工产品的生命周期中，化学工业要排放温室气体；其正面作用是通过提供产品和技术，化学工业可为其他行业的温室气体减排做出贡献。另外，化学工业在自身的发展过程中可以通过调整产品结构、改变原料和工艺路线、采用先进的节能技术等方式来进一步降低整个生命周期的温室气体排放量。绿色化工技术将在化学工业向低碳化方向发展中起到举足轻重的作用[2]。

1.3 绿色化学的诞生

在化学工业领域，人们从自然界获取各种原料，经加工转化，其中约有 1/3 直接转化为废弃物和污染物，其余 2/3 谓之产品，在使用和最终废弃时，很多废弃物和产品不仅损害生态环境，有的还直接危害人类自身的健康。人类过分热衷于满足眼前的需要，而拿地球的生态系统冒险。于是"绿色科技"应运而生。它是与生态环境友好的科技，目的是在生态环境容许的负荷与人类生产、生活消费的需要之间把握最佳平衡，使社会经济与环境协调发展。在对待污染的问题上，"绿色科技"把过去末端治理为主的模式转变为源头预防为主的模式。在"绿色科技"中，绿色化学起着举足轻重的作用。

从20世纪60年代，化学农药污染的危害被提出来之后，经过几十年的努力，化学污染防治已取得巨大的成绩。发展了新的灵敏分析监测手段，测定环境中的污染物；从成千上万的化学品中鉴定出有毒化合物的类型，研究了作用机理；发明了化学方法处理废弃物；治理了危险的污染点，减少了废弃物排放等。对一些全球性的化学污染如原油泄漏、燃煤烟尘、酸雨、汽车尾气、温室效应、有机氯农药、环境致癌物等的研究、控制、治理已取得肯定的进展。

当今世界各国生产使用着约十万种化学品。仅美国化学工业每年就要排放约三十亿吨化学废弃物(含约1.5千万吨化学品)进入环境。其中进入大气的约60%、土壤10%、表面水系10%和地下20%。为了达到环境保护法律的要求，每年要花1500亿美元去控制、处理和掩埋这些废弃物。这些费用当然要转嫁给整个社会乃至其他国家和消费者。在有毒化学品的生产和使用过程中要危害有关人员的健康，使用后造成环境生态系统的污染破坏。纵观过去几十年来，解决这一问题的诸多办法基本上以减少接触为基础，也就是说以治理为主。经验证明这些办法的效果是有限的，所需费用昂贵且日益增长。为了真正在技术上、经济上解决这个由于生产和使用化学品所造成的对环境和人类健康的负作用，需要有新的思路理念、政策、计划、程序和基础设施。1990年美国国会通过了"污染预防法案"，明确提出了预防污染这一新概念。它虽不具法律效力，但是作为一个行动指南，详细说明了污染预防的体系和不同层次。它包括废弃物的清除、处理、回收，减少污染源和杜绝污染源。最后这一项"杜绝污染源"代表了污染预防这一新概念的最终目标。这种最好的防止有毒化学物质危害的途径是一开始就不要生产有毒物质和形成有害废弃物。这个法案标志着控制化学品危害、保护环境的一个新时期的开始，是积30年化学污染治理经验教训的产物，似乎与古朴的哲学思想——防患于未然不谋而合。当然如果没有发展到20世纪90年代的物理科学、生命科学和工程学的成果作后盾，它是不可能被提出和实现的。这项法案的出现进一步推动了化学界对预防污染保护环境的努力。20世纪90年代初一个"新化学婴儿"在孕育着，受到各方关注并给她起了不少名字，如清洁化学、环境良性化学、原子经济化学和绿色化学等。最后美国环保局采用了"绿色化学"。

目前，相当多数重大的生态环境问题都与化学工业直接有关，因而"绿色化学与化工"是21世纪"绿色科技"的关键。美国国家科学基金会(NSF)和许多化工企业已经为"绿色化学"研究提供专门的资金资助，并设立了"总统绿色化学挑战奖"，以奖励有重大突破的"绿色化学"成果。"绿色化学"被誉为"新化学的婴儿"，其根本目的是从节约能源和防止污染的角度来重新审视和改革现在整个化学和化工。"绿色"是环境意识的革命，"绿色化学"则是化学学科的又一次飞跃。有人指出，"绿色化学"将给化学工业和环境工程带来革命性的变化[3,4]。

1.4 绿色化学的含义及特点

化学可以粗略地看作是研究从一种物质向另一种物质转化的科学。传统的化学虽然可以得到人类需要的新物质，但在许多场合中却未能有效地利用资源，产生大量排放物造成严重的环境污染。绿色化学相对于传统化学是更高层次的化学，其英文名称为 Green Chemistry。它是 20 世纪 90 年代兴起的一门学科，有人又称之为环境无害化学(Environmentally Benign Chemistry)、环境友好化学(Environmentally Friendly Chemistry)、清洁化学(Clean Chemistry)。目前，比较统一的名称为绿色化学。关于绿色化学定义较为一致的提法是：利用化学的技术和方法去减少或消灭那些对人体健康、社区安全、生态环境有害的原料、催化剂、溶剂和试剂、产物及副产物等的使用和产生。绿色化学的理想在于不再使用有毒、有害的物质，不再产生废物，不再处理废物。它是一门从源头上防止污染的化学，是一种能最大限度从资源合理利用、环境保护及生态平衡等方面满足人类可持续发展的化学，是化学中的一个综合学科和重要分支[5]。

绿色化学的主要特点是原子经济性，即在获取新物质的转化过程中充分利用每个原料原子，实现"零排放"，因此可以充分利用资源，又不产生污染。传统化学向绿色化学的转变可以看作是化学从粗放型向集约型的转变。绿色化学可以变废为宝，可使经济效益大幅度提高，它是环境友好技术或清洁技术的基础，但它更着重化学的基础研究。绿色化学与环境化学是既相关又有区别，环境化学研究对环境影响的化学，而绿色化学研究与环境友好的化学反应。传统化学也有许多环境友好的反应，绿色化学继承了它们；对于传统化学中那些破坏环境的反应，绿色化学将寻找新的环境友好的反应来代替它们。绿色化学中的反应物及反应过程应具有以下特点[6]：①采用无毒、无害的原料；②在无毒、无害的反应条件(催化剂、溶剂)下进行；③具有原子经济性，即反应具有高选择性，极少副产物，甚至实现"零排放"；④产品应是环境友好的。

1.5 绿色化工过程的相关术语和度量因子

简单地说，绿色化工过程是指"零排放"的化工过程，即不排放"三废"以及其他环境污染物，同时还要求原料、产品与环境友好，具有可行的经济性。下面介绍几个绿色化学与化工中常用的术语和度量因子。

1.5.1 原子经济性和原子利用率

(1)原子经济性

原子经济性(atom economy)是指原料分子中究竟有百分之几的原子转化成了产物。它是由 Trost 在 1991 年首先提出的[7]。原子经济反应是原子经济性的现实体现。理想的原子经济反应是指原料分子中的原子百分之百地转化为产物，不产生副产物或废物，实现废物的零排放(zero emission)。

原子经济反应：

$$A + B \longrightarrow C(产物) + D(副产物) \qquad D = 0$$

零排放过程：

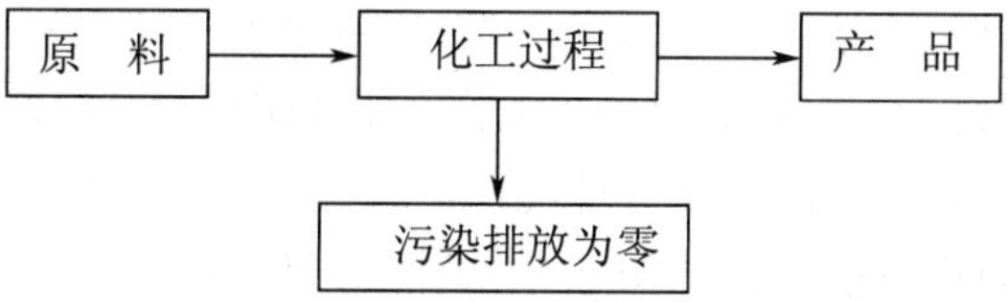

原料 → 化工过程 → 产品

化工过程 → 污染排放为零

由于大宗基本有机原料的生产量大，往往年产量达到百万吨以上，选择原子经济反应十分重要。应该指出的是，并不是所有化学反应都是原子经济反应。如由甲醇和异丁烯反应合成甲基叔丁基醚，在理论上是原子经济反应；而甲醇氧化羰基化合成碳酸二甲酯在理论上不是原子经济反应，因为有副产物水生成。

目前，在基本有机化工原料的生产中，有的已采用原子经济反应，如：

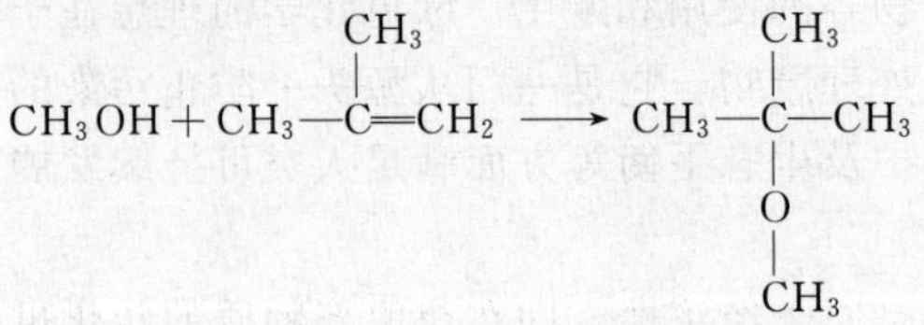

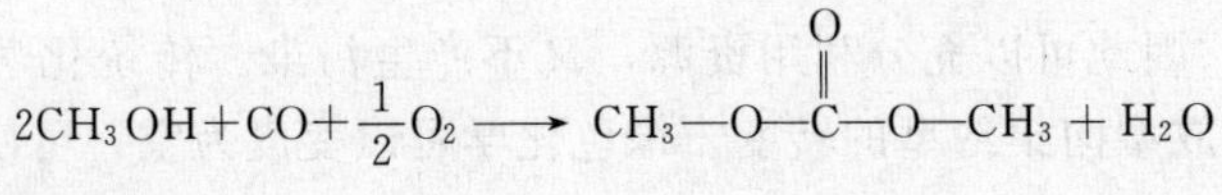

$$CH_3OH + CH_3-\underset{\underset{CH_2}{\|}}{\overset{\overset{CH_3}{|}}{C}} \longrightarrow CH_3-\underset{\underset{\underset{CH_3}{|}}{\overset{|}{O}}}{\overset{\overset{CH_3}{|}}{C}}-CH_3$$

$$2CH_3OH + CO + \frac{1}{2}O_2 \longrightarrow CH_3-O-\overset{\overset{O}{\|}}{C}-O-CH_3 + H_2O$$

丙烯氢甲酰化制丁醛：

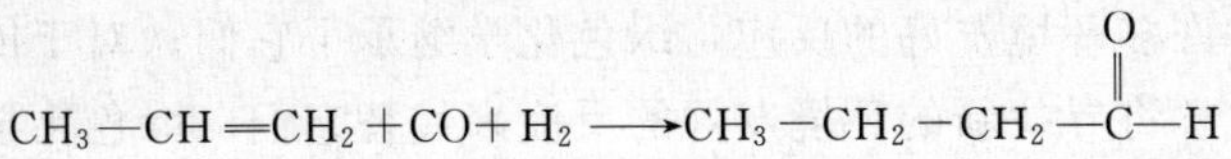

$$CH_3-CH=CH_2 + CO + H_2 \longrightarrow CH_3-CH_2-CH_2-\overset{\overset{O}{\|}}{C}-H$$

甲醇羰基化制醋酸：

$$CH_3OH + CO \longrightarrow CH_3-\overset{\overset{O}{\|}}{C}-OH$$

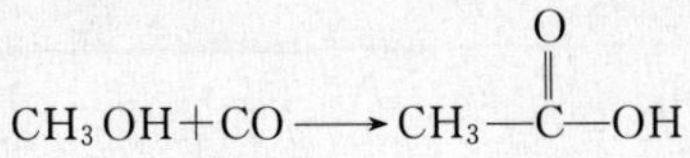

丁二烯与氢氰酸反应合成己二腈：

$$CH_2=CH-CH=CH_2 + 2HCN \longrightarrow NC-CH_2-CH_2-CH_2-CH_2-CN$$

乙烯氧化制环氧乙烷：

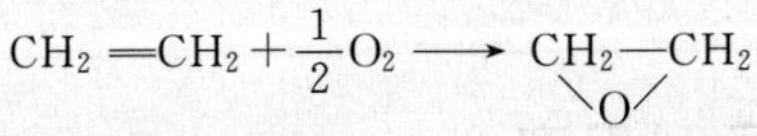

$$CH_2=CH_2 + \frac{1}{2}O_2 \longrightarrow CH_2-CH_2$$

在上述反应中，理论上可实现原子经济反应，但在实际反应中，必须注意高选择性催化剂的开发和工艺条件的选择，才能实现工业生产意义上的原子经济反应。

(2) 原子利用率

常用原子利用率（atom utilization，AU）来衡量化学过程的原子经济性。原子利用率是指产物中各原子的质量之和与所有反应物中各原子质量之和的比值。它可由理论反应式(1-1)算出。AU 越大，则副产物越少。它不是指产物的选择性，而是原子的选择性。

$$AU = \frac{\nu_i M_i}{\sum\limits_{j=1}^{N} \nu_j M_j} \tag{1-1}$$

式中，ν_i 为目标产物 i 的化学计量系数；M_i 为目标产物 i 的摩尔质量(分子量)；ν_j 和 $M_j(j=1,2,\cdots,N)$ 分别为反应物 j 的化学计量系数和摩尔质量(分子量)。

表 1-1 为几种典型化学计量式反应与催化反应中的 AU 值[8]。由表 1-1 可见，在还原、氧化和羟基转化为羧基的反应中，催化法比化学计量式反应 AU 显著提高，这意味着排放到

环境中的废物大为减少。

表 1-1　化学计量式反应与催化反应中的 AU 值

化学计量式反应	催化反应
还原反应 $4PhCOCH_3+NaBH_4+4H_2O \longrightarrow 4PhCH(OH)CH_3+NaB(OH)_4$ **120/145=83%**	$PhCOCH_3+H_2 \longrightarrow PhCH(OH)CH_3$ **100%**
氧化反应 $3PhCH(OH)CH_3+2CrO_3+3H_2SO_4 \longrightarrow 3PhCOCH_3+Cr_2(SO_4)_3+6H_2O$ **120/287=42%**	$PhCH(OH)CH_3+1/2O_2(H_2O_2) \longrightarrow PhCOCH_3+H_2O(2H_2O)$ **120/138=87%** **(120/156=77%)**
C—C 转化反应 $PhCH(OH)CH_3+HCl \longrightarrow PhCH(CH_3)Cl+H_2O$ $\xrightarrow[\text{1. Mg}]{\text{2. CO}_2\text{ 3. HCl}} PhCH(CH_3)CO_2H+MgCl_2+H_2O$ **150/262=57%**	$PhCH(OH)CH_3+CO \longrightarrow PhCH(CH_3)CO_2H$ **100%**

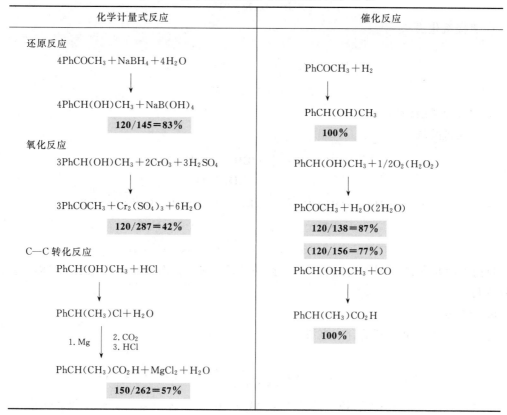

某些化工过程中的原子利用率举例如下。

① 醋酸合成

a. 发酵法

$$CH_3CH_2OH \xrightarrow[\text{微生物}]{O_2} CH_3COOH+H_2O$$

b. Kolbe 合成(1845 年)

$$C \xrightarrow{FeS_2} CS_2 \xrightarrow{Cl_2} CCl_4 \xrightarrow{\text{红热管}} Cl_2C{=}CCl_2 \xrightarrow[H_2O,\ O_2]{h\nu} Cl_3CCOOH \xrightarrow{\text{电解}} CH_3COOH$$

c. Monsanto 合成法(1966 年)

$$CH_3OH+CO \xrightarrow[185℃]{Rh} CH_3COOH$$

a 法生产率为 1.5g/(L•h)；b 法共 5 步反应，AU<10%，生产率 0.1g/(L•h)；c 法生产率 500g/(L•h)，AU=100%，实际产率高达>99%，故 c 法最先进。

② 环氧乙烷

a. 氯醇法

$$CH_2{=}CH_2+Cl_2+H_2O \longrightarrow ClCH_2CH_2OH+HCl$$

$$ClCH_2CH_2OH+Ca(OH)_2 \xrightarrow{HCl} H_2C\overset{O}{\frown}CH_2+CaCl_2+2H_2O$$

总反应

$$C_2H_4 + Cl_2 + Ca(OH)_2 \longrightarrow C_2H_4O + CaCl_2 + H_2O$$

$$AU = 44/173 = 25\%$$

b. 直接氧化法

$$CH_2{=}CH_2 + \frac{1}{2}O_2 \longrightarrow H_2C \overset{O}{\diagup\diagdown} CH_2$$

$$AU = 100\%,\text{此法先进}$$

③ 甲基丙烯酸(MMA)

a. 丙酮氰醇法

$$(CH_3)_2CO \xrightarrow{HCN} (CH_3)_2C(OH)CN$$

$$(CH_3)_2C(OH)CN \xrightarrow{H_2SO_4} H_2C{=}\overset{H_3C}{\underset{}{C}}{-}\overset{O}{\underset{}{C}}{-}NH_2 \cdot H_2SO_4$$

$$H_2C{=}\overset{H_3C}{\underset{}{C}}{-}\overset{O}{\underset{}{C}}{-}NH_2 \cdot H_2SO_4 \xrightarrow{H_2O} H_2C{=}\overset{H_3C}{\underset{}{C}}{-}\overset{O}{\underset{}{C}}{-}OH$$

目前大约 80% 的 MMA 用此法生产，此法 AU=46%，而且需要剧毒的 HCN，对环境十分不利。

b. 催化法

近年，Shell 发展了新的合成方法：

$$CH_3C{\equiv}CH + CO + CH_3OH \xrightarrow[{[RSO_3H],50℃,1MPa}]{[Pd(Ac)_2L]} H_2C{=}\overset{H_3C}{\underset{}{C}}{-}\overset{O}{\underset{}{C}}{-}OCH_3$$

催化剂活性高，MMA 选择性达 99%，AU=100%。这一实例生动说明催化法在减少废物排放中的关键作用。

④ 己内酰胺

a. 肟法

$$\bigcirc{=}O + NH_2OH \cdot \frac{1}{2}H_2SO_4 + NH_4OH \xrightarrow{80\sim110℃} \bigcirc{=}NOH + \frac{1}{2}(NH_4)_2SO_4 + 2H_2O$$

$$\bigcirc{=}NOH + H_2SO_4 + 2NH_4OH \xrightarrow[贝克曼重排]{80\sim100℃} (CH_2)_5\overset{C{=}O}{\underset{NH}{|}} + (NH_4)_2SO_4 + 2H_2O$$

b. 甲苯法

$$\bigcirc{-}COOH \xrightarrow{H_2}_{Pd} \bigcirc{-}COOH$$

$$\bigcirc{-}COOH + NOHSO_4 \xrightarrow{SO_3} (CH_2)_5\overset{C{=}O}{\underset{NH}{|}} + CO_2 + H_2SO_4$$

a 法 AU=29.5%，而 b 法第一步 AU_1=100%，总 AU=44.3%，没有无机盐排放，且甲苯资源丰富价廉，该法有发展前途。

⑤ 邻氨基对甲酚　邻氨基对甲酚用于荧光增白剂 DT 制造。合成工艺分为下面两部分。

a. 邻硝基对甲酚合成

Ⅰ. 对甲苯胺法　对甲苯胺经重氮化、硝化和水解：

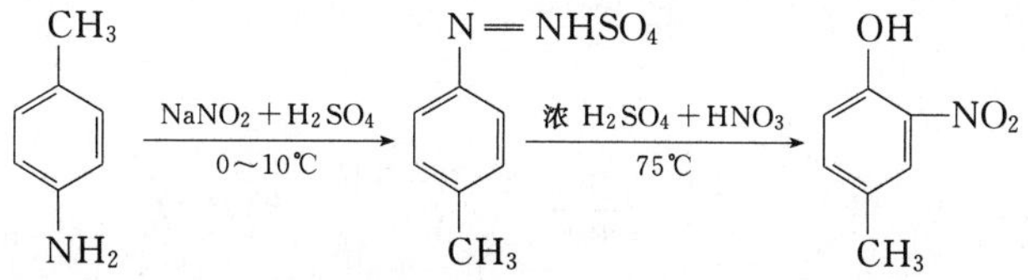

此法成本高，废水多，耗能大，$Y=63\%$。

Ⅱ. 对甲酚法

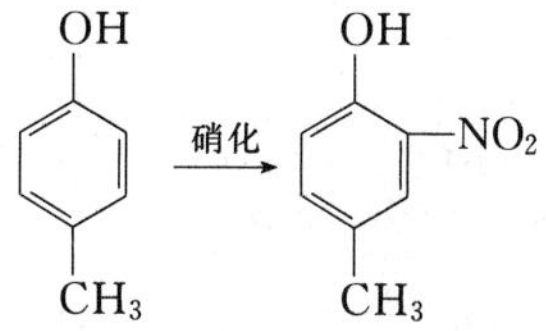

此法工艺短，收率高，三废少，成本低，$Y=85\%$。

Ⅲ. 对氯甲苯法　经硝化、异构体分离、高压水解：

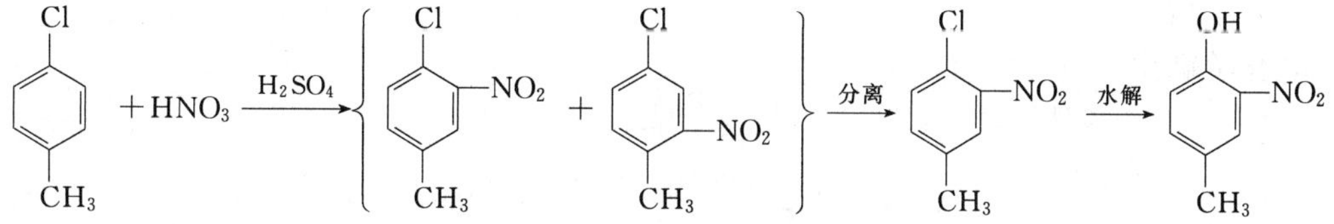

此法异构体难分离，间位体用途少，流程长，成本高，$Y=62\%$。

b. 邻硝基对甲酚还原

Ⅰ. Na_2S 还原

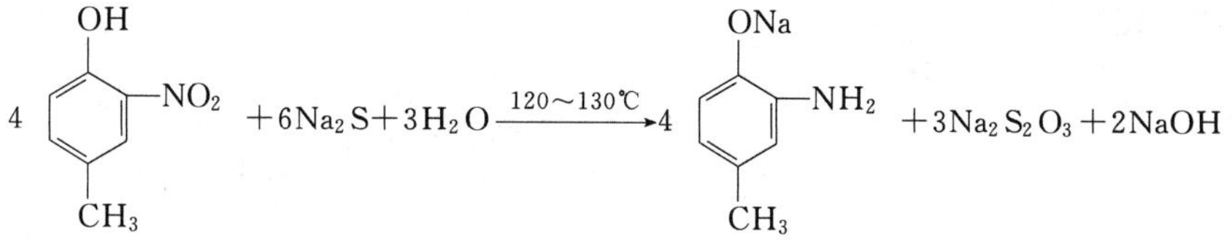

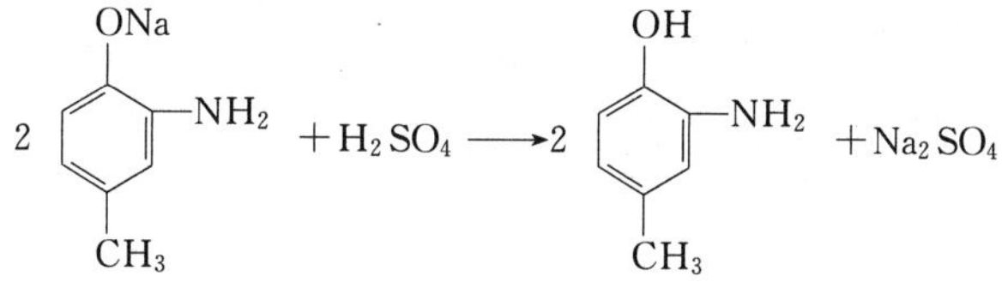

此法工艺成熟，但产生恶臭废液，且因化学计量式中和反应产生无用的无机物，$Y=80\%$，$AU=37.0\%$。

Ⅱ. 铁粉还原

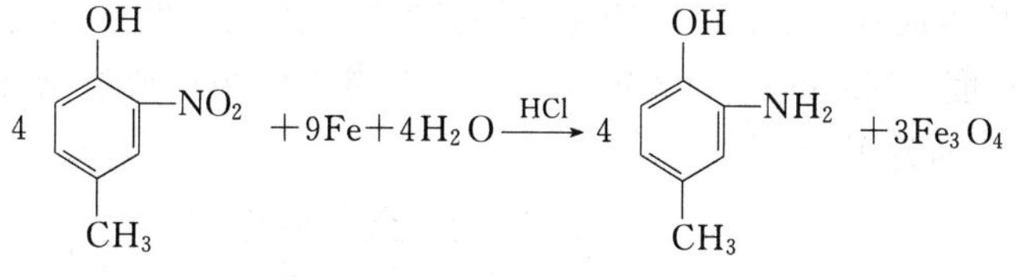

此法产生大量铁泥和有毒废水，$Y=80\%$，$AU=41.5\%$。

Ⅲ. 催化加氢

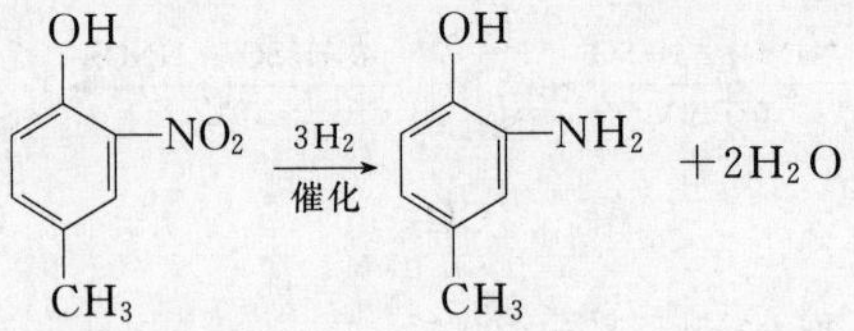

此法产率高，三废少，产品纯度高，AU＝77％。

Ⅳ. 电解还原

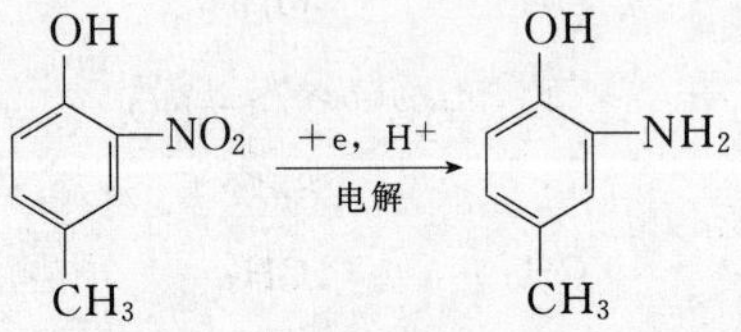

此法是正在研究开发的新工艺，Y＝81％，AU＝100％。

由上可见，对甲酚直接硝化-催化加氢或电解还原是较先进的合成工艺路线。

⑥ 苯甲酸

a. 化学氧化

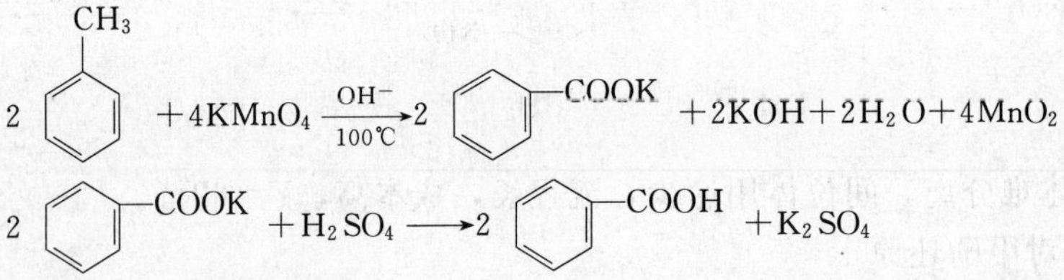

此法产生固体废物 MnO_2 和废水，AU＝27％。

b. 液相催化氧化

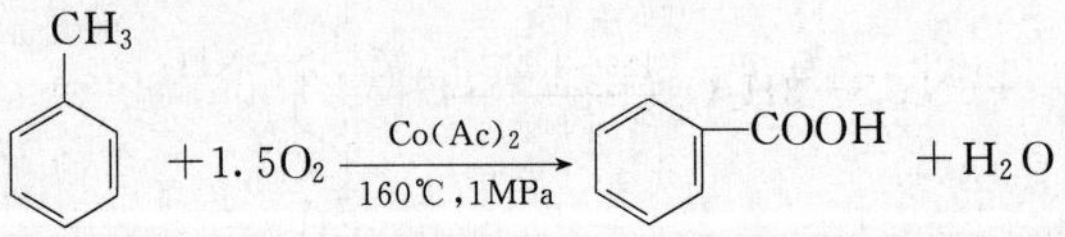

此法先进，Y＝98％，AU＝87％。

1.5.2　环境因子和环境系数

（1）环境因子

通常采用产物选择性（selectivity，S）或产率（yield，Y）来作为评价某化工反应过程或某产品合成工艺优劣的标准。这种做法已沿用上百年，迄今许多化学工程师还在致力于改进工艺，以期提高产率。这种指标是建立在追求最大经济效益基础上提出的，它不考虑对环境的影响，无法估计所排放的废物数量和性质，有些 Y 值高的过程对环境带来的破坏实例不胜枚举。显然，再把 Y 当成唯一的评价指标已不能满足现代化工发展的需要。为了度量化工过程对环境的影响程度，Sheldon 1992 年提出了一个考虑废物排放的指标——环境因子（environmental factor），简称 E-因子。

$$E\text{-因子}=\frac{产生的副产物量（kg）}{生产的产物量（kg）} \tag{1-2}$$

E-因子定义为每产出 1kg 产物所产生的副产物的质量（kg），而这种副产物是人们不需要的。它们主要是 $NaCl$、Na_2SO_4、$(NH_4)_2SO_4$、$CaCl_2$ 等无机盐、重金属化合物和各种反应中间体等。表 1-2 为各类化工领域中的 E-因子。

表 1-2　不同化工领域的 E-因子对比[8]

领域	产物吨位数/t	E-因子/[m(副产物)/m(产物)]
石油化工	$10^6 \sim 10^8$	约 0.1
大宗化工产品	$10^4 \sim 10^6$	<0.5
精细化工	$10^2 \sim 10^4$	$5 \sim 50$
医药品	$10 \sim 10^3$	$25 \sim 100$

由表 1-2 可见，从石油化工到医药品，E-因子逐步加大。其主要原因是精细化工和医药品在生产过程中常广泛采用化学计量式反应，反应步骤较多。如果在精细化工中更多地采用化学催化和生物催化技术，则可减少反应步骤，使 E-因子大为下降。E-因子必须从实际生产过程中所取得的数据算出。

由式(1-1)和式(1-2)可见，利用 AU 值可计算理论的 E-因子($E_{理}$-因子)，而要求出实际 E-因子($E_{实}$-因子)则要复杂得多。显然 $E_{实} > E_{理}$，其原因为：由于一般化学反应并非是进行到底的不可逆反应，因而存在一个化学平衡，故实际产率总小于 100%，必然有废物排放，它对 E 的贡献为 E_1；为使某一昂贵的反应物充分利用，往往将另一反应物过量，此过量物必然会排入环境，它们对 E 的贡献为 E_2；在分离某产物时往往采用化学计量式的中和步骤，加入一些酸与碱，从而生成无机废料，它们对 E 的贡献为 E_3；由于反应步骤多，或常用引入基团保护试剂或除去保护基团试剂带来的对 E 的贡献为 E_4；即使对只有一个产物的反应，由于存在不同光学异构体，必须将无用且有害的异构体分离并且抛弃，这在医药工业中是很常见的，由此引起对 E 的贡献为 E_5；由于分离工程技术限制，常常不可能达到完全分离，以致部分产物随副产物进入环境，对 E 的贡献为 E_6；在分离单元操作中使用一些溶剂，因不能全部回收而对 E 的贡献为 E_7。故

$$E_{实} = E_{理} + E_1 + E_2 + E_3 + E_4 + E_5 + E_6 + E_7 \tag{1-3}$$

在缺乏 $E_1 \sim E_7$ 等实际数据时，就用 AU 计算 $E_{理}$-因子值。由上可见，E-因子不仅与反应有关，也与其他单元操作有关。

(2)环境系数

E-因子只考虑废物的量而不是质，实际上不同废物对环境的影响是不同的。例如 1 kg 氯化钠和 1 kg 铬盐对环境的影响并不相同。因此，研究者提出将 E-因子乘以一个对环境不友好因子 Q，得到一个参数，称为环境系数(environmental quotient)：

$$环境系数 = E\text{-因子} \times Q \tag{1-4}$$

规定低毒无机物(如 $NaCl$)的 $Q=1$，而重金属盐、一些有机中间体和含氟化合物等的 Q 为 $100 \sim 1000$，具体视其毒性 LD_{50} 值而定。

1.5.3　质量强度

针对有机合成反应过程的绿色性，研究者提出了质量强度(mass intensity，MI)概念，即获得单位质量产物所消耗的原料、助剂、溶剂等物质的质量(产物量与废物量之和)，包括反应物、试剂、溶剂、催化剂等，也包括所消耗的酸、碱、盐以及萃取、结晶、洗涤等所用的有机溶剂质量，但是不包括水，因为水对环境是无害的。

由质量强度的定义，可以得出其与 E-因子的关系式：

$$MI = 1 + E\text{-因子} \tag{1-5}$$

由此可见，质量强度越小越好，这样生产成本低，能耗少，对环境的影响就比较小。因此，质量强度是一个很有用的评价指标，对于合成化学家特别是企业领导和管理者来说，评价一种合成工艺或化工生产过程是极为有用的。

质量强度可衍生出绿色化学的一些有用的量度：质量产率（mass productivity）和反应质量效率（reaction mass efficiency，RME）。质量产率为质量强度的倒数，反应质量效率是指反应物转变为产物的百分数，即产物的质量除以反应物的质量。

1.5.4 绿色组装过程

通过对环境友好化学品和绿色单元过程的设计、组装，构成总体上原子经济和零排放过程体系或生产过程。在这个体系中，用于组装的单元过程可以包括阶段性原子不经济和非零排放过程，但体系是原子经济的，总入口和总出口都是绿色的。

在许多场合，要用单一反应来实现原子经济性十分困难，甚至不可能。这就要充分利用相关化学反应的集成，即把一个反应排出的废物作为另一个反应的原料，从而通过"封闭循环"实现零排放化工过程。应用绿色化学品碳酸二甲酯（DMC）代替光气合成甲苯二异氰酸酯（TDI）就是一例[9]。它由 DMC 合成单元和 TDI 合成单元组装而成，只有产物 TDI 和副产物水排出系统，该过程不是原子经济反应，但属于零排放化工过程（水对环境无害）。组装过程如下图所示，以 O_2、CO 和甲醇作为合成 DMC 的原料，单元（Ⅰ）为 DMC 合成单元。由 DMC 代替光气与甲苯二胺反应得到甲苯二异氰酸酯（TDI），见单元（Ⅱ）。同时，副产生成的甲醇返回 DMC 合成单元。

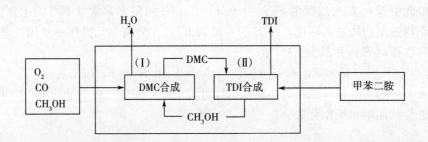

合成单元（Ⅰ）中的主化学反应：

$$2CH_3OH + CO + \frac{1}{2}O_2 \longrightarrow (CH_3O)_2CO + H_2O$$

合成单元（Ⅱ）中的主化学反应：

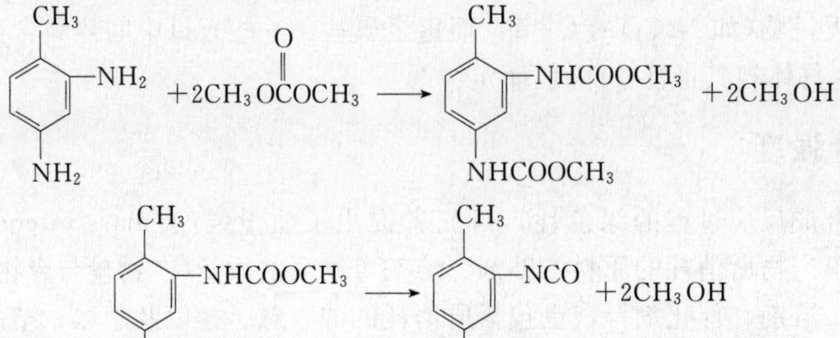

实际上，实现单元（Ⅰ）、（Ⅱ）的绿色化工过程是关键。

1.5.5 清洁生产

清洁生产(cleaner production)这一概念最早由联合国发展计划署工业与环境行动中心(UNEP IE/PAC)提出，用以表征从产品生产到使用全过程的广义的污染防治途径。其定义如下：清洁生产是指将综合预防的环境保护策略持续地应用于生产过程和产品中，以期减少对人类和环境的风险。清洁生产的定义涉及两个全过程控制：生产全过程和产品整个生命周期全过程。对生产过程而言，清洁生产包括节约原料和能源，淘汰有毒有害的原材料，并在全部排放物和废物离开生产过程以前尽最大可能减少它们的排放量和毒性。对产品而言，清洁生产旨在减少在产品整个生命周期过程中从原料的提取到产品的最终处置对人类和环境的影响[11]。

清洁生产具体包括三方面的要求：其一，清洁的生产过程。尽量少用和不用有毒和有害的原料，采用无毒、无害的中间产品，选用少废、无废工艺和高效设备，尽量减少生产过程中的各种危险性因素，如高温、高压、低温、低压、易燃、易爆、强噪声、强振动等。采用可靠和简单的生产操作和控制，完善生产管理，对物料进行内部循环使用。其二，清洁的产品。产品设计应考虑节约原材料和能源，少用昂贵和稀缺的原料；产品在使用过程中以及使用后不会危害人体健康和破坏生态环境；产品的包装合理；产品使用后易于回收、重复使用和再生；使用寿命和使用功能合理。其三，清洁的能源。常规能源的清洁利用；可再生能源的利用；新能源的开发以及各种节能技术。上述观点可概括为 3R 原则：减量化原则(reduce)，要求用较少的原料和能源投入来达到既定的经济目的；再使用原则(reuse)，较多地体现在制造产品和包装容器的重复使用中；再循环原则(recycle)，就是使物品完成其使用功能后可重新变成可以利用的资源，而不是只能被扔掉的垃圾。

清洁生产是一个相对的概念。所谓清洁的工艺和产品是与现有的工艺和产品相比较而言的。推动清洁生产是一个不断完善的过程，随着社会经济的发展和科学技术的进步，需要不断提出适宜的目标，达到更高的水平。需要指出的是清洁生产不包括末端治理技术，如空气污染控制、废水处理、固体废物的焚烧或填埋。清洁生产是通过专门技术，改进工艺技术和改善管理态度来实现的。越来越多的事实证明，环境问题的产生，不仅仅是生产终端的问题，在整个生产过程及其前后的各个环节都有产生环境问题的可能，有时其他环节对环境的影响甚至超过生产过程本身。比如对汽车的生产和使用进行比较，使用过程中产生的环境污染问题比生产过程要高得多，如果我们从生产的准备阶段就开始对全过程所使用的原料、生产工艺及生产完成后的产品使用进行全面的分析，对可能出现的污染问题事先进行预防，环境面临的危害就会大大减轻[10]。

1.6 绿色化学的研究内容与实现途径

1.6.1 绿色化学的研究内容

通常，一个化学过程由 4 个基本要素组成：目标分子或最终产品、原材料或起始物、转换反应和试剂、反应条件。这 4 个方面有紧密的内在联系，有时是不能完全分开的。为了评估一个化学过程是否有实现绿色化学的可能性，需要从以上 4 个方面分别讨论。有可能，先在某一方面进行改进，然后，把此改进放到全过程中全盘考虑，看它是否是一个净改进（正面作用大于负面作用），是否还需要进一步改进，以保证总过程是更良性的。所以，绿色化学的研究可以分成以下 4 个方面[3]。

（1）设计或重新设计对人类健康和环境更安全的化合物

这是绿色化学的关键部分，可以定义为利用化学结构——活性关系和分子改造达到效能和毒性之间的最优结果。要求一个化合物完全无毒且效果最好，几乎是做不到的，在某种意义上讲，求得化合物的有效性和毒性的最优平衡是合成化学史上最困难最富挑战的任务之一。医药界、农药界一直在追求这一目标，并取得了可喜的成就。设计更安全的化合物这一理念本身并不新。绿色化学要把这一理念介绍、推广和运用到所有商业上可行的化工产品中去，不限于医药和农药。绿色化学的"更安全"这个概念不仅是对人类健康的影响，还包括化合物整个生命周期中对生态环境、动物、水生生物和植物的影响；除了直接影响外，还要考虑间接影响——转化产物或代谢物的毒性。绿色化学要求对化合物的暴露、接触途径、摄入、吸收、分布机制及进入生物体内毒性作用机理进行更深入的研究和理解。绿色化学不仅重视新化合物的设计，同时要求对很多种类的现有化工产品重新评估、重新设计。

例如联苯胺是一个很好的染料中间体，但具有强的致癌作用，已被很多国家禁止使用。由于对联苯胺致癌机理分子生物学水平的研究和染料化学知识的掌握，对其分子结构进行改造，发现 2,2′-二乙基联苯胺（式-1）既保持了可作染料的性能，致癌性却明显减小了[12]。

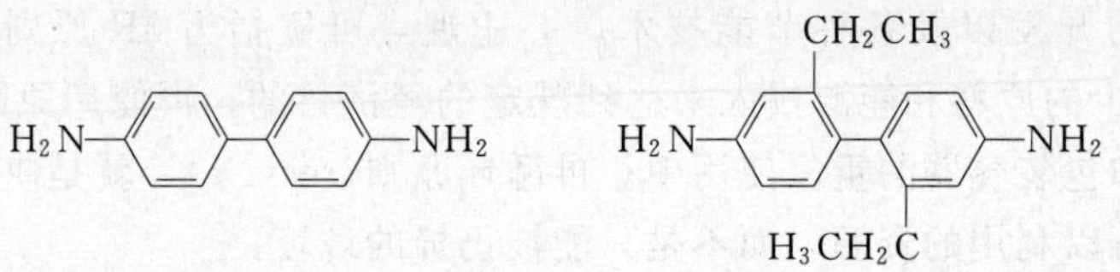

式-1

（2）研究、变换基本原料和起始化合物

用对人类健康和环境危害小的物质为起始原料，去设计实现某一化学过程，使此过程更为安全，这种可能性是很明显的，请看下面几个例子。

异氰酸酯是一类重要的化工产品，年产量几百万吨，过去一直用光气法生产。众所周知，光气是工业中使用的急性毒性最高的物质之一。孟山都公司的 McGhee 等[13]用二氧化碳和有机胺成功地合成了异氰酸酯，去掉了光气。这个路线成本低、反应温和，可是产生了大量含盐废水。他们又研究成功用有机酸酐为脱水剂，漂亮地实现了"无废弃物"工艺（见式-2）。从这个例子中，可看到绿色化学是渐进式的。整个合成路线中一个环节被改进后，有可能在另外环节产生新的危险，需全面考虑以求得最好的总效果。

$$RNH_2 + CO_2 + Base \Longrightarrow RNHCO_2{}^{-+}HBase \xrightarrow[\text{Base}]{\text{有机酸酐}}$$

$$RNCO + 2HBase^{+-}OAc \xrightarrow{\triangle} 回收酸和碱 \longrightarrow 再转化为酸酐$$

式-2

又如生产尼龙的原料——己二酸，一直是用有致癌作用的苯为起始物制备的，在制备过程中还产生氮氧化物，能消耗臭氧导致温室效应。Draths 等[14]发展了一种生物合成技术，采用遗传工程获得的微生物为催化剂，以葡萄糖为起始物成功地合成了己二酸。该新技术革除了大量有毒的苯，且技术上、经济上都完全可行，是绿色化学的一个范例。在化学工业中，还大量使用一些危险的有毒基本原料，如氢氰酸、氢氟酸、盐酸、氯气、甲醛、环氧乙烷、硫酸等。今后应该通过绿色化学的研究以减少或避免使用这些物质。

（3）研究新的合成转换反应和新试剂

用更为良性的化合物去取代有毒的试剂，以实现某一特定的化学转换或发展新反应以减少乃至消除有毒物质是重要的研究领域。在有机合成研究中，一向最重视反应收率，而对毒性考虑较少。例如经典的傅式酰基化反应应用路易斯酸，如三氯化铝以及腐蚀性的有毒的酰卤在二硫化碳、硝基苯等溶剂中进行，是对人体和环境有极大威胁的反应之一。Kraus 等[15]以醌和醛为原料，在可见光的作用下进行酰基化，合成一系列化合物，包括一些医药工业中重要的化合物，如 Diazepam(安定药)及类似物(式-3)。

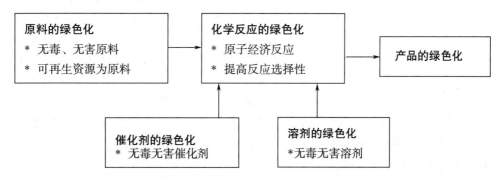

X＝Cl，OCH₃，CH₃，CN，SCH₃，芳基；R＝烷基，芳基   Diazepam(安定药)

式-3

再如，最常用的甲基化试剂——硫酸二甲酯剧毒，且有致癌作用。Tundo 等[16]报道了用碳酸二甲酯取代硫酸二甲酯完成一系列芳香乙腈的甲基化，这是合成某些抗抑郁药物的中间体。这项绿色化学研究的另一个优点是解决了原来反应的含盐废水问题。

（4）研究反应条件

虽然反应条件(温度、压力、时间、物料平衡、溶剂等)对整个合成路线的总环境效应不像对能源消耗的多少那么容易评价，但仍有明显的影响，特别是反应方式和反应介质。目前的热点是研究用水或超临界流体(SCF)为反应介质取代易挥发的有毒有机溶剂以减少对人的危害和对大气和水的污染。SCF(如超临界二氧化碳 SC-CO₂ 及 SC-CO₂/ H₂O)价格低、无毒，而且还可根据反应需要调整物理性质。

1.6.2 绿色化学的实现途径

如何实现绿色化学的目标，是当前化学、化工界研究的热点问题之一。综合国内外发表的研究成果，分以下几个方面介绍[17]。近年来，绿色化学的研究主要是围绕化学反应、原料、催化剂、溶剂和产品的绿色化开展的，如下所示[18]。

```
┌─────────────────────┐        ┌─────────────────────┐        ┌──────────────┐
│  原料的绿色化         │───────▶│  化学反应的绿色化     │───────▶│  产品的绿色化 │
│  * 无毒、无害原料     │        │  * 原子经济反应       │        └──────────────┘
│  * 可再生资源为原料   │        │  * 提高反应选择性     │
└─────────────────────┘        └─────────────────────┘
                                    ▲              ▲
                    ┌──────────────┐      ┌──────────────┐
                    │  催化剂的绿色化│      │  溶剂的绿色化 │
                    │  * 无毒无害催化剂│    │  *无毒无害溶剂│
                    └──────────────┘      └──────────────┘
```

（1）开发原子经济反应

开发新的原子经济反应已成为绿色化学研究的热点之一。EniChem 公司采用钛硅分子筛催化剂，将环己酮、氨、过氧化氢反应，可直接合成环己酮肟，取代由氨氧化制硝酸，硝酸离子在铂、钯贵金属催化剂上用氢还原制备羟胺，羟胺再与环己酮反应合成环己酮肟的复杂技术路线，并已实现工业化。另外，环氧丙烷是生产聚氨酯泡沫塑料的重要原料。传统上主要采用二步反应的氯醇法，不仅使用危险的氯气，而且还产生大量含氯化钙的废水，造成环境污染。国内外均在开发钛硅分子筛上催化氧化丙烯制环氧丙烷的原子经济新方法。

在已有的原子经济反应如烯烃氢甲酰化反应中，虽然反应已经是理想的，但是采用的油溶性均相铑络合催化剂与产品分离比较复杂，或者采用的钴催化剂运转过程中仍有废催化剂产生，因此对这类原子经济反应的催化剂仍有改进的余地。所以近年来开发水溶性均相络合物催化剂已成为一个重要的研究领域。由于水溶性均相络合物催化剂与油相产品分离比较容易，再加以水为溶剂，避免了使用挥发性有机溶剂。除水溶性铑－膦络合物已成功用于丙烯氢甲酰化生产外，近年来水溶性铑-膦、钌-膦、钯-膦络合物在加氢二聚、选择性加氢、C-C键偶联等方面也已获得重大进展。C_6 以上烯烃氢甲酰化制备高碳醛、醇的两相催化体系的新技术国外正在积极研究。以上可见，对于已在工业上应用的原子经济反应，也还需要从环境保护和技术经济等方面继续研究，加以改进。

（2）提高烃类氧化反应的选择性

烃类选择性氧化在石油化工中占有极其重要的地位。据统计，用催化过程生产的各类有机化学品中，催化选择氧化生产的产品约占 25％。烃类选择性氧化为强放热反应，目的产物大多是热力学上不稳定的中间化合物，在反应条件下很容易被进一步深度氧化为二氧化碳和水，其选择性是各类催化反应中最低的。这不仅造成资源浪费和环境污染，而且给产品的分离和纯化带来很大困难，使投资和生产成本大幅度上升。所以，控制氧化反应深度，提高目的产物的选择性始终是烃类选择氧化研究中最具挑战性的难题。

早在 20 世纪 40 年代，Lewis 等[19]就提出烃类晶格氧选择氧化的概念，即用可还原的金属氧化物的晶格氧作为烃类氧化的氧化剂，按还原-氧化（Redox）模式，采用循环流化床提升管反应器，在提升管反应器中烃分子与催化剂的晶格氧反应生成氧化产物，失去晶格氧的催化剂被输送到再生器中用空气氧化到初始高价态，然后送入提升管反应器中再进行反应。这样，反应是在没有气相氧分子的条件下进行的，可避免气相和减少表面的深度氧化反应，从而提高反应的选择性，而且因不受爆炸极限的限制可提高原料浓度，使反应产物容易分离回收，是控制氧化深度、节约资源和保护环境的绿色化学工艺。

根据上述还原-氧化模式，国外已开发成功丁烷晶格氧氧化制顺酐的提升管再生工艺，建成第一套工业装置。氧化反应的选择性大幅度提高，顺酐收率由原有工艺的 50％（摩尔分数）提高到 72％（摩尔分数），未反应的丁烷可循环利用，被誉为绿色化学反应过程。此外，间二甲苯晶格氧氨氧化制间苯二腈也有一套工业装置。在 Mn、Cd、Tl、Pd 等变价金属氧化物上，通过甲烷、空气周期切换操作，实现了甲烷氧化偶联制乙烯新反应。由于晶格氧氧化具有潜在的优点，近年来已成为选择氧化研究中的前沿。工业上重要的邻二甲苯氧化制苯酐、丙烯和丙烷氧化制丙烯腈均可进行晶格氧氧化反应的探索。关于晶格氧氧化的研究与开发，一方面要根据不同的烃类氧化反应，开发选择性好、载氧能力强、耐磨强度好的新催化材料；另一方面要根据催化剂的反应特点，开发相应的反应器及其工艺。

（3）采用无毒、无害的原料

为了使制得的中间体具有进一步转化所需的官能团和反应性，在现有化工生产中仍使用剧毒的光气和氢氰酸等作为原料。为了人类健康和社区安全，需要用无毒无害的原料代替它们来生产所需的化工产品。

在代替剧毒的光气作原料生产有机化工原料方面。Riley[20]报道了工业上已开发成功一种由胺类和二氧化碳生产异氰酸酯的新技术。在特殊的反应体系中采用一氧化碳直接羰化有机胺生产异氰酸酯的工业化技术也由Manzer[21]开发成功。Tundo[16]报道了用二氧化碳代替光气生产碳酸二甲酯的新方法。Komiya[22]研究开发了在固态熔融的状态下,采用双酚A和碳酸二苯酯聚合生产聚碳酸酯的新技术,它取代了常规的光气合成路线,并同时实现了两个绿色化学目标。一是不使用有毒有害的原料,二是由于反应在熔融状态下进行,不使用作为溶剂的可疑的致癌物——甲基氯化物。

关于代替剧毒氢氰酸原料。Monsanto公司从无毒无害的二乙醇胺原料出发,经过催化脱氢,开发了安全生产氨基二乙酸钠的工艺,改变了过去的以氨、甲醛和氢氰酸为原料的二步合成路线。另外,国外还开发了由异丁烯生产甲基丙烯酸甲酯的新合成路线,取代了以丙酮和氢氰酸为原料的丙酮氰醇法。

(4)采用无毒、无害的催化剂

目前烃类的烷基化反应一般使用氢氟酸、硫酸、三氯化铝等液体酸催化剂,这些液体酸催化剂的共同缺点是,对设备的腐蚀严重、对人身危害和产生废渣、污染环境。为了保护环境,多年来国外正从分子筛、杂多酸、超强酸等新催化材料中大力开发固体酸烷基化催化剂。其中采用新型分子筛催化剂的乙苯液相烃化技术引人注目,这种催化剂选择性很高,乙苯重量收率超过99.6%,而且催化剂寿命长。另外,国外已开发几种丙烯和苯烃化异丙苯的工艺,采用大孔硅铝磷酸盐沸石、MCM-22和MCM-56新型沸石和Y型沸石或用高度脱铝的丝光沸石和β沸石催化剂,代替了原用的固体磷酸或三氯化铝催化剂。还有一种生产线性烷基苯的固体酸催化剂替代了氢氟酸催化剂,改善了生产环境,已工业化。在固体酸烷基化的研究中,还应进一步提高催化剂的选择性,以降低产品中的杂质含量;提高催化剂的稳定性,以延长运转周期;降低原料中的苯烯比,以提高经济效益。

异丁烷与丁烯的烷基化是炼油工业中提供高辛烷值组分的一项重要工艺,近年新配方汽油的出现,限制汽油中芳烃和烯烃含量更增添了该工艺的重要性。目前这种工艺使用氢氟酸或硫酸为催化剂。近年国外一家公司开发了一种负载型磺酸盐/SiO_2催化剂。另外,一家公司宣称开发成功了一种固体酸催化的异丁烷/丁烯烷基化新工艺。

(5)采用无毒、无害的溶剂

大量的与化学品制造相关的污染问题不仅来源于原料和产品,而且源自于其制造过程中使用的物质。最常见的是在反应介质、分离和配方中所用的溶剂。当前广泛使用的溶剂是挥发性有机化合物(VOC),其在使用过程中有的会引起地面臭氧的形成,有的会引起水源污染,因此,需要限制这类溶剂的使用。采用无毒无害的溶剂代替挥发性有机化合物作溶剂已成为绿色化学的重要研究方向。

在无毒无害溶剂的研究中,最活跃的研究项目是开发超临界流体(SCF),特别是超临界二氧化碳作溶剂。超临界二氧化碳是指温度和压力均在其临界点(31.1℃、7.48MPa)以上的二氧化碳流体。它通常具有液体的密度,因而有常规液态溶剂的溶解度;在相同条件下,它又具有气体的黏度,因而又具有很高的传质速度。而且,由于具有很大的可压缩性,流体的密度、溶剂溶解度和黏度等性能均可由压力和温度的变化来调节。超临界二氧化碳的最大优点是无毒、不可燃、价廉等。

在超临界二氧化碳用于反应溶剂的研究方面,Tanko等[23]提供了经典的自由基反应在这一新的溶剂体系中如何作用的基础和知识。他以烷基芳烃的溴化反应为模型体系,发现在超临界流体中的自由基卤化反应的收率和选择性等同或在某些情况下优于常规体系下的反应。DeSimone 等[24]的实验室广泛研究了在超临界流体中的聚合反应。指出采用一些不同的单体能够合成出多种聚合物。对于甲基丙烯酸的聚合,超临界流体比常规的有机卤化物溶剂有显著的优越性。此外,Burk 等[25]详细研究了环氧化合物的聚合、烯烃氧化和不对称加氢等。与常规溶剂体系相比,上述反应没有经历中间物,尤其在不对称加氢反应上表现出优异的性能。

除采用超临界溶剂外,还有研究水或近临界水作为溶剂以及有机溶剂/水相界面反应。采用水作溶剂虽然能避免有机溶剂,但由于其溶解度有限,限制了它的应用,而且还要注意废水是否会造成污染。在有机溶剂/水相界面反应中,一般采用毒性较小的溶剂(甲苯)代替原有毒性较大的溶剂,如二甲基甲酰胺、二甲基亚砜、醋酸等。采用无溶剂的固相反应也是避免使用挥发性溶剂的一个研究动向,如用微波来促进固-固相有机反应。

(6)采用生物技术从可再生资源合成化学品

生物技术在发展绿色技术和利用资源方面均十分重要。首先是在有机化合物原料和来源上,采用生物质(biomass)代替当前广泛使用的石油,是一个长远的发展方向。在 150 多年前,人类使用的有机化合物大多来源于植物及动物,随后来源于煤炭,至第二次世界大战后,基本上有机化合物原料均来自石油。石油及石油化工工业制造了多种多样的合成材料,在为人类带来绚丽多彩的生活的同时,其中的许多过程也带来了不少环境问题。石油是不可再生的资源,虽有人提出石油枯竭后,将返回到以煤炭作为有机化合物的原料,但考虑到以煤炭为原料将带来的污染问题。更多的有识之士将返回到以酶为催化剂,以生物质为原料生产有机化合物的时代。当然从生物反应及生物质为原料出发,生产人类需要的医药用品如手性药物,是有普遍共识的。生物技术中的化学反应,大都以自然界中的酶或者通过 DNA 重组及基因工程等生物技术在微生物上产出工业酶为催化剂。在应用上既可使用酶也可使用产酶的微生物作为催化剂。酶反应大多条件温和,设备简单,选择性好,副反应少,产品性质优良,又不产生新的污染。因此,酶将取代许多现在使用的化学催化剂。

酶催化的上述优点早为人知。直至 20 世纪 90 年代中期,基因重组工程和生物筛选技术的改进和新的稳定技术的开发成功,酶催化才开始能应用于多种工业化学过程中,不仅用于制药工业,还用于其他化学工业。

生物催化公司认为,这些进展来源于两个关键因素:一是采取了多学科,包括应用生物催化、生物反应器工程、过程控制、环保生物技术、植物、动物、微生物技术等的集成来突破工艺;二是有能力利用 DNA 重组技术而不需要通过微生物培养来开发和生产酶。

生物质主要由淀粉及纤维素等组成,前者易于转化为葡萄糖,而后者则由于结晶及与木质素共生等原因,通过纤维素酶等转化为葡萄糖,难度较大。Draths[14]报道以葡萄糖为原料,通过酶反应可制得己二酸、邻苯二酚和对苯二酚等,尤其是不需要从传统的苯开始来制造作为尼龙原料的己二酸取得了显著进展。由于苯是已知的致癌物质,以经济和技术上可行的方式,从合成大量的有机原料中去除苯是具有竞争力的绿色化学目标。

另外,Gross 等[26]首创了利用生物或农业废物如多糖类制造新型聚合物的工作。由于其同时解决了多个环保问题,因此引起人们的特别兴趣。其优越性在于聚合物原料单体实现了无害化;生物催化转化方法优于常规的聚合方法;Gross 的聚合物还具有生物降解功能。

目前国外认为生物催化还在婴孩时期,从长远看,它将重组化学工业。1996 年美国总统绿色化学奖中,将学术奖颁发给 Texas A&M 大学化工系的 Mark T. Holtzapple 教授,奖励他利用微生物将废生物质转化为动物饲料和化学品的成就,可见国外对酶催化发展前景的重视。

(7)环境友好产品[27]

在环境友好产品方面，从 1996 年美国总统绿色化学挑战奖看，设计更安全化学品奖授予 Rohm&Haas 公司，由于其开发成功一种环境友好的海洋生物防垢剂。小企业奖授予 Donlar 公司，因其开发了两个高效工艺以生产热聚天冬氨酸，它是一种代替丙烯酸的可生物降解产品。

在环境友好机动车燃料方面，随着环境保护要求的日益严格，1990 年美国清洁空气法（修正案）规定，逐步推广使用新配方汽油，减小由汽车尾气中的一氧化碳以及烃类引发的臭氧和光化学烟雾等对空气的污染。新配方汽油要求限制汽油的蒸气压、苯含量，还将逐步限制芳烃和烯烃含量，还要求在汽油中加入含氧化合物，比如甲基叔丁基醚、甲基叔戊基醚。这种新配方汽油的质量要求已推动了汽油炼制技术的发展。

柴油是另一类重要的石油炼制产品。对环境友好柴油，美国要求硫含量不大于 0.05%，芳烃含量不大于 20%，同时十六烷值不低于 40；瑞典对柴油要求更严。为达到上述目的，一是要有性能优异的深度加氢脱硫催化剂；二是要开发低压的深度脱硫/芳烃饱和工艺。国外在这方面的研究已有进展。

此外，保护大气臭氧层的氟氯烃代用品已在开始使用。防止"白色污染"的生物降解塑料也在使用。

(8)计算机辅助的绿色化学设计[6]

在设计新的绿色化学反应时，既要考虑产品性能好，又要价格经济，还要产生最少的废物和副产品，而且要求对环境无害，其难度之大是可想而知的。因此，化学家们在设计绿色化学反应时，要打开思路去考虑。

20 多年前，Corey 和 Bersohn 就开始探索用计算机辅助设计有机合成。现在这个领域已经越来越成熟。它的作法是首先建立了一个已知的有机合成反应尽可能全的资料库，然后在确定目标产物后，第一步找出一切可产生目标产物的反应；第二步又把这些反应的原料作为中间目标产物找出一切可产生它们的反应，依此类推下去，直到得出一些反应路线，它们正好使用我们预定的原料。在搜索过程中，计算机按我们制定的评估方法自动地比较所有可能的反应途径，随时排出适合的产物，以便最终找出价廉、物美、不浪费资源、不污染环境的最佳途径。

在 1997 年的美国化学学会年会上，美国 Brandeis 大学的 Hendrickson 介绍了一个名为 SYNGEN 的教学软件，它可以演示这个过程。该软件的资料库现在有约 6000 种原料分子，还可以加入更多新的。目前它正在美国环境保护署等一些学术和工业机构中使用。要得到真正实用的计算机辅助绿色化学设计软件，还需进行大量工作。首先，要把迄今已知的所有化学反应整理输入资料库工程浩大；其次，要制定正确适用的评估程序也非易事。这个问题已经成为绿色化学的基础课题之一。

(9)有机电化学合成方法[28]

在传统的有机合成工业，绿色合成一般着重于通过在原有技术上的改进，通过进一步发展化学催化方法，寻找新的反应与改进化学工程技术以求减轻污染排放。有机电合成化学是一门正在迅速成长中的新兴学科，它以电子代替传统化学合成中大量使用的氧化剂和还原剂，通过电极反应界面的设计，可以实现结合光-电-催化于一体的原子经济反应，既节约资源，又对环境友好，产品成本和过程投资也减少了。有机电合成化学与化工已经日益受到重视，首批美国"总统绿色化学挑战奖"就有一项授予己二腈电合成过程。

电化学过程是洁净技术的重要组成部分。由于电解一般无需使用危险或有毒试剂，通常在常温、常压下进行，在洁净合成中具有独特的魅力。

自由基反应是有机合成中一类非常重要的碳-碳键形成反应，实现自由基环化的常规方法是使用过量的三丁基锡烷。这样的过程不但原子使用效率低，而且使用和产生有毒的难以除去的锡试剂。这两方面的问题用维生素 B$_{12}$ 催化的电还原方法可完全避免。利用天然、无毒、手性的维生素 B$_{12}$ 为催化剂的电催化反应[29]，可产生自由基类中间体，从而实现在温和、中性条件下的化学反应。

1.6.3　绿色化学的 12 项准则

上面提到了绿色化学四个方面的研究内容，此外，美国化学会还提出了绿色化学的 12 项准则[30]。

准则 1：预防环境污染（prevention）

防止废弃物的生成，而不是在废弃物产生后再进行处理。

防止废物的产生既能带来环境效益，又能带来经济效益。通过有意识地设计一个不产生废物的反应，分离、治理和处理有毒物质的必要就减小了。碳酸二甲酯（DMC）作为羰基化反应中光气的替代品以及甲基化反应中氯甲烷和硫酸二甲酯的替代品这些方面的应用就是实例。DMC 工艺不会产生有机副产物或盐，当与沸石或 K$_2$CO$_3$ 等环境友好的催化剂一起使用时，显示出非常好的选择性。尽管传统的 DMC 合成仍采用光气，但现在已经有对环境无害的工艺，这种工艺采用甲醇的氧化羰基化法。采用 DMC 而不用光气的甲基化反应也满足了准则 3（无毒反应试剂）和准则 12（防止意外事故发生）。

在工业应用当中，醇氧化成为羰基化产物传统上是采用重金属催化剂，这种工艺会产生大量的有害废物。Pharmacia 和 Upjohn 已经开发出一种替代方法，该法采用了漂白剂（NaOCl）及一种催化剂/助剂体系。这些试剂被用于把双降醇转化为双降醛，这是黄体酮和皮质甾体类合成中的一种中间产品。该工艺以大豆甾醇为起始物料，产生无毒的液体废物和可回收的有机废物，并且避免使用有机过氧化物和有机硒化合物等有毒的试剂。准则 3（无毒试剂）和准则 7（可更新物料）也在此工艺中得到体现。

纸浆和造纸工业以氯的氧化物来漂洗纸浆。结果，有一类有毒性的含氯有机物作为副产物产生。而 Collins 开发的新型铁催化剂/过氧化氢体系能够进行纸张的无氯漂白。这种多用途的催化剂在 0～90℃ 范围内，于中性至碱性的水中可以活化过氧化物来漂白纸浆。这种催化剂在纤维素氧化过程中比现有的完全无氯工艺对木质素表现出更大的选择性。除了防止废物产生，这种革新的工艺也只产生低毒物质（准则 3）并采用更为安全的氧化试剂（准则 12）。尽管现在在经济上还行不通，但这种催化工艺具有取代纸浆和造纸工业中含氯漂白的潜力。

准则 2：原子经济性（atom economy）

设计将所有反应物质尽可能全部转化为最终产品的合成方法。

传统上，化学家们以所生成产物的百分收率来判断反应是否成功。这种狭隘的眼光忽视了反应中副产物的量和性质。原子经济性的概念考虑到最终产物中包含反应物的效率。两个著名的反应——Diels-Alder 反应和 Wittig 反应可以用来阐明原子经济性的概念。Diels-Alder 反应的原子经济性为 100%；二烯烃和亲二烯烃体中的所有原子都被包含在最终产物中。相比之下，Wittig 反应本身就是个非原子经济性反应：一个亚甲基被合成到烯烃产物中，但伴随着副产物三烷基氧膦的损失。

Trost 及其同事们的工作就是运用催化作用使原子经济性达到最大的例子。一系列钯催化剂被用来催化烯丙基烷基化反应。例如，在钯催化过程中用相应的羧酸可获得大环内酯，其原子经济性达 100％。由于该反应于室温下进行，所以这个合成反应也体现了准则 5（使用最少的能量）。布洛芬是一种广泛应用的止痛药，其商标名为 Advil™ 和 Motrin™。传统的布洛芬合成方法用了 6 步计量化学步骤，原子利用率不到 40％。BHC 设计的催化合成步骤只需 3 步，原子经济性达 80％（乙酸的回收率为 99％）（式-4）。HF 既作催化剂又作溶剂，其回收再利用的效率高于 99.9％。BHC 布洛芬工艺表明了其在防止污染上的前途。在原子经济性增长一倍的同时，合成中采用了有毒的以 HF 形式存在的催化剂/溶剂。然而，由于 HF 的回收，这项新工艺相对于传统的布洛芬合成具有很大的改进。从 1992 年起，Bishop、Texas 的 BHC 工厂就已经使该工艺实现了商业化。

在 Diels-Alder 反应和氮杂-Diels-Alder 反应中，镧可以用作高活性的催化剂。Wang 及其同事在萘醌和环戊二烯的 Diels-Alder 反应中用钪的化合物作为催化剂。环内桥接产物的总收率为 93％。催化剂在水溶液中稳定，并且在提纯产物之后可以回收再利用。

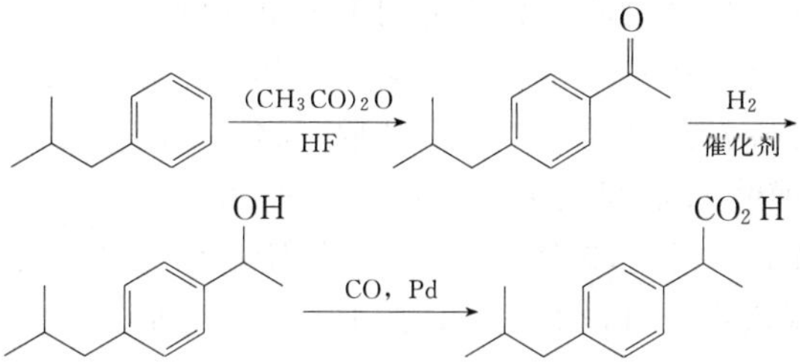

式-4

准则 3：无害化学合成（less hazardous chemical synthesis）
设计在化学合成中使用和产生的物质对人体健康和环境低毒或无毒、无害的合成方法。

风险来源于危险和暴露，因此通过减小这两个参数中的任意一个就可以降低风险。尽管暴露控制不能避免，但降低固有毒性可成功地减少其带来的风险。使用无毒物料和产生无毒产物的反应比使用或产生有毒物质的反应在环境和经济前景上都要好。只要可能，反应和工艺设计应考虑使用更为安全的替代品。

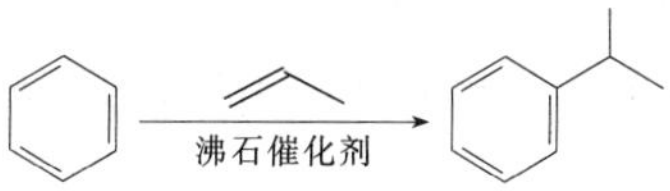

式-5

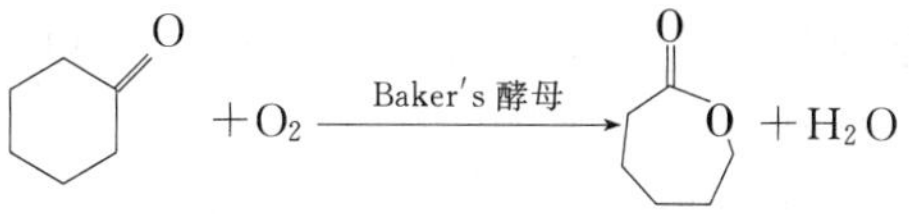

式-6

这种方法的一个很好的例子是异丙基苯的制备。全球范围内每年异丙基苯的产量约达 700 万吨。传统的异丙基苯合成是在固体磷酸或氯化铝催化剂上用苯和丙烯进行烷基化。两种催化剂都有腐蚀性，而且被归为危险废物。在 Mobil/Badger 生产异丙苯工艺中使用了沸石催化剂（式-5）。该催化剂具有环境惰性，且产品收率高。新工艺产生较少的废物（准则 1），需要较少的能量（准则 6），并且使用腐蚀性较小的催化剂（准则 12）。

Baeyer-Villiger 反应是把酮类转化为内酯的一类典型的有机反应。该转化最常用的试剂是间氯过氧化苯甲酸（mCPBA），它是一种对冲击极为敏感且易爆的物质。Stewart 采用遗传工程化的发面酵母来实现同样的反应(式-6)。酵母是一种安全、非致病的有机物，能够生物催化酮类和大气氧的氧化反应。反应在水溶液介质中进行，水是产生的唯一副产物。除了准则3以外，酶催化的 Baeyer-Villiger 反应还满足准则5(良性溶剂)和准则12(防止意外事故发生)。该反应目前正处于研究阶段。

准则4：设计安全化学品(designing safer chemicals)

化学产品设计应该在这些产品被期望功能得以实现的同时，将它们的毒性降到最低限度。

对毒性作用和反应机理的不断理解使化学家们能更好地预测哪种复合物或功能基团对环境有害。这种信息有助于设计更安全的化学品同时还能保持产物的理想目标。

Gross 通过微生物发酵，用可更新原料如葡萄糖成功地合成了 γ-聚谷氨酸。这种水溶性的聚合物是可生物降解的聚阴离子，适于作为替代品代替聚丙烯酸，它是非生物降解的聚阴离子，能在自然界中永久存在。准则7(可更新物料)和准则10(生物降解性)在此工艺中得到体现。

另一个例子是广谱杀虫剂，为了人类的健康和出于农业原因，它被广泛地用于控制害虫。与杀虫剂使用有关的问题包括对其他有机体的毒性、生物积累和部分昆虫抗药性的形成。昆虫释放出的挥发性化学物质信息素可用于害虫控制。例如性激素可用于破坏昆虫的配偶圈。然而，信息素由于生产费用昂贵，其应用不如其他杀虫剂广泛。Knipple 阐述了这一经济上的困难，他已经开发出鳞蝶呤(蛾)信息素前驱体的酶催化合成反应。从成年雌性蛾的腺体中分离出的酰基-辅酶 A 脱氢酶可催化合成重要信息素中间体。信息素有着较广谱杀虫剂显著的优点。它们无毒，对环境无害，专门适用于目标物种并且比较不易引起部分昆虫的抗药性。用信息素代替杀虫剂可以通过设计更加可行的合成方法得到发展。

准则5：使用安全溶剂和助剂(safer solvents and auxiliaries)

尽可能不使用助剂(如溶剂、分离试剂等)，在必须使用时，应使用无毒无害的助剂。

助剂用于促进反应，但不能进入最终产物中。这样，它们成为废物物流中的一部分而造成环境危害。例如某种氯化有机溶剂被怀疑是人类致癌物质，而含氯氟烃即氟里昂(CFCs)被认为会减薄大气恒温层中的臭氧层。当必须使用溶剂时，应尽可能使用良性溶剂，如水、超临界二氧化碳。反应设计也应考虑反应终止后反应物与产物的分离方法，并对环境友好的分离技术的应用进行评价。Paquette 的研究结果表明偶联反应可能会在铟催化剂的作用下于水溶液中进行。铟是这些 C-C 成键反应的理想催化剂：它在沸水及碱中稳定；露置于空气中不会形成氧化物；毒性低；易于回收再利用。有机溶剂改为水降低了向空气中蒸发，生成更清洁的废物流。

Hudlicky 及其同事通过结合生物催化和电化学完成了许多碳氢化合物合成的中间体环己烯四醇碳的合成。在酶催化过程中使溴苯功能化。在水中运用电化学方法就可完成反应而不用传统的反应物，如过氧酸和金属氢化物。有机溶剂的需要减少。通过应用酶催化和电化学技术代替氧化－还原反应，从一开头就防止了废物的产生(准则1)。

实际上，一些反应可以在无溶剂条件下进行。Varma 将微波活化用于在无溶剂条件下将醇氧化成为羰基化合物(式-7)。这一过程减少了对传统的氧化试剂(如 CrO_3、$KMnO_4$)的需要。在催化剂存在的条件下，反应物在可回收的载体表面被催化。铝、硅和铁(III)的硝酸盐黏土都是用于这些反应的可回收的载体。在无溶剂条件下，浓缩和环化反应也被证明是成功的。

$$R^1R^2CHOH \xrightarrow[\text{微波}]{\text{Clayfen}} R^1R^2C=O$$

式-7

准则 6：设计高能效过程（design for energy efficiency）

化学过程所需的能量应考虑其对环境的影响和经济效益，能耗应最低，尽可能使合成技术在环境温度和压力下进行。

除了在特殊过程中固有的环境危害的潜在可能性，进行合成所需要的能量也占有一定的环境费用。能量的使用来自于许多方面：加热、冷却、超声、高压、真空以及产物的分离提纯所需的能量。催化作用为特殊反应降低能量需求提供了良好的工具。

GE 塑料厂开发出一种催化剂，在合成该厂的 ULTEM® 热塑性树脂时带来了巨大的环境效益。与旧体系相比，合成 1lb(0.45kg)树脂时新工艺少用 25% 的能量，少消耗 50% 的催化剂，少产生 90% 的有机废物去做场外处理，在催化剂生产过程中少产生 75% 的废物。对该工艺进行进一步的改进将减少热氧化剂的需要。催化过程使 Donlar 公司能在更低的温度下聚合热聚天门冬氨酸（TPA），这样就会减少能量的需要。另外，TPA 无毒，环境安全，能生物降解，可使其成为聚丙烯酸（PAC）的可行的替代品。TPA 的催化合成阐明了准则 4（降低毒性）和准则 10（可生物降解性）。

准则 7：使用可再生的原料（use of renewable feedstocks）

从切实可行的技术和经济方面考虑，所使用的原料应可以再生，而不是直接排放掉。

石油化工是大多数有机合成的起始点，可是我们正在迅速地耗尽石油储藏，如果要发展可持续的化学工业，就必须寻找替代的原料。尽管许多物质在一定合理的时间里（而不是经过数个世纪或成千上万年）能够再生，如 CO_2，典型的可更新原料仍是以植物为基础的材料。

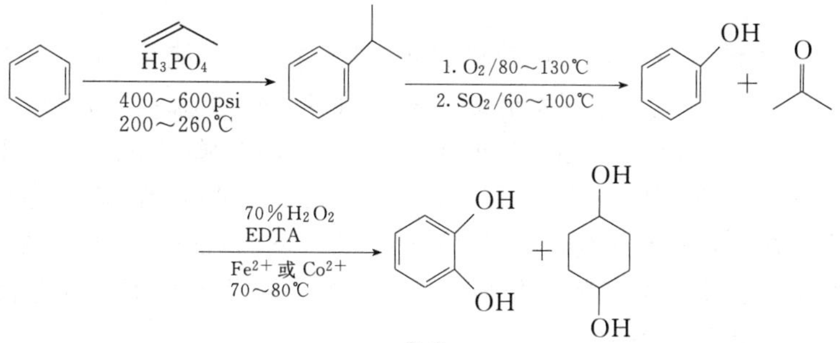

式-8

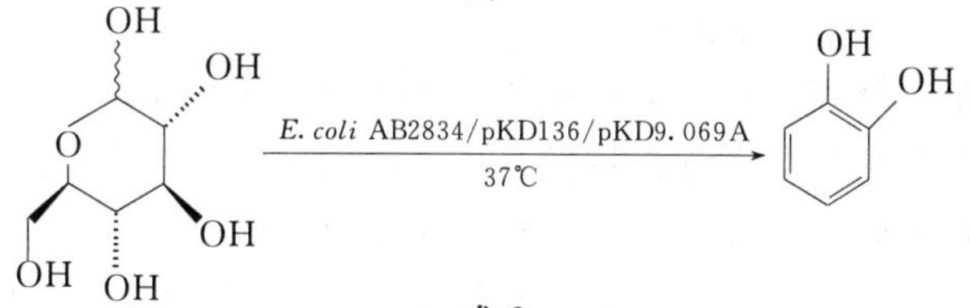

式-9

Draths 和 Frost 已经利用可更新原料来合成己二酸和邻苯二酚等价值极高的化学品。这些合成方式采用了基因工程微生物方式的生物催化作用。传统的邻苯二酚合成（式-8）从苯出发，而苯是已知的致癌物质，它又从石油中获得，是不可更新的原料。运用基因工程，邻苯二酚可由 D-葡萄糖经一步反应而获得（式-9）。生物催化路线减少了在邻苯二酚的合成中的有毒物质的用量（准则 3），而且降低了反应的能量需求（准则 6）。

在由生物质转化成为乙醇的过程中生物催化已被证明是有效的。Ho 及其同事已经设计出重组体的酵母菌属酵母，从而在纤维生物质存在下，同时把葡萄糖和木糖发酵为乙醇（式-10）。纤维生物质是一种可更新原料，包括草类、木本植物、农作物和森林残余物。乙醇被认为是汽油的补充物和替代品。

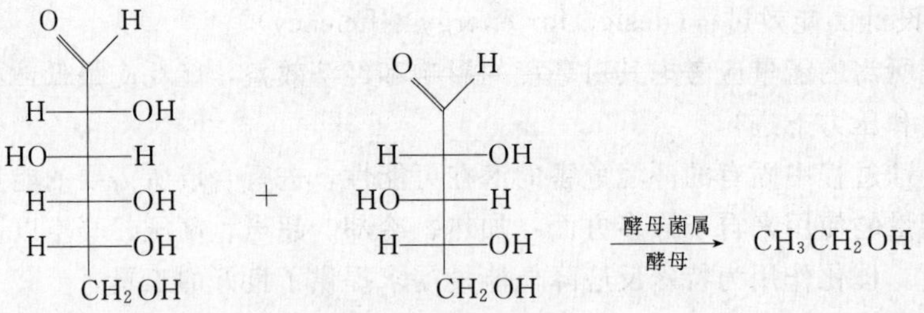

式-10

一种相对而言尚未触及的可更新原料资源是废弃生物质。这些废弃资源包括废水污泥，城市固体废物，农作物残余物和粪肥。Holtzapple 在无氧发酵器中使用微生物把废弃生物质转化成易挥发的脂肪酸盐，这种盐被浓缩和转化成为化学品或燃料。盐的酸化产生乙酸、丙酸和丁酸。盐的热转化可以产生酮，它可以氢化成为相应的醇。废弃生物质的商业应用减少了处理费用，既经济又对环境有利，还保护了不可再生资源，如石油等。

准则 8：减少衍生物(reduce derivatives)

如有可能应避免或最大程度减少不必要的衍生作用(使用屏蔽基团、保护/复原、物理/化学的暂时变更)，因为这些步骤需要附加的试剂并可能产生废物。

当进行多步合成反应时，常常有必要将敏感官能团保护起来防止其发生不希望的反应，或暂时把一种化合物转化成它的盐而易于分离。然而，这两种做法都要求有额外的步骤而增加反应物、时间和能量。催化反应常常能具备很强的选择性，这样可以减少反应序列中所需的修正步骤数。

酶以其很高的选择性而著称，但由于其不稳定性，溶液中不能共存而且价格昂贵，因而在工业上不能广泛地应用。生物学家开发出交叉联结的酶结晶(CLECs)，来增加有机反应中酶的多样性。与游离酶不同，CLECs 能避免温度和 pH 值的苛刻限制，能够置于水和有机溶剂环境当中。以 CLECs 为媒介的抗体头孢氨苄的合成降低了氮保护和 D-苯基甘氨酸的需要。

生物催化作用在 6-氨基青霉烷酸(6-APA)的合成中同样被证明是有效的。这种抗体中间物的典型合成方法需要进行青霉素 G 的羧基保护。在酶催化作用下，青霉素可经一步反应合成 6-APA，不需要进行保护和去保护。

准则 9：新型催化剂的开发(catalysis)

合成方法中尽可能选择高选择性的催化剂，优于使用化学计量试剂。

在选择性和减少能量方面，催化作用优于化学计量反应。催化剂的专一性有助于某一种立体异构体和某一种配向性异构体，或者有利于单基取代而对双基取代不起作用。通过促使反应向希望的产物方向进行，不希望的副产物的量降低了，从而产生的废物减少了。在催化剂降低反应活化能的同时，给定的转化反应所需的能量也降低了。

Spivey 及其同事开发出多个非均相催化剂用于将丙酮缩合成为甲基异丁基酮(MIBK)(式-11)。负载在氧化铝上的镍，氧化锆上的钯、镍和铌以及负载有钯的 ZSM-5 分子筛都表现出催化效果，只是催化丙酮缩合为甲基异丁酮(MIBK)的反应转化率和选择性程度不同。催化过程减少了典型应用的碱的化学计量，也减少了不希望的深度缩合产物的形成。

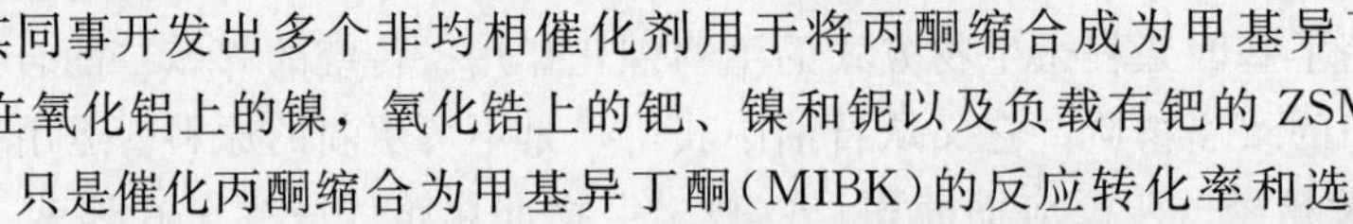

式-11

在抗发炎药物萘普生的合成中，手性金属催化剂的高选择性占有关键性的地位。催化剂包括 BINAP [2,2′-二(二芳基膦基)-1,1′-联萘]，这是一种由空间因素而具有严格旋光性的配位体。高压下，采用手性金属催化剂，萘普生的收率可达 97%。这种催化剂在工业上有着广泛的应用，尤其是在制药、调料及食用香料领域。

Hill 和 Weinstock 已经设计出聚氧代金属盐(POM)催化剂来选择性地去除木质。该工艺以 O_2 为氧化剂，水为溶剂，减少了与造纸厂相关的有害废物流量。当前的纸浆漂白技术以氯气为氧化剂，该工艺会产生二噁英副产物。尽管目前还竞争不过以氯为基础的工艺，但是以 POM 为基础的工艺有潜力把树木转化成纸张，而不使用或产生有毒化学品。

准则 10：降解设计(design for degradation)

化学产品的设计应该本着在完成它们的功能以后，分解为无害的产物和不会在环境中持久存在的原则。

由于接触或生物累积，环境中存在的化学品对有机体是一种危害。于是，化学品的命运应该在设计阶段就优先考虑：该产品是否能水解或光解成为良性物质？会不会产生毒性更强的副产物？产品在地下能否生物降解？

聚合物的耐久性对于野生生物和长期治理是一个问题。结果，注意力就集中在了可生物降解的聚合物设计上。天然的多羟基链烷酸酯(PHAs)是微生物聚酯，它在细菌的酶催化作用下合成而得。Gross 及其同事主要研究利用聚乙二醇控制分子量，从而控制 PHAs 的性质。除了可生物降解，PHA 聚酯也可由可更新资源合成(准则 7)。

生物降解的一个独特应用是在道路防冻剂领域。每个冬天都有上百万吨的氯化钠和其他无机盐被撒到路上，这些盐进入到地表和地下水中，破坏敏感的生态体系。冬季盐的使用也造成汽车的腐蚀和道路的毁坏。Mathews 利用生物催化作用把乳清废水转化成可生物降解的道路防冻剂乙酸钙镁和丙酸钙镁。利用日用工业中产生的废弃生物质，增加了这些废物的价值，减少了治理和处理过程，而且为制造道路防冻剂的替代产品提供了价廉的原料。

准则 11：预防污染中的实时分析(real-time analysis for pollution prevention)

进一步开发可进行实时分析的方法，实现在线监测，并且对有害物质的生成做到提前控制。

为优化反应条件，生产工艺中连续进料至关重要。在线监测有助于产率的最大化和有毒物质产生的最小化，可以调节反应条件，控制不希望的副产物的生成。过量试剂的使用可通过监测反应进程实现最小。

Subramaniam 采用在线 GC 定量分析监测 1-丁烯/异丁烷的烷基化反应。该工艺取代了传统的氢氟酸和硫酸工艺，而采用固体酸催化剂，如 HY 沸石、SO_4^{2-}/ZrO_2、全氟化树脂聚合磺酸。通过用超临界 CO_2 作为溶剂，催化剂孔中的积炭量减少了。在线监测便于采用固体酸催化工艺，同时也满足了准则 3(无毒试剂)和准则 5(良性溶剂)以及准则 12(防止意外事故发生)。

准则 12：防止意外事故的安全工艺(inherently safer chemistry for accident prevention)

对在化学过程中选用的物质及其形态应做到将意外事故的可能性降到最低，这其中包括泄漏、爆炸和火灾。

化工事故对于地方区域有着毁灭性的影响。大概最著名的化工事故是印度 Bhopal 的异氰酸甲酯的意外泄漏事件，它造成上千人死亡。由于不能完全避免意外事故，所以最理想的方法就是使用现存物质的最良性形式。

DuPont 已经开发出一条更为安全的工艺生产异氰酸甲酯。采用催化氧化脱氢工艺生产异氰酸甲酯，从而避免了光气的使用。通过把异氰酸甲酯现场转化成希望的农业化工产品，发生意外接触事故的潜在可能就减小了。

丙烯酰胺传统的合成方法使用有腐蚀性的硫酸和氨气，伴随目的产物丙烯酰胺的生成会产生相应化学计量的硫酸铵。在酶催化作用下可完成同样的转化反应而不产生不希望的副产物(式-12)。酶为标准试剂提供了更为安全、有效的替代品，简化了产物的分离。

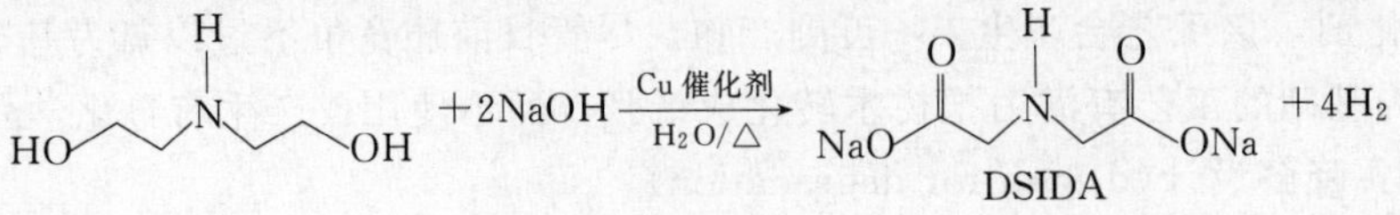

$$HOCH_2CH_2-N(H)-CH_2CH_2OH + 2NaOH \xrightarrow[H_2O/\triangle]{Cu\ 催化剂} NaOOC-CH_2-N(H)-CH_2-COONa + 4H_2$$
DSIDA

式-12

亚氨基二乙酸钠(DSIDA)典型的合成方法是采用 Strecker 工艺，以氨气、甲醛、氰化氢和盐酸为原料。孟山都公司设计了催化合成 DSIDA 的反应，它是合成他们的产品 Roundup® 除草剂关键的中间体。新工艺避免使用 Strecker 合成中的有毒物质。相反，它是建立在二乙醇胺的铜催化脱氢的基础上的(式-13)。在过滤完催化剂后不需对产物流进行额外的提纯。

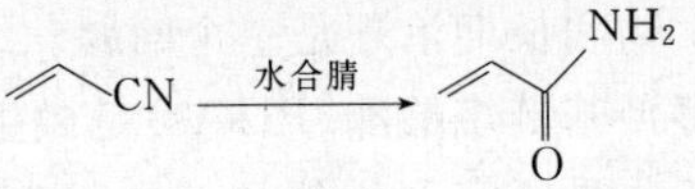

$$CH_2=CH-CN \xrightarrow{水合腈} CH_2=CH-C(=O)-NH_2$$

式-13

1.6.4 绿色化学准则的发展

随着人们对绿色化学研究的不断深入，Anastas 等[31,32]对最早提出的 12 条绿色化学原则进行了适当的完善，提出了绿色化学的 12 条补充原则，分别是：

① 尽可能利用能量而不是使用物质实现转换；

② 通过使用可见光有效分解水；

③ 采用的溶剂体系可有效地进行热量和质量传递的同时，还可催化反应并有助于产物分离；

④ 开发既具有原子经济性，又对人类健康和环境友好的合成方法"工具箱"；

⑤ 不使用添加剂，设计出可实现无害降解的塑料与高分子产品；

⑥ 基于嵌入熵(embedded entropy)进行回收和利用的材料设计；

⑦ 开展"预防毒物学"研究，增加生物与环境作用机理的知识，并不断地结合到化学产品的设计中；

⑧ 采用低能量密集方式制造更高效光伏电池；

⑨ 开发不燃烧、非材料密集的能源；

⑩ 大规模地高附加值消耗/固定利用 CO_2 和其他温室气体；

⑪ 实现不使用保护基团的方法进行保留敏感基团的转化反应；

⑫ 开发可长久使用、无需涂层和清洁的表面和物质。

这些原则涉及了光解水、新能源开发和温室效应等经济和社会发展过程中亟待解决的热点问题。

Winterton[33]从技术、经济和商业等角度出发，提出了绿色化学的另外 12 条原则，它们是：

① 识别和量化副产物；

② 报告转化率、选择性和产率数据；

③ 建立全过程物料衡算；

④ 测定损失在空气和水相排出物中溶剂和催化剂量；

⑤ 研究基础热化学；

⑥ 预测热量和质量传递限度；

⑦ 咨询化学或过程工程师；

⑧ 考虑全过程对化学选择的影响；

⑨ 帮助开发和应用过程可持续性程度评价的手段；

⑩ 量化并使公用工程消耗最小化；

⑪ 认识安全操作和废物最小化之间的不兼容性；

⑫ 实验室废物排放的监测、记录和最小化。

这些原则更注重工业放大和产业化过程中废物产生和排放所涉及的绿色化学问题。

1.6.5　绿色工程原则

上述绿色化学原则，尤其是 Anastas 等最早提出的绿色化学 12 条原则虽然被广为接受，并被用作评价化学品及其指标是否绿色的标准，但这些原则并没有清晰地包括许多与环境影响高度相关的概念。例如，化学品及其制备和使用过程的固有特性、生命周期评价的必要性、放热反应中热量的回收利用等。基于上述原因，绿色工程的概念应运而生[31]。

Singh 等[34]认为绿色工程的主要目标是在设计和制造决策时消除废物或废料的产生，要不然就尽可能地将其减少到最低限度。后来，Allen 等[35]将绿色工程定义为在过程和产品的设计、商业化和使用时，不仅要从源头上使污染以及对人类健康和环境的风险最小化，还要切实可行并且经济。在美国佛罗里达州的桑德斯廷会议上，绿色工程又被定义为将已有的工程学科和实践转化为促进可持续发展，在保护人类健康和提升生物圈保护的同时将其作为工程解决办法中的一种标准，集技术和经济上切实可行并且能够促进人类福祉的产品、过程和系统于一体[36]。和传统工程学科相比，绿色工程在产品生产和使用过程的各个环节均考虑资源和环境问题。随后，Anastas 等在绿色化学和绿色工程概念的基础上，又提出了 12 条绿色工程原则[37]：

① 设计者要致力于保证所有输入和输出的原料和能量尽可能地本质无害；

② 废物预防优于其产生后再处理或清除；

③ 分离和纯化操作应设计为原料和能量消耗最小化；

④ 设计产品、过程和系统时应使质量、能量、空间和时间的效率最大化；

⑤ 产品、过程和系统在使用能量和原料时，"输出拉动"优于"输入推动"；

⑥ 当确定循环、再利用或有利排放的设计选择时，必须把嵌入熵和复杂性看作是一种投资；

⑦ 应把产品的耐久性而不是永久性当作是一个设计目标；

⑧ 应把留有不必要的容量或能力的设计当作是一种设计缺陷；

⑨ 应使由多组分构成产物的原料多样性最小化，以利于产物的分解和保值；

⑩ 产品、过程和系统的设计必须包括可利用能量流和物料流间的集成和相互关联；

⑪ 产品、过程和系统的设计要考虑产品商业用途终结后的性能；

⑫ 原料和能量的输入应是可再生的而不是正枯竭的。

这些绿色工程原则面向工程实际，是实现绿色设计和可持续发展目标的一整套方法论，为科学家和工程师参与对人体健康和环境有利的原料、产品、过程和系统的设计提供了一套参照框架。基于绿色工程原则的设计可以让人们在不超出环境、经济和社会因素底线的同时，为企业带来巨大的经济效益和社会效益。必须指出，和绿色化学原则相类似，12 条绿色工程原则应用的前提是在分子、产品、过程和系统的设计中对这些原则进行系统集成，进而作为一个整体而不是孤立地应用。绿色化学原则和绿色工程原则关系密切，尤其在保证输入和输出原料、能量的尽可能的内在安全等方面，其本质是其能够在生命周期的每一步改善对环境的影响，这些步骤通常包括原料的提取和获得，原料的转化、处理、制造、产品的包装运输和分配，消费者使用产品和使用完毕后的管理等。在某种意义上，绿色化学原则是绿色工程原则所必需的一部分，通过二者的共同应用将有效地推动人类社会的可持续发展[38]。在设计的最早阶段综合考虑绿色化学原则和绿色工程原则将是一种使效率最大化、废物最小化和增加利润的有效战略。

2003 年 65 名科学家在美国佛罗里达召开的会议上又认定了工程界应该遵守的 9 条绿色工程规则，它们是[39]：

① 整体设计工艺过程和产品，使用系统分析方法并综合环境影响评估方法；

② 在保护人类健康和生活安宁的同时，保护并改善自然生态系统；

③ 在所有工程活动中要使用"生命周期"思想；

④ 确保所有的物质和能量输入和输出尽可能地本质上安全并环境友好；

⑤ 尽可能减少对自然资源的消耗；

⑥ 努力避免废弃物的产生；

⑦ 在对当地地理、需求和人文认知的同时，开发和实施工程解决方案；

⑧ 产生超越现有的和占绝对优势技术的工程解决方案，改进、创新和发明以实现可持续性；

⑨ 让股东和社会共同积极地参与工程解决方案的开发。

上述工程师工作框架下的绿色工程规则从化学化工领域拓展到整个工程领域，体现了人类社会和自然界的和谐共处和可持续发展。

1.7 美国 "总统绿色化学挑战年度奖" 简介

美国"总统绿色化学挑战年度奖"设立于 1996 年。共有五个奖项：①学术奖；②小企业奖；③变更合成路线奖或更绿色合成路线奖，如使用无毒和可再生原料、新颖的试剂或包括生物催化剂和微生物在内的催化剂，包括发酵和仿生合成在内的天然过程、原子经济合成或集成合成；④改变溶剂/反应条件奖或更绿色反应条件奖，如使用绿色溶剂替代危险溶剂，无溶剂或固态反应，提高能量效率，新颖的加工方法，或减少能量密集和材料密集型分离和净化过程；⑤设计更安全化学品奖或设计更绿色化学品奖，如比现有产品低毒的替代化学品，能避免潜在事故的本征安全化学品，使用后能循环或能生物降解的化学品，或对大气安全(不破坏臭氧层或形成化学烟雾)的化学品。

获奖项目的共性：设计、开发和实施在科学上有创新、经济上可行以及对人类健康和环境无害的绿色化工技术。

（1）1996 年度

学术奖：Taxas A&M 大学的 Mark Holtzapple 教授因开发了一系列技术，把废生物质转化成为动物饲料、工业化学品和燃料而获奖。生物废料包括城市固体废物、下水道污染物、粪便及农业残余物等。他们将木质纤维类废弃物，如作物秸秆、甘蔗渣等用石灰在高温下处理一段时间，使之能够进一步消化转变为反刍动物的饲料。石灰处理过的生物材料，还可以经厌氧菌发酵得到挥发性脂肪酸的盐，如乙酸钙、丙酸钙和丁酸钙。生物废料先浓缩再经过三条路线可转化为化学品或燃料。第一条路线是经酸化，可得到乙酸、丙酸、丁酸等。第二条路线是脂肪酸盐可以热转化为酮类，如丙酮、甲乙酮、二乙基酮等。第三条路线是这些酮经氢化为相应的醇，如异丙醇、异丁醇和异戊醇等。

小企业奖：Donlar 公司因开发了两条高效工艺以生产一种代替丙烯酸的可生物降解产品——热聚天门冬氨酸（TPA）而获奖。第一条工艺，首先将干燥的天门冬氨酸固体聚合转化为聚丁二酰亚胺，不使用任何有机溶剂。然后经碱性水解，生成 TPA。另一条工艺，在聚合阶段，加入催化剂，可降低反应温度，所得到的 TPA 产品性能更好。TPA 无毒、对环境安全。可用于农业缓释肥料、水处理、清洁剂、日用化工等。

变更合成路线奖：Monsanto 公司因开发了不用剧毒的氢氰酸原料，而是从无毒无害的二乙醇胺原料出发，利用铜催化脱氢反应安全生产亚氨基二乙酸钠（DSIDA）的技术而获奖。DSIDA 是生产环境友好除草剂 RoundUp® 的关键中间体。

改变溶剂/反应条件奖：Dow 化学公司因采用二氧化碳 100% 代替对生态环境有害的氯氟烃作聚苯乙烯泡沫塑料的发泡剂而获奖。

设计更安全化学品奖：Rohm&Haas 公司因成功开发一种环境友好的海洋生物阻垢剂——Sea-Nine™ 而获奖。该公司开发的 4,5-二氯-2-正辛基-4-异噻唑啉-3-酮（Sea-Nine™ 阻垢剂）极易生物降解，生物累积率为零，对海洋生物没有持续毒性。

（2）1997 年度

学术奖：北卡罗来纳大学 Joseph M. Desimone 教授因发明了用于二氧化碳的表面活性剂，从而使二氧化碳成为具有工业应用价值的无毒溶剂，代替传统的危险化学溶剂而获奖。处在溶液状态的二氧化碳很久以来就被认为是理想的溶剂、萃取剂和分离助剂，但阻碍其使用的主要因素是大多数物质在其中的溶解度太低，即使其处在液态或超临界状态。Joseph M. Desimone 教授等开发了能在液态和超临界二氧化碳中分散高固体含量的聚合物乳胶液的非离子型表面活性剂。已扩展到通常在二氧化碳中不溶解物质。受益于这一技术的领域包括微电子和光器件的清洗、医疗器具加工和清洗、化工制造和涂料工业。

小企业奖：Legacy System 公司因开发了一种革命性的去除有机物的湿式清洁技术——Coldstrip™ 而获奖。该技术只以氧气和水为原料，活性组分是臭氧，可显著改善环境。

变更合成路线奖：BHC（BASF 公司和 Hoechst Celanese 公司的合营公司）因开发了一种广泛应用的消炎药——布洛芬的有效制备方法而获奖。新合成工艺包括三个步骤，原子利用率接近 80%。传统的工艺过程（六步）原子利用率小于 40%。该工艺使用无水的氟化氢既作溶剂又作催化剂提高了反应选择性，氟化氢的回收重复使用效率高达 99.9%。

改变溶剂/反应条件奖：Imation 公司因开发了应用于医学影像的 DryView™ 胶片，仅利用热而不使用危险的化学显影剂而获奖。

设计更安全化学品奖：Albright & Wilson Americas 公司因开发了四羟甲基硫酸磷（THPS）生物杀虫剂而获奖。THPS 对非目标微生物几乎无毒，在很低浓度下仍高效，更易生物降解。降解产物不会形成二噁英或可吸附的有机卤化物，且不在生物体内累积。

（3）1998 年度

学术奖：分别授予斯坦福大学 Barry M. Trost 教授及密歇根州立大学 Karen M. Draths 博士和 John W. Frost 教授。

Trost 教授因创立了作为绿色化学基石的"原子经济"概念而获此奖项。原子经济是不浪费原子的化学反应。这个概念包括了减少使用不可再生资源，产生废物的最小化和减少合成反应步骤。当前，一个化学过程只考虑得到多少产品，而没有考虑产生多少废物，结果，许多被认为是高产率的过程从原子经济角度看实际是浪费的过程。Trost 教授阐明了用于评价化学过程的一组新的判据——选择性和原子经济性。

Karen M. Draths 博士和 John W. Frost 教授以葡萄糖为原料，采用基因工程-微生物为环境友好催化剂，合成重要的有机化学品。葡萄糖来源于淀粉、半纤维素和纤维素等可再生的碳水化合物，新工艺以葡萄糖为起始原料代替来自石油的苯，采用基因工程的微生物作为环境友好的生物催化剂，以水为反应溶剂，常温和常压的反应条件，不产生有毒的中间物和对环境有危害的副产物。

小企业奖：PYROCOOL 技术公司开发了一种无毒和可生物降解的灭火泡沫，用于替代消耗臭氧的气体和使用中能释放对环境有毒和持久稳固化学品的液体泡沫而获奖。该泡沫是易于生物降解的非离子型表面活性剂、阴离子型表面活性剂和两性表面活性剂与水的混合比为 0.4% 的配方，不含乙二醇醚和含氟表面活性剂。

变更合成路线奖：Flexsys America 公司因开发了一种不用氯化而是采用亲核芳烃取代氢合成 4-氨基二苯胺(4-ADPA)的环境友好新过程而获奖。4-ADPA 是一种用量巨大的生产橡胶防老剂的重要中间体。新的过程利用碱催化的苯胺和硝基苯之间的亲核取代氢反应。

改变溶剂/反应条件奖：阿尔贡国家实验室因开发了一种以糖为原料生产乳酸酯的经济可行的工艺而获奖。乳酸酯可用作无毒、可生物降解的溶剂。该工艺使用渗透蒸发膜和催化剂，以可再生的碳水化合物为原料，低成本生产高纯度的乳酸乙酯及其他乳酸酯。

设计更安全化学品奖：Rohm 和 Haas 公司因开发了 CONFIRM™——一种控制草地和各类作物中毛虫的新型杀虫剂而获奖。它对于诸如哺乳动物、鸟类、蚯蚓、植物及各种水生微生物等许多非目标微生物更安全。

（4）1999 年度

学术奖：Carnegie Mellon 大学的 Terry Collins 教授因开发了一系列活化剂而获奖。TAML™活化剂具有许多潜在应用，如制备造纸纸浆和去除污渍。这种新颖且环境友好技术可减少废水中的含氯副产物并节水节能。TAML™是四酰胺基大环配体活化剂，它是离子基且具有无毒官能团(无氯)，可以增强过氧化氢的氧化能力(低温)。TAML™也可以用于洗涤过程中衣物的漂白，破坏那些脱离纤维的自由染料分子。因此，这个体系在更有效去除污渍的同时防止染料从一件衣物转移到其他衣物上去，为开发节水洗衣机铺平了道路。

小企业奖：Biofine 公司因开发低成本废弃纤维素转化成乙酰丙酸及其衍生物技术而获奖。他们发明了一种反应器可以消除副反应，使反应朝有利于所需产物形成的方向进行，减少焦油的生成，乙酰丙酸产率可达 70%～90%。同时可得到有价值的副产品甲酸和糠醛。

变更合成路线奖：Lilly 实验室因为设计出更有效、产生更少废弃物的合成方法，以制备一种抗痉挛药物 LY300164 而获奖。

改变溶剂/反应条件奖：Naclo 化学公司由于开发了用于各种工业和城市水处理的聚合物的一种新颖的合成方法而获奖。

设计更安全化学品奖：Dow AgroSciences 有限责任公司（Dow Chem Co 子公司）由于开发了一种高选择性的、对环境友好的杀虫剂——Spinosad 而获奖。

（5）2000 年度

学术奖：Scripps 研究所的 Chi-Huey Wong 教授因在酶催化有机合成反应中做出的贡献而获此奖。Wong 教授使用生物酶和环境许可的溶剂，在温和反应条件下进行有机合成反应，替代传统上要求有毒金属和危险溶剂的反应，并使一些在工业规模下不可能或不现实的反应成为可能。基于基因工程的糖基转移酶和糖核苷酸原位再生的多酶系统带来了碳水化学领域的一场革命，并使规模合成用于临床评价的复杂的低聚糖成为可能。

小企业奖：RevTech 公司因发明一种通过辐射固化进行玻璃和陶瓷器装饰的技术——环境兼容墨水而获奖。

变更合成路线奖：Roche Colorado 公司因开发一种效力大的抗病毒药 Cytovene® 的有效生产过程而获奖。该过程将化学试剂和中间物的数量从原来的 22 种减为 11 种。

改更溶剂/反应条件奖：Bayer 公司和 Bayer AG 因开发双组分水性聚氨酯涂料而获奖。Bayer 开发了一系列高性能、水溶性、双组分聚氨酯涂料，消除了传统聚氨酯涂料中所使用的大部分或全部有机溶剂。

设计更安全化学品奖：Dow Agroscience 公司因在白蚁控制方面创造性的工作而获奖。他们发明的 Sentricon™ 系统消灭白蚁的方法是仅当白蚁活动时采用专一的饵剂进行。

（6）2001 年度

学术奖：Tulane 大学的李朝军（Chao-Jun Li）教授因开发出了具有"准天然"催化作用——能在空气和水中应用的过渡金属催化剂而获奖。采用惰性气氛和排除水的影响，对于金属有机化学和过渡金属催化都是非常重要的。Li 教授的研究主要集中在开发大量的、在空气和水存在的条件下进行的过渡金属催化反应。如，铑催化的羰基加成和共轭加成反应首次能够在空气和水存在的条件下进行。他同样设计出了一种在水中进行由钯催化的、高效的、以 Zn 为媒质的 Ullman 类型偶联反应，该反应可在空气中于室温下进行。除此之外，他还成功开发了许多在水中进行的 Barbier-Grignard 类型的反应。这些新型的合成方法可以应用于各种有机化学品和化合物的合成。其中一些化学反应表现出了空前高的化学选择性，从而消除了副产物的生成和产品的分离。将这些新方法应用到天然产物包括多羟基天然产物、中等尺寸的环化合物以及大环化合物的合成中去，将产生更为短的化学反应序列。

小企业奖：EDEN 生物科学公司因开发 Messenger® 产品，带来植物生产和食品安全的一次绿色化学革命而获奖。该公司开发的 Harpin 技术是基于一种新型的无毒、自然产生的蛋白质，它能够激发植物的自然防御系统来抵御疾病和害虫，同时激活植物生长系统而并不改变植物的 DNA。

变更合成路线途径奖：Bayer 公司和 Bayer AG 因为开发出了一种环境友好且可生物降解的螯合剂——亚氨基二琥珀酸盐而获奖。亚氨基二琥珀酸钠是以马来酸酐、水、NaOH 和 NH_3 为原料生产的。生产过程中唯一溶剂就是水，而唯一的副产品是溶于水中的 NH_3。

改变溶剂/反应条件奖：Novozymes 北美公司因开发出了棉纺制品的生物制备工艺——一种费用适当且与环境相容的制备工艺 BioPreparation™ 而获奖。

设计更安全化学品奖：PPG 工业集团因开发出了以钇代替铅用于阳离子电沉积镀膜的技

术而获奖。PPG 发现，在阳离子电镀中铅可以用钇代替而不牺牲其抗腐蚀性能。钇的危害要比铅低几个数量级。

(7)2002 年度

学术奖：该奖授予匹兹堡大学化学工程系的 Eric J. Beckman 教授及其研究小组，他们首次设计并制备出亲 CO_2 的非氟共聚物添加剂，使 CO_2 成为更有用的溶剂。Beckman 等研究了 CO_2 的热力学性质，探索设计廉价非氟共聚物的简单规律，这些共聚物可以用作亲 CO_2 添加剂。根据找出的规律，一个单体可以被导入具有较低玻璃化转变温度的聚合物，因此拥有很好的柔韧性，该单体还可以使聚合物与聚合物链中的其他物质发生微弱的相互作用。第二个被导入的单体具有羰基等 Lewis 碱官能团，这就使聚合物拥有了易于与 CO_2 作用的基团。Beckman 小组设计并合成了一系列非常经济的非氟共聚物，这些共聚物能迅速地溶解于 CO_2 且溶解压力低。该添加剂可生物降解，制备成本只有氟代聚醚化合物的 1%。该小组已经将模型进行了拓展，开始制备醋酸酯功能化聚醚、聚醚碳酸酯和功能化聚硅氧烷。Beckman 希望使用这些共聚物制备螯合剂、催化剂配位体及其他化合物。潜在的应用领域包括纤维和纺织品的染色和清洗、聚合反应和聚合物加工、药品提纯和结晶以及一般的化学合成。

小企业奖：SC Fluids 公司因成功开发了超临界 CO_2 清洗保护层技术(SCORR)而获奖。该技术使集成线路板实现了流水线生产，大幅度降低了成本，减少了环境负担。

变更合成路线奖：美国辉瑞公司因改进了抗抑郁症药 Zoloft® 活性组分舍曲林的制造工艺而获奖。对舍曲林合成工艺关键性的改进是将三步法缩减为一步法(组合过程)。还原反应采用高选择性的钯催化剂，减少了杂质的生成及后处理过程。

改变溶剂和反应条件奖：Cargill Dow 有限责任公司因开发出以玉米葡萄糖为原料合成聚乳酸(PLA)的新工艺 NatureWorks™ 而获奖。该工艺从源头上避免污染——采用自然发酵生产乳酸；可再生材料替代石油基原料；消除了溶剂及其他有害物质的使用；产物及副产物流的完全循环；采用催化剂降低能耗，提高产物收率；产物 PLA 可回收或可生物降解。

设计更安全化学品奖：Chemical Specialties 公司因开发出碱性铜四元化合物替代常用的木材防腐剂铬化砷酸铜而获奖。

(8)2003 年度

学术奖：布鲁克林理工大学的 Richard A. Gross 教授领导的实验室开发出脂肪酶催化聚酯合成反应的通用生物催化剂而获奖。该生物催化技术的成功基于生物酶能降低聚合反应活化能并减少过程的能量消耗。温和的反应条件使化学和热敏感分子的聚合反应成为可能。这些聚合反应的基础研究揭示了酶用于聚合化学的卓越能力。他们通过一锅法酶催化缩聚反应合成了一系列含多元醇的聚酯。使用各种多元醇(甘油，山梨醇)与其他二元酸和二元醇的混合物，多元醇可部分或全部溶解，导致高活性的缩聚反应。这样可省去溶剂和活化酸(如二乙烯基酯)。聚合反应得到分子量高且分布窄的产物(M_w 大于 200000，分子量分布小于 3)。而且，与甘油和山梨醇的缩合反应可获得高的立体选择性。虽然多元醇含有 3 个以上的羟基，但其中只有两个在聚合反应中具有高的反应活性。酶催化所显示的高的立体选择性得到多支链聚合物而不是交联的产物，支化度随反应时间和单体化学计量而变化。使用酶催化剂拓宽了聚合反应的原料范围，包括内酯、羧酸、环状碳酸酯、环状酸酐、氨基醇、羟基硫醇。所开发的方法具有简单、反应条件温和、无需保护-解保护步骤可将碳水化合物(如糖)引入聚酯的能力。Gross 教授的实验室发现一定的酶可催化含有链内酯类或功能性封端基团的高分子量链之间的酯交换反应。如 *Candida antarctica* 的 Lipase B 能催化聚合物链之间的链内交换反应以及单体与聚合物之间的酯交换反应。对于熔点低于 100℃ 的聚合物，反应可在本体进行。由于酶具有容纳大分子量底物和催化链内酯键断裂的能力，故可发生酰基转移反应。固载的 *Candida antarctica* Lipase B（Novozyme-435）可催化分子量 M_n 超过 40000 的脂肪族聚酯间的酯交换反应。另外，在低温下催化无金属的酯交换反应时，酶赋予酯交换反应以很高的选择性。利用这一特征可制备具有选择性嵌段长度的嵌段共聚物。聚酯合成时的缩合或开环反应一般都在一个反应釜内进行，不需要溶剂。生物催化剂选择性高，无需反应物侧链保护剂，使反应更为顺畅。总体来讲，Gross 教授的酶路线在环境和成本方面优于传统的化学催化聚合方法，并能得到一种新型的商业和医疗用羟基涂料聚酯。

小企业奖：AgraQuest 公司因开发出第一个广谱生物杀菌剂 Serenade 而获奖。

变更合成路线奖：南方化学公司因开发出的"无废水排放的固体氧化物催化剂合成工艺"而获奖。该工艺可用金属直接制备固体金属氧化物催化剂，能够大大减少催化剂生产用水，而且不会用到硝酸，消除了硝酸盐废物和 NO_x 的排放。目前氧化物催化剂的生产方法是在高温和剧烈搅拌条件下，用硝酸氧化粉状或片状金属，生成的硝酸盐溶液再用碱液（氨水或碳酸钠溶液）处理得到金属盐沉淀。用水多次洗涤沉淀除去可溶性硝酸盐或其他离子（NH_4^+、Na^+、NO_3^- 等），然后进行干燥和煅烧去掉多余的水分、NO_x 和 CO_2 等，最后将金属氧化物与添加剂混合。南方化学公司的新工艺没有硝酸氧化步骤。新工艺以温和的羧酸溶液作活化剂，空气中的氧气作氧化剂，反应温度为室温，只需用少量的水，所产生的料浆是金属氧化物与氢氧化物的混合物。金属转化为金属氧化物需要 24～48h，未反应的金属一般少于 1%，可留在催化剂上作为活性成分，或用磁分离器除去。料浆蒸发干燥后加入促进剂和其他添加剂，再通过造粒机变成颗粒状氧化物催化剂产品。酸按化学计量法添加，并且可以循环再生，煅烧时可分解为水和 CO_2。煅烧后的固体符合理想催化剂所有的性能要求：比表面积和孔容大、金属浓度和结晶度高，并且可以进一步处理成更高结晶度的材料以适应特殊用途。

改变溶剂/反应条件奖：杜邦公司因开发可进行工业化生产的发酵工艺，用从玉米中提取的葡萄糖生产 1,3-丙二醇（PDO）而获奖。

设计更安全化学品奖：Shaw 公司因设计生产 EcoWorx™ 牌聚烯烃方块地毯而获奖。与传统产品相比，新产品更易回收利用，可取代 PVC 和邻苯二甲酸酯增塑剂。

（9）2004 年度

学术奖：佐治亚工学院的 Eckert 教授和 Liotta 教授因研究出一种环境友好且性质可调的溶剂，实现了反应和分离过程一体化而获奖。每个化学品生产过程都是由反应和分离两个过程构成。一般在反应和分离两个步骤采用同一种溶剂时，溶剂的优化也只是从反应的需要考虑。但分离步骤的成本约占总成本的 60%～80%，而且对环境的影响也最大。通常反应和分离的设计分别进行，但是 Eckert 教授和 Liotta 教授创造了用一系列新颖、环境友好、性质可调的溶剂将反应和分离结合的成功范例。超临界二氧化碳、近临界水和用二氧化碳膨胀的液体等溶剂环境友好、性质可调，溶解性比气体好，传输性质比一般液体好，热力学条件如温度、压力、组成的微小变化都会带来溶剂性质巨大变化。这些溶剂也具有环境优势：不对操作人员身体健康构成危害，也有利于减少废物排放，防止污染。这种新颖溶剂的使用将环境友好、减少废物排放、反应效率高有机地结合在一起。Eckert 教授和 Liotta 教授利用超临界二氧化碳调整反应平衡和反应速率、提高选择性、消除废物产生。他们第一次将超临界二氧化碳用于相转移催化剂，使产品分离更彻底更经济，催化剂回收也更有效；证明了在化学工业、制药工业中的重要反应所用的相转移催化剂都可以在超临界二氧化碳反应相中使用，包括手性合成反应。研究小组用近临界水代替传统有机溶剂进行了一系列合成反应。如利用近临界水较强的分解能力的酸、碱催化反应，反应完成后无需额外加入酸或碱中和及盐的处理。利用二氧化碳使有机流体膨胀，促进均相催化剂如相转移催化剂、手性催化剂、酶等的回收。另外，他们还利用这些环境友好且性质可调的溶剂进行合成路线设计，以减少废物排放，并进行了过程成本核算，验证了新技术商业化的可行性。

小企业奖：Jeneil 生物表面活性剂公司因研究出一种天然的、低毒性的生物表面活性剂鼠李糖脂产品，用于替代传统的表面活性剂而获奖。

变更合成路线奖：Bristol-Myers Squlbb 公司（BMS）利用植物细胞发酵和萃取技术，开发了一种生产 Taxol® 制品的绿色合成路线而获此殊荣。Taxol® 是一种抗癌药物，其活性成分是紫杉醇。

改变溶剂/反应条件奖：Buckman Laboratories International 公司因开发了一种旨在改善纸再生过程的酶技术而获奖。

设计更安全化学品奖：Engelhard 公司因开发一系列环境友好的 Rightfit™ 偶氮颜料而获奖。

（10）2005 年度

学术奖：Alabama 大学的 Rogers 教授因建立了一种用离子液体溶解和处理纤维素制备新型材料的"平台策略"而获奖。现在，大多数化学公司都致力于利用可再生资源的生物炼制的研究。在一个典型的生物炼制过程中，复杂的天然聚合物如纤维素首先被解离成乙醇、乳酸等构件分子，然后再重新组装成复杂的目标聚合物。然而，如果能够利用天然聚合物的生物复杂性直接合成新的聚合物，那么将会消除许多解离和重组步骤。Rogers 教授和他领导的研究团队创建了一种"平台策略"，成功地利用一种天然的可再生聚合体——纤维素的生物复杂性直接合成新型材料。这一策略潜在地减弱了在合成聚合物时对于石油基原料的依赖性。Rogers 教授的技术遵循了绿色化学的两个基本原则，即开发环境友好的溶剂和利用生物可再生资源为原料合成新型材料。Rogers 教授发现，各种来源的纤维素（如纤维性材料、无定形材料、棉花、纸浆、细菌、滤纸等）都能不经衍生化，通过温和的加热（尤其用微波加热）就很容易快速地溶解在一种叫做 1-丁基-3-甲基咪唑氯化物（[C₄mim] Cl）的低熔点的离子液体中。利用传统的挤出纺纱或成型技术，这种溶解在离子液体中的纤维素在水中可以容易地形成所需的形状，如纤维、膜、微珠、絮状物等。向上述纤维素的离子液体溶液中添加功能添加剂，Rogers 教授已能制备出数种混合的或复合的材料。在纤维素被离子液体溶解之前或之后，这些添加剂如染料、配位剂、其他聚合物等可以溶解在离子液体中，其他如纳米材料、黏土、酶等则可以分散在离子液体中。利用这种简单的、不涉及化学键变化的方法，Rogers 教授制备出空间结构、功能、流变能力可调的胶囊状的纤维素合成物。离子液体可以通过一种新颖的盐析或普通的阳离子交换等方法进行回收利用，这比利用蒸馏回收的方法节约能源。Rogers 教授现在一方面致力于开发改进的、更有效的、经济的合成 [C₄mim] Cl 的方法，另一方面从离子液体的毒物学、工程开发、商业化等方面进行研究。

小企业奖：Metabolix 公司因成功地利用生物技术合成天然塑料而获奖。聚羟基脂肪酸酯（PHAs）是一类应用广泛、环境友好、高性能的生物塑料，它是以可再生物质如玉米淀粉、蔗糖、纤维素水解产物以及植物油等为原料，利用生物催化技术合成的。

变更合成路线奖：奖励了2个项目：Archer Daniels Midland 和 Novozymes 公司联合利用一种特殊的脂肪酶 Lipozyme®，通过酶催化酯交换反应，从植物油制取低含量反式脂肪和油脂的制品以及 Merck 公司设计的 Aprepitant 新合成路线。

改变溶剂/反应条件奖：BASF 公司因开发了一种可紫外光固化的、单组分、低挥发性有机物的汽车修补底漆而获奖。

设计更安全化学品奖：Archer Daniels Midland 公司因开发了一种非挥发性、反应活性的生物基聚结剂，从而大大降低了乳胶涂料中挥发性有机物含量而获奖。Archer RC™ 提供的聚结剂具有与传统产品相同的功效，但避免了有害的 VOCs 的排放。

(11) 2006 年度

2006年6月26日在美国华盛顿举行了美国总统绿色化学挑战奖第11届颁奖仪式。为更好地突出绿色化学的宗旨，2006年对所设奖项的名称作了一些变动：变更合成路线奖(alternative synthetic pathways award)改为更绿色合成路线奖(greener synthetic pathways award)，改变溶剂/反应条件奖(alternative solvents and reaction conditions award)变为更绿色反应条件奖(greener reaction conditions award)，设计更安全化学品奖(designing safer chemical award)变为设计更绿色化学品奖(designing greener chemicals award)，小企业奖(small business award)和学术奖(academic award)名称未变。

学术奖：Missouri-Columbia 大学的 Galen J. Suppes 教授因从天然甘油合成出生物基的丙二醇和合成聚羟基化合物的单体而获奖。Suppes 教授通过研究发现，利用一种廉价的方式，可以将生物甘油转变成丙二醇。这种工艺是将一种新型亚铬酸铜催化剂和反应精馏进行耦合，比起旧的转化工艺，新工艺具有许多优势：反应温度和反应压力降低，转化效率提高，副产品减少。他们还将甘油转化成丙酮醇，如果从石油产品中制备丙酮醇(1-羟基-2-丙酮)，则成本非常高，每磅接近5美元，而从甘油制备丙酮醇，成本每磅只有大约10美分。

小企业奖：Arkon 咨询公司和 NuPro 技术公司联合开发了柔性版印刷工业中对环境安全的溶剂及其循环利用方法而获奖。

更绿色合成路线奖：默克(Merck)公司因开发出一条用 β-氨基酸制备 Januvia™ 活性成分的新颖绿色合成路线而获奖。

更绿色反应条件奖：Codexis 公司因采用先进的基因技术，开发了一种基于酶催化的过程，极大改善了用于合成 Lipitor® 的关键构件分子的生产过程，因此获得了绿色反应条件奖。Lipitor® 是世界上最畅销的药之一，它通过阻断肝脏中胆固醇的合成而降低体内胆固醇。

设计更绿色化学品奖：S. C. Johnson & Son (SCJ)公司因研发出了 Greenlist™ 系统而获奖。该系统用来评估其产品中各成分对环境和人类健康的影响，并用于指导配方的改进。

(12) 2007 年度

学术奖：休斯敦 Texas 大学的 Krische 教授开发了一种全新的化学反应，利用氢和金属催化剂促进碳-碳化学键的形成，从而获得了学术奖。利用这个新反应，可以将简单的化学品转化成复杂的物质，如药物、杀虫剂和其他重要的化学品，同时产生最少的废物。以氢为媒介的还原反应称为催化氢转移，是工业中应用最为广泛的催化方法。通常被用作碳氢键的形成。Krische 教授和他的研究小组开发了一种新的催化氢转移反应，用于碳-碳键的形成。

在这些金属催化的反应中，两个或多个有机分子与氢气结合形成一种单一的复杂产物。由于所有在开始反应时的构件分子都出现在最终产物中，因此 Krische 教授开发的反应不产生副产物或废物，消除了对环境的污染。在该反应出现以前，通过氢为媒介的催化氢转移形成碳-碳键的方法几乎都是以一氧化碳为反应物，如 1938 年出现的烯烃氢甲酰化反应，以及 1923 年出现的费托合成反应。早期的这些以氢为媒介的催化氢转移形成碳-碳键的反应，在工业上得到了大规模应用。尽管这些反应的重要性不言而喻，但没有人系统地对其进行研究。因而，作为一种有效的碳-碳耦合的新方法，氢转移反应的潜力还远未开发出来，这一领域的研究落后了将近 70 年。Krische 教授开发的以氢为媒介的碳-碳耦合反应，规避了在羰基、亚胺的加成反应中使用金属试剂（如 Grignard、Gilman）所带来的一系列问题。以前使用的金属试剂具有较高的反应活性，对水非常敏感，很多时候能自燃，也就意味着暴露在空气中时会燃烧。以氢为媒介的碳-碳耦合反应充分利用催化剂的优势，避免了因使用传统有机试剂所带来的危险。并且，使用手性的氢转移催化剂，Krische 教授研究的碳-碳耦合反应所得到的产物具有很高的对映选择性。人们认识催化氢转移反应已有一个多世纪了，这一反应以其高效、原子经济性和低成本经受住了时间的考验。通过对催化氢转移反应合成碳-碳键方法的系统研究，Krische 教授又使这种最基本的催化反应过程焕发出新的活力。利用 Krische 教授的催化氢转移反应形成碳-碳键，可以使合成的复杂有机分子具有更高的对映选择性，消除了来自反应原料和废物的危险。该项技术商业化规模的应用，可以避免更大量的危险化学品的使用。产物产率和工人操作条件安全系数的提高，使得原来需采用传统试剂的危险化学转化反应变得不再困难。

小企业奖：NovaSterilis 公司因发明了采用二氧化碳和一种过氧化物的灭菌新技术而获奖。这项新技术适合于敏感生理材料并且对一系列重要的生理医疗材料都能有效灭菌。

更绿色合成路线奖：美国 Oregon 州立大学的 Kaichang Li 教授与哥伦比亚林业产品公司（Columbia Forest Products）以及 Hercules 集团公司，合作开发了一种用大豆粉为原料制备黏合剂的替代品而获奖。用于替代释放甲醛的合成树脂，如酚醛树脂、脲醛树脂等黏合剂。

更绿色反应条件奖：Headwaters 技术公司因开发利用纳米催化技术直接合成双氧水工艺而获奖。该技术通过催化剂，可以直接将氢气和氧气催化转化成双氧水。这一突破性技术产品名称为 NxCat™，是一种 Pt-Pd 催化剂。它之所以性能优异，是因为其表面形貌被精确控制。Headwaters 技术公司已经成功地研制了一整套分子模板和底物，用于控制催化剂的晶相结构、颗粒尺寸、组成、分散度和稳定性。利用这种技术所制备的催化剂粒径均一（都在 4 nm 左右），可以在空气中氢气体积分数小于 4%（即低于氢气可燃的极限）的情况下，保证双氧水以较快速度生成。而且双氧水的选择性最高达 100%。2006 年，Headwaters 技术公司与 Degussa AG 公司合作已经成功地将这一技术进行了示范。

设计更绿色化学品奖：Cargill 公司以可再生的生物质资源为原料合成出了 BiOH™ 多元醇，用以替代石油基多元醇，获得了设计更绿色化学品奖。技术包括两个环节，首先是把菜籽油中不饱和的碳-碳双键转化成环氧化合物衍生物，然后在温和的温度和压力条件下将这些环氧化合物衍生物转化成多元醇。

(13)2008 年度

学术奖：Michigan 州立大学的 Robert E. Maleczka, Jr. 教授和 Milton R. Smith 教授因开发了一种在温和的条件下，安全制备复杂化合物的新催化方法，并且产生最少的废物，从而获得学术奖。构建复杂分子，如医药品和杀虫剂以及类似的复杂物质的一种方法是通过偶联反应。偶联反应通常以新的碳-碳键连接两个较小的分子。一种最有效的偶联反应是 Suzuki 反应。Suzuki 偶联反应使用含碳-硼键的分子制备通过新的碳-碳键相联的大分子。含碳-硼键的化合物（称为有机硼化合物）常常是由相应的卤化物来制备，通过 Grignard 反应或锂化反应，与三烷基硼酸酯反应，然后再水解形成。Miyaura 开发了一种使用钯催化剂的制备方法，但是这种改良的反应需要一个卤化物的先驱物。Smith 教授和 Maleczka 教授合作，研究寻找作为 Suzuki 偶联反应关键构造单元的芳基和杂芳基硼酸酯的无卤素制备方法。他们的协作导致了 Smith 的热催化芳烃碳-氢键活化/硼基化反应的发明，他们创新使用了铱催化剂，该催化剂具有活性高、收率高、耐受各种基团（烷基、含卤素的、羧基、烷氧基、氨基等）的特点。空间结构而不是电子决定了反应的区域化学。所以，即便当 1-位和 3-位取代基都是邻位/对位取向时 1,3-取代的芳烃仅给出 5-硼基产品（即间位取代）。值得注意的是，这个反应本质上是清洁的，没有溶剂通常也可以进行，唯一的副产物是氢。这些反应的成功引导 Miyaura、Ishiyama、Hartwig 和其他研究者也开始使用它们。简单说，催化碳-氢键活化/硼基化允许采用单一步骤，由烃化合物原料直接构造芳基硼酸酯，而不再需要一个芳基卤化物中间物，不再受芳烃取代化学的通常规则的局限，没有了许多普通基团的约束。此外，鉴于其温和性，硼基化学能容易地与后续的化学反应相结合。这个工艺允许快速、低环境影响地制备新的化学构造单元，为工艺复杂、昂贵、环境污染大的化学品商业化合成提供了一种新方法。最近 BoroPharm 公司得到 Michigan 州立大学的授权，已经把此种方法应用到实际生产中，证明该项技术具有实用价值。

小企业奖：SiGNa 化学公司因开发了一种把碱金属封装在多孔的沙子状的粉末内，同时保持它们在合成反应中有效性的稳定化方法而获奖。碱金属（如钠、锂）具有强的失电子的倾向，使得这些金属特别容易反应，在合成化学中是强有力的工具，但它们的高反应活性也使得它们易燃、易爆，所以在碱金属储存和处置过程中具有高的不稳定性和危险性。SiGNa 化学公司通过对多孔金属氧化物内的活性碱金属进行纳米吸附后形成的新材料解决了以上难题。在清洁能源领域，用 SiGNa 化学公司的稳定化的碱金属，安全地产生创纪录水平的纯氢气体，用于新生代燃料电池。SiGNa 化学公司的新材料也使碱金属可被安全地用于石油污染的环境修复以及破坏多氯联苯和氯氟烃。

更绿色合成路线奖：Battelle 研究所因开发了一种用于激光打印机和复印机的生物基墨粉——大豆基墨粉而获奖。

更绿色反应条件奖：Nalco 公司开发的 3D TRASAR® 技术可以对冷却水的指标进行连续监控，并在需要时适时添加适量化学品，而不像传统技术那样按照固定的模式进行。这一技术节约了水和能量，降低了水处理药剂的用量，同时也降低了排放水对环境的危害。该系统利用荧光示踪方法进行监控。

设计更绿色化学品奖：美国陶氏益农（Dow AgroSciences）公司开发出新型杀虫剂 Spinetoram。该产品的诞生，得益于将人工神经网络方法应用于杀虫剂分子的设计。

（14）2009 年度

学术奖：Carnegie Mellon 大学的 Krzysztof Matyjaszewski 教授因提出了原子转移自由基聚合（atom transfer radical polymerization，ATRP）的新方法而获得了学术奖。ATRP 是在铜催化剂和环境友好还原剂的作用下，合成分子量分布很窄的聚合物的一种新技术。该过程使用的化学品是环境无害的，如作为还原剂的抗坏血酸（维生素 C）。该技术 1995 年由 Matyjaszewski 教授提出，是一种由过渡金属引发、控制聚合的过程。已成为最通用的和强大的自由基聚合方法。Matyjaszewski 教授一直致力于不断提高合成过程的环境友好性。他们开发了新的催化体系，大大减少了过渡金属的浓度，同时保持良好的控制聚合反应及聚合物结构的能力。最新的成果包括：电子转移产生的活化剂（AGET，2004 年），电子转移再生的活化剂（AGRET，2005 年）和用于连续活性自由基再生的引发剂（ICAR，2006 年）。这些方法保证了在氧化环境下仍保持稳定状态的最活泼的 ATRP 催化剂的制备、储存和使用，或在标准工业条件下直接使用。

小企业奖：Virent 能量系统公司因发明将植物糖类催化转化为液态烃燃料的 BioForming® 过程而获得小企业奖。他们的 BioForming® 过程结合了传统的石化精炼技术和水相催化重整技术，获得与现有石油炼制得到的相同范围的烃分子。首先，水溶性碳水化合物进行催化加氢；然后在专门的非均相金属催化剂作用下和水反应得到氢和化学中间体；最后把这些化学中间体分别转化成汽油、柴油、航空汽油。

更绿色合成路线奖：Eastman 化学公司因采用无溶剂生物催化技术，合成化妆品及个人护理用品配方中的酯而获奖。通常，酯在强酸和高温条件下合成，而且副产物多，需要消耗大量能源除去这些副产物。利用酶催化剂来生产化妆品用的酯，可在温和条件下进行。甚至可以产生具有优越性能的新产物，如由对羟基苯甲醇和乙酸反应生成的酯，其中苯基上的酯化反应只能通过酶催化途径才能完成。这个酯可抑制在黑色素合成过程中起关键作用的酪氨酸酶，可有效降低皮肤色素沉积。

更绿色反应条件奖：CEM 公司因发明无毒、无需高温的快速、准确分析标记蛋白质的新型分析仪器而获奖。用于蛋白质测定的标准凯氏定氮法和燃烧测试法只测定总氮含量，而不能区分蛋白质和其他化学品（如三聚氰胺）。CEM 公司特许的 iTAG™ 溶液含有酸性基团，可准确地附着到蛋白质中 3 种基本的氨基酸（组氨酸、精氨酸和赖氨酸）上来标记蛋白质。Sprint™ 体系不受其他非蛋白质氮原子干扰，包括三聚氰胺中的氮原子。能够随时检测食物、宠物食品从原料到成品整个加工过程中蛋白质的准确总含量。

设计更绿色化学品奖：该奖项由宝洁公司（Procter & Gamble，P&G）和美国堪萨斯州厨房用具公司（Cook Composites and Polymers，CCP）分享。该公司创新性地开发了 Chempol® MPS 树脂及 Sefose® 蔗糖酯作为高性能的低 VOC 醇酸树脂油漆和涂料。

（15）2010 年度

学术奖：加州大学洛杉矶分校（UCLA）和新创生物技术公司（Easel Biotechnologies）的 James C. Liao 博士，因为开发了利用微生物技术以二氧化碳为原料合成长链醇的方法，实现了二氧化碳的循环利用而获奖。长链醇特别是具有 3～8 个碳原子的长链醇可以作为重要的化学原料和生物燃料。直接以二氧化碳或者间接地以碳水化合物为起始原料的高效生物合成路线，有助于减少碳排放。Liao 博士和他的小组已经从葡萄糖合成出异丁醇，产率接近理论值。他们还将这种方法应用于能进行光合作用的聚球藻 PCC7942 上，利用这种微生物，可直接从二氧化碳合成出异丁醛和异丁醇。利用基因工程产生的菌株合成异丁醇的反应速率要比已见诸报道的利用蓝藻或水藻合成乙醇、氢气及脂类化合物的反应速率都要高。这种技术有望将太阳能和二氧化碳转化成化学原料。

小企业奖：LS9 公司因利用生物技术研制出了可用做燃料和化学品的产品——Renewable Petroleum™ 而获奖。利用基因工程技术将发酵糖选择性地转化为烷烃、烯烃和脂肪醇或脂肪酸酯。

更绿色合成路线奖：美国 Dow 化学公司和德国 BASF 公司因共同研发了利用过氧化氢

作为氧化剂制备环氧丙烷的新路线（HPPO）而获奖。PO 的传统合成路线中存在两个问题：一是产生大量共生物（如正丁醇、苯乙烯单体和异丙苯等）；二是需要循环使用有机中间体。HPPO 工艺产率高，副产品仅有水。Dow-BASF 催化剂使用的是钛取代的 ZSM-5 型分子筛。丙烯与过氧化氢环氧化的反应在以甲醇为溶剂的气液相固定床反应器中进行，反应的温度和压力比较温和。HPPO 过程使用足够少的过氧化物，反应完成后，反应物被全部转化。因此省去了过氧化物的回收环节。2008 年 BASF 公司在比利时的 Antwerp 生产基地成功将 HPPO 过程商业化。

更绿色反应条件奖：Merck & Co 公司和 Codexis 公司研制了一种改进的转氨酶，使Ⅱ型糖尿病的治疗药物——Sitagliptin 的合成条件更符合绿色化学要求，从而获奖。他们新开发的酶催化反应过程不需要高压氢化，不使用钉和铁等金属催化剂。这种改进的转氨酶被证明是由酮直接合成 R 构型胺的通用催化剂，构成了重要的绿色化学合成方法。

设计更绿色化学品奖：Clarke 公司因合成了一种针对蚊子幼虫灭杀非常有效的改进型的多杀菌素（Spinosad）而获奖。多杀菌素曾在 1999 年获得总统绿色化学挑战奖，但它在水中不稳定，限制了它在水环境中的推广应用。Clarke 公司研发了一种"序贯的"石膏基质，用它保护多杀菌素分子，防止与水接触，并可以将杀虫剂缓慢释放到水里，其药效在水中维持 180 天。这种基质由不溶于水的硫酸钙半水化合物石膏和亲水的聚乙二醇黏合剂组成，通过精细调整黏合剂的量可以调整杀虫剂的释放时间。聚乙二醇缓慢溶解，将杀虫剂和硫酸钙暴露于水中。硫酸钙吸收水形成石膏并释放出杀虫剂。

（16）2011 年度

学术奖：加利福尼亚大学的 Bruce H. Lipshutz 教授因在取代有机溶剂方面做出了杰出贡献而获奖。有机溶剂通常被用作有机反应的媒介，而且还是世界化工生产废物的主要组成部分。这些有机溶剂易挥发、易燃、有毒。有机反应通常无法在水中实现，因为反应物本身不溶于水。表面活性剂可用来增加有机反应物在水中的溶解性，但它们会降低反应速率。Lipshutz 教授已设计出新型第二代表面活性剂——TPGS-750-M。它是由安全且便宜的配料如维生素 E、琥珀酸和含甲氧基的聚乙二醇等组成的。该表面活性剂在水中形成的纳米胶束内部是疏水性的，而外部是亲水的。少量 TPGS-750-M 在水中即可自发地形成 50～100nm 直径的胶束，这些胶束可作为纳米反应器。TPGS-750-M 表面活性剂可适合各种有机反应，如交叉-耦合反应。反应物和催化剂都溶于胶束中，形成的高浓度反应物会明显提高室温下的反应速率，这个过程不需要外加能量。使用过渡金属催化的一些有机反应就可以室温下在水中的 TPGS-750-M 胶束中进行并得到高的产率。这些反应包括钌催化的烯烃异位反应（Grubbs），钯催化的交叉-耦合反应（Suzuki，Heck 和 Sonogashira），非对称氨化，烯丙基氨化，硅烷化反应和芳香基硼化反应。即使钯催化的芳烃碳-氢键活化成新的碳-碳键也可在室温下进行。产品的分离过程简单，没有发现使用其他表面活性剂时出现的沸腾、起泡等复杂状况。使用后表面活性剂的循环使用很有效：难溶性的产物可以由萃取回收，而表面活性剂水溶液可以重新利用，活性几乎无损失。将来要开发的新型表面活性剂包括将催化剂"绑定"在表面活性剂上，这种表面活性剂既提供反应的空间（胶束内部），又提供促进反应进行的催化剂。这种"绑定"催化剂方式可以减少作为催化剂使用的稀土矿物质的量。总之，这种技术仅仅将少量纳米级表面活性剂分散到水中而取代大量有机溶剂，从而提供了工业过程应用的机会。该技术对水质没有高要求，即使是海水反应仍可进行。

小企业奖：BioAmber 公司因开发出了微生物发酵法生产"生物基琥珀酸"的生产技

术，并进行了下游相关的应用技术开发而获此奖。琥珀酸传统上是用石油基原料生产的。除了用在食品、医药和化妆品上，琥珀酸还是用于生产许多化学品和聚合物的平台分子。

更绿色合成路线奖：Genomatica 公司因为开发了利用可再生原料生产基础化学品1,4-丁二醇（BDO）的方法而获奖。BDO 是氨纶、汽车塑料制品、跑鞋和其他产品的主要原料。生物基 BDO 生产路线消耗 CO_2，发酵过程无需有机溶剂，室温和常压下进行，操作环境安全。

更绿色反应条件奖：Kraton Performance Polymers 公司因研发出 NEXAR™ 聚合物膜技术而获此奖。该聚合物膜工艺可用于高的水（或离子）通量（比目前使用的反渗透膜高 400 倍）场合。具有的较高机械强度可允许使用更薄的膜，从而可减少 50% 的膜材料，并降低由膜阻力带来的能量损失。NEXAR™ 聚合物可替代目前 PVC 在电渗析膜中使用。

设计更绿色化学品奖：Sherwin-Williams 公司因研发出含有较少挥发性有机物（VOC）的水基丙烯酸醇酸涂料生产技术而获奖。

(17) 2012 年度

学术奖：授予两个项目，分别是康奈尔大学化学系 Coates 教授的"由 CO_2 和 CO 合成可生物降解的聚合物"及斯坦福大学化学系 Waymouth 教授和 IBM Almaden 研究中心的 Hedrick 博士的"用于绿色聚合物化学的有机催化技术"。

CO_2 和 CO 是合成聚合物的理想原料。Coates 教授已开发出从包括 CO_2、CO、植物油和乳酸在内的廉价且可再生的物质合成聚合物的创新性过程。如，用于 CO_2 和环氧化合物共聚制备高性能聚碳酸酯的高活性和选择性的催化剂，将一个或两个 CO 分子插入环氧化合物环上，生产 β-内酯和琥珀酸酐的催化剂。利用 Coates 教授的新聚碳酸酯，有可能开发出新涂料系统，替代作为许多食品和饮料容器衬里的双酚 A（BPA）环氧涂层。这个发现很重要，因为 BPA 从涂层中迁移出来可能会影响人的内分泌。新聚碳酸酯涂料需要不到 50% 的石油，捕集高达 50% 的 CO_2。

生产聚酯的传统工艺依赖诸如那些源自锡络合物的金属催化剂，它们对环境产生负面影响。Hedrick 博士和 Waymouth 教授开发了一大类用于合成可生物降解和可生物相容塑料的高活性、环境友好的有机催化剂。他们发现用于聚酯合成的新有机催化剂，其活性和选择性达到或超过金属基催化剂。包括针对开环聚合、阴离子聚合、两性离子聚合、基团转移聚合和缩合聚合技术的有机催化方法。

小企业奖：Elevance 可再生科学公司因发明使用复分解催化剂，低成本生产高性能绿色专用化学品技术而获奖。核心技术是，使用基于诺贝尔奖获得者 Richard Schrock 博士的钼和钨复分解催化剂，将烯烃（典型的石油化学品）和单功能酯或酸（典型的生物基油化学品）的功能特征结合在一个单一分子中，降低了生产成本。

更绿色合成路线奖：Codexis 公司和加州大学洛杉矶分校（UCLA）化学与生物分子系唐奕教授因发明生产辛伐他汀的有效生物催化过程而获此奖。原有工艺总收率低，由于保护/解保护步骤多，需要大量的有毒和有害试剂。UCLA 的唐教授等构思了一个新的辛伐他汀生产过程，确定了一种用于区域选择性酰基化的生物催化剂和一种实用的、低成本酰基供体。

更绿色反应条件奖：Cytec 工业公司因发明用于 Bayer 法的方钠石阻垢剂 MAX HT® 而获此奖。阻垢剂中活性聚合物组分含有硅烷官能团，通过插入晶体中或吸附在其表面抑制晶体生长。

设计更绿色化学品奖：Buckman 国际公司因发明利用酶减少生产高质量纸和纸板的能耗和木纤维用量而获此奖。在造纸生产中，酶是替代传统化学品极为有效的工具。Buckman 的 Maximyze® 技术包括新的纤维素酶和源自天然资源的酶。

(18)2013 年度

学术奖：特拉华大学的 Richard P. Wool 教授因发明环保的聚合物和复合材料及其最优化设计方法而获奖。许多先进的复合材料利用有毒的化学品作黏结剂，用无机纤维作增强体。制备传统复合材料所需的原料如石油、天然气、矿物质是不可再生的。Richard Wool 教授开发了几种新的生物基材料，可用作胶黏剂、复合材料、泡沫塑料等高性能材料合成所需有毒物质的替代品。这些生物基材料的生产过程产生的废物少，需要的水和能量少，非常适于大规模生产。Wool 教授的材料所用原料包括植物油甘油三酯和植物油游离脂肪酸，木材或植物秸秆中的纤维素和木质素，纤维原料如亚麻和鸡毛。为了设计这些新的生物基材料，Wool 教授对树脂的机械性质和热性质进行了评估，整合分子设计，选择毒性最小的产品。他开发了闪烁的分形理论（twinkling fractal theory，TFT），通过分子性质来帮助预测一个物质的官能化性质，实现了一种目标性更强的设计途径。然后他用美国环保署的 EPI Suite™ 软件评估了这些材料的潜在毒性。用这些设计和预测的方法，Wool 教授合成了许多木质素基的替代品取代苯乙烯，经过鉴定其中的三种是低毒的。Wool 教授设计的其他产品包括化学功能化的高油酸大豆油，可广泛用于压力敏感性黏合剂和弹性体、复合树脂、热塑性聚氨酯（TPU）替代品，以及不含异氰酸酯的泡沫塑料等方面。除了毒性降低以外，生物基泡沫塑料还可以和活的细胞兼容，支持人体组织的生长。Wool 教授最近的发明之一是一种可呼吸的、生物基的"生态皮革"，它可以避免传统的皮革制革过程。

小企业奖：Faraday 技术有限公司因采用三价铬镀铬电解液电沉积得到功能化的铬涂层而获奖。该过程采用三价铬 Cr(III) 代替了传统电镀液中的六价铬 Cr(VI)，前者毒性较小，是铬的非致癌形式。

更绿色合成路线奖：生命技术公司因发明了用于聚合酶链式反应的安全、可持续的化学试剂而获奖。

更绿色反应条件奖：Dow 化学公司因 EVOQUE™ 预复合聚合物技术而获奖。该公司开发了一种叫做 EVOQUE™ 的预复合聚合物，它可以覆盖 TiO_2 颗粒的表面，提高其在涂料中的分散度，使之在降低 TiO_2 用量时获得好的遮盖性。

设计更绿色化学品奖：Cargill 公司因发明了用于高压变压器的植物油基绝缘油 FR3™ 而获奖。FR3™ 油是可再生资源，具有低毒，易燃性较小，高生物降解性的特点。另外，FR3™ 油具有相当低的碳足迹。一个使用 FR3™ 油的变压器比用矿物油的总碳足迹要低大概 55 倍。FR3™ 油还比矿物油提高了纤维素固体绝缘材料的服务寿命 5～8 倍。

从 1996 年到 2013 年，通过 18 年的评选活动，EPA 共收到 1492 项提名者，其中 93 项获奖。通过确认针对现实世界环境问题的开创性科学答案，总统绿色化学挑战奖已显著减少了与设计、生产和使用化学品有关的危险。这 93 项获奖技术每年共产生了如下效果：减少 8.26 亿磅（1lb＝0.454kg）的有害化学品的使用或产生；节约了 210 亿加仑（1gal＝0.003785m³）的水；消除了 78 亿磅的二氧化碳的排放。若将提名技术的效益计算在内则会大大增加本奖项产生的效益。

附 录 ■■■■■

附录1　绿色化学奖

(1)美国总统绿色化学挑战奖

http：//www2. epa. gov/green-chemistry/information-about-presidential-green-chemistry-challenge

(2)英国绿色化学奖

http：//www. rsc. org/ScienceAndTechnology/Awards/GreenChemistry/

(3)澳大利亚皇家化学会绿色化学挑战奖

http：//www. raci. org. au/national/awards/greenchemistry. html

(4)日本绿色及可持续化学网络奖

http：//www. gscn. net/awardsE/index. html

(5)欧洲可持续化学奖

http：//www. euchems. eu/awards/european-sustainable-chemistry-award. html

附录2　绿色化学刊物

(1)绿色化学，Green Chemistry

http：//www. rsc. org/Publishing/Journals/gc/index. asp

(2)可持续化学，ChemSusChem

http：//onlinelibrary. wiley. com/journal/10. 1002/(ISSN)1864-564X

附录3　绿色化学研究机构

(1)绿色化学与技术教育部重点实验室，四川大学

http：//chem. scu. edu. cn/old/greenchem/index. htm

(2)绿色合成与转化教育部重点实验室，天津大学

(3)上海市绿色化学与化工过程绿色化重点实验室，华东师范大学

http：//www. gccp. ecnu. edu. cn/

(4)中国科学院绿色过程与工程重点实验室，中科院过程工程研究所

http：//159. 226. 63. 142/lgpe/

(5)绿色化学合成技术国家重点实验室培育基地，浙江工业大学

(6)湖北省新型反应器与绿色化学工艺重点实验室，武汉工程大学

http：//lab. wit. edu. cn/Index. html

(7)教育部绿色农药与农业生物工程重点实验室，贵州大学

http：//210. 40. 3. 55/

(8)绿色化学与技术河南省高校(教育部)重点实验室培育基地，河南师范大学

(9)河北省绿色化工与高效节能重点实验室，河北工业大学

(10)北京大学绿色化学研究中心，北京大学

http：//www. chem. pku. edu. cn/gcc/index. htm

(11)中科院化学所能源与绿色化学研究中心，中科院化学所

(12)中科院兰州化学物理研究所绿色化学研究发展中心，中科院兰州化学物理研究所

http：//www. cgcc. licp. cas. cn/

(13)美国耶鲁大学绿色化学与绿色工程中心(Center for Green Chemistry & Green Engineering at Yale)

http：//greenchemistry. yale. edu/

(14)美国伯克利环境研究所绿色化学中心(The Berkeley Center for Green Chemistry)

http：//bcgc. berkeley. edu/

(15)美国麻省大学波士顿校区绿色化学中心(Center for Green Chemistry at UMASS Boston)

http：//www. greenchemistry. umb. edu/

(16)丹麦技术大学催化和可持续化学中心(Center for Catalysis and Sustainable Chemistry)

http：//www. csc. kemi. dtu. dk/

(17)澳大利亚 Monash 大学绿色化学中心(Center for Green Chemistry，Monash University)

http：//www. monash. edu. au/research/capabilities/leading/green. html

(18)美国可持续系统中心(Center for Sustainable Systems)

http：//css. snre. umich. edu/

(19)英国诺丁汉姆大学清洁技术组(Clean Technology Group，University of Nottingham)

http：//www. nottingham. ac. uk/supercritical/beta/

(20)瑞典哥德堡大学环境与可持续性中心(Göteborg University's Center for Environment and Sustainability)

http：//www. chalmers. se/gmv/EN/

(21)美国俄勒冈大学绿色化学(Green Chemistry at the University of Oregon)

http：//greenchem. uoregon. edu/

(22)美国斯克莱顿大学绿色化学(Green Chemistry at the University of Scranton)

http：//www. scranton. edu/faculty/cannm/green-chemistry/english/index. shtml

(23)英国约克大学绿色化学研发中心(Green Chemistry Centre of Excellence)

http：//www. york. ac. uk/chemistry/research/green/

(24)美国卡内基梅隆大学绿色科学研究所(The Institute for Green Science at Arnegie Mellon University)

http：//www. chem. cmu. edu/groups/Collins/

(25)英国利兹洁净合成组(Leeds Cleaner Synthesis Group)

http：//www. chem. leeds. ac. uk/People/CMR/index. html

(26)英国莱斯特绿色化学组(Leicester Green Chemistry Group)

http：//www2. le. ac. uk/departments/chemistry/research/material％20and％20interfaces

(27)美国环境保护署绿色化学计划（U. S. Environmental Protection Agency Green Chemistry Program）

http：//www. epa. gov/greenchemistry/

(28)国际可持续发展研究所(The International Institute for Sustainable Development)

http：//www. iisd. org/

附录4　绿色化学组织

(1)美国化学会绿色化学研究所(ACS Green Chemistry Institute，ACS GCI)

　　http：//www.acs.org/content/acs/en/greenchemistry.html

(2)加拿大绿色化学网(Canadian Green Chemistry Network)

　　http：//www.greenchemistry.ca/

(3)美国环保署绿色化学网(EPA Green Chemistry)

　　http：//www2.epa.gov/green-chemistry

(4)英国绿色化学网(Green Chemistry Network，GCN)

　　http：//www.greenchemistrynetwork.org/

(5)国际绿色化学网(International Green Network ，IGN)

　　http：//www.incaweb.org/IGN/index.php

(6)IUPAC绿色化学分委会(IUPAC Subcommittee on Green Chemistry)

　　http：//www.iupac.org/nc/home/about/members-and-committees/db/division-committee.html? tx_wfqbe_pi1%5Bpublicid%5D=303

(7)英国皇家化学会环境化学组(RSC Environmental Chemistry Group ，ECG)

　　http：//www.rsc.org/Membership/Networking/InterestGroups/Environmental/index.asp

(8)美国自然科学基金会环境容许溶剂和过程科学技术中心(The NSF Science and Technology Center for Environmentally Responsible Solvents and Processes)

　　http：//www.nsfstc.unc.edu/

(9)美国国家污染预防圆桌会议(National Pollution Prevention Roundtable)

　　http：//www.p2.org/

(10)欧洲可持续化学技术平台(SusChem：European Technology Platform for Sustainable Chemistry)

　　http：//www.suschem.org/

(11)日本绿色及可持续化学网(Green & Sustainable Chemistry Network，GSCN)

　　http：//www.gscn.net/

(12)中国台湾绿色/可持续化学网

　　http：//gc.chem.sinica.edu.tw/

(13)中国化学会绿色化学专业委员会

　　http：//www.chemsoc.org.cn/news/? hid=292

参考文献 ■■■■■■

[1] 陈迎，曲德林，滕藤．化工进展，1997，(4)：16.

[2] 史献平．化学工业，2010，28(7)：1.

[3] 薛慰灵．化学教育，1997，(9)：1.

[4] 林祥钦，谷云乐．中国化工，1997，(9)：49.

[5] 朱清时．中国科学院院刊，1997，(6)：415.

[6] 朱清时．大学化学，1997，12(6)：7.

[7] Trost B M．Science，1991，254：1471.

[8] 邝生鲁．现代化工，1999，19(5)：30.

[9] 王延吉，赵新强，李芳等．见：朱清时主编．绿色化学：第一届国际绿色化学高级研讨会文集．合肥：中国科学技术大学出版社，1998：136.

[10] 许衍根．上海化工，1999，24(3，4)：13.

[11] 李政禹．现代化工，1996，(7)：7.

[12] Devito S C. In：Devito S C, Garrett R L, eds. Designing Safer Chemicals：Green Chemistry for Pollution Prevention. Washington D C：American Chemical Society，1996.

[13] McGhee W D, Paster M, Riley D, et al. In：Anastas P T, Williamson T C, eds. Green Chemistry：Designing Chemistry for the Environment. Washington D C：American Chemical Society，1996. 49.

[14] Draths K M, Frost J W. J Am Chem Soc，1994，116：399.

[15] Kraus G A, Kirihara M. J Org Chem，1992，57：3256.

[16] Tundo P, Selva M. Chem Tech，1995：31.

[17] 闵恩泽，傅军．化工进展，1999，(3)：5.

[18] 闵恩泽，傅军．化学通报，1999，(1)：10.

[19] Lewis W K, Gilliland E R, Reed W A. Ind Eng Chem，1949，41：1227.

[20] Riley D, McGhee W D, Waldman T. In：Anastas P T, Farris C A, eds. Benign by Design：Alternative Synthetic Design for Pollution Preparation. Washington D C：American Chemical Society，1994：122.

[21] Manzer L E. In：Anastas P T, Farris C A, eds. Benign by Design：Alternative Synthetic Design for Pollution Prevention. Washington D C：American Chemical Society，1994：144.

[22] Komiya K. In Green Chemistry：Theory and Practice. London：Oxford Science Publications，1998：120.

[23] Tanko J M, Blackert J F. Science，1994，263：203.

[24] DeSimone J M, Guan Z, Elsbernd C S. Science，1992，257：945.

[25] Burk M J, Feng S G, Gross M F, et al. J Am Chem Soc，1995，117(31)：8277.

[26] Gross R A, Kim J H, Gorkovenko A, et al. In Preprints of Papers Presented at the 208th ACS National Meeting, Division of Environmental Chemistry. Washington D C：American Chemical Society，1994，34(2)：228.

[27] 闵恩泽，傅军．岩矿测试，1999，18(2)：81.

[28] 黄培强，高景星．化工进展，1998，10(3)：265.

[29] Hutchinson J H, Pattenden G, Myers P L. Tetrahedron Lett，1987，28(12)：1313.

[30] Anastas P T, Bartlett L B, Kirchhoff M M, et al. Catal Toady，2000，55：11.

[31] 蔡卫权，程蓓，张光旭等．化学进展，2009，21(10)：2001.

[32] Anastas P T, Kirchhoff M M. Acc. Chem. Res.，2002，35(9)：686.

[33] Winterton N. Green Chem，2001，3：G73.

[34] Singh N, Falkenburg D R. Proceedings of the 36th Midwest Symposium on Circuits and Systems, Detroit. 1993：1443.

[35] Allen D T, Shonnard D R. AIChE J，2001，47(9)：1906.

[36] Abraham M A, Nguyen N. Environ. Prog，2003，22：233.

[37] Anastas P T, Zimmerman J B. Environ Sci Technol，2003，37：94A.

[38] Kirchhoff M M. Environ Sci Technol，2003，37：5349.

[39] Ritter S K. Chem Eng News，2003，81：30.

第 2 章 ■■■■■

绿色化学品
——碳酸二甲酯的合成及其应用

碳酸二甲酯(dimethyl carbonate，DMC)是一种用途广泛的基本有机合成原料，被誉为有机合成的"新基块"。由于其分子中含有甲基、甲氧基、羰基和羰甲基，具有很好的反应活性，可取代剧毒光气和硫酸二甲酯，构建绿色化学反应过程。1992 年它在欧洲通过了非毒性化学品的注册登记，被称为绿色化学品。随着化工生产向无毒化和精细化发展，为碳酸二甲酯及其衍生物开发了许多新用途，一个以碳酸二甲酯为核心，包含其众多衍生物的新型

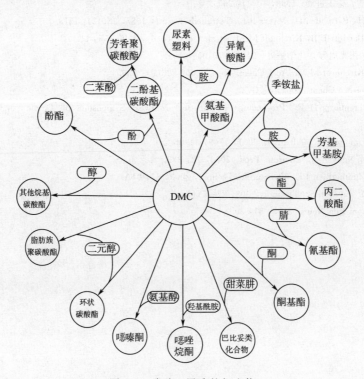

图 2-1　碳酸二甲酯的衍生物

化学群体正在形成。据统计，世界上每年仅取代光气和硫酸二甲酯就需要 200 万吨以上的碳酸二甲酯；全部采用碳酸二甲酯生产聚碳酸酯的话，则需 30 万吨；全部采用碳酸二甲酯作为汽油添加剂，则年需 630 万吨。可见，碳酸二甲酯的应用前景十分广阔。

碳酸二甲酯是重要的羰基化、甲氧基化和甲基化剂，还可用其独特的性质来制造许多新衍生物，此外，如溶剂、汽油添加剂等化学反应以外的用途也颇受注目。图 2-1 为由碳酸二甲酯出发合成的一些化学品。碳酸二甲酯的主要应用领域集中在：替代光气等传统领域、制造新化学品、大气保护及电子行业等领域。

2.1 碳酸二甲酯的性质

（1）物理性质

碳酸二甲酯的分子式为 $C_3H_6O_3$，结构式为：

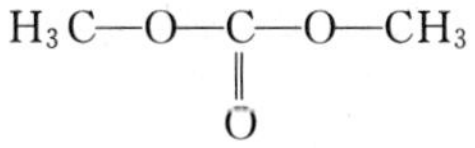

$$H_3C—O—\underset{\underset{O}{\|}}{C}—O—CH_3$$

它在常温下为无色透明液体，略带香味，有一般醇、酯和酮类似的外观，能以任何比例与醇、酯和酮等有机溶剂混合，无腐蚀性。它的分子中具有—CO、—COOCH₃、—CH₃、—OCH₃ 等基团，故有多种反应活性，可利用它来进行羰基化、羰基甲氧基化、甲基化及甲氧基化等反应。碳酸二甲酯的安全性和物化性质见表 2-1 和表 2-2 所示。

表 2-1 碳酸二甲酯的安全性[1]

性质	碳酸二甲酯	光气	硫酸二甲酯	甲基氯
口服(老鼠 LD_{50})/(g/kg)	13	—	0.205	1.8
吸入(老鼠 LD_{50})/(mg/L)	140，240min	1.4，3 min	0.045，240min	152，30min
突变性	无	有	有	有

表 2-2 碳酸二甲酯的物化性质

分子量	熔点/℃	d_4^{20}	n_D^{20}	沸点/℃	闪点/℃	着火点/℃	黏度(20℃)/mPa·s	介电常数
90.07	4	1.071	1.316	90.3	17	465	0.625	2.6

溶解度/(g/100gH₂O)	$\Delta H_{c,298}^{\ominus}$/(kJ/mol)		ΔH_{vb}/(kJ/mol)		$\Delta H_{f,298}^{\ominus}$/(kJ/mol)		T_c/K
13.9	−1425.9(l)		3.33[2]		−693.22[3](l)		524.78[2]

（2）化学性质

碳酸酯具有酯的通性。与水会发生水解反应，但水解速度缓慢，尤其是低级烷基酯，速度更慢；在碱性条件下，碳酸酯的水解速度与醋酸酯相仿。碳酸酯可与含活泼氢基团的化合物如醇、酚、胺、酯等化合物反应，与二元醇或二元酚则可生成聚碳酸酯。

① 酯交换反应　碳酸酯与醇或酚会发生酯交换反应，高级碳酸酯可由此反应在碱性催化剂作用下由低级碳酸酯来制取。

当二元醇或二元酚参加酯交换反应时，可生成聚碳酸酯。作纤维或薄膜用的聚碳酸酯可由二烷基、二环烷基、二芳基碳酸酯与烷基二元醇、环烷基二元醇或二元酚进行酯交换来制取。

$$\underset{\displaystyle \|}{\overset{\displaystyle O}{ROCOR}} + 2R'OH \longrightarrow \underset{\displaystyle \|}{\overset{\displaystyle O}{R'OCOR'}} + 2ROH$$

② 与胺反应　碳酸酯与氨或胺反应可制取氨基甲酸酯，再进一步反应可生成相应的脲类化合物。

$$ROCOOR + NH_3 \longrightarrow NH_2COOR + ROH$$
$$ROCOOR + R'NH_2 \longrightarrow R'NHCOOR + ROH$$
$$NH_2COOR + NH_3 \longrightarrow NH_2CONH_2 + ROH$$
$$R'NHCOOR + R'NH_2 \longrightarrow R'NHCONHR' + ROH$$

由酯制备氨基甲酸酯较为困难，尤其是叔醇类酯，需要在加压条件下与氨反应，才能得到。

③ 与酯反应　烷基碳酸酯和脂肪酸以及芳基取代的脂肪酸酯进行 Claisen 缩合反应生成 α-烷酯基衍生物或丙二酸酯衍生物，丙二酸酯进一步反应可生成丙二酰脲。

④ 其他反应　碳酸酯与肼反应生成肼基甲酸酯

$$NH_2-NH_2 + ROCOOR \longrightarrow NH_2-NHCOOR + ROH$$

碳酸二甲酯可作为甲基化试剂与酚反应生成苯酚醚，使用的催化剂有叔胺、吡啶、有机膦，助催化剂有碱性催化剂和碘化物。与硫酸二甲酯法相比，用碳酸二甲酯具有简单、毒性低、经济、产品收率及纯度高等优点。

2.2　碳酸二甲酯工业化生产工艺

碳酸二甲酯的工业化生产方法大致可分为光气化法、酯交换法和甲醇氧化羰基化法。光气甲醇法是古老的生产方法，甲醇氧化羰基化法是 20 世纪 70 年代中期以来，国外竞相开发的生产工艺。

2.2.1　光气化法

首先光气和甲醇作用生成氯甲酸甲酯，氯甲酸甲酯再与甲醇反应得到碳酸二甲酯。

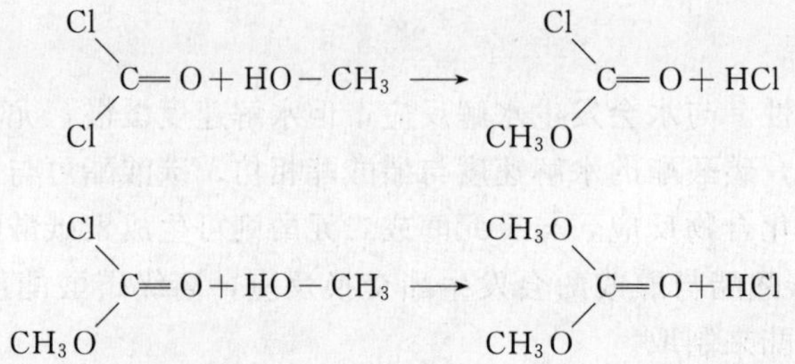

$$\underset{\displaystyle Cl}{\overset{\displaystyle Cl}{C}} = O + HO-CH_3 \longrightarrow \underset{\displaystyle CH_3O}{\overset{\displaystyle Cl}{C}} = O + HCl$$

$$\underset{\displaystyle CH_3O}{\overset{\displaystyle Cl}{C}} = O + HO-CH_3 \longrightarrow \underset{\displaystyle CH_3O}{\overset{\displaystyle CH_3O}{C}} = O + HCl$$

工业上通常在反应器中一次完成上述两个反应，其流程见图 2-2。将光气和甲醇混合，光气:甲醇(摩尔比)为 1:(1.5~2.5)，然后引入反应器，反应器是高径比为 20/1 的填料塔或装设几块筛板作分布器，原料混合气从底部通入，也可在底部通光气，在顶部喷淋甲醇。光气和甲醇在 60℃的温度下反应 12~20h，即制得含碳酸二甲酯 90%的粗产品。在 70℃温度下，粗产品在回流设备中回流 1~2h。在回流设备中，未反应的光气和甲醇进一步反应，同时脱除绝大部分副产物 HCl。脱除的 HCl 送去进一步处理回收，反应液则引入中和器，用 Na₂CO₃ 中和反应液中未脱除的 HCl。中和后的反应液移入蒸馏塔进一步分离，可获得纯度 95%以上的碳酸二甲酯，其收率按甲醇计为 90%，按光气计为 99%。

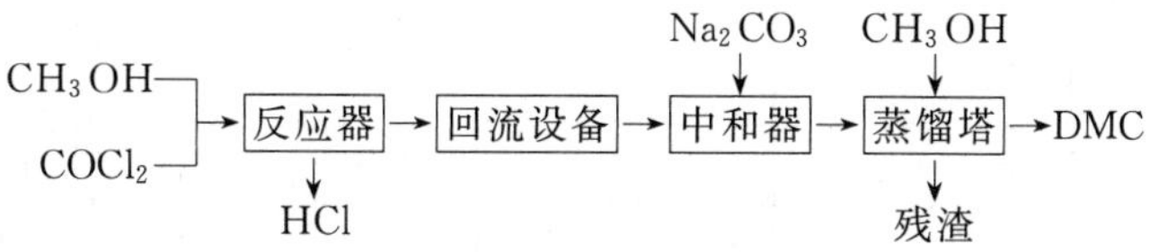

$$CH_3OH \;/\; COCl_2 \rightarrow 反应器 \rightarrow 回流设备 \rightarrow 中和器 \rightarrow 蒸馏塔 \rightarrow DMC$$

图 2-2　光气甲醇法合成碳酸二甲酯流程示意图

光气甲醇法工艺复杂、周期长、原料剧毒、污染环境及腐蚀设备，故人们对光气甲醇法进行改进，使用甲醇钠与光气按下式反应生成碳酸二甲酯。

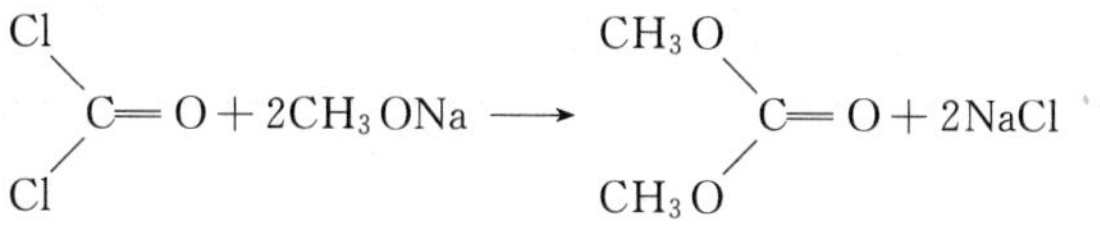

$$Cl_2C{=}O + 2CH_3ONa \longrightarrow (CH_3O)_2C{=}O + 2NaCl$$

此法可以避免副产具有强腐蚀性又不易回收的 HCl，但仍要使用剧毒的光气。

2.2.2　酯交换法

由碳酸乙烯酯或碳酸丙烯酯与甲醇进行酯交换反应，或称酯基转移反应生成碳酸二甲酯：

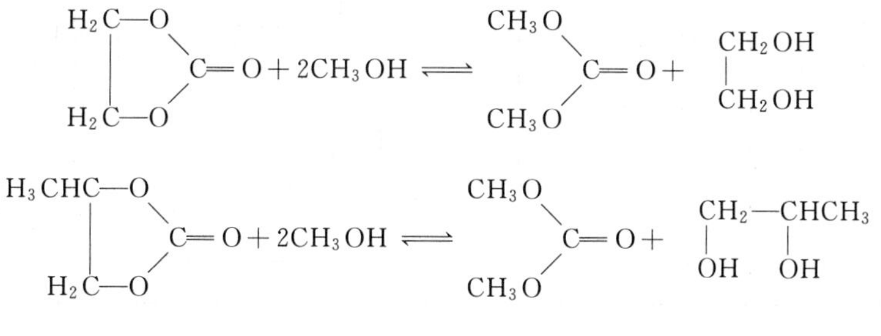

$$(O{-}CH_2{-}CH_2{-}O)C{=}O + 2CH_3OH \rightleftharpoons (CH_3O)_2C{=}O + HOCH_2CH_2OH$$

$$(O{-}CH(CH_3){-}CH_2{-}O)C{=}O + 2CH_3OH \rightleftharpoons (CH_3O)_2C{=}O + CH_3CH(OH)CH_2OH$$

将甲醇和碳酸乙烯酯在反应釜中与催化剂混合(醇与酯的摩尔比为 5~10)，搅拌、加热到沸腾，使生成的碳酸二甲酯和甲醇形成的共沸物从反应釜中蒸出，并在釜外冷凝以便收集。反应一直进行到共沸物不再滴出为止，然后将反应液分离得碳酸二甲酯。反应也能以连续的方式进行。

酯交换过程采用的催化剂一般为碱金属的氢氧化物、醇盐或碳酸盐，如氢氧化钠、氢氧化钾、甲醇钠和碳酸钾等。催化剂用量一般是反应物总质量的 0.01%~0.3%。收率以碳酸乙烯酯计可达 95%~96%。使用有机碱(如三乙胺)为催化剂可增加反应的选择性。也有采用路易斯酸和有机碱(三乙胺、三苯膦等)为催化剂，添加氧化锌为助催化剂。所用催化剂汇总在表 2-3 中。以碳酸丙烯酯为原料的酯交换法工艺流程如图 2-3 所示[4]。

表 2-3　酯交换法合成碳酸二甲酯用催化剂[5]

催化剂	反应条件		反应结果		
	温度/℃	压力/MPa	EC(PC)转化率/%	DMC产率/%	DMC选择性/%
KOH	—	—	—	45.3	—
Tl_2CO_3	150	—	—	25	—
$ClCH_2CO_2Na$	150	—	60.5	—	—
Bu_3MePI	150	—	38.4	—	93.2
季铵官能团树脂	100	0.7	48	—	99
阳离子交换树脂	120	1	—	46	99
$MgO+Al_2O_3$	150	—	—	16.6	—
$CaO(Bi_2O_3,ZnO,MnO)$	140	0.2	68.7	—	98.9
$ZnCl_2+Bu_3N$	120	0.3	(21.5)	—	(99)
$H_4SiW_{12}O_{40}$	100	0.5	—	(21.3)	—

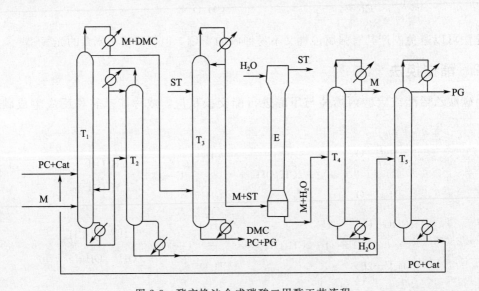

图 2-3　酯交换法合成碳酸二甲酯工艺流程

DMC—碳酸二甲酯；Cat—催化剂；M—甲醇；ST—溶剂；PG—丙二醇；PC—碳酸丙烯酯；
T_1—反应精馏塔；T_2—脱低沸物塔；T_3—DMC 产品塔；T_4—甲醇回收塔；T_5—丙二醇回收塔；E—萃取塔

酯交换法所用原料碳酸乙烯(或丙烯)酯一般是由环氧乙(或丙)烷与 CO_2 反应制取的，属于石油化学工业产品，原料来源受石化工业发展的制约。并且该反应受化学平衡限制，单程转化率相对较低。副产品乙二醇(或丙二醇)的量大，约占碳酸二甲酯产量的2/3，相对于 DMC 而言，元素的利用率低。

2.2.3 甲醇液相氧化羰基化法

甲醇液相氧化羰基化法以下述反应为基础：

$$2CuCl + 2CH_3OH + 1/2O_2 \longrightarrow 2Cu(CH_3O)Cl + H_2O$$
$$2Cu(CH_3O)Cl + CO \longrightarrow (CH_3O)_2CO + 2CuCl$$
$$2CH_3OH + CO + 1/2O_2 \longrightarrow (CH_3O)_2CO + H_2O + 410kJ$$

上述方法的主要副反应：

$$CO + 1/2O_2 \longrightarrow CO_2$$
$$2CH_3OH + O_2 \longrightarrow HCOOCH_3 + 2H_2O$$

此过程为气-液-固三相并存的非均相反应。通常在 $100 \sim 180℃$、$1 \sim 5$ MPa 条件下进行，主催化剂 CuCl 加入量为液相反应物料的 $10\% \sim 25\%$（质量分数）。

该反应工艺的关键是高效催化剂的开发。近年来，已有许多文献报道。并且人们还在对该反应体系催化剂的性能进行改进提高。表 2-4 列出了一些研究结果[6~10]。

表 2-4   甲醇液相氧化羰基化法合成碳酸二甲酯用催化剂

催化剂	反应条件		反应结果			
	温度/℃	压力/MPa	X_M/%	S_M/%	S_{CO}/%	生产能力
CuCl	120	2.0	11	100	58	0.15①
PdCl$_2$＋CuCl$_2$＋Cu(OAc)$_2$＋LiOAc	135	2.1	9.4	—	—	1.63②
CuCl$_2$＋PdCl$_2$＋Cu(OAc)$_2$＋Mg(OAc)$_2$	130	1.2	—	—	—	0.255②
CuI＋咪唑啉	130	—	4.2	99	91	13.5①
CuI$_2$＋PdCl$_2$＋二甲基吡啶	130	—	3.0	100	64	2.2①
CuBr$_2$＋KI	100	—	1.0	100	94.4	1.7①
CuCl＋Li$_2$B$_4$O$_7$	80	2.5	—	—	100	10mmol
PdCl$_2$＋CuCl＋MgCl$_2$	130	2.0	—	—	41	12.8mmol

① 单位为 $g(DMC)/(g_{cat}\cdot h)$；② 单位为 $mol(DMC)/(L\cdot h)$。

自 20 世纪 70 年代以来，国外用甲醇和一氧化碳为原料直接合成碳酸二甲酯的技术发展很快。意大利(Assoreni)ENI 集团 ESSO 经营公司科学技术协会以甲醇、一氧化碳和氧为原料合成了碳酸二甲酯，并于 1983 年建成年产 5000t 碳酸二甲酯的生产装置，据报道，目前生产能力已扩大到年产 12 万吨。意大利 ENI 集团的技术采用气-液-固三相反应，氯化亚铜催化剂，在淤浆床反应器中进行，反应温度 $90 \sim 120℃$，压力 $2 \sim 3MPa$。以甲醇计，碳酸二甲酯的选择性大于 98%。在反应过程中，氧浓度始终保持在爆炸极限以下。图 2-4 为 ENI 公司甲醇氧化羰基化工艺流程图[11]。

对于 CuCl 的液相催化合成碳酸二甲酯反应，Romano 等[12]提出了如下反应机理，该机理只有在水浓度较低时才成立。在该反应机理中，CuCl 对于氯化甲氧基铜的还原起关键作用，CuCl 一部分被氧化形成氯化甲氧基铜和水，另一部分和 CO 作用生成金属羰基物。

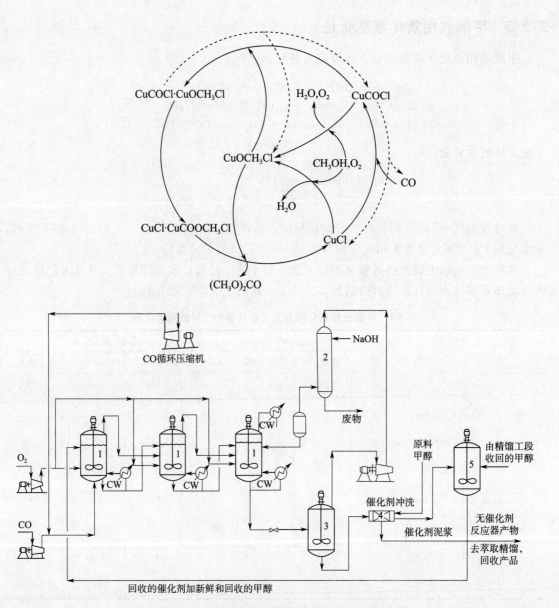

图 2-4　ENI 公司甲醇氧化羰基化工艺流程图

1—氧化羰基化反应器；2—洗涤器；3—闪蒸罐；4—催化剂过滤器；5—混合器

2.2.4　甲醇气相氧化羰基化两步法

化学反应原理如下：

$$CO+2CH_3ONO \xrightarrow{\text{催化剂}} (CH_3O)_2CO+2NO$$

$$2CH_3OH+2NO+1/2O_2 \longrightarrow 2CH_3ONO+H_2O$$

$$\overline{\qquad\qquad\qquad\qquad\qquad\qquad\qquad\qquad\qquad}$$

$$2CH_3OH+CO+1/2O_2 \longrightarrow (CH_3O)_2CO+H_2O$$

反应工艺流程示意图如下：

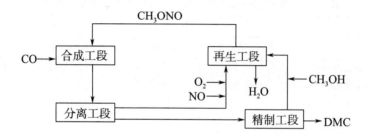

在合成工段，以 Pd 为主催化剂合成碳酸二甲酯；在再生工段，氮化物被再生为亚硝酸甲酯，并返回合成工段。因此，从总反应式看，是由甲醇、CO 和 O_2 合成碳酸二甲酯。在含有亚硝酸甲酯的循环气中，混合一氧化碳后，送入反应工段，在 110～130℃，0.2～0.5 MPa 条件下进行反应。含碳酸二甲酯的出气进入分离工段，进行分离。液相送去精制，得到高纯度碳酸二甲酯产品。含未反应 CO 和 NO 的气相出气，补充 O_2 和 NO 后，送去再生工段，与甲醇进行反应，再生得到亚硝酸甲酯，含有亚硝酸甲酯的再生排出气循环送入反应工段。

日本宇部兴产公司采用上述工艺于 1992 年建成了 3000t/a 半工业化装置。工艺流程如图 2-5 所示[13]。

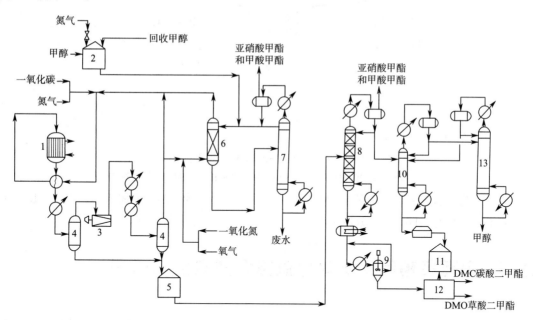

图 2-5 宇部兴产公司气相氧化羰化制 DMC 工艺流程图

1—羰基化反应器；2—甲醇原料储罐；3—压缩机；4—闪蒸罐；5—粗 DMC 储罐；6—亚硝酸甲酯再生器；
7—甲醇回收塔；8—DMO 塔；9—DMO 结晶罐；10—DMC/甲醇塔；11—DMC 储罐；
12—包装系统；13—甲醇/DMC 塔

甲醇气相氧化羰基化两步法合成碳酸二甲酯的关键仍是高效催化剂的开发，国内外进行了许多研究，并且还在进一步改进催化剂。表 2-5 列出了一些具有代表性的研究成果。可把采用的催化剂大致分为双金属氯化物催化剂、钯氨络铬酸盐配合物催化剂及多金属氯化物催化剂等。

表 2-5　甲醇气相氧化羰基化两步法合成碳酸二甲酯用催化剂

催化剂	反应条件		反应结果		文献
	温度/℃	压力/MPa	STY/[g/(Lcat·h)]	S_M/%	
$PdCl_2$-$CuCl_2$/AC	100	0.1	220	96	[14]
$RuCl_3$-$CuCl_2$/AC	100	0.1	130	93	[14]
$Pd(NH_4)_4Cl_2$-$CuCl_2$/AC	120	0.1	518	—	[15]
$PdCl_2$-$CuCl_2$-$(NH_4)_6Mo_7O_{24}$-NaOAc/AC	120	0.1	420	—	[16]
Pd-Cu-Cl/AC	120	0.3	553	—	[17]
Pd-Cu-Cl/Al_2O_3	120	0.3	246	—	[17]
Pd-Cu-Cl/煤质炭	100	0.1	10mmol/(g_{cat}·h)	95	[18]
Pd/AC	100	0.1	564	—	[19]

松崎德雄等[20]针对 $CO+2CH_3ONO \longrightarrow (CH_3O)_2CO+2NO$ 反应，提出了反应机理。认为催化生成碳酸二甲酯的活性物种为 Pd^{2+}。由于 Cl^- 存在，亚硝酸甲酯将 Pd^0 氧化成 Pd^{2+}，反应循环过程如下：

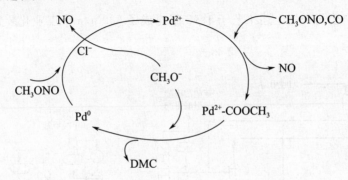

反应式：

$$PdCl_x+CH_3ONO+CO \longrightarrow PdCl_x(COOCH_3)+NO$$
$$PdCl_x(COOCH_3)+CH_3ONO \longrightarrow PdCl_x+(CH_3O)_2CO+NO$$

反应控制步骤为 CO 向 Pd^{2+} 物种的配位过程，这是因为 DMC 生成速率与 CO 分压的一次方成正比，而与 CH_3ONO 分压无关。

2.3　甲醇气相氧化羰基化直接合成碳酸二甲酯

如上所述，对于已工业化的碳酸二甲酯合成工艺而言，由于光气法存在工艺复杂、操作周期长、原料光气剧毒、副产大量盐酸、严重污染环境及对设备要求高等缺点，不符合绿色科技战略，正在逐渐被淘汰；甲醇液相氧化羰基化法存在催化剂与产物分离、催化剂腐蚀设备、催化剂循环利用难及失活等问题；甲醇气相氧化羰基化两步法虽可解决液相法的缺点，但存在二段反应，工艺较复杂、副产草酸二甲酯易堵塞管路及需制备有害的 NO 和其循环等问题。酯交换法利用碳酸乙(丙)烯酯为原料，原料来源受到制约，依赖于石化工业的发展，并且该反应受热力学平衡限制，副产大量的乙(丙)二醇。因此，人们正在开发新的碳酸二甲酯合成工艺。

此工艺路线是以甲醇、CO、O_2 为原料，一步直接合成碳酸二甲酯，反应相态为气相，主反应式为：

$$2CH_3OH + CO + \frac{1}{2}O_2 \longrightarrow (CH_3O)_2CO + H_2O$$

甲醇气相氧化羰基化一步直接合成碳酸二甲酯工艺路线具有原料便宜易得、毒性小、工艺简单、成本低等特点，是极有发展前途的方法，目前正处于研究开发阶段。该合成工艺的关键是高效催化剂的开发，尤其是提高碳酸二甲酯对 CO 的选择性。催化剂可分为金属氯化物和金属氧化物两类。

2.3.1 PdCl$_2$- CuCl$_2$-KOAc/AC 系催化剂

甲醇氧化羰基化气相一步直接合成碳酸二甲酯工艺，首先要求催化剂必须处于固相，进行气-固相催化反应。因此，大多数研究者都是以液相羰基化反应用催化剂为基础，开发固载化催化剂。表 2-6 列出了一些典型的催化剂。

表 2-6　甲醇气相氧化羰基化直接合成碳酸二甲酯用催化剂

催化剂	反应条件		反应结果			文献
	温度/℃	压力/MPa	STY/[g/(L$_{cat}$·h)]	S_M/%	S_{CO}/%	
CuCl$_2$-有机磷化物 /AC	150	0.1	189	—	74	[21]
CuCl-H$_3$BO$_3$/AC	120	0.7	145	—	—	[9]
CuCl$_2$/AC	115	2.0	5.4×10^4 mol/(g$_{Cu}$·s)	—	—	[22]
PdCl$_2$- CuCl$_2$-KOAc/AC	152	0.1	317~361	95	36	[23]
PdCl$_2$- CuCl$_2$/AC	145	0.1	40.0	85	26.4	[24]
CuCl$_2$-PdCl$_2$-QAS/HMS	120	0.1	70mg/(g$_{cat}$·h)	97	26	[25]

（1）单金属和双金属氯化物催化剂[26]

在 CuCl$_2$/AC、CuCl/AC 和 PdCl$_2$/AC 催化剂上有痕量的 DMC 产生，同时还生成副产物甲酸甲酯和水。在单金属氯化物催化剂上得不到高收率的碳酸二甲酯。双金属氯化物催化剂 PdCl$_2$- CuCl$_2$/AC 较单金属氯化物催化剂合成 DMC 的活性有明显提高，在 145℃时 DMC 空时收率达到 40.0g/(L$_{cat}$·h)。这表明只有两种氯化物同时存在时，产生协同作用，才能构成催化合成碳酸二甲酯的活性中心，或促使该活性中心的数目大量增加。

（2）碱金属助剂的影响[23]

从上面也可发现双金属氯化物催化剂 PdCl$_2$-CuCl$_2$/AC 具有催化合成 DMC 的活性，但活性还是低。把碱金属助剂 K 以乙酸盐的形式添加到催化剂 PdCl$_2$-CuCl$_2$/AC 中，可明显提高 DMC 的收率，在反应温度 152℃，DMC 的空时收率为 317~361g/(L$_{cat}$·h)。

（3）催化剂失活原因[27~29]

PdCl$_2$-CuCl$_2$-KOAc/AC 催化剂上碳酸二甲酯空时收率随运转时间增加，催化活性呈明显下降趋势。对新鲜及失活后的催化剂进行了 XPS 测试，发现失活催化剂表面上 Cl 元素的表面浓度下降，说明失活催化剂发生了氯的流失。反应过程中氯的流失，使催化剂表面 Cu^{2+}/Cu$^+$ 与 Pd^{2+}/Pd^0 比例发生变化，这是影响催化剂稳定性、造成催化剂失活的一个重要因素。

（4）不同反应条件对催化剂稳定性的影响

王淑芳等[30]考察了反应温度、反应压力、原料组成等对催化剂稳定性的影响。催化剂的稳定性以不同反应时间下催化剂的残存活性(RA)评价。

$$RA = \frac{运转时间 \theta 小时的 DMC 收率}{DMC 的最大收率} \times 100\%$$

反应温度为 150℃时，相同时间下的催化剂的残存活性明显高于 160℃下的结果，反应进行到 25h 时，150℃下的残存活性约为 77%，而此时 160℃下的残存活性仅为 57%；在 0.1 MPa 压力条件下，反应 30h 后的催化剂残存活性仅为 45% 左右；0.2 MPa 或以上条件下，相同反应时间下的催化剂残存活性仍可保持 95% 以上；当进料中氧气浓度增加，相同反应时间下催化剂的残存活性相差 10% 左右，氧气浓度提高，加快了 Cu^{2+} 的生成，从而加速了 Pd^0 的氧化速度，抑制了氯离子的流失，延长了催化剂的寿命。

(5)催化剂再生[31,32]

由于 $PdCl_2$-$CuCl_2$-KOAc/AC 催化剂失活原因为氯的流失，因此，对失活后的催化剂进行补氯再生。即在 200℃下 N_2 气流中，同时加入氯乙酸甲酯的甲醇溶液处理失活催化剂 4h 后，停止通入氯乙酸甲酯，进一步在 200℃下 N_2 气流中处理 2h，以促进催化剂表面吸附的多余氯被 N_2 气流带走，使活性中心暴露，然后进行反应。催化剂的活性得到较好的恢复，并且维持了较高的稳定性。

(6)$PdCl_2$-$CuCl_2$-KOAc/AC 催化剂的改进

负载液膜催化剂：岳川等[33]分别以二甘醇(DEG)、三甘醇(TEG)和四甘醇(TetraEG)为液膜相，采用加压浸渍方式制得负载液膜催化剂 DEG(TEG、TetraEG)-$PdCl_2$-$CuCl_2$-KOAc/AC。发现负载液膜后催化剂的活性均高于 $PdCl_2$-$CuCl_2$-KOAc/AC 催化剂。在三种制备的负载液膜催化剂当中，由二甘醇制备出来的催化剂催化活性最高。

硅胶包覆型催化剂 $PdCl_2$-$CuCl_2$-KOAc-AC@SiO_2 催化剂：岳川等[34]采用硅溶胶溶液为硅源分别制备了硅胶包覆的催化剂 $PdCl_2$-$CuCl_2$-KOAc@SiO_2 和 $PdCl_2$-$CuCl_2$-KOAc-AC@SiO_2。包覆以 AC 为载体的负载型催化剂具有较好的催化活性。且在空气中的存放稳定性明显优于负载型催化剂，易于保存。

(7)原料中加入有机氯化物提高催化剂的稳定性

甲醇气相氧化羰基化一步法合成碳酸二甲酯工业化的瓶颈在于催化剂稳定性不能达到经济要求。岳川[34]制备了 $PdCl_2$-$CuCl_2$-KOAc/AC@HZSM-5 催化剂，在通入质量分数为 0.2% 的有机氯化物甲醇溶液后，考察其稳定性能。图 2-6 和图 2-7 分别为碳酸二甲酯的空时收率和碳酸二甲酯对甲醇和一氧化碳的选择性随运行时间的变化关系。可以看出，该催化剂在催化合成碳酸二甲酯反应中诱导期较长，在反应 70h 才达到催化活性的最大值，碳酸二甲酯的空时收率为 684.3 g/($L_{cat}\cdot$h)。在此后的 200 多个小时中，DMC 空时收率一直维持在 500 g/($L_{cat}\cdot$h)左右。而碳酸二甲酯对甲醇的选择性几乎达到了 100%，对 CO 的选择性也维持在 70%~80% 的高水准。且在反应过程中条件温和，说明该催化剂具有良好的催化活性和稳定性。

2.3.2 铜氧化物催化剂

金属氯化物催化剂由于氯的流失不仅造成催化剂活性下降，而且还腐蚀设备，影响产品质量，所以开发非金属卤化物催化剂具有很大的吸引力。目前，具有催化活性的氧化物还仅限于铜氧化物，未见其他氧化物的报道。King[35]通过固相离子交换法制备出了不含 Cl 的 Cu/沸石催化剂用于甲醇气相氧化羰基化合成碳酸二甲酯反应，由于不存在氯的流失问题，催化剂具有很好的稳定性。并通过原位红外光谱研究提出了如下的反应机理：

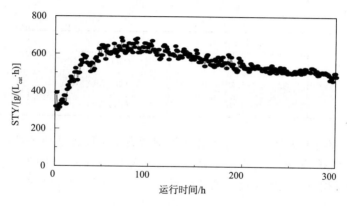

图 2-6 碳酸二甲酯空时收率随运行时间的变化
反应条件：160℃，0.3MPa，GHSV=7168h^{-1}，MeOH/CO/O$_2$=3.6/2.3/1

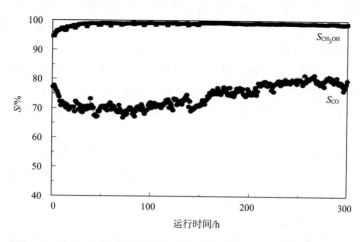

图 2-7 碳酸二甲酯对甲醇和一氧化碳的选择性随运行时间的变化
反应条件：160℃，0.3MPa，GHSV=7168h^{-1}，MeOH/CO/O$_2$=3.6/2.3/1

$$2CH_3OH + \frac{1}{2}O_2 + 2Cu^+ Ze^- \longrightarrow 2(CH_3O\text{-}Cu)^+ Ze^- + H_2O$$

$$(CH_3O\text{-}Cu)^+ Ze^- + CO \longrightarrow (CH_3O\text{-}CO\text{-}Cu)^+ Ze^-$$

$$2(CH_3O\text{-}CO\text{-}Cu)^+ Ze^- + 2CH_3OH + \frac{1}{2}O_2 \longrightarrow 2(CH_3O)_2CO + H_2O + 2Cu^+ Ze^-$$

第一步为 CH$_3$OH 氧化以及 Cu$^+$ 转变为甲氧基铜(CH$_3$O-Cu)$^+$；第二步为 CO 插入形成甲氧基羰基铜物种(CH$_3$O-CO-Cu)$^+$；第三步为该铜物种与 CH$_3$OH、O$_2$ 反应生成碳酸二甲酯，完成催化循环。

谷川博人等[36,37]提出采用氧化铜及载体构成的催化剂。在140℃、2.1MPa 条件下不同氧化物催化剂上 DMC 收率见表 2-7，为釜式液相反应结果。

表 2-7 不同氧化物催化剂上合成碳酸二甲酯的反应结果

催化剂	DMC 收率/%	催化剂	DMC 收率/%
CuO/AC	2.9	CuO-CeO$_2$/AC	6.4
CuO-La$_2$O$_3$/AC	3.8	CuO-Li$_2$O/AC	4.9
CuO-ZrO$_2$/AC	3.9	CuO-K$_2$O/AC	3.5

催化剂	DMC 收率/%	催化剂	DMC 收率/%
CuO-FeO/AC	6.4	CuO-Cs$_2$O/AC	5.3
CuO-Ag$_2$O/AC	5.6	CuO-SrO/AC	5.6
CuO-ZnO/AC	6.0	CuO-BaO/AC	4.8

Wang 等[38,39]对 CuO-La$_2$O$_3$/AC 催化剂详细考察了不同预处理条件、催化剂组分、含量及反应条件对甲醇气相氧化羰基化合成碳酸二甲酯反应性能的影响。并结合 XPS 分析，认为 Cu$_2$O 和 CuO 构成了该催化反应的活性物种。在 160℃、0.11MPa 下，DMC 空时收率为 87.6mmol/(L$_{cat}$·h)。

王瑞玉等[40]以 Cu$_2$(NO$_3$)(OH)$_3$ 为催化剂前驱体，制得无氯的 CuO/AC、Cu$_2$O/AC 和 Cu^0/AC 催化剂，并用于甲醇直接气相氧化羰基化合成碳酸二甲酯反应。CuO、Cu$_2$O 和 Cu^0 均具有催化活性，顺序为 CuO<Cu$_2$O<Cu^0。在 140℃条件下，甲醇转化率达 11.5%，DMC 的空时收率和选择性分别为 261.9mg/(g$_{cat}$·h)和 76.0%。他们[41]还以活性炭为载体，水合肼为还原剂制备了负载型 Cu/活性炭催化剂。当水合肼/硝酸铜物质的量的比为 0.75 时，催化剂的催化性能最好，碳酸二甲酯的空时收率为 120.6mg/(g$_{cat}$·h)，选择性为 74.5%，甲醇转化率达到 3.88%。在 93h 反应时间内，催化剂都保持了较高的反应活性和选择性。此时铜物种以 Cu$_2$O 和分散态 CuO 为主，Cu$_2$O 是主要的活性物种。

Richter 等[42]选用醋酸铜为金属活性组分前驱体，通过沉淀法制得的高负载量的 Cu 基分子筛催化剂 Cu/Y。在 700~750℃的高温 Ar 气流中活化处理 15h 后，对甲醇气相氧化羰基化合成 DMC 显示出良好的催化活性(常压、140~160℃，Cu 负载量 10%~12%)。DMC 的空时收率达到 100g/(L$_{cat}$·h)(原料组成：36% MeOH，48% CO，6% O$_2$，其余 He；GHSV＝3000 h^{-1})。他们认为高温处理可以促使分散在分子筛表面的 CuO 发生从 Cu^{2+} 到 Cu$^+$ 的自还原，并以离子的形式重新分布在分子筛的超笼结构中，从而使催化剂得以活化。低负载量时，Cu 离子主要分布于 Y 型分子筛上反应物难以接近的离子交换位，而负载量过高则会形成无反应活性的铜的硅酸盐/铝酸盐物相。在 150℃下运转 100h，DMC 的空时收率保持在 60g/(L$_{cat}$·h)，未发现明显失活；他们[43]在上述研究的基础上，采用在 Y 型分子筛上浸渍 Cu(NO$_3$)$_2$ 溶液的方法，制备出了无 Cl 的 Cu/Y 分子筛催化剂。并在 0.4~1.6 MPa、CO/MeOH/O$_2$＝40/20/(6~1.5)vol%，Cu 的负载量 10%~17%条件下，考察了催化剂的活性，确定了最佳的催化剂制备条件。进料中 O$_2$ 浓度控制着 DMC 的选择性。甲醇转化率为 5%~12%，DMC 空时收率达到 632g/(L$_{cat}$·h)。CO 对主要副产物二甲氧基甲烷(DMM)的生成有显著影响。并提出了生成 DMC 和 DMM 的反应机理。

另外，Drake 等[44~46]也对无氯 Cu 基催化剂(Cu/SBA-5、Cu/SiO$_2$、Cu/Y 等)进行了研究。

2.4 甲醇-尿素醇解法合成碳酸二甲酯

用甲醇与尿素合成碳酸二甲酯是 20 世纪 90 年代后期研究开发的工艺路线，其反应原理如下：

$$(NH_2)_2CO + 2CH_3OH \longrightarrow (CH_3O)_2CO + 2NH_3 \qquad (1)$$

尿素与甲醇催化合成 DMC 反应分两步进行，首先是尿素与甲醇反应生成氨基甲酸甲酯，然后氨基甲酸甲酯再与甲醇催化反应生成 DMC，即

$$(NH_2)_2CO + CH_3OH \longrightarrow NH_2COOCH_3 + NH_3 \qquad (2)$$

$$NH_2COOCH_3 + CH_3OH \longrightarrow (CH_3O)_2CO + NH_3 \qquad (3)$$

在 160℃、693psi(1psi=6894.76Pa)N_2 保护下，尿素与甲醇进行间歇反应，7.17h 时尿素转化率为 61.2%。在 160℃、242psi 下，采用二丁基二甲基锡催化剂，进行氨基甲酸甲酯与甲醇的催化反应。反应过程中连续蒸出 DMC，并连续补充甲醇，反应 8.25h 后，氨基甲酸甲酯的转化率为 94%[47]。

就该工艺所采用的催化剂而言可分为以下四大类：① 碱金属化合物[48,49]；② 有机锡化合物[47,50]；③ 锌类化合物[51,52]；④ Ga 和 In 的化合物[53]。从反应活性来看，以有机锡化合物的活性最高。如二丁基异氰酸酯基甲氧基锡，二丁基二甲氧基锡和二丁基锡的氧化物等，通过与尿素的氨基交换甲氧基而生成 DMC。它们对该反应都具有较高的活性和选择性；锌类化合物如 ZnO 的活性也较高；Ga 和 In 的化合物对 $C_3 \sim C_8$ 醇与尿素的反应有较高的活性。采用异丙氧基镓催化剂，在 180~220℃下，尿素与辛醇反应 6h，相应的碳酸酯产率为 88.3%。而碱金属化合物如 Na_2CO_3、K_2CO_3、$NaOCH_3$ 等活性较差，在 160℃、2.0MPa 下反应 5h，DMC 产率不足 2%。其他结果见表 2-8。但是，无论有机锡化合物还是锌类化合物，在该反应体系中都是均相催化剂，这就为反应产物的分离精制和催化剂的回收利用带来了困难，解决该问题的途径是催化剂的固载化。Zhao 等[54]考察了不同金属氧化物催化剂上尿素与甲醇合成碳酸二甲酯的反应性能。发现 ZnO 具有较高的催化活性，并通过反应条件影响实验，确定出适宜的反应温度和反应时间分别为 190℃和 12h，此时 DMC 收率为 29.3%；失活 ZnO 催化剂可通过简单焙烧的方法得以再生。他们采用不同方法制备了一系列二元金属氧化物催化剂，发现 ZnO-PbO 和 $ZnO-La_2O_3$ 的催化活性高于单一金属氧化物，碳酸二甲酯的收率分别是纯 ZnO 的 1.4 和 1.1 倍。此外还考察了焙烧温度的影响，并对催化剂的还原性能和反应性能进行了关联。在尿素与甲醇的摩尔比为 1:20，催化剂加入量为体系总重量的 4%，反应温度 170℃，反应时间 6h 的条件下，500℃焙烧的 $ZnO-La_2O_3$ 催化剂上的 DMC 收率最高，达到 36.4%。

表 2-8　尿素法合成有机碳酸酯反应结果比较

原料	催化剂	反应条件			反应结果	文献
		温度/℃	压力/MPa	时间/h	产率/%	
甲醇/MC	Na_2CO_3	160	2	5	1.53	[48]
甲醇/UR	LiH	180	2	2	36.4	[49]
甲醇/MC	$SnBu_2(OMe)_2$	169	1.8	8.16	52.6	[47]
异戊醇/UR	$Sn(OBu)_2$	180~230	1	4	66.5	[50]
正丁醇/UR	ZnO	160	0.5	3	92.1	[51]
异戊醇/UR	ZnO	198~223	0.6	6	87.9	[55]
烯丙醇/UR	ZnO	160~180	0.8	3	86.3	[52]
1-辛醇/UR	异丙基镓	180~220	—	6	88.3	[53]

注：MC 为氨基甲酸甲酯，UR 为尿素。

邬长城等[56]以金属氧化物为催化剂，采用间歇操作和连续操作两种不同方式，对尿素醇解法合成碳酸二甲酯的工艺条件进行系统研究，探索提高碳酸二甲酯收率的有效方法。研究结果表明，尿素的醇解反应分两步进行，第一步醇解较易实现，在无催化剂存在时，190℃下一步醇解产物氨基甲酸甲酯的收率可达 73.4%；第二步醇解较难发生，是合成碳酸二甲酯的控制步骤，需要催化剂的作用。ZnO 对两步醇解反应都能起到催化作用，但 ZnO-La₂O₃ 较 ZnO 更能有效促进第二步醇解反应的进行。在所确定的适宜条件下，由氨基甲酸甲酯合成碳酸二甲酯的收率最高达到 55.4%，同时碳酸二甲酯的选择性达到 73.5%。研究了连续操作条件下由尿素一步合成碳酸二甲酯的反应，以 ZnO-La₂O₃ 作催化剂，在尿素与甲醇的摩尔比为 1/20、反应温度 170℃、催化剂占尿素质量的 27% 的条件下，碳酸二甲酯收率达到 45.8%。

冯丽梅等[57]以尿素和甲醇为原料，利用尿素醇解法直接合成碳酸二甲酯(DMC)，研究对比了催化精馏法、溢流法、釜式连续法、固定床一段法、固定床两段法等不同工艺。结果表明，固定床一段法上行料工艺所得 DMC 收率及反应器出口 DMC 质量分数最佳；在进料的尿素质量分数为 5%~10%，反应压力为 1.0MPa，反应温度为 180~190 ℃，液体体积空速为 0.18~0.22 h⁻¹ 的适宜条件下，DMC 的收率高于 70%，反应器出口 DMC 质量分数大于 5%。

2.5 甲醇与 CO₂ 合成碳酸二甲酯

以甲醇和 CO₂ 为原料直接合成碳酸二甲酯反应式为：

$$2CH_3OH + CO_2 \longrightarrow CH_3O-\overset{\displaystyle O}{\underset{\displaystyle \|}{C}}-OCH_3 + H_2O$$

该反应相对于甲醇氧化羰基化反应而言，在热力学上并不占优势。其突出的特点是直接有效利用 CO₂ 气体，对于大气环境保护和资源优化利用具有重要意义。在碱性催化剂和 CH₃I 存在下，由甲醇和 CO₂ 合成碳酸二甲酯的结果如表 2-9 所示，反应温度为 100℃，压力为 5.0 MPa，在高压釜中反应 2h。反应机理包括甲醇的活化，CO₂ 插入及 DMC 生成等步骤，反应副产物为二甲醚。

$$CH_3OH + Base \longrightarrow CH_3O^- + H^+ \cdots Base$$
$$\xrightarrow{CO_2} [CH_3OC(O)O]^- + H^+ \cdots Base$$
$$\xrightarrow{CH_3I} CH_3OC(O)OCH_3 + HI \cdots Base$$
$$CH_3OH + HI \longrightarrow CH_3I + H_2O$$

除碱性催化剂外，更常用的催化剂为有机金属化合物。如有机锡化合物 Bu₂Sn(OBu)₂ 为催化剂，在 136~190℃，6.6 MPa 条件下反应 12h，每摩尔催化剂上 DMC 产率为 160%[59,60]。Yamazaki 等[61]提出的机理认为反应中 CO₂ 首先插入 Sn-O 键形成 Bu₂Sn(OCOOBu)₂，而后经醇解分别生成 DMC 和 Bu₂Sn(OH)₂，进一步的酯化作用，完成催化循环。Kizlink 等[62]进一步使用 Sn(OEt)₄、Ti(OEt)₄ 催化剂时，每摩尔催化剂上生成的 DMC 收率分别为 233% 和 268%。

表 2-9 甲醇与 CO_2 合成碳酸二甲酯反应结果[58]

催化剂	DMC/ mmol	DME/ mmol	CH_3I/ mmol	每 mol 碱产率/%
无催化剂	0	3.5	0.2	0
Li_2CO_3	1.3	3.1	1.2	43
Na_2CO_3	9.4	4.6	6.4	313
K_2CO_3	11.9	5.4	5.2	397
Et_3N	0.2	4.5	0.1	7
Bu_3N	0.5	5.6	0.4	17
$(CH_3)_4NOH$	7.3	12.5	4.4	243

ZrO_2 催化剂对甲醇与 CO_2 合成碳酸二甲酯反应具有较好的催化作用。图 2-8 为 DMC 生成量、CO_2 吸附量及比表面与焙烧温度的关系[63,64]。可见，在 673K 条件下焙烧的 ZrO_2 催化剂活性最好，超过 773K，活性下降。DMC 生成量与吸附的 CO_2 量具有一定的对应关系。认为合成 DMC 的活性位是 ZrO_2 表面的酸-碱协同中心。进一步用 H_3PO_4 对 ZrO_2 催化剂改性，制备出 H_3PO_4/ZrO_2 催化剂，提高了甲醇与 CO_2 反应合成 DMC 的活性，并且降低了反应温度，其结果如图 2-9 所示。认为是在催化剂制备过程中，H_3PO_4 与氢氧化锆作用，在亚稳定态的四方晶系 ZrO_2 表面形成了活性磷酸盐物种，并使表面酸性增强。

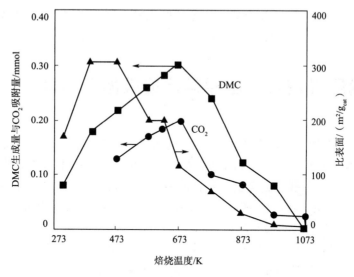

图 2-8 DMC 生成量、CO_2 吸附量及比表面与焙烧温度的关系

反应条件：433K，2h，CH_3OH：CO_2＝192mmol：200mmol，样品量：0.5g，BET 比表面。

CO_2 吸附：体积法，293K，p_{CO_2}＝6.6kPa

江琦等[65]研究了在镁的甲基化合物作用下，由 CO_2 和甲醇合成 DMC。他们认为：CO_2 以正常插入方式作用于甲氧基镁中的 Mg-O 键，生成碳酸甲酯甲氧基镁，该物种再反应生成 DMC。其最佳反应温度为 180℃，CO_2 压力为 3.0 MPa，反应时间 12h，DMC 选择性为 99%，但转化率只有 30%。房鼎业等[66]在超临界条件下，研究了以甲氧基镁为催化剂，操作条件对 CO_2 和 CH_3OH 催化合成 DMC 的影响。

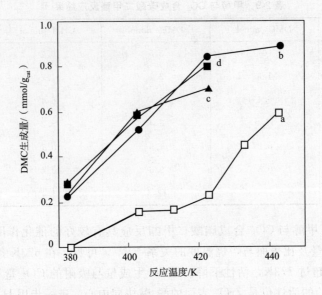

图 2-9 ZrO_2 和 H_3PO_3/ZrO_2 催化剂上 DMC 生成量与反应温度的关系

a—ZrO_2；b—H_3PO_4/ZrO_2(P/Zr=0.025)；c—P/Zr=0.05；d—P/Zr=0.1；

反应条件：$CH_3OH:CO_2=192mmol:200mmol$；催化剂：0.5g；反应时间：2h

此外，研究者还开发出多种用于 CO_2 和甲醇合成 DMC 催化剂，如甲氧基铌[67]、负载型杂多酸 $H_3PW_{12}O_{40}/ZrO_2$[68]、$H_3PW_{12}O_{40}/Ce_xTi_{1-x}O_2$[69,70]、负载型有机金属化合物催化剂[71]$(Bu_2)_nSn(OMe)_2$/聚苯乙烯树脂、$[Nb(OMe)_5]_2$/聚硅氧烷[71]及 $Sn_2(OMe)_4/SiO_2$[72]等。

2.6 生物质甘油为初始原料合成碳酸二甲酯

随着化石能源(石油、煤、天然气)日益枯竭和环境保护(低碳经济)的要求，促使人们大力开发可再生能源和资源。生物质属于可再生资源，由此生产的生物柴油是优质清洁的燃料油，受到世界各国普遍重视。酯交换法是目前生产生物柴油的主要方法，每生产 9kg 生物柴油就有 1kg 甘油产生。随着生物柴油的开发，大量甘油的有效利用成为重要课题。以生物质为原料合成 DMC 将是重要利用途径之一。

王延吉等[73]提出了以生物质甘油为初始原料合成碳酸二甲酯的新工艺路线。该工艺由甘油加氢裂解制甲醇，甲醇分解制一氧化碳，以及甲醇氧化羰基化等反应构成，最终实现以甘油和氧气为原料合成 DMC 绿色反应工艺。反应式如下所示：

$$\begin{array}{c} OH\quad OH\quad OH \\ |\qquad |\qquad | \\ CH_2-CH-CH_2 \end{array} +2H_2 \longrightarrow 3CH_3OH \tag{1}$$

$$CH_3OH \longrightarrow CO+2H_2 \tag{2}$$

$$2CH_3OH+CO+\frac{1}{2}O_2 \longrightarrow CH_3-O-\overset{\overset{\displaystyle O}{\|}}{C}-O-CH_3 + H_2O \tag{3}$$

总反应式：

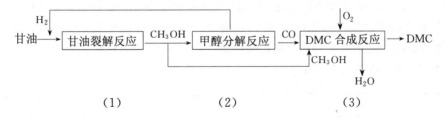

$$CH_2-CH-CH_2 (OH, OH, OH) + \frac{1}{2}O_2 \longrightarrow CH_3-O-C(=O)-O-CH_3 + H_2O$$

由上述总反应式可见，相当于以甘油和 O_2 为原料直接合成 DMC。

工艺流程简图：

```
          H₂ ─────────────────────────────┐          │ O₂
          ↓                                │          ↓
甘油 ──→ ┌─────────┐  CH₃OH  ┌─────────┐ CO ┌─────────┐ ──→ DMC
         │甘油裂解反应│ ──────→ │甲醇分解反应│ ──→ │DMC 合成反应│
         └─────────┘         └─────────┘    └─────────┘
                              ↑ CH₃OH            │
                              └──────────        ↓ H₂O
         (1)                  (2)               (3)
```

新工艺的优势在于：以甘油和氧气为原料，完全来自于可再生资源；H_2 可循环利用，不需要另外提供；甲醇裂解过程需要吸收热量，而 DMC 合成过程放出热量，可耦合利用能源。对于甲醇分解及其氧化羰基化反应，已有良好的研究基础。关键在于甘油加氢制甲醇技术的开发。

2.7 甲醇、环氧丙烷、二氧化碳为原料直接合成碳酸二甲酯

酯交换法合成 DMC 分两步进行，第一步为环氧丙烷与 CO_2 合成碳酸丙烯酯，第二步为碳酸丙烯酯与甲醇酯交换合成 DMC，反应式如下所示。

$$CH_3-CH-CH_2 (O) + CO_2 \xrightarrow{催化剂} CH_3CH-CH_2 (O-O-C(=O))$$

$$CH_3CH-CH_2 (O-O-C(=O)) + CH_3OH \longrightarrow CH_3-O-C(=O)-O-CH_3 + CH_3-CH-CH_2 (OH, OH)$$

将上述两步反应集中在一个反应器中进行，即以甲醇、环氧丙烷、二氧化碳为原料直接合成 DMC，可以减少分离过程、节约设备、充分利用能量、提高反应效率。这种简单化（直接化）反应是化学工艺的发展方向。

李渊等[74,75]较早地对甲醇、环氧丙烷、二氧化碳为原料直接催化合成 DMC 反应过程进行了研究。发现 KI/γ-Al$_2$O$_3$ 虽然对由环氧丙烷（PO）和二氧化碳合成碳酸丙烯酯（PC）反应具有优良的催化活性，但是它对由 PO、二氧化碳和甲醇一步法合成 DMC 反应的活性不佳，对其改进的 KI-Ti(OH)$_4$/γ-Al$_2$O$_3$ 催化剂虽然对合成 DMC 活性较好，但是此催化剂稳定性较差。由于环氧丙烷具有三元环结构，三元环存在较强的张力，所以环氧丙烷性质非常活泼，容易在酸、碱催化剂的作用下使其环开裂生成中间产物，此中间产物进而与二氧化

碳反应生成碳酸丙烯酯，同时碱催化剂又是优良的酯交换催化剂，因此可以考虑固体碱为一步法合成 DMC 反应的催化剂。图 2-10 为 4A 分子筛上负载的几种碱的催化活性。由图可见，分子筛负载的以上几种碱对一步法合成 DMC 反应都具有良好活性，其中以 KOH 活性最佳，在催化剂 5g，MeOH58.13mL，PO50mL，反应时间 6h，CO₂ 初压 3MPa 实验条件下，PC 和 DMC 收率分别为 52.9% 和 16.8%。图 2-11 是不同载体负载 KOH 的催化活性。4A 分子筛、γ-Al₂O₃ 和 Hβ 沸石负载的 KOH 催化剂对合成 DMC 都具有良好的活性，其中以 4A 分子筛为载体时催化剂活性最佳。4A 分子筛为载体时催化剂活性最佳的可能原因是 4A 分子筛对甲醇、二氧化碳具有较强的吸附能力，使得催化剂有效表面上的反应物浓度增大，从而使 PC 和 DMC 收率增加。

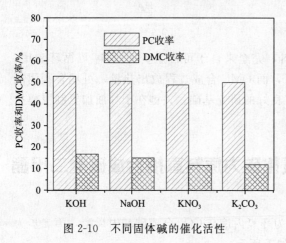
图 2-10　不同固体碱的催化活性

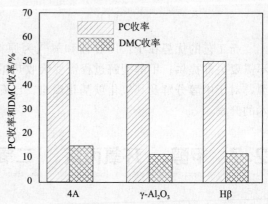
图 2-11　不同载体负载 KOH 的催化剂活性

随后，许多研究者对甲醇、环氧丙烷、二氧化碳为原料直接催化合成 DMC 进行了研究。刘红等[76]采用浸渍法以 MgO、海泡石（Sep）、γ-Al₂O₃ 为载体，制备了一系列金属盐 Lewis 酸-无机碱双组分负载型催化剂，NaOH-LiCl/Sep 催化剂具有较高的活性和选择性；在 160℃、5 h，PO 转化率为 82.6%，DMC 的产率达到 7.68%；孙冶等[77]采用活性炭负载氢氧化钠，反应初始压力为 4 MPa 的反应条件下，甲醇和环氧丙烷的转化率分别为 28.1% 和 99.9%，DMC 的选择性为 39.8%；高志明等[78]考察了四丁基溴化铵和甲醇钠构成的双组分催化剂的活性。在 150℃、4 MPa 条件下，催化剂分两次加入，DMC 的选择性为 55.8%；胡长文等[79]采用水滑石焙烧制得镁-铝氧化物催化剂，在 160℃、6 MPa、10 h 条件下，PO 转化率达到 100%，DMC 选择性为 20.2%；他们[80]还采用 [bmim]BF₄ 和 CH₃ONa，在 4 MPa、5 h、150℃的条件下，环氧丙烷的转化率达到 95% 以上，碳酸二甲酯的收率达到 67.6%；江琦等[81]等采用浸渍法制备了双组分负载型催化剂，以 ZnO 为载体的双组分催化剂具有良好的催化活性；林春绵等[82]选用金属醋酸盐与 K₂CO₃、KI 复合催化一步合成 DMC，当复合催化剂配比为 K₂CO₃∶KI∶Zn(CH₃COO)₂＝1∶1∶2 时，160℃、7.4MPa，4 h 条件下，环氧丙烷转化率可达 95%，DMC 产率可达 54.3%；崔洪友等[83]以 KI 和 K₂CO₃ 为双活性组分，分别以 4A 分子筛、硅胶、活性炭和活性氧化铝为载体，采用浸渍法制备了非均相催化剂。在 140℃、7.5 MPa、5.5 h 条件下，PO 转化率达 100%，DMC 收率达 75%。

2.8 碳酸二甲酯替代光气绿色合成异氰酸酯

2.8.1 光气的性质

光气属剧毒化学品，反应中产生盐酸腐蚀设备，并有废液排放，属于环境不友好化学品。尽管如此，目前它在有机合成工业上应用比较广泛。为了实现化工过程绿色化，必须研究替代光气的合成过程。因而有必要先了解一下光气的基本性质。

(1)光气物理性质

光气学名为碳酰氯(carbonyl chloride)，又名羰基二氯(carbonic dichloride)、氧氯化碳(carbon oxychloride)。分子式为 $COCl_2$，分子量为 98.916，熔点为 $-127.84℃$，沸点为 $7.84℃$。

光气在常温常压下为无色气体，密度为空气的 3.4 倍，光气对人的嗅觉影响因光气在空气中的浓度不同而异，吸烟者对光气的存在更为敏感。它是窒息性毒气，在第一次世界大战中曾被用作战争毒气，造成较大伤亡。低温或加压时光气易被液化；纯净液体光气为无色液体，密度比水大；工业品由于带有杂质而呈淡黄至草绿色。液态光气危害程度很大。

(2)光气化学性质[84]

光气的分解：光气的分解可分为热分解和催化分解两种。前者加热后分解为 CO 和 Cl_2，后者在催化剂作用下分解为 HCl 和 CO_2。

与金属及其氧、硫化合物的反应：光气与金属反应生成氯化物。与金属氧化物反应生成高纯度的氯化物，与硫化物反应生成羰基硫化物。

与胺及氨反应：

$$2NH_3+COCl_2 \longrightarrow NH_2CONH_2+2HCl \qquad 尿素$$
$$NH_3+COCl_2 \longrightarrow NH_2COCl+HCl \qquad 氨基酰氯$$

此反应为光气泄漏时的解毒措施之一。伯胺与光气反应第一步产物是氨基酰氯，它受热分解后生成异氰酸酯：

$$RNH_2+COCl_2 \longrightarrow RNHCOCl+HCl$$
$$RNHCOCl \xrightarrow{\triangle} RN=C=O+HCl$$

与醇及酚的反应：羟基化合物与光气反应生成相应的氯甲酸酯或碳酸二酯。

与乌洛托品反应：光气与乌洛托品反应能生成加成物，进一步分解为氯化铵、氯化氢和 CO_2，因此乌洛托品可用作防光气口罩的浸渍剂和抗毒剂，也是作为光气中毒者早期的抢救药品之一。

$$COCl_2+2(CH_2)_6N_4 \longrightarrow COCl_2 \cdot 2(CH_2)_6N_4$$
$$\qquad\qquad\qquad\qquad\qquad \longrightarrow NH_4Cl+HCl+CO_2$$

(3)光气合成方法

光气合成反应式： $\qquad CO+Cl_2 \longrightarrow COCl_2 \qquad +108kJ$

此反应可以用光催化，也可以用活性炭作为催化剂来完成。工业上常用的活性炭是椰壳炭和煤基炭。

(4)光气的用途

光气最主要的用途是生产聚氨酯的基本原料之一：多元异氰酸酯。其中，有 45% 用于 TDI，35% 用于 MDI 和 PAPI，10% 用于 PC，其他化学品为 10%。光气也可用于氯甲酸酯和碳酸酯的生产。主要产品有碳酸二甲酯、碳酸二乙酯、碳酸二苯酯和碳酸丙烯酯等；光气可用于制造芳香酸，如对苯二甲酸。光气还可用于聚合物制备，尤其是聚碳酸酯和聚脲。

2.8.2　异氰酸酯的光气化工业生产方法

异氰酸酯是生产聚氨酯(polyurethane，PU)的原料之一。聚氨酯作为新型合成材料，自 1937 年由 Bayer 开发出来以后，已成为世界六大具有发展前途的合成材料之一。工业用途最大的异氰酸酯为 TDI(甲苯二异氰酸酯)和 MDI(4,4'-二苯甲烷二异氰酸酯)。用 TDI、MDI 生产的聚氨酯具有耐磨、耐低温、耐油和耐臭氧等优异的物理化学性能，广泛用于泡沫塑料、弹性体耐磨材料、密封材料、纤维、皮革、胶黏剂及涂料等众多领域，分布在航空、建筑、车船、家具及冷藏等各部门。

(1) TDI 合成方法

目前世界各国工业生产 TDI 主要是采用光气法。以甲苯二胺和光气为原料，通过下述反应合成 TDI：

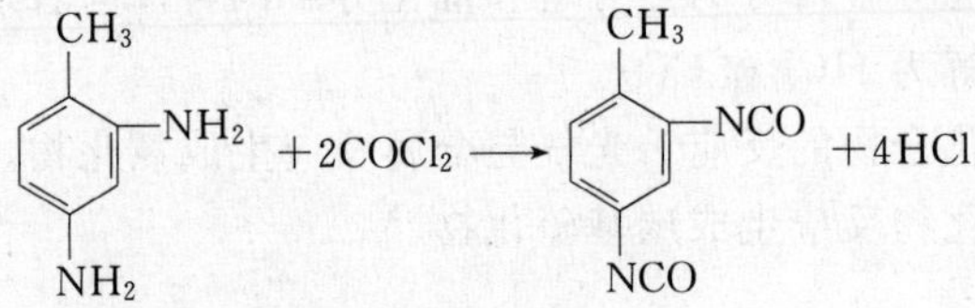

工业上 TDI 的生产采用典型的液相光气化工艺。

工艺过程：二氨基甲苯的液相光气化反应有常压法与加压法之分。常压法：熔融的二氨基甲苯(105~110℃)溶解于邻二氯代苯，配成 10%~20% 溶液，此溶液与光气溶液(光气溶于邻二氯代苯，浓度为 25%~50%)在混合器中混合，然后通过加热进入反应器进行反应。反应产物是甲苯二异氰酸酯、氯化氢及其他副产物。加压法：过程所用的溶剂一般为氯苯。液态光气与 10%~20% 的二氨基甲苯的氯苯溶液于 80~120℃、1~2MPa 压力下，在循环管路中进行反应。循环管路中的循环比为 10~40。

(2)MDI 合成方法

二苯基甲烷二异氰酸酯(methylene diphenyl diisocyanate，MDI)在室温下为固体，纯 MDI 是白至黄色的结晶体。在储存中会慢慢发生聚合，故通常在低温下保存。一般所说的 MDI 是指含其齐聚物的混合物，即粗 MDI。在双聚体的 MDI 中主要成分是 4,4'-二苯基甲烷二异氰酸酯，其结构式为：

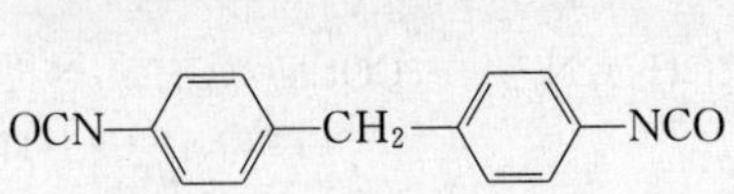

MDI 除 4,4'-异构体外，还含有 2,4'-异构体和 2,2'-异构体，具体性质见表 2-10。聚合 MDI 含有大量的齐聚物，都是二元环以上的衍生物。

表 2-10　二苯基甲烷二异氰酸酯的物理性质

名称	分子式	相对分子质量	熔点/℃	沸点[①]/℃	密度/(g/cm³)
4,4'-MDI	$C_{15}H_{10}O_2N_2$	250.3	39.5	208(10)	1.183
2,4'-MDI	$C_{15}H_{10}O_2N_2$	250.3	34.5	154(1.3)	1.192
2,2'-MDI	$C_{15}H_{10}O_2N_2$	250.3	46.5	145(1.3)	1.188

① 括号中数字为压力,单位是 Torr(1Torr＝133.322Pa)。

光气化法是目前工业化生产 MDI 的主要方法,以苯胺为原料,经过缩合和光气化等步骤完成,其基本化学反应式为:

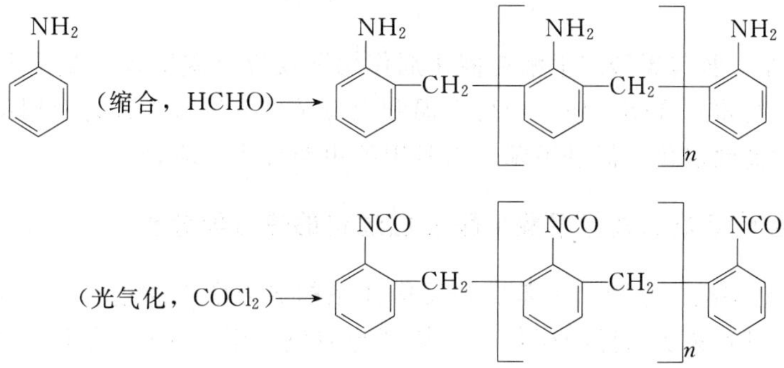

（n＝0,1,2,…）

二苯基甲烷二胺的制造　将苯胺与甲醛在盐酸(或催化剂)存在下于反应釜中加热至100℃进行缩合反应,反应产物为二苯基甲烷二胺及亚甲基多苯基多胺的混合物。苯胺与甲醛的缩合为放热反应(反应热 46kJ/mol 苯胺)。改变原料中苯胺与甲醛的比率,可得到不同组成的生成物;苯胺过量,生成物含多量的二苯基甲烷二胺,苯胺大量过量,则反应产物中二苯基甲烷二胺的含量可高达 85%～90%;反之,甲醛过量则多胺生成率增高。一般苯胺:甲醛＝(1.6～2.0):1。反应的方程式如下:

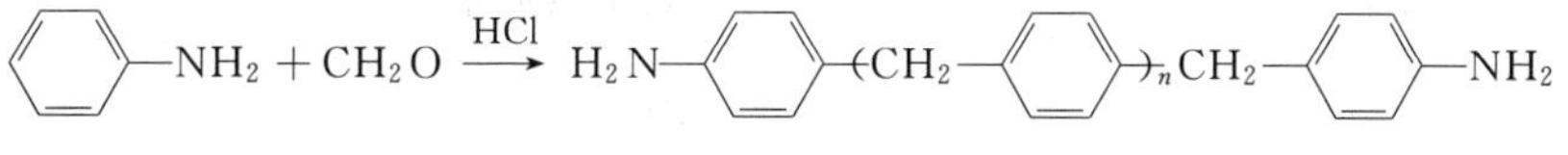

胺类的光气化反应　缩合反应的产物在减压下蒸馏可制得高沸点的二胺,可是通常不经蒸馏直接送往光气化反应器。二苯基甲烷二胺的光气化反应的设备和条件与制甲苯二异氰酸酯十分相似,所用的溶剂也是邻二氯代苯与氯苯,工艺流程与制甲苯二异氰酸酯的相仿,不同点有:第一段反应产物浆液在光气中的溶解度较高,故浆液中结晶物含量较低;第一段反应生成物颗粒度较细,第二段反应速率较快。

2.8.3　碳酸二甲酯代替光气绿色合成甲苯二异氰酸酯

光气化法生产 TDI,存在工艺过程较复杂、能耗高、有毒气(光气)泄漏的危险,副产氯化氢腐蚀设备且污染环境,设备投资及生产成本高,而且产品中残余氯难以去除,以及影响产品的应用等问题。因此,人们正在开发非光气合成路线。碳酸二甲酯(DMC)作为"绿色化学品"替代光气,已成为当前非光气法合成异氰酸酯的研究热点。采用碳酸二甲酯代替光气合成 TDI 工艺的反应原理为：

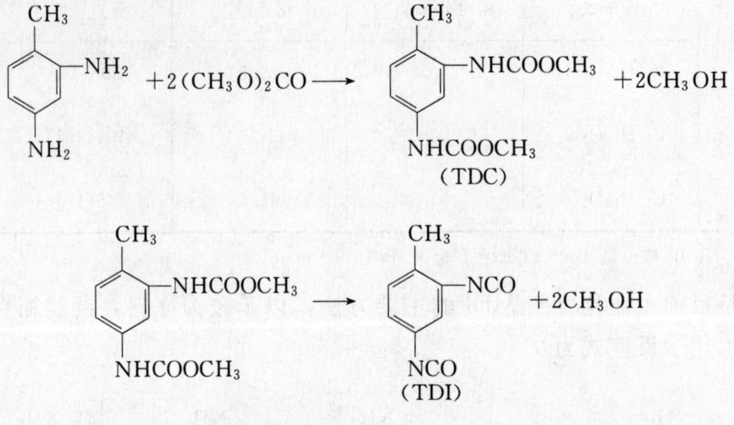

CH3
NH2
NH2
+2(CH3O)2CO
CH3
NHCOOCH3
NHCOOCH3
(TDC)
+2CH3OH
CH3
NHCOOCH3
NHCOOCH3
CH3
NCO
NCO
(TDI)
+2CH3OH

第一步是甲苯二胺与碳酸二甲酯在催化剂作用下反应合成甲苯二氨基甲酸甲酯(TDC)，第二步为 TDC 分解得到 TDI。该反应可在温和反应条件下进行，且为液相反应(无气相反应物)。关键是开发高效催化剂促进甲苯二氨基甲酸甲酯合成反应。

2.8.3.1 合成甲苯二氨基甲酸甲酯反应过程的热力学分析

Wang 等[85]对碳酸二甲酯和甲苯二胺反应体系的热力学性质进行了分析。采用 Benson 基团贡献法[86]计算各物质的标准摩尔生成焓和绝对熵；用 Joback 基团贡献法[86]计算各物质热容、正常沸点温度及临界温度；利用马沛生提出的基团贡献法[87]计算正常沸点下的汽化潜热；利用 Watson 公式[87]计算不同温度下汽化潜热。

分别计算了以下反应(1)～(3)的反应焓变($\Delta_r H$)、吉布斯自由能变($\Delta_r G$)和平衡常数(K_p)，结果见表 2-11 所示。

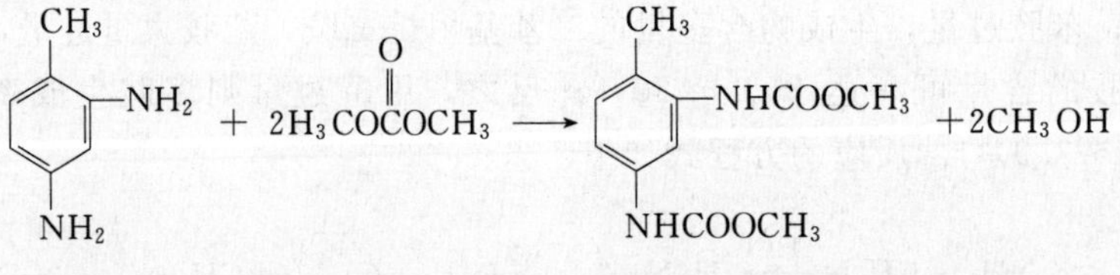

CH3
NH2
NH2
O
+ 2H3COCOCH3
CH3
NHCOOCH3
NHCOOCH3
+2CH3OH

(1)

CH3
NH2
NH2
O
+ H3COCOCH3
CH3
NHCOOCH3
NH2
+CH3OH

(2)

CH3
NHCOOCH3
NH2
O
+ H3COCOCH3
CH3
NHCOOCH3
NHCOOCH3
+CH3OH

(3)

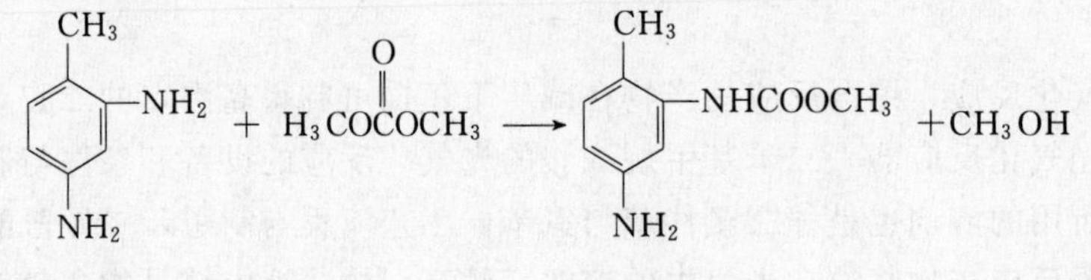

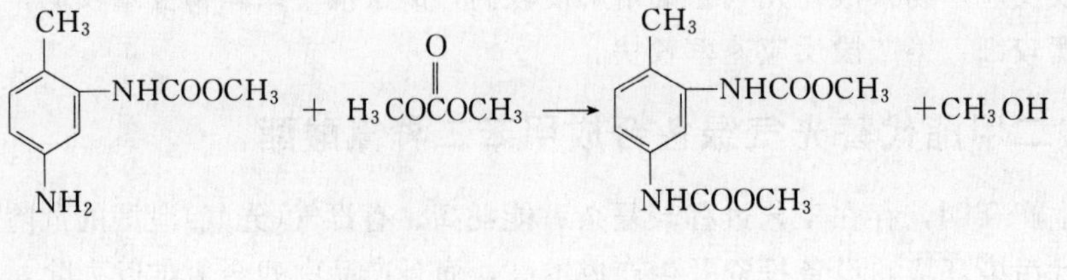

表 2-11　各个反应的 $\Delta_r H$、$\Delta_r G$ 和 K_p

$T/℃$	$\Delta_r H_1$ /(kJ/mol)	$\Delta_r G_1$ /(kJ/mol)	K_{p1}	$\Delta_r H_2$ /(kJ/mol)	$\Delta_r G_2$ /(kJ/mol)	K_{p2}	$\Delta_r H_3$ /(kJ/mol)	$\Delta_r G_3$ /(kJ/mol)	K_{p3}
20(g)	36.12	26.84	1.983×10^{-5}	18.06	13.43	6.269×10^{-3}	18.06	13.41	4.469×10^{-3}
20(l)	25.50	27.48	1.532×10^{-5}	15.00	13.74	3.914×10^{-3}	10.49	13.74	3.914×10^{-3}
80(l)	51.15	11.83	1.757×10^{-2}	29.59	5.774	1.399×10^{-1}	21.57	6.091	1.256×10^{-1}
100(l)	47.69	1.159	6.884×10^{-1}	28.57	0.2844	9.124×10^{-1}	19.12	0.8741	7.545×10^{-1}
120(l)	44.21	−12.28	42.80	27.59	−6.613	7.561	16.63	−5.666	5.660
140(l)	40.80	−28.94	4.563×10^{3}	26.68	−15.16	82.67	14.13	−13.78	5.520×10^{1}
160(l)	37.65	−49.38	9.017×10^{5}	25.94	−25.65	1.238×10^{3}	11.71	−23.73	7.281×10^{2}
180(l)	35.31	−74.20	3.573×10^{8}	25.64	−38.36	2.642×10^{4}	9.670	−35.84	1.353×10^{4}
200(l)	37.90	−104.1	3.075×10^{12}	27.85	−53.64	8.344×10^{5}	10.05	−50.42	3.685×10^{5}

　　可以看出，上述三个反应均为吸热反应，升高温度有利于反应的进行；当反应温度低于 120℃时，反应的 $\Delta_r G>0$，继续升高温度，$\Delta_r G<0$，此时反应可以自发进行；反应平衡常数 K_p 随着温度的升高而增大，当反应温度高于 140℃时，可以获得较大的转化率和产率。

2.8.3.2　合成甲苯二氨基甲酸甲酯催化剂

　　该反应体系所用催化剂大体分为两类：一类是 Lewis 酸催化剂，另一类是碱性催化剂。Gurgiolo 等[88]采用乙酸锌为催化剂，在 140℃、1.7MPa 下，由甲苯二胺(TDA)与 DMC 反应，TDA 转化为 TDC 的转化率仅为 36%。Buysch 等[89]采用四丁基酸钛为催化剂，以 TDA 和碳酸二乙酯为原料，在回流温度下反应 40h，得到大量的聚脲，此时相应的氨基乙酸酯收率为 26%。Heitkamper 等[90]采用 2-乙基己酸和异壬酸的铅盐为催化剂，在 100~300℃下，用 TDA 和碳酸二乙酯反应 4h，经后处理，产品收率为 71%，通过套用母液可使产品收率提高到 95%。赵新强等[35,91~95]较系统地研究了甲醇钠、乙酸锌催化剂上 TDA 与 DMC 的反应性能。在液相乙酸锌催化剂研究的基础上，考察了不同载体对固载化乙酸锌催化剂活性的影响。如图 2-12 所示，载体为 AC、MgO、α-Al$_2$O$_3$、γ-Al$_2$O$_3$ 和 SiO$_2$。反应温度为150℃，反应时间为7h。负载在不同载体上的乙酸锌催化剂对 TDC 合成的结果有较大差别。以 α-Al_2O_3 为载体的催化剂的活性最高，SiO_2 最低。其活性顺序为：α-$Al_2O_3 > \gamma$-$Al_2O_3 > AC > MgO > SiO_2$。TDC 的最高收率为 53.5%。并认为 TDA 与 DMC 催化合成 TDC 反应是分步进行的，即首先 TDA 与 DMC 反应生成单氨基甲酸甲酯（TMC），TMC 再与 DMC 反应最终得到 TDC。图 2-13 和图 2-14 分别为 $Zn(OAc)_2$/AC 催化剂上反应温度和反应时间对 TDC 收率的影响，说明存在最佳反应温度与时间。

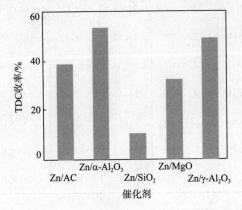

图 2-12 不同载体对 TDC 收率的影响

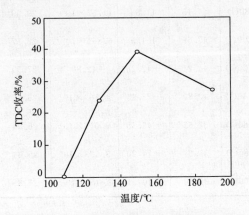

图 2-13 $Zn(OAc)_2$/AC 催化剂上反应温度对 TDC 收率的影响

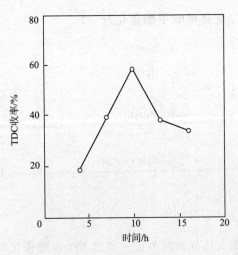

图 2-14 $Zn(OAc)_2$/AC 催化剂上反应时间对 TDC 收率的影响

Wang 等[96]以 $Pb(OAc)_2$ 为催化剂研究了 TDA 和 DMC 的反应，考察了反应条件的影响，当 $n(DMC)/n(TDA) = 20$，$n(TDA/n(Pb(OAc)_2) = 50$，反应温度为 170℃，反应时间为 4h 时，TDA 的转化率为 100%，TDC 的选择性为 97.3%。发现 $Pb(OAc)_2$ 在反应过程中易失活，其失活的原因是由于 $Pb(OAc)_2$ 与 DMC、反应生成的副产物甲醇反应生成了 $Pb_3(CO_3)(OH)_2$ 所致。Toshihide 等[97,98]用含有结晶水的醋酸锌和醋酸锌分别作催化剂时，得到 TDC 收率分别为 92% 和 96%，说明催化剂中的结晶水对生成 TDC 不利。

除上述催化剂外，生物酶催化剂在合成氨基甲酸甲酯的反应也有一定的应用。酶是一类重要的生物催化剂，与传统化学反应相比，酶促反应具有专一性强、催化效率高、反应条件温和等特点，如果能开发出活性较好的生物酶催化剂，其将具有好的应用前景。但从目前文献资料来看，生物酶催化剂对于这类反应的活性较低，仍停留在实验室开发阶段。王海鸥等[99]研究了生物酶催化剂在甲苯二胺和 DMC 的反应中的应用。以木瓜蛋白酶为催化剂，以四氢呋喃为溶剂，当甲苯二胺和 DMC 的摩尔比为 1:20、在 313K 下反应 40min，甲苯二氨基甲酸甲酯的产率为 3.9%。

2.8.3.3　合成甲苯二氨基甲酸甲酯反应机理与动力学

王桂荣等[96,100]应用红外光谱技术研究了乙酸锌催化甲苯二胺与碳酸二甲酯合成甲苯二氨基甲酸甲酯的反应机理。认为该反应是 $Zn(OAc)_2$ 与 DMC 形成的配合物和 TDA 发生甲氧基羰基化反应的过程。$Zn(OAc)_2$ 能起催化作用，是因为 $Zn(OAc)_2$ 与 DMC 形成配位化合物后，由于 Zn^{2+} 的吸电子能力使 DMC 的羰基氧带了更多的负电，从而使 DMC 羰基碳上的正电荷明显加强。这使得 DMC 的羰基碳被活化，更容易吸引 TDA 上的氨基，与其发生甲氧基羰基化反应生成 TDC。TDA 和 DMC 反应合成 TDC 的可能反应机理如下：DMC 羰基碳上的氧作为配位原子，与无水乙酸锌中的 Zn^{2+} 配位形成 Zn-O 配位键，无水乙酸锌的结构由双齿型转变为单齿型，形成一种新的配位配合物，同时使 DMC 的羰基碳被活化；TDA 作为亲核试剂，其中一个氨基进攻 DMC 中的显正电的羰基碳原子，使 TDA 与 DMC 的甲氧基羰基化反应得以发生，配合物中 DMC 与锌原子连接的 Zn-O 配位键会自动断裂，生成中间产物单氨基甲酸甲酯（TMC）和甲醇。而后，TMC 中另一个没有被甲氧基羰基化的氨基，再次与配合物中 DMC 的羰基碳发生甲氧基羰基化反应，最终生成 TDC，同时无水乙酸锌的结构重新回到双齿型。具体反应过程如图 2-15 所示。

以乙酸锌为催化剂，对该反应体系的动力学进行了研究。反应过程视为等容过程。由于反应系统中 DMC 远远过量，则可将其浓度看成常量，建立了反应动力学模型，如下所示。

$$-\frac{dx_1}{dt} = k_1 x_1^{1.05}$$

$$\frac{dx_3}{dt} = k_2 x_2 - k_3 x_3^{0.50} x_4^{0.10}$$

$$k_1 = 4.291 \times 10^6 \exp\left(-\frac{5.098 \times 10^4}{RT}\right)$$

$$k_2 = 4.995 \times 10^{10} \exp\left(-\frac{8.233 \times 10^4}{RT}\right)$$

$$k_3 = 7.512 \times 10^7 \exp\left(-\frac{6.299 \times 10^4}{RT}\right)$$

式中　k_1——反应(2)的反应速率常数，$L^{0.05}/(mol^{0.05} \cdot h)$；

$\qquad$ k_2——反应(3)的正反应速率常数，h^{-1}；

$\qquad$ k_3——反应(3)的逆反应速率常数，$mol^{0.4}/(L^{0.4} \cdot h)$；

$\qquad$ x_1——TDA 浓度，mol/L；

$\qquad$ x_2——TMC 浓度，mol/L；

$\qquad$ x_3——TDC 浓度，mol/L；

$\qquad$ x_4——甲醇浓度，mol/L。

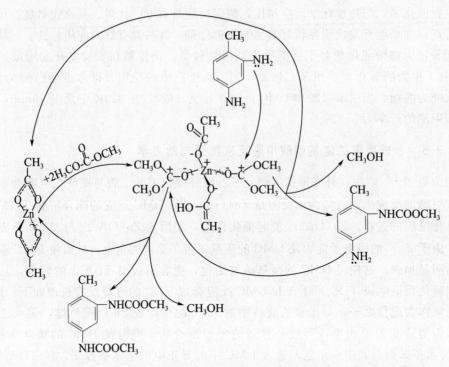

图 2-15 Zn(OAc)₂ 催化 TDA 和 DMC 反应合成 TDC 的反应机理

2.8.3.4 合成甲苯二氨基甲酸甲酯的动态操作工艺

王延吉等[101]基于合成 TDC 反应体系的热力学、反应机理和动力学等研究的结果。提出了 TDC 合成的"动态变温操作反应新工艺"，显著地提高 TDC 的选择性和收率。发现反应循环原料 DMC 中可以含有一定量的甲醇。这对于 TDC 生产中提高反应速率和 TDC 收率、降低分离成本是有利的。从动力学模型分析，生成 TMC 的第一步不可逆反应的反应活化能为 51.0kJ/mol，生成 TDC 的第二步可逆反应的正反应活化能为 82.3 kJ/mol。因此，反应初期采用较低温度，不会对 TMC 的生成不利；反应一段时间以后，升高温度，可以迅速提高由 TMC 转化为 TDC 的反应速率。这样既能避免副反应发生，提高 TDC 收率，又能提高反应速率，节省反应时间。采用三段变温操作，当反应温度为 145℃-165℃-145℃时，TDC 产率最高。催化剂用量为 TDA∶Zn(OAc)₂＝1∶0.2(重量比)，TDA∶DMC＝1∶30(摩尔比)，温度及时间分配为 145℃-165℃-145℃，2h-4h-1h。在上述优化条件 TDC 收率可达 99.2％。

2.8.3.5 甲苯二氨基甲酸甲酯分解制甲苯二异氰酸酯

在由碳酸二甲酯和甲苯二胺为原料合成 TDI 反应中，第二步为甲苯二氨基甲酸甲酯(TDC)分解反应，属于可逆吸热反应过程。此反应在有无催化剂、有无溶剂、有无热载体存在下都可以进行，但为了提高收率和减少副反应，应当控制适宜的反应条件，选择适当的催化剂、溶剂和热载体。由 TDC 分解为 TDI 的工艺过程可分为热分解和催化分解；依据反应物状态又分为气相法和液相法。

（1）催化剂

目前，该反应使用的催化剂主要为金属单质及其合金和无机化合物、金属有机化合物、有机磺酸及有机磺酸盐、天然或合成硅类化合物等。

① 金属单质及其合金和无机化合物　该类催化剂是最早用于催化氨基甲酸酯热分解反应的。其中包括ⅢA、ⅣA、ⅤA、ⅠB、ⅡB族元素及其氧化物或盐。Rosenthal等[102]在载气N_2存在下，采用重金属Mo、V、Fe、Co、Cr、Cu、Ni或其化合物组成的催化剂，以正十六烷和甲苯二氨基甲酸酯的四氢呋喃溶液连续加入盛有正十六烷溶液（热载体）的反应器中，在250℃，稍微加压下，TDI产率为84%。Abe等[103]选用元素周期表中ⅢA、ⅣA、ⅤA、ⅠB、ⅡB族金属及其有机或无机化合物作催化剂，其中较好的催化剂有草酸锌、氢氧化锌、氧化锌等。赵茜[104]以锌粉和铁粉为催化剂，催化TDC分解制备TDI，收率分别为93.5%和94.0%。总的来看，该类催化剂中研究较多、催化性能较好的为锌粉、铁粉及其氧化物催化剂。Sydor[105]采用$FeCl_3$催化剂，在465℃、9.73kPa条件下，用2,4-甲苯二氨基甲酸乙酯气相分解制备TDI，产率为60%。

② 金属有机化合物　金属有机化合物主要包括锌、铝、铜、钛、锑、铋、锆、锡、铁、锰、钇、钴等的有机化合物和衍生物，锑的季铵盐等。Abe等[106]不使用载气，以环烷酸锌为催化剂，以石蜡系列石油馏分为溶剂，在250℃、3.332kPa下进行甲苯二氨基甲酸酯的分解反应，TDI产率高达91%。较之气相法，液相法具有反应条件温和、产物产率高等优点。分解反应装置如图2-16所示，由反应器和一、二级冷凝器和抽空系统组成。使用该类催化剂时，反应体系一般为均相，具有反应速率高等优点。但该类催化剂的活性随金属络合的有机基团的增大而减小，这主要是由于随着金属络合的有机基团增大，催化剂的空间位阻将增加，使得氨基甲酸酯不易接近催化剂的活性中心而造成的。

③ 有机磺酸及有机磺酸盐　有机磺酸及有机磺酸盐中的有机基团可以分为脂肪烃、环烷烃和芳香烃。其中的金属一般为碱金属，如K、Na、Li、Cs等。Aoki等[107]将甲苯二氨基甲酸乙酯和溶剂（联苯酰甲苯）配成质量比为1:1的原料液，以150g/h的速率加入反应器。间二甲苯-4-磺酸作为催化剂，使其浓度达到50mg/kg，反应得到甲苯二氨基甲酸乙酯，生成甲苯二异氰酸酯的选择性为94.8%。Itokazu等[108]分别对不使用催化剂和采用萘-β-磺酸为催化剂，进行1,3-二氨基甲酸甲酯-己烷分解制备异氰酸酯实验研究，测得分解速率常数分别为$0.145h^{-1}$和$1.91h^{-1}$，可见，使用萘-β-磺酸催化剂时反应速率为无催化剂时的13.2倍。对不同的有机苯磺酸作催化剂进行实验，随着苯磺酸上给电子基团的增加，分解速率常数随之增加；酸性较弱的有机磺酸更容易催化该反应。

④ 天然或合成硅类化合物　天然或合成硅类化合物主要指高岭土、硅藻土、皂土、膨润土、蒙脱石和沸石（ZSM-5、ZSM-11、TS-1、TS-2）等。

（2）溶剂和热载体

对所选溶剂的要求：能溶解反应物并不易析出；不与原料和产品发生反应；沸点与产物异氰酸酯和副产物醇的沸点具有一定的差距并且不会形成共沸溶液，以便于产物的分离；对所选热载体（主要指液体热载体）的要求：载热量大，具有较低的饱和蒸气压，稳定性好，宜于溶剂的分散。采用的溶剂主要有取代苯类的氯苯、邻二氯苯、硝基苯、甲苯、二甲苯、烃类的正十四烷、正十五烷、正十六烷、己烷、庚烷、壬烷、癸烷、硫醚类的四氢噻吩、醚类的二苯醚、胺类的N,N-二甲基苯胺，酯类的邻苯二甲酸二甲酯、邻苯二甲酸二辛酯等。芳香（烷）基氨基甲酸酯热分解过程中使用的溶剂，一般为极性溶剂，且芳香酯类更适合用于

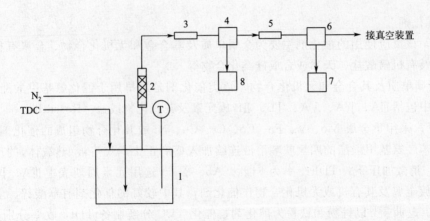

图 2-16　TDC 分解反应装置图

1—分解反应器(500mL, 四口瓶); 2—精馏柱; 3—一级冷却器(直冷管); 4—分相器;
5—二级冷却器(直冷管); 6—分相器; 7—副产品收集器; 8—粗产品收集器

该反应体系。

鉴于产物 TDI 中的—NCO 不饱和基团反应活性很高, 故除主反应外, 通常还存在如下副反应: 氨基甲酸酯脱羰基生成伯胺和烯烃, 所生成的伯胺与产物 TDI 反应生成脲类化合物, 产物 TDI 又能和原料 TDC 反应生成脲基甲酸酯及 TDI 高温聚合生成异氰脲酸酯的反应等。因此, 为提高 TDI 产率、有效抑制副反应, 应采取如下措施: 强供热以保证反应正常进行; 减压操作以降低反应温度, 减少高温带来的副反应, 并利于产物 TDI 和副产物甲醇的分离; 使用惰性溶剂以降低—NCO 基团的浓度, 抑制副反应产生; 及时移走反应产物, 使平衡向产物方向移动, 这样既提高平衡转化率又能降低反应系统中—NCO 的浓度, 减少副反应产生。

溶剂和热载体对 TDC 分解反应的影响如表 2-12 和表 2-13 所示[109]。从表中可以看出: 当高沸点溶剂为沸点更高的溶剂(硝基苯和甲基萘)时, TDC 产率较高; 相同溶剂(四氢呋喃＋甲基萘), 且其他反应条件相同时, 反应时间越长, TDI 产率越高。这是因为反应时间的长短是由原料液的滴加速度决定的, 反应时间长意味着原料滴加速度慢, 使得反应体系中—NHCOOCH$_3$ 的浓度降低, 从而减少副反应的发生, 利于 TDI 产率的提高; 相同溶剂(四氢呋喃＋硝基苯), 且其他反应条件相同, 而系统压力不同时, TDI 产率也相差较大。系统压力越低, 即真空度越大, 产率越高。这是因为在高真空度下, TDI 易于分离, 从而降低了体系中—NCO 基团的浓度, 减少了副反应的发生。

表 2-12　以癸二酸二辛酯为热载体不同溶剂下的 TDC 分解效果

编号	低沸点溶剂	高沸点溶剂	系统绝压/kPa	反应时间/h	TDI 产率/%
1	四氢呋喃	甲基萘	2.666	3.50	83.7
2	四氢呋喃	甲基萘	2.666	2.1	68.9
3	四氢呋喃	甲苯	2.666	1.8	38.9
4	四氢呋喃	硝基苯	2.666	2.0	85.5
5	四氢呋喃	氯苯	2.666	1.7	75.0
6	四氢呋喃	N,N-二硝基苯胺	2.666	2.0	18.0

编号	低沸点溶剂	高沸点溶剂	系统绝压/kPa	反应时间/h	TDI 产率/%
7	四氢呋喃	二甲苯	2.666	1.8	24.4
8	四氢呋喃	硝基苯	8.664	1.8	25.8

在 250~270℃，2.666kPa 下，以液体石蜡为热载体，不同溶剂对 TDC 分解反应影响如表 2-13 所示。可以看出，不同溶剂对 TDC 分解反应的影响与癸二酸二辛酯为热载体时相似。以"四氢呋喃＋硝基苯"为混合溶剂时的效果最好，TDI 产率为 74.3%。而邻苯二甲酸二丁酯作热载体的效果不理想，TDI 的最高产率仅为 52.7%。故从 TDI 的产率数据看，热载体的优良顺序为：癸二酸二辛酯＞液体石蜡＞邻苯二甲酸二丁酯。

表 2-13　以石蜡为热载体不同溶剂下的 TDC 分解效果

编号	低沸点溶剂	高沸点溶剂	反应时间/h	TDI 产率/%
1	四氢呋喃	甲苯	2.0	28.8
2	四氢呋喃	N,N-二甲基苯胺	2.2	40.1
3	四氢呋喃	甲基萘	2.0	66.8
4	四氢呋喃	二甲苯	1.9	50.7
5	四氢呋喃	硝基苯	2.3	74.3
6	四氢呋喃	氯苯	1.9	48.8
7	四氢呋喃	甲苯	1.9	35.3

对于催化分解反应，以较为经济的液体石蜡为热载体，以"四氢呋喃＋硝基苯"为混合溶剂，在 250~270℃、2.666kPa 下，不同催化剂对 TDC 分解反应的影响结果如图 2-17 所示[109]。可以看出以铝粉、锌粉和醋酸铀酰锌为催化剂时，TDI 产率较高，达 90% 以上；而醋酸锌、硝酸锌、氯化亚锡、二月桂酸二丁基锡的活性较差。究其原因，一方面可能是其

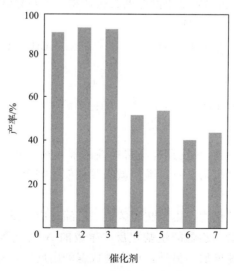

图 2-17　不同催化剂对 TDC 分解反应性能的影响

1—铝粉；2—醋酸铀酰锌；3—锌粉；4—醋酸锌；5—氯化亚锡；6—二月桂酸二丁基锡；7—硝酸锌

中氯化亚锡、二月桂酸二丁基锡、硝酸锌含结晶水，会与 TDI 发生副反应生成脲类副产物，造成 TDI 产率下降；另一方面，硝酸盐高温易分解，造成催化剂失活。总之，催化剂对 TDC 分解反应有较大影响。与热分解相比，当采用醋酸铀酰锌催化剂时，TDI 产率提高 18.3%。

2.8.4 碳酸二甲酯代替光气绿色合成二苯甲烷二异氰酸酯

以绿色化学品——碳酸二甲酯(DMC)代替光气催化合成二苯甲烷二异氰酸酯(MDI)的工艺路线分为三步：第一步，苯胺与碳酸二甲酯反应合成苯氨基甲酸甲酯(MPC)；第二步，苯氨基甲酸甲酯与甲醛缩合反应生成二苯甲烷二氨基甲酸甲酯(MDC)；第三步，二苯甲烷二氨基甲酸甲酯分解得到 MDI。具体反应式如下所示：

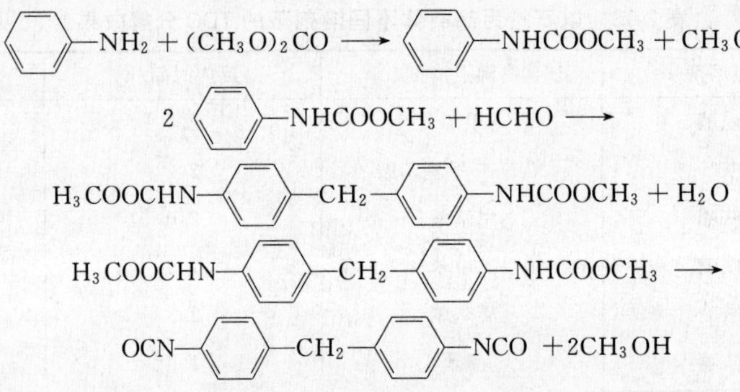

$$\text{⬡—NH}_2 + (CH_3O)_2CO \longrightarrow \text{⬡—NHCOOCH}_3 + CH_3OH \tag{1}$$

$$2\ \text{⬡—NHCOOCH}_3 + HCHO \longrightarrow$$
$$H_3COOCHN—\text{⬡—CH}_2—\text{⬡—NHCOOCH}_3 + H_2O \tag{2}$$

$$H_3COOCHN—\text{⬡—CH}_2—\text{⬡—NHCOOCH}_3 \longrightarrow$$
$$OCN—\text{⬡—CH}_2—\text{⬡—NCO} + 2CH_3OH \tag{3}$$

2.8.4.1 苯胺与碳酸二甲酯合成苯氨基甲酸甲酯催化剂

苯胺和 DMC 反应合成 MPC 必须在催化剂存在的条件下进行，而且，还需在适宜的反应温度下才能得到较高产率的 MPC。反应温度过低，反应速率慢，则苯胺的转化率较小；反应温度过高，将会有相当量的副产物生成，副产物主要为苯胺与 DMC 生成的 N-甲基化产物，N-甲基苯胺(NMA)和苯氨基甲酸酯的二聚产物二苯基脲(DPU)，反应方程式如下：

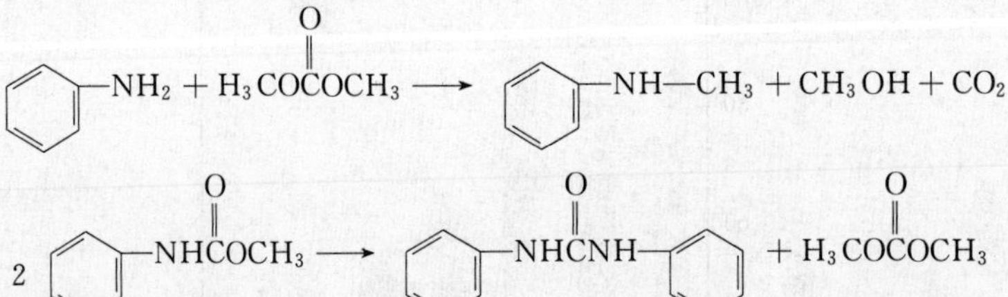

$$\text{⬡—NH}_2 + H_3COCOCH_3 \longrightarrow \text{⬡—NH—CH}_3 + CH_3OH + CO_2$$

$$2\ \text{⬡—NHCOCH}_3 \longrightarrow \text{⬡—NHCNH—⬡} + H_3COCOCH_3$$

为获得高收率的 MPC，应开发具有高选择性的催化剂，并选择适宜的反应条件。人们发现可促进此反应的催化剂包括 Lewis 酸、碱和其他催化剂等。

(1)酸性催化剂

较早采用的催化剂为铀化物，由苯胺和碳酸二乙酯反应。反应产物中除了有苯氨基甲酸酯外，还有由于苯胺与碳酸二乙酯的烷基化反应生成的 N-乙基苯胺大量存在。烷基化反应速率随反应温度升高而快速增加。另外，也有生成脲的副反应，它随反应时间的延长，生成量增加。并且催化剂用量较大，约为 10%。同时，Lewis 酸催化剂与苯胺形成络合物，催化剂几乎难以恢复到原始状态。比较满意的催化剂是 UO_3 和 UCl_4。铀化物催化剂在工业上使用并不安全，它存在放射性污染，且费用也较高。后来又采用四甲醇钛、三异丙醇铝和四氯化钛等 Lewis 酸催化剂，用 N-酰基苯胺和碳酸酯反应，制备芳氨基甲酸酯，反应的转化率及产物收率均较高，说明氨基上的一个氢被酰基取代后，即形成 Ar—NH—CO—H 或 Ar—NH—CO—CH₃，改善了反应性能[110]。Curini 等[111]以 Yb(OTf)₃ 为催化剂合成 MPC，在 353K 下反应 8h，其收率为 96.0%。而对该催化剂进行回收时，还需要向反应液中加入二氯甲烷使催化剂沉淀，这同时又增加了分离二氯甲烷的工序。

从目前的研究结果看，用于该反应效果较好的酸催化剂主要为锌和铅的化合物。Gurgiolo 等[88]以锌或二价锡的卤化物、三氟醋酸锌盐或二价锡盐、一元羧酸锌盐或二价锡盐或二价钴盐或部分无机锌化合物(碳酸锌、硫化锌或氧化锌)等 Lewis 酸为催化剂，考察了以有机碳酸酯和芳香胺为原料合成氨基甲酸酯的反应，其中以锌盐的催化活性最高。以乙酸锌为催化剂，当苯胺和 DMC 的摩尔比为 1:19.4、催化剂和苯胺的摩尔比为 0.01:1 的条件下，在 413 K 反应 6 h，MPC 的产率为 88.6%。

各种铅化物催化剂对于苯胺与碳酸二甲酯合成苯氨基甲酸甲酯具有较好的效果。如表 2-14 所示[112]。铅化物表现出很高的活性和选择性。在 433K、1h 条件下 PbO 催化剂上苯胺转化率为 98%，酯的选择性为 99%。

表 2-14　苯胺与 DMC 反应合成苯氨基甲酸甲酯(MPC)的活性和选择性

催化剂	用量(Pb)/mmol	苯胺转化率/%	MPC 产率/%	选择性/%
PbO(黄)	2.68	96.8	95.0	98.1
PbO(红)	2.68	97.9	96.7	98.8
Pb₃O₄	2.78	96.0	94.7	98.6
PbCO₃	2.70	96.0	94.2	98.1
2PbCO₃·Pb(OH)₂	2.51	96.9	95.0	98.0
Pb(OAc)₂	2.68	95.0	95.1	98.4
Pb(OAc)₂·Pb(OH)₂	2.65	94.7	93.1	98.3

图 2-18 为 Pb(OAc)₂·Pb(OH)₂ 催化剂用量对反应性能的影响[112]。催化剂量增加，苯胺转化率和 MPC 收率不断增大，当 $n(Pb)/n(苯胺) \geqslant 0.04$ 时，苯胺和 MPC 收率不再变化。图 2-19 为反应温度对 MPC 产率的影响。可见在 130℃没有 MPC 生成，当温度超过 140℃ 时，MPC 产率随反应温度升高而增加。虽然铅盐和其氧化物的活性较高，但铅有毒，对环境不友好，故限制了其应用。

(2)负载型乙酸锌催化剂

在 MPC 合成反应中，采用液相催化剂存在难于回收利用、排放处理及催化剂与产物分离等问题，为了真正实现 MDI 合成的绿色化工过程，应采用高效清洁催化剂。Zhao 等[113,114]研究了负载型乙酸锌催化剂。

对市售的乙酸锌，经脱结晶水处理后，直接作为催化剂。反应结果如图 2-20 所示。可以看出，在回流温度下，随反应时间的增加，甲醇浓度增大，产物 MPC 在反应液中的含量也随之增大，两者的浓度呈相同的变化趋势。因此，反应液中的甲醇浓度可反映苯胺与 DMC 反应的程度。并且需要很长的反应时间才能获得 MPC，为了提高 MPC 的产率，必须提高反应温度。

乙酸锌催化剂由于处于与反应物和产物的互溶状态，这不仅给催化剂回收再利用带来麻烦，而且也给产品的分离精制增加了困难。图 2-21 为活性炭为载体的 Zn(OAc)₂/AC 催化

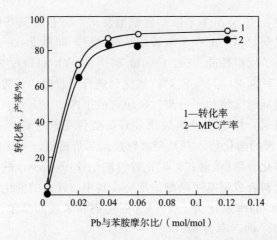

图 2-18　Pb(OAc)$_2$·Pb(OH)$_2$ 量对转化率和 MPC 产率的影响

（反应时间 1.0 h，反应温度 433K，苯胺 44.1mmol，DMC/苯胺＝2.0）

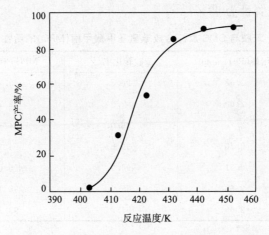

图 2-19　Pb(OAc)$_2$·Pb(OH)$_2$ 催化剂上反应温度对 MPC 产率的影响

（反应条件：时间 1.0h，苯胺 44.1mmol，DMC/苯胺＝5.4）

剂上，MPC 产率和选择性及 DPU 选择性随进料 DMC/苯胺比的变化，反应温度为 150℃，反应时间为 4h。随着 DMC/苯胺进料比的增加，MPC 的选择性提高，DPU 的选择性下降，MPC 产率提高，当 DMC/苯胺≥7 时，选择性和产率的变化趋于平缓。这说明较高的 DMC 浓度可有效抑制 MPC 的二聚反应。从动力学分析，DMC 浓度增加，减少了 MPC 分子间碰撞反应的概率。在热力学上，生成 DPU 的副反应是一可逆反应，DMC 量增加抑制了该反应向 DPU 方向进行。DMC/苯胺比值过大，必然带来大量 DMC 循环的问题，同时对 MPC 产率提高的效果不明显，因此，其比值为 7∶1 时最佳。图 2-22 为反应温度对 Zn(OAc)$_2$/AC 催化剂上合成 MPC 反应性能的影响。反应条件：DMC/苯胺＝7，反应时间 4h。可见，同纯 Zn(OAc)$_2$ 催化剂一样固载化后催化剂也存在一最佳反应温度，但高于纯 Zn(OAc)$_2$ 催化剂，为 150℃，并且在 110℃时没有催化活性。这可能是由于固载化后，反应物须经过扩散到催化剂孔内才能发生反应，在低温情况下，液相反应物黏度较大，影响了其向孔内的扩散，较高的温度可提高扩散能力，进而加快反应速率。另外，Zn(OAc)$_2$ 固载化后的 MPC 的选择性远高于未固载化时的数值，在 150℃达到 96.7％。选择性的提高主要是抑制了 MPC 的二聚反应，固体催化剂孔道的择形效应是重要原因。

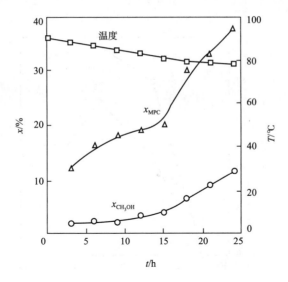

图 2-20　乙酸锌为催化剂时反应温度及反应液中 MPC、甲醇摩尔分数随时间的变化

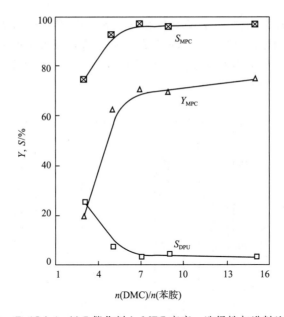

图 2-21　Zn(OAc)$_2$/AC 催化剂上 MPC 产率、选择性与进料比的关系

　　不同载体对合成 MPC 反应性能的影响见图 2-23。采用的载体包括 Al$_2$O$_3$、SiO$_2$、MgO、ZSM-5 及活性炭（AC）等，主活性组分仍为 Zn（OAc）$_2$，在 150℃、4h、DMC/苯胺＝7条件下进行反应。从 MPC 选择性看，Zn（OAc）$_2$/α-Al$_2$O$_3$ 催化剂最高，Zn（OAc）$_2$/MgO 最低，其载体顺序为 α-Al$_2$O$_3$＞AC＞ZSM-5＞SiO$_2$＞MgO。MPC 产率按下列顺序增加：MgO＜SiO$_2$＜ZSM-5＜α-Al$_2$O$_3$＜AC。可见，α-Al$_2$O$_3$ 和 AC 是最适合的载体。Zn（OAc）$_2$ 负载在不同载体上其反应性能有较大的差别，其原因一方面与其比表面、孔径分布等宏观因素有关。在上述载体中，AC 比表面最大，其次为 ZSM-5，最小的是 MgO，但这并不与合成 MPC 的活性呈对应关系。因此，应考虑载体的性质及载体与活性组分间的相互作用对催化性能的影响。从载体的酸碱性分析，碱性 MgO 载体，MPC 的选择性很低，

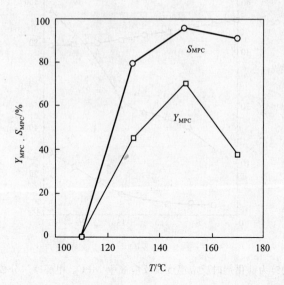

图 2-22　Zn(OAc)$_2$/AC 催化剂上 MPC 产率、选择性与反应温度的关系

而 DPU 的选择性为 92.2%，它有利于联苯脲的生成。在 ZSM-5 沸石这一酸性载体上也难获得高收率的 MPC。对于酸性的 γ-Al$_2$O$_3$ 为载体的场合，有大量的 NMA 和 CO$_2$ 生成，说明酸性载体促进了苯胺的 N-甲基化反应，而后者 α-Al$_2$O$_3$ 几乎没有 NMA 生成，可认为中性的载体有利于该合成反应。

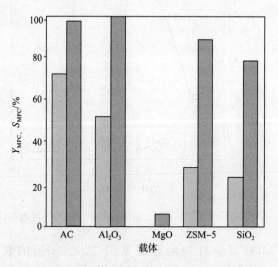

图 2-23　不同载体对 MPC 选择性和收率的影响

Y$_{MPC}$；　S$_{MPC}$

　　图 2-24 为 Zn(OAc)$_2$/α-Al$_2$O$_3$ 和 Zn(OAc)$_2$/AC 催化剂上合成 MPC 反应性能与反应时间的关系。反应条件：150℃，DMC/苯胺＝7。可以看出，随反应时间增加，苯胺转化率单调增加，但 MPC 产率存在极大值，这是由于反应时间延长，MPC 浓度增大，促进了 MPC 二聚生成联苯脲的反应，使生成的 MPC 进一步转化掉。因此，该反应的最佳反应时间为 8h。此时，对于 Zn(OAc)$_2$/AC 催化剂，MPC 产率可达 78%，选择性为 97.7%。

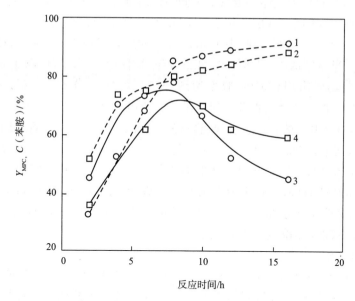

图 2-24　负载型催化剂上 MPC 收率、苯胺转化率与反应时间的关系

1—C(苯胺)：$Zn(OAc)_2/AC$；2—C(苯胺)：$Zn(OAc)_2/\alpha\text{-}Al_2O_3$；

3—Y_{MPC}：$Zn(OAc)_2/AC$；4—Y_{MPC}：$Zn(OAc)_2/\alpha\text{-}Al_2O_3$

　　虽然，负载型催化剂解决了催化剂的分离问题，但是在反应过程中其活性组分易流失，从而导致其使用寿命短。为了解决负载型乙酸锌催化剂的流失，樊亚鹏等[115]以 AC 为载体制备了 $Zn(OAc)_2/AC$，并利用硅酸钠胶体固定活性炭表面的 $Zn(OAc)_2$，取得了较好的效果，实验结果表明，固定化的 $Zn(OAc)_2/AC$ 随着实验次数的增加，苯胺转化率基本无变化，但 MPC 选择性出现了下降的趋势。彻底解决负载型乙酸锌催化剂的稳定性是其实用化的关键，值得深入研究。

　　(3) ZrO_2/SiO_2 催化剂

　　为了提高催化剂的稳定性，Li 等[116]制备了复合氧化物催化剂。其中，ZrO_2/SiO_2 对 MPC 的合成表现出了良好的催化活性，当 ZrO_2 的负载量为 1%，焙烧温度为 300℃ 时，$n(DMC)/n$(苯胺)=20，170℃，7h，苯胺转化率为 98.6%，MPC 收率为 79.8%。将催化剂重复使用 5 次后，苯胺的转化率下降了 23.2%，MPC 的收率下降了 12.7%，其活性失活的原因是由于有机物吸附在催化剂表面造成其比表面积、孔径、孔容的下降，可通过焙烧的方法再生。认为 SiO_2 表面端羟基和 ZrO_2 表面羟基发生作用形成 $Si-O-Zr$ 键，酸强度弱的 L 酸中心有利于 MPC 的合成。

　　Li 等[117]还制备了 $ZnO\text{-}TiO_2$ 催化剂，它对 MPC 的合成也表现出较好的活性。当 n(Ti)/n(Zn) 为 2、焙烧温度为 500℃ 时，在 n(aniline)/n(DMC)=1:20、催化剂用量为 1.4 g/100 mL DMC、170℃ 反应 7 h 的条件下，苯胺的转化率为 96.9%，MPC 的收率为 66.7%。应用 XRD、NH_3-TPD、Py-IR 等技术对 $ZnO\text{-}TiO_2$ 催化剂进行了表征。将催化剂的表征结果和反应性能进行关联，发现 Zn_2TiO_4 和 $ZnTiO_3$ 晶相的形成提供了 MPC 合成反应所需的 L 酸中心，而表面弱 L 酸中心有利于 MPC 合成；$ZnO\text{-}TiO_2$ 催化剂重复使用 5 次后，转化率下降了 23.6%，MPC 的收率下降了 37.3%。通过对失活前后的催化剂进行 XRD、XPS 表征和比表面积测试发现，催化剂表面积的降低是其失活的原因；对失活后的催化剂进行焙烧，活性可恢复至原来的水平。

李其峰等[118]以 SiO$_2$ 为载体，考察了不同活性组分对 MPC 合成的催化性能，优选出了具有较高催化活性的 In$_2$O$_3$/SiO$_2$ 催化剂，DMC 与苯胺的摩尔比为 5∶1，150℃下反应 2h，苯胺转化率可达 76.0%，MPC 的收率为 59.5%。此外，PbO/SiO$_2$ 对 MPC 的合成表现出很高的催化活性。当 w(PbO)=3.6%，n(PbO)/n(苯胺)=1%，n(DMC)/n(苯胺)=5，反应温度为 160℃，反应 4h 时，MPC 收率达到 99.5%，且 PbO/SiO$_2$ 容易从反应体系中分离，且可重复使用 5 次，催化活性基本保持不变，使用寿命较长[119]。

分子筛催化剂对 MPC 的合成也表现出较好的活性，Lucas 等[120]将 Al 原子引入介孔分子筛 SBA-15 的骨架中，合成了 AlSBA-15 介孔分子筛，其中 AlSBA-15(n(Si)∶n(Al)=10)的催化活性最好，在 100℃下反应 3h，苯胺的转化率为 99%，MPC 的选择性为 71%。Katada 等[121]以 Al/MCM-41(MCM-41 为自制的分子筛)作为合成 MPC 的催化剂，在 100℃下反应 2h，MPC 收率最高仅为 20.0%。尽管该催化剂具有易于与产物分离、可重复使用等优点，但收率低相对较低，仍需进一步改进。

(4)离子液体催化剂

离子液体在 MPC 的合成反应中也有一定的应用。王娜等[122]将一系列咪唑类离子液体与四甲基胍(TMG)进行预混合得到了系列混合物即支载离子液体，并将其用于 MPC 的合成。表 2-15 是不同离子液体制备催化剂的活性比较。可以看出，由[bmim]BF$_4$ 离子液体制备的催化剂(简称[bmim]BF$_4$-TMG)活性最高。实验发现[bmim]BF$_4$ 对 MPC 的合成反应没有活性，但对生成副产物 NMA、DMA 有促进作用，而以 TMG 为催化剂时，MPC 的收率为 29.0%，同时生成了大量的 NMA 和 DPU。由此可见，以[bmim]BF$_4$-TMG 为催化剂时，[bmim]BF$_4$ 和 TMG 之间存在一定的协同作用，使产物分别发生了明显变化，从而提高了 MDC 的产率。反应结束后，将[bmim]BF$_4$ 和 TMG 分别进行回收，再制成催化剂循环使用，MPC 的收率没有明显降低。

表 2-15　不同离子液体制备的催化剂的活性

离子液体	苯胺转化率/%	MPC 产率/%	MPC 选择性/%	产物组成(w)/%			
				MPC	NMA	DPU	DMA
[bmim]BF$_4$	76.9	38.4	49.9	50.6	21.2	19.5	8.7
[emim]BF$_4$	82.6	36.9	44.7	47.0	21.7	19.4	11.9
[bmim]PF$_6$	77.7	26.7	34.4	36.3	27.4	27.4	9.0
[emim]OH	86.6	29.6	34.2	36.0	20.3	7.2	36.5
[bmim]OH	84.2	31.6	37.5	38.3	23.1	8.6	30.0

注：1. 催化剂制备条件：20℃，m(离子液)∶m(TMG)=1，60min。

2. 反应条件：n(DMC)∶n(苯胺)=3，170℃，3h，催化剂质量分数 10%。

3. [bmim]：1-丁基-3-甲基咪唑；[emim]：1-乙基-3-甲基咪唑。

(5)碱性催化剂[123]

具有代表性的是甲醇钠，在甲醇钠、哌啶、咪唑、羰基二咪唑、N-甲基吡咯及吗啉等碱性催化剂作用下，由苯胺和碳酸二甲酯为原料合成苯氨基甲酸甲酯。从实验结果看，副反应 N-甲基化反应程度较大，造成了目的产物选择性差，收率低。在较温和的条件下合成苯氨基甲酸甲酯，甲醇钠为催化剂、碳酸二甲酯和苯胺在 70℃反应 5h 后降温。通过中和、过滤等后处理步骤，苯胺转化率为 15.3%，苯氨基甲酸甲酯的选择性为 98.8%，N-甲基苯胺的选择性为 1.2%。可见，尽管反应转化率不高，N-甲基化反应依然存在。

（6）酶催化剂

Mason[124]开发了利用生物技术催化合成 MPC 的过程，即在猪肝酶催化剂存在下，用苯胺和 DMC 反应合成 MPC。该过程的特点：反应温度低，不超过 323K，从而减少了高温带来的副反应，如 N-烷基化反应等；可在无溶剂下进行，既可省掉因使用溶剂产生的操作费用，又可提高反应物浓度；转化率低，苯胺转化成 MPC 的质量转化率仅为 3.2%。

2.8.4.2　苯氨基甲酸甲酯的连续合成工艺

Juárez 等[125]和 Tundo 等[126]采用连续反应器进行 MPC 的合成。Juárez 等[125]采用含有 $10\mu m$ 微通道、体积为 4mL 的微反应器进行苯胺和 DMC 的连续式反应。以纳米 CeO_2 或 Au/CeO_2 为催化剂，将其以薄膜的形式沉积在微反应器的表面，两种催化剂均呈现出较好的稳定性。以 Au/CeO_2 为催化剂，在反应温度为 393K、压力为 0.5MPa、流速为 2mL/h、空速为 21.64mmol 苯胺/($h \cdot g_{cat}$)、反应时间为 30h 的条件下，苯胺的转化率在 30% 左右，MPC 的选择性在 90% 以上。Tundo 等[126]采用固定床反应器，以碱式碳酸锌为催化剂进行芳香族氨基甲酸酯的生产。固定床反应器的长为 250mm，内径为 4.6mm，反应体积为 4.15mL。使用 Jasco 880 PU HPLC 泵进料，利用冷凝器使产品冷却并利用比例溢流阀进行收集。以苯胺和 DMC 的反应为例，苯胺（5g）和 DMC（96.73g）混合溶液的 $LHSV = 0.72h^{-1}$，碱式碳酸锌 2.5g，反应温度为 433K，反应压力为 1.5MPa，反应 5h 和 32h，苯胺的转化率分别为 93.3% 和 92.2%，MPC 的选择性分别为 98.8% 和 98.5%。

2.8.4.3　二苯甲烷二胺和碳酸二甲酯合成二苯甲烷二氨基甲酸甲酯

二苯甲烷二胺（MDA）和碳酸二甲酯（DMC）合成二苯甲烷二氨基甲酸甲酯（MDC）所使用的催化剂也多集中于锌和铅的化合物。

Bosetti 等[127]发现 N,N-取代的氨基甲酸酯与 Zn、Cu 的配合物［通式为 $N_xO_y(OCONR)_z$，其中 N 代表 Zn、Cu，$x=1 \sim 4$，$y=0 \sim 1$，$z=1 \sim 6$］对芳胺和碳酸二甲酯的反应具有较好的催化活性。如以 Zn 和 N,N-二乙基氨基甲酸酯的配合物为催化剂催化 MDA 和 DMC 的反应，在 433K 下反应 3h，MDA 的转化率为 99%，MDC 的选择性为 63%。

Toshihide 等[97]在反应温度为 453K，反应时间为 2h 的条件下，比较了 Zn、Pb、Sn 羧酸盐的催化活性，其中乙酸锌效果最好，乙酸铅催化剂次之，而辛酸锡的活性最差，MDC 收率仅为 25%。而以 $Zn(OAc)_2 \cdot 2H_2O$ 和 $Zn(OAc)_2$ 为催化剂时，MDC 的收率分别为 98% 和 87%。但他们未讨论反应条件对 MDC 产率的影响。为此，Reixach 等[128]分别以 $Zn(OAc)_2 \cdot 2H_2O$ 和 $Zn(OAc)_2$ 为催化剂，考察了反应条件对该反应的影响，实验发现，反应中存在少量的两种副产物，其分子结构式如下：

(a)

H₃COOCHN ⟨⟩ CH₂ ⟨⟩ NH₂

(b)

H₃CHN ⟨⟩ CH₂ ⟨⟩ NH₂

当提高反应温度和延长反应时间会导致其他副产物(脲和 N-烷基化氨基甲酸甲酯)的生成。郭星翠[129]等以乙酸锌为催化剂研究了该反应过程,采用质谱、元素分析、红外光谱以及核磁共振氢谱等手段,对反应中间产物和最终产物进行了分离、组成结构分析和确认。研究结果表明,DMC 与 MDA 反应合成 MDC 时,该反应过程是一个经过中间产物 a 的串联反应。邱泽刚等[130]以无水乙酸锌为催化剂催化合成 MDC,当 MDA 和 DMC 的摩尔比为 1:20、乙酸锌和 MDA 的摩尔比为 5:1 时,453K 下反应 2h,MDA 的转化率为 100%,MDC 的收率为 98%。实验还发现,在反应过程中有多种副产物生成,除单氨基甲酸酯外,还有 3 种 N-甲基化物,分子结构式如下:

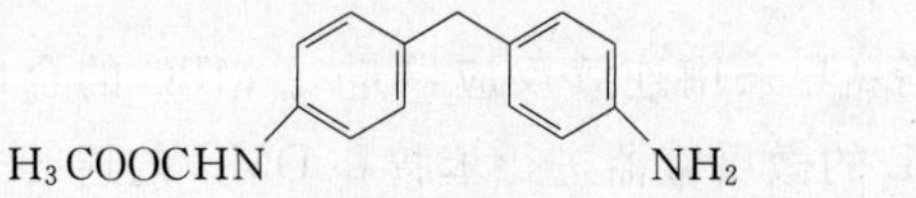

(a)

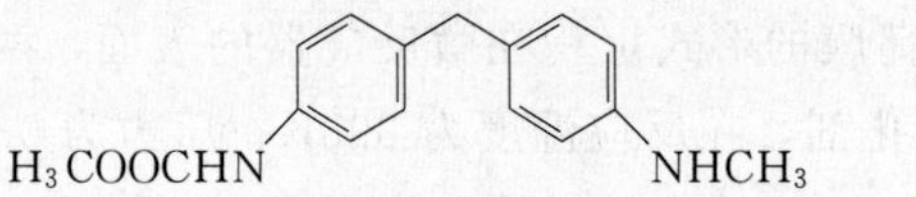

(b)

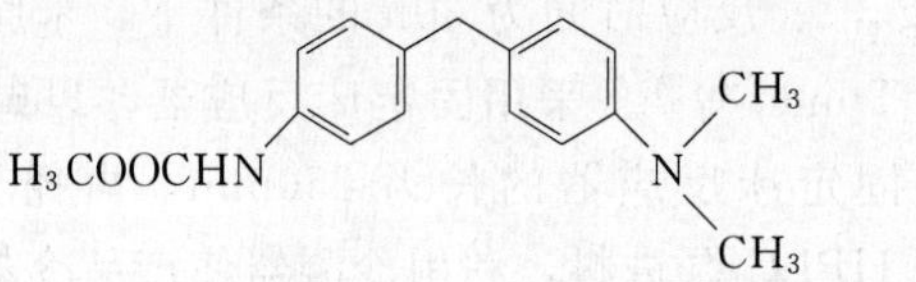

(c)

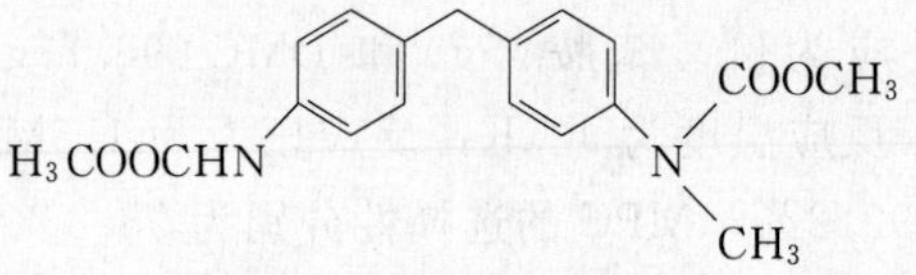

(d)

其中中间体单氨基甲酸酯的生成不可避免,但其生成可通过调整工艺条件得到较好控制,3 种甲基化物因碳酸二甲酯的甲氧基碳受进攻而生成,对于其中对反应影响较大的 d,可通过调整反应温度和反应时间对其形成进行控制。Pei 等[131]研究了 Pb(OAc)$_2$ 催化剂对 DMC 与二苯甲烷二胺反应合成二苯甲烷二氨基甲酸甲酯的催化性能,发现 Pb(OAc)$_2$ 催化剂具有好的催化活性,在 442K 下反应 2h,二苯甲烷二胺的转化率接近 100%,二苯甲烷二氨基甲酸甲酯的收率为 98.1%,并对该反应体系进行了动力学研究。

2.8.4.4 苯氨基甲酸甲酯与甲醛缩合反应催化剂

在非光气化法制 MDI 的工艺过程中,无论是羰基化还是苯胺和碳酸酯反应合成法,它们都是针对合成苯氨基甲酸酯而言,合成 MDI 还需进行苯氨基甲酸酯与甲醛的缩合反应,制备二苯基甲烷二氨基甲酸酯(简称 MDC),反应方程式为:

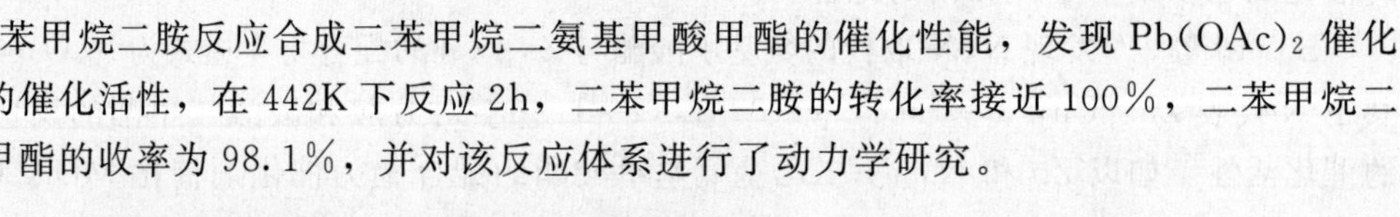

(1)常规酸催化剂

该反应须在酸催化剂存在下进行。通常使用液体无机酸催化剂,如硫酸和盐酸等[132]。液体酸催化剂带来的分离和处理问题制约了缩合反应的工业化进程。开发新型催化剂是解决该问题的途径之一。不同相态酸催化剂存在下,苯氨基甲酸酯与甲醛缩合反应结果见表 2-16 所示[133]。50%的硫酸和 Amberlyst-15 强酸型阳离子交换树脂催化剂的效果最好。固体酸催化剂上没有副产物苄氨基化合物生成，这是由于其位阻效应决定的。并且在反应产物中，除含有 $4,4'$-MDC 外还有其异构体 $2,4'$-MDC 及 N-苄基化合物存在。不同溶剂对反应活性和选择性的影响是不同的。

表 2-16　不同催化剂下缩合反应结果[①]

催化剂	溶剂	反应时间 /h	甲醛转化率 /%	产物分布/%		
				$4,4'$-MDC	$2,4$-MDC	N-苄基
50%H_2SO_4(l)	H_2O	2	85.9	86.0	7.0	5.7
50%H_2SO_4(l)	硝基苯	2	54.3	—	—	—
20%HCl(l)	H_2O	24	44.7	77.8	8.9	9.8
50%H_3PO_4(l)	H_2O	2	48.1	79.0	6.3	9.5
50%CH_3SO_3H(l)	硝基苯	2	16.4	—	—	—
$AlCl_3$-G(l)	EDC	5	5.0	33.0	—	—
$HPMo_{12}O_{40}$(s)	H_2O	2	11.0	67.0	—	—
AmberliteIR-120(s)	EtOAc	4	3.0	48.0	—	—
NafionNR-50(s)	EtOAc	4	27.0	78.0	—	—
Amberlyst-15(s)	EtOAc	4	70.0	80.0	—	—

① 反应温度=90℃，EDC 为 1,2-二氯乙烷，EtOAc 为乙酸乙酯。

表 2-17 为不同型号树脂催化剂下的缩合反应结果。SPC-108 树脂的粒径为 0.3～1.5mm，比表面 $4.2m^2/g$，平均孔径 50nm。在 120℃下反应 15h，MDC 选择性为 56%，三聚体为 23%，多聚体为 21%。可见，催化剂的性质对其活性和选择性有较大影响。对固体催化剂，大孔径是必要条件，良好的溶剂也是必不可少的。

表 2-17　不同型号树脂催化剂下的缩合反应结果[134]

树脂名称	粒径 /mm	温度/℃	时间 /h	MDC 收率 /%	产物分布/%		
					MDC	三聚体	多聚体
SPC-108	0.3～1.5	120	15	—	56	23	21
SC-104	0.3～1.2	120	15	—	68	20	2
AC-10	0.01～0.2	80	2	73	—	—	—

有人还提出了采用在乙酸中解离常数 $K_a \geqslant 1.25 \times 10^{-7}$（25℃）以上的酸催化剂存在下苯氨基甲酸酯与甲醛进行缩合反应。具体表达式为：

$$HX（酸）+ S（溶剂）\Longrightarrow X^-（酸的共轭碱）+ SH^+（溶剂的共轭酸）$$

$$K_a = [X^-][SH^+]/[HX] \qquad （[\ \ ]表示活度）$$

通常，HF、HBr、高氯酸、氯磺酸（HSO_3Cl）及多硫化物在乙酸中的 K_a 值可大于 1.25×10^{-7}，而像硫酸、盐酸、磷酸及硼酸等常用的酸在乙酸中的 K_a 值均小于 1.25×10^{-7}，它们单独使用时反应活性较低。不同液体酸催化剂下缩合反应结果见表 2-18。反应进料：苯氨基甲酸乙酯 0.12mol、酸催化剂 0.12mol、甲醛 0.06mol、水 50g，反应温度 98~100℃。可见，高强度酸催化剂的活性明显高于普通的硫酸和盐酸。

表 2-18　不同强度液体酸催化剂下缩合反应结果[135]

名称	K_a	初始反应速率常数 $k \times 10^{-7}$	苯氨基甲酸乙酯转化率/%	收率[①]/%	
				二聚体	多聚体
高氯酸	1.3×10^{-5}	22	77	43	12
HBr	2.5×10^{-6}	7	66	42	9
HI	1.6×10^{-6}	7	60	40	10
盐酸	2.5×10^{-9}	3	48	42	6
硫酸	6.8×10^{-8}	3.5	50	50	4

① 以转化了的原料苯氨基甲酸乙酯为基准。

对于 MPC 缩合反应，采用高效固体酸催化剂不仅有利于产品分离和催化剂回收利用，而且有利于环境保护。在此思想指导下，人们还在不断开发适合于该反应的固体酸催化剂。在对 ZnCl₂ 催化剂研究基础上，开发出了负载型 ZnCl₂/AC 催化剂，反应结果见表 2-19 所示[136]。可见，在最佳反应条件下，ZnCl₂ 催化剂上 MDC 收率为 87.4%。对于负载型 ZnCl₂/AC 催化剂，在 140℃ 时，MPC 收率为 42%，但按每摩尔 ZnCl₂ 计，ZnCl₂/AC 上 MDC 收率是液体 ZnCl₂ 的 2.6 倍。

表 2-19　ZnCl₂ 催化剂上 MDC 合成反应结果

序号	$n(\text{MPC})/n(\text{HCHO})$	温度/℃	时间/h	$n(\text{ZnCl}_2)/n(\text{MPC})$	MDC 产率/%
1	2	80	5	1.5	71.3
2	4	80	3	0.5	12.7
3	6	80	1	2.5	48.3
4	2	100	3	0.5	11.9
5	4	100	1	2.5	65.6
6	6	100	5	1.5	74.6
7	2	120	1	2.5	42.3
8	4	120	5	1.5	51.0
9	6	120	5	0.5	87.4

（2）离子液体催化剂

离子液体（IL）由于具有蒸气压低、性质可调控、易与产物分离、稳定不易燃等优良特性在化学反应中作为环境友好的溶剂和催化剂越来越引人关注。MPC 与甲醛的缩合反应为酸催化反应，而离子液体可通过调整阴阳离子达到调控其酸性的目的。此外，离子液体在 MPC 与甲醛的缩合反应既可作为催化剂，又可作为溶剂，因此在 MDC 的合成中表现出好的应用前景。表 2-20 是不同离子液体 [emim]BF₄[137]、[HSO₃-bmim]CF₃SO₃[138] 和 [HSO₃-

bpy]CF$_3$SO$_3^{[139]}$ 催化 MDC 合成反应结果。可见，[HSO$_3$-bmim]CF$_3$SO$_3$ 和 [HSO$_3$-bpy]CF$_3$SO$_3$ 的催化性能最好，MDC 的产率分别达到 89.9% 和 91.5%，并且这两种离子液体也具有较好的稳定性，使用 5 次后，MDC 的产率没有明显的下降。

表 2-20　不同离子液体催化 MDC 合成反应结果

离子液体	循环使用	$n(MPC)$/$n(HCHO)$	温度/℃	时间/h	$W(IL)$/$W(MPC)$	MDC 产率/%	MDC 选择性/%
[emim]BF$_4$	1	4	70	1.5	4	71.7	71.9
	2					60.7	55.8
	3					60.3	57.5
	4					61.7	57.0
	5					59.3	57.7
[HSO$_3$-bmim]CF$_3$SO$_3$	1	10	70	0.7	4.5	89.9	74.9
	2					82.7	70.3
	3					80.1	71.7
	4					79.8	69.7
	5					79.4	70.2
[HSO$_3$-bpy]CF$_3$SO$_3$	1	12	70	1.0	4	91.5	
	2					80.3	
	3					80.2	
	4					78.9	
	5					82.5	

2.8.4.5　二苯甲烷二氨基甲酸甲酯分解制 MDI

由氨基甲酸酯分解制备异氰酸酯是可逆吸热反应，因此在反应过程中，需要及时提供反应所需热量。此外，—NCO 基团具有很强的反应活性，故反应体系存在如下副反应，如氨基甲酸酯的脱羧基反应（产物为胺）、异氰酸酯和胺反应生成脲、异氰酸酯和氨基甲酸酯反应生成脲基甲酸酯及异氰酸酯的聚合反应。

根据是否使用催化剂，可将由氨基甲酸酯分解制备异氰酸酯反应分为热分解法和催化分解法；根据反应物相态，可将其分为气相分解法和液相分解法。热分解法和气相分解法的反应温度高，导致设备成本高，且副反应严重。而液相催化分解法通常在减压和较低温度下进行，减少了高温带来的副反应，故具有较高的产率和选择性，是广泛采用的方法。

由于液相分解反应时间相对较长，在无溶剂的条件下，—OH、—NCO 的浓度会升高，同样也会促使副反应的发生，因此，通常使用惰性溶剂稀释反应物，这可以降低基团的浓度，从而抑制副反应的发生。另外，惰性溶剂还可以作为热介质，为反应体系提供能量，使反应温度保持恒温。

MDC 分解反应方程式如下：

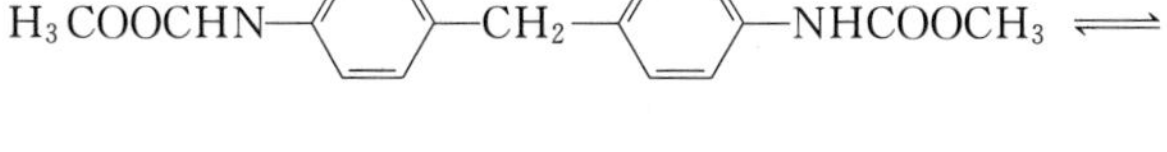

H$_3$COOCHN—⬡—CH$_2$—⬡—NHCOOCH$_3$　⇌

$$OCN{-}\langle{-}\rangle{-}CH_2{-}\langle{-}\rangle{-}NCO + 2CH_3OH$$

Zhao 等[113]以"硝基苯＋四氢呋喃"为混合溶剂，比较液体石蜡和癸二酸二辛酯这两种热载体对 MDC 分解反应的影响。发现在 280℃、2.7kPa 下，2gMDC 反应 2h，癸二酸二辛酯作热载体时，MDI 收率为 65.9%，而液体石蜡作热载体时 MDI 收率为 52.7%。这是因为前者的沸点是 340℃，而后者为沸点 300℃ 以上的混合物。在反应温度下，前者的沸腾程度要远小于后者，使 MDC 有充分时间进行分解反应，然后才被蒸汽带出，故而 MDI 收率高。他们还以价格便宜的液体石蜡为热载体，以"硝基苯＋四氢呋喃"为混合溶剂，反应条件同上，考察不同催化剂对 MDC 分解反应的影响，结果如图 2-25 所示。可以看出，锌及其部分有机盐等对该分解反应有较高的催化活性，其催化活性顺序如下：

锌粉＞醋酸锌＞铝粉＞醋酸铀酸锌

当采用锌粉为催化剂时，MDI 收率为 87.3%，比热分解时提高了 65.7%。可见，在相同反应条件下，催化分解可获得更高的 MDI 收率。

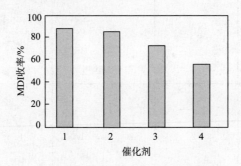

图 2-25　不同催化剂对 MDC 分解反应的影响
1— 锌粉；2—醋酸锌；3—铝粉；4—醋酸铀酰锌

Becker 等[140]以二苯基醚为溶剂，对苯二甲酰氯为助剂，在常压条件下，由 MDC 分解制备 MDI。反应温度为 230～250℃，氮气流量为 5～10 L/min，反应时间为 4～5 h 时，MDI 的选择性可达到 98.9%。该方法的缺点是反应时间长，产品中含有的氯会对 MDI 质量造成影响。

Chono 等[141]采用内装固体填料或催化剂的垂直型管式反应器，在 180～380℃ 下，进行 MDC 分解反应。反应混合物经真空蒸馏得产物 MDI，收率接近 100%。

Henson 等[142]采用胺类化合物作溶剂进行 MDC 分解反应制备 MDI。他们发现三烷基胺对氨基甲酸酯分解有强的催化作用，但若叔胺中包含一个芳基或大的烷基（如丁基），则会降低分解反应的速率。当采用 N,N-二甲基苯胺作溶剂，在 150～250℃ 进行 MDC 分解反应，反应 24 h，MDC 转化率 100%、产物中 MDI 含量为 46%。

Alper 等[143,144]在此基础上提出改进，加入卤代邻苯二酚硼烷接收生成的醇，MDI 收率也接近 100%。但此工艺需要消耗大量的叔胺，从而使成本升高。

陈东等[145,146]以邻苯二甲酸二酯为溶剂，以复合氧化物（ZnO-SiO₂）为催化剂，反应温度 240℃，反应时间 40min，MDC 转化率可达 99.5%，MDI 产率为 63.1%。此外，他们还将 15% 的醋酸锌溶液经草酸铵沉淀（不陈化）后，在 500℃ 焙烧 4h 得到六方相的 ZnO，晶体的平均粒径为 100～200nm，以其为催化剂时 MDC 转化率为 99.1%，MDI 产率为 52.1%。

关雪等[147]采用 ZnO/Zn 复配催化剂，在邻苯二甲酸二丁酯溶剂中进行 MDC 催化分解制备 MDI 反应。ZnO/Zn 复配催化剂的最佳质量比为 1:1。在反应温度 250℃，反应时间 80min 的最优条件下，MDC 的转化率达到 99.2%，其中 4,4′-MDI 单体的产率为 67.3%。

朱银生等[148]采用自制的 HSAL 催化剂，催化热分解制备 MDI。合适的工艺条件为：反应温度 250℃，反应时间 40min，催化剂用量为 MDC 用量的 6%，N_2 吹扫条件下保持反应体系的真空度为 0.097 MPa。MDC 转化率达到 99.8%，MDI 收率为 70.3%。

Uriz 等[149]发现蒙脱石 K-10 可以有效催化氨基甲酸酯热解成异氰酸酯，在以萘烷为溶剂，190℃反应 24h，MDI 选择性为 97%，收率为 75%，且分解过程中生成的副产物甲醇可吸附在蒙脱石 K-10 上的弱酸中心上，从而易于分离。蒙脱石 K-10 价廉易得，再生回收容易。

二苯甲烷二氨基甲酸酯热解过程中，采用利于传热和传质的管式反应器进行连续操作，可以大大提高 MDI 的选择性。Lewandowski 等[150]设计了连续热解的工艺流程，在 285℃等优化的工艺条件下，连续运行了 100min，生成 MDI 的选择性最高可达 87.2%。

MDI 是热敏性物质，在较高的热解温度下，合适溶剂的分散、高效催化剂缩短反应时间以及优良的连续操作流程可以在一定程度上解决这一问题。但是，如果能够降低反应温度，可以更好地解决 MDI 的热敏性所带来的问题，所以，低温下的高效热解催化剂研究显得更为重要。Joseph[151]采用 Sn 化合物作催化剂，在常压和 80～200℃下进行 MDC 分解反应，当反应进行到 13min 时取样测定催化反应的速率，没有发现明显的副反应发生。由此证明，在催化剂存在时可以在较低温度下进行 MDC 分解。刘波等[152]开发了一种微波辅助合成 MDI 的方法。将离子液体(如 N-甲基-N-丙基咪唑四氟硼酸盐)与复合锌盐催化剂(60%乙酸锌、20%环烷酸钴、20%无水乙酸钠)在微波反应器中混合，190℃和真空度 5 mmHg 条件下，加入 MDC 的二甲基亚砜溶液，得到产物蒸气。得到的产物蒸气依次通过一级冷凝装置、二级冷凝装置及三级冷凝装置，一级冷凝装置内得到粗 MDI，经二次蒸馏可得 MDI 纯品，产率可达 92.3%。

MDC 热分解生成 MDI 过程需要较高的温度(>200℃)，在该温度下 MDI 易聚合。在热分解反应体系中引入金属催化剂或金属化合物催化剂虽然能够降低反应温度，在一定程度上提高 MDI 的收率，但 MDI 发生自聚合副反应较严重。因此，目前报道的 MDC 热解反应均在溶剂中进行，这种方法只能减少 MDI 的聚合，但无法完全抑制 MDI 聚合反应的发生，已有研究结果表明，控制合适的反应时间与温度是获得 MDC 高转化率和 MDI 高收率的关键。因此，深入研究 MDC 的热分解动力学对其热解反应的条件优化和反应器设计极为关键。张琴花等[153]研究了在癸二酸二(2-乙基己基)酯溶剂中 MDC 热分解产生 MDI 的反应机理，建立了 MDC 分解反应动力学模型。结果表明，MDC 的热分解分为 2 个步骤，均为一级反应。两步反应的活化能分别为 138.82kJ /mol 和 167.78kJ /mol；指前因子分别为 $1.51 \times 10^{12} min^{-1}$ 和 $5.33 \times 10^{14} min^{-1}$。

郑志花[154]在高压釜中进行了 MDC 分解制备 MDI 反应，以正十五烷为溶剂，P_2O_5 为催化剂，280℃反应 1h，MDI 收率为 68.3%。

2.8.5 碳酸二甲酯代替光气绿色合成六亚甲基二异氰酸酯

己二异氰酸酯即六亚甲基-1,6-二异氰酸酯(1,6-hexamethylene diisocyanate，HDI)是无色透明液体，稍有刺激性臭味，易燃。不溶于冷水，溶于苯、甲苯、氯苯等有机溶剂。熔点

$-67℃$，相对密度 1.04，沸点 130~132℃(99.725kPa)，闪点 140℃。HDI 是制备高端聚氨酯的主要原材料，与 MDI、TDI 等芳香族异氰酸酯相比较，其最大优点是聚氨酯制品不泛黄，光稳定性和耐候性等性能突出。HDI 的合成方法包括光气法、固体光气法、氨基甲酸酯阴离子脱水法、尿素作为羰基化剂法及碳酸二甲酯替代光气法等。

(1)碳酸二甲酯替代光气法

碳酸二甲酯替代光气法包括两步反应，一是己二胺与碳酸二甲酯反应得到六亚甲基二氨基甲酸甲酯(HDC)，二是 HDC 裂解得到 HDI，反应式如下：

$$H_2N{-}\!\!\!-\!\!\!-\!\!\!-NH_2 + 2CH_3O\overset{O}{\overset{||}{C}}OCH_3 \longrightarrow H_3COONH{-}\!\!\!-\!\!\!-\!\!\!-NHCOOCH_3 + 2CH_3OH$$

$$H_3COONH{-}\!\!\!-\!\!\!-\!\!\!-NHCOOCH_3 \xrightarrow{\text{分解}} OCN{-}\!\!\!-\!\!\!-\!\!\!-NCO + 2CH_3OH$$

Baba 等[155]以各种 Pb 的化合物作为催化剂催化合成脂肪族氨基甲酸酯，结果见表 2-21 所示。可以看出，在合成己基氨基甲酸甲酯时，$Pb(NO_3)_2$ 的活性最高。己胺和 DMC 在 120℃下反应 2 h，HDC 收率为 99%，但铅的化合物有毒，对环境不友好。

表 2-21　不同 Pb 化合物的催化活性比较

含铅化合物	己胺转化率/%	DMC 转化率/%	己基氨基甲酸甲酯收率/%	己基氨基甲酸甲酯 相对 DMC 的选择性/%
$Pb(NO_3)_2$	99	70	99	71
$Pb(OAc)_2$	100	54	97	90
$Pb(OAc)_2 \cdot Pb(OH)_2$	85	49	82	84
PbO(黄)	66	40	58	66
PbO(红)	63	43	56	65
$PbCO_3$	58	32	42	66
无催化剂	64	57	39	52

注：反应条件：己胺 20mmol；DMC 40mmol；催化剂 0.5mmol；反应温度 120℃；反应时间 2h。

Deleon 等[156]研究了 DMC 和 1,6-己二胺(HAD)的反应性能。发现将 $Bi(NO_3)_3 \cdot 5H_2O$ 在 80℃真空处理 3h 得到的 $Bi(NO_3)_3$ 活性最好，当 HDA 3.5 mmol、DMC 21mmol、催化剂 0.12 mmol、甲醇 3mL，反应温度为 80℃、反应时间为 18h 的条件下，1,6-己基二氨基甲酸甲酯的收率为 84.0%。

孙大雷等[157]等研究了乙酸锌催化剂上 HDC 的合成反应性能。在 $n(DMC):n(HDA)=6$、$n(Zn(OAc)_2):n(HDA)=0.04$、反应温度为 80℃、反应时间为 6h 的条件下，HDA 的转化率为 92%，HDC 的收率为 82%。

Zhou 等[158]以不同离子液体为催化剂研究了胺和 DMC 的反应。发现含—SO_3H 的离子液体具有较高的活性，1,6-己二胺转化率接近 100%，选择性达到 95%。

Li 等[159]制备了一系列的固体碱催化剂用于 HDC 的合成反应。MgO/ZrO_2 对于 HDC 的合成具有较好的催化活性。当 MgO 的负载量为 6%、焙烧温度为 600℃时，MgO/ZrO_2 的活性最好。在 $n(HDA):n(DMC)=1:10$、回流温度下反应 6h，HDC 的收率为 53.1%。该催化剂克服了液体催化剂存在的分离和回收问题。

(2)尿素作为羰基化剂法

以尿素作为羰基化试剂，与 1,6-己二胺在醇的存在下反应生成 HDC 的反应方程式如下：

$$H_2N(CH_2)_6NH_2 + 2H_2NCONH_2 + 2C_4H_9OH \xrightarrow[\text{高温、高压}]{\text{催化剂}} C_4H_9O-\overset{O}{\overset{\|}{C}}-NH-(CH_2)_6-NH-\overset{O}{\overset{\|}{C}}-OC_4H_9 + 4NH_3\uparrow$$

张名凯等[160]以乙酸锆为催化剂，确定了合成反应的最佳工艺条件：温度 225℃，反应时间 5 h，催化剂用量、尿素用量与己二胺的物质的量比为 0.0005:2.5:1，HDC 的产率可达 98%。研究还发现，己二胺与尿素反应释放出氨气，生成缩二脲，然后在催化剂的存在下，脲再发生醇解反应生成 HDC。因此，为了提高 HDC 的产率，在该反应体系中，加入过量的正丁醇既作为溶剂，又作为反应物。同时要排出反应生成的氨气。

（3）二硝基己烷一步法

Corma 等[161]以 1,6-二硝基己烷、DMC 和 H_2 为原料一步合成 HDC，其方程式如下：

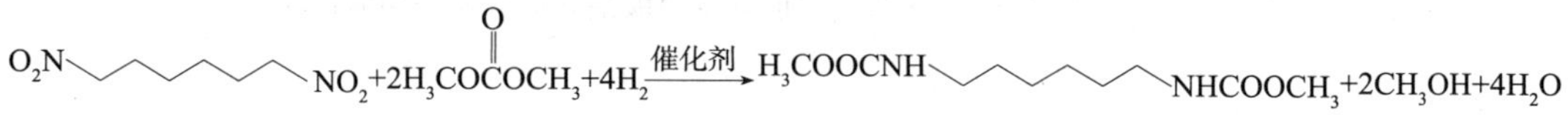

$$O_2N \diagdown NO_2 + 2H_3\overset{O}{\overset{\|}{C}}OCOCH_3 + 4H_2 \xrightarrow{\text{催化剂}} H_3COOCNH \diagdown NHCOOCH_3 + 2CH_3OH + 4H_2O$$

反应使用的催化剂为 Au/CeO_2（质量分数 1%），将 2mL 的 DMC 和 150mg 的 1,6-二硝基己烷加入到玻璃反应器中，催化剂的用量为 100mg，H_2 的压力为 1.5MPa，在 90℃反应 8h，HDC 的收率为 85%。

2.8.6 氨基甲酸甲酯分解制异氰酸酯的反应机理[162]

不同催化剂上芳香(烷)基氨基甲酸酯分解反应的机理不同。金属为活化中心催化机理涉及到的催化剂主要包括金属单质及其合金和无机化合物、有机化合物。陈浪等[163]在六亚甲基二氨基甲酸正丁酯(HDU-B)热分解制备 HDI 反应过程中使用吡啶-2-甲酸锌配合物为催化剂，推测其反应机理为：在热分解温度下，吡啶-2-甲酸锌能溶在反应体系中，其 Zn-N 配位键断裂，暴露出活性中心位 Zn^{2+}，Zn^{2+} 作为路易斯酸与氨基甲酸酯羰基氧原子作用，一定程度上减弱 C=O 键的强度，使反应物活化，同时氮氢键减弱，氢和金属形成一种弱键，然后氢原子转移到金属上，并发生正丁醇消去反应，生成 HDI。张名凯[164]以氧化锌为催化剂进行上述反应，同样认为氧化锌相当于一个路易斯酸。凡美莲等[165]推断无论金属催化剂还是金属氧化物催化剂，都是通过极化 HDU-B 中的羰基起作用，羰基极化的同时削弱了 HDU-B 分子中碳氧单键的键能，使正丁醇易消去，生成 HDI。

综上所述，金属单质及其合金和无机化合物、有机化合物作为催化剂时。其机理的核心部分是：在热分解反应温度下，催化剂中金属发生电子转移，暴露出活性中心位金属离子，其作为路易斯酸与氨基甲酸酯羰基氧原子作用或配位，形成电荷密度较大活化络合物。氮原子上的氢转移到金属离子上，同时碳氧单键的化学键变弱，然后消去醇类，生成异氰酸酯。

Brönsted 酸为活化中心催化机理，该类催化剂主要指天然或合成硅类。Pedro 等[149]使用蒙脱土 K-10(MM-K10)为催化剂，认为该反应过程为：由于溶剂的去质子作用，使催化剂羟基上的氢离去，然后氨基甲酸酯吸附在催化剂底物上；氢离子在溶液中转移到氨基甲酸酯的羰基位上，同时消去甲醇，生成异氰酸酯，并使醇吸附在催化剂上，最后可以通过蒸馏的方法脱出催化剂上吸附的醇。具体过程如图 2-26 所示。由于催化剂底物上 Brönsted 酸中心越多催化效果越好[166]，则可以推断出该类催化剂的活性中心为 Brönsted 酸。因此该类催化剂在使用前一般要用有机或无机的酸、碱进行预处理，以增加其 Brönsted 酸中心。

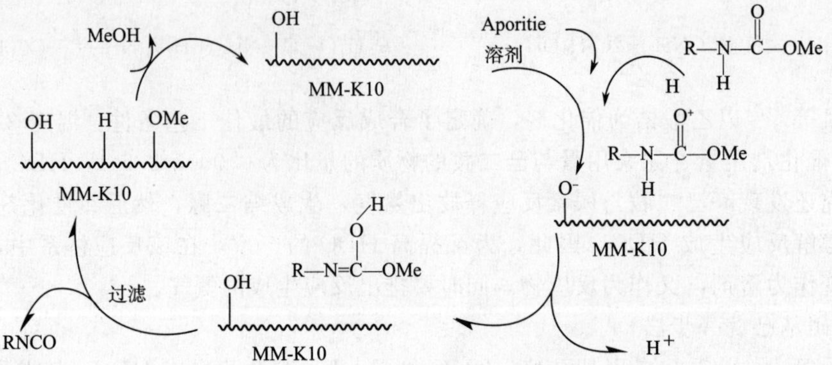

图 2-26　以蒙脱土 K-10 为催化剂时氨基甲酸酯合成异氰酸酯的过程

2.9　异氰酸酯的其他合成方法

2.9.1　尿素-醇法合成异氰酸酯

该方法是以尿素、醇、胺为原料合成相应的氨基甲酸酯，然后分解得到异氰酸酯。例如，TDI 的合成，以甲苯二胺、尿素和甲醇为原料先合成甲苯二氨基甲酸甲酯（TDC），然后 TDC 分解生成 TDI，其反应方程式如下：

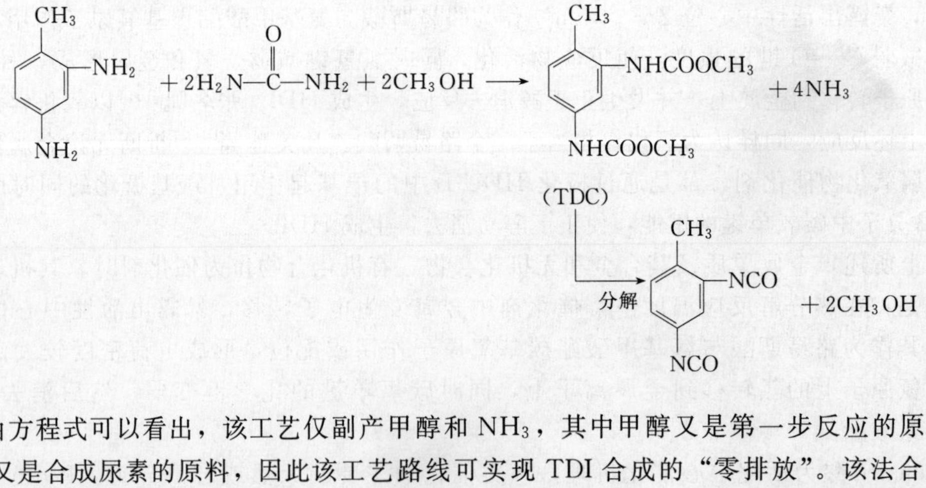

由方程式可以看出，该工艺仅副产甲醇和 NH_3，其中甲醇又是第一步反应的原料，而 NH_3 又是合成尿素的原料，因此该工艺路线可实现 TDI 合成的"零排放"。该法合成 TDI 不仅采用价格便宜的尿素为原料，而且又开发了尿素的新用途，是一条绿色的合成路线，具有良好的应用前景。尽管该方法的研究目前已取得了较大进展，但尚存在许多亟待解决的问题，如高效催化剂的开发和有效移出氨气对于反应的顺利进行至关重要[167]。

Zhao 等[168]利用 Benson 法对 TDC 的合成进行了热力学估算，结果发现，该反应为吸热反应，当反应温度高于 140℃时，反应可自发进行。该方法副产氨气，因此在反应过程中需及时移出副产物氨气以提高平衡转化率。他们考察了不同催化剂的活性，结果见表 2-22

所示。其中 $ZnCl_2$ 催化剂的活性最好，在优化的反应条件下，即当 TDA/催化剂/尿素/甲醇＝1/0.05/5/80（摩尔比），反应温度为 190℃，反应时间为 9h，反应压力为 3.0MPa 时，TDA 的转化率为 98.8%，TDC 的选择性为 41.6%。TDC 选择性低的原因是由于难于将反应生成的中间体 5-氨基-2-甲基苯氨基甲酸甲酯（TMC1）和 3-氨基-4-甲基苯氨基甲酸甲酯（TMC2）及时转化为 TDC；并根据 HPLC-MS、HPLC 和 GC 的分析结果，推测了合成 TDC 的三条反应途径。

表 2-22　尿素-甲醇法合成甲苯二氨基甲酸甲酯催化剂[①]

催化剂	X_{TDA}[②]/%	Y_{TDC}[②]/%	S_{TDC}[③]/%	S_U[②]/%
空白	50.0	10.3	20.6	71.6
Zn	76.5	14.4	18.8	83.9
ZnO	73.0	11.8	16.1	81.3
$Zn(OH)_2$	65.2	10.5	16.0	77.8
$ZnSO_4$	63.9	11.5	18.0	87.4
碱式碳酸锌	63.6	11.3	17.7	74.7
硬脂酸锌	80.4	14.6	18.2	86.1
$ZnCl_2$	85.4	18.6	21.8	88.9
$Zn(OAc)_2$	88.9	15.2	17.1	88.7
$Zn(NO_3)_2$	83.3	17.6	21.1	87.3
HZSM-5(25)[③]	53.3	9.9	18.6	74.0
HY(5.0)[③]	49.1	10.8	22.0	70.9
Hβ(38)[③]	48.1	13.0	26.5	73.9

① 反应条件：TDA/催化剂/尿素/甲醇＝1/0.05/5/80（摩尔比），170℃，6h，2.0MPa。

② X_{TDA} 为 TDA 转化率；Y_{TDC} 为 TDC 收率；S_{TDC} 为 TDC 选择性；S_U 为液相色谱分析中 TDC、TMC1 和 TMC2 峰面积百分比之和。

③ Si/Al 比。

王桂荣等[169,170]考虑到甲苯二氨基甲酸甲酯分解为 TDI 的反应温度高、副产物甲醇沸点低回收困难等问题。采用碳链较长的醇为原料，甲苯二氨基甲酸甲酯的分解反应及醇的回收过程会很容易，整个尿素法合成 TDI 工艺容易实现。以尿素为羰基化试剂，2,4-二氨基甲苯（TDA）和正丁醇为原料，在不同催化剂作用下合成了甲苯二异氰酸酯的前体甲苯-2,4-二氨基甲酸丁酯（BTDC），考察了催化剂种类和反应条件对 BTDC 合成反应的影响。实验结果表明，γ-Al_2O_3 催化剂对该反应具有较高的活性，适宜的催化剂焙烧温度为 500℃。采用上述催化剂，适宜的反应条件为：反应温度 200℃，反应时间 6h，催化剂用量（基于 TDA 的质量）为 30%，n(TDA):n(尿素):n(正丁醇)＝1:5:65。在此条件下，TDA 的转化率为 95.3%，BTDC 的收率为 70.5%。通过液相色谱-质谱联用技术推测了反应路径。TDA、尿素和正丁醇合成 BTDC 的反应方程如下：

秦飞等[171,172]研究了苯胺、尿素和甲醇一步合成苯氨基甲酸甲酯，实验发现以 KNO_3 改性的 HY 分子筛具有较好的活性。当反应温度为 453K，反应时间为 5h 的条件下，苯胺的转化率和苯氨基甲酸甲酯的选择性分别达到 93.1% 和 82.6%。尿素一步法制备苯氨基甲酸甲酯是以苯胺、尿素和甲醇为原料，其反应方程式如下：

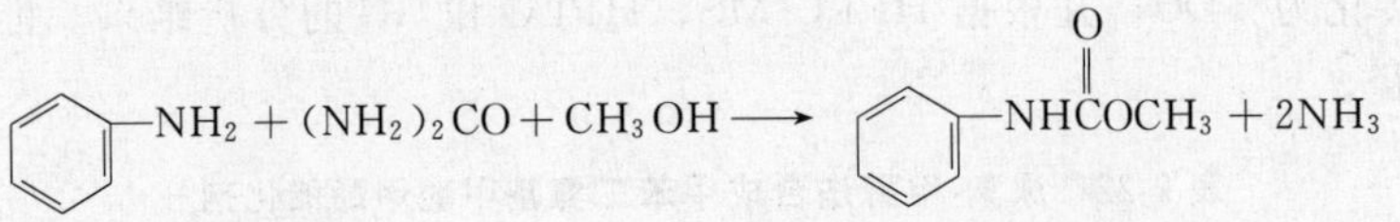

2.9.2 二硝基苯还原羰基化反应合成甲苯二异氰酸酯

以二硝基甲苯与 CO 为原料在催化剂存在下一步合成 TDI，反应式为：

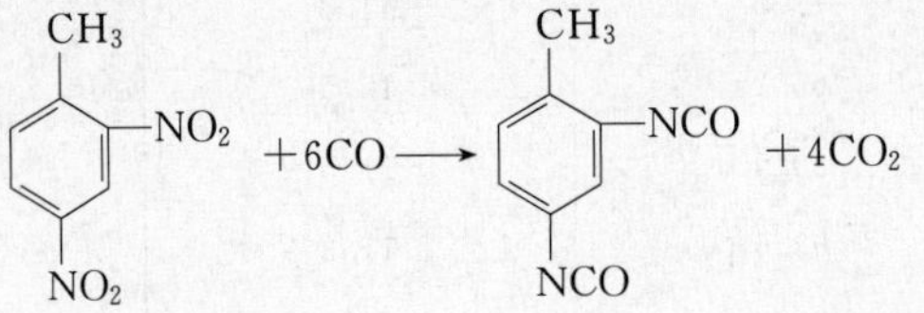

该方法反应条件苛刻，须在高压条件下（7.0～30.0MPa）进行，反应用催化剂为 Rh 或 Pd 等贵金属。目前开发的催化剂活性和选择性都不高，且产物不稳定，同时 CO 的有效利用率低，有 2/3 的 CO 转化为 CO_2 排放掉。

在此基础上，人们为了使反应条件温和，提高产物的稳定性，有利于储存和运输，提出首先将二硝基苯转化为甲苯二氨基甲酸酯，后者再热分解得到 TDI 的二步法工艺路线。

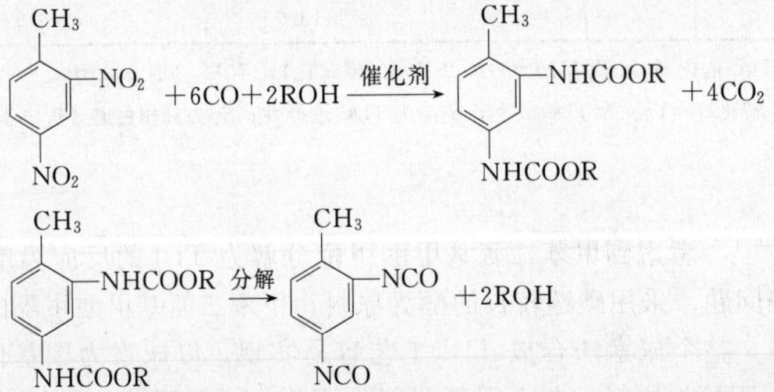

该工艺过程的 CO 利用率也只有 1/3，并且存在 CO 与 CO_2 的分离问题。使用催化剂仍属贵金属，反应由于气相 CO 的存在须在高压下进行，生产成本高。

CO 与硝基化合物的反应在热力学上是有利的过程，但在没有使用催化剂时，硝基化合物与 CO 却很难反应。并且在不同催化剂存在或不同反应条件下，从硝基化合物可以合成多种多样含氮有机化合物，如图 2-27 所示[173]。从 CO 在反应中最终所起的作用，可将图中反应分成两类：一是 CO 仅作为还原剂的硝基化合物的还原反应，二是还原后进一步与 CO 结合的硝基化合物的还原羰基化反应。以上某些反应和产物，在还原羰基化合成氨基甲酸酯或异氰酸酯过程中，有时作为副反应和副产物出现。

作为硝基化合物还原羰基化的催化剂，无论是一步法还是二步法，主要应用了第ⅧB族过渡金属，如 Pd、Rh 和 Ru 的配合物。Co 和 Ni 系催化剂的活性较低。主催化剂的前驱体可以是金属、金属氧化物或卤化物。此外，对于 Pd、Rh 系催化剂，一种含 N 或含 P 的有

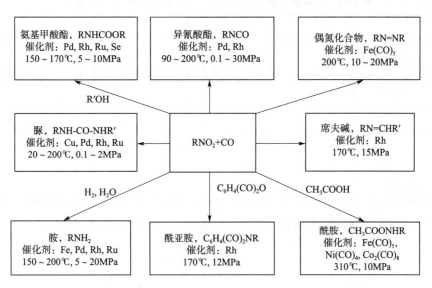

图 2-27 硝基化合物与 CO 的反应

机配体是必需的。为了提高催化剂的活性，还添加了不同的无机助剂，如 V_2O_5、MoO_3、$FeCl_3$ 及 $MoCl_6$ 等。表 2-23 和表 2-24 分别列出了一步法和二步法合成 TDI 用催化剂和反应结果[173]。

表 2-23 二硝基甲苯一步法合成 TDI 反应用催化剂

催化剂体系①	主催化剂量 (摩尔分数)②/%	反应条件			反应结果	
		温度 /℃	压力③ /MPa	时间 /h	DNT④ 转化率/%	TDI 收率/%
PdCl₂-iQ-MoO₃	19.2	200	20.0*	1	90	75
PdO-MoO₃-MgO-Py	7.3	190	30.0*	2	100	90
Pd(Py)₂Cl₂-GeCl₄	6.3	190	28.0	1	100	56
PdCl₂-Fe₂Mo₇O₂₄-iQ	6.1	200	24.7	4	100	79
PdCl₂iQ₂-MoO₃-Cr(CO)₆	5.1	205	15.0*	3	100	64
PdCl₂Py₂-Fe₂O₃-V₂O₅	2.5	260	29.0	4	100	84
PdCl₂-Q-CuO-MoO₃	1.7	210	25.3	3.5	100	73
RhCl₃-苯胺	8.2	190	26.6	3	100	12
NiI₂Q₂-MoO₃	10.0	190	56.0*	1.5	37	—
CoI₂-Py	10.0	185	12.0*	2	100	—

① Py 为吡啶；Q 为喹啉；iQ 为异喹啉。

② 相对于原料 DNT。

③ 反应最高压力；*代表室温下压力。

④ DNT 为二硝基甲苯。

表 2-24 二硝基甲苯二步法合成 TDI 反应催化剂(第一步反应)

催化剂体系	硝基化合物	主催化剂用量/%	反应条件			收率/%
			温度/℃	压力/MPa	时间/h	
Pd/C-VOCl₃-Py	2,4-DNT	0.75	160	8.0	3	95
Pd/Al₂O₃-FeCl₃	2,4-DNT	0.094	150~190	38.0*	1.5	89
PdCl₂-FeCl₂-Py₂-H₂O	2,4-DNT	0.036	160~170	9.0*	3.7	93
PdCl₂-FeOCl-Py	2,4-DNT	0.030	180	19.0	2	98
Rh₂O₃-CH₃CN	2,4-DNT	2.0	125~175	33.0	10	约100

对于 TDI 合成,还可采用甲苯二胺氧化羰基化反应合成,反应式如下:

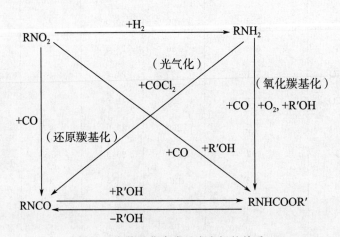

该方法可有效利用 CO,但有无效的 H_2O 生成,虽不是原子经济反应,但理论上可实现零排放的化工过程,正在引起人们的关注[174]。甲苯氧化羰基化反应合成 TDI 可应用类似还原羰基化的催化剂和反应条件。它们之间的关系见图 2-28。

图 2-28 羰基化合成反应之间的关系

2.9.3 硝基苯还原羰基化法合成二苯甲烷二异氰酸酯[173]

1977 年 ARCO 公司开发出合成 MDI 的新工艺,他们以硝基苯为原料,在 CO 和醇类的存在下进行还原羰基化反应，制得苯氨基甲酸酯，苯氨基甲酸酯在酸催化剂存在下与甲醛缩合得到缩合的氨基甲酸酯，它再热分解或催化分解制得 MDI，通常称为两段合成法。具体反应过程为：

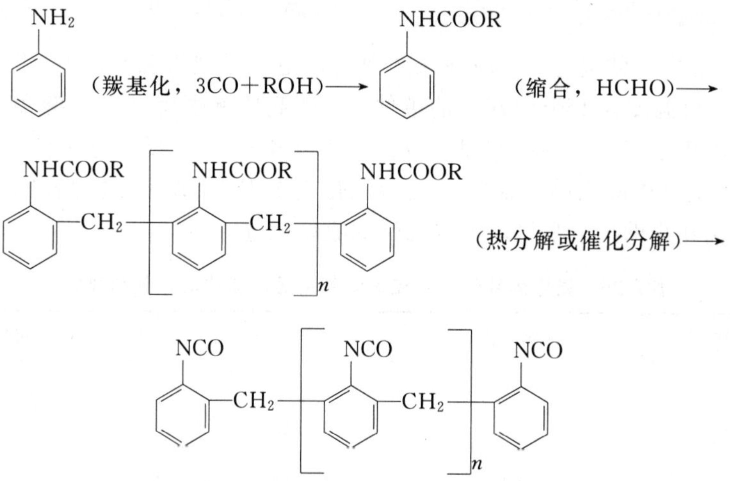

该工艺的关键是苯氨基甲酸酯合成用催化剂。表 2-25 汇总了不同催化剂下苯氨基甲酸酯的收率[174]。

表 2-25　苯氨基甲酸酯合成反应用催化剂及收率

公司名称	主催化剂	助剂	溶剂	用量/%	温度/℃	压力/MPa	收率/%
三菱化成	Pd/C	VOCl$_3$	Py	0.75	160	8.0	98
ACC	Pd/Al$_2$O$_3$	FeCl$_3$	—	0.094	190	38.0	89
三井东压	PdCl$_2$	FeCl$_2$(Py)$_2$	H$_2$O	0.036	170	9.0	93
Bayer	PdCl$_2$	FeOCl	Py	0.030	180	19.0	98
Ethyl Corp	RhO$_2$	—	乙腈	3.7	175	21.0	99.7
住友化学	RhCl$_3$	VO(acac)$_2$	—	3.4	190	21.6	91.5
ICI	RhCl$_3$	FeCl$_3$	—	0.6	150	8.0	81.5
ARCO	SeO$_2$	LiOH	乙酸	16.0	177	7.0	95

注：acac 为乙酰丙酮配位基，Py 为吡啶。

2.9.4　苯胺氧化羰基化法合成二苯甲烷二异氰酸酯

在氧化剂存在下，苯胺和醇及 CO 反应生成苯氨基甲酸酯，后续的反应过程同还原羰基化法，即缩合和热分解得到 MDI。分子氧为氧化剂时的反应式为：

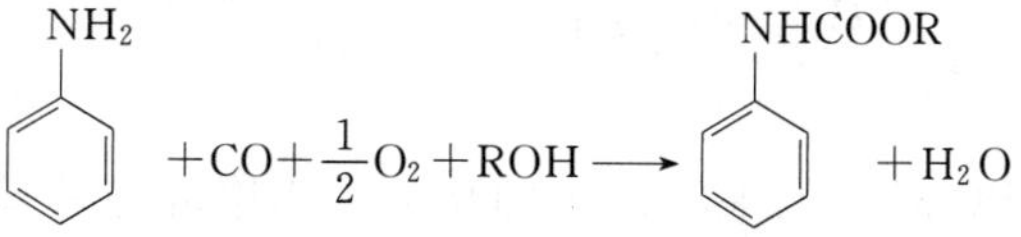

以硝基苯为氧化剂时反应式为：

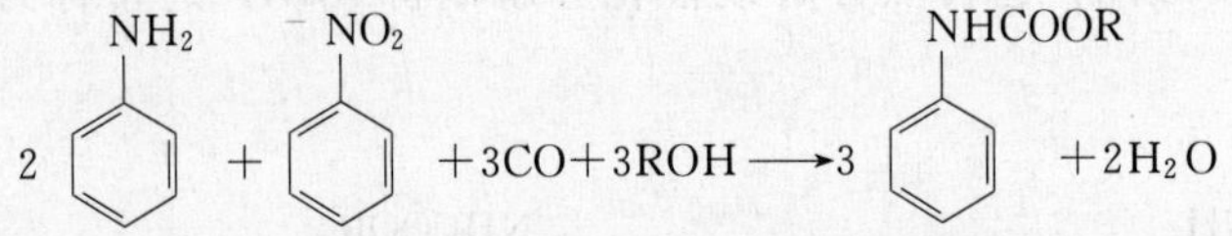

日本旭化成公司对此法进行了较深入的研究，他们以钯黑和 KI 为催化剂，在 CO 压力为 12.0MPa，反应温度为 160～170℃ 的条件下，于高压釜中反应 2h，苯氨基甲酸乙酯的收率为 91%，选择性为 95%（原料为苯胺、乙醇、CO 和氧气），反应过程有二苯脲生成，它可进一步转化为苯氨基甲酸乙酯。他们开发的催化剂由 Pt 族金属（或化合物）与卤化物构成。表 2-26 为不同卤化物助剂下苯氨基甲酸乙酯的收率和选择性。

表 2-26 氧化羰基化法合成苯氨基甲酸乙酯的催化剂和收率[①]

卤化物	碱性化合物	收率/%	选择性/%
$(CH_3)I$	—	94	97
KIO_4	—	89	96
CHI_3	RbOH	87	95
I_2	$(C_2H_5)_3N$	93	95
$K[TeBr_5]$	C_2H_5ONa	83	92
CsI		81	90
$[(C_6H_5)PCH_3]I$	$(C_2H_5)_3N$	86	95

① 反应条件：苯胺加入量 35g，乙醇 350mol，CO 12.0MPa，O_2 0.8MPa，温度 160～170℃，催化剂钯黑 0.1g。

厦门大学许翩翩等[175,176]研究了由羰基化法合成苯氨基甲酸乙酯。他们用 Pd/AC 催化剂在乙醇存在的条件下，催化苯胺氧化羰基化合成苯氨基甲酸乙酯，在 CO 压力为 6.0MPa、170℃，反应时间 2h，苯胺转化率为 94.2%，选择性为 95.2%。

2.9.5 脲醇解法合成异氰酸酯

该方法是以苯基脲和甲醇为原料合成 MPC，反应方程式如下：

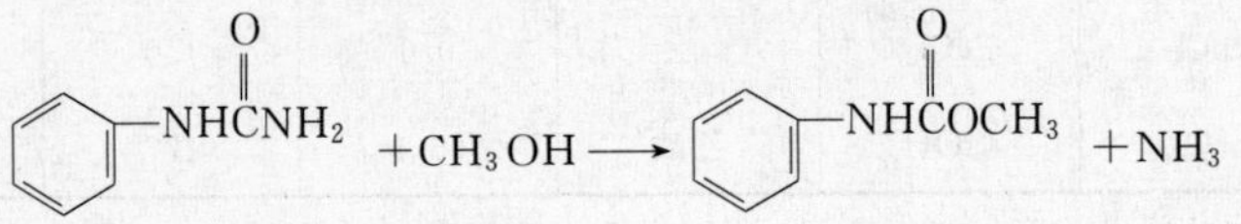

反应体系中还存在以下副反应：

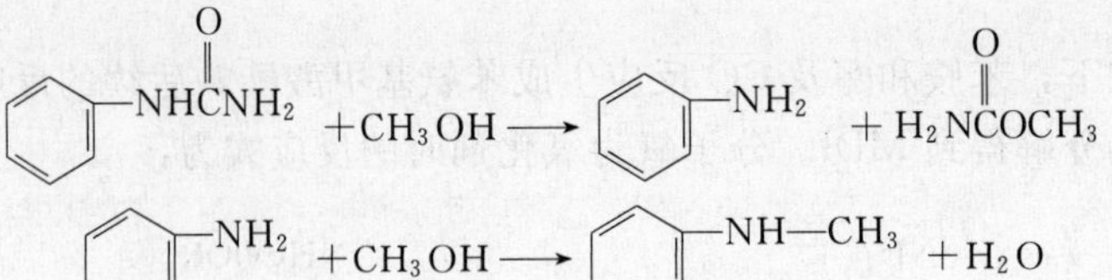

利用该方法合成 MPC 时，如果不使用催化剂，当甲醇与苯基脲的摩尔比为 40:1，在

413 K 下反应 4h 后，苯基脲的转化率为 76.2%，MPC 的收率可达 48.5%。在相同的反应条件下，使用 PbO 为催化剂时，苯基脲的转化率为 86.6%，MPC 的收率为 68.8%。而以用甲醇预处理后的 PbO 为催化剂(苯基脲和催化剂的质量比为 12:1)，苯基脲的转化率可提高至 95.2%，MPC 的收率提高到 84.8%。为此，对用甲醇预处理后的 PbO 进行 XRD 和红外表征发现，PbO 和甲醇作用后生成了 $Pb(OCH_3)_2$，可见 $Pb(OCH_3)_2$ 的生成使得其活性大大提高[177]。

另外，纳米催化剂由于其粒子的尺寸小，使得比表面积大大增加，表面原子所占的比例增大，会在表面产生许多的配位不饱和中心、表面结构缺陷等，导致表面的活性位增加。为进一步提高产率，采用纳米级 PbO_2 为催化剂，以三乙醇胺为助催化剂，正丁醇和苯基脲的摩尔比为 2:1，PbO_2 与苯基脲的质量比为 0.02:1，PbO_2 与三乙醇胺的质量比为 1.8:1，在 413 K 下反应 14h 后，MPC 的收率可达到 82.9%[178]。

此外，以二苯基脲和甲醇反应也可以反应合成 MPC。张磊等[179]以二苯基脲和甲醇为原料，CO_2 为保护气，以 Pb_2O_3/SiO_2 为催化剂合成了 MPC。实验结果表明，当反应温度为 453K，反应时间为 3h，甲醇与二苯基脲的质量比为 10 的条件下，二苯基脲的转化率为 95.7%，MPC 的选择性为 88.2%。其中以 CO_2 为保护气也可有利于促进 MPC 的生成，这是由于 CO_2 可以和副产物苯胺反应生成二苯基脲，一方面可以减少生成物苯胺的含量，另一方面生成的二苯基脲可作为原料进一步和甲醇反应，从而提高了二苯基脲的转化率和 MPC 的产率。该反应体系的方程式如下：

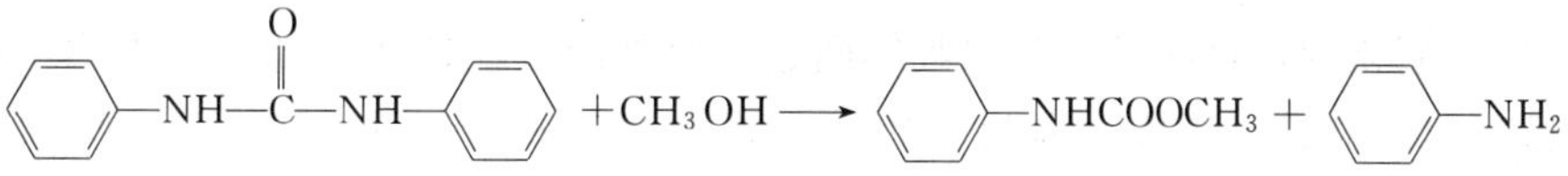

$$\text{（1）}$$

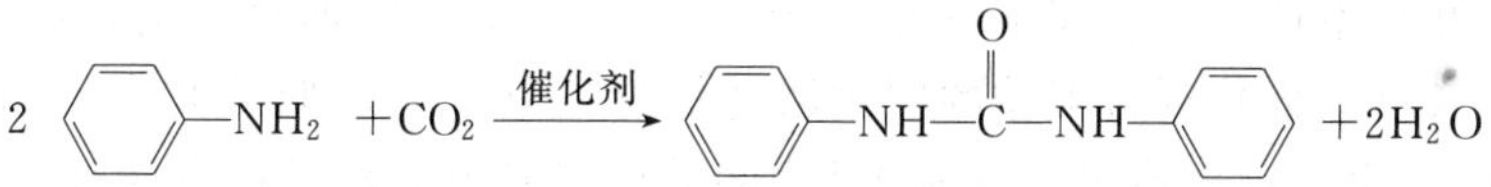

$$\text{（2）}$$

2.9.6　碳酸二甲酯和二苯基脲耦合法合成异氰酸酯

该方法基于苯氨基甲酸甲酯的两种合成方法，分别见方程式(1)和(2)，将这两种方法耦合，可以得到以碳酸二甲酯和二苯基脲反应合成苯氨基甲酸甲酯的反应耦合法，其方程式如(3)所示。由此可见，该方法无副产物生成，而且不使用任何溶剂，原子经济性高，另外，反应物碳酸二甲酯和二苯基脲均可直接或间接以 CO_2 为原料制备，因此可以推动温室气体 CO_2 的资源化利用，并为实现 MDI 的非光气法生产开辟了一条新的工艺路线。催化该反应使用的催化剂包括 Bu_2SnO[180]、甲醇钠[181,182]和铅的化合物[183,184]。Gao 等[183]发现，铅的化合物，如 PbO、PbO_2、$PbCO_3$、$2PbCO_3 \cdot Pb(OH)_2$ 等，对于该反应具有好的催化活性，利用 XRD 对反应后的催化剂进行表征，发现它们在反应后均生成含有—PbOH 基团的物质，而且催化剂使用 3 次后，二苯基脲的转化率和 MPC 的选择性在 99% 以上。

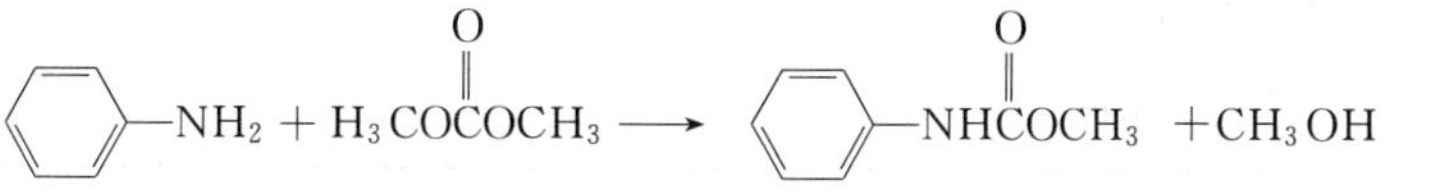

$$\text{（1）}$$

$$\text{(phenyl)}-NHCNH-\text{(phenyl)} + CH_3OH \longrightarrow \text{(phenyl)}-NHCOCH_3 + \text{(phenyl)}-NH_2 \qquad (2)$$

$$\text{(phenyl)}-NHCNH-\text{(phenyl)} + H_3COCOCH_3 \longrightarrow 2\,\text{(phenyl)}-NHCOCH_3 \qquad (3)$$

2.9.7 CO_2一步法合成异氰酸酯

我国是温室气体 CO_2 排放大国，如果能将过程工业排放的 CO_2 捕获后经化学转化固定为含碳资源，可实现废弃物 CO_2 的资源化、绿色化利用，推进化工行业节能、减排，走向绿色化、低碳化。CO_2 一步法是以胺、CO_2 和醇为原料一步合成氨基甲酸酯，利用该方法合成苯氨基甲酸酯不仅可以推动温室气体 CO_2 的资源化利用，还可以加强高附加值 CO_2 衍生物化学品的研究开发。

以合成 MPC 为例，其反应方程式如下：

$$\text{(phenyl)}-NH_2 + CO_2 + CH_3OH \longrightarrow \text{(phenyl)}-NHCOOCH_3 + H_2O$$

目前利用该方法合成的氨基甲酸酯多集中于脂肪族氨基甲酸酯和苄基氨基甲酸酯，由于反应过程中会生成水，因此需要在反应过程中加入脱水剂（乙缩醛），一方面避免了水对催化剂活性的影响，另一方面还可促使反应平衡向生成氨基甲酸酯的方向移动。使用的催化剂包括 Bu_2SnO[185] 和 Cs_2CO_3[186]，加入脱水剂后氨基甲酸酯的收率≤71%。由于 Bu_2SnO 和 Cs_2CO_3 为均相催化剂，存在难分离回收等问题，此外向反应体系中加入脱水剂，使得反应体系更为复杂，并增加了产品分离的费用。为克服上述问题，Honda 等[187] 开发了非均相 CeO_2 催化剂，并且不使用脱水剂，考察了其对不同胺反应的催化性能，结果见表 2-27 所示。可以看出，CeO_2 催化剂对苄胺的催化活性最好，其次是脂肪族胺类，而对苯胺的活性最低。由此可以看出，利用该方法合成 MPC 的关键是开发高活性的催化剂。

表 2-27 CeO_2 催化胺、醇与 CO_2 反应生成氨基甲酸酯

序号	反应物		生成产物的量/mmol					胺转化率/%	氨基甲酸酯选择性/%
	胺	醇	氨基甲酸酯	二烷基脲	胺的衍生物	N-烷基胺	碳酸酯		
1		CH_3OH	4.1	0.25	0.28	0.06	0.69	>99	79
2[①]		CH_3OH	4.5	0.15	0.09	0.06	2.0	>99	89
3	(benzyl)-NH_2	C_2H_5OH	3.2		0.07	0.07	0.59	67	96
4		$1\text{-}C_3H_7OH$	2.1		0.07	0.07	0.56	45	94
5		$2\text{-}C_3H_7OH$	1.9		0.07	0.07	0.19	37	>99
6		CH_3OH	3.1		0.03	0.47	0.83	72	85
7	(cyclohexylmethyl)-NH_2	C_2H_5OH	2.1		0.03	0.04	0.59	44	96
8		$1\text{-}C_3H_7OH$	1.3		0.03	0.05	0.80	28	92
9	CH_3NH_2	CH_3OH	2.4		0.00	0.00	0.56	48	>99

右上角：续表

序号	反应物		生成产物的量/mmol					胺转化率/%	氨基甲酸酯选择性/%
	胺	醇	氨基甲酸酯	二烷基脲	胺的衍生物	N-烷基胺	碳酸酯		
10	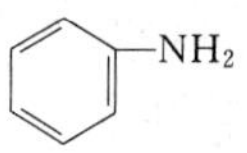	CH_3OH	0.09		0.00	0.07	1.7	3	56
11		C_2H_5OH	0.06		0.00	0.03	1.1	2	67
12		$1\text{-}C_3H_7OH$	0.09		0.00	0.04	0.05	3	69

① 反应条件：CeO_2 0.17g，胺∶醇=5mmol∶900mmol，CO_2 5MPa，150℃，2h。

注：反应条件：CeO_2 0.17g，CO_2 5MPa，150℃，12h。

2.10 聚碳酸酯合成的新路线

聚碳酸酯(polycarbonate，PC)是一种热塑性树脂，具有良好的透明性、抗冲性、延展性、耐热性和耐寒性等特点，是六大通用工程塑料中唯一具有良好透明性的产品，广泛用于电子、建筑、交通及光学等工业领域。它在工程塑料中的用量仅次于聚酰胺而位居第二。美国PC的消费构成为：玻璃板材20%，汽车工业25%，光学介质15%，器械8%，计算机及商用机械7%，医疗设备7%，文娱用品7%，其他11%[188]。西欧和日本市场的PC消费结构相似，均是电子、电器制品用量最大，其次为玻璃板材、汽车工业。并且PC的应用领域正在拓宽。目前PC的生产厂主要分布在美国、西欧和日本，其中GE塑料公司、Bayer公司和Dow公司的生产能力占世界总生产能力的80%以上。

工业化的PC生产方法基本上是以双酚A和光气为原料。由于此种方法属于环境不友好反应，并且产品中含有游离的卤素，不能在光磁盘等光电子材料上应用。因此，人们在不断开发新的合成方法，其中由碳酸二甲酯代替光气的新合成路线，由于不用光气，生产清洁卫生，且质量更高，特别适合用于安全化工材料和光电子材料等领域。

2.10.1 利用碳酸二甲酯代替光气的熔融法[189]

该法利用碳酸二苯酯和双酚A在熔融状态下进行酯交换反应，同时脱除苯酚，反应式如下：

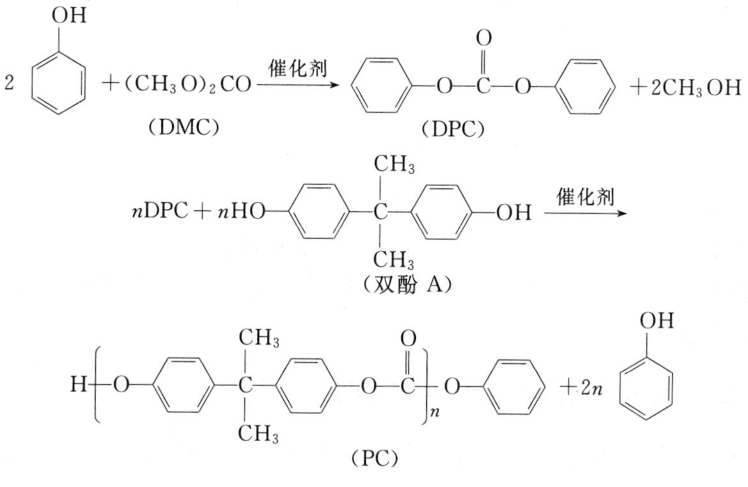

实际上由 DMC 合成 PC 反应是分两步进行的，第一步为苯酚与碳酸二甲酯反应合成碳酸二苯酯(DPC)，然后碳酸二苯酯再与双酚 A 反应得到 PC。熔融法工艺过程见图 2-29 所示。

在此工艺过程中，将苯酚和碳酸二苯酯先后从极高黏度的熔融聚碳酸酯中蒸馏出来是相当困难的。聚合液黏度相当高造成脱除苯酚困难，须在高温(280～310℃)、高真空(1mmHg)及长停留时间条件下进行，这些条件会使聚合物变色，形成高分子量的 PC 变得困难。针对这些问题，又提出了如下新的 PC 生产技术——固态聚合反应过程。

固态聚合过程不使用光气和二氯甲烷，由三部分组成：一是预聚合反应，二是结晶化过程，三是固态聚合反应过程。在预聚合过程中，由双酚 A 与碳酸二苯酯在熔融状态下预聚合反应得到非晶态预聚物，在结晶化过程，这种无定形预聚物转化为结晶态的预聚物，最后在固态聚合反应过程，得到所需分子量的聚碳酸酯。固态聚合过程的关键技术是非晶态聚合物的结晶。低分子量非晶态预聚物容易结晶，且当加热到聚合反应所需温度时，所得结晶预聚物保持固相状态。

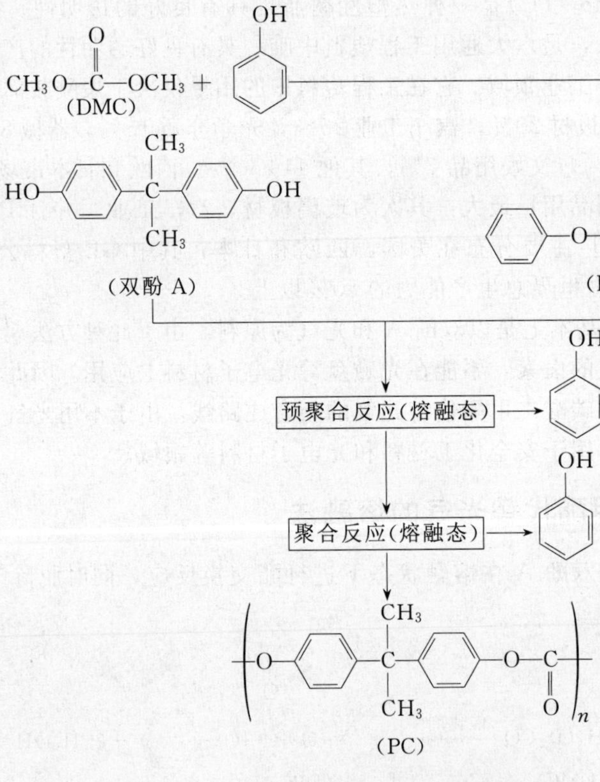

图 2-29 熔融法合成 PC 流程

对于预聚合过程，由双酚 A 和碳酸二苯酯在熔融状态下反应得到非晶态的预聚物，并且脱除苯酚。在此过程中，主要是获得低分子量、低熔融黏度的预聚物(M_w2000～20000)，因此可在相对较低的温度(<250℃)下进行。由于反应温度低，停留时间短，不会发生预聚物的变色。具体过程见图 2-30。

2.10.2 双酚 A 直接氧化羰基化合成路线[190,191]

从"简单化学"的角度考虑，双酚 A 氧化羰基化直接合成聚碳酸酯是最有吸引力的合

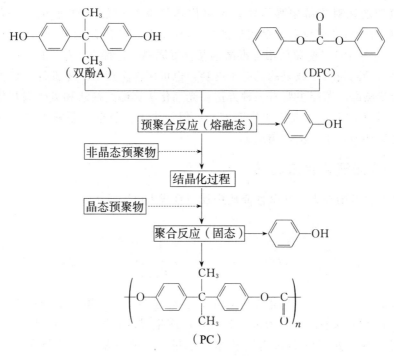

图 2-30　固态聚合过程合成 PC 流程

成路线。其反应式为：

$$HO-C_6H_4-C(CH_3)_2-C_6H_4-OH + CO \xrightarrow[O_2]{催化剂}$$

$$H{(}O-C_6H_4-C(CH_3)_2-C_6H_4-O-C(=O){)}_n-C_6H_4-C(CH_3)_2-C_6H_4-OH + H_2O$$

该合成路线的关键仍是高效催化剂的研制。催化剂体系有ⅧB族金属（如钯等）或其化合物为主催化剂、无机助剂（铈、钴等）和有机助剂（TBAB、三联吡啶、喹啉、醌等）构成。并加入脱水剂（分子筛）以防止催化剂因痕量水而降解。

2.11　碳酸二苯酯合成路线

在上面的讨论中，无论是熔融法还是固态反应法合成 PC，均采用碳酸二苯酯作为其中的原料，由它取代光气与双酚 A 反应。因此，有必要对其合成方法进行介绍。如果在合成 DPC 过程中仍采用光气，那么对 PC 新合成路线仍不是绿色化工过程。目前 DPC 合成方法包括光气化法、酯交换法和氧化羰基化法等。碳酸二苯酯（diphenyl carbonate，DPC）是一种重要的有机碳酸酯，分子式为 $C_{13}H_{10}O_3$，分子量为 214.08，密度为 $1.1215g/cm^3$，室温下为白色针状结晶，熔点 78℃，正常沸点 302℃。DPC 可用于合成许多重要的有机物[2,3]，如脂肪族单异氰酸盐和对羟基甲酸聚酯。也可用作聚酰胺和聚酯的增塑剂。近年来随着以 DPC 和双酚 A 为原料合成高质量聚碳酸酯（PC）环境友好新工艺的开发，对 DPC 的需求增大。通过 DPC 合成 PC 可避免使用有毒溶剂及含氯原料，这种方法生产的 PC 质量更高，可用于生产光磁盘等高技术领域里的光电子材料，也可用作生产纺织零部件、机械零件等的原料。目前，合成碳酸二苯酯主要有三种方法：光气化法、酯交换法和氧化羰基化法。光气化法是最早也是目前 DPC 的主要工业生产方法，但该法工艺复杂、原料光气剧毒、副产盐酸腐蚀设备，污染环境，正逐步被淘汰。

2.11.1 DPC 光气化合成方法[192]

光气化法是由苯酚与光气在碱性介质中反应合成 DPC。反应式为：

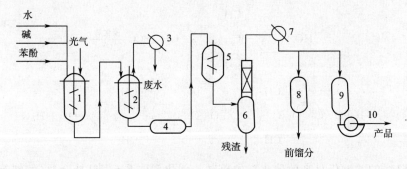

先将定量的 $16\% \sim 17\%$ 的碱液及苯酚加入反应釜中，并在惰性溶剂存在下加入少量叔胺作催化剂，在 $10℃$ 左右时，加入液态光气，反应生成的碳酸二苯酯不断呈固态小颗粒析出。反应过程中调节光气的加入速度和冰盐水量，以调控釜温。当釜内物料的 pH 值为 $6.5 \sim 7$ 时反应完毕。所得粗碳酸二苯酯经用 $90℃$ 热水洗涤，分离，分去水相，回收溶剂，最后经减压蒸馏得成品碳酸二苯酯。过程收率约为 70%。生产工艺流程见图 2-31。

图 2-31 碳酸二苯酯生产工艺流程示意

1—合成釜；2—水洗熔融釜；3,7—冷凝器；4—中间罐；5—熔融釜；
6—蒸馏塔；8—前馏分罐；9—产品储罐；10—结晶器

2.11.2 酯交换合成法[193]

由碳酸二甲酯与苯酚进行酯交换反应合成碳酸二苯酯在热力学上是不利的（$K = 3 \times 10^{-1}$，$453K$）[194]。因此，在封闭系统直接由苯酚和 DMC 合成 DPC 是相当困难的，必须设计将甲醇连续从系统中分离出来的反应器，使平衡向产物方向移动。由苯酚与 DMC 反应合成 DPC，通常分两步进行：第一步是苯酚转化为甲基苯基碳酸酯（MPC），第二步是它进一步与苯酚作用得到 DPC。反应式如下：

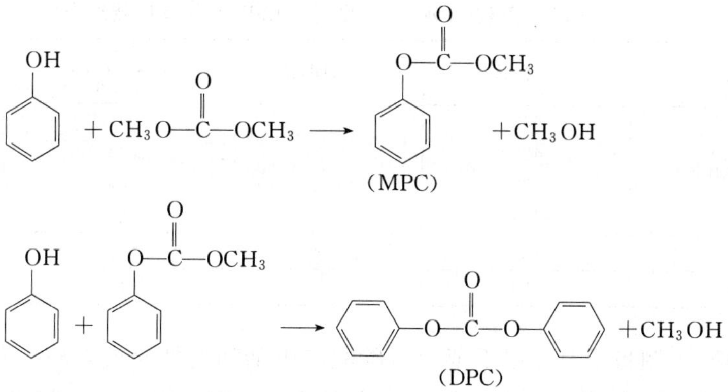

PhOH (苯酚) + CH₃O—C(=O)—OCH₃ ⟶ PhO—C(=O)—OCH₃ (MPC) + CH₃OH

$$PhOH + CH_3O\text{—}CO\text{—}OCH_3 \longrightarrow PhO\text{—}CO\text{—}OCH_3\ (\text{MPC}) + CH_3OH$$

$$PhOH + PhO\text{—}CO\text{—}OCH_3 \longrightarrow PhO\text{—}CO\text{—}OPh\ (\text{DPC}) + CH_3OH$$

也可通过 MPC 的歧化作用得到 DPC 和 DMC：

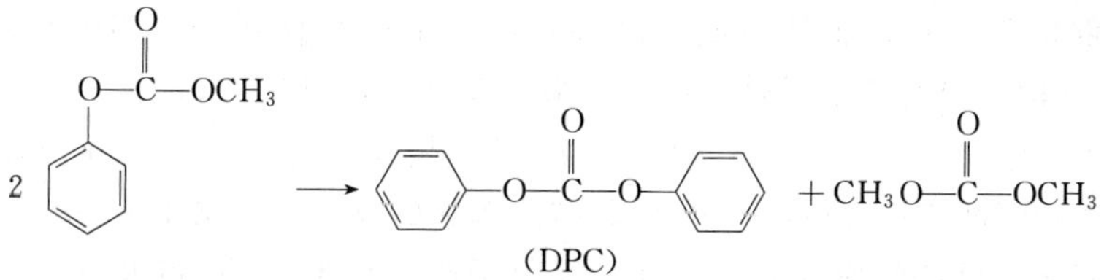

$$2\ PhO\text{—}CO\text{—}OCH_3 \longrightarrow PhO\text{—}CO\text{—}OPh\ (\text{DPC}) + CH_3O\text{—}CO\text{—}OCH_3$$

上述反应需要有催化剂存在才能快速进行。表 2-28 为负载在 SiO_2 载体上金属氧化物催化剂的活性[193]。其中 MoO_3/SiO_2 催化剂的活性最高。同时可看出，MPC 为主要产物，而 DPC 的产率很低，其原因是热力学控制造成的。表 2-29 说明对于 MPC 的歧化反应，MoO_3/SiO_2 催化剂也具有很高的活性。

表 2-28　DMC 与苯酚酯交换反应用负载型金属氧化物催化剂的活性

催化剂	产率/%（苯酚为基准）		
	MPC	DPC	AN
MoO_3/SiO_2	17.1	0.2	0.0
Ga_2O_3/SiO_2	12.7	0.3	3.5
V_2O_5/SiO_2	12.0	0.3	0.1
PbO/SiO_2	11.6	2.2	0.9
Pr_6O_{11}/SiO_2	11.5	0.2	0.2
ZrO_2/SiO_2	11.3	1.3	1.3
TiO_2/SiO_2	10.8	0.4	0.4
CaO/SiO_2	8.4	0.1	0.7
Sm_2O_3/SiO_2	8.3	0.2	0.2
Fe_2O_3/SiO_2	7.8	0.1	0.9
CuO/SiO_2	7.6	0.3	1.3

注：1. 反应条件 433K，4h，DMC/PhOH＝5.0；氧化物负载量为 10%。

2. MPC 为甲基苯基碳酸酯；DPC 为碳酸二苯酯；AN 为苯甲醚。

表 2-29　负载型 MoO$_3$ 催化剂下 MPC 歧化反应结果[193]

催化剂	温度/K	时间/h	产率/%	
			DPC	AN
MoO$_3$/SiO$_2$(20%)	433	4	44.2	0.0
	433	7	48.2	0.0
	473	4	48.6	0.1
	473	7	51.0	0.2
MoO$_3$/SiO$_2$	433	4	13.8	0.0
MoO$_3$/Al$_2$O$_3$	433	4	12.3	10.5

周炜清等[195]制备了一种用于苯酚与碳酸二甲酯酯交换合成碳酸二苯酯的新型氧化铅-氧化锌多相催化剂。研究了制备方法、焙烧温度、不同母体和母体配比对催化剂性能的影响。应用 XRD、TPR 和原子吸收光谱对催化剂结构进行了表征,发现 Pb$_3$O$_4$ 是主活性物相,ZnO 为助催化剂,并以非晶态或微晶态存在于催化剂体系中。当焙烧温度为 500℃,$n(\text{Pb})/n(\text{Zn})=2$ 时,催化剂的活性最高,碳酸二苯酯产率可达 45.6%。

张术栋等[196]通过 Hβ 分子筛与 TiCl$_4$ 发生气固相反应合成了 Tiβ 分子筛。研究了 Tiβ 分子筛催化苯酚和碳酸二甲酯(DMC)合成碳酸二苯酯的反应,考察了反应时间、Tiβ 催化剂用量以及原料配比对反应的影响,比较了 Hβ 分子筛、纳米 TiO$_2$ 以及 Tiβ 分子筛的活性。结果表明,175℃反应 10h 后各物质浓度不再有很大的变化,Tiβ 分子筛量为 5g/(1mol 反应物)时比较合适,$n(\text{DMC})/n(\text{苯酚})$ 最优值为 0.5～1。反应 10h,甲基苯基碳酸酯(MPC)和碳酸二苯酯(DPC)的总收率可达 10.8%。发现 Tiβ 分子筛的骨架钛是反应的活性中心。

李振环等[197]认为催化剂孔径大小对反应选择性有较大的影响;介孔催化剂有利 DMC 和苯酚酯交换生成 DPC,而微孔催化剂则使 DMC 和苯酚反应生成苯甲醚和甲基苯基碳酸酯。V$_2$O$_5$ 是较好的酯交换合成 DPC 的催化剂,特别是负载型 V$_2$O$_5$/SiO$_2$ 催化剂表现出较高的催化活性和 DPC 选择性。以 V$_2$O$_5$/SiO$_2$ 为催化剂,考察了 V$_2$O$_5$ 负载量、反应温度、反应时间和物料配比对酯交换反应的影响,得到较适宜的反应条件:V$_2$O$_5$ 的负载量(质量分数)为 40%,反应温度 180℃,反应时间 12h,苯酚与 DMC 的摩尔比为 10:1。在此条件下,DPC 的选择性为 60.6%,DPC 的收率为 25.7%。

罗淑文等[198]以水热合成法制备了杂原子介孔分子筛 Me-HMS(Me 指金属杂原子),用于催化碳酸二甲酯与苯酚酯交换合成碳酸二苯酯的反应,小角度的 X 射线衍射显示,所有样品均具有典型的 HMS 介孔结构。Me-HMS 中,Ti-HMS 显示最好的催化性能,其活性与骨架钛含量密切相关,当溶胶中 Ti/Si 比达 1/30 时,骨架钛趋于饱和,苯酚转化率达到最大值 31.4%,酯交换选择性为 99.9%。

童东绅等[199]采用共沉淀法制备了钒铜复合氧化物催化剂。考察了 V/Cu 配比对催化剂性能的影响以及催化剂的重复使用效果。在焙烧温度为 550℃,V:Cu 摩尔比为 4:1 条件下制得催化剂的活性最高,该催化剂上苯酚的转化率为 37.0%,甲基苯基碳酸酯及碳酸二苯酯的总选择性为 96.8%。该催化剂的物相组成为 V$_2$O$_5$ 和 CuV$_2$O$_6$。使用后的催化剂在空气气氛中焙烧即可再生,再生催化剂的催化性能几乎和新鲜催化剂相当。

于琴琴等[200]用共沉淀法制备了 Zn-Al 水滑石,研究了不同 $n(\text{Zn})/n(\text{Al})$ 比的水滑石及其焙烧产物等对酯交换反应的催化活性。当 $n(\text{Zn})/n(\text{Al})=3$ 时,在 150～180℃,$n(\text{PhOH})/n(\text{DMC})=2$,催化剂用量为反应物总质量的 1.5%,在反应时间为 12h 的条件下,DMC 的转化率达到 55.9%,DPC 和 MPC 的收率分别为 25.3% 和 27.0%,酯交换产物的选择性达到 93.6％。

伍洲[201]用溶胶-凝胶法制备了复合金属氧化物层柱黏土催化剂-PbTiO$_3$-PILC 和 (Pb$_{0.67}$Zn$_{0.33}$)TiO$_3$-PILC。催化剂中存在 Pb$_3$O$_4$、PbO、PbO$_2$ 和 Zn$_2$TiO$_4$ 的晶相。PbTiO$_3$ 和(Pb$_{0.67}$Zn$_{0.33}$)TiO$_3$ 成功进入膨润土层间，使催化剂比表面积和孔容增大，但催化剂的层间有序度不高，且进入层间的氧化物柱体数量有限。(Pb$_{0.67}$Zn$_{0.33}$)TiO$_3$-PILC 催化剂上 DPC 收率为 35.7％，较 Ti-PILC 催化活性有一定提高。

李志会等[202,203]对苯酚和碳酸二甲酯酯交换法合成碳酸二苯酯氧化铅-氧化锌催化剂失活原因和负载液相催化剂进行了研究。认为在酯交换反应条件下，苯酚与氧化铅-氧化锌催化剂中的铅作用生成了 Pb$_4$O(OC$_6$H$_5$)$_6$，进而导致催化剂活性组分晶相改变(PbO 和 Pb$_3$O$_4$ 晶相消失)以及严重铅流失。并且流失的铅以 Pb$_4$O(OC$_6$H$_5$)$_6$ 和 PbO 混合物的形式存在。苯酚与 PbO 作用生成的 Pb$_4$O(OC$_6$H$_5$)$_6$ 对酯交换合成碳酸二苯酯也有一定的催化性能。将反应过程中流失的含铅化合物加以回收，用于苯酚和碳酸二甲酯酯交换反应，重复使用三次，碳酸二苯酯产率基本稳定在 18％左右；考察了负载液相催化剂酯交换法合成碳酸二苯酯的反应性能，并且通过实验优化了其制备条件。以活性炭(AC)为载体，异三十烷为液膜相溶剂，n-Bu$_2$SnO 为活性组分，一步法制备负载液相催化剂，液膜相溶剂和活性组分负载量分别为 20.0 ％(质量分数)和 10.0 ％(质量分数)，此时制备的负载液相催化剂碳酸二苯酯的产率为 19.3％，比 n-Bu$_2$SnO/AC 催化剂提高了 12.2％。

对于苯酚与碳酸二甲酯酯交换反应合成 DPC，由于热力学平衡限制，很难得到高产率的 DPC。因此，应考虑不同的工艺过程使之平衡转化率提高。主要是将副产物 CH$_3$OH 及时从反应体系中移出，这样既可使平衡向产物方向移动，提高 DPC 收率，又可缩短反应时间。为此，已提出了多种合成 DPC 新工艺。

(1)反应精馏法合成 DPC 工艺[204]

在反应釜上安装具有一定塔板数的分馏塔，苯酚分两路进料，一路是在分馏塔上进料，一路是与 DMC 和催化剂一起进入反应釜。分馏塔顶部温度控制在 64.5℃，将生成的甲醇分离出系统。釜温为 181℃，物料为 DPC、MPC 和 DMC，它们经另一反应分馏系统后分离出 DMC 循环利用。工艺流程如图 2-32 所示。

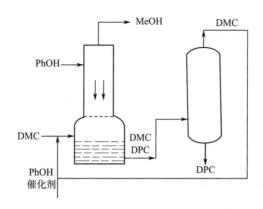

图 2-32 反应精馏法合成 DPC 工艺流程图

此反应工艺中，苯酚除作为反应物外，还是萃取剂，使 MeOH 和 DMC 这一共沸物较好分离。塔顶甲醇纯度为 99.5％，DMC 转化率为 91.7％。

（2）耦联法合成 DPC 工艺[205]

此工艺是将酯交换法合成 DMC 及酯交换法合成 DPC 两种工艺耦联起来，得到高产率的 DPC，同时循环使用反应原料。如图 2-33 所示。甲醇和碳酸乙烯酯在催化剂存在下进行酯交换反应得到 DMC，采用萃取精馏方法将 DMC 与 MeOH 分开，MeOH 循环利用，DMC 与苯酚反应生成 DPC，生成的 MeOH 和 DMC 又循环到萃取分馏塔，分离后分别循环利用，该工艺可使 DPC 收率达到 97%（EC 为基准）。

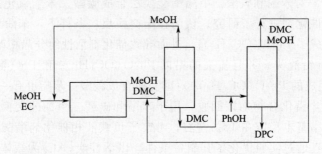

图 2-33　耦联法合成 DPC 工艺流程图

（3）分区反应合成 DPC 工艺[206,207]

在 DMC 与苯酚合成 DPC 工艺中，除了 DPC 外，还有甲基苯基碳酸酯（MPC）生成，还须将 MPC 继续转化生成 DPC。为了实现此目标，采用分区反应工艺。设计的反应器包括初级反应区、反应中区和反应末区。初级反应区生成的 MPC 送入中区继续反应生成 DPC，反应产物在反应末区排出。例如，采用两个反应蒸馏塔连续合成 DPC，在一个塔中先合成 MPC，且使塔底 MeOH 浓度<2%，MPC 再进入第二个塔中进行歧化反应生成 DPC 和 DMC，塔底 DMC 浓度小于 2%。

2.11.3　苯酚氧化羰基化合成 DPC 法

以苯酚、一氧化碳和 O_2 在催化剂存在下一步直接合成 DPC。化学反应式为：

$$2 \text{—OH} + CO + \frac{1}{2}O_2 \longrightarrow \text{O—C—O} + H_2O \quad (1)$$

（DPC）

此法直接利用了初级化工原料，并且在热力学上是很有利的。它同甲醇氧化羰基化直接合成碳酸二甲酯工艺路线相类似，是目前代替光气合成 DPC 备受关注的方法，此法具有工艺简单、原料便宜易得及无污染等特点。它不仅克服了光气法存在的缺点，同时与酯交换法相比，由于原料为初级化工品，可降低生产成本，简化工艺流程，且在合理利用煤和天然气资源等方面具有重要意义。国外对该方法进行了大量的研究，但未实现工业化，正处于研究开发之中[208,209]。

由苯酚和 CO 合成碳酸二苯酯方法，最初是 Hallgren 等[210]提出的，反应式为：

$$2PhOH + CO + (PhCN)_2PdCl_2 + 2NEt_3 \xrightarrow{CH_2Cl_2} PhO\text{—C—}OPh + 2Et_3HN^+Cl^- + 2PhCN + Pd(0) \quad (2)$$

二价钯被还原为零价，是通过对苯氧基钯（Ⅱ）中间体的亲核进攻机理进行的。零价钯可由金属助剂通过氧化还原反应，由 O_2 氧化成二价钯，完成催化循环。如式(3)所示。

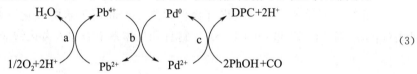

$$(3)$$

助剂包括 Cu、Mn 及 Co 等金属盐。催化效率为 100molDPC/molPd，这也是基于氧化羰基化反应合成 DPC 的最初报道[211]。在他们 1982 年的专利中，提到将 $PdBr_2$ 作主剂、四配位 Mn 为氧化还原助剂、溴化四丁铵(TBAB)为有机碱助剂，同时加入分子筛为干燥剂等构成的催化体系，用于苯酚氧化羰化制 DPC[212]。关于此催化反应研究，他们已申请了一系列专利[213~216]。

(1)Pd-Co 催化体系

针对 DPC 合成反应，人们对氧化-还原助剂为 Co 的 Pd-Co 催化体系进行了较多研究。King 等[217]提出了 $Pd(OAc)_2$＋$Co(OAc)_2$＋TBAB 三元催化体系，用 CO_2 代替固体干燥剂，CO_2 的加入不仅可抑制副反应 $2CO+O_2 \longrightarrow 2CO_2$ 的发生，而且 CO_2 与生成的 H_2O 反应生成 H_2CO_3 促进主反应的进行。同时发现苯醌能使 DPC 产率提高，但使催化剂失活速度加快。后来，又提出使用酮类代替醌类作为氧化-还原电子转移中介物[218]；1993 年他们又提出使用五配位 Co 代替 $Co(OAc)_2$，加快了生成 DPC 的反应速率。$Co(OAc)_2$ 和 CoSMDPT 作助剂时 DPC 产率分别为 13.4％和 23.6％[219]；同时，还考察出在三吡啶存在下，DPC 产率明显提高，尤其是 $Pd(OAc)_2$＋CoSMDPT＋TBAB＋三吡啶催化体系，DPC 产率达到 45％[220]。

Pressman 等[221]最近又提出在反应混合物料中加入稀释剂，如 N-甲基吡啶，可使 DPC 选择性明显改善。他们还发现在反应初始原料中加入适量的 DPC 可提高反应选择性，但产率下降。

Vavasori 等[222]提出使用 Pd-Co-苯醌(BQ)催化体系合成 DPC，优化出催化体系为 $Pd(OAc)_2$＋BQ＋$Co(acac)_3$，并向其中加入了 TBAB 及一种螯合配位体，如：2,9-二甲基-1,10-菲咯啉等。DPC 的最高产率为 700molDPC/molPd，螯合物的平面配位作用加强了苯酚和 CO 的顺式反应，而两个氧化还原助剂 $Co(acac)_3$ 和 BQ 的使用，使 Pd 的重新氧化变得较容易，从而促进了反应的进行，产率得到较大提高。

(2)氧化还原助剂的影响

如前所述，在合成 DPC 的 Pd 系催化剂中，金属氧化还原助剂的作用是将零价钯转化成二价钯，从而完成催化循环。因此，氧化还原助剂的性能必将对 DPC 收率和选择性产生较大影响。除了 Co 助剂外，人们还对其他助剂进行了研究。Kezuka 等[223]制备了 $PdBr_2$-$Cu(OAc)_2$-TBAB 催化剂。Hayashi 等[224]对 Pd-Mn-腈催化剂体系进行了优化，发现 $Pd(OAc)_2$ 作主剂，$Mn(acac)_2$ 作为助剂时效果最好，DPC 产率最高达 13.8％。确定最优催化体系 $Pd(OAc)_2$-$Mn(acac)_2$-乙腈。Moreno[225]制备了 Pb 为助剂的催化剂：$Pd(acac)_2$-PbO。在连续反应体系中，DPC 的最高产率为 14％。

Goyal 等[226]研究了氧化还原助剂对 $PdCl_2$-助剂-氢醌-TBAB 催化体系反应性能的影响。确定了较合适的助剂为 $Ce(OAc)_2 \cdot H_2O$ 且没有副产物碳酸亚苯基酯(OPC)生成。

Vavasori 等[227]经过实验发现 $PdBr_2$-$Cu(oAc)_2$-苯醌(BQ)为较好催化体系，再向其中加入 TBAB 作活化剂使 DPC 产率上升到 330molDPC/(mol Pd·h)。他们还对 BQ 与 Pd、Co

与 Pd、TBAB 与 Pd 的比例及反应温度进行了优化。

(3)Pd-Sn 双核络合物催化体系

Ishii 等[228,229]制备了双核络合物催化剂 Pd-Sn 用于苯酚氧化羰化合成 DPC 反应,如 $Pd_2(dpm)_2(SnCl_3)Cl$ 和 $Pd_2(dpm)_2$。这种催化体系不需加入卤化铵盐,反应式如下:

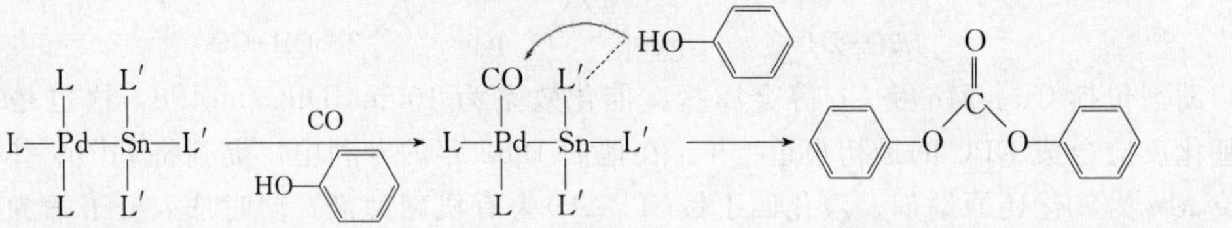

他们还发现以 $Pd_2(dpm)_2(SnCl_3)Cl$ 为主催化剂时,$Mn(TMHD)_3$ 是最有效的氧化还原助剂。

(4)Pd-二亚胺络合物催化剂

Ishii 等[230]开发出一种新型 Pd-二亚胺络合物催化剂用于合成 DPC,反应过程如下所示:

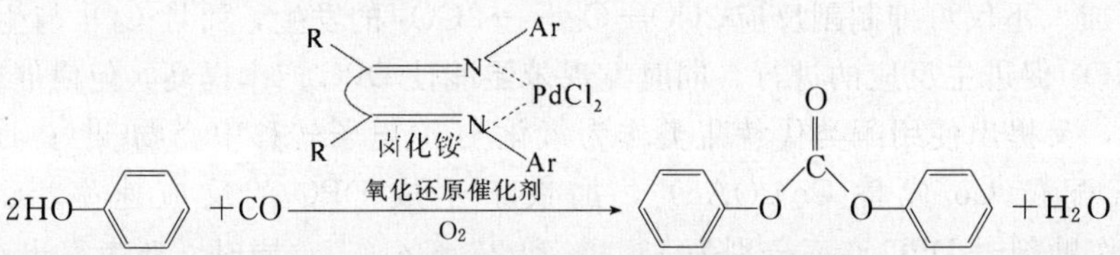

他们的研究结果表明:不同结构 Pd 络合物 DPC 的生成速率和产率是不同的,$PdCl_2(ArN=CH-)_2$ 和 $PdCl_2(ArN=CMe-)_2$ 络合物的效果最好,DPC 的产率分别达到 8.08molDPC/(molPd·h)和 8.00molDPC/(molPd·h)。在此氧化羰化反应中,DPC 对苯酚的选择性达到 90%,同时有少量的 CO_2 和水杨酸苯酯(PS)生成。另外,随 CO 分压增加,DPC 产率提高,CO 分压为 6.0MPa 时,DPC 的产率为 5.38%。

综上分析,对于苯酚氧化羰基化合成碳酸二苯酯所用均相络合物催化剂的主催化剂目前主要有:$Pd(OAc)_2$、$PdBr_2$、$PdCl_2$、Pd-Sn 双核络合物、Pd-二亚胺络合物等。常用的氧化还原助剂有:Co、Mn、Ce 及 Cu 等金属的化合物。还使用卤化铵盐作表面活性剂。

(5)负载 Pd 催化体系

Kezuka 等[223]使用 5%(质量分数)的 Pd/AC 催化剂进行苯酚的氧化羰化制 DPC 的反应。加入 $Cu(OAc)_2$、TBAB、氢醌作助剂。反应 3h 生成 14.3mmolDPC,副产水杨酸苯酯 0.2mmol,CO_2 51.3mmol。Hayashi 等[224]也使用 5%(质量分数)的 Pd/AC 对此反应进行催化,不使用有机助剂氢醌时只合成出 0.4mmol DPC 及 11.0mmolCO_2 加入氢醌后得到与 Kezuka 相同的结果。Imada 等[231]对 5%(质量分数)的 Pd/AC 催化剂做了较深入的研究。经筛选发现 $Pd/AC-Ce(OAc)_3 \cdot H_2O$-氢醌-TBAB 为较好的催化体系。在一定反应条件下向 $Pd/AC-Ce(OAc)_3 \cdot H_2O$-氢醌催化体系再加入卤盐代替 TBAB,发现 $CeBr_3$ 的效果最好。Takagi 等[232]研究认为 $Pd/AC-PbO-NMe_4Br$ 是较好的催化体系。DPC 产率为 9.55%。还发现 DPC 的生成速率与氧气的压力和 Pd 的浓度呈一级关系,向催化体系中加入 Cu 或 Co 的化合物后不仅使催化剂寿命延长还能抑制副产物溴苯酚的生成。刘宏伟等[233]在均相络合物催化体系 $PdCl_2/Cu(OAc)_2/TBAB/H_2BQ$ 的基础上,开发出一种高效负载型催化剂 $PdCl_2$-Cu $(OAc)_2$/HZSM-5。在适宜的条件下,碳酸二苯酯收率可达 35.1%。与其他载体对比后,他们认为,沸石由阳离子和硅铝氧骨架构成,其中的阳离子给出一个强的局部正电场,吸引极性分子的负极中心或是通过静电诱导使可极化的分子极化；而苯酚氧化羰基化反应中，苯酚和一氧化碳均为极性分子，易于吸附在催化剂表面发生反应，从而具有较高的活性。并且，HZSM-5比其他沸石载体要好，这可能是由各沸石分子筛的内部结构，尤其是各自特殊的孔笼式结构，以及载体与催化剂活性组分之间的相互作用不同造成的。此外，采用XPS探讨了Pd、Cu物种间的协同作用，发现该催化剂适宜的$n(Cu)/n(Pd)$为14.3。他们认为Pd和Cu物种构成氧化还原中心，从而完成整个氧化还原的催化循环。当Cu物种过少时，不能有效地促进Pd的再氧化；但当Cu物种过多时，降低了Pd-Cu协同作用活性中心的浓度，使催化剂活性下降。

(6)Pd/助剂负载型催化体系

Buysch等[234,235]对合成DPC的负载型催化剂做了较详细的研究。在专利中介绍了负载型催化剂的制备过程，一般是将活性组分浸渍在载体上，再由NaOH调整溶液的pH值，后经过滤、洗涤、干燥即可得到所需催化剂。主剂一般仍为Pd及Pd的化合物。助剂有Mn、Co等的化合物。得到最好的结果为使用Pd/MnO时，DPC的产率为10.5%左右，选择性>99%。反应在连续流动条件下进行，液相为含酚钠盐，TBAB及Mn(acac)$_2$的苯酚溶液。气相为CO和O$_2$(体积比为95:5)的混合气，流速为300L/h。他们[235]还介绍了载体的制备方法，并对多种负载型催化剂的性能指标进行了比较，结果如表2-30所示。反应中仍需加入无机助剂、碱助剂、有机助剂、干燥剂和溶剂。应注意到无机助剂的加入并不是在催化剂制备时与主剂同时负载于载体上，而是在反应时才与有机助剂等一起加入的。这样催化剂的性能稍有上升。

(7)超微细包覆型催化剂

薛伟等[236~240]使用壬基酚聚氧乙烯醚(TX-10)、环己烷、正己醇和PdCl$_2$、Cu(OAc)$_2$的氨水溶液配制得到了油包水型(water-in-oil，W/O)微乳液。将其作为纳米反应器，使正硅酸乙酯(tetraethoxysilane，TEOS)在其中水解得到了二氧化硅包覆活性组分的多相催化剂Pd-Cu-O/SiO$_2$。图2-34为该催化剂的TEM照片。由照片可知，催化剂活性组分($d<10nm$)被全部或部分包埋在球形SiO$_2$颗粒内，形成了一种核-壳结构。SiO$_2$壳层对贵金属活性组分起到了保护作用，可以减少其在反应过程中的流失，从而延长催化剂的寿命。

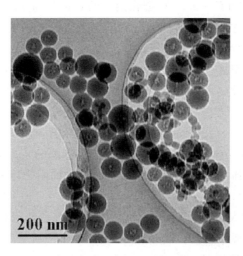

图2-34 W/O微乳液中制备Pd-Cu-O/SiO$_2$催化剂的TEM照片

分别采用浸渍法和溶胶-凝胶法制备了具有相同组成的 Pd-Cu-O/SiO₂ 催化剂，并与微乳液法制备催化剂进行了性能对比，结果如图 2-35 所示。相对于浸渍法制备的催化剂，微乳液法制备催化剂的稳定性明显占优；而采用溶胶-凝胶法制备的催化剂虽然稳定性较好，但其活性较差，可能是反应物内扩散阻力较大造成的。此外，由表 2-30 中各催化剂的元素组成分析结果可知，在苯酚氧化羰基化反应过程中，微乳液法制备催化剂中的活性组分 Pd 流失最少，因此其活性下降较慢。

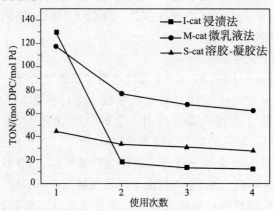

图 2-35　不同方法制备 Pd-Cu-O/SiO₂ 催化苯酚氧化羰基化反应性能

表 2-30　不同方法制备 Pd-Cu-O/SiO₂ 催化剂中的 Pd、Cu 含量及催化性能

项目	M-cat/(mg/g)			S-cat/(mg/g)			I-cat/(mg/g)		
	Pd	Cu	TON①	Pd	Cu	TON	Pd	Cu	TON
新鲜催化剂	5.8	36	117.50	7.2	35	44.70	6.3	35	129.60
使用一次催化剂	4.2	22.4	106.25	4.9	23.4	49.67	0.6	12.4	139.31
流失比/%	27.6	37.8	—	31.9	33.1	—	90.5	64.6	—

① 单位：molDPC/molPd。

Xue 等[240]还研究了 Pd-Cu-O/SiO₂ 催化剂中的 Cu(Ⅱ)与反应中加入的 Cu^{2+} 助剂对苯酚氧化羰基化反应的助催化作用的异同。他们认为对于苯酚氧化羰基化反应，Cu(Ⅱ)与 Cu^{2+} 均是不可或缺的，都可以促进反应的进行，但二者作用的方式有所不同。催化剂中的 Cu(Ⅱ)以复合氧化物 $CuPdO_2$ 的形式存在，它是在催化剂制备过程中，CuO 与 PdO 在高温下发生反应而生成的。该复合氧化物的形成，使得 Pd(Ⅱ)在进行了一次催化苯酚氧化羰基化反应后，可以通过相连的 O 原子向 Cu(Ⅱ)原子转移电子完成催化循环，从而重新具有催化能力。因此，$CuPdO_2$ 的形成大大提高了催化剂的催化性能。但是，过量的 Cu(Ⅱ)助剂会生成较多量对 DPC 合成没有活性的 CuO。CuO 能够促进苯酚发生副反应，同时可能会聚集在 Pd 活性中心周围，增加反应物分子与活性中心接触的阻力，从而对 DPC 的合成产生负面影响。

至于在反应过程中加入的 Cu^{2+} 助剂，由于通常均过量使用（$n(Cu)/n(Pd) > 2$），每个 Pd 活性中心接触 Cu^{2+} 的概率较大，或者同时与多个 Cu^{2+} 接触，增加了 Pd(0)→Pd(Ⅱ)转变的可能性，从而增加了催化剂的活性。而非均相 Cu(Ⅱ)作助剂时，只有复合氧化物 CuP-

dO_2 晶格中的 Cu(II) 才能起到助剂的作用，Pd 原子和有效 Cu 原子的理论比值为 1:1，因此促使 Pd(0)→Pd(II) 转变的效率必然低于过量使用的 Cu^{2+} 助剂。

(8)非钯金属化合物作主剂的催化剂

在 Buysch 的两篇专利[234,235]中提出使用 Rh 作为苯酚氧化羰基合成 DPC 催化剂的主剂。Rh 的母体为 $RhCl_3 \cdot H_2O$，载体为 TiO_2 和稀土氧化物，但反应效果并不理想，DPC 的产率仅为 3%（见表 2-31）。

表 2-31　负载型催化剂 DPC 合成性能比较①

催化剂体系	DPC 产率/%	催化剂体系	DPC 产率/%
Pd/MnO	16.9	Pd/TiO$_2$	19.2
Pd/CeO$_2$-MnO	11.0	Pd/AC	3.1
Pd/稀土氧化物	10.1	Pd/Al$_2$O$_3$	2.8
Pd/CeO$_2$	15.5		

① 反应条件：液相为含 TBAB8.31g，负载型催化剂 4g 的苯酚溶液，气相为 CO 和 O_2（体积比 95:5）的混合气。各催化剂的选择性均大于 99%。

(9)反应机理

Ishii 等[241]提出双核 Pd 络合物与 CO 反应生成 $Pd_2(dpm)_2$-(μ-CO)X_2，苯酚在一个 Pd 中心上发生亲核进攻，这样苯酚与 CO 全被束缚在 Pd 催化剂上，即同一分子上同时存在作用物与试剂，所以认为苯酚与 CO 可发生快速反应：

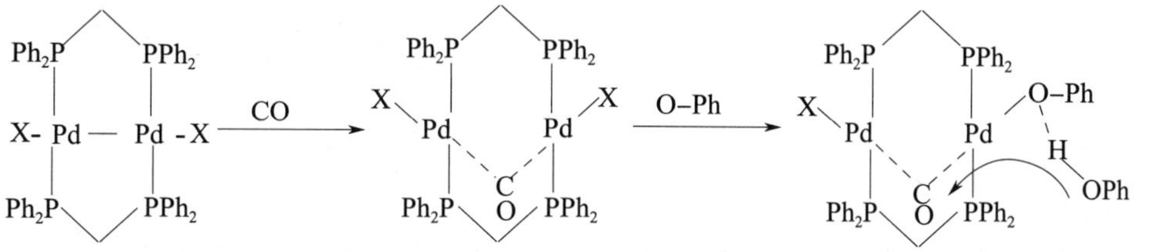

Vavasori 等[227]对 $PdBr_2+Co(OAc)_2+BQ$ 催化体系，提出如下的苯酚氧化羰基合成碳酸二苯酯反应机理：

$$2PhOH+CO+Pd^{2+} \longrightarrow PhO\overset{\displaystyle O}{\overset{\|}{C}}OPh + Pd(0)+2H^+$$

$$Pd(0)+BQ+2H^+ \longrightarrow Pd^{2+}+H_2BQ$$

$$H_2BQ+2Me^{n+} \longrightarrow 2Me^{(n-1)+}+BQ+2H^+$$

$$2Me^{(n-1)+}+\frac{1}{2}O_2+2H^+ \longrightarrow 2Me^{n+}+H_2O$$

在第一步中生成 DPC 的同时 Pd^{2+} 还原成 Pd^0 并生成两个质子；有机助剂 BQ 使 Pd^0 重新氧化成 Pd^{2+}，苯醌被还原为氢醌；氢醌又氧化成苯醌；最后金属助剂与 O_2 及反应中生成的质子反应被氧化生成 H_2O。由于 Pd 很难再氧化成 Pd^{2+}，加入溴化四丁基铵作为 Pd^{2+} 的稳定剂及 Pd 物种的表面活性剂，使催化循环更有效。

(10)催化剂再生

文献[242]对 Mn 为氧化还原助剂的催化体系中催化剂的回收和再生方法进行了研究。失活催化剂以粉末的形式从反应体系中沉淀出来，该粉末对合成 DPC 几乎没有活性。粉末中含有钯、锰等物质。提出用氧化剂在液态下处理失活催化剂，分离出过剩的氧化剂和极性溶剂后，用乙酰丙酮盐处理残渣。例如，用 48％HBr 水溶液对失活催化剂粉末在 100℃ 加热得到均相溶液，然后在减压条件下分离出 HBr 溶液得到固体粉末。最后在 80℃ 条件下用乙酰丙酮锰和酚钠处理。这样再生后的催化剂活性可达到新鲜催化剂的 98％。他们还详细讨论了不同氧化剂如 H_2SO_4、HNO_3 等对再生效果的影响。

碳酸二苯酯的合成路线可归纳如图 2-36 所示。

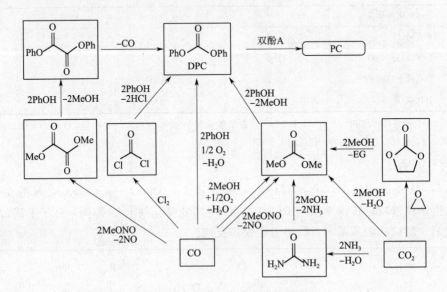

图 2-36　碳酸二苯酯的合成路径

(11)绿色溶剂

薛伟[243]对苯酚氧化羰基化反应用绿色溶剂进行了研究。开发了两种可替代 CH_2Cl_2 的无毒、无污染的环境友好溶剂——碳酸二苯酯和超临界 CO_2。在 DMC 溶剂中，苯酚氧化羰基化反应合成碳酸二苯酯的效率略低于 CH_2Cl_2 溶剂中的反应，但由于其极性较弱，可明显减少催化剂活性组分在反应过程中的流失，因而催化剂寿命较长。在超临界 CO_2 流体中，温度和压力都对苯酚氧化羰基化反应产生了显著的影响。二者都可归结为超临界 CO_2 密度对反应的影响，当 CO_2 密度大于一定值时，反应体系可溶解在超临界 CO_2 中，呈均相状态，反应体系均匀分布，物质传递容易进行，催化剂能与反应物分子充分接触，因而催化效果较好。

此外，他们[244]还对超临界 CO_2 流体中的苯酚氧化羰基化反应体系进行了定性分析。发现 o-亚苯基碳酸酯是主要的副产物。而使用 CH_2Cl_2 作为溶剂时，苯酚氧化羰基化反应只有少量的 o-亚苯基碳酸酯生成，主要副产物是苯酚发生氧化反应得到的对苯醌。认为苯酚首先在 Cu 化合物的催化作用下发生邻位氧化得到邻苯二酚，而邻苯二酚再在羰基化试剂超临界 CO_2 的作用下反应即可得到 o-亚苯基碳酸酯，如下式所示。

(12)定量分析

王志苗等[245]发现，由于 DPC 等高沸点物质在色谱柱内的累积，极易导致柱效下降，影响分离效果；并且，文献[246]指出，DPC 的分解温度为 140℃，而它出峰需要柱温达到 270℃，因此，DPC 部分分解，造成分析结果偏低。为此，他们开发了采用高效液相色谱分析苯酚氧化羰基化反应产物的方法。确定了色谱条件：Kromasil™ C$_{18}$ 色谱柱，检测波长 254 nm，流动相 V(甲醇):V(水)=65:35，流速 0.6 mL/min。对 DPC 和苯酚进行了定量分析，DPC 和苯酚的外标曲线相关系数分别为 0.99966 和 0.99973，方法的标准偏差分别为 2.9% 和 1.1%，回收率分别为 93.8%～105.7% 和 99.3%～104.9%。该方法适用于苯酚氧化羰基化反应体系的分析。

2.12 碳酸二甲酯在甲基化反应中的应用

碳酸二甲酯可以代替硫酸二甲酯或卤化物作为环境友好的甲基化剂。在有机合成反应中，烷基化是一类很重要的反应。通常采用甲基氯或硫酸二甲酯作为甲基化剂，这些甲基化试剂对环境而言存在如下问题：一是甲基氯和硫酸二甲酯是剧毒性和强腐蚀性化学物质；二是反应需要大量的碱液，同时也生成大量的化学计量氯化物；三是反应在液相中进行，需要进行繁杂的分离工作。

2.12.1 C-甲基化反应

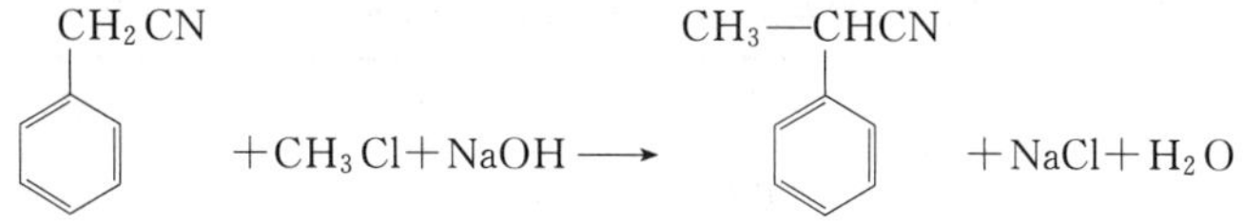

$$\text{(PAN)} \quad +CH_3Cl+NaOH \longrightarrow \quad \text{(MPAN)} \quad +NaCl+H_2O$$

在传统的甲基化反应中，以氯甲烷作为甲基化剂。例如对苯乙腈的 C-甲基化反应：式中 PAN 为苯乙腈（phenylacetonitride），MPAN 为 α-甲基苯乙腈（α-methylphenylacetonitride），主要用作合成非类固醇类消炎药物的中间体。

用 DMC 代替 CH$_3$Cl 合成 MPAN 的反应式为：

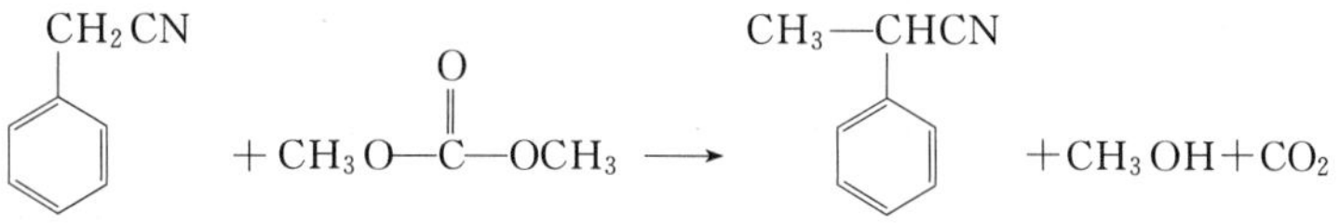

$$+CH_3O-\overset{\overset{\textstyle O}{\|}}{C}-OCH_3 \longrightarrow \quad +CH_3OH+CO_2$$

图 2-37 为 NaY 型沸石为催化剂时 MPAN 收率与接触时间的关系[247]。在 WHSV^{-1}= 1.5h 时，MPAN 收率为 72%，对 DMC 的选择性为 80%。该反应的明显特点是较传统方法相比，没有双倍的甲基化副产物产生，具有很高的选择性。

又如，对于异丁基苯乙腈与 DMC 的烷基化反应，产物单甲基衍生物的选择性非常高，达到 99.5%（转化率为 95% 时）[248]。

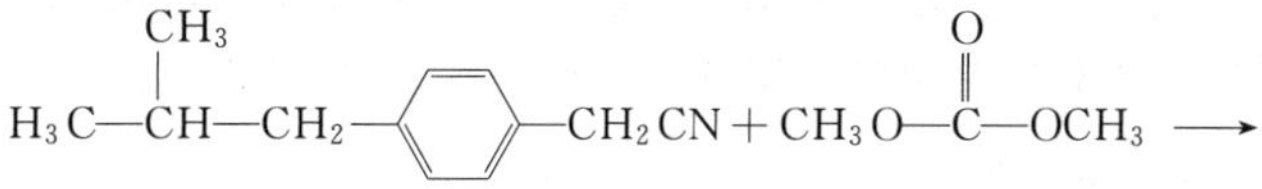

$$H_3C-CH-CH_2-\quad-CH_2CN+CH_3O-\overset{\overset{\textstyle O}{\|}}{C}-OCH_3 \longrightarrow$$

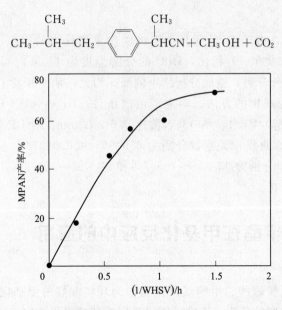

图 2-37　NaY 型沸石为催化剂时 MPAN 收率与接触时间的关系

芳基乙腈和甲基芳基乙酸酯与碳酸二甲酯的甲基化反应在间歇釜式反应器中进行时，生成的单甲基化衍生物的选择性相当高，如表 2-32 所示[249]。反应通式为：

$$ArCH_2X + CH_3OC(O)OCH_3 \longrightarrow ArCH(CH_3)X + CH_3OH + CO_2$$
$$(X=CN或COOCH_3，\quad Ar=芳基)$$

表 2-32　芳基乙腈和甲基芳基乙酸酯与 DMC 甲基化反应[①]

序号	物质 ArCH₂X	X	反应时间/h	转化率/%	产物(收率)ArCH(CH₃)X/%
1	Ar=Ph	CN	3.75	100	Ar=Ph(90)
2	Ar=o-MeOC₆H₅	CN	14.50	100	Ar=o-MeOC₆H₅(85)
3	Ar=m-MeOC₆H₅	CN	3.50	100	Ar=m-MeOC₆H₅(80)
4	Ar=p-MeOC₆H₅	CN	4.75	99	Ar=p-MeOC₆H₅(88)
5	Ar=o-MeC₆H₅	CN	7.50	99	Ar=o-MeC₆H₅(82)
6	Ar=p-MeC₆H₅	CN	7.50	98	Ar=p-MeC₆H₅(80)
7	Ar=p-ClC₆H₅	CN	2.25	100	Ar=p-ClC₆H₅(89)
8	Ar=p-FC₆H₅	CN	2.75	100	Ar=p-FC₆H₅(81)
9	Ar=m-MeO₂CC₆H₅	CN	8.00	100	Ar=m-MeO₂CC₆H₅(91)
10	Ar=Ph	COOMe	8.00	99	Ar=Ph(80)
11	Ar=2-(6-MeOC₁₀H₆)	COOMe	6.00	100	Ar=2-(6-MeOC₁₀H₆)(90)

① 反应在釜式反应器中进行；物质/DMC/K₂CO₃=1:18:2(摩尔比)；1～9 号：180℃，10～11 号：220℃。

可以看到，这些反应不产生有害废弃物，而在与硫酸二甲酯或氯甲烷进行甲基化反应时，生成一定量化学计量的无机盐。用 DMC 进行甲基化反应生成的 CO₂ 无后处理问题，副产物甲醇也可很容易地循环利用制备 DMC。很好地实现了安全反应条件与使用无毒甲基化剂的相结合，使之对环境有益。

在上述反应中，(*m*-羧基甲基苯基)-丙腈和 2-(6-甲氧基-2-萘基)丙酸分别是制备止痛药 Ketoprofen 和 Naproxen 的中间体。

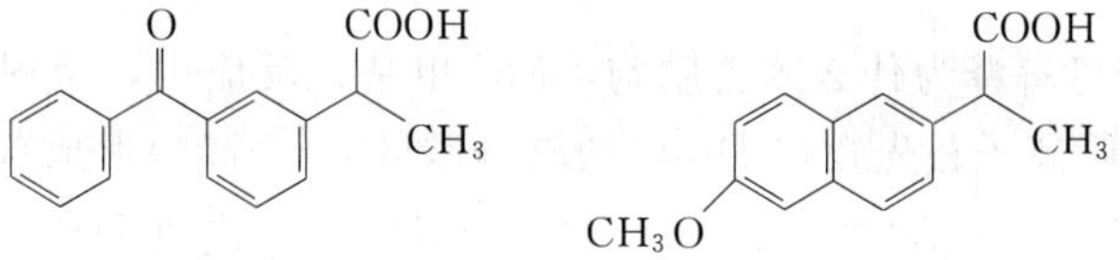

Ketoprofen   Naproxen

对于苯乙腈与 DMC 甲基化反应，碱性碳酸盐是有效的催化剂，其催化性能受其在 DMC 中的溶解度的影响。并且溶剂不同，反应性能也不同。具体反应结果见表 2-33 和表 2-34 所示[249]。

表 2-33　不同碱性催化剂下苯乙腈与 DMC 的甲基化反应

碱性物质	溶解度/(g/L)	反应时间/h	转化率/%	选择性/%
Li_2CO_3	0.20	7.25	5	>99.5
Na_2CO_3	0.26	8.75	89	>99.5
K_2CO_3	0.58	7.50	98	>99.5
Cs_2CO_3	0.64	5.75	100	>99.5

注：180℃反应；$PhCH_2CN/DMC=1/18$；催化剂$/PhCH_2CN=0.05/1$；选择性$=PhCH(CH_3)CN/[PhCH(CH_3)CN+PhC(CH_3)_2CN]\times100$。

表 2-34　不同溶剂对苯乙腈与 DMC 甲基化反应的影响

溶剂	反应时间/h	转化率/%	选择性/%
DMC	3.75	100	>99.5
CH_3OH	3.5	96	>99.5
DMF	3.50	99	90
环己烷	6.0	25	>99.5

注：反应温度180℃；$PhCH_2CN/DMC/K_2CO_3=1/18/2$。

由表 2-33 可见，不同碱性催化剂条件下，产物的选择性均很高，大于 99.5%，从活性上看，Cs_2CO_3 最高。活泼性高的碱是阴阳离子作用较弱的碱，这有利于生成裸露的阴离子。另外，DMC 既可作为甲基化剂，同时也可作为溶剂使用。事实上，对于此反应 DMC 作为溶剂效果最好。在非极性(环己烷)、质子极性(甲醇)和质子非极性(DMC)溶剂中，反应速率没有提高，尤其是在环己烷中反应速率急剧下降。碳酸二甲酯甲基化作用比其羧甲基化作用在热力学上占有优势，甲基化反应不是平衡反应，在甲基化反应中，亲核阴离子按照 B_{Al}^2 机理进攻甲基基团中的碳(取代酰基碳)，余下的基团(甲氧基碳酸根阴离子 CH_3OCOO^-)不稳定，迅速分解为甲醇和 CO_2。再生甲氧基阴离子需要碱催化剂。

对于苯乙腈与 DMC 甲基化反应，存在两种中间物 $ArC(CH_3)(COOCH_3)X$ 和 $ArCH(COOCH_3)X$，$(X=CN)$。反应过程可用下式描述：

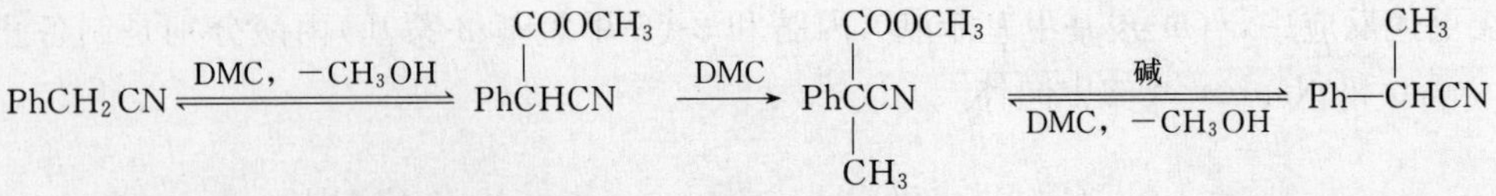

$$PhCH_2CN \underset{DMC, -CH_3OH}{\rightleftharpoons} \underset{PhCHCN}{\overset{COOCH_3}{|}} \overset{DMC}{\longrightarrow} \underset{\underset{CH_3}{|}}{\overset{COOCH_3}{|}}{PhCCN} \underset{DMC, -CH_3OH}{\overset{碱}{\rightleftharpoons}} \overset{CH_3}{\underset{}{Ph-CHCN}}$$

由下述反应机理可解释为什么苯乙腈与 DMC 甲基化反应中，单甲基产物具有很高的选择性。$ArC^{(-)}HCN$ 阴离子首先攻击 DMC 的酰基碳（B_{AC}^2 机理）形成羧甲基化中间体 $ArCH(COOCH_3)CN$，接着相应的阴离子 $ArC^{(-)}(COOCH_3)CN$ 进攻 DMC 的甲基碳（B_{Al}^2 机理）生成甲基-羧基化中间体 $ArC(CH_3)(COOCH_3)CN$。最后通过脱羧基化反应得到最终产品 $ArCH(CH_3)CN$。高选择性可能是第一个阴离子 $ArC^{(-)}HCN$ 进攻的是 DMC 的酰基碳而不是甲基碳。

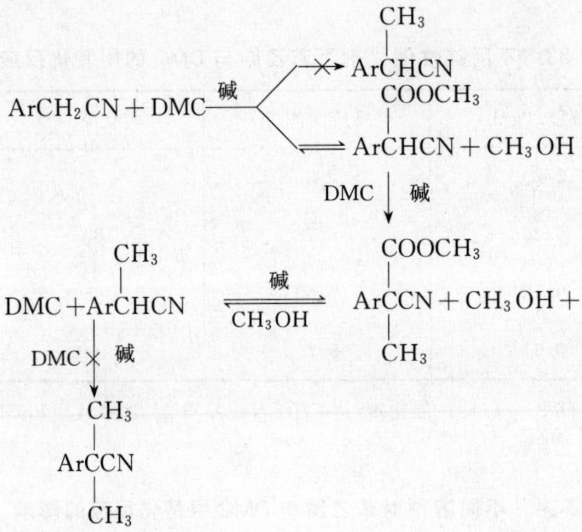

2.12.2　苯酚的 O-甲基化反应

苯甲醚（anisole）又称茴香醚，是一种重要的工业化学品，可作为染料、农药或塑料稳定剂的原料。以往都是以酚和硫酸二甲酯为原料来生产，但是硫酸二甲酯剧毒，处理困难，副产物多，且产品质量差。采用硫酸二甲酯合成苯甲醚的反应式为：

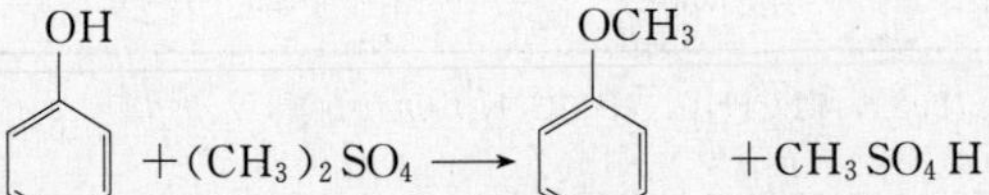

使用 DMC 代替硫酸二甲酯可得到高纯度和高质量的苯甲醚，反应式为：

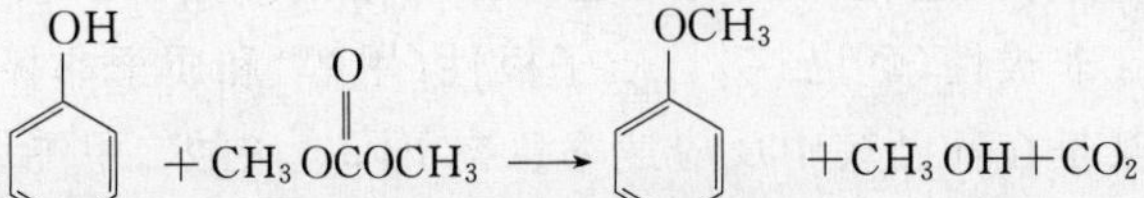

上述反应通常采用由碱金属离子交换的沸石型催化剂。图 2-38 为不同离子交换沸石催化剂上苯甲醚产率与运转时间的关系[193]。可见，碱金属交换的沸石对于合成苯甲醚具有较高的催化活性，而碱土金属交换的沸石（CaX，MgY）上苯甲醚的产率较低。NaX 沸石催化剂的稳定性最好，并且选择性为 94%。

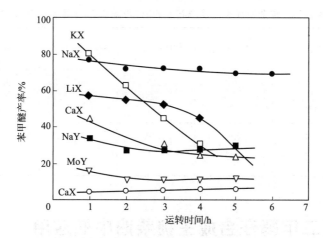

图 2-38　不同离子交换沸石催化剂上苯甲醚产率与运转时间的关系

(反应条件：553K，苯酚 24.7kPa，DMC/苯酚＝1.0，WHSV＝3.70h^{-1})

2.12.3　碳酸二甲酯与硫醇的反应[193]

制备非对称硫醚最常用的方法是硫醇与烷基卤化物的烷基化反应。采用 DMC 代替卤化物的合成工艺是清洁的合成路线。如，

$$n\text{-}C_6H_{13}SH \xrightarrow{+DMC} n\text{-}C_6H_{13}SCH_3 \qquad (产率\ 86\%)$$

$$C_6H_5SH \xrightarrow{+DMC} C_6H_5SCH_3 \qquad (产率\ 84\%)$$

（产率 79%）

$$HS(CH_2)_n SH \xrightarrow{+DMC} CH_3S(CH_2)_n SCH_3$$

（n＝6，产率 84%；n＝5，产率 82%；n＝3，产率 90%）

2.12.4　苯胺的 N-甲基化反应

N-甲基苯胺是合成染料工业中的重要中间体。它通常由苯胺与甲醇的气相烷基化反应制备。但是，在该反应体系几乎同时发生环甲基化和 N-甲基化反应，分别生成 N-甲基苯胺、N,N-二甲基苯胺和甲苯胺。采用 DMC 作为甲基化剂可明显提高选择性。N-甲基化反应式为：

对于此反应，碱金属离子交换的八面沸石具有很高的活性。而且只发生 N-甲基化反应，不生成甲苯胺。N-甲基苯胺和 N,N-二甲基苯胺的选择性取决于所用的沸石和反应条件。高温条件下主要生成 N,N-二甲基苯胺，低温时生成 N-甲基苯胺。表 2-35 为不同催化剂和反应条件下的产物分布。

表 2-35 碱金属离子交换沸石上 DMC 与苯胺的 N-甲基化反应[250]

催化剂	温度/K	DMC/AN 比	WHSV/h^{-1}	AN 转化率/%	选择性/%	
					N-甲基	N,N-二甲基
KY	453	1.25	0.37	99.6	93.5	6.5
	478	1.25	0.37	100	86.8	13.2
NaY	508	2.0	0.10	100	11.5	88.5
	513	2.5	0.13	100	4.4	95.6

2.13 碳酸二甲酯在合成生物柴油中的应用

近年来能源短缺加剧，矿物质能源日益短缺。此外，大量矿物质能源的使用对环境带来诸多危害，如酸雨、温室效应等。对环境友好的清洁可再生的绿色能源——生物柴油逐渐成为人们研究的热点。根据 1992 年美国生物柴油协会（National Biodiesel Board，NBB）的定义，生物柴油（biodiesel）是指以植物、动物油脂等可再生生物资源生产的可用于压燃式发动机的清洁替代燃油。从化学成分上讲，生物柴油是一系列长链脂肪酸甲酯[251]。

目前生物柴油工业生产的主要方法是酯交换法。酯交换法主要通过酯基转移作用将高黏度的植物或动物油脂转化成低黏度的脂肪酸酯，即采用植物或动物油脂（甘油三酸酯，TG）与甲醇等低碳醇在化学催化剂或酶催化剂作用下进行酯交换反应得到长链脂肪酸酯。反应式如下：

$$\begin{array}{l} CH_2-OOCR^1 \\ | \\ CH-OOCR^2 \\ | \\ CH_2-OOCR^3 \end{array} +3ROH \xrightarrow{\text{催化剂}} \begin{array}{l} CH_2-OH \\ | \\ CH-OH \\ | \\ CH_2-OH \end{array} + R^1(R^2,R^3)-COOR$$

式中　R^1，R^2，R^3——$C_{12} \sim C_{24}$ 的饱和或不饱和直链烃基；

　　　ROH——低级醇，多为甲醇。

该反应实际上分为三步进行：

$$\begin{array}{l} CH_2-OOCR^1 \\ | \\ CH-OOCR^2 \\ | \\ CH_2-OOCR^3 \end{array} +ROH \underset{K_2}{\overset{K_1}{\rightleftharpoons}} \begin{array}{l} CH_2-OH \\ | \\ CH-OOCR^2 \\ | \\ CH_2-OOCR^3 \end{array} +R^1COOR$$

$$\begin{array}{l} CH_2-OH \\ | \\ CH-OOCR^2 \\ | \\ CH_2-OOCR^3 \end{array} +ROH \underset{K_4}{\overset{K_3}{\rightleftharpoons}} \begin{array}{l} CH_2-OH \\ | \\ CH-OH \\ | \\ CH_2-OOCR^3 \end{array} +R^2COOR$$

$$\begin{array}{l} CH_2-OH \\ | \\ CH-OH \\ | \\ CH_2-OOCR^3 \end{array} +ROH \underset{K_6}{\overset{K_5}{\rightleftharpoons}} \begin{array}{l} CH_2-OH \\ | \\ CH-OH \\ | \\ CH_2-OH \end{array} +R^3COOR$$

由于空间效应影响，发生酯交换反应时，醇的碳链越短，受空间效应影响越小，反应活性越高，甲氧基是最小最活泼的烷氧基，甲醇是最适合的醇。甲醇中的甲氧基与甘油三酸酯中的一个脂肪酸结合形成长链脂肪酸甲酯从甘油三酸酯上脱落同时形成甘油二酸酯；甲醇中的甲氧基继续与甘油二酸酯中的一个脂肪酸结合形成长链脂肪酸甲酯从甘油三酸酯上脱落同时形成甘油单酸酯；甲醇中的甲氧基继续与甘油单酸酯中的脂肪酸结合形成长链脂肪酸甲酯从甘油三酸酯上脱落同时形成甘油[252]。

　　由于传统以甲醇为酯交换试剂的生物柴油制备工艺会导致副产物甘油的生成，而甘油的存在会引起生物柴油分层，必须将其分离除去。各个国家生物柴油标准中都对甘油含量进行了严格的规定，中国的生物柴油标准中规定游离甘油的含量不能大于0.02％（质量分数），包含游离形式以及部分或者完全酯化的总甘油的含量必须不高于0.25％（质量分数），这就需要对产品进行复杂的分离和精制的操作。而且，分离出的粗甘油同样也需要经过复杂的提纯和精制才能成为可利用的高纯度甘油。随着生物柴油生产量的日益扩大，甘油价格急剧下降，许多粗甘油就作为化工垃圾被扔掉，引起了严重的环境污染问题。另外，在酶法生产生物柴油的过程中，不仅甲醇等短链醇易导致脂肪酶失活，甘油也会对脂肪酶的活性有负面影响。基于以上原因，研究者将注意力集中在新型酯交换剂的探索上，如乙酸甲酯、乙酸乙酯等羧酸酯，其中碳酸二甲酯相对于传统的甲醇等低碳链醇酯交换剂而言，不仅无毒、环保，具清洁性和安全性，是一种绿色化工原料，而且不会引起脂肪酶的失活，其与油脂进行酯交换反应后不产生甘油副产物，产物不需分离也不影响生物柴油的使用性能。因此，碳酸二甲酯作为新型酯交换剂之一，受到国内外研究者的关注[253]。

　　碳酸二甲酯与油脂进行酯交换反应合成生物柴油的反应式如下所示[254]。

总反应式：

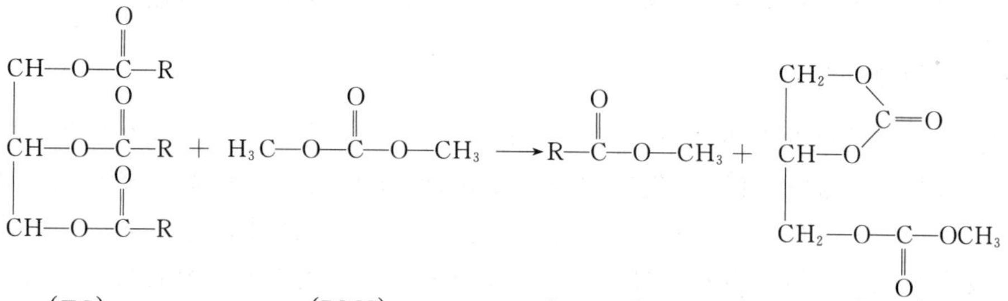

（TG）　　　　　（DMC）　　　　　（FAME）　　　　　（GDC）

反应分两步进行：

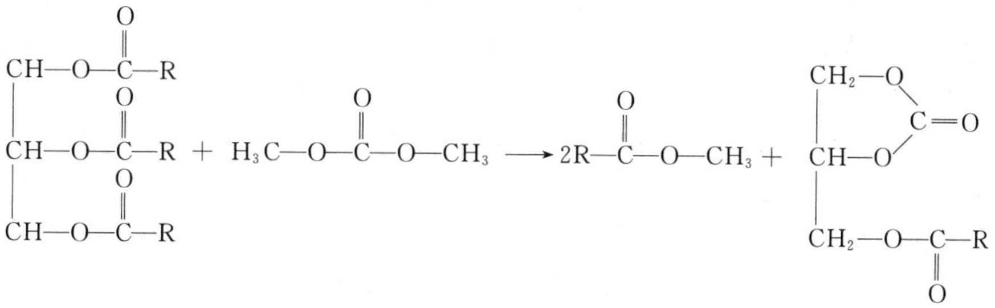

（TG）　　　　　（DMC）　　　　　（FAME）　　　　　（FAGC）

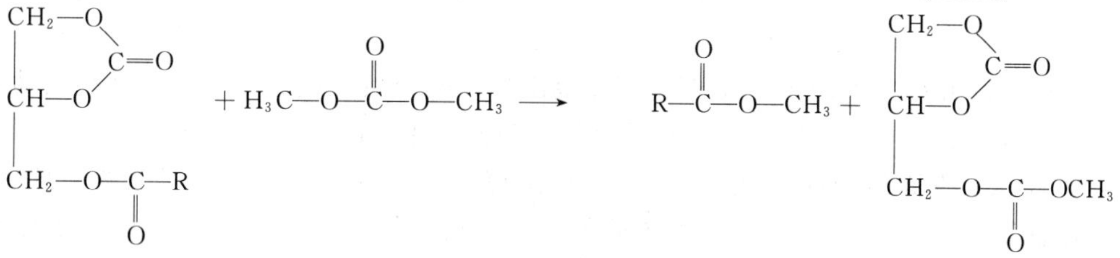

（FAGC）　　　　（DMC）　　　　　（FAME）　　　　　（GDC）

副反应：

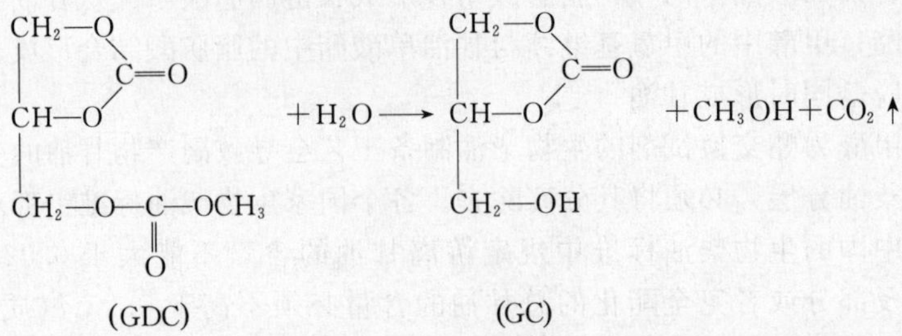

$$
\begin{array}{c}
\text{CH}_2\text{—O} \\
\text{CH—O} \\
\text{CH}_2\text{—O—C—OCH}_3
\end{array}
\,\text{C}=\text{O} \quad +\text{H}_2\text{O} \longrightarrow
\begin{array}{c}
\text{CH}_2\text{—O} \\
\text{CH—O} \\
\text{CH}_2\text{—OH}
\end{array}
\,\text{C}=\text{O} \quad +\text{CH}_3\text{OH}+\text{CO}_2\uparrow
$$

$$\text{(GDC)} \qquad\qquad \text{(GC)}$$

其中，TG 为甘油三酯，DMC 为碳酸二甲酯，FAME 为脂肪酸甲酯（生物柴油），FAGC 为脂肪酸甘油碳酸酯，GDC 为甘油二碳酸酯，GC 为甘油一碳酸酯。

由上式可知，DMC 与油脂的酯交换反应分两步进行：首先甘油三酯与 DMC 发生酯交换生成脂肪酸甘油碳酸酯和脂肪酸甲酯，然后脂肪酸甘油碳酸酯继续与 DMC 酯交换生成甘油二碳酸酯和脂肪酸甲酯。在有水存在的条件下，甘油二碳酸酯可能进一步水解生成甘油碳酸酯。可见碳酸二甲酯与油脂进行酯交换反应中，除了合成产物生物柴油外，副产物为甘油二碳酸酯和甘油一碳酸酯，它们可不经分离而不影响生物柴油的使用性能。另外，甘油碳酸酯及其衍生物这两种化合物可以作为高附加值产品，用作化学添加剂和中间体。它们的毒性小，进入市场可以减少生物柴油利用增加所带来的过量甘油的问题。

酯交换法制备生物柴油根据有无催化剂及催化剂的类型可分为化学催化法、酶催化法和超临界法。下面分别综述碳酸二甲酯在这三种方法制备生物柴油中的应用。

2.13.1　化学催化法

化学催化法按催化剂类型可分为酸催化和碱催化，按相态又可分为均相催化和非均相催化。工业合成生物柴油所用的催化剂主要有游离酸（浓硫酸、苯磺酸和磷酸等）和游离碱（NaOH、KOH、各种碳酸盐、钠和钾的醇盐及有机碱），考虑到这两种催化剂容易引起废液污染、易发生皂化反应及本身的过程不够环境友好，目前更多的研究者致力于固体酸碱催化剂的开发[255]。

Fabbri 等[256]研究了不同的均相、非均相催化剂在大豆油和碳酸二甲酯酯交换反应生产生物柴油的影响，结果显示，以甲醇钠（甲醇中质量含量为 30%）、Na₂PEG 300（经甲醇钠的甲醇溶液处理的分子量为 300Da 的聚乙二醇）、1,5,7-三氮杂二环[4.4.0]癸-5-烯（TBD）为催化剂时，在反应温度 90℃、反应时间 5h 及催化剂用量 5%（以大豆油为基准，均相催化剂为摩尔分数，非均相催化剂为质量分数）条件下，大豆油中甘油三酸酯的转化率分别达 99.5%、98% 和 99.5% 以上。

Zhang 等[257]对氢氧化钾催化碳酸二甲酯与棕榈油的酯交换反应进行了研究，考察了反应温度、酯油摩尔比、催化剂用量和反应时间对脂肪酸甲酯收率的影响。结果表明，当酯油摩尔比为 9:1、催化剂用量为油脂质量的 8.5%、反应温度为 85℃、反应时间为 8h 时，脂肪酸甲酯达到最大收率 96.2%。在 65～75℃ 范围内，酯交换反应表现出拟一级反应动力学特征，反应活化能为 79.1kJ/mol。探讨了氢氧化钾催化酯交换的反应过程，提出反应机理，如图 2-39 所示。在固体碱的催化作用下，MC 解离出甲氧基，甲氧基是很强的亲核试剂，它攻击甘油三酯分子中的羧基生成脂肪酸甲酯。然后，甘油三酯中剩下的烷氧基部分和 DMC 的羧基结合形成过渡态。由于过渡态很不稳定，分子内迅速成环，形成非常稳定的五元环结构，即得到中间产物脂肪酸甘油碳酸酯。接着，脂肪酸甘油碳酸酯继续和 DMC 解离出的甲氧基进行酯交换反应，生成脂肪酸甲酯和副产物甘油碳酸二酯。采用非均相催化剂氢氧化钾的催化效果显著，但其重复使用性差。通过发动机测试发现，碳酸二甲酯和甘油碳酸酯对缸内燃烧过程和燃料经济性影响很小[254]。

马聪[258]采用响应面分析法优化了氢氧化钾催化下合成玉米油预榨毛油生物柴油的工艺条件，并得到如下最佳工艺条件：反应温度为碳酸二甲酯回流温度，反应时间为 9h，酯油摩尔比为 9:1，氢氧化钾添加量为 16.25%，此时脂肪酸甲酯的收率为 90.43%。在同样的条件下，应用于玉米油浸出毛油生物柴油时，脂肪酸甲酯的收率可达 90.8%。

Kurle 等[259]对 1,5,7-三氮杂二环[4.4.0]癸-5-烯(TBD)催化芥花籽油和碳酸二甲酯合成生物柴油进行了研究。在酯油比为 3:1，TBD 催化剂用量 2.5%(质量分数)(芥花籽油为基准)，反应温度 60℃，常压条件下反应 6 h，生物柴油的收率可达 99%。这个新的生物柴油生产过程相比传统过程生物柴油的收率提高 9.7%。另外，他们利用实验结果对下游的分离过程进行了完善，并用 ASPEN Plus 软件进行了年产 8×10^7 kg 生物柴油工厂的模拟计算。

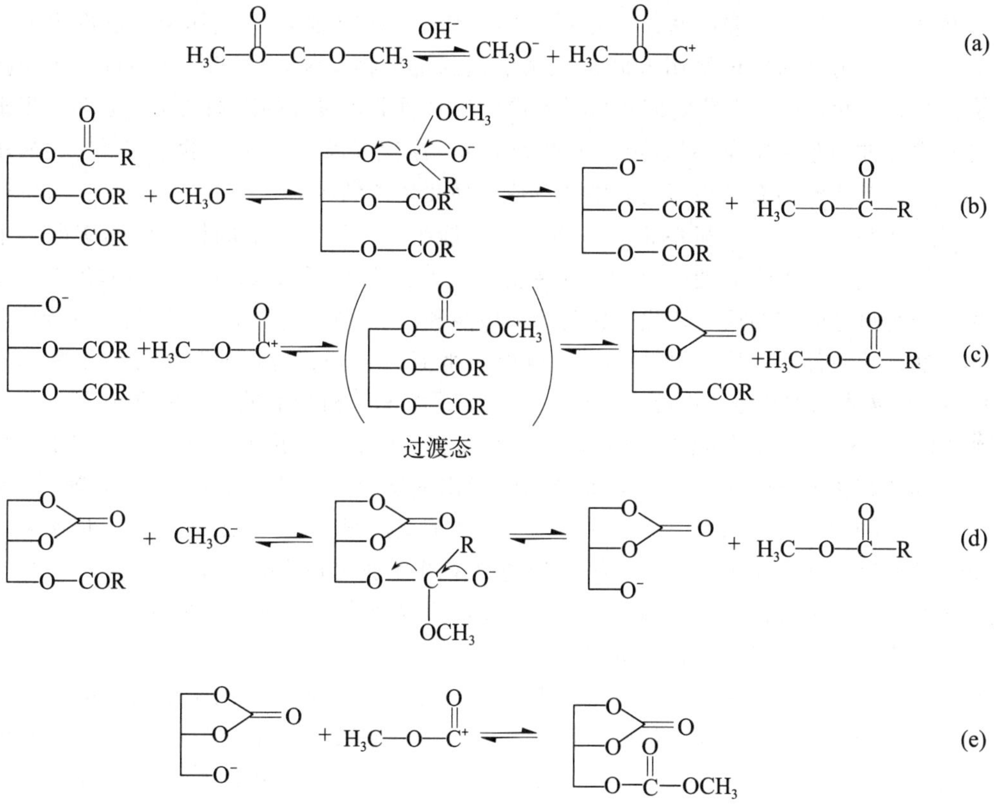

$$H_3C-O-\overset{O}{\overset{\|}{C}}-O-CH_3 \rightleftharpoons \overset{OH^-}{\longrightarrow} CH_3O^- + H_3C-O-\overset{O}{\overset{\|}{C}}^+ \qquad (a)$$

(b)

(c) 过渡态

(d)

(e)

图 2-39　DMC 作为酰基受体反应过程的反应机理推测

2.13.2　酶催化法

该法具有油脂原料适应性较广、反应条件温和、醇用量小、收率高、产品易于收集和无污染等优点。但在常规的酶催化工艺中，由于甲醇在油脂中的溶解性差，体系中存在的过多的甲醇极易造成脂肪酶失活，另外，副产品甘油极易黏附在固定化酶的表面，影响传质效果，从而对酶催化活性及其稳定性产生严重的负面影响，且酶的价格昂贵，反应时间长，使其产业化推广应用受到极大的限制。因此，碳酸二甲酯代替甲醇作为酯交换剂在酶催化法中的优势更为突出。

田雪等[260]以叔丁醇为有机溶剂，采用固定化脂肪酶 Novozym 435 催化棉籽油与碳酸二甲酯进行酯交换反应制备生物柴油。考察了加水量、碳酸二甲酯与棉籽油的摩尔比、反应温度、反应时间、搅拌转速、Novozym435 用量（基于棉籽油的质量分数）和叔丁醇与碳酸二甲酯的体积比对脂肪酸甲酯收率的影响，以及 Novozym435 的重复使用性能。结果表明，在碳酸二甲酯与棉籽油的摩尔比为 4、叔丁醇与碳酸二甲酯的体积比为 1.5、Novozym435 用量（基于棉籽油的质量分数）12.5%、反应温度 50℃、反应时间 24h、搅拌转速 160r/min、不加水的优化反应条件下，脂肪酸甲酯收率可达 96% 以上。

Seong 等[261]同样以叔丁醇为有机溶剂，以脂肪酶为催化剂，研究了大豆油与碳酸二甲酯进行酯交换反应制备生物柴油和甘油碳酸酯的过程。对当反应温度为 60℃、脂肪酶 Novozym 435 浓度为 100g/L、碳酸二甲酯和大豆油摩尔比为 6:1 时，生物柴油和甘油碳酸酯的收率分别可达 84.9% 和 92%。

李景全[262]采用交联-吸附法将枯草杆菌脂肪酶固定在人造沸石载体上，以橄榄油为原料，碳酸二甲酯为酰基供体使用该固定化酶催化制备生物柴油，考察了酶用量、醇油摩尔比、含水量、催化温度、催化时间，以及不同的原料对催化过程的影响。结果表明，当碳酸二甲酯和橄榄油的摩尔比为 4:1、反应时间为 24h、反应温度为 50℃、含水量为 0、酶用量为 0.1g/g油、叔丁醇为有机溶剂时，酯化反应的转化率达到 41.5%。

Su 等[263]以石油醚为有机溶剂，在脂肪酶的催化下，研究了不同植物油与碳酸二甲酯进行酯交换反应制备生物柴油的过程。结果显示，在脂肪酶 Novozym 435 的催化下，以碳酸二甲酯作为酰基受体的反应转化率比传统的甲醇和乙酸甲酯等为酰基受体的反应转化率高 2~3 倍。在优化条件下：反应温度 50℃、搅拌转速 150r/min、植物油与碳酸二甲酯摩尔比为 1:4.5、且一步添加碳酸二甲酯、Novozym 435 用量基于植物油的质量分数为 10%、反应时间为 24h，橄榄油、向日葵油、玉米油、菜籽油和大豆油的转化率均可达 95% 以上，蓖麻油、花生油的转化率可达 85% 左右，而麻油的转化率仅为 40% 左右。随后，Su 等[264]又分别以黄连木籽油和小桐籽油为原料，碳酸二甲酯为酯交换剂，进行原位酶催化反应萃取制备生物柴油的研究，在优化条件下，生物柴油的收率可分别达到 89.6% 和 95.9%，且相比于常规的先萃取、再酯交换反应的两步法，该一步法不仅简化了生物柴油的制备工序，而且也节省了溶剂萃取和油的提纯等相关费用。

Su 等[263]则在无有机溶剂条件下，以脂肪酶为催化剂，研究了玉米油与碳酸二甲酯进行酯交换反应制备生物柴油和甘油碳酸酯。在玉米油和碳酸二甲酯摩尔比为 1:10、水的体积分数为 0.2%、脂肪酶 Novozyme 435 用量基于玉米油的质量分数为 10%、反应温度为 60℃的优化反应条件下，生物柴油和甘油碳酸酯的收率分别达到 94% 和 62.5%。

Zhang 等[265]也在无有机溶剂条件下，以固定化脂肪酶为催化剂，研究了棕榈油与碳酸二甲酯进行酯交换反应制备生物柴油。在优化条件下：反应温度 55℃、反应时间 24h、棕榈油和碳酸二甲酯摩尔比为 1:10、脂肪酶 Novozyme 435 用量为棕榈油质量的 20%，生物柴油的收率可达到 90.5%。研究结果还表明，该酶催化酯交换反应过程符合双底物有序机制，反应活化能为 26.0 kJ/mol[254]。在同样的条件下，马聪[258]则分别以工业级玉米油的预榨毛油和浸出毛油为反应物，碳酸二甲酯为酯交换剂，脂肪酸甲酯的收率可分别达到 95.4% 和 95%。

2.13.3 超临界法

超临界法即在超临界条件下进行酯交换反应。该法的优点是：无需催化剂、环境友好；反应速率快，产率高；对原料油脂的适应性强、转化率高，即使脂肪酸或水的含量高达30%以上，对脂肪酸甲酯的收率也基本上没有影响。由于没有使用催化剂，反应过程也无皂化物产生，后期分离工作较简单。

Ilham 等[266]首次将非催化超临界碳酸二甲酯工艺引入到生物柴油的制备过程中，研究发现，将含有游离脂肪酸的菜籽油和碳酸二甲酯以摩尔比为1:42的比例混合后，在反应温度350℃、反应压力20MPa的条件下反应12min，得到的生物柴油的收率可达94%，除去碳酸二甲酯后，产物中还有甘油碳酸酯、柠苹酸和乙二醛等副产物。在此基础上，Ilham等[267]以高游离脂肪酸含量的非食用性小桐子油为对象，研究了两步法制备生物柴油的过程，即先将小桐籽油在亚临界水(270℃/27MPa)中水解25min得到脂肪酸，再将脂肪酸在超临界碳酸二甲酯(300℃/9MPa)中酯化反应15min得到生物柴油。两步法工艺不仅得到的生物柴油收率更高，达97%，且其中的超临界工艺条件得到了一定程度的缓和。

Tan 等[268]采用响应面分析法研究并优化了非催化超临界碳酸二甲酯技术制备棕榈油生物柴油的工艺条件，结果表明，在反应温度为380℃、酯油摩尔比为39:1、反应时间为30min的最优化工艺条件下，生物柴油的收率可达91%，且通过实验验证了所建数学模型的适用性。但Ilham等[269]指出，对于非催化超临界碳酸二甲酯法制备生物柴油而言，除了生物柴油的收率，反应温度、反应压力、反应时间、酯油摩尔比、热解、变性度、氧化稳定性、生育酚含量和燃料特性等也是影响生物柴油品质的重要参数。以菜籽油为原料时，其非催化超临界碳酸二甲酯工艺的最佳条件为：反应温度300℃、反应压力20MPa、酯油摩尔比42:1、反应时间20min，所得生物柴油的收率为97.4%，且各项指标符合国际主要标准。

综上可知，碳酸二甲酯作为新型酯交换剂来制备生物柴油的研究刚刚起步。化学催化法、酶催化法和超临界流体法仍处于实验室研究阶段，将其扩大用于连续大量的工业化生产仍存在较大差距。开发成本低、效率高、寿命长的酶或化学催化剂，改进超临界流体法中的高能耗、安全性等限制，将是碳酸二甲酯应用于生物柴油工业化生产的重要研究方向。由此开发无甘油副产的生物柴油制备新工艺，以解决低碳醇为酯交换剂的传统生物柴油制备方法所生成的大量甘油副产物的后续处理及利用等难题，从而进一步加快生物柴油的开发及工业化应用。

2.14 碳酸二甲酯在大气保护中的应用

2.14.1 碳酸二甲酯作为汽油添加剂

油品添加剂方面最受注目的是汽油添加剂。美国为了防治大气污染，正在分阶段实施大气空气清净法(CAA)，其中为了提高发动机燃料效率，要求汽油的含氧率为2.7%以上。为了此目的目前大多使用甲基叔丁基醚(MTBE)。MTBE是用异丁烯为原料制造，但随着MTBE的大量使用，原料异丁烯将不能满足供应，而且，美国EPA最近已开始调查MTBE

汽油对人体健康的影响问题。

碳酸二甲酯除了分子含氧率高达 53％外，还有提高辛烷值的功能，故被认为可作汽油添加剂而受重视。DMC 与 MTBE 特性比较见表 2-36。与 MTBE 相比，DMC 在汽油掺烧中提高的辛烷值略低。然而由于分子内氧含量高于 MTBE，在与汽油掺烧时，DMC 用量比MTBE 少。另外，还应注意到，DMC 和甲醇的共沸物是 DMC 生产工艺中的中间产物，可直接作汽油添加剂，不需进一步分离 DMC 和甲醇，进而大幅度降低汽油掺烧成本。

表 2-36 DMC 与 MTBE 特性比较

性能/物质	DMC	MTBE
沸点/℃	90.5	55.2
密度/(g/cm³)	1.0694	0.7462
燃烧热/(kJ/mol)	1426.93	3297.68
RON	110	116
MON	97	98
(RON＋MON)/2	104	107
R_{vp}/kPa	＜6.895	55.16～68.95

研究表明[270]，DMC 在直馏汽油、催化裂化汽油等的研究法调和辛烷值在 101～116 之间，其马达法调和辛烷值稍低；DMC 的含氧量高，热值低，因而 DMC 在汽油中的加入量不能过高；添加量(体积分数)在 6％以下，对于汽油其他性质影响不大。

吕兴修等[271]对碳酸二甲酯调和汽油的应用进行了研究。发现 DMC 调和汽油可以保护环境，明显改善汽油辛烷值。掺混 4.7％DMC 可以提高汽油辛烷值 3～6 个点，增加掺入比例辛烷值没有变化；汽油机燃用掺混 1.2％DMC 的汽油，碳氢化合物(THC)排放改善效果明显，比基础汽油降低 20％。

他们也对 DMC 调和汽油的劣势做了分析：DMC/汽油掺混燃料使发动机功率在不同负荷下均呈下降趋势；发动机经济性能变差。DMC/汽油掺混燃料随着 DMC 比例加大，发动机燃料消耗率和能量消耗率在不同转速和不同负荷下均呈上升趋势，以燃用掺混 1.2％DMC的汽油为例，在发动机不同转速的不同负荷下燃料消耗率比基础汽油高出 2.9％～15％。

2.14.2 碳酸二甲酯作为柴油添加剂

以柴油机作动力的汽车、轮船及其他工业设备在运行中产生的排放物对大气环境产生很大危害。目前，人们正在从发动机改良、排气净化催化剂及燃料油改性(降低碳含量、添加含氧化合物)等方面研究柴油机的排气净化技术。作为添加剂，碳酸酯可有效降低 TPM 和净化排气。表 2-37 列出了一些有机含氧化合物[272]。随着含氧化合物添加量增加，TPM 和排烟量随之下降。像 DMC 这样分子含氧量高的化合物是很有效的。

张光德等[273]分析了各种含氧燃料的物理化学特性对柴油机排放的影响。碳酸二甲酯(DMC)具有含氧量高、沸点高、与柴油互溶性好等特点，适合作为柴油机的燃料添加剂。测试了纯柴油和含添加剂 DMC 的柴油机的尾气排放，并进行了燃烧分析。结果表明：添加剂 DMC 能较大幅度地降低柴油机的碳烟排放，同时使 NO_x 的排放基本保持不变或略有下降；含 DMC 的燃料滞燃期比纯柴油的长，且燃烧结束的时间早，热效率要比柴油的高；当DMC 的添加量为 15％时，在不同的工况下，热效率比纯柴油高 1％～3％。

表 2-37　含氧化合物的性质

物质	分子结构	氧含量/%	密度/(g/cm³)(15℃)	热值/(kJ/kg)	沸点/℃
碳酸二甲酯	$CH_3OCOOCH_3$	53.3	1.079	20.19	90
二甘醇二甲醚	$CH_3O(CH_2CH_2O)_2CH_3$	35.8	0.948	28.14	162
乙二醇单正丁基醚	$n\text{-}C_4H_9OCH_2CH_2OH$	26.9	0.905	32.39	171
乙二醇单叔丁基醚	$t\text{-}C_4H_9OCH_2CH_2OH$	26.9	0.903	32.39	152
二正丁基醚	$C_4H_9OC_4H_9$	12.3	0.771	38.72	142
丙二醇单叔丁基醚	$t\text{-}C_4H_9OCH_2CH_2CH_2OH$	24.2	0.879	33.48	—
2-乙基己基乙酸酯	$CH_3COOC_8H_{17}$	18.6	0.878	35.22	199
乙二醇单丁基醚乙酸酯	$C_4H_9OCH_2CH_2OCOCH_3$	30.0	0.945	30.29	—

　　訾琨等[274]对碳酸二甲酯与柴油混合燃料的互溶性及最佳混合比进行了研究。发现在发动机燃油和燃烧系统不作变动的条件下,在添加比 20% 范围内,随着 DMC 在柴油中添加比例的增加,排气烟度逐步下降,热效率提高;当添加比例在 10%~20% 时,烟度降低 40%~50%,热效率增加了 1%~3%,发动机功率降低 4%~8%,NO_x、HC、CO 和 CO_2 的排放变化很小。通过研究得出:DMC 和柴油的最佳比例为 15%;柴油和 DMC 的添加比在 0~15% 范围内二者有很好的互溶性。

2.14.3　碳酸二甲酯用作取代 CFC 的制冷机的机油

　　由于大气臭氧层的破坏,全世界范围内都在限制 CFC 的使用。随着取代 CFC 制冷剂的开发,需要研制与之相匹配的制冷机油。作为制冷机油,要与通常的润滑油一样具有良好的润滑性能、热和化学稳定性及与周围材料的适应性等。同时,制冷机油还必须与制冷剂具有较好的相互溶解性。这就要求两者的分子极化率相当。

　　目前,已开发成功的制冷剂 HFC134a 来取代 CFC12,前者的分子极化率高,如采用以前的烃类制冷机油(如烷基苯),则存在不能相互溶解的问题。CFC12(CF_2Cl_2)的分子极化率为 0.796,HFC134a(CFH_2CF_3)为 2.200。因此必须向油分子中引入极性基团,提高其极化率。分子极化率较高的物质有聚亚烷基二醇醚(简称 PAG)、烷基酸酯及碳酸酯等。如二甲醚的分子极化率为 1.255,乙酸甲酯为 1.825,碳酸二甲酯为 3.326。DMC 的分子极化率较高。因此,向油分子中引入碳酸酯基,可以开发出适合新制冷剂的制冷机油[219]。碳酸酯系列制冷机油的基本性能如表 2-38 所示。可见,碳酸酯基制冷机油在溶解性和润滑性方面均优于 PAG 系列。

表 2-38　制冷机油的基本性能

项目		碳酸酯基油		PAG 基油		矿物油
		M-2310	M-2720	PAG	mod. PAG	VG100
黏度/(mm²/s)	100℃	13.0	20.0	10.6	9.0	10.9
	40℃	79.4	170	55.8	43.7	90.6
黏度指数		165	136	184	193	106
润滑性(Falex 法)/lbf		790	830	480	670	500
与 HFC-134a 溶解性	高温区/℃	78	76	51	67	不溶
	低温区/℃	−65	−65↓	−65↓	−65↓	不溶

2.14.4 碳酸二甲酯作为捕集 CO_2 的溶剂

降低 CO_2 排放量、缓解温室效应，已成为国际社会的广泛共识。化石燃料燃烧释放的 CO_2 是最主要的温室气体来源，其中以煤为原料的发电行业的排放量占最大比例，因此，减少现有和可能新建的燃煤电厂 CO_2 的排放极为重要。采用吸收法进行 CO_2 捕集是实现 CO_2 减排的重要方法之一。CO_2 的吸收工艺主要包括化学吸收和物理吸收。化学吸收采用单乙醇胺溶剂捕集燃烧后烟道气中的 CO_2，对低浓度 CO_2 有很好的吸收效果，但存在溶剂再生高能耗的缺点，因而成本较高；物理吸收法适于中高压下 CO_2 的捕集，较化学吸收而言溶剂的再生比较容易，再生能耗低，其成本也相对较低。新型"绿色"吸收剂的开发是 CO_2 减排技术研究的重要方面。碳酸二甲酯是国际公认的绿色溶剂。CO_2 在 DMC 中的溶解度高于在合成氨工业中应用的碳酸丙烯酯吸收剂。在相同更低温度条件（283～288K）下，CO_2 在 DMC 中的溶解度比在 PC 中的溶解度平均约高 50%；283K 下 CO_2 在 DMC 中的溶解度大于 250K 下 CO_2 在甲醇中的溶解度。DMC 在吸收分离 CO_2 方面表现出较好的性能，是一种具有工业应用潜力的物理吸收剂。朱兵等[275]针对整体煤气化联合循环（IGCC）电厂燃烧前 CO_2 的捕集过程，建立了 DMC 捕集 CO_2 的工艺流程，对此流程进行了模拟计算并开展了技术经济分析。计算结果显示：在 96% 的捕集率下每吨 CO_2 捕集能耗约在 1.3～1.7GJ 的范围内，DMC 捕集每吨 CO_2 工艺成本约为 200 元；在考虑关键变量不确定性的情况下，其成本变化范围约 180～230 元/t，具有经济可行性；由于具有环境友好的特点，DMC 作为燃烧前 CO_2 捕集技术的新型吸收剂具有一定的竞争力。

2.15 碳酸二甲酯在二甘醇双烯丙基碳酸酯(ADC)合成中的应用

二甘醇双烯丙基碳酸酯(allyldiglycol carbonate，ADC)是一种双烯丙基酯类不饱和单体，其共聚物(CR-39)具有高透光性和良好的物理机械性能，如质量轻、硬度高、强抗冲击、抗磨损性能较高，具有耐红外线和紫外线的性能，尤其是其耐腐蚀性高出普通有机玻璃 30 倍。优良的光学和物理性能使 ADC 在光学仪器和国防工业中得到广泛的应用，它可取代光学玻璃和水晶玻璃制作各种镜片和光学透镜，制造飞机、坦克、军舰、潜艇的抗冲击屏窗。目前，ADC 的合成方法主要有光气法、CO_2 法和酯交换法。

(1)光气法

$$HOC_2H_4OC_2H_4OH + 2COCl_2 \longrightarrow O(C_2H_4OCCl)_2 + 2HCl$$

$$O(C_2H_4OCCl)_2 + 2HOCH_2CH=CH_2 \xrightarrow{NaOH} O(C_2H_4OC-OCH_2CH=CH_2)_2 + 2NaCl + 2H_2O$$

$$2CH_2=CHCH_2OH + (CH_3)_2CO_3 \longrightarrow (CH_2=CHCH_2O)_2CO + 2CH_3OH$$

$$2(CH_2=CHCH_2O)_2CO + HOC_2H_4OC_2H_4OH \longrightarrow O(C_2H_4OCOCH_2CH=CH_2)_2 + 2CH_2=CHCH_2OH$$

光气法以丙烯醇（AAH）、二甘醇（DEG）及光气为原料，尽管 ADC 收率较高、副产物少、后处理相对简单，且工艺技术成熟，但存在原料光气剧毒、安全性差、副产物腐蚀性强、残余氯影响产品质量等问题。

（2）CO_2 合成法

$$CO_2+HO\diagdown\diagdown O\diagdown\diagdown OH + \diagdown\diagdown Cl \longrightarrow HO\diagdown\diagdown O\diagdown\diagdown O \overset{\overset{\displaystyle O}{\parallel}}{C} O\diagdown\diagdown +HCl$$

$$CO_2+HO\diagdown\diagdown O\diagdown\diagdown O\overset{\overset{\displaystyle O}{\parallel}}{C}O\diagdown\diagdown + \diagdown\diagdown Cl \longrightarrow \diagdown\diagdown O\overset{\overset{\displaystyle O}{\parallel}}{C}O\diagdown\diagdown O\diagdown\diagdown O\overset{\overset{\displaystyle O}{\parallel}}{C}O\diagdown\diagdown +HCl$$

该法以氯丙烯（ACH）、CO_2 和 DEG 为原料合成 ADC。CO_2 法实现了 ADC 合成的非光气化，原料 CO_2 便宜易得，并且对于减少温室效应、改善生态环境有积极的作用。但由于该工艺原料中含氯，大多数催化剂中含有氮原子，产品往往带有颜色，影响 ADC 的应用；更重要的是该工艺副产 HCl，中和过程会产生大量废碱。

安华良等[276,277]以环己胺和四甲基脲为原料，采用三氯氧磷法制备了 1,1,3,3-四甲基-2-环己基胍（CyTMG），通过正交实验对制备条件进行了优化，优化的制备条件为：四甲基脲与三氯氧磷的摩尔比为 1:1.0，加入三氯氧磷后、加入环己胺前的反应时间为 11h，加入环己胺后、加入蒸馏水前的反应时间为 36h，加入蒸馏水后的反应时间为 15min。在此条件下，CyTMG 收率为 50.1%。将 CyTMG 作为催化剂和缚酸剂用于 CO_2 法合成二甘醇双烯丙基碳酸酯（ADC）的反应，适宜的反应条件为：反应温度 80℃、反应初始压力 4.0MPa、氯丙烯与二甘醇摩尔比 6、CyTMG 与二甘醇摩尔比 3.4、反应时间 12h，在此条件下，ADC 收率为 63.0%。采用 NaOH 溶液回收 CyTMG，回收率为 80.4%；他们还采用三氯氧磷法合成了一种新型五取代有机胍 N,N,N',N'-四甲基-N''-苯基胍（PhTMG）。考察了 PhTMG 对以二甘醇（DEG）、氯丙烯（ACH）和 CO_2 为原料合成二甘醇双烯丙基碳酸酯（ADC）反应的催化性能，ADC 的最高收率为 95.3%。采用 GC-MS、XRD、IR 等分析手段结合实验验证对 ADC 合成反应机理进行了研究，推测出该反应分 4 步进行：第 1 步，CO_2、DEG 和 Na_2CO_3 反应生成二甘醇单碳酸钠盐；第 2 步，二甘醇单碳酸钠盐和 ACH 反应生成二甘醇单烯丙基碳酸酯（DGAC）；第 3 步，DGAC、CO_2 和 Na_2CO_3 反应生成二甘醇单烯丙基碳酸酯单碳酸钠盐；第 4 步，二甘醇单烯丙基碳酸酯单碳酸钠盐与 ACH 反应生成目的产物 ADC。并推测了反应体系中的主要副反应。

（3）酯交换法

以碳酸二甲酯（DMC）、AAH 和 DEG 为原料，通过酯交换反应合成 ADC。该工艺路线具有无腐蚀、设备简单、产品质量高等优点，特别是采用该方法合成的 ADC 清晰透明，不含有色杂质，有助于 ADC 在精密光电材料等新领域应用的开发。但该工艺同时存在无机碱等催化剂不易回收再利用和阴离子交换树脂不耐高温的问题。为此，高卓等[278,279]对用于二甘醇（DEG）、丙烯醇（AAH）和碳酸二甲酯（DMC）酯交换合成二甘醇双烯丙基碳酸酯（ADC）反应的金属氧化物催化剂进行了活性评价，筛选出性能优良的 CaO 催化剂。考察了制备条件对 CaO 催化剂性能的影响，并对酯交换合成 ADC 反应条件进行了优化，同时还考察了 CaO 催化剂重复使用性能。结合 GC-MS 分析结果推测了 CaO 催化剂上酯交换法合成 ADC 反应机理。结果表明，采用机械研磨-焙烧法、以 $Ca(OH)_2$ 为前驱体和焙烧温度 750℃制得的 CaO 对酯交换合成 ADC 反应的催化活性最高。在 $n(DEG):n(DMC):n(AAH)=$ 0.08:1:2、催化剂质量分数 1.5%、反应温度 100℃、反应时间 6h 的条件下，酯交换合成 ADC 反应的 ADC 产率为 79%；他们还针对酯交换法开发出了复合氧化物催化剂 MgO-PbO，以 $Mg(OH)_2$ 和 $Pb(CH_3COO)_2 \cdot 3H_2O$ 为母体（Mg:Pb=6:1）在 650℃ 下焙烧得到。

在 DEG∶DMC∶AAH＝0.08∶1∶2，催化剂用量为 1.5％，100℃反应 6h，0.08 MPa 条件下，ADC 收率为 97.3％。并提出了反应路径，如下所示。

第一步：

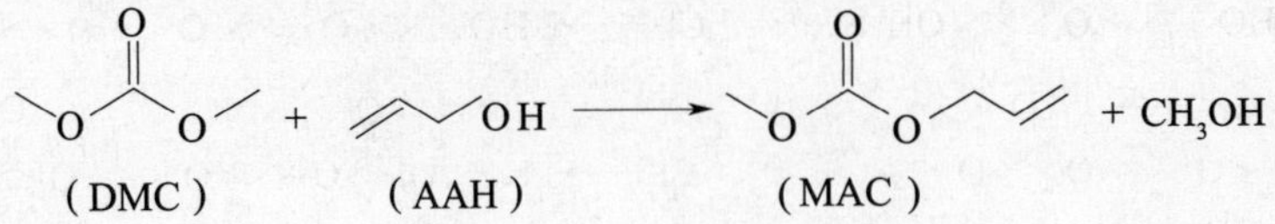

（DMC） ＋ （AAH） ⟶ （MAC） ＋ CH_3OH

第二步：

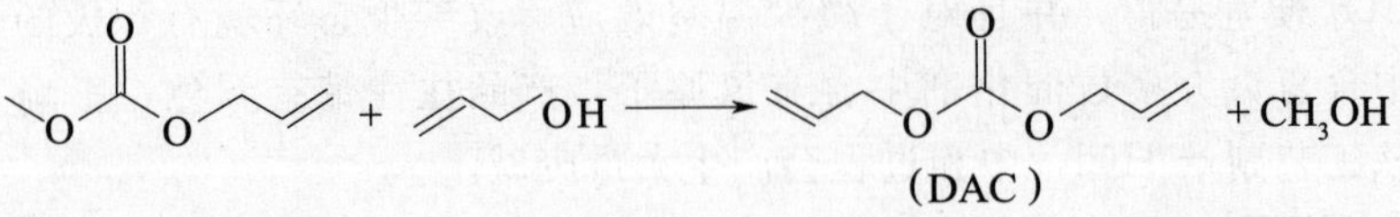

＋ （AAH） ⟶ （DAC） ＋ CH_3OH

第三步：

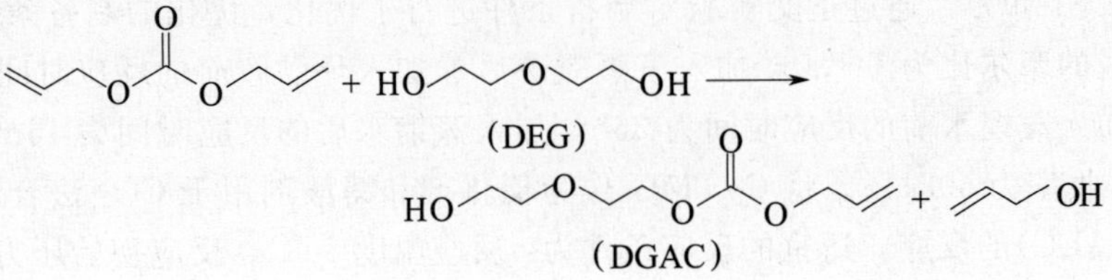

＋ HO（DEG）OH ⟶ （DGAC） ＋ OH

第四步：

＋ ⟶ （ADC） ＋ OH

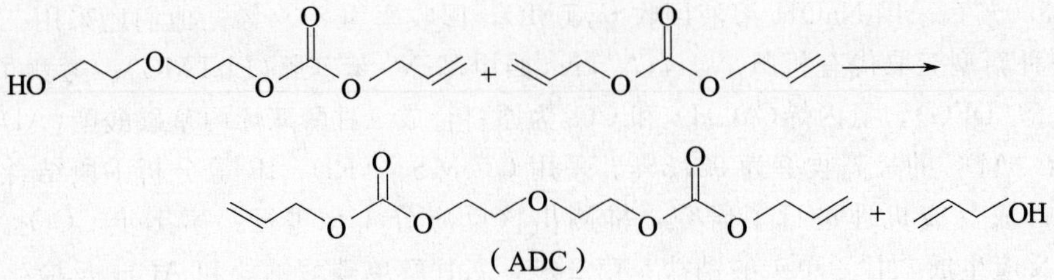

2.16 碳酸二甲酯的其他应用

（1）聚碳酸酯二醇

聚碳酸酯二醇（PCDL）是分子两端带有羟基（—OH）、分子主链含有脂肪族亚烷基和碳酸酯基（—OCOO—）重复单元的聚合物，是生产聚氨基甲酸酯的原料，与以往采用的多元醇原料相比，其产物氨基甲酸酯的耐热性、耐候性及耐摩擦性均得到改善，被广泛应用于弹性体、涂料、合成革等方面。PCDL 的合成方法主要有光气法、环状碳酸酯开环聚合法、二氧化碳环氧化物调节共聚法和酯交换法。其中，酯交换法是目前普遍看好的一种合成方法。通过调整二元醇的种类，酯交换法可合成多种结构的 PCDL，分子量的可调性高，产品色度低，羟基官能度比较接近理论值。因此，酯交换法合成 PCDL 已成为国内外研究的热点。酯交换法是指催化剂作用下，脂肪族二元醇和脂肪族碳酸酯或芳香族碳酸酯通过酯交换反应合成 PCDL[280]。酯交换法合成 PCDL 中所用的碳酸酯主要包括碳酸二甲酯（DMC）、碳酸二乙酯（DEC）、碳酸乙烯酯（EC）和碳酸二苯酯（DPC）等。催化剂主要为碱金属或碱土金属及其醇盐、有机锡化合物、钛酸酯、类水滑石等。反应式如下所示：

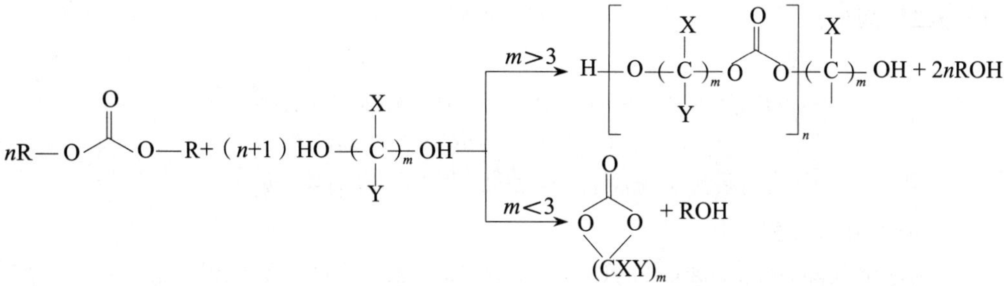

式中，X，Y 为氢、烷基、芳基、氯；m，n 为正整数；R 为烷基或芳基。

（2）农药甲胺基甲酸萘酯（西维因）

西维因是一种广泛使用的杀虫剂，以往都是以 2-萘酚和异氰酸甲酯或光气为原料制造，均具有危险性。而使用碳酸二甲酯可安全地制造杀虫剂西维因[281]。

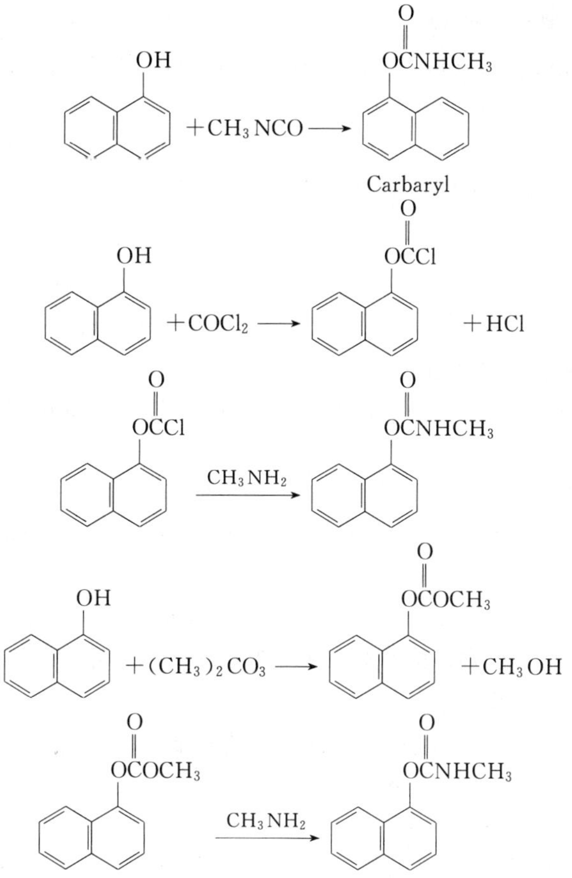

$$\text{萘酚(OH)} + CH_3NCO \longrightarrow \text{Carbaryl (OCNHCH}_3\text{)}$$

$$\text{萘酚(OH)} + COCl_2 \longrightarrow \text{(OCCl)} + HCl$$

$$\text{(OCCl)} \xrightarrow{CH_3NH_2} \text{(OCNHCH}_3\text{)}$$

$$\text{萘酚(OH)} + (CH_3)_2CO_3 \longrightarrow \text{(OCOCH}_3\text{)} + CH_3OH$$

$$\text{(OCOCH}_3\text{)} \xrightarrow{CH_3NH_2} \text{(OCNHCH}_3\text{)}$$

（3）四甲基醇铵

四甲基醇铵（tetramethyl ammonium hydroxid，TMAH）是强碱性物质，在高密度大规模集成电路的光刻工艺中广泛用作光致抗蚀剂的显影液。传统工艺是以氯甲烷为原料，利用电解法制得 TMAH。产品中极微量的氯化物沉积会影响精密图形的清晰度。可利用 DMC 取代氯甲烷与三甲胺反应制备四甲铵甲基碳酸酯，将其加水分解得到 TMAHC，再经电解制得 TMAH。此法产品纯度高。

氯甲烷法：

$$(CH_3)_3N + CH_3Cl \longrightarrow (CH_3)_4N^+Cl^- \xrightarrow{\text{电解}} (CH_3)_4N^+OH^- + Cl_2$$

碳酸二甲酯法：

$$(CH_3)_3N+(CH_3O)_2CO_3 \longrightarrow (CH_3)_4NOCOCH_3 \xrightarrow{H_2O}$$

$$(CH_3)_4N^+[OCOH]^- \xrightarrow{\text{电解}} (CH_3)_4N^+OH^- + CO_2$$

（4）长链烷基碳酸酯

长链烷基碳酸酯(long chain alkyl carbonate)以碳酸二甲酯和高碳醇($C_{12}\sim C_{15}$)为原料可制得分子中具有羰基的长链烷基酸酯，它是一种良好的合成润滑油基材，具有润滑性、耐磨性、自清洁性、耐腐蚀性等，已广泛用于引擎油、金属加工油、压缩机油等。

$$R'OH+R''OH+(CH_3)_2CO_3 \longrightarrow R'OCOR'' + 2CH_3OH$$

（5）医药中间体氨基噁唑烷酮

氨基噁唑烷酮(amino oxazolidinone)是医药痢特灵的中间体，由 DMC 和氨基化合物进行羰基化和环化反应而得，反应收率高。

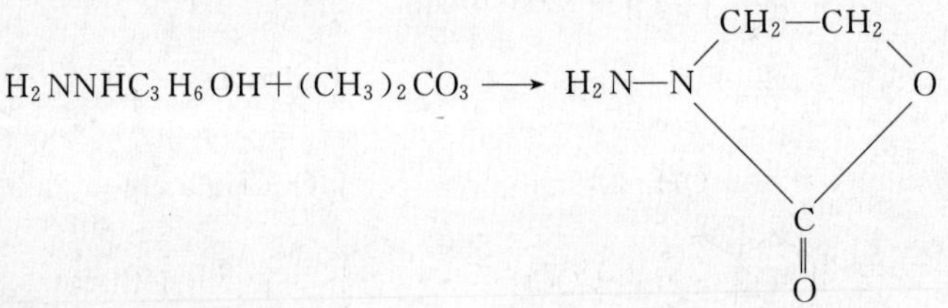

$$H_2NNHC_3H_6OH+(CH_3)_2CO_3 \longrightarrow$$

（结构式：H_2N-N 连接 CH_2-CH_2、O、$C=O$ 的环状结构）

（6）农药中间体肼基甲酸甲酯

肼基甲酸甲酯(methyl carbazate)是农药卡巴氧(carbadox)的中间体，利用肼与碳酸二甲酯反应制得，此法已工业化生产。

$$H_2NNH_2+(CH_3)_2CO_3 \longrightarrow H_2NNHCOCH_3 + CH_3OH$$

（7）碳酰肼

碳酰肼(carbo hydrazid)虽被广泛用来做锅炉的除垢剂，但是其单体具有致癌和爆炸等危害。若用碳酸二甲酯与肼反应生产碳酰肼，则具有安全、方便的优点。

（8）医药中间体 β-酮羧酸酯类

利用酮类化合物与碳酸二甲酯反应得到 β-酮羧酸酯，并由它可进一步合成一系列的医药中间体。如吡啶类、嘧啶类、吡咯类、吡唑类等。

（9）碳酸二甲酯在溶剂型涂料中的应用

碳酸二甲酯作为一种性能优良的高效溶剂在热塑性硝基改性丙烯酸橘纹漆、丙烯酸聚氨酯锤纹漆、聚氨酯木器漆及溶剂型丙烯酸外墙涂料中有大量应用。能有效替代二甲苯、乙酸乙酯、乙酸丁酯、丙酮等有机溶剂，配制的涂料性能完全能满足涂料的各项性能指标[282]。

（10）甘油碳酸酯[283]

甘油可以与直链碳酸酯，如碳酸二甲酯发生酯交换反应，生成甘油碳酸酯和相应的醇。Rokicki 等利用碳酸钾催化碳酸二甲酯与甘油的反应，在 70℃时甘油碳酸酯的收率达到97%。GS Caltex 公司申请了具有生物活性的脂肪酶作为催化剂催化甘油和碳酸二甲酯反应的专利，但是反应效果并不很好。胡婉男等用脂肪酶 Candida Antarctic B 在四氢呋喃中催化甘油和碳酸二甲酯的反应，甘油的转化率达 45%。Ochoa-gomeza 等考察了不同碱性物质对甘油与碳酸二甲酯反应催化效果的影响。发现经高温焙烧过的氧化钙的催化活性最高，在95℃反应1h可以达到95％的甘油碳酸酯收率。BASF公司申请了碱性氧化物催化甘油与碳酸二甲酯的反应的专利，分别采用了CaO-Al$_2$O$_3$、MgO-ZnOAl$_2$O$_3$、CaO/ZrO$_2$等金属氧化物为催化剂，其中CaO/ZrO$_2$的活性最高，可达92.2％的产率。康丽娟等研究了CaO-PbO作为催化剂催化甘油和碳酸二甲酯的反应，最高可以得到97.8％的甘油碳酸酯收率。Naik等利用Bmim-2-CO$_2$作为催化剂催化此反应，在74℃下反应30 min就可以得到几乎100％的甘油碳酸酯收率。Takagaki等利用高比表面积的镁铝滑石碱性催化剂催化二烷基碳酸酯与甘油反应合成甘油碳酸酯，当镁铝比值为5时，效果最好，达到99％的甘油碳酸酯收率。

参考文献 ▪▪▪▪▪

[1] 田恒水，张广遇，黄振华. 化工进展，1995，(6)：7.

[2] Robest C W. CRC Chem Eng Handbook，58th，1977—1978.

[3] 张少钢，骆有寿. 化学反应工程与工艺，1991，7(1)：10.

[4] 潘鹤林，徐志珍，宋新杰等. 浙江化工，1999，30(1)：32.

[5] 赵天生，韩怡卓，孙予罕. 石油化工，1998，27(6)：457.

[6] 横田滋，田中康隆，三宅弘人(ダイセル化学工业株式会社). 公开特许公报 平 1-287062. 1989.

[7] 铃木晴久，野田博，加濑博明(ダイセル化学工业株式会社). 公开特许公报 平 2-19347. 1990.

[8] 田中康隆，龍谷昌宏，小田慎吾(ダイセル化学工业株式会社). 公开特许公报 特开平 5-105642. 1993.

[9] 堀口明，小田慎吾，二十軒年彦(ダイセル化学工业株式会社). 公开特许公报 特开平 6-157408. 1994.

[10] 袁继堂，王连顺，殷金柱等. 化工进展，1995，(3)：32.

[11]《化工百科全书》编辑委员会. 化学百科全书(15卷). 北京：化学工业出版社，1997：859.

[12] Romano U，Tesel R，Mauri M M，et al. Ind Eng Chem Prod Res Dev，1980，19：396.

[13] 殷元骐主编. 羰基合成化学. 北京：化学工业出版社，1996. 238.

[14] Manada N，Murakami M，Abe K，et al. (Ube Industries，Ltd). EP 0581240 A1. 1993.

[15] 真田宣男，安部浩司(宇部兴产株式会社). 公开特许公报 特开平 6-72966. 1994.

[16] 岛村常夫，藤津悟，鸟屋原庆信(宇部兴产株式会社). 公开特许公报 特开平 4-297443. 1992.

[17] 西平圭吾，松崎德雄，田中秀二. 触媒，1995，37(2)：68.

[18] 吴晓华，姜玄珍，王剑鸢等. 精细化工，1997，14(5)：38.

[19] 李兆基. 石油化工，1997，26(5)：286.

[20] 松崎德雄，山本祥史，安部浩司等. 触媒，1994，36(2)：127.

[21] Mori K，Tonosaci M，Nakamnra H，et al. (JGC Corporation). WO 15791. 1990.

[22] Curnutt G L. (DOW Chemical Co.). WO 07601. 1987.

[23] 姜瑞霞，王延吉，赵新强等. 燃料化学学报，1999，27(4)：319.

[24] 王延吉，赵新强，苑保国等. 燃料化学学报，1997，25(4)：323.

[25] Yang P，Cao Y，Hu J C，et al. Appl Catal A：Gen，2003，241(1，2)：363.

[26] Wang Y J，Zhao X Q，Yuan B G，et al. Appl Catal A：Gen，1998，171：255.

[27] 王延吉，姜瑞霞，赵新强等. 河北工业大学学报，2000，29(1)：97.

[28] 王淑芳，崔咏梅，赵新强等. 化工学报，2004，55(12)：2008.

[29] 姜瑞霞，王延吉，赵新强等. 燃料化学学报，2000，28(5)：478.

[30] 王淑芳，赵新强，王延吉. 化学反应工程与工艺，2004，20(1)：29.

[31] 姜瑞霞. 甲醇气相氧化羰基化催化合成碳酸二甲酯的研究［学位论文］. 天津：河北工业大学，2000.

[32] Wang Y J，Jiang R X，Zhao X Q，et al. In：Zhu Q S，Isobe M，Guo Q X，eds. Proceedings of 2000 China-Japan Joint Symposium on Green Science and Technology. Hefei：Press of University of Science and Technology of China，2000. 59.

[33] 岳川. 复合载体及结构对 Pd-Cu-K 催化剂上气相合成碳酸二甲酯反应性能的影响［学位论文］. 天津：河北工业大

学，2010.

[34] 岳川，丁晓墅，匡洞庭等. 化学反应工程与工艺，2010，26(5)：430.

[35] King S T. Catal Today, 1997, 33：173.

[36] 谷川博人，尾田陽子(ダイセル化学工業株式会社). 公開特許公報 特開平 7-313880. 1995.

[37] 谷川博人，尾田陽子(ダイセル化学工業株式会社). 公開特許公報 特開平 7-313881. 1995.

[38] Wang Y J, Jiang R X, Zhao X Q, et al. J Nat Gas Chem., 2000, 9(3)：205.

[39] 张海涛，王淑芳，赵新强等. 河北工业大学学报，2004，33(4)：36.

[40] 王瑞玉，李忠，郑华艳等. 催化学报，2010，31(7)：851.

[41] 李忠，朱琼芳，王瑞玉等. 无机化学学报，2011，27(4)：718.

[42] Richter M, Fait M J G, Eckelt R, et al. J Catal, 2007, 245(1)：11.

[43] Richter M, Fait M J G, Eckelt R, et al. Appl Catal B：Environ, 2007, 73(3, 4)：269.

[44] Drake I J, Fujdala K L, Baxamusa S, et al. J Phys Chem B, 2004, 108(48)：18421.

[45] Drake I J, Fujdala K L, Bell A T, et al. J Catal, 2005, 230(1)：14.

[46] Drake I J, Zhang Y H, Briggs D, et al. J Phys Chem B, 2006, 110(24)：11654.

[47] Kuhlmann B, Michaelson R C, Saleh R Y, et al. (Exxon Chemical Patents Inc). WO 1995017369 A1. 1995.

[48] Cho T, Cho T, Suzuki K, et al. (Moses Lake Industries, Inc., Tama Chemicals Co., Ltd). US 5534649 A. 1994.

[49] 藤井隆人，山川文雄，伊藤光則(出光興産株式会社). 公開特許公報). 特開平 10-109960. 1998.

[50] 原田英文，大木宏明，水上政道(三菱瓦斯化学株式会社). 公開特許公報 特開平 10-218842. 1998.

[51] 銅谷正晴，大川隆，神原豊(三菱瓦斯化学株式会社). 公開特許公報 特開平 10-259163. 1998.

[52] 銅谷正晴，大川隆，神原豊(三菱瓦斯化学株式会社). 公開特許公報 特開平 10-259165. 1998.

[53] 大信田卓朗，水上政道(三菱瓦斯化学株式会社). 公開特許公報 特開平 10-287625. 1998.

[54] Zhao X Q, Wang Y J, Yang H J, et al. 4th International Symposium on Green Chemistry in China, Proceedings. Jinan, 2001, 185.

[55] 銅谷正晴，大川隆，神原豊(三菱瓦斯化学株式会社). 公開特許公報 特開平 10-259164. 1998.

[56] 邬长城，赵新强，王延吉. 石油化工，2004，33(6)：508.

[57] 冯丽梅，徐新良. 石化技术与应用，2012，30(5)：415.

[58] Fang S, Fujimoto K. Appl Catal A：Gen, 1996, 142(1)：L1.

[59] Kizlink J. Collect. Czech Chem Commun, 1993, 58：1399.

[60] 黄虎，绪方不二(昭和電工株式会社). 公開特許公報 特開平 7-224011. 1995.

[61] Yamazaki N, Nakahama S, Higashi F. Ind Eng Chem Prod Res Dev, 1979, 18(4)：249.

[62] Kizlink J, Pastucha I. Collect Czech Chem Commun, 1995, 60：687.

[63] Tomishige K, Sakaihori T, Ikeda Y, et al. Catal Lett, 1999, 58(4)：225.

[64] Ikeda Y, Sakaihori T, Tomishige K, et al. Catal Lett, 2000, 66：59.

[65] 江琦，林齐合，黄仲涛. 华南理工大学学报(自然科学版)，1996，24(12)：49.

[66] 房鼎业，曹发海，刘殿华 等. 燃料化学学报，1998，26(2)：170.

[67] Dibenedetto A, Pastore C, Aresta M. Catal Today, 2006, 115(1-4)：88.

[68] Jiang C J, Guo Y H, Wang C G, et al. Appl Catal A：Gen, 2003, 256(1, 2)：203.

[69] La K W, Song I K. React Kinet Catal Lett, 2006, 89(2)：303.

[70] La K W, Jung J C, Kim H, et al. J Mol Catal A：Chem, 2007, 269(1, 2)：41.

[71] Aresta M, Dibenedetto A, Nocito F, et al. Inorg Chim Acta, 2008, 361(11)：3215.

[72] 钟顺和，程庆彦，黎汉生. 催化学报，2002，23(6)：543.

[73] 王延吉，赵新强. (第六届)全国有机碳酸酯技术开发与应用研讨会. 山东泰安，2009. 40.

[74] 李渊，赵新强，王淑芳等. 宁夏大学学报(自然科学版)，2001，22(2)：158.

[75] 李渊，赵新强，王延吉. 催化学报，2004，25(8)：633.

[76] 刘红，石秋杰，廖兴发. 南昌大学学报(理科版)，2006，30(6)：569.

[77] 孙冶，杨荣榛，董文生. 陕西师范大学学报(自然科学版)，2008，36(2)：69.

[78] 高志明，苏俊华，陈秀芝等. 北京理工大学学报，2006，26(7)：651.

[79] 胡长文，陈秀芝，贺燕婷. 北京理工大学学报，2005，25(10)：931.

[80] 陈秀芝，胡长文，苏俊华等．催化学报，2006，27(6)：485.

[81] 江琦，王书明．天然气化工，2002，27(6)：6.

[82] 林春绵，丁春晓，张平等．高校化学工程学报，2012，26(2)：320.

[83] 崔洪友，刘宁，陈久标等．化学反应工程与工艺，2008，24(2)：140.

[84] 魏文德主编．有机化工原料大全 上．第2版．北京：化学工业出版社，1999. 722.

[85] Wang G R, Wang Y J, Zhao X Q. Chem Eng Technol, 2005, 28(12)：1511.

[86] Reid R C, Prausnitz J M, Poling B E. The Properties of Gases and Liquids 4th ed. New York：McGraw-Hill, 1987.

[87] 王福安主编．化工数据导引．北京：化学工业出版社，1995.

[88] Gurgiolo A E. (The Dow Chemical Company). US 4268684 A. 1981.

[89] Buysch H J, Krimm H, Richter W (Bayer Ag). EP 0048371 A2. 1982.

[90] Heitkamper P, Schieb T, Wershofen S. (Bayer Ag). EP 0520273 A2. 1992.

[91] 赵新强，王延吉，李芳等．石油化工，1999，28(9)：611.

[92] 丛津生，王胜平，赵新强．河北工业大学学报，2000，29(1)：62.

[93] 王延吉，赵新强，李芳等．见：朱清时主编．《绿色化学：第一届国际绿色化学高级研讨会文集》．合肥：中国科学技术大学出版社，1998. 136.

[94] 赵新强，王延吉，李芳．第六届全国青年催化学术会议论文摘要集．哈尔滨，1998. 40.

[95] Wang Y J, Zhao X Q, Li F, et al. J Chem Technol Biotechnol, 2001, 76(8)：857.

[96] Wang S P, Zhang G L, Ma X B, et al. Ind Eng Chem Res, 2007, 46：6858.

[97] Toshihide B, Akane K, Tatsuya Y, et al. Catal Lett, 2002, 82(3, 4)：193.

[98] Toshihide B, Akane K, Tatsuya Y. Stud Surf Sci Catal(Science and Technology in Catalysis 2002), 2003, 145：149.

[99] 王海鸥，王延吉，李芳等．分子催化，2007，21(1)：87.

[100] 马丹，王桂荣，王延吉等．光谱学与光谱分析，2009，29(2)：331.

[101] 王延吉，王桂荣，赵新强等．ZL 03156418.6. 2008.

[102] Rosenthal R, Zajacek J G. (Atlantic Richfield Co). US 3919279 A. 1975.

[103] Abe T, Takaki U, Tsumura R. US 4081472 A. 1978.

[104] 赵茜．甲苯二氨基甲酸甲酯分解制备甲苯二异氰酸酯的研究［学位论文］．天津：河北工业大学，2002.

[105] Sydor W. (American Cyanamid Co). US 3734941 A. 1973.

[106] Abe T, Takaki U, Tsumura R. (Mitsui Toatsu Chemicals Inc.). US 4081472 A. 1978.

[107] Aoki T, Igarashi H, Matsunaga H, et al. US 5502244 A. 1996.

[108] Itokazu T, Kojima H, Oka K, et al. US 5789614 A. 1998.

[109] 赵新强，王延吉，李芳等．精细化工，2000，17(10)：615.

[110] Romano U, Tesei R. (Anic, S. P. A.). US 4100351 A. 1978.

[111] Curini M, Epifano F, Maltese F, et al. Tetrahedron Lett, 2002, 43(28)：4895.

[112] Ono Y. Catal Today, 1997, 35(1, 2)：15.

[113] Zhao X Q, Wang Y J, Wang S F, et al. Ind Eng Chem Res, 2002, 41(21)：5139.

[114] 王延吉，赵新强，李芳等．石油学报(石油加工)，1999，15(6)：9.

[115] 樊亚鹏，刘波．应用化工，2008，37(2)：177.

[116] Li F, Miao J, Wang Y J, et al. Ind Eng Chem Res, 2006, 45(14)：4892.

[117] Li F, Wang Y J, Xue W, et al. J Chem Technol Biotechnol, 2009, 84(1)：48.

[118] 李其峰，王军威，董文生等．催化学报，2003，24(8)：639.

[119] 康武魁，康涛，马飞等．催化学报，2007，28(1)：5.

[120] Lucas N, Amrute A P, Palraj K, et al. J Mol Catal A：Chem, 2008, 295(1, 2)：29

[121] Katada N, Fujinaga H, Nakamura Y, et al. Catal Lett, 2002, 80(1, 2)：47.

[122] 王娜，耿艳楼，赵新强等．石油化工，2008，37(12)：1255.

[123] Gioacchino S D, Fornasari G, Romano U. (Anic S. P. A.). US 4395565 A. 1983.

[124] Mason R W. (Olin Corporation). US 5002880 A. 1991.

[125] Juárez R, Pennemann H, García H. Catal Today, 2011, 159(1)：25.

[126] Tundo P, Grego S, Rigo M, et al. (Dow Global Technologies Llc). US 20110237823 A1. 2011.

[127] Bosetti A，Calderazzo F，Cesti P. US 5698731 A. 1997.

[128] Reixach E，Bonet N，Rius-Ruiz F X，et al. Ind Eng Chem Res，2010，49(14)：6362.

[129] 郭星翠，秦张峰，王国富等. 分析化学，2007，35(11)：1625.

[130] 邱泽刚，王军威，亢茂青等. 精细化工，2008，25(4)：409.

[131] Pei Y X，Li H Q，Liu H T，et al. Ind Eng Chem Res，2011，50(4)：1955.

[132] Fukuoka S，Chono M，Kohno M. Chem Tech，1984，(11)：670.

[133] Lee C W，Lee S W，Park T K，et al. Appl Catal A：Gen，1990，66：11.

[134] フラン・メルガー，グルハルト・ネストラー（バスフ・アクチエンゲゼルシヤフト）. 昭 55-79358. 1980.

[135] 青木忍，原烈(三井東圧化学株式会社). 公開特許公報 昭 55-79358. 1980.

[136] 赵新强，王延吉，李芳等. 石油学报(石油加工)，2001，17(S1)：53.

[137] Zhao X Q，Hu L Y，Geng Y L，et al. J Mol Catal A：Chem.，2007，276(1，2)：168.

[138] Geng Y L，Hu L Y，Zhao X Q，et al. Chin J Chem Eng，2009，17(5)：756.

[139] 王娜，赵新强，武秀丽等. 化工学报，2008，59(4)：887.

[140] Becker G，Engbert T，Hammen G，et al.（Bayer Aktiengesellschaft）. US 4388246 A. 1983.

[141] Chono M，Fukuoka S，Kohno M，et al.（Asahi Kasei Kogyo Kabushiki Kaisha）. US 4547322 A. 1985.

[142] Henson T R，Timberlake J F.（The Dow Chemical Company）. US 4294774 A. 1981.

[143] Alper H，Velaga V.（University Of Ottawa）. US 5457229 A. 1995.

[144] Valli V L K，Alper H. J Org Chem，1995，60(1)：257.

[145] 陈东，刘良明，王越等. 催化学报，2005，26(11)：987.

[146] 王公应，陈东，冯秀丽等. CN 200510021147. X. 2005.

[147] 关雪，李会泉，柳海涛等. 北京化工大学学报(自然科学版)，2009，36(4)：12.

[148] 朱银生，王贺玲，刘海华等. 广东化工，2009，36(11)：19.

[149] Uriz P，Serra M，Salagre P，et al. Tetrahedron lett，2002，43(9)：1673.

[150] Lewandowski G，Milchert E. J Hazard Mater，2005，119(1-3)：19.

[151] Joseph S R. GB 2113673A. 1983.

[152] 刘波，由君，王毅等. CN 201010129064. 3. 2010.

[153] 张琴花，李会泉，柳海涛等. 高等学校化学学报，2011，32(5)：1106.

[154] 郑志花. 非光气法合成二苯甲烷二异氰酸酯(MDI)的研究［学位论文］. 山西：中北大学，2005.

[155] Baba T，Fujiwara M，Oosaku A，et al. Appl Catal A：Gen，2002，227(1，2)：1.

[156] Deleon R G，Kobayashi A，Yamauchi T，et al. Appl Catal A：Gen，2002，225(1，2)：43.

[157] 孙大雷，谢顺吉，邓剑如等. 精细石油化工，2010，27(6)：9.

[158] Zhou H C，Shi F，Tian X，et al. J Mol Catal A：Chem，2007，271：89.

[159] Li F，Wang Y J，Xue W，et al. J Chem Technol Biotechnol，2007，82(2)：209.

[160] 张名凯，邓剑如，邓海军等. 化工进展，2005，24(10)：1151.

[161] Corma C A，Garcia G H，Juarez M R. EP 2407449 A1. 2012.

[162] 孙彦林，王桂荣，王延吉等. 精细石油化工，2009，26(2)：1.

[163] 陈浪，邓剑如，凡美莲等. 精细化工中间体，2007，37(4)：44.

[164] 张名凯. 非光气法合成六亚甲基二异氰酸酯(HDI)［学位论文］. 长沙：湖南大学，2005.

[165] 凡美莲，邓剑如，陈浪等. 石油化工，2006，35(10)：972.

[166] Merger F，Towae F.（BASF Aktiengesellschaft）. EP 0028724 B1. 1984.

[167] 王娜，赵新强，安华良等. 化学通报，2011，74(6)：491.

[168] Zhao X Q，Wang N，Geng Y L，et al. Ind Eng Chem Res，2011，50(24)：13636.

[169] 李欣，王桂荣，赵新强等. 天然气化工，2012，37(1)：31.

[170] 王桂荣，李欣，赵新强等. 石油化工，2012，41(9)：1017.

[171] Qin F，Li Q F，Wang J W，et al. Catal Lett，2008，126(3，4)：419.

[172] 秦飞，李其峰，王军威等. 精细化工，2008，25(8)：825.

[173] 蔡启瑞，彭少逸等编著. 碳一化学中的催化作用. 北京：化学工业出版社，1995. 418.

[174] Gupte S P，Chaudhari R V. Ind Eng Chem Res，1992，31(9)：2069.

[175] 王京华，许翩翩，张藩贤．分子催化，1990，4(3)：226.

[176] 许翩翩，张藩贤，蔡汉龙等．厦门大学学报（自然科学版），1994，33(5)：637.

[177] Wang J W，Li Q F，Dong W S，et al. Appl Catal A：Gen，2004，261(2)：191.

[178] 刘毅锋，张娟．CN 1365969 A. 2002.

[179] 张磊，袁存光，阕国和．石油化工，2006，35(11)：1048.

[180] 高俊杰，李会泉，张懿等．化工学报，2009，60(12)：3019.

[181] Gao J J，Li H Q，Zhang Y. Chin Chem Lett，2007，18(2)：149.

[182] Gao J J，Li H Q，Zhang Y F，et al. Green Chem，2007，9：572.

[183] Gao J J，Li H Q，Zhang Y，et al. Catal Today，2009，148(3，4)：378.

[184] 刘航飞，叶红齐，周永华等．中国科技论文在线，2009，4(6)：447.

[185] Abla M，Choi J C，Sakakura T. Chem Commun，2001：2238.

[186] Ion A，Doorslaer C V，Parvulescu V. Green Chem，2008，10：111.

[187] Honda M，Sonehara S，Yasuda H，et al. Green Chem，2011，13(12)：3406.

[188] 于春梅．现代化工，1999，19(7)：39.

[189] Komiya K，Fukuoka S，Aminaka M，et al. In：Anastas P T，Williamson T C，eds. Green Chemistry：Designing Chemistry for Environment. Washington DC：American Chemistry Society. 1996：20.

[190] Goyal M，Nagahata R，Sugiyama J，et al. Polym Prepr，1998，39(2)：589.

[191] Chaudhari R V，Kelkar A A，Gupte S P，et al. (General Electric Company). US 6222002 B1. 2001.

[192] 洪仲苓主编．化工有机原料深加工．北京：化学工业出版社，1997. 540.

[193] Ono Y. Appl Catal A，1997，155(2)：133.

[194] Tundo P，Trotta F，Moraglio G，et al. Ind Eng Chem Res，1988，27(9)：1565.

[195] 周炜清，赵新强，王延吉．催化学报，2003，24(10)：760.

[196] 张术栋，徐成华，冯良荣等．精细化工，2005，22(2)：115.

[197] 李振环，秦张峰，王建国．石油化工，2006，35(6)：528.

[198] 罗淑文，陈彤，童东绅等．催化学报，2007，28(11)：937.

[199] 童东绅，陈彤，姚洁等．催化学报，2007，28(3)：190.

[200] 于琴琴，王庶，白荣献等．高等学校化学学报，2005，26(8)：1502.

[201] 伍洲．改性层柱黏土催化剂及其催化合成碳酸二苯酯反应性能的研究［学位论文］．天津：河北工业大学，2005.

[202] Li Z H，Wang Y J，Ding X S，et al. J Nat Gas Chem，2009，18(1)：104.

[203] 李志会．酯交换法合成碳酸二苯酯催化剂失活和负载液相催化剂的研究［学位论文］．天津：河北工业大学，2007.

[204] 河村興治（出光石油化学株式会社）．公開特許公報 特開平 07-330687. 1995.

[205] 稲葉正志，長谷川勝昭，澤幸平等（三菱化学株式会社）．公開特許公報 特開平 09-040616. 1997.

[206] Kawahashi K，Murata K，Watabiki M. (Daicel. Chem.). EP 0591923. 1993.

[207] 稲葉正志，澤幸平，田中竜郎（三菱化学株式会社）．公開特許公報 特開平 08-188558. 1996.

[208] Liu H W，Zhao X Q，Wang Y J. 4th International Symposium on Green Chemistry in China，Proceedings. Jinan，2001，96.

[209] 刘宏伟，赵新强，王延吉．精细石油化工，2001，(6)：14.

[210] Hallgren J E，Matthews R O. J Org Chem，1979，175(1)：135.

[211] Hallgren J E，Lucas G M，Matthews R O. J Org Chem，1981，204(1)：135.

[212] Hallgren J E. (General Electric Company). US 4349485 A. 1982.

[213] Hallgren J E. (General Electric Company). US 4096168 A. 1978.

[214] Hallgren J E. (General Electric Company). US 4201721 A. 1980.

[215] Hallgren J E. (General Electric Company). US 4221920 A. 1980.

[216] Hallgren J E. (General Electric Company). US 4260802 A. 1981.

[217] King J A. (General Electric Company). US 5132447 A. 1992.

[218] Faler G R，King J A，Krafft T E. (General Electric Company). US 5142086 A. 1992.

[219] Joyce R P，King J A，Pressman E J. (General Electric Company). US 5231210 A. 1993.

[220] King J A，Pressman E J. (General Electric Company). US 5284964 A. 1994.

[221] Pressman E J, Shafer S J. (General Electric Company). US 5760272 A. 1998.

[222] Vavasori A, Toniolo L. J Mol Catal. A：Chem, 2000, 151(1, 2)：37.

[223] Kezuka H, Okuda F. (Idemitsu Kosan Co, Ltd). US 5336803 A. 1994.

[224] Hayashi K, Iura K, Kawaki T, et al. (Mitsubishi Gas Chemical Company, Inc.). US 5380907 A. 1995.

[225] Moreno P. (General Electric Company). US 6034262 A. 2000.

[226] Goyal M, Nagahata R, Sugiyama J, et al. Catal Lett, 1998, 54(1, 2)：29.

[227] Vavasori A, Toniolo L. J Mol Catal A：Chem, 1999, 139(2, 3)：109.

[228] Ishii H, Ueda M, Takeuchi K, et al. J Mol Catal A：Chem, 1999, 138(2, 3)：311.

[229] Ishii H, Ueda M, Takeuchi K, et al. J Mol Catal A：Chem, 1999, 144：369.

[230] Ishii H, Goyal M, Ueda M, et al. Catal Lett, 2000, 65(1-3)：57.

[231] Imada S, Iwane H, Miyagi H, et al. (Mitsubishi Chemical Corporation). US 5543547 A. 1996.

[232] Takagi M, Miyagi H, Yoneyama T, et al. J Mol Catal A：Chem. , 1998, 129：L1.

[233] 刘宏伟，周炜清，赵新强等. 石油学报(石油加工), 2004, 20(3)：49.

[234] Buysch H J, Hesse C, Rechner J. (Bayer Aktiengesellschaft). US 5821377 A. 1998.

[235] Buysch H J, Hesse C, Jentsch J D, et al. (Bayer Aktiengesellschaft). US 6001768 A. 1999.

[236] 薛伟，张敬畅，王延吉等. 化工学报, 2004, 55(12)：2076.

[237] Xue W, Wang Y J, Zhao X Q. Catal Today, 2005, 105(3, 4)：724.

[238] Xue W, Zhang J C, Wang Y J, et al. Catal Commun, 2005, 6(6)：431.

[239] 王延吉，薛伟，赵茜等. ZL 200410042588. 3. 2009.

[240] Xue W, Zhang J C, Wang Y J, et al. J Mol Catal A：Chem, 2005, 232：77.

[241] Ishii H, Ueda M, Takeuchi K, et al. J Mol Catal A：Chem, 1999, 144：477.

[242] ハニスーヨゼフプイミユ. 特開平 10-43596. 1998.

[243] 薛伟. 微乳液法制备超微细包覆型催化剂及其催化苯酚氧化羰基化反应研究 [学位论文]. 北京：北京化工大学, 2005.

[244] 薛伟，王延吉，赵新强. 石油化工, 2006, 35(3)：284.

[245] 王志苗，李芳，薛伟等. 分析试验室, 2011, 30(10)：5.

[246] 姚洁，王越，曾毅等. 合成化学, 2003, (4)：354.

[247] Fu Z H, Ono Y. J Catal, 1994, 145：166.

[248] Selva M, Marques C A, Tundo P. J. Chem Soc, Perkin Trans, 1994, 1：1323.

[249] Tundo P, Selva M, Marques C A. In：Auastsa P T, Williamson T C, eds. Green Chemistry：Designing Chemistry for the Environment. Washington：American Chemical Society, 1996. 81.

[250] Fu Z H, Ono Y. Catal Lett, 1993, 22：277.

[251] 梁斌. 化工进展, 2005, 24(6)：577.

[252] 李翔宇，蒋剑春，李科等. 太阳能学报, 2011, 32(5)：741.

[253] 樊一帆，黄辉，张国飞等. 宁波工程学院学报, 2012, 24(4)：77.

[254] 张丽平. 基于非均相催化制备生物柴油的过程研究 [学位论文]. 上海：华东理工大学, 2011.

[255] 黄世丰，陈国，方柏山. 化工进展, 2008, 27(4)：508.

[256] Fabbri D, Bevoni V, Notari M, et al. Fuel, 2007, 86(5, 6)：690.

[257] Zhang L P, Sheng B Y, Zhong X, et al. Bioresour Technol, 2010, 101(21)：8144.

[258] 马聪. 基于非均相催化玉米油基生物柴油的制备工艺研究 [学位论文]. 上海：华东理工大学, 2011.

[259] Kurle Y M, Islam M R, Benson T J. Fuel Process Technol, 2013, 114：49.

[260] 田雪，周斌，李鑫等. 石油化工, 2009, 38(6)：667.

[261] Seong P J, Jeon B W, Lee M, et al. Enzyme Microb Technol, 2011, 48(6, 7)：505.

[262] 李景全. 枯草杆菌脂肪酶固定化催化生产生物柴油的研究 [学位论文]. 新疆：石河子大学, 2011.

[263] Su E Z, Zhang M J, Zhang J G, et al. Biochem Eng J, 2007, 36(2)：167.

[264] Su E Z, You P Y, Wei D Z. Bioresour Technol, 2009, 100(23)：5813.

[265] Zhang L P, Sun S Z, Zhong X, et al. Fuel, 2010, 89(12)：3960.

[266] Ilham Z, Saka S. Bioresour Technol, 2009, 100(5)：1793.

[267] Ilham Z, Saka S. Bioresour Technol, 2010, 101(8): 2735.

[268] Tan K T, Lee K T, Mohamed A R. Fuel, 2010, 89(12): 3833.

[269] Ilham Z, Saka S. Fuel, 2012, 97: 670.

[270] 陆婉珍, 龙义成, 黎洁等. 石油学报(石油加工), 1997, 13(3): 40.

[271] 吕兴修, 范维玉, 胡兴华. 当代化工, 2008, 37(6): 599.

[272] 桧原昭男, 猪木哲, 藤井坚. 触媒, 1996, 38(8): 618.

[273] 张光德, 黄震, 张武高等. 燃烧科学与技术, 2002, 8(5): 386.

[274] 訾琨, 涂先库, 张勤等. 兵工学报, 2007, 28(10): 1159.

[275] 朱兵, 赵方鲜, 周文戟等. 清华大学学报(自然科学版), 2011, 51(8): 1107.

[276] 安华良, 赵新强, 刘择收等. 化工学报, 2008, 59(3): 590.

[277] 孙潇磊, 赵新强, 安华良等. 石油化工, 2008, 37(6): 602.

[278] 高卓, 赵新强, 安华良等. 石油学报(石油加工), 2010, 26(5): 684.

[279] An H L, Gao Z, Zhao X Q. Ind Eng Chem Res, 2011, 50: 7740.

[280] 王丽苹, 萧斌, 王公应. 化学试剂, 2010, 32(6): 513.

[281] 何良年. 华中师范大学学报(自然科学版), 2005, 39(4): 495.

[282] 方云进, 肖文德, 朱开宏等. 涂料工业, 2000, (1): 26.

[283] 王富丽, 曹虎, 黄青则等. 大众科技, 2012, 14(11): 76.

第 3 章

环境友好固体酸和酸性离子液体及其应用

酸催化反应是化学工业中重要的反应过程之一。酸催化反应和酸催化剂是包括烃类裂解、重整、异构等石油炼制以及包括烯烃水合、芳烃烷基化、醚化及酯化等石油化工在内的一系列重要工业的基础。从酸催化反应和酸催化剂研究的发展历史看，最早还是从利用如硫酸、磷酸、三氯化铝等一些无机酸类为催化剂开始的。表 3-1 列出了一些有代表性的重要工业催化反应[1]。可以看出，这些酸催化反应都是在均相条件下进行的，和多相反应相比，在生产中存在许多缺点，如在工艺上连续化生产困难，催化剂与产物存在分离问题，对设备有腐蚀及废酸液回收利用和排放污染环境等问题。因此，人们正在研究开发代替传统液体酸的环境友好酸催化反应与工艺。

表 3-1 液体酸为催化剂的一些重要工业催化反应[1]

反应类别	过程	液体酸	反应温度/℃	缺点
烷基化	苯＋乙烯──→乙苯	$AlCl_3$, BF_3 HF	100~200 20	腐蚀；操作条件苛刻；收率低；脱 HCl、RCl 困难；催化剂难分离；废水处理；HF 有毒
	2-甲基丙烷＋2-甲基丙烯──→异辛烷	浓硫酸 HF	81 30~40	腐蚀；有毒；废水处理；催化剂难分离；副反应
酯化	邻苯二甲酸酐＋丙烯醇──→苯二甲酸二丙基酯 乙酸＋沉香醇──→乙酸里那酯 水杨酸＋甲醇──→水杨酸甲酯 环氧氯丙烷＋乙烯醇──→氯丙酸乙酯	浓硫酸 硫酸 对甲苯磺酸	>120	产品有色；副反应；腐蚀；废水处理；催化剂难分离
异构化	Beckman 重排： 己内酰胺──→ε-己内酯	硫酸 发烟硫酸	100~150	生成大量硫铵；腐蚀；废水处理
	歧化：邻(间)二甲苯──→对二甲苯	HF-BF_3	<100	腐蚀；污染；操作须熟练

反应类别	过程	液体酸	反应温度/℃	缺点
加成/消除	水合： 正丁烯——→仲丁醇 异丁烯——→叔丁醇	硫酸		废水处理
	醚化： 环氧乙烷/乙二醇+醇——→乙二醇酯	硫酸，BF₃， 烧碱	120～150	腐蚀；催化剂分离
脱水/水解 /酯化	丙酮合氰化氢+甲醇——→乙甲基丙 烯酸甲酯	硫酸	80～100	副产硫铵；废水处理；污染及腐蚀； 硫酸回收
	丙烯腈(甲基丙烯酸酯)+烷基酸 ——→丙烯酸酯(甲基丙烯酸酯)	硫酸		废水及污染；催化剂回收
缩合	Prinz 反应： α-烯烃+甲醛——→羟基醇+烷基二噁 烷——→异戊二烯	硫酸	30～60	有副产物；硫酸与多余甲醛回收 困难
聚合/齐聚， 开环聚合	正丁烯——→聚丁烯	BF₃，AlCl₃		腐蚀；催化剂分离
	α-烯烃——→齐聚物	AlCl₃，BF₃		催化剂失活
	四氢呋喃——→聚丁基醚	发烟硫酸		催化剂失活
	β-蒎烷——→齐聚物	AlCl₃		催化剂用量大

与液体酸相比，固体酸催化反应具有明显的优势，固体酸催化在工艺上容易实现连续生产，不存在产物与催化剂分离及对设备的腐蚀等问题；并且固体酸催化剂活性高，可在高温下反应，能大大提高生产效率；还可扩大酸催化剂的应用领域，易于与其他单元过程耦合形成集成过程，节约能源和资源。

离子液体(ionic liquids，ILs)是由阴、阳离子组成，在室温或近于室温下呈液态的物质。酸性离子液体是功能化离子液体中的重要一种，它是将一些具有酸性的基团引到离子液体的阳离子或阴离子上。功能化的酸性离子液体既具有离子液体的优点又兼有固体酸和液体酸的优点，如：无挥发性、酸性可调变性、好的流动性、环境友好性、酸强度分布均匀以及易循环使用等，所以具有取代传统液体酸催化剂的潜力，被认为是一种具有广泛应用前景的绿色催化剂。

3.1 固体酸的定义、分类及测定

3.1.1 定义与分类

一般而言，固体酸可理解为凡能使碱性指示剂改变颜色的固体，或是凡能化学吸附碱性物质的固体。严格地讲，固体酸分为两种类型，一种是 Brönsted 酸(简称 B 酸或质子酸)，一种是 Lewis 酸(简称 L 酸)。

Brönsted 酸：能够给出质子的物质称为 Brönsted 酸。反之，能够接受质子的物质称为

Brönsted 碱。

　　Lewis 酸：能够接受电子对的物质称为 Lewis 酸。反之，能过给出电子对的物质称为 Lewis 碱。

　　固体超强酸：固体表面酸强度大于 100% 硫酸的固体酸，由于 100% 硫酸的酸强度用 Hammett 酸函数 H_0 表示为 -11.9，所以 $H_0 < -11.9$ 的固体酸就是固体超强酸；另一方面，固体超强碱的定义为：固体的碱强度函数 $H_- > 26$ 时，就叫固体超强碱。

　　固体酸的分类如表 3-2 所示。第一类固体酸包括了黏土类矿物，其主要组分为氧化硅和氧化铝，各种类型的合成沸石，如 X 型、Y 型、A 型、ZSM-5 型、ZSM-11 型沸石都具有其典型的催化活性和选择性；第二类为由液体酸负载在相应载体上构成；第三类为阳离子交换树脂；第四类为热处理后的焦炭；第五类为金属氧化物和硫化物；第六类为各种金属盐；第七类为复合氧化物。对于固体超强酸，表中列出了几类，此类酸还处于开发之中。

表 3-2　固体酸分类[3,4]

1. 天然黏土矿物：高岭土、膨润土、山软木土、蒙脱土、漂白土、沸石及黏土
2. 负载型：[H_2SO_4、H_3PO_4、$CH_2(COOH)_2$]负载在氧化硅、石英砂、氧化铝或硅藻土上
3. 阳离子交换树脂
4. 焦炭经 573K 热处理
5. 金属氧化物和硫化物：ZnO、CdO、Al_2O_3、CeO_2、ThO_2、TiO_2、ZrO_2、SnO_2、PbO、As_2O_3、Bi_2O_3、Sb_2O_3、V_2O_5、Cr_2O_3、MoO_3、WO_3、CdS、ZnS
6. 金属盐：$MgSO_4$、$CdSO_4$、$SrSO_4$、$BaSO_4$、$CuSO_4$、$ZnSO_4$、$CaSO_4$、$Al_2(SO_4)_3$、$FeSO_4$、$Fe_2(SO_4)_3$、$CoSO_4$、$NiSO_4$、$Cr_2(SO_4)_3$、$KHSO_4$、K_2SO_4、$(NH_4)_2SO_4$、$Zn(NO_3)_2$、$Ce(NO_3)_2$、$Bi(NO_3)_3$、$Fe(NO_3)_3$、$CaCO_3$、BPO_4、$AlPO_4$、$CrPO_4$、$FePO_4$、$Cu_3(PO_4)_2$、$Zn_3(PO_4)_2$、$Mg_3(PO_4)_2$、$Ti_3(PO_4)_4$、$Zr_3(PO_4)_4$、$Ni_3(PO_4)_2$、$AgCl$、$CuCl$、$CaCl_2$、$AlCl_3$、$TiCl_3$、$SnCl_2$、CaF_2、BaF_2、$AgClO_4$、$Mg(ClO_4)_2$
7. 复合氧化物：SiO_2-(Al_2O_3、TiO_2、SnO_2、ZrO_2、BeO、MgO、CaO、SrO、ZnO、Y_2O_3、La_2O_3、MoO_3、WO_3、V_2O_5、ThO_2)　Al_2O_3-(MgO、ZnO、CdO、B_2O_3、ThO_2、TiO_2、ZrO_2、V_2O_5、MoO_3、WO_3、Cr_2O_3、Mn_2O_3、Fe_2O_3、Co_3O_4、NiO)　TiO_2-(CuO、MgO、ZnO、CdO、ZnO_2、SnO_2、Bi_2O_3、Sb_2O_5、V_2O_5、MoO_3、WO_3、Mn_2O_3、Fe_2O_3、Co_3O_4、NiO)，ZrO_2-CdO、ZnO-MgO、ZnO-Fe_2O_3、MoO_3-CoO-Al_2O_3、MoO_3-NiO-Al_2O_3、TiO_2-SiO_2-MgO、MoO_3-Al_2O_3-MgO，杂多酸
8. 超强酸：SbF_5/(SiO_2-Al_2O_3、SiO_2-TiO_2、SiO_2-ZrO_2、TiO_2-ZrO_2)；SbF_5/(Al_2O_3-B_2O_3、SiO_2、SiO_2-WO_3、HF-Al_2O_3)；SbF_5、TaF_3/(Al_2O_3、MoO_3、ThO_2、Cr_2O_3、Al_2O_3-WB)；SbF_5、BF_3/(石墨、Pt-石墨)；BF_3、$AlCl_3$、$AlBr_3$/(离子交换树脂、硫酸盐、氯化物)；SbF_5-HF、SbF_5-FSO_3H/[金属(Pt、Al)，合金(Pt-Au、Ni-Mo、Al-Mg)，聚乙烯，SbF_3，AlF_3，多孔性物质(SiO_2、Al_2O_3、高岭土、活性炭、石墨)]；SbF_3-CF_3COOH/(F-Al_2O_3、$AlPO_4$、活性炭)；Nafion(全氟化树脂聚合物磺酸)；TiO_2-SO_4^{2-}、ZrO_2-SO_4^{2-}、Fe_2O_3-SO_4^{2-}；HZSM-5 沸石

3.1.2　酸性测定

　　固体的酸性一般包括酸中心的类型、酸强度和酸量等三个性质。酸类型是指 Brönsted 酸和 Lewis 酸；酸强度是指该固体表面将吸附于其上的碱分子转化为它的共轭酸的能力；酸量是指固体单位重量或单位表面上所含酸中心数或物质的量(mmol)。另外，固体表面酸中心往往是不均匀的，有强有弱，为全面描述其酸性，需测定酸量对酸强度的分布。常用的固体表面酸性的测定方法如表 3-3 所示。由于固体表面酸中心的结构比较复杂，可能同时存在 B 酸和 L 酸中心，而每种酸中心的强度并不单一。一个理想的成功的酸性测定方法要求能区别 B 酸和 L 酸，对每种酸型酸强度的标度物理意义准确，能分别定量地测定它们的酸量和酸强度分布。表 3-3 中的某种方法都具有某方面的优势，但都存在缺陷，不可能对固体酸的酸性进行全面的完全定量表征。因此，在实际测定过程中，往往需要多种方法结合。详细测定方法参阅文献[2~4]。

表 3-3 常用固体表面酸酸性测定方法[4]

方法	表征内容
吸附指示剂正丁胺滴定法	酸量,酸强度
吸附微量热法	酸量,酸强度
热分析(TG、DTA、DSC)方法	酸量,酸强度
程序升温热脱附	酸量,酸强度
羟基区红外光谱	各类表面羟基、酸性羟基
探针分子红外光谱	B 酸、L 酸、沸石骨架上、骨架外 L 酸
^{1}HMASNMR	B 酸量、B 酸强度
^{27}AlMASNMR	区分沸石的四面体铝、八面体铝(L 酸)

3.2 金属氧化物[3]

3.2.1 氧化钛和氧化锆

氧化钛和氧化锆可作为诸如 Pt 和 Pd 金属催化剂的重要载体。TiO_2 本身是一个酸性氧化物，但是还原后又变成了碱性，而 ZrO_2 本身同时具有弱酸和弱碱的性质，且可表现出酸-碱双功能催化作用。

（1）氧化钛

用氨水水解 $TiCl_4$，经过洗涤、干燥和焙烧得到的 TiO_2 的最高酸强度为 $H_0 \leqslant -3$，但酸量非常少，并且没有观测到碱性。但是，如果采用钛酸沉淀（上述制备方法所得的沉淀在 373K 老化 1h 得到）在 623K 下焙烧，所得 TiO_2 表面积为 $169 m^2/g$。说明沉淀老化的作用影响相当大。TiO_2 的表面性质因其制备方法而变化，通常 TiO_2 归属为弱酸性金属氧化物，TiO_2 的酸中心在低温焙烧时为 B 型，高温焙烧时为 L 型[5]。

TiO_2 对 1-丁烯异构化具有催化作用。并且弱酸性 TiO_2 可用作催化剂，从 α-蒎烯生产茨烯。如果使用强酸性的催化剂用于这一反应，将导致副产物盖二烯、三环萜和萜二烯的生成。TiO_2 还可用做催化剂载体，如负载在 TiO_2(β)上的 MoO_3 催化剂对 N_2O 还原反应具有很高的活性。另外，它与 Al_2O_3 构成的复合载体正应用于石油炼制过程催化剂的载体。

（2）氧化锆

氧化锆通常由氨水水解氧氯化锆，再经水洗、干燥及焙烧得到。其比表面随着预处理温度升高而下降。在 773K 下焙烧 3h 的 ZrO_2 的最高酸强度为 $H_0 \leqslant 1.5$。因此，ZrO_2 是个弱酸氧化物，其酸性主要是 L 酸和部分 B 酸[6]。

ZrO₂ 催化剂对仲丁醇生成 1-丁烯选择性要比 Al₂O₃ 催化剂高，其原因是其表面上酸和碱中心都作为活性中心参与了反应。它对酸中的甲基基团具有活化作用。强酸性的 Al₂O₃ 首先从仲醇中抽出 OH⁻ 基团而形成正碳离子，主要生成热力学上稳定的 β-烯烃。而 ZrO₂ 能同时抽出 OH⁻ 和端基甲基中的 H⁺，从而使 2-烷醇变成 1-烯烃。并且，ZrO₂ 作为载体对于 Rh 催化剂的加氢反应具有比担载在 Al₂O₃、SiO₂ 等上的催化剂的活性都要高。

3.2.2　氧化铌和氧化钽

（1）氧化铌

水合五氧化二铌（$Nb_2O_5 \cdot nH_2O$），通常称之为铌酸，当在较低的温度加热时（373～573K），其酸强度颇高（$H_0 = -5.0$），这相当于 70% 的硫酸的强度。然而在 773K 下焙烧后，铌酸表面却几乎是中性的，通常任何酸性金属氧化物在大约 773K 下焙烧后都能出现酸性，并又可因水的吸收酸性下降或失去。然而铌酸却是一个奇异的固体酸，不管其水含量是多少，其表面上总是保持有强的酸强度，这个特殊的性质对那些必须有水分子参与或引发的酸催化反应，将会出现稳定的催化活性。事实上，这对酯化、水解和水合反应表现出优异的稳定性。铌酸经 373K、573K 和 773K 抽空处理后，其比表面积分别为 164m²/g、126m²/g 和 42m²/g[7]。铌酸上吡啶吸附的红外光谱研究表明：在 373K 抽空处理的铌酸样品上 B 酸谱带强度最强，它随抽空温度增加而降低，在 573K 抽空处理的铌酸 L 酸谱带强度最高。

铌酸可用于 1-丁烯异构化，2-丁醇脱水和丙烯聚合反应。对于 2-丁醇脱水反应其活性与 SiO₂、Al₂O₃ 的活性相当；在铌酸用于水合、酯化和水解反应中，对于乙烯水合反应，催化剂没有失活现象。其稳定活性高于工业上广为使用的固体磷酸。铌酸在乙酸和乙醇的酯化反应中，表现出良好的催化性能，比树脂、$ZrO_2\text{-}SO_4^{2-}$、$Fe_2O_3\text{-}SO_4^{2-}$ 和 SiO₂-Al₂O₃ 的活性要高，并且乙酸乙酯的选择性为 100%。树脂催化剂的选择性虽高，但反应 1h 后就变成黑色，不能反复使用。铌酸在使用 60h 后活性也不发生变化。$TiO_2\text{-}SO_4^{2-}$ 虽是固体超强酸，具有高活性但活性迅速下降，反应 2h 后，就变得比铌酸低得多。HZSM-5 沸石活性虽高，但选择性低，有二甲醚和乙烯等副产物生成。另外，在 473～673K 预处理的铌酸对丙烯酸酯的水解也呈现高活性和 100% 的选择性以及非常好的稳定性，并不因为大量水的存在而失活[8]。

（2）氧化钽

水合 Ta₂O₅ 也是一个强酸性氧化物，473～673K 焙烧的 Ta₂O₅ 酸强度 $H_0 \leqslant -8.2$[9]，比铌酸的酸强度高得多。即使在高温下焙烧也出现高强度的酸性中心，这一点与铌酸不同，这主要是它们的晶化温度不同，Nb₂O₅ 为 860K，而 Ta₂O₅ 为 1003K。对丙烯酸和甲醇的酯化反应，其催化活性比铌酸高，稳定性也较好。它是一个有前途的固体酸催化剂。

3.2.3　氧化铝和氧化硅

（1）氧化铝

氧化铝（Al₂O₃）可以有各种结晶形态，完全无水的氧化铝是 α-Al₂O₃（刚玉），它最稳定，具有六方型氧化物离子最紧密堆积的结构，Al 离子占据了 2/3 的八面体的位置。α-Al₂O₃ 由铝的氢氧化物或水合氧化铝在 1470K 以上高温热分解制备。上述氢氧化物可通过铝盐溶液的中和或铝的醇盐的水解得到，低温热处理因前身物与热处理条件而异，可生成各种类型的过渡型的氧化铝，如 γ、η、χ、θ、δ、κ 等，转化过程如图 3-1 所示。

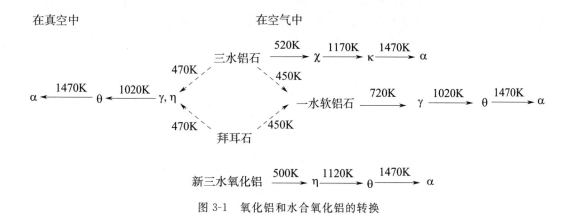

图 3-1　氧化铝和水合氧化铝的转换

在这些过渡型的氧化铝中，$\gamma\text{-Al}_2\text{O}_3$ 和 $\eta\text{-Al}_2\text{O}_3$ 是最重要的催化剂，它们都是含有缺陷的尖晶石结构。两者之间的差别是，四面体的晶体结构不同（$\gamma > \eta$），六方层的堆排规整性不同（$\gamma > \eta$）以及 Al—O 键距不同（$\eta > \gamma$，差值 $0.05 \sim 0.1\text{nm}$）。

由水合氧化铝在 $550 \sim 1100\text{K}$ 下焙烧所得的氧化铝的表面积通常为 $100 \sim 300\text{m}^2/\text{g}$。$\gamma\text{-Al}_2\text{O}_3$ 和 $\eta\text{-Al}_2\text{O}_3$ 的表面积为 $150 \sim 250\text{m}^2/\text{g}$，$\alpha\text{-Al}_2\text{O}_3$ 仅为几平方米每克。氧化铝表面可通过 670K 以上热处理而加以活化，通常 $\gamma\text{-Al}_2\text{O}_3$ 和 $\eta\text{-Al}_2\text{O}_3$ 均同时具有酸中心和碱中心[10]。在氧化铝表面存在弱的 B 酸中心和 L 酸中心。氧化铝可用于脱水、脱卤化氢、水合及醇醛缩合反应。工业上最常用的是作为载体（如环氧乙烷合成用催化剂 $\text{Ag}/\alpha\text{-Al}_2\text{O}_3$），有时为双功能催化反应提供酸性中心，如用作铂重整催化剂。

（2）氧化硅

硅胶表面是由一层硅烷醇（SiOH）和物理吸附水所组成的。大部分水可在 $400 \sim 500\text{K}$ 下，在空气中除去，而硅烷醇基团则遗留在表面上，它随温度增加进一步生成表面硅氧烷基。硅胶上的硅烷醇基在本质上是个很弱的酸。pK_a 值为 7.1 ± 0.5[11]。结晶的硅酸盐的酸性比硅胶强，如 $\text{H}_2\text{Si}_{14}\text{O}_{29}\cdot 5\text{H}_2\text{O}$ 的 H_0 为 $-5 \sim -3$[12]。

硅胶可用于酚与叔丁基氯化物的叔丁基化反应，醛肟异构化为酰胺的反应，环己酮肟的 Beckmann 重排反应及羟基亚苄基乙酰苯转化为黄烷酮的异构化反应等。

硅胶可与金属阳离子进行离子交换：

$$n\text{SiO—H} + \text{M}^{n+} \longrightarrow (\text{SiO})_n\text{—M}^{n+} + n\text{H}^+$$

并且还可用金属络合物将金属阳离子引到表面，如：

$$2\text{SiO—H} + [\text{Cu}(\text{NH}_3)_4]^{2+} \longrightarrow \begin{matrix} \text{SiO} & & \text{NH}_3 \\ & \text{Cu} & \\ \text{SiO} & & \text{NH}_3 \end{matrix} + 2\text{NH}_4^+$$

我们知道，基于磺化苯乙烯-二乙烯基苯交联共聚物制得的阳离子交换树脂是一些强固体酸，可作为催化剂用于各种工业反应中。但是，由于离子交换树脂的热稳定性限制，应用范围只能在 400K 以下，为了得到具有较高热稳定性的催化剂，人们企图将磺酸基引入硅胶表面，因为 Si—C 键的解离能是相当高的。如利用硅胶上硅烷醇基与硅烷偶联试剂（三甲氧基苯基硅烷)反应，继而使之磺化而得[13,14]。这样制备的物质酸强度为 $H_0 = -0.62 \sim -6.6$。在氮气中的热稳定性很高，在 573K 下加热 240h 其酸度不变。在 623K 下加热 100h，失去 5% 的磺酸基团，在 673K 下加热 70h，结构完全破坏。这种材料可用作苯与丙烯的烷基化反应和异丁烯齐聚反应的催化剂。上述制备过程反应式为：

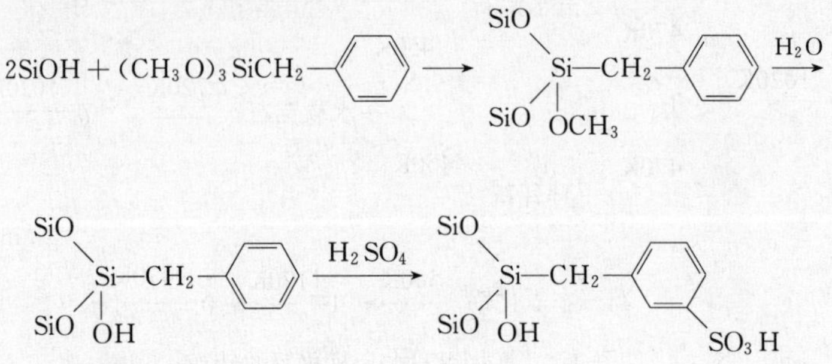

$$2SiOH + (CH_3O)_3SiCH_2-\text{(苯环)} \longrightarrow SiO-Si(SiO)(OCH_3)-CH_2-\text{(苯环)} \xrightarrow{H_2O}$$

$$SiO-Si(SiO)(OH)-CH_2-\text{(苯环)} \xrightarrow{H_2SO_4} SiO-Si(SiO)(OH)-CH_2-\text{(苯环)}-SO_3H$$

3.2.4　固体磷酸

常规固体磷酸催化剂含有大约 $60\% P_2O_5$-$40\% SiO_2$（硅藻土）。其制备过程为将正磷酸（75%～100%）和少量的氧化锌和氯化锌加到硅藻土上，且在 450～507K 下加热 20～60 h。经处理后大部分正磷酸转化为焦磷酸，再将固体粉碎成型[15]。通常，焦磷酸是活性最高的催化剂，正磷酸活性中等，而偏磷酸则几乎是惰性的。热处理对酸组成有较大影响，在 473K 下加热处理 4h 后，大约有 75% 的正磷酸转化为焦磷酸。573K 下加热时，随着焦磷酸的生成同时总伴有偏磷酸生成。在催化剂中要保持有适量水存在，否则将失活。在 473～593K 范围内水最好控制在 350～400mg/kg。另外，固体磷酸催化剂不易再生。H_3PO_4/SiO_2 的酸强度 H_0 值为 $-5.6 \sim -8.2$。

固体磷酸催化剂可用作丙烯及丁烯的齐聚催化剂，生成沸程在汽油范围的液体混合物；用于从苯和含有丙烯及丙烷的炼厂气混合物的烃化制取异丙苯；用于链烯烃的羰基化和烯烃的水合反应。

3.3　复合金属氧化物[3]

3.3.1　酸性产生机理

复合氧化物可以理解为由多种氧化物组成的"单一"氧化物。因为它们有明确的和不同于母体氧化物的晶体结构，可以通过像 X-射线衍射等研究被充分了解。同时它们的性质，如酸-碱性等直接由它们的结构所决定。Maruyama 等[16]提出一个有关二元氧化物的酸性生成机理新的假说：酸性的生成是由于在二元氧化物模型结构中负电荷或正电荷过剩所致。模型结构可根据下述两个法则来描述：①一个金属氧化物的正价元素的配位数 C_1 和第二个金属氧化物正价元素的配位数 C_2 在混合时保持不变；②在二元氧化物中对于所有氧的配位数保持其主组分氧化物的负价元素（氧）的配位数。

例如，对于 TiO_2 作主组分氧化物的 TiO_2-SiO_2 的结构和其主组分氧化物为 SiO_2 的 TiO_2-SiO_2 的结构如图 3-2 所示[17]。根据上述法则，在它们混合之后仍然保持其在单组分氧化物中正价元素的配位数，因此，Si 仍为 4，Ti 仍为 6。然而，其负价元素氧的配位数则在两个结构中分别变成 3 和 2。在图 3-2(a) 的情况下，Si 原子的四个正电荷分布在四个键上，亦即每一个键都分布一个正电荷。然而氧原子的 2 个负电荷则分布到三个键上，亦即每一个键上分布着 $-2/3$ 个价电子，那么每一个键上的电荷差为 $1-2/3=+1/3$，而就所有键而言，$+1/3 \times 4 = 4/3$ 价单元过剩。在这种情况下，因为正电荷过剩存在，认为应有 Lewis 酸性出现。在图 3-2(b) 的情况下，Ti 原子的四个正电荷分布在 6 个键上，也就是每个键应为 $+4/6$ 个价单元，但是氧原子的 2 个负电荷分布在两个键上，亦即每个键上有一个负电荷，因此，每个键上的电荷变化就为 $+4/6-1=-1/3$。考虑所有键共有 $-1/3 \times 6 = -2$ 价单元过剩，在这种情况下，应有两个质子与 6 个氧相连结以保持其电中性，故可认为有 B 酸性出现。实际测试表明 TiO_2-SiO_2 是非常强的酸。再如 ZnO-ZrO_2 复合氧化物不存在过剩电荷，因而不可能出现任何酸性，事实上，ZnO-ZrO_2 没有出现比原组分氧化物总酸性高的酸性。

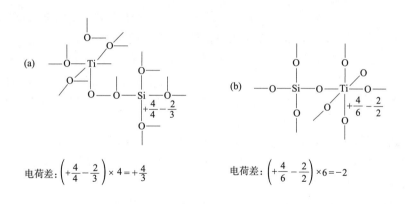

图 3-2　根据法则①和②所描绘的 TiO_2-SiO_2 模型结构

(a) TiO_2 为主氧化物；(b) SiO_2 为主氧化物

3.3.2　影响二元氧化物酸碱性的因素

① 组成　在金属氧化物的某些组合中，其酸碱中心生成数量通常取决于二元氧化物的组成比例，通常存在一个最佳比例。例如，SiO_2-MoO_3 酸量的最大值为 SiO_2 含量为 90% 处。Al_2O_3-ZnO 在 50% Al_2O_3 组成时出现碱中心数最大值[18]。

② 制备方法　二元氧化物的酸量、强度和类型都受制备方法的影响。二元氧化物一般的制备方法为捏合、共沉淀和共胶法。通常，共胶法可使两个组分间良好地接触和相互混合，然而共胶法又不是总可适用的。除了某些情况下，两组分在不同 PH 值范围下沉淀外，共沉淀法在制备二元氧化物时适应性较广。那些不可能共沉淀的二元氧化物则可用捏合法，两个组分以泥浆体状态下混合。同一二元氧化物用共胶、共沉淀和捏合法等不同方法制备，通常其酸性质不同。并且共沉淀时所用的沉淀试剂的种类不同也影响二元氧化物的酸性。如

用尿素为沉淀剂可产生均匀沉淀，氨水则为非均匀沉淀。

③ 预处理温度　它对酸性中心的生成是决定性的。二元氧化物的前身物是湿沉淀，通常含有 NH_4^+ 以平衡电荷。为了酸中心生成，必须加热前身物使 NH_4^+ 转化为 H^+。以 SiO_2-Al_2O_3 为例，在沉淀着的溶液中，Si—OH 和 Al—OH 缩合生成 Si—O—Al 键，在加热时随着水的释出，六配位铝转化为四配位铝。在较高温度下加热导致 NH_4^+ 分解，生成 H^+ 和 NH_3，NH_3 从表面上脱附，而 H^+ 则遗留在表面上起 B 酸作用。再进一步加热，脱羟基生成 L 酸中心。在最后加热阶段，二元氧化物呈无定形，更高温度下将促进晶化作用，其结果使表面状态稳定化和表面积减小，因此，酸中心的数量和强度亦减小。

3.3.3　具有代表性的二元氧化物

（1）含 SiO_2 的二元氧化物

① SiO_2-Al_2O_3　硅酸铝是经过广泛研究的典型二元氧化物，固体酸催化剂的概念亦是通过硅酸铝的研究而建立的。在 SiO_2-Al_2O_3 上的酸中心其强度比 $H_0=-8.2$ 还强，且同时具有 B 酸和 L 酸型。当提高预处理温度时，Lewis 酸中心增加。而吸附水后，又转变成为 Brönsted 酸中心。硅酸铝可催化很多种反应过程，如石油催化裂化反应、丙烯聚合、异丙苯裂解及邻二甲苯异构化等。

② SiO_2-TiO_2　它呈强酸性质，H_0 超过 -8.2。在高于 823K 的温度处理时，SiO_2-TiO_2 上将出现碱中心。碱中心的出现是由于高温下 Ti^{4+} 被还原为 Ti^{3+} 所致。

③ SiO_2-MoO_3　它呈现酸性。在 MoO_3 含量为 10% 的 SiO_2-MoO_3 上，H_0 为 -3.0～$+6.8$ 范围内的酸中心数有最大值。其酸性不随预处理温度而变化。强度为 $H_0=-3.0$～$+6.8$ 的酸性中心在 573K 下预处理时出现，此后一直到 773K 仍然保持不变，到 873K 时才稍有减少。表面上有 Brönsted 酸中心存在。

④ SiO_2-ZnO　酸中心和碱中心均可存在于 SiO_2-ZnO 表面上[19,20]。强度高于 $H_0=1.5$ 的酸中心数在 ZnO 含量为 30% 时达到最大，而强度 $H_0<-3.0$ 的酸性中心在 70% 的 ZnO 上为最大，酸性中心为 L 酸。

⑤ SiO_2-MgO　它具有大量的酸和碱中心。酸中心数超过 SiO_2-Al_2O_3，但其强度比 $H_0=-3.3$ 还弱。酸中心数的最大值在 50%MgO 含量时出现，而碱中心随 MgO 含量增加而增加。SiO_2-MgO 也用作烃类裂解和醇脱水反应的催化剂，其上还可发生乙醇转化生成 1, 3-丁二烯的反应，主要是由于其酸-碱双功能作用所致。在 MgO 含量为 85% 时，它具有最好的酸中心和碱中心的平衡，有效地催化了整个反应[21]。

⑥ 含 SiO_2 的其他氧化物　氧化铝-氧化铁在 SiO_2 含量为 10% 时具有最多的酸性中心；氧化硅-氧化锆呈现出强酸性，酸强度处于 -5.6～-8.2 范围内；SiO_2-ThO_2 和 SiO_2-WO_3 也有酸性中心生成。

（2）含 Al_2O_3 的二元氧化物

① Al_2O_3-MgO　酸碱中心均存在于二元氧化物 Al_2O_3-MgO 上[22]。吡啶吸附的 IR 光谱测得的酸中心属 Lewis 酸型，没有检测到 Brönsted 酸中心。而有三种不同类型的 Lewis 酸中心存在，可分别归属于氧化铝相中的 Al^{3+}、$MgAl_2O_4$ 相中的阳离子和在 MgO 相中的阳离子。其碱强度随 MgO 含量的增加而减弱。表面上 OH 基不能给出 H^+ 与吡啶分子作用，却仍呈酸性特征。

② Al_2O_3-TiO_2　Al_2O_3-TiO_2 的酸性质随其制备方法的不同而变化。用非均匀共沉淀法

所制备的，其组成为 90% Al_2O_3 和 10% TiO_2 的二元氧化物，具有最多的酸中心数。相反，用尿素均匀共沉淀所制备的二元氧化物上却只有少量的酸中心，特别是含有 90% Al_2O_3 的二元氧化物上竟没有酸中心。酸中心基本上属 Lewis 酸型，它在吸附水时不能够转变成 Brönsted 酸中心。碱中心只有在适量水存在时才能出现，加入 $40\mu mol/m^3$ 的水可给出最大的碱性。

③ Al_2O_3-ZnO　二元氧化物 Al_2O_3-ZnO 上可生成酸性和碱性中心。不同组成的二元氧化物上的酸中心数，从氯化物制备的样品要比从硝酸盐制备的为高。随着氧化锌含量的增加，酸中心数单调地下降。强度高于 $H=12.2$ 的碱中心数，在 ZnO 含量为 50% 时呈现极大值。

该氧化物用于酚和甲醇的烷基化、丁烯异构化、蒈烯异构化均有催化活性。烷基化活性与其酸性相关。而丁烯异构化的活性则与其碱性相关。在 ZnO 含量 90% 的二元氧化物上，3-蒈烯可选择性地双键位移生成 2-蒈烯。而孟二烯和异丙苯也可通过三元环开环而生成，所用催化剂为含有少量 ZnO 的酸性二元氧化物。

④ Al_2O_3-MoO_3　Al_2O_3-MoO_3 用 Co 或 Ni 调变后是个可供广泛使用的加氢脱硫和加氢脱氮催化剂。氧化铝及 Co-和 Ni-浸渍的氧化铝只含有 Lewis 酸中心[23]，然而用 Mo 浸渍的氧化铝，不论是 Co 和 Ni 是否存在，均同时兼具 Lewis 酸和 Brönsted 酸中心[24]。

酸中心的强度和数量均随 MoO_3 的含量而变化。在 MoO_3 含量低于 12.5% 的 MoO_3-Al_2O_3 上大部分的酸中心都比 $H_0=-3.0$ 强，而对于 MoO_3 含量高于 12.5% 的 MoO_3-Al_2O_3，其酸中心的强度较宽，分布在 $H_0=6.8\sim-3.0$ 之间。

（3）含 TiO_2 的二元氧化物

① TiO_2-MgO　二元氧化物 TiO_2-MgO 同时具有酸性和碱性。在 TiO_2 量丰富的二元氧化物上酸中心占优势，而碱中心却存在于 MgO 含量丰富的氧化物上。在 TiO_2:MgO 组成为 1:1 时酸中心和碱中心共存。其酸强度至多为 $H_0=3.3$ 而碱强度则为 $H=17.2$。

该催化剂可促进双丙酮醇的分解，4-甲基-2-戊醇脱水和酚的烷基化反应。双丙酮醇分解的催化活性与碱中心数有关，而 4-甲基-2-戊醇的脱水反应则是与酸中心数有关。既有酸中心又有碱中心的二元氧化物可非常有效地催化酚与甲醇的烷基化反应，其 TiO_2 和 MgO 的组成比为 1:1 的氧化物具有最高的活性。不同组成的二元氧化物 OH 基团具有不同的酸强度。

② TiO_2-ZrO_2　$H_0=-5.6$ 的强酸中心与碱中心可同时存在于该二元氧化物上，特别是含有等量 TiO_2 和 ZrO_2 的氧化物，具有最大量的强碱和酸中心。这一氧化物对甲基环己烯氧化物的异构化和乙基苯的非氧化脱氢反应具有活性。对这两个反应，酸-碱对中心均起着活性中心的作用。

③ TiO_2-ZnO　二元氧化物 TiO_2-ZnO 的酸性质随制备方法不同而异，非均匀共沉淀具有比均匀共沉淀要强的酸性，前一法生成了酸强度高于 $H_0=-3.0$ 的酸性中心，而后一法则生成比 $H_0=-3.0$ 弱的酸性中心。酸中心既有 Brönsted 酸型也有 Lewis 酸型。这一氧化物的特点是对乙烯水合反应具有高活性，此等高活性以及生成乙烯的高选择性是由于该酸中心具有适度的强度所致。

④ TiO_2-SnO_2　二元氧化物 TiO_2-SnO_2 表面上具有 $H_0<-3.0$ 的酸中心。其酸中心数在 TiO_2 含量为 50% 时达到最大值。该组成氧化物对于烯异构化具有最高的催化活性，反应按正碳离子机理进行，原来单组分氧化物中原有的碱中心，它们分别来自 Ti^{3+} 和 Sn^{3+}，组

成二元氧化物时消失。

⑤ 含有 TiO_2 的其他二元氧化物　二元氧化物 ZrO_2-SnO_2 具有酸性和碱性中心，酸中心的最高强度是在 ZrO_2 含量为 90％时所观测到的，其值为 $H_0=-3.0$。在其他组成的氧化物上的酸中心强度比 $H_0=1.5$ 弱。在二元氧化物上的碱中心数比在组分氧化物 ZrO_2 上还低。环丙烷的开环反应和 2-丁醇脱水反应的催化活性与该氧化物的酸性有关。而 1-丁烯异构化和二丙酮醇的分解则与其碱性相关。

钨氧化物载在 ZrO_2 上时，其中具有酸强度为 $H_0=-14.52$ 的酸中心[25]，这一氧化物在 303K 下可催化甲苯与苯酸酐的酰化反应以及在 373K 下丁烷骨架异构生成异丁烷。当氧化物经 1073~1273K 下焙烧后，可得到最高的活性。

3.4　黏土矿物[3]

3.4.1　层状硅酸盐类

（1）层状硅酸盐的结构

层状硅酸盐可分为两大类，即双层式和三层式硅酸盐。双层式硅酸盐，如高岭土，具有理想的化学式：$Al_2Si_2O_5(OH)_4$，可看成是由 $Al(OH)_6$ 八面体层与 $Si_2O_3(OH)_2$ 四面体层缩聚连接的产物。

在三层式硅酸盐中，一个八面体层夹在两个四面体层之间。这些三层式硅酸盐又可进一步分为金属离子位双占有的八面体结构和三占有八面体结构两类。前者在呈电中性时的理想化学式为：$Al_2(Si_4O_{14})(OH)_2$，在所有可能的八面体结构中心只有三分之二的阳离子位被 Al^{3+} 占据。后者的理想化学式为：$Mg_3(Si_4O_{10})(OH)_2$，其中每个晶胞中的三个阳离子位全部由 Mg^{3+} 占据。在结构上偏离这些理想的化学式导致了许多种类黏土的存在。在四面体结构层中的硅有 15％可以由铝取代。在黏土中某些金属阳离子，如 Li^+、Mg^{2+} 和 Fe^{2+}，可替代八面体结构层中的 Al^{3+}。而 Al^{3+} 又能取代四面体结构层中的 Si^{4+}。通过阳离子间的取代在三层式结构中将出现过剩的负电荷。在合成黏土中其 OH^- 易为 F^- 所取代。表 3-4 列出了一些重要层状硅酸盐的化学式，图 3-3 给出了蒙脱土的结构。

表 3-4　一些重要黏土的理想化学式

黏土矿物	理想化学式	黏土矿物	理想化学式
蒙脱土	$(Al_{2-y}Mg_y)Si_4O_{10}(OH)_2 \cdot nH_2O$	滑石粉	$Mg_3(Si_{4-x}Al_x)O_{10}(OH)_2 \cdot nH_2O$
贝得石	$Al_2(Si_{4-x}Al_x)O_{10}(OH)_2 \cdot nH_2O$	锂蒙脱土	$(Mg_{3-y}Li_y)Si_4O_{10}(OH)_2 \cdot nH_2O$
绿脱石	$Fe(Ⅲ)_2(Si_{4-x}Al_x)O_{10}(OH)_2 \cdot nH_2O$	锌蒙脱土	$Zn_3(Si_{4-x}Al_x)O_{10}(OH)_2 \cdot nH_2O$

（2）交联黏土

用极性有机物分子交联黏土的工作很早就已进行过，并已有完好的文献记载。近年来出现了很多制备新型分子筛或交联黏土或柱撑黏土的方法。其中包括用特定的金属氢氧化物或其它无机化合物的多聚物种交联黏土的结构层单元。交联黏土中交联后层间的距离由交联剂分子的大小所决定，而各结构层的横向距离可通过改变黏土的电荷密度和交联的程度进行调

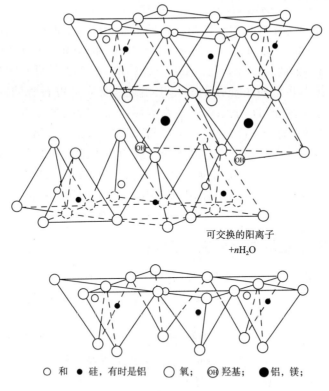

○ 和 ● 硅，有时是铝　　○ 氧；　 OH 羟基；　● 铝，镁；

图 3-3　蒙脱土的结构

节。图 3-4 表示交联黏土的形成过程。首先用离子交换技术将多聚铝阳离子($Al_{13}O_4$-$(OH)_{24+x}(H_2O)_{12-x})^{+(7-x)}$ 置于黏土的单元结构层之间。然后焙烧使多聚阳离子转变成氧化物。焙烧过程中的化学变化可用 ^{27}Al 和 $^{29}SiNMR$ 跟踪表征。用这种方法可制得层间间距为 1.7～1.8nm 或 0.7～0.8nm 层间空距的交联产物。这些结果与由多聚铝离子的大小所预测的数值是一致的。除多聚铝离子外，其他诸如 $[Zr_4(OH)_{6-n}\cdot(H_2O)]_{n+8}^{[26]}$、$[Fe_3(OCOC_3H_7)_7OH]^{+[27]}$、$[Nb_6Cl_{12}]^{2+[28]}$、$[Ta_6Cl_{12}]^{2+[29]}$ 形式的多聚阳离子也可用作层状黏土的交联柱。

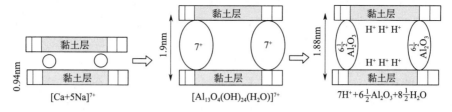

图 3-4　交联黏土的形成过程[30]

3.4.2　层状硅酸盐与交联黏土的酸性

黏土的酸性有多种来源。处在可交换的阳离子水合层中的水分子因受到强极化电场的作用，其解离度要比普通液体水大几个数量级。

$$Al^{3+}+(H_2O)_n \longrightarrow Al(OH)^{2+}+H^++(n\text{-}1)H_2O$$

Brönsted 酸中心也可由交联柱的脱羟基反应生成：

$$[Al_{13}O_4(OH)_{24}(H_2O)_{12}]^{7+} \longrightarrow 7H^+ + 6.5Al_2O_3 + 20.5H_2O$$

研究者[31]用吡啶分子作探针的红外光谱对黏土和交联黏土的酸性进行过研究。吸附在用多聚氢氧化铝交联的贝得石上具有 Lewis 酸中心和 Brönsted 酸中心，它们分别由 $1454cm^{-1}$ 和 $1540cm^{-1}$ 处的吸收带表征。其中 $1454cm^{-1}$ 强吸收带可与交联柱上的 Lewis 酸中心关联，因为它并不在用质子交换的黏土上出现；交联贝得石和蒙脱土上吸附吡啶的 $1540cm^{-1}$ 吸收带的积分强度与焙烧温度的关系表明，在吡啶吸附之前，提高交联蒙脱土的焙烧温度导致质子含量的急剧下降，而交联贝得石却在同样的温度区域保持其酸度不变。交联蒙脱土上 Brönsted 酸中心（质子）的急剧下降被认为与下述事实有关，即当加热活化样品时，质子就迁入黏土的八面体层，这些质子将导致黏土的脱羟基反应易发生。因此，经高温处理后样品的酸性主要是 Lewis 酸。在用氧化铝簇合物交联的膨润土上也曾得到类似的结果。

3.4.3 层状硅酸盐催化剂上的有机反应

层状硅酸盐，如蒙脱土，已被用作许多有机反应的催化剂。这些有机反应有的在气相，有的在液相下进行。下面给出的是由层状硅酸盐所催化的一些典型反应。

（1）裂解反应

早在 1930 年，蒙脱土就已成为重油裂化催化剂的始祖。为了提高汽油产率和延长催化剂的寿命，对蒙脱土进行了许多改性研究。热酸处理可提高天然蒙脱土的催化活性和热稳定性。经热酸处理后几乎有半数的八面体铝可从蒙脱土骨架中抽取出来，并以 Al_2O_3 的形式沉积到催化剂的表面。层状硅酸盐（黏土）的主要缺点是水热稳定性差。这种缺点导致了黏土催化剂为合成硅酸铝催化剂所代替，后者最终又为沸石分子筛所代替。

（2）消去反应

在 Al(Ⅲ) 交换蒙脱土上伯醇于 473K 发生脱水反应，主要是生成相应的醚，仅有少量的烯烃产生。但对于仲醇（不包括 2-丙醇）和叔醇，分子内脱水生成烯烃的反应很易发生，几乎不生成醚类；二甘醇除齐聚外，还环化形成 1,4-二噁烷（1,4-二氧杂环己烷）。伯胺和硫醇可发生类似的消去反应。

（3）缩合反应

用酸处理或阳离子交换的蒙脱土很容易制备缩醛类化合物。通过羰基化合物或烯醇醚类化合物与 1，2-二醇化合物反应可制得环状缩醛化合物；蒙脱土上吸附的三甲基原甲酸酯是将多种羰基化合物快速高效地转化成各种乙缩醛的有效试剂；各种醇基缩醛衍生物可以用蒙脱土做催化剂通过醇交换反应制得；甲醛的缩醛化合物可由醇、二氯甲烷和氢氧化钠水溶液在季铵离子交换蒙脱土作相转移催化剂下反应制得；缩醛和羰基化合物在蒙脱土催化剂存在下可与烯丙基硅烷反应而烯丙基化；在酸处理蒙脱土存在下，将羰基化合物和仲胺在苯溶液中回流可使羰基和氨基发生缩合反应得到烯胺。

（4）加成反应

在 Cu(Ⅱ) 离子交换蒙脱土上 H_2O 与烯烃发生加成反应生成仲醇和二(2-烷基)醚。醇类在蒙脱土存在下能加成到烯烃分子上。例如，异丁烯和甲醇在 363K 反应得到高产率的甲基叔丁基醚；乙烯与乙酸在 Al^{3+} 交换蒙脱土的层间反应生成乙酸乙酯。在 373K 以上 $C_2 \sim C_8$ 烯烃可与多种羧酸分子反应高选择性地合成出相应的酯类。

3.4.4　交联黏土的催化作用

交联黏土的催化活性主要是通过高温气相反应进行评价的。Shabatai 等[32] 用一系列反应比较了交联黏土与稀土交换 Y 沸石(REY)的催化活性。发现交联黏土的催化活性始终要高于 REY，尤其是反应物的动态直径 σ 大于 0.9nm 时，交联黏土的相对活性剧增。因此，用十二氢苯稠[9,10]菲(σ-1.15nm)的裂化反应比较了 Ce-交换 Y 沸石(CeY)和 Ce-交换的氧化铝交联黏土的催化活性。交联黏土的活性是 CeY 的数百倍。这些差别是由于尺寸庞大的反应物分子能够在交联黏土的层间自由地穿越，而在 Y 沸石催化剂上这些反应物却被排斥在孔道之外。说明交联黏土催化剂对于多环大分子烃类，如重油馏分和合成燃料的裂化远优于传统的沸石催化剂。

3.5　沸石分子筛[3]

3.5.1　沸石分子筛的结构

沸石分子筛是一种结晶型硅铝酸盐，具有均匀的孔结构。其最小孔道直径为 0.3～1.0nm。孔道的大小主要取决于沸石分子筛的类型。沸石分子筛对许多酸催化反应具有高活性和异常的选择性。这些反应中的大多数是由沸石分子筛的酸性所催化的。

沸石分子筛是由 SiO_4 或 AlO_4 四面体连接成的三维骨架所构成。Al 或 Si 原子位于每一个四面体的中心。相邻的四面体通过顶角氧原子相连。这样得到的骨架包含了孔、通道、空笼或互通空洞。

沸石分子筛可用下列通式表示：

$$M_{x/n}[(AlO_2)_x(SiO_2)_y]\omega H_2O$$

方括号中为晶胞单元。化合价为 n 的金属离子的存在是为了保持体系的电中性，因为在晶格中每个 AlO_4 四面体带有一个负电荷。

X 型和 Y 型分子筛在拓扑结构上与八面沸石矿有关，因而常称之为八面沸石型分子筛。这两种类型分子筛在化学上的差别在于 Si/Al 比的不同。X 型和 Y 型分子筛的硅铝比分别为 1～1.5 和 1.5～3.0。在八面沸石中，直径为 1.3nm 的大空穴(超笼)通过孔径为 1.0nm 的孔口彼此相连。

在 A 型沸石分子筛中，大空穴通过直径为 0.5nm 的八元环孔口相连。

丝光沸石的孔结构体系是由彼此不相交叉平行于正交晶系结构 C 轴的椭圆形孔道构成。其孔道开口由十二元环组成(0.6～0.7nm)。

ZSM-5 沸石具有独特的孔结构。它由两组相互交叉的孔道体系构成。一组为直线型孔道，另一组为正弦型孔道。后者与前者相垂直。两组孔道均具有十元环的椭圆形孔口(孔径约为 0.055nm)。

β 沸石存在两种骨架排列，三种合适晶系，即三斜、单斜和四方晶系。a、c 方向为直孔道，开口尺寸为 6.6～8.1Å，非线性方向为 5.6～6.5Å，三个方向孔道交叉且为 12 元环。故是一种三维孔道沸石，其结构复杂。表 3-5 列出了不同类型沸石的晶胞参数及孔口直径等数据。

表 3-5　一些沸石的结构参数

沸石	晶系	晶胞参数/Å	Si/Al 比	孔径/Å	约束制数 CI
A 型沸石	立方	$a=24.64$	约 1	4.2	
Y 型沸石	立方	$a=24.70$	1.5~2.5	7.4	0.4
丝光沸石	正交	$a=18.13, b=20.49, c=7.52$	4.5~5.5	6.6	0.4
ZSM-5 沸石	正交	$a=20.10, b=19.90, c=13.40$	13~500	5.1~5.8	8.3
β 沸石	单斜	$a=17.63, b=17.64, c=14.42$	15~38	6.6~8.8	0.6
	四方	$a=b=12.47, c=26.33$			

注：$1\text{Å}=10^{-10}\text{m}$。

3.5.2　沸石的酸性

对于沸石，B 酸位和 L 酸位都存在，B 酸中心是连接在晶格氧原子上的质子，而 L 酸中心可以是补偿电荷的阳离子或是三配位的硅原子。当然，这只是简单的情况，沸石表面产生 B 酸和 L 酸的原因是复杂的，人们正在进一步研究。例如，有人提出三配位铝不稳定而被挤出晶格成为铝氧物种，它是 L 酸中心，此铝氧物种为六配位的铝化合物，这已被核磁结果所证实。Klading[33]采用 $H_0=6.8~8.2$ 的哈默特指示剂，在苯溶液中用胺滴定法测定了含 Na^+、K^+、Ca^{2+}、Sr^{2+}、La^{3+} 和 Gd^{3+} 的 Y 型沸石的表面酸度。发现完全钾交换的 Y 型沸石无酸性。用 Sr^{2+} 或 Ca^{2+} 交换 Na^+，在低交换度时酸度无变化。提高离子交换度，酸度才比 NaY 大大增加。

3.5.3　金属硅酸盐沸石的酸性

合成含有各种元素如 B、P、Ge 等的沸石分子筛的研究很早就有人尝试。自从 ZSM-5（硅铝酸盐沸石）和纯硅沸石发现以来，人们对合成具有 ZSM-5 结构的金属硅酸盐沸石进行了许多尝试。用其他元素对铝进行同晶取代可大大调变沸石的酸性质。用于取代的元素包括 Be、B、Ti、Cr、Fe、Zn、Ga、Ge 和 V。通常用这些元素的盐类作为合成金属硅酸盐沸石的原料使它们进到沸石之中。研究表明用 ZSM-5 与 BCl_3 反应也可直接将 B 引入沸石。下面用[M]-ZSM-5 表示含金属 M 的具有 ZSM-5 结构的金属硅酸盐沸石。全硅沸石-Ⅱ（它的骨架拓扑结构与 ZSM-11 相同）在水溶液中和 NaGaO_2 反应可转化生成镓硅沸石。

图 3-5 给出了不同金属硅酸盐沸石的 NH_3-TPD 谱图。可见金属硅沸石的酸强度按下列顺序递减：

$$[\text{Al}]\text{-ZSM-5}>[\text{Ga}]\text{-ZSM-5}>[\text{Fe}]\text{-ZSM-5}>[\text{B}]\text{-ZSM-5}$$

3.5.4　$\text{AlPO}_4\text{-}n$、SAPO-n 及其有关性质

Wilson 等[35]合成出了一类新型的晶体，即多孔性结晶磷酸铝，命名为磷酸铝分子筛。$\text{AlPO}_4\text{-}n$（n 代表一种特殊的结构类型）。如用氧化物的形式表示产物的组成，则为 $x\text{R}\cdot\text{Al}_2\text{O}_3\cdot(1\pm0.2)\text{P}_2\text{O}_5 y\cdot\text{H}_2\text{O}$，其中 R 代表一种胺或季铵模板剂。通常在 773~873K 下焙烧以除去 R 和水，所得多孔性分子筛用 AlPO_4 或 $(\text{Al}_{0.5}\text{P}_{0.5})\text{O}_2$ 表示。虽然其中少数物质在结构上属于沸石类分子筛，但大多数却属于新型结构。$\text{AlPO}_4\text{-}n$ 的一些典型结构列于表 3-6。

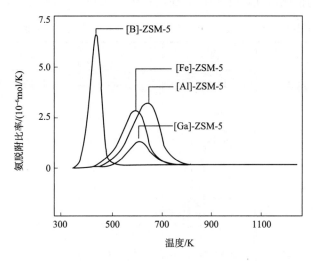

图 3-5　金属硅酸盐沸石上氨的程序升温脱附谱图[34]

其孔径以及用氧或水的吸附所测得的孔容也一并列于其中。$AlPO_4-n$ 骨架是中性的,因此无离子交换能力。它们仅有弱酸催化性能。

表 3-6　一些 $AlPO_4$ 分子筛的性质

结构	吸附性质[①]				结构	吸附性质[①]			
	孔径/nm	孔环大小[②]	晶内孔容积/(cm³/g)			孔径/nm	孔环大小[②]	晶内孔容积/(cm³/g)	
			O_2	H_2O				O_2	H_2O
$AlPO_4-5$	0.8	12	0.18	0.3	$AlPO_4-18$	0.46	8	0.27	0.35
$AlPO_4-11$	0.61	10	0.11	0.16	$AlPO_4-20$	0.3	6	0	0.24
$AlPO_4-14$	0.41	8	0.19	0.28	$AlPO_4-31$	0.8	12	0.09	0.17
$AlPO_4-16$	0.3	6	0	0.3	$AlPO_4-33$	0.41	8	0.23	0.23
$AlPO_4-17$	0.46	8	0.20	0.28					

① 采用标准 McBain-Baker 重量法测定样品的吸附量,吸附前样品先在空气中焙烧(773～873K)。孔径由不同大小的吸附质分子的吸附量得到。孔容积是在 80K 吸附 O_2,室温吸附 H_2O 至接近饱和而测定。

② 指控制孔口大小的氧环中所含的四面体原子(Al 或 P)数。

以后,又合成了磷酸硅铝分子筛(SAPO-n)晶体。其中有些在拓扑结构上与沸石或 AlPO_4-n 相关,其他则具有新的结构。SAPO-n 可看作是硅取代进入部分磷酸铝骨架中而形成的,其中硅主要取代骨架磷原子。

近年来,人们已成功地将各种元素结合到磷酸铝或磷酸硅铝的骨架上。这些物质可用 MeAlPO-n 和 MeSAPO-n 表示。其中 Me 指金属离子如 Fe、Mg、Mn、Co、Zn 等。SAPO、MeAPO、MeSAPO 具有带负电的阴离子骨架,因而具有阳离子交换能力和产生 Brönsted 酸中心的潜力。作为测定 Brönsted 酸性的探针,曾用丁烷裂化反应考察了这些分子筛材料的催化性能。表 3-7 列出了在一系列以磷酸铝为基础的催化剂上丁烷裂化反应的准一级反应速率常数。正如前面所预料的,$AlPO_4-n$ 分子筛仅表现出很低的活性。某些 MeAPO-n 和

MeAPSO-n 分子筛的催化活性比 Y 型沸石还高。但与 ZSM-5 沸石相比，还是很低的。

表 3-7　AlPO$_4$-n 及其相关物质对丁烷裂化反应的催化活性[36]

沸石	k	沸石	k	沸石	k
AlPO$_4$-5	约 0.05	ZAPSO-5	1.5	菱沸石	约 7
BeAPO-5	3.4	SAPO-11	0.5～3.5	毛沸石	4～5
CoAPO-5	0.4	SAPO-31	0.1～0.9	SAPO-34	0.1～7.6
MAPO-5	0.5	SAPO-41	1.3	BeAPO-34	7.6
MnAPO-5	1.2	MAPSO-36	11	GAPSO-34	10.0
AlPO$_4$-11	<0.05	BeAPO-34	3.7	SAPO-44	1.2～2.4
MAPO-36	11～24	CoAPO-34	5～15	ZAPSO-44	5.0
CoAPO-36	11	FAPO-34	0.1～0.6	NH$_4$Y	约 2
MnAPO-36	68	MAPO-34	7～29	ZSM-5	>40
SAPO-5	0.2～16	MnAPO-34	2.5～5		
MAPSO-5	1.2	ZAPO-34	13		

注：k 为 773K 时的准一级反应速率常数，单位 cm^3·g^{-1}·min^{-1}。

3.5.5　沸石分子筛上的择形反应

　　由于沸石具有小而均一的孔道，大多数活性中心都位于这些孔道内部。因此，催化反应的选择性常常取决于参加反应的分子与孔口的相对大小。实际上，红外光谱研究表明：在 ZSM-5 沸石上仅有 5%～10% 的 Brönsted 酸中心位于外表面，其余均位于孔道的内部表面。沸石的择形催化作用是 1960 年由 Weisz 和 Frilette 首先报道的。在石油和化学工业中，择形催化已在催化裂化和加氢裂解以及芳烃的烷基化方面，得到了广泛的应用[37]。

　　在 CaX 和 CaA 上，正丁醇和异丁醇的脱水活性表明[38]：在 CaX 上，这两种醇在 503～533K 的温度范围内均能迅速发生脱水反应，且异丁醇表现出更高的转化率。这与两种醇都是伯醇，其反应行为应相似这一事实相一致。CaX 和 CaA 对可自由出入其晶体孔道的正丁醇的催化活性仅有微小的差别。然而，异丁醇却不能进入 CaA 晶体的孔道内部，所以异丁醇在 CaA 上几乎不发生反应，除非大幅度地提高反应温度。因为催化活性是由反应物的大小决定的，这种形状选择性称为反应物选择性。

　　在 CaA、硅酸铝和 CaX 上，已烷裂化产物中异丁烷/正丁烷和异戊烷/正戊烷的比值表明：在 CaA 催化剂上，几乎不生成异构烷烃产物，而在硅酸铝和 CaX 催化剂上，异构烷烃却是主要产物。这种"产物选择性"是由于异构烷烃裂化产物在生成后不能通过 CaA 孔道扩散出来所导致的。

　　择形反应在化学工业中得到了广泛的应用。以含 Ni 毛沸石为催化剂的选择重整过程，就是将重整汽油馏分中的正构烷烃加氢裂化为丙烷的过程。由于其中低辛烷值组分的优先选择转化，液态产物的辛烷值得到了增加。在莫比尔馏分油脱蜡过程（MDDW）中，含长直链烷烃、异构烷烃、环烷烃、芳香化合物以及多支链烷烃的瓦斯油馏分油的倾点通过选择裂化其中直链烷烃和异构烷烃而降低。此过程中，直链和异构烷烃分子可进入沸石晶体内部空间，并在那里进行裂化反应。

在 MTG(甲醇制汽油)过程中，甲醇在 ZSM-5 沸石上可有效地转化成沸点在汽油组分范围内的各种烃类。甲醇在 ZSM-5 上反应产生含 6~10 个碳原子的烃类产物，只有少量或微量的 C_{10^+} 芳烃生成。如果假定产物中芳烃上限尺寸由 ZSM-5 的孔结构所决定，那么就可解释这些现象了。

3.6 杂多酸化合物[3]

3.6.1 概述

杂多阴离子是由两种以上不同含氧阴离子缩合而成的聚合态阴离子。由同种含氧阴离子形成的聚阴离子称为等多聚阴离子。杂多酸化合物是指杂多酸(游离酸形式)及其盐类。

$$12WO_4^{2-} + HPO_4^{2-} + 23H^+ \longrightarrow (PW_{12}O_{40})^{3-} + 12H_2O$$

有众多的聚阴离子的结构是已知的。例如图 3-6(a)就是所谓 Keggin 结构的聚阴离子。具有 Keggin 结构的杂多酸化合物热稳定性较高，并且相当容易制得。因此，多数研究工作主要是针对此类物质。杂多酸化合物作为固体酸催化剂的主要优点如下：

① 可通过改变组成元素以调控其酸性及氧化还原性；

② 可在分子水平理解杂多阴离子的结构，由此可知，它们可能是复合氧化物催化剂的簇合物模型；

③ 一些杂多酸化合物表现出准液相行为，这就赋予了这些化合物以独特的催化性能。

杂多酸的酸根($PMo_{12}O_{40}^{3-}$)是杂多阴离子的一种，杂原子 P 和多原子 Mo 的比例是1:12，故称为 12 磷钼酸阴离子。这种多阴离子结构，首先由 Keggin 所阐明，故常以 Keggin 的名字命名。

自 Keggin 首先确定了缩合比为 1:12 的杂多酸阴离子结构后，在大量发现的杂多酸结构中，Keggin 结构是最有代表性的杂多酸阴离子结构，它由 12 个 MO_6(M＝Mo、W)八面体围绕一个 PO_4 四面体构成。此外，还有一些其他阴离子结构，它们的主要差别在于中央离子的配位数和作为配位体的八面体单元(MO_6)的聚集态不同，从而形成非 Keggin型及假 Keggin 型等结构。表 3-8、表 3-9 分别列出了钼、钨的杂多酸及其盐的主要系列。

表 3-8　钼的杂多酸及其盐的主要系列[39]

X:Mo	中心原子	化学式	中心基团	结构
1:12	A:P^{5+},As^{5+},Si^{4+},Ge^{4+},Sn^{4+},Ti^{4+},Zr^{4+}	$[X^{n+}Mo_{12}O_{40}]^{(8-n)-}$	XO_4	已知
	B:B^{3+},Ge^{4+},Th^{4+},U^{4+}	$[X^{n+}Mo_{12}O_{42}]^{(12-n)-}$	XO_{12}	已知
1:11	P^{5+},As^{5+},Ge^{4+}	$[X^{n+}Mo_{11}O_{89}]^{(12-n)-}$	—	未知
1:10	P^{5+},As^{5+}	$[X^{n+}Mo_{10}O_x]^{(2x-60-n)-}$	—	未知
1:9	Mn^{4+},Ni^{3+}	$[X^{n+}Mo_9O_{32}]^{(10-n)-}$	XO_6	已知
1:9	P^{5+}	$[X^{n+}Mo_9O_{31}OH]^{(11-n)-}$	XO_4	已知

续表

X:Mo	中心原子	化学式	中心基团	结构
1:6	A:Te^{6+}, I^{7+}	$[X^{n+}Mo_6O_{24}]^{(12-n)-}$	XO_6	已知
	B:Co^{3+}, Cr^{3+}, Fe^{3+}, Ga^{3+}, Ni^{3+}, Rh^{3+}	$[X^{n+}Mo_6O_{24}H_6]^{(6-n)-}$	XO_6	已知
2:18	P^{5+}, As^{5+}	$[X_2^{n+}Mo_{18}O_{62}]^{(16-2n)-}$	XO_4	已知

表 3-9　钨的杂多酸及其盐的主要系列[39]

X:W	中心原子	化学式	中心基团	结构
1:12	P^{5+}, As^{5+}, Si^{4+}, Ti^{4+}, Co^{3+}, Fe^{3+}, B^{3+}, V^{5+}	$[X^{n+}W_{12}O_{40}]^{(8-n)-}$	XO_4	已知
1:10	Si^{4+}, Pt^{4+}	$[X^{n+}W_{10}O_X]^{(2x-60-n)-}$	—	未知
1:9	Be^{2+}	$[X^{n+}W_9O_{31}]^{(8-n)-}$	—	未知
1:6	A:Te^{6+}, I^{7+}	$[X^{n+}W_6O_{24}]^{(12-n)-}$	XO_6	已知
	B:Ni^{2+}, Ga^{3+}	$[X^{n+}W_6O_{24}]^{(16-n)-}$	XO_6	已知
2:18	P^{5+}, As^{5+}	$[X_2^{n+}W_{18}O_{62}]^{(16-2n)-}$	XO_4	已知

3.6.2　制备与物性

（1）制备

杂多酸化合物可用多种方法制备。根据杂多酸化合物的结构和组成不同，其固体样品可用沉淀、再结晶，或沉淀、干燥方法制备。在制备过程中，必须小心防止聚阴离子的水解和沉淀时金属离子与聚阴离子比例的不均匀性。在制备含有多种配位原子的聚阴离子时更须加倍小心地进行制备和表征。

（2）初级结构和次级结构

杂多酸化合物在固态时由杂多阴离子、阳离子（质子、金属离子或氧鎓离子）以及结晶水或其他分子组成。聚阴离子以及其他的三维排列称之为次级结构，而杂多阴离子中的排列则称之为初级结构。弄清楚初级结构和次级结构对于理解固体杂多酸化合物是很重要的。

图 3-6(a)给出了以 Keggin 结构为初级结构的 $PW_{12}O_{40}^{3-}$。中心原子或杂原子可以是 P、As、Si、Ge、B 等。处在它们周围的原子大多数是 W 或 Mo。这些外围原子称为多原子或配位原子。少数配位原子可以被 V、Co、Mn 等所取代。$H_3PW_{12}O_{40} \cdot 6H_2O(= [H_5O_2]_3PW_{12}O_{40})$ 的次级结构示于图 3-6(b)，其中聚阴离子通过 $H^+(H_2O)_2$ 桥联。这种次级结构属于最密立方体心堆积（晶格常数 12Å，$Z=2$）。$Cs_3PW_{12}O_{40}$ 的次级结构可认为和 $H_3PW_{12}O_{40} \cdot 6H_2O$ 相同，只是后者中每一个 $H^+[H_2O]_2$ 为 Cs^+ 所取代。但是 $H_3PW_{12}Mo_{40} \cdot 6H_2O$ 的 Na、Cu 等盐类却具有完全不同的次级结构。

杂多酸化合物的初级结构可用红外（IR）光谱表征，其次级结构可用 X 射线衍射（XRD）谱图表征。从含水量不同的十二钼磷酸（PMo_{12}）及其盐类的红外光谱和 X 射线衍射谱可得到以下结论。即在固态时，杂多酸化合物的初级结构相当稳定，而它的次级结构则容易转变。

（3）热稳定性、含水量及表面积

杂多酸常常含有大量结晶水。这些结晶水的大部分可在 373K 以下除去。杂多酸在 620～870K 发生分解反应。例如：

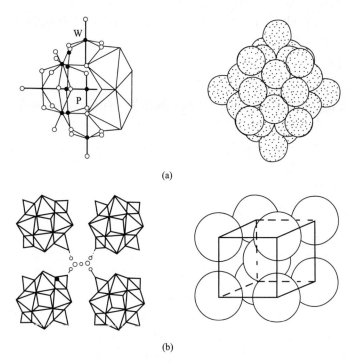

(a)

(b)

图 3-6 具有 Keggin 结构的杂多阴离子，一种初级结构、次级结构

(a)具有 Keggin 结构的杂多阴离子，$PW_{12}O_{40}^{3-}$ 一种初级结构，

聚阴离子按 *bcc* 堆积(初级结构)的方式由右边的图表示；

(b)次级结构的一个实例：$H_3PW_{12}O_{40} \cdot 6H_2O (= [H_5O_2]_3PW_{12}O_{40})$，

如左图(次级结构)所示每一个 $[H_5O_2]^+$ 与四个聚阴离子桥接

$$H_3PMo_{12}O_{40} \longrightarrow 1/2P_2O_5 + 12MoO_3 + 3/2H_2O$$

$H_3PW_{12}O_{40}$ 的热稳定性和抗还原性能力要比 $H_3PMo_{12}O_{40}$ 高得多。

杂多酸的金属盐类按其物理性质可分为两组(A 组和 B 组)。A 组含小离子如 Na^+、Cu^{2+} 等，B 组含大离子如 Cs^+、Ag^+、NH_4^+ 等。A 组盐在某些方面与其相应的酸相似。它们的表面积通常为 $1 \sim 10m^2 \cdot g^{-1}$。另一方面，$Cs^+$ 盐具有很大的表面积，热稳定性也很高。

(4)准液相性质

由于杂多酸及其 A 组盐类的次级结构具有较大的柔性，极性分子如醇和胺类，容易通过取代其中的水分子或扩大聚阴离子之间的距离而进入其体相中。在某种意义上，吸收了大量极性分子的杂多酸类似于一种浓溶液，其状态介于固体和液体之间。因此，这种状态可称为"准液相"。某些反应主要在这样的体相内进行。准液相形成的倾向取决于杂多酸化合物和吸收分子的种类以及反应条件。

3.6.3 固体状态的酸性质

在讨论固体杂多酸化合物的酸性质(酸量、酸强度、酸中心的类型)时，必须分别考虑"体相酸度"和"表相酸度"，因为酸催化作用常发生在固相内部。这些酸性质对平衡阳离子和聚阴离子的组成元素都很敏感。杂多酸是质子酸，它的酸强度和溶液中的酸强度相当。

(1)杂多酸

指示剂颜色的变化表明 PW_{12} 的酸强度强于 $H_0 = -8.2$。但是，杂多酸盐的酸强度分布较宽，而且 $H_0 \leqslant -5.6$ 的酸量随预处理温度而变化。用吡啶的热脱附(TD)结合红外光谱(IR)来测定杂多酸酸度，数据表明，杂多酸是质子酸，而且所有质子均具有酸性。

（2）金属杂多酸盐

下面给出了杂多酸盐产生酸性的五种机理：

① 酸性杂多酸盐中的质子(也包括中性盐因偏离化学计量而存在的质子)；

② 制备时发生的部分水解，如：$PW_{12}O_{40}^{3-} + 3H_2O \longrightarrow PW_{11}O_{39}^{7-} + WO_4^{2-} + 6H^+$；

③ 配位水(与金属离子)的酸式解离，如：$Ni(H_2O)_m^{2+} \longrightarrow Ni(H_2O)_{m-1}(OH)^+ + H^+$；

④ 金属离子的 Lewis 酸性；

⑤ 金属离子还原所产生的质子，如：$Ag^+ + 1/2H_2 \longrightarrow Ag^0 + H^+$。

可见杂多酸盐既有 B 酸中心又有 L 酸中心。

3.6.4 酸催化作用

已经证明那些经精心表征的杂多酸对脱水反应的催化活性要远比通常的固体酸，如沸石分子筛和硅酸铝的要高。迄今为止所报道的催化实验结果表明杂多酸化合物对在较低的温度下的反应，如脱水、酯化、醚化及其有关反应，都具有有效的催化作用。当条件适于准液相或其相似的性状发生时，常可观察到杂多酸化合物更为优越的催化行为。杂多酸化合物对烷基化和烷基转移-烷基化反应也具有催化活性，但其间的催化剂失活通常很明显，这可能和杂多酸化合物过高的酸强度有关。含氧碱性物的存在似乎可缓和杂多酸化合物的酸强度。

杂多酸化合物的酸催化典型例子如下：甲醇、乙醇、丙醇和丁醇的脱水反应；甲醇或二甲醚转化制烃类化合物；生成叔丁基醚的醚化反应；乙酸与乙醇或戊醇的酯化反应；甲酸或羧酸的分解反应；苯与乙烯的烷基化反应和丁烯、己烷及邻二甲苯的异构化反应。

（1）体相型和表面型催化作用

固体杂多酸化合物的酸催化作用可分为"体相型反应"和"表面型反应"两类。前一类反应在催化剂体相内进行，而后一类反应仅仅在表面上发生。醇类的脱水反应属于体相型反应，而丁烯的异构化反应则属于表面型反应。因此，催化反应的分类与反应物的吸附性质密切相关。表面型反应的活性对预处理温度更为敏感。

（2）酸性与催化作用的关系

通常杂多酸的催化活性序列是：$PW_{12} > SiW_{12} > PMo_{12} > SiMo_{12}$，这几乎与其溶液中的酸强度序列平行。体相型催化反应往往易发生于酸式杂多酸化合物上。当催化反应在催化剂体相，亦即"准液相"中进行时：① 不仅在表面的活性中心(如质子等)，而且体相中的也能参与起催化作用，从而使反应速率大大增加。② 反应物分子或反应中间体在准液相呈某种络合状态而得到稳定，从而提高反应速率。③ 由于准液相独特的反应环境，常常使反应具有独特的选择性。某些高活性的杂多酸催化反应举例列于表 3-10。

金属杂多酸盐的酸性，受多种因素的影响。其中最有影响的因素是：吸收性和均匀性，以及聚阴离子的还原和水解作用。

（3）负载型杂多酸化合物

杂多酸化合物可分散在载体，如硅胶、硅藻土、离子交换树脂和活性炭上[40,41]。负载在氧化硅上的杂多酸颗粒很小。当负载量不超过 20% 时，用 XRD 法无法检测出其微粒。增加表面积对表面型反应的影响远大于对体相型的影响。捕集于活性炭微孔内的杂多酸可作不溶性固体酸。这些杂多酸对气相酯化反应有很好的选择性。带有表面碱性的载体,如氧化铝,会导致聚阴离子分解。因此,在这种情况下,最好使用非水溶剂进行制备,以使最大限度地减少聚阴离子的分解。

表 3-10　杂多酸与硅酸铝催化活性的比较

反应	催化剂	温度/K	比值[①]
2-丙醇 ⟶ 丙烯 + H_2O	PW_{12}	398~423	30~100
乙醇 ⟶ 乙烯 + H_2O	PW_{12}	423~493	>300
异丁烯 + CH_3OH ⟶ MTBE	PW_{12},PMO_{12}	363	300
CH_3COOH + C_2H_5OH ⟶ $CH_3COOC_2H_5$	PW_{12}/碳	423	4
异丁酸 ⟶ 丙烯 + CO + H_2O	PW_{12},SiW_{12}	513	4
苯 + CH_3OH ⟶ 甲苯	PW_{12}	523	∞
二甲苯 ⟶ 苯 + 二甲苯	PW_{12}	523	∞
苯 + 乙烯 ⟶ 乙基苯	PW_{12}/SiO_2	473	>6
乙酸环己烯酯 ⟶ 乙酸 + 环己烯	$Cs_{2.5}H_{0.5}PW_{12}$	373	∞

① 杂多酸的催化活性与硅酸铝催化活性的比值。

3.6.5　杂多酸催化剂在石油化工中的应用[39]

杂多酸具有沸石一样的笼型结构,通过改变杂多酸型催化剂的平衡离子、中心原子及配位原子,可以合成出人们所需要的具有一定酸性或氧化-还原性,并且具有一定热稳定性的优良催化剂。

(1)液相酸催化反应

① 异丁烯水合反应　这种反应以前常使用 H_2SO_4 等作为均相反应的催化剂,当采用杂多酸作催化剂时,不仅催化剂活性高,而且不腐蚀设备。所以使用杂多酸作催化剂,有可能改造现有的硫酸催化工艺,从而开发新的固体酸催化体系。

② 链烯烃的酯化作用:

$$RCH\!=\!\!CH_2 + HOAc \xrightarrow{\text{杂多酸}} \underset{\displaystyle OAc}{RCHCH_3}$$

上述反应,在 20~140℃条件下,使用 10^{-4}~10^{-2} mol/L 的 HPA-Mo 和 HPA-W 杂多酸型催化剂,具有很高的反应选择性。

(2)多相酸催化反应

① 醇类脱水反应　对于异丙醇脱水反应,使用混合配位杂多酸 $H_3W_{12-x}Mo_xPO_{40}$ 作催化剂,其催化活性要比用分子筛、H_3PO_4、γ-Al_2O_3 等催化剂都要高。其原因可能是采用杂多酸起着"拟液相"反应的作用。

② 异构化反应　杂多酸型催化剂在丁烯类异构化反应中显示出极高的催化活性。例如用 $H_3PW_{12}O_{40} \cdot 29H_2O$ 作催化剂,在 95℃时,当转化率达 40% 左右时,异构体的反/顺比缓缓倾向于平衡值。

由于异构化反应不生成水，所以异构化反应是研究杂多酸的固体酸性在有结晶水时对催化作用影响的好机会。如同一催化剂在干燥氮气流中在各种温度下进行处理，发现在100～150℃处理时显示最大活性，在此温度以上或以下活性都明显下降。另外，还观察到杂多酸的结晶水数目对异构化反应有一定影响，当结晶水在6～10个时，催化活性最好。

（3）多相氧化反应

杂多酸催化剂催化的多相氧化反应的例子列于表3-11。近年来日本和美国采用杂多酸型催化剂，成功地实现了由异丁醛一步催化制甲基丙烯酸，在常压，280～350℃下异丁醛全部转化，甲基丙烯酸的收率可达65%～70%。

表 3-11　杂多酸催化的多相氧化反应

反应类型	催化剂	收率/%	反应温度/℃
丁烯——顺酐	$Mo_{12}PBi_{0.36}Mn_{0.52}$	63	400
丁二烯——呋喃	$NH_4PMo_{12}O_{40}$	21	350
异丁烯——甲基丙烯腈	$Mo_{10}PBi_3Fe_6K_{0.06}$	24	420
丁烯醛——呋喃	PMo_{12}	40	327
异丁酸——甲基丙烯酸	$PMo_{10}V_2$	70	310
异丁醛——甲基丙烯酸	$PMo_{10}V_2$	20	310
苯酚——邻苯二酚、对苯二酚	PW_{12}/H_2O_2	82	80
环己酮——环己酮肟	$PW_{12}/H_2O_2+NH_3$	91	0—5

异丁醛氧化脱氢时，当使用 $H_3PMo_{12}O_{40}$ 和 $H_5[PV_2Mo_{10}O_{40}]$ 杂多酸型催化剂时，生成甲基丙烯醛和甲基丙烯酸，选择性达到70%～80%。

（4）液相氧化反应

杂多酸型催化剂加 Pd^{2+}，或 Tl^{3+}，或 Ru^{4+}、Ir^{4+} 等体系是比较重要的由杂多酸型催化剂组成的双组分催化体系。这类催化剂用于烯烃及芳烃的液相氧化反应，其中，Pd^{2+} 以 $PdSO_4$、$Pd(OAc)_2$ 及 $PdCl_2$ 形式出现，由于以杂多酸取代 $CuCl_2$，这是一类新的催化体系。它具有 Pd^{2+} 的反应活性增大、副产物卤化物减少，且不腐蚀设备等特点。

3.7　离子交换树脂[3]

3.7.1　离子交换树脂的结构

（1）苯乙烯-二乙烯基苯共聚物

最普通的离子交换树脂是与二乙烯基苯交联的聚苯乙烯树脂。常见的聚苯乙烯-二乙烯基苯共聚树脂是由均匀聚合物相组成的无色透明颗粒。改变二乙烯基苯的含量可以调变这类树脂的三维网络结构。这样制得的树脂叫做凝胶型共聚物。

大网络树脂可通过有机化合物存在下的苯乙烯与二乙烯基苯共聚制得。所选用的有机化合物必须是单体(苯乙烯和二乙烯基苯)的良好溶剂,而又不会使聚合物膨胀。这样制得的树脂是非透明的球形颗粒,具有大的比表面。

为制备阳离子或阴离子交换树脂需要在共聚物中引入各种官能团。例如用硫酸使苯环磺化可得到强酸性阳离子交换树脂。

弱酸性树脂通过向共聚物中引入羧(酸)基制得。强碱性树脂通过向共聚物中引入季铵基而制得。一些苯乙烯-二乙烯基苯离子交换树脂的特性列于表 3-12 中。

凝胶型和网络型阳离子交换树脂的最高使用温度分别为 390K 和 420K。阴离子交换树脂的最高使用温度在 340~370K 之间。

表 3-12 苯乙烯-二乙烯基苯树脂的物理性质

树脂	类型	官能基	比表面积 /[m^2/(g 树脂)]	孔容积 /(mL/mL 树脂)	离子交换容量 /(meq/g 树脂)
Amberlyst 15	网络型	$-SO_3^- M^+$	43	0.32	4.3
AmberliteIR-120	凝胶型	$-SO_3^- M^+$	<0.1	0.018	4.3
AmberliteIRA-900	网络型	$-N^+ (CH_3)_3 X^-$	27	0.27	4.4
AmberliteIRA-400	凝胶型	$-N^+ (CH_3)_3 X^-$	<0.1	0.004	3.7
AmberliteIRA-93	网络型	$-N(CH_3)_2$	25	0.48	4.6

(2)全氟树脂磺酸(Nafion-H)

Nafion 树脂是由 Du Pont 公司首先制备的。它是一类含有 0.015~5meq/g 树脂磺酸基的全氟聚合物。制备具有这类结构聚合物的方法之一是将相应的全氟乙烯化合物进行聚合。

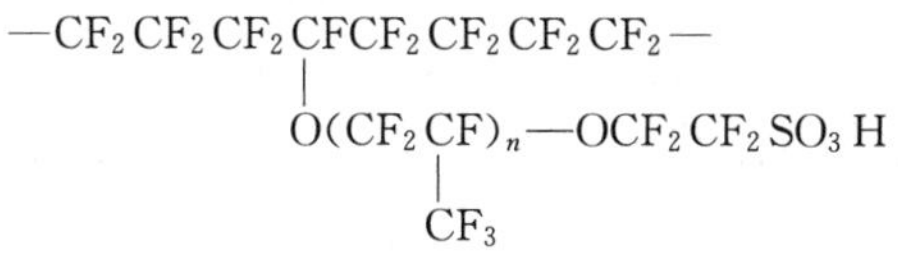

$$-CF_2CF_2CF_2CFCF_2CF_2CF_2CF_2-$$
$$|$$
$$O(CF_2CF)_n-OCF_2CF_2SO_3H$$
$$|$$
$$CF_3$$

相对分子质量为 900~1200 的 Nafion 树脂中四氟乙烯单位结构与全氟乙烯醚的单位结构的比为 7:1。在绝大多数溶剂中 Nafion 树脂虽不溶解但会变得松软膨胀。Nafion 树脂具有很高的化学稳定性和热稳定性。在无水体系中 Nafion-H 的最高连续使用温度在 450K 左右。在含水体系中它的最高使用温度为 420~510K。除了它的化学和热稳定性外,Nafion 聚合物的酸式型(Nafion-H)具有强酸性质,这就使它成为有用的催化剂。由于磺酸基连接在一个吸电子能力很强的全氟烷基骨架上,从而对 O—H 键产生极大的极化作用。试验测得 Nafion-H 的 Hammett 酸度函数为 $H_0 = -10 \sim -12$,相当或强于浓度为 96%~100%的硫酸。

3.7.2 苯乙烯-二乙烯基苯离子交换树脂的催化特性

离子交换树脂具有许多优点,优于传统的酸或碱催化剂。用水溶性酸作催化剂时将遇到诸如设备腐蚀、副反应多以及环境污染等问题。使用离子交换树脂催化剂可以避免这些问题。此外还可大大简化分离操作,而且同一催化剂可反复使用。在某些情况下,甚至可就地蒸馏直接将产物蒸馏出来。

树脂催化剂也有不利的方面。其耐温性和耐磨性不太好，而且比较昂贵。

至于凝胶型树脂，如果没有强极性化合物的存在，反应物分子几乎完全不能与颗粒中的催化基团(如磺酸基)接触，只有在水等强极性化合物的存在下凝胶型树脂才会膨胀，才可让反应物分子从聚合链间进入到树脂颗粒内部。因此，在非水或极性介质中，凝胶型树脂的孔容很小，活性很低。极性很弱的反应物分子几乎不能使树脂膨胀，但大网络型树脂就有很大的用处。Kunin 等人用乙酸叔丁基的分解反应比较了 298K 下大网络型树脂 Amberlyst15 和酸式凝胶型树脂 Amberlyst IR-120 的催化活性。经 1h 反应后在大网络型树脂上获得了 80% 的平衡转化率。而在凝胶型催化剂上则还不到 1%。他们在 273K 用异丁烯和异丁烯酸反应合成异丁烯酸叔丁基酯，所得到的结果与乙酸叔丁基酯的分解反应相似。

树脂的交联程度也是影响其催化活性的一个重要因素。Setinek[42]用脂肪酯与醇气相和液相的酯交换反应研究了交联度对凝胶型和大网络型树脂这两类催化剂活性的影响。在以大网络型离子交换树脂为催化剂的气相反应中，反应速率随着交联度增大而加快。这是由于交联增大了网络型树脂催化剂的比表面所致。当以凝胶型离子交换树脂为催化剂时，无论是进行气相还是液相反应，随着交联度的增加反应速率是下降的。液相反应时交联对反应速率的影响要大于气相反应。这里，催化剂的表面基本上不起任何作用。反应速率仅仅是由共聚树脂中可接近反应物分子的、具有催化功能的基团的数目所决定的。随着交联程度的增大，凝胶树脂的可渗透性不断降低，从而导致反应速率下降。液相反应时，反应速率还受树脂在溶剂中膨胀程度的影响。交联度低的树脂，其膨胀度也大些，从而使得树脂内部可为反应物分子接近的功能基团数目增多。大网络型离子交换树脂作催化剂时，液相反应速率极少受交联度的影响。这种结果可归结为共聚物体相的膨胀和表面积变化两种相反效应的结合。

Anderianova 曾对二乙烯基苯含量为 1% 和 20% 的凝胶型树脂催化剂上甲酸的气相分解和乙酸-乙醇的气相酯化反应进行了研究。在较低温度下，低交联程度的催化剂对该两反应有较高的催化活性。随着反应温度的提高，两种催化剂的活性差别不断减小。这种现象可解释为树脂的吸收容量随温度升高而减小。另一方面，也有报道表明在液相进行叔丁醇脱水反应时，8% 交联凝胶树脂的催化活性为 2% 交联物的两倍。

反应体系中水的存在对反应速率有多方面的影响。Heath 和 Gates 发现叔丁醇脱水时，其诱导期因水的加入而缩短。水的影响可认为是树脂网络膨胀所造成的。膨胀减小了颗粒内部的传质阻力，使可为反应物分子接近的催化活性中心的分率有所增加。尽管在反应的初期水能加快反应速率，但也发现水能抑制反应的进行。水的阻抑作用可由 Langmuir-Hishelwood 模型动力学方程进行解释，在此模型中假定水分子与反应物分子的化学吸附是彼此竞争的。另外，磺酸树脂的催化活性因其磺酸基浓度的变化而有很大变化[43]。

3.7.3　Nafion-H 所催化的有机反应

Nafion-H 树脂可用作强酸性催化剂，它对许多有机反应都有催化作用。

(1)酰化反应

Nafion-H 是一种方便而又有效的酰化催化剂，可用它和苯甲酰氯对苯和取代苯进行酰化。把 Nafion-H 加到反应混合液，芳烃和相应的苯甲酰氯中搅拌并加热回流进行酰化反应。

通常采用芳基甲酰卤与芳烃进行酰化，反应往往按 Friedel-Crafts 反应进行。当 Nafion-H 的加入量约为芳酰卤的 10%～30% 时可得到最佳产率。溶液中 Friedel-Crafts 酰化反应通常需要等摩尔的催化剂，以便与酰化试剂及羰基产物形成络合物。因此，反应后必须将这些络合物分解，催化剂也往往不能恢复。然而以 Nafion-H 为催化剂的酰化反应却很干净，唯一副产物是 HCl 气体，它于反应中自然逸出，因此反应操作简单易行[44]。

（2）Diels-Alder 反应

Nafion-H 对 Diels-Alder 反应是一种有效催化剂。蒽与马来酸酐、马来酸二甲酯和富马酸二甲酯间反应就是在 Nafion-H 存在下在氯仿或苯溶剂中于 333～353K 进行的。值得注意的是亲二烯体与高反应性的二烯烃，如异戊二烯和 2,3-二甲基丁二烯之间可在室温下进行加成反应，获得高产率的加成产物。在通常的反应体系中，高反应性亲二烯烃体除发生所期望的 Diels-Alder 反应外，还会发生聚合反应。用 Friedel-Crafts Lewis 酸催化剂进行 Diels-Alder 反应时，由于卤化物催化剂与羰基氧原子之间形成络合物，所以要加入过量的卤化物 Lewis 酸。这里用 Nafion-H 催化剂又一次使产物分离变得简单易行。而且也无需在后续处理时造成催化剂（Nafion-H）破坏[45]。

3.8 固体超强酸

3.8.1 概述

超强酸是比 100% 的 H_2SO_4 还强的酸，其 $H_0 < -11.93$。许多重要的工业催化反应都属于酸催化反应，而固体酸和液体酸相比，具有活性和选择性高、无腐蚀性、无污染以及与催化反应产物易分离等特点，被广泛地用于石油炼制和有机合成工业。常用的固体酸催化剂有分子筛、离子交换树脂、层柱黏土等，它们的酸强度一般低于 $H_0 = -12.0$，对需要强酸的反应存在一定的局限性。20 世纪 60 年代初，Olah 等发现的 HSO_3F-HF、HF-SbF_5 等液体酸，虽然其酸强度非常高，H_0 高达 -20 以上，甚至甲烷在这种液体超强酸中都能质子化，但因其具有强腐蚀性和毒性，以及催化剂处理过程中会产生"三废"等问题，难以在生产实际中应用。70 年代初开始有人试图将液体超强酸如 SbF_5、HSO_3F-SbF_5 和 HF-SbF_5 等负载到石墨、Al_2O_3 和树脂等载体上，但仍不能解决催化剂分散、毒性和"三废"等问题，未能工业应用。1979 年 Arata 等首次报道了无卤素型 SO_4^{2-}/M_xO_y 固体超强酸体系，发现某些用稀硫酸或硫酸盐浸渍的金属氧化物经高温焙烧，可形成酸强度高于 100% 硫酸一万倍的固体超强酸。后来 Arata 等又将钨酸盐和钼酸盐浸渍 ZrO_2 制得 WO_3/ZrO_2、MoO_3/ZrO_2 固体超强酸，其酸强度虽比 SO_4^{2-}/ZrO_2 稍低，但仍比 100% 硫酸高几百倍。1990 年 Hollstein 等发现 Fe、Mn 和 Zr 的混合氧化物硫酸根制备的超强酸催化剂正丁烷异构化活性比 SO_4^{2-}/ZrO_2 高 1000 倍以上。这类固体超强酸易于制备和保存，特别是它与液体超强酸和含卤素的固体超强酸相比，具有不腐蚀反应装置、不污染环境、可在高达 500℃ 下使用等特点，引起了人们的广泛重视。

固体超强酸主要有下列几类：① 负载型固体超强酸，是指把液体超强酸负载于金属氧化物等载体上的一类。如 HF-SbF$_5$-AlF$_3$/固体多孔材料、SbF$_3$-Pt/石墨、SbF$_3$-HF/F-Al$_2$O$_3$、SbF$_5$-FSO$_3$H/石墨等。② 混合无机盐类，由无机盐复配而成的固体超强酸。如 AlCl$_3$-CuCl$_2$、AlCl$_3$-Ti(SO$_4$)$_2$、AlCl$_3$-Fe$_2$(SO$_4$)$_3$ 等。③ 氟代磺酸化离子交换树脂(Nafion-H)。④ 硫酸根离子酸性金属氧化物 SO$_4^{2-}$/M$_x$O$_y$ 超强酸。如 SO$_4^{2-}$/ZrO$_2$、SO$_4^{2-}$/TiO$_2$、SO$_4^{2-}$/Fe$_2$O$_3$ 等。⑤ 负载金属氧化物固体超强酸。如 WO$_3$/ZrO$_2$、MoO$_3$/ZrO$_2$ 等。

在上述各类超强酸中，①～③类均含有卤素，在加工和处理中存在着"三废"污染等问题。④、⑤类超强酸不含有卤原子，不会污染环境，可在高温下重复使用，制法简便。本节着重对这两类超强酸进行介绍。

3.8.2 SO$_4^{2-}$/M$_x$O$_y$ 型固体超强酸

(1)固体超强酸的制备[46]

SO$_4^{2-}$/M$_x$O$_y$ 型固体超强酸一般采用浓氨水中和金属盐溶液，得到无定形氢氧化物，然后再用稀硫酸或硫酸铵溶液浸渍、烘干和焙烧制得。然而，金属盐原料、沉淀剂、浸渍剂不同对制备的氧化物、超强酸的表面性质影响很大，制备环境如焙烧温度、沉淀温度、金属盐溶液浓度、pH 值、加料顺序、陈化时间及 SO$_4^{2-}$ 浸渍浓度也很重要。如何改善制备条件获得高质量、高酸性的固体超强酸是该类材料研究的最基本的问题。

① 金属氧化物的选择　ZrO$_2$、TiO$_2$、Fe$_2$O$_3$、HfO$_2$ 和 SnO$_2$ 等氧化物浸渍 H$_2$SO$_4$ 后能形成超强酸，而 MgO、CaO、CuO、NiO、ZnO、CdO、Al$_2$O$_3$、La$_2$O$_3$、MnO$_2$、ThO$_2$、Bi$_2$O$_3$、CrO$_3$ 等则不能。在各种氧化物中，选择以 ZrO$_2$ 作基底，形成的 SO$_4^{2-}$/ZrO$_2$ 超强酸酸性最强。目前已报道的 SO$_4^{2-}$ 促进单氧化物固体超强酸及其强度如表 3-13 所示。

表 3-13　SO$_4^{2-}$/M$_x$O$_y$ 固体超强酸及其酸强度

SO$_4^{2-}$/M$_x$O$_y$	H_0	SO$_4^{2-}$/M$_x$O$_y$	H_0
SO$_4^{2-}$/ZrO$_2$	−16.04	SO$_4^{2-}$/HfO$_2$	−16.04
SO$_4^{2-}$/TiO$_2$	−14.75	SO$_4^{2-}$/Al$_2$O$_3$	−14.52
SO$_4^{2-}$/Fe$_2$O$_3$	−13.75	WO$_3$/ZrO$_2$	−14.52
SO$_4^{2-}$/SnO$_2$	−16.04	MoO$_3$/ZrO$_2$	−12.70

氧化物的初始晶相对超强酸性影响很大。一般认为，浸渍 SO$_4^{2-}$ 前氧化物为无定形可以制成固体超强酸，晶化的氧化物不能形成超强酸。Arata 等考察了 ZrO$_2$ 晶化前后浸渍 SO$_4^{2-}$ 制备的催化剂对正丁烷异构化反应的影响，发现 ZrO$_2$ 晶化后作为载体没有反应活性。但是，结晶的 γ-Al$_2$O$_3$ 却可以形成 −16.04 < H_0 ≤ −14.52 的超强酸。这是迄今为止唯一可用结晶氧化物制得的固体超强酸。硫酸促进型双金属氧化物如 SO$_4^{2-}$/ZrO$_2$-Al$_2$O$_3$、SO$_4^{2-}$/ZrO$_2$-TiO$_2$、SO$_4^{2-}$/ZrO$_2$-SnO$_2$ 可以形成固体超强酸，在物质的量比例相当时，酸强度低于 SO$_4^{2-}$/ZrO$_2$，但是在 ZrO$_2$ 中掺入低含量 Fe$_2$O$_3$、Cr$_2$O$_3$、MnO$_2$ 等酸强度均高于 SO$_4^{2-}$/ZrO$_2$ 本身，其原因尚不十分清楚。

硫酸促进型多金属氧化物，如 SO$_4^{2-}$/ZrO$_2$-Fe$_2$O$_3$-Cr$_2$O$_3$、SO$_4^{2-}$/ZrO$_2$-Fe$_2$O$_3$-MnO$_2$ 等酸性比 SO$_4^{2-}$/ZrO$_2$ 高出数倍，如表 3-14 所示。说明固体超强酸基底金属氧化物的选择非常

重要。

表 3-14　SO_4^{2-}/多金属氧化物的酸性

SO_4^{2-}/多金属氧化物	$k_1 \times 10^3/h^{-1}$	SO_4^{2-}/多金属氧化物	$k_1 \times 10^3/h^{-1}$
SO_4^{2-}/ZrO_2	40.1	SO_4^{2-}/1.5%Sn/ZrO_2	11.7
SO_4^{2-}/0.5%Cr/ZrO_2	55.2	SO_4^{2-}/1.5%Mo/ZrO_2	8.3
SO_4^{2-}/1.5%Cr/ZrO_2	290.6	SO_4^{2-}/1.5%W/ZrO_2	3.0
SO_4^{2-}/3.0%Cr/ZrO_2	270.6	SO_4^{2-}/1.5%Cr/0.5%Mn/ZrO_2	110.8
SO_4^{2-}/6.0%Cr/ZrO_2	40.6	SO_4^{2-}/1.5%Cr/0.5%V/ZrO_2	152.2
SO_4^{2-}/1.5%V/ZrO_2	44.7	SO_4^{2-}/1.5%Fe/0.5%Mn/ZrO_2	134.8
SO_4^{2-}/1.5%Ti/ZrO_2	43.7	SO_4^{2-}/1.5%Fe/0.5%V/ZrO_2	350.5
SO_4^{2-}/1.5%As/ZrO_2	42.8	SO_4^{2-}/1.5%Fe/0.5%Cr/ZrO_2	334.5
SO_4^{2-}/1.5%Fe/ZrO_2	42.7	SO_4^{2-}/1.5%Fe/0.5%Bi/ZrO_2	95.2
SO_4^{2-}/1.5%Ni/ZrO_2	41.1	SO_4^{2-}/1.5%Fe/0.5%Mo/ZrO_2	94.1
SO_4^{2-}/1.5%Co/ZrO_2	40.7	SO_4^{2-}/1.5%Fe/0.5%W/ZrO_2	113.7
SO_4^{2-}/1.5%Mn/ZrO_2	19.2		

注：k_1 为 35℃正丁烷异构化反应速率常数，代表酸性大小。

② 焙烧温度的影响　不同焙烧温度下，形成的 SO_4^{2-}/M_xO_y 超强酸强度不同，适当的焙烧温度是形成这类固体超强酸的关键。以研究最多的 SO_4^{2-}/ZrO_2 为例，其焙烧温度必须在 500～800℃之间才具有超强酸性，当焙烧温度为 650℃时酸性最强，如表 3-15 所示。

表 3-15　焙烧温度对 SO_4^{2-}/ZrO_2 酸强度的影响

指示剂	H_0	400	500	600	650	700	800
蒽醌	−8.1	+	+	+	+	+	+
2,4,6-三硝基甲苯	−9.1	+	+	+	+	+	+
对硝基甲苯	−10.05	−	+	+	+	+	+
对硝基氯苯	−12.7	−	+	+	+	+	±
间硝基氯苯	−13.16	−	−	+	+	+	+
2,4-二硝基甲苯	−13.75	−	−	+	+	+	
2,4-二硝基氟苯	−14.52	−	−	±	+	−	−
1,3,5-三硝基苯	−16.04	−	−	−	±	−	−

注：＋表示指示剂由无色变为黄色；－表示不变色；±表示变色不明显。

③ 沉淀条件的影响　溶液的沉淀温度、金属盐溶液浓度、pH 值、加料顺序、陈化时间及硫酸浸渍浓度等因素对制备的氧化物及 SO_4^{2-}/M_xO_y 的性质均有一定影响[47]。

④ SO_4^{2-}/M_xO_y 固体超强酸的稳定性　实验表明，放置较长时间的 SO_4^{2-}/M_xO_y 超强酸

的酸性和催化活性与新鲜制备的催化剂差别较大，这是该类催化材料制备和储存过程中值得重视的一个问题。主要原因是存放环境中的水导致超强酸样品变质，焙烧后制备得到的样品吸水后，再经加热活化会导致表面 SO_4^{2-} 浓度降低。

（2）固体超强酸表征方法

固体超强酸酸性测定方法同其它固体酸类似。

① Hammett 指示剂法测定酸强度　该法是对无色的 SO_4^{2-}/M_xO_y 样品适用，同时应注意 SO_4^{2-}/M_xO_y 超强酸会使苯、甲苯等变色，与异辛烷、己烷等发生作用，一些常用于测定一般固体酸强度的指示剂溶剂并不适用。一般采用二氯亚砜、环己烷等作为溶液较合适。

② 程序升温脱附法　指示剂法测定无色样品的酸强度较为可靠，但不适用于有色样品。程序升温脱附法（TPD）是表征一般固体酸强度和酸密度的有效方法。但在用于超强酸样品时，由于超强酸的强氧化性，使得碱性探针分子氧化，如吡啶-TPD 的高温脱附物有 CO_2、SO_3，具有极少量的吡啶。NH_3 的碱性极强，其脱附温度已超过某些超强酸样品酸分解的温度，因此，用 TPD 技术研究超强酸 SO_4^{2-}/M_xO_y 需进一步探讨。

③ 红外光谱法　它可以确定 SO_4^{2-}/M_xO_y 超强酸体系的酸中心类型。测试表明：SO_4^{2-}/ZrO_2、SO_4^{2-}/TiO_2、SO_4^{2-}/Fe_2O_3 样品上仅有 Lewis 酸中心，当吸水后，部分 L 酸转化为 B 酸。

④ 正丁烷异构化反应法　利用正构烷烃在固体超强酸存在下可在室温下进行异构化反应的特点，表征固体超强酸的强度。通常采用正丁烷或正戊烷为探针分子。正丁烷异构化反应属于单分子反应，符合一级可逆反应公式，其反应速率常数与 H_0 有较好的对应关系。

3.8.3　负载金属氧化物固体超强酸[48,49]

如上所述，负载硫酸的超强酸在液体中会缓慢溶出。另外，虽然超强酸较耐高温，但在焙烧温度以上使用会迅速失活。为解决此问题，荒田一志等在 SO_4^{2-}/M_xO_y 超强酸的基础上合成了负载金属氧化物的超强酸，它在溶液中和对热的稳定性都很高。

根据复合氧化物酸性的理论，二元氧化物的最高酸强度与其金属离子的平均电负性之间呈线性关系，因此复合氧化物金属离子的电负性越大，其酸强度越高。在 20 世纪 80 年代前所发现的二元氧化物中，酸度最高的是 $SiO_2\text{-}TiO_2$、$SiO_2\text{-}ZrO_2$、$SiO_2\text{-}Al_2O_3$、$TiO_2\text{-}ZrO_2$，它们都有 $H_0 < -8.2$ 的表面酸性中心。其中 $SiO_2\text{-}Al_2O_3$ 已用于多种有机反应，曾经测得其最强酸性为 $H_0 \approx -12$，接近了超强酸的标准。

荒田一志等合成的是 WO_3/ZrO_2、MoO_3/ZrO_2 二元氧化物，方法是 $Zr(OH)_4$ 或无定形 ZrO_2 浸渍钼酸铵溶液，蒸发水分后在 $600\sim1000\,^\circ\!C$ 的空气中焙烧。在 $850\,^\circ\!C$ 下焙烧对于苯甲酰化和烷烃异构化反应具有最大活性，而对此反应在同样条件下 $SiO_2\text{-}Al_2O_3$ 完全没有活性。光电子能谱和指示剂法测定 WO_3/ZrO_2、MoO_3/ZrO_2 的酸强度分别为 $H_0 < -14.52$ 和 $H_0 < -13$。

WO_3/ZrO_2、MoO_3/ZrO_2 目前的研究也仅限于苯甲酰化反应，其研究领域还有待进一步扩展。另外，WO_3/ZrO_2 和 MoO_3/ZrO_2 均比 ZrO_2 的表面积大许多。这类超强酸催化剂同时存在 B 酸和 L 酸中心，以 L 酸中心为主，吸水样品部分 L 酸转化为 B 酸。并且，不同焙烧温度和组成对其酸强度有较大影响。如表 3-16 所示。

表 3-16　负载金属氧化物超强酸的酸强度

样品	焙烧温度 /℃	XO₃ 含量/% (质量分数)	H_0					
			−12.0	−12.7	−13.2	−13.8	−14.5	−16.0
WO₃/ZrO₂	700	15	＋	±	－	－	－	－
WO₃/ZrO₂	800	10	＋	＋	＋	＋	±	－
WO₃/ZrO₂	800	15	＋	＋	＋	＋	±	－
MoO₃/ZrO₂	700	18	－	－	－	－	－	－
MoO₃/ZrO₂	800	10	±	±	－	－	－	－
MoO₃/ZrO₂	800	18	＋	±	－	－	－	－

注：X 为 W、Mo；＋ 表示指示剂由无色变为黄色；－ 表示不变色；± 表示变色不明显。

3.8.4　固体超强酸在石油化工中的应用

超强酸作为催化剂在化工领域中应用广泛。液体超强酸除被用作为饱和烃的异构化、分解、缩聚、烷基化的催化剂以外，还被用作链烷烃和芳烃的反应、链烷烃的氯化和氯化分解、链烷烃的硝化和硝化分解、链烷烃和一氧化碳的反应、链烷烃及芳香化合物之类的氧化、苯的氢化、氯苯及氯代烷的还原等的催化剂。

固体超强酸作为催化剂比液体超强酸有如下的优点：① 反应生成物与催化剂容易分离；② 催化剂可以反复使用；③ 催化剂对反应器无腐蚀作用；④ 废催化剂引起的"三废"问题较少；⑤ 催化剂的选择性一般都较高。

以前，链烷烃的反应都是在高温下进行的，但由于固体超强酸的出现，使反应能在较低温度及压力下进行。从节约资源和节能的观点考虑，固体超强酸的工业利用具有重要的意义。

（1）烃类异构化

丁烷、戊烷等饱和烃，即使用 100％硫酸或 SiO₂-Al₂O₃ 作催化剂，在室温下也不发生反应，而用固体超强酸作催化剂，在室温下就可引起反应。使用 SbF₅-Al₂O₃ 作催化剂时，丁烷异构化主要生成异丁烷，其选择性达 80％～90％。

直链的戊烷、己烷、庚烷、辛烷等都是汽油的组成成分，但辛烷值都较小，所以需添加铅或芳香族化合物等以提高辛烷值。但无论加铅还是加芳香族化合物都会带来公害问题。因此，现在希望添加无害的带支链的异戊烷、异己烷、异庚烷、异辛烷等以提高其辛烷值。有的固体超强酸作催化剂时，在 0℃时可使戊烷生成异戊烷，同时还生成异丁烷、丙烷和异己烷。催化剂的活性和选择性会因其种类不同而有相当大的差别。戊烷在 SbF₅-SiO₂-Al₂O₃ 催化剂上的反应初速率比丁烷快 200 倍。这种催化剂的选择性达 90％以上。

以 SbF₅-SiO₂-Al₂O₃ 为催化剂进行己烷异构化反应速率更快，是戊烷的三倍，丁烷的1000 倍，反应达 30min 时，异己烷的选择性达 100％。

对于庚烷异构化反应来说，使用 SbF₅-HF/RuF-Al₂O₃ 作催化剂，比之以 Pd、Rh 等代替 Ru 的催化剂，有着转化率高和活性下降较慢的特点。

（2）烷基化反应

芳烃烷基化、烯烃与烷烃烷基化都是生产高辛烷值汽油的重要反应。这些反应常采用 AlCl₃、BF₃、H₂SO₄ 等均相催化剂及 SiO₂-Al₂O₃、合成沸石等多相催化剂。而以后者作催化剂时往往需要高温(200~300℃)及加压(1.0~2.2MPa)的条件,如以固体超强酸作催化剂时,却可在常温下进行反应。

(3)催化苯环上的反应

苯环上的亲电子取代反应需要路易斯酸作为催化剂,固体超强酸大多数为路易斯酸,因而均可催化苯环上的亲电子取代反应。如全氟磺酸树脂可以高效地催化苯环上的甲酰化、烷基化、甲基化和醚化等反应。

固体超强酸还可将甲基环戊烷异构化为六元环化合物,进而脱氢制取芳烃化合物。固体超强酸催化剂对这一异构反应的催化活性顺序为:

$$SbF_5\text{-}SiO_2\text{-}Al_2O_3 > SbF_5\text{-}SiO_2\text{-}TiO_2 > SbF_5\text{-}TiO_2\text{-}ZrO_2 > SbF_5\text{-}SiO_2\text{-}ZrO_2$$

当以 $SbF_5\text{-}SiO_2\text{-}Al_2O_3$ 作催化剂时,20℃下 2min 即可达到平衡,可见反应之快。

(4)低分子量的聚合反应

现今,人们对 C_1 化合物和低碳有机物的开发利用越来越感兴趣。以载于活性炭上的 $SbF_5 \cdot FSO_3H$ 作催化剂,通入丙烯可生成 C_6、C_9、C_{12} 及 C_{15} 等烯烃。常见的聚合反应一般采用齐格勒型或烷基金属等催化剂,此类催化剂必须在 -70℃的低温下才能生成结晶型聚合体,在室温下则不能。如用固体超强酸催化剂,对此类反应有极高的活性,可使乙烯基单体发生爆聚,即使反应性能低的甲基或乙基-乙烯基醚也可发生爆聚。除了上述应用以外,固体超强酸还可用作醇脱水、氧化、酯化、硅烷化、环醚化等反应的催化剂。

(5)SO_4^{2-}/M_xO_y 固体超强酸的应用[50]

SO_4^{2-}/M_xO_y 固体超强酸催化剂在有机合成中的应用,如裂解、异构化、烷基化、酰基化、酯化、聚合、齐聚和氧化反应等,见表 3-17。

表 3-17　SO_4^{2-}/M_xO_y 固体超强酸的应用

反应	典型反应	催化剂
裂解	丙烷——→乙烷——→甲烷	ZrO_2
	异戊烷——→异丁烷	ZrO_2
	戊烷——→异丁烷	ZrO_2
	环戊烷——→异丁烷	ZrO_2
异构化	丁烷——→异丁烷	SnO_2,ZrO_2
	异丁烷——→丁烷	TiO_2
	戊烷——→异戊烷	ZrO_2
烷基化	甲烷+乙烯——→C_3~C_7 烃	ZrO_2
	异丁烷+丁烯——→C_8~C_{11}烃	ZrO_2
酰基化	甲苯+苯甲酸	ZrO_2
	甲苯+乙酸	ZrO_2
酯化	乙醇+丙烯酸	ZrO_2,TiO_2
	甲醇+水杨酸	ZrO_2,TiO_2
聚合	乙基,甲基乙烯基醚聚合	Fe_2O_3
齐聚	1-辛烯,1-癸烷,β-蒎烯	ZrO_2,TiO_2
氧化	丁烷——→二氧化碳	SnO_2
	环己醇——→环己酮	SnO_2

应当指出，目前，在固体超强酸的研究中还存在着一些问题：成本较高，氟化物还可能造成污染，而 SO_4^{2-}/M_xO_y 型催化剂的寿命较短，目前难以普遍运用；催化剂的制备条件影响大，例如焙烧温度略有不当即有可能使 SO_4^{2-}/M_xO_y 型催化剂报废；缺乏足够的工业应用研究。实验研究虽涉及面较广，但离工业应用还有一定距离。

3.9 碳基固体酸

碳基固体酸（carbon-based solid acids）是一种以碳材料为主体，通过在其表面修饰酸性基团而得到的固体酸，是一种新型的可替代液体质子酸的强酸材料。2004 年，Hara 等[51] 将萘（或蒽、二萘嵌苯以及六苯并苯等多环芳香烃）在浓硫酸（>96%）中加热（200~300℃），首次得到了一种碳基固体酸。该固体酸是一种无定形的碳材料，具有多聚芳烃结构，并连有磺酸基（—SO₃H），其可能的结构如图 3-7 所示。

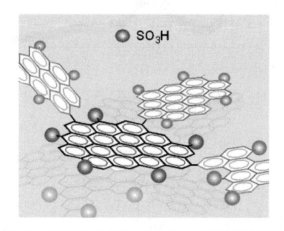

图 3-7　碳基固体酸（$CH_{0.30}O_{0.33}S_{0.16}$）的结构示意图[51]

碳基固体酸具有酸密度大、催化活性高、后处理简单、易于重复使用、价格低廉和生态友好等优点，可用于酯化[51, 52]、酯交换[53]、水合[54]、脱水[55]、烷基化[56]、水解[57]、缩合[58]和重排[59, 60]等多种反应，具有广泛的工业应用前景。

3.9.1 碳基固体酸的制备与性质

(1)多环芳香族碳氢化合物的磺化——不完全碳化[51]

在通 N_2 条件下，将 20 g 萘置于 200 mL 浓硫酸（>96%）中，523 K 加热 15 h，得到咖啡色焦油状物质；在 523 K 减压蒸馏 5 h，除去过量的硫酸，得到黑色的固体产物；将其研磨成粉末，并用热水反复洗涤，直到在洗液中检测不到杂质（如 SO_4^{2-}）为止。通过元素分析，该样品的名义组成为 $CH_{0.35}O_{0.35}S_{0.14}$。除萘以外，还可使用蒽、二萘嵌苯以及六苯并苯为初始原料制备碳基固体酸。这就意味着煤焦油、石油沥青等主要由多环芳烃组成的物质，均可作为潜在的固体强酸原料。

在上述制备过程中，芳香族化合物的磺化是反应的第一步，然后是所得到磺化产物的不完全碳化，从而得到碳基固体酸。整个过程中，产物基于 C 元素的收率大约为 55%。所制备的碳基固体酸不溶于常见的各种溶剂（如水、甲醇、乙醇、苯和正己烷），即使是在沸腾的溶剂中也不溶解。此外，碳基固体酸材料是不导电的，由粉末压制而成的球形颗粒的电阻可高达 30 MΩ。

图 3-8 是碳基固体酸的 XRD 谱图。在其中出现了 2 个宽化的弱衍射峰（$2\theta=10°\sim30°$，$35°\sim50°$），对应于无序排列的片状芳香碳构成的无定形碳材料。图 3-9 中碳基固体酸的 ^{13}C 魔角旋转核磁共振谱（^{13}C MAS NMR）出现了 2 个峰（$\delta=141$ 和 130），分别对应于连接和未连接—SO₃H 的芳环碳原子。

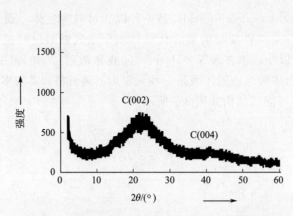

图 3-8　碳基固体酸（$CH_{0.30}O_{0.33}S_{0.16}$）的 XRD 谱

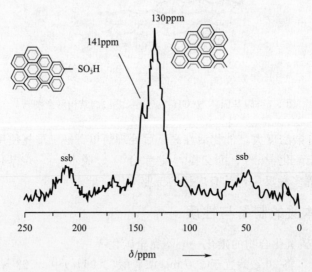

图 3-9　碳基固体酸（$CH_{0.30}O_{0.33}S_{0.16}$）的 ^{13}C MAS NMR 谱（50.3 MHz）

碳基固体酸 $CH_{0.35}O_{0.35}S_{0.14}$ 的表面酸密度几乎是 Nafion（NR50）的 5 倍（见表 3-18），因此其对乙酸乙酯生成反应的活性也远高于后者，而接近于硫酸。此外，研究还发现，用浓硫酸处理各种碳材料，如不完全碳化的树脂、无定形玻璃碳、活性炭或天然石墨，所得到的碳材料表面的—SO₃H 基团的密度非常小，无法催化乙酸乙酯生成反应（见表3-18）。

表 3-18 各种酸的有效酸密度及对乙酸乙酯生成反应的催化活性

酸催化剂	酸密度/(mmol/g)	比表面积/(m²/g)	催化活性/(mmol/min)
碳基固体酸(CH$_{0.35}$O$_{0.35}$S$_{0.14}$)	4.90	24	1.3
质子化的全氟磺酸树脂 Nafion(NR50)	0.93	<0.1	0.2
硫酸处理的 C 材料			
碳化树脂	0.08	19	—
玻璃碳	0.05	26	—
活性炭	0.15	1250	—
天然石墨	0.05	25	—
硫酸	20.4	—	1.9

碳基固体酸除了具有替代硫酸的潜力外,由于其拥有高密度的—SO$_3$H 基团,还可用作质子导体。对由 CH$_{0.35}$O$_{0.35}$S$_{0.14}$ 粉末制备的小球测试发现,其质子传导率为 0.11S/m(323 K,湿度 100%),与 Nafion 相当(0.1 S/m,353 K)。并且,由于构成小球的碳基固体酸颗粒的不规则形状限制了质子的快速传导,因此其实际质子传导率要比实测值高得多。

(2)碳水化合物不完全碳化-磺化

碳水化合物亦称糖类化合物,是自然界存在最多、分布最广的一类重要的有机化合物。主要由碳、氢、氧所组成。葡萄糖、蔗糖、淀粉和纤维素等都属于碳水化合物,均可作为碳基固体酸的初始原料[52,54,61~63]。

在通 N$_2$ 条件下,将 20g D-葡萄糖(或蔗糖)粉末在 400℃加热 15h,得到黑褐色固体;将其研磨成粉后,置于 200mL 浓硫酸(>96%,或 150mL 发烟硫酸,质量分数 15% SO$_3$)中,在 150℃加热 15h(N$_2$ 保护);降至室温后,加入 1000mL 蒸馏水,形成黑色沉淀。用热水(> 80℃)反复洗涤,直到在洗液中检测不到杂质(如 SO$_4^{2-}$)为止。

制备过程中发生的变化如图 3-10 所示。首先,D-葡萄糖(蔗糖)在一定温度下发生不完全碳化,生成片状的多聚芳香碳材料;然后,用浓硫酸进行磺化,得到碳基固体酸材料。

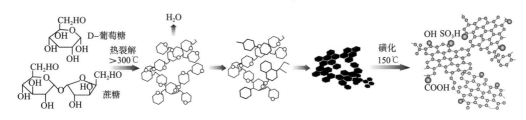

图 3-10 由 D-葡萄糖(蔗糖)制备碳基固体酸反应过程示意图[52]

图 3-11 中 XRD 表征结果证明所制备的碳基固体酸材料为无定形结构。XPS 谱中 S 2p 结合能为 168 eV,对应于—SO$_3$H,说明碳基固体酸材料中的 S 元素全部表现为—SO$_3$H。而 ^{13}C MAS NMR 谱中,化学位移为 130、155、165 和 180 的共振峰,则分别对应于芳环碳原子、连有酚羟基的芳环碳原子、连有羧基(—COOH)的芳环碳原子和羧基碳原子;而连有—SO$_3$H 的芳环碳原子的共振峰(δ 约 140,见图 3-9),则由于 δ130 和 δ155 处的两个宽峰的遮掩而无法分辨。

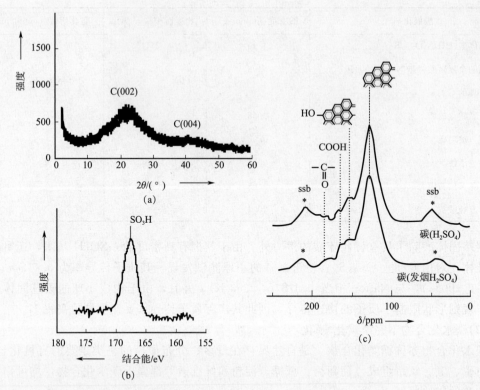

图 3-11　由 D-葡萄糖制备的碳基固体酸的 XRD 谱（a）、XPS 谱（b）和 ^{13}C MAS NMR 谱（c）[61]

　　结构分析表明，所制备碳基固体酸结构中除了高密度的—SO₃H 基团外，还拥有—OH 和—COOH 基团，如图 3-12 所示。

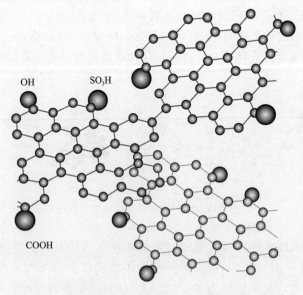

图 3-12　由 D-葡萄糖制备的碳基固体酸的结构示意图[61]

　　由图 3-13 中扫描电子显微镜（SEM）照片可知，该碳基固体酸材料由尺寸＞1μm 的一些不规则形状的颗粒组成。并且在搅拌的条件下，很容易分散到溶剂中；停止搅拌时，碳基固体酸颗粒会很快沉淀下来 [图 3-13(b)]。这说明当应用碳基固体酸作为反应催化剂时，很容易将其从反应体系中分离出来，并再次使用。

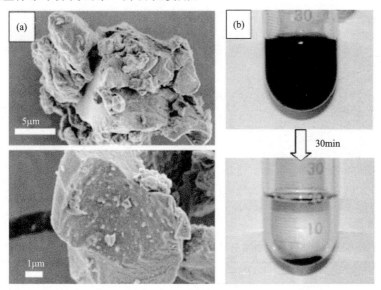

图 3-13　由 D-葡萄糖制备的碳基固体酸的 SEM 照片(a)和在蒸馏水中的分散情况(b)[61]

由 D-葡萄糖经不完全碳化-磺化过程制备的碳基固体酸的酸密度、比表面积和催化油酸乙酯生产的能力，以及与常见的几种固体酸和硫酸的对比列于表 3-19 中。由表中数据可知，碳基固体酸具有替代硫酸，作为制备高级脂肪酸酯催化剂的潜力。

表 3-19　各种酸的有效酸密度及对油酸乙酯生成反应的催化活性

酸催化剂	酸密度/(mmol/g)		比表面积 /(m²/g)	催化活性 /(mmol/min)
	总	—SO$_3$H		
碳基固体酸(H$_2$SO$_4$)[①] (CH$_{0.45}$S$_{0.01}$O$_{0.39}$)	1.4	0.7	2	0.044
碳基固体酸(发烟 H$_2$SO$_4$)[①] (CH$_{0.29}$S$_{0.03}$O$_{0.41}$)	2.5	1.2	1	0.086
质子化 Nafion(NR-50)	0.9	0.9	<0.1	0.010
铌酸(Nb$_2$O$_5$·nH$_2$O)	0.4	—	128	—
H-丝光沸石	1.0	—	399	—
硫酸	20.4		—	0.156

① 磺化时所用试剂。

Fukuhara 等[62]采用微晶纤维素为原料，经不完全碳化-磺化过程制备得到了一种碳基固体酸材料。在 N$_2$ 保护条件下，将微晶纤维素在 673～923 K 加热 5 h，得到部分碳化的碳材料；在 353K 温度下，用质量分数 15% 发烟硫酸处理得到的碳材料 10 h；用热水反复洗涤产物，直到滤液呈中性。根据碳化温度，样品分别命名为 CCSA-673、CCSA-723、CCSA-823、CCSA-873 和 CCSA-923。

研究发现，碳化温度对于微晶纤维素为原料制备的碳基固体酸性质具有重要的影响。当碳化温度≤723K 时，碳基固体酸材料结构中含有—SO$_3$H、酚羟基—OH 和—COOH 基团

[图 3-14(a)]；并且，^{13}C CP/MAS NMR 结果显示，片状碳结构之间是通过 sp^2 杂化碳原子相连接的。当碳化温度＞823 K 时 [图 3-14(b)]，碳基固体酸材料中的酚羟基—OH 和—COOH消失了，正是这些基团增加了片状碳结构之间的 sp^2 交联数量。此外，—SO$_3$H 基团的数量也大大减少了，大约是碳化温度≤723 K 时所制备碳材料的一半左右。

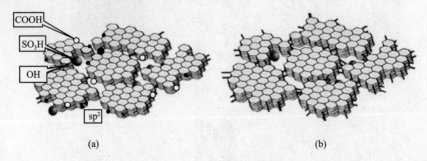

(a)   (b)

图 3-14　不同碳化温度制备碳基固体酸的结构示意图

表 3-20　碳化温度对由微晶纤维素制备所得碳基固体酸性质的影响[62]

样品	H/C 比[①]/(mmol/g)	SO$_3$H 密度[②]/(mmol/g)	S_{BET}/(m^2/g)	L_a[③]/nm
CCSA-673	0.96	1.8	＜5	1.2
CCSA-723	0.82	1.6	＜5	1.2
CCSA-823	0.32	0.89	＜5	1.3
CCSA-873	0.32	0.75	＜5	1.3
CCSA-923	0.27	0.92	＜5	1.3

① 用 CHNS 元素分析对 H/C 比定量。

② 用 CHNS 元素分析对磺酸定量。

③ CCSA 样品中的多环芳香族片状碳结构的平均尺寸。

表 3-20 与表 3-21 分别给出了以微晶纤维素为原料，在不同碳化温度下制备所得碳基固体酸的结构参数、酸性质，以及用于催化乙酸乙酯合成反应和纤维二糖水解反应的活性。

表 3-21　不同碳化温度制备碳基固体酸的催化性能[62]

样品	SO$_3$H 密度[①]/(mmol/g)	乙酸酯化		纤维二糖水解	
		速率[②][mmol/(min·g)]	TOF[②]/min^{-1}	葡萄糖收率[③]/%	TOF[③]/h^{-1}
CCSA-673	1.8	1.79	1.0	35	0.092
CCSA-673[④]	—	痕量	—	痕量	—
CCSA-723	1.6	1.71	1.0	24	0.080
CCSA-723[④]	—	痕量	—	痕量	—
CCSA-823	0.89	0.046	0.074	6.7	0.029
CCSA-873	0.75	0.064	0.063	7.1	0.049
CCSA-923	0.92	0.062	0.058	2.4	0.020

① 用 CHNS 元素分析对磺酸定量。

② 反应时间：1h。

③ 反应时间：6h。

④ 碳化前处理。

（3）生物质的不完全碳化-磺化

生物质是指利用大气、水、土地等通过光合作用而产生的各种有机体，即一切有生命的可以生长的有机物质通称为生物质。它包括植物、动物和微生物。利用生物质为原料制备碳基固体酸具有成本低、原料可再生、环境友好等优点，是值得深入研究的方法。

花生壳来源广泛、价格低廉，其主要成分是纤维素和半纤维素；此外，花生壳中还含有大量的碳水化合物，以及多酚类和黄酮类物质。用浓硫酸对花生壳进行脱水碳化，可消除花生壳中的水分，产生多孔状的框架结构。浓硫酸还能使花生壳中的纤维素等多糖类物质发生分子内脱水，形成类芳香的聚环结构，而磺酸基团很容易引入到聚环结构上，形成固体酸。花生壳中含有的酚类物质也易于与浓硫酸反应形成固体酸。因此，花生壳与浓硫酸反应，可得到酸性基团密度大、性能稳定的固体酸[64]。

在 N_2 保护下，将花生壳在 723K 加热 15h，得到部分碳化的材料；将 50g 研磨至粉末状的花生壳碳材料置于 1L 浓硫酸中，N_2 保护下，483K 加热 10h；过滤、干燥，得到磺化花生壳固体酸催化剂[65]。

图 3-15　部分碳化花生壳(a)和部分碳化-磺化花生壳的 SEM 照片

经过不完全碳化后，花生壳呈现由片状碳材料构成的无定形的多孔结构 ［图 3-15(a)］；而经浓硫酸磺化处理后，未表现出显著的变化，说明碳材料在磺化过程中具有较好的稳定性。

图 3-16 为花生壳碳材料的 FT-IR 谱图。磺化花生壳谱图中波数 $1040cm^{-1}$ 和 $1081cm^{-1}$ 的吸收带对应于 SO_2 的反对称和对称伸缩振动，说明在其表面存在共价连接的—SO_3H 基团。$1720\ cm^{-1}$ 处的吸收对应于—COOH 中 C＝O 伸缩振动；而 $3424cm^{-1}$ 处的宽吸收带则对应于—COOH 中—OH 的伸缩振动。由此可说明，磺化花生壳碳材料表明有—SO_3H 和—COOH，可作为质子的供体。利用 NH_3-TPD 技术测得其总酸量为 2.07mmol/g。

将花生壳碳基固体酸用于催化甘油与醚化的反应，结果如图 3-17 所示。该反应产物存在 5 个同分异构体，分别是 3-叔丁氧基-1,2-丙二醇和 2-叔丁氧基-1,3-丙二醇(二者统称为 MTBG)，2,3-二叔丁氧基-1-丙醇和 1,3-二叔丁氧基-2-丙醇(二者统称为 DTBG)以及 1,2,3-三叔丁氧基丙烷(TTBG)。其中 DTBG 和 TTBG 是反应的目标产物。此外，异丁烯也会发生自聚生成副产物二聚异丁烯。

与酸性阳离子交换树脂 Amberlyst-15 相比，花生壳碳基固体酸在催化甘油-异丁烯醚化反应中表现出了较高的活性和选择性(DTBG＋TTBG)。究其原因，一方面可能是由于花生壳碳基固体酸催化剂的孔径(41.95nm)大于 Amberlyst-15 树脂(30nm);此外,前者的颗粒尺寸(约 50μm)要远小于后者(700μm),因此,反应物分子在花生壳固体酸催化剂上具有更快的内扩散速率,从而具有较高的反应速率。另一方面,碳化的花生壳是疏水性的,可以吸附异丁烯等分子;而经过磺化后,其表面修饰上了—SO₃H 和—COOH等基团,又可以使亲水性的甘油分子很好地接触活性中心。因此,花生壳碳基固体酸可以有效地吸附反应中所有的反应物分子,从而使反应速率优于使用 Amberlyst-15 作催化剂时的结果。

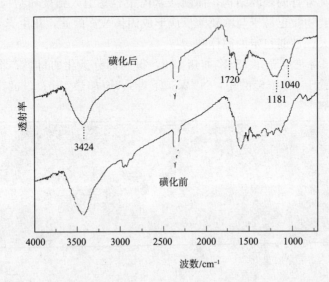

图 3-16　部分碳化花生壳和部分碳化-磺化花生壳的 FT-IR 谱图

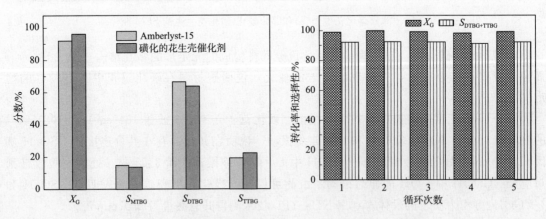

图 3-17　花生壳碳基固体酸催化甘油-异丁烯醚化反应性能

反应结束后,将花生壳碳基固体酸催化剂由反应体系中滤出,不经任何处理即作为下一次反应用催化剂,该催化剂表现出较好的重复使用性能(图 3-17)。重复使用 5 次,甘油转化率和(DTBG+TTBG)选择性基本不变。从经济角度考虑,由于花生壳的廉价,该碳基固体酸催化剂可以降低甘油醚的生产成本。

乌日娜等[66]以天然生物质木粉为原料,采用碳化-磺化法制备碳基固体酸催化剂。称取适量的干燥木粉，在氮气保护下于 300～500℃恒温碳化 0.5～10h，得到黑褐色固体产物，冷却后研磨成粉末(产物收率为 35%)。将碳化产物于一定温度下用浓硫酸(>98%)磺化一定时间，自然冷却至室温后，将此混合物加入到一定量的蒸馏水中，搅拌，静置，过滤之后，用沸腾的蒸馏水洗涤至滤液 pH 值为 7 左右，在一定温度下干燥即得到碳基固体酸催化剂。

研究发现，碳化过程是制备碳基固体酸催化剂的重要步骤，碳化条件对碳基催化剂活性影响很大。对于油酸与甲醇酯化反应，存在最佳碳化温度，为 400～425℃。在此温度下，木粉的化学结构有可能被转化为有利于磺酸基结合的多环芳烃碳结构。

磺化是制备碳基固体酸催化剂的另一个重要环节，它对催化剂活性起到决定性的作用。随着磺化温度的提高，油酸转化率呈先升高后降低的趋势，在 135℃时催化剂活性最高(油酸转化率达 96.1%)。据文献[52]报道，制备碳基固体酸催化剂时前体碳化物的化学结构属于多环芳烃结构。在磺化反应中，浓硫酸与芳香族化合物间的直接磺化反应是可逆放热亲电取代反应，磺化温度将影响磺酸基团进入芳环的位置和磺酸基团的稳定性。磺化温度较低时，可生成不稳定、易水解的磺化产物，因此催化剂活性较低；磺化温度较高时，可生成稳定的难水解产物。但是过高的磺化温度下可能发生浓硫酸与碳氧化反应使浓硫酸分解生成一部分水，降低了浓硫酸浓度，不利于芳香族化合物的直接磺化反应。因此温度高于 135℃时，随着温度的提高，固体酸催化剂的活性逐渐下降。可见，对于生物质木粉，适宜的磺化温度为 135～150℃。

生物质木粉主要由木质素、纤维素和半纤维素构成，包含以下两部分：一是由 D-葡萄糖基构成的直链状高分子化合物，二是以苯基丙烷为单元结构通过醚键和碳-碳键联接而成、具有三维结构的芳香族高分子化合物。热解碳化是一个热分解与热缩聚反应同时进行的过程。在这一过程中，含碳物质原有的化学结构逐渐转化成为具有稠环结构的大分子芳香族化合物。

生物质木粉及其在不同温度下碳化时得到的碳化样品的红外光谱也表明，生物质木粉在碳化过程中，其醛基的特有峰、羰基峰、醚键峰及酚羟基的 C—O 键的伸缩振动峰逐渐消失，缔合羟基的强吸收峰逐渐减弱，表明在碳化过程中醚键、羟基、羰基和醛基等侧链官能团化学键发生断裂。而芳环骨架伸缩振动峰明显增强，表明在碳化过程中形成了更多的芳烃结构。

(4)介孔碳材料的磺化

采用具有规则介孔结构的碳材料作为前驱体，经磺化过程制备碳基固体酸。所得产物除具有常规碳基固体酸的一般性质外，如酸密度高、活性高等，还由于其巨大的比表面积和均一的孔道结构，表现出特殊的催化性能。

Xing 等[67]以 SBA-15 介孔分子筛为模板，首先制备得到了 CMK-3 介孔碳材料，然后通过气相转移磺化过程制备得到了 CMK-3-SO₃H 碳基固体酸材料，其过程如图 3-18 所示。

考察了 CMK-3-SO₃H 对环己酮肟液相 Beckmann 重排制 ε-己内酰胺的催化性能，环己酮肟转化率为 91.0%，ε-己内酰胺选择性可达 84.0%，远高于采用 Dowex 50 离子交换树脂作为重排试剂时的结果。并且，CMK-3-823-SO₃H 的重复使用性能很好。

Liu 等[68]采用共价连接的方式，在有序介孔碳材料(ordered mesoporous carbons，OMCs)表面上修饰了含有磺酸的芳香基团，得到了一种结合了碳基材料和介孔材料优点的催化剂。用于生物柴油的制备，表现出优异的活性，转化率达 73.59%。

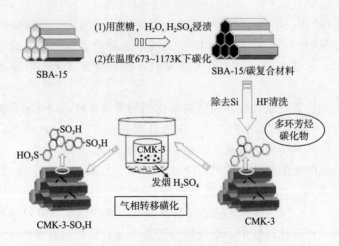

图 3-18　CMK-3-SO$_3$H 介孔固体酸材料的制备示意图

(5)其他碳基固体酸

王华瑜等[69]以纤维素和硝酸铁为原料，发烟硫酸为磺酸化试剂，利用热解法合成出磁性复合材料 Fe/C，并以此为载体原位嫁接上磺酸基团，制备成具有超顺磁性的碳基磺酸化固体酸 Fe/C-SO$_3$H 催化剂。该催化剂不仅在纤维素水解反应中具有较高的活性，更重要的是反应结束后，催化剂在外加磁场作用下可快速与反应体系分离，这对实现纤维素催化水解的工业化应用具有重要意义，也为工业催化降解利用纤维素提供了新思路。

3.9.2　碳基固体酸在催化反应中的应用

(1)催化酯化/酯交换法制备生物柴油[70]

碳基固体酸催化剂也是通过其上的 Brönsted 酸位（—SO$_3$H）起催化作用，但是由于—SO$_3$H 与 C 形成了共价键，属于疏水性材料，其可有效吸收长链有机分子而不吸收水。当有水存在时，其避免了 Brönsted 酸位易发生水合作用而降低催化活性的问题，并且有助于反应物与酸位的接触而促进反应进行。因此，碳基催化剂可同时催化酯交换反应和酯化反应，有望成为廉价废弃油脂原料制备生物柴油的催化剂。同时，碳基固体酸催化剂可在高温反应条件下保持稳定性和催化活性，可在较高反应温度和较低醇油摩尔比下、较短的反应时间内得到较高的废油脂转化率。该类催化剂可简化后续产品分离步骤，降低设备腐蚀和环境污染，并可循环利用。且碳材料种类繁多，来源广泛，价格低廉，结构容易调变和控制，从而提供了高性能固体酸催化剂开发的可能性。

以废油脂为原料时，由于其含有大量的游离脂肪酸（free fatty acids，FFA），需要通过同时催化酯化与酯交换反应来制备生物柴油。同时，也可将废油脂全部预酸化为脂肪酸后作为反应原料。因此，碳基固体酸在催化酯化反应过程中的活性也很关键。一种具有高活性的碳基固体酸催化剂，可通过比较多种该类催化剂在催化酯化反应或同时催化酯化与酯交换反应过程制备生物柴油时产品的收率来得到。

当废油脂中含有微量的甘油酯、FFA 含量很高时，可主要通过催化 FFA 的酯化反应来得到较高的生物柴油产率。不同碳基固体酸催化酯化反应来制备生物柴油的情况，如表 3-22 所示。碳基固体酸的碳结构对活性有显著的影响。根据石墨化程度的难易，分为软碳（易石墨化，石墨微晶尺寸大）和硬碳（难石墨化，石墨微晶尺寸小）。不同碳前驱物经过碳化获得的碳的微观结构不同。由表 3-22 可知，以葡萄糖为碳化前驱体，经碳化和磺化两步法合成的碳基固体酸，得到的碳基为硬碳材料，C 键易结合—SO₃H。其比强酸性离子交换树脂 Nafion 和铌酸具有更高浓度的—SO₃H 酸性官能团，从而具有更高的催化活性。在硬碳固体酸催化剂中，—SO₃H 与 C 以 sp^3 杂化轨道形式形成了共价键，可在反应过程中保持稳定。碳化温度也会显著影响碳材料中的石墨化程度。这一点进而影响到相应碳基固体酸催化剂上的酸密度，最后影响到制备的催化剂的活性。经高温碳化时得到的碳材料石墨化程度提高，进而不利于—SO₃H 与 C 键形成共价键，从而活性降低。

表 3-22 固体酸催化剂催化酯化反应比较

催 化 剂	温度 /℃	比表面积 /(m²/g)	酸密度 /(mmol/g)	反应			
				摩尔比	温度 /℃	时间 /h	转化率 /%
磺化介孔碳(OMC-SO₃H)	150①	741	1.70	乙酸/乙醇=1:10	80	10	74[18]
磺化介孔碳(OMC-SO₃H)	100①	689	1.95	乙酸/乙醇=1:10	80	10	69[18]
AmberliteXAD1180 树脂负载葡萄糖(P-C-SO₃H)	400②150~160①	<1	2.42	棕榈酸/甲醇=1:10	60	1	21[21]
AmberliteXAD1180 树脂(P-SO₃H)	300②150~160①	—	—	乙酸/甲醇=1:2	60	1	51[21]
磺化聚吡咯纳米球	400②,40①	—	—	乙酸/甲醇=1:10	55	5	78[22]
Niobic acid	—	128	0.4	乙酸/乙醇=1:10	70	1	17[23]
Nafion	—	<0.1	0.9	乙酸/乙醇=1:10	70	1	60[23]
葡萄糖	400②,150①	4	1.5	油酸/甲醇=1:10	80	5	95[24]
单壁碳纳米管	250①	500	0.67	乙酸/乙醇=1:10	70	1	78[25]
多壁碳纳米管	250①	180	1.90	乙酸/乙醇=1:10	70	1	58[25]
活性炭	250①	1200	0.06	乙酸/乙醇=1:10	70	1	30[25]

① 磺化；② 碳化。

孔道结构也显著影响生物柴油的催化酯化制备。例如，通过一种多孔载体负载葡萄糖进行碳化得到的碳基结构中存在更多的大孔，其在磺化过程中可以使更多的—SO₃H 与碳基上的 C 键形成稳定的共价键，这样提高了固体酸的酸性。当选择一种介孔碳材料作为碳基时，尽管孔径较小(2.1~4.3 nm)，但是由于比表面大(689~813m²/g)，在催化剂外表面已经具有大量的酸性位，可使反应物进行充分反应，因而具有较高的催化活性。

如废油脂中除了脂肪酸和水分以外，还含有大量的甘油酯时，通过预酸化处理将这些甘油酯转化为脂肪酸，再通过酯化反应来制备生物柴油的工艺，将产生大量的废水而对环境带来破坏。因此，如能在催化酯化反应的过程中，同时进行催化甘油酯的酯交换反应非常关键。在脂肪酸基本转化以及部分甘油酯转化后，不改变催化剂，而只改变反应的温度以及醇油比，达到继续转化甘油酯为产品的目的，这样可极大地提高以废油脂为原料制备生物柴油的效率。

Kulkarni 等[71]将 Keggin 型结构的杂多酸 $H_3PW_{12}O_{40}$ 分别固载在 ZrO_2、SiO_2、Al_2O_3 和活性炭上，发现 ZrO_2 固载 $H_3PW_{12}O_{40}$ 的催化活性最高；活性炭固载 $H_3PW_{12}O_{40}$ 的催化

活性最差。这是由于 ZrO_2 固载 $H_3PW_{12}O_{40}$ 后，形成了强 Lewis 酸位；而活性炭主要包括石墨化碳层结构，不易结合—SO_3H 形成酸性位，且孔径小（1.4 nm），因此催化活性差。

碳基固体酸具有结构可控、孔径可调、—SO_3H 酸位密度高、可高活性催化酯化/酯交换反应、稳定性好等优良特性，提供了可适用于我国生物柴油生产的高性能催化剂需求。随着碳基固体酸催化剂研究的深入，一方面，其显著拓展丰富了碳材料的广泛应用，为众多纳米材料提供了应用前景；另一方面，高性能高效率的催化酯化、酯交换反应的碳基固体酸开发必将走出实验室，进入工厂，实现生物柴油的高效生产。

（2）由硝基苯催化合成对氨基苯酚

对氨基苯酚（PAP）是合成医药、农药及染料等的重要中间体，目前其合成工艺广泛采用硝基苯（NB）直接加氢，该工艺主要以活性炭或二氧化硅负载的铂或钯为催化剂，于 10%～20% 的硫酸中进行。在反应过程中，NB 首先在金属活性位上加氢生成苯基羟胺（PHA），然后 PHA 在酸性位上发生重排生成 PAP。

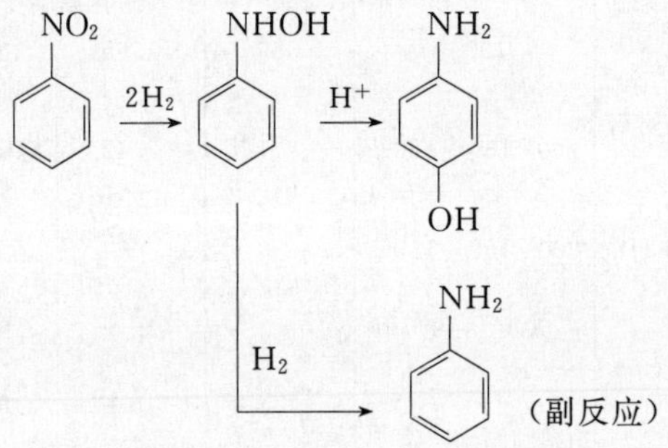

$$NO_2\text{-苯} \xrightarrow{2H_2} NHOH\text{-苯} \xrightarrow{H^+} NH_2\text{-苯-}OH$$

$$NHOH\text{-苯} \xrightarrow{H_2} NH_2\text{-苯（副反应）}$$

由于该工艺以硫酸为反应介质，腐蚀性强，同时副产大量的稀硫酸铵溶液，导致后处理工艺复杂。开发适宜的固体酸催化剂是简化生产工艺，实现环境友好的关键。Chaudhari 等[72]以离子交换树脂和 Pt-S/C 为催化剂，在 2.0～2.7MPa，80℃下进行催化氢化反应，PAP 收率为 13.9%。储伟等[73]分别以 $HF-SiO_2$，HZSM-5 及杂多酸为载体，制备了 Pt-固体酸双功能催化剂，但该催化剂在非酸介质中的活性还较低。Komatsu 等[74]在金属-沸石型双功能催化剂上进行硝基苯气相加氢合成 PAP 反应，发现 Pt/HZSM-5 具有最高的加氢和重排反应活性，PAP 最高收率为 20%。Wang 等[75]制备了 $Pt-S_2O_8^{2-}/ZrO_2$ 双功能催化剂，并以水为反应介质进行了 NB 直接加氢合成 PAP 反应，PAP 最高收率为 23.9%。可见，所研究的固体酸催化剂上 PAP 收率远不如液体酸。提高固体酸催化剂的酸性、改善其重排活性是提高 PAP 收率的关键。

邢宪军等[60]采用葡萄糖等糖类物质为碳化原料、浓硫酸为磺化试剂，制备了碳基固体酸；并采用 Pt/SiO_2 为加氢催化剂，考察了由硝基苯催化加氢、重排制备对氨基苯酚的性能。当碳基固体酸催化剂用量为 1.0g/mL 硝基苯、反应温度 115℃、H_2 分压 0.4MPa、反应时间 4h 的条件下，硝基苯转化率 76.2%，PAP 选择性 54.4%。

3.10 应用固体酸取代液体酸的典型石油化工过程

在烃类烷基化、水合、醚化及酯化反应中，一般使用氢氟酸、硫酸、三氯化铝等液体酸催化剂，这些液体催化剂的共同缺点是对设备的腐蚀严重，对人身危害和产生废渣，污染环境。为了保护环境,多年来国内外正在研究用分子筛、杂多酸、超强酸等新型固体催化材料取代液体酸催化剂,实现这些化工过程的环境友好。本节着重介绍了乙苯、异丙苯、C_8汽油组分、异丙醇、异丙醚及甲基叔丁基醚(MTBE)等相对环境友好的化工合成过程。

3.10.1 苯与乙烯烷基化反应制备乙苯[76]

苯与乙烯烷基化反应的主反应式为:

$$\bigcirc + CH_2{=}CH_2 \longrightarrow \bigcirc{-}C_2H_5$$

从反应式看这是一个原子经济反应。除主反应外,还有多烷基、异构化、烷基转移及缩合和烯烃聚合等副反应。主产物乙苯是重要的有机化工原料,主要用于制三大合成材料的重要单体苯乙烯。同时,也是医药的重要原料。

(1)液体酸为催化剂的生产工艺

传统的无水三氯化铝法:此法是最悠久和应用最广泛的生产乙苯的工业化方法。苯和乙烯在三氯化铝催化剂存在下,于液相、95~100℃下进行烃化。此法反应条件缓和,催化剂为 $AlCl_3$-HCl 络合物,催化剂对烷基化反应有较好的活性,多烷基苯可循环使用。所得反应液组成:苯40%,乙苯47%,多乙苯13%。乙苯在产物中比例小于50%,以苯计的收率为95%~96%,乙烯平均转化率达97%~99%,以乙烯计的收率为96%~97%。该法所用催化剂为强酸性络合物,反应器、冷却塔等设备均采用搪玻璃或钢衬耐酸砖等耐腐蚀材料,烃化液经水洗、碱洗,流程较复杂。如中和不完全,带入后面系统会引起塔的腐蚀,且有大量废水要处理。

(2)以固体酸为催化剂的气相生产工艺(Mobil/Badger 法)

最早采用的固体酸催化剂为 $BF_3/\gamma\text{-}Al_2O_3$,它对原料中的水分含量要求严格。其腐蚀性小于三氯化铝液相法,无酸性物排出,重质副产物生成量少,即使采用10%乙烯,苯和乙烯的转化率也可达97%~99%,但是反应条件苛刻。该法仍未避免使用卤素。20世纪70年代末 Mobil 公司又开发成功了以 ZSM-5 分子筛为催化剂的气相烷基化法。所用反应器为多层固定床绝热反应器,其示意工艺流程如图3-19所示。

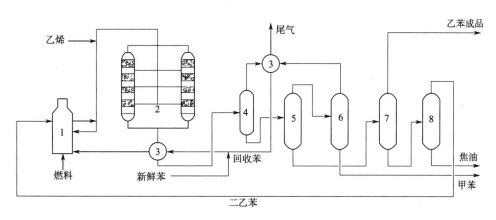

图 3-19 固体酸为催化剂的气相烷基化制乙苯的工艺流程

1—加热炉;2—反应器;3—换热器;4—初馏塔;5—苯回收塔;6—苯,甲苯塔;7—乙苯塔;8—多乙苯塔新鲜苯和回收苯与反应产物经换热后进入加热炉，汽化并预热至 400～420℃。先与已加热汽化的循环二乙苯混合，再与原料乙烯混合后进入烷基化反应器各床层。典型的操作条件为：温度 370～425℃，压力 1.37～2.74MPa，质量空速为 3～5kgC$_2$H$_4$/(kg$_{cat}$·h)。该法的主要优点有：无腐蚀无污染，反应器可用低铬合金钢制造；尾气及蒸馏残渣可作燃料；乙苯收率高；能耗低，烷基化反应温度高有利于热量的回收，完善的废热回收系统使装置的能耗低；催化剂廉价，寿命两年以上，每千克乙苯耗用的催化剂较传统三氯化铝法价廉10～20倍。另外，装置投资低，生产成本低，不需特殊合金设备和管线等。但存在催化剂表面积炭，活性下降快，而频繁进行烧炭再生等缺点。

液体酸为催化剂的乙苯合成法对于一套 39 万吨/年的生产装置而言，要产生 500t 固体废酸和 800t 液体废料，而固体酸为催化剂的气相法，其废料大大减少，仅产生 35t 固体废料和 264t 液体废料。

(3)液相烷基化循环反应工艺[77]（Unocal/Lummus 法）

在以固体酸为催化剂的气相烷基化工艺中，乙烯是以气相存在于反应体系中，在有催化剂条件下容易齐聚生成大分子烯烃及长链烷基苯等。这些副反应一方面使乙苯收率降低，另一方面也加速催化剂的失活，缩短催化剂的再生周期。为避免这些副反应，乙烯必须均匀分散或溶解在苯中。为此，在 20 世纪 90 年代初 Unocal/Lummus/UOP 三家公司联合推出了以分子筛为催化剂的液相烷基化工艺。其特点是：催化剂再生周期长；反应条件缓和；无设备腐蚀和三废处理问题；乙苯产品中二甲苯的含量低；过程设备材料全部使用碳钢，因而装置总投资仅为相同处理能力三氯化铝法的 70%；乙苯产品质量与三氯化铝法相同，但纯度优于气相法；催化剂不怕水，因而原料苯不需干燥；在整个运转周期中，产品乙苯的收率和质量都不下降。在此基础上，我国石油化工科学研究院和北京燕山石化集团联合开发出了一种将苯和乙烯液相烷基化部分反应液直接循环到反应器作为反应原料的循环反应新工艺，具有工艺流程简单、能耗低的特点。固体酸为催化剂的液相法工艺流程如图 3-20 所示[78]。

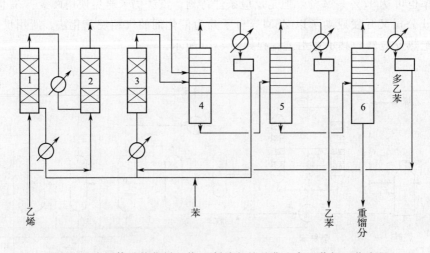

图 3-20　在固体酸催化剂上苯-乙烯液相烷基化生产乙苯新工艺流程

1，2—烷基化反应器；3—烷基交换反应器；4—苯塔；5—乙苯塔；6—多乙苯塔

来自苯塔顶部的循环苯与新鲜苯混合后，一部分进入第一个烷基化反应器的底部，与乙烯自下而上并流反应，乙烯分成两部分分别进入两个串联烷基化反应器底部，以便保证每个

反应器入口有较高的苯/乙烯分子比。另一部分苯则与从多乙苯塔顶蒸出的多乙苯馏分混合，进入烷基化交换反应器底部，自下而上进行烷基交换反应。两种反应器出口的反应产物均送入苯塔，塔顶切出未反应的苯；塔底液体则进入乙苯塔，并从乙苯塔顶蒸出乙苯产品。反应产物中的多乙苯从乙苯塔底送入多乙苯塔，塔顶蒸出的多乙苯送入烷基交换反应器，塔底重质馏分排出系统。该重质馏分含70％的二苯乙烷，后者可通过脱烷基反应回收产生的苯。

在上流式液相烷基化反应器中，苯的流动为连续相，乙烯气体为分散相。苯在反应器中分布状况好，气-液传质系数比下流式反应器大。催化剂全浸在液体中有助于降低其失活速率。典型的液相烷基化反应器设计是每个反应器有两个催化剂床层，乙烯可在反应器的不同点注入以提高过程的乙苯选择性，减少多乙苯的生成，并保证了反应热的有效回收。此种工艺液相反应器催化床层的径向反应温度分布均匀(仅±2℃)，说明苯和乙烯在反应器截面上的流动分布情况很好。工艺条件通常为：$2.79\sim6.99MPa$，$227\sim316℃$，苯/乙烯$=1\sim10$。采用的催化剂：含有 Y 型分子筛。催化剂外形为三叶草形条。三叶草形状可提高催化剂的乙苯选择性及破碎强度，降低催化剂的磨损率。催化剂的酸性组分为超稳 Y 分子筛，其SiO_2/Al_2O_3 为$4\sim12$，使用时需除去分子筛上大部分碱金属及碱土金属。分子筛的Na_2O 含量应$\leqslant0.5\%$(质量分数)，晶胞常数在$24.40\sim24.64Å$ 之间。催化剂挤条成型时采用的黏合剂以Al_2O_3 为好，其含量$5\%\sim30\%$(质量分数)。采用Al_2O_3 不仅提高了催化剂的强度，而且提供了一个具有$300\sim1000Å$ 孔的基体，有利于反应分子扩散到条的内部。催化剂条的直径一般为$0.8\sim3.2mm$。催化剂中分子筛含量为90%，分子筛的Na_2O 含量为0.2%(质量分数)三叶草形条，条的直径为$1.6mm$。

三叶草形条状催化剂可以提高催化剂的活性稳定性，采用$\phi1.6mm$圆柱条状催化剂在液相下进行烷基化反应，根据15天内催化剂床层热点移动的速度推测出催化剂的运转周期为119天，而改用$\phi1.6mm$ 的三叶草形条后，用同法测出的运转周期可增加到390天。使用后的废催化剂可进行器外再生。器外再生的优点是再生条件易控制，催化剂活性恢复好，还可减少装置停工时间。

3.10.2　苯与丙烯烷基化反应制备异丙苯[79]

异丙苯又称枯烯，分子式为C_9H_{12}。它是制造苯酚和丙酮的重要原料。可用作汽车燃料的成分，特别是作为有价值的航空汽油的添加剂。也可用来制2-甲基苯乙烯。以苯和丙烯为原料合成异丙苯的反应式为：

$$\text{〈苯〉} + CH_2=CHCH_3 \longrightarrow \text{〈苯〉}-CH(CH_3)_2$$

此反应同乙苯合成反应一样也是原子经济反应，但在实际过程中还有多异丙苯及丙烯自聚等副产物生成。

（1）以液体酸为催化剂的液相合成法

液相法是在较温和的条件下操作，所用的催化剂有三氯化铝、硫酸、氢氟酸和三氟化硼等。这些催化剂都有严重的腐蚀性，工艺流程较复杂，能耗大并产生污水。尤其是采用三氯化铝催化剂，在洗涤时生成氢氧化铝胶体，导致分离困难。

三氯化铝法生产异丙苯采用三氯化铝为催化剂、氯化氢为助催化剂，实际上是由烷基苯、三氯化铝和氯化氢组成的络合物。在三氯化铝和氯化氢存在下，丙烯与苯烷基化反应的机理：

$$2AlCl_3 + HCl + C_3H_6 \longrightarrow Al_2Cl_6C_3H_7Cl$$

$$Al_2Cl_6C_3H_7Cl + C_6H_6 \longrightarrow Al_2Cl_6 \cdot C_6H_5C_3H_7 \cdot HCl(三元络合物)$$

$$Al_2Cl_6 \cdot C_6H_5C_3H_7 \cdot HCl + C_3H_6 \longrightarrow Al_2Cl_6 \cdot C_6H_4(C_3H_7)_2 \cdot HCl$$

$$Al_2Cl_6 \cdot C_6H_4(C_3H_7)_2 \cdot HCl + C_6H_6 \longrightarrow Al_2Cl_6 \cdot C_6H_7C_3H_5 \cdot HCl + C_6H_5C_3H_7$$

工艺流程：以三氯化铝为催化剂生产异丙苯的过程由五步组成：① 烃化反应；② 络合物的沉降；③ 烃化产物的水洗与中和；④ 苯的回收和循环；⑤ 异丙苯精制。过去工业生产装置多采用一个反应器的工艺流程。烃化与反烃化反应在一个反应器中同时进行。近年来国外将烃化与反烃化反应分别在两个反应器中进行。主要工艺操作条件：80～100℃，0.1～0.49MPa。该工艺须对"三废"进行处理。年产6.8万吨异丙苯的生产装置每小时排出的废水为9.6t，氢氧化铝废渣每年为100t。这必将对环境造成污染。

（2）以固体酸为催化剂的气相合成工艺

① 固体磷酸催化法（SPA） 固体磷酸法由UOP公司开发。在当代异丙苯生产中占有绝对优势。我国也有固体磷酸催化剂的生产技术和采用这种催化剂合成异丙苯的装置。

根据正碳离子机理和Eley-Rideal机理，在固体磷酸存在下，丙烯与苯的烷基化反应机理为：

$$2H_3PO_4 \Longrightarrow H_2PO_4^- + H_4PO_4^+$$

$$CH_2=CH-CH_3 + H_4PO_4^+ \Longrightarrow \underset{CH_3}{CH}\overset{+}{=\!=\!=\!=}CH_3 + H_3PO_4$$

气相的苯（或物理吸附的苯）与正碳离子反应生成异丙苯：

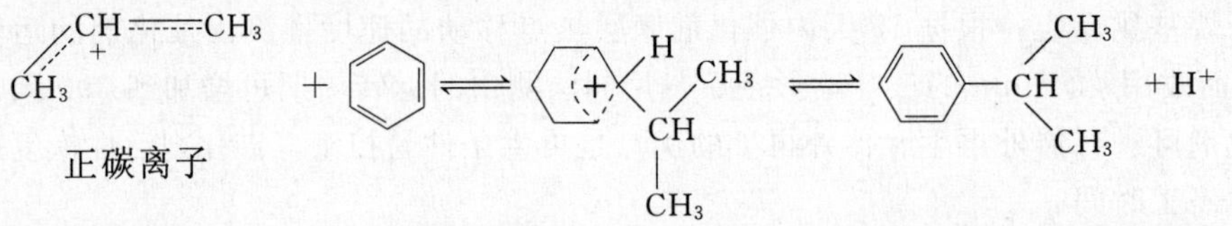

正碳离子

此外异丙苯与丙烯二次或三次反应生成二异丙苯和三异丙苯，还可能发生取代烷基的异构化和丙烯低聚反应。催化剂吸附适量的水分后，吸附水不仅对路易酸中心有覆盖作用，而且提高了新的Brönsted酸中心，增加了丙烯对苯烃化的活性和选择性，减少副反应。

工艺流程：在以硅藻土或二氧化硅为载体的磷酸催化剂存在下，丙烯对苯的烃化过程由四步组成：a. 烃化反应；b. 脱C_3和轻组分；c. 苯回收和循环；d. 异丙苯和重组分分离。

经脱水的苯与丙烯混合从下部进入烃化反应器，内部有四层催化剂；反应器进料自下向上流动，使反应物能在反应器中获得相当好的混合效果，并使形成的丙烯二聚物和三聚物减到最少。反应热由过量的苯和丙烷带出。烃化反应在3.43MPa压力下进行。反应物料在闪蒸精馏塔蒸出丙烷，然后230℃入循环塔分出少量丙烷、苯和非芳烃，最后经异丙苯塔，塔顶蒸出异丙苯，塔釜为重芳烃。主要工艺操作条件为：200～250℃，1.96～3.43MPa。

催化剂：固体磷酸催化剂的基本组分是载于载体上的磷酸，也可加一些添加剂以改进其活性和寿命。

工业固体磷酸催化剂通常由多磷酸与硅藻土共混制得，分圆柱形和球形两种。国外制备固体磷酸的工艺过程以共混法为主。美国 UOP 公司对固体磷酸催化剂做了许多改进，获得性能较好的催化剂，其制备过程是将硅藻土和多磷酸按一定比例加到一个容器中搅拌混合均匀，于 170℃ 均化 30min，经挤压成条或压片；在 170℃ 干燥 1h 后于 560℃ 焙烧。所用的多磷酸含 P_2O_5 83.5%，制得的催化剂含有 78%～80% 磷酸，它含有硅磷酸结晶化合物，强度与耐水性能较好；由于采用了高五氧化二磷对二氧化硅比例(1.5:1)和高焙烧温度，虽然未加滑石、铁的氧化物、卤素化合物和镁铝的氧化物等任何添加剂，催化剂仍具有高活性和长寿命。UOP 公司的 SPA-1 固体磷酸催化剂的寿命为一年。

意大利树脂公司于 1970 年提出了在较低焙烧温度下制备强度和稳定性均佳的固体磷酸催化剂的工艺过程。其制备方法是将 SiO_2 含量大于 70% 的"Filter Cell"商品硅藻土与五氧化二磷含量为 84%～85% 的工业磷酸在装有桨式搅拌的混料机中混合，搅拌温度保持在 30℃，混合料经挤压机成型为 ϕ5.5mm×5.5mm 圆柱；于 350℃ 焙烧制成催化剂。

环球油品公司和意大利树脂公司对改善催化剂的性能曾作了许多研究。例如用 7%～60% Na_2SiO_3 水溶液处理前面所介绍共混法制得的催化剂，由于强度提高，使其寿命指标由 1330L 异丙苯/kg 催化剂提高至 1640L 异丙苯/kg 催化剂。

"三废"：基本无废水，年产 68000t 的装置，每年仅有 72t 废磷酸催化剂。

此法的优点是无腐蚀，流程和设备结构简单，反应器体积小，催化剂用量少；基本无"三废"污染和单位产品能耗低。不足之处是在这种催化剂上不能进行脱烷基反应；二异丙苯和三异丙苯是此过程的副产物。为避免中和、水洗等繁杂的后处理，降低设备费和能耗，采用固体磷酸催化剂是合适的。

② 分子筛催化法　在分子筛催化剂存在下丙烯与苯烃化生产异丙苯。如以 X 型、Y 型、REY 型和丝光沸石及 β 沸石等为催化剂时，丙烯与苯烃化反应都有较高的活性，但由于在这些催化剂上聚合结焦较严重，催化剂的活性难以维持；致使它们在工业上的应用受到限制。

美国 Mobil 公司于 1973 年发明了用 HZSM-12 分子筛进行丙烯和苯烃化合成异丙苯。ZSM 沸石孔道窗口由十元环构成，呈椭圆形，允许线型和支链烃及芳烃进入孔道，与活性中心接触发生烃化反应；异丙苯也易从孔道扩散出来。由于大分子进不去也难于在孔内生成，这可能是积炭少的重要原因之一。

工艺过程：采用 ZSM 型分子筛催化剂合成异丙苯未见有工业生产的报道，其工艺过程大概与采用 ZSM-5 分子筛催化剂使苯与乙烯气相烃化制乙苯相似，Hoechst 公司采用该工艺在美国建设的年产 40 万吨苯乙烯装置已于 1980 年投产。该工艺采用多段固定床反应器。该方法基本无"三废"，既无污染又无腐蚀。工艺条件为：进口温度：287～254℃，反应器床层温度<565℃。

催化剂：HZSM-12 分子筛催化剂是由 ZSM-12 型分子筛经离子交换后制成。ZSM-12 分子筛是一种高硅铝比的硅铝酸盐晶体。

合成 ZSM-12 沸石分子筛所用原料：四乙基溴化铵(化学纯)、氢氧化钠(化学纯)、偏铝酸钠溶液(含 41.8% Al_2O_3)、硅溶胶等。

HZSM-12 的制备方法一般是在强烈的搅拌下，将四乙基溴化铵、氢氧化钠、偏铝酸钠溶液和水加至硅溶胶中，密封于压力釜中，静止晶化后过滤、洗涤、烘干，然后与黏合剂混合后成型。进一步用氯化铵进行离子交换后制成催化剂。

（3）以分子筛为催化剂的液相烷基化工艺[80, 81]

分子筛液相烷基化合成异丙苯是近几年世界各大公司竞相开发的一项先进的、对环境不产生污染的新的清洁工艺。该法催化剂活性及选择性高，产品质量好，无污染，副产多异丙苯可经反烃化转变为异丙苯，使异丙苯收率高达99%以上。Enichem公司以含质量分数为60%～80%的β-沸石为催化剂，采用固定床液相法工艺，工艺条件：150℃，3.0MPa，n(苯)/n(丙烯)＝7.4。在1996年3月建成一套生产能力为265kt/a的工业装置。

另外，基于苯与丙烯烷基化反应是放热反应，且反应物与产物的沸点相差较大的特点，CDTech公司于1985年开始将催化蒸馏技术用于异丙苯的生产中，称为CDTech工艺。该工艺的催化剂用玻璃纤维或不锈钢筛网捆包，在反应区的塔板上有规律排列。异丙苯收率达99.6%，产物纯度大于99.95%。所用催化剂有两种，用于烷基化的是Ω-沸石，用于烷基转移反应的是Y-沸石。其优点是反应条件温和，反应段操作可在较大范围内调节；节能，所耗热量仅为传统方法的3/4；用来改造固体磷酸法工艺，又使装置增容几乎1倍；产品质量高，收率比传统法高5%～6%。但操作工艺比固定床复杂，操作技术水平要求高。反应塔的反应区结构比固定床复杂。我国也对催化蒸馏技术进行了研究[82]。

（4）分子筛催化剂的研究状况[83]

前面已经简要介绍了几种用于丙烯与苯烷基化的沸石分子筛，这里进一步系统归纳一下用于该反应的分子筛催化剂。

① HZSM-5分子筛　在此沸石上，异丙苯的选择性可达88%～94%，主要副产物是4%～6%的二异丙苯，它可通过反烷基化生成异丙苯。

② 硅磷铝分子筛　包括不同Si、Al、P含量的SAPO-5、SAPO-11、SAPO-37等。SA-PO-5、SAPO-37上丙烯转化率可达100%，但由于SAPO催化剂稳定性较差，暴露在大气温度下即失活，限制了其工业应用。

③ 丝光沸石　硅铝比为156∶1的丝光沸石用于丙烯与苯烷基化反应，异丙苯总产率高于传统的SPA工艺，催化剂的稳定性高，异丙苯选择性最高为95%。Dow公司开发的高度脱铝丝光沸石及工艺已于1992年在荷兰建成了34万吨/年的工业装置。

④ ZSM-12沸石　该沸石在活性和选择性方面均优于丝光沸石和La-HY沸石，且稳定性好。其突出特点是它对催化裂化干气中少量丙烯（2%左右）与苯烷基化反应具有很高活性，而大量的乙烯（20%左右）几乎不发生反应。这在催化裂化干气综合利用方面极为重要。

⑤ β-沸石　采用β-沸石液相法制异丙苯，可使丙烯转化率达100%，尤其适用于传统磷酸催化异丙苯的工艺改造。

⑥ MCM系列分子筛　MCM-22（Mobil Composition of Matter-22）沸石是Mobil/Raython公司用于EBMax工艺生产乙苯的催化剂，同时它对丙烯与苯烷基化制异丙苯反应有很好的催化性能。它是一中孔分子筛，但它拥有其他分子筛所不具备的特殊结构：有两套相互独立、互不相通的孔道系统，其中一套为二维正弦孔道，另一套是由超笼构成。同MCM-22相比，MCM-56在液相法合成异丙苯中具有更高的活性，它比β-沸石有更优异的性能，在相同空速下，丙烯转化率比β-沸石高13%以上[84]。

几种常见分子筛，如Y型分子筛、丝光沸石、ZSM-12及β-沸石等的丙烯与苯烷基化催化性能对比见表3-23所示。ZSM-12和β-分子筛催化剂表现出优于Y、丝光沸石的催化性能。

表 3-23　分子筛上苯与丙烯烷基化性能对比[85]

催化剂	丝光沸石	ZSM-12	ZSM-12[①]	Y型分子筛	β-沸石	β-沸石[①]
Si/Al	14	75	121	2.5	17	26.2
WHSV/h^{-1}	2	3	4	2.5	2.5	4
C$_3^=$ 转化率/%	99.8	99.9	99.9	99.4	99.9	100
异丙苯选择性/%	82.9	92.3	91.56	81.1	91.5	93.55
异丙苯＋DIPB选择性/%	—	—	98.82	—	—	99.39

① n(苯)/n(丙烯)＝8。

注：反应条件：483K；n(苯)/n(丙烯)＝6.5。

3.10.3　异丁烷与烯烃烷基化制备高辛烷值汽油调和组分

异丁烷与烯烃的烷基化是炼油工业中一个重要的工艺过程。随着近年来新配方汽油的出现，限制汽油中芳烃和烯烃含量更增添了该工艺的重要性。烷基化汽油的抗震性能好，它的研究法辛烷值（RON）可达 96，马达法辛烷值（MON）可达 94，比加氢裂化汽油（RON87）、异构化汽油（RON88）、重整汽油（MON88）和叠合汽油（MON83）的辛烷值高；它不含低分子量的烯烃，排气中烟雾少，不引起振动，道路辛烷值也好，有人称该工艺得到的烷基化汽油为清洁汽油。它可大大缓和汽车尾气排放造成的城市空气污染，因此它是一种环境友好的石油化工产品。

在目前石油化工工业中仍在采用传统的烷基化工艺，即硫酸法和氢氟酸法。硫酸法工艺中存在大量废酸排放，严重污染环境的问题。氢氟酸是易挥发的剧毒化学品，一旦泄漏将给生产环境和周围生态环境造成严重危害，同时还存在腐蚀设备及废酸处理等问题。采用固体酸取代硫酸与氢氟酸，可实现环境友好的烷基化汽油生产过程。下面分别介绍一下液体酸为催化剂的生产工艺和目前开发的固体酸为催化剂的生产技术。

（1）烷基化反应和产物

烷基化反应产物因所使用的烯烃原料和催化剂的不同而不同。如 1-丁烯与异丁烷烷基化时，使用无水氯化铝催化剂（或在低温下使用氢氟酸催化剂），则主要生成辛烷值较低的 2,3-二甲基己烷（RON71）；使用硫酸和氢氟酸催化剂，则 1-丁烯首先异构化生成 2-丁烯，然后再与异丁烷发生烷基化反应。在无水氯化铝、硫酸或氢氟酸的催化作用下，2-丁烯与异丁烷烷基化主要生成高辛烷值 2,2,4-三甲基戊烷、2,3,4-三甲基戊烷和 2,3,3-三甲基戊烷（RON100～106）：

$$1\text{-丁烯}＋\text{异丁烷} \xrightarrow[\text{HF, 低温}]{AlCl_3} 2,3\text{-二甲基己烷}$$

$$2\text{-丁烯}＋\text{异丁烷} \xrightarrow[H_2SO_4, \ HF]{AlCl_3} 2,2,4\text{-三甲基戊烷}$$

（2,3,4-三甲基戊烷）

（2,3,3-三甲基戊烷）

异丁烯和异丁烷烷基化反应生成辛烷值为 100 的 2,2,4-三甲基戊烷，也称异辛烷。除上述一次反应产物外，在过于苛刻的反应条件下，一次反应产物和原料还可以发生裂化、叠合、异构化、歧化和自身烷基化等副反应，生成低沸点和高沸点的副产物。

（2）液体酸为催化剂的生产工艺

① 硫酸法　硫酸法采用阶梯式反应器，异丁烷和丁烯分几路进入该反应器的反应段。来自反应产物分馏塔的循环异丁烷与来自反应器沉降段的循环硫酸经混合器混合后，也进入反应器。异丁烷和丁烯在硫酸催化剂作用下，在 0.25MPa、10℃和搅拌条件下进行烷基化反应。反应热被一部分异丁烷自身汽化取去。反应产物和硫酸自流到反应器的沉降段，进行液相分离。分出的硫酸用泵送去循环使用。当硫酸浓度降到 85% 时，需排出废酸另换新酸。反应产物经碱洗、水洗后进入产物分馏塔。该法硫酸消耗量大，约为烷基化油产量的 5%（质量分数）。

② 氢氟酸法　该法以氢氟酸作为催化剂。工艺过程为异丁烷和烯烃在反应器中与氢氟酸接触后，在沉降罐内反应产物沉降分离，氢氟酸循环回反应器，同时有一部分氢氟酸在再生塔内再生。沉降罐上部出来的产品在脱异丁烷塔内脱除异丁烷和较轻的组分。脱异丁烷塔底部产品为烷基化油，可用作车用汽油调和组分。氢氟酸法烷基化采用的反应温度可高于室温，这是因为它的副反应不如硫酸法剧烈，而且氢氟酸对异丁烷的溶解能力也较大。由于反应温度不低于室温，因此不必像硫酸法那样要采用冷冻的办法来维持反应温度，从而大大简化了工艺流程。为了抑制副反应，通常采用大量异丁烷循环。

（3）以固体酸为催化剂的烷基化过程

为了解决传统生产工艺中使用的液体浓硫酸和氢氟酸催化剂所存在的产物分离困难、设备腐蚀严重、催化剂有毒及排放污染环境等问题，20 世纪 60 年代以来，用固体酸作为该过程的催化剂研究工作不断见诸报道。采用的固体酸催化剂有分子筛、超强酸、负载型固体酸及离子交换树脂等。

① 液体酸固载化催化剂　将液体酸如硫酸、HF-SbF$_5$ 固载在一种合适的多孔性载体上，使之不易流失挥发，对环境不造成污染，并减缓对设备的腐蚀。Nick 研究了 BF$_3$/SiO$_2$ 上异丁烷与 1-丁烯的烷基化反应。结果表明，在 0℃、1.1MPa、烷烯烃比为 3~10，进料中 BF$_3$含量为 0.25%~3%（质量分数），水含量为 0.005%，丁烯空速为 1.05h^{-1} 条件下，可得到高质量的烷基化油。美国 UOP 和 Texaco 公司联合开发的以 HF-聚合物为催化剂的烷基化工艺已进行了工业化试验，并取得了较好的结果。丹麦 Haldor Topsoe 公司开发的CF$_3$HSO$_3$/SiO$_2$ 工艺已进行了 0.5 桶/天的中型试验。负载在 ZrO$_2$ 上的 H$_3$PO$_4$-BF$_3$ 和H$_3$PO$_4$-BF$_3$-H$_2$SO$_4$ 对烷基化反应有较好的活性和选择性[86]。催化剂在累积 50h 的寿命试验中，活性能够稳定在 60% 左右。这些液体酸固载化催化剂的性能已同液体强酸催化剂处于同一水平，但酸仍会因流失而污染环境。

② 沸石分子筛催化剂　自从 20 世纪 60 年代 Y 型分子筛被成功地运用于催化裂化反应之后，沸石被用作烷基化反应的催化剂就成为人们研究的对象[87]。由实验发现，在六亚甲基四胺存在下，烷基化用沸石催化剂有比 HY 沸石更高的选择性，平均提高了 30% 左右，产物中三甲基戊烷（TMP）的含量也较高，而 C$_5^+$ 馏分的含量又低，因而油品的质量得到提高。Corma 等[88]利用超稳 Y 型分子筛作催化剂，研究了其孔道直径（UCS）对异丁烷/丁烯烷基化反应活性的影响。在其他条件相同的情况下，UCS 在 2.435~2.445nm 之间时，丁烯的转化率最大，而当 UCS 小于 2.435nm 时，丁烯的转化率就会急剧下降。并且，产物的分布也与 UCS 有密切关系，如表 3-24 所示。

除 Y 型沸石外，MCM 系列沸石也广泛应用于异丁烷/丁烯烷基化反应研究中[89]。负载杂多酸的 MCM-41 催化剂 H$_3$PW$_{12}$O$_{40}$/MCM-41 丁烯转化率明显高于 MCM-22[90]。然而在

MCM-22 催化剂上产物中 C_8 含量和 TMP/DMH 值均高于负载杂多酸的 MCM-41。β-沸石也被用于 C_4 烷基化反应[91, 92]。

表 3-24 孔道直径对产物分布的影响

样品	UCS /nm	产物分布/%			C_8 的组成/%				TMP 的异构体组成/%			
		$C_5 \sim C_7$	C_8	C_9^+	TMP	DMH	烯烃	TMP/DMH	2,2,4-	2,2,3-	2,3,4-	2,3,3-
USY-1	2.450	24.0	59.5	16.5	70.0	23.1	6.9	3.03	34.2	7.4	28.3	30.1
USY-2	2.435	19.2	54.4	26.4	63.0	30.6	6.4	2.06	32.9	6.3	31.6	29.2
USY-3	2.428	10.9	49.3	39.8	11.9	55.3	32.8	0.22	22.6	18.1	36.8	22.5
USY-4	2.426	13.3	39.6	47.1	18.2	55.6	26.6	0.22	26.3	15.3	36.2	22.2

注：反应条件为 $T=50℃$，$i\text{-}C_4/C_4^=15$。

③ 固体超强酸催化剂[87] 用作异丁烷/丁烯烷基化反应的固体超强酸催化剂主要是用 ZrO_2、TiO_2、SiO_2 等氧化物作载体，通过浸渍硫酸、磷酸等无机酸而制得。此类催化剂制备方法简单，酸强度高，其活性与载体种类、酸的浓度、焙烧温度、氧化物来源等有很大关系。其中报道最多的烷基化反应催化剂是 SO_4^{2-}/ZrO_2。在适当的反应条件下，在 SO_4^{2-}/ZrO_2(SZ)催化剂上，丁烯的转化率可达 100%，产物中 C_8 的含量可达 80% 以上，其中 TMP 大约占 C_8 烃类的 90%。与 Hβ 催化剂相比，利用 SZ 催化剂，烷基化反应产物中 $C_5 \sim C_7$ 馏分的含量较高，说明在 SZ 催化剂上存在更强的酸位，加快了烃类的催化裂化反应，并且随着反应温度的提高，催化裂化反应的速率也逐渐加快。王延吉等[93]对烷/烯比较小(4.5:1)的混合 C_4 为原料的气相烷基化反应进行了研究。考察了 Hβ-沸石及改性后制得催化剂上反应条件及改性方法对反应性能的影响，发现随着反应温度的升高，三甲基戊烷/二甲基己烷比值增大，这说明催化剂上的烷基化反应选择性和氢转移能力增加；进料空速增大，C_8 产物选择性增大，但丁烯转化率降低；经超强酸改性后制得的 $SO_4^{2-}\text{-}Fe_2O_3/Hβ\text{-}Al_2O_3$ 催化剂具有较高的活性，烯烃转化率平均为 13.9%；加入 La_2O_3 后催化剂的烷基化反应稳定性增加。

④ 超临界条件下 C_4 烷基化反应 固体酸催化剂上 C_4 烷基化反应存在的最大问题是催化剂因结焦而失活，已成为制约其工业化生产的主要因素。为了解决这个问题，除继续进行催化剂本身的稳定性研究外，人们又从催化反应工程的角度出发，提出在超临界条件下进行异丁烷与丁烯的烷基化反应。利用超临界流体能溶解某些导致固体催化剂失活的物质，抑制结焦，进而提高其稳定性。

超稳 Y 型沸石(USY)上异丁烷与异丁烯烷基化反应在气相或液相状态下催化剂均失活，使烷基化产率下降，但使异丁烷达到超临界状态(140℃，6.0MPa)后，大幅度减缓了催化剂的失活。对于失活的 USY 沸石，用异丁烷超临界萃取可脱除催化剂中的烯烃聚合物，从而使活性恢复[94, 95]。稳定的烷基化反应，烷基化产率(烷基化油/C_5^+)可达 5%，丁烷转化率可达 20%，且实验可进行近两天。较低温度下超临界烷基化能减缓结焦，维持较高的活性，而在较高温度(135℃)下结焦和裂化反应显著。

我国石油化工科学研究院成功地应用固体酸催化剂在超临界反应条件下进行 C_4 烷基化反应[96]。在超临界条件下，固体酸催化剂在 1400h 的反应以后，仍保持 100% 的烯烃转化率。采用的催化剂为负载型杂多酸 HPW/SiO_2。

另外，由于在许多国家中提高了对可生物降解洗涤剂的需要，从而出现了向以非支链型

C_{10}～C_{14}烯烃作苯烷基化原料的转变,作为取代液体酸的典型工艺之一长链烯烃与苯烷基化制造洗涤剂的工艺。目前普遍采用有毒、有害的液体氢氟酸为催化剂,国外已开发成功了一种采用无毒、无害的固体酸作催化剂和固定床反应工艺。由于催化剂失活快,几天即需再生,所以两个反应器频繁切换,操作麻烦。针对这种绿色技术的不足,根据纳米分子筛具有外表面积大、暴露外表面的晶胞多的特点,可能延长催化剂的寿命,于是在纳米分子筛新催化材料领域,开展了多种纳米分子筛的合成、表征和烷基化反应的研究。目前,已找到一种具有长链烯烃与苯的转化率高、选择性好的纳米分子筛催化剂,且稳定性相当高[97]。并且,采用中孔分子筛 MCM-41 负载 SiW_{12} 杂多酸用于苯-长链烯烃烷基化催化剂也取得了良好的结果[98]。

3.10.4　酯化、醚化及水合反应

(1)丙烯水合制异丙醇和异丙醚[99]

异丙醇(IPA)和异丙醚(DIPE)是重要的有机原料和溶剂。近年来,随着人们对环保要求的提高,异丙醇和异丙醚作为汽油添加剂具有特殊的作用。这不仅解决了汽油加铅问题,而且能取代汽油中高辛烷值的芳烃和轻烯烃。这样也解决了汽车排气中未燃烧完全烃类和 NO_x 以及轻烯烃的蒸发污染问题,同时避免了辛烷值的损失。

工业上主要以硫酸间接水合法、气相直接水合法和液相直接水合法制异丙醇。间接法由于其对设备的强腐蚀作用及废酸处理等问题,正逐步被直接水合法所代替。直接水合法所用的离子交换树脂催化剂,在高温下树脂易分解,活性的酸易流失,不仅催化剂活性下降,而且污染设备,且因其热稳定性等问题,生产效率受到限制。液相直接法是以杂多酸及可溶性盐的水溶液为催化剂。但该法的反应压力高(10～30MPa),且要严格控制溶液的 pH 值,否则对设备产生腐蚀。目前人们正致力于开发沸石型催化剂,用于异丙醇和异丙醚的生产。

Hβ-沸石可用于丙烯水合反应[100]。与酸性阳离子交换树脂相比,它具有较高的异丙醇和异丙醚收率。在150℃,7～8MPa条件下,β-沸石上异丙醇和异丙醚收率分别为188g/(L_{cat}•h)和19g/(L_{cat}•h),而 Amberlyst-15 树脂为105g/(L_{cat}•h)和2g/(L_{cat}•h)。一些中孔沸石,如θ-1沸石、镁碱沸石、丝光沸石及 ZSM-5 沸石对合成异丙醇具有一定活性[101]。θ-1沸石、镁碱沸石上同时有异丙醚生成,而丝光沸石和 ZSM-5 沸石上没有异丙醚生成。β-沸石对于丙烯水合制异丙醚具有较好的性能[102],不同黏合剂和预处理方式对其合成异丙醚的性能影响较大。在 ZrO_2 和 TiO_2 为黏合剂时,在166℃、7MPa条件下,异丙醚的选择性分别为61.5%和58.9%。

(2)烯醇醚化反应

异丙醚(DIPE)和甲基叔丁基醚(MTBE)作为汽油添加剂,在大气环境保护中具有重要意义。以前采用液体酸作催化剂,目前工业生产方法主要采用磺酸性阳离子交换树脂,树脂催化剂受温度限制难以提高生产效率,并且剥落的组分对设备及环境均造成污染,同时废树脂处理也对环境有危害。为此,近年来人们对沸石催化剂用于 DIPE 和 MTBE 的合成进行了较多研究。β-沸石用于丙烯与异丙醇液相合成 DIPE 反应具有较好的活性[103, 104]。合成DIPE 的活性顺序如下:HY＜HZSM-5＜HM＜Hβ,Hβ-沸石上异丙醇的转化率为53.3%。将超强酸中心 SO_4^{2-}-TiO_2(Fe_2O_3)引入到 Hβ-沸石上构成的增强酸可进一步促进 DIPE 合成反应[105],丙烯转化率由原来 Hβ 上的8%提高到15.9%。并且,SO_4^{2-}-TiO_2(Fe_2O_3)/Hβ-催化剂对于异丁烯与甲醇反应液相合成 MTBE 也显示了良好的活性[106],其低温反应性能

与 Amberlyst-15 树脂催化剂相当。

对于甲醇与异丁烯气相合成 MTBE 反应，在改性 β-沸石上 MTBE 选择性可达到 100％，采用超临界技术制备的改性沸石催化剂的酸性和催化性能明显改善[107~109]。对于硼改性的催化剂，超临界方法制备的异丁烯最高转化率达 35.5％，比普通方法制备的高出 10％；超临界制备的 SO_4^{2-}-Fe_2O_3-Hβ-Al_2O_3 催化剂异丁烯最高转化率可达 34.8％，比普通方法制备的高出 11％。另外，利用超临界场对催化剂的稳定性也有促进作用。其原因是超临界制备技术改变了催化剂的酸量和酸强度分布。

(3)酯化反应

醇类与酸类酯化反应，传统工艺均是采用浓硫酸为催化剂，存在后处理麻烦、有"三废"污染、腐蚀设备、并引起副反应等问题，而固体酸催化剂完全可以克服这些问题。以乙酸丁酯为例，采用的固体酸催化剂包括活性炭负载杂多酸[110,111]、Fe(Ti)β-沸石[112]、HZSM-5[113] 等。因此，在环境友好酯化反应中沸石类固体酸催化剂有广泛的应用前景。

王延吉等[112]对高价阳离子交换 β-沸石上乙酸与甲醇、乙醇、丙醇及丁醇的酯化反应进行了研究。认为高价阳离子交换型 β-沸石可明显促进酯化反应。与 Hβ-沸石相比，Feβ-沸石上乙酸转化率提高幅度的顺序为乙酸甲酯＞乙酸丁酯＞乙酸丙酯＞乙酸乙酯。除甲醇外，催化活性顺序与伯醇的碳原子数目顺序一致。

3.11 酸性离子液体

离子液体(ionic liquids，ILs)是由阴阳离子组成的液态体系，通常由含磷和氮的有机阳离子和无机阴离子或有机阴离子组成。因为它在组成上与"盐"相近，而其熔点通常又接近室温，所以也称为室温熔融盐(room-temperature molten salt)。离子液体的历史可以追溯到 1914 年，Walden 报道了由浓硝酸和乙胺反应制得离子液体[EtNH₃]NO₃，该离子液体在空气中很不稳定且极易发生爆炸；1982 年 Wilkes 以 1-甲基-3-乙基咪唑为阳离子合成出 1,3-二烷基咪唑氯铝酸盐类离子液体，该类离子液体对水和空气敏感，具有较强的腐蚀性；1992 年，Wilkes 等合成了[emim]BF₄ 离子液体，该离子液体在水和空气中稳定，拓宽了离子液体在反应、分离及材料方面的应用。尤其是进入 21 世纪后，离子液体向功能化方向发展，使离子液体的应用更加广阔。

3.11.1 离子液体的性质

离子液体具有很多特性，例如它们具有宽且稳定的化学窗口、基本无蒸气压、优异的溶解性能、良好的导电性、热稳定性和化学稳定性。但是随着对离子液体表征技术的发展，越来越多的物性开始受到争议。下面主要介绍一下受到争议的一些物性[114]。

① 熔点　熔点是离子液体的重要特征之一，但对已有的离子液体的熔点数据要谨慎使用，因为当它们经过超低温处理或者含有少量杂质时都有可能造成熔点数据测量的不准确。

② 挥发性　典型离子液体的正常沸点不能用实验来测量，因为离子液体会在未到达正常沸点前分解。离子液体在 200~300℃时存在挥发现象，但是当略降低压力后挥发速率立即大幅度降低(<0.01g/h)。

③ 不易燃性　人们一直认为离子液体被视为绿色溶剂，是由于其在高温时具有不易燃

和不挥发等特性。但是有许多可以满足这些特性的潜在溶剂，却没有用来取代传统的有机溶剂，所以并不是因为离子液体的不易燃特性而被视为绿色溶剂，并且近年来研究表明离子液体是易燃的，它们有些甚至被用来取代胺及其衍生物当作高能燃料。

④ 热稳定性及化学稳定性　通过 TGA 分析可知大部分离子液体具有热稳定性，分解温度一般都大于 350℃。但是有些离子液体要保持长时间的热稳定性是很困难的。由季鏻型阳离子和 NTf_2^-（$(CF_3SO_2)_2N^-$）或者 $N(CN)_2^-$ 阴离子组成的离子液体在催化反应过程中能够完全分解，污染产品。以烷基咪唑为阳离子的离子液体，由于咪唑环 C2-H 的活泼性而具有化学不稳定性。

⑤ 黏度　离子液体的黏度一直是其在催化反应中能否应用的重要指标。因为高黏度的离子液体对反应中的传质有一定的阻碍作用，从而对反应不利。离子液体的黏度比传统的有机溶剂的黏度高 1~3 个数量级。20~25℃时，大部分离子液体的黏度在 66~1110mPa•s 之间，所以合成低黏度的离子液体是人们所期待的。研究发现，离子液体的黏度有以下规律：阳离子取代基的碳链的增长会增加离子液体的黏度；阳离子取代基的支链越多则离子液体的黏度越高；离子液体的黏度随着阴离子体积的增加及碱性的增强而减小等[115]。

⑥ 毒性和生物降解性[116~118]　离子液体一直被誉为"绿色产品"，所以它的毒性和不易生物降解性一直被大家忽视。柯明等[119]通过研究离子液体对生物的影响，发现离子液体的毒性主要由阳离子决定，且随着阳离子取代基碳链的增加而升高，阴离子对离子液体毒性无太大影响。离子液体咪唑环上含胺（—NH_2）烷烃则生物降解性差，但咪唑环上含酯类则可以提高生物降解性，并且随着支链的增多生物降解性也越来越容易。

3.11.2　离子液体制备和提纯方法

(1)离子液体的制备方法

合成离子液体的方法很多，下面介绍四种合成离子液体方法及其优缺点[114]。四种合成方法的途径如下所示：

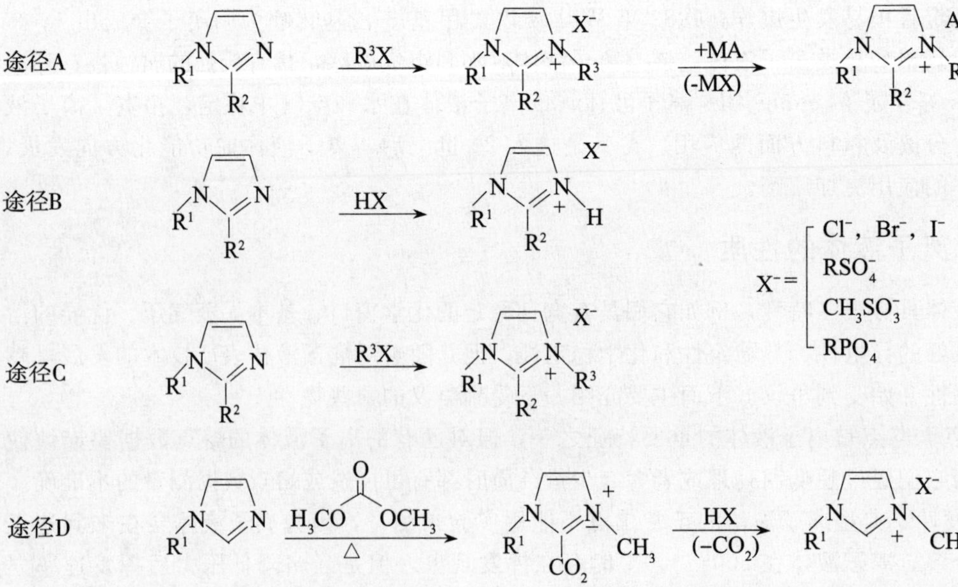

对于 A 途径：它是最常用的合成方法，即传统上的两步合成法。第一步是由适当的烷基咪唑与卤代烷烃反应制得。第二步是由上一步产物与所需阴离子的铵盐、碱金属或银发生

194　绿色催化过程与工艺

置换反应合成目标离子液体。例如，合成离子液体[emim]BF$_4$既可以以甲醇为溶剂，由[emim]X与AgBF$_4$发生置换反应得到，也可以以丙酮为溶剂，由NH$_4$BF$_4$与[emim]X发生置换反应而制得[120]。但是该方法需要加入有机溶剂、过量的卤代烷，给产物的分离带来了困难[121]。此外，还会产生大量的MX副产品，造成了产品的提纯困难。

对于B和C途径：一步法合成离子液体，即通过酸碱中和反应（B途径）或季铵化反应（C途径）一步合成离子液体。此类合成方法的最大优点是可以避免氯化物的产生，原子经济性高。但是会在离子液体中残留HX或烷基化试剂，使离子液体不纯而影响离子液体的物理和化学性质。因此，在烷基化反应中烷基化试剂的使用将受到限制。

对于D途径：以碳酸二甲酯为原料合成离子液体。碳酸二甲酯是一种新型甲基化试剂，在135℃以上时，它除了可以与烷基咪唑进行季铵化反应外，还会与咪唑环上的氢发生取代反应，生成1，3-二烷基咪唑-2-羧基两性离子，再与其他酸进行复分解反应，得到其他阴离子的离子液体[122]。如1-乙基咪唑与碳酸二甲酯反应生成1-乙基-2-羧基-3-甲基咪唑离子液体，收率达89%。当加热到140℃以上时，转化为1-乙基-3-甲基-4-羧基咪唑新型离子液体。在135℃以上时，碳酸二甲酯除了与咪唑发生季铵化反应外，还会与咪唑环上的氢发生取代反应，利用碳酸二甲酯替代烷烃卤化物作为甲基化试剂不仅使反应具有清洁性，还可以避免卤化物产生，且产率高，然而，此方法由于使用HX而受到限制。

离子液体的合成方法不仅可从反应物的改变上进行改进，还在反应条件及装置上进行改进。已有使用微波或超声波合成离子液体[123,124]，此类方法与传统的加热回流相比具有操作简单、反应时间短、产率高、后处理方便等优点。间歇反应器中利用微波照射（5.8GHz）合成[bmim]BF$_4$的产率为87%，此操作有效避免了反应体系吸热过多，从而防止卤代烃和产品分解。近来有学者采用电解法合成离子液体[125]，电解法是直接将含目标阳离子的氯化物水溶液电解生成含目标阳离子的氢氧化物和氯气，前者再与含目标阴离子的酸发生中和反应，减压蒸馏除去水分子，得到目标离子液体。Roger用电解法制得[bmim]H$_2$PO$_4$离子液体。该方法利用了离子液体的导电性质，具有工业化生产的潜力。除此之外，李良实[126]采用电渗析法制备了[bmim]BF$_4$离子液体。

（2）离子液体的纯化方法

离子液体的纯度严重影响其性能，所以离子液体的提纯十分重要。由于离子液体几乎没有蒸气压、不挥发、低熔点等特点，所以不能用诸如蒸馏、重结晶、升华等常规的化合物纯化方法来纯化离子液体。

导致离子液体不纯的原因主要是合成过程中大量的有机溶剂、烷基化剂以及复分解步骤中的副产物。离子液体的纯化技术还不是很成熟，对于离子液体中的有机溶剂，传统的提纯方法是采用真空干燥和减压蒸馏方法除去，但是此方法很难将离子液体中的杂质完全除去。所以又进一步开发新型离子液体的提纯方法。

可以通过双水相体系的方法[127]提纯离子液体，即亲水性离子液体在无机盐盐析作用下形成上相富含离子液体和下相富集无机盐的双水相体系，从而提纯离子液体。但是此方法的数据与表征比较贫乏，方法相对不完善。除此之外，还可以通过电解法提纯离子液体，它的基本原理是：利用离子液体的离子导电，化学稳定性高和电化学窗口宽的特点，将不纯的离子液体进行电解，使其中的杂质在一定的电压下电解，分解成气体，从离子液体里除去。此方法在提纯过程中不会引进其他杂质，不受化学反应平衡和溶解度平衡的限制，可以达到较高的纯度。近来又有报道用电渗析的方法[128]提纯离子液体：由于不同离子在离子交换膜中迁移速率存在差异，可以通过控制操作参数，达到去除离子液体中杂质离子（即卤化盐）的目的。此方法除了具有操作简单，不需要引入第三组分的优点外，还可以有效提高离子液体的产率。

此外，纯的离子液体应该是无色的，但大多情况下我们合成的离子液体都是有颜色的。由于离子液体的颜色对其部分应用有严重影响，需要采取措施使离子液体的颜色变浅：在合成离子液体前需要对原料进行必要的预处理（重新蒸馏，干燥）；痕量丙酮的存在有时会导致在季铵化反应步骤中产生颜色，故所有的玻璃仪器都不能含有丙酮；季铵化反应应在氮气气氛下进行，另外温度越低越好；也可使用活性炭或二氧化硅、三氧化二铝使离子液体脱色，但是有可能在离子液体中掺入其他杂质。

另外，可以向离子液体和有机物或水的混合物中加入超临界 CO_2 使混合物分离为两相：离子液体相和有机溶剂相（或水相），通过简单的相分离而使离子液体得到纯化。该方法既简单又节能。

3.11.3 酸性离子液体类型

近几年来，功能化离子液体（functionalized ionic liquids）备受大家的关注。功能化离子液体即将一些功能团引入离子液体的阳离子或阴离子上，使离子液体具有专一的特性。酸性离子液体是功能化离子液体中的重要一种，它是将一些具有酸性的基团引到离子液体的阳离子或阴离子上。由于它具有取代液体酸的潜力，是近几年研究的热点之一。

（1）Lewis 酸性离子液体和 Brönsted 酸性离子液体

酸性离子液体最早出现于 1989 年。Smith 等[129]通过向[emim]Cl-AlCl$_3$ 体系中加入盐酸，得到了超强酸体系。该体系随着 AlCl$_3$ 摩尔分数的增加，Lewis 酸性也逐渐增强，阴离子种类相应地发生如下转化：Cl$^-$、AlCl$_4^-$、Al$_2$Cl$_7^-$、Al$_3$Cl$_{10}^-$、Al$_4$Cl$_{13}^-$[130]。但是，由于此类离子液体对空气和水特别敏感，所以有文献报道用 ZnCl$_2$、FeCl$_3$、CuCl、SnCl$_2$ 为阴离子取代 AlCl$_3$。Jia 等[131]对离子液体催化苯与 1-己烯的烷基化反应进行了研究，比较了氯化铁和氯铝酸离子液体的相关性能，结果表明：氯铝酸离子液体比氯化铁离子液体作为催化剂时，反应条件更加温和；但氯化铁离子液体对水具有较好的稳定性。

随后，具有 Brönsted 酸性离子液体化合物的报道开始陆续出现。Cole 等[132]于 2002 年首次合成了具有 Brönsted 酸性的离子液体，并且发现阳离子中含有磺酸基团的离子液体对烷基化、酯化、重排等酸催化反应具有良好的催化效果。

（2）Brönsted-Lewis 双酸性的离子液体

北京大学绿色催化实验室于 2004 年合成了第一个兼具 Lewis 酸性和 Brönsted 酸性的离子液体，该离子液体是通过含羧酸基团的 Brönsted 酸性离子液体与 Lewis 酸性离子液体[Bmim]Cl-AlCl$_3$ 互溶而制得的。2005 年，Wang 等[133]合成了具有 Brönsted-Lewis 双酸性的离子液体[C$_4$SCnIM]Cl-AlCl$_3$，利用吡啶红外光谱对其酸类型进行了分析，结果显示该离子液体具有 Brönsted-Lewis 双酸性，并将其应用于前段 Brönsted 酸起催化作用，而后段 Lewis 酸起催化作用的烷基化反应中。Liu[134]合成了具有 Brönsted-Lewis 双酸性离子液体[HSO$_3$-(CH$_2$)$_3$-mim]Cl-ZnCl$_2$，对其进行酸性表征，发现当氯化锌的摩尔分数 x 大于 0.5 时，离子液体表现出 Brönsted-Lewis 双酸性，并将其应用于松香二聚反应。高伟[135]制备了 Brönsted-Lewis 双酸性离子液体[HSO$_3$-b-N-(C$_2$H$_5$)$_3$]Cl-ZnCl$_2$，该离子液体以磺酸基为 Brönsted 酸，氯化锌为 Lewis 酸。合成步骤是先合成阳离子含有磺酸基团，阴离子为 Cl$^-$ 的

Brönsted 酸性离子液体，再加入一定量的氯化锌合成 Brönsted-Lewis 双酸性离子液体。采用吡啶红外光谱法研究了该离子液体的酸类型，发现当氯化锌的摩尔分数小于 0.5 时，离子液体仅现 Brönsted 酸性；当氯化锌的摩尔分数大于 0.5 时，离子液体表现出 Brönsted-Lewis 双酸性。利用 Hammett 指示剂与紫外光谱法测定了离子液体的酸强度。随后又制备了一种新型 Brönsted-Lewis 双酸性离子液体[CH₃COO-Zn-O₃S-bim-CH₂CH₂COOH]Cl。但是，此离子液体酸强度较低，熔点较高，使应用范围受到了限制。康丽娟[136]合成出了一种以乙酸锌为 Lewis 酸，羧酸为 Brönsted 酸的新型 Brönsted-Lewis 双酸性功能化离子液体[CH₃COO-Zn-O₃S-bim-C₄H₅O₄]Cl(SFILs-1)，利用核磁共振(¹HNMR)、红外光谱(FT-IR)、质谱分析(MS)和元素分析等技术确定了该离子液体的结构式，如下所示：

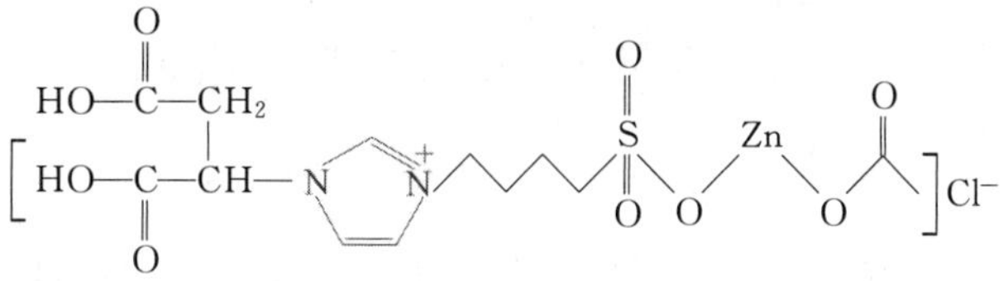

采用吡啶红外光谱法确定了该离子液体具有 Brönsted-Lewis 双酸性；利用酸碱滴定法测定了 SFILs-1 的酸量：每摩尔 SFILs-1 消耗 3.0mol 的 NaOH；采用紫外光谱与 Hammett 指示剂联用法测定 SFILs-1 的酸强度：酸函数值 $H_0 = 4.17$。

纵观酸性离子液体的发展，Lewis 酸离子液体的合成及应用研究得较早，尤其是氯铝酸类 Lewis 离子液体；Brönsted 酸离子液体的合成研究起步较晚，但发展迅速；而 Brönsted-Lewis 双酸性离子液体研究的更晚且发展比较缓慢，大都具有熔点较高、酸强度较弱等缺点，所以有待于开发研究新型的 Brönsted-Lewis 双酸性离子液体。

3.11.4 酸性离子液体制备

酸性离子液体的制备方法与普通离子液体制备方法基本相同，主要是通过烷基化、复分解及络合法合成。

由金属卤化物和有机卤化物混合可制得 Lewis 酸性的离子液体，目前研究最成熟的 Lewis 酸性离子液体是 AlCl$_x$，除此以外还有 ZnCl₃⁻、SnCl₃⁻、CuCl₂⁻、CeCl₃⁻、FeCl₃⁻ 等。近来又有向阳离子上引入 Zn(CH₃COOH)₂ 的报道。总之，目前能使离子液体表现 Lewis 酸性的物质种类较少，有待于进一步开发研究。下面以 AlCl₃ 为例介绍一下 Lewis 酸离子液体的制备路线[137]。

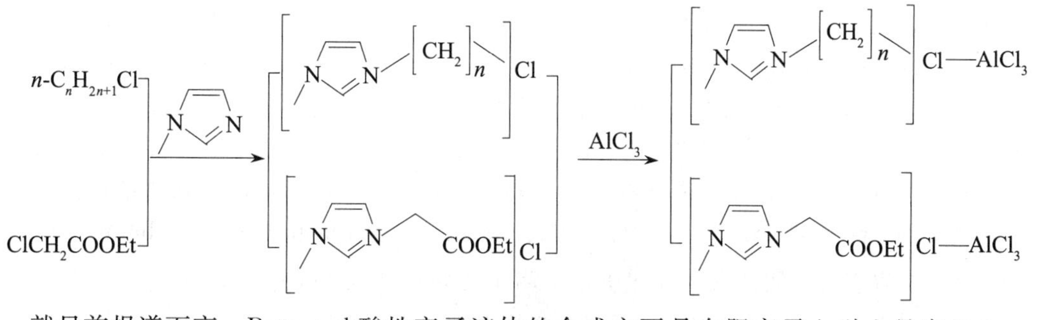

就目前报道而言，Brönsted 酸性离子液体的合成主要是在阳离子上引入具有 Brönsted 酸性的官能团(磺酸基和羧酸基)而制得的。制备过程是通过酸碱中和或季铵化反应一步完成的，操作简单，无副产物，产品易纯化。但是由于含有质子氢，体系存在大量氢键，导致体

系中的水分很难完全除去，此外，常温下离子液体也会自动吸收空气中水分，所以，可以先真空除去体系中水分，再将离子液体溶解在有机溶剂中，用活性炭处理，最后真空除去有机溶剂[138]。以单磺酸基类离子液体制备为例介绍一下 Brönsted 酸离子液体的合成路线[137]：

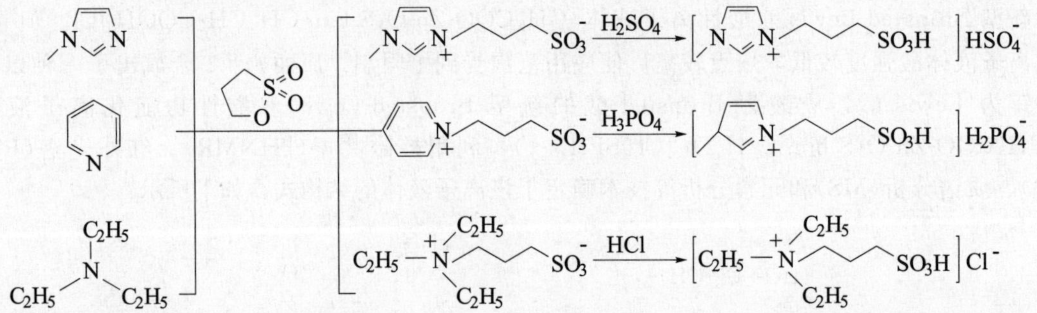

目前 Brönsted-Lewis 双酸性离子液体的合成步骤主要是：先通过丁烷磺内酯或烯酸类物质合成阳离子含 Brönsted 基团（磺酸或羧酸）、阴离子为卤素的离子液体，再加入一定量的金属氯化物得到 Brönsted-Lewis 双酸性离子液体。但是，此方法合成的离子液体中金属氯化物对水和空气敏感。Brönsted-Lewis 双酸性离子液体的合成研究还处于初级阶段，对 Brönsted-Lewis 双酸性离子液体合成、表征及应用研究具有重要的意义。其合成路线如下所示[137]：

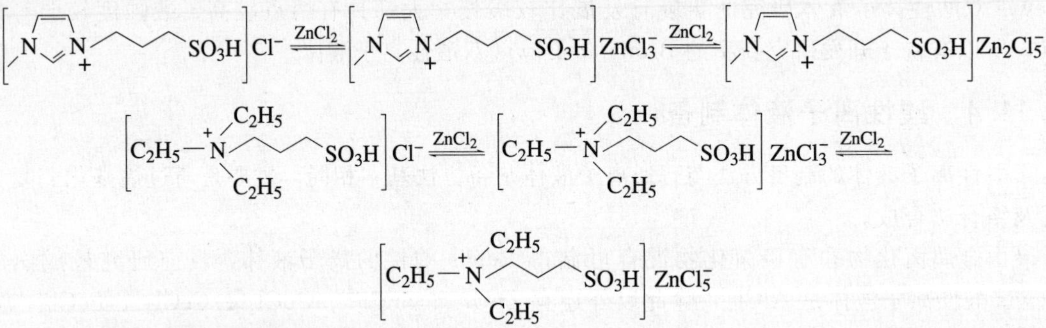

3.11.5 酸性离子液体表征

（1）酸性离子液体结构表征

在结构表征方面，酸性离子液体与一般离子液体的表征方法相同。常采用红外（FT-IR）、核磁（NMR）、质谱（MS）和差示扫描量热法（DSC）等技术研究离子液体结构及热性质。FT-IR 可以研究 ILs 中的特征官能团；通过 NMR 研究 ILs 结构中碳及氢原子的个数和化学环境；通过 MS 研究离子液体中阴阳离子的结构与组成；通过元素分析确定了该离子液体中有机元素的含量；用 DSC 和热重分析法（TGA）分别对离子液体的热性能和热稳定性进行分析。陈继华[139]利用 ^{1}HNMR、FT-IR、FAB、Raman 光谱分析方法表征了［bmim］Cl-FeCl$_3$ 离子液体，结果表明：酸性离子液体中，阴离子主要形式是 FeCl$_4^-$、Fe$_2$Cl$_7^-$；碱性离子液体中，阴离子主要是 Cl$^-$、FeCl$_4^-$，并且三者之间存在着平衡。

（2）酸性离子液体的酸性表征

① 酸类型的表征　酸性离子液体的酸类型分析，目前见诸报道的都是采用红外光谱探

针法。寇元等[117]对测定离子液体酸类型的方法进行了探索，发现离子液体的 Lewis 酸性均可以采用乙腈和吡啶为探针分子而测定，当以乙腈为探针分子时，若 C-N 伸缩振动区内高波数位上出现新峰，则该离子液体具有 Lewis 酸性；以吡啶为探针分子时，若 1450cm^{-1} 出现吸收带，则该离子液体具有 Lewis 酸性。而离子液体的 Brönsted 酸性只能通过吡啶探针分子测定，若 1540cm^{-1} 出现吸收带则该离子液体有 Brönsted 酸性。吴芹等[140]利用吡啶探针红外光谱法研究了氯铝酸离子液体的酸性，发现当氯铝酸离子液体 AlCl$_3$ 的摩尔分数 x 为 0.4～0.5 时，离子液体表现出弱 Lewis 酸的红外特性。耿卫国等[141]以吡啶为探针分子，测定了多羧基咪唑离子液体的酸类型。结果表明：离子液体与吡啶作用后，在 1540cm^{-1} 附近出现吸收带，即此离子液体具有 Brönsted 酸性。朴玲钰等[142]以乙腈为探针分子测定了 [bmim] Cl-AlCl$_3$ 类离子液体的酸类型，在该类离子液体酸类型测定中，乙腈具有很好的 Lewis 酸强度的指示作用。当离子液体不具有酸性时，它们在 2200～2400cm^{-1} 区域的吸收与乙腈相同；否则，它们在 2330cm^{-1} 附近出现 Lewis 酸的特征吸收峰。王晓华等[143]参照乙腈的 C≡N 伸缩振动谱峰（2253cm^{-1}）随溶剂的酸性增强向高波数移动（乙腈在 CF$_3$COOH 中，2279cm^{-1}）的现象，提出了一种根据乙腈和离子液体的混合溶液的红外光谱（乙腈在 Al$_2$Cl$_7^-$ 中，2336cm^{-1}）判断离子液体酸性的乙腈探针法，随着阴阳离子物质的量比增加，2250cm^{-1} 附近的谱峰越来越弱，2330cm^{-1} 附近的谱峰越来越强，说明 2330cm^{-1} 处谱峰的强度可以作为判断氯铝酸型离子液体酸性的依据。

② 酸强度表征　Lewis 酸离子液体可以通过红外光谱探针法测定其酸强度。寇元等[117]研究发现离子液体的 Lewis 酸强度可以通过乙腈红外光谱探针法和吡啶红外光谱探针法测量。当乙腈为探针分子时，随着离子液体酸强度的增加，2250cm^{-1}、2300cm^{-1} 和 2330cm^{-1} 三个吸收峰均向高波数方向发生不同程度的移动。若以吡啶为探针分子，则可以通过比较 1450cm^{-1} 吸收带的峰位置判定 Lewis 酸性的强弱。Brönsted 酸性离子液体的酸强度可采用 Hammett 指示剂与紫外光谱联用法测定。Hammett 指示剂与离子液体发生酸碱反应生成指示剂的酸型物种和碱型物种，而指示剂的酸型物种和碱型物种在紫外上的吸收峰位置不同，由紫外吸收光谱中指示剂酸性位与碱性位的吸光度值即可求出离子液体的酸强度。此方法的关键是要选择出合适的溶剂和指示剂。胡利彦[144]合成了一系列以 [HSO$_3$-bmim] 为阳离子的功能化离子液体，采用吡啶探针红外光谱分析法确定了离子液体的酸类型为 Brönsted 酸。通过 Hammett 指示剂与紫外光谱联用法对离子液体的酸强度进行测定，发现离子液体酸强度与催化活性吻合良好。王娜等[145]合成了一系列以 [HSO$_3$-bpy] 为阳离子的磺酸吡啶功能化酸性离子液体，通过 Hammett 指示剂与紫外联用法测定了各个离子液体的酸强度，发现离子液体酸强度与催化活性关联良好。

酸量的表征：对于离子液体酸量的测定研究很少，目前主要采用酸碱中和法来测量离子液体的酸量。

3.11.6　离子液体对催化反应性能的影响

离子液体的溶解性、热稳定性、熔点、黏度等性质可以通过改变其结构而调整，进而可以通过改变离子液体的结构来满足特定反应的需要。但是，由于对离子液体的研究还不是很成熟，所以将其应用于催化反应时往往会产生一些出乎意料的影响。

合成的离子液体中一般都会含有水、卤化物、金属等杂质，这将导致离子液体物理和化学特性的改变，进而影响催化反应，尤其可以使金属催化剂中毒。例如：在 Ru 金属催化芳烃加氢的反应中，由于[bmim]BF$_4$离子液体中含有氯化物的阴离子，这种阴离子将导致 Ru 催化剂的失活。研究表明，杂质使催化剂失活的顺序为：水＜氯化物＜1-甲基咪唑。这也进一步强调了离子液体提纯的重要性[114]。在一些反应中加入水后可以提高催化活性，主要是因为氯化物在水中的溶解性远远大于在离子液体中的溶解性，从而使催化剂上的氯化物脱除。研究表明，Ru(Ⅱ)催化剂在无水的离子液体中没有活性，但是加入水后([bmim]OTf：H$_2$O=50:50)，Cl$^-$ 从 Ru(Ⅱ)催化剂上脱除，H$^+$ 则与其结合形成具有活性的 Ru(Ⅱ)催化剂，从而催化芳烃加氢反应。Li 等[146]研究了通过溶胶-凝胶法将[bmim]BF$_4$、[dmim]BF$_4$等离子液体固载后，于水相中催化丙酮与环己酮肟的反应。研究表明：当以水为反应介质，将[dmim]BF$_4$离子液体采用溶胶-凝胶法固载后进行反应，环己酮肟转化率达 92.1%；而不使用水作为反应介质时，直接将固载的[dmim]BF$_4$离子液体催化剂用于反应，环己酮肟转化率大大降低，仅为 2%。可见水的存在可以提高催化剂的催化活性。

离子液体的阴离子可以在很温和的条件下与金属中心相互作用[147]，例如：NTf$_2^-$ 阴离子就可以与金属中心作用形成配位键，各种配位键模型如下所示：

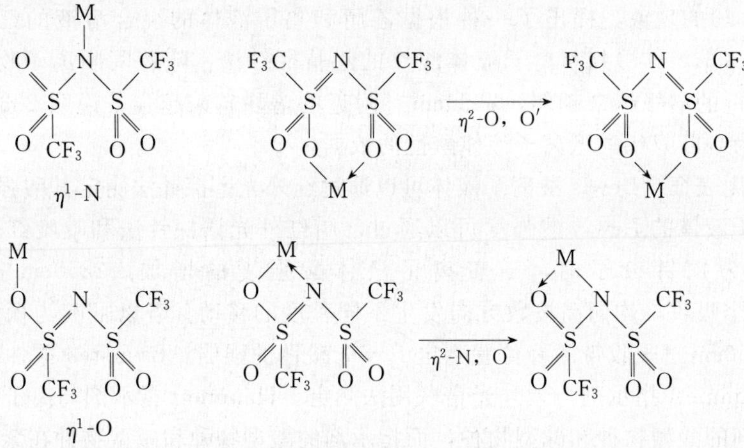

许多文献指出，离子液体与金属化合物催化剂相互作用可以影响催化剂的催化性能及稳定性。离子液体的阴离子与金属形成配位键可以使金属化合物更加稳定[148,149]。例如：(C$_5$H$_5$)$_2$TiMe$_2$ 化合物中的 Ti 金属原子与 NTf$_2^-$ 阴离子中的氧原子结合形成新的配合物，从而使化合物更加稳定。但是，殊不知配位键的形成还可以使一些金属化合物催化剂失活。由 Ni(Ⅱ)化合物催化乙烯与单胺氧化酶(MAO)反应时，当加入与催化剂量相当的[bmim]NTf$_2$ 离子液体时，催化剂的活性基本不变；但是，加入 9 倍催化剂量的此离子液体后则催化剂将失活。然而，加入 9 倍催化剂量的阴离子为(3,5-(CF$_3$)$_2$C$_6$H$_3$)$_4^-$（又称 BAr$_f^-$）的离子液体后，催化活性也基本不变。由此可知 NTf$_2^-$ 阴离子与金属的作用比 BAr$_f^-$ 阴离子强。此外，离子液体的酸碱性也将影响金属化合物催化剂的活性。在氯铝酸盐离子液体中，当离子液体显碱性时与 NiX$_2$ 形成无活性的 NiX$_2$Cl$_2^{2-}$；当离子液体显酸性时，则形成具有活性的[Ni-Et]A[114]。咪唑 C2 上的 H 质子可以与金属形成新的配位化合物，同理对于 1,2,3-三烷基咪唑上的 C4 和 C5 上的 H 质子也可以与金属化合物作用形成 N-杂环混合物，从而影响金属催化剂的活性。

Zhao 等[150]对离子液体促进乙酸锌催化苯胺与碳酸二甲酯(DMC)合成苯氨基甲酸甲酯(MPC)反应进行了研究。他们首先将无水乙酸锌与离子液体混合制得一系列催化剂(ILs-Zn(OAc)$_2$)，考察它们在苯胺与碳酸二甲酯(DMC)合成苯氨基甲酸甲酯(MPC)反应中的催化性能，发现[bmim]PF₆-Zn(OAc)₂的催化性能最好。以[bmim]PF₆-Zn(OAc)₂为催化剂，当反应温度170℃，反应时间4h，催化剂用量为原料质量之和的15%，DMC与苯胺摩尔比为3:1时，苯胺的转化率为99.8%，MPC的选择性为99.1%。回收的离子液体循环使用五次活性无明显下降。

为了研究[bmim]PF₆对Zn(OAc)₂催化性能的促进作用，进行了如下实验：首先，在反应时间4h，反应温度170℃，DMC和苯胺摩尔比为3:1，催化剂用量为DMC和苯胺质量之和的5%的条件下，分别考察了无水乙酸锌和[bmim]PF₆离子液体单独催化MPC合成反应的性能，得到MPC的产率分别为71.8%和0。其次，不经过预处理，直接将质量比为4:1的离子液体和无水乙酸锌依次加入反应釜内进行反应，在相同的反应条件下得到MPC的产率为78.6%。可见，[bmim]PF₆离子液体对MPC的合成反应没有催化活性，但离子液体起到了一定的溶剂作用，这一点可以从以无水乙酸锌为催化剂时，MPC产率由无离子液体时的71.8%提高到有离子液体时的78.6%得到证明，而且在离子液体与无水乙酸锌之间还存在着相互作用，使得预处理后的[bmim]PF₆-Zn(OAc)₂为催化剂时，MPC产率达到98.9%，远远大于未预处理时的78.6%。分别对预处理前后的乙酸锌进行了红外分析，结果如图3-21所示。纯乙酸锌的—COO—的不对称伸缩振动峰和对称伸缩振动峰分别在1550cm⁻¹和1455cm⁻¹处，两峰间距为95cm⁻¹，即乙酸锌此时为双齿配位结构。通过离子液体[bmim]PF₆处理后，上述两峰分别变为1576cm⁻¹和1399cm⁻¹，两峰的间距由95cm⁻¹变为177cm⁻¹，即乙酸锌由双齿配位结构变为单齿型配位结构[151]。单齿型配位结构乙酸锌能促进DMC与Zn²⁺的配位，活化DMC的羰基，进而与苯胺反应生成MPC[152]。直接将离子液体和乙酸锌分别加入到反应液中，即乙酸锌未经过预处理，乙酸锌溶于苯胺后，能活化苯胺，再通过N-甲基化反应产生甲醇而活化DMC，才能合成MPC。所以[bmim]PF₆预处理后Zn(OAc)₂的催化性能远远优于未预处理过的乙酸锌。

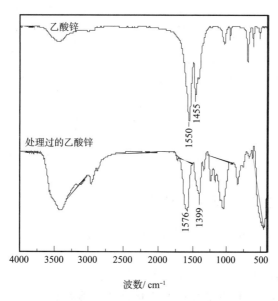

图3-21 乙酸锌的红外谱图

为什么[bmim]PF₆能促使乙酸锌结构发生变化呢？Schreiner等[153]研究了离子液体对环戊烯与丙烯酸甲酯发生Diels-Alder反应的影响，发现丙烯酸甲酯的羧酸根上的羰基氧可以与离子液体中阳离子咪唑环 2 号位上的氢(C2-H)形成氢键，且此氢键的形成是内型构型产物选择性提高的重要原因。Aggarwal 等[154]研究发现，丙烯酸甲酯的羧酸根上的羰基氧与离子液体咪唑环 C2-H 形成的氢键强弱主要是由离子液体阳离子给予氢的能力和阴离子接受氢的能力决定的。离子液体阳离子给予氢的能力越强，阴离子接受氢能力越弱，则此氢键作用越强。本研究所涉及离子液体中阳离子给予氢质子能力[bmim]$^+$稍大于[emim]$^+$，所以阴离子相同时，阳离子为[bmim]$^+$的离子液体形成氢键更强。阴离子 PF$_6^-$ 和 BF$_4^-$ 接受氢质子的能力都相对较弱[117]。由此可见，[bmim]PF$_6$ 和[bmim]BF$_4$ 咪唑环 C2-H 与乙酸锌的羰基氧形成氢键作用较强。Sun 等[155]优化了[emim]BF$_4$、[emim]PF$_6$、[bmim]PF$_6$ 和[bmim]BF$_4$ 的几何模型，发现阴离子为 BF$_4^-$ 离子液体的稳定构型中 F 原子与咪唑 C2-H 发生分子内氢键，而阴离子为 PF$_6^-$ 离子液体的稳定构型中 F 原子与咪唑 C2-H 没有形成分子内氢键。综上所述，[bmim]BF$_4$ 离子液体由于分子内氢键占用了咪唑环 C2-H，故不能与乙酸锌之间形成氢键，不能改变乙酸锌结构，催化活性较差。而[bmim]PF$_6$ 离子液体与乙酸锌之间的氢键作用最强，可以使乙酸锌由双齿型结构变为单齿型，乙酸锌结构的变化使 DMC 分子中羰基氧与 Zn^{2+} 配位，促进了苯胺中 N 原子对 DMC 羰基碳的进攻，进而生成 MPC。综上推测反应机理如图 3-22 所示。

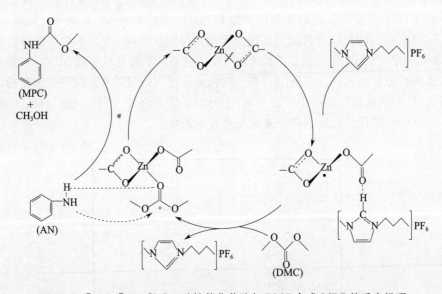

图 3-22　[bmim]PF$_6$ 促进乙酸锌催化苯胺与 DMC 合成 MPC 的反应机理

3.11.7　离子液体在催化反应分离中的应用

在均相催化反应中，催化剂的分离与回收利用十分困难。有人提出利用离子液体作溶剂来使催化剂和产品实现分离。

(1)支载型离子液体[156]

离子液体可溶解作为催化剂的金属有机化合物，溶解后的催化剂兼具均相和非均相催化剂的优点，使反应速率和选择性明显改善。此外，反应完毕后，将产物用有机溶剂萃取出来，而催化剂则留在离子液体中可以循环使用。陈晓梅等[157]以三氯化钌和三苯基膦为原料制备了一种配合物，并将此配合物用于催化顺酐选择性加氢生成四氢呋喃的反应。

该反应在甲苯/离子液体两相催化体系中进行，在适宜的条件下，产物的选择性为96.2%，反应物的转化率达100%。反应结束后，产物存在于甲苯相中，而配合物催化剂则溶于离子液体中，分离得到离子液体相可以循环使用5次，催化活性保持不变。王娜[158]制备了一系列离子液体支载四甲基胍(TMG)催化剂用于苯胺与碳酸二甲酯(DMC)合成苯氨基甲酸甲酯(MPC)反应，发现[bmim]BF_4支载TMG催化活性最高。对[bmim]BF_4支载TMG离子液体的制备条件进行了优化，得出最佳制备条件为：支载温度20℃，支载时间60min，离子液体和TMG的质量比为2:1。然后，以[bmim]BF_4支载TMG离子液体为催化剂优化了MPC合成反应条件，最佳反应条件为：170℃，3h，DMC与苯胺摩尔比为3:1，TMG质量为DMC和苯胺质量之和的5%。在此条件下，苯胺的转化率为76.8%，MPC的收率为46.0%。回收的支载离子液体循环使用五次活性无明显下降。采用红外光谱对[bmim]BF_4支载TMG离子液体进行了分析，发现[bmim]BF_4离子液体中BF_4^-中的F和四甲基胍—CH_3中的H形成了微弱的氢键。这也许是促进反应进行的原因。

但是，此系统的应用也面临着许多挑战，主要问题是有些催化剂在离子液体中固定时需要与离子液体形成新的配位键，这将有可能改变催化剂的性能，使催化剂失活。另外，离子液体的黏度将影响传质；气体在离子液体中溶解性将是气-固反应的重要影响因素，H_2、O_2等气体一般在离子液体中的溶解性很低。

(2)$scCO_2$与ILs系统

如果向离子液体体系中加入一种溶剂可以从离子液体中萃取出产物，那么也可以实现催化剂的循环使用和产品的纯化。传统有机溶剂一般具有毒性和难以降解性，对环境造成污染。由于$scCO_2$具有无毒性，且易分离和回收，所以人们一直研究用$scCO_2$选择代替有机溶剂。

经过大量实验研究证明：$scCO_2$可以从[bmim]PF_6离子液体中萃取出各种物质。离子液体不能够溶解于$scCO_2$中，但是$scCO_2$在离子液体中有很好的溶解性，这也为实现离子液体的回收提供了依据[159~161]。将$scCO_2$与ILs系统应用于氢甲酰化连续反应过程已有报道。将[bmim]PF_6离子液体与催化剂溶于一起，然后用$scCO_2$携带氢气、一氧化碳和烯烃进入含有催化剂体系中，形成均相后反应。生成的产品又被$scCO_2$萃取出来并随着CO_2一起离开反应体系。经实验发现，增大压力可提高产品在$scCO_2$中溶解性，进而提高反应速率。其实验流程见图3-23。

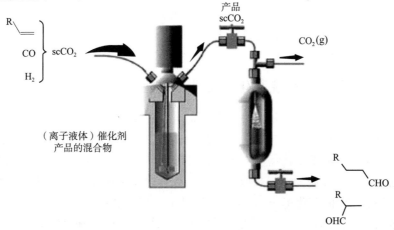

图3-23 超临界流体-离子液体体系催化反应装置

scCO₂ 与 ILs 系统也应用于加氢、脱氢和生物催化反应中。$scCO_2$ 的引入不仅可以实现离子液体的回收和产品的分离，而且由于 $scCO_2$ 的存在也降低了离子液体的黏度，使催化反应传质容易。另外，$scCO_2$ 的使用还可以将水从亲水性离子液体分离出来，然而只能部分分离。水与二氧化碳反应形成碳酸，进而生成碳酸盐使其从溶液中分离出来[114]。

（3）极性可转换的溶剂

反应中一些中性溶剂可以通过加入 CO_2 转化为极性离子液体[114]。这种转化是可逆的，离子液体可以在氮气、氩气存在下又转化为中性溶剂，从而改变产品和催化剂的溶解性，实现产品的分离和纯化。例如：环己烯与二氧化碳以 Cr（salen 配体）Cl 为催化剂发生聚合反应，反应结束后聚合物与催化剂在胺中溶解，向该体系中通入 CO_2 后，胺就会转变成极性离子液体，则聚合物主要溶于此相，催化剂则留在水相中，实现了催化剂的分离。

$$NHR_2 \underset{}{\overset{+CO_2}{\rightleftharpoons}} \quad R_2N-\overset{O}{\overset{\|}{C}}-OH \quad \underset{}{\overset{+NHR_2}{\rightleftharpoons}} \quad [R_2NH_2][R_2N-\overset{O}{\overset{\|}{C}}-O]$$

（4）温控离子液体

近来研究表明，可以通过改变温度实现催化反应体系的分离。这一思想是：低温时催化剂与离子液体是一相，而反应物为另一相。经过升温后两相形成均相体系进行反应，反应完全后再降温处理则产品与催化剂/离子液体又形成两相，实现了产品的分离。2001 年，Dyson 等利用这一思想研究了金属催化加氢反应。反应物 2-丁炔-1,4-二醇为水溶性物质，催化剂则溶于[omim]BF₄ 离子液体中，在反应条件（压力 60atm，温度 80℃）下形成均相体系。当反应结束降温后又重新形成两相，此时离子液体相中含有催化剂，而溶液相中含有产品 2-丁烯-1,4-二醇和丁烷-1,4-二醇。然后，可以通过常压蒸馏等简单方法将产品从溶液中分离出来。

3.11.8 酸性离子液体在聚合反应中的应用

Ellis 等[162]研究了以 Ni 络合物为催化剂，不同反应介质对 1-丁烯的线性二聚反应的影响。研究发现，采用 $AlCl_4^-$ 阴离子和 4-甲基吡啶阳离子组成的酸性离子液体为反应介质与以甲苯为反应介质的均相催化体系相比，1-丁烯线性二聚产物的选择性基本相同，而催化活性有了明显的提高。Joan 等[163]以[emim]⁺ 阳离子和 $AlCl_4^-$ 阴离子组成的酸性离子液体为反应介质，采用 $TiCl_4$ 和 $TiCl_2$ 催化剂催化乙烯的聚合反应。结果表明：当 $AlCl_3$ 的摩尔分数为 0.52 时，可以制备出熔点为 120～130℃的聚乙烯。

3.11.9 酸性离子液体在烷基化反应中的应用

石振民等[164]用盐酸三乙胺和无水三氯化铝合成了不同配比的[Et₃NH]Cl-xAlCl₃ 离子液体，研究了离子液体的组成、反应时间、反应温度、苯与离子液体的摩尔比、苯与 1-十二烯摩尔比对苯与 1-十二烯烷基化反应的影响。结果表明，[Et₃NH]Cl-xAlCl₃ 酸性离子液体具有较高的催化活性，良好的低温反应活性和 2 位异构体选择性。通过正交试验，在适当的反应条件下，1-十二烯的转化率为 100%，2-苯基十二烷的选择性为 42.5%。Jia 等[131]对离子液体催化苯与 1-己烯的烷基化反应进行了研究，比较了氯化铁和氯铝酸离子液体的相关性能，结果表明：氯铝酸离子液体作为催化剂比氯化铁离子液体作为催化剂时，反应条件更加温和。

3.11.10 酸性离子液体在重排反应中的应用

对氨基苯酚(PAP)是一种重要的化工原料及有机中间体，在医药和染料等行业中具有广泛的应用。硝基苯催化加氢法合成 PAP，工艺流程短，产品收率高，工艺条件温和，但反应在硫酸溶液中进行，存在设备腐蚀和酸液后处理等问题。为此，人们对固体酸负载 Pt 双功能催化剂上硝基苯加氢合成 PAP 反应进行了研究，试图用固体酸替代硫酸。但固体酸催化剂存在反应条件苛刻、PAP 收率较低及易失活等问题。功能化酸性离子液体是一类"可设计"的材料，因兼有固体酸无挥发和低腐蚀及液体酸流动性好、酸性位密度高和酸强度分布均匀等优点，已经在环境友好的酸催化方面表现出很大的潜力。

崔咏梅等[165]合成了一种新型季铵型酸性离子液体[HSO_3-b-$N(CH_3)_3$]HSO_4，对其结构进行了表征，并测定了其酸类型、酸强度及酸量。该离子液体对苯基羟胺(PHA)Bamberg 重排制备对氨基苯酚反应具有良好的催化活性。采用溶胶-凝胶法将[HSO_3-b-$N(CH_3)_3$]HSO_4 固载于硅胶中，对其催化苯基羟胺重排反应进行了研究。结果表明，在 n(IL)/n(PHA)为 0.5，反应温度 85℃，反应时间 30min 以及水作溶剂的条件下，苯基羟胺转化率 100%，对氨基苯酚选择性为 60.5%。与硫酸体系相比，选择性明显提高。固载化不仅降低了离子液体用量，而且更有利于催化剂的回收及产品的分离。崔咏梅等[166]在此基础上建立了由该离子液体和 Pt/SiO_2 催化剂构成的新催化体系，在硝基苯催化加氢合成对氨基苯酚(PAP)的反应中具有良好的催化性能，PAP 的收率和选择性高于硫酸体系。在 85℃、0.14MPa、4h 条件下，硝基苯转化率为 96.6%，对氨基苯酚的选择性为 81.4%。采用环境友好的酸性离子液体成功地取代了硫酸溶液，从而实现了 PAP 合成过程的绿色化。回收后的 Pt/SiO_2 催化剂和酸性离子液体构成的催化体系可循环使用 3 次，活性无明显下降。崔咏梅等[167]还在酸性离子液体[HSO_3-b-$N(CH_3)_3$]HSO_4 介质中，利用化学还原法制备了离子液体稳定的 Pt 纳米粒子，得到 Pt-[HSO_3-b-$N(CH_3)_3$]HSO_4 拟均相双功能催化体系。利用离子液体对金属纳米粒子有静电和空间保护作用的特点，将其作为修饰剂修饰在纳米粒子的表面，以期解决 Pt 纳米粒子在离子液体中的分散和稳定问题。并将该离子液体与 Pt 纳米粒子溶胶构成双功能催化体系，用于硝基苯催化加氢制备对氨基苯酚反应中。Pt 纳米粒子的晶体结构可以由 XRD 测定。所制备的 Pt 纳米粒子粒径较小，处于纳米量级，通过 Scherrer 公式计算，可得 Pt 纳米晶粒粒径为 2.8nm。由以上的表征结果，推测离子液体保护下铂纳米粒子的形成过程。首先 Pt^{4+} 被还原为 Pt^0 原子，在 Pt^0 聚集成纳米粒子时，由于新生成的 Pt 纳米粒子的表面活性很大，容易和离子液体形成强物理吸附，即在 Pt 纳米粒子的表面形成了一层离子液体的修饰层。正是这层离子液体的修饰层阻止了 Pt 的进一步聚集，即阻止了 Pt 纳米粒子粒径的增大，同时也阻止了 Pt 纳米粒子之间的团聚。

对双功能催化体系的反应性能进行了研究，考察了 Pt 催化剂用量、离子液体浓度、反应温度、氢气分压、反应时间及助剂等条件对反应性能的影响。在离子液体浓度为 22.5%（质量分数）、Pt 催化剂用量为 0.02%（质量分数）、0.01g 十六烷基三甲基溴化铵、0.05mL 二甲基亚砜、85℃、0.4MPa、4h 以及搅拌转速 850r/min 条件下，硝基苯转化率为 99.3%，PAP 收率为 77.5%。崔咏梅等[168]还合成了一种新型 Brönsted 酸性离子液体 1-乙烯基-3-磺丁基咪唑硫酸氢盐（[HSO_3-bvim]HSO_4），并通过自由基链转移反应将该酸性离子液体用化学键固定于巯基功能化的硅胶表面，制备出了[HSO₃-bvim]HSO₄/SiO₂固体酸催化剂，再利用化学还原方法在该固体酸催化剂表面上负载金属铂，得到 Pt-[HSO₃-bvim]HSO₄/SiO₂双功能催化剂。采用傅里叶红外光谱、核磁共振光谱、热重、元素分析和 X 射线衍射等方法对所制备的样品进行了结构表征。将该双功能催化剂应用于硝基苯催化加氢合成对氨基苯酚反应中，结果表明，其具有一定的催化活性。在 85℃、4h、0.4MPa 条件下，双功能催化剂可以多次重复使用，对氨基苯酚的收率大于 3.1%。

己内酰胺（CPL）是重要的有机化工原料之一。环己酮-羟胺法是广泛采用的己内酰胺生产方法，该方法首先将环己酮（CH）氨肟化生成环己酮肟（CHO），再经 Beckmann 重排反应生成己内酰胺。Beckmann 重排分为液相和气相重排。传统液相重排是以强质子酸（如硫酸）做催化剂，硫酸的使用导致设备腐蚀严重和副产大量低附加值硫酸铵等问题。将固体酸催化剂应用于环己酮肟气相 Beckmann 重排工艺的研究比较活跃，但是气相反应所需温度较高，在高温下目标产物己内酰胺选择性低，催化剂在使用过程中由于积炭使催化剂失活，需要设计流化床反应器来解决固体酸催化剂上的积炭问题。近年来，国内外学者开展了离子液体系下催化环己酮肟重排制己内酰胺的研究，并取得了一定进展。Ren 等[169]在[bmim]PF₆中以 P₂O₅为催化剂，己内酰胺收率为 95%。Peng 等[170]在离子液体[BPy]BF₄介质中，以 PCl₅为催化剂，己内酰胺选择性为 99%。张伟等[171,172]在离子液体[bmim]BF₄中以 PCl₃为催化剂，己内酰胺选择性为 87.3%；在离子液体[bmim]PF₆中以 PCl₅为催化剂，己内酰胺选择性达 98.9%。在上述反应过程中，使用含磷化合物作为催化剂不可避免会引起环境污染问题，因此，需要研究出对环境更为友好的催化体系。Guo 等[173]以离子液体[NHC]BF₄为 Beckmann 重排反应催化剂，环己酮肟转化率仅为 61.8%，己内酰胺选择性为 91.2%；在离子液体[bmim]PF₆介质中，以 N，N'-亚甲基双丙烯酰胺（MBA）催化 Beckmann 重排反应，己内酰胺选择性为 99%[174]；Du 等[175]以磺酰氯功能化离子材料 SCFIMs 催化 Beckmann 重排反应，己内酰胺选择性为 78%。Xiao 等[176]报道在对甲基苯磺酸-ZnCl₂组成的催化体系中进行的环己酮肟 Beckmann 重排反应，己内酰胺收率为 40%。Liu 等[177]报道在[bis-bsimD]OTf₂-ZnCl₂组成的催化体系中己内酰胺收率仅为 37%。为寻求更为清洁和高效的 Beckmann 重排反应工艺，赵江琨等[178]将室温酸性离子液体[HSO₃-b-N(CH₃)₃]HSO₄作为催化剂应用在环己酮肟重排反应。考察了[HSO₃-b-N(CH₃)₃]HSO₄-ZnCl₂组成的催化体系对环己酮肟重排制己内酰胺反应的催化性能，并利用在线红外分析系统 React IR IC-10 研究了环己酮肟重排反应机理。以乙腈为溶剂，[HSO₃-b-N(CH₃)₃]HSO₄-ZnCl₂组成的催化体系，在环己酮肟制备己内酰胺的重排反应中具有良好的催化性能。在 IL:环己酮肟:ZnCl₂摩尔比为 0.05:1:1.5，80℃，4h 的反应条件下，环己酮肟转化率高达 100%，己内酰胺收率和选择性均可达 94.9%。利用在线红外分析系统 React IR IC-10 研究了该催化体系下环己酮肟重排反应机理。结果表明，重排反应主要包括三个阶段。首先，环己酮肟质子化，而后质子向与 N 原子相连的六元环上的 C 原子转移生成质子化己内酰胺，最后 C 质子化的己内酰胺脱去一分子 H₂O 生成己内酰胺。利用 React IR 跟踪环己酮肟液相 Beckmann 重排反应红外光谱随时间的变化，结果如图 3-24 所示。图中吸收峰 1004cm⁻¹ 对应于环己酮肟分子的 N-O 伸缩振动，其强度是与环己酮肟浓度相对应的；通过对图 3-24 中各反应时间与 f 的红外图谱比较，可以确定特征吸收峰 1680cm⁻¹ 是归属于己内酰胺分子的羰基 C═O 伸缩振动，其强度是与己内酰胺浓度相对应的；新出现的吸收峰 1641cm⁻¹ 应为向低频处移动的 C═N 的伸缩振动，因此推测其为反应过渡态氧原子质子化的环己酮肟的 C═N 双键伸缩振动,如下反应式所示,该吸收峰的强度与氧质子化环己酮肟的浓度相对应。反应1min时,已经出现己内酰胺特征吸收峰,说明 Beckmann 重排反应是一个快速反应,并且此时氧质子化环己酮肟的浓度大于己内酰胺,这正表明环己酮肟的重排反应是从环己酮肟分子中 N 原子的质子化开始,而后质子转移到氧原子上形成氧质子化的环己酮肟。b 为反应 10min 时的红外谱图,环己酮肟特征吸收峰强度迅速下降,同时己内酰胺和氧质子化环己酮肟的特征吸收峰强度显著增加,这表明此时重排反应的速率很快。c 为反应30min 时的红外谱图,这时己内酰胺的特征吸收峰强度已经大于氧质子化的环己酮肟的特征吸收峰强度。d 和 e 分别为反应 3h 和 4 h 的红外谱图,两个谱图的细微差别表明重排反应已经达到平衡。

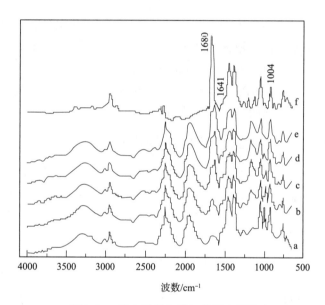

图 3-24　反应过程在线红外跟踪图谱

a—1min；b—10min；c—30min；d—180min；e—240min；f—己内酰胺(乙腈作溶剂)

图 3-25 为环己酮肟 Beckmann 重排反应的在线红外谱图。反应时间从 0～1 h,环己酮肟的特征吸收峰强度迅速减小,同时伴随着己内酰胺的特征吸收峰强度明显增加,这正说明环己酮肟的重排反应速率较快。3h 后,反应即将达到平衡时,过渡态氧质子化环己酮肟的特征吸收峰仍然很显著,这表明反应的控制步骤是环己酮肟被 H^+ 攻击生成氧质子化的环己酮肟。

3.11.11　酸性离子液体在酯化反应中的应用

孙华[179]合成了一系列酸性离子液体,并考察其对催化制备油酸甲酯反应的活性。结果表明:1-己基-3-甲基咪唑硫酸氢盐[hmim]HSO_4 催化酯化反应效果最佳。在反应时间 18h、反应温度为 90℃、甲醇与油酸的摩尔比为 2.5:1、催化剂用量为油酸质量的 10％时,油酸甲

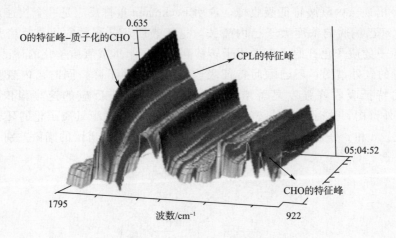

图 3-25　在线红外三维立体图

酯的产率达 91% 以上。产物易于纯化，离子液体重复使用 6 次仍具有良好的催化效果。Du-an 等[180]合成了吡啶类酸性离子液体：[2-mpyh]CF₃SO₃⁻、[2-mpyh]CH₃SO₃⁻、[2-mpyH] CF₃COO⁻ 并将其用于催化乙酸和环烯烃的酯化反应。结果表明：其催化活性由高到低依次为：[2-mpyh]CF₃SO₃⁻、[2-mpyh]CH₃SO₃⁻、[2-mpyH]CF₃COO⁻，这与离子液体酸强度测量结果一致，并且酸性越强则催化活性越高。

3.11.12　酸性离子液体在缩合反应中的应用

缩合是重要的工业过程，是典型的酸催化反应。在非光气合成 MDI 路线中，苯氨基甲酸甲酯(MPC)与甲醛缩合制备二苯甲烷二氨基甲酸甲酯(MDC)是重要的一步。Zhao 和胡利彦等[181,182]针对液体酸存在的腐蚀设备、污染环境等缺点及固体酸需有机溶剂参与且催化效果较差等问题，制备了一系列酸性离子液体，表征了其结构。并考察了它们在苯氨基甲酸甲酯(MPC)与甲醛缩合生成 4,4′-二苯甲烷二氨基甲酸甲酯(4,4′-MDC)反应中的溶剂作用和催化性能。

将烷基咪唑和烷基吡啶为阳离子的离子液体作为溶剂兼催化剂，用于 MPC 与甲醛的缩合反应中。结果表明，HBF₄ 酸化 1-乙基-3-甲基咪唑四氟硼酸盐([emim]BF₄)离子液体具有较高的催化活性。以 HBF₄ 过量 20% 的酸化离子液体[emim]BF₄ 为溶剂兼催化剂，考察了反应温度、原料配比、离子液体用量及反应时间等因素对 4,4′-MDC 合成反应性能的影响。筛选出适宜的反应条件为：70℃，MPC 与 HCHO 摩尔比为 4/1，离子液体与 MPC 质量比为 4/1，1.5 h，此时 4,4′-MDC 产率为 71.7%，选择性为 71.9%。借助超声波对反应后的酸化离子液体进行萃取提纯，处理后的酸化离子液体循环使用四次其催化活性基本保持不变。为了更好地了解酸化离子液体[emim]BF₄ 催化活性与其结构的关系，借助¹H NMR 等表征手段判定酸化离子液体阳离子是咪唑环与水分子(或 H₂O 与 HBF₄ 二者混合物)以氢键为主要结合力所构成的大分子基团。以咪唑环为中心过量的 HBF₄ 溶解在咪唑环外围水分子中所形成的酸性复合体系。其中水分子的存在方式有两种：①与咪唑环以静电引力相作用而同时与 HBF₄ 以氢键相关联的水分子；②与离子液体以物理混合方式存在的游离水。酸化离子液体[emim]BF₄ 结构图如图 3-26 所示。

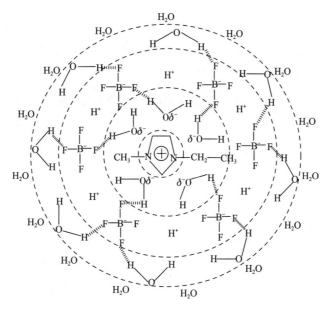

图 3-26　酸化离子液体[emim]BF₄ 结构图

Geng 等[183]采用两步法合成了五种以 1-(丁基-4-磺酸基)-3-甲基咪唑([HSO₃-bmim])为阳离子的磺酸类功能化离子液体(SFILs)Ⅰ～Ⅴ，所制离子液体的结构式如下：

Ⅰ　[HSO₃-bmim]CF₃SO₃，X＝CF₃SO₃⁻

Ⅱ　[HSO₃-bmim]HSO₄，　　X＝HSO₄⁻

Ⅲ　[HSO₃-bmim]p-TSA，　X＝p-CH₃(C₆H₄)SO₃⁻

Ⅳ　[HSO₃-bmim]CH₃SO₃，X＝CH₃SO₃⁻

Ⅴ　[HSO₃-bmim]CF₃COO，X＝CF₃COO⁻

在 70℃，$n(MPC)/n(HCHO)=4/1$，ILs 10mL，反应时间为 1h 的条件下将不同磺酸类功能化离子液体用于 MPC 与甲醛的缩合反应中，催化效果见表 3-25。可见，磺酸类离子液体的催化效果与阴离子种类有关。[HSO₃-bmim]CF₃SO₃ 和[HSO₃-bmim]HSO₄ 均具有较好的催化活性；[HSO₃-bmim]p-TSA 和[HSO₃-bmim]CH₃SO₃ 两种离子液体的催化活性很低；而[HSO₃-bmim]CF₃COO 几乎没有催化效果。MPC 与甲醛的缩合反应为酸催化，为了探索此类离子液体酸性与其催化效果之间的关系，对各离子液体的酸性进行了研究。

表 3-25　不同离子液体对缩合反应的催化性能

离子液体	MPC 转化率/ %	MDC 产率/ %	MDC 对 MPC 的选择性/ %
[HSO₃-bmim]CF₃SO₃	54.9	61.6	55.8
[HSO₃-bmim]HSO₄	60.3	42.7	34.3
[HSO₃-bmim]p-TSA	33.2	7.4	11.1
[HSO₃-bmim]CH₃SO₃	34.3	4.6	6.7
[HSO₃-bmim]CF₃COO	18.5	—	—

根据酸强度函数计算公式：$H_0 = pK_a + \lg([I]/[HI])$ 进行计算，各离子液体酸强度及其催化效果如表 3-26 所示。由表中可知，离子液体对缩合反应的催化活性与其酸强度相一致，酸强度越强，催化性能越好。

表 3-26 离子液体的酸强度及其催化性能

离子液体	MDC 产率/%	酸强度函数值 H_0
[HSO$_3$-bmim]CF$_3$SO$_3$	61.6	-3.6
[HSO$_3$-bmim]HSO$_4$	42.7	-3.3
[HSO$_3$-bmim]p-TSA	7.4	-0.8
[HSO$_3$-bmim]CH$_3$SO$_3$	4.6	-0.7
[HSO$_3$-bmim]CF$_3$COO	—	$+0.9$

离子液体[HSO$_3$-bmim]CF$_3$SO$_3$ 酸强度最强，催化效果最好，故以其为溶剂兼催化剂对 MPC 与甲醛的缩合反应进行了进一步研究。在反应条件为 70℃，40min，MPC 与 HCHO 摩尔比为 10/1，离子液体与 MPC 质量比为 4.5/1 时，MDC 产率为 89.9%，选择性为 74.9%。在反应液中加水可使产品析出，离子液体经减压蒸馏除水后可直接循环使用，且循环使用四次活性无明显下降。

王娜等[145]制备了一系列磺酸吡啶酸性功能化离子液体，采用 Hammett 指示剂与紫外联用法测定其酸强度。然后考察了各酸性离子液体在苯氨基甲酸甲酯(MPC)与甲醛缩合制备二苯甲烷二氨基甲酸甲酯(MDC)反应中的催化活性。结果表明，离子液体的酸强度与其催化活性关联较好；[HSO$_3$-bpy]CF$_3$SO$_3$ 酸强度最高，催化活性也最好。以[HSO$_3$-bpy]CF$_3$SO$_3$ 为催化剂兼溶剂，优化了合成 MDC 的反应条件。在反应温度 70℃，反应时间 60min，n(MPC)/n(HCHO)=12/1，m(ILs)/m(MPC)=4/1 的条件下，MDC 产率最高可达 91.5%。用水处理反应液，通过减压蒸馏后的离子液体可以循环使用五次。

康丽娟等[184]合成了具有不同 ZnCl$_2$ 摩尔分数的 Brönsted-Lewis 双酸性离子液体[HO$_3$S-(CH$_2$)$_4$-mim]Cl-xZnCl$_2$，采用 Hammett 指示剂与紫外联用法测定了其酸强度，并考察了其在苯氨基甲酸甲酯(MPC)与甲醛(HCHO)缩合制备二苯甲烷二氨基甲酸甲酯(MDC)反应中的催化性能。结果表明，当 x 为 0.7 时该离子液体的催化活性最高。以 x 为 0.7 的该离子液体为催化剂兼溶剂，考察了 MDC 合成反应性能。在反应温度 70℃，反应时间 60min，MPC 与 HCHO 的摩尔比为 10，离子液体与 MPC 的质量比为 2 的条件下，MDC 收率最高可达 99.1%。用水处理反应液并通过减压蒸馏回收的离子液体可以循环使用 5 次，其催化活性基本不变。推测了催化反应机理，如图 3-27 所示：首先形成碳正离子：[HO$_3$S-(CH$_2$)$_4$-mim]Cl-0.7ZnCl$_2$ 离子液体中磺酸基上的 H$^+$ 和阴离子 Zn$_2$Cl$_5^-$ 同时进攻 HCHO，因 HCHO 分子中的 O 原子电负性大，故易于接受 H$^+$ 而形成碳正离子，而羰基氧原子孤电子对也易于占据 Zn$_2$Cl$_5^-$ 中 Zn 的空轨道形成络合物，使碳原子带正电。形成的碳正离子具有很强的亲电性，易进攻 MPC 苯环上的对位碳原子发生亲电取代反应，从而生成中间产物 A。中间产物 A 再与 H$^+$ 作用形成苄基质子化醇，然后离解成苄基碳正离子(中间产物 B)；以苄基碳正离子为亲电子体进一步攻击 MPC 苯环上的对位碳原子发生亲电取代反应，最终生成 MDC。B-L 酸共同进攻 HCHO，可快速形成碳正离子，加速反应进行。但是当 HCHO 量过大时，则碳正离子会进攻中间产物 A 的邻位，生成 2，4-二羟甲基苯氨基甲酸甲酯副产物。此外，由于 B-L 酸共同进攻 HCHO，可短时间内形成很多碳正离子，而离子液体中 $ZnCl_2$ 摩尔分数过大时，L 酸中心大大增加，中间产物 A 由于 B 酸中心的减少，未能及时转化为中间产物 B，将可能导致碳正离子进攻中间产物 A 的邻位，生成 2，4-二羟甲基苯氨基甲酸甲酯副产物。所以选择恰当的 B 酸中心与 L 酸中心比例对该反应很重要。

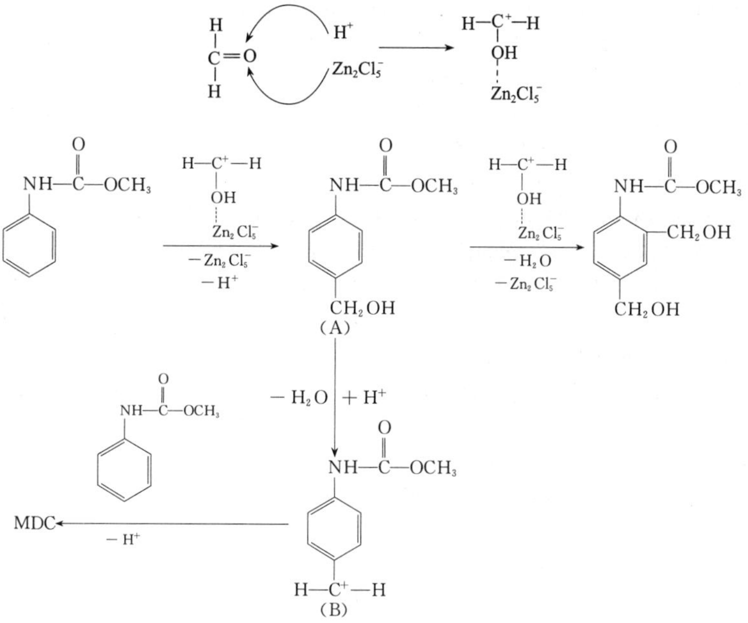

图 3-27　B-L 双酸性离子液体催化合成 MDC 的反应机理

3.11.13　离子液体实现产业化的挑战[114]

　　离子液体在资源、能源、环境等各领域以及促进社会可持续发展和科学技术自身发展需求方面蕴藏巨大潜力，但要实现大规模产业化应用，尚须认识并解决一些科学和技术问题。

　　首先，制约离子液体大规模产业化应用的真正原因是离子液体是新体系，人们对其本质和应用规律的认识还不够深入，许多研究仍然是孤立的、尝试性的、探索性的。由于离子液体种类繁多，普适性、全面的构效关系尚未建立，缺乏系统的筛选和设计方法，研究者始终不能确信是否找到了最合适的离子液体。因此，离子液体工业化大的挑战是建立其构效关系。其次，离子液体的低成本功能化的设计与制备是其大规模工业应用的前提。再次，离子液体具有毒性。从其合成原料(烷基化试剂)看大多具有挥发性；而回收离子液体时则需要大量挥发性的有机溶剂；有的离子液体本身就具有毒性。所以一旦离子液体进入环境，由于其不易挥发，且最有可能进入水系统而产生污染，进而对人类健康以及生态系统造成危害。最后，黏度高是离子液体又一个问题。常温下离子液体的黏度是水的几十倍到上百倍，使用中离子液体会黏附在器壁上，还会造成扩散速度慢等问题。所以，需要适当提高温度降低离子液体的黏度。

参考文献 ▪▪▪▪▪

[1] 吴越. 化学进展, 1998, 10(2): 158.

[2] 尹元根主编. 多相催化剂的研究方法. 北京: 化学工业出版社, 1988: 58.

[3] 田部浩三, 御园生诚, 小野嘉夫等著. 新固体酸和碱及其催化作用. 郑禄彬, 王公慰, 张盈珍等译. 北京: 化学工业出版社, 1992.

[4] 佘励勤, 李宣文. 石油化工, 2000, 29(8): 621.

[5] Tanabe K, Hattori H, Sumiyoshi T, et al. J Catal, 1978, 53(1): 1.

[6] Nakano Y, Iizuka T, Hattori H, et al. J Catal, 1979, 57(1): 1.

[7] Iizuka T, Ogasawara K, Tanabe K. Bull Chem Soc Jpn, 1983, 56(10): 2927.

[8] Chen Z, Iizuka T, Tanabe K. Chem Lett, 1984: 1085.

[9] Mitusubishi Chem. Co., Japan Patent Kokai, 60-082915. 1985.

[10] Kania W, Jurczyk K. Appl Catal, 1987, 34: 1.

[11] Strazhesko D N, Strelko V B, Belyakov V N, et al. J Chromatogr A, 1974, 102: 191.

[12] Werner H J, Beneke K, Lagaly G. Z. Anorg Allg Chem., 1980, 470(1): 118.

[13] Saus A, Limbacker B, Brulls R, et al. In: Imelik B, et al. eds. Catalysis by Acids and Bases. Amsterdam: Elsevier. 1985: 383.

[14] Saus A, Schmidl E. J Catal, 1985, 94(1): 187.

[15] 田部浩三, 御园生诚, 小野嘉夫等著. 新固体酸和碱及其催化作用. 郑禄彬, 王公慰, 张盈珍等译. 北京: 化学工业出版社, 1992: 115.

[16] Maruyama K, Hattori H, Tanabe K. Bull Chem Soc Jpn, 1977, 50(1): 86.

[17] 田部浩三, 御园生诚, 小野嘉夫等著. 新固体酸和碱及其催化作用. 郑禄彬, 王公慰, 张盈珍等译. 北京: 化学工业出版社, 1992: 118.

[18] Tanabe K, Shimazu K, Hattori H, et al. J Catal, 1979, 57(1): 35.

[19] Tanabe K, Sumiyoshi T, Hattori H. Chem Lett, 1972: 723.

[20] Sumiyoshi T, Tanabe K, Hattori H. Bull Jpn Petrol Inst, 1975, 17: 65.

[21] Niiyama H, Echigoya E. Bull Jpn Petrol Inst, 1972, 14: 83.

[22] Lercher J A, Colombier C, Noller H. J Chem Soc, Faraday Trans. Ⅰ, 1984, 80: 949.

[23] Kiviat F E, Petrakis L. J Phys Chem, 1973, 77(10): 1232.

[24] Laine J, Brito J, Yunes S. In: Barry H F, Mitchell P C H, eds. Proc 3rd Intern Conf Chemistry and Uses of Molybdenum. Ann Arbor: University of Michigan. Dept. of Chemistry, 1979: 111.

[25] Arata K, Hino M. Proc 9th Intern. Congr Catal Calgary: Chem, Institute of Canada Ottawa, 1988: 1259.

[26] Yamanaka S, Brindley G W. Clays Clay Miner, 1979, 27: 119.

[27] Yamanaka S, Doi T, Sako S, et al. Mater Res Bull, 1984, 19: 161.

[28] Christiano S P, Wang J, Pinnavaia T J Inorg Chem, 1985, 24: 1222.

[29] Christiano S P, Wang J, Pinnavaia T J J Solid State Chem, 1986, 64: 232.

[30] Vanghan D E W, Lussier R J. In: Rees L V, ed. Porc. 5th Intern Conf Zeolites. Naples: Willy J, Chichester. 1980: 94.

[31] Poncelet G, Schutz A. In: Setton R, ed. Chemical Reaction in Organic and Inorganic Constrained System. Dortrecht: Reidel D Publishing, Comp. 1986: 165.

[32] Shabatai J, Mossoth F E, Tokarz M, et al. Proc 8th Intern Congr Catal. Berlin: Verlag Chemie, Weinheim, 1984, 4: 735.

[33] Klading W. J Phys Chem, 1976, 80(3): 262.

[34] Chu C T W, Chang C D. J Phys Chem, 1985, 89: 1569.

[35] Wilson S T, Lok B M, Messina C A, et al. J Am Chem Soc, 1982, 104: 1146.

[36] Flanigen E M, Lok B M, Patton R L, et al. In: Murakami Y, et al, eds. Proc. 7th Intern. Zeolite Cont.. Tokyo: Kodansha, and Amsterdam: Elsevier, 1986: 1351.

[37] 曾昭槐编著. 择形催化. 北京: 中国石化出版社, 1994.

[38] Weisz P B，Frilette V J，Maatman R W，et al. J Catal，1962，1：307.

[39] 朱洪法编著. 石油化工催化剂基础知识. 北京：中国石化出版社，1995：362.

[40] Igarashi A，Matsuda T，Ogino Y. J Jpn Petrol Inst，1979，22：331；1980，23：30.

[41] Izumi Y，Hasebe R，Urabe K. J Catal，1983，84：402.

[42] Setinek K. Collect Czech Chem Commun，1977，42：909.

[43] Gates B C，Wisnouskas J S，Heath H W. J Catal，1972，24(2)：320.

[44] Olah G A，Molhotra R，Narang S C，et al. Synthesis，1978：672.

[45] Olah G A，Meidar D，Fung A P. Synthesis，1979：270.

[46] 李新生，徐杰，林励吾主编. 催化新反应与新材料. 郑州：河南科学技术出版社，1996：235.

[47] 缪长喜，陈建民，高滋. 高等学校化学学报，1995，16(4)：591.

[48] Hino M，Arata K. J Chem Soc，Chem. Commun，1988：1259.

[49] Hino M，Arata K. Chem Lett，1989：971.

[50] 李德庆，米镇涛. 化工进展，1996，(4)：5.

[51] Hara M，Yoshida T，Takagaki A，et al. Angew Chem Int Ed，2004，43：2955.

[52] Toda M，Takagaki A，Okamura M，et al. Nature，2005，438：178.

[53] Dehkhoda A M，West A H，Ellis N. Appl Catal，A，2010，382：197.

[54] Okamura M，Takagaki A，Toda M，et al. Chem Mater，2006，18：3039.

[55] Wang JJ，Xu WJ，Ren JW，et al. Green Chem，2011，13：2678.

[56] 周丽娜，刘可，华伟明等. 催化学报，2009，30(3)：196.

[57] Kitano M，Yamaguchi D，Suganuma S，et al. Langmuir，2009，25(9)：5068.

[58] 高珊，梁学正，王雯娟等. 科学通报，2007，52(13)：1506.

[59] Nakajima K，Tomita I，Hara M，et al. Catal Today，2006，116：151.

[60] 邢宪军，王延吉，赵新强等. 化学反应工程与工艺，2011，27(3)：214.

[61] Takagaki A，Toda M，Okamura M，et al. Catal Today，2006，116：157

[62] Fukuhara K，Nakajima K，Kitano M，et al. Chem Sus Chem，2011，4：778.

[63] Nakajima K，Hara M. ACS Catal，2012，2：1296.

[64] 吴云，李彪，胡金飞等. 石油化工，2009，38(3)：240.

[65] Zhao W，Yang B，Yi C，et al. Ind Eng Chem Res，2010，19：12399.

[66] 乌日娜，王同华，修志龙等. 催化学报，2009，30(12)：1203.

[67] Xing R，Liu Y，Wang Y，et al. Micro Meso Mater，2007，105：41.

[68] Liu R，Wang X，Zhao X，et al. Carbon，2008，46：1664.

[69] 王华瑜，张长斌，贺泓等. 物理化学学报，2010，26(7)：1873.

[70] 舒庆，张强，高继贤等. 现代化工，2009，29(8)：21.

[71] Kulkarni MG，Rajesh GR，Meher LC，et al. Green Chem，2006，8(12)：1056.

[72] Chaudhari R V，Diveher S S，Vaidya M J，et al. US 6028227. 2000.

[73] 储伟，武森涛，崔明全. CN 1562465. 2004.

[74] Komatsu T，Hirose T. Appl Catal，A，2004，276：95.

[75] Wang S F，Ma Y H，Wang Y J，et al. J Chem Technol Biotechnol，2008，83：1466.

[76] 吴指南主编. 基本有机化工工艺学. 北京：化学工业出版社，1990：129.

[77] 张敏. 石油化工，2000，29(8)：592.

[78] 黄志渊. 石油化工，1993，22(5)：338.

[79] 魏文德主编. 有机化工原料大全. 北京：化学工业出版社，1990. 445.

[80] 吴棣华. 化学进展，1998，10(2)：131.

[81] 杜泽学，闵恩泽. 石油化工，1999，28(8)：562.

[82] 张占柱，毛俊义，张凯等. 石油炼制与化工，1999，30(7)：15.

[83] 陈巍，徐龙伢，谢素娟等. 天然气化工，1999，24(4)：39.

[84] Chu P，Landis M E，Le Q N. (Mobil Oil Corp.). US 5334795. 1994.

[85] Rao B S，Balakrishnan I，et al. Catal Sci Technol，1991，1：361.

[86] 千载虎，廖世军．高等学校化学学报，1990，11(4)：380.

[87] 李增喜，嵇世山．化学工业与工程，1998，15(1)：30.

[88] Corma A，Martinez A，Martinez C．J Catal，1994，146(1)：185.

[89] Blasco T，Corma A，Martinez A，et al．J Catal，1998，177：306.

[90] Kresge C T，Marler D O，Rav G S，et al．(Mobil Oil Corp.)．US 5324881．1994.

[91] Loenders R，Jacobs P A，Martens J A．J Catal，1998，176(2)：545.

[92] Nivarthy G．S，He Y J，Seshan K，et al．J Catal，1998，176：192.

[93] 王延吉，张勇，赵新强等．河北工业大学学报，2001，30(1)：21.

[94] Lang X S，Akgerman A，Dragomir B．Ind Eng Chem Res，1995，34：72.

[95] 张从良，唐艳丽，李学孟．郑州工业大学学报，1999，20(4)：25.

[96] 何奕工．催化学报，1999，20(4)：403.

[97] 闵恩泽．大自然探索，1998，17(66)：18.

[98] 金英杰，沈健，任杰等．石油化工，2000，29(7)：479，29(8)：557.

[99] 王延吉，唐靖，李赫咺．石油化工，1995，24(7)：507.

[100] Bell W，Haag W O，Huang T T，et al．(Mobil Oil Co.)．EP 323268．1988.

[101] Atkings M P，(British Petroleum Co．PLC)．EP 210793．1986.

[102] 单希林，宁书贵，胡云峰等．大庆石油学院学报，1997，21(2)：43.

[103] 王延吉，唐靖，李赫咺．分子催化，1996，10(1)：6.

[104] 王延吉，唐靖，李赫咺．石油化工，1996，25(3)：148.

[105] 王延吉，唐靖，李赫咺．高等学校化学学报，1995，16(12)：1930.

[106] 王延吉，唐靖，李赫咺．河北省科学院学报，1996，13(3)：85.

[107] 尚小玉．超临界场中沸石型催化剂制备和 MTBE 合成反应研究［学位论文］．天津：河北工业大学，2000.

[108] 尚小玉，王延吉，赵新强等．化工冶金，2000，21(1)：98.

[109] Wang Y J，Shang X Y，Zhao X Q，et al．The 4th International Symposium on Acid-Base Catalysis CAB(Ⅳ)．Japan：Matsuyama，2001.

[110] 楚文玲，杨向光，叶兴凯等．工业催化，1995，(2)：28.

[111] 胡玉才，叶兴凯，吴越．精细石油化工，1996，(1)：5.

[112] 王延吉，赵新强，苑保国．催化学报，1997，18(4)：331.

[113] 马德埒，顾树珍．石油化工，1989，18(7)：431.

[114] Olivier-Bourbigou H，Magna L，Morvan D．Appl Catal，A，2010，373(1，2)：1.

[115] 李汝雄编著．绿色溶剂-离子液体的合成与应用．北京：化学工业出版社，2004.

[116] Gathergood N，Garcia M T，Scammells P J．Greem Chem，2004，6(3)：166.

[117] 寇元，杨雅立．石油化工，2004，33(4)：297.

[118] Garcia M T，Gathergood N，Scammells P J．Greem Chem，2005，7(1)：9.

[119] 柯明，周爱国，宋昭峥等．化学进展，2007，19(5)：672.

[120] Fuller J，Carlin R T，Osteryoung R A．J Electrochem Soc，1997，144(11)：3881.

[121] Roth M．J Chromatogr A，2009，1216(10)：1861.

[122] Rogers R D，Seddon K R．Ionic Liquids as Green Solvents：Progress and Prospects．Washington D C：American Chemical Society，2003：311.

[123] Gupta N，Goverdhan S L，Singh J，et al．Catal Commun，2007，8：1323.

[124] 高转转，郭宪英．应用化工，2008，37(12)：1440.

[125] 王振中．离子液体的合成与应用［学位论文］．深圳：深圳大学，2007.

[126] 李良实．电渗析法制备离子液体的研究［学位论文］．北京：北京化工大学，2009.

[127] 胡玉峰，褚雪梅，曾鹏等．离子液体水溶液的提纯与分离．中国科协第 143 次青年科学家论坛——离子液体与绿色化学．北京．2007，22.

[128] 李晖．电渗析用于离子液体制备与纯化的基础研究［学位论文］．北京：北京化工大学，2008.

[129] Smith G P，Dworkin A S，Pagni R M，et al．J Am Chem Soc，1989，111(2)：525.

[130] 王敬娴，吴芹，黎汉生等．化工进展，2008，27(10)：1574.

[131] Jia L J, Wang Y Y, Chen H, et al. React Kinet Catal L, 2005, 86(2)：267.

[132] Cole A C, Jensen J L, Ntai I, et al. J Am Chem Soc, 2002, 124(21)：5962.

[133] Wang X H, Tao G H, Zhang Z Y, et al. Chinese Chem Lett, 2005, 16(12)：1563.

[134] Liu S W, Xie C X, Yu S T, et al. Chinese J Catal, 2009, 30(5)：401.

[135] 高伟. 新型 Brönsted-Lewis 双酸性离子液体的合成及表征 [学位论文]. 天津：河北工业大学, 2010.

[136] 康丽娟. 新型 Brönsted-Lewis 双酸性离子液体的合成、表征及应用 [学位论文]. 天津：河北工业大学, 2012.

[137] 刘仕伟. 酸功能化离子液体的设计合成及其催化松香松节油反应的研究 [学位论文]. 北京：中国林业科学研究院, 2009.

[138] 姜峰. Brönsted 酸性离子液体的合成、性质和应用研究 [学位论文]. 吉林：吉林大学, 2010.

[139] 陈继华. 化学工程师, 2005, 116(5)：65.

[140] 吴芹, 董斌琦, 韩明汉等. 分析化学研究简报, 2006, 34(9)：1323.

[141] 耿卫国, 李雪辉, 王乐夫等. 物理化学学报, 2006, 22(2)：230.

[142] 朴玲钰, 付晓, 杨雅立等. 催化学报, 2004, 25(1)：44.

[143] 王晓华, 陶国宏, 吴晓牧等. 物理化学学报, 2005, 21(5)：528.

[144] 胡利彦. 酸性离子液体的制备、表征及在苯氨基甲酸甲酯与甲醛缩合反应中的应用 [学位论文]. 天津：河北工业大学, 2007.

[145] 王娜, 赵新强, 武秀丽等. 化工学报, 2008, 59(4)：887.

[146] Li D M, Shi F, Deng Y Q, et al. Tetrahedron Lett, 2004, 45(21)：6791.

[147] Dymek C J, Stewart J J P. Inorg Chem, 1989, 28(8)：1472.

[148] Appleby D, Husse C L, Sedden K R, et al. Nature, 1986, 323(16)：614.

[149] Hussey C L. Pure Appl Chem, 1988, 60(12)：1763.

[150] Zhao X Q, Kang L J, Wang N, et al. Ind Eng Chem Res, 2012, 51(35)：11335.

[151] 荆煦瑛, 陈式棣, 么恩云编著. 红外光谱实用指南. 天津：天津科学技术出版社, 1992.

[152] 王贺玲, 何国锋, 王杲等. 天然气化工, 2009, 34(2)：7.

[153] Schreiner P R, Wittkopp A. Org Lett, 2002, 4(2)：217.

[154] Aggarwal A N, Lancaster L, Alick R, et al. Green Chem, 2002, (4)：517.

[155] Sun N, He X Z, Dong K, et al. Fluid Phase Equilibr, 2006, 246(1, 2)：137.

[156] Christian P M, Raymond A C, Nicholas C D, et al. J Am Chem Soc, 2002, 124(44)：12932.

[157] 陈晓梅, 桂建舟, 张晓彤等. 工业催化, 2006, 14(3)：31.

[158] 王娜, 耿艳楼, 赵新强等. 2008, 37(12)：1255.

[159] Bosmann A, Franciò G, Janssen E, et al. Angew Chem (Int Edit), 2001, 40(14)：2697.

[160] Anthony J L, Maginn E J, Brennecke J F. J Phys Chem B, 2001, 105(44)：10942.

[161] Scurto A M, Aki S N V K, Brennecke J F. J Am Chem Soc, 2002, 124：10276.

[162] Ellis B, Keim W, Wasserscheid P. Chem Commun, 1999：337.

[163] Joan F, Richard T C, Hugh C D L, et al. J Chem Soc, Chem Commun, 1994, 3：299.

[164] 石振民, 曾力强, 刘植昌等. 化学反应工程与工艺, 2007, 23(2)：120.

[165] 崔咏梅, 高杨, 王延吉等. 石油学报(石油加工), 2009, 25(5)：668.

[166] 崔咏梅, 袁达, 王延吉等. 化工学报, 2009, 60(2)：345.

[167] 崔咏梅, 丁晓堃, 王淑芳等. 无机化学学报, 2009, 25(1)：129.

[168] 崔咏梅, 王淑芳, 赵新强等. 高校化学工程学报, 2009, 23(4)：618.

[169] Ren R X, Zueva L D, Ou W. Tetrahedron Lett, 2001, 42(48)：8441.

[170] Peng J J, Deng Y Q. Tetrahedron Lett, 2001, 42(3)：403.

[171] 张伟, 吴巍, 张树忠等. 过程工程学报, 2004, 4(3)：261.

[172] 张伟, 吴巍, 张树忠等. 石油炼制与化工, 2004, 35(1)：47.

[173] Guo S, Du Z Y, Zhang S G, et al. Green Chem, 2006, 8(3)：296.

[174] Guo S, Deng Y Q. Catal Commun, 2005, 6(3)：225.

[175] Du Z Y, Li Z P, Gu Y L, et al. J Mol Catal A：Chem, 2005, 237(1, 2)：80.

[176] Xiao L F, Xia C G, Chen J. Tetrahedron Lett, 2007, 48(40)：7218.

[177] Liu X F，Xiao L F，Wu H，et al．Catal Commun，2009，10(5)：424.

[178] 赵江琨，王荷芳，王延吉等．高校化学工程学报，2011，25(5)：838.

[179] 孙华．酸性离子液体的合成及其催化制备生物柴油的应用研究［学位论文］．武汉：华中农业大学，2008.

[180] Duan Z Y，Gu Y L，Zhang J，et al．J Mol Catal A：Chem，2006，250(1，2)：163.

[181] Zhao X Q，Hu L Y，Geng Y L，et al．J Mol Catal A：Chem，2007，276(1，2)：168.

[182] 胡利彦，耿艳楼，赵新强等．高校化学工程学报，2007，21(3)：467.

[183] Geng Y L，Hu L Y，Zhao X Q，et al．Chinese J Chem Eng，2009，17(5)：756.

[184] 康丽娟，赵新强，安华良等．石油学报(石油加工)，2013，29(2)：249.

第4章

超临界流体中的催化反应过程

绿色化学的核心科学问题之一是探索新反应条件和环境无害的介质。超临界流体（supercritical fluids，SCFs），如超临界 CO_2 无毒、无污染，可替代对环境有严重污染的有机溶剂。并且在超临界状态下，可大幅度提高反应速率和目的产物的选择性，这样能减少或避免副产物的生成、减少反应物循环、减少或去除后续分离单元，在资源、能量有效利用、减少排放等方面都有重要意义。

超临界流体作为反应介质具有以下特性[1]：

① 高溶解能力　只需改变压力，就可控制反应的相态。既可使反应呈均相，又可控制反应呈非均相。超临界流体对大多数固体有机化合物都可以溶解，使反应在均相中进行。特别是对 H_2 等气体具有很高的溶解度，提高氢的浓度，有利于加快反应速率。

② 高扩散系数　一般固体催化剂是多孔物质，对液-固相反应，液态扩散到催化剂内部很困难，反应只能在固体催化剂表面进行。然而，在超临界状态下，由于组分在超临界流体中的扩散系数相当大，对气体的溶解性大，对于受扩散制约的一些反应可以显著提高其反应速率。

③ 有效控制反应活性和选择性　超临界流体具有连续变化的物性（密度、极性和黏度等），可以通过溶剂与溶质或者溶质与溶质之间的分子作用力产生的溶剂效应和局部凝聚作用的影响有效控制反应活性和选择性。

④ 无毒性和不燃性　超临界流体（如 CO_2、H_2O 等）是无毒和不燃的，有利于安全生产，而且来源丰富，价格低廉，有利于推广使用，降低成本。

在超临界条件下化学反应具有如下特点[1]：①加快受扩散速率控制的均相反应速率，这是因为超临界相态下的扩散系数大于液相；②克服界面阻力，增加反应物的溶解度；③实现反应和分离的耦合，在超临界流体中溶质的溶解度随分子量、温度和压力的改变而有明显的变化，可利用这一性质及时地将反应产物从反应体系中除去，以获得较大的转化率；④延长固体催化剂的寿命，保持催化剂的活性；⑤在超临界介质中压力对反应速率常数的影响增强；⑥酶催化反应的影响增强，酶能在非水的环境下保持活性和稳定性，因此，采用非水超临界流体作为一种溶剂，对酶催化反应具有促进作用。因为组分在超临界流体中的扩散系数大，黏度小，在临界点附近温度和压力对溶剂性质的改变十分敏感。对于固定化酶，超临界流体溶剂还有利于反应物和产物在固体孔道内的扩散。超临界流体在化学物质的萃取分离等过程已有广泛应用[2]。为此，本章着重介绍了超临界流体中化学反应的相关基础、超临界流体中的分子催化反应、超临界流体中的多相催化反应、超临界 CO_2 流体中的高分子合成过程、超临界条件下酶催化反应、超临界流体技术制备生物柴油过程、超临界 CO_2- 离子液体两相催化体系及超临界流体在催化剂制备中的应用等。

4.1 超临界流体中化学反应的相关基础

物质有气、液、固等相态，此外，在临界点以上还存在一种无论温度和压力如何变化都不凝缩的流体相，称此种状态的物质为超临界流体。临界点是指气、液两相共存线的终结点，此时气液两相的相对密度一致，差别消失。在临界温度以上压力不高时与气体性质相近，压力较高时则与液体性质更为接近。超临界流体性质介于气液之间，并易于随压力调节，有近似于气体的流动行为，黏度小、传质系数大，但其相对密度大，溶解度也比气相大得多，又表现出一定的液体行为。此外超临界流体的介电常数、极化率和分子行为与气液相均有明显的差别。根据不同的操作条件将超临界流体分为三个区域：亚临界、近临界和超临界，这三个区域内的反应行为差别较大。Brennecke 认为在 $1 < T/T_c < 1.1$ 和 $1 < p/p_c < 2$ 超临界范围内，超临界流体的专有性质表现突出[3]。

4.1.1 高压相行为[4]

超临界流体作为反应介质，可以增加化学反应的选择性和反应速率，使反应物和催化剂处在均相中反应，以及利用超临界区域的相行为，使产物容易与反应物、副产物和催化剂分离。因此，为了更好地研究超临界流体中的化学反应，必须了解高压条件下反应混合物的相态变化，才能确保反应在超临界状态下进行。应该指出，超临界状态下混合物的相平衡研究还不成熟，人们正在寻求新的和准确的模型方程来预测超临界流体的相行为。

对于在混合临界区域进行的化学反应，确定压力-温度-组成(p-T-x)图中相界线的位置是相当重要的。这些相界线包括液-液(LL)或液-气(LV)边界、三相液-液-气(LLV)或固-液-气(SLV)边界，有时为四相固-固-液-气(SSLV)或液-液-固-气(LLSV)边界。为了描述超临界介质中相行为对反应行为的影响，首先应了解最基本的二元混合物的 p-T 相图。图 4-1 为双组分 p-T 相图，包括 5 种类型。图 4-2 为苯-乙烯二元体系的 p-T 相图。在图 4-1(a) p-T 相图中，任何比例下液体是互溶的，并存在连续临界混合物曲线。图中所有类型的 p-T 相图，混合物的组成均沿着临界混合物曲线变化。图 4-2 为苯-乙烯二元体系混合物组成沿着临界混合物线的变化。图 4-1(b)为在所有温度和压力下，液体并非完全互溶的 p-T 相图（Ⅱ）。LLV 线终止于较高的临界端点(UCEP，是指在有其他液相存在下，某一液相的临界点)，该线显然处于低于任一组分的临界点的温度上。UCEP 出现在 LL 线和 LLV 线交叉处，图中用△表示。图 4-1(c)为第Ⅲ种类型的 p-T 相图。它的液体不互溶特征与类型Ⅱ相图相似。然而，从临界点 C_2 起始的临界混合物曲线分支在较低的临界溶液温度下(LCST，是指 LLV 线的两个液相在有气相存在时，完全相同)，贯穿于液-液不互溶区，而不是终止于临界点 C_1。在临界点 C_1 起始的临界混合物曲线的其他分支在 UCEP 下与 LLV 线交叉。此类型的相行为是有意义的，有可能在沿着 LLV 线的条件下，将反应产物从反应物中分离出来。如果反应产物具有与反应物不同的取代基团，反应物-产物-SCF 混合物可能会在接近

SCF 的临界点附近出现不互溶区域。Dandge 等描述了取代基类型对溶质-非极性 SCF 混合物互溶性的影响。随着反应物、产物和 SCF 分子量差别的增加，反应混合物将可能更多地表现多相 LLV 行为。事实上，对于溶质和溶剂分子大小差别很大的体系(如聚合物-溶剂体系)，接近于纯溶剂临界点的 LLV 相行为早已被人们所认识。图 4-1(d)为第 Ⅳ 种类型的 p-T 相图。在非常接近易挥发组分临界点 C_1 的条件下，类型 Ⅳ 的相行为与类型 Ⅲ 有一定的相似性。然而，起始于难挥发组分临界点 C_2 的临界混合物曲线分支在接近 C_1 点的温度时，压力存在一最小值。这种相行为可能会使我们设计出大量反应/分离方案。例如，在图 4-1(d) ＊号处的温度和压力下进行均相反应时，可通过将反应混合物分成两相来回收产物，前提是临界混合物曲线交叉［通过等温降压或等压升(降)温方法］。人们在 CO_2-角鲨烷和 CO_2-n-$C_{16}H_{34}$ 体系中已经观察到了这种相行为。对于第 Ⅳ 种类型的双元混合物系，也可能不存在图 4-1(d)所示的压力极小值。图 4-1(e)为第 Ⅴ 种类型的 p-T 相图，它与类型 Ⅲ 很相似。然而，LLV 区域由于受两条临界混合物曲线分支的约束，LLV 线将不会出现在如图 4-1(c)所示的低温区域。

如果控制一定的条件，使反应物溶解于 SCF 相中，而产物不溶于 SCF 相，则有可能在反应进行过程中，将产物从反应混合物中分离出来。用这种方法，可立即从反应系统中回收产物，同时避免了不希望的副反应发生。例如，在超临界 CO_2 中，异戊二烯与顺式丁烯二酸酐进行的 Diels-Alder 反应，随着反应的进行，产物从反应混合物中沉淀出来。反应是在接近纯 CO_2 临界点的超临界 CO_2 条件下进行的，要求反应物的浓度处于相当低的水平。随着反应进行，产物不断以固体形式从 SCF 相中沉淀下来，回收更加容易。

在通过调节温度或压力使产物从溶液中分离出来的过程中，SCF 作为相传递介质，不仅使反应在均相中进行，而且使产物很容易地与反应混合物分离。

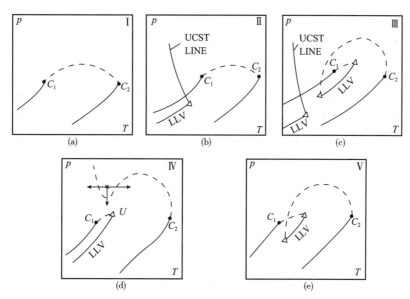

图 4-1 双组分物系温度-压力相图的五种类型

C_1 代表易挥发组分的临界点；C_2 代表难挥发组分的临界点；△代表临界端点(第三临界相存在时，其他两相的交会点)

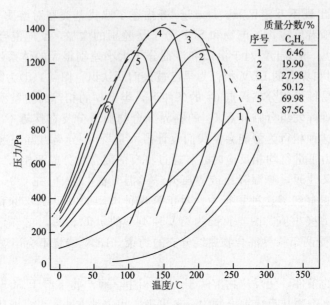

图 4-2　苯-乙烯二元体系的 p-T 相图

质量分数/%	
序号	C_2H_6
1	6.46
2	19.90
3	27.98
4	50.12
5	69.98
6	87.56

4.1.2　化学反应平衡[5]

　　溶剂通过它在溶质周围的环境影响反应热力学。描述这种反应环境的溶剂性质包括极性和极化率。溶剂的极性对应着永久偶极-偶极间相互作用。极化率则与溶质分子在溶剂中产生诱导偶极有关。这样，通过在超临界流体中研究化学平衡可以得到分子间相互作用情况。

　　Kimura 等通过测定溶剂密度（CO_2、$CClF_3$、CHF_3、Ar、Xe）对 2-甲基-2-亚硝基丙烷二聚平衡常数的影响，来研究流体结构对化学反应的影响。在超临界温度、密度从气相到 2.5 倍临界密度的条件下，对比密度 $\rho_r < 0.3$ 时，在 CO_2、$CClF_3$、CHF_3 溶剂中的平衡常数随密度的增加而增加；当 $0.3 < \rho_r < 1.4$ 时，平衡常数随密度的增加而减小；而当 $\rho_r > 1.4$ 时，平衡常数再次随密度的增加而增加。如图 4-3 所示。作者认为三个区域的形成是由于每个区域中占主导地位的分子间作用力不同而引起的。在低温度区域，分子间的吸引力和溶质-溶剂间的相互作用决定了密度对平衡常数的影响；在高密度区域，"填充效应（packing effect）"占主导地位；在中密度区域，多分子间相互作用起主要作用，而且溶剂-溶剂间的相互作用也变得非常重要。对比在 Xe 和其他分子流体体系中的结果，作者认为平衡常数对密度的依赖关系，在中、高密度区域，溶剂的分子几何效应的影响不是很大。

　　Pack 等应用原位 UV-光谱测定了在超临界 CO_2（393K，$T_r = 1.06$）和 1,1-二氟乙烷（403K，$T_r = 1.04$）中 2-羟基吡啶/2-吡啶酮的异构平衡常数 K_c，在两种超临界流体中，平衡常数随压力而增大，见图 4-4。以二氟乙烷超临界流体为例，平衡常数从 20.68bar（1bar=10^5Pa）下的 0.82 增加到 103.4bar 下的 4.64，最终增加到 206.8bar 下的 5.77。并且当压力超过 p_c（45bar）时，压力的影响减小。

　　2-羟基吡啶和 2-吡啶酮是同分异构体，具有相似的尺寸，因此压力对平衡常数的影响说明它们的极性是不同的。根据 Kirkwood（1934）理论，K_c 和溶剂极性的关系用下式表达：

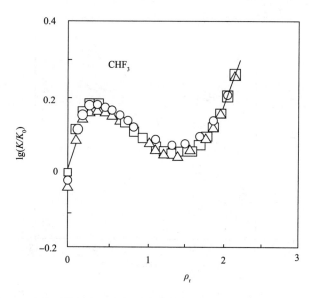

图 4-3　2-甲基-2-亚硝基丙烷二聚反应的平衡常数与对比密度的关系(CHF$_3$ 溶剂，60.9℃)

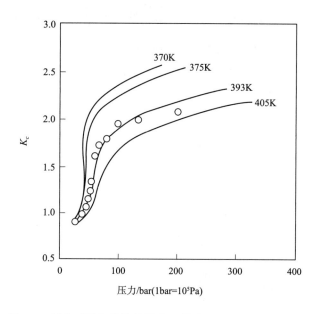

图 4-4　压力对平衡常数的影响(○代表 403K 下的实验数据)

$$RT\ln K_c = \frac{3}{8}\left(\frac{1-\varepsilon}{1+\varepsilon}\right)\left(\frac{\mu_2^2}{r_2^3}-\frac{\mu_3^2}{r_3^3}\right) \tag{4-1}$$

式中，r 是分子半径；下标 2 和 3 分别代表两个异构体。图 4-5 为平衡常数 K_c 与介电常数间的关联。随着溶剂极性的增加，平衡向 2-吡啶酮移动。在极性溶剂(1,1-二氟乙烷)中的平衡常数与在非极性溶剂(丙烷)中相比，可达到更高值，这是因为前一个溶剂的介电常数大(给定的对比压力范围内)。另外，在同一介电常数下，丙烷溶剂中的平衡常数高于 1,1-二氟乙烷中的，这是因为单位体积的丙烷具有较大的极化能力。

在高压状态，压力对密度和等温压缩率(κ_T)的影响减少，故其对平衡常数 K_c 的影响显著降低。式(4-2)为平衡常数与压力的关系表达式：

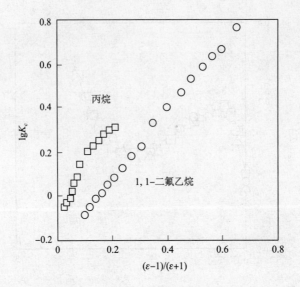

图 4-5　2-羟基吡啶/2-吡啶酮同分异构反应平衡常数与介电常数的关系

$$\left[\frac{\partial \ln K_c}{\partial p}\right]_T = \frac{-\Delta \overline{V}_{\text{rxn}}}{RT} + \kappa_T \sum \nu_i \tag{4-2}$$

式中，$\Delta \overline{V}_{\text{rxn}}$ 代表产物与反应物偏摩尔体积之差；$\sum \nu_i$ 为反应式中各物质的化学计量系数之和；κ_T 为等温压缩系数。图 4-6 给出了由式(4-2)计算出的 $\Delta \overline{V}_{\text{rxn}}$ 与压力的关系，可见，在临界压力附近，$\Delta \overline{V}_{\text{rxn}}$ 存在极小值。

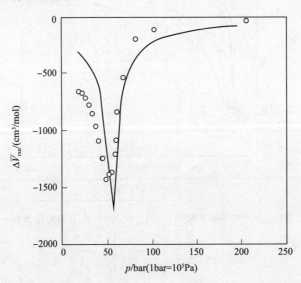

图 4-6　2-羟基吡啶/2-吡啶酮同分异构反应的 $\Delta \overline{V}_{\text{rxn}}$ 与压力的关系

尽管 K_c 是压力的高度非线性函数，但 $\ln K_c$ 可近似表达成密度的线性函数。K_c 与密度的关系可由式(4-3)表示：

$$RT\left(\frac{\partial \ln K_c}{\partial \rho}\right)_T = \frac{RT}{\rho \kappa_T}\left(\frac{\partial \ln K_c}{\partial p}\right)_T = \frac{-n}{\rho^2}\left[\left(\frac{\partial p}{\partial n_3}\right)_{T,V,x_1,x_2} - \left(\frac{\partial p}{\partial n_2}\right)_{T,V,x_1,x_3}\right] \tag{4-3}$$

由于忽略了 κ_T 的影响，式(4-3)所示的临界点附近，密度对 K_c 的影响比压力对 K_c 的影响要简单。实际上，人们已观察到了 $\ln K_c$ 与密度的线性关系。

Gupta 等报道了超临界状态下化学平衡与氢键的关系。他们研究了超临界流体中甲醇和三乙胺间的氢键，并发现溶剂的影响是显著的。在靠近临界点时，甲醇-三乙胺缔合平衡常数随压力下降而增加。在临界点附近，压力的影响最大。K_c 的自然对数也随密度而变化。K_c 与密度的关系图近似呈线性，但 50℃ 的 K_c 值和低于 8mol/L 的密度值都比预测值高，作者认为是由于溶质-溶质簇间的氢键作用加强所致。作者还修正了氢键晶格流体方程，包括了溶剂的影响，使之与实验更吻合。O'Shea 等通过研究超临界乙烷、三氟甲烷、CO_2 等溶剂中 4-苯偶氮-1-萘酚的偶氮-腙同分异构反应平衡，考察了氢键和极性相互作用。在乙烷溶剂中，极性小的偶氮异构体占大部分，而在 CO_2 溶剂中，两种异构体的量几乎相同。在三氟甲烷溶剂中，极性强的腙占大部分。平衡组成的这种变化说明 CO_2 的四偶极矩和三氟甲烷的偶极矩和氢键供体有利于强极性异构体的形成。压力对氢键和特定极性互相作用的影响是不同的，因此可利用压力控制超临界流体中包括极性分子的反应过程。Yagi 等也研究了在超临界 CO_2 和超临界三氟甲烷中，2,4-戊二酮的酮-烯醇同分异构化平衡。他们发现在非极性的正己烷液体中，2,4-戊二酮以弱极性的烯醇形式存在，而在弱极性的 CO_2 中，因其具有四偶极矩，有利于酮的生成。随超临界 CO_2 密度的增大，同分异构平衡明显由烯醇向酮方向移动，并且 $\lg K_c$ 与密度近似呈线形关系。

除了上述通过化学平衡研究超临界流体中分子相互作用外，人们还在探讨相平衡变化的影响。混合物的临界点随组成变化很大，仅仅根据化学平衡确定操作条件有可能使反应在非（亚）临界条件下进行。并且超临界反应混合物的组成和组分决定了单相存在的压力-温度空间区域，但压力和温度又影响化学平衡。所以，化学平衡和相平衡都依赖于操作条件，了解它们如何随温度和压力变化对于正确理解动力学实验数据与合理设计超临界条件下反应过程都是有用的。

4.1.3　超临界条件下的反应动力学

本节主要介绍过渡态理论、溶剂和压力对化学反应的影响。

（1）过渡态理论（transition-state theory）

过渡态理论对于理解和解释基元反应动力学是方便有效的。这一理论认为，化学反应要经历一个过渡状态物种（或称活化络合物），这里用 $M^{\neq}$ 表示。"$\neq$" 代表过渡态物种或其性质。过渡态与反应体系的能量最高状态相对应。

首先考虑一般的基元反应：

$$aA+bB+\cdots\Longleftrightarrow M^{\neq}\longrightarrow 产物 \tag{4-4}$$

则根据过渡态理论，其速率常数为[6]：

$$k=\kappa\frac{k_B T}{h}K_c^{\neq} \tag{4-5}$$

式中，κ 为传递系数；k_B 为 Boltzmann 常数；h 为 Plank 常数；T 为热力学温度；$K_c^{\neq}$ 为包括反应产物和其过渡态，用浓度表示的反应平衡常数。平衡常数可根据经典热力学计算，$K_a^{\neq}$ 和 $K_c^{\neq}$ 的关系如下：

$$K_c^{\neq}=\frac{K_a^{\neq}}{K_\gamma^{\neq}}\rho(1-a-b-\cdots) \tag{4-6}$$

式中，$K_\gamma^{\neq}=\Pi\gamma_i^{\nu_i}$，$\gamma_i$ 和 ν_i 分别是 i 组分的活度系数和化学计量系数；ρ 为反应混合物的摩尔密度。将式（4-6）代入式（4-5）中，可得出过渡状态理论速率常数：

$$k = \kappa \frac{k_B T K_a^{\neq}}{h K_{\gamma}^{\neq}} \rho (1 - a - b - \cdots) \tag{4-7}$$

或写成：

$$k_x = \frac{k}{\rho(1 - a - b - \cdots)} = \kappa \frac{k_B T K_a^{\neq}}{h K_{\gamma}^{\neq}} \tag{4-8}$$

式(4-8)可根据 $a_i = \gamma_i x_i$ 写成下式：

$$k_x = \frac{k}{p(1 - a - b - \cdots)} = \kappa \frac{k_B T}{h} K_x^{\neq} \tag{4-9}$$

式中，$K_x^{\neq} = \Pi x_i^{\nu_i}$。根据平衡常数与 Gibbs 自由能 $\Delta G^{\neq}$ 的关系，速率常数可写为：

$$k_x = \kappa \frac{k_B T}{h} \exp\left(\frac{-\Delta G^{\neq}}{RT}\right) \tag{4-10}$$

式中，R 为速率常数。基元反应步骤的速率常数是反应物与活化络合物的 Gibbs 自由能之差 $\Delta G^{\neq}$ 的函数。

(2)压力影响——活化体积

由式(4-9)和经典热力学理论，过渡态理论速率常数可由下式表示：

$$\left(\frac{\partial \ln k_x}{\partial p}\right)_T = \left(\frac{\partial \ln K_x^{\neq}}{\partial p}\right)_T + \left(\frac{\partial \ln \kappa}{\partial p}\right)_T = -\frac{\Delta V^{\neq}}{RT} + \left(\frac{\partial \ln \kappa}{\partial p}\right)_T \tag{4-11}$$

式中，$\Delta V^{\neq}$ 是活化体积，它等于活化络合物偏摩尔体积与反应物偏摩尔体积之差：

$$\Delta V^{\neq} = \overline{V}^{\neq} - a\overline{V}_A - b\overline{V}_B - \cdots \tag{4-12}$$

式(4-11)中右边第二项，在许多过程中常忽略不计。主要是认为传递系数 κ 是常数，并且对它的估值也是很困难的。然而，应该注意到，实验测定的数据 $\left[\frac{\partial \ln k_x}{\partial p}\right]_T$ 将包括压力对传递系数的影响。Van 等[7]对此影响进行了研究。

由式(4-8)，反应速率常数 k 与压力的关系为：

$$\left(\frac{\partial \ln k}{\partial p}\right)_T = \left(\frac{\partial \ln k_x}{\partial p}\right)_T + (1 - a - b - \cdots)\left(\frac{\partial \ln \rho}{\partial p}\right)_T = \frac{\Delta V^{\neq}}{RT} + \left(\frac{\partial \ln \kappa}{\partial p}\right)_T + \kappa_T(1 - a - b - \cdots) \tag{4-13}$$

式中，κ_T 为等温压缩系数。

活化体积可分成两部分，一部分是键长、键角变化所引起的本征体积变化，另一部分是其他溶剂影响和电子效应引起的体积变化。对于在超临界流体中的反应，其表观活化体积变化可能受更多因素的影响[8]。在靠近临界点时，超临界流体的特性(介电常数、扩散系数)与液体时的不一样，它随着压力变化有显著改变，这些变化必将对反应动力学产生很大影响。除本征活化体积外，还存在压力对扩散系数影响、介电作用、液体压缩系数和相行为等多种因素引起的活化体积的变化。液相反应体系的活化体积处于 $-50 \sim 30\text{cm}^3/\text{mol}$ 范围，而对处于临界点附近稀相流体中的反应，其表观活化体积为 $\pm 1000\text{cm}^3/\text{mol}$[9~11]。当其偏离临界点时，活化体积与液相的接近。例如，α-氯苯甲醚的分解反应的活化体积[9]，在 $T_r = 1.04$ 和 $p_r \approx 1.0$ 条件下，为 $-6000\text{cm}^3/\text{mol}$，而在 $T_r = 1.09$ 和 $p_r = 6.1$ 时，其活化体积值与液相相类似，为 $-71.6\text{cm}^3/\text{mol}$。这也说明活化体积不是常数，它可随着压力和温度产生很大变化。也有许多关联活化体积与压力关系的函数式[7]。压力对速率常数的影响如图 4-7 和图4-8所示。可见，在临界区域，压力对反应速率有很大影响。且在较高的对比温度下，压力的影响减小。

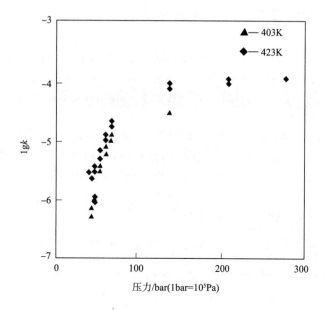

图 4-7　压力对单分子反应速率常数的影响

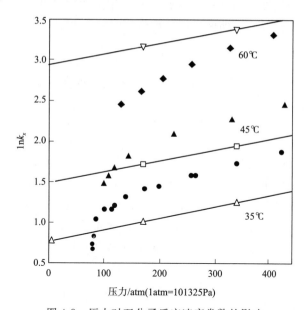

图 4-8　压力对双分子反应速率常数的影响

超临界 CO_2 中马来酐和异戊二烯的环加成反应：点代表实验数据，线代表 35℃时三种不同溶剂中的动力学数据

（3）溶液中的反应（溶剂效应）

过渡状态理论为我们考察和解释溶剂对化学反应的影响提供了理论基础。对超临界流体中（SCFs）的化学反应，溶剂的影响尤为重要。在某些情况下，人们一方面可用这些影响所产生的优良性能，另一方面可以利用它获得分子水平的信息。下面就双分子基元反应进行讨论，但这些方法可扩展到其他类型的反应中。对于 A ＋ B ⟶ C 反应，根据式（4-7），可得到溶剂存在下速率常数 k 与在理想流相中速率常数 k_0 的关系：

$$k = k_0 \left(\frac{\gamma_A \gamma_B}{\gamma_M^{\neq}} \right) \tag{4-14}$$

根据正则溶液理论，活度系数的表达式为：

$$RT\ln\gamma_i = V_i(\delta_i - \overline{\delta})^2 \tag{4-15}$$

式中，δ_i 和 V_i 分别是组分 i 的溶解度参数和摩尔体积；$\overline{\delta}$ 是溶剂的溶解度参数，将活度系数表达式(4-15)代入式(4-14)中：

$$\ln\left(\frac{k}{k_0}\right) = \frac{V_A(\delta_A - \overline{\delta})^2 + V_B(\delta_B - \overline{\delta})^2 - V_{M^*}(\delta_{M^*} - \overline{\delta})^2}{RT} \tag{4-16}$$

此表达式可以关联或预测具有不同溶解度参数的溶剂对速率常数的影响。式中反应物的参数可查阅有关文献。并且可以利用实验得到的摩尔体积和纯组分的性质估计过渡态的性质[12]，近似认为活化络合物的摩尔体积等于反应物摩尔体积之和：

$$V_{M^*} = V_A + V_B \tag{4-17}$$

由此可得到下列关系式[6]：

$$RT\ln\left(\frac{k}{k_0}\right) = 2\,\overline{\delta}\,(V_{M^*}\delta_{M^*} - V_A\delta_A - V_B\delta_B) + (V_A\delta_A^2 + V_B\delta_B^2 - V_{M^*}\delta_{M^*}^2) \tag{4-18}$$

此式说明速率常数比值的对数与溶剂的溶解度系数 $\overline{\delta}$ 是线性关系，这一关系也由不同液体溶剂中的反应实验所证实[12]。并且，对于超临界溶剂(水)中的分解反应，其溶解度参数随密度变化而变化[13]。

介电常数是表征溶剂性质的又一个参数，它常用来关联溶液-相反应的动力学，尤其是涉及极性分子或过渡态的反应。偶极自由能可由下式表示[14]：

$$\Delta G = -\left(\frac{\mu^2}{r^3}\right)\frac{(\varepsilon-1)}{(2\varepsilon+1)} \tag{4-19}$$

式中，μ 为偶极矩；ε 为介电常数；r 为孔穴半径。将自由能表达式与过渡态理论速率表达式结合起来，有：

$$\ln k = \ln k' - \left(\frac{N_{av}}{RT}\right)\left(\frac{\varepsilon-1}{2\varepsilon+1}\right)\left(\frac{\mu_A^2}{r_A^3} + \frac{\mu_B^2}{r_B^3} - \frac{\mu_{M^*}^2}{r_{M^*}^3}\right) \tag{4-20}$$

式中，k' 为具有单位介电常数介质中的速率常数；N_{av} 为 Avogadro 常数。从式(4-20)可知，如果过渡态比反应物的极性高，则速率常数随着介质的介电常数增加而增大。并且 $\ln k$ 与 $(\varepsilon-1)/(2\varepsilon+1)$ 呈线性关系。有的研究者对超临界流体中反应速率常数与溶剂的介质常数进行了关联[9,15]。另外，影响反应的溶剂因素还包括离子或极性分子的离子强度(I)，可由过渡态理论和 Debye-Hückel 活度系数表达式结合起来，定量描述离子强度对速率常数的影响[6]：

$$\ln k \cong \ln k_0 + 2Z_A Z_B \alpha \sqrt{I} \tag{4-21}$$

式中，Z_i 为 i 物质的电荷；α 是常数；k_0 为给定溶剂无限稀释时的速率常数。可见，速率常数的自然对数与 $\sqrt{I}$ 呈线性关系。在此条件下，离子强度通过对活度系数的影响而使反应速率变化，说明盐效应的存在。介质的离子强度也能影响中性分子间的反应，这种影响随着反应物向活化络合物的转化而增强，这个过程包括带电物种的形成或极性改变[6]。

液体或超临界流体对化学反应的另一种影响方式是通过笼蔽效应产生的。在超临界流体中的笼蔽效应往往使反应的行为更合理。溶剂分子能形成包围反应物种的笼。表观反应速率依赖于笼中的反应速率和它们从笼中脱离的速率。例如，对于如下的键均裂反应：

$$A{-}B \underset{}{\overset{1}{\rightleftharpoons}} \underbrace{[A\cdot + B\cdot]}_{溶剂笼} \overset{2}{\longrightarrow} A\cdot + B\cdot \tag{4-22}$$

溶液中的自由基 A·和 B·的生成量会随着再结合生成 A—B 速率的增加(相对于它们从笼中逃脱的速率)而减少。由此可见,高密度、低扩散系数和高黏度将增大溶剂笼效应对表观动力学的影响。定量表征笼效应,需要键断裂和键形成的动力学和动态学及溶剂排列方面的知识[16]。最简单的模型即是由式(4-22)中第一步反应速率常数和第二步的扩散系数来表征。

4.1.4 超临界流体的共溶剂效应[17]

(1)共溶剂的定义和性质

超临界流体在许多领域的应用存在一定的局限性。由于超临界 CO_2 介电常数较小,对极性较强的溶质分子溶解度较小,从而限制了其作为萃取剂和反应溶剂的应用。在溶质和超临界流体二元体系中加入少量可以与超临界流体混溶的另一溶剂,能使溶质的溶解度大大提高,这另一种溶剂称为共溶剂(cosolvent),又叫夹带剂(entrainer)。共溶剂的出现极大拓宽了超临界流体的应用范围,其作用可归纳为以下几个方面:①改善流体的溶剂化能力,提高溶质在流体中的溶解度;②与溶质有特殊作用的共溶剂,会增强对溶质的选择性;③共溶剂可以调节超临界流体中化学反应的反应速率和选择性;④共溶剂还可以直接用作反应物,例如与金属或有机化合物形成络合物,从而增加溶质在超临界流体中的溶解度等。

(2)共溶剂作用机理

共溶剂对超临界流体中溶质的影响主要表现在影响溶剂密度和溶质与共溶剂分子间相互作用两方面。加入少量共溶剂对溶剂密度影响不大,而共溶剂与溶质分子间作用力如氢键、范德华力以及其他化学作用力等则起了更重要的作用。另外,在溶剂临界点附近,由于加入共溶剂导致流体的临界参数改变也对溶质溶解度及选择性有较大的影响。有研究表明,在超临界 CO_2 或乙烷体系中,增加共溶剂浓度会增大溶质(菲和苯甲酸)的溶解度,而且相同浓度的上述体系对菲(非极性)和苯甲酸(极性)溶解度增加倍数相似。但共溶剂也不总是增加溶质溶解度,对不同体系,作用机理并不相同,有时共溶剂反而会导致溶质溶解度减小。通常极性共溶剂(如醇、酮等)的临界温度很高,其本身一般不单独用作超临界溶剂。但极性共溶剂与极性溶质的偶极矩作用、氢键或其他特殊作用,可使特定溶质溶解度和选择性都有很大改善。因此,对极性共溶剂的研究更为人们所重视。

非极性共溶剂可提高非极性溶质的溶解度,但对选择性影响很小。原因是体系中分子间作用力主要为色散力,而色散力与分子的极化率有关,极化率越大,色散力越大。纯超临界 CO_2 的极化率相对较低,为增加溶质溶解度,可加入极化率高的非极性共溶剂(例如各种烷烃)。若共溶剂为非极性而溶质为极性,共溶剂与溶质之间也没有特殊分子间作用,溶质溶解度增加只能依靠增加分子间吸引力,对选择性不会有大的改善。极性共溶剂对极性溶质增溶作用较大,而对非极性溶质则几乎不起作用。

共溶剂、溶质分子体积和溶质极性等对固体溶质以及溶质混合物在超临界流体中溶解度的影响表明,在纯超临界流体中,溶质分子体积对其溶解度影响较大,而溶质极性对其溶解度影响较小,而且溶剂效应相对来说比溶质结构更重要,共溶剂极性和氢键相互作用等对溶质溶解度和选择性都有很大影响。对甲氧萘丙酸在共溶剂修饰的超临界乙烷中溶解度和共溶剂浓度关系的研究证实,共溶剂对溶质溶解度的增强效应随共溶剂浓度增加非线性增大。从所测溶剂化显色参数来看形成氢键的能力对共溶剂效应影响很大,离 CO_2^- 共溶剂二元临界点的相对距离也与共溶剂效应密切相关;对胆固醇在超临界流体中溶解度研究时发现,丙酮在超临界乙烷中表现了较大的共溶剂效应，而正己烷在超临界二氧化碳中表现了较大的共溶剂效应。这是胆固醇的色散力和偶极相互作用相互竞争的结果，在乙烷-丙酮体系中胆固醇的溶解度最大，是由于乙烷与胆固醇碳氢骨架存在较强相互作用；而丙酮则与胆固醇的极性 OH 基团存在较强相互作用造成的。

除了测量溶质的溶解度外，还常用光谱分析研究共溶剂作用机理。如有研究者认为共溶剂效应是由于共溶剂与溶质产生缔合而造成的，并用红外光谱证实了这种缔合现象的存在，将共溶剂效应归结为分子间相互作用力。还有的研究者以苯甲酮为探针研究了超临界乙烷中 CH_3CF_3OH、CH_3CH_2OH、$CHCl_3$、CH_2BrCH_2Br 和 CCl_3CH_3 的共溶剂效应。认为共溶剂和溶质之间形成了氢键。

Mendez-Santiago 等[18]从亨利定律出发，提出了一个新模型，可以计算固体溶质在共溶剂修饰的超临界流体中的溶解度。

$$T\ln E = G' + H'\rho_1 + J'x_3 \tag{4-23}$$

式中，T 为温度；E 为溶质溶解度增强因子；ρ_1 为纯溶剂密度（无共溶剂和溶质）；x_3 为共溶剂的摩尔分数（无溶质时）。从上式可以看出，在一定温度下且共溶剂摩尔分数一定时，用 $T\ln E$ 对纯溶剂密度作图可得一直线。上式在溶剂密度大于其临界密度的 1/2 而小于其临界密度的 2 倍时适用。在只有有限实验数据时，可以用上式来预测溶质溶解度。

Scurto 等[19]也提出了用立方型状态方程来预测溶剂-溶质-共溶剂体系的相平衡，并用文献中的一些例子证实自己所提出方法是可靠的。

Zhang 等[20,21]建立了特殊量热计，测定 1，4-萘醌在超临界 CO_2 及超临界 CO_2＋共溶剂中的溶解焓。从溶解过程体系熵变和焓变的角度来考虑共溶剂效应，结合光谱和分子模拟研究、热力学原理分析等，提出了共溶剂增强溶质溶解度的新机理。实验中发现共溶剂使溶解过程放热减少的重要现象，在临界点附近，这一现象更加明显。在临界点附近的超临界区，共溶剂导致的溶解度增加是熵驱动，在远离临界点的高压区，是熵效应和焓效应共同作用；而在亚临界区，则是焓效应造成的。这说明在条件相似时，流体不同相区的分子间相互作用并不相同。

4.1.5　超临界反应常用的流体介质

表 4-1 为常用超临界流体的临界温度和临界压力值。同时在表 4-2 中给出了气体、液体和超临界流体的密度、黏度和扩散系数值。可以看出，超临界流体的性质介于气体和液体之间，相对于液体而言，具有低黏度和高扩散系数。

表 4-1　一些常用超临界流体的性质

流体	临界温度 T_c/K	临界压力 p_c/atm
乙烯（C_2H_4）	282.4	49.7
氙（Xe）	289.7	57.6
三氟甲烷（CHF_3）	299.1	48.1
二氧化碳（CO_2）	304.2	72.8
乙烷（C_2H_6）	305.4	48.1
一氧化二氮（N_2O）	309.6	71.5
六氟化硫	318.7	37.1

流体	临界温度 T_c/K	临界压力 p_c/atm
丙烷(C_3H_8)	369.8	41.9
1,1-二氟乙烷($C_2H_4F_2$)	386.6	44.4
氨(NH_3)	405.6	111.3
甲胺(CH_3NH_2)	430.0	73.6
1-己烯	504.0	31.3
叔丁醇	506.2	39.2
正己烷	507.4	29.3
丙酮(CH_3COCH_3)	508.1	46.4
异丙醇($i\text{-}C_3H_7OH$)	508.3	47.0
甲醇(CH_3OH)	512.6	79.9
乙醇(C_2H_5OH)	516.2	63.0
甲苯($C_6H_5CH_3$)	591.7	40.6
对二甲苯[$C_6H_4(CH_3)_2$]	616.2	34.7
水(H_2O)	647.3	217.6
3,4-四氢化萘	719.0	34.7

表 4-2　超临界流体、液体、气体性质比较

性质/流体	液体	超临界流体	气体
密度/(g/cm³)	1	0.1~0.5	10^{-3}
黏度/Pa·s	10^{-3}	$10^{-4} \sim 10^{-5}$	10^{-5}
扩散系数/(cm²/s)	10^{-5}	10^{-3}	10^{-1}

在众多的超临界流体中，比较常用的有 CO_2 和 H_2O，尤其是 CO_2 低毒，不燃，且超临界条件温和，在许多领域被广泛应用。图 4-9 为 CO_2 的相图及与压力的关系。超临界 CO_2 作为反应介质最明显的优点是：惰性；溶解能力可调节；对高聚物有很强的溶胀和扩散能力；产物易纯化、无残留；能控制某些反应的速率。

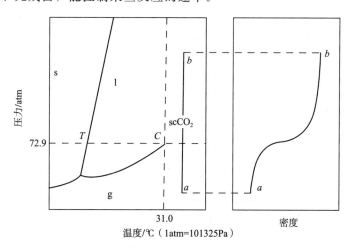

图 4-9　CO_2 相图和压力与密度的关系

4.2 超临界流体中分子催化反应

催化反应技术是化学工业生产中必不可少的技术之一，特别是高选择性催化技术是 21 世纪节约资源、能源和与环境协调技术的核心。因此，开发高效催化剂是化工技术研究人员的重要使命。人们正在探索实现完全化学反应（选择性和产率均为 100%）的方法，分子催化反应就是其中之一。

4.2.1 分子催化简述

分子催化是指在分子水平上进行催化剂的结构-功能设计和合成[22]。如有机金属络合物分子催化剂在均匀液相反应体系中，不仅具有官能团或位置选择性，而且还可得到严格的相对·绝对立体选择性，如图 4-10 所示[23]。有机金属络合物在分子催化剂中最具有代表性，它由具有催化作用的金属离子或原子和有机配位体组成，可在分子水平上设计结构，赋予其特定的功能。理想的有机金属化合物应在非常温和的条件下，高效率高选择性促进化学反应。有机金属络合物属于分子量在 1000 以下，长度或直径为数纳米的分子型催化剂。尤其是具有特定配位体的有机金属络合物对于不对称合成反应，显示相当高的立体选择性。

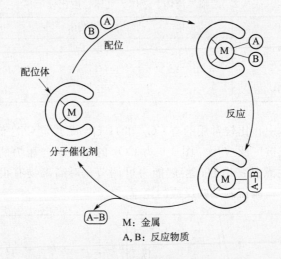

M：金属
A，B：反应物质

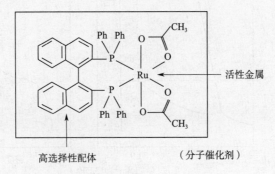

图 4-10 具有高选择性分子催化反应

分子催化反应通常均在溶剂中进行。溶剂使催化剂与反应物充分溶解呈单分子型，并且使反应体系保持均匀性，物质传递容易进行。另外，溶剂分子和溶质分子间存在多种相互作用，这些作用影响催化剂性质。在溶液中由于催化剂分子、反应分子的被溶剂化，反应时必须脱溶剂，经过渡态进行电子交换，如图 4-11(a)所示。因此，溶剂对催化剂或反应分子的强溶剂化效应，对高速反应有负作用。目前，人们正在研究如何减少这些溶剂化负效应的影响。在极端条件下，气-固相反应，它没有溶剂的影响，如图 4-11(b)所示。由于没有溶剂的作用，催化剂与反应分子直接碰撞，反应速率相对较快。但它存在催化剂结构非均匀性和非单分子性，控制反应困难。液相分子催化反应，尽管反应速率受溶剂分子的负效应影响，但对包括立体化学在内的精密反应控制是容易的。

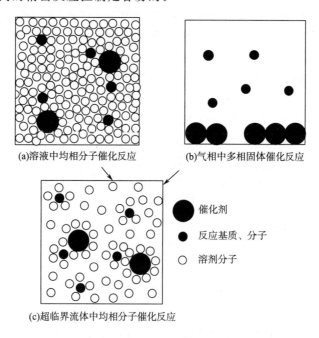

(a)溶液中均相分子催化反应　　　(b)气相中多相固体催化反应

(c)超临界流体中均相分子催化反应

● 催化剂

· 反应基质、分子

○ 溶剂分子

图 4-11　催化剂和反应相态

催化反应技术要求在具备高选择性的同时，还必须具有高反应活性，实现综合高效率。气-固催化反应的特点是具有高反应活性和良好的生产效率，而均相络合催化反应的特点是高反应选择性、单分子性。近年来，人们为制备出兼有两个催化体系优良特性的理想催化剂，对固体催化和络合催化的交叉领域进行了广泛研究。从固体催化化学的角度出发，试图通过在具有形状选择性的沸石催化剂微孔中负载金属络合物形成高密度反应场，使气相反应具有高选择性。从络合催化化学的观点考虑，模仿固体催化剂的一个单元，使溶液中两个以上的金属形成金属簇化合物，从而使液相反应具有高活性。然而，这些方法都还处于研究阶段，没有实用化。因此，为了实现理想催化反应，不应局限于原有气相反应或液相反应的相态考虑问题。可设想这样的反应体系：能很好溶解分子催化剂，极力抑制溶剂化负效应，催化分子恰如在真空中运动(分子碰撞为速率控制因素)。将兼具气体和液体中间性质或两相优点的超临界流体作为反应场，有助于这种反应体系的实现。

如前所述，将超临界流体作为催化反应场，具有许多优点：能使液体组分与 H_2 等气体组分高浓度混合，提高依赖于气体浓度反应的速率；溶解有机化合物形成均匀反应相态；通过控制压力使催化剂很容易与反应混合物分离；实现无溶剂化反应，如 CO_2 作超临界流体，在常压下转化为气体，不存在与反应混合物分离的问题。CO_2 和 H_2O 作为超临界反应介质的研究比较多，前者超临界条件容易达到，且廉价、低毒，具有不燃性。后者超临界条件比较苛刻，无害易得。水在超临界条件下的性质与其在正常条件下相比，具有相当大的不同，如超临界水可溶解许多有机化合物，即使烷烃类也能完全混合，起非极性溶剂作用。正常条件下的水为中性，但超临界条件下的水呈酸性，有很强的腐蚀性，它可腐蚀像 Hastelloy 耐蚀高镍合金、铂-铱合金、金及钽等合金和金属[24]。

4.2.2　超临界流体中有机金属化合物的合成[25]

有机金属化合物合成对许多催化反应都很重要。挥发性有机金属化合物可用于化学气相沉积以生产薄片状微电子制品。超临界流体（尤其是 CO_2 和 Xe）作为有机金属物种的反应介质有助于合成出价值更高、新的有机金属化合物和形成催化反应中的关键中间络合物种。

Xe 气属于惰性气体，超临界温度、压力和密度分别为：$16.6℃$、$57.7atm$ 和 $1.110g/cm^3$，超临界条件比较温和，所以被用作合成有机金属化合物的介质。在超临界 Xe 流体中，Mn、Cr、Fe 的羰基络合物与 H_2 进行光化学反应，可得到 η^2 型的 H_2-络合物，如下所示[26,27]。这些 H_2-络合物由于热稳定性差，不能用溶液反应来合成。采用超临界 Xe，同常规溶液相比，可显著提高 H_2 浓度，且可在室温以下进行，络合物稳定性好。在超临界 Xe 中，可进行配体交换，如用 N_2 配体取代 H_2 配体。上述反应也可在超临界 CO_2 中进行。实际上，上述反应在催化加氢反应中具有重要作用。

$$CpM(CO)_3 + \underset{100atm}{H_2} \xrightarrow[\text{scXe,175atm,25℃}]{UV(200\sim400nm)} CpM(CO)_2(H_2) + CO$$
$$\eta^2\text{-}H_2 \text{ 络合物}$$

$$CpM(CO)_2(H_2) + N_2 \xrightarrow{\text{scXe}} CpM(CO)_2N_2 + H_2$$
$$(M=Mn,\ Cr,\ Fe)$$

利用 CO_2 超临界场可把络合物以化学结合的方式固定在聚乙烯中。其过程为：首先将络合物 $Cp^*Ir(CO)_2$（Cp^* 为甲基环戊二烯基）溶解在超临界 CO_2 流体中，使之扩散浸入到高密度聚乙烯薄膜中，在光照下铱络合物与 C—H 键结合，进而化学固定在薄层间。$Cp^*Ir(CO)_2$ 与聚乙烯在超临界 CO_2 中的反应过程如下式[28]：

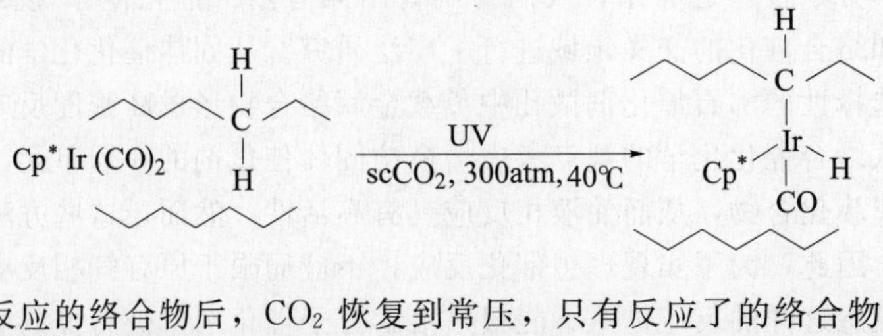

萃取除去未反应的络合物后，CO_2 恢复到常压，只有反应了的络合物固定在聚乙烯中。这种利用超临界流体的高溶解性能和向高分子层间的扩散能力，将金属络合物引入到高分子中的方法在新型材料合成、催化剂制备等方面具有重要意义。

利用超临界乙烯，在室温、光照下，$Cr(CO)_6$ 与乙烯反应合成乙烯-铬络合物[29]。该络合物具有下式所示的结构，它和传统的采用溶剂法反应得到的比较稳定的立体异构体不同。溶解在超临界流体中的生成物，可通过压力变化的绝热处理而结晶，所以可较容易得到以前只能通过光谱确认的络合物或热稳定性差的有机金属化合物。

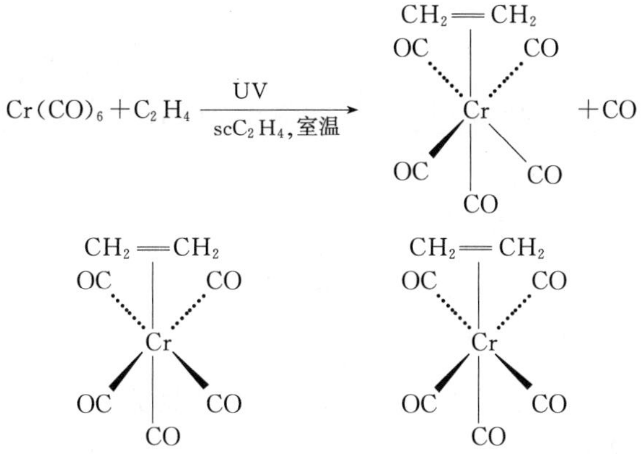

$$Cr(CO)_6 + C_2H_4 \xrightarrow[scC_2H_4, 室温]{UV}$$

不稳定　　　　　　　　稳定

人们研究了以自由基机理进行的催化反应中超临界 CO_2 溶剂的"笼效应"。例如，在超临界 CO_2 中，$MnH(CO)_5$ 和烯烃可进行化学计量反应，生成受笼效应影响的羰基化产物和不受笼效应影响的烃类产物。超临界 CO_2 作为溶剂时反应的选择性与以正己烷为溶剂时选择性的对比结果如下式，可见笼效应的影响不大。因此，超临界 CO_2 可作为烯烃加氢或羰基化反应等均相反应的溶剂[30]。

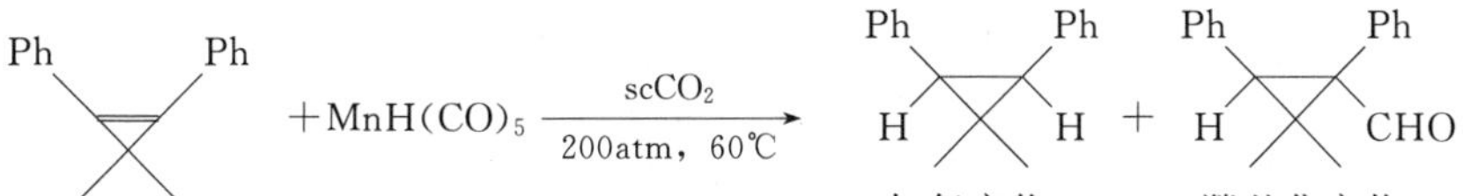

$$+ MnH(CO)_5 \xrightarrow[200atm, 60℃]{scCO_2}$$

20:6　　　　　　　　　　　　　加氢产物　　羰基化产物

产物(cis:trans)

$scCO_2$	66(6:1)	34(—)
正己烷	66(7:1)	34(7:1)

4.2.3　超临界流体中有机化学反应

在超临界流体中，由于具有连续变化的密度、极性及黏性等特点，可通过溶剂的笼蔽效应或溶剂-溶质(溶质-溶剂)间分子间力产生的局部分子簇效应控制反应活性和选择性。另外，只通过压力变化即可形成高密度相态，在高密度相态，溶剂分子与溶质分子间相互作用增强，所以可溶解固体有机化合物或有机金属络合物，形成均匀反应相。超临界流体可为自由基反应、聚合反应及酶反应等提供新的反应环境。

4.2.3.1　与分子簇形成或笼蔽效应有关的反应

在超临界流体中如存在溶质，则溶剂分子会在溶质分子周围形成局部分子簇，该部分流体浓度升高。尤其是在临界点附近，分子热运动产生的离散力和形成分子簇的凝聚力的作用，使流体密度产生明显的振荡现象[31]。分子簇的形成使流体分子的体积减小，1 mol 溶质分子的体积(表观偏摩尔体积)为负值。在超临界条件下，反应过渡态具有负活化体积的反应，与常规溶液反应相比，反应速率增加，选择性发生剧烈变化。例如，具有较大负活化体积的烯烃与 1,2-二烯烃的 Diels-Alder 反应，在溶液中主要生成物质 A，但在超临界点附近，选择性产生逆变，而是生成物质 B。如下式所示，为超临界 CO_2 流体中异戊间二烯与丙烯酸甲酯的 Diels-Alder 反应式。

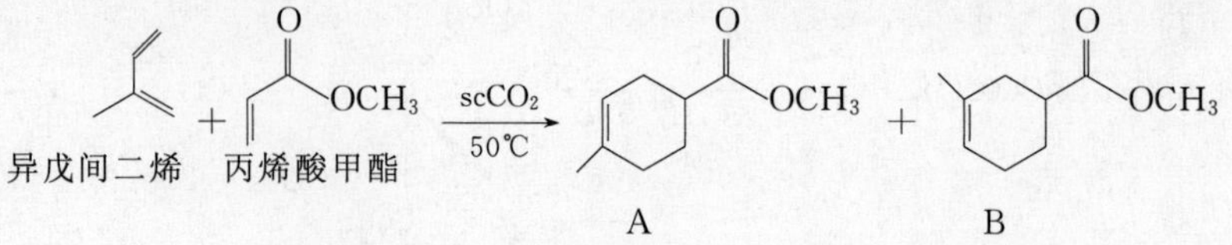

	A	B
常压	99.5%	0.5%
73.5atm	38.9%	61.1%
203atm	85.9%	14.1%

可见，在常压和远高于临界点时，物质 A 的生成占优势，为 86%～99%，只有在临界点附近时，才以 B 物质为主[32,33]。

在超临界 1,1-二氟乙烷流体中的 α-氯苯甲醚的热分解反应同有机溶剂中的反应相比，其反应速率大一个数量级以上。此时，由于临界点附近溶剂分子的分子簇作用，活化体积为－$6000cm^3/mol$，反应式为[9]：

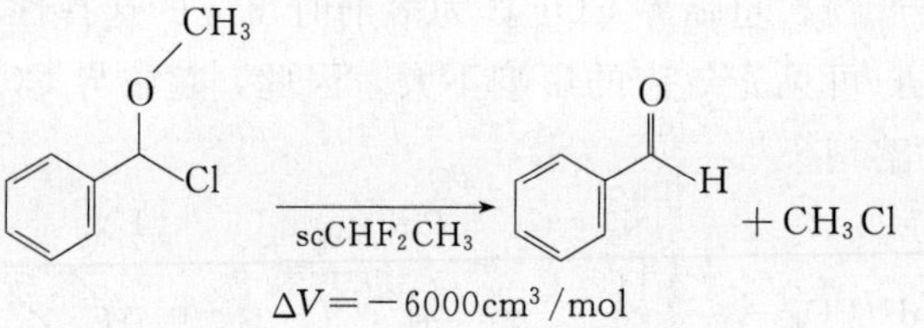

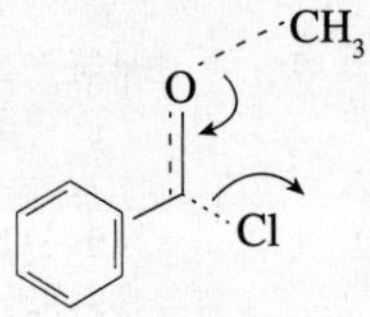

在超临界流体中，当有两个以上反应分子存在时，反应分子间相互作用产生的局部分子簇也会使反应分子浓度升高，反应速率增加。特别是在临界点附近，可观测到反应速率显著依赖于压力的变化。例如，在超临界 CO_2 中的二苯甲酮的光致还原反应与在通常的溶剂中的反应速率大体相同，但是，在临界点附近压力的微小变化就使二级反应速率常数增加约 4 倍，这是由于溶质-溶质间相互作用显著的结果。应该指出，该反应的速率很慢，在通常溶剂中不受扩散控制。反应式为[34]：

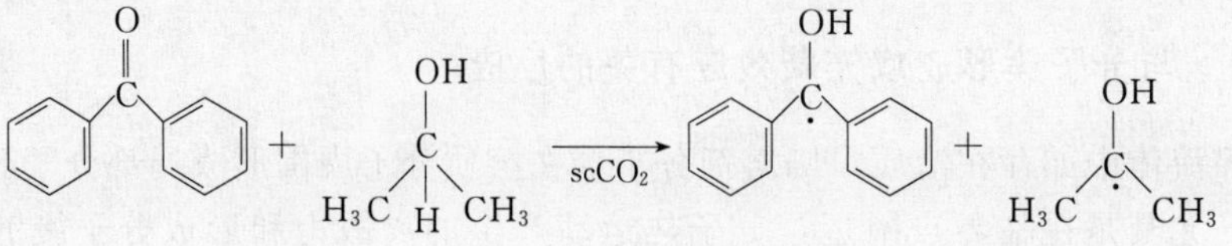

在超临界 CO_2 中，甲醇与邻苯二甲酸的酯化反应的二级速率常数随压力变化很大，如下式所示，达到 25 倍，而活性体积仅变化 2 倍。主要是由于邻苯二甲酸周围甲酸浓度高所致[35,36]。

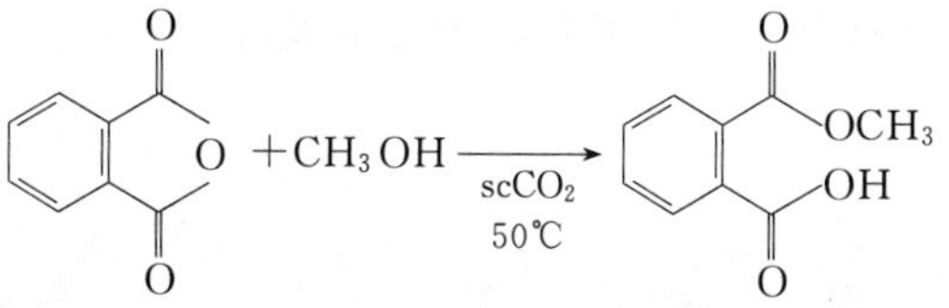

$$\text{压力/atm} \qquad \text{速率常数/[L/(mol·min)]}$$

压力/atm	速率常数/[L/(mol·min)]
90	3.48×10^{-2}
164	1.38×10^{-3}

基于溶剂-溶质间相互作用的超临界流体的笼蔽效应，可通过一些自由基反应说明。通常，在有机溶剂中，I_2 光分解反应的光量子收率(Q)受溶剂的笼蔽效应影响而变化。如下式所示，在 CO_2 中的 Q 值与在正己烷中的 Q 值大体相同，说明此反应不受 CO_2 的笼蔽效应影响[37]。

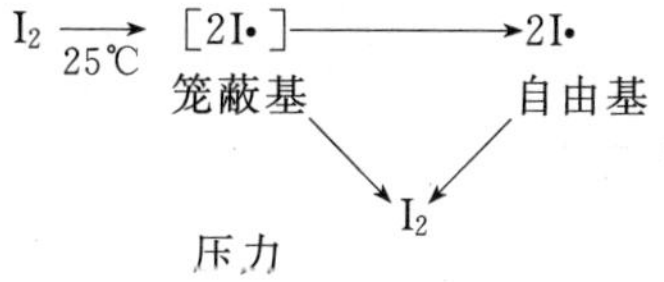

$$I_2 \xrightarrow[25℃]{} [2I\cdot] \longrightarrow 2I\cdot$$

笼蔽基　　　　　自由基

介质	压力	Q
正己烷	常压	0.15
液体 CO_2	350atm	0.11

非对称置换二苄基甲酮的光分解反应，经过苄基自由基，生成二苄基化合物，如下式所示，生成的两种自由基物种的再结合反应在受到溶剂的笼蔽效应影响时，优先生成非对称的二苄基。而在超临界乙烷或 CO_2 中的反应，非对称产物只有 50%，和按游离基机理统计分布值相同，说明该反应也几乎不受笼蔽效应的影响[38]。

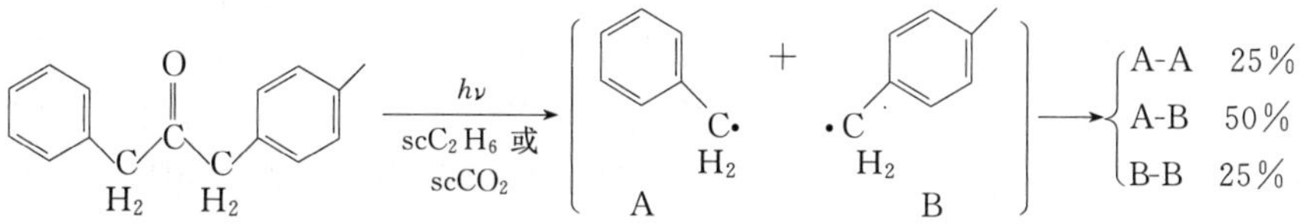

A-A	25%
A-B	50%
B-B	25%

对于 $2,2'$-偶氮二异丁腈(AIBN)的热分解反应，生成的自由基在超临界 CO_2 流体中的笼蔽效应比在有机溶剂中的反应要小，笼蔽外的自由基反应优先，如下式所示[39]。

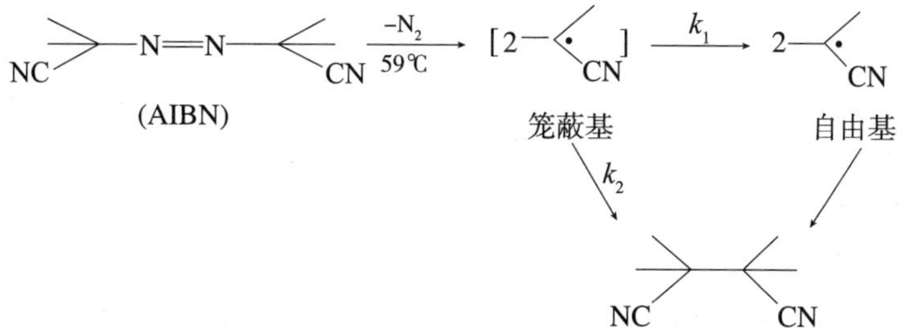

笼蔽基　　　　　自由基

介质	压力	$f[=k_1/(k_1+k_2)]$
苯	1atm	0.53
$scCO_2$	273atm	0.83

在超临界 CO_2 临界点附近的乙酸萘酯的光 Fries 转位反应，由于溶剂-反应分子间的分子簇化作用产生了较大的笼蔽效应，笼蔽外的脱氢生成萘酚的反应不如笼蔽内的转位反应优

先，主要选择性生成乙酰基萘酯。此反应是属于笼蔽效应控制反应方向的。反应式如下：

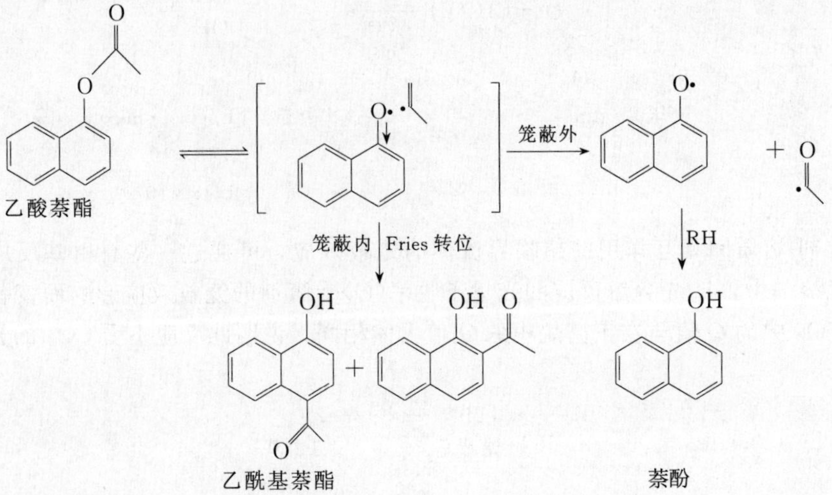

4.2.3.2 超临界 CO_2 中的加氢反应[40]

加氢反应由于超临界二氧化碳能与氢气相容，消除了由氢气溶解性产生的传质阻力，加快反应速率，因此超临界二氧化碳中加氢反应的研究备受关注。

（1）不对称加氢反应

不对称催化加氢是合成手性化合物的重要途径。过去人们认为高对映选择性只能在某些特定而有害的溶剂中得到。最近的研究表明，通过改变反应的条件，如调节压力、采用适当的配体等，不对称加氢反应可以在超临界二氧化碳中进行，甚至能取得比在其他溶剂中更高的对映选择性。Stephenson 等[41]利用流动反应器，在 $scCO_2$ 条件下以固载于 γ-三氧化铝的铑催化剂（C1）催化衣康酸二甲酯不对称氢化反应。用 Josiphos 001 作配体，可以使反应的对映选择性超过 80% ee。这一结果甚至比在间歇式反应釜中衣康酸二甲酯不对称均相催化加氢的结果还要好。

为了便于催化剂的回收、循环使用及产物的连续分离，Burgemeister 等[42]采用 $scCO_2$/H_2O 两相体系进行铑催化衣康酸的不对称加氢反应。其中亲二氧化碳的铑催化剂［Rh $(cod)_2$］BARF/(R,S)-3-H^2F^6-BINAPHOS(C2)溶于超临界二氧化碳固定相，而含有底物的水作为流动相。反应完成后放出含有产物的水层，而超临界二氧化碳中催化剂则留在釜内可重复使用。采用该两相催化体系，衣康酸的不对称加氢反应的总转化数 TON 高达 1600，转化频率 TOF 达 340h^{-1}，ee>99%。

（2）苯酚的加氢反应

苯酚加氢是非常重要的一个反应，因为可以得到工业上重要的原料环己酮。Chatterjee 等[43]在 $scCO_2$ 中利用负载钯催化剂 Pd/Al-MCM-41 催化苯酚加氢反应来合成环己酮。在 50℃、H_2压力 4MPa、CO_2压力 12MPa 条件下反应 4h，苯酚的转化率可达 98.4%，而环己酮的选择性为 97.8%。负载铑催化剂 Rh/Al-MCM-41 虽然可以催化苯酚完全转化，但产物中环己酮的选择性只有 57.8%。实验结果显示，二氧化碳的压力对底物的转化率及环己酮的选择性影响极大：当反应压力低于 8MPa 时，产物是环己酮和环己醇混合物（约为1∶1）；而将反应压力上调超过 10MPa 时，环己酮为单一产物。载体的硅铝比对催化剂的活性也具有非常突出的影响，用 MCM-41 作为载体时，催化活性很低，相同条件下苯酚的转化率仅为 20.6%。

Liu 等[44]发现 Lewis 酸和普通商业负载型钯催化剂对于催化苯酚加氢反应具有良好的协同作用。他们在 scCO₂ 中进行此反应，在温和条件下苯酚转化率和环己酮选择性可同时接近 100%，并在分子间相互作用和动力学研究的基础上提出了协同作用机理。Lewis 酸不仅可以大幅度提高苯酚加氢生成环己酮的反应速率，而且可以有效地抑制环己酮被进一步加氢生成副产物的反应，此外，反应效率可以通过反应体系的相行为进行调控。

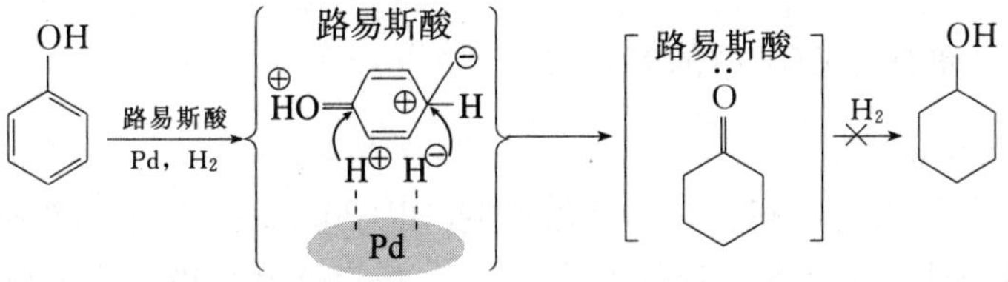

(3)硝基芳烃的加氢反应

Ichikawa 等[45]报道了超临界二氧化碳中 Pt/C 催化的卤代硝基芳烃的加氢反应，可高选择性合成卤代芳香胺。如在 40℃、H₂ 压力 1.1MPa、CO₂ 压力 10MPa 时，邻氯硝基苯在 Pt/C 催化下加氢可得到邻氯苯胺，产率 99.7%。以超临界二氧化碳作为反应介质不但能提高反应的速率，且可以抑制脱卤副反应的发生，从而提高了反应的化学选择性。二氧化碳的压力对反应有显著的影响，在 8~13MPa 生成邻氯苯胺的选择性要比 6MPa 时高。比较发现，在超临界二氧化碳中生成邻氯苯胺的选择性高于在甲醇溶剂中反应的选择性[46]。

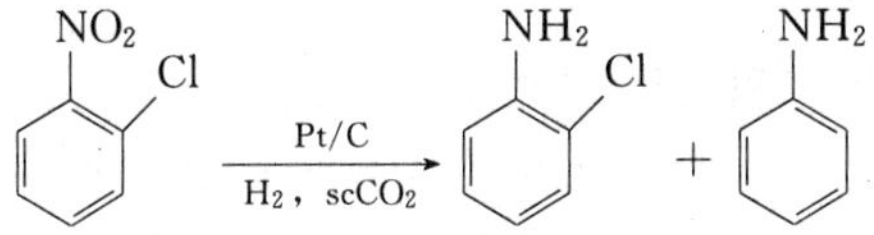

(4)其他加氢反应

在超临界二氧化碳中活性炭负载的 Rh 催化剂（Rh/C）可以催化萘的加氢反应，高选择性得到顺式构型的十氢化萘[47]；而以石墨代替活性炭来负载铑作为催化剂时，也是得到以顺式构型的十氢化萘为主。比较在超临界二氧化碳和正庚烷作溶剂时的结果发现，反应在超临界二氧化碳中有更高速率，且石墨负载的铑催化剂比活性炭负载的铑催化剂具有更高的催化活性，而正庚烷作为反应介质时两种铑催化剂的活性相差不大[48]。

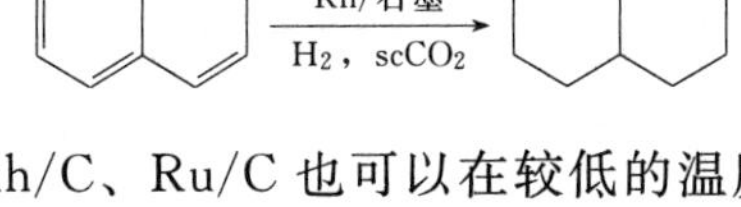

炭负载的铑和钌催化剂 Rh/C、Ru/C 也可以在较低的温度下（50℃）催化联苯加氢，定量得到二环己烷[49]。

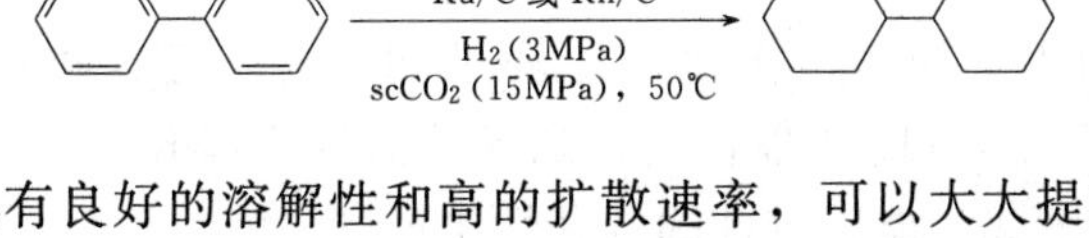

氢气在 scCO₂ 中具有良好的溶解性和高的扩散速率，可以大大提高加氢反应的速率和选择性。2-环己烯-1-酮在 scCO₂ 中以 1% Pt-MCM-41 为催化剂，在 40℃ 与氢气反应 1h，可以定量地转化为重要的工业原料环己酮。二氧化碳压力对反应的速率影响非常明显，当压力从 7MPa 提高到 14MPa，反应转化频率 TOF 从 2283 min⁻¹ 增加到 5051min⁻¹；而以 2-丙

醇作反应溶剂时，在相同条件下原料转化率只有 10.2%，环己酮的选择性也偏低。超临界反应的另一优点就是产物与催化剂分离容易，且催化剂使用 3 次仍保持活性[50]。

$$\text{(环己烯酮)} \xrightarrow[\substack{H_2(2MPa) \\ CO_2(12MPa) \\ 40\,^{\circ}\!C;\,1h}]{1\%\ Pt\text{-}MCM\text{-}41} \text{(环己酮)}$$

4.2.3.3 超临界 CO_2 中的氧化反应[40]

(1) 醇的氧化反应

Caravati 等[51]报道了超临界二氧化碳中，以 Pd/Al_2O_3 为催化剂，分子氧为氧化剂，将苯甲醇选择性氧化为苯甲醛，选择性为 95%。在连续流动固定床反应器中进行的实验结果表明，反应的压力对反应影响非常大，当压力从 140bar($1bar=10^5 Pa$)上升到 150bar，反应的转化频率从 $900h^{-1}$ 上升到 $1800h^{-1}$。这是因为反应从两相向单相态转变，在单相态，分子氧、苄基醇都溶解在超临界二氧化碳中，降低了传质阻力，从而提高了反应速率。在超临界二氧化碳中，多金属氧酸盐 $H_5PV_2Mo_{10}O_{40}$ 可以高效催化氧气氧化苄醇为相应的醛。在同样条件下，蒽、氧夹蒽等芳香烃也能被氧化为相应的羰基化合物[52]。

$$R\text{-}C_6H_4\text{-}CH_2OH \xrightarrow[O_2,\ scCO_2]{H_5PV_2Mo_{10}O_{40}} R\text{-}C_6H_4\text{-}CHO$$

Kimmerle 等[53]在超临界二氧化碳中利用 TiO_2 负载的金催化剂催化苯甲醇氧化为苯甲醛，氧化剂为氧气，反应不需要另外加入碱，苯甲醛的选择性为 99% 以上，但是转化率仅为 16%。而 TiO_2 负载的纳米金却显示了非常高的催化活性，苯甲醇在 70℃ 反应转化率达 97%，生成苯甲醛选择性为 95%。超临界二氧化碳作溶剂可以提高醛的选择性，抑制醛进一步被氧化为酸以及酯的生成。该催化剂对其他醇也有非常好的适用性[54]。

Gonzalez-Núñez 等[55]报道了流动反应器中，以负载于硅胶的三氧化铬($CrO_3 \cdot SiO_2$)催化氧气氧化脂肪族伯醇、仲醇，以超临界二氧化碳作为溶剂，高产率得到相应的醛、酮；Ciriminna 等[56]报道了超临界二氧化碳中以氧气为氧化剂，以掺有四正丙基过钌酸铵盐的氟化石英(FluoRuGel)为催化剂，非均相催化醇氧化为羰基化合物；Hou 等[57]利用 $scCO_2/PEG$ 两相体系应用于醇的氧化反应。将该两相体系用于连续的流动反应器中，醇一次通过转化率最高可达 50%，催化剂可循环使用 3 次仍保持活性。

(2) 烃的氧化反应

在超临界二氧化碳中，以卟啉铁[Fe(TPP)Cl]为催化剂，$t\text{-}BuOOH$ 或 H_2O_2 为氧化剂，可以使环己烷发生选择性氧化得到环己醇，TOF 达 $26h^{-1}$。与乙腈相比，反应在超临界二氧化碳中具有更高的选择性[58]。己二酸(ADA)用于生产尼龙 66、聚氨酯、合成树脂及增塑剂等，是一种重要的工业原料。催化氧化环己酮是合成己二酸的重要途径。以 $Co^{2+}/Mn^{2+}/NaBr$ 或 $Ag_5PMo_{10}V_2O_{40}$ 作催化剂，加入乙酸或甲醇作为助溶剂，环己烷可以在超临界二氧化碳中被氧气氧化，能以较好的选择性生成己二酸[59]。

$$\text{(环己烷)} \xrightarrow[O_2,\ scCO_2]{\substack{Co^{2+}/Mn^{2+}/NaBr \\ \text{或 } Ag_5PMo_{10}V_2O_{40}}} \text{(环己二酸)} \begin{matrix} COOH \\ COOH \end{matrix}$$

Theyssen 等[60]报道了超临界二氧化碳条件下以氧气氧化环烷烃和烷基芳烃，反应不需要加入催化剂，以乙醛为共还原剂。高压 ATR-FTIR 在线分析表明，反应是由不锈钢反应器壁引发的自由基反应。与其他惰性气体相比，超临界 CO_2 作为反应介质能提高产物的产率。

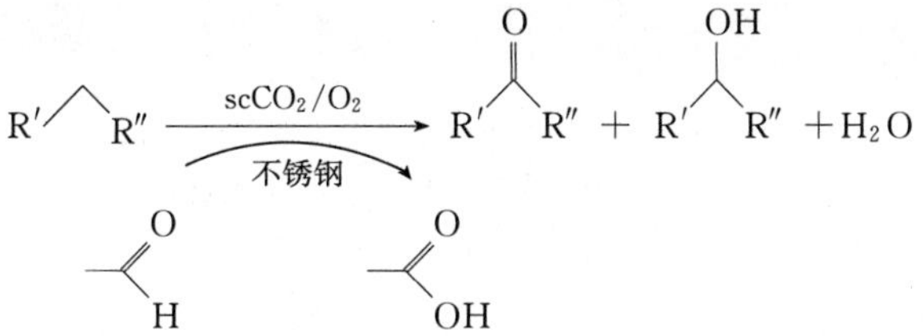

Dapurkar 等[61]研究了超临界二氧化碳中分子氧为氧化剂的 1,2,3,4-四氢化萘的氧化反应。在二氧化碳压力 9MPa、氧气压力 2MPa、80℃ 时，以中孔分子筛 CrMCM-41 为催化剂可以高选择性(96.2%)和高产率(63.4%)得到 1-四氢萘酮。超临界二氧化碳作为溶剂可以提高反应的选择性和减少催化剂中的铬流失。该催化体系对其他苄基化合物如茚、芴、苊、二苯甲烷的氧化也有较好的催化活性。

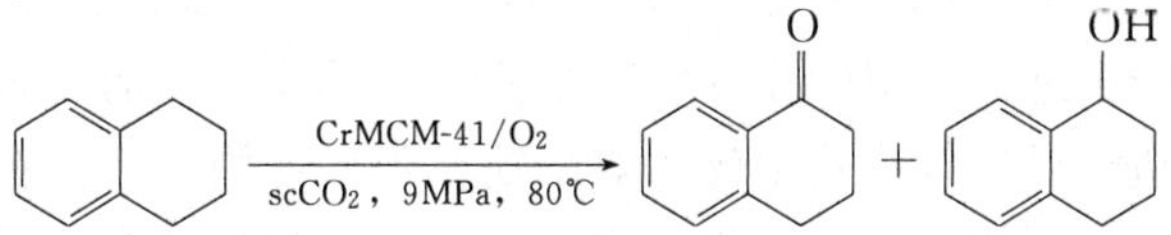

(3) Wacker 反应

以 Wacker 化学品公司命名的 Wacker 氧化反应是氯化钯/氯化铜将烯烃转化为醛、酮的一个方法，是实现工业化的过渡金属催化反应中最重要的反应之一。在 scCO₂ 中的 Wacker 反应，以 Pd-Au/Al₂O₃ 作为非均相催化剂，以过氧化氢作氧化剂，可以将苯乙烯选择性氧化得到苯乙酮，转化率为 68%，选择性 87%[62]。

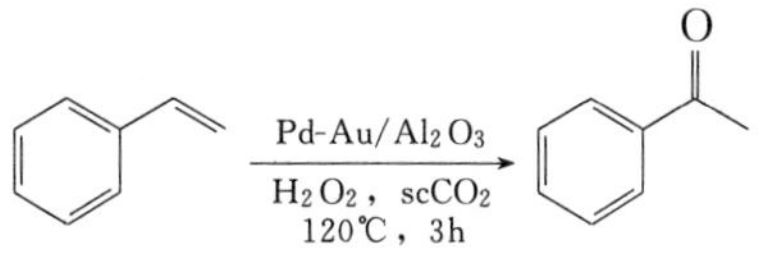

钯催化氧化过程中，催化剂容易聚集并形成钯黑而失活，这一问题曾长期困扰人们。Wang 等[63]应用 scCO₂/PEG-300 两相体系实现了 PdCl₂ 催化苯乙烯的氧化反应。有趣的是，若反应不添加 CuCl，苯乙烯主要被氧化为苯甲醛，而添加 CuCl 作为助催化剂时，主要得到 Wacker 反应产物苯乙酮。采用 scCO₂/PEG-300 两相催化系统的优点包括：①提高了反应的选择性；② PEG-300 能避免催化剂聚集而失活；③由于产物溶于超临界二氧化碳，而催化剂被固定在 PEG 相，产物与催化剂分离容易，催化剂可以方便回收、循环使用。

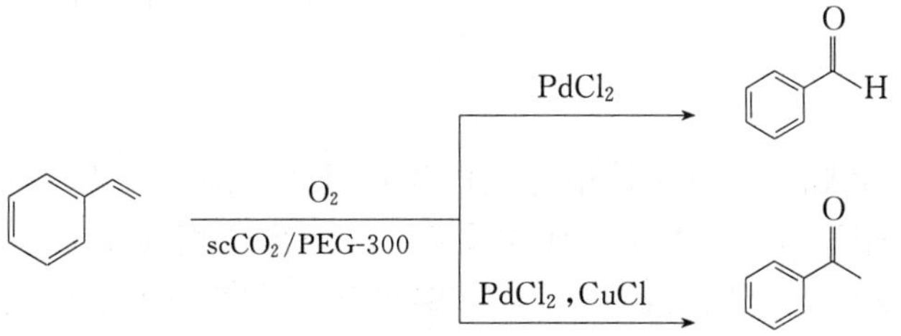

钯催化贫电子烯烃的缩醛化反应也是一类 Wacker 反应。Wang 等[64]为避免使用对不锈

钢有腐蚀作用的氯化铜、有毒含磷试剂 HMPA，在 $scCO_2$ 中以高分子支载苯醌（PS-BQ）作为氯化钯的共催化剂，用于催化贫电子末端烯烃与甲醇的缩醛化反应，高转化率、高选择性地生成了缩醛化产物。PS-BQ 共催化剂可以在 $scCO_2$ 中多次再生使用，简化了合成步骤，使反应更加绿色化。

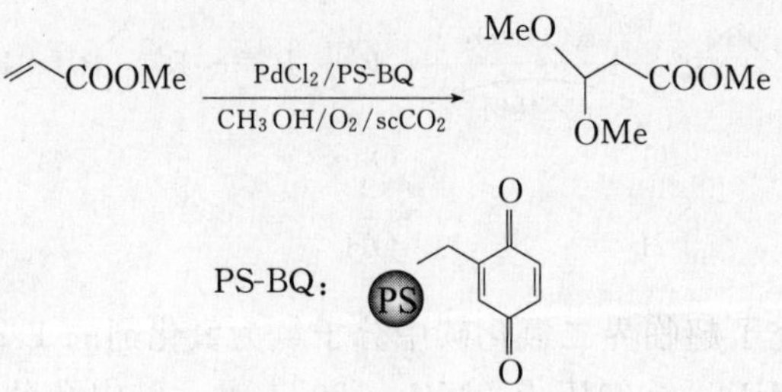

4.2.3.4 超临界 CO_2 中的羰基化反应[40]

（1）氢甲酰化反应

由于烯烃氢甲酰化反应控制步骤是加氢步骤，因此利用超临界二氧化碳与氢气的相容性，在超临界二氧化碳中进行氢甲酰化反应可提高反应速率。然而，直接将常规的氢甲酰化过渡金属催化剂用于超临界二氧化碳中催化效果往往不好，因为它们在超临界二氧化碳中的溶解度太小。解决这一问题的方法之一是采用在超临界二氧化碳中溶解性好的膦配体，如在配体中引入亲二氧化碳的含氟基团。Patcas 等[65]报道了用钴催化剂（C7）在超临界二氧化碳中催化 1-辛烯的氢甲酰化反应，发现其具有良好的催化活性和选择性，反应不需要加入过量的膦配体且催化剂回收循环使用 6 次而活性保持。

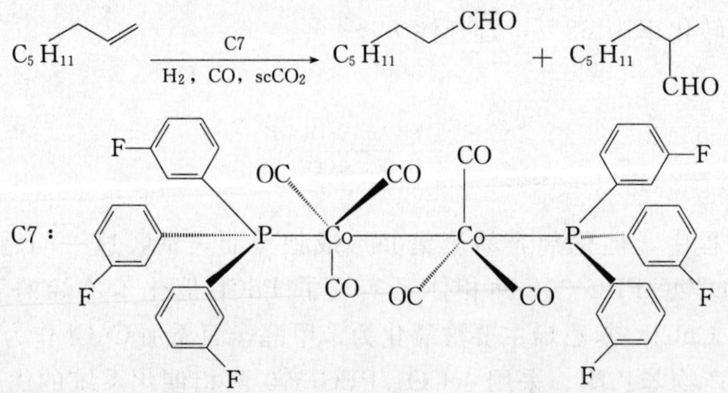

Fujita 等[66]合成了聚苯乙烯负载的铑催化剂，用于超临界二氧化碳中催化己烯的氢甲酰化反应，发现在超临界二氧化碳中反应的速率及选择性比在常规有机溶剂中好，且催化剂易于回收、循环使用。

（2）氢羧基化反应

Tortosa 等[67]报道了在超临界二氧化碳中烯烃的氢羧基化反应。在 150atm，90℃，以 $[PdCl_2(PhCN)_2]/P(4-C_6H_4CF_3)_3$（C8）/a 为催化体系，1-辛烯能顺利发生氢羧基化反应，转化率高达 93%，生成羧酸的选择性高达 80%，直链羧酸与支链羧酸的比值高达 89/11。其中，表面活性剂全氟羧酸铵盐（a）起到关键的作用，能使反应形成均一的反应体系，极大地促进反应的进行。

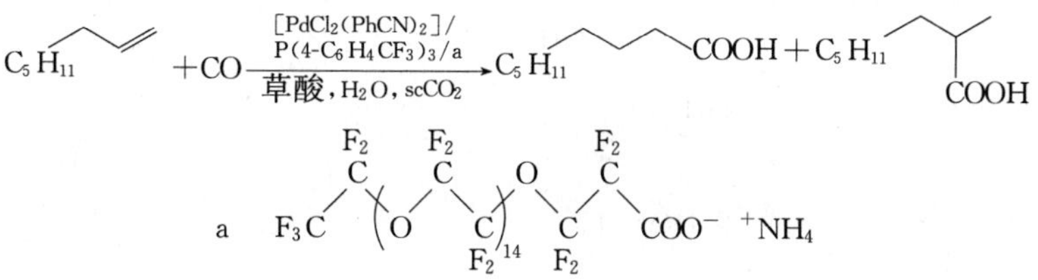

(3)氢酯化反应

Estorach 等[68] 在超临界二氧化碳中研究了钯催化的烯烃氢酯化反应。如以 $[PdCl_2(PhCN)_2]/P(3,5-CF_3C_6H_4)_3$ 为催化剂,1-己烯可以和一氧化碳、醇发生氢酯化反应得到羧酸甲酯,收率能高达 67%。

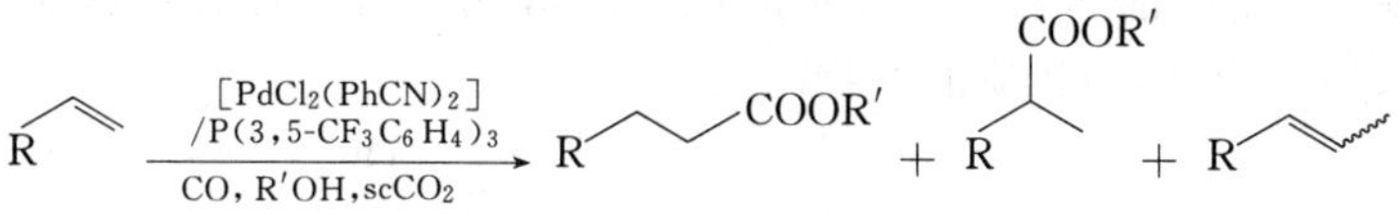

4.2.3.5 超临界 CO_2 中的碳-碳键形成反应[40]

(1)傅-克烷基化反应

在 110℃,二氧化碳压力 10MPa 条件下,负载磷钨酸(HPW(30)/MCM-41)可以有效催化对甲苯酚与叔丁醇反应,得到 2,6-二叔丁基对甲苯酚,产率最高达 58%。该催化体系同样适用于邻甲苯酚和间甲苯酚的二叔丁基化反应得到相应产物,且催化剂重复使用 3 次而活性保持[69]。在 130℃、二氧化碳压力 10MPa 条件下,以沸石为催化剂,可以催化苯酚与叔丁醇反应得到 65% 收率的 2,6-二叔丁基苯酚;而以 sc(OTf)$_3$/MCM-41 为催化剂时,在同样条件下得到 40% 收率的 2,4,6-三叔丁基苯酚[70]。

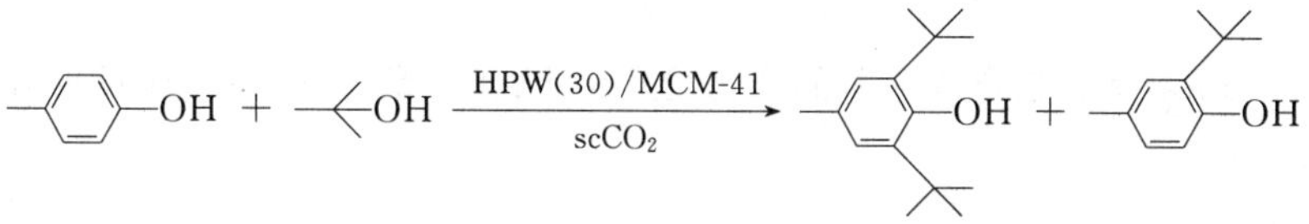

Amandi 等[71] 在连续流动反应器中研究了超临界二氧化碳介质中固体 Brönsted 酸催化的苯甲醚与正丙醇的傅-克烷基化反应;在超临界二氧化碳中,以 γ-Al_2O_3 为催化剂,苯酚与环己烯可发生烷基化反应,高转化率和高选择性得到邻环己基苯酚;而采用环己醇为烷基化试剂时,由于形成水而使催化剂失活,从而导致反应选择性大幅度下降[72]。

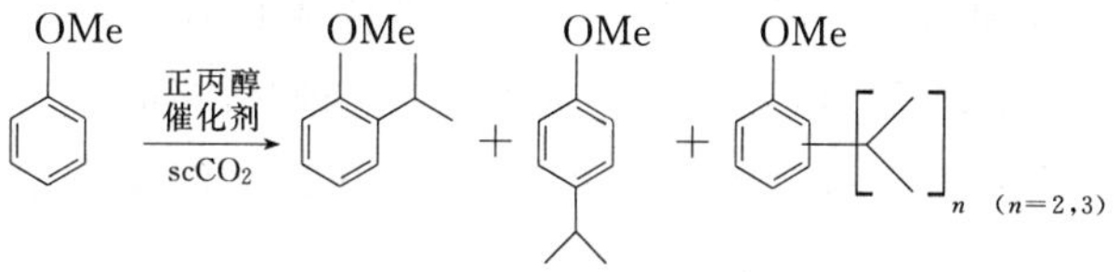

Xing 等[73] 在超临界二氧化碳中以磺酸功能化的离子液体[PSPy][BF$_4$]为催化剂,连续催化 2,3,5-三甲基氢醌(TMHQ)与异植醇(IPL)发生缩合、烷基化反应合成 D,L-α-生育酚。在反应过程中采用超临界二氧化碳萃取的方法可以实现产物与催化体系的分离。在 100℃、二氧化碳压力 20MPa 时,D,L-α-生育酚的产率高达 90.4%。

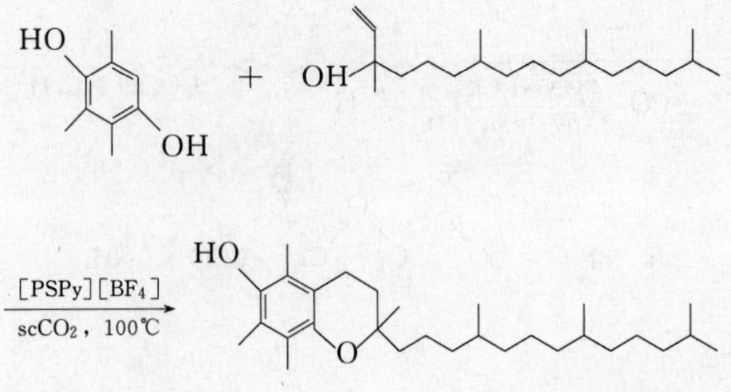

(2) Aldol 反应

Hagiwara 等[74]将胺负载于硅胶制成非均相催化剂，并用于超临界二氧化碳中催化醛自身 Aldol 反应得到 α,β-不饱和醛。该方法的优点是对底物适用性强，含有对酸、碱敏感基团的醛也能以较好的产率得到相应的产物。

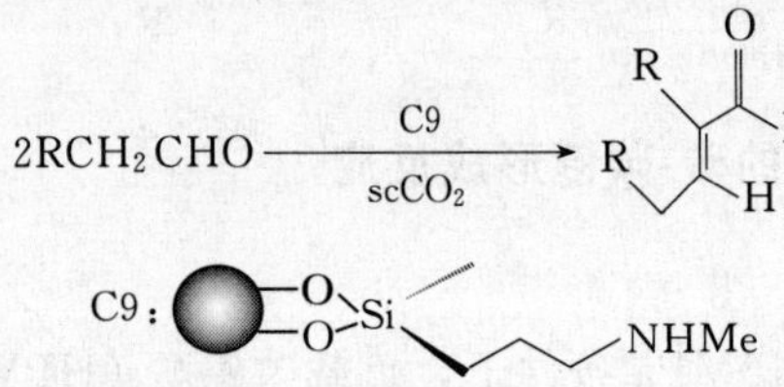

$$2RCH_2CHO \xrightarrow[scCO_2]{C9} \text{（产物）}$$

C9: —O—Si— ...—NHMe

(3) 偶联反应

Glaser 偶联反应是有机化学中最古老的反应之一，然而也是研究者不断改进和得到广泛应用的一个反应。Jiang 等[75]系统研究了在 $scCO_2$ 中的 Glaser 偶联反应，发现 $scCO_2$ 与添加剂醋酸钠替代有毒害作用的有机溶剂与碱组分吡啶、三乙胺，底物适用面广，产物 1,3-二炔收率高。

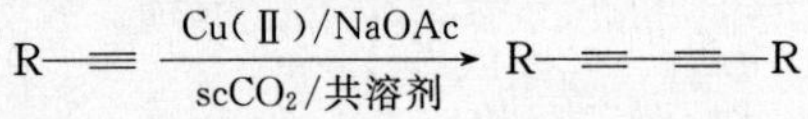

$$R\text{—}\!\!\equiv \xrightarrow[scCO_2/共溶剂]{Cu(II)/NaOAc} R\text{—}\!\!\equiv\!\!\equiv\text{—}R$$

Suzuki-Miyaura 反应是合成联苯的方法之一，Leeke 等[76]在固定床反应器中顺利地实现了这一反应。

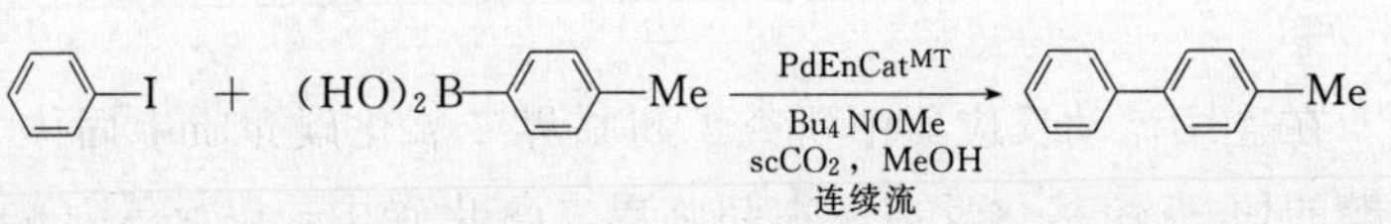

$$\text{Ph—I} + (HO)_2B\text{—}C_6H_4\text{—}Me \xrightarrow[\substack{Bu_4NOMe\\scCO_2,\ MeOH\\连续流}]{PdEnCat^{MT}} \text{Ph—}C_6H_4\text{—}Me$$

(4) 三聚反应

Jiang 等[77]利用 $PdCl_2/O_2/scCO_2/MeOH$ 催化体系实现了丙烯酸甲酯三聚反应合成三取代芳香族化合物。鉴于吡啶基-3,5-二羧酸二甲酯是合成具有生物活性分子的重要反应中间体，他们在甲醇/超临界二氧化碳介质中，实现 $PdCl_2$ 催化丙烯酸酯和尿素杂环三聚反应，反应得到单一产物——吡啶基-3,5-二羧酸二甲酯[78]。在优化的反应条件下，目标产物的分离收率可达 75%。

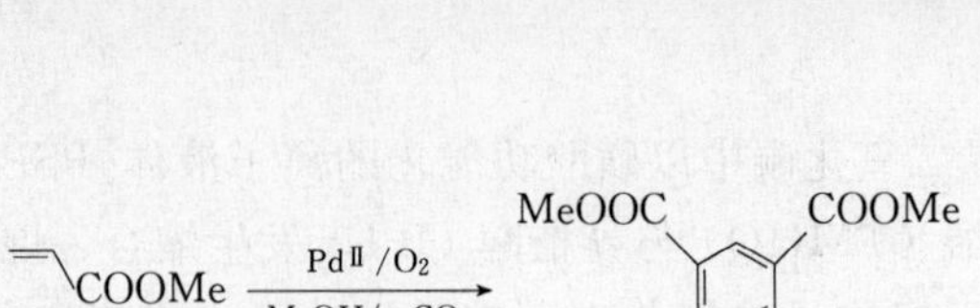

$$\text{—}COOMe \xrightarrow[MeOH/scCO_2]{Pd^{II}/O_2} \text{（三取代苯产物：MeOOC, COOMe, COOMe）}$$

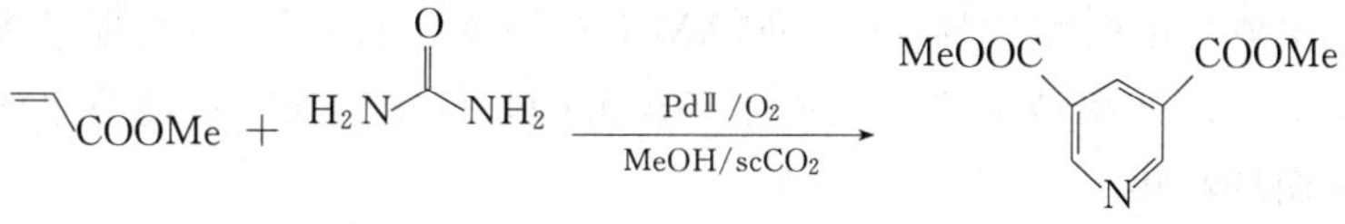

(5)氢乙烯基化反应

Rodríguez 等[79]利用树状钯催化剂在超临界二氧化碳中进行苯乙烯的不对称氢乙烯基化反应,虽然在超临界二氧化碳中催化剂的活性较在二氯甲烷中低,但给出了相似的非常优秀的化学选择性和优良的对映选择性。

4.2.3.6 超临界 CO₂ 中的酯化反应[40]

Ghaziaskar 等[80]对流动反应器中 2-乙基己酸与 2-乙基-1-己醇在超临界二氧化碳中的酯化反应进行了研究。以氧化锆为催化剂时,原料以 40% 的转化率,100% 选择性生成相应的酯;而用 Amberlyst-15 为催化剂时,2-乙基-1-己醇发生脱水反应生成 2-乙基-1-己烯,在140℃、150bar 的反应条件下,产率可达 99%。Rezayat 等[81]还利用流动反应器研究了超临界二氧化碳条件下强酸性树脂 Amberlys-15 催化的甘油与乙酸酯化反应。实验结果表明,超临界二氧化碳、反应物的比例以及催化剂对反应的选择性和收率有很大影响,而二氧化碳压力(65~300bar)和温度(100~150℃)对反应的影响不大。以 Amberlyst-15 为催化剂,在乙酸和甘油的物质的量之比为 24,CO_2 压力为 200bar,反应温度为 110℃,反应时间为120min 的条件下,产物甘油三乙酸酯的选择性达到 100%,延长反应时间,甘油三乙酸酯的选择性下降。在没有催化剂存在而其他条件不变时,酯化反应仅得到一乙酸甘油酯。这些结果表明,超临界二氧化碳的酸性、从催化剂表面带走水的性能、对产物的溶解性和甘油在催化剂活性中心上的吸附等因素对反应有很大的影响。

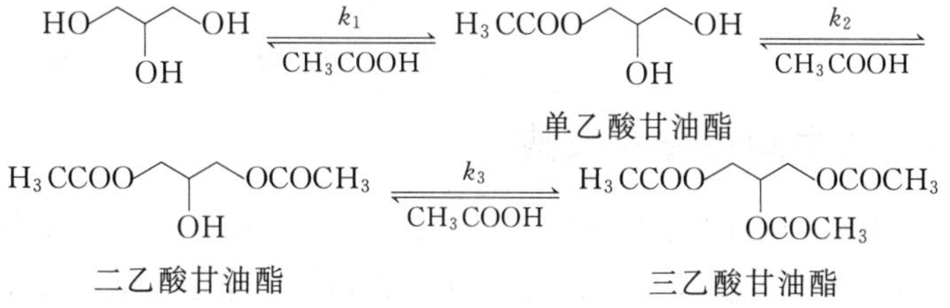

在超临界二氧化碳中,杂多酸膦钨酸和介孔材料 MCM-48 负载的膦钨酸也可以有效催化长链脂肪酸与醇酯化反应。如在 100℃、CO_2 压力 11MPa,以 MCM-48 负载膦钨酸为催化剂,棕榈酸与十六醇反应生成酯的产率可达 96.6%,催化剂循环使用 7 次活性保持不变[82]。

4.2.3.7 超临界 CO₂ 作为反应底物的有机反应

(1)合成亚烷基环状碳酸酯

Kayaki 等[83]报道了超临界二氧化碳中以三丁基膦催化炔醇与二氧化碳环化反应合成亚烷基环状碳酸酯。超临界二氧化碳对反应有极大的促进作用,且底物为带有芳环的非末端炔醇时,立体选择性地得到 Z-亚烷基环状碳酸酯。

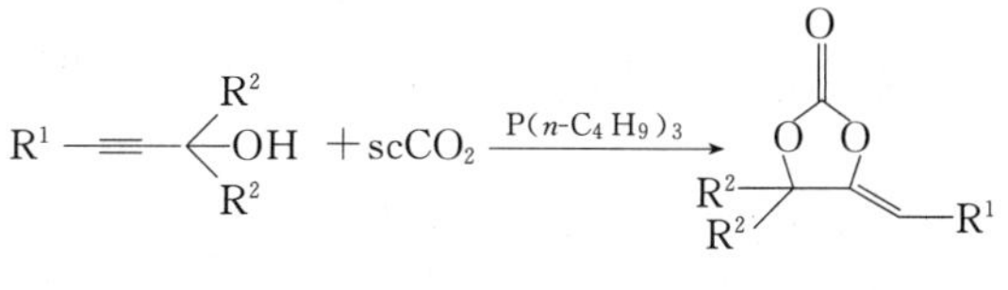

Jiang 等[84]以高分子支载二甲胺配位的 CuI(DMAM-PS-CuI)，在 40℃下实现了末端炔丙醇与二氧化碳的环化反应，高产率地生成 4-亚甲基环碳酸酯。催化剂只需通过简单的过滤即可与产物分离、回收及循环利用。

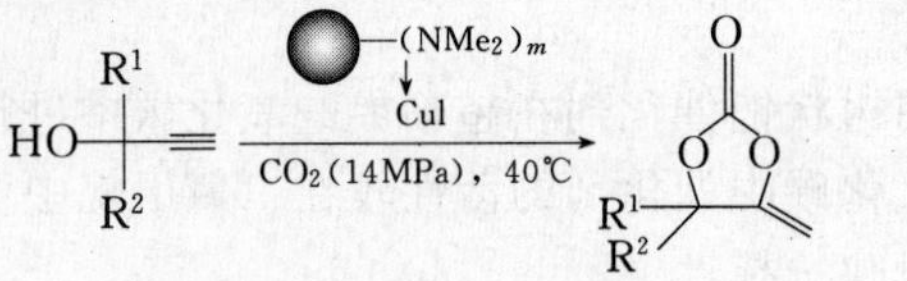

(2)合成氨基甲酸酯

在超临界条件下(10MPa，100℃)，非末端炔丙胺能与二氧化碳发生环加成反应，立体选择性地生成(Z)-5-亚烷基-1，3-唑烷-2-酮，反应不需要催化剂[85]。

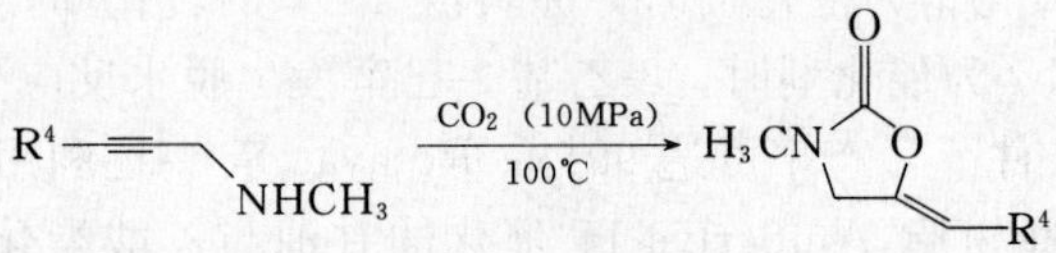

天然氨基酸能催化 CO_2 与环氧化物合成环碳酸酯。这一非金属催化的反应中，氨基酸扮演着 Lewis 酸和 Lewis 碱双重角色，同步活化了 CO_2 和环氧化物[86]。Jiang 等[87]将这一催化体系应用到 $scCO_2$ 与 1-氮杂环丙烷衍生物的环化反应合成环状氨基甲酸酯唑烷-2-酮，取得了较好的结果。

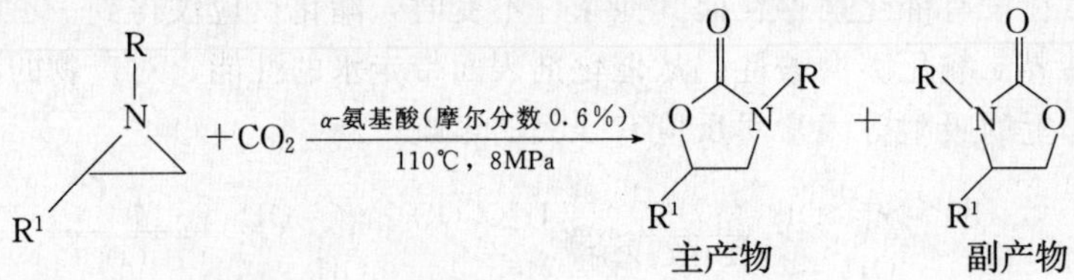

主产物　副产物

4.2.4　超临界流体中均相催化反应

超临界流体在催化反应中应用的最初实例是 1945 年在 Brönsted 酸催化剂存在下，苯胺在超临界水中水解制苯酚的转换反应。以后，逐渐有超临界水中醇脱水反应、炔烃水解反应及醚转化为醇的变换反应等报道。特别是近年来，超临界 CO_2 被用于均相催化反应。如，在对甲苯磺酸催化剂作用下的油酸 [$CH_3(CH_2)_7CH:CH(CH_2)_7COOH$] 与甲醇的酯化反应，以超临界 CO_2 为溶剂可获得较固体催化剂更高的反应效率[88]。

1988 年 Yang 等[89]在 374℃、218atm(1atm＝101325Pa)的超临界水中，研究了对氯酚氧化合成对苯醌的反应，催化剂为四氟硼酸铜(Ⅱ)或氯化锰。但反应速率和无催化剂的条件下的反应大体相同，没有体现出超临界流体的特点，尽管如此，这毕竟是在过渡金属络合物为催化剂均相体系中应用的首例。

1991 年 Klingler 等[90]报道了在 CO_2 超临界流体中，以 $Co_2(CO)_8$ 为催化剂进行丁醛合成反应的结果。反应式为：

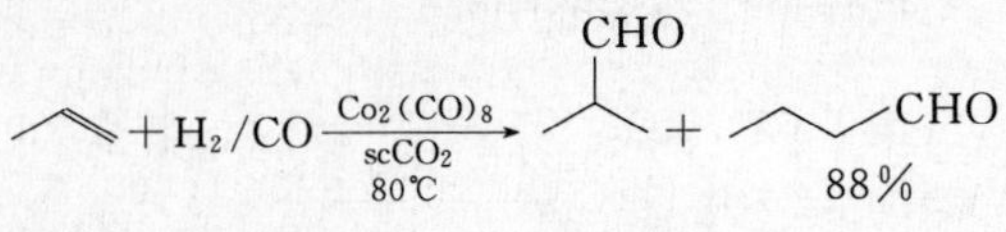

$$p(H_2)=56.1atm,\ p(CO)=56.1atm$$

结果表明，超临界场中的羰基合成反应速率与在环己烷溶剂中的液相反应速率大致相同，只是直链醛的比例略有提高。反应中有微量的 $Co(O_2CH)(CO)_4$ 等生成，这是 CO_2 与活性物种 $CoH(CO)_4$ 反应所致，但对整体反应没有什么影响，CO_2 只是起到了非极性溶剂的作用。尽管超临界相中的反应结果与液相反应没有什么大的差异，但由于超临界场中物质有低黏度和高扩散性能，故 $Co_2(CO)_8$、$CoH(CO)_4$ 和 $RCOCo(CO)_4$ 等活性物种在 ^{59}Co-NMR 谱上的信号比通常液相反应尖锐得多。$CoH(CO)_4$ 和 $Co_2(CO)_8$ 间的氢转移反应比羰基化反应快得多，这反映了有 $Co(CO)_4$ 中间体的存在。说明在机理研究方面也很有意义。

对超临界 CO_2 中的加氢甲酰化反应已有许多报道。Leitner 等[91～93]合成出了可溶于 CO_2 的铑络合物，并进行了 1-辛烯的氢甲酰化反应，如下式所示。直链醛的选择性高达 85%。在超临界 CO_2 中引入含有氟置换基的配体不仅可以提高铑络合物的溶解性，而且也可改善直链醛的选择性。如用含氟置换基的三苯基膦配体的铑络合物 *trans*-RhCl(CO)$[P(C_6H_4\text{-}p\text{-}CF_3)_3]_2$催化的 1-辛烯的氢甲酰化反应或者由对超临界 CO_2 溶解性比较高的三乙基膦配体(或含 F 配体)、$P(CH_2CH_2C_6F_{13})(C_2H_5)_2$ 和 $Rh_2(OCOCH_3)_4$ 组合的铑络合物催化的 1-己烯的氢甲酰化反应都获得了与在甲苯中同样的反应速率和选择性[94,95]。

Rh 催化剂

配位体

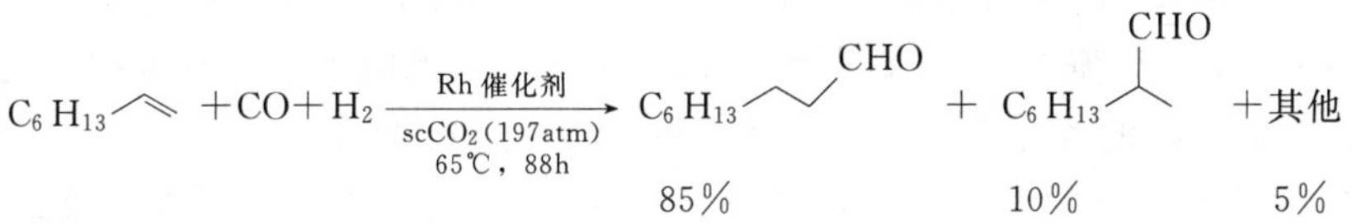

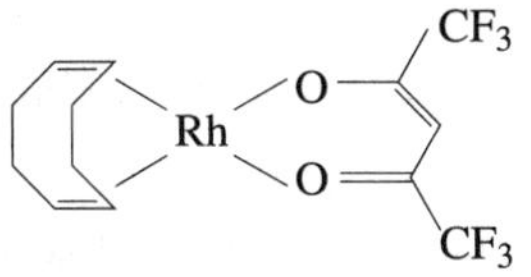

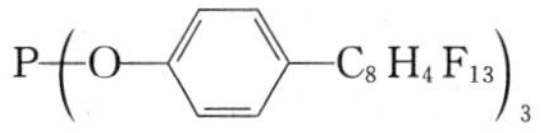

关于超临界 CO_2 中的非对称氢甲酰化反应也有报道[96,97]。在对非对称氢甲酰化反应有活性的膦-磷酸酯配体上引入全氟代烷基使之溶于 CO_2，由此得到的铑络合物催化剂在超临界 CO_2 中(271atm，29～60℃)，催化苯乙烯衍生物的氢甲酰化反应，可以获得位置选择性为 92%～96%，对映选择性为 88%～94%ee 的光学活性的醛类，如下式所示：

iso *n*

88%～94%ee

iso/*n*=(11.3～24.6)∶1

f-binaphos

acac：乙酰丙酮化物

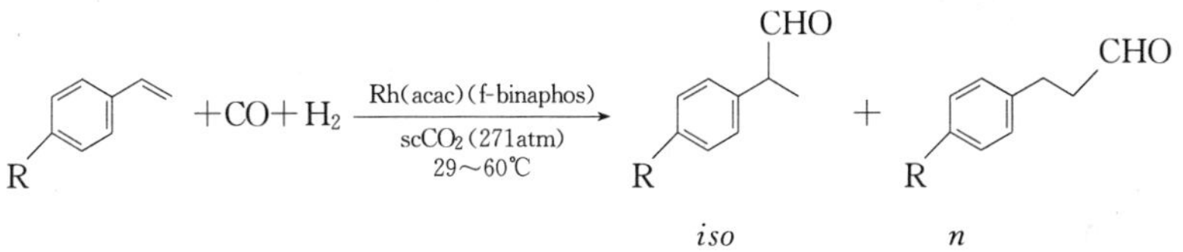

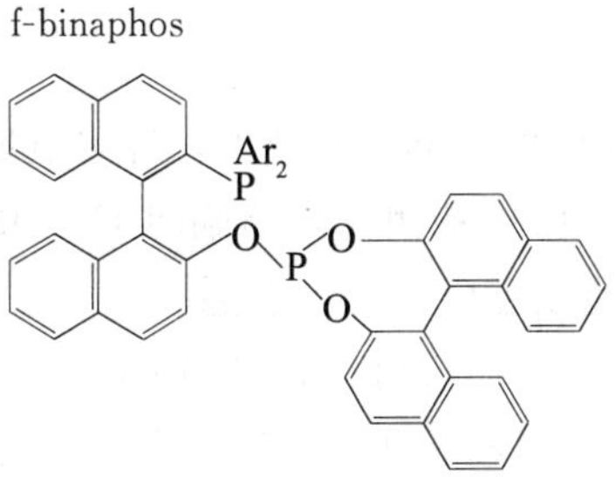

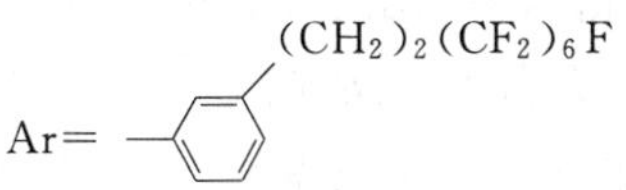

Kayaki 等[98]开发出了可溶于超临界 CO_2 的磷酸盐为配体的 Pd(II)络合物,它可高速催化 2-碘代苄基醇的环化羰基化反应。在基质/催化剂(S/F)为 5000 的条件下,130℃反应 6~7h 即可完成该反应。反应速率远大于甲苯为溶剂时的速率。用三苯基膦酸酯或二甲基苯基磷酸酯代替三乙基磷酸酯作为配体的钯络合物也显示了很高的催化活性。在超临界 CO_2 中,由于 CO 的溶解度高,即使 CO 分压为 1atm,也有 4650 的催化转换频数。另外,碘代苯在含有甲醇的超临界 CO_2 中,采用相同的催化剂进行羰基化反应可获得苯甲酸甲酯,催化剂的转换频数为 260。反应式如下:

$$
\text{(2-碘代苄基醇)} + CO \xrightarrow[\substack{scCO_2(200atm) \\ 130℃,6\sim7h}]{\substack{PdCl_2[P(OC_2H_5)_3]_2 \\ N(C_2H_5)_3}} \text{(异色满酮)}
$$

S/C=5000   10atm   收率 100%

超临界 CO_2 作为自由基反应的溶剂是很有希望的。对于有机卤化物的还原自由基羰基化反应,在 Si 或 Sn 的金属氢化物存在下,超临界 CO_2 是有效的溶剂。在超临界 CO_2 中,总压为 300atm(1atm=101325Pa,下同)条件下,50atm 分压的 CO 和三(三甲基硅基)硅烷存在下,以 AIBN(2,2-偶氮二异丁腈)为自由基反应的引发剂进行羰基化反应,可以获得高收率的 1-氰基-3-十一烷酮[99]。在高密度的 CO_2 中生成物的收率高于在苯中的反应收率。即使在 CO 分压为 2atm 的条件下,反应也能进行,收率达到 40%。

以不饱和的有机卤化物为基质,通过分子内环化羰基化可得到环状酮。在总压为 330atm 的高密度 CO_2 溶剂中,CO 的分压为 50atm 条件下,三(三甲基硅基)硅烷存在下,1-碘-4-己烯的还原羰基化可得到五元环与六元环比例为 1:2.2 的酮。保持 CO 分压为 50atm,使总压下降到 180atm,此时五元环与六元环酮的比例变为 1:1.1。在 CO_2 笼蔽效应强的场合,动力学上优先生成的五元环酮自由基在笼内转化为热力学上稳定的六元环酮自由基,因此六元环酮的比例大。由于 CO 在超临界 CO_2 中的充分溶解性,有利于链烯基与 CO 的反应,从而使酮的总收率提高。同样的反应如果在苯溶剂中进行,收率稍低。这说明超临界 CO_2 不仅可以代替苯做溶剂,而且也可通过溶剂的压力控制反应的选择性和收率。反应式如下:

$$
\text{(1-碘-4-己烯)} + CO + [(CH_3)_3Si]_3SiH \xrightarrow[\substack{scCO_2 \\ 80℃,3h}]{AIBN}
$$

50atm

iodide:SiH:AIBN=1:1.4:0.12

	p_{CO_2}/atm	
	330	180
(2-乙基环戊酮)	30%	48%
(2-甲基环己酮)	70	52

超临界 CO_2 作为香芹烯络合物催化的双烯类闭环易位反应的溶剂是有效的,许多双烯类可高收率转化成环状化合物。尤其是在常规溶液中需要引入保护基团时,超临界 CO_2 中可不引入而使反应顺利进行。并且,通过改变 CO_2 的密度可控制反应和反应性能[100]。

在超临界 CO_2 中,苯乙烯(对氯苯乙烯)在光学活性的镍催化剂和 $Na^+ B^- (ArF)_4$ 存在下于 1~40℃与乙烯反应,可获得光学活性的 3-苯基-1-丁烯(3-(对氯苯基)-1-丁烯),其收率大于 71%(76%)[101]。超临界 CO_2 中乙烯化生成物的收率高于二氯甲烷溶剂中的，但光学收率两者大致相同。这也说明超临界 CO_2 可替代二氯甲烷溶剂。

苯乙烯在超临界 CHF_3 中，于 30℃在光学活性铑络合物存在下和苯基重氮基乙酸甲酯反应，主生成物为 (1R,2S)-trans-1-甲氧羰基-1,2-二苯基环丙烷[102]。主生成物的 ee 值随反应压力变化。同样的反应在超临界 CO_2 中生成物的 ee 几乎与压力无关。

CO_2 既可作为溶剂，也能作为反应物。如超临界 CO_2 和双炔烃反应，产物为二吡咯基甲酮，催化剂为 $Ni(cod)_2/dppb$。同液相反应相比，反应活性和选择性差别不大，但从固定 CO_2 的角度看仍很有意义。另外，该反应是否真在超临界相中进行还有待考察[103]。

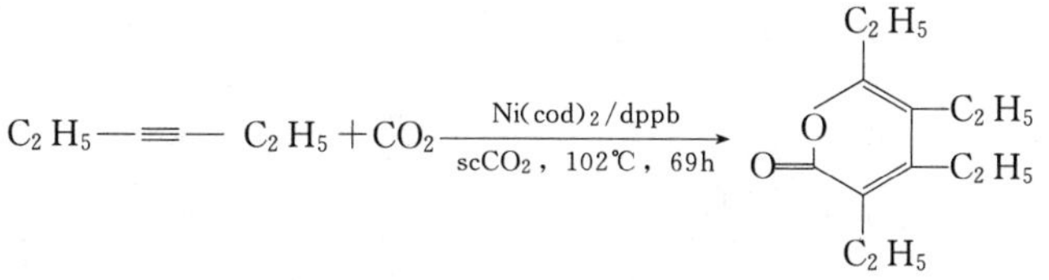

$$C_2H_5 \!-\!\!\equiv\!\!- C_2H_5 + CO_2 \xrightarrow[scCO_2,\ 102℃,\ 69h]{Ni(cod)_2/dppb}$$

（cod：1,5-环辛二烯；dppb：1,4-双二苯膦基丁烷）

在临界水中，Co(I)络合物为催化剂的炔烃环化三聚反应如下式所示。$CpCo(CO)_4$ 催化剂对不同的炔烃都有良好的催化效果，生成苯的衍生物。反应温度虽为 374℃的高温，超临界水并未使催化剂分解而降低反应活性，其反应性能和通常有机溶剂中的相似。如果该反应在非临界的 140℃的水中进行，反应活性急剧下降，并伴有副反应发生[104]。

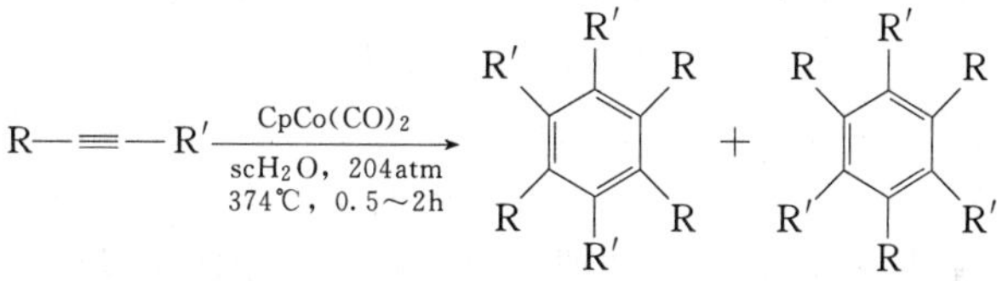

$$R\!-\!\!\equiv\!\!- R' \xrightarrow[374℃,\ 0.5\sim2h]{CpCo(CO)_2,\ scH_2O,\ 204atm}$$

(A)　　　(B)

炔	产率/%	苯基异构体之比	
		A	B
$CH_3(CH_2)_3\!-\!\!\equiv\!\!-H$	>95	1	3
$C_6H_5\!-\!\!\equiv\!\!-H$	>95	1	6
$CH_3\!-\!\!\equiv\!\!-CH_3$	>5	—	—

CO_2 加氢合成有机化合物对于 CO_2 资源的有效利用和环境保护有重要意义。超临界状态下的 CO_2 可高浓度溶解氢气，形成均相体系而提高反应活性。以 Ru(II)络合物为催化剂，在超临界相中 CO_2 的加氢可高效率合成甲酸，如下式所示[105]。

$$CO_2 + H_2 \xrightarrow[scCO_2,\ 50℃,\ N(C_2H_5)_3]{Ru\ 催化剂} HCOOH$$

120atm　85atm

7200mol/mol(Ru)

1400mol/mol(Ru)·h

反应体系中有三乙胺存在才能使甲酸高效生成。在超临界场中催化效率可达到每摩尔 Ru 催化剂上有 7200mol 甲酸生成，初始反应速率为 1400mol/(mol-cat·h)。络合物的配位体不同，反应的活性也不同。以在超临界 CO_2 中可溶解的三甲基膦为配位体的 Ru(II)络合物具有很高的催化活性。而在液相反应中有效的 $RuH_2[P(C_6H_5)_3]$、Rh 及 Pd 等催化剂在超临界相中催化效果未必好。其原因可能是这些络合物在超临界 CO_2 中的溶解度低，并且不稳定所致。图 4-12 为在相同条件下，超临界流体中的催化活性与液相反应的对比。可见超临界场中的催化活性远远高于液相中的活性，在超临界 CO_2 流体中的转换速率为 1400TON/h（TON 代表转换数），而液相反应中不同溶剂的转换速率也有较大差别，但它们均小于超临界场中的活性。超临界 CO_2 中反应活性高的原因主要是它能使 CO_2 与 H_2 高度混合，且减少了对络合物催化剂的溶剂化效应。

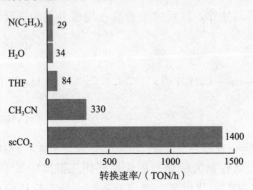

图 4-12　溶剂对反应速率的影响
反应条件：50℃，83atmH_2，120atmCO_2

超临界 CO_2 加氢反应在有甲醇存在下可合成甲酸甲酯，如下式所示[106]。超临界场中甲酸甲酯的收率为 3500mol/mol(Ru)，同液相反应相比，活性提高了一个数量级。该反应中，甲酸是一次反应的产物，而甲酸甲酯是由甲酸与甲醇进一步反应合成的。共存的甲醇使甲酸合成反应显著增加，进而也提高了二次反应的速率，甲酸甲酯收率提高。从实用意义上看，由于酯的生成受平衡限制，故应考虑把反应过程中生成的水及时除去。

$$CO_2 + H_2 + CH_3OH \xrightarrow[scCO_2, N(C_2H_5)_3, 80℃]{Ru 催化剂} H-\overset{\overset{O}{\|}}{C}-OCH_3 + H_2O$$
$$3500mol/mol(Ru)$$

超临界相中 CO_2/H_2 在与二甲胺共存时，可高效合成二甲基甲酰胺（DMF），该反应分两步进行，继甲酸生成后进行胺化反应，后一步反应速率相当快，没有甲酸的积累，如图 4-13 所示。

反应活性随时间变化没有下降，DMF 的收率达到 370000mol(DMF)/mol(Ru)，比液相反应提高两个数量级[107]，反应式及 Ru 催化剂结构如下：

$$CO_2 + H_2 + HN(CH_3)_2 \xrightarrow[ScCO_2, 100℃]{Ru 催化剂} H-\overset{\overset{O}{\|}}{C}-N(CH_3)_2 + H_2O$$
130atm　80atm　　　　　　　　　　　　　　370000mol/mol(Ru)

Ru 催化剂　　　　　　　　　　　　或

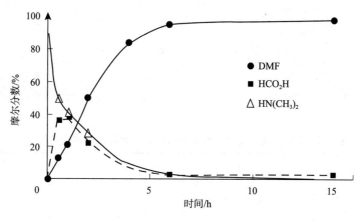

图 4-13　产物分布与反应时间的关系

反应条件：催化剂 RuCl$_2$[P(CH$_3$)$_3$]$_4$，100℃，80atmH$_2$，130atmCO$_2$

H$_2$ 等气体分子在一定压力范围内可以任意比例与超临界流体混合，利用此性质可以提高加氢反应速率和控制非对称加氢的选择性。超临界 CO$_2$ 可作为非对称催化反应的溶剂。烯烃类的非对称反应可在超临界 CO$_2$ 中稳定进行，得到高光学纯度的加氢化合物。不同介质中的结果见表 4-3[99,105,108]。可见超临界 CO$_2$ 中生成物的镜像过剩率（ee）在氢分压为 30atm（1atm＝101325Pa）条件下，比正己烷为溶剂时稍高，和在甲醇为溶剂时相当（81％ ee）。如果在超临界 CO$_2$ 中进一步加入 CF$_3$(CF$_2$)$_6$CH$_2$OH，则活性和选择性进一步改善（89％ee）。在超临界 CHF$_3$ 中进行同样的反应，得到加氢产物的光学纯度不仅依赖于氢分压，而且受到溶剂压力的很大影响。在氢分压一定时，总压从 188atm 减到 82atm 时，生成物的光学纯度从 99％降到 84％。ee 值随压力的变化与 CHF$_3$ 的比诱导率变化相对应。

（化学反应式）

S 体，光学纯度 89％

（化学反应式）

R 体，光学纯度 99％

Ru 催化剂：

（Ru 催化剂结构式）

Rh 催化剂：

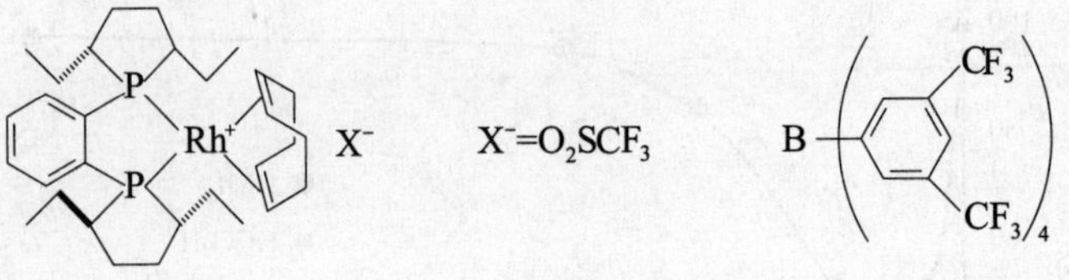

表 4-3　不同介质中光学活性饱和羧酸的产率和镜像体过剩率(ee)

介质(atm)	p_{H_2}/atm	产率/%	ee/%
scCO₂(180)	33	99	81
scCO₂/R_FOH①	5	99	89
scCHF₃(190)	10	99	90
scCHF₃(80)	13	99	83
CH₃OH	30	100	82
正己烷	30	100	73

① R_FOH：$CF_3(CF_2)_6CH_2OH$。

  Kainz 等[93]用含有 1,3-氧杂氮-2-环戊烯环(噁唑啉环)的置换三苯基膦为配体的光学活性铱络合物为催化剂，进行芳基胺的加氢反应，获得了光学纯度为 81%ee 的(R)-N-苯基乙基胺。对映选择性和在二氯甲烷中反应情况接近，但在超临界 CO_2 中的反应速率更大。把生成的胺用超临界 CO_2 萃取分离，可完全回收催化剂再利用。这也说明可用超临界 CO_2 代替二氯甲烷溶剂。

4.3　超临界流体中的多相催化反应

  前面讨论了超临界条件下的均相催化反应。由于超临界流体的特殊性能，使之在提高固体催化剂活性、选择性及稳定性等方面有着广泛的应用。

4.3.1　超临界条件下的 F-T 合成反应

  Fischer-Tropsch(简称 F-T)合成是在固体催化剂作用下使 CO 加氢转化为一系列烃类的反应。自从 1923 年 Fischer 和 Tropsch 开发了以 Fe 为催化剂合成烃类过程以来，许多研究人员对此过程进行了广泛的研究和工业实践。随着石油资源的消耗，储量越来越少，人们又都把目光集中在煤和天然气资源的有效利用上来。据估计[109]，到 2015 年全世界的能量来源中，石油占 38%，煤占 26%，天然气占 25%。在煤或天然气转化为液态烃的方法中，目前只有 F-T 合成具有工业规模。在南非建有年产液体燃料 200 万吨的生产装置。

  工业规模的 F-T 合成装置包括多种过程，其示意流程如图 4-14 所示。煤、氧气和水蒸气进入鲁奇气化炉，经过除水、氨和焦油等一系列纯化过程，得到含有 CO、H_2、Ar、CH_4 的合成气作为 F-T 合成反应原料；纯化过的气体进入合成反应器，从反应器出来的产物经冷却后分离成水相、油相和尾气。在一个油吸收塔中从尾气中分离出 $C_3 + C_4$ 烯烃再在酸性催化剂上齐聚成汽油。余下的尾气可在一深冷单元之中处理，以提供甲烷和氢气，它们部分用作燃料或者合成氨原料。其余的在镍的催化剂上经水蒸气转化成 CO/H_2；油相用水洗涤萃取出含氧化合物和水溶的萃取物，从反应器馏出来的水相用作含氧产物的综合加工；从固定床反应器来的烃类产物，经精馏分离出汽油和柴油。残渣经过减压精馏以生产蜡[110]。

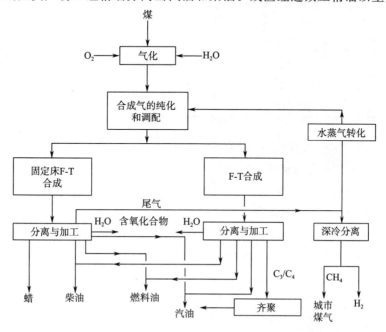

图 4-14　作为工业 F-T 合成实例的 Sasol-Ⅰ 的简化流程图

　　F-T 合成过程中，以 Fe 为催化剂时的产物分布见表 4-4[109]。LTF-T 代表低温 F-T 合成过程，HTF-T 代表高温 F-T 合成过程。F-T 合成过程中，除碳氢化合物外，还生成少量的醇、醛、酮和有机酸，在高温条件下芳香烃类和含氧化合物的选择性增加。另外，作为 F-T 合成的原料已经净化除去了含 S、N 等的化合物，因此，由 F-T 过程生产的燃料在使用过程中不会产生含 S、N 等有害环境的气体排放。LTF-T 过程特别适合于生产高质量的柴油机燃料。从表 4-4 知，直馏柴油的选择性只有 18%，比柴油组分重的馏分如石蜡占 51%，它可在温和条件下加氢裂化得到 80% 的柴油，15% 的汽油和 5% 的 $C_1 \sim C_4$ 烃类。LTF-T 过程得到的直馏柴油的十六烷值为 75，而市场上需要的柴油要求十六烷值为 40~50。另外，由 F-T 过程中石蜡加氢裂化得到的二次柴油的辛烷值仍然很高为 73。HTF-T 过程由于操作温度较高，产生的烃多为支链烃，其直馏柴油的十六辛烷值为 55。但是，此过程产生了大量的轻烯烃。

表 4-4　Fe 为催化剂条件下 F-T 合成产物分布

组分	235℃ (LTF-T)	340℃ (HTF-T)
选择性 (C 原子)/%		
CH_4	3	8
C_2H_4	0.5	4
C_2H_6	1	3
C_3H_6	1.5	11

组分	235℃(LTF-T)	340℃(HTF-T)
C_3H_8	1.5	2
C_4H_8	2	9(85%1-丁烯)
C_4H_{10}	2	1
C_5-C_6	7	16
C_7-160℃馏分	9	20
160~350℃馏分	17.5	16
+350℃馏分	51	5
含氧化合物	4	5
分布/%		
C_6 组分		
正己烷		8
1-正己烯		58
甲基-1-戊烯		24
C_{10} 组分		
正癸烷		8
1-癸烯		38
甲基-1-壬烯		20
$C_5 \sim C_{15}$ 组分		
总烷烃/%	29	13
总烯烃/%	64	70
芳香烃/%	0	5
含氧化合物/%	7	12

如上所述，F-T 合成反应是在固体催化剂存在下，由 H_2 和 CO 合成从甲烷到高分子量石蜡，分子量分布较宽的烃类混合物的反应。反应过程有较大的热效应，如在 227℃时

$$CO + 2H_2 \longrightarrow (-CH_2-) + H_2O \quad \Delta H_r(227℃) = -165kJ$$

因此，存在高分子量烃类覆盖催化剂表面、反应器堵塞及在催化剂床层形成局部过热等问题。液相反应虽有可能解决这些问题，但由于扩散控制，使反应速率受到限制。超临界流体中物质传递速度和热传递速度大，且能溶解高分子量的物质，对于改善 F-T 合成反应的性能是有利的。

正己烷为超临界流体，Ru/Al_2O_3 催化剂上 F-T 合成反应性能的变化如图 4-15 所示[111]。反应在 240℃、4.4MPa、$H_2/CO=2:1$ 的条件下进行，反应式如下：

$$H_2 + CO \xrightarrow[scC_6H_{14}]{Ru/Al_2O_3} C_1 \sim C_{25} 烃$$

超临界反应场中的 F-T 合成反应性能与气相和液相中的反应有较大差别。超临界场改变了产物分布，有效地除去了催化剂表面上生成的蜡。催化剂中的残余物以超临界相和液相反应时最少，这是在反应过程中被脱除的。生成物中烯烃的比例如图 4-16 所示。可见，超临界相中，烯烃的比例大，而且 C_{16} 以上的烯烃占 50% 左右。在 F-T 合成反应中，烯烃是

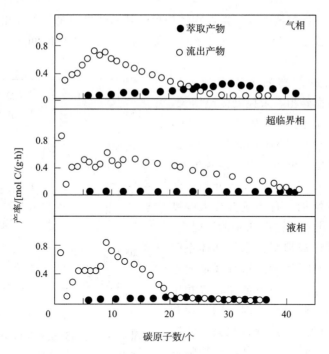

图 4-15　在 Ru/Al$_2$O$_3$ 催化剂上的各相态 F-T 合成反应的烃分布

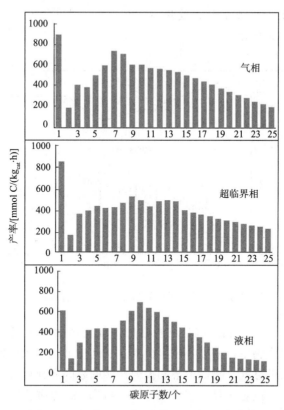

图 4-16　各相态反应生成物中烯烃的比例

反应条件：Ru/Al$_2$O$_3$，240℃，CO/H$_2$＝1/2，W/F＝10g$_{cat}$·h/mol，总压 45bar，合成气 10bar

一次产物，烯烃进一步加氢生成二次产物链烷烃。其原因可能是超临界相中，超临界流体的溶解能力和物质传递速度大，使生成的烯烃在催化剂表面上停留时间过短，来不及进一步加氢生成烷烃[112,113]。

在以石蜡为目的产物的 F-T 合成反应中，采用戊烷为超临界相，来控制碳链增长，如图 4-17 所示[114]，催化剂为 Co-La/SiO$_2$，220℃，CO/H$_2$=1/2，45bar。可见，加入碳数为 7~16 的 α-烯烃，可明显促进碳链生长，实现了非 Anderson-Schultz-Flory 分布。随着碳链生长概率的增加，石蜡选择性大幅度提高。并且 CO 转化率也比没加 α-烯烃时高。甲烷、CO$_2$ 的选择性被抑制到未添加体系时的一半[115]，如图 4-18 所示。这种添加效率在气相、液相反应体系中均不如超临界相中的明显。在丙烷为超临界流体时，同气相相比，超临界相中 α-烯烃的选择性也高，二次产物 β-烯烃的比例低[116]。可见，在超临界相中的 F-T 合成反应具有反应活性高、选择性好、高效率、高传质传热效率及有效脱蜡等特点，并可延长催化剂寿命。

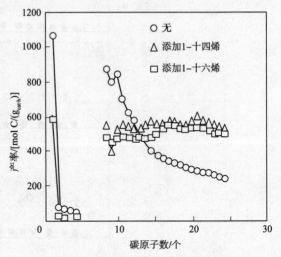

图 4-17 超临界相中长链 α-烯烃的添加效果

反应条件：Co-La/SiO$_2$，220℃，CO/H$_2$=1/2，$W/F=9\mathrm{g_{cat}} \cdot \mathrm{h/mol}$，总压 45bar，合成气 10bar，$n$-C$_5$ 35bar，烯烃 4%（基于 CO）

（1bar=10^{5}Pa）

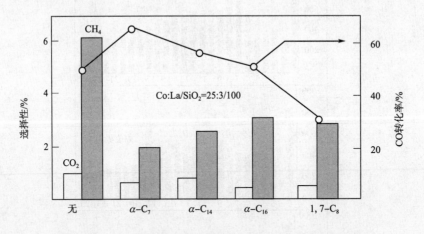

图 4-18 添加各种长链烯烃的超临界相 F-T 合成的反应性能

在气相 F-T 合成反应中，当反应达到稳态时，催化剂微孔中充满了液体产物。合成气必须首先溶解在该液态产物中，并在液体里扩散才能到达催化剂表面发生催化反应。在超临界反应中，由于具有较低黏度、较高溶解和扩散性能的超临界介质可以将这些较重的液体产物从催化床层及时移去，改善了催化剂微孔内 CO 和 H$_2$ 的传质速率，从而使 CO 的转化率及烃的收率都显著提高。不同反应相态下催化剂微孔内合成气的浓度分布可形象地用图 4-19 表示[117]。同时，由于超临界介质可将反应热从床层移去，避免了床层过热点的产生。因链增长反应是放热反应，移去反应热有利于长链产物的生成，故超临界反应中 CH$_4$ 的选择性比气相低。

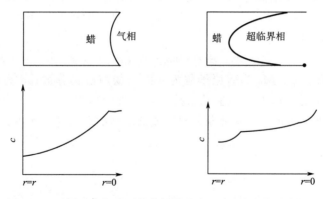

图 4-19　不同反应相态下催化剂微孔内 CO 和 H_2 的浓度视图

在超临界条件下 CO 加氢除了合成液体燃料的 F-T 反应外，还可进行合成低碳醇及甲醇与异丁醇的反应。姜涛等[118]在固定床反应器上研究了共沉淀 Cu-Co 催化剂在超临界条件下由合成气合成低碳醇的性能，考察了超临界介质对催化性能的影响，及超临界相与气相 CO 加氢合成低碳醇在链增长、CO 转化和醇选择性等方面的异同。

在相同反应条件(合成气压力 6.0MPa，空速 2000h^{-1}左右，反应温度 260～300℃，超临界介质正庚烷分压 3.0MPa)下，Cu-Co 催化剂上超临界相与气相合成低碳醇的比较见图 4-20 和图 4-21。由图可见，超临界相与气相反应的 CO 转化率随温度的变化趋势相同，均随着温度的升高而增加，但在超临界条件下，CO 转化率较高。且随反应温度的升高，超临界相与气相反应的醇选择性均降低，而超临界相的降低幅度要大得多。用 Cu-Co 催化剂合成低碳醇的副产物为甲烷，因超临界介质具有较强的萃取能力，对产物醇和甲烷都有萃取作用，但对甲烷副产物的萃取能力要比对产物醇的萃取能力强，因此，超临界相反应的醇选择性比气相反应低。

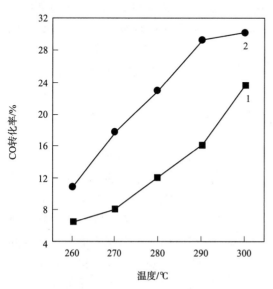

图 4-20　不同相态下反应温度对 CO 转化率的影响
1—气相；2—超临界相

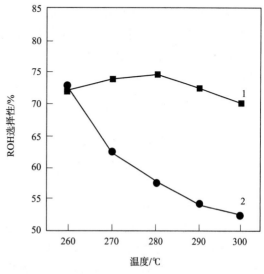

图 4-21　不同相态下反应温度对醇选择性的影响
1—气相；2—超临界相

图 4-22 为 280℃，超临界相与气相反应醇产物的分布。可见，超临界条件下 Cu-Co 催化剂上 CO ＋ H₂ 的主要产物是 C₁～C₅ 正构醇，并且，两种相态下醇产物分布基本相同，符合 Schulz-Flory 方程：

$$\ln(M_n/n)=n\ln a+\ln[(1-a)^2/a] \tag{4-24}$$

式中，n 为碳原子数；M_n 为碳原子数为 n 的产物的质量分数；a 为链增长或然率。经计算得气相反应的 a 值为 0.38，超临界相反应的 a 值为 0.37。表明超临界相由合成气合成低碳醇同样遵循链增长机理，超临界条件对合成低碳醇的链增长影响不大。

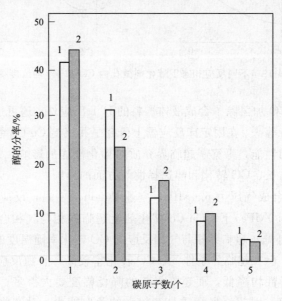

图 4-22 不同相态下醇产物分布图
1—气相；2—超临界相

采用不同的超临界流体介质，如正己烷、正庚烷和正辛烷，在相同条件下对合成低碳醇的影响是不同的。正庚烷作反应介质时，CO 转化率最高，并且选择性也最高。正庚烷的临界温度为 267℃，用 Cu-Co 催化剂合成醇的最佳反应温度为 280～290℃，恰好在正庚烷临界温度以上 20℃，处于超临界状态。当用正辛烷作反应介质时，处于亚临界状态，而用正己烷作介质，则离临界点太远。

钟炳等还研究了 Zr-Mn-K 催化剂在超临界条件下合成甲醇与异丁醇[119,120]。他们用共沉淀法和超临界流体干燥法，分别制备了 Zr-Mn-K 沉淀型催化剂和超细催化剂。以正十一～十三烷的混合物为超临界介质，在反应温度 360～410℃、合成气压力 7.5MPa、GHSV1700h⁻¹ 及介质压力 2.08MPa 的实验条件下，分别考察了超细催化剂和沉淀催化剂的气相和超临界相合成气制甲醇、异丁醇的性能。气相和超临界相反应的研究均表明，超细催化剂催化合成异丁醇的活性高于沉淀催化剂；在超临界条件下反应，超细催化剂上产物的异丁醇含量较高(为 23%～32%)，甲醇含量为 22%～33%，其他醇均在 10% 左右。气相与超临界相反应结果的对比显示，超临界流体促进产物的脱附与传递，提高了 CO 的转化率，但超临界流体对甲烷的萃取作用强于对醇的萃取，醇选择性低于气相反应。在超临界条件下合成甲醇、异丁醇仍遵循异丁醇形成的链增长机理，超临界流体改变了链增长各步骤的相对速度，致使超临界相反应的产物分布不同于气相反应的产物分布。

4.3.2 应用超临界 CO_2 合成碳酸丙烯酯[121]

在研究超临界反应时，应对其体系相平衡状态有一定的了解，如表示超临界均匀相和气-液两相边界的混合物系的临界温度、临界压力和临界组成等。对于由 CO_2 和环氧丙烷合成碳酸丙烯酯的环加成反应物系，应首先测定和预测 CO_2-环氧丙烷双组分混合物系的临界轨迹。图4-23为 CO_2-环氧丙烷高压气-液平衡的测定结果。例如，对于373K的等温线，CO_2 摩尔分数为0.76以下的曲线为泡点线，以上为露点线，泡点线的左侧为 CO_2 和环氧丙烷双元物系的均匀液相，露点线的右侧为双组分物系的均匀气相。泡点线和露点线之间的区域为气-液共存两相区。随着压力上升，泡点和露点靠近，在压力为10.9MPa，CO_2 摩尔分数为0.76时，两点重合。此点即为373K下的临界点。在压力达到临界点以上时，气液边界消失，处于完全均匀的超临界相。混合物系的临界轨迹可由状态方程推算，如SRK状态方程和Heidemann提出的混合物系临界点计算方法[122]，结果见图4-24所示。曲线的上部为超临界均一相，下部为气液两相共存区。

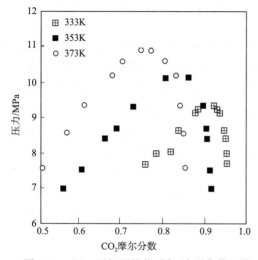
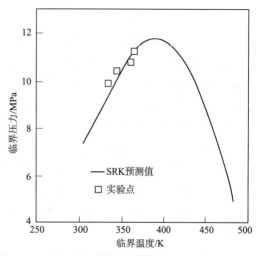

图4-23 CO_2-环氧丙烷物系气-液平衡等温线　图4-24 CO_2-环氧丙烷物系临界点P-T线预测结果

表4-5为超临界相中不同催化剂上合成碳酸丙烯酯的反应结果。可见，在超临界 CO_2 中阳离子和阴离子半径差别大的LiBr、LiI、NaI、KI具有较高的催化活性。对于LiBr催化剂，一定压力下反应温度的影响见图4-25。可见，在该反应物系反应物的混合临界温度处于323~333K之间。在环氧丙烷和 CO_2 的气液两相区域不发生环加成反应，反应只在两者形成的均一相的超临界区域进行。并且随着相态的变化反应速率变化很大，气液两相区域目的产物的收率几乎为0%，而在超临界区域，选择性和收率接近100%。

表4-5　环氧丙烷与超临界 CO_2 合成碳酸丙烯酯的反应结果

金属盐	LiCl	LiBr	LiI	NaCl	NaBr	NaI	KCl	KBr	KI
产率/%	0	99.5	99.0	0	0	94.8	0	0	11.0

注：反应条件：373K，14MPa，8h。

关于超临界状态下反应速率大大提高的现象已有许多解释。已经发现在超临界点附近，溶质分子周围微小区域溶质与溶剂间的相互作用发生异常变化。对于 CO_2 与环氧丙烷的环加成反应，有人认为是液相和超临界相中催化剂与反应物之间相互作用不同造成的。在液相反应

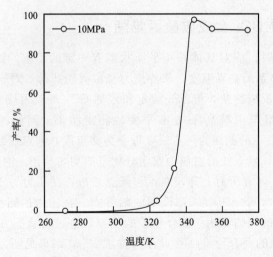

图 4-25　碳酸丙烯酯收率与温度的关系
反应条件：超临界 CO_2，反应时间 2h

中，由于催化剂分子的强溶剂化效应，使催化剂活性中心不能与反应物充分接触。而在超临界相中，这种溶剂效应减少，催化剂与反应物的充分接触提高了反应速率和选择性。特别是提高了 CO_2 插入到环氧丙烷-催化剂构成的复合体系的环状结构中的基元反应速率(此步骤为控制步骤)。

Li 等[123,124]制备了对 CO_2 和环氧丙烷合成碳酸丙烯酯具有优良性能的负载型 KI/γ-Al_2O_3 催化剂。在超临界 CO_2 条件下反应可使环氧丙烷 100% 转化，且碳酸丙烯酯的选择性达到了 96.1%。并开发出了一种稳定性较好的氧化物催化剂 K_2O/γ-Al_2O_3，使超临界 CO_2 与环氧丙烷和甲醇反应，实现了环氧丙烷的完全转化，获得了收率较高的碳酸二甲酯和碳酸丙烯酯。在该催化剂上甲醇促进了碳酸丙烯酯的生成结果见表 4-6。从表可以看出：加入甲醇后碳酸丙烯酯收率由不加甲醇的 1.63% 升高为 51.9%。并考察了反应温度的影响，见图 4-26 所示。

表 4-6　甲醇对合成 PC 反应的助催化作用

原料	甲醇+环氧丙烷+CO_2	环氧丙烷+CO_2
X_{PO}/%	100	4.93
Y_{PC}/%	51.9	1.63

注：反应条件：催化剂 5g，MeOH 58.13mL，PO 50mL，反应温度 180℃，反应时间 6h，CO_2 初压 3MPa。

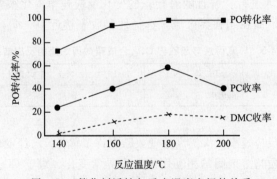

图 4-26　催化剂活性与反应温度之间的关系

崔洪友等[125]实验测定了不同条件下碳酸二甲酯（DMC）、甲醇、乙二醇（EG）、碳酸乙烯酯（EC）在超临界相和液相中的分配系数，计算了 DMC 相对于其他组分的分离因子。DMC 相对于甲醇的分离因子随 EC 浓度的升高而降低，随 DMC 和 EG 含量增加而升高，随压力增加而增大，随温度升高而变小。这种变化规律表明利用超临界萃取与反应耦合提高酯交换反应转化率的前提是：① 反应体系中 DMC 的浓度要高，即进料中环氧乙烷（EO）的浓度要高，且 EC 转化率要高；② 低的反应温度和高的反应压力。在 160℃ 和 5～20 MPa 下，以环氧乙烷、甲醇和 CO_2 为原料，考察了超临界 CO_2 萃取与反应相耦合提高酯交换反应转化率的可行性。DMC 与甲醇间的分离因子是影响超临界萃取反应操作过程中 DMC 收率的关键因素。采用耦合技术可以提高 DMC 的单级收率约 4％ 以上；认为反应过程中存在两个相：CO_2 高度溶胀的液相和以 CO_2 为主要组成的超临界相。由于催化剂 KI 和 K_2CO_3 在液相中是可溶的，而在超临界相中的溶解度极小，反应主要在液相中进行。整个过程是一个超临界相-液相反应；在进行超临界反应萃取时，反应物 EO-甲醇溶液和 CO_2 连续进入反应器，同时，富含反应产物的超临界 CO_2 相 V_{SCF}（体积流量）和液相反应产物 V_L（体积流量）连续地从反应体系中移出。进入体系的反应物在搅拌作用下首先进行两相间的分配，随着反应的进行，液相中反应物浓度不断下降，产物浓度不断增加，同时，超临界相中的反应物不断向液相中转移，液相中的产物也不断向超临界相中传递，并最终达到一个稳定状态。

4.3.3 超临界状态下固体酸催化反应

烃类转换反应在工业生产中具有重要意义，反应过程通常在酸催化剂上进行。但酸催化剂上的积炭使反应活性下降一直是未完全解决的问题。一般采用在临氢条件下，催化剂中加入金属组分防止积炭。在以烯烃为原料时，由于有加氢反应发生，这种方法不适用。人们试图通过超临界烃的高萃取能力解决这个问题。下面主要介绍超临界条件下固体酸催化剂上烃类烷基化、异构化及烯烃低聚反应。

（1）丁烯与异丁烷烷基化反应

如第 3 章所述，由丁烯和异丁烷的烷基化反应可制备高辛烷值汽油组分。随着人们环境保护意识的提高，汽油中芳烃含量受到限制，具有高辛烷值的异辛烷的需求将进一步增加。烷基化反应通常利用硫酸或氟化氢等为催化剂，存在产物分离、装置腐蚀及废酸处理等问题，为此人们正在研究固体催化剂，如沸石、固体超强酸等。但这些固体酸催化剂存在快速失活问题，难以进行工业化生产。把超临界流体用于固体酸催化剂上的烷基化反应，能够降低催化剂的失活速度。如图 4-27 所示，为超稳 Y 型沸石上（USY）异丁烯与异丁烷烷基化反应结果[126]。可见，该反应在气相或液相状态，催化剂均明显失活，使烷基化产物产率下降。在催化剂上烯烃炭累积量为 20mmol/g 时，烷基化产率几乎为零。而使异丁烷达到超临界状态后，大大减缓了催化剂的失活。在催化剂上烯烃炭累积量为 35mmol/g 时，烷基化产率仍在 10％ 以上。对于失活后的 USY 沸石用异丁烷超临界萃取，可脱除催化剂中的烯烃聚合物，从而使活性恢复。在此烷基化反应中，异丁烷既是反应物又是超临界萃取溶剂。

图 4-28 为负载型杂多酸催化剂 HPW/SiO_2 在超临界和非超临界反应条件下烷基化反应的催化活性[127]。很明显，在超临界条件下反应 104h 以后，催化剂的反应活性仍保持稳定，而非超临界反应条件下，反应 32h 以后，催化剂活性开始下降，出现催化剂失活现象。

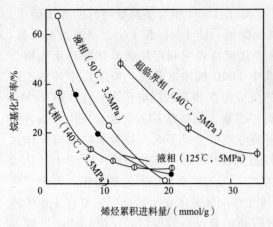
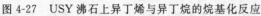

图 4-27　USY 沸石上异丁烯与异丁烷的烷基化反应

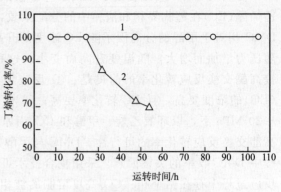

图 4-28　在超临界和非超临界反应条件下的
丁烯转化率随运转时间的变化
1—超临界相；2—非超临界相

反应物料主体异丁烷在超临界流体状态下参与反应的同时，作为一种超临界流体溶剂，将反应中生成的焦炭前身物(多聚烯烃或胶体物质)溶解其中并带走，使其无法覆盖催化剂的酸性中心，从而保持了催化剂的清洁表面，抑制了催化剂失活。可见超临界流体在抑制催化剂结焦失活方面起着至关重要的作用。另外，被清洗下来的多聚烯烃可能会裂解成小分子的产物如 C_5、C_6 和 C_7 等。

张勇等[128~130]考察了低烷/烯比(4.5/1)工业原料在气相、液相和超临界相态下的 C_4 烷基化反应，催化剂为 $La_2O_3\text{-}SO_4^{2-}\text{-}Fe_2O_3/H\beta\text{-}Al_2O_3$。气相反应条件为常压、110℃，原料空速为 $5000h^{-1}$；液相反应条件为 2.5MPa、110℃，原料空速为 $30h^{-1}$(液相)；超临界相反应条件为 5.5MPa、135℃，原料空速为 $30h^{-1}$(液相进料)。催化剂在超临界相、液相和气相反应条件下烷基化反应活性顺序(丁烯转化率)为：超临界＞液相＞气相；催化剂在超临界状态下反应了 30h 后其丁烯转化率仍为 22.7%，比液相反应提高了 76.1%，比气相反应提高了179%，对于液相反应来说，催化剂在反应开始的 2~3h 内保持了较高的烷基化反应活性，但在随后的反应中催化剂活性下降较快；随着压力的升高，产物中 C_9^+ 含量增加，C_8 产物含量相对降低；超临界与液相和气相烷基化反应相比，裂解活性较高，表现在产物分布中 C_5~C_7 含量较高；超临界相烷基化反应选择性有所下降，而丁烯二聚反应活性上升，表现在 TMP/DMH 值下降，这是因为压力增加促使了聚合反应平衡的正向移动。

他们还对催化剂的结焦失活进行了研究。将催化剂先在气相条件下进行烷基化反应直至失活，然后通过对反应系统内压力和温度的调节，使反应原料异丁烷达到超临界状态，经过 2h 的诱导期后，催化剂的活性开始显著回升，活性最高时达到新鲜催化剂在超临界反应中最高活性的 92%，并且，再生催化剂在超临界状态下运转了 30h 后，其活性仍为 20.8%。

他们通过比表面、孔容、孔径分布测定，X 射线衍射，扫描电镜等催化剂表征手段对气相失活和超临界条件下失活的催化剂进行了表征。发现两种经不同反应条件失活的催化剂表面形貌有显著的不同，超临界条件下的焦炭颗粒比气相条件下的细小且分布较均匀。说明了气相反应时，反应中生成的焦炭不能被有效地溶解下来，而是不断沉积在催化剂的表面，将催化剂的表面活性中心逐渐覆盖，最终导致催化剂失活；对于超临界烷基化反应来说，由于超临界异丁烷对生成的焦炭具有特殊的溶解性，使焦炭在不断生成的同时，又不断被溶解，从而有效地缓解了催化剂的失活。

（2）苯与乙烯的烷基化反应

苯烷基法生产乙苯已有五十多年的历史。采用分子筛催化剂的气相法能克服 AlCl$_3$ 法较严重的设备腐蚀、环境污染等问题，但也存在催化剂易于结焦、再生周期较短等缺点。朱晓蒙等[131]基于超临界流体良好的溶解能力和扩散能力，探索了苯烷基化反应在超临界条件下改善催化剂失活状况的可能性。他们采用的超临界反应条件为：$SV_E = 1.3h^{-1}$，$B/E = 4.5$，$T = 275℃$，$p = 6.5MPa$。在此条件下进行 55h 超临界苯的烷基化反应。采用对比实验的条件为：$B/E = 4.5$，$T = 250℃$，$p = 6.5MPa$（即反应温度小于临界温度，反应压力远大于苯在 250℃ 时的饱和蒸气压），此时苯为液态，反应为液相苯的烷基化反应。在不同相态下反应产物中乙苯浓度（c_{EB}）随时间的变化如图 4-29 所示。

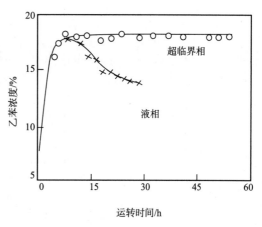

图 4-29 两种相态下乙苯浓度与运转时间的关系

产物乙苯的浓度随时间的变化规律在一定程度上反映了催化剂活性的稳定性。液相苯烷基化反应 12h 后，乙苯浓度出现明显的下降趋势；反应到 15h 后，乙苯的浓度由最高时 18% 下降到 13.5%。而超临界条件下苯的烷基化反应 55h 后，乙苯浓度仍维持在 17%～18%，无明显的下降趋势。根据这一规律，可以认为，在分子筛上进行苯的烷基化反应，当 B/E 比较低时液相法存在较严重的催化剂失活问题，而超临界法则明显地改善了催化剂的失活状况，延长了催化剂的寿命。

对于催化剂的失活过程，他们推测是催化剂的内外表面首先生成大分子或高沸点物质，如这些焦前体未能及时带离催化剂，则将沉积在催化剂的表面上，并继续形成更大分子量的物质，进而生成炭。要减缓催化剂的失活，就应将焦前体及时移离催化剂。对于液相苯烃化，反应物系虽能溶解催化剂内外表面的焦前体，但由于扩散性能差，无法及时移走催化剂微孔通道内的焦前体。而超临界流体同时具有良好的溶解性和扩散性能，能溶解并及时移走催化剂微孔内的焦前体。为了证实超临界流体能溶解更多的焦前体，用色-质联用仪（程控升温至 250℃，分析停留时间 2h，扫描 0～500 分子量）分别对原料及液相苯烷基化和超临界苯烷基化产物进行分析。在超临界苯烷基化产物中含有三苯环组分，而液相苯烷基化产物中则无，且超临界苯烷基化产物中多苯环组分的含量高于液相苯烷基化产物，这就证实了他们的推测，即由于超临界苯烷基化移走了更多的在反应过程中生成的大分子或高沸物，从而使超临界条件下催化剂的失活速率得以下降。

（3）烃类异构化反应

应用超临界反应场能抑制直链烷烃异构化反应过程中催化剂的失活。下面首先介绍正戊烷异构成异戊烷在超临界状态下的反应[132]。以正戊烷（临界温度和压力分别为 469.6K 和 3.37MPa）既作为反应产物又作为超临界溶剂。图 4-30 为在反应温度区域，超临界正戊烷的密度和压力的关系及与液体正戊烷密度（293.2K 下的值）的比较。超临界正戊烷的密度由 SRK 状态方程计算得到。在临界温度附近，超临界正戊烷的密度与液体相近，因此，具有与液体相近的溶解能力。由此可推测，超临界条件下正戊烷异构化反应过程，高密度的超临

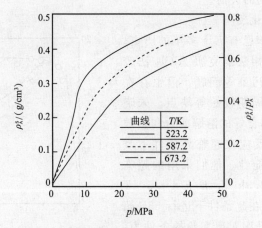

图 4-30 超临界正戊烷的密度和压力的关系

(ρ_A^S—超临界正戊烷的密度；ρ_A^L—293.2K 液相正戊烷的密度)

界正戊烷可将催化剂表面上的结焦母体、多聚物及使催化剂中毒物，快速萃取到超临界相中，从而抑制催化剂失活。图 4-31 为反应温度在 587.2K 下，反应压力分别为 3.0MPa、10.1MPa、20.1MPa 和 40.0MPa 时，HY 沸石催化剂上，非临氢正戊烷异构化性能与运转时间的关系。可见，在压力为 3.0MPa 时，催化剂的活性快速下降，这是由于此时反应混合物的溶解能力小，并且没有抑制焦炭生成的 Pt 和 H_2 存在，焦炭覆盖了催化剂的活性中心。随着压力增加，正戊烷的溶解能力增大，将催化剂表面上的焦炭母体或焦炭萃取到超临界相中，从而控制了催化剂的失活，在 40.0MPa 下，催化剂的活性几乎不下降。

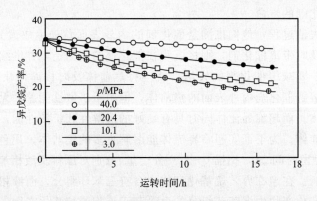

图 4-31 不同压力下异戊烷产率与运转时间的关系(587.2K)

他们还采用简单模型对催化剂的残存活性率、反应时间和超临界流体的密度进行了关联。定义残存活性率为：

$$R_a \equiv \frac{y(\theta)}{y(0)} \tag{4-25}$$

式中，$y(0)$ 为反应开始时目的产物收率；$y(\theta)$ 为反应时间 θ 时的收率。五点假设为：① 催化剂残存活性率随着焦炭母体或焦炭覆盖度按指数函数关系下降；② 催化剂表面一个活性中心只吸附一个焦炭母体或焦炭；③ 焦炭的生成量只依赖于反应时间和温度，与反应掉的量无关；④ 存在于超临界流体中的与催化剂上的焦炭母体或焦炭处于两相平衡状态；⑤ 在一定温度下，单位时间内溶于单位体积超临界流体中的焦炭分子数随着超临界流体密度增加而增大，两者间存在线性关系。由假设①，在一定温度下，同一催化剂条件下，改变压力进行一系列实验，则 R_a 可表示为：

$$R_a = \exp(-\beta f) \tag{4-26}$$

式中，f 是焦炭母体或焦炭的覆盖度；β 是由反应物和催化剂共同决定的常数。假设催化剂活性中心为 N_A 个，在反应温度下单位时间生成而覆盖活性中心的焦炭数为 N_B 个，反应温度下单位时间溶解在超临界流体中的焦炭数为 N_C 个，则由假设②得到时间为 θ 时的覆盖度：

$$f = \frac{(N_B - N_C)\theta}{N_A} \tag{4-27}$$

由假设③可知 N_B 只是温度的函数。由假设④和⑤得 N_C 为：

$$N_C = \gamma\rho + \delta \tag{4-28}$$

式中，ρ 为反应温度、压力下超临界流体的密度；γ、δ 是与温度有关的常数。把式(4-27)、式(4-28)带入式(4-26)有：

$$R_a = \exp\left[-\beta\frac{(N_B - \gamma\rho - \delta)\theta}{N_A}\right] = \exp\left[1 - \left(\frac{N_B\beta}{N_A} - \frac{\beta\delta}{N_A} - \frac{\beta\gamma}{N_A}\rho\right)\theta\right] \tag{4-29}$$

式中，$N_B\beta/N_A$、$\beta\gamma/N_A$、$\beta\delta/N_A$ 在温度一定时为常数，故有：

$$R_a = \exp[-(a_0 - a_1\rho)\theta] = \exp(-\alpha\theta) \tag{4-30}$$

式中，a_0、a_1 是只依赖于温度的函数；α 为失活因子，它是温度和压力的函数。此式还说明残存活性率随时间按指数函数关系下降。催化剂失活因子 α 与超临界正戊烷密度的关系如图 4-32 所示。可见，α 与 ρ 呈直线关系，直线与 X 轴的交点相当于完全抑制催化剂失活所需要超临界流体的密度，对 Y 型分子筛为 0.470g/cm^3（此时压力为 51.7MPa）。对于 Pt/Y 催化剂为 0.519g/cm^3（此时压力为 79.1MPa）。

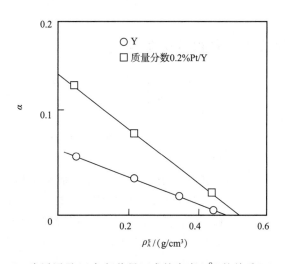

图 4-32　失活因子(α)与超临界正戊烷密度(ρ_A^S)的关系(587.2K)

对于 1-己烯的异构化反应，催化剂为 γ-Al_2O_3、助催化剂为 2-氯己烷时，反应产物有顺-2-己烯、反-2-己烯和反-3-己烯[133]。在反应物本身的超临界条件下（$T_r = 1.04$，$p_r = 16.1$），顺/反异构体之比提高了约 30%，反应速率较非超临界条件反应提高了一倍。另外超临界状态可避免因生焦造成的催化剂失活，也可以逐渐清除催化剂毒物，使活性恢复。Saim 等[134,135]还对工业用 Pt/γ-Al_2O_3 催化剂上 1-己烯的异构化反应进行了研究。在 1-己烯中加入 CO_2，降低己烯的浓度，在使结焦速率下降的同时，并可在适合的条件下连续脱除结焦物。

综上分析，为了避免异构化催化剂失活，采用超临界反应场可省掉工业上的临氢反应条件和催化剂上负载 Pt 金属等处理过程。

（4）烯烃低聚反应

图 4-33 为 HZSM-5 沸石上乙烯低聚反应活性随时间的变化[136]。可见，该反应如果在气相进行，则迅速失活，并且在焦炭难以生成的低温失活速率也很快。加入正戊烷后，可减缓催化剂失活，但效果不明显，随着正戊烷分压的增加，到临界点以上时，失活现象得到明显抑制。用正戊烷萃取失活的催化剂，可恢复其活性，萃取出的物质主要是乙烯的多聚物，碳数为 12 的烯烃。另外，人们还研究了超临界状态下 Y 型沸石上乙苯的歧化反应[137,138]。

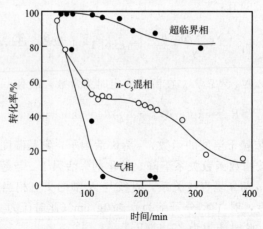

图 4-33　HZSM-5 沸石上乙烯的低聚反应

4.3.4　超临界条件状态下多相催化氧化反应

在催化剂存在下，烃类部分氧化可制备酚、醛及酸等。这些反应往往依赖于催化中心上 O_2 的浓度，而在超临界状态，烃类和氧气可同时处在均一相中，该均一相的黏度和扩散性能介于气体和液体之间；并且超临界介质可影响反应路径；同时，通过控制超临界条件可减少完全氧化反应产物的生成，提高部分氧化反应产物的选择性。

（1）甲苯氧化制苯甲醛

Dooley 等[139]以 CO_2 为超临界介质，在管式反应器中研究了甲苯部分氧化反应。反应条件为 293～493K，80atm，进料组成为甲苯 1.5%（质量分数），空气 6.5%（质量分数），其余为超临界 CO_2。对于 CoO/Al_2O_3 催化剂，在 473K，其转换频数为 10^{-5}/s，且选择性高，无多聚物生成。在金属氧化物催化剂上，发生三个反应，一是部分氧化反应，包括苯甲醛、苯甲醇和甲酚等。其中苯甲醛是主要产物；二是缩合反应，产生多聚物，如生成 o-甲基二苯基甲烷；三是完全氧化反应生成 CO_2。在超临界相中的反应路径可由下式表示（200℃）：

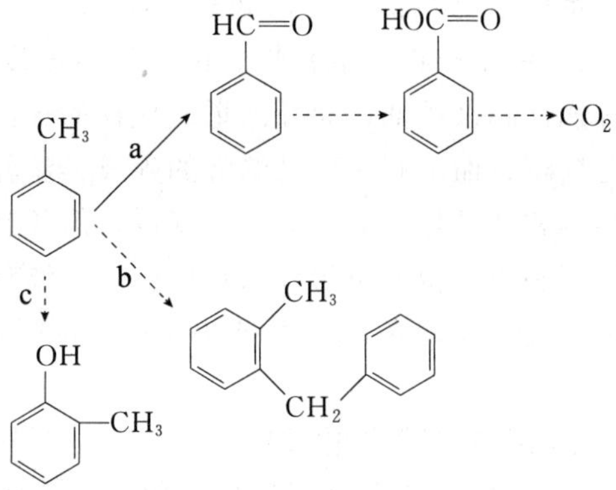

而气相反应的路径（400℃）为：

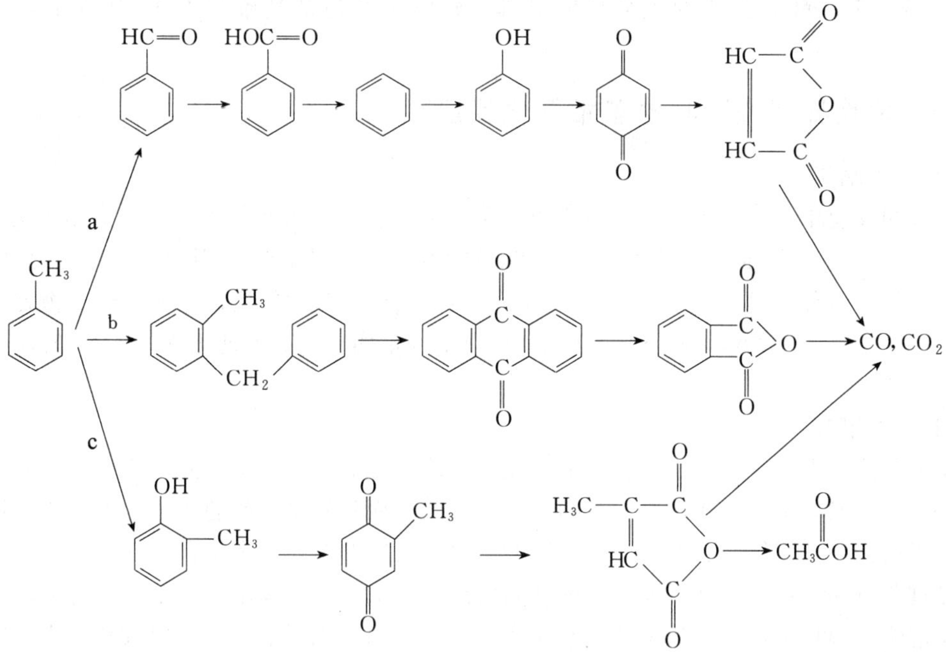

在超临界 CO_2 中，甲苯氧化主要生成苯甲醛、苯甲醇和甲酚及很少量的缩合产物与 CO_2。

杨美健等[140]以甲苯和氧气为原料，对超临界二氧化碳中的甲苯氧化反应进行了研究。考察了甲苯在超临界二氧化碳中的溶解性能。甲苯在超临界二氧化碳中的溶解性较好，在反应条件下，可以与二氧化碳和氧气形成均相；苯甲醇、苯甲醛和苯甲酸在超临界二氧化碳中的溶解度随着温度的升高略有增大；苯甲醇、苯甲醛和苯甲酸 3 种氧化产物的溶解度随着极性的增大而降低。依据产物在超临界二氧化碳中的溶解度差异，可实现苯甲醛的高选择性合成；考察了反应时间、体系压力、反应温度以及反应物料配比等影响因素对选择性和转化率的影响。通过调节超临界二氧化碳压力，可以实现对该反应的选择性调控，使主产物在苯甲醇与苯甲酸之间调变。

（2）超临界 CO_2 流体中环己烯催化氧化

张宁等[141]用 $(NH_4)_6Mo_7O_{24}$-Pt/SiO_2 催化剂，在超临界 CO_2 介质中催化氧化环己烯，

研究了反应温度和压力对环己烯转化率的影响及反应温度和压力对产物分布和选择性的影响。在一定温度下，反应体系的压力越高，环己烯转化率越大，在 28MPa 下反应 24h，其转化率为 15MPa 下的 2.6 倍；关于产物的选择性，随着反应温度的升高，环己烯酮的选择性逐渐增加，环己烯醇的选择性越来越低，而环己烯氧化物的选择性变化不大，说明高温有利于脱水氧化反应生成环己烯酮，而不利于环己烯醇的生成。随着压力的升高，环氧化物的选择性越来越高，而环己烯酮和环己烯醇的选择性皆降低，但环己烯酮和环己烯醇的比例几乎没变，这可能是由于高压有利于体积减小的环氧化反应，但没有改变环己烯醇和环己烯酮的生成历程。他们还认为环己烯在超临界 CO_2 介质中反应，可阻止催化剂活性组分的流失，进而延长了催化剂寿命。

（3）超临界 CO_2 中乙醇和乙醛的催化氧化反应

Zhou 等[142]研究了超临界 CO_2 流体中 Pt/TiO_2 催化剂上乙醛和乙醇的氧化反应。反应条件：对于乙醇为 423～473K，8.96MPa。对于乙醛为 423～548K，8.96MPa。提出了超临界 CO_2 条件下乙醇和乙醛的氧化反应机理，建立了相应的超临界 CO_2 中的反应动力学方程。

4.3.5 超临界状态下其他多相催化反应

（1）甲苯脱氢[143]

在气相反应中，甲苯脱氢的主要产物为芪，副产物为二苄基苯和苯。反应温度为 813～873K，反应压力为常压，所用催化剂为 Pb/Al_2O_3，其中催化剂中 PbO 占 20%。在反应物甲苯的超临界条件下（T_c=592K，p_c=4.23kPa），反应速率大幅度提高，主要产物为二苄基苯，反应温度降为 613K，副产物非常少，只有很少量的芪。此外催化剂中 PbO 的含量也大大减少（只有 1%）。

（2）合成甲醇[144]

甲醇既是重要的化学工业原料，又是重要的能源工业原料，探索先进的甲醇合成新过程具有深远的意义。甲醇合成已有多年的工业化实践，面临的主要问题是存在于合成过程中的热力学限制和传热限制。解决热力学限制的方向主要有两个：一个是合成过程的低温化，另一个是催化分离一体化。前者充分发挥低温的热力学优势，大幅度提高单程转化率；后者利用边反应边分离使合成反应的平衡不断向产物方向移动，克服了热力学的限制。改进传热状态的研究主要致力于浆态床甲醇合成过程的研究。虽然这些研究已取得了一定进展，但也存在不少缺陷，尤其是未能较好地在同一合成过程中同时解决上述两个限制问题。钟炳等探索性地研究了在超临界状态下合成甲醇的新过程，发现在超临界状态下能够同时解决甲醇合成过程中的传热传质限制，使 CO 的单程转化率大幅度提高，甲醇的选择性在 99% 以上，而且催化剂的稳定性也很好，目前已完成了 500h 中试稳定性试验。

气相合成甲醇常常伴有少量的水、二甲醚和乙醇的生成。根据 Stiles 提出的机理可知，乙醇的生成是由于链增长造成的，而水和二甲醚无需链增长即可生成。引入超临界介质后，在超临界反应中，其产物仍以甲醇为主，且甲醇的时空产率明显提高，副产物中有少量二甲醚和水，但无乙醇生成。这表明超临界介质加快了产物的脱附速度，使催化剂表面吸附物种停留时间缩短，链增长无法进行。相反，无需链增长反应即可生成的副产物水和二甲醚的选择性均有提高。另外，该反应为强放热反应，在气相中床层温升达 50℃，而在超临界相中仅有 30℃，可见超临界流体能使床层温升显著降低。

李涛等[145]在压力 6.0～7.0MPa、温度 235～260℃、气体质量空速 450～1400 L/(kg·h)的实验条件下,以液体石蜡为惰性液相热载体,采用所筛选的正己烷作为超临界介质,于加压机械搅拌反应釜中,对催化剂 C302-2 进行了介质处于超临界状态的三相浆态床液相甲醇合成过程研究。在低空速下,CO、CO_2 和 H_2 的转化率以及甲醇出口摩尔分数均高于相应实验条件下气-固两相反应的平衡转化率及甲醇出口平衡摩尔分数,即超临界介质正己烷的引入起到反应-分离耦合作用,转移了液相甲醇合成过程可逆放热反应热力学平衡对转化率的限制,提高了合成气单程转化率及甲醇出口摩尔分数。

(3)合成 C2 含氧化合物(乙醇)

魏伟等[146]选取正庚烷、正辛烷和环己烷作为反应的惰性超临界介质,以 Rh-Mn/SiO₂ 为催化剂,在 2mL 等温固定床反应器中,考察了超临界相反应条件对由合成气合成 C2 含氧化合物反应选择性的影响。超临界相反应提高了 C2 含氧化合物的选择性,尤其是乙醇的选择性,抑制了高碳数含氧化合物和烃类的生成,尽管超临界相反应中 CO 转化率略有下降,但对 C2 含氧化合物的时空收率影响不大,这在工业生产中是非常有利的。

(4)超临界条件下 CO_2 与 CH_3OH 的催化酯化[147～149]

房鼎业等在釜式反应器中以金属镁粉为催化剂,进行了甲醇与二氧化碳合成碳酸二甲酯的研究。实验中发现,碳酸二甲酯含量先随压力升高而增加,升到 7.5MPa 时达到最高,之后随压力升高而缓慢下降,即在 7.5MPa 出现和经典化学理论不一致的临界反应现象(CO_2 的 p_c 为 7.37MPa)。在此反应中,CO_2 既为溶剂又作为反应介质参与反应,对实验中出现的现象,从超临界流体临界点附近的性质角度上做了以下的解释:①在 CO_2 临界点附近,其极性发生变化,使反应向有利的方向进行。在一般条件下,CO_2 是非极性的,在临界点附近,极性发生变化。因此,可以通过连续变化的极性有效控制反应的进行,这是其他液相均相反应无法比拟的。②在 CO_2 的超临界流体中,扩散速度加快。组分在超临界流体中的扩散系数比液体中的大 100 倍。同时,反应物和生成物都溶解在超临界 CO_2 中,多相反应转化为均相,传质速率加快。③金属镁粉与甲醇生成的活性中间体在 CO_2 临界点附近被进一步激活。由于超临界流体具有良好的溶解性和扩散性能,可以提高催化剂活性,并延长其寿命。

(5)甲醇与异丁烯的醚化反应

尚小玉[150]在釜式反应器中分别考察了超临界 CO_2、非超临界及超临界甲醇中,在 Hβ 沸石催化剂上甲醇与异丁烯醚化反应性能。发现超临界 CO_2 中异丁烯转化率比同样温度非超临界条件下高出 5.4%,超临界甲醇中异丁烯转化率更高,高出 15%。并且,MTBE 的选择性为 100%。这是由于超临界流体使化学反应由多相转化为均相,增加了反应分子之间的混合和减少了扩散阻力,从而使活性增高。

(6)超临界氨中的氨基化反应

封超等[151]研究了用反应原料超临界氨作为反应介质来提高 2,6-二甲基苯酚氨化反应转化率和 2,6-二甲基苯胺选择性。考察了 γ-Al₂O₃、ZSM-5 和盐酸改性的 γ-Al₂O₃ 催化剂,筛选出超临界氨中催化氨化反应适宜的催化剂为弱酸性的 γ-Al₂O₃,并进行了催化氨化反应工艺条件优化研究,得到了超临界氨下反应工艺条件对 2,6-二甲基苯酚催化氨化的影响规律。在反应温度为 400℃、反应压力为 13～16 MPa、2,6-二甲基苯酚的液时空速为 0.03 h^{-1}、氨酚摩尔比 40～60 的工艺条件下,2,6-二甲基苯酚的转化率高于 98.5%,2,6-二甲基苯胺的选择性达到 80.0%。

4.4 超临界 CO_2 流体中高分子合成

4.4.1 超临界 CO_2 的性质[152,153]

CO_2 在超临界状态下有许多奇特的性质,如溶解能力、介电常数随压力上升而急剧变化,对高聚物有很强的溶胀能力等。这就使它在作为化学反应介质和物质传递介质中显示出许多独特的特点。在高分子科学领域,它一方面被用作各类聚合反应的介质,另一方面利用它对高聚物的溶解和溶胀能力及其随压力的可调节性而用于高聚物分级、成型和共混。近年来在高分子科学研究方面超临界 CO_2 也越来越受到重视。

在高分子领域,超临界 CO_2 作为反应介质最明显的优点是:惰性、溶解能力可调节、对高聚物有很强的溶胀和扩散能力,现分述如下。

(1)惰性

CO_2 分子很稳定,不会导致副反应。在超临界 CO_2 为介质的各种聚合反应中均未发现 CO_2 引起链转移的现象。引发剂 PAT(Ph—N =N—CPh₃)分解的自由基在许多有机溶剂中与溶剂分子反应生成复杂的混合物,而超临界 CO_2 中没有该副反应。

(2)调节压力或加入少量共溶剂,可大大改变超临界 CO_2 的溶解能力

① 小分子的溶解 包括烃类在高压下能溶于超临界 CO_2,虽然它并非一个优良的溶剂;引入取代基将降低溶解度,尤其是吸电子取代基如—NO_2,—CN;分子间形成氢键则溶解度大大降低;溶质分子周围 CO_2 溶剂的密度大于本体密度,而且这种"局部密度升高"在 p_C 附近最强烈。由于 p_C 附近压力增大,一是引起超临界 CO_2 本体密度迅速上升,二是引起"局部密度升高",见图 4-34,使溶质分子周围的溶剂密度上升更快,所以溶解能力迅速增强。

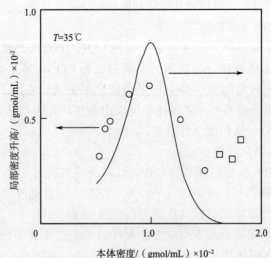

图 4-34 芘的超临界 CO_2 溶液中溶剂的"局部密度升高"

为了促进极性溶质在非极性超临界 CO_2 中的溶解,Johnston 等采用添加共溶剂的方法。实验表明,向超临界 CO_2 中添加摩尔分数为 0.028 的 CH_3OH,对苯二酚的溶解度提高约

10倍；而摩尔分数为 0.02 的 TBP（磷酸三丁酯）可使对苯二酚的溶解度提高 250 倍。CH_3OH 的加入只是增加了溶剂的极性，而 TBP 与溶质分子（酸、醇、酚）以氢键形成复合物，TBP 在非极性溶剂（如超临界 CO_2）中易溶导致这种复合物也易溶，因而提高了原溶质的溶解度。

② 高聚物的溶解　目前仅知高含氟非晶聚合物和聚有机硅氧烷能很好地在超临界 CO_2 中溶解，其余绝大部分高聚物在超临界 CO_2 中难溶，且随分子量增大和极性基团（—OH、C≡O、—NO_2）的引入，溶解性进一步下降。有机共溶剂可使高聚物在超临界 CO_2 中的溶解度大幅度上升。对一种聚合物来说，超临界 CO_2 压力越大，溶解的该聚合物的分子量就越大（图 4-35），因此调节压力可将某些聚合物分级。在聚合反应中应用这一原理则可得到某特定分子量的窄分布产品。因为在某一特定压力 p_1 下（图 4-35），产物分子量小于 M_1 时能溶解在介质中继续反应，当达到 M_1 时就引起沉淀而终止链增长。Russell 利用这种方法合成了 MWD＝1.02 的聚酯。

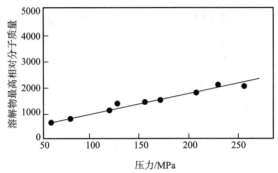

图 4-35　聚己二酸-1，4-丁二醇在 50℃ 超临界 CO_2 中的溶解性能

温度对其溶解能力也有影响。超临界 CO_2 的高聚物溶液常温下都呈现 LCST 相图（图 4-36）。分子量一定的样品，随温度升高，溶解度下降，即要求的溶解压力升高。对此现象的解释有两种：形象地说，温度升高，CO_2 密度减小，故溶解能力下降；从热力学来讲，混合自由能 $\Delta G＝\Delta H-T\Delta S$，溶解过程中超临界"气体"分子被大分子所限制，$\Delta S$ 为负值，因此 T 升高则 ΔG 升高，溶解能力下降。

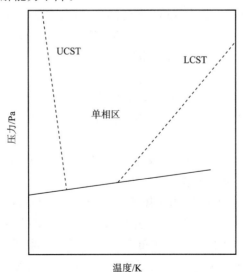

图 4-36　高聚物超临界 CO_2 溶液的相图

（3）对高聚物的溶胀和扩散

分子向聚合物中扩散的能力随分子尺寸的减小而急剧上升。CO_2 分子较小且超临界状态下黏度很小，因此对高聚物有很强的溶胀能力。很多高聚物由于 CO_2 的溶胀而被增塑，如超临界 CO_2 中，$p=2.5MPa$ 时 PMMA（聚甲基丙烯酸甲酯）的 T_g 从 110℃降至 60℃；$p=20.3MPa$ 时 PS（聚苯乙烯）的 T_g 从 100℃降至 35℃。溶胀也使其他小分子更容易扩散入高聚物。对 $PVC/DMP/CO_2$ 体系，室温下若无 CO_2，则 64h 后，DMP 扩散入 PVC 中的量仅为 PVC 的 1%，而在超临界 CO_2 6.53MPa 下，64h 扩散比例可达 45%。McCarthy 发现超临界 CO_2 对 PCTFE（聚氯三氟乙烯）、PE（聚乙烯）、PC（聚碳酸酯）、尼龙-66、PMP（聚 4-甲基-1-戊烯）、POM（聚甲醛）能产生强烈溶胀，因此将苯乙烯单体溶于超临界 CO_2，随着 CO_2 对高聚物的溶胀而扩散进去，继而聚合得到各种含 PS 的高分子复合材料。

4.4.2 超临界 CO_2 作为聚合反应介质[154]

大部分高聚物不溶于超临界 CO_2，所以该领域早期的尝试都是沉淀聚合。如 1960 年 Biddulph，1968 年 Hagiwara 分别将异丁烯和乙烯在液态 CO_2 中聚合。这些沉淀聚合转化率低（<40%），产物分子量小（<10^5），分布宽（MWD 可达 8），因此该领域的研究受到很大限制。1992 年 DeSimone 发现含氟高聚物在超临界 CO_2 中能很好地溶解，并首次完成了含氟单体 FOA（1,1-二氢全氟辛基丙烯酸酯）在超临界 CO_2 中的溶液聚合，克服了沉淀聚合的缺点，开辟了一条新的道路。此后，该领域的研究又活跃起来。而且高分子含氟物可作成双亲分子做乳化剂和稳定剂，使超临界 CO_2 中的乳液聚合及分散聚合成为可能。1994 年，DeSimone 报道了 MMA 在超临界 CO_2 中的分散聚合和丙烯酸在超临界 CO_2 中的沉淀聚合，Beckman 报道了丙烯酰胺在超临界 CO_2 中的乳液聚合。同时，Kennedy 致力于异丁烯的阳离子聚合，McCarthy 则用超临界 CO_2 作溶胀剂用 PS 与其他高聚物做复合材料。

① 均相溶液聚合　是指单体、引发剂（催化剂）溶于适当溶剂中进行聚合反应，且形成的聚合物溶于溶剂。如，1,1-二氟乙烯单体聚合形成聚合物大孔微珠；偏氟乙烯和四氟乙烯的调聚反应；苯乙烯、甲基丙烯酸甲酯、甲基丙烯酸缩水甘油酯的自由基三元均相共聚反应等。

② 沉淀聚合　是指单体、引发剂（催化剂）溶于适当溶剂中进行聚合反应，且形成的聚合物不溶于溶剂，也称淤浆聚合。例如，异丁烯沉淀聚合反应；连续沉淀聚合制备聚 1，1-二氟乙烯；AIBN 引发丙烯酸沉淀聚合制备白色聚丙烯酸粉末；沉淀聚合制备聚二乙烯基联苯、聚丙烯腈；沉淀聚合制备具有较高热分解温度和较低玻璃化转变温度的聚苯乙烯蒙脱土纳米材料；合成聚异丙基丙烯酰胺与丙烯酸共聚物以及交联聚异丙基丙烯酰胺；含氟丙烯酸酯与二甲基胺乙基丙烯酸酯沉淀聚合制备共聚物微球；甲基丙烯酸缩水甘油酯、甲基丙烯酸和苯乙烯为单体沉淀聚合制备微球等。

③ 分散聚合　是指反应开始前，单体、引发剂和分散剂均溶解在介质中，随着反应的进行，当聚合物链达到临界值时便会从介质中分离出来，并借助于分散剂稳定地悬浮在介质中。例如，甲基丙烯酸甲酯（MMA）为单体的分散聚合反应制备颗粒分布均匀的球形聚合物（分散剂是 PFOA）；不同聚乙二醇（PEG）链长的无规共聚物（PEGMA-co-FOMA）为稳定剂分散聚合制备聚甲基丙烯酸甲酯；合成主链为甲基丙烯酸甲酯/甲基丙烯酸羟乙基酯共聚物，侧链为全氟代聚环氧丙烷的两亲性接枝共聚物；甲基丙烯酸酯封端的聚硅氧烷大单体作为分散剂的 MMA 聚合反应；偶氮引发剂、二甲基硅氧烷聚合物为稳定剂制备单分散性比较好

的聚甲基丙烯酸甲酯亚微粒子；异冰片基丙烯酸酯、乙烯基乙二醇丙烯酸酯与甲基丙烯酸酯的分散聚合；苯乙烯分散聚合制备 FOA 和苯乙烯的嵌段共聚物（PS-b-PFOA）；醋酸乙烯酯（VAc）分散聚合反应；1,1-二氟乙烯聚合反应制备具有高分子量的聚 1，1-二氟乙烯；分散聚合合成"核-壳"结构的聚氨酯；PEO-b-PFDA 为稳定剂分散聚合制备 2-甲氨丙烯酸乙酯；合成高交联的聚甲基丙烯酸缩水甘油酯（PGMA）；硅氧烷大分子稳定剂存在下合成亲水聚合物聚 1-乙烯-2-吡咯烷酮；PDMS 大分子稳定剂在 $scCO_2$ 中分散聚合制备 PGMA 交联粒子和聚甲基丙烯酸二甲胺乙酯（PDMA）；聚苯乙烯与 FOA 嵌段共聚物为稳定剂，分散聚合制备聚甲基丙烯酸羟乙酯；合成 PVAc 以及聚丙烯腈-醋酸乙烯酯共聚物、苯乙烯-丙烯腈共聚物为稳定剂分散聚合制备球状聚丙烯腈；DMA 与 MMA 单体不同比例的热引发分散共聚合等。

④ 乳液聚合　是指在水介质中生成的自由基进入由乳化剂或其他方式生成的胶束或乳胶粒中引发其中单体进行聚合的非均相聚合。乳液一般指油性物质分散在水中形成的乳化体系。例如，大孔 PMMA 硅纳米复合物的合成；丙交酯和乙交酯在 $scCO_2$ 中的乳液共聚合反应；含氟嵌段聚合物为表面活性剂的水溶性单体乙基丙烯酰胺乳液聚合制备聚乙基丙烯酰胺等。

⑤ 反相乳液聚合　是指以水溶性单体的水溶液作为分散相、与水不混溶的有机溶剂作为连续相，在乳化剂作用下形成油包水型乳液而进行的乳液聚合。例如，丙烯酰胺的反相乳液聚合；反相乳液聚合合成纳米聚丙烯酰胺粒子等。

⑥ 溶胀聚合（聚合物混合合成）　$scCO_2$ 溶胀聚合法比起传统的共混方法有许多独特的优点。采用这一新的聚合共混法，制备苯乙烯-［聚乙烯、聚甲醛、聚（4-甲基-1-戊烯）、尼龙-66、聚碳酸酯和聚一氯三氟乙烯］聚合共混物；聚苯乙烯/聚乙烯复合物、聚（四氟乙烯-六氟丙烯）共聚物/聚苯乙烯复合物；$scCO_2$ 为反应介质和溶胀试剂，通过自由基聚合反应接枝甲基丙烯酸甲酯到全同聚丙烯薄膜上，得到表面改性的材料；聚乙烯与 N-环己基马来酰亚胺及苯乙烯接枝共聚，获得热稳定性更好、杨氏模量和拉伸强度都增加的薄膜；用 $scCO_2$ 作溶胀剂和单体及引发剂的载体，可以辅助合成聚丙烯酸/尼龙 6，以及聚苯乙烯/尼龙 6 的混合物，得到具有较尼龙 6 热稳定性更好的聚合物；采用 $scCO_2$ 溶胀聚合法，以丙烯酸乙酯（EA）/3-氯丙烯（AC）为单体对天然橡胶（NR）进行接枝改性，合成接枝共聚物 NR-g-（EA-PAC）；以基团转移聚合制备的聚二甲基硅氧烷-甲基丙烯酸嵌段共聚物作为稳定剂，甲基丙烯酸分散聚合包覆二氧化硅粒子制备微球；在 $scCO_2$ 中，将 VAc 通过原位聚合接枝在聚乙烯上，制备具有生物相容性表面的材料等。

⑦ 阳离子聚合　是指由阳离子引发而产生聚合的反应。活性阳离子聚合可以控制聚合物分子量、分子量分布、聚合物微结构末端官能团等。$scCO_2$ 较低的温度和对阳离子聚合反应的惰性，使其适用于阳离子聚合。例如，异丁基乙烯基醚的阳离子聚合反应；2-乙氧甲基-环丁酮（BEMO）和异丙醇（IB）的阳离子分散聚合；CH_3Cl 作极性共溶剂的异丁烯阳离子聚合反应；残留水和 $AlCl_3$ 为催化体系的 3-甲基-1-丁烯和 4-甲基-1-戊烯阳离子聚合反应；聚氟乙烯基酯（PFVE）；大豆油聚合物等。

⑧ 熔融态缩聚　是指在单体和聚合物的熔融温度以上将它们加热熔融，然后在熔融态进行的缩聚方法。聚合物熔体可以直接纺丝、成膜或铸带切粒，适用于聚酯和聚酰胺的制造。例如，双酚（双酚 A、双酚 P、双酚 AF 和双酚 Z）与二苯基碳酸酯在 $scCO_2$ 中的熔融缩聚；制备聚对苯二甲酸乙二醇酯（PET）；六亚甲基二胺盐和己二酸熔融缩聚反应制备聚酰

胺(分子量为 2.45×10^4 的尼龙 66）；二环己基脲和 4-二甲基氨嘧啶制备聚 L-乳酸等。

⑨ 氧化偶合聚合　是指某些带有活泼氢的化合物在氧化催化剂的作用下起氧化反应，脱氢而偶联形成聚合物的方法，又称脱氢缩聚。酚类、乙炔类、芳胺类、芳烃、硫醇类等化合物都可通过氧化偶合聚合生成聚合物。例如，聚吡咯由于其高导电性和良好的热稳定性，作为一种有机导体备受人们的关注。它通常是用化学氧化的方法在水、乙酸乙酯、乙腈或乙醚中聚合；合成聚（2,6-二甲基苯酚）；氧化聚合制备氟功能化的共轭聚噻吩等。

⑩ 溶胶-凝胶聚合　溶胶-凝胶过程是制备硅凝胶的重要方法，在 scCO2 中溶胶-凝胶聚合制备硅凝胶可有效避免干燥所产生的收缩和破裂；以四甲烷氧基硅烷和甲酸或对三甲基硅苯和甲酸制备硅凝胶，甲酸起到共溶剂的作用。

⑪ 可逆加成-断裂链转移（RAFT）　在 scCO2 和甲苯中，链转移剂为双硫酯化合物，进行可逆加成-断裂链转移（RAFT）聚合制备聚甲基丙烯酸。产物分子量分布和平均分子量均一具有可控聚合的特征，聚合分散度小于 1105。

⑫ 氮氧自由基作为调控介质的可控/活性自由基聚合　氮氧自由基引发的苯乙烯活性自由基聚合，以及 PDMS-b-PMMA 作为稳定剂的苯乙烯可控/活性聚合过程；硝基氧自由基引发的含氟嵌段共聚物活性自由基聚合，以 2,2,6,6-四甲基-1 哌啶氮氧自由基 TEMPO 为引发剂合成聚苯乙烯含氟共聚物。

⑬ 原子转移自由基聚合（ATRP）　是指引入卤代烃并以低价过渡金属络合物作为卤原子转移剂，催化可逆的卤原子转移过程，从而达到增长自由基和休眠种间的平衡的一种可控自由基聚合。例如，溴封端聚硅氧烷引发的甲基丙烯酸甲酯的原子转移自由基聚合（AT-RP），可控活性聚合制备单分散分子量的聚合物 PDMS-b-PMMA。

⑭ 开环易位聚合　与自由基聚合、阴离子聚合、阳离子聚合及 Ziegler-Natta 配位聚合不同，开环易位聚合所得到的聚合物中仍保留了单体中所含有的双键。所用的催化剂（引发剂）是过渡金属元素（如 W、Ta、Ru、Ti、Mo 等）的卡宾络合物。热开环聚合通常在高沸点化合物溶剂中进行，而其在反应后较难除去。使用 scCO2 避免了这个问题。例如，二茂铁硅烷聚合；阴离子开环聚合反应制备 ε-己内酯；二丁基二甲氧基引发制备 ε-己内酯与 L，L-丙交酯共聚物；酶催化剂使 ε-己内酯开环聚合制备聚 ε-己内酯；2-乙基己酸锌开环聚合制备 D，L-乳酸与乙交酯共聚物；2-乙基己酸锡开环聚合制备 ε-己内酯；聚 L-丙交酯与聚乙交酯以及它们的共聚物；含硅聚合物 PDMS-b-PAA 和 PDMS-b-PMA 作为稳定剂，开环聚合制备聚 L-丙交酯；开环沉淀聚合制备聚 D，L-丙交酯乙交酯共聚物；降冰片烯开环交换聚合（ROMP）反应。

⑮ 催化链转移聚合　催化链转移聚合是一种活性自由基聚合法，它以钴配合物（Ⅱ价或Ⅲ价）为高效链转移催化剂，可在较温和的条件下一步反应得到低分子量且末端含有碳碳不饱和双键的聚合物。例如，甲基丙烯酸甲酯为单体，在 scCO2 中，利用含钴的催化链转移剂 CoTFPP 发生链催化转移反应，聚合制备聚甲基丙烯酸甲酯；用催化链转移剂 CoPhBF（Ⅰ）以及含硅稳定剂聚合制备聚甲基丙烯酸甲酯；$[Ru(H_2O)_6(tos)_2]$ 为催化剂制备聚降冰片烯。

⑯ 电化学聚合　指在有适当电解液的电池里，通过一定的电化学方式进行电解，使单体在电极上氧化或还原或分解为自由基或离子等而发生的聚合反应。例如，在 scCO2 中形成的二氧化碳/水乳液中，通过电化学聚合制备聚吡咯、聚苯胺薄膜；在 scCO2/乙腈体系中，通过电化学聚合制备光滑的聚吡咯薄膜。

⑰ 硅氢化聚合　以 Karstedt's 催化剂在 $scCO_2$ 中经硅氢化聚合反应制备聚（硅烷-硅氧烷）材料。材料具有可交联、高分子量，低介电性和低 T_g 的特点，特别是其在较高分子量时仍保持有较低的 T_g。

⑱ 几种聚合机理同时反应　将 ATRP 与酶催化开环聚合（ROP）两种活性聚合在 $scCO_2$ 中同时反应，即原子转移聚合所用的金属催化剂与开环聚合的酶催化剂及单体一起加入，反应表明两种催化剂并没有相互作用，并制备了单分散性的嵌段共聚物 PCL-b-PMMA。两种聚合物的分子量随着时间同时增加，表明反应同时发生，而且两种聚合物的链长可以通过催化剂的加入量来控制，ε-己内酰胺在反应中起共溶剂的作用。这种一步聚合方法也使得具有不同物理和化学性质的单体较易共聚合成为嵌段聚合物。

⑲ 二氧化碳参与聚合反应　是指在 $scCO_2$ 中，二氧化碳作为共聚反应的原料参与反应。例如，锌戊二酸为催化剂，氧化丙烯和二氧化碳为原料制备分子量为 10^4 的聚碳酸酯；乙基乙烯醚与二氧化碳共聚制备聚合物。

4.4.3　超临界 CO_2 条件下新型功能高分子材料的制备

利用超临界二氧化碳聚合方法制备了多种新型功能高分子材料，涉及含氟塑料、含氟弹性体、核壳复合材料、多孔材料以及膜材料，显示出传统工艺无法比拟的优越性[155]。

（1）含氟塑料

含氟聚合物表面能较低，与金属或者其他材料的黏结性能较差，利用极性单体进行共聚改性是解决此难题的方法之一。例如，在超临界二氧化碳中制备基于 TFE 与极性单体共聚的新型含氟塑料。共聚单体中含有易于与水发生反应的基团，如异氰酸酯、腈基、酸酐等。显然，这些带极性基团的功能单体与 TFE 的共聚不能在水性介质中进行。超临界二氧化碳作为反应介质的优点是可以同时溶解 TFE 和共聚单体，一般有机溶剂很难做到这点。乙烯基醚或烯酮二乙缩醛等富电子单体倾向于和含氟烯烃形成交替共聚物，可能拥有与普通含氟聚合物不同的特性。对于这些含氟树脂的合成，超临界二氧化碳介质表现出其他溶剂无法比拟的优势。

（2）含氟弹性体

传统含氟弹性体的制备过程是，首先合成基于 TFE 或 VDF 的高分子量无定形预聚物，然后将这些线性或者轻度支化的聚合物交联，从而形成拥有良好力学性能和化学稳定性的弹性体。交联反应可能是自由基机理或离子机理，取决于聚合物的化学组成。一般来讲，自由基交联的产物比离子交联具有更好的力学性能。高分子量预聚物 PTFE 或 PVDF 的加工性较差，限制了其应用范围。例如，在超临界二氧化碳中合成可加工的液态预聚物的方法。该预聚物为 VDF、TFE 和 2-溴四氟乙基三氟乙烯基醚（EVEBr）的二元或三元共聚物，呈黏稠、无色、透明状。在紫外光照射下，交联点 EVEBr 与三烯丙基异氰尿酸酯或 2,2-二甲氧基-2-苄基苯乙酮反应，得到热稳定性良好的含氟弹性体，加热至 577℃ 热失重仅 5%，同时拥有优良的力学性能，拉伸模量最高可达 13MPa；可紫外交联的全氟聚醚（PFPE），被成功用于制造微流器件。

（3）核壳复合材料

含氟聚合物和普通聚合物的复合材料可能拥有独特的性质，然而由于二者的相容性较差，使得这类材料的制备较为困难。利用超临界二氧化碳/水复合介质可制备具有核壳结构的复合材料。例如，核壳结构的 PTFE/PMMA 复合纳米粒子。二氧化碳对初级 PTFE 粒子表面有增塑作用，改善了与 PMMA 的相容性，并且帮助纳米粒子重新取向。水的存在促使亲水性 PMMA 伸展形成外壳，疏水性 PTFE 收缩成内核，从而形成热力学稳定的核壳结构。超临界二氧化碳对聚合物的增塑作用是常规溶剂不具备的，是成功制备核壳复合材料的重要因素，利用这一特性有望开发更多新型的含氟材料。

（4）多孔材料

多孔材料广泛用于催化、化学分离和组织工程等领域。制备多孔材料一般需要使用大量有机溶剂作为发泡剂，除去溶剂时可能发生孔洞坍塌。以超临界二氧化碳为致孔剂可有效避免上述问题的发生，二氧化碳的低毒性使其在制备生物医用多孔材料时更具优势。例如，利用超临界二氧化碳作为致孔剂，制备整块交联的多孔聚（甲基）丙烯酸酯，在高性能液相色谱、高性能膜色谱和毛细管电色谱方面具有潜在应用；超临界二氧化碳作为致孔剂用于悬浮聚合，可得到多孔珠状物；乳液模板法是制备高密度多孔无机或有机材料的有效方法之一。在水包油型乳液（O/W）中合成亲水多孔材料的缺点在于需要使用体积比高达 80% 的有机溶剂作为油相，相分离之后有机溶剂难以被除去。而在水包二氧化碳（C/W）乳液（HIPE）中制备多孔材料的方法，避免了有机溶剂的使用；利用这一方法还制备了聚（甲基）丙烯酸羟乙酯水凝胶。

（5）全氟磺酸离子膜

全氟磺酸离子膜（PFSA）具有高离子导电性、良好的化学稳定性和膜强度，被用作燃料电池中的质子交换膜。例如，使用超临界二氧化碳对全氟磺酸离子膜进行处理，处理后的膜微结构发生了改变，可直接用在甲醇燃料电池中。

4.5 超临界条件下的酶催化反应[156~158]

酶是专一的、有催化活性的一种具有特殊三维空间构象的蛋白质，它能在生物体内催化完成许多广泛且具有特异性的反应。酶的催化效率高，反应条件温和（常温、常压）而且酶对底物有高度的专一性（酶催化具有区域选择性和立体选择性）。它有着化学催化剂无可比拟的优越性，已经广泛应用在食品工业、药物工业和洗涤剂工业。在传统有机溶剂中进行的酶反应，其产物中或多或少会残留一些有机溶剂，易对食品或药品造成污染，使得有机介质中酶催化的应用受到一定的限制。随着酶催化技术的发展，许多酶在非水溶剂中表现出更高的活性。在非水溶剂中，酶催化反应的速率更快，酶的选择性也更高。Hammond 等[159]首先提出了酶催化反应在 SCF 中进行的可行性，并引起了许多科研工作者的广泛兴趣。

超临界流体作为酶催化反应的介质具有如下优点：①增加非极性底物的溶解度；②可进行酶水解反应的逆反应，如酯化、内酯化、酯交换及肽的合成等；③减少底物或产物对酶的抑制；④增加酶的热稳定性；⑤减少反应副产物；⑥可通过温度或压力的微小变化改变底物或产物在超临界流体中的溶解度。根据各种物质在不同温度和压力下溶解度的差异，可方便地将酶反应产物从残留反应物和副产物中分离出来，且超临界流体在反应后可被彻底排除，产物中不留下任何溶剂；⑦可与其他气体混溶（如氧、氢）得到任意浓度，使得氧化和氢化反应易于控制；⑧很多超临界流体的临界温度均小于 100℃，不会使产物热分解，温和的温度适合酶反应，甚至可用于含热敏型酶的反应之中等。在酶催化反应中，应用的超临界流体有乙烷、乙烯、三氯甲烷、六氟化硫和 CO_2 等，其中 CO_2 是应用最广泛的流体。表 4-7 是超临界 CO_2 中进行的部分酶催化反应[157]。

表 4-7　在超临界 CO_2 中进行的酶催化反应

反应类型	基质	生物催化剂	反应条件
酯化	油酸＋乙醇	脂肪酶	
酯化	肉豆蔻酸＋乙醇	脂肪酶	
转酯	甘油三油酸酯＋硬脂酸	脂肪酶	30MPa，323K
醇解	乙酸乙酯＋异戊醇	脂肪酶	10MPa，333K
醇解	N-乙酰-L-苯基丙氨酸氯酯＋乙醇	枯草菌溶素	
水解	p-硝化苯基磷酸酯	碱性磷酸酶	10MPa，308K
氧化	p-甲酚/p-氯酚	多酚氧化酶	34MPa，309K
氧化	胆固醇	胆固醇氧化酶	10MPa，308K

作为一种非水溶剂，超临界 CO_2 应用于酶催化反应具有许多优点：①可加速传质控制的反应；②可简化产品的分离和回收；③温和的反应温度适合于酶催化反应，产物不会分解；④不存在反应产物中溶剂残留的问题。

生物催化剂酶在超临界 CO_2 中的稳定性和有机溶剂类似，但当使用超临界 CO_2 作为溶剂时，酶催化反应的反应速率往往比使用有机溶剂高。

超临界生物反应器分间歇型、半间歇型和连续型。超临界 CO_2 中进行的酶催化反应的用途非常广泛，如用淀粉酶和糖化酶水解淀粉、酶法合成 Aspartame（1-天冬酰-1-苯丙氨酸甲酯）的前体等。目前，超临界酶催化反应研究较多的是脂肪酶，它可用于生物分子的合成和修饰，且应用前景广阔。此外，通过消旋混合物的拆分或手性合成来生产纯的旋光异构体也是超临界酶催化反应一个诱人的应用。

酶学研究的结果表明，某些酶的活性中心穴内相对来说是非极性的，即酶的催化基团被低介电环境所包围，在某些情况下，还可以排除高极性的水分子。这样，底物分子的敏感键和酶的催化基团之间就会有很大的反应力，这是有助于加速酶反应的。酶活性中心的这一性质是使某些酶催化总反应速率增长的一个重要原因。由此可以肯定反应介质的溶剂特性会影响反应的微环境，从而影响酶反应。超临界二氧化碳体系的溶剂特性与压力密切相关。在临界点附近，压力的微小变化，会使超临界流体的溶解度参数和介电常数等发生很大的变化。因此通过调节操作压力可有效控制反应的进行。

陈惠晴等[156]以假丝酵母脂肪酶催化的月桂酸和正丁醇的酯化反应为研究对象，考察超临界二氧化碳条件下，压力这一重要的操作因素如何影响溶剂特性，进而又如何影响酶催化的酯化反应的动力学的。在正丁醇浓度 20mmol/L，温度 50℃，加酶 0.2g 条件下，同一压力下随着月桂酸浓度的增加，初始反应速率增加；但是当月桂酸浓度恒定的时候，初始反应速率随着压力的增加而下降。

溶剂特性是影响酶反应动力学的重要的环境因素。溶解参数和介电常数是描述超临界流体溶剂特性的重要参数。他们分别用溶解度参数 δ 和介电常数 ε 来对不同压力下测得的最大反应速率进行关联，从而可以更深入地理解压力影响超临界介质中酶催化反应的根本原因。

如图 4-37 和图 4-38 所示。可以看出，最大初始反应速率的对数对溶解度参数和介电常数都呈现比较好的线性关系。

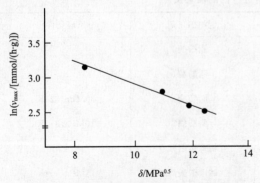
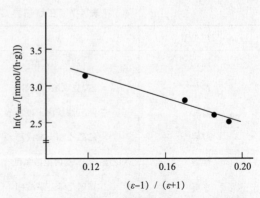

图 4-37　溶解度参数和最大反应速率的关系　　图 4-38　$(\varepsilon-1)/(\varepsilon+1)$ 和最大反应速率的关系

阮新等[158]采用一种来源经济、使用简便的高效生物催化剂——猪胰脂肪酶，考察了在超临界 CO_2 中催化仲丁醇和丁酸甲酯的交换反应。先后考察了三种有机溶剂庚烷、环己烷和丙酮中猪胰脂肪酶催化仲丁醇和丁酸甲酯的酯交换反应，结果表明，在相同的条件下，用极性较弱的环己烷作为反应介质时转化率最高。用环己烷为溶剂时，在 35℃下恒温振荡反应 12h，反应的转化率为 11.1%，进一步反应达 72h 的转化率也只有 36.1%；40℃下反应 12h，转化率为 19.6%。而在 40℃，14MPa 的超临界二氧化碳介质中反应 12h，反应转化率可达 41.4%。

就极性而言，超临界二氧化碳大致和环己烷相近，所以他们用环己烷这一有机溶剂同超临界流体介质相比较。从这些数据可以清楚地看到，在超临界二氧化碳流体介质中进行酶催化反应比传统有机溶剂中有高得多的反应速率。这可能是在超临界二氧化碳介质中，由于传质速率的提高、有机物溶解度的增加以及底物在酶分子上局部簇的形成，造成酶分子区域性反应物浓度上升等因素，使其表现出优于有机溶剂介质的酶催化反应。

Harada 等[160]利用 $ScCO_2/H_2O$ 两相体系实现醇脱氢酶催化酮不对称加氢反应。体系中需要添加碳酸氢钠来控制体系的 pH 值以防止酶失活，反应得到的产物 ee 值高达 99%。

Yasmin 等[161]研究了超临界二氧化碳中脂肪酶 Novozym 435 催化乙二醇与乙酸乙酯的转酯化反应，发现超临界二氧化碳能提高反应对乙二醇乙酸酯的选择性，抑制乙二醇二乙酸酯的生成。

Olsen 等[162]采用脂肪酶 Novozym 435，在超临界二氧化碳中催化单萜熏衣草醇与乙酸的酯化反应，在 60℃，二氧化碳压力 10MPa 时，转化率高达 86%。

Celebi 等[163]采用 Candida cylindracea(CCL) 脂肪酶，在超临界 CO_2 中催化苯乙酰安息香水解，对映选择性地得到 (R)-安息香。在 35℃，二氧化碳压力为 90bar 时，转化率 50%，ee 值为 61.3%。

Palocci 等[164]在超临界二氧化碳中，以丙烯酸乙烯酯为乙酰基给体，假丝酵母玫瑰脂肪酶为催化剂，催化甲基-6-O-三苯甲基-β-D-吡喃葡萄糖苷发生区域选择性的乙酰化反应，总转化率达 91.4%。二氧化碳的压力对反应的区域选择性有很大影响，当压力在 20MPa 时，3-乙酰基-6-O-三苯甲基-β-D-吡喃葡萄糖苷为单一产物。

陈晓慧等[165]以二氧化碳为流体，在超临界体系中用脂肪酶催化大豆油脂与甘油反应制备甘油二酯。选取 Lipozyme RMIM、Novozyme435、Lipozyme TLIM 三种固定化脂肪酶进行酯化反应，得到甘油二酯含量分别为 68.6%、67.7%、64.8%。

周晓丹等[166]以醋酸纤维素和聚四氟乙烯为材料制备醋酸纤维素/聚四氟乙烯复合膜，采用吸附-交联相结合的固定化方法，用该复合膜固定化脂肪酶。并研究了在超临界 CO_2 状态下，采用该固定化脂肪酶膜催化一级大豆油与甘油反应合成甘油二酯的工艺。

焦江华等[167]以固定化亚油酸异构酶和亚油酸(LA)为原料，在考察超临界 CO_2 处理对酶稳定性影响的基础上，研究了合成共轭亚油酸(CLA)的反应性能。

李默馨等[168]在超临界 CO_2 状态下，采用脂肪酶催化共轭亚油酸(conjugated linoleic acid, CLA)与甘油反应制备共轭亚油酸甘油酯，CLA 的酯化率可达到 91.0%。

王腾宇等[169]对葵花油与植物甾醇在 CO_2 超临界状态下合成植物甾醇酯的工艺进行了研究。采用 Novozym 435 脂肪酶作催化剂，进行酯化反应，转换率为 92.1%。

4.6　超临界水的酸催化功能与反应性能[170]

利用超临界水的环境友好化工过程的开发正受到重视[171]，它具有经济、安全及作为溶剂性能容易控制等特点。超临界状态的水与常温状态的水具有完全不同的性质，常温常压下水的诱导率为 80，而在超临界状态显著减小到 2～20[172]。因此，在超临界水中可以溶解像芳烃化合物这样极性低的化合物及各种气体，具有重要的工程意义，利用超临界水对有害物质进行氧化分解反应(SCWO)过程已经实用化。

4.6.1　超临界水的溶剂特性

图 4-39 为 25MPa 下水的离子积(K_w)与温度的关系[173]。$\lg K_w$ 值在 523K 左右的水热条件下存在极大值，超过超临界温度(637K)显著减小，为 -20。即从 $\lg K_w$-T 求得的质子浓度在超临界状态下远小于水热条件下的，因此，往往使人们不去考虑在超临界水中进行酸催化(质子酸)反应。

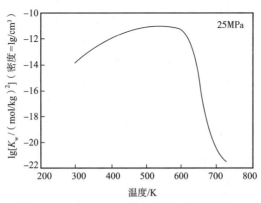

图 4-39　25MPa 下水的离子积与温度的关系

实际上超临界状态下的水的氢键强度会发生异常变化。图 4-40 为由拉曼光谱法测定的水热条件和超临界条件下水的氢键强度与密度的关系。测定的温度范围为 643～773K。纵坐标上的 Δf 表示测定的拉曼光谱的 ν_{max} 的偏差。随着 Δf 的减小，表明水分子间的氢键网络被破坏，氢键强度减弱。$\Delta f/\rho$ 随着密度的增加逐渐下降，超过临界密度 $0.32\,\mathrm{g/cm^3}$ 后变化不大，大体保持恒定，二聚体结构转化为单分子结构。尤其是在临界温度附近氢键强度异常弱。因此，有人推测在临界温度附近的双聚体、单聚体的一部分可进一步分解生成质子，而具有酸催化功能。

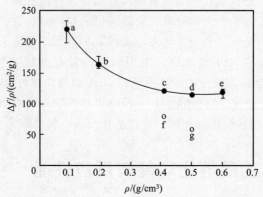

图 4-40　$628\sim773\mathrm{K}$ 和 $20\sim40\mathrm{MPa}$ 条件下水的 $\Delta f/\rho$ 与 ρ 的关系

4.6.2　超临界水中的有机合成反应

在工业上，ε-己内酰胺的合成是采用环己酮肟的贝克曼重排反应进行的。并且必须采用强酸为催化剂，生成价值低的副产物硫酸铵。为此，人们正在开发固体酸催化剂代替液体硫酸催化剂，但由于催化剂寿命等原因，尚未实现工业化生产。利用超临界水的酸催化性能可实现无催化剂的贝克曼重排反应，反应式如下：

Ikushima 等[174,175]采用流通式原位红外反应系统(耐温 773K，耐压 50MPa)测定了贝克曼重排反应。图 4-41 为 22.1MPa、623K 水热条件下和超临界水中(647.5K)的环己酮肟水溶液($0.15\mathrm{mol/L}$)的红外光谱图。反应时间为 133s。和常温常压下的环己酮肟水溶液相比有显著变化，即在超临界水中 $1630\mathrm{cm^{-1}}$ 附近，水热条件下的 $1705\mathrm{cm^{-1}}$ 附近有新的吸收谱带生成。$1630\mathrm{cm^{-1}}$ 附近的吸收谱带是 ε-己内酰胺的 CO 伸缩振动，$1705\mathrm{cm^{-1}}$ 附近的吸收谱带是环己酮的 CO 伸缩振动。水热条件下没有观察到 ε-己内酰胺的吸收谱带，表明环己酮肟水解生成环己酮。这说明在超临界水中即使不加入催化剂也会合成 ε-己内酰胺。

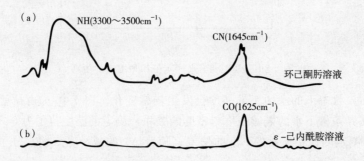

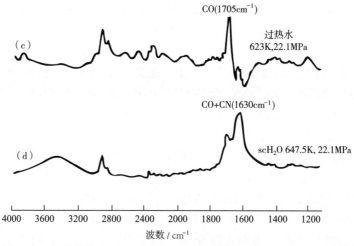

图 4-41　超临界水中环己酮肟 Backmann 重排反应的原位红外光谱图

4.6.3　超临界水中氧化反应

着眼于环保领域应用的超临界水氧化反应（supercritical water oxidation，SCWO）是目前研究最多的一类反应过程。SCWO 是指有机废物和空气、氧气等氧化剂在超临界水中进行氧化反应而将有机废物去除。由于 SCWO 是在高温高压下进行的均相反应，反应速率很快（可小于 1min），处理彻底，有机物被完全氧化成二氧化碳、水、氮气以及盐类等无毒的小分子化合物，不形成二次污染，且无机盐可从水中分离出来，处理后的废水可完全回收利用。另外，当有机物含量超过 2％时，SCWO 过程可以形成自热而不需额外供给热量。这些特性使 SCWO 与生化处理法、湿式空气氧化法（wet air oxidation，WAO）、燃烧法等传统的废水处理技术相比具有独特的优势，对于传统方法难以处理的废水体系，SCWO 已成为一种具有很大潜力的环保新技术。

利用 SCWO 处理各种废水和过量活性污泥已取得成功，国外已有工业化的装置出现。但在此过程中发现，SCWO 苛刻的反应条件（$T \geqslant 500℃$，$p \geqslant 25MPa$）对金属具有较强的腐蚀性，对设备材质有较高的要求。另外，对某些化学性质稳定的化合物，所需的反应时间还较长，对反应条件要求较高。为了加快反应速率、减少反应时间、降低反应温度、优化反应网络，使 SCWO 能充分发挥出自身的优势，许多研究者将催化剂引入 SCWO 以期达到这一目的。目前，对催化超临界水氧化法处理废水的研究正日益兴起，是 SCWO 研究的一个重要发展方向[176]。

（1）苯酚在超临界水中的催化氧化反应[177]

苯酚广泛存在于许多废水中，与其他有机物相比更难以氧化降解，而且苯酚是许多芳香族化合物氧化降解过程的中间产物，因此苯酚常作为典型污染物加以研究。

Ahmet 等[178]研究了苯酚在超临界水中的均相催化氧化。在含钛反应器中用过渡金属盐作催化剂，发现 $CuSO_4$ 的催化效果最好。在 673K 下反应速率比没有催化剂时增加了 41％。由于大多数电解质和无机盐在超临界水中的溶解度很小，溶解的金属离子会对环境造成二次污染，因此苯酚的催化 SCWO 主要集中在非均相催化上。但均相催化实验也表明，如果在非均相 SCWO 过程中，过渡金属氧化物催化剂溶解，那么溶解的金属离子可能起着均相催化剂的作用。

过渡金属氧化物和一些贵金属被广泛用作催化剂的活性组分，如 Cu、Zn、Cr、V、Mn、Ti、Al 等的氧化物和 Pt 等贵金属。催化剂包括 MnO_2/CeO_2、Cr_2O_3/Al_2O_3、CuO/Al_2O_3 等。

Matsumura 等[179]在用活性炭作催化剂对苯酚进行湿法空气氧化的基础上，探寻了其在苯酚 SCWO 中的催化活性，首次证明了含碳物质的催化作用。在 673K、25MPa 的条件下，用填料床反应器对苯酚进行氧化，反应初期苯酚转化率高达 75%，高于无活性炭时的转化率(50%)。苯酚转化率的增加是因为活性炭的催化作用，不是因为活性炭的燃烧使得反应器内温度升高，从而加快了反应速率。活性炭不仅能提高苯酚的转化率，而且能抑制焦状物生成，降低二聚物收率，提高 CO_2 的选择性。

(2)多氯联苯(PCBs)的超(亚)临界水催化氧化及还原裂解[180]

多氯联苯(polychlorinated biphenyls，PCBs)是一类以联苯为原料，在金属催化剂作用下高温氯化生成的氯代芳烃，根据氯原子取代数和取代位置的不同共有 209 种同类物。PCBs 的释放对人类健康和环境安全构成了严重的威胁。PCBs 可经动物皮肤、呼吸道和消化道而被机体所吸收，由于人类处于食物链的终端，PCBs 最重要的危害来自食取动物脂肪。常用焚烧法处理有毒难降解有机物，但 PCBs 本身用作阻燃剂且在焚烧过程中易产生剧毒污染物 PCDDs 和 PCDFs 等，故焚烧法处理 PCBs 仍然存在很多问题。

CH_3OH 对 SCWO 处理 PCBs 具有促进作用。Anitescu 等[181~183]分别研究了 CH_3OH 和苯作为共溶剂条件下 4-氯联苯的 SCWO 处理，相应的 PCBs 最高去除率分别为 97% 和 72%。苯作为溶剂时反应产物中含有大量剧毒的 PCDDPFs，若不加入氧化剂，两者相差 3.5 倍。他们还以 CH_3OH 为共溶剂、H_2O_2 为氧化剂在过氧 20% 的条件下，对 Aroclor1248、$3,3',4,4'$-四氯联苯、4-氯联苯超临界水氧化反应机理和动力学进行了系统研究。反应符合二级反应动力学模型且与氧浓度无关；反应过程中存在中间产物的产生和降解的竞争现象，在反应前期以中间产物的产生为主，而后期则以中间产物的降解为主；反应产物主要包括联苯、低氯 PCB 异构体、CO 和 CO_2。

PCBs 的超临界水裂解(SCWT)。与 SCWO 不同的是，SCWT 反应过程不加入氧化剂，因此相对于 SCWO，SCWT 反应速率较慢。Sako 等[184]采用 SCWT 的方法对 KC300、KC500 及变压器油中的 PCBs 进行了处理，在反应压力 30MPa、温度 653~723K、停留时间 20~100min，并加入 NaOH 催化剂的条件下，PCBs 转化率达到 99.9%，分解生成联苯、苯酚、气相组分和其他小分子化合物，而且在气相和液相产物中均没有检测到二噁英。该处理过程能适应浓度范围很宽的 PCBs，脱氯彻底且不产生二噁英，NaOH 起催化作用同时能缓解反应器腐蚀。Weber 等[185]以 NaOH 为催化剂在亚/超临界水条件下裂解十氯联苯，停留时间 15min、反应温度 350℃ 和 400℃ 时相应的去除率分别为 95%、99.8%。

PCBs 的亚临界水还原(SCWR)。零价铁还原处理卤化有机物是新兴的环境修复技术之一。Chuang 等[186]报道 400℃ 时水作为反应过程的 H 供体，以零价铁作为促进剂能够实现 Aroclor 1254 的基本脱氯并生成联苯。Hinz 等[187]在 250℃、10MPa 的亚临界水中实现了九氯联苯的零价铁还原脱氯，发现 90min 反应时间能使 PCBs 量下降到三分之一，温度是影响脱氯速率的主要因素，并建立了脱氯反应的一级动力学模型。

(3)氨在超临界水中的氧化反应

在超临界水处理城市污泥的研究中，氨被认为是一种特殊的物质。首先，氨是含氮有机物在超临界水中氧化的中间产物；其次，与其他有机物相比，氨在超临界水中的性质比较稳定，它的氧化被认为是含氮有机物在超临界水氧化过程中的速率控制步骤。Webley 等[188]研究了无催化剂时氨在超临界水中的降解效果。当温度低于 640℃ 时，氨没有发生任何的降解；并且当反应条件达到 680℃、24.8MPa，停留时间为 10s 时，只有 10% 的氨被氧化。Ding 等[189]研究用 MnO_2/CeO_2 做催化剂时，氨的超临界水氧化降解效果：当反应条件为 450℃，27.6MPa，停留时间为 0.8s 时，氨的降解率可以达到 40%。陈崇明等[190]使用热力学方法研究了氨在超临界水中氧化构成的平衡体系。采用 Peng-Robinson 状态方程和最小自由能法计算了反应体系中各组分的平衡组成。结果表明，当反应体系达到平衡时，氨在超临界水中可以被完全氧化；其中大部分的氨转化成了氮气，只产生少量的 NO 和 NO_2，没有 N_2O 的生成。提高温度和过氧量可以增加 NO_x 的平衡产量，但 NO_x 的选择性最高不超过 2%。比较热力学平衡计算结果和前人实验结果发现，N_2O 只是氨在超临界水中氧化的中间产物。氨在超临界水中的降解效果主要受动力学因素影响。

（4）催化 SCWO 去除有机废物的效率

迄今为止，已对一些化合物的催化 SCWO 过程进行了一些研究，这些物质包括：苯酚、氯苯酚、苯、二氯苯和较难反应的中间产物，如氨、乙酸等。这些化合物在很多废水中都存在且难以处理。这些研究主要集中于反应物的去除速率、反应路径、从反应物直接生成 CO_2 的选择性以及催化剂的催化活性。进行催化 SCWO 研究的·个重要目标是找到在 SCW 中既稳定又具有催化活性的催化剂。对很多催化剂的选择是基于以往催化亚临界水氧化反应也即是催化 WAO 过程的研究。均相和非均相的催化剂在催化 WAO 中均得到应用。相对于传统的 WAO 过程，催化 WAO 提高了反应转化率和总的氧化效率，因此希望这些催化剂在 SCWO 中能发挥类似的作用。表 4-8 列出了在亚临界和超临界水中，催化和非催化氧化反应效率的比较。

表 4-8　亚临界及超临界条件下催化氧化反应和非催化氧化反应的比较[176]

处理对象及方式	反应物浓度/10^{-6}	反应时间/min	反应温度/℃	去除率/%
WAO				
乙酸	5000	60	248	15
氨	1000	60	220~270	5
苯酚	1400	30	250	98.5
催化 WAO				
乙酸	5000	60	248	90
氨	1000	60	263	50
苯酚	2000	60	200	94.8
SCWO				
乙酸	1000	5	395	14
氨	100	0.1	680	10
苯酚	480	1	380	99
催化 SCWO				
乙酸	1000	5	395	97
氨	1000	0.1	450	20~50
苯酚	500	0.1	388	100

对于乙酸、氨和苯酚的氧化,无论在亚临界还是超临界条件,使用催化剂可明显加快反应。例如,在催化 WAO 和催化超临界 WO 中,乙酸的去除效率达到了 90%,而对于相应的非催化过程则不到 50%。氨和苯酚的氧化反应也与乙酸表现出相似的趋势。

含氮有机化合物的 WAO 过程的最终产物往往是氨,氨很难被继续氧化。在 SCWO 条件下,也只在 540℃ 以上时,氨的氧化速率才变快。而利用 MnO_2/CeO_2 催化剂,在 263℃ 的亚临界条件下,通过 1h 的反应,氨的转化率可以增大到 20%～50%。在 680℃、24.6MPa 的非催化超临界水氧化反应中,经过 10s 的反应停留时间,氨的转化率为 30%～40%,而利用 MnO_2/CeO_2 催化剂,在 450℃、27.6MPa 和不到 1s 的停留时间内,转化率达到了 20%～50%。在这些反应条件下,氮元素氧化的最终产物是对环境无害的 N_2 和 N_2O,而没有在焚烧处理中会生成的对环境有害的 NO_x。

在 390℃,500% 过量氧气,反应停留时间小于 10s 条件下的苯酚 SCWO 中,利用 V_2O_5/Al_2O_3 和 MnO_2/CeO_2 为催化剂不仅增加了苯酚的去除率,而且苯酚几乎 100% 转化为 CO_2。在这两种催化剂上,由苯氧化生成 CO_2 的转化率也大大提高。水溶液中芳香化合物的非催化 SCWO 氧化产物主要包括多种部分氧化产物和二聚产物。而在催化 SCWO 中,芳香化合物到 CO_2 的高转化率表明这些部分氧化产物和二聚产物没有生成或生成后也被快速分解了。

4.6.4 超临界水中纤维素水解糖化反应

随着能源与环境问题日益突出,有效利用生物质材料成为当今研究的热点领域之一。纤维素是地球上最丰富的天然可再生资源,主要来源于植物,如树木木材,或来源于农作物的秸秆等。每年产量超过 1000 亿吨,超过现有的石油储藏量。就我国而言,植物纤维资源非常丰富,每年至少有 $5×10^8$ t 农作物秸秆、$400×10^4$ t 甘蔗渣、$100×10^4$ t 森林采伐加工剩余的数百万吨工业纤维废渣,数量相当巨大。实现纤维素替代石化资源获取化工产品和燃料是保证国家资源和能源安全的战略要求。纤维素是植物细胞壁的主要成分,它一般由约 1.4 万个左右的 D-葡萄糖单位 β-1,4-糖苷键构成的高聚体。由于纤维素的组成单元葡萄糖可以有效转化为能源燃料或化工产品,高产率、低成本,从纤维素中制备葡萄糖成为利用纤维素的关键步骤。酸催化水解和纤维素酶水解是纤维素制备葡萄糖的传统方法,但是酸催化存在着催化剂回收与环境污染,酶催化水解存在速率慢、酶的分离、活性控制困难等问题[191]。超临界水具有独特的性质:在超临界条件(>374℃,>22.1MPa)下水的性质发生了很大的变化。例如,其离子积会比正常情况下高几个数量级,这就意味着氢离子和氢氧根离子浓度同时升高,相当于在溶液中添加了酸或碱的催化剂;另一方面,水在超临界状态下介电常数减小,使水的极性减弱,可以溶解有机物,使反应成为均相反应,因而可以提高反应速率。这将有利于纤维素在其中完成降解过程。因此,纤维素在超临界水中的降解研究引起人们的高度重视,并已取得一定的研究成果。

(1)超临界水中纤维素水解反应机理和动力学

纤维素在超临界水和近临界状态下糖化的主要反应包括[192]:水解、脱水和热解反应[193,194]。其主要反应过程[195]如下(图 4-42):纤维素→多聚糖→纤维六糖、纤维五糖→纤维四糖、纤维三糖、纤维二糖→葡萄糖、果糖→1,6-脱水葡萄糖、5-羟甲基糠醛、乙醇醛和甘油醛等。过程后段的分解产物丙酮醛、赤藓糖、乙醇醛还会进一步分解为小分子物质,主要为含有 1～3 个碳原子的酸、乙醛和乙醇等[196,197]。Sakaki 等[198,199]发现,在低于超临界温度下葡萄糖和低聚糖的转化速率高于纤维素的水解速率，水解生成的葡萄糖和低聚糖等水解产物会被快速分解掉，所以目的产物的产量很低。然而在临界点附近，纤维素的水解速率会提升一个数量级，这时水解速率超过目的产物的分解速率，使目的产物的产率升高。因此，纤维素在超临界水中的水解产量大于亚临界水中的水解产量，从而使葡萄糖等简单糖类得到积累。水解速率在临界点附近突然上升，普遍认为是由于在超临界条件下水的性质发生了改变，纤维素溶解度增大，反应成为均相反应，从而提高了反应速率。Sasaki 等[200]对反应动力学进一步进行了研究，结果表明水解速率在超临界点附近增大是因为纤维素的膨胀和在水中的溶解，当温度达到 400℃（压力为 25MPa）时，反应成为均相反应；催化剂对超临界水中纤维素降解反应性能有显著影响。

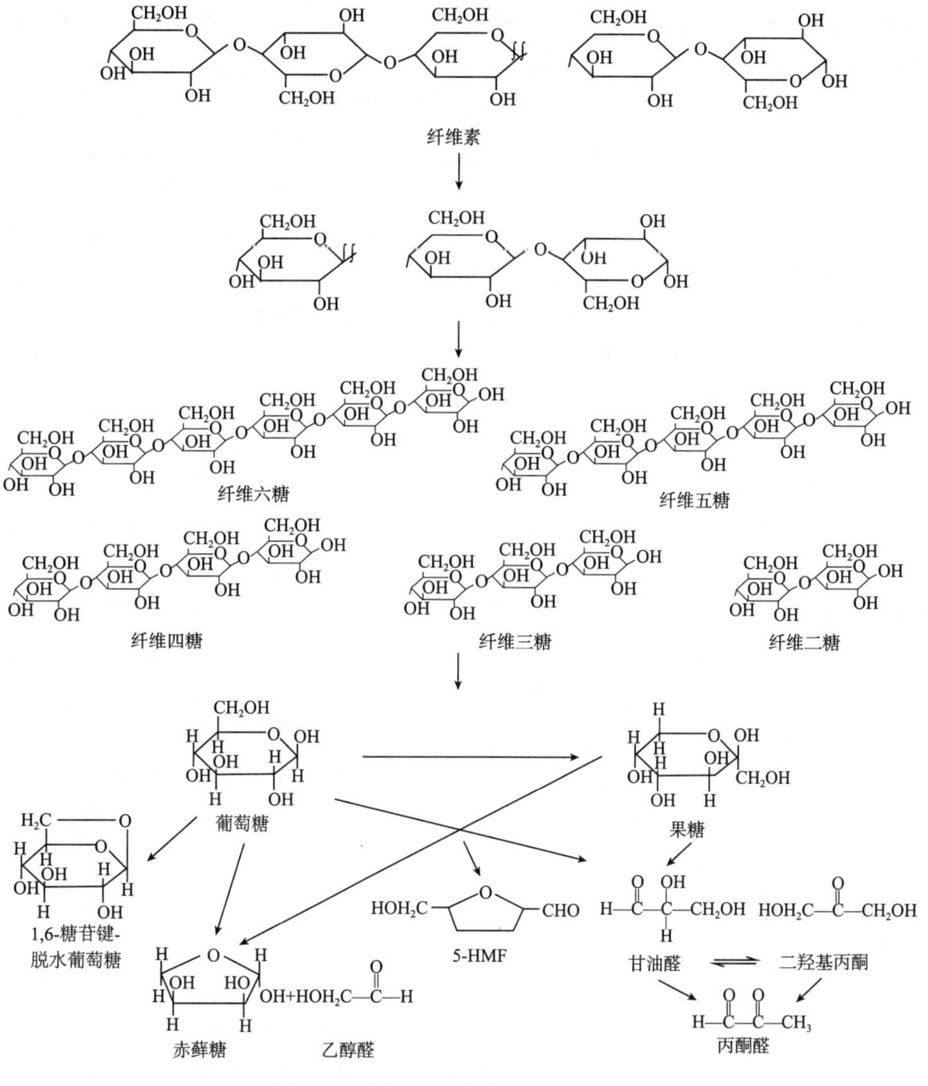

图 4-42　纤维素水解的主要反应途径

（2）催化剂对超临界水中纤维素水解反应性能的影响

Kim 等[201]使用硫酸铜、硫酸亚铁和硫酸镁等硫酸盐为催化剂对纤维二糖在超临界水中的转化进行了研究，结果发现在 $CuSO_4$ 加入量为 $3.2 \times 10^{-4}\,mol/L$ 时的催化效果最好，纤维二糖的转化率为 $82.3\% \sim 96.7\%$，葡萄糖的产率和选择性分别为 $44.6\% \sim 51.5\%$ 和

46.1%～62.5%，是无催化剂体系中的 3～4 倍。有研究证明碱性盐的存在有利于 C—C 键的断裂，而在生物质所含的盐类中，K_2CO_3 含量最多[202]，所以有人用碳酸钾做催化剂研究葡萄糖在亚临界和超临界状态下的主要产物，发现转化率提高。Schacht 等[203]研究发现 260℃下引入 CO_2 可以提高纤维素的转化率和葡萄糖产率，影响程度随着温度升高而降低，温度达到 280℃时 CO_2 影响可以忽略。其原因是纤维素分子中 β-1, 4-糖苷键是一种缩醛键，对酸性敏感。在超、亚临界水中主要依靠高温水产生的 H^+ 促进糖苷键的断裂而引发纤维素的水解。CO_2 溶于水也可形成弱酸电离生成 H^+，进而提高水解速率，并且处理简单方便。

（3）超、亚临界水水解纤维素的联用技术[191]

根据纤维素在超、亚临界水中水解产物的分布可知：超临界水有利于纤维素分子的断裂形成低聚糖，转化率高，但是易发生部分水溶糖的分解，减少了葡萄糖产率；亚临界水密度大，有利于纤维素的水解，但是亚临界水环境纤维素结晶结构难以破坏，水解速率小，纤维素转化率低，并且纤维素水解速率小于葡萄糖分解速率[204]，并且容易发生葡萄糖的脱水反应。针对这一现象，Ehara 等[205]采用了连续式水解方式下的超临界、亚临界联合技术，即纤维素经过超临界水（40MPa，400℃）处理 0.1s，随后亚临界水（40MPa，280℃）处理 15～45s 得到 35.6％己糖，而单独超临界水处理 0.1～0.3s 得到己糖 14.5％，亚临界水处理得到己糖 17.1％，可见联合技术可以有效提高己糖的产率。

（4）温度、压力、时间对超临界水中纤维素水解反应性能的影响[191]

温度超过临界点时，纤维素体系氢键作用破坏，纤维素发生溶解，水解反应从异相反应转变为均相反应，温度的升高促进了纤维素的水解，但是葡萄糖在 180℃开始分解[206]。温度一定，压力增大可以提高水密度，同时水的离子积与温度和水密度密切相关。Ogihara 等[207]发现低密度水体系，水分子容易扩散到纤维素无定形与微原纤内部，随着密度增加水扩散量增多，纤维素产生溶胀发生破碎，表面积增加而促进溶解。当密度大于临界点（$800kg/m^3$）时，水分子的扩散受到阻碍而不利于溶解。此外，高温下纤维素存在着水解和热解反应的竞争，而水密度增加有利于水解的发生[208]。380℃环境下，40MPa、100MPa 条件下水密度和离子积分别为 $0.60g/cm^3$、$0.7g/cm^3$ 和 $10～12.1mol^2/L^2$、$10～10.8mol^2/L^2$，压力的增加使得酸性增强促进了水解的发生[209]，而亚临界水为液态，压力的变化对水密度影响不大，但是压力的大小直接影响了水体系的离子积大小。此外，葡萄糖在高温作用易发生分解反应，因此需要严格控制反应时间。纤维素在亚临界水（25MPa、320℃）处理 1.8s 得到 40％水溶糖，处理 10s 得到 50％葡萄糖分解物；超临界水（25MPa、400℃）处理 0.02s 得到 30％水溶糖和 50％水不溶糖，处理 0.15s 得到 60％葡萄糖分解物[200]。

赵岩等[210]利用超临界水解工艺进行生物质废弃物（秸秆）能源转化，使其主要成分纤维素在超临界水中快速水解为低聚糖，为其进一步葡萄糖转化和乙醇发酵解决技术瓶颈。认为纤维素在超临界水中的溶解是预处理与水解过程的限速步骤。反应温度达到 380℃及以上时，纤维素可迅速溶解并进行水解，液化比例可达 100％；在 374～386℃范围内反应温度对纤维素的转化率有明显作用，低聚糖和六碳糖的总产率在临界点附近出现最大值。超临界条件下，低聚糖和六碳糖转化率在较短反应时间内出现峰值，而后随反应时间的延长快速下降，固液比对于纤维素的低聚糖和六碳糖转化也有显著影响。最优水解条件研究显示，在 380℃，40mg 纤维素/2.5mL 水条件下反应 16s 可获得最大的低聚糖产率，为 29.3％。在 380℃，80mg 纤维素/2.5mL 水条件下反应 18s 可获得最大的六碳糖产率，为 39.2％。

巩桂芬等[211]分别以稻草秸秆、经预处理的稻草秸秆、脱脂棉、微晶纤维素和定性滤纸为原材料，利用间歇式的超临界反应设备，在 400℃的盐浴中进行木质纤维素的超临界水解，研究反应时间对不同纤维素原料水解产糖的影响。在超临界条件下，不同原料在较短的时间内还原糖含量均出现峰值，随着反应时间的延长还原糖产量呈现下降的趋势；最大产糖量按下列顺序增加：稻秆＜预处理后的稻秆＜脱脂棉＜定性滤纸＜微晶纤维素；不同原料的最大还原糖产率顺序与之相同。他们[212]还以有机酸（甲酸、乙酸和丙酸）为催化剂对稻秆进行水解糖化研究。有机酸的加入有利于稻秆的水解糖化，稻秆水解速率和还原糖产量都有所提高，这种趋势在加入甲酸时最为明显；随着反应时间的延长，还原糖产量会逐渐减少；适当提高固液比有助于增加还原糖产量。

朱道飞等[213]在温度为 340～420℃、压力为 30～40MPa 条件下，对亚临界和超临界水中纤维素液化进行了研究。产物的主要成分是糠醛、5-甲基糠醛、5-羟甲基糠醛和一些含甲基、羟基、羟甲基等官能团的酮类、苯酚类化合物，且反应温度变化时，液化产物成分和浓度有较大变化；对纤维素液化转化率有重要影响的两个因素是反应温度和纤维素与水质量比。

马晶等[214]采用亚/超临界水解方法进行了甘蔗渣和稻草秸秆液化的实验研究，考察了反应温度、质量比（秸秆/水）对纤维素液化转化所得还原糖产率的影响。反应温度为 350℃，固液比为 1:4 时，甘蔗渣转化为还原糖的产率与浓度最大，产率达 31.8%，浓度为 127 g/L；稻草秸秆在 333℃，固液比为 1:3.6 时，还原糖产率较高，达 20%，浓度为 90 g/L；甘蔗渣中木质素含量比稻草秸秆含量高，是其水解液化最优温度高于稻草秸秆的原因之一。

段媛等[215]在超临界条件下水解桉木，探讨了反应时间对液体产物分布的影响。低聚糖的种类会随着反应时间的延长而变化。水解液的主要组分为低聚糖、纤维二糖、葡萄糖、木糖、5-HMF、糠醛、酚类物质，以及呋喃、酮、醛、醇、有机酸、芳香族和脂肪类化合物等。在超临界水中，桉木的水解和热解反应同时发生。另外，木质素的存在影响桉木超临界水解的产率。

阳金龙等[216]针对农作物秸秆乙醇化过程，研究了玉米秸秆快速水解为低聚糖的最佳条件，将 40mg 玉米秸秆粉和 2.5mL 去离子水加入到水热反应器中密闭，在 388℃、反应 21s 后，可获得最大低聚糖转化率（24.1%）。认为温度和时间是玉米秸秆超临界水解为低聚糖的关键因素。

刘慧屏等[217]总结了目前生物质超/亚临界水解转化设备情况。主要有 3 种，包括间歇式反应器、连续式反应器和半连续式反应器。生物质水热转化处理，需要在高温高压条件下处理固体物料，反应原料适应性和反应条件的控制都是要综合考虑的问题。另外还要考虑经济性和效率的问题。①间歇式反应装置首先将反应物放入密闭容器中，反应完成后骤然降温来终止反应，再将产物取出进行分析。间歇式反应装置构造比较简单，其优势在于不需要高压流体泵，对原料粒径要求不高从而节约粉碎能源，而且对于污泥等含有固体的体系有较强的适应性，可实现较高的固液比，从而减少水的消耗，但不能实现连续生产，并且在间歇式反应器中，加热和冷却都需要一定的周期，从而对反应停留时间短的反应无法精确控制。而超/亚临界条件下反应剧烈，为避免产生降解产物，要求不稳定的水解产物在反应器中只停留极短的时间，要实现这一目的，就要求反应器有快速终止反应的能力，间歇式反应器显然不满足这一要求。②连续式反应器原料和高温热水分别通过高压泵注入反应器，加热、反应和冷却分开进行，可以精确控制反应停留时间，从而有效地控制了二次降解反应的发生。但连续式反应器需要浆料泵来输送原料，由于泵的限制，对原料的粒径和固液比都有一定要求，从而要在粉碎原料和水的消耗上耗费大量的能源，对于工业化应用、效率和经济性并不理想。但用于反应动力学的研究等对数据准确性有较高要求的实验研究，连续式反应器是比较合适的选择。③半连续流反应器是在以上两种反应器中发展出来的一种类似固定床式的反应器。原料不需粉碎，相对于连续式反应器大大节约了能源；水作为流动相，避免产物在反应器中的滞留，减少二次降解产物的生成，相比间歇式反应器，提高了还原糖产量，且半连续反应器反应条件比间歇式更易控制。Matsunaga 等[218]在 310~320℃、25MPa 高温热水条件下用半连续式反应器处理柳杉木，可获得最大总糖产量 55.6%。这一总糖得率远远高于同等条件下的间歇反应器和连续式反应器。对于要进行分段处理的生物质原料，半连续流反应器更是最佳的选择。

4.6.5　超临界水中生物质(纤维素)气化制氢反应

作为能源，氢能具有如下特点：质量最轻；热值高，除核燃料外，在所有的矿物燃料、生物燃料、化工燃料中它的燃烧热值最高，为 120.9MJ/kg，约为汽油的 3 倍，酒精的 3.9 倍，焦炭的 4.5 倍；来源广，除空气中含有的氢气外，它主要是以化合物的形态贮存于水中；品质最纯洁，它自身燃烧后只生成水和少量的氮化氢，不会产生一氧化碳、二氧化碳、碳氢化合物、铅化物和颗粒粉尘等对人体有害的污染物质，少量的氮化氢稍加处理后也不会污染环境，而且它燃烧后所生成的水还可继续制氢，循环使用；能量形式多，氢通过燃烧可以产生热能，再转换成机械能，也可以通过燃料电池和燃气-蒸汽涡轮发电机转换成电能，还可以转换成固态氢，用做结构材料；储运便捷，氢可以气态、液态或固态的金属氢化物形态加以运输和贮存。

生物质是指有机物中除化石燃料外的所有来源于动、植物的能再生的物质。生物质主要由纤维素、半纤维素和木质素三种成分组成，其中纤维素为主要成分，且相对另外两种成分来说较易气化。生物质制氢与石油、煤炭、天然气等化石燃料制氢相比，具有可持续性。生物质制氢包括：气化制氢、快速裂解制氢、超临界水气化制氢及催化裂解/气化制氢等方法。

生物质原料主要包括木质素，如木块、木片、木屑、锯末、树枝等；农业废弃物，如玉米秸秆、玉米芯、麦秸、稻草、稻壳、花生壳、高粱秆、核桃壳、瓜子壳、杏仁核、小麦秆、橄榄壳、茶叶残渣等；水生植物，如藻类和浮萍等；油料植物；有机物加工废料，如工业废水和生活污水等；能源植物，如生长迅速、轮伐期短的乔木、灌木和草本植物等；造纸黑液；牛皮纸木质素；城市垃圾堆肥；淀粉生物质浆；城市固体废物；橡胶碎屑；纸浆以及废纸等。

生物质超临界水气化制氢是将生物质原料与一定比例的水混合后，置于压力 22~35MPa、温度 450~550℃ 的超临界条件下，进行热解、氧化、还原等一系列热化学反应产生氢气。具有反应速率快、热转化效率高和环境友好等优点。气化率可达到 100%，气体产物中 H_2 的体积分数甚至可超过 50%，反应不生成焦油、木炭等副产品，不会造成二次污染，对含水量高的湿生物质，不需要高能耗的干燥过程。

(1)超临界水中生物质(纤维素)气化制氢反应的热力学分析

闫秋会等[219]基于 Gibbs 自由能最小原理，提出一种预测超临界水中生物质气化制氢这一复杂体系化学平衡成分的计算方法，并将该方法应用于超临界水中葡萄糖的气化制氢过程，对其进行化学平衡分析，研究探讨了影响超临界水中葡萄糖催化气化制氢过程与结果的主要因素及其规律。热化学平衡计算表明，超临界水中葡萄糖气化制氢的气体产物中，主要

成分是 H_2 和 CO_2 及部分 CH_4 和 CO，C_2H_4 和 C_2H_6 较少。反应温度和物料浓度对超临界水中葡萄糖气化结果有明显的影响，而压力的影响较小，气体产物中每摩尔葡萄糖的产氢量随温度的升高而增加，随葡萄糖水溶液浓度的增加而下降。他们[220]还对玉米芯/羧甲基纤维素钠(CMC)的超临界水气化制氢过程进行了化学平衡计算。在 $300 \sim 374℃$ 的亚临界区，气体产物的摩尔分数排序为 $x(CO_2) > x(CH_4) > x(H_2)$，在 $375 \sim 420℃$ 的低温超临界区，气体产物排序为 $x(CO_2) > x(H_2) > x(CH_4)$，在 $420℃$ 以上的高温超临界区，H_2 摩尔分数跃居最高，可达 65% 以上。

（2）超临界水中生物质气化制氢的数值模拟

胥凯等[221]对生物质在超临界水环境下气化制氢过程提出简化的两相流物理化学模型，并利用该模型进行数值模拟。讨论了温度、颗粒半径对生成气体摩尔分数、气化率的影响。颗粒的半径主要影响生物质颗粒气化分解的速率，而温度主要影响颗粒气化产物进一步生成氢气的过程。颗粒越小，气化分解的速率越快。温度的影响主要集中在气相反应上，使得 CO 进一步转化为 H_2。郭斯茂等[222]建立了管式反应器中生物质超临界水气化制氢反应的数学模型，同时提出了以葡萄糖作为生物质模型化合物的全局气化反应动力学模型。模型计算结果与实验值的比较表明该模型能较好地预测反应器出口温度与气体产物组分分布。利用该模型数值模拟计算得到了反应器中温度场、速度场以及化学反应速率分布的基本规律。

（3）超临界水中生物质气化制氢的反应路径

张永春等[223]总结了超临界水中生物质气化制氢反应路径的研究结果。由于纤维素分解首先生成葡萄糖，因此，许多学者都以葡萄糖为模型化合物来研究生物质在超临界水中的气化过程，并通常认为葡萄糖在超临界水中分解气化总路径为蒸汽重整反应(1)和水气转换反应(2)：

$$C_6H_{12}O_6 + 6H_2O \longrightarrow 6CO_2 + 12H_2 \qquad (1)$$
$$CO + H_2O \longrightarrow CO_2 + H_2 \qquad (2)$$

葡萄糖分子较大，因此其在超临界水中气化的转换过程是十分复杂的。葡萄糖在超临界水中气化分解过程中主要分为三步，首先是分解成分子较大的成分，如 5-羟甲基糠醛、甘油醛等，这些中间产物进一步分解成分子较小的成分，如甲醛、甲醇、甲酸等，小分子组分再通过直接分解或与水反应最终生产气体。中间产物受反应温度、反应时间和催化剂的影响。

当向系统中加入 $Ca(OH)_2$ 时，反应生成的 CO_2 被 $Ca(OH)_2$ 吸收而固定，可实现 H_2 与 CO_2 的分离，得到高浓度的富氢气体。同时，$Ca(OH)_2$ 可以促进水-气变换反应，使反应向生成 H_2 和 CO_2 的方向进行。反应式如下：

$$CO_2 + Ca(OH)_2 \longrightarrow CaCO_3 + H_2O$$

（4）超临界水中生物质气化制氢催化剂[224]

所用催化剂包括碱性催化剂、金属催化剂、金属氧化物催化剂、碳催化剂、矿石等。

常用的碱类催化剂有 KOH、$NaOH$、K_2CO_3、Na_2CO_3、$KHCO_3$ 和 $Ca(OH)_2$ 等。在葡萄糖气化中，钾盐的添加能显著提高氢气产量，这是由于钾盐促进了水气变换反应。$KHCO_3$ 的添加对玉米淀粉超临界水气化(SCWG)制氢反应具有明显催化作用。K_2CO_3 的催化效应是由于甲酸盐的形成：

$$K_2CO_3 + H_2O \longrightarrow KHCO_3 + KOH \qquad (1)$$
$$KOH + CO \longrightarrow HCOOK \qquad (2)$$

$$HCOOK + H_2O \longrightarrow KHCO_3 + H_2 \tag{3}$$

$$2KHCO_3 \longrightarrow H_2O + K_2CO_3 + CO_2 \tag{4}$$

$$总反应为：CO + H_2O \longrightarrow CO_2 + H_2$$

用于 SCWG 的金属催化剂包括 Ni、Ru、Rh、Pt、Pd、Ir、Cu、Co 和 Sn 等。Ni 是在生物质气化中使用最早的催化剂之一。使用 Ni 作为催化剂可提高葡萄糖的气化效率。Ni/Na 能显著提高木渣气化中碳转化率。对于木质素催化气化反应，Ru 在以金红石为载体时表现出极高的稳定性。在葡萄糖气化中，Cu、Co、Sn 与 Ni 作为共催化剂也具有良好的催化效果，Cu 能够提高 Ni 的催化活性，以促进蒸汽重整反应，有助于氢气生成。

金属氧化物对 SCWG 的作用主要有作为载体与作为催化剂两种。Matsumura 等[225]认为早期常用作载体的 SiO_2 和 Al_2O_3 在高温高压水中会严重降解。TiO_2、ZrO_2 则被认为是 Ru 或 Ni 的有效载体。气化反应中，Ru 能在 TiO_2 上保持长期稳定性。即便 Ru 具有较低的比表面积（45m^2/g），在含量达到 3%（质量分数）时即具有有效的催化作用，而在碳基上 Ru 的含量需到 7%，氧化物除作为载体外，本身也具有催化作用，如 ZrO_2、CaO 等。

活性炭和焦炭在葡萄糖的 SCWG 中能有效提高气化效率。某些矿石如白云石和橄榄石等亦具有一定的催化效果，可用作催化剂，如白云石（$MgCO_3 \cdot CaCO_3$）、橄榄石（$2MgO \cdot SiO_2$）、赤泥等天然碱。

关宇等[226]在间歇式高压反应釜中，以 K_2CO_3 为催化剂，在 450℃、27.5MPa 条件下，对生物质的三种主要成分纤维素、半纤维素、木质素以及它们的混合物在超临界水中进行了气化制氢实验研究，相同反应条件下，纤维素的气化效果最佳，半纤维素次之，木质素最差；混合物中木质素的存在会抑制 H_2 和 CH_4 的生成，但抑制作用随着其质量分数的减少而减弱，纤维素和半纤维素之间没有明显的相互作用。

任辉等[227]以废弃生物质转化为富氢气体为目的，使用间歇式超临界水反应器，在反应温度 773～923K、压力 15.5～34.5MPa、停留时间 1～30min 和 Ca/C 摩尔比 0～0.56 范围内，对木屑在超临界水条件下生成的气体组成及产率进行了考察，氢气产率可达到 6.9mmol/g。

王景昌等[228]在水的近临界态和超临界态，以葡萄糖为生物质模型化合物，以制取氢气为目的，考察了氧化钙的影响。选用氧化钙为二氧化碳脱除剂，在 480～530℃，压力在临界压力以上，葡萄糖质量分数在 2.5%～5.0%，反应停留时间在 3～5min，$n(Ca)/n(C)$ 在 0.45～0.52 条件下，H_2 质量分数可以达到 67.5%。

裴爱霞等[229]以原生物质花生壳为原料，羧甲基纤维素钠为添加剂，利用釜式反应器，在温度为 450℃、压力范围为 24～27MPa 的条件下，考察了 K_2CO_3、$ZnCl_2$、Raney-Ni 三种催化剂对超临界水中生物质催化气化制氢的影响。$ZnCl_2$ 对氢气的选择性最高，K_2CO_3 次之，Raney-Ni 最低，但在低温条件下 Raney-Ni 最有利于生物质的气化，气化率高达 126.8%，氢气产率高达 34.3g/kg。选取 $ZnCl_2$ 和 Raney-Ni 混合使用时，氢选择性明显提高，甲烷迅速减少。

4.6.6 超(近)临界水中的聚合物的降解反应

在塑料回收中，以废旧塑料为原料回收得到燃料和化学物质是重要的研究领域。很多聚合物在高温水中，可以降解为液体物质，甚至是它们的单体，而且这种转化在超临界水中更为有效。迄今为止，已经研究了聚对苯二甲酸乙二醇酯、尼龙、聚苯乙烯、聚乙烯、聚丙烯、聚氨酯、聚乙烯醇、聚碳酸酯、酚醛树脂、废旧橡胶等在超临界水中的降解。在一些条件下，它们可以完全转化为液体，转化为有用的化学原料。超临界水中废旧塑料的转化为废旧塑料的回收利用提供了新方法[230]。

超临界水中聚乙烯(PE)降解为油[231~238]。

超临界水中聚苯乙烯(PS)降解为油状物质。采用超临界水部分氧化法，在温度为382℃、压力为24MPa时来降解聚苯乙烯，得到苯乙烯、苯乙烯的低聚物和苯、甲苯、二甲苯等一些有用的碳氢化合物。通过加入的氧气量，来对聚苯乙烯的降解产物进行控制[239-245]。

超临界水中聚氨酯降解为二元胺和多元醇[246,247]。

超临界水中聚丙烯降解为液态油状物和可燃性气体。芳香烃类化合物和甲烷分别为液态油状物和气相产物中的主要组分。水相中存在少量醇类和酚类物质[248]。

聚乙烯醇(PVA)在超临界水氧化体系中降解为烯烃、烯酮、醇和羧酸类中间产物，最终降解为小分子的饱和直链烷烃类液相产物[249]。

超临界水中聚丙二醇降解的主要产物为羟基丙酮和二醇(包括丙二醇、二丙二醇、三丙二醇等)[250]；尼龙6(PA6)几乎完全降解为其对应单体 ε-己内酰胺，且溶于水中[251~255]。

超临界水中聚对苯二甲酸乙二醇酯(PET)降解产物为苯二甲酸(TPA)和乙二醇[256~262]。

超临界水中废旧橡胶降解，既可得到极富经济价值的有机化工原料又可回收炭黑，回收得到的炭黑可重复使用[263~265]。

超临界水中酚醛树脂预聚物降解，在氩气环境下它们主要分解为苯酚、苯甲酚、p-异丙基苯酚[266]。

超临界水中聚碳酸酯(PC)降解产物中有气体、水溶性成分、油状成分。气体主要是CO_2，含有少量 CO；水溶性成分主要是苯酚，其中含有少量异丙基苯酚；油状成分是双酚A 的低聚物[267~269]。

4.7 超临界甲醇法制备生物柴油过程

全球范围内的能源危机使得发展可替代能源成为应对的有效措施。生物柴油作为一种可再生能源，其主要成分是一系列长链脂肪酸烷基酯。因十六烷值高、无毒、无硫、可再生以及可生物降解等突出优势成为备受关注的研究热点课题。生物柴油的制备方法主要有物理法和化学法。其中，物理法虽简单易行，能够降低动植物油的黏度，但其燃烧性能难以满足燃料标准；化学法又分酸碱催化法和酶催化法，这些方法工艺复杂，原料要求较高，反应时间较长，产品分离困难，且催化剂难以回收。尽管如此，但目前有工业应用的主要是酸碱催化法。显然，发展生物柴油制备新工艺或者对现有工艺过程进行强化是发展方向。超临界甲醇(supercritical methanol, scMeOH；p_c=8.09 MPa，T_c=239℃)酯交换法就是近些年来提出的新方法，其突出优势在于反应速率快、转化率高、产品单纯、原料要求不高，因此受到广泛关注，但高温、高压操作是它的缺点。

生产生物柴油的主要原料有植物油、动物油、废餐饮油或微藻等油脂。具体包括葵花籽油、大豆油、棕榈油、菜籽油、亚麻仁油、蓖麻油、麻疯树油、米糠油、餐饮废油、花生油、海滨锦葵油、花椒油、松脂、冠果种仁油等。

超临界甲醇的特性：近几十年来，科学工作者对超临界流体，如超临界水、超临界甲醇和超临界二氧化碳的物性和应用进行了大量研究。超临界甲醇除了超临界流体具有优异的传质性能（扩散系数大、黏度小）外，还拥有以下3个特性：①对于需较高操作温度和压力的工艺，超临界甲醇的操作条件更为温和，降低对设备的腐蚀能力，同时甲醇的沸点（64.7℃）较低，产物的分离提纯更为简便和节能；②甲醇在室温时介电常数为32，作为极性溶剂其在超临界状态下对分子量较大的物质具有良好的溶解性，如纤维素、木质素等生物质资源和高分子材料；③超临界甲醇在作为反应溶剂的同时，也可作甲基化试剂参与化学反应，替代目前广泛使用的有毒有害的甲基化试剂，简化反应步骤。

4.7.1 超临界甲醇法制备生物柴油过程的热力学行为

对于常温下的酯交换反应，由于油与甲醇不互溶，反应处于非均相状态，速率较慢。而超临界反应体系中，酯交换速率显著加快。其原因一方面来自温度的贡献，另一方面则是由于形成了单一的超临界相。可见，混合体系的相行为也是生物柴油生产中需要考虑的因素。生物柴油制备体系的相平衡研究对于开发制备生物柴油的新工艺、共溶剂的选择、估算共溶剂的用量、产物的分离及过程模拟都具有十分重要的作用[270,271]。

为了控制超临界甲醇法制备生物柴油过程的操作条件，需要预测超临界甲醇-油脂二元系统的临界参数。商紫阳等[271]采用 C-G 基团贡献法和 L-B 混合规则对豆油-甲醇二元系的临界参数进行理论计算。利用溶解度参数概念计算了不同体系条件下甲醇和油脂组分的溶解度参数，并将二者的溶解度参数差和体系的相态联系起来，从而讨论了有利于超临界酯交换反应进行的热力学条件。温度一定条件下，适当增加操作压力有助于强化反应，提高生物柴油产率。另外，从甲醇和油脂相溶解度参数差的比较来看，当 $\Delta\delta = 2 \sim 3$ 范围内时，各实验温度下的生物柴油产率均呈现递增趋势。结果还表明，超临界法制备生物柴油过程的机理不能单纯归结为超临界甲醇可以溶解油脂一方面原因，高温下的高能量是反应强化的动力学原因。

Andreatta 等[272]测得了 313～393K 范围油酸甲酯-甘油-甲醇三元体系的 LLE 和 VLLE 平衡数据，用 Othmer-Tobias 关联式检验了所测相平衡数据的可靠性，并采用 GCA-EOS 和 A-UNIFAC 模型预测了三元体系的相平衡，得到了较好的效果。Batista 等[273]、Tizvar 等[274]采用 UNIFAC 模型对不同体系的相平衡进行了关联，也得到了较好的效果。在超临界条件下，过量的醇可以降低混合体系的临界温度。Bunyakiat 等[275]将植物油简化为 $[(CH_2COO)_2CHCOO](CH=\!\!=\!\!CH)_m(CH_2)_n(CH_3)_3$ 的单一分子形式，采用 Lydersen's 基团贡献法来估算植物油的临界温度和压力，并选用 L_2B 混合规则计算不同摩尔比下棕榈仁油（PKO）-甲醇和椰子油（CCO）-甲醇混合体系的临界参数。Tang 等[276]测定了 353.2～463.2K、6.0～10.0MPa 下甲醇-甘油三油酸酯体系的相平衡数据，并用 PR-EOS 关联了体系的相平衡数据。结果表明，低温下体系的互溶度相当低，但随着温度的升高，互溶能力增强。在较高压力下，体系互溶度对温度更加敏感。Shimoyama 等[277]测定了甲醇-甲酯体系中气液共存时各组分的含量，并用 PR 方程关联了实验数据。唐正姣等[278]采用 PR 方程结合 Vander Waals 混合规则关联了甲醇-大豆油体系（381.2～472.2K、9.79～18.16 MPa）的液液相平衡数据，指出 PR 方程适用于该体系的液液相平衡计算。Fang 等[279]测定了 523～573K、2.45～11.45MPa 下甲醇-十八酸甲酯体系的相平衡数据，并用 PR 方程结合传统混合规则对其进行了关联与预测，对体系临界压力的预测结果与实验数据的一致性较好。Glisic 等[280]对甲醇-葵花籽油体系的相行为进行了研究，指出选用 Redlich-Kwong-

ASPEN 方程结合 Vander Waals 混合规则对实验数据进行关联的效果最好。Hegel 等[281]探究了大豆油-甲醇-丙烷混合体系的相行为，指出单纯的液相混合体系最低需要 160℃。可见，反应体系形成单一流体相并不需达到超临界温度。Sawangkeaw 等[282]以 THF 和正己烷为共溶剂来降低植物油的黏度，这两种共溶剂对连续反应体系的流动性有所帮助，但并不能使反应在较温和的条件下完成。

4.7.2　超临界流体技术制备生物柴油的反应机理及动力学

Diasakou 等[283]首次提出了无催化条件下酯交换反应的反应模型，酯交换反应由 3 步串联反应构成：

$$TG + MeOH \xrightarrow{k_1} DG + FAMEs$$
$$DG + MeOH \xrightarrow{k_2} MG + FAMEs$$
$$MG + MeOH \xrightarrow{k_3} 甘油 + FAMEs$$

反应方程式中 TG、DG、MG 分别是甘油三酸酯、甘油二酸酯和甘油一酸酯，FAMEs 是脂肪酸甘油酯。因甲醇大大过量，假定酯交换反应各步均为一级不可逆反应，结果发现一级动力学模型能较好地吻合实验数据，酯交换反应前 2 步的反应速率常数是相近的，且都与温度相关，但最后 1 步的反应速率常数明显低于前 2 步，且与温度近似无关，第 3 步反应可以看成整个酯交换反应的速率控制步骤。

超临界甲醇制备生物柴油的酯交换反应分为 3 步可逆反应，3 步反应简化为 1 步反应为：

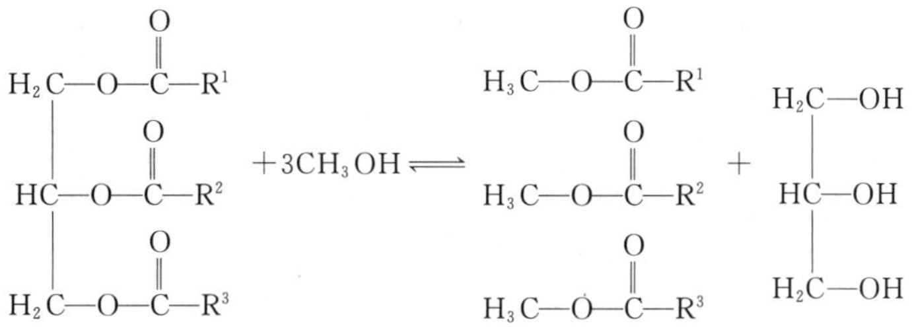

反应方程式中，R^1，R^2 和 R^3 表示 $C_{11} \sim C_{20}$ 的链烃。此反应由 3 步可逆反应构成，首先甘油三酸酯与一分子甲醇生成甘油二酸酯，再次甘油二酸酯再与一分子甲醇生成甘油一酸酯，最后甘油一酸酯与一分子甲醇生成甘油，每一步反应中都会有一分子的脂肪酸甲酯生成[284,285]。

同常规条件相比，超临界甲醇具有较低的介电常数，而且随着温度的升高，甲醇的极性减弱，这加大了甲醇和油脂的混溶程度，可以促进酯交换反应的进行。Kusdiana 等[286]基于理论推测，认为超临界状态下氢键被显著削弱，甲醇成为自由单体并发生解离，其不但作为反应物，还起到酸性催化剂的作用；另外，在高温高压作用下，油脂电子分布也变得不均匀，羰基上的碳原子显示正价，而被甲醇上的氧原子攻击从而触发反应，使酯交换反应快速进行。陈文等[287]通过利用原位 ATR(attenuated total reflectance) 红外光谱研究超临界条件下酯交换反应过程，发现超临界甲醇条件下的酯交换是均相反应，认为氢键变化不是导致酯交换反应的主要原因，高温高压下甲醇的 C—OH 键振动形式的变化使甲醇的亲电性和亲核性均增强，才是导致超临界无催化酯交换反应快速进行的主要原因，可能的超临界甲醇酯交换反应机理为：

$$R^1COOR^2 \longrightarrow R^1-O-\underset{\underset{\underset{H}{O}}{\overset{\overset{O}{\shortparallel}}{C}}-R^2}{} \longrightarrow R^1-O^-\cdots\underset{\underset{\underset{H}{O}}{\overset{\overset{O}{\shortparallel}}{C^+}}-R^2}{} \longrightarrow HOR^1+CH_3COOR^2$$

在超临界酯交换反应中，由于甲醇大大过量，故反应被看作是拟一级反应，反应速率与油脂的浓度一次方成正比。Kusdiana 等[288]研究发现超临界甲醇和油菜籽在 $200\sim487℃$ 的反应速率常数随着温度的升高而增大，尤其是在 $280℃$ 下，反应速率常数急剧增加。Hegel 等[281]研究超临界甲醇和大豆油的反应速率常数也得到了同样的结果，认为反应速率常数急剧增加是由于反应物由起初的两相变为了均相。邢存章等[289]研究 $260\sim320℃$ 温度下花椒油酯交换反应的速率常数和反应级数，并得到了花椒油脂在超临界甲醇中的反应动力学模型。He 等[290]研究了大豆油与甲醇在 $210\sim280℃$ 范围内的酯交换反应，结果表明在甲醇的临界温度 $239℃$ 时，反应速率常数急剧增加。尤其在临界温度以上反应的表观活化能远大于亚临界时的活化能。还研究了 $280℃$ 时压力对转化率的影响，并通过添加压力项得到了修正的阿伦尼乌斯方程：

$$k= k_0 \exp[(-E^\sharp + p\Delta V^\sharp)/RT]$$

式中，k 为速率常数；k_0 为指前因子；$E^\sharp$ 为活化能；p 为压力；$\Delta V^\sharp$ 为反应活化体积；R 为气体常数；T 为反应温度；$(-E^\sharp + p\Delta V^\sharp)$ 为反应的表观活化能。在压力 28MPa 下，$(p\Delta V^\sharp)$ 对表观活化能的贡献大约为 10.3%。修正的阿伦尼乌斯速率方程提供了一种更好估计超临界条件下酯交换反应速率常数的方法。

鞠庆华等[291]对甘油三乙酸酯超临界酯交换反应及其动力学进行了研究。针对超临界条件下甘油三乙酸酯与甲醇或乙醇的酯交换反应，分别考察了超临界状态下醇油摩尔比和温度对反应的影响。甲醇或乙醇与甘油三乙酸酯的摩尔比为 14、反应温度为 350℃、反应时间为 20min 时，乙酸甲酯或乙酸乙酯的收率分别达 100% 和 60%。对超临界状态下动力学的研究结果表明，甘油三乙酸酯与甲醇或乙醇的酯交换反应为拟一级反应，在相同的反应条件下，采用甲醇时酯交换反应速率比用乙醇时快，相应的甘油三乙酸酯的转化率也高，甘油三乙酸酯在超临界甲醇或乙醇中酯交换反应的表观活化能分别为 58.7kJ/mol 和 75.1kJ/mol，甘油三乙酸酯与甲醇酯交换反应的活化能低于与乙醇酯交换反应的活化能，表明碳链短的醇更易进行酯交换反应。

4.7.3　超临界流体二步法制备生物柴油及其动力学[285]

Kusdiana 等[292]首次提出水解、酯化二步法合成生物柴油的工艺，即油脂在亚临界水中水解成脂肪酸，然后脂肪酸在超临界甲醇条件下发生甲酯化反应生成脂肪酸甲酯，反应式如下：

$$\begin{array}{l} R^1COOCH_2 \\ | \\ R^2COOCH \\ | \\ R^3COOCH_2 \end{array} +3H_2O \Longrightarrow \begin{array}{l} R^1COOH \\ R^2COOH+ \\ R^3COOH \end{array} \begin{array}{l} CH_2OH \\ | \\ CHOH \\ | \\ CH_2OH \end{array}$$

$$RCOOH+CH_3OH \Longrightarrow RCOOCH_3+H_2O$$

超临界甲醇一步法制备生物柴油，虽然具有反应速率快、转化率高、原料灵活性高等优势，但其高温高压的操作条件导致设备材料昂贵、高能耗等问题。水解酯化二步法作为改进的超临界流体制备生物柴油方法，其优势在于：相对于脂肪酸甘油酯与甲醇的酯交换反应，脂肪酸与甲醇发生酯化的温度压力条件更温和，有利于降低操作成本；另外，这种方法保留了超临界甲醇酯交换反应原料选择灵活性与绿色高效的优势。由于在第2步反应即酯化反应之前甘油可以先被除去，所以同超临界甲醇酯交换法相比，超临界甲醇二步法产品纯度更高。

Patil 等[293]提出了植物油水解的动力学模型，认为油脂的水解分为3步进行，类似于酯交换的3步串联反应。Minami 等[294]假设水解3步反应的反应速率常数相等，提出了简化的水解动力学模型，认为亚临界水中油脂的水解是1个自催化反应，脂肪酸起到酸性催化剂的作用，同时由于脂肪酸的存在，自催化反应机理也被应用到第2步酯化反应中。脂肪酸的浓度对水解、酯化反应影响都很大，是影响二步法反应进程的重要因素。纯的甘油三酯水解是很慢的，高温高压和大量水存在的条件下才可加速水解反应进行。水解反应主要取决于水在油中的溶解度，甘油二酯、单甘油酯由于含有羟基，亲水性强，理论上单甘油酯水解反应速率最快，甘油二酯水解速率居中，甘油三酯水解最慢。但 Alenezi 等[295]得到了不同的结论，研究发现在亚临界水中，水过量条件下，3步逆反应的速率常数均接近于0，所以3步水解反应可假定为不可逆反应；水解的第1步反应活化能高于后2步，在20MPa，各温度条件下，第2步反应的速率常数低于第1步和第3步，认为甘油二酯的水解可以看作是亚临界水条件下油脂水解反应的速率控制步骤。Moquin 等[296]在不同条件下研究了同一反应，得出不同的结论，发现第1步水解即甘油三酯的水解的速率常数最低，认为水解反应的第1步反应是整个反应的速率控制步骤。李法社等[297]研究了小桐籽油脂肪酸在超临界甲醇中酯化反应的动力学，得到了一个平均反应级数为1.446的动力学模型，其中反应活化能为66.8kJ/mol，同 Alenezi 等[298]得到的超临界甲酯化正反应的活化能72 kJ/mol 近似。另外由于脂肪酸在长时间高温反应时可能会发生氧化或分解，超临界甲酯化反应的操作条件需要进一步优化，使其与超临界一步法相比，条件更温和、反应更高效。

同超临界甲醇一步法制备生物柴油相比，超临界流体二步法制备生物柴油虽然能有效降低操作条件，但其工艺流程较复杂，提高了设备成本。

4.7.4　工艺操作条件对超临界流体技术制备生物柴油的影响[284]

影响超临界流体技术制备生物柴油的工艺操作参数包括：反应温度、反应压力、反应时间、醇/油比、水和游离脂肪酸、共溶剂、催化剂等。

① 温度　反应温度是生物柴油制备过程中最关键的一个工艺参数，随着温度的升高，反应速率逐渐增大，尤其是反应温度超过甲醇的临界温度时，甲酯的收率很高。He 等[290]在压力 28.0MPa 和 n(醇):n(油)为 42:1 的情况下利用大豆油制备生物柴油，温度从 210℃增加到 280℃，反应速率增大了 70%；Tan 等[299]认为在较低温度时甲醇的反应活性比较低，而且醇和油的互溶度也较低，从而导致甲酯的产率比较低，随着温度的增加醇油混合物接近均相，从而增大了接触面积和反应速率；Song 等[300]通过棕榈油制备生物柴油，在其他条件为定值时，研究了温度从 200℃升高到 400℃时对酯交换反应的影响。在低于甲醇的临界温度 239℃时甲酯的产率非常低，而在 239~375℃内随着温度的增大，甲酯的收率达到了 95%，当温度高于 375℃时，甲酯和油脂发生了热分解，从而使其收率减小；Wan 等[301]进行了 RBD 棕榈油 TAG 研究，结果显示在 279℃时棕榈油热分解了 1%，当温度为 381℃时达到最大的分解速率，由此可以看出最适宜的工艺操作温度大约为 350℃；Joaquin 等[302]

研究了超临界甲醇制备生物柴油过程中脂肪酸甲酯的热稳定性，结果表明含有 2 个或多个双键的不饱和脂肪酸甲酯在 300℃/26MPa 条件下开始发生热分解，并且随着温度的升高热分解强度增大。在 350℃/43 MPa 条件下，饱和的脂肪酸甲酯开始分解，但是在生成饱和脂肪酸甲酯的试验条件下，其几乎不分解。酯交换反应过程中，存在一个最适宜反应温度，温度过低，反应速率和甲酯的收率相对较小，温度过高脂肪酸甲酯（尤其是不饱和脂肪酸甲酯）就会发生热分解，影响甲酯的收率。Imahara[303]提出最适宜的反应温度是在不饱和脂肪酸甲酯生成量最大时的温度。由于不同油脂原料中所含脂肪酸的种类和含量不同，而且不同的脂肪酸甲酯的热稳定性也不相同，所以酯交换反应过程中的最适宜反应温度与所选用的原料有关。

② 压力　压力对超临界甲醇的物理特性有重要的影响。在甲醇近临界和超临界区域，随着压力的增大，甲醇的密度和黏度随之增大，甲醇的介电常数随之减少。而由于甲醇的密度增大和介电常数的减小，从而增大油和醇的相互溶解度，增大了反应速率。He 等[304]研究大豆油制备生物柴油，在温度、$n(醇):n(油)$ 不变的情况下，考察了 10～40MPa 时压力对甲酯收率的影响。当压力稍高于甲醇的临界压力时，甲酯的收率很低，但随着压力的增加，甲酯的收率迅速增加，在相同的停留时间下，甲酯的收率由 43%（10MPa）增加到 77%（40MPa），表明压力对甲酯的收率有重要的影响。Biktashev 等[305]在反应温度 335℃，棕榈油的体积浓度 c_{vol} 为 0.155 时，研究发现在 18～27MPa 范围内棕榈油甲酯的收率逐渐增大，而在 27～35MPa 范围内几乎不变。由此可以看出，存在一个最适宜压力，低于最适宜压力时甲酯的收率随着压力的增大而增加，高于最适宜压力时甲酯的收率基本不变。

③ 反应时间　反应时间对甲酯收率的影响与温度、压力和 $n(醇):n(油)$ 等有关。随着反应时间的增大，甲酯的收率增加；当反应温度、压力、$n(醇):n(油)$ 较高时，所需的反应时间较短。Demirbas[306]分别研究了温度在 230 和 250℃，$n(醇):n(油)$ 为 41:1 条件下，亚麻籽油分别与甲醇和乙醇发生酯交换反应，研究发现甲酯和乙酯的收率随时间的增大而增加，在反应的起初阶段收率急剧增加，而在反应后期收率增加相对缓慢。而且当甲酯收率达到 70% 时，250℃条件下需要的反应时间为 1 min，远远低于 230℃时的 6 min。He 等[304]研究发现反应温度 280 ℃以下时，大豆油甲酯的收率随着反应时间的增加而增大，在 280℃、反应时间为 50min 时，最大的收率仅为 72%；当反应温度在 300℃以上时，初始阶段甲酯的收率随反应时间的增加而增大，当甲酯收率达到某一最大值后，再随着反应时间的增加反而减少，此时不饱和的脂肪酸甲酯发生了热分解。由此说明，确定最适宜的反应时间对得到高的甲酯收率也是非常重要的。

④ $n(醇):n(油)$ 比　酯交换反应按照计量系数，$n(甲醇):n(油脂)$ 为 3:1。实际上，往往需要甲醇过量，从而使平衡向右移动，达到高的反应速率和转化率。酯交换过程存在一个最适宜的 $n(醇):n(油)$ 比，若甲醇的加入量不足，则影响油脂的转化率和反应速率；若甲醇大大过量，不但不能进一步提高转化率，而且还会给后续的分离工作增加困难。Demirbas[307]采用超临界甲醇与棉籽油通过酯交换制备生物柴油，当 $n(醇):n(油)$ 比由 1:1 增大到 40:1 时，甲酯的产率随之增大。Tan 等[299]利用棕榈油制备生物柴油，在最适宜温度 360℃、最适宜反应时间 20min 条件下，研究了 $n(醇):n(油)$ 比由 20:1 增大到 60:1 时对甲酯收率的影响，得出最适宜 $n(醇):n(油)$ 为 40:1，当低于 40:1 时，甲酯的收率随着 $n(醇):n(油)$ 的增大急剧增加，高于 40:1 时，甲酯的收率几乎不变。

⑤ 水和游离脂肪酸　Vieitez 等[308]考察了水在大豆油中质量分数为 0 和 10% 的 2 种情

况下的转化率。在水的质量分数为 10％ 时油脂的转化率高于 0％ 时的转化率，说明水的存在有利于转化率提高。Kusdiana 等[286]通过菜籽油制备生物柴油，在反应温度 350℃、反应时间 4min、n(醇)∶n(油)为 42∶1 条件下，当水的含量达到 50％ 时，水对甲酯收率的影响不大。同时发现添加任意含量的油酸都有很高的甲酯收率。Tan 等[309]研究发现当水在棕榈油中的含量从 4％ 变化到 20％ 时对甲酯的收率几乎无影响，相反甲酯的收率还有所增加。由于水的存在使油脂产生脂肪酸和甘油，接着脂肪酸和甲醇生成甲酯和水，所以随着酯交换反应、水解反应、酯化反应的同时进行，收率不但不会减少，反而会增加。研究还发现脂肪酸在水中的含量从 0 增大到 32％ 时对甲酯的收率不会产生负影响，而且会随着游离脂肪酸的增加甲酯的收率稳定增加。

⑥ 共溶剂　超临界法制备生物柴油往往在高温和高压下进行，过高的压力和温度限制了大规模的工业化生产，因此，需要寻求有效的方法来降低对反应设备和条件的要求。在甲醇和油的二元体系当中，通过向反应体系中加入恰当的共溶剂可以降低混合体系的临界压力和临界温度，促使超临界反应在较温和的条件下进行。超临界流体中共溶剂的加入有助于甲醇和油脂两相混合物转变成均相，从而可以降低操作参数。Cao 等[310]在大豆油制备生物柴油过程中，利用 CO_2 作为共溶剂，当 n(醇)∶n(油)很低时，最适宜反应温度随着 CO_2 量的增大急剧降低，当物质的量之比达到一定值时，最适宜反应温度不再变化。Imahara 等[311]研究发现在 270℃、n(醇)∶n(油)为 42∶1、反应时间 15min 条件下，分批处理反应器内菜籽油与超临界甲醇反应体系的压力随着 $n(CO_2)$∶n(甲醇)的增大而增加；当 $n(CO_2)$∶n(甲醇)为 0.11∶1.00 时，甲酯的收率最高为 51.9％。先前研究表明酯交换反应的速率正比于反应压力，在甲醇过量的情况下高压可以增大反应的机会，所以在初始阶段 $n(CO_2)$∶n(甲醇)增大到 0.11∶1.00，有利于提高反应速率；但当 CO_2 过量时会使反应物浓度稀释，从而导致反应速率的下降。一般二氧化碳作为常用的共溶剂，其他共溶剂有氮气、己烷、四氢呋喃和丙烷等。为了产品的提纯和共溶剂的循环利用，气态共溶剂比液态共溶剂更适合应用，往往需要气态共溶剂，如 CO_2、丙烷的量很少，而且从产品中很容易分离；而液态共溶剂，如四氢呋喃、正己烷等与甲醇沸点相近，共溶剂的回收需要通过蒸馏操作来完成，会消耗很多的能量。

⑦ 催化剂　加入适量的催化剂可以降低反应温度和反应时间，催化剂的加入可以提高反应速率和甲酯的收率。催化剂包括碱性 MgO、CaO、KOH、NaOH 及 H_3PO_4、$[C_4MIm]$ HSO_4 离子液体等。

4.7.5　微藻为原料在超临界醇(水)中合成生物柴油

湖泊的富营养化是我国湖泊环境保护中最严重的问题之一，严重破坏了生态环境，给人们的生活带来了很多负面影响。而微藻则是湖泊富营养化的主要产物，富含高脂肪、高蛋白和糖类。当今，生物质能储量丰富，是唯一能转化为液体燃料的可再生资源，已成为国际上新能源研发的热点。在众多的生物质中，微藻因具有光合作用效率高、生物量大、生长周期短、环境适应能力强、易培养、脂类含量高及生长过程中可高效固定 CO_2 等特点，被公认为是制备生物质液体燃料的理想原材料。利用微藻制备液体燃料在环保和能源供应方面具有非常重要的意义，商业前景广阔。

陈晓萍等[312]采用反应釜，对蓝藻在超临界乙醇中的液化进行研究。考察了反应温度、反应时间、料液比等对蓝藻液化转化率的影响。当反应温度 270℃，反应时间 40min，蓝藻原料质量与乙醇体积比为 1g/15mL 时，其液化转化率可达 86.6%。采用模型法对蓝藻在超临界乙醇中液化反应动力学进行研究，该液化反应的表观活化能为 50.8kJ/mol。

张贵芝等[313]以规模化养殖的小球藻为原料，采用超临界甲醇酯交换法开展了制备生物柴油的实验研究。通过对原料藻粉的主要组成和实验产物的元素、化合物组成及基本理化特性进行分析，考察了不同工艺条件对产率的影响。在甲醇与湿藻（50%含水量）配比为 8:1（mL:g）、反应温度 260℃、反应压力 8MPa 和停留时间 10min 的条件下，微藻生物柴油产率达 9%以上，具有与石化柴油接近的理化性质和成分组成。

秦岭等[314]在高压反应釜中进行了亚/超临界水直接液化杜氏盐藻制生物油过程的研究。对杜氏盐藻的藻粉和藻渣两种原料的主要成分进行了分析。考察了反应温度、反应时间、催化剂、料液比、反应压力等对盐藻粉和盐藻渣液化行为的影响。反应温度 360℃、反应时间 60min、催化剂 K_2O_3 加入量 2.5%条件下，微藻在超临界水中的液化率为 89.4%，产油率为 29.0%。

4.8 超临界 CO_2-离子液体(聚乙二醇、水)两相催化体系及其应用

均相催化过程在催化活性和选择性方面均优于非均相催化，但在催化剂的回收与循环使用以及产物的分离等方面不及非均相催化过程。将二者的优点相结合，使催化反应在均相下进行，反应结束后，通过萃取或过滤等简单操作分离产物及回收催化剂，这是人们在这一领域内追求的目标之一。二氧化碳是一种性质稳定、无毒、费用低、可回收和再生利用的温室气体，它具有相对温和的临界条件，通过调节超临界二氧化碳(scCO₂)的压力或温度，还可以调节反应的选择性、反应活性以及提高催化效率等。采用超临界二氧化碳与其他一些对环境友好的介质构成的两相体系，利用 scCO₂ 的性能，可实现均相催化过程的反应与产物分离的一体化以及催化过程的连续化，即产物通过 scCO₂ 萃取得到及时分离，均相催化剂固定在另一相，供循环使用。已被研究的两相体系主要有：超临界二氧化碳/水（scCO₂/H₂O）、超临界二氧化碳/离子液体（scCO₂/IL）、超临界二氧化碳/聚乙二醇（scCO₂/PEG）。何良年等论述了这方面的研究进展[315]。

离子液体(ILs)和超临界二氧化碳由于具有独特的性质和对环境友好的特性，而被广泛地用于许多催化反应的替代溶剂，例如氢化反应、羰基化反应、选择性氧化反应、碳-碳键的形成反应等。二氧化碳与离子液体的极性、挥发性是两个极端，二者相互补充，可能会形成一个功能独特的反应体系。通常，scCO₂ 可溶于一些离子液体中，而离子液体却不溶于 scCO₂。另外，使用 scCO₂ 可以将一些有机物（如苯）从离子液体中萃取出来，同时二者不会发生相互污染。这为催化反应的产物分离提供了新思路。将 scCO₂/IL 两相体系引入到催化反应中，即过渡金属催化剂固定在离子液体中，scCO₂ 的存在可以极大地降低反应液的黏度，有利于反应的进行。反应结束后，产物可以被 scCO₂ 从离子液体中萃取出来，催化剂仍留在离子液体中，实现循环利用。scCO₂/ILs 体系的催化反应示意图如图 4-43。

首先将催化剂溶解在 ILs 中，然后将反应物直接加入到 ILs 中或通过 CO₂ 带入到 ILs

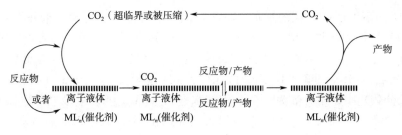

图 4-43 CO_2/IL 体系的催化反应示意图[316]

中，经过一段时间的催化反应，反应生成物可以通过 CO_2 带出，从而实现过程的连续化。其中 ILs 作为催化反应的介质保持了催化剂的活性和稳定性[316,317]。

4.8.1 CO_2/ILs 二元系相行为[317]

（1）CO_2/ILs 与 $CO_2/$有机溶剂相行为的区别

Blanchard 等[318]发现较低压力下，CO_2 在［bmim］［PF_6］中有很大的溶解度，而［bmim］［PF_6］不溶于 CO_2。他们认为 ILs 不溶于 CO_2 的原因是 ILs 的低蒸气压以及气相 CO_2 不能充分溶解 ILs 的离子。Huang 等[319]则解释这种现象类似于 CO_2 通过半刚性和黏性的玻璃态结构渗透。虽然 CO_2 溶于 ILs，但 CO_2/ILs 的相行为与 $CO_2/$有机物的相行为却有所不同。比较 $CO_2/$1-甲基咪唑与 $CO_2/$［bmim］［PF_6］的相行为，发现前者随着压力升高，超过混合临界点出现单一相，后者即使压力很高（达 $3.1×10^8 Pa$）仍是两相[320]，如图 4-44。

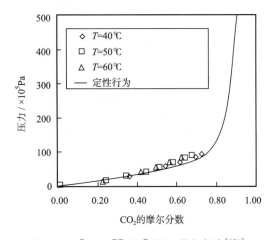

图 4-44   ［bmim］［PF_6］/CO_2 的相行为[320]

Aki 等[321]系统研究了 CO_2 在 10 种 ILs 中的溶解效果，证实加入 CO_2 后 ILs 的膨胀不明显，并且加入 CO_2 使 ILs 的溶剂强度降低得非常小。他们的模拟结果也表明溶解 CO_2 的［bmim］［PF_6］偏摩尔体积变化很小。对于 ILs 与一般有机溶液的显著差异，他们猜测 ILs 的离子之间存在强大的库仑力，使这些离子分离会引起很大的热力学变化。分析认为 ILs 相的大部分空间被 CO_2 占据，构成的局部空穴尺寸比纯 ILs 更大。通常 ILs 膨胀不能产生大的空穴，而阴离子的小角度重排列则是其形成的原因。

（2）影响 CO_2 在 ILs 中溶解度的各种因素

① 温度与压力的影响   温度与压力会影响气体在液体中的溶解度，已有的研究表明

CO_2 在 ILs 中的溶解度随温度的增加而下降，但大部分体系的影响效果并不明显。CO_2 在 ILs 中的溶解度随压力增加而增大，发现 CO_2 的质量浓度随压力的增加而线性增大。

② 水的影响　由于 ILs 具有容易吸水的特性，因此有些水饱和 ILs 与无水 ILs 的相图有较大区别。如在 313K、5.7×10^6 Pa 时，CO_2 在经过干燥的 [bmim][PF_6][含水量小于 0.15%（质量分数）] 中摩尔分数为 0.54，而在水饱和 [bmim][PF_6][22℃下饱和含水量 213%（质量分数）] 中摩尔分数仅为 0.13。产生这种差异的主要原因是 CO_2 的憎水性以及 CO_2 与水反应生成碳酸降低了溶液的 pH 值。然而研究 [bmim][Tf_2N] 发现其含水量对 CO_2 的溶解度没有影响，其原因可能是水与 [Tf_2N]$^-$ 形成的氢键没有消除 [Tf_2N]$^-$ 和 CO_2 的相互作用[321]。

③ ILs 阴离子的影响　Blanchard 等[320] 报道了 CO_2 在 6 种 ILs 中的溶解度，其中在含氟阴离子的 ILs 中溶解度最高（图 4-45）。CO_2 在 10 种咪唑 ILs 中的溶解度，同样发现在含氟阴离子（[TfO]$^-$，[Tf_2N]$^-$，[methide]$^-$）的 ILs 中的溶解度最高，而在两种不含氟的阴离子（[NO_3]$^-$，[DCA]$^-$）ILs 中的溶解度最小，在无机氟阴离子（[BF_4]$^-$，[PF_6]$^-$）的 ILs 中的溶解度介于中间[321]。这些数据均说明了含氟阴离子显著影响着 CO_2 的溶解度。有的研究者发现 CO_2 与 [bmim][PF_6] 和 [bmim][BF_4] 的阴离子能形成弱路易斯酸。因此 CO_2 在含氟阴离子的 ILs 中溶解度较高的部分原因是受弱路易斯酸的影响。

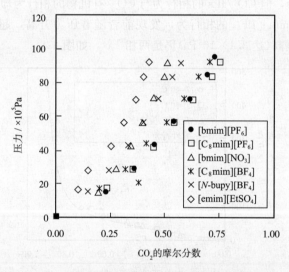

图 4-45　40℃时 CO_2 在 6 种 ILs 中的溶解度[320]

④ ILs 阳离子的影响　Anthony 等[322] 发现以 [Tf_2N]$^-$ 为阴离子，阳离子分别采用咪唑、季铵盐或吡咯盐时，CO_2 在这些 ILs 中的溶解度变化不大。虽然 ILs 的阳离子不如阴离子影响 CO_2 的溶解度强，但咪唑环上的取代基会影响 CO_2 的溶解度。Aki 等[321] 考察 CO_2 在 [bmim][Tf_2N]、[hmim][Tf_2N] 和 [omim][Tf_2N] 中的溶解度，发现 CO_2 的溶解度随烷基链长度的增加而增大，当压力较高时溶解度相差更大。Kroon 和 Gutkowski 等[323,324] 比较了 CO_2 在 3 种以 [BF_4]$^-$ 为阴离子的咪唑 ILs 中的溶解度，也发现 CO_2 在 ILs 中的溶解度随阳离子的烷基链长度增加而增大。此外，他们还比较了 CO_2 在 [bmim][PF_6] 和 [emim][PF_6]，[hmim][PF_6] 和 [emim][PF_6] 中的溶解度，均符合烷基链长溶解度大的趋势。因此，虽然 CO_2 的溶解度受 ILs 阴离子影响比阳离子强烈，但是当 ILs 阴离子一定时，随着压力的升高（尤其是较高压力下），阳离子的烷基链长度会影响 CO_2 的溶解度，如图 4-46。

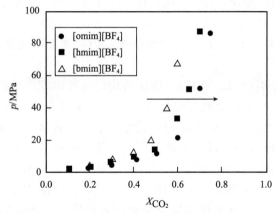

图 4-46　CO_2 在不同阳离子烷基链长度的 ILs 中的溶解度比较[324]

　　⑤ 助溶剂的影响　Hong 等[325]考察了乙腈对 CO_2 在$[C_2 mim][NTf_2]$中溶解度的影响，发现当 ILs 存在极性有机物时会降低 CO_2 的溶解度。另一方面，CO_2 中存在助溶剂也会影响 ILs 在 CO_2 的溶解度。Wu 等[326,327]通过向 CO_2 中添加极性助溶剂(乙醇、丙酮)和非极性助溶剂(正己烷)发现，当助溶剂的浓度不到 10%(摩尔分数)时，含极性或非极性助溶剂的 CO_2 对 ILs 的溶解度是有限的；当极性助溶剂浓度超过 10%(摩尔分数)时，对 ILs 的溶解显著增加；采用非极性助溶剂，即使助溶剂的浓度超过 30%(摩尔分数)，CO_2 对 ILs 的溶解度并没有增强，说明极性有机物会影响 CO_2 PILs 体系的溶解度。

4.8.2　含有 CO_2/ILs 多元混合物相行为[317]

　　(1) CO_2/ILs/有机物的相行为
　　对于 CO_2/ILs/有机物的系统可以形成气液平衡(VLE)，也可以形成气液液平衡(VLLE)。Scurto 等[328]使用 CO_2/$[C_4 mim][PF_6]$/甲醇体系证明了 VLE 和 VLLE 的存在。如图 4-47，向一定量 $[C_4 mim][PF_6]$/甲醇的混合液中通入 CO_2，随着 CO_2 的增加(压力升高)，最初互溶的 $[C_4 mim][PF_6]$/甲醇溶液开始出现第二个液相，并将此时称为低临界端点(lower criticalendpoint，LCEP)。出现 VLLE 的状态时，由下到上依次为富 ILs 相(L_1)，富有机溶液相(L_2)和富 CO_2 相(V)。继续增加 CO_2，富有机溶液相与富 CO_2 相逐渐融合，当富有机溶液相完全消失，即出现 VLE 时，称为 K 点(K-point)。

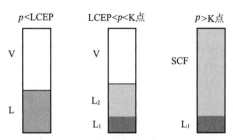

图 4-47　$[C_4 mim][PF_6]$/甲醇随 CO_2 增加相行为示意图[328]

(2)CO_2/ILs/有机物/固体的相行为
Blanchard 等[318,329]的研究证明可以利用 CO_2 从 ILs 中萃取有机物，但有些固体在 ILs

或 CO_2 中溶解度非常小，使用 CO_2 从 ILs 中萃取效果并不一定好。如他们[330]试图使用 CO_2 从纯[hmim][Tf_2N]中移除 NH_4Cl、NH_4Br 和 $Zn(CH_3CO_2)_2$ 均未成功，而使用 ILs/有机物的混合液代替纯 ILs，然后向混合溶液中通入 CO_2 使固体沉淀析出，实现了上述物质的分离。

图 4-48 给出了 CO_2 引起 ILs/有机物/固体的均匀溶液沉淀产生的示意图。当 ILs/有机物/固体的均匀溶液通入 CO_2，溶液开始膨胀。由于固体在 ILs/有机物/CO_2 中的溶解度低于在 ILs/有机物中的溶解度，因此随着 CO_2 的增加会出现固体颗粒的析出，并把固体颗粒出现时的压力定义为成核压力。进一步增加压力，随着固体溶解度的降低，析出更多的颗粒，直至全部的固体析出。此时底部为不溶性固体，而上部存在 VLE，并且压力达到 LCEP。继续加入 CO_2，接下来会发生如图 4-47 的现象，即由 VLLE 转变为 VLE。显然，这一过程达到了固体、ILs、有机物的完全分离，适合用于含 ILs 的催化反应中催化剂的回收。

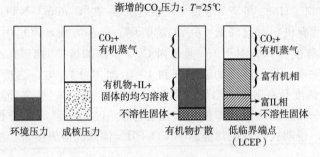

图 4-48　固体去除过程示意图[330]

4.8.3　超临界 CO_2/ILs 两相体系的催化反应性能[315]

（1）加氢反应

Liu 等[331]考察了 $scCO_2$/IL 两相体系中 1-癸烯、环己烯的催化氢化反应的性能。催化剂为 $RhCl(PPh_3)_3$，它可溶于离子液体[bmim][PF_6]中，但不溶于 $scCO_2$。在优化的反应条件下（即氢气压力为 4.8MPa、体系总压力为 20.7MPa、反应温度为 50℃）反应 1h，转化率可达 98%，TOF 为 410h^{-1}。反应结束后，通过调节压力和温度，可使产物溶于 $scCO_2$ 并随其一起离开体系，与催化剂分离，催化剂仍溶在离子液体中；循环使用四次，底物的转化率基本不变，该催化反应可连续进行。相同反应条件下，环己烯的氢化反应速率则相对较慢，反应 2h，转化率为 82%，TOF 为 220h^{-1}，若反应进行 3h，则转化率可达 96%。研究者还考察了反应在正己烷/离子液体两相体系中进行的情况，发现转化率和 TOF 与 $scCO_2$/IL 两相体系相似。

$$C_8H_{17}CH{=\!\!=}CH_2 + H_2 \xrightarrow[scCO_2/IL]{RhCl(PPh_3)_3} C_8H_{17}CH_2CH_3$$

这是由于该类反应未生成极性中间体的缘故。于是设计在该两相体系中进行的二氧化碳催化氢化反应，并加入二烷基胺，使其生成产物 N，N-二烷基甲酰胺，反应历程如下所示，所用催化剂为 $RuCl_2(dppe)_2$（dppe＝$Ph_2PCH_2CH_2PPh_2$）。反应过程中生成的氨基甲酸盐中间体可溶于离子液体，从而使催化过程在均相环境下进行。研究发现，当底物为 $NH(n-C_3H_7)_2$ 时，在优化的反应条件下（即氢气压力为 5.5MPa，体系总压为 27.6MPa，反应温度为 80℃，反应 5h），转化率可达 100%，选择性在 99% 以上，与单一 $scCO_2$ 作溶剂相比反应的收率与选择性都大大提高了，可能的原因是：① 极性反应中间体在离子液体中的溶解性很高，可与催化剂在均相下作用；② 生成的极性中间体易溶于离子液体而不溶于 $scCO_2$，进而有利于平衡向产物方向转化。该研究表明 $scCO_2$/IL 两相体系对于那些有极性中间体生成的反应更为有利。

$$CO_2 + H_2 \xrightarrow{\text{催化剂}} HCO_2H$$
$$HCO_2H + R_3N \Longleftrightarrow [HNR_3]^+ \ [HCO_2]^-$$
$$HNR_2 + CO_2 \Longleftrightarrow R_2NCO_2H$$
$$R_2NCO_2H + HNR_2 \Longleftrightarrow [R_2NH_2]^+ \ [O_2CNR_2]^-$$
$$[R_2NH_2]^+ \ [O_2CNR_2]^- + 2HCO_2H \Longleftrightarrow 2HCONR_2 + 2H_2O$$

进一步研究 $scCO_2$ 从离子液体中萃取产物（N,N'-二丙基甲酰胺）的效率，在第一轮反应中，$scCO_2$ 对产物的萃取效率较低；第二轮循环反应中，萃取效率大大提高；第三、第四轮循环反应中，产物几乎可以被定量萃取分离。这可能是由于经过前三次的循环反应，产物在离子液体中的溶解达到饱和了。

（2）二聚反应

钯催化丙烯酸甲酯的二聚反应是构筑碳-碳键的重要反应之一。Ballivet-Tkatchenko 等[332]将 $scCO_2$/ILs 两相体系应用于该反应。钯催化剂被固定在离子液体[bmim]PF_6 中，其催化活性与在传统溶剂中相比有了很大的提高。在优化的反应条件下，催化剂的 TON 可达 560，TOF 为 195h^{-1}，而且它们也随丙烯酸甲酯与钯的摩尔比的增加而增加。他们还研究了底物与产物 DHM（dihydromuconate）在离子液体和 $scCO_2$ 两相中的分配，发现在研究的压力范围内，反应物在 $scCO_2$ 中几乎全部溶解，而产物在 $scCO_2$ 中的溶解度随压力的增加而增加。当 $scCO_2$ 的压力大于等于 15MPa 时，产物在 $scCO_2$ 有很好的溶解性。这为利用 $scCO_2$ 对产物进行萃取分离提供了依据，即利用 $scCO_2$ 在高压时能溶解产物，流出反应体系后，低压释放产物。因此取出产物同时，也不断地向反应体系中添加原料，可实现连续化生产。

（3）烯烃的氢乙烯化反应

该反应是构筑碳-碳键的重要反应之一，Bösmann 等[333]报道了 $scCO_2$/IL 两相体系中进行的苯乙烯氢乙烯化连续化过程。Wilke's 催化剂被固定在离子液体中，底物随 $scCO_2$ 进入反应体系，进行反应；产物则溶于 $scCO_2$ 随其流出反应体系，再经过降压，即可得到产物，而催化剂留在反应体系中循环使用；因此，采用流动装置，不断供给原料以及不断萃取分离出产物，实现反应过程的连续化。离子液体不仅固定了催化剂，而且能活化催化剂。此外，离子液体的阴离子的亲核能力与配位能力对催化剂的活化有明显的影响，这表明可以通过选择具有不同阴离子的离子液体来调节催化剂的活性，进而调控催化反应的进行。使用 [EMIM][$(3,5\text{-}(CF_3)_2C_6H_3)_4B$]/$scCO_2$ 两相体系，在经优化的反应条件下，苯乙烯的转化率可达 100%，对 3-苯基-1-丁烯的选择性为 63.8%，对映选择性 ee 值为 89.4%。在连续反应过程中，催化剂使用 61h 后，反应活性与对映选择性没有明显变化。而且增加乙烯的分压，降低反应温度，能够抑制副产物的生成。

（4）烯烃氢甲酰化反应

过渡金属催化的烯烃氢甲酰化反应是最重要的有机反应之一，全世界每年有超过 600 万吨的醛由此法合成。Sellin 和 Webb 等[334,335]报道了该反应采用流动装置、在 scCO₂/IL 两相体系中连续化过程的研究。在对离子液体、催化剂与反应参数进行了筛选之后，发现对烷基链至少含有 8 个碳的烯烃，选用离子液体为[1-烷基-3-甲基甲基咪唑][二(三氟甲磺酰基)胺]时，反应活性最好，TOF 高达 500h⁻¹；并且，随着底物流速的增加，反应速率也会相应提高。此外，保持在离子液体中催化剂 Rh/[PrMIM]₂[PhP(3-C₆H₄SO₃)₂] 至少可以稳定使用 3 天。若在优化的反应条件下，使用合适的反应装置，该 scCO₂/IL 两相催化体系可以连续运转数周，未发现催化剂分解的迹象。

$$R\diagup\diagdown + CO + H_2 \xrightarrow[\text{IL/CO}_2]{\text{催化剂}} \overset{\text{CHO}}{R\diagup\diagdown} + \overset{\text{CHO}}{\underset{R}{\diagup\diagdown}}$$

（5）功能化离子液体/scCO₂ 两相反应体系

在以上研究中，离子液体仅是作为反应溶剂以及用于固定催化剂。Webb 等[336]将功能化的离子液体作为催化剂应用于离子液体/scCO₂ 两相体系。以离子液体[rmim][Ph₂PC₆H₄SO₃]（rmim＝1-R-3-methylimidazolium；R＝propyl,pentyl,octyl）作为配体，与金属络合物[Rh(acac)(CO)₂]（acacH＝2,4-pentanedione）作用形成催化剂，进行均相催化烯烃的氢甲酰化反应。此反应中离子液体是催化剂配体之一，反应结束后，产物溶于 scCO₂ 随其流出反应体系，催化剂仍留在体系内供循环利用，整个催化反应过程可连续进行。在优化条件下，TOF 可达 160～240h⁻¹，而催化剂的流失很少。与离子液体仅作溶剂相的研究相比，离子液体的用量明显减少，而且萃取产物时的所需压力明显降低，因而反应体系的压力可以降低到接近商业生产的水平。该功能化离子液体/scCO₂ 两相体系也应用于其他催化反应。

4.8.4　超临界 CO₂/聚乙二醇两相体系的催化反应性能[315]

聚乙二醇（PEG）是一种廉价、无毒、不挥发、对环境友好的物质，用作反应介质具有许多优点。它具有亲脂性，能够与一些常用的有机溶剂互溶，而且也能溶解多数有机化合物、金属络合物等。PEG 在 scCO₂ 中的溶解度很小，并随温度的增加和 PEG 分子量的降低而显著减小。此外，它在 scCO₂ 中会发生溶胀，体积可以扩大数倍，同时其物理性质也随之发生变化，包括熔点降低、黏度降低、气液间的传质速率加快、对氢气的溶解能力增强。它还可以应用于水溶性差的和对水敏感的催化剂和反应物。

（1）二氧化碳/聚乙二醇体系的相行为[337]

① CO₂ 在 PEG 中的溶解度　二氧化碳/聚乙二醇体系的相行为主要受体系的压力、温度、PEG 的分子量、共溶剂等因素的影响。

② 压力　研究发现，在恒定温度下，当压力低于二氧化碳的临界压力时，二氧化碳在 PEG 中的溶解度随压力线性增大，但而当压力高于一定值时，溶解度变化很小。

③ 温度　对于温度的影响，在恒定压力下，二氧化碳在 PEG 中的溶解度随温度升高而下降。这主要是因为在同样的压力下，温度越高 CO₂ 的密度越小，从而降低了其在溶液中的溶解度；另一方面，二氧化碳是挥发组分，升高温度时，它会从液相中挥发出来。

④ PEG 分子量　有研究者认为，二氧化碳在 PEG400 和 PEG600 中的溶解度大致相等，并且都比 PEG200 中的要高；PEG 分子量在 400～1000 范围内时，二氧化碳在 PEG 中的溶解度随聚合物分子量的增加而增加；而有研究者发现当 PEG 分子量在 1500～8000 范围内时，溶解度仅仅受压力和温度的影响，与分子量无关；PEG 分子量较小（200

～400)时，CO_2 在 PEG 中的溶解度受羟基基团的影响较大，PEG 的羟基对 CO_2 在 PEG 中的溶解度有负的影响，这对 PEG200 尤为突出。但当 PEG 的分子量高于 400 时，羟基的影响可以忽略。

⑤ 共溶剂　共溶剂对 CO_2 在 PEG 中的溶解度也存在影响。Hou 等[338]对 CO_2/正戊醇、CO_2/PEG200、CO_2/PEG200/正戊醇体系的相行为进行了研究，发现 CO_2 在正戊醇中的溶解度比在 PEG200 中的溶解度大，而在 PEG200 与正戊醇混合物中的溶解度介于两者之间，但是不符合加和性。

⑥ PEG 在 CO_2 中的溶解度　Gourgouillon 等[339]研究了 PEG400、PEG600 在 313.15K，333.15K，348.15K 下，压力在 0～26MPa 范围内的相行为。发现尽管 PEG 在 CO_2 中的溶解度随压力升高而轻微增加，但是仍然居非常低的水平。他们还认为 PEG 在 CO_2 中的溶解度随温度的升高而降低；而有研究者认为，PEG 在二氧化碳中的溶解度主要受两种因素的影响：聚合物的蒸气压和超临界流体的密度。温度从 313K 升至 323K 没有影响 PEG400 在二氧化碳中的溶解度，这表明溶质的蒸气压升高与二氧化碳的密度降低相互补偿。PEG600 在二氧化碳中的溶解度随温度升高而降低，PEG600 分子量较大，有较低的蒸气压，因此升温时溶解度降低由二氧化碳的密度降低和溶剂化作用控制。固定温度和压力时，溶解度随分子量的增加而下降。他们认为，在二氧化碳相中，当聚合物摩尔质量增加时，由于二氧化碳发生溶剂化作用，在 PEG 长链周围形成球状的溶剂笼，使局域的二氧化碳分子数增加，这种作用从熵角度来说是不利的，因为溶剂分子(scCO_2)的混乱度降低了，所以，PEG 在二氧化碳中的溶解度随分子量的增加而降低。Matsuyama 等[340]研究了 CO_2/PEG/乙醇体系在常温常压下的相平衡，发现 PEG 在 CO_2 中的溶解度随乙醇浓度的增加而增加，因为乙醇对 PEG 来说是一个相对较好的溶剂。Mishima 等[341]研究了 PEG 在 CO_2 和共溶剂混合物中的溶解度。发现聚合物的溶解度很大程度上依赖于共溶剂的浓度，PEG6000 在单独的二氧化碳中的溶解度极低，但是在两者的混合物中能达到 20%(质量分数)。

由此可见，虽然已有一些关于 CO_2/PEG 体系的相行为的研究报道，但研究结论还不尽一致，需要进一步研究。

(2)超临界 CO_2/聚乙二醇两相体系的催化反应性能

Heldebrant 等[342]研究了 scCO_2/PEG 两相体系在催化反应中的应用，如苯乙烯的催化氢化反应。所使用的 PEG 分子量为 900，它在室温下为固体，但在 40℃、二氧化碳的压力为 5MPa 的反应条件下呈液态。在反应过程中，催化剂溶解于熔化的 PEG 中，进行均相催化反应，反应结束后，向液态的 PEG 中通入经预热的 scCO_2，将产物从中萃取出来，实现了产物与催化剂的分离。催化剂循环使用五次，催化活性不变，每轮循环中底物的转化率均高于 99%。此外，在第一轮循环反应中，scCO_2 对产物的萃取率较低，但在第五轮循环反应中，有 79% 的产物被萃取出来。这可能是由于在前几轮反应中产物在 PEG 中的溶解度被饱和了。他们还使用 PEG-1500 代替 PEG-900 进行同样的反应，发现有 97% 的产物被萃取出来，这表明了 scCO_2 的萃取效率与 PEG 的分子量有关。

$$PhCH{=\!=}CH_2 + H_2 \xrightarrow[\substack{p(CO_2)=5MPa, \ p(H_2)=3MPa \\ scCO_2/PEG\text{-}900}]{RhCl(PPh)_3, \ 40℃, \ 19h} PhCH_2CH_3$$

Hou 等[343]用 PEG 负载的纳米 Pd 催化醇的氧化反应，利用空气作氧化剂来完成这一反应。此反应中，催化剂分散于 PEG 中，该过程可以连续进行。在优化的反应条件下，底物的转化率与反应的选择性均很高。这可能是由于纳米颗粒Pd负载在PEG上，避免了由于聚集而导致的催化剂的失活，$scCO_2$的存在还能促进纳米Pd的分散，而且$scCO_2$对氧气的溶解能力很强，提高了反应体系中底物的浓度。值得一提的是，在首次反应中存在一个反应引发期，但在以后的循环反应中，底物迅速被转化，并未观察到反应引发期，而且转化率还略有提高。

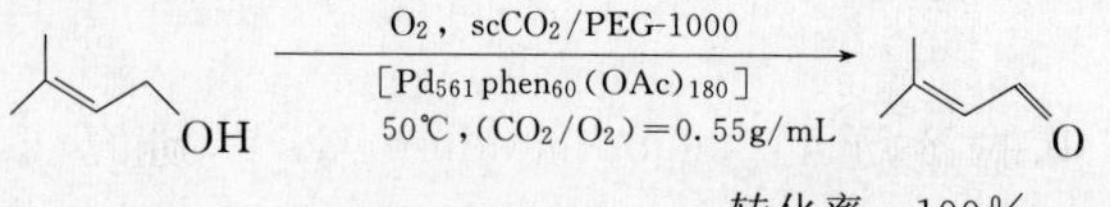
OH
O_2，$scCO_2$/PEG-1000
[$Pd_{561}phen_{60}(OAc)_{180}$]
50℃，(CO_2/O_2)=0.55g/mL
O

[phen=1,10-邻菲咯啉]

转化率：100%

选择性：99%

Solinas等[344]报道了一种由$scCO_2$与经化学修饰的PEG两相组成的催化体系，与前面报道的$scCO_2$/PEG两相体系相比，在该体系中，$scCO_2$主要作用是将体系由均相转化为非均相的调节开关以及萃取产物。他们首先考察了$scCO_2$/PEG两相体系中进行的烯烃氢甲酰化反应。使用化学修饰方法将膦配体连接在PEG上，并与催化剂前体反应，原位产生活性催化剂。膦配体修饰的PEG决定了催化剂的溶解性，可通过改变PEG链的长度，调节底物对催化剂的溶解能力。反应开始时，原位产生的催化剂溶于底物中，进行均相反应，反应结束后，向体系中导入CO_2，催化剂逐渐从反应混合物析出。在优化的条件下，产物几乎被$scCO_2$定量萃取出来，而催化剂仍留在体系中，循环使用。该催化体系连续循环使用六次，反应的转化率、选择性和$scCO_2$对产物的萃取效率均无明显变化。

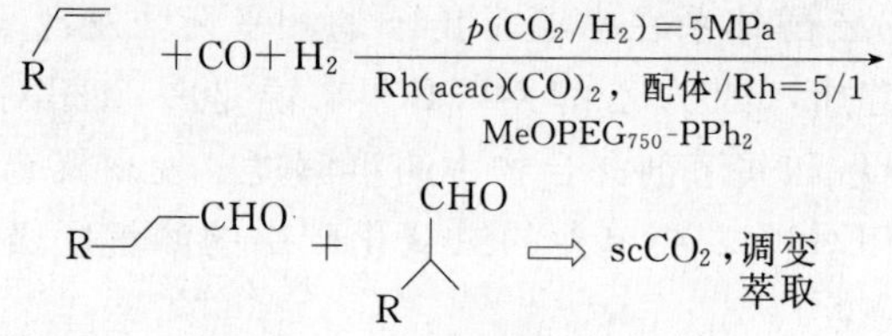
R
+CO+H_2
$p(CO_2/H_2)$=5MPa
Rh(acac)(CO)$_2$，配体/Rh=5/1
MeOPEG$_{750}$-PPh$_2$
R—CHO
CHO
R
$scCO_2$，调变
萃取

R=Ph

转化率：>99%

选择性：90%

该催化体系的另一个优点是，对于使用同一催化剂的不同类型的有机合成反应，可以在该体系中依次进行而互不干扰。研究者将苯乙烯的硼氢化反应、甲酰化反应、氢化反应、硼氢化反应在上面描述的两相催化体系中依次进行，发现四个反应的转化率依次为：84%，100%，100%，83%。其选择性均在83%以上；催化剂的金属部分和配体部分的流失仅为0.16%和1.3%。该催化体系有望进一步扩大为小型、中等规模的生产。

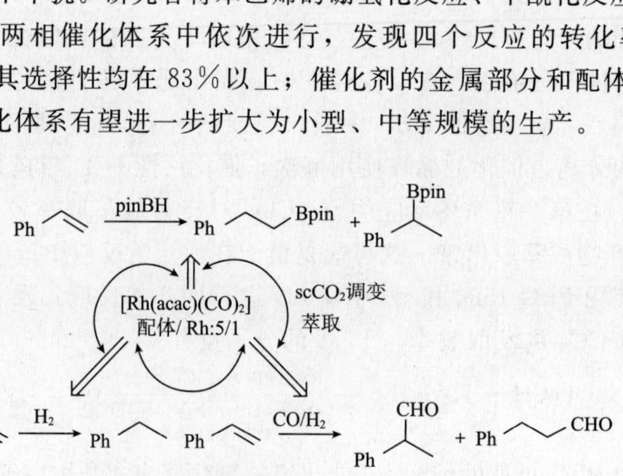
Ph
pinBH
Ph
Bpin
+
Bpin
Ph
[Rh(acac)(CO)$_2$]
配体/Rh:5/1
$scCO_2$调变
萃取
Ph
H_2
Ph
Ph
CO/H_2
CHO
Ph
+ Ph
CHO

pinBH=频那醇甲硼烷

PEG 在 scCO₂ 中具有一些独特的性质，基于这些性质而设计的 $scCO_2/PEG$ 两相体系以及 PEG 作为可替换传统有机溶剂的绿色溶剂等方面的研究必将受到广泛关注。

4.8.5　超临界 CO_2/水两相体系的催化反应性能[315]

水溶性金属有机络合物催化反应具有催化剂与产物容易分离的特点，广泛应用于水相中进行的催化反应。超临界二氧化碳由于具有对环境友好、经济上可行和其他一些独特的性质（如消除了气液间的相界面、物理性质可调等），被广泛地用作金属催化反应的介质。基于二者的优点，$scCO_2/H_2O$ 两相催化体系，不但具有良好的界面传质速率，而且催化剂易与产物分离。

Bhanage 等[345]研究了在 $scCO_2/H_2O$ 两相体系中进行的 α,β-不饱和醛的催化氢化反应。与均相催化体系、有机溶剂/H_2O 两相催化体系比较（表 4-9），反应的转化率和选择性都大大提高了。这是由于氢气在 $scCO_2$ 中的溶解性好，而且 $scCO_2$ 的扩散性与气体相似，从而消除了气体-液体-液体间的传质限制。此外，反应结束后，催化剂与产物很容易实现分离。但由于 $scCO_2$ 的溶剂化能力较差，因而该体系的应用受到一定的限制。

$$PhCH{=}CHCHO + H_2 \xrightarrow[scCO_2/H_2O]{\text{催化剂}}$$

$$PhCH_2CH_2CHO + PhCH{=}CHCH_2OH$$

$$\text{产物 1} \qquad\qquad \text{产物 2}$$

表 4-9　肉桂醛在不同催化体系中的氢化反应

催化剂前体	催化剂配体	溶剂体系	CO₂ 压力/MPa	H₂ 压力/MPa	转化率/%	对产物 1 的选择性/%	对产物 2 的选择性/%
RuCl₃	PPh₃	甲苯	—	40	29	8	92
RuCl₃	PPh₃	scCO₂	140	40	1.5	11	89
RuCl₃	P(C₆H₄SO₃Na)₃	甲苯/水	—	40	11	8	92
RuCl₃	P(C₆H₄SO₃Na)₃	scCO₂/H₂O	140	40	38	0.5	99
RhCl₃	P(C₆H₄SO₃Na)₃	scCO₂/H₂O	140	40	35	100	—

简单的 $scCO_2/H_2O$ 两相体系，虽然具有良好的界面传质速率，但水相与超临界二氧化碳相间的接触面积是有限的，因此，反应速率和催化效率不高。水与超临界二氧化碳形成的微乳状分散体系[346]可以增加两相间的接触面积，它是通过使用表面活性剂，如：多氟代聚乙醚羧酸铵盐（$PEPECOO{-}NH_4^+$）、聚叔丁基氧-b-聚乙烯氧等，而形成的 $scCO_2/H_2O$ 两相体系。该体系既可以将亲水性物质，如水溶性催化剂、盐、金属离子等，分散到超临界二氧化碳相中，也可将疏水性物质分散到水相中。通常，将水溶性催化剂固定在水相，通过添加表面活性剂和控制二氧化碳的压力，使体系在微乳状态下反应；反应结束后，降低二氧化碳的压力即可破乳，体系又重新成为两相；产物溶解在 $scCO_2$ 中，通过 $scCO_2$ 的萃取作用实现催化剂与产物的分离，催化剂则留在水中可循环使用。整个过程不使用任何有机溶剂。

Jacobson 等[347]使用苯乙烯的催化氢化反应对甲苯/水体系、无表面活性剂的 $scCO_2/H_2O$ 简单两相体系和 $scCO_2/H_2O$ 微乳状分散体系的性能作了比较。在甲苯/水体系中催化剂的 TOF（每小时内每摩尔催化剂所能转化的底物的物质的量）为 $4h^{-1}$；在 $scCO_2/H_2O$ 简单两相体系中 TOF 为 $26h^{-1}$；在 $scCO_2/H_2O$ 微乳状分散体系中 TOF 高达 $150\sim300h^{-1}$。此外，苯乙烯的氢化速率随微乳液的形成而显著提高，这表明反应并不是在水中进行的，而是发生在两相界面间。反应完全后，通过降低压力，体系重新回到两相。由于在一定的压力下，产物可以溶解在 $scCO_2$ 中，因而可以随 $scCO_2$ 一起离开体系，接着再经冷却、降压，产物即从 $scCO_2$ 中析出。催化剂、水溶性表面活性剂仍留在水中，重复利用三次，催化剂的活性基本保持不变，而且在每次循环中，反应 3h 以上，苯乙烯均完全转化。

$$PhCH\!\!=\!\!CH_2 + H_2 \xrightarrow[scCO_2/H_2O,\ 40℃]{RhCl(tppds)_3} PhCH_2CH_3$$

tppds：三(3,5-二磺酸基苯基)膦

$scCO_2/H_2O$ 微乳状分散体系具有以下优点：① 微乳液的形成增加了反应接触面积；② 通过降压可以高效破乳，使产物分离可在两相中高效进行；③ 气体反应物在 $scCO_2$ 中具有很高的溶解度，增加了反应浓度；④ 水和二氧化碳间的界面张力很低，提高了气液间的传质速率。由于具有这些优点，使得该体系对于疏水性很高的底物的反应性仍比传统的水/有机溶剂两相体系好。进一步提高底物在 $scCO_2$ 中的溶解性及扩大底物的使用范围将是今后研究的目标之一。

4.9　超临界流体在催化剂制备中的应用[348]

在催化剂制备中主要利用超临界流体的下列特性：①通过调节温度和压力可显著改变溶解度；②高扩散性和低黏度。利用特性①，超临界流体可作为负载型催化剂制备中的溶剂。利用特性②，超临界流体可作为向微孔中输送活性组分的溶剂。

4.9.1　利用物理性质制备催化剂

（1）超临界干燥

超临界流体可作为凝胶干燥的溶剂。由溶胶-凝胶法制备的氧化凝胶含有许多空孔，微孔比较发达，但骨架结构不稳定。采用常规干燥法，由于在多孔体内生成的气液界面会产生毛细管张力，而发生收缩和断裂。如果用超临界流体代替凝胶微孔中的溶剂，由于通过减压即可除去均相中的溶剂，所以可获得表面积大和微孔多的气凝胶。人们采用超临界干燥法合成出了 SnO_2 超细微粒子（直径在 10nm 以下）[349]。

（2）急速膨胀析出法

这是一种使溶解在超临界流体中的原料析出获得超微细粒子的方法。将溶解在超临界流体中的原料通过喷嘴急速膨胀，可制备出超微细粒子、薄膜和纤维等。图 4-49 是 Smith 等[350]命名的急速膨胀析出法（rapid expansion of supercritical fliud solutions，RESS）装置图[350,351]。由于原料在超临界流体中的溶解度显著受压力的影响，稍许的压力变化就可以产生高的过饱和度。在 RESS 法中，在过饱和度急剧变化喷出的时候，通过调节喷出速度、喷嘴形状改变粒径或形状（超微细粒子、薄膜、纤维）。利用超临界水可以在短时间内制得超微细～精密级 SiO_2 等氧化物粉末。该方法需要原料本身溶于超临界流体中，因此在氧化物制备中需要大量的溶剂。

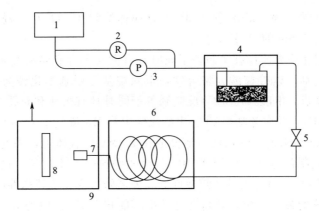

图 4-49　RESS 法装置图

1—流体罐；2—压力调节阀；3—泵；4—高压釜；5—阀；6—加热区；
7—膨胀喷嘴；8—收集面；9—收集室

4.9.2　利用化学性质制备催化剂

(1)金属和金属氧化物微粒的制备

Armor 等[352]在 1986 年使溶解在超临界醇中的金属盐反应析出，成功地合成出了金属（合金）微粒。在 275℃、15MPa 条件下，含有 10％水的超临界甲醇溶解 $Cu(OAc)_2$，并通过减压操作，制得 Cu 微粒。

Adschiri 等[353,354]由超临界水中的析出制得了多种金属氧化物微粒[$Al(OH)_3$、$\alpha\text{-}Fe_2O_3$、TiO_2、CeO_2 等]。并通过调节温度和压力制备出了不同粒径（数纳米～数微米）、不同形状（片状、球状、针状）的微粒。

Sato 等[355]把在超临界甲醇中 250℃晶化的 $CeO_2\text{-}ZrO_2$ 微粒在 1150℃或 1400℃焙烧得到高密度的微粒。

Pommier 等[356～359]通过对超临界异丙醇中的钛的前驱体 $Ti(O\text{-}iC_3H_7)_4$ 的水解反应制得了 TiO_2 微粒。TiO_2 微粒的粒度分布处于 20～60nm，晶化后可形成 $0.2\sim2\mu m$ 的球状凝聚体。他们还合成出了 $MgAl_2O_4$、MgO 和 $BaTiO_3$ 等微粒。

关于微粒的合成，超临界流体中的微乳液法或逆胶束法引人注目。Matson 等[360]从分散在超临界丙烷中逆胶束芯的 $Al(NO_3)_3$ 水溶液合成出了 $Al(OH)_3$ 微粒（约 $0.5\mu m$）。其后，Tadros 等[361]用末端氟化的表面活性剂在超临界 CO_2 中合成出了 TiO_2 微粒（$0.1\sim0.2\mu m$），Ji 等[362]合成出了 Ag 微粒（5～15nm）。

(2)薄膜

Sievers 和 Hansen 等[363,364]对 RESS 法进行了改进，通过原料前驱体的化学反应在基板上析出制备薄膜，称为超临界流体输送-化学沉积法（supercritical fluid transport-chemical deposition，SFT-CD）法。在此方法中，可以使用 CVD 过程不能处理的不挥发性前驱体，溶解了原料前驱体的超临界流体引入到析出室后，急速减压，原料前驱体在基板附近反应析出生成膜（Al、Cr、In、Ni、Cu、Pd、Ag、Y、Zr、CuO、Al_2O_3、Cr_2O_3、SiO_2、$YBa_2Cu_3O_{7-x}$ 等）。

(3)载体

在 Sievers 等开发的 SFT-CD 法中，将载体放到超临界流体中，利用超临界流体的高扩散性和低黏度，可将物质输送到微细孔中。利用超临界流体负载催化组分的实例如在 SiO_2、

ZrO_2 上担载金属盐[365]。Watkins 等[366]将 Pt 前驱体溶解在 CO_2 中，浸渍 Al_2O_3 后，再引入 H_2 还原，获得了 30nm 的 Pt 粒子。

吴天斌等[367]用超临界流体技术制备了同时具有微孔和介孔结构金属有机骨架（MOFs）负载的金属 Ru 催化剂。以柠檬酸为螯合剂，十六烷基三甲基溴化铵为表面活性剂，通过 $ZrOCl_2 \cdot 8H_2O$ 与对苯二甲酸（H_2BDC）反应制备了同时具有微孔和介孔结构的 Zr 基金属有机骨架材料（Zr-MOF），并在超临界 CO_2-甲醇流体中将 Ru 负载于 Zr-MOF 上，制备了 Ru/Zr-MOF 催化剂。Ru 纳米金属颗粒均匀地分散在 Zr-MOF 载体上，平均粒径约为 2.3 nm。而采用水浸渍法负载制备的 Ru/Zr-MOF 中 Ru 金属颗粒分布不均匀，且有明显的聚集。这主要是因为超临界 CO_2 具有黏度低、扩散性好和表面张力为零等特殊性质，因而能将 Ru 前驱体均匀负载到载体的各个部位，升高温度后甲醇能将 Ru^{3+} 还原为 Ru 金属粒子。超临界技术制备的催化剂在苯及其同系物的加氢反应中表现出很高的催化活性和稳定性。

利用超临界流体制备负载型催化剂还有碳纳米管和 MOF 等载体负载的纳米金属催化剂[368~370]。Shimizu 等[371]通过超临界 CO_2 法制备了碳纳米管负载 Pt 的电催化剂，与商品 Pt/C 电催化剂进行了比较，性能优于商品 Pt/C 电催化剂。

（4）多孔体

采用超临界流体纳米涂层法（Nanoscale Casting using Supercritical Fluids，NC-SCF）制备 Pt 等金属多孔体或 SiO_2 等氧化物多孔体。

① 多孔 SiO_2 　如图 4-50 所示，在高压釜的底部加入 SiO_2 前驱体 $Si(OC_2H_5)_4$，上部固定用于铸型的活性炭（纤维状），之后引入 CO_2，在 120℃保持 2h，将氧化硅涂在活性炭上。为了除去活性炭，在空气流中于 600℃热处理，最后制得多孔 SiO_2。图 4-51 为活性炭纤维（a）、用超临界流体将氧化硅涂在活性炭纤维并于 600℃焙烧制作的 SiO_2 多孔体（b）及用超临界流体将氧化硅涂在活性炭纤维后再经等离子体处理后的多孔 SiO_2（c）的扫描电镜图。可以看出，无论哪种方法制得的 SiO_2 多孔体均复制了铸型纤维的形态。焙烧制作的多孔 SiO_2 与活性炭纤维相比，直径变小，而用等离子体处理的多孔 SiO_2 的粗细与碳纤维大致一样。

图 4-52 为活性炭和多孔 SiO_2 的 N_2 吸附等温线。作为铸型用的碳纤维符合Ⅰ型等温线，具有直径＜2nm 的微孔，平均孔径 1.2nm。由于 SiO_2 涂层细孔容积减小，但减小的幅度比液相涂层（用 SiO_2 前驱体溶液在 120℃浸渍）的要少。由焙烧或等离子体处理除去活性炭后制作的多孔 SiO_2 符合Ⅳ型等温线，具有直径为 2~50nm 的中孔，细孔容积大体上恢复到与活性炭的一样。焙烧处理的 SiO_2 平均孔径为 3.6nm，等离子体处理的为 4.8nm。用液相涂层的方法，在 600℃焙烧除去活性炭得到的多孔 SiO_2，细孔容积不能恢复，不能形成新的细孔。NC-SCF 法得的多孔 SiO_2 的比表面积为 1300m^2/g，而液相法的仅为 500m^2/g。这些多孔 SiO_2 不仅具有中孔，而且也有微孔，微孔的孔容为 0.34mL/g。

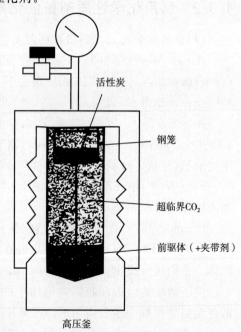

活性炭

钢笼

超临界CO_2

前驱体（+夹带剂）

高压釜

图 4-50　NC-SCF 法装置图

图 4-51   多孔 SiO₂ 的扫描电镜图（SEM）

(a)活性炭纤维；(b)焙烧制备的多孔 SiO₂；(c)等离子体处理制备的多孔 SiO₂

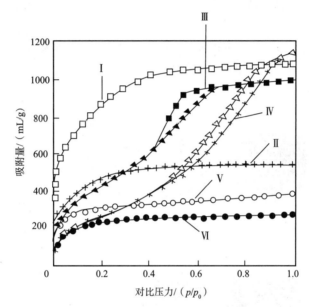

图 4-52   活性炭和多孔 SiO₂ 上 N₂ 吸附等温线

Ⅰ—活性炭；Ⅱ—SCF 中涂层；Ⅲ—多孔 SiO₂(焙烧/SCF)；Ⅳ—多孔 SiO₂(等离子体处理/SCF)；

Ⅴ—用液相 TEOS 涂层；Ⅵ—多孔 SiO₂(焙烧/液体)

不同类型活性炭作铸型的 NC-SCF 法制备 SiO_2 多孔体的细孔径与活性炭中微晶大小的关系见图 4-53 所示。由于活性炭结构中有非晶态部分和含有官能团，实际上的活性炭结构要大些，SiO_2 多孔体的中孔孔径与之大小相当。焙烧除去活性炭的 SiO_2 多孔体，SiO_2 的再排列，会发生收缩，细孔径变小。用等离子体处理 SiO_2 多孔体，由于最高温度为 180℃，除去活性炭时，SiO_2 不会发生再排列，完全复制了活性炭的微孔结构。若山博昭等[348]提出了 SiO_2 多孔体的形成机理，如图 4-54 所示。活性炭纳米尺度的微孔相当于石墨结构的微晶混杂堆积的空隙。超临界流体即使在这样的微小空间也不凝聚，把氧化硅的前驱体输送到微孔内，此前驱体与活性炭表面吸附的水或官能团反应形成 SiO_2 涂层。除去铸型活性炭后，就形成了与石墨微晶大小相对应的中孔。

② Pt 多孔体   制备装置与 SiO_2 多孔体一样，在反应釜的底部加入助溶剂丙酮和 Pt 前驱体 $Pt(acac)_2$，上部固定作为铸型用活性炭（纤维布状），然后引入 CO_2，在 150℃保持 2h 后，用氧等离子体除去活性炭，最后得到 Pt 多孔体。该多孔体完全复制了活性炭的布状形态，并有导电性。XRD 检测结果表明还原成了 Pt 金属。图 4-55 为 Pt 多孔体的扫描电镜表

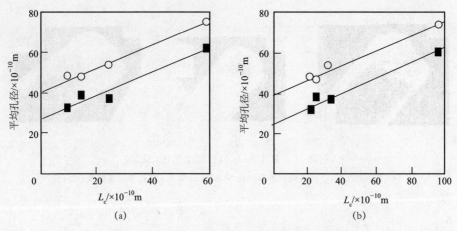

(a)

(b)

图 4-53 多孔 SiO_2 孔径与活性炭微晶大小的关系
■—空气中焙烧；○—等离子体处理

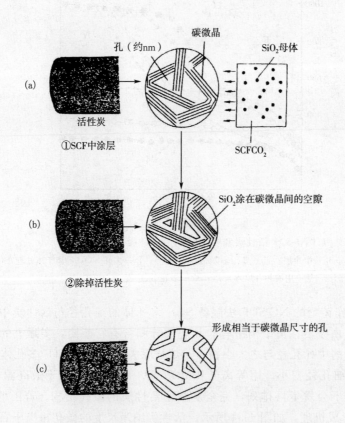

图 4-54 多孔 SiO_2 的形成机理（NC-SCF 方法制备）

面形貌图（SEM）。可见，Pt 的多孔体和铸型活性炭纤维粗细大致相同，并由相互联结的 $20\sim80nm$ Pt 粒子构成。Pt 多孔体的比表面积为 $47m^2/g$，比传统方法制备的铂黑高出数倍。Pt 前驱体溶解在超临界 CO_2 和丙酮中，并被输送到细孔中，和活性炭表面的羟基或吸附水反应被固定在表面。然后，通过氧等离子体处理除去活性炭得到直径为 $20\sim80nm$ 的微粒，由于保持了高度分散，即使在还原时有一定的凝聚现象，但也保持了大比表面。导电性是由于 Pt 微粒相互联结结构产生的。

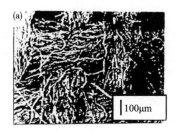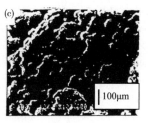

图 4-55　多孔 Pt 的 SEM 图

参考文献 ▪▪▪▪▪

[1] 朱炳辰，翁惠新，朱子彬编著．催化反应工程．北京：中国石化出版社，2000：322.

[2] 陈维杻编著．超临界流体萃取的原理和应用．北京：化学工业出版社，1998.

[3] 郭继志，袁渭康．化工进展，2000，19(3)：8.

[4] Subramaniam B，McHugh M A. Ind Eng Chem Process Des Dev，1986，25(1)：1.

[5] Savage P E，Gopalan S，Mizan T I，et al. AIChE J，1995，41(7)：1723.

[6] Moore J W，Pearson R G. Kinetics and Mechanism. 3rd ed. New York：Wiley，1981.

[7] Van Eldik R，Asano T，LeNoble W J. Chem Rev，1989，89：549.

[8] Wu B C，Klein M T，Sandler S I. Ind. Eng Chem Res，1991，30(5)：822.

[9] Johnston K P，Haynes C. AIChE J，1987，33：2017.

[10] Randolph T W，Carlier C. J Phys Chem，1992，96：5146.

[11] Randolph T W，Carlier C. Presssure Control of Reactions in Supercritical Fluids：Thermodynamics and Kinetics. In：Tramper J，et al，eds. Biocatalysis in Non-Conventional Media. Amsterdam：Elsevier，1992：93.

[12] Eckert C A，Hsieh C K，McCabe J R. AIChE J，1974，20(1)：20.

[13] Huppert G L，Wu B C，Townsend S H，et al. Ind Eng Chem Res，1989，28：161.

[14] Connors K A. Chemical Kinetics：The study of Reaction Rates in Solution. New York：VCH Publishers，1990.

[15] Townsend S H，Abraham M A，Huppert G L，et al. Ind Eng Chem Res，1988，27：143.

[16] Liu Q，Wang J K，Zewail A H. Nature，1993，364：427.

[17] 牟天成，韩布兴．化学进展，2006，18(1)：19.

[18] Mendez-Santiago J，Teja A S. Ind Eng Chem Res，2000，39：4767.

[19] Scurto A M，Xu G，Brennecke J F. Ind Eng Chem Res，2003，42：6464.

[20] Zhang X G，Han B X，Hou Z S，et al. Chem Eur J，2002，8(22)：5107.

[21] Mu T C，Zhang X G，Liu Z M，et al. Chem Eur J，2004，10(2)：371.

[22] 碇屋隆雄，Jessop P G，野依良治．触媒，1994，36(8)：558.

[23] 碇屋隆雄，野依良治．现代化学，1996，5：43.

[24] Shaw R W，Brill T B，Clittord A A，et al. Chem Eng News，1991，69(51)：26.

[25] 王延吉，丛津生，王世芬．石油化工，1996，25(12)：852.

[26] Howdle S M，Poliakoff M. J Chem Soc，Chem Commun，1989：1099.

[27] Howdle S M，Healy M A，Poliakoff M. J Am Chem Soc，1990，112：4804.

[28] Jobling M，Howdle S M，Poliakoff M. J Chem Soc，Chem Commun，1990：1762.

[29] Banister J A，Howdle S M，Poliakoff M. J Chem Soc，Chem Commun，1993：1814.

[30] Jessop P G，Ikariya T，Noyori R. Organomet Chem，1995，14(3)：1510.

[31] Morita A，Kajimoto O. J Phys Chem，1990，94(16)：6420.

[32] Ikushima Y，Saito N，Arai M. J Phys Chem，1992，96：2293.

[33] 碇屋隆雄，Jessop P G，野依良治．有机合成化学协会誌，1995，53(5)：358.

[34] Roberts C B, Chateauneuf J E, Brennecke J F. J Am Chem Soc, 1992, 114: 8455.

[35] Ellington J B, Brennecke J F. J Chem Soc, Chem Commun, 1993, 1094.

[36] Ellington J B, Park K M, Brennecke J F. Ind Eng Chem Res, 1994, 33: 965.

[37] Combes J R, Johnston K P, O'Shea K E, et al. In: Bright F V, McNally M E P, eds. Supercritical Fluid Science and Technology. Washington D C: American Chemical Society, 1992. 31.

[38] O'Sha K E, Combes J R, Fox M A, et al. Photochem Photobiol, 1991, 54: 571.

[39] Guan Z, Combes J R, Menceloglu Y Z, et al. Macromolecules, 1993, 26: 2663.

[40] 戚朝荣, 江焕峰. 化学进展, 2010, 22(7): 1274.

[41] Stephenson P, Kondor B, Licence P, et al. Adv Synth Catal, 2006, 348(12-13): 1605.

[42] Burgemeister K, Franciò G, Gego V H, et al. Chem Eur J, 2007, 13: 2798.

[43] Chatterjee M, Kawanami H, Sato M, et al. Adv Synth Catal, 2009, 351(11-12): 1912.

[44] Liu H Z, Jiang T, Han B X, et al. Science, 2009, 326: 1250.

[45] Ichikawa S, Tada M, Iwasawa Y, et al. Chem Commun, 2005: 924.

[46] Xi C, Cheng H, Hao J, et al. J Mol Catal A: Gen: Chem, 2008, 282: 80.

[47] Hiyoshi N, Osada M, Rode C V, et al. Appl Catal A: Gen, 2007, 331: 1.

[48] Hiyoshi N, Yamaguchi A, Rode C V, et al. Catal Commun, 2009, 10(13): 1681.

[49] Hiyoshi N, Rode C V, Sato O, et al. Appl Catal A: Gen, 2005, 288(1-2): 43.

[50] Chatterjee M, Yokoyama T, Kawanami H, et al. Chem Commun, 2009: 701.

[51] Caravati M, Grunwaldt J D, Baiker A. Phys Chem Chem Phys, 2005, 7: 278.

[52] Maayan G, Ganchegui B, Leitner W, et al. Chem Commun, 2006: 2230.

[53] Kimmerle B, Grunwaldt J D, Baiker A, et al. Top Catal, 2007, 44: 285.

[54] Wang X, Kawanami H, Dapurkar S E, et al. Appl Catal A: Gen, 2008, 349: 86.

[55] González-Núñez M E, Mello R, Olmos A, et al. J Org Chem, 2006, 71: 1039.

[56] Ciriminna R, Campestrinib S, Pagliaro M. Org Biomol Chem, 2006, 4: 2637.

[57] Hou Z, Theyssen N, Brinkmann A, et al. Angew Chem Int Ed, 2005, 44: 1346.

[58] Olsen M H N, Salomao G C, Drago V, et al. J Supercrit Fluids, 2005, 34(2): 119.

[59] Yu K M K, Abutaki A, Zhou Y, et al. Catal Lett, 2007, 113(3-4): 115.

[60] Theyssen N, Hou Z, Leitner W. Chem Eur J, 2006, 12(12): 3401.

[61] Dapurkar S E, Kawanami H, Yokoyama T, et al. New J Chem, 2009, 33(3): 538.

[62] Wang X, Venkatarmanan N S, Kawanami H, et al. Green Chem, 2007, 9: 1352.

[63] Wang J Q, Cai F, Wang E, et al. Green Chem, 2007, 9(8): 882.

[64] Wang Z Y, Jiang H F, Qi C R, et al. Green Chem, 2005, 7: 582.

[65] Patcas F, Maniut C, Ionescu C, et al. Appl Catal B: Environ, 2007, 70(1-4): 630.

[66] Fujita S I, Akihara S, Fujisawa S, et al. J Mol Catal A: Chem., 2007, 268(1-2): 244.

[67] Tortosa-Estorach C, Ruiz N, Masdeu-Bultó A M. Chem Commun, 2006, (26): 2789.

[68] Estorach C T, Masdeu-Bultó A M. Catal Lett, 2008, 122(1-2): 76.

[69] Kamalakar G, Komura K, Sugi Y. Appl Catal A: Gen, 2006, 310: 155.

[70] Kamalakar G, Komura K, Sugi Y. Ind Eng Chem Res, 2006, 45(18): 6118.

[71] Amandi R, Licence P, Ross S K, et al. Org Process Res Dev, 2005, 9(4): 451.

[72] Amandi R, Scovell K, Licence P, et al. Green Chem, 2007, 9: 797.

[73] Xing H, Wang T, Dai Y. J Supercrit Fluids, 2009, 49: 52.

[74] Hagiwara H, Hamaya J, Hoshi T, et al. Tetrahedron Lett, 2005, 46(3): 393.

[75] Jiang H F, Tang J Y, Wang A Z, et al. Synthesis, 2006, (7): 1155.

[76] Leeke G A, Santos R C D, Al-Duri B, et al. Org Process Res Dev, 2007, 11(1): 144.

[77] Jiang H F, Shen Y X, Wang Z Y. Tetrahedron, 2008, 64(3): 508.

[78] Zou B, Jiang H F. Sci China, Ser B Chem, 2008, 51(5): 447.

[79] Rodríguez L I, Rossell O, Seco M, et al. J Organomet Chem, 2008, 693: 1857.

[80] Ghaziaskar H S, Daneshfara A, Calvo L. Green Chem, 2006, 8: 576.

[81] Rezayat M, Ghaziaskar H S. Green Chem, 2009, 11：710.

[82] Sakthivel A, Komura K, Sugi Y. Ind Eng Chem Res, 2008, 47(8)：2538.

[83] Kayaki Y, Yamamoto M, Ikariya T. J Org Chem, 2007, 72：647.

[84] Jiang H F, Wang A Z, Liu H L, et al. Eur J Org Chem, 2008：2309.

[85] Kayaki Y, Yamamoto M, Suzuki T, et al. Green Chem, 2006, 8：1019.

[86] Qi C R, Jiang H F, Wang Z Y, et al. Synlett, 2007：255.

[87] Jiang H F, Ye J W, Qi C R, et al. Tetrahedron Lett, 2010, 51：928.

[88] Vieville C, Mouloungui Z, Gaset A. Ind Eng Chem Res, 1993, 32(9)：2065.

[89] Yang H H, Eckert C A. Ind Eng Chem Res, 1988, 27(11)：2009.

[90] Klingler R J, Rathke J W. J Am Chem Soc, 1994, 116：4772.

[91] Kainz S, Koch D, Baumann W, et al. Angew Chem, Int Ed Engl, 1997, 36：1628.

[92] Koch D, Leitner W. J Am Chem Soc, 1998, 120：13398.

[93] Kainz S, Brinkmann A, Leitner W, et al. J Am Chem Soc, 1999, 121：6421.

[94] Bach I, Cole-Hamilton D J. Chem Commun, 1998, 1463.

[95] Palo D R, Erkey C. Ind Eng Chem Res, 1998, 37：4203.

[96] Sakai N, Mano S, Nozaki K, et al. J Am Chem Soc, 1993, 115：7033.

[97] Francio G, Leither W. Chem Commun, 1999, 1663.

[98] Kayaki Y, Noguchi Y, Iwasa S, et al. Chem Commun, 1999, 1235.

[99] 岸本恭尚，碇屋隆雄. 触媒，2000, 42(4)：238.

[100] Furstner A, Koch D, Langemann K, et al. Angew Chem, Int Ed Engl, 1997, 36：2466.

[101] Wegner A, Leitner W. Chem Commun, 1999, 1583.

[102] Wynne D C, Jessop P G. Angew Chem Int Ed, 1999, 38(8)：1143.

[103] Reetz M T, Könen W, Strack T. Chimia，1993, 47(12)：493.

[104] Jerome K S, Parsons E J. Organometallics, 1993, 12(8)：2991.

[105] Jessop P G, Ikariya T, Noyori R. Nature, 1994, 368：231.

[106] Jessop P G, Hasiao Y, Ikariya T, et al. J Chem Soc, Chem Commun, 1995：707.

[107] Jessop P G, Hasiao Y, Ikariya T, et al. J Am Chem Soc, 1994, 116：8851.

[108] Xiao J L, Nefkens S C A, Jessop P G, et al. Tetrahedron Lett, 1996, 37：2813.

[109] Dry M E. Appl. Catal. A, 1999, 189(2)：185.

[110] Keim W 主编. 黄仲涛等译. C 化学中的催化. 北京：化学工业出版社，1989：39.

[111] Fan L, Yokota K, Fujimoto K. 石油学会誌，1995, 38：71.

[112] Yokota K, Hanakata Y, Fujimoto K. Chem Eng Sci, 1990, 45(8)：2743.

[113] Yokota K, Hanakata Y, Fujimoto K. Fuel, 1991, 70(8)：989.

[114] Fujimoto K, Fan L, Yoshii K. Top Catal, 1995, 2：259.

[115] 藤元薫，大段恭二，吉井清隆. (宇部興産株式会社). 特開平 07-145388；特開平 09-255594，1993.

[116] Lang X S, Akgerman A, Bukur D B. Ind Eng Chem Res, 1995, 34(1)：72.

[117] 阎世润，范立，张志新等. 燃料化学学报，1998, 26(6)：510.

[118] 姜涛，牛玉琴，钟炳. 天然气化工，1998, 23(5)：25.

[119] 姜涛，牛玉琴，钟炳. 分子催化，1999, 13(1)：15.

[120] 姜涛，牛玉琴，钟炳. 天然气化工，1999, 24(3)：21.

[121] 佐古猛，神澤千代志，兽根正人. 触媒，2000, 42：243.

[122] Heidemann R A, Khalil A M. AIChE J, 1980, 26：769.

[123] Li Y, Zhao X Q, Wang Y J, et al. 4th International Symposium on Green Chemistry in China，Proceedings. Jinan，2001：176.

[124] 李渊，赵新强，王淑芳等. 宁夏大学学报(自然科学版)，2001, 22：158.

[125] 崔洪友，王涛，戴猷元. 过程工程学报，2006, 6(4)：5311.

[126] Fan L, Nakamura I, Ishida S, et al. Ind Eng Chem Res, 1997, 36：1458.

[127] 何奕工. 催化学报，1999, 20(4)：403.

[128] 张勇. 超临界条件下改性沸石催化剂上 C4 烷基化反应研究 [学位论文]. 天津：河北工业大学，2001.

[129] Zhang Y, Zhao X Q, Wu C C, et al. 4th International Symposium on Green Chemistry in China, Proceedings. Jinan, 2001, 180.

[130] 王淑芳，张勇，赵新强等. 宁夏大学学报(自然科学版)，2001，22：240.

[131] 朱晓蒙，高勇，朱中南等. 石油学报(石油加工)，1995，11(2)：32.

[132] 佐古猛，中泽宣明，菅田孟等. 石油学会誌，1990，33(2)：92.

[133] Tiltsher H, Hofmann H. Chem Eng Sci, 1987, 42：959.

[134] Saim S, Subramaniam B. Chem Eng Sci, 1988, 43(8)：1837.

[135] Saim S, Subramaniam B. J Supercrit Fluids, 1990, 3：214.

[136] 藤元薫. 化学工業，1995，46(4)：33.

[137] Niu F, Hofmann H. Can. J Chem Eng, 1997, 75(2)：346.

[138] Niu F, Hofmann H. Appl Catal A：Gen, 1997, 158(1-2)：273.

[139] Dooley K M, Knopf F C. Ind Eng Chem Res, 1987, 26(9)：1910.

[140] 杨美健，张广信，陶敏莉. 化学工业与工程，2010，27(5)：424.

[141] 张宁，李凤仪. 分子催化，1999，13(4)：287.

[142] Zhou L, Akgerman A. Ind Eng Chem Res, 1995, 34(5)：1588.

[143] Gabitto J, Hu S M, McCoy B J, et al. AIChE J, 1988, 34(7)：1225.

[144] 魏伟，姜涛，孙予罕等. 石油炼制与化工，1999，30(3)：33.

[145] 李涛，张淑华，房鼎业等. 华东理工大学学报(自然科学版)，2005，31(1)：31.

[146] 魏伟，王秀芝，李文怀等. 复旦学报(自然科学版)，2002，41(3)：274.

[147] 房鼎业，曹发海，刘殿华等. 燃料化学学报，1998，26(2)：170.

[148] 桂新胜，曹发海，刘殿华等. 华东理工大学学报，1998，24：7.

[149] 桂新胜，曹发海，刘殿华等. 高等化学工程学报，1998，12：152.

[150] 尚小玉. 超临界场中沸石型催化剂制备和 MTBE 合成反应研究 [学位论文]. 天津：河北工业大学，2000.

[151] 封超，陈立宇，应晓有等. 高校化学工程学报，2012，26(6)：977.

[152] 徐志康，朱凌燕，封麟先. 化学进展，1998，10(2)：202.

[153] 胡红旗，陈鸣才，黄玉英等. 化学通报，1997，(12)：20.

[154] 张怀平，陈鸣才. 化学进展，2009，21(9)：1869.

[155] 朱宁，张艳中，江黎明等. 高分子通报，2012，(8)：111.

[156] 陈惠晴，杨基础. 清华大学学报(自然科学版)，1999，39(6)：31.

[157] 董新法，李再资，林维明. 现代化工，1997，(11)：10.

[158] 阮新，曾健青，刘莉玫等. 化学通报，1998，(10)：34.

[159] Hammond D A, Karel M, Klibanov A M, et al. Appl Biochem Biotechnol, 1985, 11：393.

[160] Harada T, Kubota Y, Kamitanaka T, et al. Tetrahedron Lett, 2009, 50：4934.

[161] Yasmin T, Jiang T, Han B, et al. J Mol Catal B：Enzym, 2006, 41：27.

[162] Olsen T, Kerton F, Marriott R, et al. Enzyme Microb Technol, 2006, 39(4)：621.

[163] Celebi N, Yildiz N, Demir A S, et al. J Supercrit Fluids, 2007, 41：386.

[164] Palocci C, Falconi M, Chronopoulou L, et al. J Supercrit. Fluids, 2008, 45：88.

[165] 陈晓慧，王雪，刘晶等. 食品科学，2012，33(2)：43.

[166] 周晓丹，李越，陈晓慧等. 中国粮油学报，2012，27(5)：50.

[167] 焦江华，刘璘，康凌等. 中国油脂，2012，37(11)：45.

[168] 李默馨，刘晶，周晓丹等. 食品科学，2011，32(8)：29.

[169] 王腾宇，胡立志，孙博等. 食品科学，2010，31(22)：293.

[170] 生島豊. 触媒，2000，42：253.

[171] Savage P E. Chem Rev, 1999, 99(2)：603.

[172] Archer D G, Wang P. J Phys Chem Ref Data, 1990, 19：371.

[173] Marshall W L, Franck E U. J Phys Chem Ref Data, 1981, 10：295.

[174] Ikushima Y, Sato D, Hatakeda K, et al. Angew Chem, Int Ed Engl, 1999, 38：2910.

[175] Ikushima Y, Sato D, Hatakeda K, et al. J Am Chem Soc, 2000, 112：1908.

[176] 向波涛，王涛，杨基础等. 化学进展，1999，18(6)：19.

[177] 杨玉敏，董秀芹，张敏华. 石油化工，2004，33(10)：987.

[178] Ahmet M G, Anthony A C, Keith D B. React Kinet Catal Lett, 2003, 78(1)：175.

[179] Matsumura Y, Taro U, Kazuo Y, et al. J Supercrit Fluids, 2002, 22：149.

[180] 韦朝海，晏波，胡成生. 化学进展，2007，19(9)：1275.

[181] Anitescu G, Tavlarides L L. Ind Eng Chem Res, 2000, 39(3)：583.

[182] Anitescu G, Tavlarides L L. Ind Eng Chem Res, 2002, 41(1)：9.

[183] Anitescu G, Munteanu V, Tavlarides L L. J Supercrit Fluids, 2005, 33：139.

[184] Sako T, Sugeta T, Otake K, et al. J Chem Eng Jpn, 1999, 32：830.

[185] Weber R, Yoshida S, Miwa K. Environ Sci Technol, 2002, 36(8)：1839.

[186] Chuang F W, Larson R A, Wessman M S. Environ Sci Technol, 1995, 29(9)：2460.

[187] Hinz D C, Wai C M, Wenclawiak B W. J Environ Monit, 2000, 2：45.

[188] Webley P A, Tester J W, Holgate H R. Ind Eng Chem Res, 1991, 30(8)：1745.

[189] Ding Z Y, Li L X, Wade D, et al. Ind Eng Chem Res, 1998, 37(5)：1707.

[190] 陈崇明，王树众，张钦明等. 化学工程，2009，37(7)：42.

[191] 倪金平，张效敏，王海量等. 高分子通报，2012，(6)：43.

[192] 王攀，漆新华，工春英等. 天津化工，2007，21(6)：1.

[193] Antal M J, Mok W S L, Richards G N. Carbohydr Res, 1990, 199(1)：91.

[194] Sasaki M, Furukawa M, Minami K, et al. Ind Eng Chem Res, 2002, 41(26)：6642.

[195] Sasaki M, Kabyemela B, Malaluan R, et al. J Supercrit Fluids, 1998, 13(1-3)：261.

[196] Kabyemela B M, Adschiri T, Malaluan R M, et al. Ind Eng Chem Res, 1997, 36(6)：2025.

[197] Kabyemela B M, Adschiri T, Malaluan R M, et al. Ind Eng Chem Res, 1997, 36(5)：1552.

[198] Sakaki T, Shibata M, Miki T, et al. Energy Fuels, 1996, 10(3)：684.

[199] Sakaki T, Shibata M, Miki T, et al. Biores Technol, 1996, 58(2)：197.

[200] Sasaki M, Adschiri T, Arai K. AIChE J, 2004, 50(1)：192.

[201] Kim I C, Park S D, Kim S. Chem Eng Process, 2004, 43(8)：997.

[202] Sinag A, Kruse A, Schwarzkopf V. Ind Eng Chem Res, 2003, 42(15)：3516.

[203] Schacht C, Zetzl C, Brunner G. J Supercit Fluids, 2008, 46(3)：299.

[204] Sasaki M, Fang Z, Fukushima Y, et al. Ind Eng Chem Res, 2000, 39(8)：2883.

[205] Ehara K, Saka S. J. Wood Sci, 2005, 51(2)：148.

[206] Onda A, Ochi T, Yanagisawa K. Top Catal, 2009, 52(6-7)：801.

[207] Ogihara Y, Smith R L, Inomata H, et al. Cellulose, 2005, 12(6)：595.

[208] Akiya N, Savage P E. Chem Rev, 2002, 102(8)：2725.

[209] Ehara K, Saka S. Cellulose, 2002, 9(3-4)：301.

[210] 赵岩，李冬，陆文静等. 化学学报，2008，66(20)：2295.

[211] 巩桂芬，张明玉，邢立新等. 生物加工过程，2010，8(2)：8.

[212] 李星纬，巩桂芬，李晓东. 生物加工过程，2012，10(2)：11.

[213] 朱道飞，王华，包桂蓉. 能源工程，2004，(5)：6.

[214] 马晶，董宇，申哲民等. 环境科学与技术，2011，34(4)：152.

[215] 段媛，万金泉. 现代化工，2011，31(7)：40.

[216] 阳金龙，赵岩，陆文静等. 清华大学学报(自然科学版)，2010，50(9)：1408.

[217] 刘慧屏，银建中，徐刚. 生物质化学工程，2010，44(1)：51.

[218] Matsunaga M, Matsui H, Otsuka Y, et al. J Supercrit Fluids, 2008, 44(3)：364.

[219] 闫秋会，郭烈锦，张西民等. 化工学报，2004，55(11)：1916.

[220] 闫秋会，闫静，吕文贻. 化学工程，2008，36(4)：57.

[221] 胥凯，卢文强. 工程热物理学报，2008，29(2)：267.

[222] 郭斯茂，郭烈锦，吕友军. 太阳能学报，2011，32(6)：929.

[223] 张永春, 张军, 曾娜. 能源研究与利用, 2007, (2): 1.

[224] 王奕雪, 陈秋玲, 谷俊杰等. 化学研究与应用, 2013, 25(1): 7.

[225] Matsumura Y, Minowab T, Poticc B, et al. Biomass Bioenergy, 2005, 29(4): 269.

[226] 关宇, 郭烈锦, 张西民等. 化工学报, 2006, 57(6): 1426.

[227] 任辉, 张荣, 王锦凤. 燃料化学学报, 2003, 31(6): 595.

[228] 王景昌, 苑塔亮, 王琨等. 石油化工高等学校学报, 2007, 20(1): 21.

[229] 裴爱霞, 郭烈锦, 金辉. 西安交通大学学报, 2006, 40(11): 1263.

[230] 刘志敏, 张建玲, 韩布兴. 化学进展, 2005, 17(2): 266.

[231] 赵玉龙, 张荣, 毕继诚. 石油化工, 2005, 34(1): 78.

[232] Watanabe M, Hirakoso H, Sawamoto S, et al. J Supercrit Fluids, 1998, 13(1-3): 247.

[233] 守谷武彦, 榎本兵治. 資源と素材, 1999, 115(4): 245.

[234] 守谷武彦, 榎本兵治. 資源と素材, 1999, 115(8): 591.

[235] 守谷武彦, 榎本兵治. 化学工程, 1996, (5): 29.

[236] Watanabe M, Mochiduki M, Sawamoto S, et al. J Supercrit Fluids, 2001, 20(3): 257.

[237] 张海峰, 苏晓丽, 孙东凯等. 燃料化学学报, 2007, 35(4): 487.

[238] 吴学华, 苏磊, 刘秀茹等. 高分子材料科学与工程, 2006, 22(1): 135.

[239] 陈立军, 张心亚, 黄洪等. 塑料科技, 2005, (6): 48.

[240] 陈克宇, 汪贺娟, 陶巍. 环境科学与技术, 1998, (3): 19.

[241] 马沛生, 樊丽华, 侯彩霞. 高分子材料科学与工程, 2005, 21(1): 269.

[242] Bertini F, Audisio G, Beltrame P L. J Appl Polym Sci, 1998, 70: 2291.

[243] Lee S, Gencer M A, Azzam F O, et al. US 5386055. 1995.

[244] Lilac W D, Lee S. Adv Environ Res, 2001, 6(1): 9.

[245] Zhen F, Kozinski J A. J Appl Polym Sci, 2001, 81(14): 3565.

[246] 苏林钦. 广东化工, 2006, 33(10): 65.

[247] 王西峰, 胡晓莲. 环境工程, 2007, 25(5): 61.

[248] 葛红光, 宋凤敏, 赵蔡斌等. 化学工程师, 2008, (9): 4.

[249] 王世琴, 黎媚媚, 刘宝生. 印染助剂, 2012, 29(9): 18.

[250] Dai Z, Hatano B, Tagaya H. Polym Degrad Stab, 2003, 80(2): 353.

[251] 何友宝, 詹世平, 王景昌等. 科技咨询导报, 2007, (13): 96.

[252] 佐古猛, 岡島いづみ, 菅田孟等. 高分子論文集, 1999, 56(1): 24.

[253] 刘爱学, 孟令辉, 张泓喆等. 工程塑料应用, 2004, (10): 47.

[254] Goto M, Sasaki M, Hirose T. J Mater Sci, 2006, 41: 1509.

[255] Smith R L, Fang Z, Inomata H, et al. J Appl Polym Sci, 2000, 76: 1062.

[256] 张从容, 安林红. 中国塑料, 2001, (10): 81.

[257] Tadafumi A, Osamu S, Latuhilo M, et al. Kagaku Kogaku Ronbunshu, 1997, 23: 505.

[258] Antal M J, Brittain A, Dealmeida C, et al. Supercritical Fluids: Chemical and Engineering Principles and Application. In: Squires T G, Paulaitis M E, eds. Washington D C: American Chemical Society, 1987, 77.

[259] 阿尻雅文, 佐藤修, 町田勝彦等. 化学工学论文集, 1997, 23(4): 505.

[260] 新井邦夫, 阿尻雅文, 渡边蚩. 高压气体, 1999, 36(9): 816.

[261] Yamamoto S, Aoki M, Yamagata M. Kobelco Technology Review(Japan), 1997, 20: 52.

[262] 梭藤元信, 広瀬勉. 化学装置(日), 1999, 3: 47.

[263] Zhen F, Smith R L, Kozinski J A, et al. Fuel, 2002, 81(7): 935.

[264] Park Y, Hool J N, Curtis C W, et al. Ind Eng Chem Res, 2001, 40: 756.

[265] 葛红光, 舒陈华, 宋凤敏等. 化学工程师, 2008, (6): 1.

[266] Suzuki Y, Tagaya H, Asou T, et al. Ind Eng Chem Res, 1999, 38: 1391.

[267] 孟令辉, 白永平, 冯立群等. 中国塑料, 1999, 13(9): 76.

[268] 福里隆一. 化学工程, 1996, (9): 17.

[269] 田中嘉之. 化学工学会年会研究发表讲演要旨集(JPN), 1995, (60): 398.

[270] 马震，银建中，商紫阳等．化学与生物工程，2009，26(8)：11.

[271] 商紫阳，银建中，马震等．应用科技，2011，38(1)：5.

[272] Andreatta A E，Casás L M，Hegel P，et al．Ind Eng Chem Res，2008，47(15)：5157.

[273] Batista E，Monnerat S，Stragevitch L，et al．J Chem Eng Data，1999，44(6)：1365.

[274] Tizvar R，McLean D D，Kates M，et al．Ind Eng Chem Res，2008，47(2)：443.

[275] Bunyakiat K，Makmee S，Sawangkeaw R，et al．Energy Fuels，2006，20(2)：812.

[276] Tang Z，Du Z X，Min E，et al．Fluid Phase Equilib，2006，239(1)：8.

[277] Shimoyama Y，Iwai Y，Jin B S，et al．Fluid Phase Equilib，2007，257(2)：217.

[278] 唐正姣，王存文，王为国等．化学与生物工程，2008，25(11)：11.

[279] Fang T，Shimoyama Y，Abeta T，et al．J Supercrit Fluids，2008，47(2)：140.

[280] Glisic S，Montoya O，Orlović A，et al．J Serb Chem Soc，2007，72(1)：13.

[281] Hegel P，Mabe G，Pereda S，et al．Ind Eng Chem Res，2007，46(19)：6360.

[282] Sawangkeaw R，Bunyakiat K，Ngamprasertsith S．Green Chem，2007，9(6)：679.

[283] Diasakou M，Louloudi A，Papayannakos M．Fuel，1998，77：1297.

[284] 付存亭，刘成，张敏华．化学工业与工程，2012，29(1)：73.

[285] 李扬，曾丹，方涛．化学工业与工程，2013，30(1)：67.

[286] Kusdiana D，Saka S．Biores Technol，2004，91：289.

[287] 陈文，王存文，刘少文等．燃料化学学报，2011，39(11)：817.

[288] Kusdiana D，Saka S．Fuel，2001，80：693.

[289] 邢存章，谭明臣，吕海亮等．石油化工高等学校学报，2009，22(1)：9.

[290] He H，Sun S，Wang T，et al．J Am Oil Chem Soc，2007，84(4)：399.

[291] 鞠庆华，郭卫军，张利雄等．石油化工，2005，34(12)：1168.

[292] Kusdiana D，Saka S．Appl Biochem Biotechnol，2004，113-116：781.

[293] Patil T A，Butala D N，Raghunathan T S，et al．Ind Eng Chem Res，1988，27(5)：727.

[294] Minami E，Saka S．Fuel，2006，85(17-18)：2479.

[295] Alenezi R，Leeke G A，Santos R C D，et al．Chem Eng Res Des，2009，87：867.

[296] Moquin P H L，Temelli F．J Supercrit Fluids，2008，45(1)：94.

[297] 李法社，包桂蓉，王华等．太阳能学报，2010，31(5)：531.

[298] Alenezi R，Leeke G A，Winterbottom J M，et al．Energy Convers Manage，2010，51(5)：1055.

[299] Tan K T，Lee K T，Mohamed A R．Energy，2011，36(4)：2085.

[300] Song E S，Lim J W，Lee H S，et al．J Supercrit Fluids，2008，44(3)：356.

[301] Wan Nik W B，Ani F N，Masjuki H H．Energy Convers Manage，2005，46(13-14)：2198.

[302] Joaquín Q M，Pilar O C．J Supercrit Fluids，2011，56(1)：56.

[303] Imahara H，Minami E，Hari S，et al．Fuel，2008，87(1)：1.

[304] He H，Wang T，Zhu S．Fuel，2007，86(3)：442.

[305] Biktashev S A，Usmanov R A，Gabitov R R，et al．Biomass Bioenergy，2011，35(7)：2999.

[306] Demirbas A．Biomass Bioenergy，2009，33(1)：113.

[307] Demirbas A．Energy Convers．Manage，2002，43(17)：2349.

[308] Vieitez I，Silva C D，Alckmin I，et al．Renewable Energy，2010，35(9)：1976.

[309] Tan K T，Lee K T，Mohamed A R．J Supercrit Fluids，2010，53(1-3)：88.

[310] Cao W，Han H，Zhang J．Process Biochem，2005，40(9)：3148.

[311] Imahara H，Xin J，Saka S．Fuel，2009，88(7)：1329.

[312] 陈晓萍，包桂蓉，王华等．云南大学学报(自然科学版)，2012，34(6)：705.

[313] 张贵芝，王勇，曹宁等．生物质化学工程，2012，46(1)：6.

[314] 秦岭，吴玉龙，邹树平等．太阳能学报，2010，31(9)：1079.

[315] 岳晓东，何良年．有机化学，2006，26(5)：610.

[316] Dzyuba S V，Bartsch R A．Angew．Chem Int Ed，2003，42(2)：148.

[317] 王伟彬，银建中．化学进展，2008，20(4)：441.

[318] Blanchard L A, Hancu D, Beckman E J, et al. Nature, 1999, 399: 28.

[319] Huang X, Margulis C J, Li Y, et al. J Am Chem Soc, 2005, 127: 17842.

[320] Blanchard L A, Gu Z Y, Brennecke J F. J Phys Chem B, 2001, 105: 2437.

[321] Aki S N V K, Mellein B R, Saurer E M, et al. J Phys Chem B, 2004, 108: 20355.

[322] Anthony J L, Anderson J L, Maginn E J, et al. J Phys Chem B, 2005, 109: 6366.

[323] Kroon N C, Shariati A, Costantini M, et al. J Chem Eng Data, 2005, 50: 173.

[324] Gutkowski K I, Shariati A, Peters C J. J Supercrit Fluids, 2006, 39(2): 187.

[325] Hong G, Jacquemin J, Husson P, et al. Ind Eng Chem Res, 2006, 45: 8180.

[326] Wu W Z, Zhang J M, Han B X, et al. J Chem Comm, 2003: 1412.

[327] Wu W Z, Li W J, Han B X, et al. J Chem Eng Data, 2004, 49: 1597.

[328] Scurto A M, Aki S N V K, Brennecke J F. J Am Chem Soc, 2002, 124(35): 10276.

[329] Blanchard L A, Brennecke J F. Ind Eng Chem Res, 2001, 40(1): 287.

[330] Saurer E M, Aki S N V K, Brennecke J F. Green Chem, 2006, 8: 141.

[331] Liu F C, Abrams M B, Tom Baker R, et al. Chem Commun, 2001: 433.

[332] Ballivet-Tkatchenko D, Picquet M, Solinas M, et al. Green Chem, 2003, 5: 232.

[333] Bösmann A, FrancioÁ G, Janssen E, et al. Angew Chem Int Ed, 2001, 40(14): 2697.

[334] Sellin M F, Webb P B, Cole-Hamilton D J. ChemCommun, 2001, (8): 781.

[335] Webb P B, Sellin M F, Kunene T E, et al. J Am Chem Soc, 2003, 125: 15577.

[336] Webb P B, Cole-Hamilton D J Chem Commun, 2004, (5): 612.

[337] 冯博, 胡玉, 李欢等. 有机化学, 2008, 28(3): 381.

[338] Hou M Q, Liang S G, Zhang Z F, et al. Fluid Phase Equilib, 2007, 258: 108.

[339] Gourgouillon D, da Ponte M N. Phys. Chem Chem Phys, 1999, 1(23): 5369.

[340] Matsuyama K, Mishima K. Fluid Phase Equilib, 2006, 249(1-2): 173.

[341] Mishima K, Matsuyama K, Nagatani M. Fluid Phase Equilib, 1999, 161(2): 315.

[342] Heldebrant D J, Jessop P G. J Am Chem Soc, 2003, 125: 5600.

[343] Hou Z S, Theyssen N, Brinkmann A, et al. Angew Chem Int Ed, 2005, 44: 1346.

[344] Solinas M, Jiang J Y, Stelzer O, et al. Angew Chem Int Ed, 2005, 44: 2291.

[345] Bhanage B M, Ikushima Y, Shirai M, et al. Chem Commun, 1999: 1277.

[346] Jacobson G B, Lee C T Jr, da Rocha S R P, et al. J Org Chem, 1999, 64: 1207.

[347] Jacobson G B, Lee C T Jr, Johnston K P, et al. J Am Chem Soc, 1999, 121: 11902.

[348] 若山博昭, 福嶋喜章. 触媒, 2000, 42: 259.

[349] Lu F, Chen S Y, Peng S Y. Catal Today, 1996, 30(1-3): 183.

[350] Smith R D. (Battelle Memorial Institute). US 4582731 A. 1986.

[351] Matson D W, Fulton J L, Peterson R C, et al. Ind Eng Chem Res, 1987, 26: 2298.

[352] Armor J N, Carlson E J. (Allied Corporation). US 4615736 A. 1986.

[353] Adschiri T, Kanazawa K, Arai K. J Am Ceram Soc, 1992, 75: 2615.

[354] Adschiri T, Kanazawa K, Arai K. J Am Ceram Soc, 1992, 75: 1019.

[355] Sato T, Dosaka K, Yoshioka A, et al. J Am Ceram Soc, 1992, 75: 552.

[356] Pommier C, Chhor K, Bocquet J F, et al. Mater Res Bull, 1990, 25: 213.

[357] Chhor K, Bocquet J F, Pommier C. Mater Chem Phys, 1992, 32(3): 249.

[358] Bocquet J F, Chhor K, Pommier C. Mater Chem Phys, 1999, 57(3): 273.

[359] Pommier C, Chhor K, Bocquet J F. Silicates Industriels, 1994, 59(3-4): 141.

[360] Matson D W, Fulton J L, Smith R D. Mater Lett, 1987, 6(1-2): 31.

[361] Tadros M E, Adkins C L J, Russick E M, et al. J Supercrit Fluids, 1996, 9: 172.

[362] Ji M, Chen X, Wai C M, et al. J Am Chem Soc, 1999, 121: 2631.

[363] Sievers R E, Hansen B N. (University of Colorado Foundation). US 4970093. 1990.

[364] Hansen B N, Hybertson B M, Barkley R M, et al. Chem Mater, 1992, 4: 749.

[365] McLaughlin D F, Skriba M C. (Westinghouse Electric Corp.). US 4916108. 1990.

［366］Watkins J J，Blackburn J M，McCarthy T J. Chem Mater，1999，11(2)：213.

［367］吴天斌，张鹏，马珺等．催化学报，2013，34(1)：167.

［368］An G M，Yu P，Mao L Q，et al. Carbon，2007，45：536.

［369］Liu Z M，Han B X. Adv Mater，2009，21：825.

［370］Zhao Y J，Zhang J L，Song J L，et al. Green Chem，2011，13：2078.

［371］Shimizu K，Cheng I F，Wang J S，et al. Energy Fuels，2008，22(4)：2543.

第5章

烃类清洁催化氧化反应与工艺

　　烃类选择性氧化反应在化工生产中占有极其重要的地位。据统计，用催化过程生产的各类有机化学品中，催化选择氧化反应生产的产品约占25%。烃类选择性氧化为强放热反应，目的的产物大多是热力学上不稳定的中间化合物，在反应条件下很容易被进一步深度氧化为二氧化碳和水，其选择性是各类催化反应中最低的。这不仅造成资源浪费和环境污染，而且给产品的分离和纯化带来很大困难，使投资和生产成本大幅度上升。所以，控制氧化反应深度，提高目的产物的选择性始终是烃类选择性氧化反应研究中最具挑战性的难题。

　　氧化反应过程具有如下特点：①使用氧化反应可以制造出大量极其重要的聚合物单体和有机合成中间体；②应用前景广阔，烃类及其绝大多数衍生物均可与氧发生作用，用氧化反应可以得到的产品数量极大，还可在氧的存在下，同时发生一系列不同类型的反应，如氧酰化、氧硫化、氨氧化、氧氯化、氧化脱氢、氧化脱烷基、氧氰化、氧羰化等；③一般流程较短，反应速率快，适合大型化生产，并且，绝大多数氧化反应为不可逆，不受化学平衡限制，氧化反应为放热反应，综合利用后使生产能耗大幅度下降；④氧化剂易得，价格便宜。

　　烃类选择氧化反应过程及主要产品如图5-1、图5-2及图5-3所示[1]。

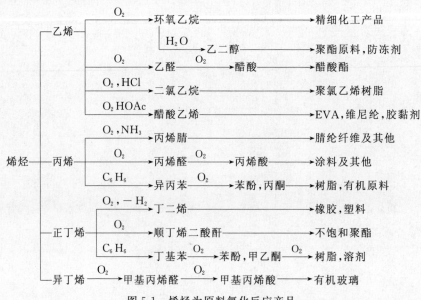

图 5-1　烯烃为原料氧化反应产品

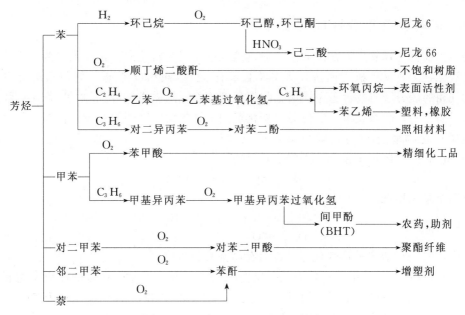

图 5-2　芳烃为原料氧化反应产品

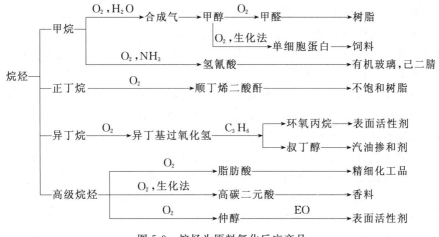

图 5-3　烷烃为原料氧化反应产品

5.1　烃类清洁催化氧化反应类型

目前的烃类氧化反应过程还存在一些缺点：①与其他化工过程相比，一般情况，其产物选择性不高，原料消耗定额较高；②氧化剂与烃类及其衍生物的混合物容易爆炸和燃烧，需要特别注意安全操作；③有较多的副产物生成，这样就降低了元素有效利用率，且排放（尤其是副产 CO_2）也构成了环境的危害及其生产安全等问题，均不符合绿色化工生产的要求。因此，在重要的氧化反应工艺过程中，开展绿色化学化工研究与技术开发意义重大。

根据目前绿色氧化反应的研究成果，从氧化剂的角度，可将烃类清洁催化氧化反应分为三类：一是以晶格氧为氧化剂的高温氧化反应；二是以双氧水为氧化剂的低温氧化反应；三是以分子氧为氧化剂的直接氧化反应。

5.1.1 烃类晶格氧选择氧化反应

烃类的催化选择氧化，在工业上一般以氧气或空气为氧化剂，催化剂多为可变价过渡金属复合氧化物。就反应机理而言，大多符合氧化-还原（redox）机理，它包括两个主要的过程：①气相的烃分子与高价态金属氧化物催化剂表面上的晶格氧（或吸附氧）作用，烃分子被氧化为目的产物，晶格氧参与反应后，催化剂的金属氧化物被还原为较低价态；②气相氧将低价金属氧化物氧化到初始高价态，补充晶格氧，完成 Redox 循环。按 Mars 和 Van Krevenlen 提出的 Redox 模型，选择氧化反应

$$C_nH_{m-2}O+H_2O \longrightarrow C_nH_m+O_2 \tag{1}$$

可写成两个基元过程：

$$C_nH_m+2OM \longrightarrow C_nH_{m-2}O+H_2O+2M \tag{2}$$

$$2M+O_2 \longrightarrow 2OM \tag{3}$$

式中，M 为低价态的活性位，OM 为有晶格氧的活性位。

但是总反应（1）的速率，实际上是受反应（2）和反应（3）中速率较慢的反应所控制。在通常情况下，催化剂被烃分子还原的反应（2）是慢步骤。烃类催化氧化反应动力学的研究结果表明，副反应对氧气的反应级数比主反应对氧气的反应级数高。所以提高氧分压通常不能有效地增加反应（1）的速率，反而会导致选择性下降。这是因为提高气相氧分压，一方面会增加与气相氧处于平衡的可逆吸附氧物种（如 O_2^-、O_2^{2-} 或 O^-）的表面浓度，这种高活性的可逆吸附氧物种，一般认为主要参与非选择性氧化反应；另一方面，对于高温（>900K）的烃类氧化过程，除表面催化反应外，还伴随有气相自由基反应发生，气相氧的存在也会加快气相深度氧化反应，导致选择性下降。

为了避免气相氧对烃类分子的深度氧化，提高目的产物的选择性，人们在不断改进催化剂性能的同时，尝试了采用催化剂晶格氧作为氧源的反应新工艺。该工艺按 Redox 模型将烃分子与氧气或空气分开进行反应，以便从根本上排除气相深度氧化反应。目前有两种反应工艺可用于烃类晶格氧选择氧化。其中一种是用膜反应器，对烃类选择氧化而言，所用的催化膜通常由具有氧离子/电子导体性能和催化活性的金属氧化物材料制得[2]。其反应机制如图 5-4 所示，烃分子与催化膜左侧的晶格氧反应生成氧化产物，氧分子在催化膜的右侧离解吸附，获得电子转化为氧离子，催化膜作为氧离子/电子导体，可把氧离子从膜的右侧输送到左侧，同时把电子从左侧输送到右侧，实现还原-氧化循环。这种膜反应器虽然可显著提高氧化反应的选择性，但由于氧离子的传输速率较慢，限制了膜反应器的反应速率，其反应速率通常比共进料反应器慢 1~2 个数量级。此外，这种膜反应器的放大，目前在制造技术上还存在很多难题有待解决。另一种很有前景的方法是采用循环流化床（circulating fluid bed，CFB）提升管反应器（参见图 5-5）。该工艺在无气相氧存在下用催化剂晶格氧作为供氧体，按 Redox 模式，使还原-再氧化循环分别在反应器和再生器中完成；也就是说，在提升管反应器中烃分子与催化剂的晶格氧反应生成氧化产物，失去晶格氧的催化剂被输送到再生器中用空气氧化到初始高价态，然后送到反应器与烃原料反应。循环流化床提升管反应器烃类晶格氧选择氧化工艺不仅可避免原料和产物与气相氧的直接接触，还可消除沸腾床中容易发生的返混现象，使目的产物的收率和选择性得以显著提高。

上述新工艺的优点是：①可使催化剂的还原和再氧化分开进行，以便于选择各自的最佳操作条件；②因无气相氧分子存在，而且在提升管反应器中排除了返混现象，可大幅度提高选择氧化反应的单程收率、选择性和时空产率；③烃类的进料浓度不受爆炸极限的限制，可

提高反应产物的浓度，使反应产物容易分离回收；④可用空气代替纯氧作氧化剂，省去制氧的投资和操作费用。以上优点是属于比较理想的情况，实际上烃类晶格氧选择氧化工艺还存在许多问题有待克服。

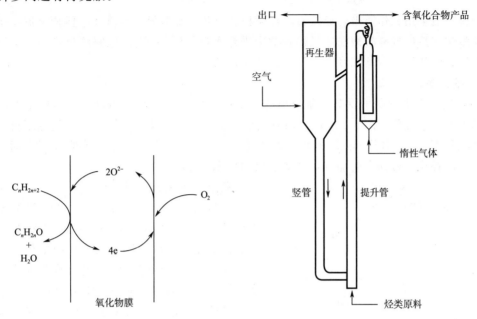

图 5-4　催化膜反应示意图　　　　图 5-5　烃类氧化的循环流化床提升管反应器示意图

5.1.2　绿色氧化剂——过氧化氢的合成

过氧化氢是一种弱酸性、淡蓝色的黏稠液体，分子式为 H_2O_2，分子量为 34.016，熔点 −0.43℃，沸点 150.2℃，凝固点时固体密度为 1.71g/cm³，其与水可以任何比例混溶，水溶液俗称双氧水。过氧化氢可以溶于乙醇、乙醚及酯类等有机溶剂，但不溶于苯、石油醚[3]。

过氧化氢的化学性质活泼，通常以水溶液的形式存放及使用。其是一种强氧化剂，分解后产生的活性氧具有杀菌、消毒、漂白、氧化等多种功能，被广泛用于纺织、造纸、医药、化工、食品、环保及日常生活等领域。而且，由于其参与化学反应后仅生成水和活性氧，没有二次污染，被称为"绿色化学品"。近年来，随着人们对环保要求的日益提高，双氧水的应用范围及需求量也在日益扩大。

1818 年，法国科学家 Thenard 在制备碱金属过程发现了一种新的化合物——过氧化氢[4]。19 世纪中叶，过氧化氢开始形成商品[5]。20 世纪 80 年代，过氧化氢已成为一种重要的无机化工原料。过氧化氢的工业生产方法，按照时间的先后大致经历了电解法、蒽醌法、异丙醇氧化法等发展阶段。正在开发的方法有：氢氧直接化合法、燃料电池法、二氧化碳为溶剂的 H_2O_2 合成工艺、氧气阴极还原法、CO 制备法、真空富集法、锰催化法等。其合成方法简述如下。

（1）工业电解法

电解法生产 H_2O_2 是 Medinger 在 1853 年电解硫酸的过程中发现的，并于 1908 年实现了工业化。该法是 20 世纪 50 年代之前 H_2O_2 生产的主要方法。根据电解介质不同该法又分为过硫酸法、过硫酸钾法和过硫酸铵法三种，通常采用的是过硫酸铵法，其反应过程如下所示[6,7]：

$$2NH_4HSO_4 \xrightarrow{\text{电解}} (NH_4)_2S_2O_8 + H_2$$

$$(NH_4)_2S_2O_8 + 2H_2O \longrightarrow 2NH_4HSO_4 + H_2O_2$$

该过程一般采用铂作阳极，铅或石墨作阴极。首先，硫酸氢铵溶液在电解槽电流作用下生成过硫酸铵，然后过硫酸铵在适量稀硫酸中进行水解得到 H_2O_2。电解法生产 H_2O_2 由于生产能力低、电耗高、劳动强度大，目前已基本被淘汰。

(2) 工业蒽醌法

20 世纪初，人们发明了以 2-烷基蒽醌作为氢的载体、并循环使用进行 H_2O_2 生产的方法，其基本的反应过程如图 5-6 所示。该方法包括蒽醌催化加氢生成氢蒽醌，氢蒽醌再经氧化生成蒽醌和 H_2O_2，以及 H_2O_2 的萃取等步骤[8,9]。整个循环过程中，蒽醌和催化剂可循环使用，只需补充少量损失的部分，主要消耗的是 H_2 和 O_2。

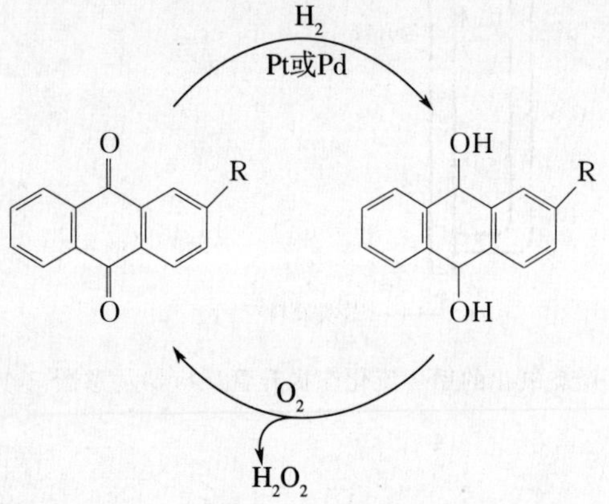

图 5-6　蒽醌法生产 H_2O_2 的反应过程

蒽醌法工艺经过不断改进，已相当成熟。目前，该法使用 Ni/B 或 Pd/Al_2O_3 两类催化剂。基于此，蒽醌法工艺按采用的催化剂不同，可分镍催化剂搅拌釜氢化工艺和钯催化剂固定床氢化工艺。早期建立的蒽醌法装置皆采用前者；但后来，因 Pd/Al_2O_3 催化剂具有氢化反应选择性好、活性高、易于实现固定床反应等特点而被广泛采用。从 20 世纪 70 年代开始，它已基本取代电解法，成为当前占绝对优势的 H_2O_2 生产方法。目前，以该法生产的过氧化氢占到全世界年总产量的 95%。

但是，蒽醌法也存在一些缺点，如生产工艺复杂，蒽醌多次使用后会降解。另外，蒽醌法生产中使用的溶剂是芳香族有机物与长链烷基醇的有机混合物，过氧化氢产品必须通过液液萃取的方式转移到水相中，致使双氧水产品中不可避免含有有机污染物，使其无法在食品加工、饮用水处理等过程中大量使用。从这一角度来审视蒽醌法，该法受到了挑战，双氧水的生产需要真正的绿色化。

(3) 工业异丙醇氧化法

美国 Shell 公司曾致力于该工艺的开发，并于 20 世纪后期投入工业化。该方法采用氧气或空气为氧化剂，直接氧化异丙醇生产过氧化氢，此过程无需催化剂，化学反应式如下所示[10]。反应温度为 $90 \sim 140 ℃$，压力为 $1.5 \sim 2.0 MPa$ 时，异丙醇转化率为 $20\% \sim 30\%$[11]。反应中联产的丙酮在负载型镍或钌催化剂作用下加氢可转化为异丙醇，反应式如下。得到的异丙醇可以循环利用。

$$(CH_3)_2CHOH + O_2 \longrightarrow CH_3COCH_3 + H_2O_2$$

$$CH_3COCH_3 + H_2 \xrightarrow{\text{催化剂}} (CH_3)_2CHOH$$

但是，该工艺中异丙醇单程转化率较低，并伴有副产物乙酸生成。而且，反应产物的分离、提纯步骤繁琐，因难以与蒽醌法竞争而停产。

(4) 氢-氧直接清洁合成法

如上所述，由于蒽醌法可连续生产、避免氢氧直接接触等诸多优势，几乎没有其他工业方法与其竞争。但是蒽醌法工艺复杂，只有采用大规模的生产装置，才有经济性。另外，过氧化氢极不稳定,大量运输过程易发生危险。近年来,绿色、经济的合成过氧化氢技术不断开发出来。

以氢气、氧气(或空气)为原料,在催化剂作用下直接合成 H_2O_2,该反应产物中没有任何有机副产物,对环境无污染,在理论上也是合成过氧化氢的最简洁方法。早在 1914 年,Henkel 和 Webel 就开始在 Pd 催化剂上研究氢氧直接合成法[12],在其后 50 年的研究中,皆因所得产物浓度太低,而没有发展。1987 年后,杜邦公司取得了重大进展。其工艺特点是采用几乎不含有机溶剂的纯水作反应介质,反应温度 0~25℃、压力 21.9~171.3MPa,在活性炭为载体的 Pt-Pd 催化剂、溶于水中的溴化物作助催化剂,H_2 与 O_2 反应生成过氧化氢。反应后混合物中 H_2O_2 的质量分数可达 13%~15%,反应可以连续进行。该法投资比蒽醌法减少近一半,具有极大的吸引力。19 世纪 60 年代,帝国化学工业公司(英国)开发了一种新的氢气、氧气直接合成 H_2O_2 的工艺[13],该工艺以氧化铝、二氧化硅等为载体的负载型 Pd 为催化剂,以酸性及非酸性的含氧有机化合物为溶剂,并获得了较好的反应结果。随后,日本学者进一步改进上述直接合成双氧水的工艺,在含有盐酸-硫酸的水相介质中,20atm($p_{H_2}=5.8$atm;$p_{O_2}=14.2$atm,1atm=101325Pa)、30℃条件下反应 20h,获得了 6.6%(摩尔分数)的双氧水溶液[14]。自此以后,H_2O_2 直接合成工艺受到众多研究者的持续关注。

氢气、氧气直接合成过氧化氢的反应过程,在热力学上是易于进行的($\Delta G \approx -136$ kJ/mol)[15]。但直接合成过氧化氢的过程中副反应较多,研究发现该过程中可进行如下四个反应,如图 5-7 所示。可以看出,其中只有反应步骤(a)是合成过氧化氢的有效反应,而反应(b)~(d)均是生成水的副反应。另外,直接合成过氧化氢的反应体系中,存在氢气和氧气,两者易形成爆炸性的混合气体,操作、控制的难度较大,存在较大的安全隐患[16];而且,

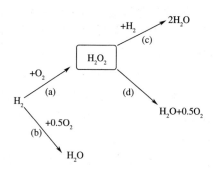

图 5-7 直接合成 H_2O_2 过程中的化学反应

氢氧直接合成体系存在气(氢气和氧气)、液(反应介质)、固(催化剂)三相,气体原料受扩散控制,气体溶于液相达到催化剂表面,进行反应的原料有限,致使产物选择性较低,用该方法只能得到低浓度的双氧水溶液。因此,直接合成双氧水反应的安全性、产率低等因素是限制其工业应用的最大障碍。

为克服上述 H_2O_2 合成反应中的不足,即抑制副反应,促进生成 H_2O_2 的反应进行;避免形成氢氧爆炸性混合物;改善原料气体的扩散速率,提高气相原料在液相中的溶解度,研究者从以下几个方面着手:设计有效的催化剂;设计适宜的反应器;优化操作条件,以提高过氧化氢的产率。

① 设计有效的催化剂 对于该反应来说,有效的催化剂通常为负载型 Pd 系催化剂,如 Pd/C[17]、Pd/SiO$_2$[18~20]、Pd/Al$_2$O$_3$[20] 和 Pd/SBA-15[21] 等。最近,Menegazzo 等[22]比较了 Pd/SiO$_2$、Pd/ZrO$_2$/SO$_4^{2-}$、Pd/ZrO$_2$、Pd/CeO$_2$/SO$_4^{2-}$、Pd/CeO$_2$ 等不同载体催化剂上负载 Pd 的反应性能,发现 Pd/SiO$_2$ 的效果最好,适宜的 Pd 负载量为 1.5%(质量分数)。而且,在 Pd 系催化剂中加入金属助剂 Au 或 Pt,可明显促进过氧化氢的生成[23,24]。Menegazzo 等[25]研究者以双金属 Pd 和 Au 负载于 ZrO$_2$ 上,制成 Pd-Au/ZrO$_2$ 负载型催化剂,

在常压、20℃条件下反应，可以有效促进过氧化氢的生成，H_2O_2 的选择性高达 60%。另外，研究发现单独 Au 负载于 SiO_2[26]、Al_2O_3[27]、Fe_2O_3[28]、TiO_2[29]、ZSM-5[30] 或 Y 型分子筛[31]、SiO_2-Al_2O_3[32]、TS-1[33]、活性炭[34]、MCM-41[34] 等载体上，也可以很好地催化氢气、氧气直接合成过氧化氢反应。

② 设计适宜的反应器　为降低氢气、氧气混合物的爆炸危险性，并提高原料气体的扩散速率，以使更多的气体充分溶于液相，扩散至催化剂表面参与反应，研究者采用两个途径：一是采用膜反应器[35]，二是采用微反应器[36~38]。

膜反应器依靠物理分离技术，实现氢气、氧气的分隔，避免形成氢氧的爆炸性混合物[36,37]。Melada 等[38] 设计了碳包覆管式氧化铝膜反应器，该反应膜中活性组分为 Pd，氢气透过反应膜到达活性组分表面进行反应，反应 6~7h 后获得了 250~300mg/kg 的 H_2O_2 产物。另外，微反应器体积较小，其在安全性，以及动量、热量、质量方面的传递性能，具有宏观反应器所无可比拟的优势[39,40]。Wang 等[15] 以 Pd-Pt/ZSM-5 等为催化剂，在管式的微反应器中考察了氢气、氧气合成 H_2O_2 的反应，管式反应器的尺寸为 15mm(L)×1mm(W)×0.3mm(D)；并获得了较好的反应结果，H_2O_2 的浓度为 100~235mmol/L。

③ 优化操作条件　过氧化氢直接合成工艺的操作条件，如反应介质、原料 H_2/O_2 摩尔比、反应时间等均会对过氧化氢的合成有显著的影响。氢氧直接合成体系存在气、液、固三相，过氧化氢的生成效果极大地依赖于气体的传质效果，即气相通过液相扩散至催化剂固体表面的效率。Rueter 等[41] 发现，在水相中加入少量的甲醇或乙醇，可明显提高 H_2O_2 的产率。Abate 等[21,42] 采用甲醇-CO_2 为溶剂，以增加气相原料的溶解度，结果表明当反应溶剂中含有 CO_2 时，H_2O_2 的收率及选择性均显著提高。另外，为避免生成的 H_2O_2 再次分解，研究表明酸性反应介质，即在介质中加入矿物质无机酸，可以抑制 H_2O_2 的分解；而且，反应介质中加入卤族阴离子，如 Br^-、Cl^- 等，也可以促进合成过氧化氢[43~47]。此外，还有采用超临界二氧化碳为反应介质[48,49]，这部分内容在后面阐述。

过氧化氢在氧气气氛中较稳定，但在氢气气氛中不稳定。对于适宜的 H_2/O_2 摩尔比，文献并未给出统一的结论。在酸性反应介质中，Pospelova[50] 指出适宜的 H_2/O_2 摩尔比为 0.8~1.2，而 Izumi 等[14] 得到的 O_2/H_2 适宜比为 1.5~20，Dalton 等[51] 给出的 O_2/H_2 摩尔比大于 3.4。另外，Ma 等[33] 报道在高收率的过氧化氢条件下，H_2/O_2 摩尔比为 3，Wang[15]、Choudhary 等[52] 报道的 H_2/O_2 摩尔比为 1。

如图 5-7 所示，当 H_2O_2 产物生成后，随着反应时间的延长及 H_2O_2 的积累，产物会进一步分解或还原生成水。Landon 等[53] 研究发现，H_2O_2 选择性在 5~10min 时达 90%，而当反应时间为 120min 时，其缩减为 25%。另外，Liu 等[20] 还发现，当 O_2/H_2 比较高（O_2/H_2=15）时，随反应时间的延长，H_2 的转化率及 H_2O_2 的选择性未发现明显变化；而当 O_2/H_2 比较低（O_2/H_2=4），随反应时间的延长，H_2O_2 的选择性逐渐较低（两者情况下，过氧化氢的浓度均随时间的延长而增加）。因此，H_2O_2 的选择性随时间的变化是一个复杂的过程。对于反应温度对 H_2O_2 合成反应的影响，文献考察了 5℃、10℃、15℃对 H_2O_2 的收率及选择性的影响，结果表明在所研究的温度范围内，反应温度的变化对 H_2O_2 收率的影响较小，而 H_2O_2 选择性随温度的增加而降低。

总之，上述氢氧直接合成 H_2O_2 的方法，虽然可以清洁地合成过氧化氢，但是产物双氧水溶液中 H_2O_2 的浓度较低[54]。

(5)燃料电池法

日本学者 Yamanaka 等开发一种使用燃料电池,以 H_2、O_2 为原料进行电化学反应合成 H_2O_2 的方法[55,56]。该法可以合成酸性[57]、碱性[58,59]及中性[60]的过氧化氢,其反应方程式如下所示,同时产生电能。

正极反应: $$O_2 + 2H^+ + 2e \longrightarrow H_2O_2$$

负极反应: $$H_2 \longrightarrow 2e + 2H^+$$

最近,Yamanaka 设计了一种新型燃料电池:以 Nafion-117 膜为隔膜,隔膜的一侧是采用气相生长碳纤维、聚四氟乙烯等材料制备的阴极,另一侧是 Pt/C 材料的阳极,电化学反应中,氧气在阴极发生过氧化反应生成 H_2O_2。目前,在该燃料电池中,所制备的中性双氧水浓度最高可达 13.5%(质量分数)[61]。另外,Xu 等[62]将 CeO_2 负载于多壁碳纳米管上制成燃料电池的阴极,电池的阳极为 Pt/C 材料,该反应体系中获得了浓度为 275mmol/L 的双氧水。但是,上述燃料电池法的产量较小,尚未实现大规模生产;而且,过氧化氢在阴极可发生电化学还原和热分解反应而生成水,如何限制电化学还原和热分解的发生是进一步研究的关键。

(6)二氧化碳为溶剂的 H_2O_2 合成工艺

如前所述,蒽醌法生产中使用了有机溶剂,致使 H_2O_2 产品中不可避免会含有有机污染物,这使本该绿色的 H_2O_2 变得不绿色,无法在食品加工、饮用水处理等过程中大量使用。鉴于此,Piqueras 等[63]开发了以液相二氧化碳或超临界二氧化碳为反应介质的绿色合成 H_2O_2 的工艺。Beckman 等[64,65]制备了亲二氧化碳的蒽醌类似物,如图 5-8 所示,$R^1 \sim R^8$ 取代基团具有亲二氧化碳的性质。该反应过程与蒽醌法类似:首先,蒽醌类似物与氢反应,得到相应的氢化蒽醌类似物;然后,氢化蒽醌类似物与氧反应,合成 H_2O_2,并且重新获得可循环使用的蒽醌类似物[66]。

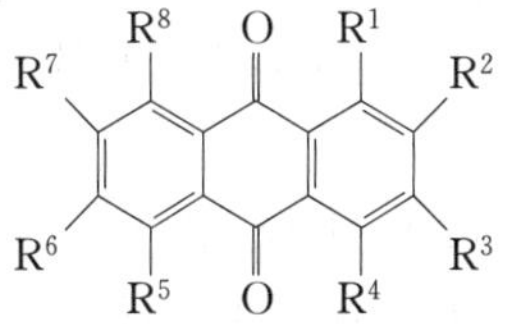

图 5-8 亲二氧化碳的蒽醌类似物结构式

(7)氧气阴极还原法

氧气阴极还原法是借助一种气体扩散电极,在强碱性电解质中使空气中的氧还原成负氧离子,再经热法磷酸处理,在酸性溶液中释放出过氧化氢,方程式如下所示[67]。

阴极反应: $$H_2O + O_2 + 2e \longrightarrow HO_2^- + OH^-$$

阳极反应: $$2OH^- - 2e \longrightarrow \frac{1}{2}O_2 + H_2O$$

该法实际上只消耗空气、水、电和浓缩用的蒸汽,而且副产磷酸盐。与蒽醌法相比,该工艺具有产品质量好、设备简单、生产成本低、安全可靠等特点。但该方法用到的电解质中含有过量的碱,会促进过氧化氢的分解。因此,该方法只能得到浓度较低(2%~5.4%)的过氧化氢溶液。

(8)CO 制备法

Yermakov 等在 1979 年发现以 CO、O_2 及 H_2O 为原料,可以一步合成过氧化氢,其反应方程式如下所示。

$$O_2 + CO + H_2O \longrightarrow H_2O_2 + CO_2$$

反应条件为:催化剂为 Pd;反应温度为 $-20 \sim 50℃$,压力为 2MPa;CO/O_2 的分压比为(1:100)~(1:10)，较低的比例有益于 H_2O_2 的生成，但该法产物过氧化氢的收率极低，仅为 0.34%[68]。意大利研究者 Daniele 等[69] 以 Pd-双齿氮配体化合物为催化剂，结果发现该催化剂有较好的催化效果。

Ma 等[70] 考察了负载型的 Cu/Al_2O_3、Ni/Al_2O_3、Co/Al_2O_3、Fe/Al_2O_3 等催化剂上合成过氧化氢的反应，结果表明 Cu/Al_2O_3 催化剂、丙酮为溶剂的催化效果最好。但上述负载型催化剂上的产物收率不高，且催化剂易失活。

(9)真空富集法

真空富集法是由 Kvaerner 公司于 2000 年提出的，该法也是以氢气、氧气为原料，在催化剂作用下直接合成 H_2O_2。与直接合成 H_2O_2 的方法相比，反应是在一种有机溶剂中发生，而不是在水中进行。该反应在有机溶剂中比在水中进行得快，因为前者的氢氧溶解度要高得多，且反应不必进行到产生高浓度的过氧化氢。反应时间 4~8h，压力 25Pa，温度 40~60℃，气体中 H_2 含量为 4%，O_2 含量为 10%~20%，其余为 N_2。使用的催化剂为质量分数 90% 的钯加上质量分数 10% 的铂。反应进行到使过氧化氢含量刚好低于 H_2O_2 在该溶剂中的饱和度，再将反应混合物置于真空中，使 H_2O_2 蒸发再凝结成纯净的过氧化氢产品，这样生产出的 H_2O_2 浓度高且成本低。目前，这一技术仍然处于研究阶段[71]。

(10)锰催化法

锰催化法是一种以空气、羟胺为原料，二价锰离子为催化剂，生产过氧化氢的方法，反应式如下式[72]：

$$O_2 + 2NH_2OH \longrightarrow H_2O_2 + N_2 + 2H_2O$$

该反应在水溶液中发生，是一种类似酶的过程。它模拟人体内氧到过氧化氢的生物化学途径，使用类似的共反应物和催化剂，使羟胺、氧被转化为过氧化氢、氮气和水。此方法以二价锰离子的蒙脱土为催化剂，在 20℃、pH 值为 8 的水溶液中，氧气(或空气)与羟胺反应生成过氧化氢。

Ando 采用电解水的方法同时获得了 H_2O_2 和 H_2[73]；另外，合成过氧化氢的新方法还有甲基苄基醇(MBA)氧化法[74,75]、非平衡等离子体法[4,76]、光催化法等。随着人们对合成过氧化氢的深入研究，还将不断出现新的 H_2O_2 合成方法。

5.1.3　氧分子的活化与催化反应[77]

氧分子是便宜易得的氧化剂。在接触氧化反应中，活化氧分子使反应加速进行是催化剂最重要的功能。在多相催化剂上被活化的氧或多或少是带有负电荷的氧阴离子，属于亲核物种。因此，主要用于烯烃的烯丙基型氧化、芳烃侧链的氧化及氧化脱氢等不饱和烃的合成反应。近年来，出现了能够提供高化学势氧原子的氧化剂，如 H_2O_2 和 N_2O 等，它们可使烯烃的环化和芳烃的羟基化很容易进行。采取在生物体内发现的还原剂并用来活化氧分子的方法，开发出了从氧分子原位(in situ)产生亲电子性高的活性氧物种的方式，使氧化反应的领域进一步扩大。模仿生物体内的氧化反应，对于以前的多相接触氧化反应来说是不可能的，人们正在研究位置或立体选择性的氧化反应。

5.1.3.1　活性氧物种的反应性

(1)氧原子 $O(^3P)$ 的反应性

氧是电负性大的元素，中性的原子态物种 $O(^3P)$ 有很强的亲电子性。在碳-碳不饱和键的亲电加成反应中，经双自由基中间体，转化为含氧化合物，如环氧化物。除特殊的烯烃外，在接触氧氧化反应中，环氧化物的选择性是很低的，这是因为在金属或氧化物上加热活化氧分子，亲电子物种难以形成。原子态氧也可使饱和的 C—H 键脱氢，但其速率不如不饱和键的加成反应，慢 3 个数量级左右。反应式如下：

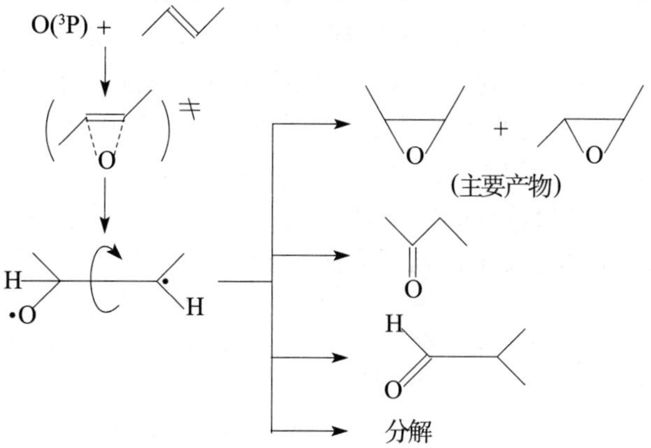
O(³P) +
O
(主要产物)
H
•O
H
O
H
O
分解

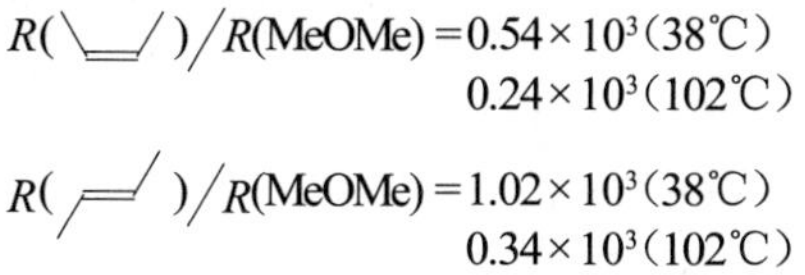
R( )/R(MeOMe) = 0.54×10³(38℃)
0.24×10³(102℃)
R( )/R(MeOMe) = 1.02×10³(38℃)
0.34×10³(102℃)

(**2**)O^- 的反应性

O^- 是强亲核剂，其脱氢或脱质子反应活性优于加成反应。自由的 O^- 反应活性极高，对于是由碰撞次数决定活化能的反应，可实现脱氢或脱质子，但在催化剂上，由于与阳离子的相互作用而变得稳定，反应活性下降。反应式如下：

$$C_2H_6 + O^- \longrightarrow C_2H_5 + OH^-$$

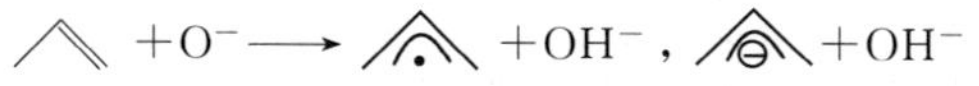
+O⁻ ⟶ +OH⁻ , +OH⁻

C_3H_6，i-C_4H_8　自由基/阴离子＝95/5

1-C_4H_8，2-C_4H_8　自由基/阴离子＝60/40

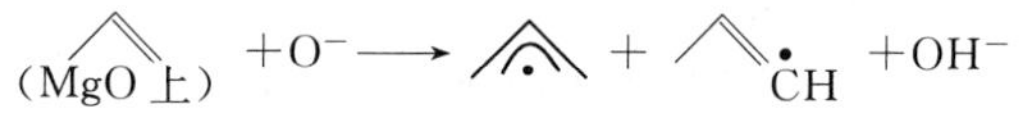
(MgO 上)
+O⁻ ⟶ + CH +OH⁻

(**3**)O_2^- 的反应性

在多相催化剂上可检测到 O_2^- 的存在，但 O_2^- 作为直接反应活性物种进行氧化反应的确实证据几乎没有报道。此物种如 S_N2 反应所示，属于亲核物种。在生物体系中，其被认为是产生老化原因的活性氧物种。这是由于它与 H^+ 结合生成 HOO• 等其他活性物种。O_2^- 本身显示弱的氧化还原性或亲核性，反应活性很低，可作为阴离子自由基，但作为自由基反应实例很少。

$$RX + O_2^- \longrightarrow RO_2\bullet + X^-$$

$$RO_2\bullet + O_2^- \longrightarrow RO_2^- + O_2$$

$$RO_2^- + RX \longrightarrow ROOR + X^-$$

(**4**)O^{2-} 的反应性

固体催化剂上不存在自由的 O^{2-} 物种，它必须以和阳离子结合的状态存在。因此，其反应性受到阳离子的种类和结构的左右。

根据电负性平均化原理计算出的各种金属氧化物 O^{2-} 的平均电负性如图 5-9 所示。原子态氧如前所述具有强的亲电性，另外，OsO_4、RuO_4 也是较强的亲电子试剂，它可攻击不饱和碳键引起键的氧化开裂。Se、Te、Mo、W、Sb 及 V 等氧化物中的氧离子也有某种程度的对不饱和碳的加成能力，因此，可作为用下列反应合成含氧化合物的主催化剂，反应包括脱氢和氧化加成交互发生的烯丙基型氧化反应和芳烃侧链的氧化反应等。在这样的氧化反应中，如正丁烷的氧化，脱氢和氧化加成保持适度的平衡是很重要的，双方不顺利进行就得不到高选择性。Fe、Co、Ni 等过渡金属氧化物其碱性增强，脱氢能力提高，氧化加成能力下降，因此不适合用于含氧化合物的合成反应。对于碱金属或碱土金属氧化物，其脱氢能力更强，可用作甲烷氧化脱氢二聚反应的催化剂。由此可见，搞清楚不饱和烃的氧化加成和 C—H 键脱氢反应在什么样的场合哪个优先是接触氧化反应的关键问题。

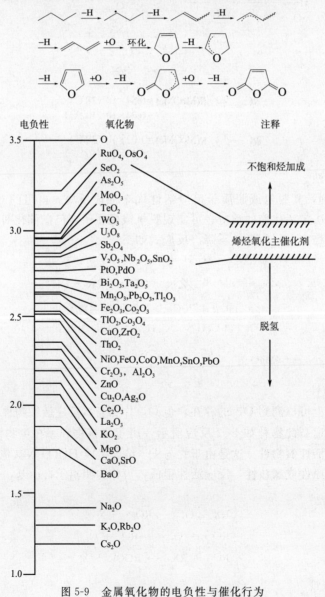

图 5-9　金属氧化物的电负性与催化行为

5.1.3.2 氧转移反应

在多相催化剂上的氧化反应中，氧分子的解离活性化起着重要作用，此时，必定伴随着从催化剂向氧的电子转移，被活化的氧转化成阴离子，如下式所示。因此，亲电子性减少，致使烯烃的脱氢反应优先进行，环化反应和芳烃的羟基化变得困难。

$$O_2 \underset{e}{\rightleftharpoons} O_2^- \underset{e}{\rightleftharpoons} O_2^{2-} \underset{2e}{\rightleftharpoons} 2O^{2-}$$

对于像 H_2O_2、ROOH 及 N_2O 等容易提供活性氧原子的氧化剂来说，在接触氧化反应中不需要提供使氧分子 O=O 键断裂的能量，可很容易在催化剂表面产生具有亲电性的活性氧物种。它相当于著名的氧添加酶——细胞色素 P-450 反应机理的 Shunt Path 部分，见图 5-10。催化剂可以是络合物也可以是多相的，Enichem 公司开发的 Ti-Si 分子筛与 H_2O_2 的组合就是著名的实例。

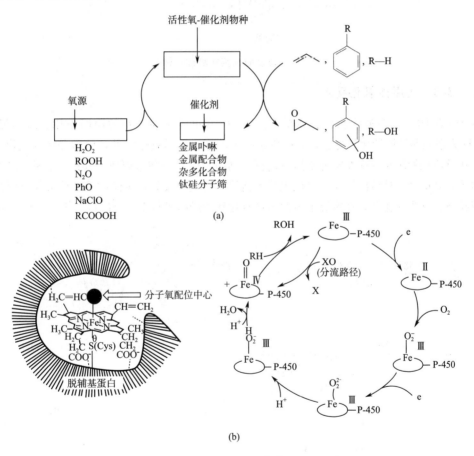

图 5-10 活性中心结构(a)和细胞色素 P-450 反应机理(b)

图 5-11 为 Ishii 等[78]开发的杂多酸和相转移催化体系，H_2O_2 作为氧化剂。虽然不同物系的反应机理和活性物种是各式各样的，但从氧化剂向催化剂的活性氧转移产生亲电子物种是其共同特征。

在氧转移反应中，像烯烃的环化、芳烃的羟基化及烯烃的羟基化等在多相接触氧化中选择性不高的反应也成为可能，缺点是氧化剂的成本过高，不适用于大规模的生产。

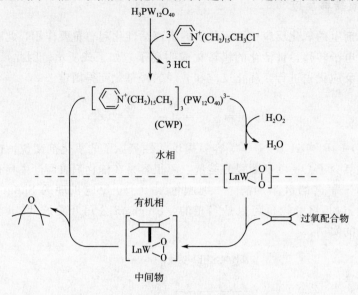

图 5-11　杂多酸和相转移催化体系

5.1.3.3　还原性氧化反应

对于生物体，在许多单加氧酶体系中，由 H^+ 和电子传递体系的协同作用，以 NADH 或 NADPH 为还原剂还原活化氧分子，并产生亲电子的高价金属氧化物种，使饱和烃的氧化、芳烃的羟基化及烯烃的环化反应在室温常压下进行。例如，在 Fe^{3+} 等金属离子和抗坏血酸等还原剂存在的体系，氧得到了特殊的活化，可以氧化不活泼的烃类。又如，用模仿甲烷单加氧酶活性中心的铁双核络合物为催化剂，在室温下可使烯烃氧化和芳烃的羟基化反应进行。如图 5-12 所示。

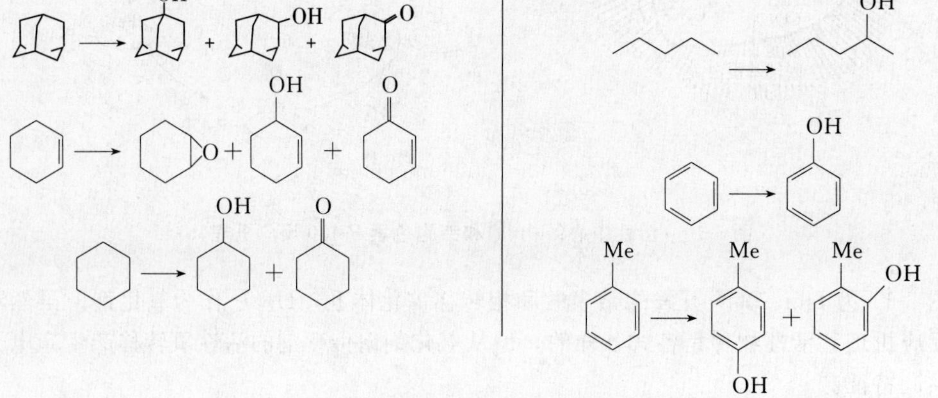

图5-12　双核铁金属络合物催化剂上的氧化反应

人们正在考虑用 H_2、CO、乙醛等比较便宜的还原剂活化氧分子。从能量上考虑，有还原剂的氧化过程（从分子氧生成亲电的氧活性物种）所需的能量很低，见表 5-1 所示。

表 5-1　氧分子活化的热化学性质

O_2 活化	$\Delta H/(\text{kcal/mol})$
$O_2 \longrightarrow 2O$	119
$O_2 + 2H^+ + 2e^- \longrightarrow O + H_2O$	-730
$O_2 + H_2 \longrightarrow O + H_2O$	1.4
$O_2 + CO \longrightarrow O + CO_2$	-8
$O_2 + CH_3CHO \longrightarrow O + CH_3COOH$	-10

图 5-13 列出了用 H_2、CH_3CHO 作还原剂的氧化反应。式(1)为烯烃的环化反应体系，还原剂为 H_2，胶态的 Pt 用来活化 H_2。式(2)乙醛为还原剂，在该体系中几乎所有的烯烃都能进行环化反应。另外，催化剂不仅限于络合物，过渡金属氧化物［式(3)］、负载型金属［式(5)］等均可作为催化剂使用，它们对由还原剂活化氧分子是有效的，并有普适性。

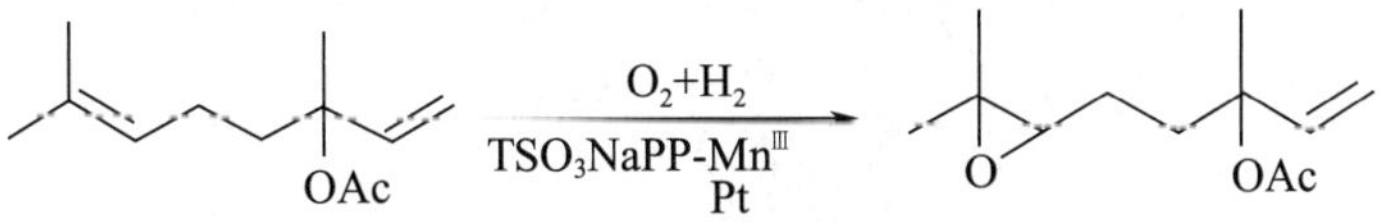

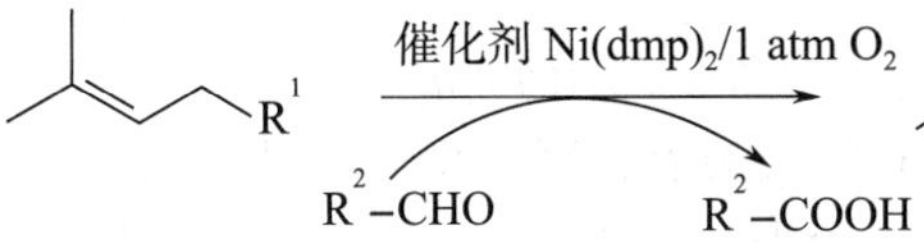

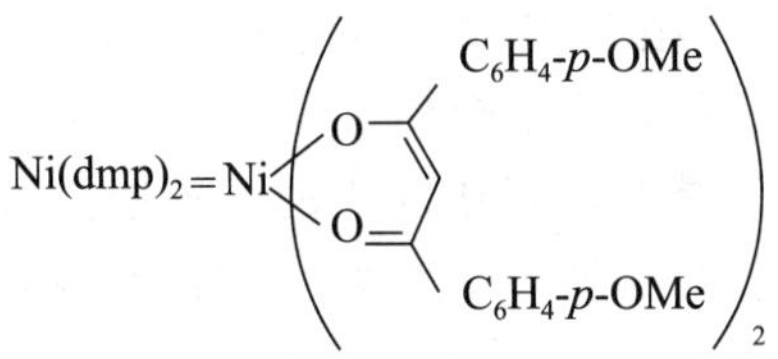

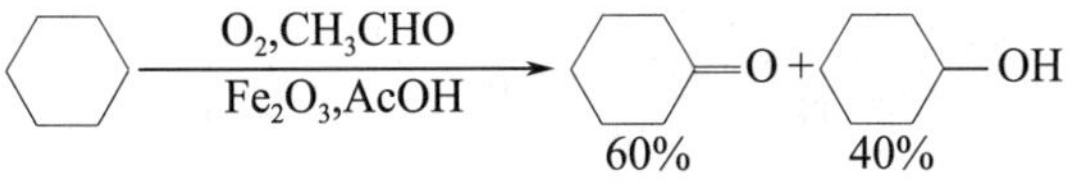

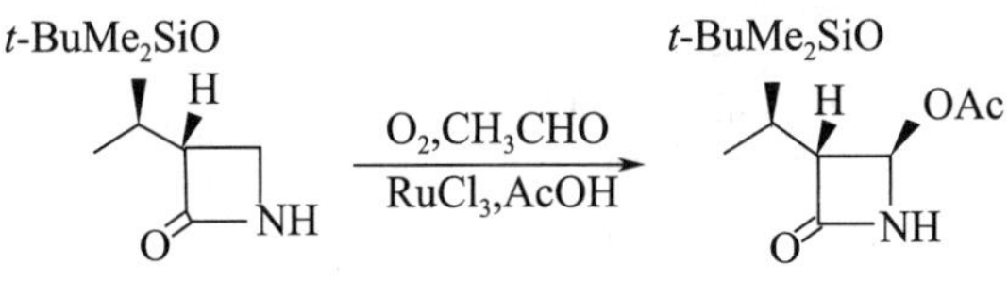

图 5-13　H_2、CH_3CHO 为还原剂的还原性氧化反应过程

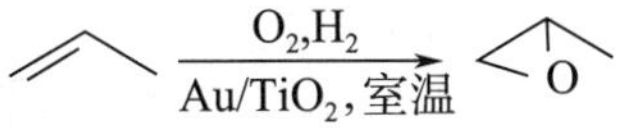

一般情况下，在还原性氧化反应中，反应条件温和，几乎没有基质的燃烧反应副产物，以碳为基准的选择性接近理论值。问题是还原剂在活化氧过程中无端地被浪费掉。解决此问题是今后该过程实用化的关键。

5.1.3.4 位置及立体选择氧化

位置及立体选择性的实现是反应研究的最终目标。氧化与加氢不同，活性氧物种和基质同时与中心金属配位是很难的。近年来，Zhang 等[79]以 Schiff 碱为配位体的 Mn 络合物为催化剂，实现了烯烃环化的高度立体化，如图 5-14 所示。另外，还发现即使饱和的 C—H 键的羟基化也可实现立体控制。到目前为止，获得高度立体选择性的基质还很少，有待进一步的发展。

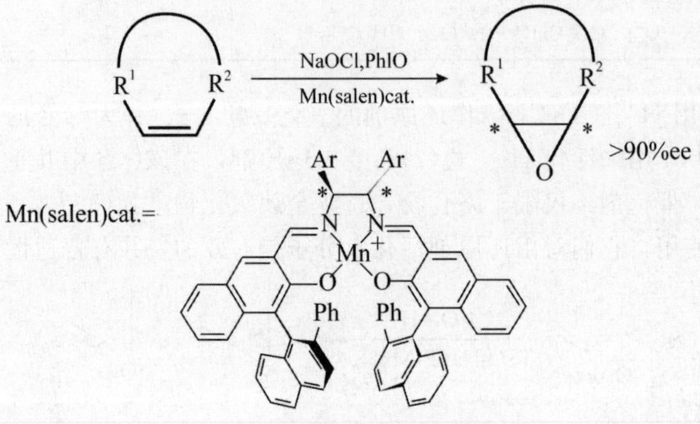

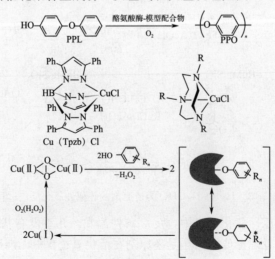

图 5-14 烯烃的立体选择氧化反应

关于位置选择氧化反应，其实例有酚类的氧化聚合反应，以酪氨酸酶(tyrosinase)模型铜络合物为催化剂。在酚的对位 C-O 聚合得到的聚苯氧化物，其熔点为 300℃以上，具有优良的耐热性。酚类在铜盐和氧存在下容易发生自由基聚合反应，此时的生成物是 C-O 聚合物和 C-C 聚合物的混合体，有邻位和对位聚合体，是没有明确熔点的非晶态聚合体。近年来，人们发现 η^2 型配位的双核铜氧络合物对于酚类的位置选择聚合具有很高的选择性。在对苯氧基苯酚的聚合反应中，完全抑制了 C-C 的联结，仅有少量的邻位 C-O 聚合体混杂，获得了具有恒定熔点的催化聚合生成物，反应式和反应机理如图 5-15 所示。

图 5-15 对苯氧基苯酚的聚合反应与机理

5.2　晶格氧为氧源的丁烷选择氧化制顺酐工艺

早在 20 世纪 40 年代末期，Lewis 等人就进行了烃类晶格氧选择氧化的开创性研究。DuPont 公司开发成功了晶格氧丁烷选择氧化制顺酐工艺，该工艺用催化剂的晶格氧代替气相氧作为氧源，按还原-氧化(redox)模式将丁烷和空气分别进入循环流化床提升管反应器和再生器，未反应的丁烷可循环利用，被赞誉为对环境友好的催化过程。这表明烃类晶格氧选择氧化工艺是控制深度氧化、提高选择性、节约资源和保护环境的有效催化技术[80]。

5.2.1　丁烷氧化制顺酐传统工艺

(1)正丁烷氧化法制顺酐

自从 1974 年美国孟山都化学公司等实现工业化生产以来，此法发展很快。由于正丁烷价廉，化工利用不广以及尾气排放污染程度较小，所以此法成为有竞争力的生产方法。

主反应：　　　　$C_4H_{10} + 7/2O_2 \longrightarrow C_4H_2O_3 + 4H_2O$　　　　$\Delta H = -1261kJ/mol$

副反应：　　　　$C_4H_{10} + 11/2O_2 \longrightarrow 2CO + 2CO_2 + 5H_2O$　　　　$\Delta H = -2091kJ/mol$

同时，还有生成醛、酮、酸等的副反应。

正丁烷存在于炼厂气、油田伴生气和石油裂解气中，工业上主要以油田伴生气回收的正丁烷为原料。催化剂为 $V_2O_5\text{-}P_2O_5$、V-Mo-O 或 Co-Mo 并含少量 $CeCl_2$，以 SiO_2 为载体。原料中含正丁烷 1.6%～1.8%(摩尔分数)，其余为空气。用纯氧代替空气好处不大，因反应选择性低，大量纯氧消耗在无用的副反应上，且需加入惰性气体稀释，以免落入爆炸范围。其反应温度为 370～430℃，转化率约为 85%，选择性大于 70%，总收率为理论的 60% 左右。

(2)Halcon/SD 公司正丁烷制顺丁烯二酸酐工艺流程

空气经过滤器过滤后，压缩到所需的反应压力，丁烷在气化器中进行气化，经过热后与压缩空气混合，一起送到反应器；用循环熔盐去除反应热，从而达到控制反应温度之目的；反应生成气进入冷却器与软水进行热交换，经冷却至略高于顺丁烯二酸酐的熔点，约有 50% 的顺丁烯二酸酐可在分离器冷凝析出并进入粗酐贮槽，再由泵送到精制工段进一步精制；分离器顶部出来的尾气转入洗涤塔，用逆流水洗涤，把未冷凝的顺丁烯二酸酐全部转化为顺丁烯二酸，顺丁烯二酸溶液聚集在洗涤塔底部的酸贮槽里，再用泵送入脱水塔脱水，最后进入精馏塔精制。

正丁烷氧化法生产顺丁烯二酸酐，反应尾气中均含有未转化的苯、丁烯或丁烷及 CO、微量醛、酮、酸等有害气体，可在 800℃ 左右通过焚烧炉或助燃剂焚烧回收热量后再排入大气，或经过催化剂(如贵金属等)进行催化燃烧处理。

5.2.2　丁烷氧化制顺酐晶格氧氧化工艺[81]

如前所述，20 世纪 70 年代以来，商业化的丁烷氧化制顺酐过程都是用空气为氧化剂，在填充 VPO 催化剂的多管固定床或流化床反应器内进行反应。由于受爆炸极限的限制，原料混合气中丁烷的浓度对固定床反应器和流化床反应器摩尔分数分别为 1.8% 和 4%，顺酐的选择性约为 50%。针对丁烷/空气共进料工艺存在丁烷浓度低和顺酐选择性低等缺点，20

世纪 80 年代初期，DuPont 公司开始致力于研究开发丁烷晶格氧选择氧化循环流化床工艺。经过近 10 余年的努力，该公司解决了两个关键技术问题[82~84]：其一是研制成功抗磨硅胶壳层 VPO 晶格氧催化剂；其二是开发成功循环流化床提升管反应器。

在用于丁烷氧化的循环流化床提升管反应器的示意图(图 5-5)中，VPO 催化剂在流化床再生器中被氧化，氧化态的催化剂粒子通过竖管移动至提升管反应器底部入口处，用含丁烷的高速原料气流提升至反应器顶部，丁烷在提升管中被催化剂的晶格氧氧化为顺酐，然后从顶部进入旋风分离器把被还原的催化剂粒子和反应产物分开，回收的催化剂粒子经惰性气体吹脱除去吸附的碳物种后，被送入再生器用空气再氧化，完成 Redox 循环。因为反应物和催化剂在提升管中基本上为活塞流，而且无气相氧分子存在，催化剂表面态可通过优化再生操作和在进入提升管反应器前吹脱除去表面吸附的非选择性氧物种，所以可显著提高顺酐的选择性。

实验结果表明[84]，原料气中丁烷浓度对选择性的影响很小，但转化率对选择性有较大影响。当丁烷转化率为 80% 时，顺酐选择性为 60%。在丁烷转化率为 20%～50% 范围内，顺酐的选择性为 70%～80%，顺酐选择性在丁烷转化率为 20% 时达到最大值，丁烷转化率低于 20% 顺酐选择性反而下降。他们认为，这一现象与经空气再生后的催化剂表面存在 O_2^- 或 O^- 等非选择性氧物种有关，采用在催化剂进入提升管反应器之前，通过一个吹扫段，可吹扫除去弱吸附的非选择性氧物种，使顺酐选择性提高到 85%。

如上所述，丁烷晶格氧选择氧化工艺可显著提高顺酐选择性，但是每千克催化剂在一次 Redox 循环中只能转化 2g 丁烷。这是因为每转化一个丁烷分子需要 7 个氧原子。有关的基础研究指出[85]，丁烷在 VPO 催化剂上转化为顺酐的反应机理涉及 V^{5+} 与 V^{4+} 之间的 Redox 循环。

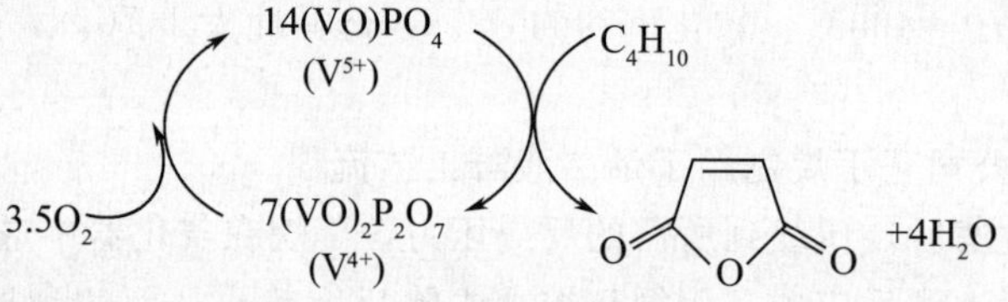

$$
\begin{array}{c}
14(VO)PO_4 \ (V^{5+}) \xrightarrow{\ C_4H_{10}\ } \\
3.5O_2 \nearrow \qquad \qquad \searrow \\
7(VO)_2P_2O_7 \ (V^{4+}) \qquad \text{顺酐} + 4H_2O
\end{array}
$$

Abon 等[86]用 $^{18}O_2$ 同位素证实，在 VPO 催化剂上只有表面 4 层晶格氧可参与丁烷的氧化反应，当表面晶格氧消耗掉后，体相晶格氧向表面扩散的速率很慢，反应很快终止。所以在 CFB 提升管工艺中，要使丁烷达到较高的转化率，就必须增加催化剂对丁烷的进料比，增大催化剂的循环量。例如，要达到 25% 的丁烷转化率，催化剂对丁烷的进料比必须大于 125。在提升管中气体线速为 7～10m/s，催化剂必须有很高的抗磨强度，才能满足要求。DuPont 公司通过长期的探索已找到制备抗磨 VPO 催化剂的方法，该方法是将小于 2μm 的 VPO 催化剂颗粒前体与少量新制备的聚硅酸(以干料计为 10%)打浆后喷雾成型，在干燥过程中，近似胶体的硅胶粒子随着水的蒸发迁移到微球颗粒表面，形成由抗磨硅胶壳层包裹的 VPO 催化剂，硅胶壳层的孔径不会影响反应物和产物扩散进出催化剂内孔表面。这种含 10% 硅胶的 VPO 催化剂的活性和选择性与不加硅胶的 VPO 催化剂基本上没有差别，但抗磨强度比不加硅胶的 VPO 催化剂提高 25～30 倍。DuPont 公司宣称 CFB 提升管丁烷氧化制顺酐工艺比同等规模的流化床工艺降低投资 20%，减少反应器的催化剂藏量 50%。

Emig 等[87]的研究指出，CFB 提升管丁烷氧化制顺酐工艺的经济性不仅取决于选择性和时空产率，而且也取决于催化剂的可逆性储氧能力。该参数决定催化剂的循环量和循环所需的能量消耗。例如，以每千克催化剂可提供的储氧量能生产1g顺酐计算，一个产量为2万吨/年顺酐装置的催化剂循环量为650kg/s，循环所需的能量消耗很大。他们的实验结果还表明，VPO催化剂的再氧化过程较慢，如果要使再生器的大小比较合理，催化剂的循环量就要增加到1500~3000kg/s，循环所需能量约占生产能耗的20%~30%。在这种情况下顺酐的时空产率以提升管和再生器中的催化剂计为0.04~0.08(顺酐/催化剂)h^{-1}，只以提升管中的催化剂计为0.16~0.24(顺酐/催化剂)h^{-1}。他们认为如不提高催化剂的可逆性储氧能力，目前CFB提升管丁烷氧化制顺酐工艺在经济上是不利的。研究者[88~91]以核-环模型和固定床反应器上得到的反应动力学方程为基础，对循环流化床反应器(circulating fluidized bed，CFB)上丁烷晶格氧氧化制顺丁烯二酸酐(MAN)过程建立了数学模型。

5.2.3 丁烷晶格氧氧化制顺酐催化剂及动力学

为了提高钒磷氧(VPO)催化剂的可逆储氧量，周凌等[92]对载氧量高的新型晶格氧催化剂进行了研究。在钒磷氧(VPO)催化剂中添加适量铈锆复合氧化物，得到了一种新型的铈锆复合钒磷氧催化剂。该催化剂对丁烷选择性氧化制顺酐反应的催化性能比纯VPO催化剂有了显著提高。在丁烷/空气共进料反应条件下，其顺酐收率比纯VPO催化剂提高了一倍；在无氧反应条件下，其可参与选择性氧化制顺酐的晶格氧量为纯VPO催化剂的2.2倍。BET比表面积测试、X射线衍射、钒平均价态测定和程序升温实验等表征结果表明，混合在催化剂活性相中的少量铈锆复合氧化物参与了VPO体系的氧化还原过程，并起到了以下两方面的作用：①促进了$(VO)_2P_2O_7$相的形成，稳定了钒的平均价态，有利于最终形成晶相结构良好和反应性能稳定的VPO催化剂；②显著提高了VPO催化剂的氧化还原性能，大大增加了催化剂的可逆储氧量。

梁日忠等[93]在固定床微型反应器中，利用在线质谱动态响应技术，考察了VPO催化剂再氧化温度和不同氧物种对正丁烷选择氧化制顺酐(MA)的影响。VPO催化剂再氧化温度对非定态晶格氧选择氧化性能影响明显，其晶格氧是选择氧化的氧源，吸附氧是深度氧化的氧源，吸附氧与晶格氧可以相互转化。当正丁烷选择氧化和VPO催化剂再氧化在反应器内序贯、交替进行时，不仅可以通过改善催化剂再氧化条件使再氧化与正丁烷选择氧化条件恰当的匹配来改善时均反应性能，而且可通过提高VPO催化剂内可用晶格氧量和晶格氧的扩散速率来改善MA的选择性。

① VPO催化剂的助剂和载体　助剂可调节催化剂表面的酸碱度，产生更多的结构缺陷，增加晶格氧的含量，提高催化剂活性。已研究的助剂有：Nb、Bi、Bi-Fe、Bi-Mo等；负载型VPO催化剂具有比表面积大、机械强度高、成本低等优势。已研究的载体有：Al-MCM-41、SBA-15介孔材料，SiO_2、$P-ZrO_2$等。

游海珠等[94]制备了Bi掺杂的钒磷氧(VPO)催化剂(VPOBi)。分别以正丁烷和混合碳四为原料，考察了Bi掺杂量对VPOBi催化剂选择性氧化碳四烃性能的影响。在653K、气态空速2000h^{-1}条件下，正丁烷在Bi掺杂量(摩尔分数)为0.3%的VPOBi催化剂上所得顺酐收率最大(40.4%)，混合碳四在Bi掺杂量为0.2%的VPOBi催化剂上所得顺酐收率最大(49.2%)。原因是Bi的掺杂使VPO催化剂中暴露的(020)晶面显著增多，改变了催化剂的形貌，增大了催化剂的比表面积，提高了催化剂晶格氧的反应性能，使晶格氧能在相对较低的温度下被H_2还原，从而显著改善了VPO催化剂选择性氧化碳四烃制顺酐的性能。

② 丁烷晶格氧氧化制顺酐动力学[95] Schuurman 等[96]和 Mills 等[97]利用 TAP 技术（产物瞬时分析技术，temporal analysis of products）对这一反应的动态动力学进行了定量研究，分别将丁烷氧化归结为单个反应或将气相丁烷与晶格氧物种间的反应归并为 3 个分别生成顺酐、CO 和 CO_2 的平行反应，得到了相应的动态动力学参数。在固定床性能模拟研究中，黄晓峰[98]在研究了正丁烷选择氧化反应的瞬态反应特性后，获得了改进的反应网络结构，将正丁烷选择氧化反应归并为按所提出的反应网络进行的 6 个串联反应，建立了相应的动态反应速率模型[99]。但在处理催化剂体相的晶格氧扩散时，把模型中的扩散项简化为晶格氧浓度与体相晶格氧平均浓度之差的线性函数，而晶格氧在催化剂体相的扩散过程中往往是非线性的[97]。梁日忠等[95]在对国产 VPO 催化剂上正丁烷非定态选择氧化反应工程问题系统考察的基础上，结合漫反射傅里叶红外光谱（DRIFTS）实验研究得到的反应网络[100]，提出一种分子氧的解离吸附和吸附氧可逆转化且计及晶格氧体相非线性扩散的动态动力学模型化方法。

5.3 间二甲苯氨氧化制间苯二甲腈工艺[101]

5.3.1 传统工艺

工业上以二甲苯为原料制备苯二甲腈是以二甲苯与氨、空气在催化剂的作用下进行氨氧化反应，称为氨氧化法。

（1）反应历程

二甲苯在催化剂的作用下与氨、氧反应生成苯二甲腈，其反应可用下式表示：

$$C_6H_4(CH_3)_2 \xrightarrow{NH_3,\ O_2} C_6H_4CH_3CN \xrightarrow{NH_3} C_6H_4(CN)_2$$

副产氢氰酸。

间二甲苯在氨存在下进行的气相氧化反应是经下述途径完成：

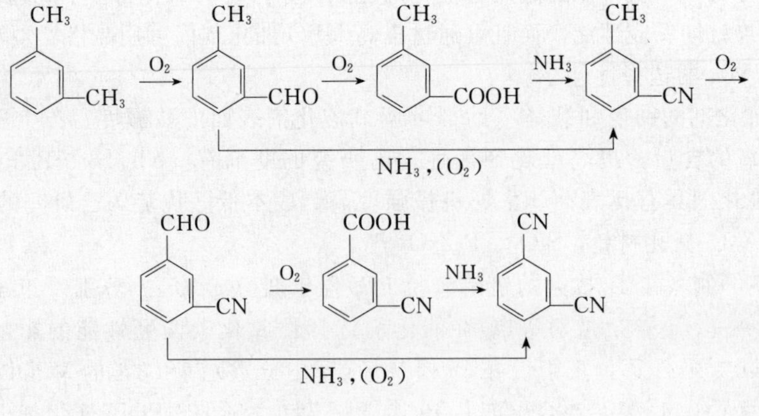

（2）生产工艺流程

间二甲苯氨氧化制间苯二甲腈以日本昭和电工公司的生产流程最为典型。使用的催化剂是载于 α-氧化铝上的氧化钒和氧化铬或锑等氧化物，70%孔容积在 $1\sim50\mu m$ 范围内，孔径

小于 $1\mu m$ 要造成深度氧化，而大于 $50\mu m$ 则反应速率太慢，主体约占催化剂的 $5\%\sim20\%$。载体制备是将 $20\%\sim100\%$ 的 α-氧化铝粉末与 $5\%\sim100\%$ 的水合硅酸铝或氧化钛混合物，在 $800\sim1700℃$ 条件下焙烧，然后加入活性组成物。

采用的工艺条件是：$0.5\%\sim0.3\%$ 间二甲苯，$3\%\sim18\%$ 氨，其余是空气，经过混合后与从反应器出来的物料换热后进入反应器，在固定床列管式反应器中进行氨氧化反应，反应温度 $250\sim450℃$，压力为常压。反应尾气用水洗涤收集产品间苯二甲腈，为了防止废气带出微小的结晶尘雾，在产品洗涤塔内冷却速度是 $20\sim60℃/s$，以避免生成过小的晶粒。洗涤得到的带水浆料从洗涤塔底出来后过滤，滤液中含少量细小的结晶，循环至洗涤塔，洗涤塔出来的气体进入废气洗涤塔回收未反应的氨作循环使用，废气离开系统进入燃烧炉。过滤得到的间苯二甲腈固体经脱水器脱水，最后在旋转窑中干燥，产品间苯二甲腈的纯度 99%以上，氨氧化的收率约 85%。

日本三菱瓦斯化学公司的细颗粒流化床工艺开发间二甲苯氨氧化制间苯二甲腈的工业生产也取得成功，其特点是采用 $10\sim100\mu m$ 的细颗粒 V-Cr-B-Si 催化剂，并与美国 Badger 公司联合开发间苯二甲腈加氢还原制间苯二甲胺生产工艺。

5.3.2 晶格氧氧化工艺

该过程的总化学反应式为：

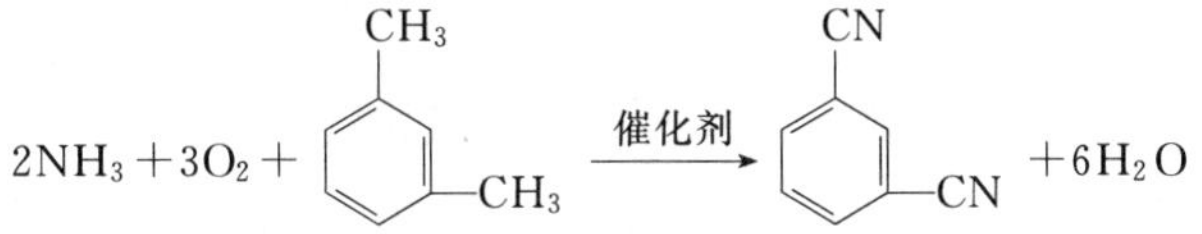

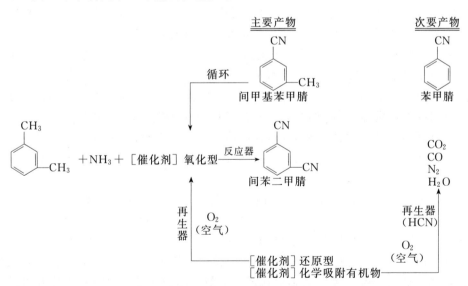

（1）反应历程

间二甲苯制间苯二甲腈的反应如下：

在间二甲苯合成间苯二甲腈的反应系统中有 5 种平行反应：间二甲苯经过间甲基苯甲腈逐步氧化氨解成间苯二甲腈；由间二甲苯直接生成间苯二甲腈；在反应器中由间二甲苯生成副产物；在反应器中由间甲基苯甲腈生成副产物；在反应器中由间苯二甲腈生成副产物。

在再生器中有两个反应：将被还原的金属氧化物再氧化成高氧化态；将化学吸附在催化剂上的有机物质烧成 CO_2 和 H_2O。

（2）生产工艺流程

工艺流程如图 5-16。

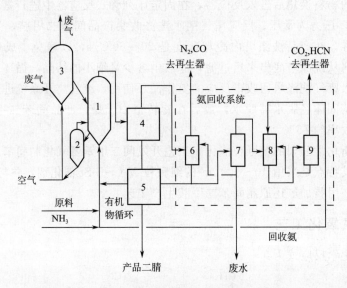

图 5-16　氧化氨解工艺流程

1—反应器；2—气提器；3—再生器；4—骤冷器；5—产品回收和纯化；
6—氨吸收器；7—溶液气提器；8—CO_2 吸收器；9—碳酸盐分解器

在流程上可以分为 3 部分，即：氧化氨解反应；冷却与产品的收集；氨的回收。

① 氧化氨解反应　催化剂靠重力从再生器流入反应器，再从反应器进入气提器，然后被空气提升到再生器，被还原的催化剂进行再生后再靠重力回到反应器。

在反应器内，反应物和氨都以化学吸附方式吸附在催化剂上进行反应生成腈，金属氧化物被还原。产物苯二甲腈解吸后进行纯化。一般情况是在氨过量的条件下进行操作的。

② 冷却与产品的收集　产品回收部分包括：从不凝性气体（N_2、CO、CO_2、NH_3）中分出可凝性物质；从可凝性物质（未反应的原料、中间体和水分）中将产品苯二甲腈分离出来。

产品分离有下列两种方法：用部分冷凝法分离固体产品，这种技术已用于对苯二甲腈的生产；将产物全冷凝成两相液体系统，用再结晶法回收产品，这个方法已用于间苯二甲腈和邻苯二甲腈的生产。

③ 氨的回收　在这里，从反应气中回收循环氨，从骤冷系统中回收碳酸铵水溶液。

由于氨解过程是在没有分子氧的情况下进行，所以具有如下的优点：消除了爆炸危险，改进了操作安全性，同时也没有像普通氧化反应有失去控制的可能性，循环的催化剂是一个很大的热量调节器，所以在操作上更具有安全性；由于消除了其他基团的非选择氧化，因此能够提高产品的收率和纯度；由于减少了必须处理的不凝气体的数量，回收系统的费用降低；反应器和再生器单独控制，增加操作的灵活性；自反应器到产品回收部分所必须处理的废气量大大减少，而且这些废气在再生器中很容易进行氧化。

对于该反应工艺反应-再生部分可简化为图 5-17。

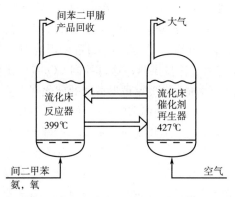

图 5-17　间二甲苯氨氧化制间苯二甲腈的反应工艺流程

采用钒酸盐晶格氧催化剂和循环流化床反应器，间二甲苯和氨进入反应器在常压、399℃下与钒酸盐催化剂的晶格氧反应生成间苯二甲腈和水，失去晶格氧的催化剂进入再生器，在 427℃下用空气再氧化补充失去的晶格氧，催化剂在反应器和再生器之间循环。为提高间二甲苯的转化率，反应器进料除间二甲苯和氨外，通常还补充部分氧气。因此，该过程实际上是一种同时采用晶格氧和共进料混合模式的氧化工艺。

5.4　晶格氧部分氧化甲烷制合成气[102,103]

5.4.1　合成气的制备方法

合成气是天然气化工的重要中间产物，主要成分为氢气和一氧化碳，合成气可以直接用作燃料，也可以经过分离后制备纯净的氢气用于燃料电池，也可以经过 Fischer-Tropsch 合成进一步转化为液体燃料和其他化学品。近年来，随着石油的短缺，国际上对基于合成气制备的下游液体燃料和化学品的需求正稳步增长。利用甲烷为原料制取合成气一般有三种方法：甲烷水蒸气重整(steam reforming of methane，SRM)、甲烷二氧化碳重整(carbon dioxide reforming reaction，CDR)和甲烷部分氧化(partial oxidation of methane，POM)。

甲烷水蒸气重整(SMR)是工业制合成气工艺中应用最为广泛的一种，水蒸气重整法的相关技术目前已非常成熟，能获得较高的合成气产率，而且与甲烷反应的物质水是一种极易获得的原料。然而该工艺反应条件苛刻(800℃以上)且是一个高耗能的过程，不但水蒸气的产生需要热源，而且反应本身强烈吸热；由于催化剂的活性组分为 Ni，需通过高水碳比(2.5~3.5)操作来防止积炭的形成，从而造成能耗更高；甲烷的水蒸气重整法制合成气面临的最大问题还是其产生的高氢碳比，其理论值为 3，而 F-T 合成所需要氢碳比为 2，因此，由甲烷水蒸气重整所制得的合成气还必须经过进一步分离处理后才能用于 F-T 合成，这无疑会大大增加设备规模、投资和生产成本。

甲烷 CO_2 重整(CDR)不仅能充分利用天然气和 CO_2 资源，生产低 H_2/CO 比的合成气，适宜用于羰基合成、二甲醚合成等，并且这一反应由于利用温室气体(CH_4 和 CO_2)而对环境保护具有意义，此外由于该反应的强吸热性而在化学储能方面也有着广阔的应用前景。CDR 过程机理是：甲烷首先在催化剂作用下(如 Ni)生成单质 C 和 H_2，然后 C 与 CO_2 反应生成 CO。因此，甲烷 CO_2 重整法与水蒸气重整法一样，同样是一个强吸热反应，且该反应吸热量比水蒸气重整反应高 15%；由于单质 C 在 CO_2 气氛中活性较低，易使积炭覆盖在催化剂表面造成催化剂失活。通过在反应过程中加入部分氧气可实现 CDR 过程的自供热，即甲烷自热式重整（methane autothermal reforming，MATR）。MATR 过程中甲烷与 CO_2 反应所需热量由甲烷部分氧化所释放的热量提供，可实现过程自供热；通过控制 CO_2/O_2 比值可使 H_2/CO 比值在 0.99～2.21 之间变化；同时，氧气的加入能缓解积炭造成的催化剂失活。

甲烷部分氧化(POM)制合成气是一个温和的放热反应[104]。反应可以在高空速下进行，反应器体积小、效率高、能耗低，在设备投资等方面也有很大的降低。与 SMR 相比，POM 技术可降低能耗 10%～30%，此外，POM 过程在 750～800℃，平衡转化率可达 90%以上，生成的合成气中氢碳比接近 2，可直接用于甲醇及 F-T 合成的原料气。这一工艺受到国内外的广泛重视，研究工作非常活跃。但该反应存在如下缺点：①必须采用催化剂，如贵金属 Pt、Pd 等，其效果较好，抗烧结能力强，但价格较昂贵；镍基催化剂由于价廉易得较为普遍采用，但由于积炭的影响，催化剂很易失活；②该反应是一个放热反应，若用固定床反应会产生热点、热波问题，热点的产生会严重影响反应体系的稳定性及安全性，许多研究都在致力解决这一问题；③反应必须与纯氧反应，而纯氧的存在极易把甲烷完全氧化为 CO_2 和 H_2O，降低合成气的产率，同时制备纯氧的费用昂贵，这增加了投资和能耗；④因反应速率很快，极易出现催化剂床层飞温现象，并且甲烷直接与分子氧接触反应，有产生爆炸的危险。这些都是制约其实现工业化的障碍。

综上所述，由甲烷制合成气的几种工艺各有优缺点。近年来，诸多研究者提出了一种新颖的工艺，利用氧化物提供的晶格氧来对 CH_4 进行部分氧化制取合成气，即化学链重整技术(chemical looping reforming，CLR)，它是利用氧载体中的晶格氧来代替分子氧，向燃料提供氧化反应所需的氧元素，通过控制晶格氧/燃料比值，使 CH_4 部分氧化，得到以 CO 和 H_2 为主要组分的合成气。

5.4.2 化学链重整技术(CLR)及其特点

1983 年德国科学家 Richter 等提出了一种新型的燃烧概念，即化学链燃烧技术(chemical looping combustion，CLC)，其目的是为了减少常规化石燃料燃烧过程中 CO_2 排放。CLR 是 CLC 的拓展应用，其理论基础是 CLC，基本原理见图 5-18。CLR 过程分两步进行，在重整反应器里，燃料与氧载体部分氧化制取合成气，反应式如下所示：

$$Me_xO_y + CH_4 \longrightarrow Me_xO_{y-1} + 2H_2 + CO$$

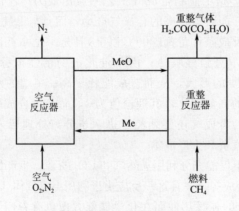

图 5-18 化学链重整原理示意图

在氧化剂生成室，被还原的氧载体被空气重新氧化，恢复晶格氧，反应式如下所示：

$$Me_xO_{y-1} + 1/2O_2 \longrightarrow Me_xO_y$$

根据上述两个反应，通过氧载体的循环使用，实现了 CH_4 的化学链重整制合成气工艺。这一工艺的优点在于：①氧载体的循环使用为 CH_4 的部分氧化提供了氧元素，省去了纯氧制备，节省了成本；②在空气反应器中氧载体发生氧化反应，放出的热被氧载体带入重整反应器，为 CH_4 的部分氧化提供了热量，氧载体同时起到热载体的作用，因而无需外加热就可以使反应持续进行；③没有分子氧参与反应，甲烷被完全氧化的可能性大大降低，合成气的选择性大幅度提高，产品气中 $n(H_2)/n(CO)$ 接近 2，适合直接用于 F-T 合成；④空气与甲烷分开进料，避免了发生爆炸的危险，且通过合理控制空气反应器中的再生条件还能得到副产物氮气，如使用 CO_2 或 H_2O 再生氧载体则可获 CO 或 H_2；此外，反应体系简单，过程容易控制，易于实现工业化。

5.4.3　甲烷 CLR 氧载体

氧载体在两个反应器之间循环，通过在空气反应器中的氧化再生过程，为重整反应器中的还原反应提供了晶格氧；同时将空气反应器氧化再生的热量传递给重整反应器。因此，氧载体的物理化学性能是整个化学链重整系统的关键所在。一般地，氧载体应具有以下特点：①良好的反应性能，通过循环来减少氧载体的存量；②良好的耐磨损性，减少反应过程的损失；③高选择性，能选择性地使燃料部分氧化转化为 CO 和 H_2；④可以忽略的碳沉积以及良好的流化性质（没有烧结）；⑤原材料价廉易得、具有较低的生产成本，同时，还需具有易于制备以及对环境友好、不会造成二次污染等性质。

目前，应用于 CLR 过程的主要氧载体有 Ni、Cu、Mn、Fe、Co 等过渡金属的单金属氧化物，萤石型氧化物 CeO_2，钙钛矿型氧化物 $La_{0.8}Sr_{0.2}Co_{0.8}Fe_{0.2}O_{3-\delta}$。

（1）单金属氧载体

高温下单金属氧化物的持续循环能力较差，一般与其他化合物混合使用，这些化合物并不参与氧化还原反应，一方面它们作为金属氧化物的惰性载体，使颗粒具有更高的比表面积，并提供足够的机械强度以增强循环性能；另一方面作为热载体，传递和存储热量。常用的惰性载体有 Al_2O_3、SiO_2、$NiAl_2O_4$、海泡石、$MgAl_2O_4$、$NiAl_2O_4$、TiO_2、ZrO_2、$Y_2O_3 + ZrO_2$（YSZ）等。常见的单金属氧载体有 NiO、CuO、Fe_2O_3、Mn_2O_3 等。

镍基氧载体[105]具有很高的活性、较强的抗高温能力、较低的高温挥发性和较大的载氧量，但其缺点为价格较高且对环境有害，碳沉积严重，存在热力学限制。

铜基氧载体[106,107]具有较高的活性、较大的载氧能力，没有热力学限制，价格比镍、钴基氧载体便宜，对环境较友好，而且不易与载体发生反应，碳沉积现象也较少，但铜基氧化物较低的熔点使得其在高温下易发生分解，降低了在高温下运行的活性。

锰基氧载体[107,108]价格较低且环境友好，其氧传递能力也高于铁基氧载体，但纯锰基氧化物反应活性较低，而且其活性组分 Mn_3O_4 与惰性组分（如 Al_2O_3 等）反应生成稳定的惰性化合物，使其反应性受到抑制，导致还原反应的速率、转化率以及随后的活性 Mn_3O_4 浓度降低，不适合用作氧载体。

钴基氧载体[107~109]具有很高的氧传递能力，但价格较高且对环境不友好，同时活性组分 CoO 与惰性组分（如 Al_2O_3、TiO_2）反应也能生成稳定的、活性较低的氧化物，导致其还原反应转化率下降。

铁基氧载体[107,110]因具有较高的熔点使其可以在高温下维持较好的反应活性，而且价格低廉、来源广且具有环境兼容性，同时其稳定性良好，不易发生碳沉积作用，其不足在于，和其他几种常用金属氧载体相比，还原性较弱、氧传递能力与燃料转化率较低。

Zafar 等[111]在流化床反应器上研究了以 NiO、CuO、Mn_2O_3、Fe_2O_3 为氧载体的甲烷化学链重整技术。Ni、Cu 基氧载体与 CH_4 具有最高还原反应活性。而且 NiO 在还原反应后期生成 H_2 的选择性最强，800℃下，Ni 基氧载体的甲烷转化率高达 99.5%，合成气中 H_2 浓度为 72.7%。

de Diego 等[112]以 NiO 为氧载体的活性组分，三种不同类型的 Al_2O_3（α-Al_2O_3，θ-Al_2O_3，γ-Al_2O_3）为氧载体的惰性组分，在 TGA 反应器上研究了 Ni 基氧载体的反应活性，同时在流化床反应器上研究了氧载体类型、反应温度、H_2O/CH_4 摩尔比以及制备方法对 CH_4 化学链重整产物的影响规律。载体为 α-Al_2O_3 并使用浸渍法制备的氧载体显示了最好的反应活性，且 α-Al_2O_3 与 NiO 的作用较弱；此外，载体为 γ-Al_2O_3 时，氧载体显示了最弱的反应活性，其主要原因为 γ-Al_2O_3 氧载体与 NiO 生成尖晶体 $NiAl_2O_4$，而 $NiAl_2O_4$ 与 CH_4 的反应活性远弱于 NiO；共沉淀法制备的 NiO/γ-Al_2O_3 氧载体的反应活性高于浸渍法。H_2O/CH_4 摩尔比越大，积炭出现的时间越晚，且积炭量随温度升高而降低。

Otsuka 等[113,114]以 CeO_2 为氧载体，研究了甲烷化学链重整过程，实验发现，用 CeO_2 作为氧载体的气固反应制合成气是可行的。在大于或等于 650℃时，CeO_2 可与 CH_4 直接反应，能生成 $n(H_2)/n(CO)$ 为 2 的合成气。失去晶格氧的 CeO_2 可在 400～600℃被 CO_2 或 H_2O 重新氧化为 CeO_2，实现循环利用。Fathi 等[115]以 CeO_2 为氧载体，Pt 和 Rh 为助剂，研究了甲烷的部分氧化制合成气过程。助剂的添加能够活化甲烷，增强晶格氧的活性，从而增加甲烷的转化率；但同时也导致了少量积炭的形成。实验过程中，CeO_2 被逐渐还原成为 $CeO_{1.6}$，还原后的晶格氧经氧气氧化后得到再生。

李然家等[116]采用热重分析技术在甲烷气氛下考察了储氧材料 Fe_2O_3 提供晶格氧的过程，用甲烷/氧切换反应和在线质谱检测方法研究了以 Fe_2O_3 晶格氧代替气相氧用于甲烷部分氧化制合成气的可能性。结果表明，Fe_2O_3 在甲烷气氛下的还原过程包括 $Fe_2O_3 \rightarrow Fe_3O_4$ 和 $Fe_3O_4 \rightarrow FeO \rightarrow Fe$，甲烷被氧化为 CO_2 和 H_2O。在 750℃下进行的 CH_4/O_2 切换反应结果表明，首先，约 25% 的 CH_4 与 Fe_2O_3 中的晶格氧反应，生成 CO_2 和 H_2O，然后，生成的 CO_2 和 H_2O 与剩余的约 75% 的 CH_4 在 Ni/Al_2O_3 催化剂上进行蒸汽重整和 CO_2 重整，从而按燃烧-重整机理实现甲烷部分氧化制合成气。选择合适的 CH_4/O_2 切换条件，可使甲烷高转化率、高选择性地生成合成气。

(2)复合金属氧载体

复合金属氧化物大多是非化学计量化合物，在氧化-还原反应中具有优异的氧传递能力，与单一的氧化物相比，复合氧化物通常具有较大的比表面积、较好的热稳定性和机械强度，如萤石型和钙钛矿型氧化物（ABO_3）具有特殊的氧传递性质。

萤石型结构又称氟化钙型结构，属等轴晶系，面心立方结构。AB_2 型离子晶体，其中阳离子 A 呈立方密堆积，阴离子 B 填充在四面体空隙中，面心立方点阵对角线的 1/4 和 3/4 处。阴、阳离子的配位数分别为 4 和 8，阳、阴离子半径比 $R^{2+}/R^- > 0.732$。这样的结构形成了许多八面体空隙，从而允许负离子（O^{2-}）快速扩散，故萤石型氧化物被认为是一种快离子导体。

Zhu 等[117]等采用浸渍法制备的 CeO_2-Fe_2O_3 氧载体，研究了两步法甲烷-水蒸气化学链重整过程。在 850℃下，甲烷氧化过程中能产生 $n(H_2)/n(CO)=2$ 的合成气；还原后的氧载体能分解水产生高纯度的 H_2；连续性实验过程中，CeO_2-Fe_2O_3 氧载体保持了稳定的反应性能，形成的 $CeFeO_3$ 化合物在反应过程中起到了关键的作用。

Otsuka 等[118]研究了萤石型氧载体 $Ce_{1-x}Zr_xO_{2-y}$ 与甲烷的化学链重整过程。Zr 的掺杂增强了晶格氧的活性，使循环周期缩短，同时与纯的 CeO_2 相比，$Ce_{1-x}Zr_xO_{2-y}$ 在 Pt 催化下可以将反应温度降低 150℃，实现在较低的温度（500℃）制得 $n(H_2)/n(CO)$ 为 2 的合成气，反应后的 $Ce_{1-x}Zr_xO_{2-y}$ 可用水蒸气将其晶格氧恢复 80%，同时生产纯净的 H_2。

李孔斋等[119]用共沉淀法制备了 CeO_2-Fe_2O_3 氧载体。在固定床反应器中研究了氧载体中晶格氧部分氧化甲烷的反应，并用空气为氧源进行了氧载体还原-氧化再生循环实验。CeO_2-Fe_2O_3 氧载体中的体相晶格氧适于部分氧化甲烷制合成气。新鲜的氧载体上存在二种氧：有强氧化性的吸附氧（包括弱吸附分子氧和表面晶格氧）和高选择性的体相晶格氧。在高温条件下（800℃），CeO_2-Fe_2O_3 氧载体在消耗掉吸附氧后能均匀地释放出体相晶格氧将甲烷高选择性地氧化为 CO 和 H_2。循环实验表明，可以通过循环来提高合成气的选择性，经长时间的循环 CeO_2-Fe_2O_3 氧载体上有 $CeFeO_3$ 出现，但其并未对选择性造成不利影响。

钙钛矿型复合氧化物是结构与钙钛矿 $CaTiO_3$ 相同的一大类具有独特物理和化学性质的新型无机非金属材料，可用 ABO_3 来表示，A 位通常为稀土元素，B 位通常为过渡金属元素。它的晶体结构稳定，特别是当 A 或 B 位离子被部分取代后，晶体结构不会发生根本改变，而性能却能得到显著改善。其可以通过 A、B 位发生低价态阳离子的取代产生氧缺位或由于过渡金属氧化物的价态变化而形成缺陷，由此改变氧的吸/脱附性质，提高载体的储/释氧性能，从而能提高载体的氧传递能力。

Mihai 等[120]通过燃烧合成法制备了 $LaFeO_3$ 型钙钛矿氧载体，研究了甲烷化学链重整制取合成气的可行性。这种氧载体具有典型的斜方晶单相结构，具有较高的存储氧能力（3mmol/gcat）。动力学研究表明，甲烷化学链重整过程中涉及表面氧和氧缺位两种形式。晶格氧的移除产生氧缺位，氧缺位由氧的利用率决定。在相对高浓度氧情况下，氧缺位的产生能增加反应速率；在相对低表面氧浓度情况下，可利用的表面氧决定反应速率。研究同时发现，表面氧的高反应活性适合于燃料的完全燃烧，而晶格氧更多地用于燃料制取合成气。

李然家等[121]研究了 $La_{0.8}Sr_{0.2}FeO_3$ 钙钛矿作为氧载体用于甲烷选择性氧化制取合成气，在 900℃下，甲烷能与 $La_{0.8}Sr_{0.2}FeO_3$ 中的晶格氧反应生成 CO 和 H_2，失去晶格氧的 $La_{0.8}Sr_{0.2}FeO_3$ 能在空气气氛下氧化恢复其晶格氧，重复氧化还原（redox）循环反应。通过控制反应条件，可以选择性地将甲烷氧化成 CO_2 和 H_2O 或者 CO 和 H_2。可见，钙钛矿中的晶格氧可以使甲烷发生燃烧或重整。

5.4.4 甲烷 CLR 反应器系统

对 CLR 系统而言，除氧载体外，另一核心问题是如何选取反应器的类型。一个合适的化学链重整反应器，需满足以下条件：①能够在重整反应器与空气反应器间运载足够的氧载体；②能阻止两个反应器间气体发生交换；③可为反应提供足够的反应时间；④能够承受一定高的压力。

2001 年，Lyngfelt 等[122]设计了用于化学链燃烧的串行流化床反应系统，该系统由两个相互串联的流化床组成：高速提升管作空气反应器，低速鼓泡流化床作燃料反应器。在该反应装置中，氧载体在空气反应器中被氧化，然后经过旋风分离器被传送到燃料反应器，在其中被还原；被还原后的氧载体通过回料阀重新传送到空气反应器。而氧化后的气体（主要是 H_2O+CO_2）从燃料反应器排出，冷却分离后得到高浓度的 CO_2，然后再进行 CO_2 的压缩，不凝结气体作为流化气重新通入燃料反应器中。流化床之间的气体泄漏问题通过两个固体颗粒回料阀来解决，这样就实现了氧载体的不断氧化和还原循环，完成了化学链燃烧过程。

de Diego 等[123]提出 $900W_{th}$ 自热式化学链重整装置（见图 5-19）。该装置由两个连通的流化床反应器、提升管、固体阀门、回料阀以及旋风分离器组成。提升管的作用是把固体燃料从空气反应器输送到燃料反应器，固体阀门的作用是控制进入燃料反应器的固体重量，回料阀的目的是避免空气反应器和燃料反应器中气体的混合。装置中从空气反应器上部引入二次风，其目的是帮助颗粒输送。该装置以 Ni 基为氧载体（NiO 为活性成分，添加 $\gamma\text{-}Al_2O_3$ 的惰性组分），对甲烷的化学链重整进行实验，甲烷的转化率高达 98%，同时能得到如下体积比的合成气（65% H_2、25% CO、9% CO_2、1%～1.5% CH_4）。

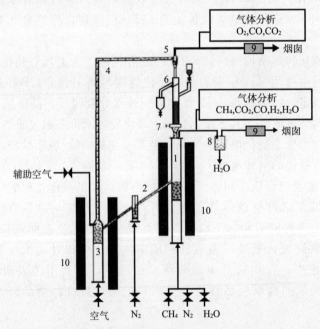

图 5-19　甲烷流化床化学链重整装置

1—燃料反应器；2—回料阀；3—空气反应器；4—提升管；5—旋风分离器；6—固体分流阀；
7—固体阀门；8—水冷凝器；9—过滤器；10—加热炉

Pröll 等[124]搭建了一个 140kW 的甲烷化学链重整装置（见图 5-20）。该装置为双循环流化床系统，它由两个串行循环流化床反应器组成。系统中使用过热蒸汽流化的回料阀来避免空气反应器（AR）和燃料反应器（FR）中气体的混合；其中 AR 为快速流，FR 为湍流流；在每个反应器的下游，使用旋风分离器来分离气固两相。该系统甲烷转化率可高达 100%，能得到以 CO 和 H_2 为主要组分的合成气，H_2 浓度最高可达 45% 以上，CO 浓度最高接近 20%。

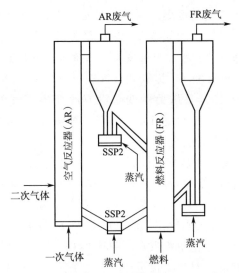

图 5-20　甲烷双循环流化床化学链重整装置

Ortiz 等[125]搭建了一套甲烷的半连续加压流化床化学链重整装置（见图 5-21）。该装置由进气系统、连续进料系统、加压反应器和气体分析系统组成。进气系统中由不同的质量流量计来控制气体和水的质量。流化床反应器（材质为铬铝钴耐热钢）内径 38mm，高度 58cm，床高 15cm，且布风板下部带有预热区。在气体出口处设置压力阀，用来控制反应器的压力；在反应器出气口下游设有热过滤装置，其用来回收被气流带出的固体颗粒。气体入口和出口

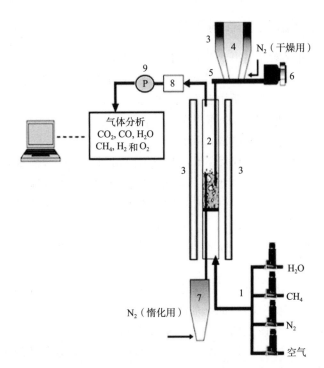

图 5-21　半连续加压流化床化学链重整装置

1—气体进料系统；2—反应器；3—熔炉；4—固体给料箱；5—螺旋进料器；
6—发动机；7—固体收集料斗；8—过滤器；9—压力阀

处均设有加热装置来避免水蒸气的冷凝；同时，在反应器的下部设置收集料斗，收集溢流出的固体颗粒，其作用是保证系统中的固体存量为一个常量。为了防止氧载体吸水，在料斗仓四周设有加热电炉装置，通入 N_2 来干燥氧载体。系统采用螺旋进料。该装置以采用浸渍法制备的 NiO_{21}-γAl_2O_3、NiO_{18}-αAl_2O_3 为氧载体，在 $0\sim10bar(1bar=10^5Pa)$ 的操作压力范围内运行。甲烷转化率$>98\%$，且压力的变化没有改变出口气的成分；当氧载体/$CH_4\approx0.75$ 时，合成气中 H_2+CO 浓度可达 100\%；当氧载体/$CH_4\approx1.5$ 时，$n(H_2)/n(CO)=2$；整个实验过程中，未能检测到积炭。

Wang 等[126]以混合熔融碳酸盐作为热载体，采用变价金属氧化物作为氧载体，把氧载体均匀分散在熔融盐中进行晶格氧部分氧化甲烷制合成气。这一体系的优点是，放热反应放出的热被储存在熔融盐中，可被吸热反应所利用，熔融盐还可强化传热传质过程，提高热利用效率。他们[127,128]在质量比 Na_2CO_3:K_2CO_3 为 1:1 的混合碳酸盐熔盐体系中研究了 CeO_2 基氧载体的部分氧化甲烷反应。$10\% CeO_2/Al_2O_3$ 氧载体在大于 865℃ 时可将甲烷选择性地氧化为 H_2 和 CO 摩尔比接近于 2 的合成气，870℃ 时 H_2 和 CO 的选择性可以分别达到 89\% 和 91\%，整个过程没有明显的升温现象，说明熔融盐起到了存储热量的作用。

5.5 丙烷晶格氧氧化反应

5.5.1 丙烷晶格氧氧化脱氢制丙烯

丙烷氧化脱氢是用较低温度下的放热反应代替高温下的吸热反应，可大大降低能耗。由于不受热力学平衡的限制，反应可在催化剂不积炭条件下进行，避免了催化剂的反复再生，降低了设备投资。但由于反应体系中存在气相氧，不可避免地会发生丙烷的深度氧化反应生成 CO、CO_2 等副产物，使丙烯的选择性降低。利用催化剂本身的晶格氧进行氧化，可避免丙烷的深度氧化从而提高目的产物的选择性。

刘亚群等[129]采用周期操作的丙烷氧化脱氢制丙烯固定床反应装置，使丙烷的氧化和催化剂的氧化在不同的时间进行，利用 W_xCeO_y 催化剂体相的晶格氧氧化丙烷，减少深度氧化，提高反应的选择性。考察了 W 与 Ce 摩尔比及活性组分负载量对催化剂催化性能的影响，以及丙烷氧化脱氢的反应条件。在反应温度 390℃、空速 $180h^{-1}$ 时，丙烷转化率为 6.5\%，丙烯选择性为 86.5\%，表明 W_xCeO_y 催化剂对丙烷氧化脱氢制丙烯有较好的低温催化性能。

宋国华等[130]研究了钒负载于不同氧化硅载体（硅胶，SBA-15，MCM-41，气相 SiO_2，纳米 SiO_2）的丙烷氧化脱氢（ODH）催化剂的结构特征和催化性能。负载型钒氧化物催化剂的活性取决于钒在不同硅基载体上的分散度，高度分散的隔离的四配位 V^{5+} 是丙烷氧化脱氢的活性位。C_3H_6 选择性主要与催化剂的平均孔径相关联，平均孔径越小，产物 C_3H_6 越易发生深度氧化。另外，不同氧化硅载体晶格氧与钒的结合强度对 C_3H_6 的选择性也产生影响，结合力较弱的 V—O—Si 中的晶格氧是丙烷氧化脱氢的燃烧位，且燃烧温度随晶格氧与钒、硅结合强度的减小而降低。而与钒结合力较强的 V=O 和 V—O—V 中的晶格氧是丙烷氧化脱氢的选择氧化位。硅基载体形貌和结构的不同导致负载型钒氧化物催化剂丙烷氧化脱氢活性和选择性发生差异。

5.5.2　丙烷晶格氧氧化制丙烯酸

赵如松等[131]用硝酸铈溶液浸渍制备了一系列 Ce 添加量(质量分数)为 0.05～3％的钒磷混合氧化物催化剂，在脉冲反应色谱上研究了丙烷在其上的晶格氧选择氧化制丙烯酸和乙酸的反应。添加 Ce 组分改善了催化剂的氧化还原作用，提高了催化剂的活性和可逆储氧量。Ce 添加量在 1.0％左右时催化剂的性能最好，可逆储氧量最高；Ce 添加量小于 0.1％时，对催化剂催化性能基本没有促进作用。添加 Ce 组分并未改变催化剂的晶相结构。Ce 主要是充当了晶格氧的载体，通过自身的价态变化和参与活性组分的 Redox 循环，可实现增加催化剂活性和可逆储氧量、改变催化剂氧化还原的作用。

5.5.3　丙烷晶格氧氧化制丙烯醛

吴俊明等[132]研究了不同组成、结构的 BiMo 基复合氧化物催化剂的丙烷选择氧化制丙烯醛的性能。BiMo 基复合氧化物催化剂上丙烷经由中间物丙烯选择氧化制丙烯醛，催化剂的晶格氧为选择性活性氧物种。丙烷直接氧化丙烷制丙烯醛的选择性和收率与催化剂的 $Mo=O$ 物种的氧化-还原性质密切关联，而 $Mo=O$ 物种的性质又取决于 Mo 离子的配位环境，$Mo=O$ 物种的选择性转化丙烷经由丙烯制丙烯醛活性随畸变 MoO_6 八面体、共顶点八面体、共边八面体、MoO_4 四面体配位环境递增。组成、结构优化调变的催化剂上丙烷选择氧化制丙烯醛选择性和收率可达 45％和 13.5％，催化剂中具有选择氧化活性的晶格氧物种数可达 $258\mu mol/g$。丙烯选择氧化的氧物种为催化剂的晶格氧物种，晶格氧物种 $Mo=O$ 选择氧化丙烯，并在催化剂氧化-还原循环中为气相氧氧化再生。

5.5.4　MoVTeNbO 催化剂用于丙烷选择氧化与氨氧化[133]

MoVTeNbO 复合金属氧化物催化剂可增加氧化反应的表面晶格氧的层数，增大氧化的活性，降低活化温度，在较低的反应温度下能活化烷烃的 C—H 键并插入氧，在氧化-还原反应中具有优异的传递氧和电子的功能、很好的热稳定性、更高的表面酸碱性及机械强度。MoVTeNbO 复合金属氧化物用于催化丙烷(氨)氧化制丙烯酸(腈)反应已取得了良好的结果。

丙烷催化氧化制丙烯酸反应遵守 Mars-van Krevelen 机理，涉及反应物和产物的传质、吸附、表面反应和脱附过程。催化剂中可变价态的金属元素 V、Mo 能和氧结合，形成不同强度和结构的金属氧键，使晶格氧可以在催化剂中一定程度地流动，完成对丙烷分子的插入，进而得到脱氢的中间体，再进一步转化为目的产物，而催化剂则被还原，被还原的催化剂由气相氧通过吸附、解离和表面迁移迅速补充失去的晶格氧而得到再生。这一过程在烃分子和催化剂之间既有质子传递，也有电子传递，故适合的催化剂不仅需要适当的 Redox 性质，还要有正确的酸-碱性质。晶格氧的移动性与催化剂的耐还原性与活性密切相关，故催化剂组成中应包含氧化/还原对，Mo^{5+}/Mo^{6+}、Te^{4+}/Te^{6+} 与 V^{4+}/V^{5+} 氧化还原对的存在利于产物的形成。催化剂表面的酸碱性对产物的选择性有重要的作用，直接影响到烯丙基的电子状态，从而决定产物的类型。Nb 在上述过程中作为结构和电子助剂，通过改变催化剂中活性金属的可还原性，从而更利于 Redox 循环的进行。

MoVTeNbO 催化剂由 3 种晶相构成：正交型的 $Mo_{7.8}V_{1.2}NbTe_{0.94}O_{28.9}$($M_1$)相，假六

方型的 $Mo_{4.67}V_{1.33}Te_{1.82}O_{19.82}$（$M_2$）相和微量单斜型的 $TeMo_5O_{16}$ 相，其中 M_1 相约占 60%，M_2 相约占 40%。Grasselli[134] 提出丙烷在 MoVTeNbO 催化剂上氧化制丙烯酸的过程中，丙烷中的甲基氢原子首先被 M_1 相中的 $V^{5+}=O^{4+}V\cdot-O\cdot$ 活性点活化和脱除，接着相邻的 $Te^{4+}-O$ 活性点脱除化学吸附在丙烯上的 α-H，然后 $O=Mo^{6+}=O$ 将表面晶格氧 O^{2-} 插入到上一步形成的 π-烯丙基中间物中，这样就形成了 σ-O-烯丙基中间物，此物种能作为丙烯醛脱附。

丙烷氨氧化制丙烯腈是个更为复杂的反应，既有 C_3H_8 和 NH_3 的活化，还存在 N-H 的插入反应，反应中除了生成产物丙烯腈外，还包括副产物乙腈、氢氰酸、丙烯醛、丙烯酸和 CO_2。在不同的催化剂体系和不同的反应条件下反应的路径不同，反应机理自然不同。Derouane-Abd 等[135] 采用 Ge 修饰的 ZSM-5 分子筛来催化丙烷氨氧化反应，发现丙烷先发生环化反应生成环化过渡态产物，然后再与氨气发生反应生成丙烯亚胺，最后经脱氢生成丙烯腈。Grasselli 等[136] 对 MoVNbTeO 催化剂上丙烷氨氧化催化反应进行了研究，发现丙烷在 $V^{4+}-O\cdot$ 中心作用下脱去亚甲基上的 H，然后形成的异丙基自由基在 $Te^{4+(6+)}$ 中心作用下再脱去甲基上的一个 H，形成丙烯分子。该分子不发生脱附，其中的 π 电子与邻近的 Mo^{6+} 中心相配位，Mo^{6+} 相连的 Te^{4+} 进而夺取丙烯中的 α-H，形成烯丙基中间体，该中间体与同中心所吸附的 NH 物种发生插入反应，生成丙烯亚胺，再脱氢最终生成丙烯腈。Sokolovskii 等[137] 认为丙烷氨氧化制丙烯腈时，丙烷在催化剂上形成吸附态的丙烯，然后脱氢生成烯丙基中间体，再插入氧，形成丙烯醛、丙烯酸，在强酸性催化剂（如含 Mo 催化剂）作用下，中间产物可直接与吸附的氨发生作用，形成丙烯酰胺，然后脱水生成丙烯腈。反应中所需的氧来自催化剂中的晶格氧，反应原料中的气相氧只起间接氧化作用，用来补充消耗掉的晶格氧，或者对生产双碳的副反应有利。

5.6 双氧水为氧化剂的绿色化学反应用钛硅分子筛催化剂

自 20 世纪 70 年代 ZSM-5 沸石分子筛问世以来，含有 Cr、Ti、Zr、Be、P、V 等杂原子分子筛于 80 年代用水热法合成成功。钛硅分子筛新催化材料的发明为研究高选择性的烃类氧化反应和开发环境友好工艺奠定了基础。钛硅沸石成功地用作催化剂被认为是 80 年代沸石催化的里程碑。钛硅沸石是 Silicalite-1 沸石的衍生物。钛硅分子筛所具有的优异的催化氧化活性，正是基于骨架结构中的 Ti^{4+} 中心，其显著功能是对 H_2O_2 参加的有机物的选择性氧化有良好作用，且不会深度氧化。TS-1 可催化烷烃的部分氧化、烯烃的环氧化、醇类的氧化、苯酚及苯的羟基化以及环己酮的氨氧化等，其中苯酚羟基化制苯二酚及环己酮氨氧化制环己酮肟已有工业化生产。

TS-1 钛硅分子筛催化的氧化反应如图 5-22 所示。

（1）钛硅分子筛的结构[138]

钛硅沸石（Ti-silicalite，简称 TS）是指在沸石分子筛骨架中含有钛原子的一类杂原子分子筛，具有 MFI 结构（ZSM-5）者称为 TS-1，具有 MEL 结构（ZSM-11）者称为 TS-2。TS 沸石实际上是一类杂原子取代的纯硅沸石分子筛。Ti 同晶取代沸石骨架中的 Si 后，被隔离在 SiO_2 基质中，每个单个的 Ti 在所有方向上被 O—Si—O—Si—O 链包围，不形成 Ti—O—Ti 结构。ZSM-5 和 ZSM-11 均具有双向的交叉通道，两组交叉通道均由十元环组成，其孔口大小

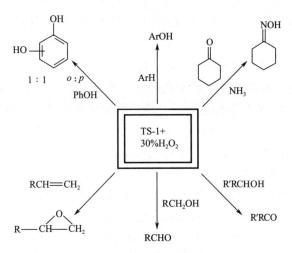

图 5-22　用 TS-1 催化的氧化反应

稍有差别。对于 ZSM-5 沸石，一组走向平行于单胞的 a 轴，呈"Z"字形，具有近似于圆形的开口。其尺寸约为 0.54nm×0.56nm，另一组走向平行于 b 轴是一直通道，但为椭圆开口，其尺寸约为 0.52nm×0.58nm；而 ZSM-11 的两组椭圆直通道彼此正交，其孔口大小为 0.52nm×0.58nm。ZSM-11 的孔道均为直通道，而 ZSM-5 存在"Z"形通道。

（2）钛硅分子筛的合成方法

TS 沸石可看作 Ti 对纯硅沸石同晶取代的结果。早在 1967 年，就有关于含 Ti 沸石的专利报道[139]，但并未引起人们的重视。直到 1983 年，印度 Taramasso 等[140]报道了 TS-1 沸石的合成之后，才逐渐引起了研究者的广泛重视。TS 沸石的合成可分为直接法和间接法，直接合成是采用模板剂，由硅源和钛源原料水热法直接合成，间接合成主要是指采用钛源原料同晶取代 ZSM 系列沸石的方法。

① 钛硅分子筛 TS-1 的水热法合成　TS-1 的合成是由 Taramasso 等人首先报道的，合成使用硅酸四乙酯（TEOS）为硅源，钛酸四乙酯（TEOT）为钛源，四丙基氢氧化铵（TPAOH）为模板剂。1990 年 Reddy 等[141]用硅酸四乙酯-异丙醇，钛酸四丁酯-异丙醇，四丁基氢氧化铵（TBAOH）为模板剂合成了 TS-2，它是具有 MEL 结构的沸石。随后的许多研究者用不同的原料或不同的路线、步骤合成出了 TS-1，尤其使用不同的模板剂合成 TS-1 的研究令人关注。因为一方面使用 TPAOH 可合成出催化性能优异的 TS-1，另一方面 TPAOH 价格高使催化剂成本很高，对大规模工业应用不便。所以，合成价廉而催化性能优异的 TS-1 分子筛仍然是 TS-1 沸石研究的关键。

钛硅分子筛 TS-1 水热合成一般分两步：先配制前体（钛硅混合液），然后水热晶化。前体混合液的配制是制备 TS-1 至关重要的步骤。经典的合成 TS-1 的水热法有两条操作路线，主要体现在配制前体溶液和使用硅源不同，后续晶化等操作是相同的。在配制前体溶液时，操作要仔细，以防 TiO_2 沉淀，合成所有原料药品纯度要求高，操作条件也是苛刻的（无 CO_2 或氮气保护，低温），TPAOH 模板剂用量大（TPAOH/SiO_2=0.45），因此该法合成的 TS-1 价格昂贵（现为 190 万元/吨，TPAOH 约 120 万元/吨），但用 TPAOH 合成的 TS-1 催化性能好。

1992 年 Thangaraj 等[142]提出一种改进的合成方法，认为在制备 Si 和 Ti 离子的前体混合液时 TiO_2 的沉淀可以通过降低醇盐的水解速率来避免，他们从 3 个方面修正了 Taramasso 等人的合成步骤。1995 年 Gao 等[143] 提出了一种用 TiCl₃ 为钛源合成分子筛 TS-1 的方法，此法简单易操作，用 TiCl₃ 作钛源即用 Ti³⁺ 为钛源完全可避免 TiO₂ 沉淀。他们还考察了经典方法和 Thangaraj 等人的改进方法，结论是经典方法不可避免 TiO₂ 的沉淀，操作繁杂，而 Thangaraj 的方法结晶率低，且重现性差，用 TiCl₃ 为钛源的方法晶化率高且 TS-1 催化性能好。TS-1 水热合成的关键问题——使用高纯试剂和昂贵模板剂 TPAOH 及操作复杂的困难至今仍未解决。如何用操作简单的方法制备出高活性的 TS-1？TPAOH 模板剂是怎样影响钛硅沸石合成及催化性能的？这些问题依然困扰着我们。水热合成中影响 Ti 进入骨架的因素主要是：a. 碱金属离子的存在不利于 Ti 进入骨架而易成锐钛矿；b. 钛酸盐的水解过程不可避免形成 TiO₂ 的沉淀，阻止 Ti 进入骨架。最关键的是在前体制备中防止 TiO₂ 的沉淀，因此上述许多研究者都力争解决此问题。以三价钛为钛源及其相关合成方法具有高的结晶度，操作简易，不失为制备 TS-1 分子筛的有效途径。以溶于异丙醇中 TBOT 为钛源的修改方法，小心操作能避免 TiO₂ 沉淀，大多数研究者现采用修正法合成。

模板剂的影响及 TS-1 水热合成的影响因素。TPAOH 是一种季铵碱，在钛硅沸石 TS-1 水热合成中，只有 TPAOH 能有效地使 Ti 结合进入 MFI 结构的骨架中，其他许多的有机碱例如 TPABr、TEAOH 等与 TPAOH 相比主要表现在合成的 TS-1 催化性能上差别较大。在 TS-1 合成中具有 TPA⁺ 的 TPAOH 与 TPABr 差别较大[144]。近来研究表明：TPA⁺ 模板作用强，用 TPABr 已能合成性能好的 TS-1，且当有 TPABr 时，TEAOH 不起模板作用，只有当 TPABr/SiO₂≤0.05 时 TEAOH 的模板作用才表现出来。

影响 TS-1 水热合成的因素很多，但主要影响因素可归纳为如下几个方面：晶化时间、晶化温度、搅拌条件（搅拌或静止）及晶种的影响；TPAOH 的含量及 K⁺、Na⁺ 含量；TPAOH/Si 比、Si/Ti 比及溶胶浓度。在水热合成中操作步骤和加料顺序同样有很大影响。硅源在控制 MFI 结构沸石的晶化速率上起着重要的作用，Thangaraj 等[144] 认为含有大量硅单聚体的硅源与凝胶中存在高度多聚形式硅物种的硅源相比，其晶化速度快。尽管晶化速率明显受硅源特性的影响，但是几乎所有的硅源（在 Tangaraj 的实验室）也都晶化生成 MFI 结构的沸石。他们的研究认为从硅的醇盐成功地合成出 TS-1，是因为硅的醇盐能被 TPAOH 的水溶液水解成单聚体或较低支状硅物种。使用硅胶也可合成出 TS-1，在 TPAOH 存在下，Na₂O（质量分数 0.8%）不会造成 TiO₂ 的沉淀，然而从硅胶制备的 TS-1 较从硅醇盐制备的 TS-1 对氧化反应的活性低。Van Hooff 的研究也有同样的结果，并有如下结论：用 TEOS 制备的 TS-1，晶体随着 OH⁻ 和 Si 浓度的变化从 0.1～15 μm 变化，而用 Ludox As-40 硅胶通常生成大的细长的晶体，从而推论高浓度单体硅[Si(OH)₄] 是产生细小晶粒所必需的。

X 射线分析是有效地证明 Ti⁴⁺ 取代 Si⁴⁺ 存在于骨架的方法[145]，可用与纯硅沸石相比较晶胞体积（UCV）的变化来表征。

$$V_x = V_{Si} - V_{Si}(1 - d_{Ti}^3/d_{Si}^3)X$$

式中，V_{Si} 是纯硅沸石的 UCV；d_{Ti} 和 d_{Si} 为 Ti—O 和 Si—O 键的长度，分别为 0.181 μm 和 0.161 μm；X＝Ti/(Si＋Ti)（摩尔比）；V_x 为 TS-1 的 UCV。

X 的极限值为 2.5%，当钛含量低于此值时钛处于沸石骨架内，大于 2.5% 则有骨架外 Ti⁴⁺，它以 TiO₂ 存在。Bellussi[146] 提出了合成 TS-1 时 SiO₂/TiO₂ 及结晶温度的范围，如图 5-23 和图 5-24 所示。可用于合成 TS-1 和 TS-2 的原材料见表 5-2 所示[147]。

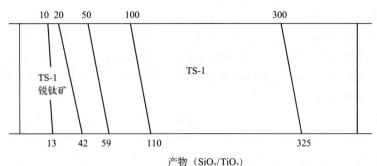

图 5-23　反应混合物组成对 TS-1 中钛含量的影响

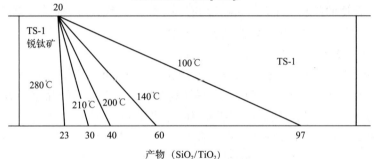

图 5-24　晶化温度对 TS-1 中钛含量的影响

表 5-2　合成 TS-1 和 TS-2 的原材料

硅　源	钛　源	模 板 剂		
		TS-1	TS-2	TS-1/TS-2
$Si(OC_2H_5)_4$	$Ti(OC_2H_5)_4$，$Ti(OC_4H_9)_4$	TPAOH	TBAOH	TPAOH+TBAOH
硅溶胶	$TiCl_4$，$TiOCl_2$	TPABr	TBABr	—
水玻璃	金红石，$TiOSO_4$，$TiO_2 \cdot XH_2O$	PBAOH+TEAOH	$[P(C_4H_9)_4]^+$	—
硅气凝胶	$TiO(H_2O_2)^{2+}$，$(NH_4)_3Ti(O_2)F_5$	HDA	—	—
无定形氧化硅	$Ti(OC_3H_7)_4$	TBA，TEABr	—	—

② 钛硅沸石的间接合成　用二次合成法即间接法制备 ［Ti］ZSM-5，有用 $TiCl_4$ 为钛源的气相法和用 $(NH_4)_2TiF_6$ 为钛源的液相法。1988 年 Kraushaar[148] 提出了一种制备 TS-1 的新方法，即 Ti^{4+} 化合物如 $TiCl_4$ 与有缺陷的硅沸石或者用 HCl 脱铝的 ZSM-5 沸石于 400~500℃在氮气流下气相反应，生成的 TS-1 用 X 射线衍射、IR 谱图和 ^{29}Si MAS NMR 谱检测得到的结果同水热合成的 TS-1 一样；它对苯酚和 H_2O_2 羟基化活性也与 TS-1 一致。但发现微量的非骨架钛的存在可强烈地改变催化性能，大量的 H_2O_2 分解为 H_2O 和 O_2，二酚产率可降至零并有焦油生成。此法的意义还在于可制备非 TS 型的不同结构的大孔沸石。Ferrini[149] 认为，在与 $TiCl_4$ 反应前，用 1mol/L 盐酸对 HZSM-5 进行多次处理，并未发现大量脱铝，故钛可能进入骨架取代铝，铝则仍留在沸石中或者 $TiCl_4$ 与沸石的羟基反应。但 Notari[150]认为，该法由于 Ti^{4+} 化合物的水解，形成非骨架 TiO_2 的危险性很大。为了进一步研究气固相合成钛硅沸石中钛的配位状态，Schultz[151]利用 X 射线荧光分析进行了研究，得出了气固相取代法得到的［Ti］ZSM-5 与水热合成的 TS-1 配位状况相似的结果。庞文琴等[152]认为，气固相同晶取代时钛不仅取代硅也取代铝。郭新闻等[153]研究了母体 Na^+ 含量以及制备方法、模板剂、晶粒大小对同晶取代的影响，概括起来为：母体的质量是决定钛进入骨架难易和非骨架钛多少的关键；对 ZSM-5 质量影响最大的是模板剂，TPAOH 和 HAD（己二胺）作模板剂合成的 ZSM-5 最佳；Na^+ 交换度直接影响钛进入骨架。交换度必须要在 50％以上，对于 SiO_2/Al_2O_3 低比值、高 Na^+ 含量的沸石甚至要达到 80％左右。微量 Na^+ 的存在，对非骨架钛（锐钛矿）的生成有显著作用；Al^{3+} 是影响钛进入骨架和非骨架钛生成的另一个重要因素。硅铝比越高，越有利于钛进入沸石骨架而不利于非骨架钛的生成。如果 SiO_2/Al_2O_3 比值达到 150～200，用二次合成得到的 TS-1 的质量就比较好；母体的结晶度较高（>80％），合适的晶粒大小（1～3μm）均有利于同晶取代反应的进行；$TiCl_4$ 同晶取代是与沸石缺陷（羟基窝）Si—OH 作用，使钛进入骨架。

（3）钛硅分子筛表征及苯酚羟基化反应表征

关于 TS-1 的结构表征，最初的专利[140]给出了 TS-1 的 XRD 衍射图谱（$2\theta=24.4°$ 和 29.3°）新峰、IR 红外谱图（950cm^{-1}）附近的强吸收峰、TS-1 分子筛晶胞参数值及晶胞体积两者与钛含量的直线关系图，从而用 XRD、IR 等手段表征 Ti 进入沸石骨架并给出了其钛含量的极限值为 2.5％。Taramasso 等报道合成了 TS-1 最高钛含量为 2.5Ti 离子/单位晶胞（Si:Ti 摩尔比=39）。1992 年 Thangaraj 等[142]报道合成的 TS-1 钛含量高达 8Ti 离子/单位晶胞，相当于 Si:Ti 摩尔比为 11，即 $x=8％$。x 的极限值为多少目前还没有一致的结论。XRD 能观察非骨架钛，但不够灵敏。在 IR 谱图上，位于 550cm^{-1} 处的强吸收峰为表征 ZSM-5 沸石 MFI 结构及 ZSM-11 沸石 MEL 结构的五元环的特征吸收峰，而在 Ti-Si 沸石的 IR 谱中在位于 960cm^{-1} 左右比纯的 Silicalite 沸石多了一条强吸收峰，且此峰的相对强度 I_{960}/I_{550} 随骨架中钛含量的增加而增加，该峰被认为是 Ti-Si 沸石的 IR 骨架振动的特征指纹峰。许多研究者把在 960cm^{-1} 附近强吸收峰作为钛原子进入沸石骨架的直接证据，因为此吸收峰在钛酸盐、TiO_2、Si-Al-ZSM-5(11) 沸石及全硅 Silicalite 沸石、TiO_2/Silicalite 沸石的 IR 谱图中均未能观测到。庞文琴等[154,155]研究顺磁共振谱（ESR）证实 Ti^{4+} 处在畸变四面体环境中；X 射线光电子能谱进一步验证了该分子筛骨架中钛以钛氧四面体 $(TiO_4)^{4-}$ 的形式存在。钛硅沸石紫外谱图在 212nm 有明显的特征峰说明 Ti 以四配位进入沸石骨架，即在 212nm 左右有强烈的电子跃迁发生。在 212nm 处电子跃迁信号出现可能是骨架氧的成键 2p 电子轨道到骨架 Ti(IV) 离子的空 d 轨道电子跃迁所致，而纯的 Silicalite 则无此现象。锐钛矿型的 TiO_2（TiO_2/Silicalite）在 300～400nm 范围可观察到电子跃迁现象，即此处（330nm）有小峰出现。这也是目前探测非骨架钛的有效方法。Ti-Si 沸石的 ^{29}Si MAS NMR 谱进一步表征了 TS-1。在 ^{29}Si MASNMR 谱中，可以观察到一个尖峰信号出现在负高场-116 ppm/TMS，信号随钛含量的增加而增强。

原子吸收光谱/电感耦合等离子体原子发射光谱（AAS/ICP-AES）用于产品的化学分析，测定沸石中钛和硅的含量[156]。扫描电子显微镜（SEM）用来观察钛硅沸石的结晶形貌，包括晶粒、尺寸及粒度分布，透射电子显微镜（TEM）可观察颗粒聚集状态等[157]。对 TS-1 的孔分布、比表面、吸附性能和表面酸性也有人进行了研究，给出了一些有用信息。

苯酚羟基化反应被一致认为是表征钛硅分子筛（TS-1）催化性能的探针反应。在一般温度下，H_2O_2 浓度小于 90% 时该反应是不能发生的，在有些催化剂上 H_2O_2 > 90% 时发生深度氧化，在 TS-1 催化剂作用下用 30% 的 H_2O_2 水溶液，在温和条件下（< 100℃）可选择性地氧化为对二酚和邻二酚。而在相同的条件下，纯硅沸石或 TiO_2 晶体或两者同时存在时均不发生此反应，这间接地支持了钛参与沸石骨架结构。如果在 TS-1 沸石上存在非骨架钛，则可使双氧水大量分解，这样同时可间接推测是否存在非骨架钛，文献[145]给出的反应条件为：苯酚:双氧水=3:1（摩尔比），温度97℃，催化剂浓度3%，双氧水转化率100%，按苯酚计算选择性94%，对邻二酚比为1，对双氧水计算的产率为84%，文献[158]给出了几个小组联合研究的推荐标准。

(4)钛硅分子筛催化活性中心及氧传递机理

在 TS-1 沸石中位于骨架的 Ti^{4+} 是催化活性中心，它以孤立的状态存在，被 O—Si—O—Si—O 所包围而没有 Ti—O—Ti 键[145]。孤立的 Ti^{4+} 有两种存在形式：①Ti=O；②四面体配位。这种 TS-1 有很强的憎水性，它优先吸附有机物而不吸附水，同时也限制可接近活性中心分子的尺寸，这可能是 TS-1 沸石具有独特催化性能的根源。使用 TS-1 和 TS-2 为催化剂，双氧水为氧化剂的选择氧化反应，有机底物分子尺寸约限于 0.55nm 以内，而要进行较大分子的氧化反应，就需要研制更大孔径的钛分子筛如 Tiβ(0.68～0.73nm)或中孔钛硅沸石。

Ti^{4+} 和 H_2O_2 之间相互作用已为 UV-VIS 光谱分析所证明，在 26000cm^{-1} 处有谱带形成，存在着两种过氧化态[159]。对于烯烃和芳烃的氧化反应亲电机理能给出满意的解释。在 TS-1 上吸附 H_2O_2 从而形成钛的过氧化物，已被 960cm^{-1} 处特征吸收峰的消失所证实。因此可以认为在 TS-1 催化氧化反应中 H_2O_2 与活性中心 Ti^{4+} 作用形成的钛过氧化物是实际上氧贡献者。Huybrechts 等[160]认为氧的传递机理有自由基机理和非自由基机理。

5.7 钛硅分子筛上丙烯－H_2O_2 环氧化反应制环氧丙烷

环氧丙烷，又名氧化丙烯（propylene oxide，PO）。环氧丙烷是一种无色、具有醚类气味的低沸点易燃液体。工业产品为两种旋光异构体的外消旋混合物。凝固点－112.13℃，沸点 34.24℃，相对密度（d_4^{20}）0.859。与水部分混溶，与乙醇、乙醚混溶，并与二氯甲烷、戊烷、戊烯、环戊烷、环戊烯等形成二元共沸物。有毒，对人体有刺激性。环氧丙烷是有机合成的重要原料，是丙烯除聚丙烯和丙烯腈外的第三大衍生物。它主要用于生产聚醚、丙二醇、聚氨酯等，也是第四代非离子表面活性剂洗涤剂、油田破乳剂、农药乳化剂等的主要原料。环氧丙烷的衍生物还广泛用于食品、烟草、医药及化妆品行业。已生产的下游产品近百种，是精细化工产品的重要原料，发展前景广阔[161]。

环氧丙烷的生产路线大致有以下 3 种类型：①丙烯或丙烷用分子氧或过氧化物直接氧化制 PO；②预先制备某种有机过氧化物，然后丙烯再与之反应，生成 PO；③丙烯通过氯醇化过程用卤素氧化成 PO。

由丙烯或丙烷无论是有催化剂还是无催化剂用空气直接氧化，其产率都低于 25%。

用有机过氧化物，在催化剂存在下对丙烯氧化制备 PO 是另一生产 PO 的方法。有机过氧化物需在另一设备中预先制造，然后与丙烯反应制得 PO。例如用异丁烷作氧的载体，整个过程的反应方程式如下：

$$2CH_3-\underset{\underset{CH_3}{|}}{\overset{\overset{CH_3}{|}}{C}}-H + 3/2O_2 \longrightarrow CH_3-\underset{\underset{CH_3}{|}}{\overset{\overset{CH_3}{|}}{C}}-OOH + CH_3-\underset{\underset{CH_3}{|}}{\overset{\overset{CH_3}{|}}{C}}-OH$$

叔丁基过氧化氢　　　叔丁醇

$$CH_3-\underset{\underset{CH_3}{|}}{\overset{\overset{CH_3}{|}}{C}}-OOH + CH_3-CH=CH_2 \longrightarrow$$

$$CH_3-\underset{\underset{O}{\diagup\diagdown}}{CH}-CH_2 + CH_3-\underset{\underset{CH_3}{|}}{\overset{\overset{CH_3}{|}}{C}}-OH$$

从理论上说每生产 1molPO，伴生 2mol 叔丁醇。实际生产中每 1tPO 伴生 3t 叔丁醇。如果用乙苯代替异丁烷作氧的载体，类似的过程也制得 PO：

$$\underset{\text{(苯环) } CH_2CH_3}{\bigcirc} + O_2 \longrightarrow \underset{\text{(苯环) } \overset{OOH}{CHCH_3}}{\bigcirc}$$

$$\underset{\text{(苯环) } \overset{OOH}{CHCH_3}}{\bigcirc} + CH_3CH=CH_2 \longrightarrow \underset{\text{(苯环) } \overset{OH}{CHCH_3}}{\bigcirc} + CH_3-CH-CH_2 \text{(环氧)}$$

伴生的苯乙醇通过脱水反应可生成苯乙烯。实际生产中每生产 1tPO 伴生约 2.8t 苯乙烯。以异丁烷或乙苯作氧的载体，是通过有机过氧化物氧化丙烯制 PO 的典型过程。

工业化生产环氧丙烷的方法主要是共氧化法和氯醇法，两者大约各占世界年生产能力的一半。共氧化法产生的"三废"较少，易于处理，基本上无腐蚀，是污染较轻的生产方法。但共氧化法生产工艺长，不适合中小规模经营，要求投资额大。年产 2 万吨环氧丙烷，需要和年产 5 万吨苯乙烯或 120 万吨催化裂解炼油装置相配套，同时共氧化法的联产物超过主产品的产量，环氧丙烷和苯乙烯以及叔丁醇的质量比分别约为 1:2.5 和 1:3。

传统氯醇法生产环氧丙烷，首先是使用氯水和丙烯发生氯醇化反应，生成中间体氯丙醇，然后用石灰乳进行皂化。每生产 1t 环氧丙烷需要消耗氯气 1.35～1.85t；产出副产物二氯丙烷 50～150kg，废渣 $CaCl_2$ 约 2t，含有机物的废水 40～80t。氯气是有毒气体，生产过程中氯水还严重腐蚀设备；同时，生产中伴随的低价值副产品以及废水和废渣，不仅浪费资源，也对环境造成了严重的污染。

由此可见，现有的生产方法都存在缺陷，因此研究者们一直致力于开发一种流程简单、副产品少和无污染的绿色环氧丙烷制造工艺，TS 沸石分子筛新催化材料的成功开发，给由丙烯和双氧水反应合成环氧丙烷带来了希望。下面就钛硅沸石催化剂上丙烯环氧化制环氧丙烷及其他绿色工艺进行介绍，为了便于对比，首先介绍一下氯醇法制环氧丙烷工艺过程。

5.7.1　氯醇法制环氧丙烷简介

氯醇法制 PO 主要通过氯醇化反应和环氧化反应（皂化反应）来完成，其他还包括废水处理等过程。

（1）氯醇化反应

主反应：

$$CH_3CH=CH_2+Cl_2+H_2O \longrightarrow \begin{cases} CH_3-CH-CH_2 \quad (90\%) \\ \qquad\quad | \quad\; | \\ \qquad\;\, OH \; Cl \\ \\ CH_3-CH-CH_2 \quad (10\%) \\ \qquad\quad | \quad\; | \\ \qquad\;\, Cl \; OH \end{cases} +HCl$$

工业上的氯醇化反应器一般是塔式的，在底部有一个氯气分配板。Cl_2 在底部进料，大约在塔的中间位置有一个丙烯进料分配板。一个循环管使氯醇溶液从塔顶部循环回到塔底部进入，水加入到循环管中。控制丙烯和氯气的进料量，使得在丙烯进料处没有残余的气态氯存在。进料气体的提升作用使塔内反应液体上升，提供循环的能量。当丙烯以及溶解的氯通过塔时就发生氯醇化反应，在放出的气体中应当没有游离氯，这一点很重要，因为游离氯会引发爆炸反应。排出气体通过氢氧化钠溶液洗涤后，一部分排放以防不反应气体积累，部分返回与新鲜丙烯混合重新进入塔内。新鲜的水加入到循环管中，并足以使循环液体中氯醇的质量分数在 $4\%\sim4.5\%$。氯醇溶液溢流排出，送下一步处理。反应是放热反应，无需加热或冷却，即可使温度保持在 $30\sim40℃$。在氯醇化反应中伴随有 HCl 生成，所以其反应溶液是强酸性的，腐蚀性的。操作压力保持在常压左右。氯醇的产率在 $87\%\sim90\%$，二氯丙烷的产率为 $6\%\sim9\%$。有关二氯丙烷已知的用途很少，所以副产二氯丙烷的生成不仅是产率上的损失，而且还会带来环境污染问题。

（2）环氧化反应（也称皂化反应）

氯醇在碱的作用下生成环氧化物，实际上是成醚的 Williamson 反应的一种。在氢氧根存在下，有很小一部分醇以醇盐的形式存在：

$$\begin{array}{c} Cl \\ | \\ CH_3-C-CH_2 \\ | \quad\; | \\ H \;\; OH \end{array} +OH^- \longrightarrow \begin{array}{c} Cl \\ | \\ CH_3-CH-CH_2 \\ \qquad\qquad | \\ \qquad\qquad O^- \end{array} +H_2O$$

醇盐

$$\begin{array}{c} Cl \\ | \\ CH_3-CH-CH_2 \\ \qquad\qquad | \\ \qquad\qquad O^- \end{array} \longrightarrow \begin{array}{c} \quad\;\; O \\ \;\;\diagup\backslash \\ CH_3-CH-CH_2 \end{array} +Cl^-$$

醇盐取代相邻碳原子上的氯而成环醚。氯醇脱氯化氢成环氧化物的速率取决于氯醇和氢氧根离子的浓度。氯醇用碱处理，例如用石灰乳或 NaOH 处理，大约一半用来中和氯醇溶液中的氯化氢，其余的与氯醇反应。副反应主要是生成的环氧丙烷进一步水解生成丙二醇，又进一步生成聚二元醇：

$$\begin{array}{c} \quad\;\; O \\ \;\;\diagup\backslash \\ CH_3-CH-CH_2 \end{array} +H_2O \longrightarrow \begin{array}{c} CH_3-CH-CH_2 \\ \qquad\quad | \quad\; | \\ \qquad\;\; OH \;\, OH \end{array} \longrightarrow 聚二元醇$$

该反应在酸性条件下将加快，所以加碱量不足或局部酸性区域都将使丙二醇的量增加，生成的丙二醇及其他有机物将进入废水中。

由氯醇法生产PO的过程必须与氯碱工业联合在一起，电解生产的Cl_2，与丙烯在水的存在下生成氯丙醇。氯丙醇用碱（石灰乳或氢氧化钠）通过皂化反应制得PO。PO的分子结构中没有氯原子，过程中使用的氯几乎全部是以$CaCl_2$或NaCl的形式在皂化塔的废液中排出。由于进入皂化反应器的氯丙醇质量分数很低，只有4%～5%，所以全过程用水量很大，而生成的$CaCl_2$或NaCl水溶液浓度太稀，无再利用价值。同时，废水中含有丙二醇等有机物，必须处理以后再排放。据估计每生产1tPO伴生2.1t$CaCl_2$，它又以每生产1tPO，至少43t的废水排放。含$CaCl_2$的废水处理也是一个繁重的负担。

如前所述，在氯醇化反应过程中，随着反应的进行，氯离子浓度不断增加，将促进丙烯生成二氯丙烷，所以希望氯醇化反应在无氯离子存在下进行。根据这一理由，有专利报道用溶剂萃取次氯酸，例如用甲乙酮、乙酸乙酯、乙腈来萃取。据介绍，用甲乙酮在盐水中萃取次氯酸（以所用氯气为基准计算），产率为98%，然而当丙烯与1mol/L次氯酸在甲乙酮的溶液中反应时氯丙醇的产率仅得到60%～70%。还有报道用次氯酸的叔丁基酯进行氯醇化反应。由电解槽来的氯气与阴极室来的氢氧化钠，加到叔丁醇中以产生次氯酸叔丁基酯，分离酯相，盐水相回到电解槽中。次氯酸叔丁基酯与丙烯反应，在水存在下产生氯丙醇和叔丁醇，叔丁醇返回进行氯化，氯醇的产率大于96%，但这样的过程总有一些缺点，例如用有机溶剂萃取，次氯酸与有机溶剂反应生成不希望的副产物，例如在甲乙酮萃取时会生成氯代酮，增加了分离的困难。另外有机溶剂的存在增加了另外的加工步骤，因此增加了困难和设备。

5.7.2 钛硅沸石催化剂上丙烯环氧化反应

受乙烯直接氧化法生产环氧乙烷的启发，直到目前人们还在努力探讨丙烯通过空气或氧气直接氧化生产PO的技术，但一直没有得到比较满意的结果。用于环氧乙烷生产的银催化剂不能有效地用于丙烯的直接氧化。乙烯完全氧化的速率常数为其直接氧化的2.3倍，而丙烯完全氧化（生成二氧化碳和水）的速率常数为其部分氧化的25倍[162]，另外，丙烯完全氧化的活化能比生成PO的活化能低[163]。因此丙烯直接氧化时，易于进行完全氧化，甲基优先起反应，PO的选择性很低，缺乏工业化意义。使用H_2O_2代替氧气作为氧化剂，在TS-1沸石催化丙烯环氧化反应反应条件温和，使用较廉价而安全的稀H_2O_2反应速率快，选择性极高，过程无污染，被誉为环氧丙烷的洁净生产技术。

丙烯与双氧水的环氧化反应式如下：

$$CH_3-CH=CH_2 + H_2O_2 \longrightarrow CH_3-CH-CH_2 + H_2O$$
$$\underset{O}{\diagdown\diagup}$$

可见，水是唯一的副产物，可实现零排放化工过程。丙烯与双氧水在TS-1沸石上的环氧化反应可在温和的条件下进行，以甲醇或甲醇-水溶液为溶剂，PO产率一般可高达90%以上。主要副产物是丙二醇、一甲基醚和痕量的甲醛等。有的研究者认为[164,165]，甲醇具有双重作用，它既是反应物和产物的溶剂，又是助催化剂，它促进活性物种的生成而参与反应机理。

Clerici等[164]报道了TS-1分子筛上丙烯与双氧水的环氧化反应结果。为了对TS-1分子筛制备过程有更详细的了解，我们首先详细叙述一下TS-1催化剂制备的一个实例。

将4.5g硅酸四乙酯和1.5g钛酸四乙酯混合物加入到含四丙基氢氧化铵（TPAOH）20%（质量分数）的饱和液体中，并进行搅拌。在60℃保持3h。有时由于蒸发，须添加蒸馏水补充。此最终溶液的摩尔比为：$SiO_2/TiO_2=32.7$，$TPAOH/SiO_2=0.46$，$H_2O/SiO_2=35$。将此溶液移到 260mL 的不锈钢高压釜中,并加热到 175℃,在自生压力下,无搅拌保持 24h。然后冷却到室温,并过滤出结晶产物,用水洗数次,100℃干燥 2h,最终在 550℃空气中焙烧 5h 即制得 TS-1 沸石。此时其 $w(TiO_2)=2.8\%$,$SiO_2/TiO_2=46$(摩尔比),晶体尺寸为 $0.1\sim0.3\mu m$。并通过 IR 和 XRD 进行检测,判断其是否与标准 TS-1 谱图一致。

图 5-25 是在 40℃条件下、甲醇-水溶剂中丙烯环氧化反应结果,可见,反应具有很高的速率和选择性,反应 90min 后,H_2O_2 转化了 95%,PO 的选择性为 90%,丙二醇和单甲基醚是主要副产物,有少量的甲醛生成,并且 H_2O_2 分解成 O_2 量可忽略不计。该环氧化反应须在可溶解丙烯和双氧水的溶剂中进行,溶剂包括低碳醇、酮、酯、乙腈及它们与水的混合物。溶剂对反应的产率、副产物的生成及动力学的影响很大。如图 5-26 所示,可见,甲醇是最好的反应介质。TS-1 催化剂在反应过程中有失活现象,如图 5-27 所示。多次使用后,TS-1 上 H_2O_2 转化率下降。失活 TS-1 的再生可采用在 550℃焙烧或用溶剂在反应温度下清洗的方法,再生后的 TS-1 的活性和物理化学性质与新鲜的类似。催化剂失活的原因是扩散较慢的有机副产物在 TS-1 通道内沉积造成的。

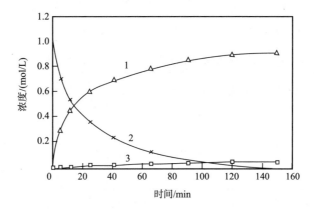

图 5-25　甲醇-水溶剂中丙烯环氧化反应结果
1—环氧丙烷;2—过氧化氢;3—丙二醇等
反应条件:40℃;$CH_3OH=92\%$;TS-1$=0.4\%$;$p_{C_3H_6}=4atm$

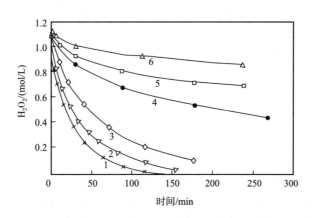

图 5-26　有机溶剂-水混合物系中丙烯的环氧化反应
1—$CH_3OH=92\%$;2—$CH_3OH=52\%$;3—$C_2H_5OH=88\%$;4—乙酸乙酯;5—乙腈$=88\%$;6—叔丁醇$=88\%$
反应条件:40℃;TS-1$=0.4\%$;$p_{C_3H_6}=4atm$

TS-1 沸石与黏合剂混合构成的催化剂可以改进其物性和机械强度。采用在 TPAOH 存在下硅酸四乙酯水解获得的 SiO₂ 为黏合剂效果较好。它不影响 TS-1 的活性，如表 5-3 所示。

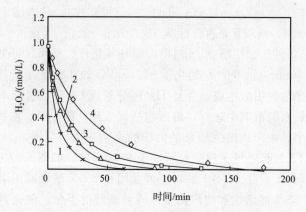

图 5-27　丙烯环氧化反应中催化剂失活结果

1—新鲜催化剂；2—使用二次；3—使用三次；4—使用六次

反应条件：40℃；TS-1＝0.8%；CH₃OH＝92%；$p_{C_3H_6}$＝4atm

表 5-3　黏合剂和预处理方式对 TS-1 活性和选择性的影响[①]

t/min	H₂O₂ 转化率/%	选择性/%	
		C₃H₆O	二元醇
70[②]	96	87	11
70[③]	96	85	13
70[④]	97	97	3

①T＝50℃；$p_{C_3H_6}$＝8atm；H₂O₂＝0.99mol/L；TS-1＝8.2g/kg。

②TS-1。

③TS-1/SiO₂＝90%。

④TS-1/SiO₂＝90%，用乙酸钠处理。

值得注意的是 TS-1 也是一个弱酸，也能在甲醇-水溶液中使环氧丙烷水解生成丙二醇、1-甲氧基-2-丙醇及 2-甲氧基-1-丙醇。但在 60℃ 以下，此水解反应并不主要。采用碱性化合物溶液处理 TS-1/SiO₂ 可改善环氧丙烷的产率。由表可见，用乙酸钠处理后，H₂O₂ 转化率达到 97%，环氧丙烷选择性达到 97%，副产二醇类大大下降。其作用机理尚不清楚，一个可能的原因是钠离子中和了 TS-1 上的 Si—OH 弱酸中心。

李钢等[166]针对 TS-1 合成所用的昂贵模板剂四丙基氢氧化铵（TPAOH），采用较廉价的四丙基溴化铵（TPABr）为模板剂，氨水等为碱源合成出了 TS-1 沸石。其中，硅溶胶为硅源，钛酸四丁酯为钛源。并对该 TS-1 沸石催化丙烯环氧反应性能进行了研究。发现纯硅沸石不具有催化活性，说明钛原子的引入才使沸石具有催化丙烯环氧化反应的性能。随着 TS-1 中钛含量的增加，催化剂活性提高，H₂O₂ 转化率随之提高，但 H₂O₂ 转化率并不与沸石钛含量成比例。在此反应条件下，所合成的 TS-1 环氧丙烷选择性均为 100%。与以 TPAOH 为模板剂，用经典方法合成的 TS-1（样品 6）相比，虽然以较廉价的 TPABr 为模板剂合成的 TS-1 晶粒较大（几微米），但催化丙烯环氧化反应性能相差不大。因此，以 TPABr 为模板剂、氨水等为碱源来代替昂贵的模板剂 TPAOH，是有希望使 TS-1 实现工业化的途径之一。

他们还详细研究了钛硅分子筛催化剂上丙烯环氧化反应条件[167]：温度对反应结果有明显影响，随反应温度升高，H_2O_2 转化率提高，但环氧丙烷（PO）选择性降低；丙烯压力对反应结果无明显影响；催化剂不经再生处理，多次重复使用，产物分布保持不变，H_2O_2 转化率略有下降；少量水的存在对丙烯环氧化反应影响不大，但若以水代替甲醇为溶剂，反应速率降低，且产物中出现大量丙二醇；以叔丁基过氧化氢代替 H_2O_2 为氧化剂时，TS-1 不具有催化活性。较佳的反应条件为：333K，H_2O_2 浓度 0.451mol/L，丙烯压力 0.4MPa，催化剂用量 11.9g/L。张法智等[168]采用气固相同晶取代法制备 Ti-ZSM-5 分子筛，并考察了不同操作条件、溶剂及添加剂等对反应的影响。以 B-ZSM-5 分子筛为母体，经预处理后用气固相同晶取代法制得 Ti-ZSM-5 分子筛，条件为：600～750℃，16～44h，载气流速 30～60mL/min[169]。当反应温度由 20℃提高到 60℃，H_2O_2 转化率逐渐增加，当反应温度超过 60℃时，H_2O_2 转化率降低，并且随反应温度升高，主产物环氧丙烷的选择性下降，H_2O_2 的利用率降低。以甲醇为溶剂，Ti-ZSM-5 分子筛上，主要生成环氧丙烷，副产物单甲醚和丙二醇很少，由于丙烯环氧化是一个快速放热反应，温度过高，将会加速主产物环氧丙烷进一步和乙醇及水进行开环反应生成单甲醚和丙二醇等副产物；反应时间的影响如图 5-28 所示，可见，随反应时间增加，H_2O_2 转化率上升而环氧丙烷选择性下降；反应 2.5h 后，单甲醚选择性上升并且此时有丙二醇生成，这说明随着主反应的进行和反应体系中环氧丙烷的不断积累，环氧丙烷开环生成单甲醚和丙二醇的连串副反应随之加快。因此在反应体系中，主产物除去越快越好。

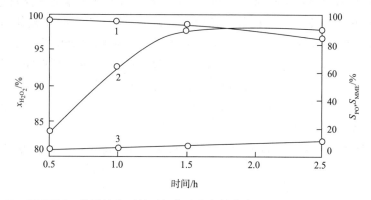

图 5-28　Ti-ZSM-5 分子筛在丙烯环氧化反应中转化率、选择性与反应时间的关系
1—环氧丙烷选择性；2—H_2O_2 转化率；3—单甲醚选择性

提高丙烯操作压力对 H_2O_2 转化率没有明显的影响，说明在该反应体系中，气相中的丙烯能够快速溶解于甲醇并扩散进入到钛硅分子筛中，与分子筛的活性中心反应。随 H_2O_2 在反应液中含量的提高，H_2O_2 转化率提高，但 H_2O_2 利用率降低。这可能是过量的 H_2O_2 部分自身分解成 H_2O 和 O_2 所致；增加催化剂用量，H_2O_2 转化率提高，但当催化剂用量达到 0.8g 时，H_2O_2 利用率和 PO 选择性均明显下降。这可能是因为 Ti-ZSM-5 分子筛本身存在某些酸性中心，如引入 3 价金属杂质（如铝离子）和骨架内配位不饱和的 Ti^{4+} 产生酸性中心等。加入过量催化剂带来的酸性中心，不但会促使 H_2O_2 的自身分解，而且加快了 PO 开环生成单甲醚与丙二醇等副产物的反应；反应液中添加物的影响，实验表明，由于分子筛本身具有某些酸性中心，这些活性中心会催化环氧丙烷的开环副反应。因此在该反应体系内，加入碱性物质中和催化剂的酸性中心以提高主产物的选择性。表 5-4 为添加物对丙烯环氧化反

应的影响。可见，加入无机碱碳酸钠溶液，确实提高了反应产物环氧丙烷的选择性，但 H_2O_2 的转化率下降了很多。可见碱性物质的存在，在提高主产物选择性的同时，也降低了催化剂的反应活性。加入盐酸溶液虽然对双氧水的转化率影响不显著，但是却促进了环氧丙烷的开环副反应，从而使主产物环氧丙烷的选择性明显降低。

表 5-4　添加物对丙烯环氧化反应的影响

添加物	pH	$x_{H_2O_2}/\%$	$u_{H_2O_2}/\%$	$S_{PO}/\%$	$S_{MME}/\%$	$S_{PG}/\%$
Na_2CO_3	8	41.1	78.8	97.0	3.0	—
HCl	6	94.6	92.1	31.8	59.5	8.7

注：反应温度=60℃；时间=1.5h；丙烯压力=0.6MPa。H_2O_2=2mL；催化剂量=0.4g；溶剂为甲醇；强力搅拌。

　　实际生产中环氧化反应器如果采用搅拌釜或浆态床，由于 TS-1 合成成本较高，需要尽可能回收，然后循环回反应器。但是 TS-1 晶体的平均粒径通常只有 $0.1\sim10\mu m$，在溶剂甲醇中形成乳状悬浮液，使得催化剂与产物的分离变得很困难，这就增加了分离成本，限制了这一过程的实际应用。为此，Belussi 等[170]将制得的 TS-1 晶体加入 SiO_2 与 TPAOH 的碱性溶液中，然后通过喷射造粒形成直径可达 $5\sim1000\mu m$ 的小球，降低了分离操作的难度。其粒径大小可以根据需要通过改变原料液的浓度或造粒装置的尺寸来控制。活性实验的结果表明这一过程不但不会降低反而提高了 TS-1 催化剂的活性。在间歇反应器内进行反应，H_2O_2 的转化率达 97%，PO 选择性达 92%。在固定床反应器中连续反应，40h 后稳定，经 400h 运转，H_2O_2 转化率稳定在 60%，PO 选择性为 93%。液压强度试验及超声波试验证明按此法制备的催化剂粒度不变。此外，还可以在水热合成 TS-1 时将载体直接加入，使得 TS-1 直接结晶在载体上，可用的载体很多，如活性炭、SiO_2、ZrO_2 等。搅拌釜和浆态床返混严重，固定床反应器可以克服这一缺点，为了满足固定床对催化剂粒径和强度的要求，大森秀树等[171]将 TS-1 与黏合剂(聚乙烯醇)混合后，喷洒在硅胶小球上，再经过干燥、灼烧，制成具有良好机械强度和催化活性的催化剂小球，其粒径由载体硅胶的大小控制。将其用于固定床反应器效果良好。

　　TS-1 可以催化各种烯烃与 H_2O_2 的环氧化反应，反应的机理一般认为如下式所示[165]。

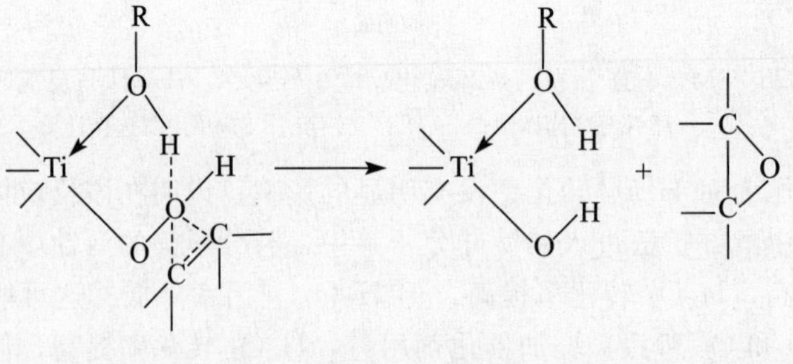

　　因为 TS-1 的孔径只有 0.5nm，所以反应物及产物的分子应足够小，这也是 TS-1 催化的反应只能以 H_2O_2 而不能以分子更大的叔丁基过氧化氢等为氧化剂的原因。

5.7.3　具有空心结构纳米钛硅沸石上丙烯环氧化反应

　　中国石化石油化工科学研究院在传统水热合成 TS-1 分子筛的基础上，自主开发了 TS-1 分子筛重排改性工艺[172~174]。该工艺采用晶化和后处理的方法制备了具有空心结构的纳米钛硅分子筛(hollow TS，HTS)，具有制备重复性好的优点。

通过对合成机理研究，提出硅钛酯匹配水解和脱醇成核新思路，通过硅钛酯适度水解，使产生硅钛低聚物速率和程度相互匹配，应用醇转移和有机碱的模板作用成核，用变温晶化控制晶粒分步生长，将钛硅分子筛晶粒控制在 100nm 之内。图 5-29 为 HTS 聚集成较大颗粒的 TEM 照片，可以看出，HTS 分子筛一次粒子尺寸均为几十纳米，而且晶体中存在明显的空心结构。聚集后颗粒尺寸为 300~500nm，且分布较均匀，较易分离回收。

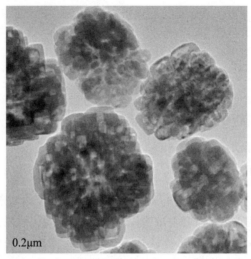

0.2μm

图 5-29　HTS 分子筛的 TEM 照片

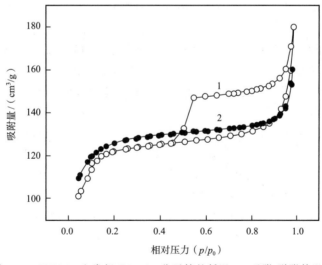

图 5-30　HTS(1)和常规 TS-1(2)分子筛的低温 N_2 吸附-脱附等温线

同时，提出了重排方法，即钛硅分子筛合成中间体在胺类化合物和表面活性剂等助剂水热作用下，促进硅钛羟基缩合，使非骨架钛进入骨架，增加了活性中心，保证了合成的重复性，同时形成了形貌独特的晶内空心结构。纳米尺寸晶粒和空心结构均有利于反应物和产物的扩散，可有效抑制催化剂堵孔失活。图 5-30 是 HTS 和常规 TS-1 分子筛的低温 N_2 吸附-脱附等温线。由图可见，HTS 分子筛等温线上存在明显的滞后环，而常规 TS-1 则没有。这说明 HTS 存在大量介孔，而常规 TS-1 主要是微孔。

文献[175]考察了 HTS 分子筛催化丙烯环氧化反应。在 250mL 间歇釜式反应器中，分别考察了 TS-1 分子筛和 HTS 分子筛催化丙烯环氧化的性能，在分子筛质量浓度为 8.5g/L、温度 36℃、压力 0.8MPa、反应时间 15min 条件下，HTS 分子筛对 H_2O_2 的转化率显著优于 TS-1 分子筛。认为分子筛骨架上四配位的 Ti 是催化氧化的活性中心。HTS 分子筛之所以具有优异的催化丙烯环氧化活性，是因为重排改性使得分子筛 Ti—OH 和 Si—OH 显著减少，部分 Ti—OH 转变为骨架 Ti，以及 HTS 分子筛晶粒形成的空心结构有利于反应物扩散的缘故。

此外，他们还考察了成型黏结剂、反应温度对 HTS 催化丙烯环氧化反应的影响。SiO_2 作为黏合剂挤条成型催化剂对环氧丙烷的选择性显著优于 Al_2O_3，环氧丙烷选择性和 H_2O_2 有效利用率均随反应温度的升高而降低。在固定床反应装置上的正交实验结果表明，在实验温度为 40℃、压力恒定为 0.5MPa、丙烯与 H_2O_2 的摩尔比为 4∶1、甲醇与 H_2O_2 的摩尔比为 40∶1、液相空速为 $12.5h^{-1}$ 的优化工艺条件下，H_2O_2 的有效利用率可达 88.07%。

5.7.4　钛硅沸石上丙烯环氧化工艺[176]

以 H_2O_2 为氧化剂，钛硅分子筛可以较高的转化率和选择性催化丙烯环氧化反应合成 PO。H_2O_2 生产环氧丙烷工艺(HPPO)的吸引力在于装置设计简化，是环境友好的清洁生产系统，并且无副产物。HPPO 技术在经济性、环保和未来的发展机遇方面有独特的优势，同时还使原材料一体化，并且不产生联产品。近年来用 H_2O_2 直接环氧化丙烯制 PO 的方法受到关注，并取得令人瞩目的研发成果。BASF 公司、Degussa 公司和 Krupp-Uhde 公司以及 Enichem 公司等均在开发使用 H_2O_2 催化丙烯环氧化生成 PO 的新工艺，并大都建有中试装置。

Forlin 等[177]开发的 HPPO 工艺使用管式反应器，在中温、低压和液相条件下在甲醇溶剂中用 H_2O_2 催化丙烯环氧化生产 PO。2000 年，BASF 公司在路德维希港(Ludwigshafen)投运了 100t/a HPPO 工艺中试装置，并用工业原料和全集成的过程回路验证了该工艺过程。BASF 公司和美国 Dow 化学公司于 2002 年开始合作开发 HPPO 工艺，已于 2008 年在 BASF 公司的 Antwerp 生产基地成功建设了第一套 30 万吨/年 HPPO 装置。利用 BASF 公司的环境效率-经济性分析工具分析显示：与现有 PO 工艺相比，HPPO 工艺减少了 70%～80% 的废水排出，降低能量消耗约 35%，还是环境友好型技术，因为除了水没有其他副产物产生。另外，采用 HPPO 技术建设环氧丙烷生产装置可以节省 25% 的建设投资，因为其减少了基础设施、一个较小的占地面积和较简单的原料综合区。为了嘉奖他们联合开发的 HPPO 技术，Dow 化学公司和 BASF 公司获得了 2010 年度美国总统绿色化学挑战奖[178]。

与此同时，德国 Degussa 公司与 Uhde 公司也联合开发 HPPO 工艺[179]，两家公司在 Degussa 公司的德国汉诺威(Hanau-Wolfgang)地区建有一套中试装置。该工艺投资费用较低，生产成本也低于现有技术。在 HPPO 工艺中引入含氮碱性化合物，还可以提高产物选择性，延长催化剂寿命。该催化剂的机械强度和选择性均得到了优化，PO 反应器在足以使溶剂处于液相状态的高压和 100℃ 以下的温度下进行操作。该工艺的关键是管式环氧化反应器，其创新的设计将有效的热传导与近似理想的活塞流特性结合在一起。该 HPPO 工艺已向南非 Sasol 公司技术转让，Sasol 公司将在南非 Midlands 联合企业建设 6 万吨/年 PO 装置。该装置也将第一次使用 Uhde 公司和 Degussa 公司开发的新工艺，采用 H_2O_2 为丙烯氧化剂。Degussa 公司将建设和运行 H_2O_2 装置，以向 PO 装置提供 H_2O_2。

为了与 BASF 公司竞争，Degussa 公司也正在开发自有的 HPPO 技术，重点开发直接由氢和氧利用纳米催化剂制取 H_2O_2 的技术，预计该方法可大大降低 H_2O_2 的生产费用，使整个 PO 生产工艺成本更低。Degussa 公司另一关键开发是其推出可再生的硅酸钛催化剂[180]。Degussa 公司和美国 Headwaters 公司还组建合资公司合作研发由氢、氧直接合成 HP 的工艺（称作 DSHP 工艺），并建有试验装置，目标是开发和建设大型的低成本 HP 生产装置，生产的 H_2O_2 将用作 PO 等生产装置的原料。目前 Degussa 公司与 Headwaters 公司联合开发的氢、氧直接合成 H_2O_2 中试装置已与 Degussa 公司与 Udhe 公司联合开发的用 H_2O_2 进行丙烯环氧化的中试装置成功地进行了集成耦合，并用所得 H_2O_2 成功制备出 PO。与传统的蒽醌法相比，该 DSHP 工艺可使大型 H_2O_2 装置的投资费用下降 30%～50%，从而大大降低 PO 生产成本，且对环境无污染，提高了经济效益和社会效益。

日本 Sumitomo 化学公司开发了基于 MWW 型钛硅分子筛的丙烯环氧化工艺[181~183]，在有机溶剂存在下，含钛的 MWW 型分子筛催化丙烯和 H_2O_2 反应生成 PO，其中 Ti 是在分子筛晶化过程中引入的，但该催化剂需要使用乙腈等作溶剂，若用硅烷化试剂处理还可以提高产能。美国 Lyondell 公司（包括原 Arco 公司）也开发了相应的工艺技术[184~186]，主要是避免了丙烷等副产物的产生。采用 Pd/TS-1 催化剂时，TS-1 采用孪生结晶体大颗粒，活性和选择性高，且机械强度好，易过滤分离。将催化剂用含氨基的多酸化合物处理，或者用水汽在 400℃ 以上处理，还可以显著提高其目的产物的选择性。采用负载于含铌载体上的钯为催化剂，用 H_2、O_2 进行丙烯环氧化反应，有较好的活性和选择性。比利时 Solvay 公司也在开发新的 PO 工艺，力求降低常规蒽醌法生产 H_2O_2 的成本，并改进丙烯与 H_2O_2 环氧化的工艺[187]。Solvay 公司从 H_2O_2 制取 PO 的工艺采用 2 个串联的反应器，可使 H_2O_2 利用率达到 100%。

在国内，2010 年 6 月 4 日，中国天津大沽化工有限公司化工有限公司 HPPO 法环氧丙烷 1.5kt/a 中试装置成功运行。这是我国首套自主研发的 HPPO 装置，此外，天津大沽化工有限公司正在新建一套产能为 10 kt/a 的 HPPO 法工业化生产装置。

2012 年 10 月，中国石化长岭分公司自主开发的 HPPO 技术顺利完成中试；并于 2013 年 1 月 5 日开工建设产能为 10 万吨/年的工业装置，预计投资达 12.8 亿元。

5.7.5 TS-1 催化丙烯环氧化反应器[156]

丙烯环氧化反应是一个气液固三相催化的强放热反应，工业上用于该类反应的反应器主要是固定床反应器和淤浆床反应器。Crocco 等[188]开发的固定床反应器，采用大颗粒状催化剂，实际上为气液呈并流向下的滴流床反应器，其中催化剂分为四段放置，段间设有升气管及集液板，床身的前三段为主反应段，每段外设一个间接冷却器。操作运行时，在主反应段上对反应混合物实行采出、换热、返回和补充加料的过程。该反应器操作压力较大（1.25MPa 以上）且由于丙烯环氧化反应的热效应较大，为了便于控制反应温度，需采用大循环比操作，因此能耗较高。

许锡恩等[189]针对该反应过程是一种高放热过程，所用钛硅分子筛催化剂粒径小（平均粒径为 0.1～200 μm）的特点，提出一种环管式热虹吸反应器（如图 5-31 所示），使反应温度易于控制、能耗低、催化剂便于更换或再生，而且原料中丙烯与 H_2O_2 摩尔比和操作压力均较低，图中 $T_1 \sim T_4$ 为测温点，在 T_1、T_2 温度为 $30 \sim 45{}^\circ\!C$，压力为 0.3MPa，$n_{C_3H_6} : n_{H_2O_2}$ 约为 1.2:1 时，H_2O_2 转化率为 95%，环氧丙烷的收率为 93%。对这一新型环氧化反应器的工业应用仍在进一步研究中。

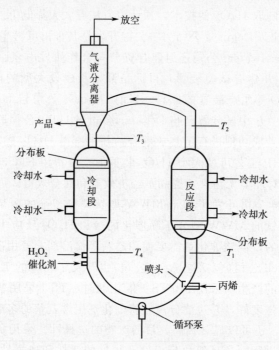

图 5-31　丙烯用 H_2O_2 环氧化的连续化反应器

5.7.6　丙烯环氧化与 H_2O_2 的集成过程[189]

通常 H_2O_2 的纯度并不影响产物的产率或反应速率。这是因为 TS-1 分子筛的筛分性质限制了 H_2O_2 溶液中的大分子化合物进入其孔道。因此，H_2O_2 可以不从烷基蒽醌溶液中提纯出来使用，因为即使 H_2O_2 浓度在 1%（质量分数）时，环氧化速率或产率（＞90%）都很高，这些特点对于"原位（in situ）"产生 H_2O_2 的氧化反应是很重要的。目前，在 TS-1 沸石上丙烯环氧化反应制环氧丙烷方法存在如下问题：H_2O_2 仍是一种成本较高的反应物，按化学计量比计算，生产 1.7kg 环氧丙烷需要 $1kgH_2O_2$。并且大量浓缩的双氧水运输也是一个问题。为了解决这些问题，人们提出将 H_2O_2 生产过程与环氧丙烷的合成工艺结合在一起，即所谓的集成过程。

已报道的集成工艺主要有异丙醇氧化法、蒽醌法和氢氧直接合成法生产过氧化氢与有机物选择性氧化反应的集成。从集成方法上可分为两种：一步集成法和两步集成法。一步集成法是过氧化氢的合成与氧化反应在同一反应器中进行；两步集成法是两个反应分别在不同反应器中进行，即第一步是过氧化氢的合成反应，第二步是将第一步合成的过氧化氢溶液用于有机物的选择性氧化过程。从文献报道看，由于两个反应条件，特别是温度不相匹配，使得两步集成法运用较多[190]。

（1）蒽醌法生产过氧化氢与有机物选择性氧化反应的集成

蒽醌法是目前生产 H_2O_2 的主要方法，将其与有机物的选择性氧化反应进行集成，同样受到人们的关注。由于蒽醌法生产过氧化氢的工艺路线较长，所以该方法生产过氧化氢与有机物选择性氧化反应的集成可以有多种方案（图 5-32）。

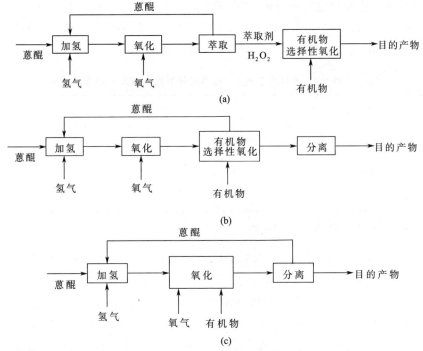

图 5-32　蒽醌法生产过氧化氢与有机物选择性氧化反应的集成工艺流程示意图

丙烯环氧化反应与由烷基蒽醌与分子氧制 H_2O_2 的集成反应式如下：

$$Q + H_2 \longrightarrow QH_2$$

QH_2 在反应器中与分子氧和丙烯反应生成环氧丙烷和水及相应 Q，Q 可通过单独加氢完成反应循环。实际上，反应是分两步进行的：

$$QH_2 + O_2 \longrightarrow H_2O_2 + Q$$

$$H_2O_2 + \text{CH}_2=\text{CH} \xrightarrow{\text{TS-1}} \text{(环氧丙烷)} + H_2O$$

在上述反应中溶剂的选择相当重要，它严格依赖于催化剂和氧化还原体系的性质。在 TS-1 催化剂上具有稳定性，意味着溶剂应具有化学惰性或具有空间位阻，不能进入 TS-1 孔道中。并且对反应混合物的所有组分都要有良好的溶解性，这也是很困难的，因为反应物和产物的溶解性相差很大。通常，单独一种溶剂不能满足上述要求。表 5-5 为该集成反应在不同溶剂中环氧丙烷的收率、溶剂的组成、蒽醌的浓度[191]。在 TS-1 催化剂存在下，乙基蒽醌(或叔丁基蒽醌与乙基蒽醌的混合物)与丙烯、空气中的氧气在室温下反应,以初始烷基蒽氢醌为基准的环氧丙烷收率分别为 78% 和 62%,此数值较用丙烯和 H_2O_2 直接合成环氧丙烷的收率要低些。但该过程毕竟简化了 H_2O_2 合成工艺过程。

表 5-5 原位合成 H_2O_2 与丙烯环氧化集成反应结果

溶剂组成/%(体积分数)			蒽醌		环氧丙烷
MEN	DIBC	MeOH	R(烷基基团)	浓度/(mol/L)	产率/%
22	68	10	C_2H_5	0.13	78
40	50	10	$C_2H_5(45\%)+t\text{-}C_4H_9(55\%)$	0.22	62

注:MEN 为 1-甲基萘,DIBC 为二异丁基甲醇。

① 用甲醇/水为萃取溶剂的集成 Clerici 等[192]提出了用环氧化过程中分离出产物环氧丙烷后的甲醇/水来萃取蒽醌氧化液中的 H_2O_2,再用于环氧化反应的集成过程,其流程如图 5-33 所示。烷基蒽醌溶于适当的溶剂中在加氢反应器中催化加氢生成氢蒽醌,然后进入氧化反应器中,用空气氧化生成 H_2O_2,氧化液送入萃取塔中,用甲醇/水萃取 H_2O_2。含 H_2O_2 的甲醇水溶液送入环氧化反应器,在 TS-1 的催化作用下 H_2O_2 与丙烯反应生成环氧丙烷。反应后的混合物经闪蒸分出未反应的丙烯,然后蒸馏分出产物环氧丙烷。从塔底出来的甲醇/水混合物部分送去萃取 H_2O_2,部分返回到环氧化反应器,另一部分去蒸馏以除去反应生成的水。

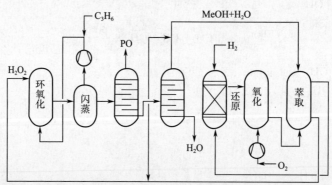

图 5-33 用甲醇/水混合溶剂萃取蒽醌工作液中 H_2O_2 的集成过程

② 蒽氢醌氧化与丙烯环氧化同时进行的集成 Clerici 等[193]提出蒽醌氢化液的氧化与 TS-1 催化丙烯环氧化在同一反应器中进行的集成过程,工艺过程如图 5-34 所示。这种集成过程的特点是将烷基氢蒽醌的氧化与丙烯环氧化置于同一反应器中进行,省掉了环氧化反应器。但由于溶剂中加入了一定量的甲醇(质量分数约为 10%),而烷基蒽醌及烷基氢蒽醌在甲醇中的溶解度很低,因而使混合溶剂中的烷基蒽醌的溶解量降低,对于相同的 H_2O_2 产量来说,氢化反应器及氧化反应器的体积将增大。同时,若采用空气来氧化烷基氢蒽醌时,还应增加丙烯与氮气的分离设备。而且如何保证在同一条件下两个反应都有较高的反应速率,以及该工艺中大量有机气体与空气混合所引起的工艺性安全问题,还需进一步研究。

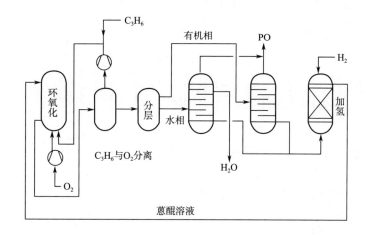

图 5-34   氢蒽醌氧化与丙烯环氧化在同一反应器中进行的集成过程

③ 以水溶性蒽醌为工质的集成   Rodriguez 等[194]提出了以水溶性蒽醌衍生物为工质的集成过程,其示意图如图 5-35 所示。在该集成过程中,蒽醌法生产 H_2O_2 采用甲醇/水作溶剂,与丙烯环氧化反应的最适宜溶剂相同,取消了萃取过程。由于蒽醌磺酸烷基铵盐在甲醇/水中的溶解度较大,因此可缩小氢化和氧化反应器的尺寸,但要求加氢催化剂具有耐水性。

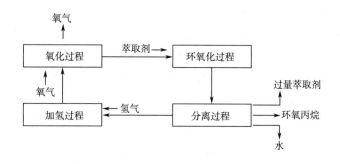

图 5-35   以水溶性蒽醌为工质的集成过程

(2)丙烯环氧化与异丙醇法的集成

Crocco 等[195]提出的工艺流程如图 5-36 所示。在该工艺中,异丙醇用空气或氧气氧化生成 H_2O_2 和丙酮,反应后的混合物直接进入蒸馏塔将其中的丙酮蒸出。在该塔中应使物料有足够的停留时间,以使其中的有机过氧化物分解,蒸出的丙酮送去催化加氢使之转化为异丙醇。分出丙酮后的 H_2O_2、异丙醇混合物(丙酮质量分数小于 1%)送入环氧化反应器,并加入适量的甲醇,以甲醇、水、异丙醇为溶剂,H_2O_2 和丙烯在 TS-1 的催化作用下反应生成环氧丙烷和水。反应后的混合物先进入丙烯塔将未反应的丙烯蒸出,并循环回环氧化反应器,余下的混合物进入环氧丙烷塔分出产物环氧丙烷。塔底得到的粗醇含异丙醇、水、丙二醇及少量的高沸点有机物,一部分作为 H_2O_2 的稀释剂送入环氧化反应器,其余与丙酮加氢得到的异丙醇一起送入异丙醇回收塔,除去反应生成的水以及其他杂质,回收的异丙醇溶液循环回氧化反应器继续进行氧化反应。

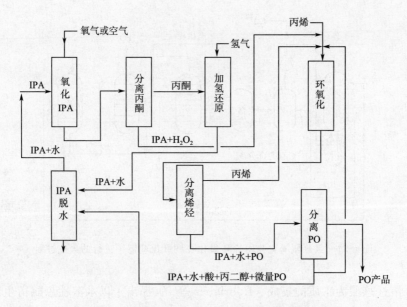

图 5-36 异丙醇氧化制 H_2O_2、丙烯环氧化集成流程

(3)丙烯用 H_2O_2 环氧化的连续化反应过程

许锡恩等[189]提出了一种采用细颗粒 TS-1 催化剂,既可与蒽醌法也可与异丙醇法相结合的环氧化工艺,如图 5-37 所示。它主要是由反应器、冷凝器、中间罐、蒸出再生复合塔、蒸馏塔、过滤器、储罐等构成。除了由反应器构成的反应工序外,还包括从反应器产出的气相混合物、淤浆混合物中分离环氧丙烷产物、回收过量的丙烯原料与甲醇溶剂以及对催化剂进行再生和脱液增浓的工序,其中的催化剂回收采用两段动态过滤。反应器的淤浆出料先分离出产物和过量的丙烯,然后再进行催化剂的分离再生和溶剂的回收,采用该工艺环氧丙烷的总收率达 91.5%。

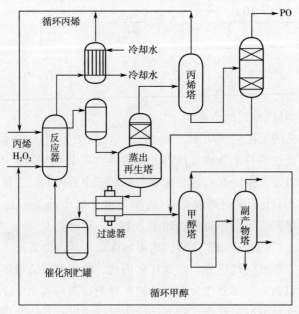

图 5-37 丙烯用 H_2O_2 环氧化的连续化工艺

5.8 环己酮氨氧化制环己酮肟

环己酮肟是生产 ε-己内酰胺的关键中间体。在 ε-己内酰胺生产方法中环己酮肟为中间产物的方法在世界各地占统治地位，目前全世界 95% 以上的 ε-己内酰胺是用此法生产的。ε-己内酰胺的主要工业用途是制造尼龙 6。由环己酮肟转化为 ε-己内酰胺是在 H_2SO_4 或发烟硫酸存在下进行 Beckmann 重排得到的，反应式为：

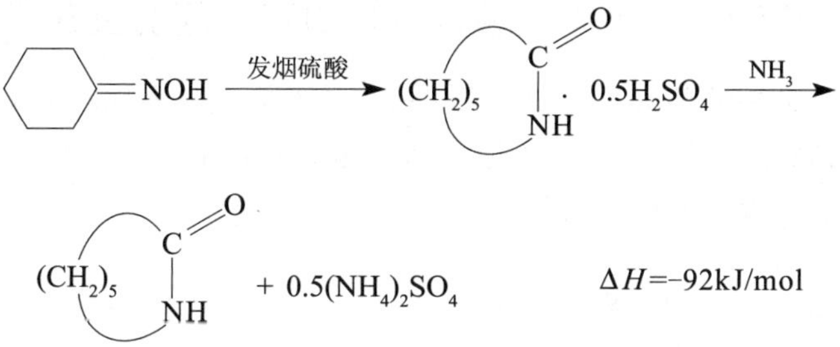

$$\bigcirc\!\!=\!\!NOH \xrightarrow{\text{发烟硫酸}} (CH_2)_5 \underset{NH}{\overset{C=O}{\bigcirc}} \cdot 0.5H_2SO_4 \xrightarrow{NH_3}$$

$$(CH_2)_5 \underset{NH}{\overset{C=O}{\bigcirc}} + 0.5(NH_4)_2SO_4 \qquad \Delta H = -92kJ/mol$$

BASF 公司对这一反应进行了工业开发，在连续生产过程中，肟溶液用硫酸酸化，然后通过保持在重排温度（90～120℃）的反应段。重排在几分钟内完成，反应生成的内酰胺硫酸盐溶液在中和槽内用 NH_3 中和，转化为游离内酰胺。在饱和硫酸铵溶液中游离的内酰胺浮在表面形成油层，用苯或甲苯萃取后进一步提纯和精馏，选择性几乎高达 98%。不难发现，由环己酮肟转化 ε-己内酰胺过程采用浓硫酸，并有相应的盐排放，这不属于环境友好的化工过程，开发高效固体酸代替发烟硫酸是当务之急。据报道，可用 B_2O_3/Al_2O_3 催化剂，在 340～360℃条件下进行肟-己内酰胺重排反应，也有采用 Amberlyst-15 强酸型阳离子交换树脂在 100℃对环己酮肟进行重排。

5.8.1 环己酮肟的传统生产方法

环己酮肟现有工业生产一般采用羟胺法，主要有三种工艺：传统的拉西法（HSO 法）、NO 还原法（NO 法）和磷酸羟胺法（HPO 法）。这三种方法分别存在产生硫酸铵、NO_x 及稀硝酸等副产品的不足。下面着重介绍环己酮肟的传统工业生产方法——羟胺法。在 85℃温度下，环己酮和羟胺盐（通常是硫酸盐）肟化生成环己酮肟。

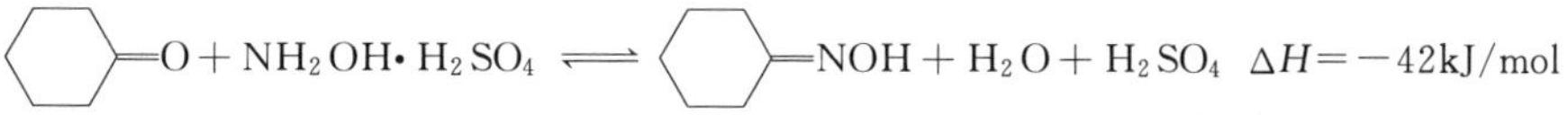

$$\bigcirc\!\!=\!\!O + NH_2OH \cdot H_2SO_4 \Longleftrightarrow \bigcirc\!\!=\!\!NOH + H_2O + H_2SO_4 \quad \Delta H = -42kJ/mol$$

为了使平衡向右移动，连续加入氨使 pH 值保持在 7，此步工艺可使 H_2SO_4 转化为硫酸铵。羟胺硫酸盐的生产，主要包括用 SO_2 在约 5℃的温度下将亚硝酸铵还原成二磺酸盐，然后在 100℃下水解得到硫酸羟胺：

$$NH_4NO_2 + NH_3 + 2SO_2 + H_2O \longrightarrow HON(SO_3NH_4)_2$$

$$HON(SO_3NH_4)_2 + 2H_2O \longrightarrow NH_2OH \cdot H_2SO_4 + (NH_4)_2SO_4$$

由此可见，由于羟胺和大量硫酸的引入，使得该反应工艺有着严重的环境污染问题，并且由于大量低值硫酸铵的生成，使得整个生产效益受到影响。Allicd 公司提出一个生产环己酮肟/ε-己内酰胺的简单方法，即以环己酮在高表面积的硅胶或 Ga_2O_3 上，于 200℃，1MPa 条件下与 NH_3 和 O_2 反应。转化率约 50%，肟和内酰胺混合物的选择性接近 68%。

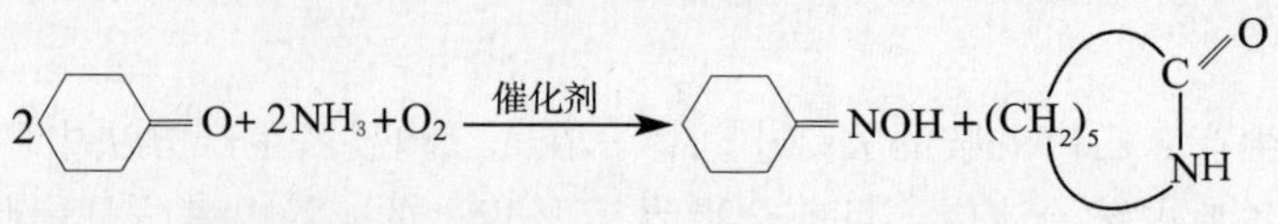

上述反应中产生的肟在酸催化下进行最后一次 Beckmann 重排，从而完成了一条以少数反应步骤和无盐生成为特点的合成路线。此法尚未被工业应用。

5.8.2　钛硅分子筛 TS-1 上环己酮氨氧化制环己酮肟反应性能

为了克服传统工艺中的环境污染和有大量盐生成的缺点，实现环境友好，人们开发出了 TS-1 催化环己酮氨氧化反应工艺。该工艺具有反应条件温和、副产物少、能耗低、污染低及选择性高等特点。该反应的反应式为：

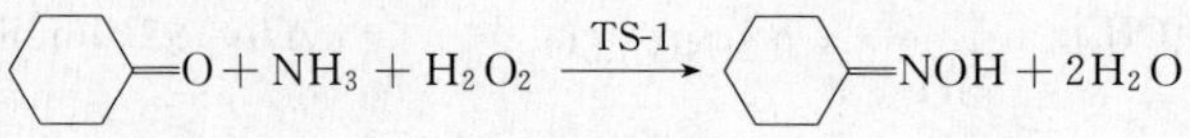

可见，上述只有无害的 H_2O 生成，有望实现零排放化工过程。

Alberti 等[196]首先发现环己酮、氨水和双氧水在钛硅分子筛催化剂的作用下，可一步生成环己酮肟。

（1）催化剂中钛含量对合成环己酮肟反应性能的影响

高焕新等[197]研究了钛硅分子筛 TS-1 催化环己酮氨氧化制环己酮肟。他们考察了分子筛中钛含量、进料方式、催化剂用量及反应条件等对环己酮氨氧化反应的影响。分子筛中钛含量的影响见表 5-6，以不含钛的 Silicalite-1 纯硅沸石为催化剂时，环己酮肟的选择性为零，而环己酮仍有 51% 转化为副产物。这可能是由于非催化氧化聚合所致。产物分析表明此时生成了大量高沸点化合物。随着分子筛中钛含量的增加，不仅转化率逐渐提高，而且对肟的选择性也达到 100%。上述结果表明，钛硅分子筛中骨架钛原子为氨氧化反应的催化活性中心，其含量决定着氨氧化的转化率和肟的选择性。当钛含量为 0 或很低时，环己酮的非催化氧化会加剧，这可能与反应体系中过氧化氢浓度积累过高有关。

表 5-6　催化剂中钛含量对氨氧化反应的影响

$n(SiO_2)/n(TiO_2)$	Silicalite-1	68.0	40.0	35.2	30.0
环己酮转化率/%	51.0	88.7	91.6	97.5	100.0
环己酮肟选择性/%	0	100.0	100.0	100.0	98.0

注：$n(H_2O_2)/n($环己酮$)=1.05$；$n(NH_3)/n($环己酮$)=2.0$；$m($催化剂$)/n($环己酮$)=12.50g/mol$；H_2O_2 WHSV$=3.264h^{-1}$；$V($有机物$)/V(H_2O)=1$；NH_3 间歇进料；温度$=80℃$；反应时间$=5h$。

（2）进料方式对合成环己酮肟反应性能的影响

H_2O_2 和 NH_3 的进料方式对氨氧化有较大的影响。当 H_2O_2 和 NH_3 均一次进料时，环己酮的转化率和环己酮肟的选择性都很低，产率仅 35.1%；当 H_2O_2 采用连续进料后，肟的选择性大幅度提高到 92.8%，产率达 53.8%；当 H_2O_2 和 NH_3 分别采用连续进料和间歇进料方式后，转化率和选择性分别提高到 97.5% 和 100%。当过氧化氢采用一次投料时，反应体系中过氧化氢浓度很高，必然会导致非催化副反应的进行而使选择性严重降低；同时由于 H_2O_2 在碱性环境中的分解而使转化率降低。氨的一次投料会加剧氨本身的催化氧化形成 NO_x 及 N_2，因而会使反应的转化率降低。H_2O_2 的连续进料和氨的间歇进料能够有效地避免上述不利因素，因此有利于氨氧化反应的进行。无论环己酮是一次投料还是连续进料，氨氧化反应都能获得良好的结果，肟的产率都高达 97% 以上。在这两种极端情况下，即无论体系中环己酮在很高浓度还是在极低浓度时，氨氧化反应都能顺利进行。这说明氨氧化反应速率和反应体系中环己酮的浓度无关。

（3）催化剂用量对合成环己酮肟反应性能的影响

随着催化剂用量的增加，氨氧化反应的转化率和选择性都随之提高，并可分别达到 100% 和 98%。然而在催化剂用量较少时，肟的选择性很低；在没有催化剂存在的条件下，尽管肟的选择性为零，但环己酮仍有 20% 转化为副产物。大量空白实验表明，H_2O_2、NH_3 和环己酮的同时共存，随反应条件的差异，环己酮的消耗在 10% 到 50% 之间。上述结果表明催化氧化生成肟的过程与非催化副反应之间存在着竞争机制，即进入反应体系中的 H_2O_2 如不能迅速与催化剂结合并使环己酮氧化为肟，则环己酮将与游离的 H_2O_2 及 NH_3 反应生成高沸点副产物。这说明控制适宜的反应条件，抑制非催化副反应是环己酮氨氧化反应的关键所在。

（4）温度对合成环己酮肟反应性能的影响

随着反应温度的提高，环己酮的转化率和肟的选择性显著提高。这可能与氨催化氧化为羟胺的反应速率有关。因为在较低的反应温度下，催化反应速率相对较慢，在给定 H_2O_2 空速的条件下，反应体系中过氧化氢的浓度会逐渐积累并达到相对较高的浓度，因而会加剧非催化副反应，使催化反应的转化率和选择性降低。实验结果表明，$80 \sim 100℃$ 时，H_2O_2 的分解和 NH_3 的挥发变得十分显著，体系的压力显著增加，不利于获得高的转化率。在实验条件下，反应温度为 80℃，氨氧化反应速率较快，且 H_2O_2 的分解也不显著，因此利于得到良好的反应结果。

在较低的温度下，产率和温度存在着线性关系，随着温度的升高，肟的产率线性增加，但在温度高于 70℃ 时，这一趋势减缓，说明此时反应温度不再是决定反应速率的主要因素。

综上所述，提高催化剂的投料量、提高分子筛的钛硅比和降低 H_2O_2 的空速，有利于提高氨氧化反应的转化率和选择性。降低氨/酮比不利于氨氧化反应，适宜的氨/酮摩尔比应该在 2.0 以上，适宜的氨氧化反应温度是 80℃ 左右，过低和过高的温度都不利于氨氧化反应。进料方式会严重影响 TS-1 催化氨氧化反应：H_2O_2 的连续进料和氨的间歇进料方式可获得最佳的结果。在优化的反应条件下，环己酮的转化率可达 100%，环己酮肟的选择性为 97%。

5.8.3 合成环己酮肟的反应机理和动力学

目前对氨肟化反应机理的文献报道有两种不同的观点：一种认为反应按亚胺机理进行，即环己酮先与氨生成活泼的亚胺，亚胺进一步与双氧水反应生成环己酮肟。另一种认为反应按羟胺机理进行即氨先与双氧水在 TS-1 催化剂上反应生成羟胺，羟胺进一步与环己酮反应生成肟。

Thangaraj 等[198]提出了亚胺机理。对 TS-1 沸石研究表明，它存在—Ti＝O、—Ti—

O—Si—结构。H_2O_2 与—Ti=O 相互作用：

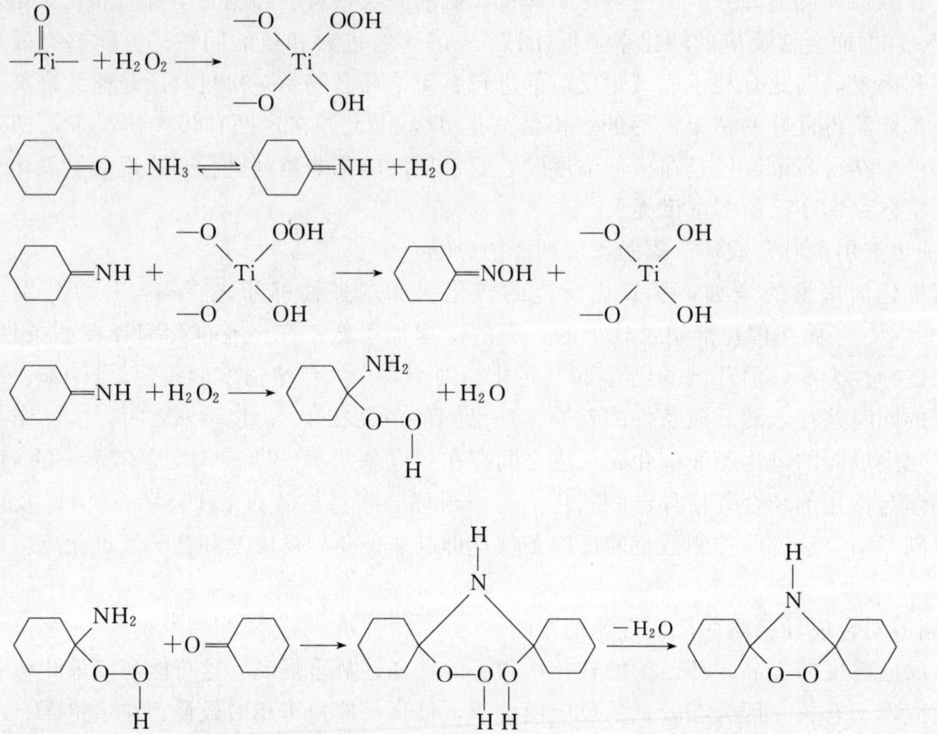

$$—Ti—\ \ +H_2O_2 \longrightarrow \ \ Ti\ (—O)(—O)(OOH)(OH) \tag{1}$$

$$C_6H_{10}=O + NH_3 \rightleftharpoons C_6H_{10}=NH + H_2O \tag{2}$$

$$C_6H_{10}=NH + Ti(—O)(—O)(OOH)(OH) \longrightarrow C_6H_{10}=NOH + Ti(—O)(—O)(OH)(OH) \tag{3}$$

$$C_6H_{10}=NH + H_2O_2 \longrightarrow C_6H_{10}(NH_2)(O—O—H) + H_2O \tag{4}$$

$$C_6H_{10}(NH_2)(O—O—H) + O=C_6H_{10} \longrightarrow [\text{环状中间体}] \xrightarrow{-H_2O} [\text{环状产物}] \tag{5}$$

此机理说明环己酮先和氨反应形成亚胺 [式(2)]，亚胺再进一步反应与 Ti 和 H_2O_2 的活性中间体 [式(1)] 作用，氧化生成环己酮肟 [式(3)]。式(4)和式(5)为催化的副反应。

也有人认为[197]反应机理是氨先被催化氧化为羟胺，羟胺再经过非催化过程直接与环己酮反应生成肟。

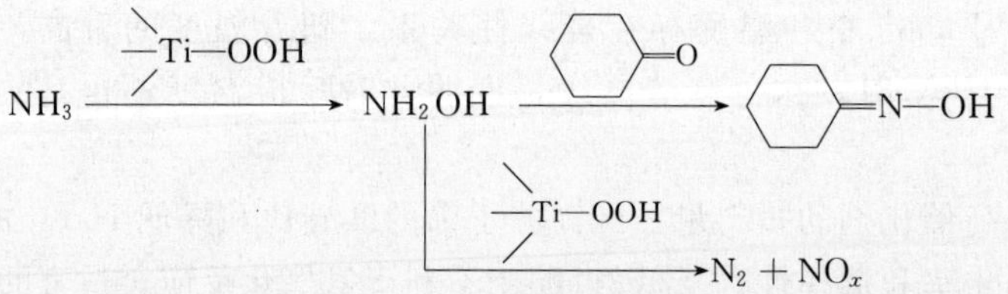

$$NH_3 \xrightarrow{—Ti—OOH} NH_2OH \xrightarrow{O=C_6H_{10}} C_6H_{10}=N—OH \tag{6}$$

$$NH_2OH \xrightarrow{—Ti—OOH} N_2 + NO_x \tag{7}$$

催化副反应

颜卫等[199]对钛硅分子筛(TS-1)催化环己酮氨肟化反应进行了研究。根据该反应体系中环己酮可能部分吸附在 TS-1 分子筛活性中心上与氨发生亚胺机理，未被吸附的环己酮和羟胺中间体发生羟胺机理(双机理)，建立了氨肟化反应以及该反应体系中过氧化氢分解的动力学方程。认为亚胺和羟胺机理在反应中所占比例与反应温度有很大关系。随着温度升高，羟胺机理发生概率降低，同时亚胺机理概率增加。双机理反应过程如下：

$$H_2O_2 + \sigma \underset{}{\overset{k_1}{\rightleftharpoons}} H_2O_2\sigma \tag{1}$$

$$NH_3 + H_2O_2\sigma \underset{}{\overset{k_2}{\rightleftharpoons}} NH_2OH\sigma + H_2O \tag{2}$$

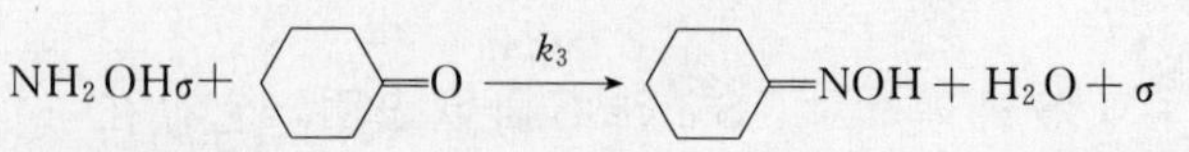

$$NH_2OH\sigma + O=C_6H_{10} \xrightarrow{k_3} C_6H_{10}=NOH + H_2O + \sigma \tag{3}$$

$$\text{cyclohexanone}{=}O + \sigma \xrightarrow{k_4} \text{cyclohexanone}{=}O\sigma \tag{4}$$

$$\text{cyclohexanone}{=}O\sigma + NH_3 \xrightarrow{k_5} \text{cyclohexyl}{=}NH\sigma + H_2O \tag{5}$$

$$\text{cyclohexyl}{=}NH\sigma + H_2O_2 \xrightarrow{k_6} \text{cyclohexyl}{=}NOH + H_2O + 2\sigma \tag{6}$$

$$\text{cyclohexanone}{=}O + H_2O_2 + NH_3 \xrightarrow{TS\text{-}1} \text{cyclohexyl}{=}NOH + H_2O \tag{7}$$

$$H_2O_2 \xrightarrow{k_7} H_2O + O_2 \tag{8}$$

5.8.4 合成环己酮肟 TS-1 催化剂改进

虽然 TS-1 催化剂用于环己酮氨肟化反应有很好的活性，但是其催化剂颗粒很小（$0.2\sim$ $0.3\mu m$），造成催化剂难以分离和回收；钛硅分子筛由于其独特的孔道结构，具有晶粒尺寸效应，当催化剂的平均粒径大于 $1\mu m$ 时，反应物不易接近活性中心，造成催化剂活性降低。这是 TS-1 催化剂工业化应用的一个瓶颈[200]。

为了解决 TS-1 催化剂的分离和回收问题，刘莹和李翠凤[201,202]将 TS-1 原粉负载在酸处理过的堇青石蜂窝陶瓷载体上制备了 TS-1 分子筛整体式催化剂。堇青石内部具有相互平行的、规则的直通孔道，将采用水热合成法制备的 TS-1 母液浸渍在具有一定大小的堇青石上，然后烘干、焙烧，环己酮的转化率、选择性分别达到了 80% 和 85%。由于内扩散的限制，因此整体式催化剂没有 TS-1 原粉活性好，但是该方法制备简单，简化了催化剂分离和回收问题，且所制备的催化剂失活速率较慢。

Bellussi 等[203]采用一种特殊的黏结剂和喷雾干燥塔制备了平均粒径为 $20\mu m$ 的 TS-1 催化剂，有效解决了催化剂的分离和回收问题。这种黏结剂是将正硅酸乙酯加入到 TPAOH 溶液中所制得的澄清溶液，硅以胶态的形式存在其中。将所制备的 TS-1 原粉加入到上述澄清溶液中，在催化剂和胶态硅表面会形成牢固的化学键，然后迅速转入喷雾干燥塔脱水，即会形成较大的催化剂球体。该球体有较高的强度，不易在反应中破碎，且因为球体表面存在晶格缺陷，所以该催化剂有较高的活性，其活性和稳定性均优于经典水热合成法，目前已工业化。

在滴流床反应器中使用 TS-1 催化剂时，需要对催化剂进行加工成型。Alberti 等[204]采用具有一定形状和大小的无定形硅作为载体，该载体具有较大的孔容和比表面积，浸渍含钛溶液，水热合成制备 TS-1 催化剂，省去了加工成型的步骤。

中国石化石油化工科学研究院在传统水热合成 TS-1 分子筛的基础上，自主开发了 TS-1 分子筛重排改性工艺[205]。该工艺具有制备重复性好的优点，经重排改性后的 TS-1 分子筛晶粒具有空心结构（商品牌号为 HTS），催化苯酚羟基化反应的活性可提高 $2\sim4$ 倍，催化环己酮氨肟化反应的活性亦有大幅度提高，且已成功应用于中国石化巴陵石化公司己内酰胺的工业化生产。中国石化石油化工科学研究院在 HTS 用于催化丙烯环氧化反应的研究中，考察了成型黏结剂和反应温度对 HTS 催化丙烯环氧化反应的影响。实验结果表明，与 Al_2O_3 相比，SiO_2 作为黏合剂时催化剂对环氧丙烷的选择性显著提高；环氧丙烷选择性和 H_2O_2 有效利用率均随反应温度的升高而降低。在固定床反应装置上的正交实验结果表明，在实验温度 40℃、压力恒定 0.5MPa、丙烯与 H_2O_2 的物质的量比 4:1、

甲醇与 H_2O_2 的物质的量比 40:1 和液空速 $12.5h^{-1}$ 的优化工艺条件下，H_2O_2 的有效利用率可达 88.1%。

纳米磁性材料在纳米催化剂载体研究方面的应用引人注目。纳米磁性颗粒作为催化材料的载体，由于其尺度细小，复合颗粒仍保持在纳米尺度，使催化剂保持了较高的催化活性；同时，这种磁载催化剂具备超顺磁性特征，在外加磁场条件下可快速磁化而聚集，而当撤销外加磁场时，磁载催化剂的磁性消失，又可快速分散于液体中，因而有利于细小催化剂颗粒的快速回收和再利用。王东琴等[206]将水热合成与溶剂蒸发法相结合，以尖晶石结构的纳米铁酸镍为磁核，成功制备了磁载钛硅分子筛。所制备的磁载钛硅分子筛颗粒呈球形，分布均匀，颗粒直径为 $100\sim150nm$，具有明显核/壳结构和超顺磁特征。磁载钛硅分子筛在环己酮氨肟化反应中表现出良好的催化活性，环己酮转化率达到 98%，产物选择性在 97% 以上。

赵茜等[207]制备了混合型钛硅分子筛/纳米碳纤维催化剂并将其用于催化环己酮氨肟化反应，发现环己酮转化率和环己酮肟选择性均达 95% 以上，并且混合型 TS-1/碳纤维复合催化剂易于过滤分离。

5.8.5　微乳条件下环己酮的氨肟化反应

微乳液体系是指由互不相溶的水相/非极性溶剂和表面活性剂组成的透明、热力学稳定的混合物。一般而言，在微乳体系中进行反应的速率比相转移催化的两相体系甚至比均相体系的都要快。

由于反应物环己酮主要存在于油相，而氨水、H_2O_2 在水相中浓度较高，为获得较好的反应效果需要寻找一种好的溶剂使反应物均处于一相，使反应物有足够的接触而使反应充分进行。因此在浆态条件下一般加入叔丁醇/水作为溶剂，但是由于叔丁醇的加入，增加了提纯的难度，同时也面临着溶剂叔丁醇回收的问题。微乳液作为一种高度分散体系，其分散相胶束粒径为 $10\sim100nm$，通过表面活性剂的作用使油相和水相按照一定比例互溶形成外观透明、各向同性、结构确定、热力学稳定的体系。金颖等[208]针对钛硅分子筛(TS-1)催化环己酮氨肟化反应在浆态条件下进行时存在的固液分离和溶剂回收等问题，采用微乳化的方法加以解决。以十六烷基三甲基溴化铵(CTAB)/水/氨水/环己酮的水包油(O/W)型微乳液作为反应介质，实现了 TS-1 催化环己酮的氨肟化反应。通过实验考察了反应温度及助表面活性剂叔丁醇的用量对反应选择性及转化率的影响。结果表明，升高反应温度，在环己酮转化率随之提高的同时，环己酮肟的选择性先升高后降低，且在 $65℃$ 时达到最高；而助表面活性剂(叔丁醇)的用量对环己酮的转化率没有明显影响，却显著影响了反应的选择性。所得的环己酮肟结晶度好、纯度高。

5.8.6　环己酮氨氧化制环己酮肟工艺与传统工艺对比

如上所述，钛硅沸石上的环己酮氨氧化反应制环己酮肟，克服了传统工艺产生大量无机盐副产物生成及气相 SO_2 和 NO_x 的排放等缺点。该新工艺已建成了年产环己酮肟 1.2 万吨的工厂(意大利 Enichem 公司)。Petrini 等详细比较了新工艺与传统工艺[163]。图 5-38 为以 TS 沸石为催化剂的 Enichem 生产技术与其他工艺技术的对比。可见，Enichem 生产技术工艺流程简单，副产物少且产率高。

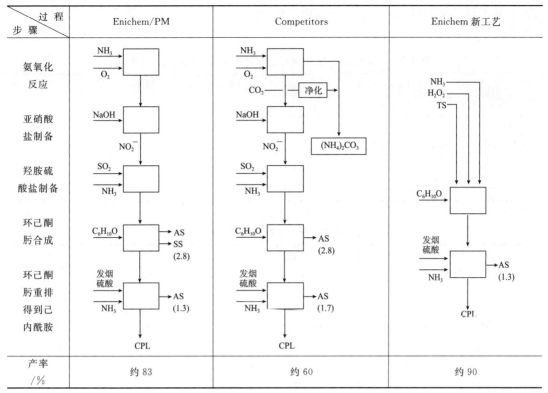

过程步骤	Enichem/PM	Competitors	Enichem 新工艺
氨氧化反应	NH₃、O₂	NH₃、O₂、CO₂ → 净化	NH₃、H₂O₂、TS
亚硝酸盐制备	NaOH → NO₂⁻	NaOH → NO₂⁻ → (NH₄)₂CO₃	
羟胺硫酸盐制备	SO₂、NH₃	SO₂、NH₃	C₆H₁₀O
环己酮肟合成	C₆H₁₀O → AS → SS (2.8)	C₆H₁₀O → AS (2.8)	发烟硫酸、NH₃ → AS (1.3)
环己酮肟重排得到己内酰胺	发烟硫酸、NH₃ → AS (1.3) → CPL	发烟硫酸、NH₃ → AS (1.7) → CPL	CPL
产率/%	约83	约60	约90

注：AS＝硫酸铵；SS＝硫酸钠；CPL＝己内酰胺；（ ）＝每千克己内酰胺产生的副产物量，kg/kg。

图 5-38　生产己内酰胺新工艺与传统工艺对比

表 5-7 是不同催化剂上环己酮氨氧化反应结果。可见，除 TS 沸石具有最高的活性外，负载在非晶形 SiO_2 上的 TiO_2 催化剂也有良好的催化性能。当采用不含 Ti 的非晶形 SiO_2 或纯硅沸石时，没有催化活性。

表 5-7　不同催化剂上环己酮氨氧化反应结果[①]

催化剂	Ti/%（质量分数）	$H_2O_2/C_6H_{10}O$（摩尔比）	环己酮 转化率/%	环己酮 选择性/%	H_2O_2 产率/%
无催化剂	—	1.07	53.7	0.6	0.3
SiO_2	0	1.03	55.7	1.3	0.7
纯硅沸石	0	1.09	59.4	0.5	0.3
TiO_2/SiO_2	1.5	1.04	49.3	9.3	4.4
TiO_2/SiO_2[②]	9.8	1.06	66.8	85.9	54.0
TS-1	1.5	1.05	99.9	98.2	93.2

① 叔丁醇为溶剂；催化剂浓度＝2%（质量分数），温度＝80℃。

② 反应时间＝1.5h。

不同溶剂对环己酮氨氧化反应结果的影响见表 5-8。可见，溶剂的影响不是很大，但叔丁醇是最好的溶剂。

生产己内酰胺技术路线对比见表 5-9 和表 5-10。氨氧化合成路线使合成环己酮肟大大简化。传统方法中，在羟胺和环己酮肟的合成过程中有大量不希望的副产物生成，如 NO_x、

SO$_2$和硫酸铵。从表可知，新合成路线使硫酸盐副产物减少了 3/4，并且不一定产生气相污染物。

表 5-8　不同溶剂对 TS-1 沸石上环己酮氨氧化反应结果的影响

溶 剂	H$_2$O$_2$/C$_6$H$_{10}$O（摩尔比）	环己酮		H$_2$O$_2$产率/%
		转化率/%	选择性/%	
苯	1.03	99.7	95.0	91.7
甲苯	1.07	99.8	97.0	90.0
叔戊醇	0.86	94.5	95.6	94.0
叔丁醇	1.05	99.9	98.2	93.2

表 5-9　己内酰胺生产中产生的硫酸铵副产物对比[191]

过 程	硫酸铵副产物/(kg/kgCPL)			市场份额/%
	氧化过程	重排过程	总量	
环己酮为中间物过程				
Enichem/Rasching	2.8	1.3	4.1	5
Rasching	2.8	1.6	4.4	45
BASF	1.0	1.6	2.6	21
DSM/Stamicarbon	0.0	1.6	1.6	20
EniChem 氨氧化过程	0.0	1.3	1.3	—
其他过程	—	—	3～5	9

表 5-10　己内酰胺生产过程含 N、S 化合物的排放对比[191]

过 程	SO$_2$	NO$_x$	NH$_3$	NH$_3$(SO$_x$)	NO$_2^-$/NO$_3^-$	肟
Rasching	2.65	3.3	0.85	1.4(2.64)	0.5	0.2
氨氧化过程	—	—	—	—	1.0	—

注：单位为 kgNH$_3$(SO$_2$)/1000kg 肟。

Tatsumi 等[209]考察了不同环烷酮在 TS-1 分子筛(Si/Ti＝79)和非晶形 SiO$_2$-TiO$_2$(Si/Ti＝85)催化剂上的氨氧化反应性能，见表 5-11 所示。可见，在 TS-1 催化剂上环烷酮的反应活性为：环庚酮＞环戊酮＞环己酮＞环辛酮。在 SiO$_2$-TiO$_2$ 上的活性顺序为环庚酮＞环戊酮≈环己酮＞环辛酮。在 TS-1 沸石上，除环庚酮外，反应活性随它们分子尺寸的增大而减小。这与 SiO$_2$-TiO$_2$ 催化剂上的结果一致，但环庚酮仍是活性最高。另外，TS-1 和 SiO$_2$-TiO$_2$ 催化剂上的活性很不同，后者活性较前者低得多，虽然在两种催化剂中 Ti 均为 Ti^{4+}，但钛的配位态和分布状态是不同的。他们采用使分子筛形状选择性中毒方法，发现正庚烷的氨氧化反应主要在分子筛内表面上进行。TS-1 上环己酮和甲基环己酮的活性顺序为：环己酮＞2-甲基环己酮≈3-甲基环己酮＞2,6-二甲基环己酮，反映了反应物或产物在 TS-1 孔中的扩散性是不同的。当 TS-1 晶粒大于 1.5μm 时，环烷酮的扩散起主要作用。当 TS-1 晶粒小于 0.3μm 时，扩散因素不影响反应活性。

表 5-11　TS-1 和非晶形 SiO₂-TiO₂ 上酮的氨氧化反应①

表 5-11　TS-1 和非晶形 SiO$_2$-TiO$_2$ 上酮的氨氧化反应①

反应物	肟产率/%	
	TS-1②	非晶形 SiO$_2$-TiO$_2$③
环戊酮	30	3.2
环己酮	24	3.3
环庚酮	39	4.0
环辛酮	21	2.3

① 催化剂＝50mg；酮＝10mmol；酮/NH$_3$/H$_2$O$_2$＝1:2:1(摩尔比)；H$_2$O$_2$(质量
分数 5%饱和溶液)；NH$_3$(质量分数 28%饱和溶液)；温度＝353K；反应时间＝5h。
② TS-1-Si，Si/Ti＝79。
③ Si/Ti＝85。

为了提高 TS-1 分子筛的物理性质和机械强度，人们又在研究将 TS-1 分子筛负载在载体上。Prasad 等[210]将 TS-1 分子筛负载在 γ-Al$_2$O$_3$ 载体上。当 γ-Al$_2$O$_3$ 含量为 50% 时，在 60℃ 时，环己酮、氨及 H$_2$O$_2$ 反应 6h，转化率为 97.4%，环己酮肟的选择性为 95.2%。Peter 等[211]对 SiO$_2$、TiO$_2$、γ-Al$_2$O$_3$、ZrO$_2$、SiO$_2$-Al$_2$O$_3$ 等不同载体上 TS-1 催化剂的反应性能进行了研究，在叔丁醇为溶剂时，80℃ 条件下，负载在 γ-Al$_2$O$_3$、SiO$_2$、ZrO$_2$ 上 TS-1 催化剂环己酮肟收率为 91.9%～92.8%，选择性为 98.0%～98.3%。活性炭也可用作载体。

5.8.7　合成环己酮肟的其他新方法

在合成环己酮肟的新方法中，除了 TS-1 催化剂上环己酮、氨水和双氧水为原料直接合成环己酮肟方法外，研究者也正在研究其他新方法，包括不同的原料或催化剂等。

（1）Al$_2$O$_3$-SiO$_2$ 催化双氧水氧化环己胺制备环己酮肟

高美香等[212]以 Al$_2$O$_3$-SiO$_2$ 为催化剂，用双氧水氧化环己胺制备了环己酮肟。考察了溶剂用量、催化剂用量、反应时间和反应温度等因素对催化性能的影响。在溶剂乙腈与环己胺体积比为 3:1，催化剂质量分数 31.0%，75℃反应 5h 后的环己胺转化率为 100%，环己酮肟选择性可达 83.6%。并对环己胺催化氧化的反应机理作了初步的探讨。

（2）杂多酸催化剂上环己酮氨肟化反应

曾湘等[213]研究杂多酸及其负载型催化剂对环己酮氨肟化反应的催化性能，并以磷钨酸为催化剂，考察了催化剂用量、反应温度、反应时间、H$_2$O$_2$ 用量、氨水用量和溶剂种类对环己酮氨肟化反应转化率和环己酮肟选择性的影响。所制备的杂多酸均具有 Keggin 型结构。以水为溶剂时，4 种杂多酸对环己酮氨肟化反应均具有催化活性，其中磷钨酸的催化活性最高。在 $m(\mathrm{H_3PW_{12}O_{40}})/m(\mathrm{C_6H_{10}O})=0.3$、$n(\mathrm{H_2O_2})/n(\mathrm{C_6H_{10}O})=1.6$、$n(\mathrm{NH_3})/n(\mathrm{C_6H_{10}O})=3.0$、20℃下反应 5h 的条件下，环己酮氨肟化反应的转化率为 90.9%，环己酮肟选择性达 98.4%。在相同的反应条件下，负载型磷钨酸催化剂中，以活性 Al$_2$O$_3$ 为载体的磷钨酸催化剂环己酮氨肟化反应的催化活性最高，环己酮转化率为 87.6%，环己酮肟选择性达到 97.5%。

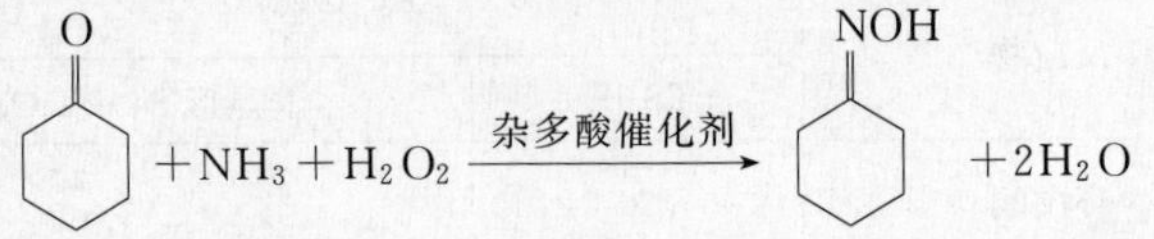

$$\text{环己酮} + NH_3 + H_2O_2 \xrightarrow{\text{杂多酸催化剂}} \text{环己酮肟} + 2H_2O$$

(3)硝基环己烯加氢制环己酮肟

Corma 等[214]报道了由硝基环己烯选择性氢化生成环己酮肟的新路线。在 Au/TiO$_2$ 催化下，110℃，1.5MPa 反应 0.5h，硝基环己烯的转化率达到 99.6%，环己酮肟的选择性达到 90.9%，而以 Pd/C、Pt/C 为催化剂时，同样在 110℃，1.5MPa 反应 0.03h，硝基环己烯的转化率分别为 69.8% 和 67.1%，环己酮肟的选择性分别为 70.6% 和 52.6%。他们认为烯烃和硝基基团在 Pd 和 Pt 上的吸附与 Au 上不同。Pd 和 Pt 是还原硝基的非选择性催化剂，而 Au 是在其他可还原基团共存下进行硝基还原的潜在高选择性催化剂。该路线中原料硝基环己烯的合成难度较大。

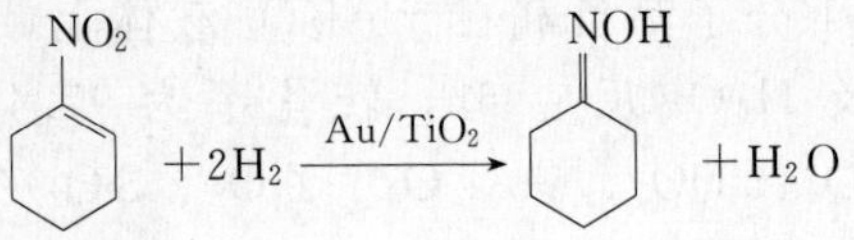

$$\text{硝基环己烯} + 2H_2 \xrightarrow{Au/TiO_2} \text{环己酮肟} + H_2O$$

(4)环己胺气相氧化制环己酮肟

Rakottyay 等[215]报道了以改性的 γ-Al$_2$O$_3$ 为催化剂，O$_2$/N$_2$ 混合气体（O$_2$ 32%）为氧化剂，环己胺与 O$_2$ 摩尔比为 14:19，常压、180~185℃ 条件下气固相催化环己胺合成环己酮肟。研究了高比表面 Al$_2$O$_3$ 对环己胺氧化反应的影响。Al$_2$O$_3$ 催化剂由三异丙酸铝在碱性条件下水解制备。利用不同的胺控制碱性来调整制得的 Al$_2$O$_3$ 的酸性和表面结构。不同的 Al$_2$O$_3$ 催化剂催化环己胺氧化反应活性有明显差异。环己胺的转化率可以从 15% 升至 35%，而环己酮肟的选择性可以从 40% 升至 60%。如果采用硅钨杂多酸浸渍处理的 Al$_2$O$_3$ 为催化剂，环己酮肟的选择性则可升至 70%。

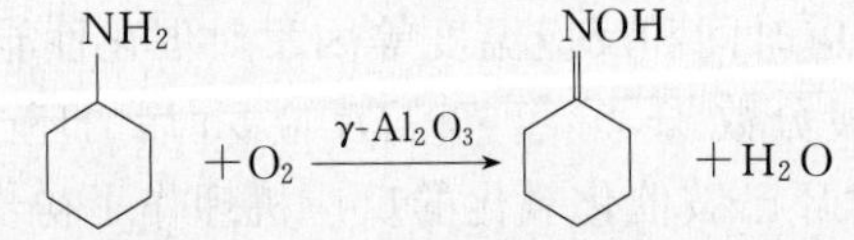

$$\text{环己胺} + O_2 \xrightarrow{\gamma\text{-}Al_2O_3} \text{环己酮肟} + H_2O$$

(5)硝基环己烷加氢制环己酮肟

毛丽秋等[216]以 Pd/C 为催化剂，溶剂存在下硝基环己烷氢化制备环己酮肟。考察了溶剂种类、催化剂用量、反应时间、反应温度等因素对催化剂性能的影响。溶剂的种类对硝基环己烷氢化产物的选择性有很大影响，乙二胺是该反应的合适溶剂。在催化剂与硝基环己烷摩尔比为 1:100、反应温度 95℃ 的条件下，反应 6h 后的硝基环己烷转化率可达 100%，环己酮肟选择性可达 84.2%。

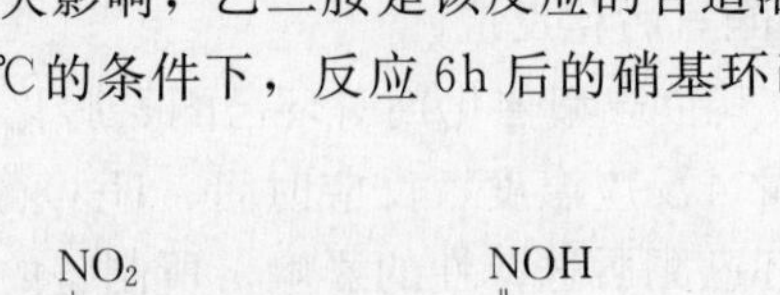

$$\text{硝基环己烷} + H_2 \xrightarrow{Pd/C} \text{环己酮肟} + H_2O$$

5.9 H₂O₂-离子液体氧化反应体系

$$\text{5.9 } H_2O_2\text{-离子液体氧化反应体系}$$

5.9.1 双氧水-离子液体催化氧化反应制备己二酸

己二酸(简称 ADA)是重要的有机化工原料和中间体,主要用于制造尼龙-66、聚氨酯等。目前,己二酸的主要生产方法为硝酸氧化环己醇或环己酮,该生产过程中不仅设备腐蚀严重,而且释放出大量含氮氧化物、硝酸蒸汽及高浓度的废酸液,严重污染环境。为此,研究者正在开发环境友好的合成 ADA 工艺过程。其中,在离子液体存在下,以双氧水为氧源的氧化反应路线具有多方面的优势。

(1)离子液体催化环己酮双氧水氧化合成己二酸

环己酮双氧水氧化制己二酸的催化剂有钨酸、钨酸钠、杂多酸、钨的氧化物等。王晓丹等[217]在无溶剂、无相转移剂情况下,采用廉价的己内酰胺钨酸盐离子液体为催化剂、30% H₂O₂ 氧化环己酮合成己二酸,效果较好,过程简单,便于操作。他们以钨酸和己内酰胺为原料一步法合成了[CP]HWO₄ 室温离子液体,将其用于催化环己酮氧化合成己二酸,考察了离子液体用量、配体种类、体系 pH 值等方面的影响。该离子液体对于环己酮氧化合成己二酸具有良好的催化效果,在环己酮 100mmol,30% 双氧水 44.5mL,[CP]HWO₄ 5mmol,反应初始液 pH 值为 0.8,反应时间 8h,水杨酸 5mmol 条件下,己二酸分离产率可达 85.4%。且离子液体可重复使用。离子液体的合成过程如下:

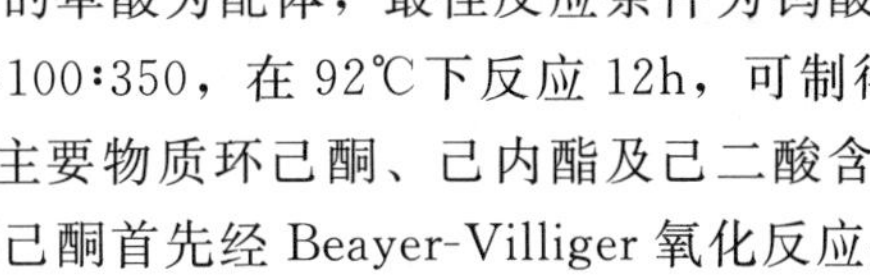

除离子液体外,张敏等[218]以 30% 的双氧水为氧化剂,钨酸钠与含 N 或 O 的双齿有机配体(草酸)形成的络合物为催化剂,在无有机溶剂、无相转移剂的条件下,研究了环己酮氧化制己二酸的反应。用廉价的草酸为配体,最佳反应条件为钨酸钠:草酸:环己酮:30% 的双氧水的物质的量比为 2.0:3.3:100:350,在 92℃下反应 12h,可制得 80.6% 的己二酸;用 GC-MS 跟踪了氧化过程中三种主要物质环己酮、己内酯及己二酸含量随反应时间的变化关系,提出了其主要氧化机理为环己酮首先经 Beayer-Villiger 氧化反应生成己内酯,己内酯进一步氧化成己二酸。

(2)离子液体催化环己烯双氧水氧化合成己二酸

环己烯催化氧化法合成己二酸的催化剂主要有钨酸和钨酸盐类、过钨酸盐类、三氧化钨、杂多酸及其盐类、分子筛类和其他类型催化剂等。以环己烯为原料合成己二酸的反应路程如下式所示。首先环己烯被氧化为环氧环己烷,并很快水解为 1,2-环己二醇;继而 1,2-环己二醇继续氧化为 2-羟基环己酮,并经过 Baeyer-Villiger 氧化及进一步氧化变为己二酸酐;最后己二酸酐水解开环生成己二酸。动力学研究表明环己烯的氧化水解生成 1,2-环己二醇是整个反应的速控步骤[219,220]。

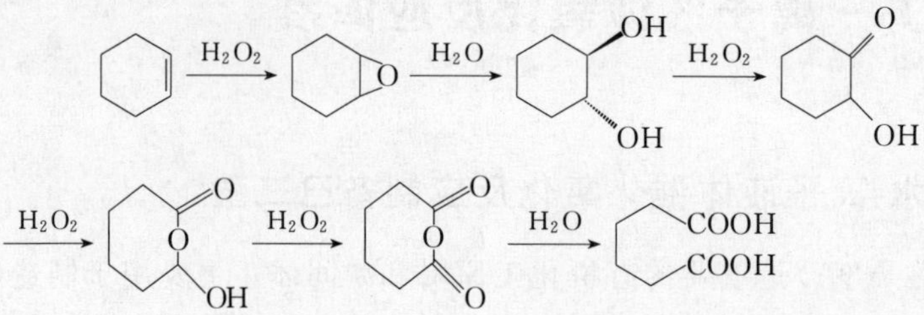

使用离子液体作为配体或助催化剂催化氧化环己烯合成己二酸的研究大都使用有毒有害的咪唑、吡啶和长链烷基季铵盐等作为原料，对人体和环境产生一定的危害。杨雪岗[221]以氨基酸为原料，合成了6种离子液体。在无任何有机溶剂和卤素的条件下，以双氧水为氧化剂，以 $Na_2WO_4 \cdot 2H_2O$ 为催化剂，使用合成的离子液体作为助催化剂。清洁催化氧化环己烯合成己二酸，考察了不同离子液体的催化效果、离子液体用量、双氧水用量、反应时间、后期反应温度、加料方式等对环己烯氧化合成己二酸选择性的影响。使用苯丙氨酸硫酸氢盐离子液体作为配体时，催化效果最好。在最佳的工艺条件下，环己烯的转化率为100%，己二酸的总收率为87.2%。

王晓丹等[222]在无有机溶剂和卤素的条件下，以钨酸/酸性离子液体为催化体系、质量分数30%的双氧水为氧化剂，催化氧化环己烯合成己二酸。当 n(环己烯)$:n$(钨酸)$:n$(N-甲基咪唑硫酸氢盐([hmim]HSO_4))$:n$(双氧水)$=50:1:5:220$(离子液体用量为10mmol)时回流反应7.5h，己二酸的分离产率可达90.5%。且离子液体廉价易制备、环境友好、可重复使用。他们[223]还将 L-谷氨酸和磷钨酸反应合成了谷氨酸型杂多酸盐([HGlu]PTA)催化剂，己二酸分离产率可达94.8%；[HGlu]PTA催化剂重复使用4次后，己二酸的产率仍然可达到80%以上。

除离子液体外，分子筛催化剂也具有明显的优势。Raja等[224]考察了介孔 FeAlPO-5 对氧化环己烯合成己二酸的催化性能，并与 MnAlPO-5 催化剂进行比较。他们发现，在用双氧水为氧源、温度100~130℃条件下，FeAlPO-5 的催化活性和选择性(>75%)优于 MnAl-PO-5(60%)。随后，Lee等[225]以 TAPO-5 为催化剂证实，TAPO-5 对于该反应是有效的，并指出反应过程中生成顺式环己二醇和反式环己二醇的途径不同，前者遵循自由基机理，而后者是通过亲核取代机理得到，但两者最终生成己二酸的途径是相同的；当催化剂被过滤洗涤后催化剂的活性 Ti 物种并没有丢失，但是催化剂活性却显著下降。

Chiker等[226,227]合成了孔径为3.7nm和6.5nm的 TiO_2-SiO_2(Ti-SBA)分子筛、介孔硅SBA-15，以双氧水、四丁基过氧化氢或过氧化羟基异丙苯为氧化剂，催化氧化环己烯，实现了较高的产率。

Cheng等[228]合成了具有介孔结构的 WSBA-15，在无有机溶剂条件下催化30%的双氧水直接氧化环己烯时，己二酸产率为50%，此催化剂在重复使用时发现活性没有降低。

Lapisardi等[229]报道使用新型双功能 Ti-AlSBA-15 中孔结构催化剂，80℃反应24h，叔丁基过氧化氢(TBHP)催化氧化环己烯合成己二酸，产率可达80%以上。

Lee等[230]开发了 TAPO-5 分子筛催化剂，也可以在无溶剂存在的情况下以过氧化氢为氧化催化环己烯制备己二酸，TAPO-5 催化剂是一种双功能催化剂，同时具有 B 酸性能和将过氧化氢中的初态氧释放出来的能力，将环己烯、过氧化氢(25%的水溶液)和催化剂以质量比 5.1:30:0.5 混合搅拌，在80℃下反应72h后环己烯转化率为100%。

5.9.2 双氧水-离子液体催化氧化柴油脱硫反应体系

柴油中的硫醇、硫醚和噻吩等有机硫化物燃烧后生成的 SO_x 是大气的主要污染物，是形成酸雨的直接原因，随着环境保护法规的日益严格，世界各国都制定严格的柴油硫含量标准，生产超低硫柴油已成为近年来世界各国的研究热点。传统的加氢脱硫技术虽能脱除柴油中硫醇、硫醚等大部分硫化物，但芳香类噻吩硫化物，特别是苯并噻吩(BT)、二苯并噻吩(DBT)及其甲基取代的衍生物，由于其存在空间位阻效应，加氢脱硫技术很难达到深度脱除；同时加氢脱硫技术存在装置投资大，操作费用高，且需要氢气等问题，导致柴油生产成本大幅上升。柴油催化氧化脱硫因其易在较温和的条件下得到超低硫油品而引起了广泛的关注。

柴油的催化氧化脱硫是在催化剂和氧化剂的共同作用下，将其中的硫醚、噻吩等有机硫化物依次氧化为亚砜和噻吩二氧化物等氧化态有机硫化物，含硫化合物吸收氧原子后增加了偶极矩，即增加了其在极性溶剂中的溶解性，然后用极性溶剂萃取，就可以将含硫化合物与不溶的有机物分开，达到脱硫目的。催化剂在柴油催化氧化脱硫中起着重要的作用。柴油催化氧化脱硫技术包括固体催化剂(杂多酸/杂多酸盐、有机酸盐、分子筛、活性炭、金属氧化物等)、液体催化剂(无机酸/有机酸、离子液体等)和气体催化剂(NO_x)。但是该工艺仍存在一些问题，主要是萃取剂与油品存在交叉污染和油品损失等，影响脱硫效果。离子液体对芳香类含硫化合物具有较好的萃取能力，且与燃料油互不相溶，不存在油品的交叉污染问题；萃取的操作条件为常温常压；萃取到离子液体中的含硫化合物可以通过溶剂洗涤或蒸馏的方法除去，使离子液体得到再生和循环使用，所以离子液体萃取脱硫研究越来越广泛[231]。

赵地顺等[232]以 B 酸性离子液体 N-甲基-2-吡咯烷酮磷酸二氢盐([Hnmp]H₂PO₄)为萃取剂和催化剂，双氧水为氧化剂，二苯并噻吩(DBT)溶于正辛烷为模型油，在反应温度 60℃，模型油与离子液体体积比为 1:1，氧/硫摩尔比为 16，氧化时间 5h 条件下，模型油脱硫率达 99.8%，实际柴油脱硫率为 64.3%。各因素对 DBT 脱硫率影响的大小依次为：反应温度＞反应时间＞氧/硫摩尔比＞剂油比；离子液体循环利用 6 次，脱硫率下降不明显。并认为 B 酸性离子液体[Hnmp]H₂PO₄ 萃取氧化脱硫的过程如下：萃取到离子液体相的 DBT 在[Hnmp]H₂PO₄ 的催化下被 H₂O₂ 氧化，离子液体相 DBT 含量降低，萃取平衡被破坏。因此，油相中的 DBT 可连续不断地萃取到离子液体相中进一步氧化，氧化产物二苯并噻吩亚砜及砜由于极性较大而留在离子液体相，具体过程如图 5-39 所示。

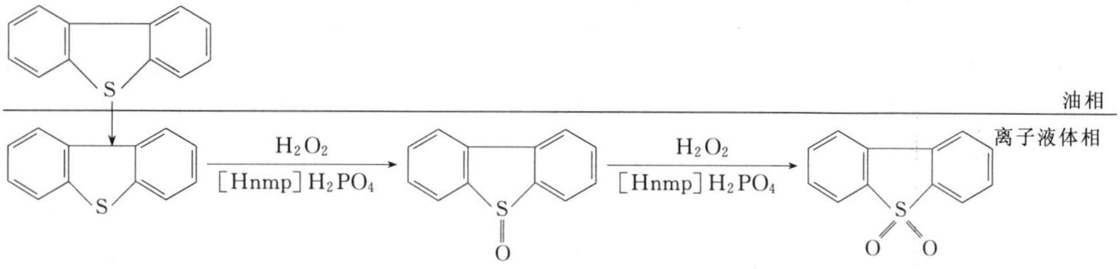

图 5-39 酸性离子液体[Hnmp]H₂PO₄ 萃取氧化脱硫过程

氧化法脱硫中最为常见的催化剂是乙酸，由于挥发性反应中乙酸极易损失，且易进入到油相中影响其性能。因此，曹群等[233]考虑应用离子液体的合成原理将乙酸固定在甲基咪唑上形成乙酸型离子液体，这样离子液体将具备以下的功能：相转移催化剂、萃取剂并减少了乙酸的挥发和毒性。在 80℃，30min，模拟油、离子液体和双氧水的量分别为 10mL 时具有最佳的脱硫效果,模拟油中噻吩的脱除率可达到 73%。他们认为离子液体型相转移催化剂的反应过程为:在水相中双氧水将乙酸型离子液体氧化成过氧化态,由于离子液体的相转移特性,过氧化态的离子液体进入到油相中将其中的硫化物氧化成砜,而离子液体也由过氧化态恢复到常态,回到水相。砜相比于硫化物具有更高的极性容易溶解到离子液体和水的混合液中。

王利等[234]在没有任何有机溶剂和卤素的条件下,以质量分数 30% 的 H_2O_2 为氧化剂,$Na_2WO_4 \cdot 2H_2O$ 为催化剂,在酸性离子液体$[(CH_2)_4SO_3HMIm]TSO$ 中,将柴油中的噻吩硫氧化为砜类物质,并通过离子液体将其萃取,同时考察了反应温度、反应时间和离子液体用量等因素对氧化脱硫反应的影响,得出最佳反应条件:3mL 油样(含硫质量分数为 $500\mu g/g$),n(离子液体)$/n(Na_2WO_4 \cdot 2H_2O)=40:1$,0.7mL 双氧水,333K,2h,脱硫率为 97.4%。反应结束后,通过简单的倾倒将油样和催化剂分离,重复使用 4 次,其催化活性基本不变。

刘丹等[235]以功能化酸性离子液体为催化剂,30%双氧水为氧化剂,将加氢柴油中的含硫化合物氧化为相应的砜类物质,并用 N-甲基吡咯烷酮(NMP)萃取一次。同时考察了反应温度、反应时间和催化剂用量等因素对氧化脱硫反应的影响。在优化条件下脱硫率可达到 86.7%,反应结束后,可通过简单的倾倒将油样和催化剂分离,重复使用 5 次,其催化活性变化不大。认为酸性离子液体催化氧化脱硫反应共经历如下三步:第一步,酸性离子液体催化剂首先将油相中的硫化物萃取到水相(也是离子液体相);第二步,酸性离子液体中的羧基在离子液体的酸性作用下(HSO_4^-)生成具有催化作用的过氧酸根;第三步,硫化物在过氧酸根作用下生成砜。

除了 H_2O_2 离子液体催化氧化柴油脱硫反应体系外,双氧水还可以与有机酸、杂多酸、分子筛等构成柴油脱硫反应体系。袁秋菊等[236]通过氧化反应与溶剂萃取分离相结合的方法对辽河直馏柴油氧化脱硫。双氧水与甲酸作为氧化剂反应生成的过氧酸,可以把柴油中的含硫化合物有选择性地氧化成相应的具有很强极性的砜。根据相似相溶原理,使用极性溶剂 N,N-二甲基甲酰胺(DMF)将这些砜从柴油中脱除,从而降低油品中的硫含量。在最佳实验条件下,脱硫率可达 67.5%,基本满足国家标准的要求。

蔡永宏等[237]合成新型杂多酸季铵盐催化剂用于脱除模拟汽油中的苯并噻吩。催化剂为 $(BMIM)_2(CTMAPMo_{12}O_{40}$[二(1-丁基-3-甲基咪唑)-十六烷基三甲基磷钼酸铵盐]。60℃、60min 条件下,脱硫率达到 69.4%。用于真实汽油脱硫的脱硫率 68.8%。催化氧化萃取模拟汽油中苯并噻吩氧化历程如图 5-40 所示。在催化反应脱硫的过程中,以杂多酸季铵盐作为催化剂,双氧水作为氧化剂,反应过程中杂多酸阴离子仍然保持了 Keggin 结构,具有强亲水性,强的氧化性;双氧水可以自由地出入杂多酸的阴离子的网状结构,氧负离子和杂多阴离子作用形成杂多过氧化物,杂多阴离子成为传递氧负离子的载体,在搅拌的同时,催化剂的作用下体系能够形成乳状液形态,通过调节搅拌转速的大小来控制乳液液滴的大小和成乳、破乳的时间,这样增大了油水的接触表面积。加快了噻吩类硫化物和氧负离子的接触机会,氧化后的砜类物质被萃取剂即时转移进入萃取液相中,使平衡向正反应方向移动,达到脱硫目的。

王云等[238]将噻吩、苯并噻吩、二苯并噻吩和 4,6-二甲基二苯并噻吩(DMDBT)分别溶于正辛烷配成模拟燃料,以 Ti-HMS 为催化剂,以 H_2O_2 为氧化剂,对模拟燃料的氧化脱硫进行了研究,考察了 Ti-HMS 的催化活性及硅/钛比和结晶度对催化剂活性的影响。在

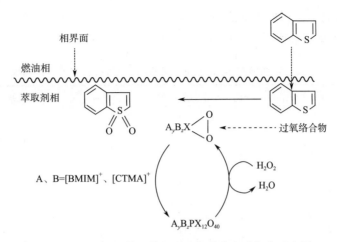

图 5-40 催化氧化萃取模拟汽油中苯并噻吩氧化示意图

Ti-HMS 上硫化物氧化的难易顺序是由噻吩环上硫原子的电子云密度和硫化物分子的空间位阻共同决定的；氧化反应发生在分子筛孔道内，骨架钛原子为活性中心；DMDBT 在 Ti-HMS 上的氧化脱除效果比在 TS-1、Ti-β 或 Ti-MCM-41 上好。随着 Ti-HMS 中硅/钛比的增大，DMDBT 的脱除率降低；随着 Ti-HMS 分子筛结晶度的升高，DMDBT 的脱除率升高。

李宇慧等[239]用等体积浸渍法制备的 MoO₃/介孔 Al₂O₃ 做催化剂，以双氧水做氧化剂，对柴油进行氧化脱硫的研究，考察了 MoO₃ 负载量、氧化剂用量、催化剂用量、氧化反应温度和时间对柴油脱硫效果的影响。最佳催化氧化条件是 MoO₃ 负载量为 20%、催化剂用量为 1.0%、氧化剂 H_2O_2 与柴油中硫的摩尔比为 12，氧化温度为 60℃，反应 30min，在此条件下柴油的脱硫率为 68.4%。

宋华等[240]以噻吩/石油醚模拟油为原料，丝光沸石为催化剂，研究了双氧水催化氧化深度脱硫技术。考察了催化剂及其用量、氧化剂用量、反应温度和反应时间对脱硫效果的影响，以及氧化反应的动力学。

5.9.3 双氧水-离子液体中的其他反应体系

(1) 环己烯氧化制环氧环己烷

景色等[241]研究了离子液体中 Mn(TFPP)SCl[(meso-tatrakis (pentafluropheyl) por-phinato) manganese (Ⅲ) cloride]锰卟啉催化烯烃的氧化反应。在离子液体-CH_2Cl_2 混合溶剂中，以价廉、环境友好的 H_2O_2 为氧源，考察了离子液体结构、反应条件等对环氧化反应的影响。当氧化剂/环己烯/催化剂/咪唑=450:150:1:75(摩尔比)时，室温下，在 MMISM-CH_2Cl_2 的混合溶剂中，环己烯的转化率和环氧环己烷的选择性可分别达到 94.8% 和 95.5%，远高于在纯 CH_2Cl_2 中的实验结果。并在最优反应条件下考察了该催化剂体系对烯烃底物的适用性。此外，反应结束后，产物可以由正己烷萃取出来，考察了混合溶剂中 Mn(TFPP)Cl 催化剂的重复使用情况。

(2) 醇双氧水氧化反应

Zhao 等[242]采用溶胶-凝胶法制备的离子液体功能化的二氧化硅对于杂多酸是一种可行的载体，三种商用杂多酸成功地负载在离子液体功能化的二氧化硅上作为醇氧化的催化剂。

基于磷钨酸的负载离子液相催化剂活性最好，高产率（大部分＞93％）地得到了相应的羰基化合物，如表 5-12 所示。且该催化剂经过简单的过滤即可回收，重复使用七次效果较好。

表 5-12　不同醇与 H_2O_2 在 PW/SiO_2-IL 上进行氧化反应的结果

序号	原料	H_2O_2/原料[①]	产品	转化率/%	收率[②]/%
1	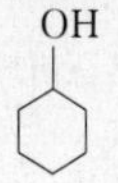	3	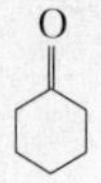	100	100
2	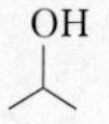	3		98	98
3	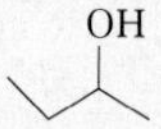	3	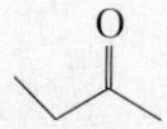	99	99
4	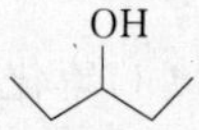	3	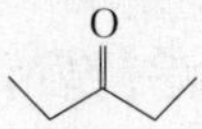	93	93
5	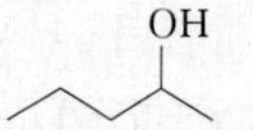	3	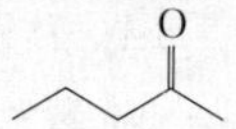	96	96
6	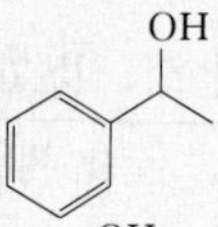	1.5	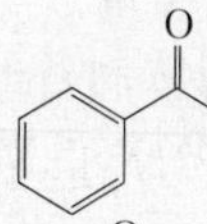	100	100
7	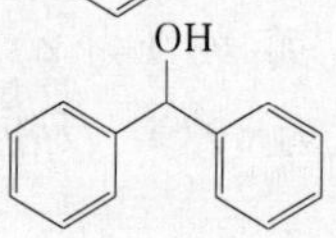	1.5	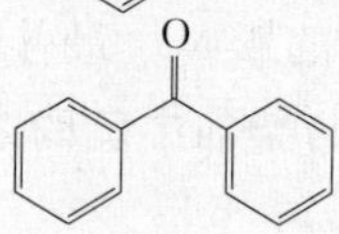	100	100
8	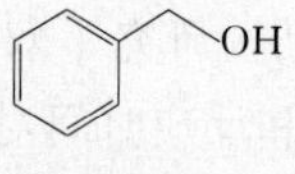	1.5	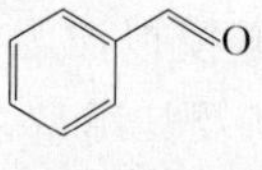	85	78
9	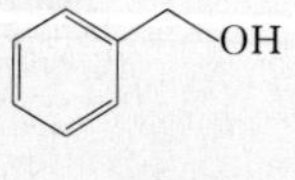	3	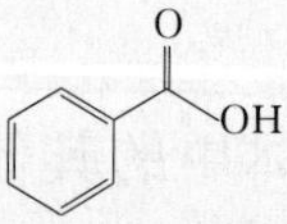	100	80
10	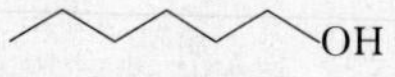	1.5		28	10
11	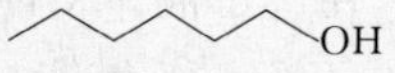	3	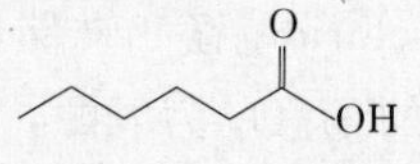	55	46

① 摩尔比。

② GC 收率。

注：反应条件：原料（5mmol）和 PW/SiO_2-IL（0.14g，0.34％摩尔分数基于 PW），90℃搅拌 12h；溶剂：MeCN（3mL）。

（3）环己醇双氧水氧化制环己酮

邵丽丽等[243]以不同种类的离子液体作为相转移催化剂，用双氧水作为氧化剂，$Na_2WO_4 \cdot 2H_2O$ 为催化剂，在适当的反应条件下，能有效进行相转移催化环己醇氧化制备环己酮。采用酸性离子液体[Cl$_6$mim]HSO$_4$ 和[Cl$_4$mim]HSO$_4$ 相转移催化合成环己酮，可提高环己酮的产率，具有反应条件温和、操作简便、需用时间短、相转移催化剂可以循环使用等优点。在反应温度为 90℃，反应时间为 50min 条件下，环己醇的转化率高达 100%，选择性 99% 以上。

（4）苯乙烯双氧水氧化制环氧苯乙烷

彭建兵等[244]合成了氨基功能化乙烯基咪唑离子液体（AIL），利用氨基固定金纳米粒子以及双键的聚合作用，获得了聚离子液体固载金纳米粒子的催化剂（GNPs-P-AIL）。AIL 在固定金纳米粒子并聚合后仍然保持着离子液体的基本结构，金纳米粒子分布均匀，粒径为 6 ～8 nm。GNPs-P-AIL 催化剂对苯乙烯环氧化具有较好的催化活性，以双氧水为氧化剂，在 60℃下反应 6h 时，苯乙烯的转化率和环氧苯乙烷的选择性分别可达 81.5% 和 88.3%。GNPs-P-AIL 的合成路线如图 5-41 所示。

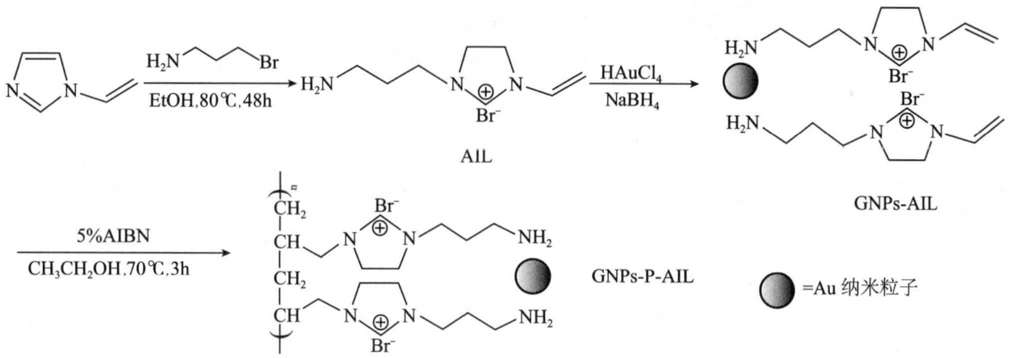

图 5-41　GNPs-P-AIL 的合成路线

（5）苯甲醛制备苯甲酸

郑敏燕等[245]以 N-甲基咪唑、四氟硼酸铵、正丁醇、溴化钠为主要原料合成了 1-正丁基-3-甲基咪唑四氟硼酸咪唑盐型离子液体。以该离子液体作相转移催化剂研究了双氧水氧化苯甲醛制备苯甲酸的反应。该氧化反应中加入离子液体可起到溶剂及相转移催化剂的作用，当反应 5h 时，苯甲醛可达最大转化率 88%。反应后离子液体可回收再利用。

5.10　饱和烷烃的氧化反应

低碳饱和烷烃的氧化通常是在苛刻的条件下完成的，比如高温、强氧化剂、自由基试剂，且产物中有大量副产物。低碳饱和烷烃的部分氧化产物醇和酮是重要的溶剂和合成有机化合物的中间体。基于技术上和经济上的考虑，各国科学家一直在寻找新的氧化过程和新型的选择性氧化催化剂。

长期以来，烷烃选择性氧化的催化剂研究主要集中在过渡金属配合物。在温和条件下，有很多金属配合物可以作为烷烃羟基化的催化剂，其氧源一般为过氧化物、过氧化氢和碘苯。但活性和选择性不能令人满意。具有微孔晶体的钛硅沸石（TS）能够活化烷烃仲、叔碳原子，因此用 H$_2$O$_2$ 水溶液在 TS 催化下能使烷烃氧化成醇并进而氧化为酮。这种催化剂对醇的形成具有低的区域选择性，而对酮的形成具有高的反应选择性。

柯于勇等[246]考察了 TS 分子筛上戊烷的氧化反应。以甲醇或丙酮为溶剂，研究了 TS/H$_2$O$_2$ 比、Si/Ti 比、反应时间、反应温度及溶剂的影响。在 55℃条件下，随着分子筛骨架上 Ti 含量增加，H_2O_2 的转化率和产物的选择性变化不大，只是 H_2O_2 的利用率增加，产物戊酮和戊醇的分布大约为 $60:40$。Ti 含量多的 TS 沸石有更多的氧化活性位，从而使 H_2O_2 向目的产物的转化率增加，表现出 H_2O_2 有更好的利用率；随着催化剂用量增加，H_2O_2 转化率和利用率增加，在 TS/H_2O_2 接近 2 时，H_2O_2 转化率和利用率分别达到 90％和 85％，并且催化剂与 H_2O_2 比值对戊酮和戊醇的分布有较大影响：TS/H_2O_2 比值过高，H_2O_2 浓度下降，不利于醇进一步氧化成酮；过低，反应活性中心少也不利于醇的进一步转化。随着反应时间的延长，双氧水的转化率和利用率增加，戊酮的选择性升高而戊醇的选择性下降，说明戊醇是反应的中间产物，随着反应时间的增加，生成的戊醇又参与反应生成戊酮。可见，适当控制反应时间可以控制反应产物的分布。双氧水的平均有效转化速率随着反应时间的增加而下降，说明反应开始阶段催化剂的活性中心得到较充分的利用。随着反应时间的增长，H_2O_2 的浓度越来越低，产物也可能吸附在活性中心位上，再加上孔道对于产物的扩散限制，使得双氧水的平均有效转化速率随着反应时间的增加而降低。反应温度的升高提高了反应物分子的动能，因而提高了反应速率即提高了双氧水的有效转化速率。当反应温度从 30℃升到 40℃，尽管 TS/H_2O_2 比降低近一倍，双氧水的有效转化速率却迅速提高近 1.5 倍；40～50℃又使双氧水的有效转化速率提高了近 0.6 倍；到了 60℃ 双氧水的有效转化速率反而下降了，可见温度的升高会加速双氧水的分解。在 30～50℃之间双氧水的有效转化速率存在一个反应温度拐点。不同于反应速率，双氧水的转化率在 30～40℃之间没有一突跃，这可能是由于太低的反应温度不利于反应物及其产物在孔道内扩散，从而影响催化剂的活性中心的有效利用。另外，随着温度的进一步升高，尽管双氧水的转化率和有效转化速率提高，但是其利用率却随温度升高而下降。因而同样说明了双氧水的分解和氧化转化是竞争反应，只有一定的温度范围适合于氧化转化，可以有较好的转化率和利用率。

除戊烷外，人们还对其他烷烃的氧化反应进行了研究。Tatsumi 等[247]报道了在 TS 沸石催化剂上烷烃与 H_2O_2 的选择催化氧化反应，并给出了直链烷烃己烷、庚烷、辛烷和壬烷的氧化转化率，反应速率为己烷＞庚烷＞辛烷＞壬烷，这个次序与随着碳链长度的增加在沸石上的扩散能力下降的结果是一致的。Spinace 等[248]的研究表明，环己烷在 TS-1 上先氧化为环己醇，再氧化为环己酮。因形状选择性的原因，环己醇在 TS-1 沸石的笼内将被进一步地氧化成环己酮，在 TS-1 外表面则被氧化为多种氧化物。通过加入 2,6-二叔丁基-4-甲基苯酚后，可有效地抑制催化剂外表面的非选择性氧化，提高产物环己酮的选择性。经进一步的研究发现，环己烷在 TS-1 沸石内的催化氧化过程同自由基链反应过程相似，其速率控制步骤也为 C—H 键的均裂过程。

Fu 等[249]研究了 TS-2 催化正己烷氧化的动力学，得到了正己醇的生成速率对双氧水为二级，对正己烷为零级。这说明此反应的速率控制步骤与两个 H_2O_2 分子吸附在两个相连的 Ti 位上有关，他们认为这是正己烷催化氧化的可能的活性中心。其他有关烷烃在 TS 沸石上双氧水氧化反应结果参见文献[250,251]。

5.11　苯胺的氧化反应

苯胺氧化反应可得到其含氧衍生物，如硝基化合物、肟类、偶氮及氧化偶氮化合物等，如下所示：

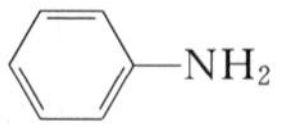

苯胺 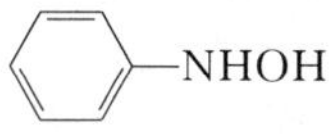   苯胲(PH) 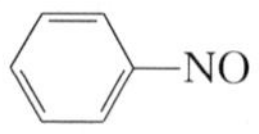   亚硝基苯(NSB)

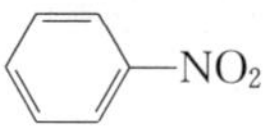

硝基苯(NB) 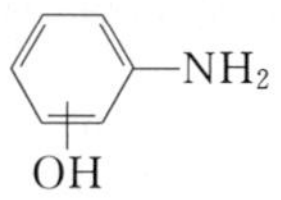   氨基苯酚(AP) 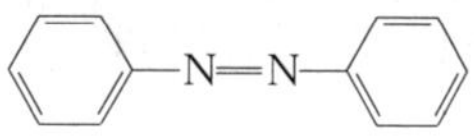   偶氮苯(AZO)

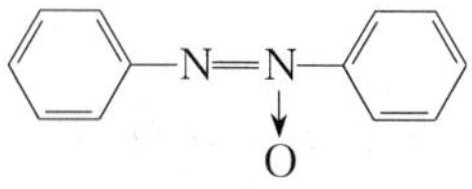

氧化偶氮苯(AZY)

羟胺类化合物在不同领域可作为还原试剂、稳定剂及聚合反应阻聚剂等。氧化偶氮类化合物，尤其是具有芳基和烷基的氧化偶氮类化合物在液晶领域被应用。

Gontier 等[252~258]研究了 TS-1 沸石上苯胺与双氧水的氧化反应。他们以叔丁醇为溶剂，反应温度为 70℃。主要产物氧化偶氮苯和亚硝基苯，氧化偶氮苯(AZY)随反应时间增加，而亚硝基苯则相反，他们认为反应过程是：

$$\text{苯胺} \rightarrow \text{亚硝基苯(NSB)} \rightarrow \text{氧化偶氮苯(AZY)}$$

在反应完成(H_2O_2 转化率$>90\%$)后，AZY/苯胺比值接近 0.07，而进料中 H_2O_2/苯胺比值为 0.2，后者是前者比值的 3 倍，这说明 AZY 的形成需要 3mol 的 H_2O_2。

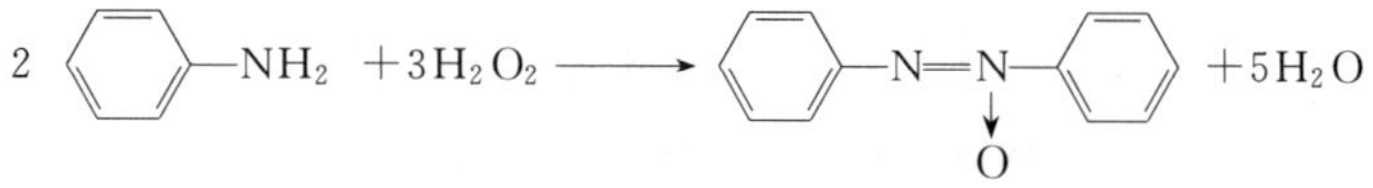

5.12 烯烃的环氧化反应

前面，我们已经详细介绍了在 TS-1 沸石上丙烯环氧化反应过程与工艺，它对改进传统工艺、实现清洁生产具有重要作用。这里再介绍一下大烯烃分子在 TS 沸石上的环氧化反应过程。由于 TS-1 和 TS-2 沸石的孔径较小，一般只适用于小分子烯烃的环氧化反应。对于大分子烯烃，大孔径的 Ti-β 沸石表现出良好的催化活性。Corma 等[259]研究 Ti-β 沸石催化剂上烯烃与 H_2O_2 和叔丁基过氧化氢(TBHP)的氧化反应。包括直链烯烃、支链烯烃和环状烯烃。如，1-己烯、1-辛烯、1-癸烯、2-己烯、3-己烯、2-甲基-2-戊烯、4-甲基-1-戊烯、环己烯和 1-甲基-1-己烯。

不同烯烃反应活性是不同的，这与它们本身的结构有关。对于线性 α-烯烃，当链长增加时，反应活性下降。从 1-己烯到 1-癸烯，它们在分子筛孔道内扩散影响逐渐增大。关于烯烃分子中双键位置的影响，活性顺序为：2-己烯$>$1-己烯$\geqslant$3-己烯。并且环己烯的反应速率要比 1-己烯高得多。

在 Ti-β 沸石上，各种烯烃的反应活性为：环己烯＝2-甲基-2-戊烯$>$4-甲基-1-戊烯$>$1-甲基-1-环己烯$>$2-己烯$>$1-己烯$>$3-己烯$>$1-辛烯$>$1-癸烯

在 TS-1 沸石上活性顺序为：2-己烯$\gg$1-己烯$>$1-辛烯$>$1-癸烯$>$2-甲基-2-戊烯$\gg$1-甲基

-1-环己烯

用 H_2O_2 为氧化剂时，Ti-β 沸石上烯烃转化率及环氧化合物的选择性比 TS-1 沸石低，其原因是 Ti-β 沸石中 Al 位上的 B 酸中心使环氧化合物的环解离。当以叔丁基过氧化氢(TBHP)为氧化剂时，Ti-β 的活性较 H_2O_2 为氧化剂时显著提高，TBHP 对产物的选择性可达到 $92\% \sim 100\%$，环氧化合物的选择性接近 100%。

5.13 苯酚氧化反应

邻苯二酚和对苯二酚是高价重要化学制品，有着十分广泛的用途。传统的制备方法有：邻氯苯酚水解法和焦油裂解法、苯胺氧化法、对二异丙苯氧化法、苯酚羟基化法等。随着无铝钛硅沸石 TS-1 和 TS-2 出现，用稀 H_2O_2 为氧化剂，使苯酚直接羟基化生成邻、对苯二酚的反应受到重视。它具有反应条件温和、苯酚转化率和 H_2O_2 有效利用率高、苯二酚选择性高、成本低、产品易分离和环境污染少等优点。

苯酚与双氧水氧化反应产物一般为三种苯二酚的异构体混合物，反应式为：

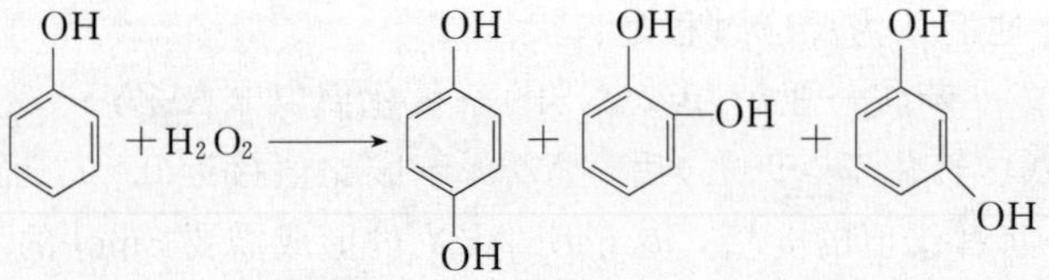

Thangaraj 等[260]等研究了 TS-1 沸石上苯酚氧化反应制苯二酚反应。纯硅沸石(Silicalite-1)、TiO_2、非晶形 TiO_2-SiO_2 及 Silicalite-1 和 TiO_2 的物理混合物对于该反应没有活性，说明 MFI 结构中骨架上的钛离子是活性中心。有意思的是在催化剂浓度较低时，有大量的苯醌(PBQ)生成。在反应时间较短时，产品分布中苯醌的浓度较大，随时间延长，苯醌逐渐消耗，苯二酚比例增加。在丙酮或甲醇为溶剂时，苯酚转化率最高，2-丁酮和乙腈为溶剂时，苯酚转化率较低，H_2O_2 有效转化率也呈同样的趋势。他们还考察了 H_2O_2 浓度对苯酚氧化反应的影响。在苯酚/H_2O_2 摩尔比较高时，苯酚和 H_2O_2 转化率均较高，此时，对苯二酚/邻苯二酚比值变化不大。但在苯酚转化率较低时，有大量的苯醌生成。

张雄福等[261]考察了 TS-1 沸石在苯酚-双氧水氧化反应中的催化性能。认为 TS-1 沸石催化苯酚-双氧水氧化反应，其反应过程不是酸催化，而是沸石骨架中存在的结构

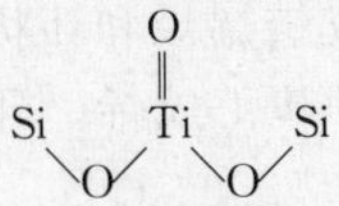

$$ Si \overset{\overset{\textstyle O}{\|}}{\underset{\textstyle Ti}{\diagup \diagdown}} Si $$

在起催化活性中心的作用。这种结构首先可以稳定 H_2O_2，而后参与反应。

赫崇衡等[262]对 H_2O_2 存在下苯酚直接羟基化合成苯二酚的反应条件、影响因素及机理进行了探讨。认为该反应属亲电取代反应，H_2O_2 在 TS-1 沸石上形成过氧化物中间体作为亲电试剂，亲电试剂进攻苯酚的邻、对位，生成苯二酚，催化剂表面脱水，恢复初始状态。因为—OH 为邻、对位定位基，当苯环上原有定位基是—OH 时，邻、对位二元取代物理论上所占的比例应该是邻位 73%，对位 27%。反应时间在 6h 以内，所得邻、对位产物的比例与理论相符，但随反应时间的增长，邻位产物的量增加缓慢，主要是对位产物增多，反应 26h 后两者比例接近于 1。这是因为在反应初期，催化作用主要在沸石外表面上发生，化学

反应为控制步骤。但随反应时间的延长，结焦作用使催化剂表面活性逐渐下降以至失活，反应主要在沸石孔道内表面进行。TS-1 的主孔道为 $0.53nm \times 0.65nm$ 的椭圆形孔道，与产物和反应物分子的直径相差不大，而且外表面及孔道口附近的结焦作用增加了扩散阻力，所以扩散传质成为反应的控制步骤，使反应速率逐渐减小。另外孔道内生成的产物在向外扩散时，邻位取代的空间位阻比对位取代的大，扩散系数相差 $2 \sim 4$ 个数量级。因此邻苯二酚在孔道内异构化为对苯二酚再向外扩散进入反应主体，这是由质量传递选择性而引起的择形反应。反应的中、后期主要生成对位产物。

马淑杰等[263]采用不同结构的 Ti-Si 沸石和钛酸盐作为催化剂，研究了苯酚催化氧化制备苯二酚的反应。他们认为钛硅沸石 TS-1、TS-2 和 Ti-ZSM-48 的基本结构单元都是五元环。由于它们的孔道形状的差别，对苯酚羟化反应的催化性能也不同。TS-1 羟基化的效果最好，TS-2 较差，Ti-ZSM-48 沸石虽然采用 1，6-HAD 模板剂制备，沸石中钛含量不高，但它的催化活性与 TS-1 相差不大。

Tuel 等[264]研究了 TS-1 和 TS-2 沸石为催化剂时苯酚与 H_2O_2 的氧化反应。认为催化剂的活性明显依赖于沸石的合成方法及晶粒大小。TS-1 和 TS-2 上苯酚与 H_2O_2 的氧化反应在 Si/Ti 比和晶粒大小一致时，其催化行为很类似。

Kulawik 等[265]研究了 TS-1、Ti-MCM-41 沸石催化苯酚羟基化过程，认为使用 TS-1 苯酚和双氧水的转化率、苯二酚产率都明显高于 Ti-MCM-41，使用 TS-1 对苯二酚/邻苯二酚的比可达到 2.7。用 Ti-MCM-41 在产物中只检测到对苯二酚而没有邻苯二酚，如果考虑到生成产物中对苯二酚和邻苯二酚的分离工序，就 Ti-MCM-41 对苯酚氧化制对苯二酚的反应而言，不失为一个好的催化剂。其原因可能是邻苯二酚较对苯二酚在 TS-1 沸石上有更强的吸附和聚集能力，而 Ti-MCM-41 沸石虽然含钛，但它们的分散度比 TS-1 高，使得邻苯二酚难以吸附，所以在 Ti-MCM-41 沸石上苯酚的氧化反应产物中只有对苯二酚，而无邻苯二酚。

苯酚羟基化生产二酚已有 10000t/a 的装置[145]，从 1986 年开始正常运行，催化剂在使用中要定期烧炭以恢复活性，运转情况是：苯酚/双氧水为 3:1，反应温度 97℃，催化剂浓度为 3%，H_2O_2 的转化率为 100%，按苯酚计算的选择性为 94%，对邻二酚比为 1，对 H_2O_2 计算的产率为 84%。

5.14 双氧水为氧化剂的其他氧化反应

(1)环氧氯丙烷

高焕新等[157]应用 TS-1 沸石为催化剂，进行氯丙烯与 H_2O_2 的环氧化反应，H_2O_2 的转化率达到 98% 以上，选择性高达 97%。曹国英等[266]对氯丙烯环氧化进行了研究，发现 TS-1-32 催化剂是该反应的有效催化剂，在 40℃ 反应 6h，H_2O_2 转化率大于 80%，环氧氯丙烷的选择性为 90%，他们用程序升温脱附和程序升温表面反应研究了 H_2O_2 和氯丙烯在催化剂上的吸附状态，表明 TS-1-32 催化剂对 H_2O_2 和氯丙烯有较大的吸附容量和吸附强度，从而有较高的反应活性。

(2)醇的氧化反应

Van Der Pol 等[267]研究了在 TS-1 催化下醇-双氧水的催化氧化反应。他们着重考察了物质传递的影响和氢氧基团的位置及链长度变化的化学反应活性，得到了一些有用的结论：在液相中通过 TS-1 作用，脂肪族醇能被 H_2O_2 选择性地氧化成酮或醛；由于孔扩散限制，催化剂粒径应小于 $0.2\mu m$ 以获得最优的催化效率；2-辛醇的氧化显示与催化剂用量和 H_2O_2 的浓度成一级，而对醇的浓度为零级。对于不同醇的反应活性得到了如下关系：β-醇$\gg\alpha$-醇$>\gamma$-醇；$C_6<C_7<C_8$，$C_8\gg C_9$；α-壬醇和 β-壬醇的低反应活性可能是由反应物的形状所致，而 γ-醇的低反应活性则可能是过渡态选择性所致。

（3）肼的合成

肼是一种重要的化学原料，广泛应用于军工、医药等领域，但目前的生产方法存在工艺复杂、收率不高、能耗高的缺点，采用双氧水一步合成具有很多的优点。Kapoor 等[268]等以 4-庚酮、NH_3、H_2O_2 为原料，以钛硅、钒硅、硼硅分子筛为催化剂，在常压下，55℃时合成了肼，他们在一个 180mL 的带有冷却回流器（收集分解的 O_2）和热水夹套的圆底派热克斯硬玻璃反应器中，对该反应进行了研究，在 4-庚酮∶NH_3∶H_2O_2 摩尔比为 1∶17.09∶0.51，常压，反应温度为 55℃时，分别用 0.2g 钛硅、钒硅、硼硅分子筛催化剂进行实验，发现钒硅催化剂性能最佳，经过 24h，肼含量为 62.1%，选择性达 60%，他们认为由肟生成肼是该反应的控制步骤。

（4）羟基苯乙酮肟

Le Bars 等[269]对邻（对）羟基苯乙酮在 TS-1、Ti-Al-β、Ti-ZSM-48 催化剂上的肟化性能进行了研究，发现对羟基苯乙酮在 TS-1 催化剂上的性能最好。溶剂对该反应影响很大，当以甲醇为溶剂时，邻羟基苯乙酮在 TS-1 催化剂上的收率为 80%，在 Ti-Al-β 催化剂上的收率达 40%。

（5）苯、甲苯的羟基化反应

Thangaraj 等[270]首次报道了苯-双氧水在 TS-1 沸石上直接羟化反应制苯酚。高焕新等[271]详细研究了 TS-1 分子筛催化苯羟基化反应，他们的研究结果表明：TS-1 分子筛对苯羟基化反应有着较高的催化活性和选择性。在反应体系中加入适量的无机酸，可提高反应的选择性；增加催化剂 TS-1 及 H_2O_2 的加入量，由于转化率的提高，反应选择性略有下降，而产物分布中苯酚的含量减少，苯醌的含量增大。TS-1 催化苯羟基化反应是一个复杂的串联反应过程，即首先是苯氧化为苯酚，然后苯酚进一步氧化为苯二酚（对苯二酚为主），苯二酚再进一步氧化为醌。提高反应温度，H_2O_2 的转化率和选择性随之提高，并且产物分布中苯酚的含量增大，醌的含量减小，这可能是热力学因素所致。另外，还有关于甲苯的羟基化反应的研究报道[272]。

5.15　环己烷分子氧选择性氧化制环己醇(酮)

作为合成己内酰胺、己二酸等精细化学品的重要中间体，制取香料、橡胶抗老化剂、水果防霉剂等的基本原料，以及精细化学品的常用助剂，环己酮和环己醇（俗称 KA 油）一直在工业生产和学术研究上备受重视。主要用于制造己内酰胺和己二酸，进而生产尼龙 6 和尼龙 66。

目前，工业上制取环己酮和环己醇的方法主要为苯酚加氢法、苯部分加氢法和环己烷氧化法，其中环己烷氧化法的应用最为普遍，占到 90% 以上。环己烷氧化可分为气相氧化和液相氧化，气相氧化产物选择性低，组成复杂，工业上环己烷氧化反应均采用液相氧化工艺。液相氧化根据氧化剂的不同可分为液相分子氧氧化及其他氧化剂氧化；根据有无催化剂的加入又可分为液相催化氧化和无催化氧化，其中以环己烷的液相分子氧催化氧化最为重要。但是该反应的主要缺点是产物环己酮和环己醇很容易被过度氧化生成羧酸，因此要么在很低的转化率下获得高选择性；要么为了保持较高的转化率和选择性，不可避免地使用大量对环境造成污染的有机溶剂或助剂，生产工艺面临着巨大挑战。由于环己烷催化氧化技术的研究关键在于催化剂，因此，只有在催化剂的研究上获得突破，才能改进现有的工艺，提高资源的利用率。

5.15.1 均相催化氧化

均相催化法是研究和报道较多的方法之一，常见的均相催化剂一般为金属羧酸盐和金属络合物类化合物[273~276]。由于催化剂与原料处于一相中，反应条件温和，活性较高。但是均相催化氧化催化剂往往难以回收，反应过程中设备和管道壁上易结渣，生产连续性较差。

（1）钴盐催化剂

最常用的钴盐催化剂是能溶于环己烷的环烷酸钴，也可以用硬脂酸钴、油酸钴、辛酸钴等。在钴盐催化剂作用下环己烷与空气发生氧化反应，生成主要产物环己酮和环己醇，二者之比约为 35:65。氧化反应的过程中首先通过游离基反应形成环己基过氧化氢，然后过氧化物在催化剂作用下受热分解，得到环己酮和环己醇，由于环己酮、环己醇比环己烷更容易氧化，因此会有许多副产物同时生成。

钴盐催化法不仅能缩短反应的诱发期，提高 KA 油的选择性，而且能使环己烷氧化所生成的烃氧化物在进行退化分支时，活化能从 163~175kJ/mol 降低至 42~50kJ/mol，从而加速反应的进行。为了减少副产物的生成，提高产物的选择性及收率，必须控制环己烷的转化率，以及环己酮、环己醇的停留时间。如果转化率太低，大量的环己烷未反应，分离过程投资大，经济效益差。停留时间太长，环己酮、环己醇被深度氧化，其选择性和收率均下降。一般来说，转化率控制在 5%~10%，停留时间 5~30min。在工业生产中，催化剂的加入量为 $0.7×10^{-6}$~$3×10^{-6}$（钴离子）。催化剂用量太少时，反应速率太慢；催化剂用量过多时，部分副产物会与钴离子反应生成渣状物，沉积在设备管道内壁而引起堵塞。

（2）硼酸类催化剂

在硼酸或偏硼酸催化剂作用下，用空气氧化环己烷制取环己酮和环己醇，可提高环己烷转化率和酮醇选择性。在空气氧化过程中，硼酸或偏硼酸与环己基过氧化物形成硼酸环己醇酯，然后再转变为环己醇酯，或者与环己醇结合生成硼酸环己醇酯和偏硼酸环己醇酯。硼酸催化法通常反应温度为 155~170℃，反应压力为 0.79~0.99MPa，停留时间为 2.5h。氧化产物中含环己醇硼酸酯，用水处理，硼酸酯水解生成环己醇和硼酸，形成水相和油相，水相中主要溶有硼酸，而油相主要是环己烷、环己醇及少量环己酮。油相经水洗、皂化、蒸馏而得环己醇。

该法的弱点在于：产品中环己酮和环己醇的比例为 1:10；生成环己醇比例过高，脱氢过程负担大，能耗高。同时增加了硼酸酯水解和硼酸回收设备，基建投资高，运行中催化剂脱水回收硼酸非常复杂，操作难度大，且硼酸催化剂很容易造成设备和管路堵塞，严重影响了该技术的应用和发展。

（3）仿生催化剂

生物生命活动体系中的氧化反应是在十分温和的条件下进行的，因此，生物模拟研究主要是模拟血红蛋白和血蓝蛋白的功能改进配体结构。卟啉类化合物的研究是深受国内外重视的前沿课题之一。这类化合物有多种功能，参与生物体内氧的输送和储存，能量交换，生物体中的新陈代谢。1979 年，Groves 等[277]提出了亚碘酰苯-金属卟啉-环己烷模拟体系，进行了细胞色素 P-450 单充氧酶的人工模拟反应。这一反应首次实现了温和条件下高选择性与高转化率地催化烷烃羟基化反应，引起了人们的关注，掀起了金属卟啉仿生催化热潮。湖南大学对金属卟啉催化环己烷氧化进行了系列研究工作，首次发现在无共还原剂和溶剂、温度高于 100℃、压力大于 0.4MPa 时，简单金属卟啉对催化空气均相氧化环己烷反应具有较好的催化效果[278]。在最佳条件下，简单的四苯基钴卟啉催化的环己烷氧化反应，环己烷转化率高达 16.2% 时，酮醇的平均产率为 82%，该项技术已申请专利并顺利实现了工业化[279]。

5.15.2 非均相催化氧化

环己烷非均相催化氧化相对于均相催化氧化工艺，具有催化活性和选择性较高，工艺过程简单便于控制等优点。同时，多相催化剂较均相催化剂而言，既增强了稳定性和活性，又易于分离和回收利用，但它所要求的制备条件非常苛刻，目前离工业生产的要求还有不小的差距，而且多相催化较均相催化副反应更多，影响因素更复杂，再加上无成熟理论指导，因此在研究方面困难也很大。

（1）固载均相体系的多相催化剂

直接将原有的均相体系中的液相催化剂固载或封装在载体上，使其既保持原有均相催化剂的活性和选择性，又能较容易地与液相底物分离[280]。例如：Chavez 等[281]利用在 Y 型分子筛和大孔丝光沸石里包胶 Fe-PA（皮考林）配合物对原有的 Gif 均相催化剂进行多相化处理，其活性和选择性都与均相配合物结果相似。郭灿城等成功地将金属卟啉固载在壳聚糖[282]、甲壳素上[283]。与未固载的均相催化剂进行对比发现，固载在壳聚糖、甲壳素上的卟啉催化性能大大提高，环己烷转化率和转化数及 KA 油产率也明显增加，且这种固载卟啉在相同条件下，重复使用多次后仍具有较高活性，而未固载的卟啉在使用 1 次后几乎完全失去活性。

（2）过渡金属和过渡金属氧化物催化剂

纳米粒子由于其比表面积大而具有较高的催化活性，近年来被广泛应用在催化领域。Kesavan 等[284]应用化学合成方法从前驱体金属羰基化合物所制备的无定形的纳米金属 Fe、Co 和 Fe/Ni 催化剂，无需溶剂就能在共还原剂异丁醛及少量醋酸存在时，于室温（25～28℃）、空气压力约 4MPa，反应 10～15h 的条件下将环己烷氧化，其转化率可达 40%，KA油选择性为 80%。当反应温度升至 70℃，反应 8h 环己烷转化率高达 76%，酮醇比由 1∶5 提高到 1∶2。然而，由于纳米粒子具有较高的反应活性，不可避免地会进行氧化产物的进一步氧化，因此控制反应的选择性是该类体系的关键所在。

过渡金属氧化物在环己烷氧化反应中研究得比较少，但是一些较强氧化性的过渡金属氧化物，如 Fe_2O_3、FeO、TiO_2、MnO_2、MoO_3、CoO_3 等可作为氧化催化剂。Perkas 和 Srivostava 等[285,286]制备的纳米氧化铁、氧化钴和氧化镍也对该反应有活性，对环己酮和环己醇的选择性可达 90%。Armbruster 等[287]对在超临界二氧化碳中利用不同金属氧化物选择性氧化环己烷进行了研究，结果表明，负载钴、铁、锰氧化物催化剂虽然能提高环己烷的转化率，但却降低了酮醇选择性。因此，利用过渡金属氧化物进行环己烷催化氧化制环己酮直到目前效果并不十分理想。

（3）杂原子分子筛催化剂

分子筛是一类性能优良、应用广泛的极其重要的催化剂和多孔催化材料，根据孔径大小可分为微孔分子筛(<2nm)、介孔分子筛(2～50nm)、大孔分子筛(50～2000nm)三种。微孔分子筛由于孔道小，不适合作环己烷这种大分子的氧化催化剂，所以关于介孔或大孔分子筛催化剂的研究较多，尤其是杂原子分子筛催化剂[288]，如 Co、Cr、Fe、V、Mn 和 Ti 等[289～292]金属的分子筛就在环己烷催化氧化反应中具有良好的选择氧化性能。

Thomas 等[293]以空气为氧化剂，Mn-APO-36 为催化剂，于 130℃、1.5MPa 条件下反应 24h，环己烷转化率 13%，环己酮和环己醇的选择性分别为 15% 和 47%。Tian 等[294]用分子氧作氧化剂，杂原子磷酸铝分子筛 Co-APO-11 和 CrAPO-5 做催化剂均表现良好的催化活性和选择性。Co-APO-11 催化氧化的主要产物是环己醇；CrAPO-5 催化反应的产物是环己酮。

Sakthivel 等[295]采用 Cr-MCM-41 为催化剂，乙酸为溶剂，O_2 为氧化剂，在常压 100℃下反应 12h，环己烷转化率 86.5%，环己醇选择性高达 97.2%；若采用空气为氧化剂，环己烷转化率和环己醇选择性分别为 52.4% 和 99.0%。并且发现 Cr-MCM-41 分子筛中活性金属的浸出损失甚微，即金属稳定性得到了很大改善。Subrahmanyam 等[296]则制备出了具有 MCM-41 结构的分子筛 Fe-AlPO，并以空气为氧化剂，在 130℃、2.0MPa 条件下反应 24h，环己烷转化率为 7.5%，环己酮和环己醇的选择性分别为 7.0% 和 86.6%。

尽管杂原子分子筛在环己烷选择性氧化反应中具有高转化率和选择性，但是其反应机理尚不清楚，且分子筛催化剂的制备成本以及水热稳定性也是其广泛应用的瓶颈，所以过渡金属杂原子分子筛还有待于进一步深入研究。

5.15.3　Mn(Ⅲ)TPP-Au/SiO₂ 复合催化剂及在空气氧化环己烷中的应用

过渡金属和金属卟啉都是环己烷分子氧氧化的优良催化剂。金属卟啉能在温和条件下活化空气中的氧分子使环己烷发生氧化，但该体系的氧浓度对反应过程影响很大，用空气直接作氧化剂往往需要提高反应的温度、压力，对卟啉催化剂的活性和稳定性要求也更加严格；同时，若反应在液态均相体系中进行，昂贵的催化剂还会存在溶解后无法分离回收的问题。然而，低负载量金催化剂却能在没有任何有机溶剂或其他助剂的条件下，仅以空气作氧化剂选择性氧化环己烷即获得较好结果，并且通过简单处理就可重复使用多次，只是性能还有待于进一步提高。Xie 等[297～299]设计出一种新颖结构的催化剂，在同一载体上同时实现金纳米催化剂的固定化和金属卟啉均相催化剂的多相化，以达到使该催化材料同时具有两种不同类型催化剂特点和优势的目的。

（1）纳米金粒子可控制备

谢娟等采用氯金酸水相还原法制备纳米金，在研究不同还原剂(柠檬酸钠与硼氢化钠)对金纳米颗粒形貌、粒度、单分散性及其光学性质影响的同时，重点考察了硼氢化钠作还原剂时，柠檬酸钠的添加量与以上各特征参数之间的相关性。该制备方法不需要任何模板或种子诱导即能在水溶液中通过化学还原一步合成分布均匀、稳定性好的单分散球形纳米 Au 溶胶颗粒。实验发现，保护剂 $Na_3C_6H_5O_7$ 的加入对控制金颗粒的尺寸起到了至关重要的作用。金核表面柠檬酸根离子吸附层的存在，有效阻止了金颗粒长大以及粒子间团聚现象的发生。选择适宜的 $Na_3C_6H_5O_7$ 用量，可以实现金颗粒平均粒径在 7～30nm 范围内的自由调控。该方法具有工艺简便，且成本低廉的优势。他们认为胶体金颗粒的析出过程与结晶过程相似，可分为两个阶段：第一阶段是晶核形成，第二阶段是晶体成长，而晶体的粒度与形貌又很大程度上受晶核的形成与生长机制的影响。实验中，$NaBH_4$ 还原剂加入后，首先使部分

$AuCl_4^-$ 被还原成金原子形成晶核。由于初始晶核粒度极小，具有很高的表面能，金原子一旦形成稳定的金核，就会通过吸附作用，迅速被周围的柠檬酸根负离子覆盖，进而阻碍晶核与 $AuCl_4^-$ 或其他晶核间的接触，抑制金晶粒的生长。在相同的反应条件下，随着柠檬酸钠用量的增加，柠檬酸根和 Au 晶核的接触机会持续增大，因而粒径逐渐减小。另一方面，还原反应中止后，吸附在纳米金颗粒表面的柠檬酸根还能够使金颗粒表面带负电荷，避免颗粒与颗粒之间相互碰撞发生聚合，从而防止二次粒子的形成，得到稳定的金溶胶。当柠檬酸钠的添加量达到一定值之后，金纳米粒子的粒径不再继续减小，这可能是因为此时柠檬酸根在金核表面的吸附已达到最大值，继续加大保护剂用量对抑制晶核的生长不再产生影响。相反，过多 Na^+ 的存在还会中和颗粒表面的负电荷，降低粒子间的静电排斥力，导致金溶胶的团聚，所以柠檬酸钠保护剂的添加量也不宜过高。

（2）自组装技术制备 Au/SiO_2 催化剂及其催化空气氧化环己烷的性能

纳米自组装技术是目前化学学科的一个前沿领域，也是一个涉及多个学科的交叉领域。它不仅能将粒径一定的粒子有序化，而且由于与基底有强的共价或非共价键，使得粒子的流动性大为减小，有效阻止了纳米粒子自发聚合现象。

负载型金催化剂的制备有多种方法，其中最早用到的就是浸渍法，不过该法制备出的金催化剂分散度较低，催化剂活性往往不高。目前，最常用的方法是共沉淀法和沉淀-沉积法。共沉淀法制备过程简单，但不可避免地存在包埋现象。沉淀-沉积法虽然克服了共沉淀法的缺点，使活性组分被全部保留在载体表面，提高了催化剂性能，但是一般要求载体有较高的表面积（$\geqslant 50\ m^2/g$），且不适用于等电点较低的氧化物载体。

谢娟等采用新型自组装方法成功制备了金粒径大小约 10nm 的负载型 Au/SiO_2 催化剂。与浸渍法、共沉淀法、沉淀-沉积法等其他方法相比，该方法在人为控制金颗粒大小、负载量及分散度方面具有显著优势。对不同制备条件下 Au/SiO_2 复合催化剂紫外-可见光吸收特性进行的研究表明：Au/SiO_2 复合物不仅在紫外-可见光范围内具有纳米 Au 的特征吸收，而且其颗粒大小及含量与吸收峰的峰位及强度具有良好的对应关系。因此，紫外-可见分光光度法可以作为一种可靠、准确、快速的检测方法来对负载型 Au 催化剂中的 Au 组分进行定性及定量分析。通过考察各种反应条件对其催化氧化环己烷反应的影响认为，所得 Au/SiO_2 复合物是一有效的催化空气氧化环己烷制备环己酮和环己醇的催化剂，其最佳负载量为 1%，最佳焙烧温度为 500℃，最佳反应条件为 3.0MPa。空气气氛中于 150℃下连续反应 4h，此时环己烷转化率达到 10% 以上，产物醇/酮的选择性达到 90% 以上。

谢娟等为了解载体是否对自组装方法制备的金催化剂性能存在影响，除 SiO_2 外，还分别以 γ-Al_2O_3 和锐钛矿型 TiO_2 为载体（其中 γ-Al_2O_3 是催化剂载体领域应用最为广泛的品种，而 TiO_2 则是近年来才发展起来的一种继 SiO_2、Al_2O_3 之后的第三代新型催化剂载体），同样运用自组装技术方法，制备了负载型金催化剂，并初步考察了它们对催化空气氧化环己烷反应的影响。对于相同负载量的金催化剂，在相同的工艺条件下，环己烷转化率和环己醇、环己酮选择性以及酮醇比均随载体的不同而存在明显差异。Au/γ-Al_2O_3 催化剂上环己烷的转化率最高，三种催化剂环己醇、环己酮的总选择性大小次序是 $Au/TiO_2 > Au/\gamma$-$Al_2O_3 > Au/SiO_2$，这一现象可能与载体的性质和状态有关。一方面，γ-Al_2O_3 和锐钛矿型 TiO_2 本身即是活性载体，因此催化剂的活性组分 Au 与两载体之间可能存在一定的相互作用，并由此产生了更好的协同效应；另一方面，锐钛矿型 TiO_2 与 γ-Al_2O_3 载体比表面及孔径分别为 $293.81m^2/g$，72.88nm 和 $260.28m^2/g$，83.07nm，均大于纳米 SiO_2 的比表面和孔径(36.04m^2/g, 42.13nm)。由于具有较大的比表面是金粒子提高分散度的前提，且载体孔径越大越有利于金晶粒的稳定存在，因此前两者更易于 Au 在载体上均匀分布，并抑制纳米 Au 颗粒在焙烧过程中发生迁移长大。所以要制备低负载量、高活性的金催化剂，选择适当种类的载体也是十分重要的。

（3）金属卟啉配合物在催化空气氧化环己烷反应中的应用

卟啉是卟吩外环带有取代基的同系物和衍生物的总称，当其母体卟吩自由碱的 2 个吡咯质子被金属取代后即形成了金属卟啉。作为细胞色素 P-450 单加氧酶的有效模拟物，金属卟啉不仅能够在温和条件下活化分子氧（氧气和空气），实现烷烃氧化、烯烃环氧化、羰基化以及开环反应等，而且具有用量少、能耗低、催化活性和选择性较高的优点。这使得以金属卟啉作为仿生催化剂的仿生催化技术及由此可能实现的绿色工艺日益受到广泛关注。

谢娟等以四苯基卟啉和醋酸盐为原料，合成了 4 种简单过渡金属配合物，并考察了其在无任何有机溶剂或其他助催化剂的条件下，以空气作氧化剂选择性氧化环己烷生成环己酮和环己醇反应中的催化性能。通过探讨多种因素对反应的影响规律，获得了优化的工艺条件。研究发现，可以应用紫外-可见及红外光谱对过渡金属卟啉配合物中心离子的价态及其在周期表中的位置进行初步判断。锰卟啉催化环己烷氧化反应活性最好，在最佳反应条件下，环己烷转化率最高可达 15.4%，环己醇和环己酮的总选择性约为 93.9%。

关于反应机理，多数研究者[300~305]认为，反应由金属卟啉络合离子的还原开始，接着由还原的金属卟啉携氧继续传递链反应。烷烃自由基出现之后，不断地引发其他自由基产生，首先是同氧结合产生环己烷过氧化自由基，后者再夺取烷烃的氢生成烷烃自由基。链传递过程中生成的过氧化物被金属卟啉分解，产生环己酮自由基和环己烷过氧化自由基，并重新回到链传递的过程中，使链反应持续进行，形成更多的产物分子。同时，金属卟啉也不断地补充链反应过程中所消耗的烷基自由基。最后，当两个烷烃自由基相互碰撞时，就会发生自由基的偶合反应，生成偶联产物；两个环己烷过氧化自由基相互碰撞，则生成环己酮和氧气；各种自由基与反应器壁相碰也能使自由基链式反应终止。在常温下铁卟啉能将金属卟啉催化环己烷氧化反应中的环己基过氧化氢催化分解成环己醇和环己酮，使环己基过氧化氢的浓度始终很小，且基本维持不变，从而减少深度氧化副产物的生成。由此可知，金属卟啉的存在还具有第二个作用，即催化过氧化物分解，提高产物选择性。

至于金属卟啉络合离子的还原是怎样开始的，以及为什么中心离子为二价的金属卟啉也能起到催化作用，谢娟等认为这可能与金属卟啉具有 18 个 π 电子的大共轭结构有关。由于共轭结构 π 电子在卟啉分子骨架上分散流动时（流动导致结构更加稳定），其流动范围不止限于卟啉骨架本身，因此它很有可能扩展到卟啉所络合的金属离子上，从而导致金属离子被"还原"。这种简单电子流动引起的"离子还原"完成了催化反应的链引发，链传递随之发生，自由基反应持续进行。

（4）Mn(Ⅲ)TPP-Au/SiO$_2$ 复合催化剂的设计、合成及催化性能

如前所述，Au/SiO$_2$ 和 Mn(Ⅲ)TPP 确实都是环己烷空气氧化的优良催化剂，二者均在没有任何有机溶剂或其他助剂的条件下，取得了良好的催化效果。然而 Mn(Ⅲ)TPP 虽能在温和反应条件下达到更高的转化率和选择性，但作为均相催化剂，也存在自身易被氧化破坏或在反应过程中发生不可逆自聚形成 μ-oxo-二聚体而失活，以及使用后难于从反应体系中分离回收和重复使用等问题。与 Mn(Ⅲ)TPP 比较而言，尽管 Au/SiO$_2$ 反应体系需要相对高一些的温度和压力，且反应时间略长，可是反应产物的酮醇比更高，催化剂的重复使用性能也更好。受此启

发，谢娟等设计出一种新颖结构的催化剂，实现 Mn(Ⅲ)TPP 在 Au/SiO₂ 上的固载化，使之同时具有两种不同类型催化剂的特点和优势。Mn(Ⅲ)TPP-Au/SiO₂ 复合物结构示意图如图 5-42 所示。4-巯基吡啶中巯基的 S 原子通过与 Au 表面的强烈相互作用形成 Au—S 键，得到具有一定覆盖度和较高稳定性的单分子膜状自组装体系。吡啶基 N 原子则与 Mn(Ⅲ)TPP 中心锰离子发生纵轴配位作用，以配位键的方式将 Mn(Ⅲ)TPP 固载起来，从而合成吡啶修饰 Au/SiO₂ 配位固载 Mn(Ⅲ)TPP 的特殊结构复合物。

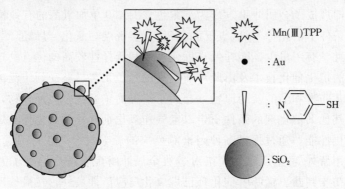

图 5-42　Mn(Ⅲ)TPP-Au/SiO₂ 复合物结构示意图

　　谢娟等通过实验证明了上述催化剂的结构和反应性能。以包含巯基和吡啶基官能团的巯基吡啶为桥联剂，实现了 Mn(Ⅲ)TPP 在 Au/SiO₂ 上的固载化，从而得到了一种新型 Mn(Ⅲ)TPP-Au/SiO₂ 复合催化剂。首次将其应用于催化空气氧化环己烷反应的实验结果显示，与未固载金属卟啉的 Au/SiO₂ 相比，该复合催化剂具有更高的催化活性。在优化条件下，环己烷转化率与酮醇总选择性分别为 5.4% 和 88.7%。此外，该催化剂还具有可重复使用的特点。

5.16　混合导体透氧膜反应器及在烃类选择氧化中的应用[306]

5.16.1　混合导体透氧膜的氧渗透原理

　　致密透氧陶瓷膜是氧气在膜表面解离吸附产生的氧离子在氧化学势梯度作用下经过膜体相迁移至另一侧表面，然后再结合成氧分子而脱附，如图 5-43 所示。

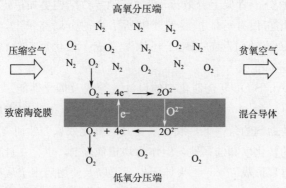

图 5-43　致密混合导体透氧陶瓷膜的氧渗透机理示意图

致密透氧陶瓷膜的氧渗透过程为：①在高氧压端氧从气相扩散到透氧膜表面；②气相氧吸附在透氧膜表面形成吸附氧；③吸附氧在膜表面解离，产生化学吸附氧系列；④化学吸附氧进入透氧膜表面层氧空位形成晶格氧(O^{2-})；⑤O^{2-}在体相扩散，而电子(或电子空穴)也定向输运以维持电中性；⑥O^{2-}迁移到透氧膜的低氧分压端表面；⑦在低氧分压端，晶格氧物种与膜表面的电子空穴重新结合成化学吸附氧系列；⑧氧在膜表面上脱附；⑨氧在低氧分压端从透氧膜表面扩散到气相中。步骤①和⑨是氧的气相扩散过程，与膜的性质无关，活化能低；步骤⑤和⑥涉及 O^{2-} 与电子空穴的转移，通常只能在高温下进行。这两步过慢会导致体相扩散成为透氧的速控步骤。步骤②～④，⑦和⑧可能会引起表面交换动力学过程成为透氧的速控步骤，在许多情况下可能是几个步骤联合控制氧的渗透过程。在高温氧渗透过程中，氧渗透速率与膜两侧的氧分压、膜的厚度、温度、表面形貌及材料的组成等因素有关。在某些情况下，表面交换动力学过程与体相扩散过程联合成为透氧的速控步骤。

5.16.2 混合导体透氧膜的材料种类及结构

透氧陶瓷膜按材料的晶体结构类型可以分为萤石型透氧膜和钙钛矿型透氧膜。在萤石结构中，由阴离子构成的简单立方处于面心立方堆积的阳离子晶格内，阴离子处于阳离子构成的四面体中心，阳离子则位于由阴离子构成的简单立方点阵的体心。其中研究比较多的有以下几种快氧离子导体：CaO，Y_2O_3 和 Sc_2O_3 等掺杂的 ZrO_2；Sm_2O_3，Gd_2O_3 和 Y_2O_3 等掺杂的 CeO_2 和 SrO；Y_2O_3 和 Er_2O_3 等掺杂的 Bi_2O_3。然而这类材料的电子电导率非常低，本身几乎没有透氧能力，并不适合做透氧膜材料。一般采用具有高电子电导率的氧化物或贵金属(Pt，Pd，Au 和 Ag 等)作为电子导电相，与萤石型快氧离子导体构成复合膜。

钙钛矿型(ABO_3)混合导体透氧陶瓷膜是透氧膜材料中研究最多和最为深入的一类材料。理想的钙钛矿型氧化物的晶体结构，A 位离子位于 12 个氧离子围成的二十面体的中心，B 位离子位于 6 个氧离子围成的八面体的中心。A 位离子一般为碱金属、碱土金属或稀土金属离子，B 位离子一般为具有三价和四价的主族或副族金属元素。当 A 位用低价离子全部或部分取代时，为了维持整个体系的电荷平衡，就会产生一定数量的氧空位，从而导致钙钛矿型氧化物具有氧离子导电性。在钙钛矿型氧化物中，立方面过渡金属离子 d 轨道的直接重叠是很小的，不能完成两个 B 位阳离子之间的直接电子传导。这种电子在两个邻近 B 位离子之间的跳跃式间接传导是通过氧离子的 2p 轨道实现的，这就是 Zener 双交换传递机理：$B^{n+}-O^{2-}-B^{(n-1)+}\rightarrow B^{(n-1)+}-O^--B^{(n-1)+}\rightarrow B^{(n-1)+}-O^{2-}-B^{n+}$ 两个邻近 B 位金属离子的空 d 轨道或部分填充的 d 轨道与全充满的氧离子的 2p 轨道重叠越大，这种交换过程就越容易进行，电子导电性就越大。当 B—O—B 的键角为 180°时，即氧化物为理想的立方钙钛矿结构时，这种重叠最大，所以电子导电性也最大。由于钙钛矿型结构的离子掺杂可变性非常大，元素周期表中约 90% 的金属离子都可以形成钙钛矿结构，并具有高的热化学稳定性，所以钙钛矿结构是一类非常具有应用前景的透氧膜材料的结构形式。

5.16.3 混合导体透氧膜反应器

将催化反应与膜分离一体化而构成的膜反应器利用膜的特殊功能，如分离、分隔、催化和微孔等，实现产物的原位分离、反应物的控制输入、不同反应之间的耦合、相间传递的强化和反应分离过程集成等，从而达到提高反应转化率、反应选择性和反应速率、延长催化剂使用寿命和降低设备投资等目的。根据膜在反应器中的作用，可以将膜反应器分为以下三种

（如图 5-44 所示）。

（a）控制反应物输入型膜反应器

该类膜反应器主要用于受动力学控制的化学反应，该类反应的吉布斯自由能负值很大，不存在热力学平衡限制，但这类反应的选择性很差，反应产物很复杂。例如烃类的选择氧化反应，当将控制反应物输入型膜反应器应用到这类反应中，从而达到提高目标产物选择性的目的。对于选择氧化反应，还可以避免氧气与可燃反应物直接大量混合而导致的爆炸风险。当膜对反应的催化活性较低时，可以在保留侧装填催化剂，这时膜只起到控制反应物输入的作用；当膜对反应有高催化活性时，无须在保留侧装填催化剂，这时膜不仅起到控制反应物输入的作用，而且作为催化剂参与到反应中。

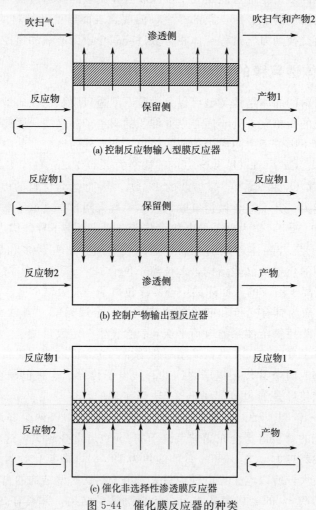

(a) 控制反应物输入型膜反应器

(b) 控制产物输出型反应器

(c) 催化非选择性渗透膜反应器

图 5-44　催化膜反应器的种类

（b）控制产物输出型膜反应器

该类膜反应器主要用于热力学控制的化学反应，该类反应的吉布斯自由能在反应条件下趋近于零，受反应平衡限制，转化率很低。例如脱氢反应、酯化反应和水蒸气重整反应等。当将控制产物输出型膜反应器应用到这类反应中，将反应产物之一通过膜分离从反应体系中分离出来，使催化反应不再受热力学平衡的限制，从而可以大幅度提高反应转化率。当膜对反应没有催化活性时，可以在保留侧装填催化剂，这时膜只起到控制产物输出的作用；当膜对反应有高催化活性时，无须在保留侧装填催化剂，这时膜不仅起到控制产物输出的作用，而且作为催化剂参与到反应中。

(c)催化非选择性渗透膜反应器

这类膜反应器与控制反应物输入型膜反应器一样是用在动力学控制的化学反应。在这类膜反应器中膜本身不具有分离性能但有良好的催化性能，膜本身有催化剂构成或在惰性载体上浸渍一层多孔催化活性层。反应物中的一种与其它反应物分别通入膜的两侧，这就防止反应物的大量直接混合，因此该膜反应器非常适合提高催化氧化反应目的产物的选择性。

5.16.4　膜反应器在甲烷部分氧化反应中的应用

在众多的膜催化反应中，天然气氧化制合成气得到了高度重视。这是由于合成气作为重要的中间体可以经费托合成或甲醇合成变成具有高附加值的液体产品。将天然气转化为合成气一般有两种方法，即水蒸气重整和部分氧化。水蒸气重整技术很成熟而且已经工业化，但它是一个强吸热($CH_4 + H_2O \longrightarrow CO + 3H_2$，$\Delta H(25℃) = 206.16kJ/mol$)、低空速反应，一般要求在高温($850 \sim 1000℃$)和加压($1.5 \sim 3.0MPa$)条件下进行，操作过程中能耗非常高，而且设备投资也很大，同时生成的 H_2/CO 摩尔比高达 3，不利于进一步合成甲醇或进行费托合成反应。部分氧化过程受到了广泛关注，它是一个弱放热($CH_4 + 0.5O_2 \longrightarrow CO + 2H_2$，$\Delta H(25℃) = -35.67kJ/mol$)、高空速反应，不需要外部加热，且反应速率比水蒸气重整反应快 $1 \sim 2$ 个数量级，生成的 H_2/CO 摩尔比为 2:1，适合于合成甲醇或费托合成，有效地避免了水蒸气重整过程的不足。但是在反应条件下可能引起的以下三个问题严重地制约了该过程的工业化进程：①反应体系飞温；②氧气和甲烷共进料可能引起爆炸；③由于下游合成中不能有氮气存在，而使用纯氧为原料导致成本增加。然而混合导体透氧膜的出现引起了人们的广泛兴趣，将透氧膜与天然气部分氧化制合成气过程相结合被认为是最有希望实现工业化的过程。

混合导体透氧膜反应器用于天然气部分氧化反应时属于控制反应物输入型膜反应器，即控制作为反应物之一的氧的输入。该过程与固定床相比具有以下优点：①反应分离一体化，大大缩小了反应器尺寸；②可以直接以廉价空气为氧源，且消除了其他组分(如氮气)对反应与产品的影响，从而显著降低了操作成本，简化了操作过程；③反应由氧的扩散过程控制，从而克服了固定床反应器存在的爆炸极限的缺陷；④显著缓解了固定床反应器进行天然气部分氧化反应所产生的飞温问题；⑤反应过程中不存在氮气，避免了在高温环境下形成 NO_x 污染物。基于透氧膜的天然气转化技术的关键是开发出具有高渗透通量和在合成气生产条件下具有高稳定性的透氧膜材料。

Tsai 等[307]研究了在 $La_{0.2}Ba_{0.8}Fe_{0.8}Co_{0.2}O_{3-\delta}$ 陶瓷膜反应器中的甲烷部分氧化行为。该反应共进行了 850h，甲烷转化率达 78%，透氧量为 $4.2mL/(cm^2 \cdot min)$。研究发现，直接将 $5\% Ni/Al_2O_3$ 催化剂堆放在片状膜表面比不使用催化剂时透氧量高 5 倍，甲烷转化率增加 4 倍。催化剂与膜表面的紧密接触可以快速转化由膜渗透过来的氧，从而在膜的两侧建立高氧分压梯度，使得膜反应器在填充有催化剂时表现出更高的透氧量。

5.16.5　膜反应器在甲烷氧化偶联制乙烷和乙烯中的应用

甲烷氧化偶联制乙烯和乙烷是一条甲烷转化的新途径。在以前的研究中，大部分工作都是在常规的固定床反应器中采用共进料方式进行的，即甲烷和氧气同时进入到反应器中。由于生成的 C_2 产物具有比甲烷更高的反应活性，在固定床反应器中要想得到较高的 C_2 选择性是非常困难的。由于在透氧膜表面存在着丰富的氧物种（O^-、O_2^-、O_2^{2-} 和 O^{2-}）以及透氧膜的特殊供氧方式能够避免大量气相氧的存在，所以混合导体透氧膜反应器可提高甲烷偶联反应的 C_2 选择性及产率。此时透氧膜反应器是控制反应物输入型膜反应器，即控制作为反应物之一的氧的输入，同时还具有催化功能。

Zeng 等[308,309]发现具有萤石结构的稀土元素掺杂的氧化铋不仅具有高的透氧量而且还表现出优异的甲烷氧化偶联催化性能，他们在具有催化活性的萤石结构的 $Bi_{1.5}Y_{0.3}Sm_{0.2}O_3$ 致密膜反应器中进行甲烷氧化偶联反应，在 900℃ 时 C_2 产率高达 35%。

5.16.6 膜反应器在乙烷氧化脱氢制乙烯中的应用

在选择氧化反应中，一个最重要的问题就是选择氧化反应的目的产物比原料（如烃类）的活性更高，更容易被深度氧化成 CO_x，因此产物的选择性很低。混合导体透氧膜可以连续渗透氧气，在膜的低氧分压侧表面的晶格氧结合成氧分子之前，如果烷烃能够与膜表面的晶格氧发生反应，则该膜就可以连续提供用于烷烃氧化制烯烃所需的晶格氧，从而实现烷烃的高选择性氧化。此时的透氧膜反应器是控制反应物输入型膜反应器。

在乙烷氧化脱氢的实验中发现[310]，在膜的反应侧没有检测到气相氧的存在，这说明乙烷与膜表面晶格氧的反应速率快于晶格氧结合成氧分子的反应速率。在催化膜反应器中，800℃ 时乙烯的选择性可达 80%，单程产率可达 67%。然而在相同反应条件下，在固定床反应器中却只能得到 53.7% 的乙烯选择性。在 $Bi_{1.5}Y_{0.3}Sm_{0.2}O_3$ 管状膜反应器中进行乙烷氧化制乙烯反应时发现，在 800℃ 也获得了 80% 的乙烯选择性和 56% 的单程产率[311]。但反应温度较高时可能存在乙烷热解脱氢反应。

5.16.7 膜反应器在氧化物催化分解脱氧中的应用

在上述催化膜反应器中，透氧膜主要起到控制氧气输入的作用，属于控制反应物输入型膜反应器。另一种透氧膜反应器是控制反应产物输出型，在该反应器中，作为反应产物之一的氧气经透氧膜移出，使反应平衡向右移动。这类反应主要有以下三种：水分解反应、CO_2 分解反应和 NO_x 分解反应。这类反应在高温下受热力学平衡限制，转化率很低，而利用透氧膜反应器则可大大提高反应转化率。

近年来，充足而清洁的水被用作氢源受到研究者们的广泛关注。水可以在高温下解离成氢气和氧气，但是即使是在 1600℃ 这样的高温下，氢气和氧气的浓度也只能分别达到 0.1% 和 0.042%，这是由于该反应的平衡常数非常小。然而如果分解产生的氢气或氧气可以被选择性地从反应体系中移出，则可以在较低的温度下得到可观的氧气或氢气。混合导体透氧膜可以高选择性地分离氧气，因此可以在膜反应器中进行水分解反应制氢。早在 1977 年 Balachandran 等[312,313]利用 $Ni-Ce_{1-x}Gd_xO_2$ 双相膜进行水分解制氢取得了突破性的研究成果。他们发现氢产生速率是温度、水蒸气分压、膜厚度以及膜两侧氧化学势梯度的函数。当吹扫侧通入 80% H_2～20% He，另一侧通入 50% 水蒸气，膜厚度为 0.1mm，操作温度为 900℃ 时，获得了 6mL/($cm^2 \cdot min$) 的透氢量。当吹扫侧的 H_2 换为甲烷并装填甲烷部分氧化催化剂时，该膜反应器既可以将水分解制得纯氢又可同时得到非常有用的合成气。

Jiang 等[314]成功地在一个混合导体中空纤维膜反应器中实现了同时产生氢气和合成气。在混合导体透氧膜反应器中将高温水分解制氢反应与甲烷部分氧化反应耦合具有很多优点，例如：①由甲烷部分氧化反应在膜的另一侧产生的低氧分压促进了水的分解，降低了水的分解温度；②相比甲烷水蒸气重整反应，该膜反应器可以同时获得高纯氢和合成气；③相比混合导体膜反应器中的甲烷部分氧化反应，该反应条件对膜材料的要求相对宽松，因为混合导体膜只需要在还原气氛中保持稳定而不需要既在还原气氛中保持稳定又在强氧化气氛中保持稳定；④在膜反应器破裂时不存在发生爆炸的危险。

Jin 等[315]将甲烷部分氧化反应与 CO_2 分解反应在混合导体膜反应器中耦合，膜的一侧进行 CO_2 分解反应，另一侧进行甲烷部分氧化反应。在 900℃时，CO_2 转化率达到 11%，CH_4 转化率、CO 选择性和 H_2/CO 摩尔比分别达到 84.5%、93% 和 1.8。通常混合导体透氧膜反应器被用作控制反应物氧的输入而研究较多，而这类控制反应产物氧输出的反应目前研究很少，但却展示了混合导体透氧膜新的研究方向和应用前景。

参考文献

[1] 区灿棋，吕德伟编著．石油化工氧化反应工程与工艺．北京：中国石化出版社，1992：59.

[2] Fujimoto K. Stud Surf Sci Catal, 1994, 81：73.

[3] http：//zh. wikipedia. org/wiki/%E5%8F%8C%E6%B0%A7%E6%B0%B4.

[4] Schumb W C, Satterfield C N, Wentworth R L. Hydrogen Peroxide. New York：Reinhold Publishing Corporation，1955.

[5] 栾国颜，高维平，姚平经．化工科技市场，2005，28(1)：15.

[6] 张志炳，赵静．化工时刊，1995，(5)：3.

[7] 贺江峰．河北化工，2009，32(5)：9.

[8] 游贤德．化肥工业，1996，23(2)：54.

[9] 胡长诚．化学推进剂与高分子材料，2008，6(3)：1.

[10] Ossella B, Daniele B, D'Aloisio R. J Mol Catal A：Chem, 2000, 153：25.

[11] 周军成．氢氧等离子体法直接合成过氧化氢及其在丙烯气相环氧化中的应用［学位论文］．大连理工大学，2008.

[12] Henkel H, Weber W. US 110875. 1914.

[13] Hooper G W. (ICI). US 3336112，US 3361533. 1967，1968.

[14] Izumi Y, Miyazaki H, Kawahara S I. (Tokuyama Soda K. K.). DE 2528601 A1. 1976.

[15] Wang X, Nie Y, Lee J L C, et al. Appl Catal A：Gen, 2007, 317：258.

[16] 丁彤，马智，秦永宁．天津化工，2002，(4)：14.

[17] Gemo N, Biasi P, Canu P, et al. Chem Eng J，2012, 207-208：539.

[18] Park S, Baeck S H, Kim T J, et al. J Mol Catal A：Chem, 2010, 319：98.

[19] Lee H J, Kim S, Lee D W, et al. Catal Commun, 2011, 12(11)：968.

[20] Liu Q S, Lunsford J H. Appl Catal A：Gen, 2006, 314(1)：94.

[21] Abate S, Lanzafame P, Perathoner S, et al. Catal Today, 2011, 169(1)：167.

[22] Menegazzo F, Signoretto M, Frison G, et al. J Catal, 2012, 290：143.

[23] Choudhary V R, Samanta C, Choudhary T V. Appl Catal A：Gen, 2006, 308：128.

[24] Xu J, Ouyang L, Da G J, et al. J Catal, 2012, 285：74.

[25] Menegazzo F, Signoretto M, Manzoli M, et al. J Catal, 2009, 268：122.

[26] Ishihara T, Ohura Y, Yoshida S, et al. Appl Catal A：Gen, 2005, 291：215.

[27] Landon P, Collier PJ, Papworth AJ, et al. Chem Commun, 2002, 18：2058.

[28] Edwards J K, Solsona B, Landon P, et al. J Mater Chem, 2005, 15：4595.

[29] Edwards J K, Thomas A, Solsona B E, et al. Catal Today, 2007, 122：397.

[30] Li G, Edwards J, Carley A F, et al. Catal Today, 2006, 114(4)：369.

[31] Li G, Edwards J, Carley A F, et al. Catal Today, 2007, 122(3-4)：361.

[32] Li G, Edwards J, Carley A F, et al. Catal Commun, 2007, 8(3)：247.

[33] Ma S Q, Li G, Wang X S. Chem Lett, 2006, 35：428.

[34] Okumura M, Kitagawa Y, Yamaguchi K, et al. Chem Lett, 2003, 32：822.

[35] Janicke M T, Kestenbaum H, Hagendorf U, et al. J Catal, 2000, 191(2)：282.

[36] Choudhary V R, Gaikwad A G, Sansare S D. Angew Chem Int Ed, 2001, 40(9)：1776.

[37] Pashkova A, Dittmeyer R, Kaltenborn N, et al. Chem Eng J, 2010, 165(3)：924.

[38] Melada S, Pinna F, Strukul G, et al. J Catal, 2005, 235(1)：241.

[39] Maehara S, Taneda M, Kusakabe K. Chem Eng Res Des, 2008, 86(A4)：410.

[40] Kiwi-Minsker L, Renken A. Catal Today, 2005, 110(1-2)：2.

[41] Rueter M, Zhou B, Parasher S. (Headwaters Nanokinetix Inc.). US 7144565. 2006.

[42] Abate S, Perathoner S, Centi G. Catal Today, 2012, 179(1)：170.

[43] Abate S, Centi G, Melada S, et al. Catal Today, 2005, 104(2-4)：323.

[44] Han Y F, Lunsford J H. J Catal., 2005, 230(2)：313.

[45] Choudhary V R, Samanta C, Jana P. Appl Catal A：Gen, 2007, 317(2)：234.

[46] Samanta C, Choudhary V R. Appl Catal A：Gen, 2007, 330：23.

[47] Choudhary V R, Samanta C, Gaikwad A G. Chem Commun, 2004, (18)：2054.

[48] Hancu D, Green J, Beckman E J. Ind Eng Chem Res, 2002, 41(18)：4466.

[49] Hancu D, Beckman E J. Green Chem, 2001, 3(2)：80.

[50] Pospelova T A, Kobozev N I, Eremin E N. J Phys Chem (Trans) 1961, 35：143.

[51] Dalton A I, Skinner R W. (Air Products & Chemicals Inc.). US 4336239. 1982.

[52] Choudhary V R, Samanta C, Jana P. (Council of Scientific and Industrial Research). US 7288240. 2007.

[53] Landon P, Collier P J, Carley A F, et al. Phys Chem Chem Phys , 2003, 5：1917.

[54] 张越，马智，丁彤. 工业催化，2004，12(3)：17.

[55] Otsuka K, Yamanaka I. Electrochim Acta, 1990, 35(2)：319.

[56] Campos M, Siriwatcharapiboon W, Potter R J, et al. Catal Today, 2013, 202：135.

[57] Yamanaka I, Hashimoto T, Ichihashi R, et al. Electrochim Acta, 2008, 53(14)：4824.

[58] Yamanaka I, Onizawa T, Takenaka S, et al. Angew Chem Int Ed, 2003, 42：3653.

[59] Yamanaka I, Onizawa T, Suzuki S, et al. Chem Lett, 2006, 35(7)：1330.

[60] Yamanaka I, Murayama T. Angew Chem Int Ed, 2008, 47(10)：1900.

[61] Murayama T, Tazawa S, Takenaka S, et al. Catal Today, 2011, 164(1)：163.

[62] Xu F, Song T, Xu Y, et al. J Rare Earths, 2009, 27(1)：128.

[63] Piqueras C M, García-Serna J, Cocero M J. J Supercrit Fluids, 2011, 56(1)：33.

[64] Beckman E J, Hancu D. US 6656446. 2003.

[65] Beckman E J, Hancu D. US 6342196. 2001.

[66] 陈坤，袁颂东. 化学与生物工程，2006，23(7)：1.

[67] Drackett T S. US 5358609. 1994.

[68] 黄仕华. 江苏化工，1988，(4)：23.

[69] Daniele B, Rossella B, DcAloisio R. J Mol Catal A：Chem, 1999, 150：87.

[70] Ma Z L, Jia R L, Liu C J. J Mol Catal A：Chem, 2004, 210：157.

[71] 徐青林. 西南造纸，2001，4：30.

[72] Bhupinder H, Virginie L, Joseph R, et al. Polyhedron, 1997, 16(8)：1403.

[73] Ando Y, Tanaka T. Int. J. Hydrogen Energy, 2004, 29：1349.

[74] 黄培财. 广东化工，2002，29(2)：2.

[75] Yasutaka I, Nakano T. US 6375922. 2002.

[76] 杨鸣. 高氧浓度下氢氧等离子体直接合成过氧化氢［学位论文］. 大连理工大学，2010.

[77] 诸冈良彦. 触媒，1999，41(8)：60.

[78] Ishii Y, Yamazaki K, Yoshida T, et al. J Org Chem, 1987, 52：1868.

[79] Zhang W, Loebach J L, Wilson S R, et al. J Am Chem Soc, 1990, 112：2801.

[80] 魏文德主编. 有机化工原料大全(第二卷). 北京：化学工业出版社，1989：492.

[81] 沈师孔，闵恩泽．化学进展，1998，10(2)：137.

[82] Contractor R M, Bergna H E, Horowitz H S, et al. Catal Today, 1987, 1(1-2)：49.

[83] Contractor R M, Sleight A W. Catal Today, 1988, 3：175.

[84] Contractor R M, Garnett B I, Horowitz H S, et al. Stud Surf Sci Catal, 1994, 82：233.

[85] Centi G. Catal Today, 1993, 16(1)：5.

[86] Abon M, Bere K E, Delichere P. Catal Today, 1997, 33：15.

[87] Emig G, Uihlein K, Hacker C J. Stud Surf Sci Catal, 1994, 82：243.

[88] Pugsley T S, Patience G S, Berruti F, et al. Ind Eng Chem Res, 1992, 31：2652.

[89] Centi G, Fronasari G, Trifiro F. Ind Eng Chem Prod Res Dev, 1985, 24：32.

[90] Berruti F, Kalogerakis N. Can J Chem Eng, 1989, 67(6)：1010.

[91] Wong R, Pugsley T, Berruti F. Chem Eng Sci, 1992, 47(9-11)：2301.

[92] 周凌，李然家，李剑锋等．催化学报，2002，23(1)：72.

[93] 梁日忠，李成岳，李英霞等．四川大学学报(工程科学版)，2002，34(5)：28.

[94] 游海珠，陆红梅，何古色等．石油化工，2010，39(8)：872.

[95] 梁日忠，李成岳．上海大学学报(自然科学版)，2006，12(6)：615.

[96] Schuurman Y, Gleaves J T. Ind Eng Chem Res, 1994, 33：2935.

[97] Mills P L, Randall H T, McCracken J S. Chem Eng Sci, 1999, 54：3709.

[98] 黄晓峰．丁烷选择氧化制顺酐动态动力学模型及其应用［学位论文］．北京：北京化工大学，1999.

[99] Liu H, Huang X F, Li C Y. J Chem Ind Eng (China), 2001, 52(3)：247.

[100] 梁日忠．正丁烷选择氧化制顺酐的反应网络结构及动态动力学［学位论文］．北京：北京化工大学，2002.

[101] 魏文德主编．有机化工原料大全(第四卷)．北京：化学工业出版社，1994. 238.

[102] 李孔斋，王华，魏永刚等．化学进展，2008，20(9)：1306.

[103] 黄振，何方，赵坤等．化学进展，2012，24(8)：1599.

[104] Mateos-Pedrero C, Ruiz P. Catal Today, 2007, 128(3-4)：216.

[105] Sedor K E, Hossain M M, de Lasa H I. Chem Eng Sci, 2008, 63(11)：2994.

[106] Luis F, Garcia-Labiano F, Gayan P, et al. Fuel, 2007, 86(7-8)：1036.

[107] Adanez J, Abad A, Garcia-Labiano F, et al. Prog Energy Combust Sci, 2012, 38(2)：215.

[108] Mattisson T, Jardnas A, Lyngfelt A. Energy Fuels, 2003, 17(3)：643.

[109] Jin H G, Okamoto T, Ishida M. Ind Eng Chem Res, 1999, 38(1)：126.

[110] Wolf J, Anhedenb M, Yan J. Fuel, 2006, 84(7-8)：993.

[111] Zafar Q, Mattisson T, Gevert B. Ind Eng Chem Res, 2005, 44(10)：3485.

[112] de Diego L F, Ortiz M, Adanez J, et al. Chem Eng J, 2008, 144(2)：289.

[113] Otsuka K, Sunada E, Ushiyama T, et al. Stud Surf Sci Catal, 1997, 107：531.

[114] Otsuka K, Wang Y, Sunada E, et al. J Catal, 1998, 175(2)：152.

[115] Fathi M, Bjorgum E, Viig T, et al. Catal Today, 2000, 63(2-4)：489.

[116] 李然家，余长春，代小平等．催化学报，2002，23(4)：381.

[117] Zhu X, Wang H, Wei Y G, et al. J Rare Earths, 2010, 28(6)：907.

[118] Otsuka K, Wang Y, Nakamura M. Appl Catal A: Gen, 1999, 183(2)：317.

[119] 李孔斋，王华，魏永刚等．中国稀土学报，2008，26(1)：6.

[120] Mihai O, Chen D, Holmen A. Ind Eng Chem Res, 2011, 50(5)：2613.

[121] 李然家，余长春，代小平等．催化学报，2002，23(6)：549.

[122] Lyngfelt A, Leckner B, Mattisson T. Chem Eng Sci, 2001, 56(10)：3101.

[123] de Diego L F, Ortiz M, Garcia-Labiano F, et al. J Power Sources, 2009, 192(1)：27.

[124] Pröll T, Bolhàr-Nordenkampf J, Kolbitsch P, et al. Fuel, 2010, 89(6)：1249.

[125] Ortiz M, de Diego L F, Abad A, et al. Int J Hydrogen Energy, 2010, 35(1)：151.

[126] Wang H, He F, Hu J. CN 1636862. 2005.

[127] 魏永刚，王华，何方等．中国稀土学报，2006，24：31.

[128] Wei Y G, Wang H, He F. J Nat Gas Chem, 2007, 16：6.

[129] 刘亚群，田原宇，林小鹏等. 石油炼制与化工，2007，38(4)：47.

[130] 宋国华，缪建文，范以宁. 无机化学学报，2011，27(9)：1758.

[131] 赵如松，王鉴. 石油炼制与化工，2002，33(9)：56.

[132] 吴俊明，杨汉培，范以宁等. 燃料化学学报，2007，35(6)：684.

[133] 王鉴，李安莲，邴国强等. 化工进展，2010，29(12)：2298.

[134] Grasselli R K. Catal Today, 2005, 99(1-2)：23.

[135] Derouane-Abd Hamid S B, Pal P, He H, et al. Catal Today, 2001, 64(1-2)：129.

[136] Grasselli R K, Burrington J D, Buttrey D J, et al. Top Catal, 2003, 23(1-4)：5.

[137] Sokolovskii V D, Davydov A A, Ovsitser O Y. Cat Rev - Sci Eng, 1995, 37(3)：425.

[138] 周继承，王祥生. 化学进展，1998，10(4)：381.

[139] Young D A. (Union Oil Co.). US 3329481. 1967.

[140] Taramasso M, Perego G, Notari B. (Snamprogetti S P A). US 4410501. 1983.

[141] Reddy J S, Kumar R, Ratnasamy P. Appl Catal, 1990, 58：L1.

[142] Thangaraj A, Sivasanker S. J Chem Soc, Chem Commun, 1992, 2：123.

[143] Gao H X, Suo J S, Li S B. J Chem Soc, Chem Commun, 1995：835.

[144] Thangaraj A, Eapen M J, Sivasanker S, et al. Zeolites, 1992, 12(8)：943.

[145] Notari B. Catal Today, 1993, 18：163.

[146] Bellussi G, Fattore V. Stud Surf Sci Catal, 1991, 69：79.

[147] 王祥生. 精细化工，1996，13(1)：30.

[148] Kraushaar B, Van Hooff J H C. Catal Lett, 1988, 1：81.

[149] Ferrini C, Kouwenhoven H W. Stud Surf Sci Catal, 1990, 55：53.

[150] Notari B. Stud Surf Sci Catal, 1991, 60：343.

[151] Schultz E, Ferrini C, Prins R. Catal Lett, 1992, 14：221.

[152] 庞文琴，左丽华，裘式纶. 高等学校化学学报，1988，9(1)：4.

[153] 郭新闻，王桂茹，王祥生. 催化学报，1994，15(4)：309.

[154] 庞文琴，裘式纶，葛颖. 吉林大学自然科学学报，1985，(3)：107.

[155] 庞文琴，裘式纶. 化学学报，1985，43(8)：739.

[156] 赫崇衡. 工业催化，1994，2(3)：3.

[157] 高焕新，索继栓，吕功煊等. 分子催化，1996，10(1)：25.

[158] Martens J A, Buskens P H, Jacobs P A, et al. Appl Catal A：Gen, 1993, A99：71.

[159] Geobaldo F, Bordiga S, Zecchina A, et al. Catal Lett, 1992, 16：109.

[160] Huybrechts D R C, Buskens P L, Jacobs P A. J Mol Catal A：Chem, 1992, 71：129.

[161] 郑宝山，贾立君. 化工技术经济，1999，17(2)：12.

[162] Geenen P V, Boss H J, Pott G T. J Catal, 1982, 77(2)：499.

[163] Gant N W, Hall W K. J Catal, 1978, 52(1)：81.

[164] Clerici M G, Bellussi G, Romano U. J Catal, 1991, 129(1)：159.

[165] Clerici M G, Ingallina P. J Catal, 1993, 140(1)：71.

[166] 李钢，郭新闻，王祥生. 燃料化学学报，1998，26(2)：119.

[167] 李钢，郭新闻，王丽琴等. 分子催化，1998，12(6)：436.

[168] 张法智，郭新闻，王祥生. 石油学报(石油加工)，1999，15(4)：76.

[169] 郭新闻，王祥生，于桂燕. 催化学报，1997，18(1)：24.

[170] Belussi G, Clerici M, Buonomo F, et al. (Enichem Synthesis S. p. A.). EP 0200260. 1986.

[171] 大森秀树. JP 08-103659. 1996.

[172] 林民，舒兴田，汪燮卿等. CN 99126289.1. 2001.

[173] Wang Y, Lin M, Tuel A. Micropor Mesopor Mater, 2007, 102：80.

[174] 慕旭宏，王殿中，王永睿等. 催化学报，2013，34(1)：69.

[175] 黄顺贤，朱斌，林民等. 石油炼制与化工，2007，38(12)：6.

[176] 史春风，朱斌，林民等. 现代化工，2007，27(9)：17.

[177] Forlin A，Tegon P，Paparatto G (Dow Global Technologies Inc). US 7138534 B2. 2006.

[178] 董松，学先编译. 上海化工，2010，35(10)：43.

[179] Haas T，Thiele G，Moroff G，et al. US 7141683 B2. 2006.

[180] Haas T，Brasse C，Wöll W，et al. US 6878836 B2. 2005.

[181] Abekawa H，Ishino M. (Sumitomo Chemical Company，Limited). US 7153986 B2. 2006.

[182] Abekawa H，Ishino M. (Sumitomo Chemical Company，Limited). US 7081426 B2. 2006.

[183] Hirota M，Hagiya K. (Sumitomo Chemical Company，Limited). US 7074947 B2. 2006.

[184] Cooker B，Onimus W H，Jewson J D，et al. (Arco Chemical Technology，L P). US 6960671 B2. 2005.

[185] Le-Khac B，Grey R A. (Arco Chemical Technology，L. P.). US 6958405 B2. 2005.

[186] Miller J F. (Arco Chemical Technology，L. P.). US 6884898 B1. 2005.

[187] Balthasart D. (Solvay S. A.). EP 1299369 B1. 2005.

[188] Crocco G L，Jubin J C，Zajacek J G. (Arco Chemical Technology，L P). US 5693834 A. 1997.

[189] 陈晓晖，孟祥坤，陈宪等. 石油化工，2000，29(2)：140.

[190] 安红强，王桂赟，王延吉等. 化工进展，2010，29(9)：1675.

[191] Clerici M G，Ingallina P. In：Anastas P T，Williamson T，eds. Green Chemistry：Designing Chemistry for the Environment. Washington D C：American Chemical Society，1996：59.

[192] Clerici M G，Ingallina P. (Eniricerche Spa). EP 549013A. 1993.

[193] Clerici M G，Bellussi G. (Eniricerche Spa). EP 526945 A1. 1993.

[194] Rodriguez C L，Zajacek J G. (Arco Chemical Technology，L. P.). US 5463090 A. 1995.

[195] Crocco G L，Jubin J C，Zajacek J G. (Arco Chemical Technology，L. P.). US 5523426 A. 1996.

[196] Alberti G D，Leofanti G，Mantegazza M A，et al. (Montedipe S. P. A.). US 4794198 A. 1988.

[197] 高焕新，舒祖斌，曹静等. 催化学报，1998，19(4)：329.

[198] Thangaraj A，Sivasanker S，Ratnasamy P. J Catal，1991，131：394.

[199] 颜卫，杨立斌，王军政等. 化学反应工程与工艺，2006，22(5)：401.

[200] 郑根土，付文英，郑燕春等. 化工生产与技术，2012，19(1)：35.

[201] 刘莹. TS-1 整体式催化剂的制备及在环己酮氨肟化反应中的应用［学位论文］. 天津：天津大学，2008.

[202] 李翠凤. 负载型钛硅分子筛的研制及其对环己酮氨肟化反应的催化作用［学位论文］. 天津：天津大学，2009.

[203] Bellussi G，Buonomo F，Clerici M，et al. (Enichem Sintesi S. P. A.). US 4701428 A. 1987.

[204] Alberti G D，Padovan M，Roffia P. (Montedipe S. P. A.). US 5041652 A. 1991.

[205] Lin M，Shu X T，Wang X Q，et al. US 6475465 B2. 2000.

[206] 王东琴，李裕，柳来栓等. 高等学校化学学报，2012，33(12)：2722.

[207] 赵茜，李平，李道权等. 化工学报，2008，59(8)：2000.

[208] 金颖，王军政，辛峰. 化学工程，2007，35(7)：23.

[209] Tatsumi T，Jappar N. J Catal，1996，161：570.

[210] Prasad R，Vashisht S. J Chem Technol Biotechnol，1997，68：310.

[211] Peter B，Reinhard G，Willibald M，et al. (Leuna Katalysatoren Gmbh). DE 4240698 C2. 1997.

[212] 高美香，罗东，毛丽秋等. 应用化学，2013，30(1)：28.

[213] 曾湘，邓全丽，袁霞等. 石油学报(石油加工)，2010，26(5)：779.

[214] Corma A，Serna P. Science，2006，313：332.

[215] Rakottyay K，Kaszonyi A. Appl Catal A：Gen，2009，367(1-2)：32.

[216] 毛丽秋，吕兴，李光洪等. 化工进展，2009，28(6)：1024.

[217] 王晓丹，吴文远，涂赣峰等. 有机化学，2010，30(12)：1935.

[218] 张敏，魏俊发，白银娟等. 有机化学，2006，26(2)：207.

[219] 任水英，解正峰，谢晓鹏等. 化学进展，2009，21(4)：663.

[220] 刘兰香，朱玉梅，杨元法. 化学通报，2012，75(8)：691.

[221] 杨雪岗. 中国石油和化工，2012，(9)：23.

[222] 王晓丹，崔天放，于秀兰. 沈阳化工大学学报，2012，26(1)：5.

[223] 王晓丹，范洪涛，崔天放等. 合成纤维工业，2012，35(5)：9.

[224] Raja R, Lee S O, Sanchez-Sanchez M, et al. Top Catal, 2002, 20(1-4): 85.

[225] Lee S O, Raja R, Harris K D M, et al. Angew Chem Int Ed, 2003, 115(13): 1558.

[226] Chiker F, Launay F, Nogier J P, et al. Green Chem, 2003, 5: 318.

[227] Chiker F, Nogier J P, Launay F, et al. Appl Catal A: Gen, 2003, 243: 309.

[228] Cheng C, Lin K J, Prasad M R, et al. Catal Commun, 2007, 8: 1060.

[229] Lapisardi G, Chiker F, Launay F, et al. Catal Commun, 2004, 5: 277.

[230] Lee S, Robert R, Kenneth D M. Angew Chem Int Ed, 2003, 42: 1520.

[231] 李林, 朱玉新, 吴长海. 精细石油化工进展, 2010, 11(4): 33.

[232] 赵地顺, 孙智敏, 李发堂等. 燃料化学学报, 2009, 37(2): 194.

[233] 曹群, 陈海丽, 赵荣祥等. 当代化工, 2010, 39(3): 245.

[234] 王利, 吴晓军, 桂建舟等. 石油化工高等学校学报, 2008, 21(3): 29.

[235] 刘丹, 桂建舟, 王利等. 燃料化学学报, 2008, 36(5): 601.

[236] 袁秋菊, 赵德智, 李英等. 辽宁石油化工大学学报, 2005, 25(1): 33.

[237] 蔡永宏, 贺建勋, 邹煜等. 西北大学学报(自然科学版), 2011, 41(4): 628.

[238] 王云, 李钢, 王祥生等. 催化学报, 2005, 26(7): 567.

[239] 李宇慧, 冯丽娟, 王景刚等. 化工进展, 2010, 29(S1): 659.

[240] 宋华, 王登, 李国忠等. 化学反应工程与工艺, 2010, 26(5): 442.

[241] 景色, 李臻, 夏春谷. 分子催化, 2008, 22(3): 193.

[242] Zhao M T, Zhou J W, Li Z, et al. J Mol Catal (China), 2011, 25(2): 97.

[243] 邵丽丽, 王雯娟, 彭惠琦等. 分子催化, 2007, 21(6): 520.

[244] 彭建兵, 丁艳, 谭蓉等. 分子催化, 2010, 24(6): 510.

[245] 郑敏燕, 李艳, 古元梓等. 应用化工, 2011, 40(3): 417.

[246] 柯于勇, 卢冠忠, 沈丹凤等. 石油化工, 1997, 26(2): 82.

[247] Tatsumi T, Nakamura M, Negishi S, et al. J Chem Soc, Chem Commun, 1990: 476.

[248] Spinace E V, Pastore H O, Schuchardt U. J Catal, 1995, 157(2): 631.

[249] Fu H, Kaliaguine S. J Catal, 1994, 148(2): 540.

[250] Bellussi G, Carati A, Clerici M G, et al. J Catal, 1992, 133(1): 220.

[251] Uguina M A, Ovejero G, Van Grieken R, et al. J Chem Soc, Chem Commun, 1994: 27.

[252] Gontier S, Tuel A. Appl Catal A: Gen, 1994, 118: 173.

[253] Rigutto M S, Van Bekkum H. J Mol Catal A: Chem, 1993, 81: 77.

[254] Sakaue S, Tsubakino T, Nishiyama Y, et al. J Org Chem, 1993, 58: 3633.

[255] Tollari S, Cuscela M, Porta F. J Chem Soc, Chem Commun, 1993: 1510.

[256] Gontier S, Tuel A. J Catal, 1995, 157(1): 124.

[257] Gontier S, Tuel A. Stud Surf Sci Catal, 1995, 94: 689.

[258] Suresh S, Joseph R, Jayachandran B, et al. Tetrahedron, 1995, 51(41): 11305.

[259] Corma A, Esteve P, Martinez A, et al. J Catal, 1995, 152(1): 18.

[260] Thangaraj A, Kumar R, Ratnasamy P. J Catal, 1991, 131: 294.

[261] 张雄福, 王桂茹, 王祥生. 石油学报(石油加工), 1994, 10(4): 43.

[262] 赫崇衡, 汪仁. 应用化学, 1995, 12(6): 9.

[263] 马淑杰, 李连生, 李秀华等. 催化学报, 1997, 18(6): 488.

[264] Tuel A, Taarit Y B. Appl Catal A: Gen, 1993, 102(1): 69.

[265] Kulawik K, Schulz-Ekloff G, Rathousky J, et al. Collect Czech Chem Commun, 1995, 60: 451.

[266] 曹国英, 李宏愿, 夏清华等. 催化学报, 1995, 16(3): 217.

[267] Van Der Pol A J H P, Van Hooff J H C. Appl Catal A: Gen, 1993, 106: 97.

[268] Kapoor M P, Gallot J E, Raj A, et al. J Chem Soc, Chem Commun, 1995: 2281.

[269] Le Bars J, Dakka J, Sheldon R A. Appl Catal A: Gen, 1996, 136(1): 69.

[270] Thangaraj A, Kumar R, Ratnasamy P. Appl Catal A: Gen, 1990, 57: L1.

[271] 高焕新, 李树本. 催化学报, 1996, 17(4): 296.

[272] Keshavaraja A, Ramaswamy V, Soni H S, et al. J Catal, 1995, 157(2): 501.

[273] 吴鑫干, 刘含茂. 化工科技, 2002, 10(2): 48.

[274] 谢文莲, 李玲, 郭灿城. 精细化工中间体, 2003, 33(1): 8.

[275] 张丽芳, 陈赤阳, 项志军. 北京石油化工学院学报, 2004, 12(2): 39.

[276] 张毅, 常有国, 王学丽等. 精细石油化工进展, 2005, 6(8): 43.

[277] Groves J T, Nemo T E, Myers R S. J Am Chem Soc, 1979, 101(4): 1032.

[278] Guo C C, Chu M F, Liu Q, et al. Appl Catal A: Gen, 2003, 246(2): 303.

[279] 郭灿城, 刘强, 刘洋等. CN 1405131. 2003.

[280] 周小平, 蔡炳新, 张海洲. 应用化工, 2002, 31(2): 7.

[281] Chavez F A, Briones J A, Olmstead M M, et al. Inorg Chem, 1999, 38(7): 1603.

[282] Guo C C, Huang G, Zhang X B, et al. Appl Catal A: Gen, 2003, 247(2): 261.

[283] 黄冠, 郭灿城. 分子催化, 2005, 19(1): 36.

[284] Kesavan V, Sivanand P S, Chandrasekaran S, et al. Angew Chem Int Ed, 1999, 38(23): 3521.

[285] Perkas N, Koltypin Y, Palchik O, et al. Appl Catal A: Gen, 2001, 209(1-2): 125.

[286] Srivastava D N, Perkas N, Seisenbaeva G A, et al. Ultrason Sonochem, 2003, 10(1): 1.

[287] Armbruster U, Martin A, Smejkal Q, et al. Appl Catal A: Gen, 2004, 265(2): 237.

[288] Langhendries G, Baron G V, Vankelecom I F J, et al. Catal Today, 2000, 56(1-3): 131.

[289] Dapurkar S E, Sakthivel A, Selvam P. J Mol Catal A: Chem, 2004, 223(1-2): 241.

[290] Selvam P, Dapurkar S E. Appl Catal A: Gen, 2004, 276(1-2): 257.

[291] Anisia K S, Kumar A. Appl Catal A: Gen, 2004, 273(1-2): 193.

[292] 黄世勇, 王海涛, 宋艳芬等. 精细化工中间体, 2004, 21(1): 41.

[293] Thomas J M, Raja R, Sankar G, et al. Stud Surf Sci Catal, 2000, 130(1): 887.

[294] Tian P, Liu Z M, Wu Z B, et al. Catal Today, 2004, 93-95: 735.

[295] Sakthivel A, Selvam P. J Catal, 2002, 211(1): 134.

[296] Subrahmanyam C, Viswanathan B, Varadarajan T K. J Mol Catal A: Chem, 2004, 223(1-2): 149.

[297] Xie J, Wang Y J, Wei Y. Catal Commun, 2009, 11(2): 110.

[298] Xie J, Wang Y J, Li Y T, et al. React Kinet, Mech Cat, 2011, 102(1): 143.

[299] 谢娟, 王延吉, 边丽等. 石油学报(石油加工), 2011, 27(2): 207.

[300] 黄冠. 生物高分子金属卟啉催化空气氧化环己烷研究 [学位论文]. 长沙: 湖南大学, 2003.

[301] 李皓. 金属卟啉催化氧化环己烷工业应用研究 [学位论文]. 湘潭: 湘潭大学, 2005.

[302] 刘小秦, 肖俊钦, 李皓. CN 1519218 A. 2004.

[303] 曹之旺. 金属四苯基卟啉化合物的合成及其在催化氧化环己烷中的应用 [学位论文]. 南京: 南京理工大学, 2006.

[304] 黄冠, 刘飞鸽, 郭灿城. 化学学报, 2006, 64(7): 662.

[305] 王芳. 卟啉衍生物的合成及其仿生催化氧化环己烷 [学位论文]. 南京: 南京理工大学, 2007.

[306] 朱雪峰, 杨维慎. 催化学报, 2009, 30(8): 801.

[307] Tsai C Y, Dixon A G, Moser W R, et al. AIChE J, 1997, 43: 2741.

[308] Zeng Y, Lin Y S. J Catal, 2000, 193: 58.

[309] Zeng Y, Lin Y S. AIChE J, 2001, 47: 436.

[310] Wang H H, Cong Y, Yang W S. Catal Lett, 2002, 84(1-2): 101.

[311] Akin F T, Lin Y S. J Membr Sci, 2002, 209: 457.

[312] Balachandran U, Lee T H, Wang S, et al. Int J Hydrogen Energy, 2004, 29: 291.

[313] Balachandran U, Lee T H, Dorris S E. Int J Hydrogen Energy, 2007, 32(4): 451.

[314] Jiang H Q, Wang H H, Werth S, et al. Angew Chem Int Ed, 2008, 120: 9481.

[315] Jin W Q, Zhang C, Zhang P, et al. AIChE J, 2006, 52: 2545.

第6章

催化反应过程集成
及简单化工艺

在化工生产过程中，通常需要多步化学反应过程才能获得目标产物。这势必带来工艺流程复杂、中间产物分离和循环操作单元多、能量利用不充分、生产效率和原料利用率低、影响安全稳定运行的因素增加以及废弃物排放和治理等诸多问题。因此，为了最大限度地节约能源、提高资源利用率和减少排放，将多步反应过程集成为一步反应过程是一条重要途径。另外，绿色化工过程要求充分利用反应过程中每一种元素，实现"零排放"。而在许多场合，化学反应并不是理想的原子经济反应。为了充分利用原料分子中的元素，也需要进行相关化学反应过程的集成，即把一个反应过程的副产物作为另一个反应过程的原料，通过"封闭循环"实现元素的充分利用和过程零排放。本章对基于纳/微尺度反应集成的多步反应一步化的简单化催化反应过程，直接化催化反应过程与工艺，以及为实现零排放化工过程的催化反应过程绿色集成系统进行了论述[1]。

纳米尺度反应过程集成构成的简单化反应过程：是指在同一催化剂颗粒微孔表面，不同催化活性相以纳米尺度组合，同时进行多步化学反应，它通过在纳米尺度上构造多功能活性相使催化剂多功能化来实现反应过程集成，进而使多步反应工艺简单化。

微米尺度反应过程集成构成的简单化反应过程：是指在同一催化剂颗粒中，不同催化活性相以微米尺度组合，同时进行多步化学反应，并存在反应物从一种活性相内扩散到另一种活性相的过程。它通过在微米尺度上构造多功能活性相使催化剂多功能化来实现反应过程集成，进而使多步反应工艺简单化。

直接化催化反应过程与工艺：针对需要多步化学反应过程才能获得目标产物的反应工艺，通过高效催化剂的研制和过程强化等方法，建立由初始反应物直接获得产物的新合成反应路线，进而使多步反应工艺简单化。

宏观尺度零排放集成工艺：是指在不同反应器的尺度上进行多步化学反应过程，它通过各自独立的反应器子系统进行反应过程集成。

绿色集成系统的目标在于使系统的原子利用率和能量利用率达到最优，实现零排放或清洁排放的绿色化工过程。

6.1 纳米尺度反应过程集成构成的简单化反应过程

纳米尺度反应过程绿色集成系统是指在同一催化剂颗粒微孔表面,不同催化活性相以纳米尺度组合,同时进行多步化学反应,它通过在纳米尺度上构造多功能活性相使催化剂多功能化来实现反应过程集成,进而使多步反应工艺简单化。

纳米尺度催化反应过程绿色集成系统如图 6-1 所示,为两个反应过程的集成。在催化剂的微孔表面存在有纳米尺度的两类催化活性中心。反应 I 在活性中心 α 上发生反应,生成中间产物 C;而生成的 C 从 α 上脱附后,与另一种反应物 D 在活性中心 β 上发生反应 II,生成最终产物 P。这样在一个催化剂微孔表面上,通过两类纳米尺度活性中心,集成了两步反应,降低了传统多步反应所必需的中间产物分离、纯化所带来的能源和原料消耗,提高了整个过程的清洁性和原子经济性。

$$A+B \xrightarrow{\text{I}} C$$
$$C+D \xrightarrow{\text{II}} P$$

图 6-1 纳米尺度催化反应过程绿色集成系统示意图

6.1.1 环氧烷烃、二氧化碳及甲醇直接合成碳酸二甲酯集成系统

碳酸二甲酯属于绿色化学品,已开发出了多种合成工艺。其中,酯交换法是重要的工业生产方法之一。它是以环氧烷烃和 CO_2 为原料,首先合成环碳酸酯,然后与甲醇进行酯交换反应得到碳酸二甲酯,反应分两步在两个不同反应器中进行。反应式如下所示。采用环氧化物,通过环合、酯交换两步反应合成 DMC,同时还可以得到二醇。

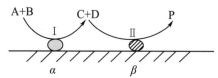

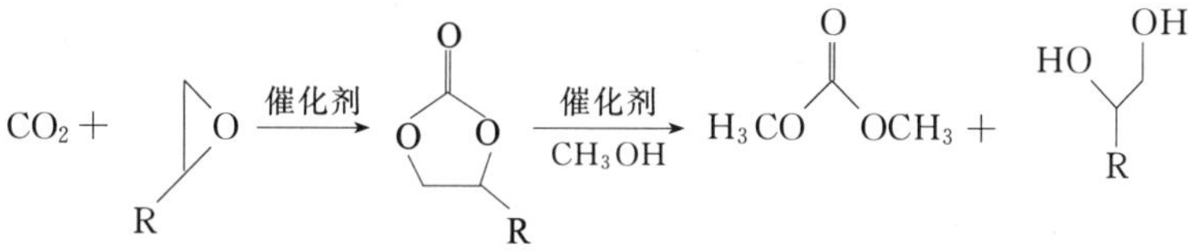

R=H,CH₃,CH₂Cl,C₂H₅,Ph 等

(1)CO_2 与环氧化物合成环碳酸酯反应

① 有机碱、季铵盐、季鏻盐类催化剂 如四乙基溴化铵,十六烷基三甲基溴化铵,四丁基溴化铵,三苯基膦等。

② 碱金属卤化物与不同分子量聚二醇化合物构成的催化体系 邓国才等[2]在反应温度为 90～100℃时,研究了 KI-PEG 催化体系中环氧丙烷和 CO_2 反应合成碳酸丙烯酯的反应性能,PC 收率达到 96.9%。

③ 金属卟啉的卤化物催化剂体系 Kruper 等[3,4]用金属卟啉的烷基化合物和杂环胺、脂肪胺、芳基胺、磷及其氧化物为催化剂[氯铬(5,10,15,20)四苯基卟啉,溴铬(5,10,15,20)四苯基卟啉],胺膦及其氧化物为助催化剂。在此类催化体系的作用下反应可在 50～

100℃之间完成，同时发现铬的卟啉化合物比铝的卟啉化合物的活性高。

④ 金属酞菁化合物和有机碱配体催化剂体系　由于酞菁类与卟啉类在结构上十分相似，然而酞菁类化合物比较便宜。季东锋等[5]用氯铝酞菁化合物代替卟啉类化合物催化合成PC，而且发现有机碱的加入极大地提高了酞菁化合物的催化活性，得到较高的PC收率。

⑤ 铈盐为催化剂　Green[6]探索了用铈盐，如用乙酸铈、六水亚硝酸铈、亚硝酸铈钾等为催化剂合成碳酸丙烯酯。此类催化剂虽然避免了卤素的负面影响，但是碳酸丙烯酯的收率比较低，而且铈盐比较贵重，使生产碳酸丙烯酯的成本升高。

⑥ 马来酸锌催化剂　戚朝荣等[7]在超临界二氧化碳中，利用马来酸锌催化二氧化碳与环氧化物反应合成环状碳酸酯。单独使用马来酸锌作为催化剂时，对二氧化碳与环氧丙烷反应的催化活性较低，而在DBU、DMAP、三乙胺、吡啶、咪唑或4-氨基吡啶等有机碱的存在下，反应活性较高，产物的收率得到明显提高。有机碱作用的强弱顺序为DBU＞Et₃N＞咪唑＞4-氨基吡啶＞DMAP＞吡啶。在压力为8MPa，温度110℃，反应时间48h条件下，马来酸锌与DBU组成的二元催化系统可以催化二氧化碳与环氧丙烷反应，得到83.4%产率的碳酸丙烯酯。该二元系统也能催化其他环氧化物高产率地转化为相应的环状碳酸酯。

⑦ 聚苯乙烯负载的聚乙二醇和碘化钾催化剂　朱宏等[8]采用金属钾和钠及氢氧化钠浓溶液制备聚苯乙烯负载的聚乙二醇，并采用在氢氧化钠的浓溶液中添加相转移催化剂溴化四丁基铵的方法提高接枝收率。用此催化剂进行反应时环氧丙烷的转化率和碳酸丙烯酯的收率都比较高，如：环氧丙烷与碘化钾的摩尔比为361∶1，环氧丙烷与PEG的摩尔比为330∶1，在反应温度为115℃，反应时间为6h的实验条件下PC收率可以达到95%，但是催化剂稳定性欠佳。

⑧ 二氧化硅为载体的催化体系　董调玲等[9]制备了以二氧化硅为载体的聚二苯基膦丙基硅氧烷［Si-P］，聚胺丙基硅氧烷［Si-N］，聚硫丙基硅氧烷［Si-S］，和苯乙烷马来酸共聚物［Si-PMS］高分子配体并以此为催化剂合成PC。Si-P配位体的催化活性最高，Si-N配位体的次之，Si-S、Si-PMS配位体无催化活性。活性最高的催化剂为：Si-P-Co和Si-P-Fe。在以上两种催化剂的作用下，反应温度为160℃，反应时间为24h时，PC收率均可达到98%以上。

⑨ 金属氧化物负载的KI催化剂　赵天生等[10]以氧化锌负载的KI为催化剂合成碳酸丙烯酯，当$n(KI)/n(PO)=0.01$时，在优化的反应条件下PC收率可以达到96%。但是并没有进行催化剂的稳定性实验。

⑩ 离子液体催化剂　张雪红等[11]应用超声波技术在温和条件下制几种硅胶固载化的咪唑类离子液体［1-丙基(三甲氧基硅基)-3-甲基咪唑类离子液体］。考察了其催化二氧化碳和环氧丙烷合成碳酸丙烯酯的催化性能。离子液体基团是以共价键固载到了二氧化硅上，固载化前后载体孔结构变化不大。几种材料在碳酸丙烯酯合成反应中都表现出良好的催化性能，转化率均大于96%，选择性都在98%以上(150℃、2.0MPa、10h)。

（2）环碳酸酯与甲醇酯交换反应

① 酸碱催化剂　均相催化酯交换合成DMC主要用可溶性碱金属氢氧化物、醇盐、碱金属碳酸盐、草酸盐和有机碱作催化剂，如氢氧化钠、氢氧化钾、甲醇钠、碳酸钾、三乙胺等。早在1974年，美国专利US3803201就提出来用甲醇钠作为环状碳酸酯和甲醇的酯交换反应的催化剂。到目前为止，甲醇钠仍然是DMC合成工艺上最常用的催化剂。甲醇钠的碱性非常强，作为酯交换催化剂在工业生产中主要存在以下两方面的缺点：一是对设备腐蚀性

大；二是甲醇钠很容易在水的作用下发生水解和在空气中二氧化碳的作用下发生酸解。潘鹤林等[12]比较了酸碱催化剂和离子交换树脂催化剂的催化活性。碱性催化剂(碱性金属碳酸盐、三乙胺、乙醇钠和苯甲酸钠等)催化效果比 H_2SO_4 好，PC 转化率最高可达 95.6%。肖远胜等[13]在常压、油浴温度 100℃ 的条件下，比较了 CH_3ONa、H_2SO_4 和 $NaOH$ 的催化活性，$NaOH$ 和 CH_3ONa 的催化活性远比 H_2SO_4 好，尤以 CH_3ONa 催化效果最好。另外，由于卤化季铵盐是一种强碱性化合物，碱性相当于 $NaOH$，也可用作酯交换反应催化剂。

② 钾盐催化剂　赵峰等[14]对钛酸钾催化碳酸丙烯酯(PC)和甲醇酯交换合成碳酸二甲酯(DMC)进行了研究。钛酸钾对该反应有较好的催化活性，高压水热法制备的钛酸钾的催化活性高于常压水热法、醇热法和固相法。以高压水热法制备的钛酸钾为催化剂，反应温度 64～80℃ 条件下，PC 转化率达 91.1%，DMC 选择性为 86.5%。魏彤等[15]将 KI、K_2CO_3 和 KOH 负载在介孔活性炭上制备了介孔固体碱，并将其应用于碳酸丙烯酯和甲醇酯交换合成碳酸二甲酯的反应。研究了碱强度、催化剂用量、反应温度以及甲醇与碳酸丙烯酯摩尔比的影响，同时对催化剂的再生行为进行了研究。该催化剂可以高活性地催化碳酸丙烯酯和甲醇酯交换合成碳酸二甲酯的反应。Na_2CO_3/ZrO_2 催化剂也具有良好的催化活性[16]。

③ 金属氧化物催化剂　陈英等[17]采用共沉淀法制备了 ZnO-PbO 催化剂。在锌铅质量比为 3.46 和焙烧温度 500℃ 的 ZnO-PbO 催化剂催化性能最好，DMC 收率 62.4%；王慧等[18]用共沉淀法经高温焙烧制备了 CaO 摩尔分数从 10%～50% 的 CaO-ZrO_2 系列催化剂，将其应用于碳酸丙烯酯和甲醇酯交换合成碳酸二甲酯过程。当 CaO 摩尔分数高于 30% 时，表面出现游离的 CaO，虽然具有强碱性和高活性，但是稳定性差；而当 CaO 摩尔分数低于 30% 时，Ca^{2+} 进入 ZrO_2 晶格，CaO 与 ZrO_2 形成连续固溶体，并且随着 CaO 含量的增加，晶格氧的电荷密度增加，催化剂的碱性增强，使得 CaO-ZrO_2 催化剂在碳酸丙烯酯和甲醇酯交换合成碳酸二甲酯过程中获得了高活性和高稳定性。

④ 离子交换树脂催化剂　Duranleau 等[19]以碳酸乙烯酯和甲醇为原料，以含有磺酸基和羧基官能团的酸性阳离子交换树脂及含有叔胺和季铵官能团的碱性阴离子交换树脂为催化剂，在温度 100℃、压力 0.7MPa 条件下，进行催化活性比较。碱性阴离子交换树脂催化活性较好，其中以含叔胺官能团的弱碱阴离子交换树脂 Amberlyst® IRA-68 催化性能最好，EC 转化率 54.1%，DMC 选择性 96.7%。

⑤ 分子筛催化剂　Srinivas 等[20]研究发现，对碳酸乙烯酯与甲醇的酯交换反应，不同钛硅分子筛的催化活性顺序：TS-1＜Ti-MCM-41＜无定形 TiO_2-SiO_2。氨基修饰的 Si-MCM-41 分子筛[21]也具有良好的催化活性。刘宗健等[22]对硅铝(Si/Al)比为 55 的 ZSM-5 分子筛用阳离子交换和单组分浸渍的改性方法进行改性，考察不同阳离子(H^+、Li^+、Na^+ 和 K^+)和不同组分(MgO、KOH 和 Na_2CO_3)对 ZSM-5 分子筛的影响。以负载 Na_2CO_3 的 ZSM-5 分子筛活性最高，EC 转化率超过 50%。Chang 等[23]研究了将碱金属或碱土金属负载在沸石型载体上的催化性能。以浸渍法制备 Cs 负载量 25.0% 的 Cs-ZSM-5，DMC 收率为 59.9%。

(3) 环氧烷烃、甲醇和 CO_2 为原料一步合成碳酸二甲酯反应过程

综上分析，两步反应合成 DMC 的方法存在工艺流程长、分离单元多、能耗高、高投资等缺点，且生产成本受中间产物如环碳酸酯分离等的控制。更具有吸引力的方法是将环合和酯交换两步反应耦合为一步操作的反应。实现简单化反应工艺的关键在于多功能催化剂的研制，要求催化剂具有双功能催化活性，既对环加成有催化作用又要对酯交换有催化作用。在

这方面已有一系列成果。

① K₂O/4A(γ-Al₂O₃)催化剂 Li 等[24]提出了由环氧丙烷与超临界 CO₂、碳酸丙烯酯与甲醇两个反应过程构成的合成碳酸二甲酯的纳米尺度绿色集成系统。

$$CH_2-CH-CH_3 \ +CO_2 \xrightarrow{K_2O/\gamma-Al_2O_3} CH_2-CH-CH_3 \xrightarrow[+2CH_3OH]{K_2O/\gamma-Al_2O_3}$$

$$CH_3OCOCH_3 \ + \ CH_2-CH-CH_3$$

该系统在理想状态下可实现由环氧丙烷、CO₂、甲醇为原料一步直接合成碳酸二甲酯。通过对上述两个反应机理的研究，在 4A 分子筛或 γ-Al₂O₃ 表面负载处于纳米尺度的碱性活性相 K₂O，制备出了一步直接合成碳酸二甲酯的新型高效固相化催化剂 K₂O/4A(γ-Al₂O₃)。该催化剂不仅可同时促进合成碳酸丙烯酯和合成碳酸二甲酯两个反应，而且本身具有环境友好性。在超临界 CO₂ 中，使环氧丙烷 100%转化，碳酸二甲酯的收率为 18.4%，去除了其分离和循环工艺。甲醇对环氧丙烷和二氧化碳合成碳酸丙烯酯反应具有助催化作用。

② LiCl-Na₂CO₃ 双组分催化剂 王书明等[25]分别以 Li、Na、K 的盐酸盐和 Na₂CO₃、NaHCO₃、NH₄HCO₃ 组合成双组分催化剂，考察了对一步法合成 DMC 的影响。当无机碱固定时，不同的 Lewis 酸所表现的催化活性差别不大，但当无机碱由 Na₂CO₃ 变为 NH₄HCO₃ 时，DMC 的收率有所降低，这说明无机碱碱性对酯交换反应具有一定的影响。碱性越强，甲醇生成甲氧基阴离子越容易，DMC 收率越高。通过比较发现 LiCl-Na₂CO₃ 催化活性最好。反应温度在 160℃，反应 2h，PO 的转化率 29.8%，DMC 的收率 11.8%。

③ ([bmim]BF₄)-CH₃ONa 双组分催化剂 该催化剂由离子液体和甲醇钠组成，离子液体用于催化合成碳酸丙烯酯反应，甲醇钠用于催化酯交换合成碳酸二甲酯反应。陈秀芝等[26]研究了在 1-正丁基-3-甲基咪唑四氟硼酸盐([bmim]BF₄)和 CH₃ONa 存在下，由环氧丙烷、甲醇和 CO₂ 合成碳酸二甲酯反应。在 4MPa、5h、150℃的条件下，环氧丙烷的转化率达到 95%以上，碳酸丙烯酯的选择性达到 87.1%，碳酸二甲酯的收率达到 67.6%。他们发现[bmim]BF₄ 单独用作催化剂时，PO 的转化率几乎达到 100%，PC 为主要产物，没有检测到 DMC 的生成，对于 PO 和 CO₂ 的环加成反应，[bmim]BF₄ 是较好的催化剂。与[bmim]BF₄ 相比，CH₃ONa 同时促进 PO 与 CO₂ 的环加成反应、PC 与甲醇的酯交换反应以及 PO 与甲醇的副反应。并且[bmim]BF₄ 和 CH₃ONa 发生了协同效应，反应产物的组成发生了明显变化。另外，他们的研究也表明，由季铵盐四丁基溴化铵和 CH₃ONa 组成的催化剂也具有良好的活性[27]。

④ KI-K₂CO₃ 双组分催化剂 Cui 等[28]研究了 Li、Na、K 的盐酸盐及其相应的无机碱对一步法合成 DMC 的催化活性，发现 KI-K₂CO₃ 的催化活性最高。对一步法合成 DMC 具有很好的协同作用。在反应温度 140~160℃、压力 8~15MPa，反应时间 2h 条件下，DMC 收率为 73%，环氧丙烷(PO)转化率 100%。2-甲氧基乙醇(ME)是唯一副产物。他们在此基础上，制备了负载型 KI-K₂CO₃ 催化剂，载体包括 4A 分子筛、硅胶、活性炭和活性氧化铝等。KI-K₂CO₃/4A 分子筛具有较高的催化活性[29]。

6.1.2　合成气为原料直接合成二甲醚集成系统

二甲醚(DME)作为清洁燃料和绿色化工原料具有重要的应用价值和前景。工业上生产二甲醚主要采用两步法，即先由 CO 加氢合成甲醇，然后再由甲醇脱水得到二甲醚。两个反应过程分别在不同反应器中进行。合成甲醇通常在铜基催化剂上进行，脱水反应则需要酸性催化剂。

为了节省反应步骤和分离装置，提高 CO 转化率，人们开发出了具有加氢活性和酸催化活性的双功能催化剂，使 CO 加氢反应和甲醇脱水反应在同一个催化剂颗粒表面进行，实现了以合成气为原料一步制二甲醚的新工艺。催化剂通常由酸性载体和铜基催化组分构成。如 Cu-Zn-Al 作为合成甲醇的活性组分，γ-Al_2O_3 或 ZSM-5 沸石作为甲醇脱水的活性组分[30]。酸性载体提供脱水所需的酸性中心，铜基催化组分提供 CO 加氢活性中心，两类活性中心分散在载体表面，Cu 物相以纳米尺度与载体结合[31,32]，其接触程度和比例对合成二甲醚的反应性能有显著影响。具有该两类活性相结构的催化剂使合成二甲醚的两步反应集成在催化剂同一微孔表面一步完成。

$$2CO + 4H_2 \xrightarrow{Cu\text{-}Zn\text{-}Al/HZSM\text{-}5} 2CH_3OH \xrightarrow[-H_2O]{Cu\text{-}Zn\text{-}Al/HZSM\text{-}5} CH_3OCH_3 + H_2O$$

(1)合成气一步直接合成二甲醚双功能催化剂

① CuO-ZnO-Al_2O_3/改性 γ-Al_2O_3 双功能催化剂　γ-Al_2O_3 作为甲醇脱水活性组分具有价格低廉和稳定性好等优点，但 γ-Al_2O_3 的最佳活性温度较高(约 320℃)，与 Cu 基甲醇合成催化剂的最佳活性温度(约 260℃)不相匹配。另外，由于合成气制取二甲醚反应是一个低温有利的过程，故在较高反应温度下很难得到高的一氧化碳转化率和较长的催化剂使用寿命。所以，对 γ-Al_2O_3 进行改性以提高其低温反应活性成为非常重要的研究课题。毛东森等[33]采用浸渍法制备了经硼、磷和硫的含氧酸根阴离子改性的 γ-Al_2O_3，以其为甲醇脱水活性组分，与铜基甲醇合成活性组分 CuO-ZnO-Al_2O_3 组成双功能催化剂，并在连续流动加压固定床反应器上考察了催化剂对合成气直接制二甲醚反应的催化性能。结果表明，SO_4^{2-} 改性可以显著提高 γ-Al_2O_3 的甲醇脱水活性，从而提高产物中二甲醚的选择性和一氧化碳的转化率。当 SO_4^{2-} 含量为 10%，焙烧温度为 550℃时，二甲醚的选择性及一氧化碳的转化率最高。张海燕等[34]对 γ-Al_2O_3 进行了 $S_2O_8^{2-}$、Ni^{2+} 复合离子改性，将改性后的 γ-Al_2O_3 用作合成气直接制二甲醚催化剂的甲醇脱水组分，制备出了 $CuZnAl/\gamma$-Al_2O_3-$S_2O_8^{2-}$-Ni^{2+} 双功能催化剂。

② Cu-ZnO-Al_2O_3/HZSM-5 双功能催化剂　毛东森等[35]采用水热晶化法合成了硅铝比(SiO_2/Al_2O_3)为 60、120、200 和晶粒粒径分别为 $1.0\mu m$ 和 $0.25\mu m$ 的 HZSM-5 分子筛，并以其为甲醇脱水活性组分与铜基甲醇合成活性组分(Cu-ZnO-Al_2O_3)组成双功能催化剂(Cu-ZnO-Al_2O_3/HZSM-5)，在连续流动加压固定床反应器上考察了 Cu-ZnO-Al_2O_3/HZSM-5 对合成气直接制二甲醚反应的催化性能。随着分子筛硅铝比的提高，二氧化碳副产物的生成量逐渐减少，从而使目的产物二甲醚的选择性逐渐增大。与常规分子筛相比，小晶粒分子筛的反应活性接近，但二氧化碳和烃类副产物的选择性较低。

Kang 等[36]研究了 Zr 改性的沸石(镁碱沸石、ZSM-5 和 Y 型沸石)为载体的 Cu-ZnO-Al_2O_3 催化剂的反应性能。发现负载在 Zr 改性的镁碱沸石上的催化剂表现出更高的催化活性和最优异的二甲醚选择性。镁碱沸石上酸性位的数量及强度更适合甲醇脱水反应。

Ereña 等[37,38]对合成气直接制二甲醚双功能催化剂的失活与再生，以及操作条件的影响进行了研究。认为 CuO-ZnO-Al₂O₃/NaHZSM-5 双功能催化剂比 CuO-ZnO-Al₂O₃/γ-Al₂O₃ 催化剂有更优异的活性和稳定性。

③ Cu-Mn-Zn/Al₂O₃（Y 分子筛）双功能催化剂　侯昭胤等[39]以 Cu-Mn 为主要活性组分，以锌、铬、钨、钼、铁、钴、镍等为助催化剂，采用共浸渍法，将铜、锰等直接负载在氧化铝上，获得了负载型一步合成二甲醚催化剂。该催化剂具有制备工艺简单、强度高、稳定性好、易重复等特点。在负载的 Cu-Mn 催化剂上，CO 加氢可以生成二甲醚，而且当 n(Cu)/n(Mn)＝1/2 时，CO 的转化率和二甲醚的收率均佳；少量锌的添加有利于提高催化剂的活性和二甲醚的选择性；而铁、钴、镍的添加主要使 CO 发生甲烷化反应。他们还对不同金属负载量 Cu-Mn-Zn/Y 催化剂进行了研究。金属组分的负载量为 30mmol 时，CO 的转化率和二甲醚的选择性分别可达 65.6％和 67.0％。增加金属组分负载量主要是增加了催化剂吸附 CO 和 H₂ 活性中心的数目，使得催化剂对 CO 的转化能力增加。当金属组分负载量达到 35mmol 时，催化剂的微观结构发生了改变，作为主要活性组分的铜也发生了聚集，造成催化剂对 CO 和 H₂ 吸附能力降低；由于作为酸性组分的分子筛含量相对减少和大量金属组分对酸中心的覆盖作用，导致催化剂酸性降低，使得催化剂对 CO 的转化率和对二甲醚的选择性均降低[40]。他们认为 Mn 和 Zn 的协同作用，能调整催化剂的还原性能和吸附性能达到适合的状态，从而使得催化剂具有高的二甲醚合成活性[41]。

④ 铜基催化剂的失活　Cu 基催化剂在合成气直接合成二甲醚反应中的主要问题是 Cu 晶粒的增大及聚集导致积炭。这种情况在有水存在时会更严重。许多科学家尝试通过加入助剂及制备方法，使 Cu 在催化剂中的分布更均匀，从而有更好的抗积炭性能。Moradi 等[42]比较了各种制备方法对 CuO/ZnO/Al₂O₃ 复合催化剂性能的影响，发现新型的 sol-gel/浸渍方法制备的催化剂的性能超过以前认为的最好方法——共沉淀法制备的催化剂，这种方法使 Cu 的分布更均匀。而当 CuO 和 ZnO 的质量比为 2 时，Al₂O₃ 的最佳质量分数为 60％。栾友顺等[43]采用共沉淀沉积法制备了 CuO-ZnO-Al₂O₃/γ-Al₂O₃-HZSM-5 复合催化剂，考察了其对 CO 加氢直接合成二甲醚的催化性能，研究了催化剂的失活和再生。一步合成二甲醚催化剂的失活主要是由于活性位 Cu 晶粒的烧结长大；反应温度和原料气的组成是影响催化剂失活的因素，在低于 220℃下，以 N₂/H₂/CO/CO₂ 为原料气会显著降低催化剂的失活速率。使用的氧化还原循环的再生方法能够使 Cu 晶粒发生再分散，并使失活的催化剂恢复了 75％以上的活性。

（2）合成气一步直接合成二甲醚生产工艺[44]

合成气直接制二甲醚的合成工艺，按催化反应器类型可分为固定床工艺和浆态床工艺。固定床工艺中，合成气在固体催化剂表面进行反应，又称为气相法。浆态床工艺中，合成气扩散到悬浮于惰性溶液中的固体催化剂表面进行反应，又称为液相法。

① 固定床工艺　丹麦 Topsoe 公司的 TIGAS 工艺是将脱硫天然气加入水蒸气混合后，进入自热式转化器（由高压反应器、燃烧室和催化剂床层三部分组成）一步生成二甲醚。该公司已建成 50kg/d 的中试装置，并完成 1200h 的连续运行。所用催化剂为水气变换催化剂和 Cu 基甲醇合成催化剂、甲醇脱水（氧化铝和硅酸铝）催化剂混合构成。当反应温度在 240～290℃、压力为 4.2MPa 时，CO 单程转化率达到 70％。

② 浆态床工艺　与固定床相比，对于强放热的反应过程，浆态床具有如下优点：传热性能好而可实现恒温操作，催化剂粒度小而表面积大可加快反应，催化剂的积炭可缓解，催

化剂装卸方便。此外，浆态床反应器结构较简单而可降低投资费用。因此，在合成二甲醚领域，浆态床反应系统的研发是主导方向。浆液可用液体石蜡油等制备。

美国 APCI 公司成功开发了 LPDME™浆态床二甲醚生产工艺，并在得克萨斯州建成了 10t/d 规模试验装置。该工艺采用的催化剂由商用甲醇合成催化剂和脱水催化剂复配（质量比 95∶5），在单一鼓泡浆态床中联产甲醇和二甲醚。操作压力为 3.5～6.0MPa，温度为 220～290℃。反应器高 15m，内径 0.45m，内装 12mm×ϕ19mmU 形换热管。该工艺可获得高于 30% 的合成气单程转化率和较高的热交换率，且适合不同配比的原料气。

日本 NKK 公司的中试装置始建于 1997 年，于 1999 年 10 月成功生产。合成气转化率达 51%，二甲醚在醇醚中选择性大于 90%，产品二甲醚纯度高达 99.9%。反应器高 15m，内径 0.55m。该工艺采用煤层气（$CH_4$40%，空气 60%）部分氧化技术制备合成气，以返回的二氧化碳调节合成气中的氢碳比。该工艺是为了促进煤的综合利用而开发，也可用于以天然气及煤层气为原料生产二甲醚。

6.1.3 CO_2 加氢直接合成二甲醚集成系统

（1）热力学与反应机理

CO_2 加氢合成二甲醚的集成反应系统包括 CO_2 加氢合成甲醇反应、甲醇脱水合成二甲醚反应，以及变换反应，反应方程式如下：

$$CO_2 + 3H_2 \longrightarrow CH_3OH + H_2O \quad \Delta H(298K) = -49.0kJ/mol, \quad \Delta G(298\ K) = 3.79\ kJ/mol \quad (1)$$
$$2CH_3OH \longrightarrow CH_3OCH_3 + H_2O \quad \Delta H(298K) = -24.5kJ/mol, \quad \Delta G(298\ K) = -17.2kJ/mol \quad (2)$$
$$CO_2 + H_2 \longrightarrow CO + H_2O \quad \Delta H(298K) = 41.2kJ/mol, \quad \Delta G(298\ K) = 28.6\ kJ/mol \quad (3)$$

（1）和（2）的总反应式：

$$2CO_2 + 6H_2 \longrightarrow CH_3OCH_3 + 3H_2O \quad \Delta H(298K) = -122kJ/mol, \quad \Delta G(298\ K) = -9.59\ kJ/mol \quad (4)$$

可以看出，反应 CO_2 加氢制二甲醚(4)比其加氢制甲醇(1)容易进行。因为反应(1)生成的甲醇可以经过易进行的反应(2)被立即消耗，打破合成甲醇的热力学平衡，提高 CO_2 转化率。从温度对热力学平衡的影响来看，主反应(1)和(2)均为放热反应，而副反应(3)为吸热反应，因此升高温度不利于二甲醚的生成，从而导致二甲醚的选择性随温度升高而不断下降。由于 CO_2 加氢合成二甲醚的总反应是体积减少的反应，升高反应压力有利于平衡向二甲醚生成的方向移动。故反应压力升高时，CO_2 的转化率、DME 的选择性和收率都会有不同程度的提高。

反应机理[45]：关于 CO_2 催化加氢合成 DME 的反应机理主要有两种观点：一种观点认为 CO_2 首先加氢得到甲酸盐，甲酸盐可以分解生成 CO，或者进一步加氢经过甲酰基和甲氧基得到甲醇，甲醇再脱水生成 DME。因此二甲醚和甲醇均来自 CO_2 直接加氢，反应历程为：CO_2→甲酸盐→甲酰基→甲氧基→CH_3OH→CH_3OCH_3；另一种观点认为二甲醚来自于 CO 加氢。CO_2 首先被氢气还原成 CO，再由 CO 加氢生成甲醇，甲醇脱水得到二甲醚，反应历程为：CO_2→CO→CH_3OH→CH_3OCH_3。

（2）CO_2 加氢直接制二甲醚双功能催化剂

根据反应机理，用于 CO_2 加氢直接制二甲醚双功能催化剂应同时具有加氢合成甲醇和甲醇脱水功能。加氢催化剂主要集中在 CuO/ZnO 基催化剂，脱水催化剂主要集中在 Al_2O_3、硅铝分子筛、复合氧化物、SAPO 类分子筛及杂多酸等。

① CuO-ZnO-Al_2O_3/HZSM-5 双功能催化剂　张雅静等[46]以无水乙醇为溶剂，将 Cu、Zn 和 Al 的硝酸盐并流共沉淀在 HZSM-5 分子筛的悬浮溶液中，一步合成 CuO-ZnO-Al_2O_3/

HZSM-5 双功能催化剂。研究了沉淀剂的种类、加入顺序和加入量对催化剂活性的影响。以草酸作沉淀剂，采用悬浮液并流共沉淀法制备的双功能催化剂，对 CO_2 加氢直接合成二甲醚有较高的催化性能：在固定床反应器中，温度为 270℃，压力为 3.0MPa，空速为 $4800h^{-1}$ 的反应条件下，CO_2 的单程转化率达到 28.7%，二甲醚的选择性达到 53.2%。

赵彦巧等[47]考察了复合方法对二氧化碳加氢合成二甲醚催化剂 $CuO-ZnO-Al_2O_3$/HZSM-5 的影响。在分装法、混装法、干混法、湿混法、共沉淀沉积法和共沉淀浸渍法等方法中，以干混法制备的复合催化剂对于二氧化碳加氢直接合成二甲醚的催化反应性能最适宜。在制备复合催化剂时，应尽量使催化剂中两种活性中心接触紧密，发挥其协同效应，但是不能使两种活性中心相互覆盖，以致生成非活性物种。

别良伟等[48]采用共沉淀沉积法制备了 $CuO-ZnO-Al_2O_3-ZrO_2$/HZSM-5 双功能催化剂，在连续流动加压浆态床反应器中，以医用石蜡为惰性液相介质，研究了其对 CO_2 加氢直接合成二甲醚的催化反应性能。加入 ZrO_2 以后，可以使催化剂前体的结晶度更差，促进活性组分的分散。

② $CuO-TiO_2-ZrO_2$/HZSM-5 双功能催化剂　目前，大多数文献所报道的双功能催化剂中的甲醇合成活性组分基本都是 $CuO-ZnO-Al_2O_3$ 复合氧化物。虽然该催化剂对 CO 加氢制甲醇的活性很高，但由于其中的 ZnO 和 Al_2O_3 的亲水性而对 CO_2 加氢的活性却不是十分理想。因此采用 ZrO_2 替代之。王嵩等[49]采用共沉淀法制备一系列 CuO 含量不同（质量分数：50%～80%）的 $CuO-TiO_2-ZrO_2$ 复合氧化物。由所制备的 $CuO-TiO_2-ZrO_2$ 为甲醇合成活性组分与 HZSM-5 分子筛进行机械混合制成双功能催化剂 $CuO-TiO_2-ZrO_2$/HZSM-5，DME 的最大收率为 13.2%。

③ $CuO-CeO_2-ZrO_2$/HZSM-5 双功能催化剂　陈高明等[50]采用共沉淀法制备了一系列不同 $n(Ce)/n(Zr)$ 的 $CuO-CeO_2-ZrO_2$/HZSM-5 催化剂。以铈锆固溶体作载体能增大催化剂的比表面积，提高 Cu 的分散度，使合成甲醇活性中心与甲醇脱水活性中心接触更紧密。当 $n(Ce)/n(Zr)=1/1$ 时，形成 Ce 和 Zr 的立方晶相固溶体，比表面积达到最大，CuO 在固溶体载体上分散最均匀，CO_2 的转化率最高；当 $n(Ce)/n(Zr)=1/3$ 时，形成四方晶相固溶体，DME 选择性最高。虽然适当增加 Ce 的含量可以提高 CO_2 的转化率，但是 CO 的选择性并未有效降低。

④ Cu-Zn-Mn/HZSM-5 双功能催化剂　王帅等[51]研究了不同加氢组分对 CO_2 加氢合成二甲醚性能的影响。Cu/HZSM-5 催化剂中添加 Zn 或 Mn 均能有效提高催化剂的 CO_2 加氢转化活性；同时添加 Zn 和 Mn 的 Cu-Zn-Mn/HZSM-5 催化剂，CO_2 加氢合成二甲醚性能最好，CO_2 转化率 18.8%，DME 选择性 46.2%。其中，Mn 存在有利于催化剂加氢活性组分的分散，并增加对 CO_2 的吸附能力；Zn 的存在则增强了催化剂对 H_2 的吸附活化能力，Zn 和 Mn 同时存在产生的协同作用使催化剂具有很好的 CO_2 加氢合成二甲醚的活性。

⑤ CNT 促进 $Cu-ZrO_2$-HZSM-5 混合型双功能催化剂　陈秋虹等[52]研发出一种碳纳米管（CNT）促进的 $Cu-ZrO_2$-HZSM-5 沸石分子筛双功能混合型催化剂，将其用于 CO_2 加氢合成甲醇和甲醇脱水生成二甲醚（DME）二步串联催化一器化，实现由（CO_2+H_2）直接合成 DME。在 5.0MPa，523K，$V(H_2):V(CO_2):V(N_2)=69:23:8$，空速（GHSV）=25000mL/(h·g) 的反应条件下，在所研发（Cu_2Zr_3-10%CNT）-30%HZSM-5 催化剂上，CO_2 加氢的转化率达 9.44%，比相应单功能加氢催化剂（Cu_2Zr_3-10%CNT）的相应值（7.00%）提高 35%。CNT 能作为 $Cu-ZrO_2$-HZSM-5 双功能混合型催化剂的促进剂。在上述反应条件下，含 CNT

的催化剂的 DME 时空产率达 438mg/(h·g)，比不含 CNT 的原双功能混合型基质催化剂的相应值[395mg/(h·g)]提高 11%。结果证实，利用双功能混合型催化剂，将 CO_2 加氢合成甲醇和甲醇脱水生成 DME 两个过程串联催化一器化，能大幅度提高 CO_2 加氢转化的效率。双功能催化剂中 CO_2 加氢催化剂与甲醇脱水催化剂的混合方式以"分步沉淀/沉积－湿混法"为佳。

6.1.4　丙烯、氧气及氢气直接合成环氧丙烷集成系统

环氧丙烷是一种重要的有机化工原料，传统的氯醇法存在环境不友好问题，且原子利用率低。为此，人们[53,54]开发出了以钛硅分子筛（TS-1）为催化剂的丙烯过氧化氢氧化新工艺，它以丙烯和过氧化氢为原料，由蒽醌法生产过氧化氢和丙烯环氧化两个工艺过程组成。为了简化工艺流程，研究者[55]又提出了在 H_2 和 O_2 存在下的原位直接合成环氧丙烷的新工艺。

$$H_2 + O_2 \xrightarrow{\text{Pd/TS-1}} H_2O_2 \xrightarrow[+C_3H_6]{\text{Pd/TS-1}} CH_3 - CH \underset{O}{-} CH_2 + H_2O$$

氢、氧直接合成 H_2O_2，并将生成的 H_2O_2 原位用于有机物的选择性氧化过程，从原子经济角度考虑是较为理想的方法之一。相关的研究显示，金属钯和金是氢、氧直接合成过氧化氢最常用的活性催化组分[55]，钛硅分子筛 TS-1 是过氧化氢为氧化剂，有机物选择性氧化的有效催化剂，所以采用 Pd/TS-1 或 Au/TS-1 双功能催化剂可以将两步反应放在一个反应器中进行，即采用一步集成工艺。

（1）Au-钛硅材料构成的双功能催化剂

① Au/TS-1 催化剂　刘文明等[56]在气相条件下对 Au/TS-1 催化氧气和氢气原位生成 H_2O_2 用于丙烯的环氧化进行了研究。原料气中配有氢气对丙烯的环氧化是不可缺少的因素，H_2 含量越大，环氧丙烷（PO）的选择性越高，但当 H_2 含量大于 5% 后，原料气中 H_2 的含量配比对 PO 收率影响不大；对 PO 的收率低于 2% 可能是因为活性氧物种——过氧化氢中间物不稳定的缘故。

Lu 等[57]主要研究了 Au/TS-1 催化剂制备过程中浸渍液的酸碱性对活性组分 Au 粒度进而对其催化活性的影响。活性组分 Au 随着浸渍液碱性的增强，负载量减小，Au 的平均粒径也在降低。在反应温度 150℃，压力 0.1MPa，浸渍液 pH 值为 7 时制备的催化剂催化丙烯环氧化时，丙烯的转化率为 2.1%，环氧丙烷的选择性为 79%；同样条件下，浸渍液 pH 值为 9 时制备的催化剂，丙烯的转化率为 1.4%，环氧丙烷的选择性为 99%。

潘小荣等[58]以 Sn 改性的 TS-1 分子筛为载体，利用沉积沉淀法制备了金催化剂，用于在氢气、氧气共存下丙烯直接环氧化反应，并比较了不同 Sn 掺杂量对催化剂结构及其催化性能的影响。Sn 掺杂进入 TS-1 骨架中，Sn 的改性使催化剂上丙烯的转化率由 1.6% 提高到 2.5%，环氧丙烷的选择性由 87% 上升到 90%，活性的增加可能是由于 Sn 的掺入引起的配位效应。

Sinha 等[59]在具有三维大孔结构的高钛含量以及经过硅烷化和硝酸钡处理的介孔硅酸盐上沉积高分散的金催化剂，可以在保持 90% 环氧丙烷选择性的基础上使丙烯转化率达到 10%，结果接近工业化。

② Au/Ti-Si 复合氧化物催化剂　戴茂华等[60]以 $TiCl_4$ 和 $SiCl_4$ 为原料，采用水解和非

水水解溶胶-凝胶两种方法制备了一系列不同 Ti 含量的 Ti-Si 复合氧化物载体，继而用沉积-沉淀法制得载金催化剂。钛含量在 6%～14% 范围内时，两种方法制得的 Ti-Si 复合氧化物均为无定形结构，但采用非水水解溶胶-凝胶法制得的载体比表面积较高。以非水水解溶胶-凝胶法制备的钛含量 10% 的 Ti-Si 复合氧化物为载体得到的载金催化剂表现出较高的活性和选择性，反应 60min 时，丙烯转化率为 5.7%，240min 后降为 3.3%，环氧丙烷的选择性稳定在 95% 左右。

③ Au/Ti-MCM-41(H)双功能催化剂　刘义武等[61]采用纳米组装法制备了一系列不同 Ti 含量的具有微孔-介孔复合结构(hybrid)的钛硅分子筛 Ti-MCM-41(H)载体，继而用沉积-沉淀法制得纳米金催化剂。合成的微孔-介孔复合结构的钛硅分子筛 Ti-MCM-41(H)具有典型的 MCM-41 结构，Ti(IV)以高分散的形式存在于分子筛的骨架结构中。在常压、423K 条件下，以 Ti/Si 摩尔比为 1 的 Ti-MCM-41(H)为载体制备纳米金催化剂表现出了最佳的催化性能，反应 30min，丙烯的转化率达 5.4%，环氧丙烷的选择性为 74.2%，环氧丙烷的生成速率为 73.1g/(h·kg)；反应 330min 后，丙烯的转化率为 4.9%，环氧丙烷的选择性为 67.3%。

④ Au/N-Ti-HMS双功能催化剂　张文敏等[62]以十二胺为模板剂合成了一系列不同 Ti 含量的介孔分子筛 Ti-HMS，并通过高温氨处理对其进行高温改性，在分子筛表面和骨架中引入碱性 N 原子。分别以改性前后的 Ti-HMS 为载体使用沉积沉淀法制得纳米金催化剂。合成的 Ti-HMS 分子筛试样具有典型的六方介孔特征，Ti 以骨架四配位状态存在。以 850℃ 高温氮化改性 Ti-HMS 为载体制备的纳米金催化剂，在常压、100℃ 条件下，催化丙烯环氧化，反应 30min 后，丙烯的转化率达 6.28%，环氧丙烷的选择性为 83.1%；反应 270 min 后丙烯的转化率降至 4.74%，环氧丙烷的选择性为 82.5%。经高温改性处理后，催化剂的活性及稳定性都得到了大幅度提高。

(2)Pd-钛硅材料构成的双功能催化剂

① Pd/TS-1双功能催化剂　武春敏等[63]重点研究了不同制备方法和还原活化条件下制备的 Pd/TS-1 催化剂的环氧化反应活性。以硝酸钯为钯源，在氮气气氛中，升温速率 30℃/h，还原温度 180℃，经过 6h 还原活化的催化剂，在丙烷、丙烯、氢气、氧气的体积比为 73:8:7:12 的条件下，环氧丙烷的收率最高为 6.3%。

② Pt-Pd/TS-1双功能催化剂　Hoelderich 等[64]研究了还原气氛对 Pt-Pd/TS-1 催化剂性能的影响。N_2 气氛下还原的催化剂，环氧丙烷的收率最高为 5.8%。

③ Ag/TS-1双功能催化剂　王瑞璞等[65]采用不同方法、不同沉淀剂制备的 Ag/TS-1 催化剂催化氢氧混合体系中的丙烯气相氧化反应，指出沉积-沉淀法是最佳的催化剂制备方法。以 K_2CO_3 为沉淀剂，硅钛比为 64 的钛硅分子筛 TS-1 为载体制备的 Ag/TS-1 催化剂催化反应，丙烯转化率为 1.7%，环氧丙烷选择性为 98.2%。

(3)氢气和氧气共存的条件下丙烯直接气相环氧化反应机理[66]

现在比较公认的反应机理是反应过程中生成的—OOH 中间物种作为氧化剂。Nijhuis 等[67～69]提出了在 Au/TiO_2 上的反应动力学模型，认为反应是分步进行：①金纳米粒子催化 C_3H_6 与 TiO_2 反应生成吸附的双齿丙氧基物种；②H_2 和 O_2 在金活性位上生成过氧化物物种(—OOH 或 H_2O_2)(反应速率控制步骤)；③生成的过氧化物物种促使双齿丙氧基物种从催化剂上脱附产生 PO 并使 TiO_2 复原。Wells 等[70]认为在 Au/TS-1 上，反应主要是同时发生涉及吸附的 C_3H_6 进攻 H—Au—OOH，C_3H_6 是吸附在 Au-Ti 的界面。Taylor 等[71]提出双活性位机理即在反应速率控制步骤中至少有两个活性位参与反应。该机理特点是两步不可逆反应(在 Au 上生成 H_2O_2,在 Ti 上过氧化物环氧化 C_3H_6)一起决定反应的速率。反应机理如图 6-2 所示。

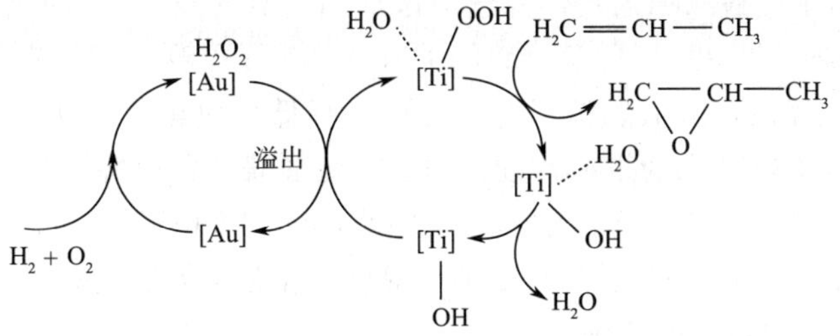

图 6-2　钛硅担载金催化生成 PO 的机理

(4)金粒子和载体材料之间的协同作用

Hayashi 等[72]研究表明,只有用沉积-沉淀法制备的纳米金催化剂对氢气-氧气共存下丙烯环氧化反应具有较高的选择性,并比较了金负载在不同氧化物载体,如 TiO_2、Al_2O_3、Fe_2O_3、Co_3O_4、ZnO 和 ZrO_2 的催化活性。在 Au/TiO_2 催化剂上丙烯可部分氧化生成环氧丙烷,50℃生成环氧丙烷的选择性达 99%,但 C_3H_6 转化率仅为 1.1%。而在 TiO_2 上负载其他贵金属,如 Pt 和 Pd 的催化性能,只得到丙烯加氢后的产物丙烷。因此,金与 TiO_2 结合是催化丙烯部分氧化生成环氧丙烷的必要条件。

在氢气-氧气气氛下,纳米金和四面体氧化钛都不能单独使丙烯转化为环氧丙烷,必须共同作用形成二种活性中心[73~77]。并且,合适的 Au 与 Ti 质量比被证明具有较好的活性[78~81]。

上述研究结果显示,氢、氧直接合成过氧化氢与丙烯环氧化反应集成存在的主要问题是丙烯的转化率较低,为了改善反应效果,研究者在优化催化剂制备方法的同时,从反应器的形式及反应介质方面进行了改进。Jenzer 等[82]考察了在连续固定床反应器中,以 Pd-Pt/TS-1 为催化剂催化丙烯气相环氧化反应。反应开始时丙烯转化率为 3.5%,环氧丙烷选择性高达 99%,但催化剂失活速率很快,35h 后完全失活。由于在超临界状态下,H_2 和 O_2 在 CO_2 中的溶解度远远高于在有机溶剂和水中的溶解度。为此,Beckman 等[83]以超临界 CO_2 作为反应介质,直接合成 H_2O_2 和环氧丙烷。在该实验条件下,丙烯的转化率为 6.5%,环氧丙烷的选择性可达 91.2%。

氢、氧、丙烯合成环氧丙烷的集成过程是近几年来研究的热点,但该集成过程存在以下问题:过程中,反应温度越低,催化剂对丙烯的转化率越低;反应温度越高,活性氧物种-过氧化氢稳定性较差,使得原位生成的过氧化氢还未来得及参加后续反应就已经分解。这两个矛盾制约因素限制了环氧丙烷的收率。

6.1.5　甲醇氧化直接合成二甲氧基甲烷集成系统

二甲氧基甲烷(DMM)也称为甲缩醛或甲醛缩二甲醇,是一种无色澄清易挥发可燃液体,有氯仿臭和刺激味。密度 0.8593g/cm^3,熔点 104.8℃,沸点 45.5℃,折射率 1.3513,溶于 3 倍的水(20℃时在水中溶解的质量分数为 32%),能与多数有机溶剂混溶;在通常情况下,DMM 相当稳定,不会产生过氧化合物,不必加稳定剂,适合循环使用,回收时不分解;

DMM 的大气存留时间仅 58h，因此 DMM 的全球变暖潜能值可忽略不计；DMM 分子结构中不含卤原子，其臭氧损耗潜势为零；具有非常低的毒性；DMM 非常安全，在环境中不累积，可生物降解。可以说是一种环境友好的化学品。

DMM 用作车用燃料添加剂：作为汽油添加剂，氧含量高（42.1%），辛烷值高达 110～120。在汽油中添加 5%～10% 质量分数的 DMM，既可以改善汽油在发动机内的燃烧性能，提高燃烧效率和抗爆性，降低燃油消耗，还可以降低排放尾气的 HC、CO 含量，减少环境污染；近年来发现 DMM 作为甲醇汽油的添加剂可显著改善甲醇汽油的低温启动性能，用于配制甲醇汽油助溶剂，解决甲醇汽油的分层问题，已在含甲醇的车用燃料中广泛应用。作柴油添加剂，在柴油中添加 10% 质量分数的 DMM，可提高柴油发动机效率 2%，且能大幅降低排放尾气中 NO_x 和碳烟微粒排放。

DMM 用作新型环保溶剂：它具有溶解性强、沸点低、与水相溶性好等优良的理化性能，广泛应用于化妆品、家庭用品、工业汽车用品、杀虫剂、皮革上光剂、橡胶工业、油漆、油墨等产品中。由于 DMM 具有良好的去油污能力和挥发性，作为清洁剂可以替代 F11 和 F113 及含氯溶剂，因此是替代氟里昂，减少有害的挥发性有机物（VOCs）排放，降低对大气污染的环保产品。

DMM 用作化工合成原料：制备高纯度甲醛、多聚甲醛和聚甲醛；生产绿色柴油添加剂聚甲氧基（甲醛）二甲醚的合成原料；用于合成氯甲醚；用于合成共聚甲醛树脂；用于重整制氢的液体原料。

DMM 还可以作甲醇燃料电池的液体有机燃料添加剂。随着 DMM 生产方法和应用技术的不断发展和完善，其用途得到了广泛拓展，并有望在能源和环境两个领域发挥作用。

合成 DMM 集成反应：目前，工业上 DMM 的生产主要通过两步法，即甲醇首先在 Ag 催化剂或 Fe-Mo 催化剂上氧化为甲醛，然后甲醛与甲醇在酸催化剂作用下缩合制备 DMM。两步法能耗高、工艺复杂。因此，甲醇一步氧化法有望成为较经济的获得 DMM 的方法。

DMM 的生成经历甲醇在氧化中心脱氢转化为甲醛以及甲醛在催化剂表面酸中心作用下与甲醇缩合两个步骤，显然，甲醇一步氧化制备 DMM 要求催化剂同时具有氧化还原中心和酸中心。且酸性中心和氧化还原中心的强度应该是适度的：既能将甲醇氧化，缩合生成 DMM，又不至于将其深度氧化生成 CO_x 或深度脱水生成二甲醚。

反应式如下所示：

甲醇部分氧化合成甲醛反应：$CH_3OH + 1/2 O_2 \longrightarrow HCHO + H_2O$

甲醛进一步与甲醇缩醛化合成 DMM 反应：$2CH_3OH + HCHO \longrightarrow CH_3OCH_2OCH_3 + H_2O$

总反应（直接合成反应）：$3CH_3OH + 1/2O_2 \longrightarrow CH_3OCH_2OCH_3 + 2H_2O$

下面分别叙述甲醇部分氧化合成甲醛反应、甲醛进一步与甲醇缩醛化合成 DMM 反应及甲醇部分氧化直接合成 DMM 反应的催化剂及工艺。

（1）甲醇氧化制甲醛催化剂

主反应：$CH_3OH + 1/2 O_2 \longrightarrow CH_2O + H_2O$ +156.6kJ/mol

副反应：$CH_3OH + O_2 \longrightarrow CO + 2H_2O$

$CH_3OH + 3/2O_2 \longrightarrow CO_2 + 2H_2O$

$2CH_2O + O_2 \longrightarrow 2HCOOH$

$2CH_3OH \longrightarrow CH_3OCH_3 + H_2O$

① Ag 催化剂   对甲醇氧化制甲醛具有较高的活性，转化率可达 97% 以上，选择性也可

达 85％以上，但反应温度都较高。例如在 640℃ 下，使用电解 Ag 作催化剂，甲醇氧化制甲醛的转化率可高达 97.6％，选择性达 89.2％。为进一步提高选择性，可采用 Ag 合金催化剂，但转化率会有些降低。如采用 Ag-Pb 合金催化剂，转化率只有 72.4％，但选择性却可以提高到 93.1％。用 Ag-Au 作催化剂转化率为 89.8％，选择性为 91.1％。

② V_2O_5 类催化剂　催化剂主要是由 V_2O_5 和其他金属氧化物，如 Cr_2O_3、Mn_2O_3、Fe_2O_3、TeO_2、CuO、Co_2O_3 等组成，其特点是甲醇能在较低温度下（230～320℃）氧化成甲醛，收率也较高。V_2O_5 和 Cr_2O_3 组成的催化剂，当 Cr_2O_3:V_2O_5 为 5:95 时选择性很好。Mn_2O_3-V_2O_5 催化剂是由 NH_4VO_3 和 $Mn(NO_3)_2$ 在 500℃ 下煅烧得到 V_2O_5:MnO_2＝80:20（摩尔比）时，其活性和选择性都很好。

③ Fe-Mo 类催化剂　1952 年，铁钼催化剂成功地用于甲醇氧化制甲醛的工业生产。在甲醛生产中，铁钼法与传统银法相比较，其反应压力和反应温度都较低，且甲醇转化率接近 100％，甲醛收率为 88％～91％。

李景林等[84]采用浸渍法制备了 Fe-Mo/HZSM-5 和 Fe-Mo/KZSM-5 分子筛催化剂，在 Fe-Mo/KZSM-5 催化剂上，400℃ 下，甲醇转化率接近 100％，甲醛选择性达到 90.6％。

朱小学等[85]采用共沉淀法制备甲醇氧化制甲醛无载体铁钼催化剂，并在管式固定床反应器中，考察了催化剂制备老化条件、焙烧温度、外形尺寸以及活性测试反应温度、空速对催化剂性能的影响。该催化剂在 280～300℃、气空速 7000～8000h^{-1}、进料 φ（甲醇）为 5.5％ 的条件下，可获≥98％ 的甲醇转化率，≥92％ 的甲醛选择性和≥90％ 的甲醛产率。催化剂活性高，强度好，性能稳定。

李速延等[86]采用共沉淀法制备了不同 Mo 与 Fe 原子比的甲醇氧化制甲醛催化剂，在常压固定床反应器上对催化剂进行活性评价。Mo 与 Fe 原子比为 2.2～2.8 时，催化剂具有较好的活性，400～450℃ 焙烧的催化剂具有良好的比表面积、适宜的孔容和孔径，形成了较为稳定的 MoO_3 和 $Fe_2(MoO_4)_3$ 晶相，使催化剂具有更高的活性和选择性。在反应温度 265～315℃，空速 8500～13000h^{-1} 时，甲醇转化率＞98％，甲醛收率＞93％，500h 长周期考核，催化剂表现出良好的活性和稳定性。

（2）甲醇和甲醛为原料缩醛反应制 DMM 催化剂及工艺

甲醇与甲醛在酸性催化剂作用下发生缩醛反应制备 DMM，是目前较为成熟的生产工艺，其特点是成本低、易规模化生产，但存在腐蚀设备等缺点。其反应方程如下所示：

$$2CH_3OH + HCHO \longrightarrow CH_3OCH_2OCH_3 + H_2O \qquad \Delta H＝-0.3kJ/mol$$

缩醛化制 DMM 催化剂主要分为均相催化剂和非均相催化剂两大类。甲醇与甲醛的缩合反应工艺早期使用的催化剂多为液体酸，如 H_2SO_4、HF、H_3PO_4、$AlCl_3$、$FeCl_3$、对甲苯磺酸等。由于液体酸的使用，设备需要采用耐酸设备，这就增加了设备投资，液体酸与目标产物的分离需要另外增加设备投资，这些因素限制了该工艺的发展。

① 离子液体催化剂　近年来，随着环境友好离子液体的出现，为解决上述问题提供了契机。耿丽等[87]以甲醇和甲醛为原料，[hmim]$^+$HSO$_4^-$ 离子液体为催化剂，通过间歇反应工艺研究了合成 DMM 的反应性能。在反应温度 55℃、甲醇与甲醛摩尔比 2.3:1.0、催化剂质量分数 5.55％、反应时间 100min 的条件下，甲醛的转化率和 DMM 的产率分别达 83％ 和 55％。

② 多相催化剂[88]

a. 离子交换树脂　周伟等[89]开发了由离子交换树脂和不锈钢丝网构成的催化填料，在内径 25mm、高 1000mm 的玻璃反应精馏塔内进行的甲醇与甲醛合成 DMM 的反应表明，该催化填料具有优良活性和高效的产物分离能力，2000h 未见活性衰退迹象。

b. HZSM-5 催化剂　王淑娟[90]在间歇反应方式下考察了采用 HZSM-5(Si/Al 摩尔比为 38)为催化剂，以甲醇和甲醛为原料合成甲缩醛的各种影响因素，最后遴选出最佳工艺条件为：反应温度 55℃，甲醛与甲醇投料摩尔比为 1:2.5，瞬间加入 6.5% 的催化剂，反应时间 1.5h，在此条件下 DMM 的平均收率以甲醛计达 53%。

c. 杂多酸催化剂　金明善等[91]以 Al_2O_3、SiO_2、TiO_2、ZrO_2、ZrO_2-SiO_2 为载体制备了负载型磷钨杂多酸催化剂及 $Cs_xH_{3-x}PW_{12}O_{40}$($x=1$、1.5、2、2.5、3)磷钨杂多酸铯盐催化剂，考察了这些催化剂在甲醇与甲醛缩合制 DMM 反应中的催化活性。SiO_2、ZrO_2、ZrO_2-SiO_2 为载体制备的固载化杂多酸催化剂具有良好的催化活性，而 Al_2O_3、TiO_2 负载的杂多酸催化剂活性很差。杂多酸铯盐 $Cs_xH_{3-x}PW_{12}O_{40}$ 的催化活性则随 Cs^+ 含量的增加而升高，$Cs_{2.5}H_{0.5}PW_{12}O_{40}$ 给出最高的 DMM 产率。

d. 硅酸铝催化剂　曾崇余等[92]采用不同制备方法制备了 4 种不同组成的硅酸铝固体酸催化剂，在间歇操作方式下，考察了反应混合物中反应物和产物浓度随时间的变化关系以及反应的选择性和收率，得出了实验操作范围内适宜的催化剂组成、制备方法和反应工艺条件。适宜的催化剂含量为 5%～6%；同时由于甲醛与甲醇的缩合反应是一个微吸热可逆反应，因此改变反应温度将主要影响反应速率，而对化学平衡影响较小。当反应体系处于沸腾状态操作时，速率达到最大。

③ 缩醛化合成 DMM 生产工艺　大体可分为间歇、连续和催化精馏三种工艺。

a. 连续反应合成工艺　将两个或多个且每个都充填固态酸性催化剂的反应器连接到单个蒸馏塔上。含有甲醇、甲醛和水的溶液在反应器中与固态酸性催化剂进行固-液接触，催化产生 DMM。从反应器中循环出来的含有甲醇、甲醛、水和 DMM 的溶液再与蒸馏塔中的蒸气进行气-液接触，接触后的蒸气再与蒸馏塔较高级反应器内循环出的溶液再一次进行气-液接触。随着蒸气通过这一连续的气-液接触塔级，蒸气相中的甲缩醛浓度逐步增加。按照这种方法，获得的甲缩醛的产率以甲醛进料计为 95%。

b. 催化精馏工艺　催化精馏技术是指一个系统可将化学反应和混合物精馏集于一体的操作。它具有转化率高、选择性好、能耗低、产品纯度高、易操作和投资少等一系列特点。在同一蒸馏柱内装填多种催化填料。塔顶有一可控制回流比的冷凝收集器，塔底装有再沸器。进料口设置在塔身，原料由计量泵计量进料，以保证原料按规定的配比加入塔内。

(3)甲醇选择氧化直接制 DMM 催化剂及工艺

目前，具有较高 DMM 选择性的催化剂有 $SbRe_2O_6$、ReO_x/γ-Fe_2O_3、Keggin 杂多酸、RuO_x/Al_2O_3、Cu/ZSM-5、$Mo_{12}V_3W_{1.2}Cu_{1.2}Sb_{0.5}O_x$ 和 Fe-Mo-O 以及硫酸化 V-Ti-O 等。在这些催化剂中，硫酸化 V-Ti-O 双功能催化剂具有很高的甲缩醛收率，制备过程也相对简单[93]。钒基催化剂被认为是一种较具潜力的催化剂。

① 钒基催化剂　郭荷芹等[94]用快速燃烧法制备了纳米钒钛硫催化剂并采用固定床反应器考察了甲醇氧化一步制取二甲氧基甲烷(DMM)的性能。硫的改性有效抑制了甲酸甲酯(MF)的生成，显著提高了 DMM 选择性，这与硫对催化剂表面酸性修饰有关。硫以硫酸根形式存在，硫物种的存在没有改变钒氧化物的赋存形式及其氧化还原性能，但显著增加了催化剂表面酸性中心。反应前后催化剂硫酸根含量及催化剂表面酸性均无明显变化，催化剂具

有良好的稳定性。在120℃，硫改性钒钛催化剂具有较好的 DMM 合成性能，甲醇转化率为50％时，DMM 的选择性达到85％。他们[95]还采用溶胶-凝胶法制备了 V_2O_5/CeO_2 催化剂，并用于甲醇氧化一步法合成 DMM 反应中。考察了 V_2O_5 含量对钒氧化物的存在状态、催化剂表面酸性、氧化-还原性及其催化甲醇氧化反应性能的影响。V_2O_5 含量为15％时钒氧化物呈单层分散，此时，DMM 选择性达到89.8％(160℃)。小于15％时以孤立或聚合态存在，大于20％时出现 V_2O_5 晶体，达到30％时出现 $CeVO_4$。当 V_2O_5 含量为15％时，较高的钒氧化物分散度使催化剂具有较强的氧化还原能力和较多的酸性中心，从而使催化剂具有较高的活性和选择性。

武建兵等[96]采用共沉淀法制备 TiO_2-ZrO_2 复合氧化物载体、等体积浸渍法制备 V_2O_5/TiO_2-ZrO_2 催化剂，对催化剂在温和条件下甲醇选择氧化生成 DMM 反应进行研究。与单一氧化物载体 TiO_2 或 ZrO_2 负载的钒基催化剂相比，V_2O_5/TiO_2-ZrO_2 对甲醇选择氧化具有较好的催化性能。ZrO_2 的加入有利于增加催化剂表面的酸性位，并改善钒物种的氧化还原性，使催化剂具有较好的甲醇选择氧化性能。钒的负载量对催化剂表面钒物种的存在形式和颗粒大小有较大的影响，进而影响催化剂的表面酸性和氧化还原性；V_2O_5 质量分数5％～10％的催化剂甲醇氧化性能最好。在160℃下，V_2O_5 质量分数为5％的 V_2O_5/TiO_2-ZrO_2 上甲醇转化率可达51.1％，DMM 选择性为93.3％。

Zhan 等[97]采用介孔 TiO_2 为载体制备 V_2O_5/TiO_2 催化剂，结果表明在 423K 下该催化剂甲醇转化率为55％，生成甲缩醛收率达到85％。

Liu 等[98]采用蒸发诱导-氨水后处理方法制备了介孔钒钛催化剂，催化剂平均孔径为 4 nm，表现出较高的比表面积，$SO_4^{2-}/30VO_x$-TiO_2 在 423K 表现出较高的甲醇转化率(57％)和 DMM 选择性(83％)。他们制备了高表面积的氧化钛纳米管(TNT)并以其为载体制备了担载型 V_2O_5/TNT 催化剂，再经表面酸性修饰后，获得了很高的 DMM 产率。TNT 比表面积大，可以在单层分散容量下负载更多的钒氧化物，且与活性相之间有较强的相互作用，这些都有利于提高单位质量催化剂的活性。

Zhao 等[99]在钛硫体系中加入不同氧化物(M_xO_y-TiO_2-SO_4^{2-}，M_x＝Cr，Mn，Fe，Co 或 Mo)，发现氧化物的加入不仅促进了钛硫物种氧化还原性能的提升而且使得硫酸盐的还原历程发生改变，DMM 选择性顺序 VTiS＞MoTiS＞CrTiS＞FeTiS＞MnTiS＞CoTiS，其中 MoO_3-TiO_2-SO_4^{2-} 表现出最佳反应活性。他们[100]同时研究了钒负载量对钒钛以及钒钛硫催化体系的影响，结果表明，钒负载量高于15％（质量分数）时，催化剂表面会出现 V_2O_5 晶体颗粒；氧化还原循环实验表明单分子钒物种易还原难氧化。他们[101]分别采用共沉淀、溶胶-凝胶、机械混合3种方法制备钒钛硫催化剂，发现催化剂表面同时存在 L 酸和 B 酸，采用共沉淀法制备的催化剂表现出较好的反应性能。在此基础上，他们[102]研究发现，水洗会移除硫酸盐进而会使部分 B 酸转变为 L 酸，高硫酸盐含量增加了催化剂表面 B 酸数目但是减小了 B 酸强度，焙烧温度和硫酸盐含量是影响 DMM 生成的2个关键因素。

Sun 等[103]通过共沉淀法制备的 $4\%SO_4^{2-}$-V-Ti-O 催化剂在 443K 时表现出较好的甲醇转化率和 DMM 选择性，随着温度的进一步升高(453K)，DMM 选择性迅速下降，通过在此催化体系中加入 SiO_2 有效解决了这一问题，483K 时甲醇转化率66％，DMM 选择性为93％。

② 贵金属催化剂[104]　Yuan 等[105]报道了在 $Sb_2Re_2O_6$ 催化剂上甲醇选择氧化为 DMM 的反应，300℃时，甲醇转化率为6.5％，DMM 的选择性为88％～94％。同时发现载体对

DMM 的选择性影响明显，在酸性载体如 V_2O_5、ZrO_2、γ-Fe_2O_3、α-Fe_2O_3 和 γ-Al_2O_3 上 DMM 的选择性高，而在碱性和中性载体如 Sb_2O_3 上 DMM 的选择性低。$Sb_2Re_2O_6$ 催化氧化性能可能与 Sb-O 键及与其相连的 Re-O 八面体结构有关，但 $Sb_2Re_2O_6$ 氧化物晶体的比表面积较小，因而生成 DMM 的产率较低。在以上工作的基础上，袁友珠等[106,107] 将 ReO_x 负载于氧化物载体上，研究了载体对 DMM 选择性的影响，其中 Re/γ-Fe_2O_3 的催化性能最好，甲醇转化率可达 48%，DMM 选择性 91%，副产物主要为甲醛和甲酸甲酯，该结果进一步验证了酸性载体有利于 DMM 的合成。袁友珠等认为载体的引入增大了催化剂的比表面积，通过 Re 物种与载体的相互作用，使得更容易保持＋6 价，进而有利于保持催化剂的氧化还原性能，提高 DMM 的选择性。

曹虎等[108] 利用负载型 ReO_x/ZrO_2 催化剂，将甲醇选择性氧化并一步合成 DMM。较高的反应温度有利于提高甲醇的转化率，但对 DMM 的选择性不利；催化剂上所负载铼的质量分数对甲醇转化率影响较大，在铼的质量分数为 1.64% 时转化率达到最大值 25.1%；负载于 ZrO_2 上的 ReO_x 具有双功能催化性质：它既可作为氧化中心氧化甲醇，在还原后又可作为酸中心催化醇醛缩合。

李欢等[109] 对 Mn/Re/Cu 体系催化剂催化甲醇一步合成 DMM 进行了研究。以 ReO/CuO 为催化剂，考察了不同催化剂、反应温度以及 Mn 作为助剂对反应的影响。在一定的温度范围内，较高的反应温度有利于提高甲醇的转化率和 DMM 选择性；少量的 Mn(2%) 作为结构型助剂加入催化剂，通过改善催化剂表面分散度以及酸碱性，可以提高甲醇的转化率以及 DMM 的选择性；在非临氧条件下，催化剂表面的晶格氧可以参与反应，将甲醇氧化并最终得到 DMM。

Liu 等[110] 研究发现在较低的反应温度下，以 RuO_2 作为催化剂催化甲醇一步合成 DMM 具有较高的反应活性。在 300~400K，RuO_2/SiO_2、RuO_2/Al_2O_3 和 RuO_2/ZrO_2 催化剂上，DMM 的选择性在 56% 以上。他们详细对比了以 Al_2O_3 和 TiO_2 为载体的催化剂的反应性能，认为 2 种催化剂上 DMM 选择性的高低是由于载体酸性强弱导致，因此构建双功能催化剂时适宜选择酸性载体。

③ 杂多酸催化体系　Liu 等[111] 发现 $H_{3+n}V_nMo_{12-n}PO_{40}$ 能够催化甲醇氧化得到 DMM，而且经 SiO_2 负载之后效果更好，同时发现利用 V 改性后的杂多酸催化剂具有较高的 DMM 选择性，提出利用双功能催化剂催化甲醇直接合成 DMM 的思路：催化剂上的金属中心催化甲醇氧化反应，酸性载体催化缩醛反应。在已有工作基础上，他们还研究了不同载体(SiO_2、ZrO_2、TiO_2、Al_2O_3)负载的 $H_5PV_2Mo_{10}O_{40}$ 在 DMM 合成反应中的差异性，发现 $H_5PV_2Mo_{10}O_{40}$ 负载在 SiO_2 上主要产物是 DMM，负载在 ZrO_2 和 TiO_2 的主要产物是 MF，负载在 Al_2O_3 上主要是 DME，从而进一步证实了酸性载体有助于 DMM 的生成。由于杂多酸的酸性较强，生成了较多的副产物 DME；用有机胺使杂多酸表面的强酸中心选择性中毒，可抑制 DME 的生成，提高 DMM 的选择性，在有机胺选择性中毒的杂多酸催化剂上，DMM 的选择性可提高到 80%，DME 的选择性低于 12%，但催化剂的活性较低。

Guo 等[112] 考察了 SBA-15 分子筛负载杂多酸催化剂在甲醇制甲缩醛的反应性能，发现 $H_3PMo_{12}O_{40}$/SBA-15 催化剂氧化还原性较弱，酸性较强，主要副产物为 DME。控制产物分布的主要因素是催化剂表面酸性，且酸性中心的减少有利于 DMM 的合成。通过对催化剂制备方法、$H_3PMo_{12}O_{40}$ 含量和催化剂焙烧温度对催化剂结构和反应性能影响的考察，发现质量分数为 13.2% 的 $H_3PMo_{12}O_{40}$/SBA-15 催化剂具有较好的合成 DMM 性能。

甲醇选择氧化直接制 DMM 反应机理[104]：刘海超较为系统地推测了甲醇氧化生成 DMM 的反应机理(图 6-3)。反应的第一步是甲醇在氧化还原位上氧化生成甲醛，第二步是生成的甲醛和甲醇在酸性位经由半缩醛的形式生成 DMM。反应的主要副产物是二甲醚(DME)、甲醛(FA)和甲酸甲酯(MF)。其中 DME 在酸性位上生成，而 FA 和 MF 在氧化还原位上生成。甲醇选择氧化一步法合成 DMM 必须要求催化剂同时具有酸性和氧化还原性且能够达到较好的匹配。如果催化剂酸性占主导地位，甲醇会脱水生成 DME，如果氧化还原性占主导地位，则会生成更多的氧化产物 FA、MF，甚至会生成 CO、CO_2。

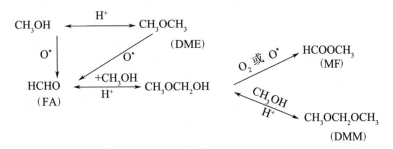

图 6-3　甲醇选择氧化一步法合成 DMM 的反应机理

通常情况下，一步法合成 DMM 包括甲醇氧化制甲醛和醇醛缩合 2 个过程，前者在较高的温度下进行，后者反应温度较低，适宜反应温度的选择至关重要。

6.1.6　Ru/HT 双功能催化剂上直接合成反应集成系统

天然层状的矿物水滑石(HT)表面具有较强的碱性活性中心，将 Ru 物种负载其表面上可构成双功能催化剂 Ru/HT。Motokura 等[113~115]以 Ru/HT 为催化剂，研究了喹啉衍生物的催化合成过程。基于 Ru 物种的氧化催化作用和载体 HT 的碱催化作用，在氧气气氛下，由 2-氨基苯甲醇与羰基化合物(苯乙酮)合成 2-苯基喹啉。两个反应过程在同一催化剂表面进行，Ru 物种催化 2-氨基苯甲醇氧化反应生成 2-氨基苯甲醛，2-氨基苯甲醛在碱性催化剂 HT 作用下，进行缩合和环化反应而得到产物。

该集成过程使两步反应在同一催化剂微孔表面完成，节省了中间物 2-氨基苯甲醛的纯化分离单元过程，并且由于其直接催化转化为产物，从而解决了其稳定性问题。Motokura 等[115]还基于 Ru/HT 催化剂的多功能特点，开发出了由醇代替卤化烷烃合成 α-烷基腈的新反应工艺，解决了原子利用率低和环境不友好的问题。

6.1.7　以苯为原料直接合成环己醇集成系统

环己醇是一种重要的饱和脂环醇。Peschel 等[116]发明了在反应精馏塔中由苯制备环己醇的方法，反应精馏装置包括顶部区域，底部区域和位于之间的苯加氢制环己烯及环己烯水合制备环己醇的反应区。使用负载型双功能 Ru-Zn/ZBM-10 催化剂，苯选择加氢反应在 Ru-Zn 催化剂活性中心上进行，而环己烯水合反应在 ZBM-10 酸性沸石上进行。在最佳反应条件下底部区域取出物组成为：29％环己醇，61％环己烷，10％水，几乎不含苯。产物中不存在环己烯，而环己醇的含量比较高。可见这种集成方式很大程度上促进了环己烯水合为环己醇的反应，但环己烷的产量依然很大，有必要进一步提高苯加氢反应的选择性。

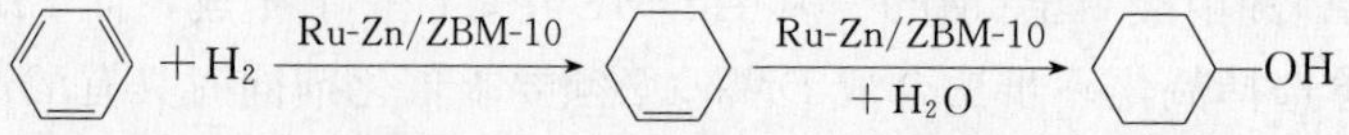

薛伟等[117]在间歇釜式反应器中，对机械混合催化剂 Ru-Zn/SiO_2＋HZSM-5 上由苯"一锅法"直接合成环己醇反应进行了考察，但只得到了微量的环己醇，大部分苯都转化为环己烷。究其原因，是由于 HZSM-5 表面酸中心和 Ru 加氢中心的共同存在，使得苯加氢反应存在两条路径：一条是 Ru 催化的加氢路径；另一条是溢流氢参与的在酸中心上发生的加氢路径，因此反应速率增加，苯转化率增加。并且由于 HZSM-5 表面酸中心有利于中间物环己烯的吸附，从而易于发生深度加氢，得到产物大部分为环己烷。如上所述，相对于单一反应，"一锅法"反应体系要复杂得多，各反应之间可能存在相互影响。若想使各反应在一个反应器中顺利进行，除了反应温度、压力等条件匹配外，各反应所涉及物质对其他反应的负面影响要尽可能小。他们[118]又考察了由苯"一锅法"催化合成环己醇反应过程中，苯选择加氢反应中各物质对 HZSM-5 催化环己烯水合反应的影响。发现用于提高环己烯选择性的 $ZnSO_4$ 助剂对环己烯水合反应存在显著的副作用，当 $ZnSO_4$ 浓度为 0.2mol/L 时，环己醇收率仅为 1.0％。对环己烯水合反应用催化剂 HZSM-5 进行了表征，认为 $ZnSO_4$ 导致了 HZSM-5 的部分脱铝，减少了其表面 Al-OH 数量，亦即减少了表面 B 酸中心数量，从而使其催化环己烯水合反应的活性下降。对 $ZnSO_4$ 的替代物进行了考察，发现 $Al_2(SO_4)_3$ 对 HZSM-5 的影响较小，当其浓度为 0.2mol/L 时，环己醇收率为 7.0％。$Al_2(SO_4)_3$ 可在"一锅法"制备环己醇反应中作为提高苯选择加氢制环己烯选择性的助剂。

6.1.8 环己酮氨氧化直接合成己内酰胺集成系统

己内酰胺是合成尼龙-6 的重要前体物质，目前工业生产己内酰胺，首先由环己酮和羟胺盐肟化生成环己酮肟，环己酮肟再在硫酸作用下进行 Beckmann 重排得到己内酰胺。在该工艺中使用了对环境不友好的试剂，同时副产低价值产品，降低了原子利用率，且存在设备腐蚀问题。

Thomas 和 Raja 等[119,120]开发的一步法催化工艺无需使用溶剂，仅以氨、环己酮为原料，空气作为氧化剂，将环己酮一步直接转化为己内酰胺。该工艺的关键是采用双功能纳米磷酸铝催化剂，其具有独立的氧化还原（redox）中心和酸性（Brönsted）中心并均匀地分布在微孔表面上。空气和氨在氧化还原中心反应生成羟胺，将环己酮转化为环己酮肟；环己酮肟再在酸性中心上进行重排转化成己内酰胺。反应具有选择性高和反应条件温和等特点。

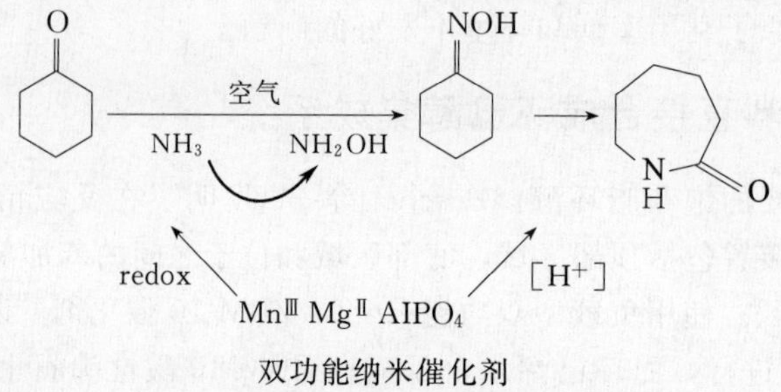

双功能纳米催化剂

6.1.9　合成苯氨基甲酸甲酯反应与其缩合反应过程的集成系统

Liu 等[121]在纳米尺度上构建合成苯氨基甲酸甲酯反应及其与甲醛缩合反应的集成系统，使中间产物苯氨基甲酸甲酯连续转化为二苯甲烷二氨基甲酸甲酯（MDC），简化了工艺流程。采用浸渍法制备得到了具有两种活性中心的双功能催化剂 $H_4SiW_{12}O_{40}$-ZrO_2/SiO_2，用于催化苯胺、碳酸二甲酯（DMC）和甲醛的反应。苯胺与 DMC 反应在 ZrO_2/SiO_2 活性中心上进行，缩合反应在 $H_4SiW_{12}O_{40}$ 杂多酸活性中心上进行。发现分段变温工艺有利于 MDC 的合成，适宜的反应条件为：$n(DMC)/n(苯胺)/n(甲醛)=20/1/0.05$（摩尔比），$H_4SiW_{12}O_{40}$ 的负载量 10%，443.15K 下反应 7h 后降温到 373.15K 下继续反应 4.5h。在此条件下反应，MDC 收率为 24.9%。

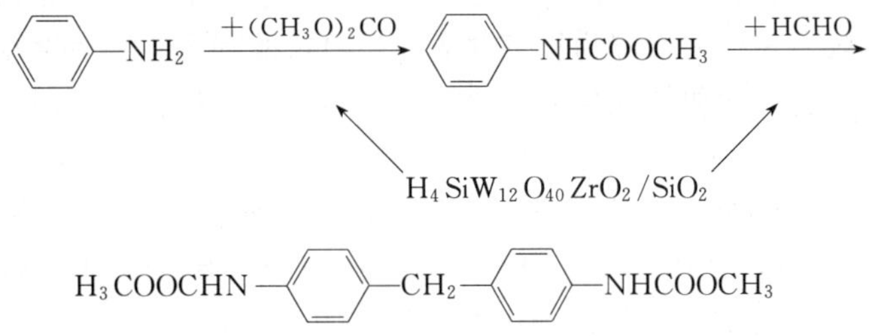

6.1.10　以硝基苯为原料直接合成对氨基苯酚的集成系统

硝基苯催化加氢直接合成对氨基苯酚反应主要经历两个过程，即硝基苯在金属活性位上催化加氢生成中间产物苯基羟胺，然后苯基羟胺在酸性位上进行重排生成对氨基苯酚。为了满足加氢反应的需要，还需要在固体超强酸上进一步负载金属以形成金属-酸双功能催化剂。Wang 等[122]采用等体积浸渍法，以 $S_2O_8^{2-}/ZrO_2$ 固体酸为浸渍前体，制备了金属-酸双功能催化剂 Pt-$S_2O_8^{2-}/ZrO_2$，其对氨基苯酚的收率达到 23.9%。去除了环境不友好的硫酸溶液，实现了非酸介质中硝基苯加氢合成对氨基苯酚。

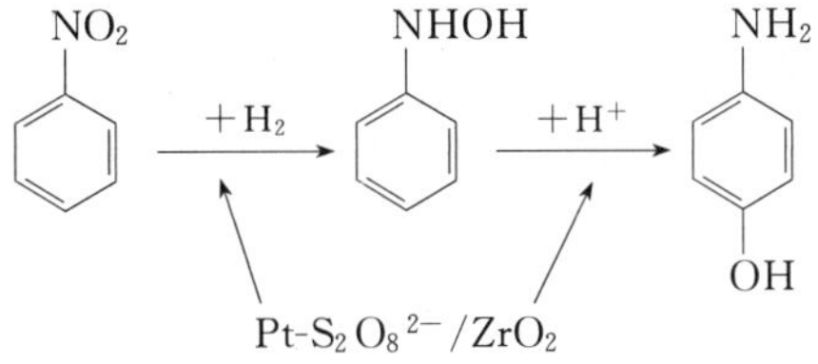

6.1.11　以苯甲酸甲酯、甲醇及水为原料直接合成苯甲醛的集成系统

苯甲酸甲酯加氢合成苯甲醛是环境友好的工艺路线，但存在外部供应氢气，生产过程中通常需要氢气的制备、输送和储存等过程，存在安全隐患。周银娟等[123]将甲醇重整制氢反应与苯甲酸甲酯加氢反应耦合在一起，通过制备双功能催化剂 Cu-MnO/γ-Al_2O_3，实现了以苯甲酸甲酯、甲醇及水为原料直接合成苯甲醛的工艺过程。甲醇重整制氢反应在 Cu 活性相上进行，苯甲酸甲酯加氢合成苯甲醛反应在 MnO 活性相上进行。优化条件下，苯甲酸甲酯的转化率达到 80%，苯甲醛的选择性为 89%，催化剂具有良好稳定性。

$$CH_3OH \xrightarrow{+H_2O} H_2 \xrightarrow{+ \text{（benzene）COOCH}_3} \text{（benzene）CHO}$$
$$Cu\text{-}MnO/\gamma\text{-}Al_2O_3$$

6.2 微米尺度反应过程集成构成的简单化反应过程

微米尺度反应过程集成是指在同一催化剂颗粒中，不同催化活性相以微米尺度组合，同时进行多步化学反应，并存在反应物从一种活性相内扩散到另一种活性相的过程。它通过在微米尺度上构造多功能活性相使催化剂多功能化来实现反应过程集成，进而使多步反应工艺简单化。图 6-4 为微米尺度催化反应过程绿色集成系统的示意图。在同一催化剂颗粒中，两类催化活性相以微米尺度组合，并进行多步反应的一步集成。反应 I 在具有活性中心 α 的"微米尺度核相"中进行，生成中间产物 C 进一步扩散到具有活性中心 β 的"微米尺度壳相"中，与另一种反应物 D 反应生成最终产物 P。

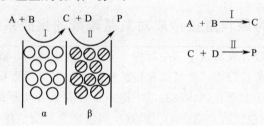

图 6-4 微米尺度催化反应过程绿色集成系统示意图

6.2.1 包覆膜催化剂及合成气一步合成异构烷烃(F-T 合成)的集成系统

F-T 合成是由德国的 Fischer 和 Tropsch 在 1923 年发现的，是由合成气转化液体燃料的重要途径。其研究目的是通过催化剂的选择、反应器和操作条件的优化，获得高选择性的重质烃(C^{5+} 以上)产物，其中通过裂解 F-T 产物蜡可获得优质柴油等，这些产物不含硫化物和氮化物，是非常洁净的内燃机燃料。催化剂对 F-T 合成反应的产物分布、CO 转化率及产物选择性等，有着至关重要的影响。

通常，F-T 合成的产物为直链烃，为了获得汽柴油馏分，往往需要进一步在酸催化剂上进行加氢裂解、加氢异构化反应。近年来，人们将固体酸或负载贵金属的固体酸与 F-T 合成催化剂的活性组分有效结合，形成双功能催化剂，可由合成气直接得到汽柴油馏分。双功能催化剂的组合方式主要有 3 种：F-T 合成催化剂的活性组分直接负载到固体酸上(负载型催化剂)、F-T 合成催化剂与固体酸或负载贵金属的固体酸催化剂按一定比例机械混合(物理混合催化剂)以及在 F-T 合成催化剂的活性组分表面沉积固体酸膜(核壳结构催化剂)。

鉴于物理混合催化剂存在难以控制各催化剂组分的均匀性及不同催化功能之间的协同效应，He 等[124~127]在 2005 年将分子筛包覆的 Co/SiO_2 核壳结构催化剂用于费-托合成反应，以高选择性合成轻质异构烷烃，获得了较好的反应结果[128]。

该包覆膜催化剂使 F-T 合成反应、异构化反应及裂解反应集成在一个催化剂颗粒上实现。在分子筛膜厚度为 $35\mu m$ 时，碳原子数大于 4 的异构烷烃与正构烷烃之比为 1.88，远大于 Co/SiO_2 与 ZSM-5 物理混合时的比值 0.49。他们对 Co/Al_2O_3 为核、β 沸石为包覆膜层的催化剂进行了研究，异构烷烃与正构烷烃之比为 2.34，Co/Al_2O_3 与 β 沸石物理混合时其比值为 1.44。

核壳结构催化剂上的反应过程：CO 和 H_2 首先在 F-T 合成催化剂的作用下生成烃类产物，然后这些烃类产物在固体酸的催化作用下进行裂解和异构化反应。如果在 F-T 合成催化剂的表面包覆一层分子筛膜，则经分子筛膜扩散后到达 F-T 合成反应活性中心的合成气首先进行 F-T 合成反应；同时，所有 F-T 合成产物在离开催化剂前，必须穿过分子筛膜进行裂解和异构化反应。因此，利用分子筛膜，一方面增加了两步反应的协同性；另一方面，由于长链产物在分子筛膜中的扩散速率低于短链产物，从而延长了它的停留时间，增大了它进一步裂解或异构化的概率。同时，如果改变分子筛膜的孔道尺寸，对分子尺寸不同的费-托合成产物可能产生择形催化效应。

在反应参数相同及催化剂组成相似的条件下，与物理混合催化剂相比，核壳结构催化剂的产物分布范围更窄，这主要是由于核壳结构催化剂可以使所有 F-T 合成产物在离开催化剂前穿过分子筛膜，而碳链较长的烷烃在分子筛膜中的扩散速率低于碳链较短的烷烃，从而使长链烷烃在分子筛膜中具有足够长的停留时间而得以充分地裂解和异构化。同时，可以通过控制结晶过程的参数有效调整 ZSM-5，分子筛的晶粒尺寸和硅铝比以及膜的厚度（或 ZSM-5 与 Co/SiO_2 的比例）。因此，结合反应条件的优化，核壳催化剂的产物组成和不同产物的选择性原则上可以在很大范围内改变。

ZSM-5 分子筛膜的晶化时间对产物组成的影响也很大。由于合成气需首先经分子筛膜扩散到达核催化剂后才能进行费-托合成反应，所以，如果分子筛膜较厚或其孔尺寸较小，必然导致 CO 转化率降低。另一方面，由于 H_2 的扩散速率远大于 CO，经分子筛膜扩散后，导致 H_2 与 CO 的比例增大，使甲烷选择性提高，在 H_2 与 CO 摩尔比为 2、533K、1.0MPa、催化剂质量与合成气流量的比为 $10g \cdot h/mol$ 的条件下，Co/SiO_2 与质量分数 20% 的 ZSM-5 分子筛组成的物理混合催化剂上 CO 转化率为 93.6%，甲烷选择性为 16.9%；而当使用 $ZSM-5/Co/SiO_2$ 核壳结构催化剂、ZSM-5 分子筛膜的结晶时间分别为 1d、2d、7d 时，CO 转化率分别为 83.6%、85.5%、86.1%。解荣永等[129]对核壳结构钴基催化剂的制备及费托合成性能进行了研究。利用热分解法制备了高分散度球形四氧化三钴(Co_3O_4)粒子，以其作为核心，采用聚乙烯吡咯烷酮(PVP)作为两亲试剂，在碱性条件下，以十六烷基三甲基溴化铵(CTAB)为模板、正硅酸乙酯(TEOS)为硅源，制备了硅基材料均匀包裹的核壳结构钴基催化剂(Co_3O_4@MCM-41)。XRD，N_2 吸脱附曲线与 BJH 孔径分布与 TEM 等表征结果显示，钴核仍保持 Co_3O_4 晶相且被硅壳完全包覆，硅壳属于 MCM-41 类型介孔材料。与普通初湿浸渍法制备的催化剂 Co_3O_4/MCM-41 相比，催化剂 Co_3O_4@MCM-41 易于还原、活性相稳定，并可在较低的甲烷选择性下，高选择性地催化合成气生成中间馏分油($C_5 \sim C_{18}$)。相关表征与理论分析结果表明，这与其独特的结构有关。

6.2.2 酸碱催化的连串反应集成系统

在一步化反应过程中，存在的主要问题之一是因反应试剂或催化剂之间的相互作用而失效。如同时需要酸性和碱性中心的反应过程，催化剂间会发生中和反应而失活。Motokura 等[130]设计出一种酸性中心和碱性中心不相接触的固相双功能催化剂，酸性中心处于 Ti^{4+}

交换过的层间距为 10^{-10} 数量级的蒙脱土内部，而碱性中心处于平均粒径为 $40\mu m$ 的水滑石表面。并在同一反应器中，用此酸-碱复合催化剂实现了如下式所示的酸碱连串催化反应。脱羧醛反应通常在水-有机溶液中进行，存在繁杂的后续分离工作。而在单一反应器体系中连续的羟醛反应生成的水有效地促进了苯甲醛二甲羧醛的去保护，反应中不需要添加水，被认为是一种简便绿色的新工艺。

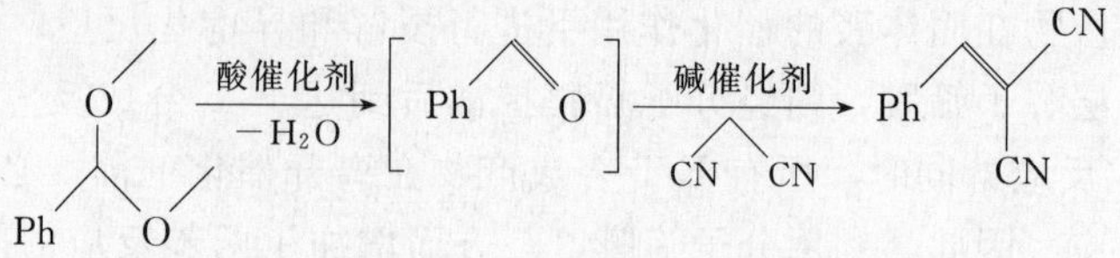

6.2.3 双结构分子筛中重油裂化与择形催化反应集成系统

ZSM-5 分子筛具有酸性和良好的孔内择形性，但由于孔径较小，在炼油工业中只对汽油馏分有选择性催化裂化作用。$AlPO_4$-5 分子筛具有十二元环，0.8 nm 孔径和三维孔道结构，可催化较大分子的反应，但骨架的电中性和较弱的酸中心的弱酸性限制了它在催化裂化过程中的应用。针对这一问题，Zhang 等[131]制备了 ZSM-5（核）/$AlPO_4$-5（壳）双结构分子筛，用于提高原油转化率和低碳烯烃、汽油及柴油收率，结果表明，裂化产物中的柴油收率较高，催化裂化 $C_{2\sim5}$ 得率（70.8%）高于 ZSM-5（17.5%）和 ZSM-5/$AlPO_4$-5 物理混合（66.1%）催化剂。

6.2.4 核-壳双功能催化剂上 CO_2+H_2 直接合成二甲醚集成反应系统

传统的合成二甲醚（DME）双功能催化剂中，甲醇合成和甲醇脱水两种活性组分是随机分布在催化剂表面的，形成了开放式的反应环境，生成的中间体甲醇在迁移到酸性位的过程中有部分直接从表面逃逸，未发生脱水反应，导致了二甲醚选择性和收率偏低。为了提高二甲醚选择性和收率，需要增大甲醇分子迁移到酸性位的概率并且提高表面酸性位的数量。

杨晓艳等[132]提出构造核-壳结构双功能催化剂。核-壳双功能催化剂以 Cu-ZnO-Al_2O_3 甲醇合成催化剂为内核，在其表面包裹一层 HZSM-5 分子筛膜，形成核-壳结构。反应中 CO_2/H_2 先通过分子筛膜孔道和晶粒间隙扩散到内核表面，在 Cu-ZnO 活性位上生成甲醇。在向外扩散时，甲醇在分子筛膜酸性位上发生脱水反应生成二甲醚。与传统双功能催化剂相比，核-壳结构的双功能催化剂提供了一个受限的反应环境，即内核表面所有生成的甲醇分子必须通过分子筛膜向外扩散，这样大大增大了甲醇与分子筛酸性位的碰撞概率，从而有助于提高产物二甲醚的选择性和收率。他们利用水热合成法制备了一系列不同晶化时间的核壳结构双功能催化剂 CuO-ZnO-Al_2O_3@HZSM-5，通过水热合成法可在甲醇合成催化剂 CuO-ZnO-Al_2O_3 表面包覆一层完整的 HZSM-5 分子筛膜，形成核壳结构，如图 6-5 所示。并且调节晶化时间可以控制分子筛晶粒尺寸及膜厚。与物理混合法制备的传统双功能催化剂相比，核壳结构催化剂合成二甲醚的选择性显著提高，其中晶化时间为 3d 的催化剂反应性能最为理想，CO_2 转化率为 38.9%，二甲醚选择性达到 77.0%。

An 等[133]将纤维状复合物 CuO-ZnO-Al_2O_3-ZrO_2 与 HZSM-5 分子筛混合制得 CuO-ZnO-Al_2O_3-ZrO_2/HZSM-5 催化剂，该催化剂催化 CO_2 加氢合成 DME 反应，CO_2 转化率达 30.9%，DME 收率达 21.2%。

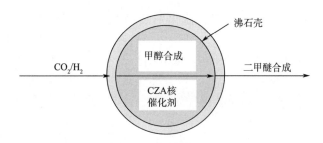

图 6-5　核壳结构双功能催化剂的反应历程示意图

Zhang 等[134]采用 Cu/Zn/Al/Zr 催化剂包覆 CNTs 形成类似项链结构的复合催化剂，Cu/Zn/Al/Zr 团聚物颗粒直径约 $300 \sim 600 nm$，与商业催化剂相比，该催化剂中的 CuO 和 ZnO 具有更大的晶体尺寸和更高的 Cu/Zn 分散性，甲醇时空收率提高了 8%；再结合 γ-Al_2O_3 和 HZSM-5 分子筛合成 DME，DME 时空收率分别达到 $0.900 g/(g \cdot h)$，$0.077 g/(g \cdot h)$。将分子筛催化剂包裹在球形金属氧化物表面形成具有胶囊结构的催化剂，与机械混合的催化剂相比，显示出非常好的效果。胶囊催化剂拥有特殊的核壳结构，能提供一个特制的、有限的反应环境及能连续地、有规则地控制两个反应的发生，同时抑制其他副产物的产生，便于最大限度地提高所需产品收率。

Zha 等[135]制备了毫米级金属掺杂的非晶态硅铝膜包裹 Cu/Zn/Al 氧化物核的胶囊催化剂，含有金属的核催化剂导致有缺陷的覆盖，同时金属可从核迁移到壳。与常规的混合催化剂相比，胶囊催化剂催化 CO_2 直接合成 DME 过程，CO_2 转化率和 DME 收率明显提高，CO_2 转化率达 47.1%，DME 收率达 19.9%。但因其核壳结构中薄膜壳的脆性和易于粉化等缺点，核壳结构在 24h 后消失，催化活性严重下降，DME 收率降至 8%。因此，在添加助剂或改变载体不断优化甲醇合成催化剂的同时，可通过添加助剂改性壳催化剂，增强壳的稳定性，延长核壳结构的寿命，继而得到更高的 CO_2 转化率和 DME 收率。

Yang 等[136]制备的毫米级的分子筛胶囊催化剂拥有独特的核-壳结构。他们首先采用共沉淀方法得到 $Cu/ZnO/Al_2O_3$ 三组分催化剂，并将其压制成 $0.85 \sim 1.70 mm$ 的颗粒；然后以 $Cu/ZnO/Al_2O_3$ 颗粒为核生长 HZSM-5 膜。不同于传统的分子筛膜的制备方法，如原位法或晶种法利用含铝母液使分子筛生长于各种载体上。他们将含铝的核催化剂既作为分子筛膜生长的基体，同时也作为合成过程中构建分子筛结构的铝源，从而导致分子筛膜无缺陷的覆盖且紧紧包裹在核的表面。与机械混合的催化剂相比，他们制备的胶囊型催化剂催化合成气一步合成二甲醚的选择性明显提高。CO 转化率为 5.59%，DME 的选择性为 96.59%，且没有烷烃副产物生成。而在混合型催化剂上进行反应，CO 转化率为 58.07%，DME 的选择性为 40.51%。

6.2.5　核-壳双功能催化剂上 H_2、O_2、丙烯直接合成环氧丙烷集成反应系统

Jin 等[137]报道了将 TS-1 沸石膜包裹 Au-Pd 负载的 TiO_2-SiO_2 小球制备沸石外壳包裹复合内核的独特结构，通入 H_2、O_2、丙烯一步合成了环氧丙烷。他们认为沸石膜包覆胶囊型催化剂的核壳结构对反应提供了一个整体的限制性环境。如图 6-6 所示，原料丙烯、O_2 和 H_2 首先通过沸石膜的通道到达 Au-Pd/TiO_2-SiO_2 核，在其催化作用下 H_2 和 O_2 反应生成 H_2O_2，而所有生成的 H_2O_2 要想离开催化剂必须通过沸石膜，因而增加了其与丙烯反应的机会。另一方面，由于在沸石膜中扩散速率的不同，原料气中的 H_2 和 O_2 容易达到核催化剂，导致 H_2 和 O_2 的累积，从而在一定程度上有利于 H_2O_2 的生成。

反应在连续固定床反应器上进行。催化剂装填在石英管反应器中。气体进料组成：$C_3H_6/H_2/O_2 = 8.33\%/8.40\%/8.42\%$，其余由 Ar 平衡。150℃，0.1MPa 条件下，丙烯的转化率为 10.61%，环氧丙烷的选择性和收率分别为 2.90% 和 0.31%。

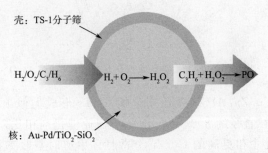

图 6-6　TS-1 沸石包裹 Au-Pd/TiO$_2$-SiO$_2$ 催化剂上丙烯、H$_2$、O$_2$ 一步合成环氧丙烷示意图

6.2.6　无机膜反应器中 H₂、O₂、苯直接合成苯酚集成反应系统

新型无机膜催化与分离一体化技术的介入，突破了长期以来 O$_2$-H$_2$ 体系苯一步氧化合成苯酚研究中苯转化率低的难题，且可使 O$_2$ 和 H$_2$ 分开进料参与反应，彻底解决了 O$_2$ 和 H$_2$ 一起混合进料带来的爆炸危险和安全隐患[138]。

2002 年日本 Niwa 等[139] 在 *Science* 上首次报道了采用无机 Pd 膜催化技术在 O$_2$ 和 H$_2$ 体系中催化苯一步羟基化合成苯酚：在反应温度为 200℃下，可使苯转化率达 10%～15%、苯酚选择性达 80% 以上，深度氧化产物如二酚、醌和加氢副产物等极少，远远超出现有其他气相法研究结果。该研究被称为全球有机化学领域在 2002 年所取得 13 个具有闪光点的重大进展之一[140]。他们将 Pd 沉积在多孔陶瓷管载体上制成管式 Pd 膜反应器，结构示意图如图 6-7。

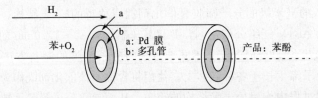

图 6-7　无机钯膜催化苯羟基化合成苯酚工作原理示意图

O$_2$ 和 H$_2$ 分开进料，既避免了现有 O$_2$ 和 H$_2$ 混合进料带来的严重爆炸危险，又很好地实现了 H$_2$ 的催化活化并有效参与反应。整个反应体系无须外加催化剂就可进行，即 H$_2$ 从 Pd 膜一边渗透到另一边时，解离为活性 H*，与 O$_2$ 作用产生活性氧化物种，再与苯羟基化形成苯酚。钯膜既是有效活化 H$_2$ 的催化剂，又起到了隔离作用，反应器结构简单、实用可行。推测认为活性 H* 与 O$_2$ 作用产生的活性氧化物种最有可能是 H$_2$O$_2$、HOO*。他们在后续的研究中[141] 进一步验证了这一结果，而且研究结果取得了更大的进步，苯转化率已超过了 20%、苯酚的收率达 20% 以上；也发现了少许可能由加氢产生的环己烷、环己酮等副产物，同时有大量水生成，其生成速率是苯酚的 500～1000 倍。这意味着 H$_2$ 的利用率很低，但研究潜力很大。Niwa 等[142] 将这一思想应用于苯甲酸甲酯羟基化合成羟基苯甲酸甲酯，发现 O$_2$ 和 H$_2$ 体系钯膜催化苯甲酸甲酯羟基化同样具有很好的活性，表明这一新颖膜催化方法具有广阔的应用范围。他们认为活性 H* 与 O$_2$ 作用产生的活性物种不是诸如 O$^-$、O^{2-} 和 O$_2^-$ 等，可能是 H$_2$O$_2$、

HOO 等过氧化物种。该过程可归属于"原位"产生 H_2O_2 并一步羟基化合成苯酚路线。但是也发现大量 H_2 转化生成了水，即 H_2 的有效利用率还很低，水的生成速率远大于苯酚的形成速率；同时 Pd 膜的寿命也存在一定问题，特别是发生脱落现象。

Vulpescu 等[143]也开展了在 O_2 和 H_2 体系 Pd 膜催化苯一步羟基化合成苯酚研究工作。他们也认为，反应过程经历了"原位"产生 H_2O_2 并一步羟基化合成苯酚路线，反应机制如图 6-8，并分析比较了该苯酚制备路线与最便宜的经典法 H_2O_2 氧化苯制苯酚路线(Hock industrial process)的实际应用可能性。认为这种膜反应器路线不仅技术上切实可行，而且从经济角度考虑也很有竞争和吸引力，具有绿色环保和可持续发展性。关键是设计新的膜反应器以提高 H_2 的利用率、抑制水的生成。Vulpescu 等在研究中并未发现严重的 Pd 膜脱落现象，但发现存在热点(hot spots)现象。

将钛硅分子筛制成膜层与钯膜复合形成复合膜，可兼有钯膜催化活化 H_2"原位"产生 H_2O_2 和钛硅分子筛膜层稳定、催化 H_2O_2 与苯生成苯酚的双功能协同作用。

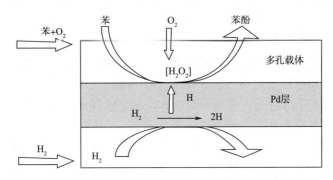

图 6-8　膜催化原位产生 $[H_2O_2]$ 一步合成苯酚机制示意图

6.2.7　用于化工过程安全的纳/微尺度绿色反应集成系统展望

在化工生产中，从初始原料到获得终端产品往往要经过多步工艺过程才能实现。在此过程中往往涉及易燃、易爆及有毒等非安全的中间物质，它作为下游产品的原料既需要合成又要储存和运输。为了实现化工生产过程的安全化，有必要探索从"源头"上解决工艺流程中出现的中间物质安全问题的新方法。可以说，纳/微尺度反应集成系统的建立是解决此安全问题的有效方法之一。即在纳/微尺度上构建使非安全中间物质及时完全转化的集成反应体系。首先，建立由非安全中间物质合成反应和其进一步转化反应构成的集成系统，然后，设计与之相对应的催化活性相以纳米或微米尺度组合的多功能催化剂，使生成的非安全中间物质及时转化为所需要的过程产品。可以称之为"非安全化合物的原位催化合成与及时催化转化"方法，这样，可使非安全中间物质在反应体系中不累积，避免了传统工艺中非安全中间物的大量存在造成的安全问题，同时还简化了工艺流程。下面以光气、羟胺、过氧化氢及氢气等广泛使用的非安全化工原料为例说明之。

（1）以剧毒光气为原料反应过程的纳/微尺度绿色集成系统的建立

目前，工业上采用光气为原料的反应工艺较多，如合成甲苯二异氰酸酯(TDI)、二苯甲烷二异氰酸酯(MDI)、碳酸二甲酯(DMC)、碳酸二苯酯(DPC)及聚碳酸酯(PC)等。此工艺过程需要用一氧化碳和氯气催化合成光气。光气作为非安全过程产品需要合成、输送和储存，这必然带来安全隐患。为此，人们提出了许多替代光气的环境友好工艺，但是，新工艺的产物收率和生产成本等较光气法还有一定的差距。作为解决光气法所存在问题的另一个途径，通过设计纳/微尺度组合的多功能催化剂，可以将 CO 和 Cl_2 合成光气反应与光气作为原料的下一步反应进行集成，使生成的光气在纳/微尺度上及时转化，而不在反应体系中累积。实现光气化反应的安全化，同时使两步反应工艺简化为一步。

（2）以不稳定羟胺为原料反应过程的纳/微尺度绿色集成系统的建立

以羟胺为原料的新反应过程显示出独特的优势，如 Kuznetsova[144] 和 Zhu[145] 等报道了在水-乙酸溶剂中过渡金属催化羟胺与苯反应合成苯胺。该方法与传统工艺相比，具有反应条件温和、工艺路线短，不使用氢气、硫酸、硝酸等危险原料的特点，并且可以获得较高的苯胺收率，苯胺的选择性可达近 100%。我们知道，羟胺性质很不稳定，在常温下逐渐分解，在较高温度下会爆炸，属于不安全化学品。通常制成比较稳定的硫酸盐或盐酸盐，这在使用时势必产生环境不友好问题。可以采用纳/微尺度绿色集成系统解决此问题，将 NH_3 与 H_2O_2 合成羟胺反应和羟胺与芳烃合成芳胺反应在同一催化剂颗粒上进行集成，通过设计和制备具有合成羟胺和芳烃氨基化活性的多功能催化剂，使之及时转化为目的产物，既解决了安全问题，同时也使合成过程直接化。

（3）以不安全氢气为原料反应过程的纳/微尺度绿色集成系统的建立

氢气作为化工原料被广泛应用。它通常要经过制备、输送、储存和使用等过程，由于氢气易燃易爆的特点，在上述环节存在着安全隐患。如果能将氢气的制备反应与应用反应进行集成，则可省去输送和储存环节，进而解决安全问题。在纳/微尺度上设计具有制氢和加氢活性的多功能催化剂，使生成的氢气及时转化为目的产物而在反应体系中不累积，既解决了安全问题，同时也使合成过程直接化。作为氢气的制备方法，应重点考虑有机化合物（如醇类等）的低温催化重整制氢反应。

（4）以不稳定过氧化氢为原料反应过程的纳/微尺度绿色集成系统的建立

过氧化氢作为氧化剂在绿色化工领域被广泛应用。由于过氧化氢容易分解，使得其在制备、运输、储存及使用过程中存在安全问题。将其制备反应与应用反应在纳/微尺度上集成，可有效解决上述问题。作为过氧化氢的制备方法，应重点考虑由氢气和氧气为原料直接催化合成反应。考虑氢气与氧气混合存在爆炸的问题，还应探讨氢气的进料方式（如膜控进料方式）和由其他有机化合物可控脱氢反应再进一步与氧气反应集成的方法。

6.3 直接化催化反应过程与工艺

针对需要多步化学反应过程才能获得目标产物的反应工艺，通过高效催化剂的研制和过程强化等方法，建立由初始反应物直接获得产物的新合成反应路线，使多步反应工艺简单化。

6.3.1 苯为初始原料直接催化合成苯胺

（1）苯胺传统合成方法

苯胺是重要的有机化工原料。目前，苯胺的工业生产方法主要是硝基苯催化加氢法：首先，苯与浓硝酸、浓硫酸进行混合硝化反应生成硝基苯；然后，硝基苯再催化加氢合成苯胺产物。该工艺路线较长，且硝基苯属于非安全反应物。

反应式如下：

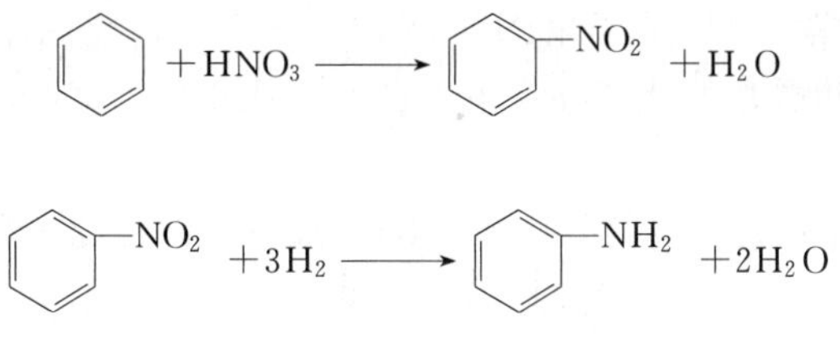

$$\text{C}_6\text{H}_6 + HNO_3 \longrightarrow \text{C}_6\text{H}_5\text{—}NO_2 + H_2O$$

$$\text{C}_6\text{H}_5\text{—}NO_2 + 3H_2 \longrightarrow \text{C}_6\text{H}_5\text{—}NH_2 + 2H_2O$$

硝基苯工段由混酸配制、苯硝化、硝基苯分离和硝基苯蒸馏等工序组成，反应在釜式反应器中进行。

硝基苯催化加氢工段包括固定床气相催化加氢、流化床气相催化加氢以及硝基苯液相催化加氢三种工艺。固定床气相催化加氢工艺是在 200～300℃、1～3MPa 条件下，经预热的氢和硝基苯发生加氢反应生成粗苯胺，经脱水、精馏后得成品，苯胺的选择性大于 99%，催化剂为 Cu/SiO_2。硝基苯液相催化加氢工艺是在 150～250℃、压力 0.15～1.0MPa，采用贵金属催化剂，硝基苯进行加氢反应生成苯胺，再经精馏后得成品，苯胺的收率为 99%。液相催化加氢工艺的优点是反应温度较低，副反应少，催化剂负荷高，寿命长，设备生产能力大；缺点是反应物与催化剂以及溶剂必须进行分离，设备操作以及维修费用高。流化床气相催化加氢工艺采用铜-硅胶催化剂，在 250～270℃下进行。

（2）苯为初始原料直接催化合成苯胺

传统的苯胺合成过程存在工艺路线较长、设备复杂、分离单元多、混酸腐蚀设备、污染环境及过程不安全等问题。而直接合成苯胺反应过程，则是以苯为原料，不经过硝化和氢化反应，直接得到苯胺。这样，可以去除非安全反应物硝基苯的合成过程和硝基苯加氢反应过程，解决硝基苯、H_2、HNO_3、H_2SO_4 等带来的安全和环境问题，而且简化生产工艺。因此，由苯直接氨化制苯胺工艺越来越被重视。目前，由苯为初始原料直接合成苯胺工艺主要有 5 种：苯与 NH_3 直接合成反应，苯与 NH_3 和 O_2 直接合成反应，苯与 NH_3 和 H_2O_2 直接合成反应，苯与碳酸铵直接合成反应，以及苯与羟胺直接合成反应等。

① 苯与 NH_3 直接合成反应

$$\text{C}_6\text{H}_6 + NH_3 \longrightarrow \text{C}_6\text{H}_5\text{—}NH_2 + H_2$$

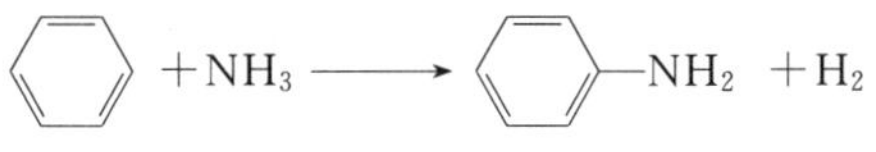

采用适当的催化剂，在 150～500℃，苯可直接氨基化合成苯胺。该反应原子利用率高达 98%，唯一的副产物是氢。但受热力学平衡限制，苯胺的收率很低。近年来，国外的研究工作主要是围绕如何改变催化剂的活性，使反应条件（温度、压力等）变得温和，并提高苯胺的选择性和收率进行的。

在此研究领域内，进展较大的是 Dupont 公司[146~149]提出的可调变 Ni/Ni_xO_y 催化体系。1975 年，Noonan[146,147]提出于 150～500℃，1～100MPa 条件下，用可调变的 Ni/Ni_xO_y 催化剂催化胺化芳香族化合物合成芳胺的方法。1977 年 DelPesco 等[148,149]描述了与 Squire 相似的过程，采用可调变的 $Ni/Ni_xO_y/ZrO_2$ 催化剂作催化反应物（cataloreactant）。

到促进剂和 Ni 中心的分散剂的作用。在 $Ni/Ni_xO_y/ZrO_2$ 催化剂的作用下，250～500℃、3～70MPa 条件下，在间歇反应器中反应 4h，得到苯的最大转化率为 13%。该催化剂对合成苯胺的选择性较好，但反应的操作条件仍然比较苛刻。

1990 年，松田藤夫等[150]报道了用 NH_3 和 H_2O 将苯转化为苯胺的方法：苯、水和氨在惰性气体保护的金属磷酸盐催化剂存在下，在常压或正压、300～500℃下合成苯胺，但苯胺产率只有 1.9%。

Becker 等[151]采用ⅧB族金属(如 Ru，Rh，Pd，Pt)为活性组分，Al_2O_3、SiO_2 和分子筛(如 NaX，H-ZSM-5，H-β)等为载体制得负载型催化剂，分别在活塞流反应器和连续流搅拌釜中进行苯和氨气直接合成苯胺的反应研究。结果发现在连续流反应体系中，没有苯胺的生成，在活塞流反应体系中，各金属催化剂的催化活性差别不大。400～550℃、5MPa 反应，苯胺收率很低，不超过 1.4%。

如果在这类反应中加入氧化剂以移去产物中的 H_2，打破原有的平衡，会使苯的转化率提高，苯胺的产率也可能提高。这方面已有一些探索性的研究。从热力学角度分析，加入氧化剂对苯进行氨化氧化，对苯胺的生成是有利的；从绿色合成的角度分析，加入清洁的氧化剂如 O_2、H_2O_2 对工艺和环境均是有利的。研究人员认为，加入 O_2 后，如何改变催化剂的性能，以适应 O_2 的参与从而提高苯胺的收率，如何使氨基化只发生在芳环而不是取代基上，如何使氨基不被继续氧化，都有待进一步研究[152]。因此，研究能高选择性地同时活化 C—H，N—H，O—O 键，又对生成苯胺有很好活性的催化剂，将是研究工作的重点。

② 苯与 NH_3 和 O_2 直接合成反应

$$\text{C}_6\text{H}_6 + NH_3 + 1/2 O_2 \longrightarrow \text{C}_6\text{H}_5-NH_2 + H_2O$$

对于苯与 NH_3 和 O_2 反应过程，加入氧化剂旨在打破热力学平衡，提高苯胺产率。2000 年英国 ICI 公司开发了负载型钒氧化合物催化剂，在 V_2O_5/SiO_2 催化剂上苯胺的最大选择性达到了 96%[153]。Hoffmann 等[154]研究了 NiO/ZrO_2 催化剂上苯氧化氨基化反应机理，在此反应中，NiO 作为氧化剂参与反应被还原成金属 Ni，再由氧气氧化到原始态。该方法不受热力学平衡限制，但操作条件苛刻，苯胺收率低。

③ 苯与 NH_3 和 H_2O_2 直接合成反应

$$\text{C}_6\text{H}_6 + NH_3 + H_2O_2 \longrightarrow \text{C}_6\text{H}_5-NH_2 + 2H_2O$$

以氨水为氨化剂、双氧水为氧化剂。陈彤等[155]设计制备了 $Ni-Zr-Ce/Al_2O_3$ 催化剂，研究了其上用 H_2O_2 直接将苯氧化氨基化合成苯胺的活性。在常压、50℃的温和条件下，苯、氨水和 H_2O_2 一锅反应可以生成苯胺，且其对苯胺的选择性远远大于对苯酚的选择性。25mL 苯可制得 3.48mg 苯胺。提高反应原料中氨水对苯的比例。能提高苯胺的收率。且不会增加苯酚的生成量。虽然反应条件很温和，但苯胺的收率太低。

④ 苯与碳酸铵直接合成反应

$$2 \text{C}_6\text{H}_6 + (NH_4)_2CO_3 \longrightarrow 2 \text{C}_6\text{H}_5-NH_2 + CO_2 + H_2O + 2H_2$$

Hagemeyer 等[156]在高通量，高压间歇反应器（HTBR）中以碳酸铵为氨化剂，与苯反应一步合成苯胺。他们对 25000 个催化剂样品进行了实验，确定贵金属 Rh 为活性中心，NiO 是活性最强的氧化剂，ZrO_2 和 K-TiO_2 是最适宜的催化剂载体，添加掺杂剂 Mn 可改善催化剂的再生性能。在优选的催化剂 Rh/Ni/Mn/K-TiO_2 作用下，于 30MPa、325℃反应 2h，苯转化率为 10%，苯胺的选择性为 95%。但该催化剂的制备方法繁琐。

⑤ 苯与羟胺直接合成反应

$$\bigcirc + NH_2OH \longrightarrow \bigcirc\!\!-\!NH_2 + H_2O$$

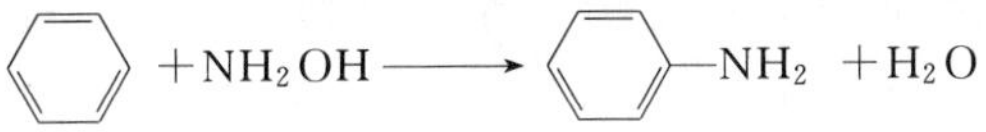

对于苯与羟胺反应过程，Kuznetsova 等[144]提出了以过渡金属氧化物（钼、钒）为催化剂，醋酸-水或醋酸-硫酸-水为反应介质，苯与硫酸羟胺在密闭体系中的直接氨基化反应合成苯胺。最大苯胺收率在均相反应和在多相反应中分别为 27% 和 52%；Zhu 等[157]研究了盐酸羟胺为氨化剂，醋酸-水介质在开放体系中苯的氨基化反应，认为有机酸性介质利于氨化反应进行；Parida 等[158]合成了不同 Si/Mn 摩尔比的中孔 Mn-MCM-41 催化剂，苯的转化率最高为 68.5%；该工艺在常压、60～70℃即可一步反应合成苯胺，并获得可观的产物收率（50%～60%）。相比之下，该法所提供的以羟胺为氨化剂、直接氨基化苯一步合成苯胺的方法，工艺简单、产品收率高，有很好的工业应用前景。

李佳[159]也对该类芳烃氨基化反应进行了研究。主要以偏钒酸钠、钼酸铵为均相催化剂，考察了苯与硫酸羟胺反应合成苯胺的适宜条件。以偏钒酸钠为催化剂时，适宜的酸性介质为醋酸-水溶液，而且以 $CuSO_4$ 作为催化剂助剂加入反应体系中，可以明显提高苯胺产物的收率。通过单因素实验得到了较优的反应条件：苯（11.25mmol）与硫酸羟胺摩尔比为 1∶1，乙酸（15mL）与水的体积比为 3∶1，催化剂 $NaVO_3 \cdot 2H_2O$ 用量为 0.4mmol，助剂 $CuSO_4$ 加入量为 0.2mmol，反应温度 353K，反应时间 5h，苯胺收率为 24.3%；以钼酸铵为催化剂时，适宜的酸性介质为醋酸-硫酸溶液；理想的反应条件为：苯（11.25mmol）与硫酸羟胺摩尔比为 1∶1，醋酸（13.3mL）与硫酸体积比为 2∶1，催化剂用量为 0.2 mmol，反应温度 353K，反应时间 5h，苯胺收率可达 33.1 %。在上述合成苯胺的适宜条件下，建立了 343～353K 温度范围内，苯直接合成苯胺的反应动力学模型。发现当钒系催化剂中加入少量的铜物种时，可以明显提高苯胺类产物的收率；而且，通过改变酸性介质的组成，可以有选择性地生成苯胺或苯酚类产物。

⑥ 甲苯与羟胺直接合成反应

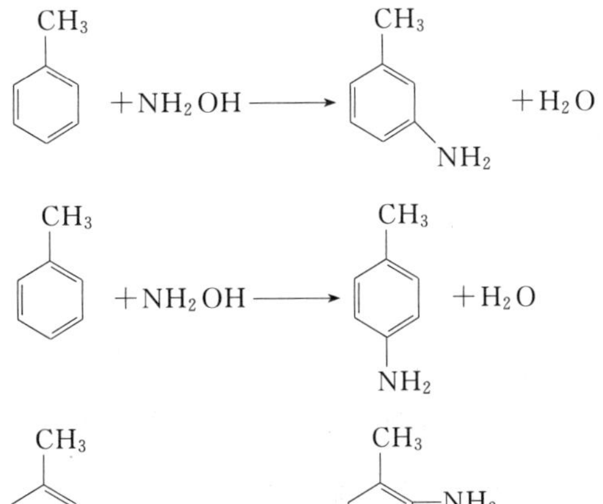

Gao 等[160]对钼、钒催化剂上甲苯与羟胺反应直接合成甲基苯胺进行了研究。他们在研究苯的氨化反应时，发现以偏钒酸钠为催化剂时，适宜酸性介质为醋酸-水溶液；而以钼酸铵为催化剂时，对应的适宜反应介质为醋酸-硫酸溶液。在上述对应的催化剂-酸性介质中进行甲苯的氨化反应，结果表明，偏钒酸钠、钼酸铵均可以催化甲苯与羟胺一步合成甲基苯胺。这说明可以借鉴苯的氨化规律，研究甲苯的氨基化反应。但是，以钼酸铵为催化剂，反应介质中使用了硫酸溶液，硫酸属于强酸，易造成设备腐蚀、环境污染等问题；而以偏钒酸钠为催化剂时，适宜的酸性介质为醋酸-水溶液，其酸性较弱，避免了使用硫酸。因此，选用钒催化剂为甲苯氨基化反应所用的催化剂。但是，偏钒酸钠作为均相催化剂，不利于产物分离，且催化剂的回收较困难。因而转向设计负载型催化剂。他们设计了 Cu-V 负载型催化剂，即以 NH_4VO_3、$Cu(NO_3)_2$ 为钒和铜的前躯体，采用等体积浸渍法，制备了负载型催化剂 $x\%CuO\text{-}15\%V_2O_5/Al_2O_3$（其中，$V_2O_5$ 负载量固定为 15%，改变 CuO 的量），探索了在该催化剂上甲苯与羟胺盐一步合成甲基苯胺的反应。单纯以负载型铜氧化物（14.3%CuO/Al_2O_3）、或钒氧化物（15%V_2O_5/Al_2O_3）为催化剂时，甲苯氨化反应的效果不佳；当负载型 V_2O_5/Al_2O_3 催化剂中引入 CuO 物种，负载型 CuO-V_2O_5 催化剂的催化活性均比 15% V_2O_5/Al_2O_3 或 14.3%CuO/Al_2O_3 的要高。而且，随着 CuO 负载量的增加，甲苯转化率以及甲基苯胺的收率呈先增加、后减小的变化趋势。当 CuO 负载量为 1.6%，即 CuO/V_2O_5 摩尔比为 0.25 时，得到了很好的甲苯转化率及甲基苯胺的收率。在该负载型催化剂 1.6%CuO-15%V_2O_5/Al_2O_3 上，通过单因素实验得到了适宜的反应条件：催化剂的用量为 0.2g，甲苯（20mmol）与羟胺摩尔比为 1:1，乙酸（10mL）与水的体积比为 2:1，反应温度 358K，常压，反应时间 4h。在该反应条件下，甲苯转化率及甲基苯胺的收率分别高达 65.6%和 60.3%。他们认为 Cu 的引入，造成 V 表面物理化学环境的变化，从而引起更多的 V^{5+} 物种在催化剂中形成。在此基础上提出了甲苯氨基化反应机理。认为以羟胺为氨化剂，芳香烃直接氨化的反应机理遵循氨基自由基机理，可能的氨化反应历程如图 6-9 所示。

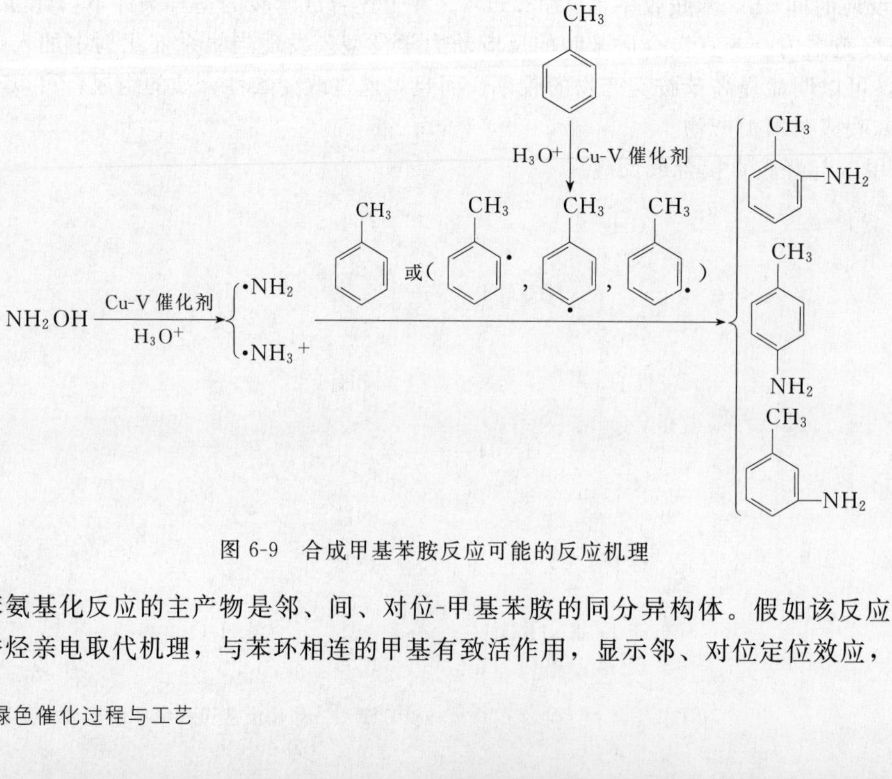

图 6-9　合成甲基苯胺反应可能的反应机理

甲苯氨基化反应的主产物是邻、间、对位-甲基苯胺的同分异构体。假如该反应遵循经典的芳香烃亲电取代机理，与苯环相连的甲基有致活作用，显示邻、对位定位效应，那么产物甲基苯胺的同分异构体中邻、对位甲基苯胺应该为主要产物。但是，事实上产物中并没有呈现明显的定位效应，即同分异构体中除了邻、对位甲基苯胺之外，间位的甲基苯胺的数量也相当可观。这说明该反应并不是亲电取代历程，而氨基自由基机理可以较好地解释该现象。甲苯氨化中首要的反应步骤是氨基自由基·NH_2/·NH_3^+ 或甲苯自由基的生成；其中，·NH_2/·NH_3^+ 可以由羟胺与 Cu-V 催化剂在酸性介质中生成，芳香烃自由基可以由甲苯与 Cu-V 催化剂在酸性介质中形成。然后，氨基自由基与甲苯（或甲苯自由基）反应生成邻、间、对位-甲基苯胺的同分异构体。

上述直接化反应工艺与以苯为原料，经硝化和氢化合成苯胺工艺相比，一方面简化了工艺流程，另一方面，采用的氨基化剂 NH_3、NH_2OH 和氧化剂 O_2、H_2O_2，相对于硝基苯、混酸及氢气而言，是相对安全反应物。

综上所述，在直接合成苯胺方法中，苯与 NH_3 直接合成法受热力学限制，且需要苛刻反应条件；由苯、NH_3 和 O_2 直接合成法虽然打破了热力学平衡，但产率很低；由苯、NH_3 和 H_2O_2 直接合成法的反应条件温和，也是产率低；苯与羟胺反应直接合成法可在较温和的条件下获得高产率的苯胺，应当引起足够重视。

6.3.2 苯为初始原料直接催化合成苯酚

(1)苯酚的传统合成方法

苯酚是一种重要的有机化工原料，主要用于生产酚醛树脂、己内酰胺、双酚 A、己二酸、苯胺、烷基酚、水杨酸等，此外还可以用作溶剂、试剂和消毒剂等。它在合成纤维、合成橡胶、塑料、医药、农药、香料、染料以及涂料等方面也具有广泛的应用。苯酚的传统生产工艺主要有异丙苯法和甲苯-苯甲酸法。

甲苯-苯甲酸法是早期的一种以甲苯为原料生产苯酚的方法，最早是由美国陶氏化学公司开发成功的，于 1962 年实现工业化生产。该法具有工艺过程简单、对原料要求低、反应产率和选择性均较高且不联产丙酮，根据市场需求，还可生产苯甲酸和苯甲醛。但在苯甲酸脱羧过程中产生一些焦油状物，易生成焦油，导致原料消耗和产品成本较高。目前世界上只有少数几个厂家采用该法进行生产，生产能力约占世界苯酚总生产能力的 4%。该法分两步进行：首先甲苯氧化生成苯甲酸，然后苯甲酸进一步氧化转化成苯酚：

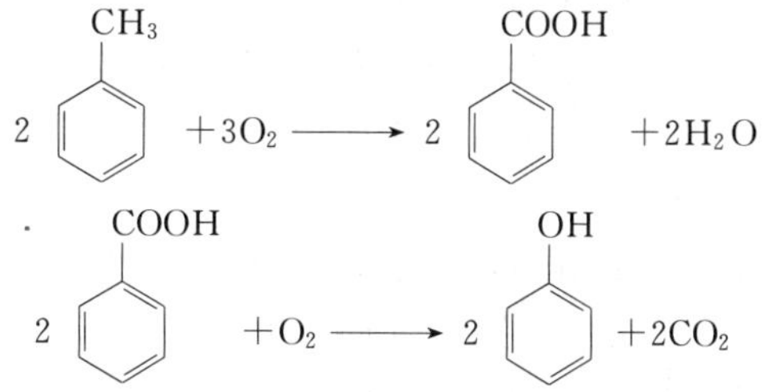

异丙苯法生产苯酚是当今世界上生产苯酚最主要的方法，其生产能力占世界苯酚生产总能力 90% 以上。异丙苯法包括 3 步反应：一是丙烯和苯进行烷基化反应得到异丙苯；二是用空气或氧气将异丙苯氧化生成过氧化氢异丙苯；三是将过氧化氢异丙苯分解，生成苯酚和丙酮。比甲苯-苯甲酸法具有产品纯度高、原料和能源消耗较低等优点。但异丙苯法生产苯酚也存在着许多不可避免的缺点：① 合成路线长、工艺步骤多、苯酚收率比较低（即使每步产率高达 95%，而 3 步总产率也仅为 86% 左右）；②存在易发生爆炸的中间产物（异丙苯的

氧化产物)等安全隐患；③ 产生与苯酚等量的丙酮副产物是其致命的弱点，严重受到了丙酮市场需求的制约。

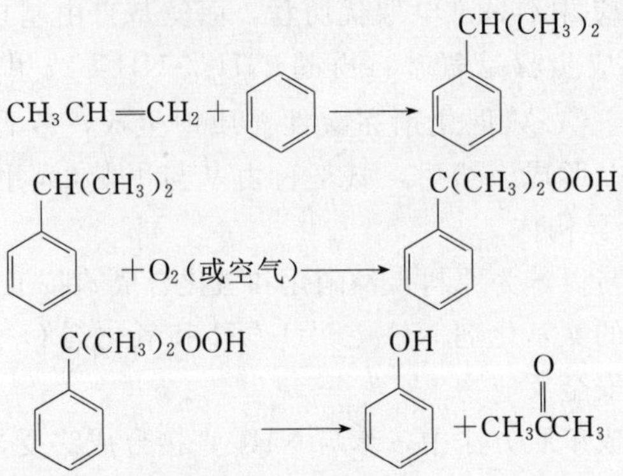

$$CH_3CH=CH_2 + \text{(benzene)} \longrightarrow \text{(cumene, } CH(CH_3)_2\text{)}$$

$$\text{(cumene, } CH(CH_3)_2\text{)} + O_2\text{(或空气)} \longrightarrow \text{(cumene hydroperoxide, } C(CH_3)_2OOH\text{)}$$

$$\text{(} C(CH_3)_2OOH\text{)} \longrightarrow \text{(phenol, } OH\text{)} + CH_3COCH_3$$

（2）苯为初始原料直接催化合成苯酚[138,161,162]

从提高反应的原子经济性和绿色性方面看，直接将苯羟基化一步合成苯酚具有工艺简单、环境污染小等特点，是一种环境友好型催化过程，工业开发和应用前景十分广阔。这也是一个涉及通过活化 C—H 键直接将羟基引入芳环生成相应的羟基化合物的反应，是合成化学中最难解决的问题之一。其关键是氧化剂的合理选择和高活性、高选择性氧化催化剂的研制。

苯为初始原料直接催化合成苯酚工艺，根据其采用的氧化剂不同，可归纳为一氧化二氮（N_2O）氧化法、双氧水（H_2O_2）氧化法、O_2 氧化法和羟胺氧化法等 4 种途径。

① 以 N_2O 为氧化剂的苯直接氧化制苯酚

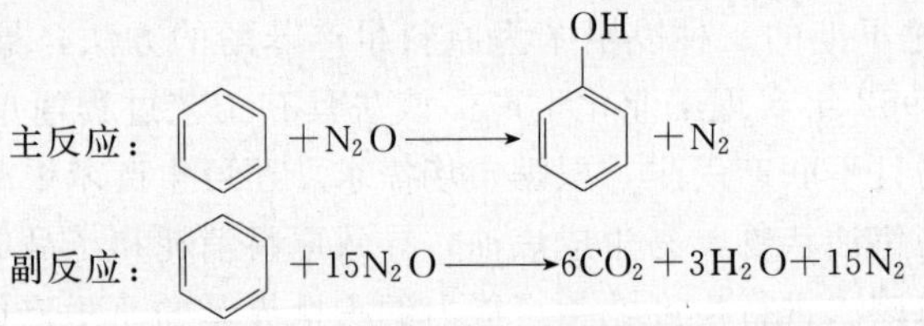

主反应： $\text{(benzene)} + N_2O \longrightarrow \text{(phenol, } OH\text{)} + N_2$

副反应： $\text{(benzene)} + 15N_2O \longrightarrow 6CO_2 + 3H_2O + 15N_2$

采用 N_2O 作氧化剂，由于其完成氧化反应后产生的 N_2 对环境友好，故 N_2O 作为不同于传统氧化剂的新型氧化剂为众多研究者们所关注。

Iwamoto 等和 Panov[163,164] 在 V_2O_5/SiO_2 催化剂上发现用 N_2O 作氧化剂可使苯一步生成苯酚，苯转化率达 11%，选择性为 70%。1988 年，发现 ZSM-5 沸石是苯与 N_2O 氧化制苯酚反应的最好催化剂，可在反应温度（300~400℃）比较低的条件下进行，苯酚的选择性接近 100%，收率为 8%~16%。Liptakova 等和 Kharitonov 等[165,166] 通过对沸石引入不同过渡金属的研究发现，铁具有最好的催化氧化功能，并找到了沸石中的铁含量与苯羟基化形成苯酚转化率的关系。以 Fe-ZSM-5 为催化剂，在 300~400℃下，苯酚收率可达 20%~25%，选择性为 100%，远优于 ZSM-5。他们认为苯羟基化形成苯酚并非源于酸机理，而活性中心是 ZSM-5 中微量铁（α-Fe）的作用。在 Fe-ZSM-5 中并非所有的 Fe 均是活性中心，只有位于 ZSM-5 内孔道的 Fe 才有活性。在 α-Fe 的作用下，N_2O 分解产生的表面活性氧称为 α-O，这种表面氧对于选择性催化氧化呈现出十分有效的作用。经筛选优化研究，用含铁沸石催化剂进行苯直接氧化制苯酚，取得了有望实现工业生产的良好结果。他们提出了如下的反应机理：

$$N_2O + (\quad)_\alpha \longrightarrow (O)_\alpha + N_2$$
$$C_6H_6 + (O)_\alpha \longrightarrow (C_6H_5OH)_\alpha$$
$$(C_6H_5OH)_\alpha \longrightarrow C_6H_5OH + (\quad)_\alpha$$

Hafele 等[167]将 H-Ga-ZSM-5 催化剂用于 N_2O 作氧化剂的苯气相羟基化反应中，选择性极高，在较宽的温度范围（300～450℃）内，主要产物为苯酚，最大收率为22%，苯醌是主要副产物；高于400℃时，有少量完全氧化产物；增大苯的压力，可促进苯酚的脱附，阻止进一步羟基化反应和聚合反应的发生，从而增加苯酚的选择性；增加 N_2O 压力，转化率增大，选择性略有下降，所以增加苯和 N_2O 的压力有利于苯酚生成。H-Ga-ZSM-5 催化剂对 N_2O 作氧化剂的苯直接氧化制苯酚反应有催化活性（没有 Fe 存在），在分子筛中引入 Ga 同样可以形成具有活性的特别结构的催化剂。

N_2O 作氧化剂的苯气相羟基化反应为苯部分氧化制苯酚开辟了一条新的途径，在收率和选择性上都具有一些优势。但是，N_2O 不易得到，专门制取成本很高。所以，只有当 N_2O 作为其他反应的副产物时才能显示出其独特的选择性（对苯而言）优势。N_2O 作氧化剂的体系，苯酚的选择性可达97%～98%，甚至可达100%。N_2O 作氧化剂时，抑制苯完全氧化的副反应十分重要。

② 以 H_2O_2 为氧化剂的苯直接氧化制苯酚

$$\text{（苯）} + H_2O_2 \longrightarrow \text{（苯酚 OH）} + H_2O$$

以 H_2O_2 为氧化剂进行苯直接液相氧化制苯酚是人们期望取代异丙苯法路线生产苯酚的另一路线。用 H_2O_2 作为氧化剂，其唯一的副产物是 H_2O，原子经济性高，对环境没有污染，是一种环境友好的清洁氧化剂。因此，以 H_2O_2 为氧化剂进行苯直接氧化合成苯酚，在相当长一段时间乃至现在一直是众多研究者关注的焦点之一，研究主要问题和目标是寻求高效的氧化催化剂。H_2O_2 氧化苯直接合成苯酚可使用的催化剂范围非常广泛。主要包括杂原子分子筛系列和 TS 系列（钛硅分子筛系列）、含铁催化剂系列和含铜催化剂系列、钒取代杂多酸盐系列[168～173]。多数催化剂都表现出了较高的收率和选择性，反应条件也温和，辅助物料少，符合当今化学工业清洁生产的要求，氧化剂 H_2O_2 的生产技术较成熟、来源较充足，有推广价值和前景。关键是如何最大限度地提高苯酚的选择性和 H_2O_2 的有效利用率，因为 H_2O_2 极易分解损失，苯酚比苯更易被氧化形成醌类、焦油类等物质。

随着不断深入的研究，一些新颖催化剂和催化过程也相继出现。Tanev 等[174]用大孔钛硅分子筛为催化剂，H_2O_2 直接氧化苯制苯酚。制备了多种含钛大孔分子筛催化剂 Ti-HMS 和 Ti-MCM-41，并分别检验了它们的活性，证明了骨架钛和多孔结构必不可少。Ti-HMS 和 Ti-MCM-41 的活性和选择性较高，苯转化率为37%和68%，选择性分别为95%和98%，反应条件温和。

Peng 等[175]在反应中引入了离子液体使反应体系形成两相，类似于相转移催化：催化剂和苯溶于离子液体中，H_2O_2 主要溶于水相中，反应生成的苯酚进入水相，避免深度氧化，提高了选择性和转化率，体现出高效、环保的特点。

Liu 等[176]利用微乳催化过程有效实现苯羟基化合成苯酚，使苯酚的选择性和 H_2O_2 的有效利用率明显提高。

Li 等[177]设计了一种反应控制相转移催化剂 $K_3PV_4O_{24}$，用于催化以过氧化氢为氧化剂的苯氧化制苯酚反应，催化剂在反应中以均相形式参与，又可以非均相形式便于回收，在313K下，苯的转化率可达到48%，苯酚的选择性可达到99%以上。

石荣荣[178]开展了 Fe、Cu、V 等多组分复合金属氧化物为催化剂对苯与双氧水反应合成苯酚的研究，以筛选适宜的苯羟基化催化剂。Gao 等[179]也开展了利用黏土负载钒氧化物催化苯与双氧水反应合成苯酚，可获得苯转化率14%、苯酚选择性94%的结果。

以 H_2O_2 为氧化剂，氧化苯直接制苯酚路线是清洁、环保合成过程，无论从原料来源和催化剂种类，还是从应用潜力和前景来看，都是很好的合成路线，虽然在特定的催化体系取得了相应的进展和接近工业规模开发的潜在结果，但是仍然还没有一个确定的可操作催化体系实现中试乃至商业化生产。最大的问题是该合成路线的经济成本问题，没有达到与异丙苯法路线可比拟的地步。

③ 以 O_2 为氧化剂的苯直接氧化制苯酚　分子氧(O_2)氧化法是以纯氧或空气中的氧作为氧化剂进行苯直接氧化合成苯酚，其最突出的优点是氧化剂 O_2 的来源充足，可就地取用、价格低廉，也无环境污染，是一条最受人们青睐的环境友善和可持续发展生产路线，其关键是选取活化 O_2 的高效催化剂。O_2 氧化法有液相氧化法和气相氧化法两种。

液相氧化法多以铜、钒、铁和钯等金属盐或其氧化物为催化剂，以抗坏血酸、丁烯醛等为液相还原剂或采用CO、NH_3、H_2 等气体还原剂，并在一定混合溶剂体系中反应。苯酚产率可达到10%以上。但均相反应体系涉及催化剂分离、循环使用等许多问题，特别是催化剂如杂多酸的活性稳定性不好。因此，采用固体类催化剂在非均相体系研究苯氧化反应居多。同时也没有从根本上完全解决问题，因为液相氧化法合成路线必须加入某些溶剂、还原剂和其他辅助物料反应才具有较高的活性，往往加入的溶剂、还原剂、辅助物料的部分具有一定的腐蚀性或污染性，也涉及一些反应和分离问题，使整个反应体系更复杂，不利于工业化实际应用。从绿色环保和可持续发展长远考虑，气相法合成苯酚路线比液相法更具有吸引力和生命力。

气相氧化法过程几乎不涉及溶剂类和辅助物料，引入最少的杂质，是环境友好催化合成路线，有利于将来工业化应用。研究的核心是高效活化 O_2 的高性能催化剂的研制。Cu 化合物是分子氧氧化苯直接合成苯酚研究工作中备受青睐的一种催化剂，这与其较好的催化性能和廉价分不开。Hamada 等[180]仅以 O_2 为氧化剂，在 Cu/ZSM-5 上氧化气相的苯，苯酚收率达 4.9%，并证明活性中心是呈四角锥配位的 Cu^{2+} 物种。通常单独使用 O_2 使苯部分氧化生成苯酚的研究体系，因 O_2 的难活化和易发生深度氧化，苯酚的选择性和收率都很低，离实用开发价值较远。目前十分有效的方法是采用加入气体还原剂如 H_2、NH_3、CO 等促使氧活化产生活性物种氧化苯合成苯酚，表现出潜在的研究价值。Liptáková 等[181]采用钙-铜-羟磷灰石为催化剂，在 O_2-NH_3-H_2O 体系研究了苯氧化合成苯酚反应，可使苯转化率达3%、苯酚选择性超过97%。Kusakari 等[182]认为，NH_3 充当还原剂和稳定剂是苯氧化反应必不可少的。特别使用 H_2 为还原剂(即在 O_2 和 H_2 体系)不易产生难分离和污染的副产物，更符合绿色合成，已成为人们研究关注的热点和首选体系之一，被众多研究者称之为 O_2-H_2"原位"产生 H_2O_2 氧化苯一步合成苯酚路线，也是解决前述直接以 H_2O_2 为氧化剂路线所遇到 H_2O_2 成本高带来的瓶颈难题的最好途径之一。该体系目前研究最多且最有开发前景。Kuznetsova 等[183]在反应温度453～523K下以 H_2 和 O_2 混合气体考察了负载于 SiO_2 表面含ⅧB族金属和杂多化合物的双组分催化剂。$0.2\%Pt$-$20\%PMo_{12}/SiO_2$ 和 $0.2\%Pd$-$20\%PMo_{12}/SiO_2$ 催化剂上苯的转化率分别为 0.3% 和 4.9%，选择性均不低于95%，每小时每克 Pd(Pt)金属催化剂上苯酚的生成量可达 60(380)mmol。他们推测其较好的催化性能与金属颗粒和杂多化合物之间形成的界面有关。

④ 钼催化剂上甲苯(苯)与羟胺一步合成甲基苯酚(苯酚)　Zhang 等[184,185]在研究甲苯和羟胺直接合成甲基苯胺的反应中发现，当以 $(NH_4)_6Mo_7O_{24} \cdot 4H_2O$ 为催化剂、酸性介质醋酸-硫酸中含有水时，虽然目标产物甲基苯胺的选择性降低，但副产物甲基苯酚的选择性明显提高。从已有的文献报道看，甲苯可以通过三种氧化剂实现直接羟基化合成甲基苯酚：a. 以 N_2O 为氧化剂；b. 以氧气、空气或分子氧为氧化剂；c. 以 H_2O_2 为氧化剂。目前，尚未发现以甲苯、羟胺盐为原料进行甲基苯酚的合成。他们首先在敞开体系中，考察了不同的酸性介质对甲苯羟基化反应的影响(表 6-1)。结果发现，当反应介质为 H_2O-HOAc-H_2SO_4、其体积比为 4:10:1 时，甲苯转化率及甲基苯酚的选择性分别高达 36.3％和 61.3％。为进一步考察酸性介质对甲苯羟基化反应的影响，介质中的冰醋酸用甲酸或丙酸来代替，硫酸用盐酸(36％～38％)或磷酸(85％)来代替，也得到了较好的反应结果。尤其是在 H_2O-HOAc-H_3PO_4 介质中，甲苯转化率及甲基苯酚的选择性分别为 43.2％和 44.5％。但是，与 H_2O-HOAc-H_2SO_4 酸性介质的情况相比，甲基苯酚的选择性略低。因此综合考虑，甲苯羟基化反应较适宜的反应介质为：体积比是 4:10:1 的 H_2O-HOAc-H_2SO_4 酸性溶液。

表 6-1　反应介质对甲苯羟基化反应性能的影响

溶剂 (mL:mL:mL)	$X_{甲苯}$/%	S_i/%				
		甲基苯酚				甲苯胺
		邻位	对位	间位	总和	
H_2O-H_2SO_4(13:2)	2.53	17.8	27.7	11.6	57.1	42.9
H_2O-HOAc (7:8)	8.68	12.0	17.8	6.15	35.9	64.0
HOAc-H_2SO_4(13:2)	31.9	1.18	11.6	2.75	15.5	84.4
H_2O-HOAc-H_2SO_4(2:10:3)	18.2	9.35	17.5	9.66	36.5	63.4
H_2O-HOAc-H_2SO_4(3:10:2)	23.9	17.3	25.0	17.7	60.0	39.9
H_2O-HOAc-H_2SO_4(4:10:1)	36.3	18.4	28.2	14.7	61.3	38.7
H_2O-HOAc-H_2SO_4(4.5:10:0.5)	14.0	17.3	31.7	7.92	57.0	42.9
H_2O-HOAc-HCl (3.5:10:1.5)	3.49	6.16	9.73	5.19	21.0	78.9
H_2O-HOAc-H_3PO_4(4:10:1)	43.2	12.3	24.2	7.95	44.5	55.4
H_2O-$CH_2O_2$①-H_2SO_4(4:10:1)	26.1	13.9	16.7	7.04	37.7	62.2
H_2O-$C_3H_6O_2$②-H_2SO_4(4:10:1)	2.69	20.8	42.4	12.1	75.4	24.6

①甲酸。②丙酸。

注：反应条件：0.16mmol $(NH_4)_6Mo_7O_{24} \cdot 4H_2O$，10mmol $(NH_2OH)_2 \cdot H_2SO_4$，20mmol 甲苯，15mL 酸性介质，80℃，1atm，4h。

考察反应温度、反应时间对甲苯羟基化反应的影响，得出适宜的反应条件为：80℃，4h。在该反应条件下，甲苯转化率及甲基苯酚的收率分别高达 36.3％和 22.2％。另外，更有意思的发现是，当上述反应置于封闭体系时，在同样的反应条件下，甲苯羟基化的反应效果更佳，与敞开体系中的情况相比，甲基苯酚的收率显著提高，高达 50％左右。

基于上述甲苯与羟胺盐反应一步合成甲基苯酚的研究基础，考察了以其他芳香烃，如苯、乙基苯、二甲苯等为原料替代甲苯，合成相应的酚类化合物。反应结果如表 6-2 所示。

表 6-2　不同芳香烃上的羟基化反应[①]

芳香烃	X_i /%[②]	产物选择性 /%			
		苯酚衍生物			苯胺衍生物
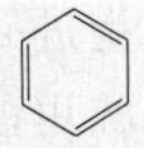 苯	51	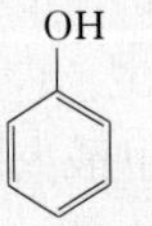 苯酚 OH 55			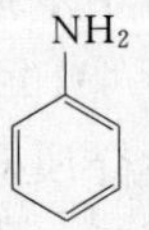 苯胺 NH₂ 45
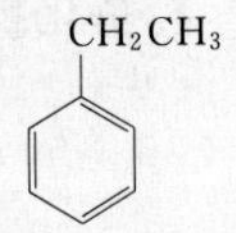 乙基苯 CH₂CH₃	19	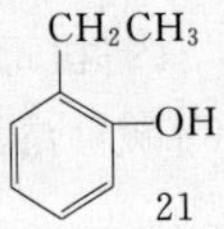 邻乙基苯酚 CH₂CH₃ OH 21	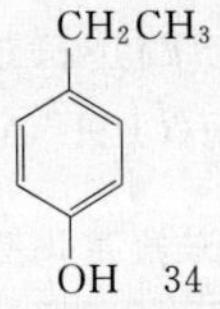 对乙基苯酚 CH₂CH₃ OH 34	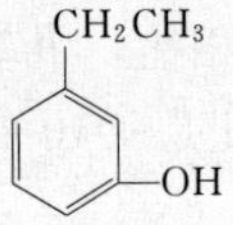 间乙基苯酚 CH₂CH₃ OH 16	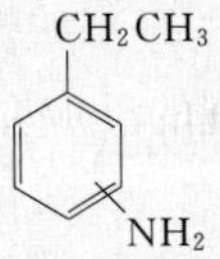 CH₂CH₃ NH₂ 29
邻二甲苯 CH₃ CH₃	16	CH₃ CH₃ OH 23	CH₃ CH₃ OH 59		CH₃ CH₃ NH₂ 18[③]
间二甲苯 CH₃ CH₃	18	CH₃ CH₃ OH 58	CH₃ OH CH₃ 10	HO CH₃ CH₃ 9	CH₃ CH₃ NH₂ 23[③]
对二甲苯 CH₃ CH₃	17	CH₃ OH CH₃ 70			CH₃ NH₂ CH₃ 30[③]

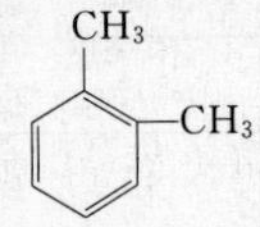

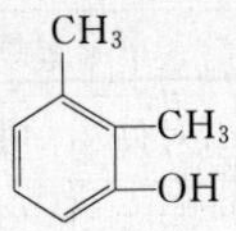

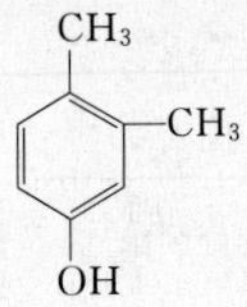

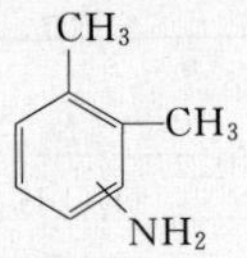

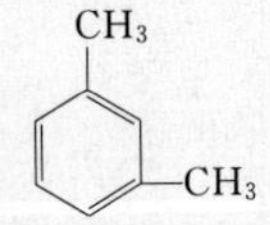

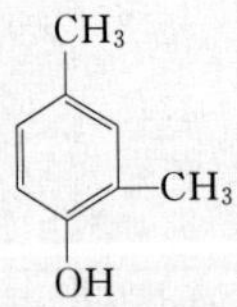

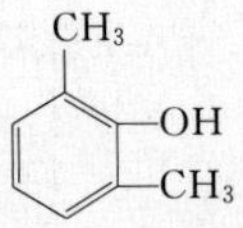

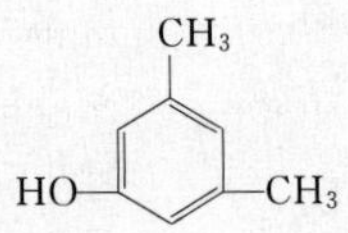

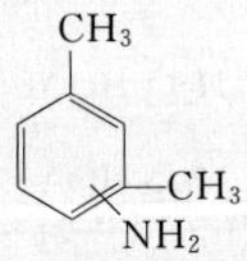

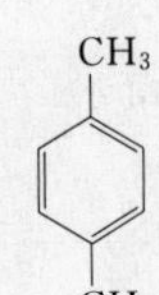

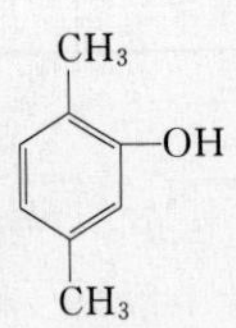

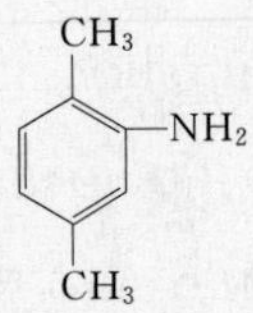

①　反应条件：封闭体系，0.25g $(NH_4)_6Mo_7O_{24} \cdot 4H_2O$ 催化剂，10mmol $(NH_2OH)_2 \cdot H_2SO_4$，20mmol 芳香烃，15 mL H_2O-HOAc-H_2SO_4 反应介质（体积比 4:10:1），80 ℃（苯羟基化为 70 ℃），4h。

②　芳香烃的转化率。

③　副产物中除了二甲基苯胺外，还发现痕量的四甲基联苯。

由表 6-2 可以看出，在实验条件下，苯、乙基苯及二甲苯，与硫酸羟胺反应均可以成功地合成相应的酚类化合物。其中，由苯生成苯酚的反应中，苯的转化率为 51%，产物苯酚的选择性略低，为 55%。乙基苯羟基化反应的产物组成，与甲苯羟基化反应类似，含有邻乙基苯酚、对乙基苯酚、间乙基苯酚三种同分异构体，三种乙基苯酚的选择性总和为 71%。

对于二甲苯参与的羟基化反应，由于二甲苯原料有邻、间、对位-三种同分异构体，因而对应的二甲苯酚产物较为复杂，共有六种同分异构体：即 2,3-二甲基苯酚、2,4-二甲基苯酚、2,5-二甲基苯酚、2,6-二甲基苯酚、3,4-二甲基苯酚和 3,5-二甲基苯酚。二甲苯的转化率在 17％左右，对应的二甲基苯酚的选择性为 70％～80％。

6.3.3　精细化学品合成中的直接化反应

（1）正丁醇与氨反应直接合成正丁胺

正丁胺（$C_4H_9NH_2$）是一种重要的化工原料及有机合成中间体，在工业、农业及医药领域中有广泛用途，如在石油工业中作为重要的添加剂、纤维的柔软剂、橡胶阻聚剂、彩色照片显影剂、杀虫剂、药物及染料原料等。

传统正丁胺的生产路线分两步进行，首先正丁醇与盐酸反应合成氯丁烷，然后氯丁烷再与氨反应而得到，反应式如下：

$$C_4H_9OH + HCl \longrightarrow C_4H_9Cl + H_2O$$
$$C_4H_9Cl + NH_3 \longrightarrow C_4H_9NH_2 + HCl$$

此法需在后处理时使用大量的碱来中和反应中生成的 HCl，生成大量的无机盐，给分离带来不便，且该法生产的正丁胺粗品收率为 50％，成本高，污染严重，现已逐渐淘汰。

正丁醇与氨一步直接合成正丁胺的反应式为：

$$C_4H_9OH + NH_3 \longrightarrow C_4H_9NH_2 + H_2O$$

陈宜等[186]采用沉淀-沉积法制备了 CuO-NiO/HZSM-5 催化剂，使正丁醇与氨在常压下一步直接合成正丁胺。对于该反应过程中，不同载体、不同反应温度、不同还原温度、活性组分的不同配比等因素的影响进行了探讨。利用 XRD 考察了不同载体上 CuO、NiO 的还原状态。确立了最佳还原温度和反应条件：在 300℃的还原温度下，反应温度为 200℃时，正丁醇转化率为 93.9％，正丁胺选择性为 96.6％。该研究制备出了高选择性、高活性的催化剂，为低碳脂肪胺的生产提供了一条有特色的合成路线。

（2）甲醇与乙醇直接合成异丁醛

异丁醛是重要的有机化工原料，广泛用作溶剂或增塑剂。由异丁醛出发可以衍生出许多精细化工产品，如合成异丁醇、新戊二醇、甲基丙烯酸（MAA）、甲基丙烯酸甲酯（MAA）、2,2,4-三甲基-1,3-戊二醇（TMPD）、甲乙酮、泛酸钙、异丁酸酯、异丁腈等。目前，生产异丁醛的方法是丙烯与合成气（CO/H_2）羰基化反应制正丁醛时副产而得。因此异丁醛的产量受到限制，这也是一个耗能且不经济的过程。

甲醇与乙醇一步法合成异丁醛的总反应式为：

$$CH_3CH_2OH + 2CH_3OH \longrightarrow (CH_3)_2CHCHO + 2H_2O + H_2$$

用于甲醇与乙醇一步法合成异丁醛的催化剂主要有钒系和铜系。

① 钒系催化剂　铁改性的 Fe-V_2O_5 为催化剂[187]，在 380℃，甲醇/乙醇＝3/1 条件下，乙醇转化率达到 84.2％，异丁醛选择性为 43.4％；铌改性的 V_2O_5 催化剂[188]，在 375℃、体积空速为 2h^{-1} 条件下，8％Nb_2O_5-V_2O_5 催化剂和 18％Nb(OH)$_5$-V_2O_5 催化剂上乙醇转化率分别为 95.4％ 和 96.4％，异丁醛选择性分别为 47.9％ 和 55.4％；La_2O_3-V_2O_5 催化剂上乙醇转化率达 96.6％，异丁醛选择性达 61.8％[189]；溶胶-凝胶法制备 V_2O_5/TiO_2-SiO_2 催化剂，在 350℃时，乙醇转化率为 46.5％，异丁醛选择性为 14.4％[190]。

② 铜系催化剂　CuO-ZnO/Al$_2$O$_3$ 催化剂上[191]，乙醇的转化率为 74.7%、异丁醛的选择性为 12.4%；CuO/TiO$_2$-SiO$_2$ 催化剂上[192]，乙醇的转化率达到 90.1%，异丁醛的选择性为 37.3%；CuO-Fe$_2$O$_3$-ZrO$_2$/SiO$_2$ 催化剂上[193]，乙醇的转化率为 58.8%，异丁醛的选择性为 73.9%；使用 CuO-MnO/SiO$_2$ 催化剂[194]，在常压、300℃条件下，乙醇的转化率为 93.9%，异丁醛的选择性为 70.5%。

（3）对硝基苯酚加氢直接合成对乙酰氨基酚（扑热息痛）

扑热息痛（对乙酰氨基酚）是一种优秀的解热镇痛药。它通常由对氨基苯酚与醋酐反应得到，而对氨基苯酚通常由硝基苯加氢、对硝基苯酚等加氢获得。王延吉等[195]以硝基苯（PAP）为原料，负载型金属铂为催化剂，在三氟化硼乙醚水溶液中合成对氨基酚，再用乙酰酰化制备 APAP，收率最高为 65%。

对硝基苯酚加氢直接合成对乙酰氨基酚反应式为：

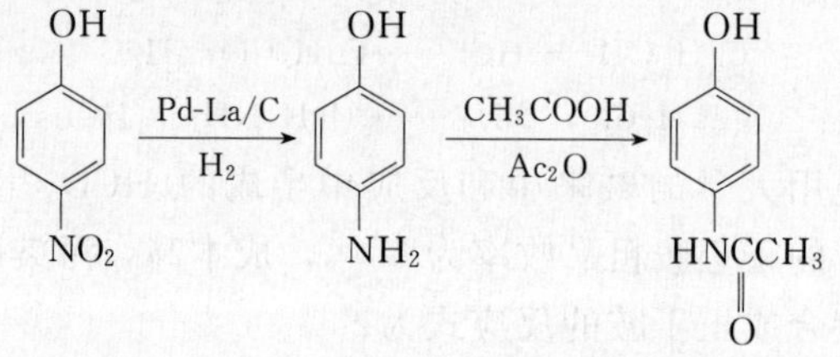

方岩雄等[196]在高压反应釜中加入对硝基酚（PNP）、乙酐、Pd-La/C 催化剂，及乙酸溶剂，加氢一步合成对乙酰氨基酚。最佳工艺条件为反应温度 140℃，氢气压力 0.7MPa，反应时间 2h，对乙酰氨基酚的收率达 97%。

（4）丙酮气相直接合成 3,5-二甲基苯酚

3,5-二甲基苯酚用途广泛，是一种重要的精细化工中间体和医药中间体，主要用于制备抗氧化剂、树脂黏合剂和防腐剂等。传统的 3,5-二甲基苯酚工业化技术主要有煤焦油洗油馏分分离法、苯酚烷基化法和间二甲苯磺化碱熔法等液相合成方法。这些生产工艺存在着反应路线较长、反应速率较慢、馏分分离后产品纯度较低、原料成本高、对环境污染严重且催化剂难以重复利用等缺点。

丙酮气相直接合成 3,5-二甲基苯酚反应式：

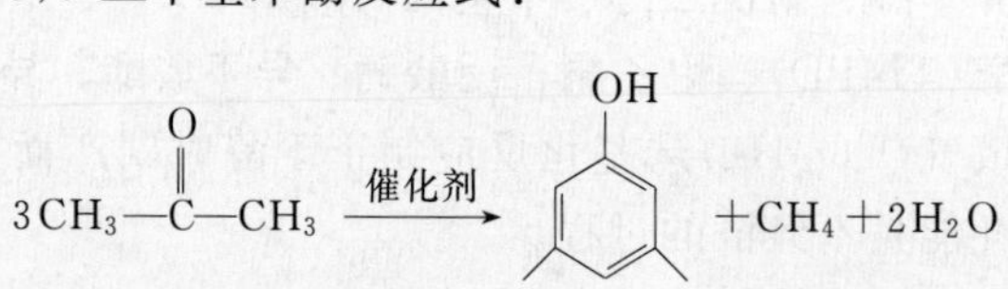

吕兴等[197]采用浸渍法制备了 K$_2$O-MgO/γ-Al$_2$O$_3$ 催化剂，在固定床连续反应器上考察了 MgO 负载量对丙酮一步合成 3,5-二甲基苯酚的催化性能的影响；在 H$_2$ 保护下，反应温度 480℃，压力 5.5×10^5 Pa，空速 2.4h^{-1} 条件下，3% K$_2$O-10% MgO/γ-Al$_2$O$_3$ 具有较好的催化效果，丙酮单程转化率为 67.7%，3,5-二甲基苯酚选择性达 34.5%。

（5）合成气直接制甲酸甲酯[198,199]

甲酸甲酯（MF）已逐渐发展成为一个 C$_1$ 化学起始原料和结构单元。从 MF 出发，可以制备甲酸、乙酸、乙二醇、碳酸二甲酯、丙酸甲酯、丙烯酸甲酯、乙醇酸甲酯及甲酰化剂（如 N-甲酰吗啉、N-甲基甲酰胺、N,N-二甲基甲酰胺）等一系列下游产品。合成方法包括：

甲醇酯化法	$HCOOH + CH_3OH \longrightarrow HCOOCH_3 + H_2O$
甲醇气相催化脱氢法	$2CH_3OH \longrightarrow HCOOCH_3 + 2H_2$
甲醇羰基化法	$CH_3OH + CO \longrightarrow HCOOCH_3$
合成气直接合成法	$2CO + 2H_2 \longrightarrow HCOOCH_3$

由合成气直接合成甲酸甲酯是目前世界公认的最先进的甲酸甲酯生产方法，这是一个原子经济型反应。它避免了资源的浪费以及"三废"的产生。由合成气直接合成 MF 的关键技术是合成催化剂的研制，迄今为止，催化剂主要可分为 3 大类：铜系催化剂，Co、Ru 和 Ir 等ⅧB 族元素的络合物均相催化剂，Ni 系催化剂。

1989 年，Marchionna 等[200]报道了在铜基催化剂中加入一定量的甲醇或 MF，可大幅度提高催化剂活性。该催化剂体系组成为：$CuCl + CH_3ONa + MeOH + THF$，平均时空产率为 22.7g/(L·h)，产品中含 MF 量为 33.2%（质量分数）。梁国华[201]发现了一个新的体系：$CuCl + 助剂 + MF + THF$，在 60～90℃范围内活性较好，时空产率 STY 达到 38.6g/(L·h)，尤其在 70℃，MF 的选择性为 47.8%。上述 CuCl 体系的一个显著特点是低温活性好，同时低温更有利于 MF 的生成。但 CuCl 体系的重复性很差，对 CuCl 而言，原料气（合成气）及溶剂的精制要求较高，且寿命有限。李海燕等[202,203]采用 Cu-ZSM-5 及 CuY 负载的 $KOCH_3$（液膜）催化剂，提出了串联催化一器化合成甲醇体系可联产 MF。中科院成都有机化学所在研究低温液相合成甲醇和 MF 过程中，发明了一种新型的采用络合物溶液法制备的 Cu-Cr 催化剂，在 110℃，合成气压力 4～5MPa，$V(H_2)/V(CO) = 1.6 \sim 1.7$，STY 达 62g/(L·h)。人们对于铜系催化剂的研究工作仍在探索，主要是由于铜系催化剂比较便宜，活性较高，由合成气制备 MF 的选择性相对较高，成为今后发展的主要方向。

Co、Ru 和 Ir 等的络合物均相催化剂最早报道的是 Feder 等[204]提出的 $Co_2(CO)_8$ 催化剂［在反应体系中生成 $HCo(CO)_4$］，苯作溶剂，在 200℃、30MPa 条件下，由此催化剂合成了主要含甲醇和甲酸甲酯的产物。此后有许多别的催化剂体系被开发出来，多为ⅧB 族元素的化合物。合成气转化的均相催化剂体系要求的反应条件比较苛刻，尽管对产物中甲酸甲酯的选择性有些是可以接受的，但温度和压力均较高，合成气转化率很低。

Brookhaven 国家实验室开发的由合成气一步法制 MF 的镍系催化剂为：$XH-ROH-M(OAc)_2$（X：碱金属，M：Ni、Pb 或 Co，R：$C_1 \sim C_6$ 烷基）。对于 $V(H_2)/V(CO)$ 约为 1:1 的混合气，在 50～150℃，小于 0.68MPa 下，反应产物为甲酸甲酯和甲醇。反应是在四氢呋喃（THF）、1,2-二乙氧基乙烷、二甲氧基甲烷或 MF 等介质中进行的。同时，美国能源部 Mahajan 等[205]开发了加氢反应优先选用的催化剂是叔戊醇钾或叔丁醇钾-四羰基镍/THF。上述镍基催化剂体系活性较高，且 CO 单程转化率高达 90%以上，但 MF 的收率并不高。

（6）乙酸和丙烯直接合成乙酸异丙酯

乙酸异丙酯是一种重要的化工原料，具有水果香味，有优良的耐碱性及对塑料、乙酸纤维等良好的溶解能力，而逐渐广泛地应用于涂料、油墨和粘接剂等行业，被称为"未来的溶剂"。传统的生产工艺是由乙酸与异丙醇在硫酸的催化作用下酯化生成乙酸异丙酯，其缺点在于异丙醇是由丙烯水合反应生成的，而乙酸与异丙醇在成酯过程中又生成了水，而且传统工艺以硫酸为催化剂导致设备腐蚀严重，与产品分离困难，稀硫酸难以重复利用。另外，由于受到反应平衡的限制，原料的转化率较低。如果能以乙酸与丙烯直接酯化一步合成乙酸异丙酯，则是一条最理想的原子经济反应工艺路线。

■ 第 6 章 ■ 催化反应过程集成及简单化工艺 **449**

传统工艺：$CH_3COOH + CH_3CH(OH)CH_3 \longrightarrow CH_3COOCH(CH_3)_2 + H_2O$

新工艺：$CH_3COOH + CH_3CH{=\!\!=}CH_2 \longrightarrow CH_3COOCH(CH_3)_2$

李有林等[206]针对乙酸与丙烯直接酯化一步合成乙酸异丙酯反应，在高压釜中进行了催化剂的筛选和工艺条件的优化。发现自制的固体催化剂的活性高于采用对甲苯磺酸、β型分子筛作为催化剂的活性。在反应温度 130℃，催化剂用量为乙酸质量的 7.5%，压力 1.5MPa，反应时间 6h 条件下，乙酸转化率可达到 85.4%，乙酸异丙酯对丙烯的选择性为 98.5%。

(7)环己基甲酸与苯甲酸直接合成环己基苯基甲酮

环己基苯基甲酮室温下呈白色粉末结晶。它可用于合成光固化剂 1-羟基环己基苯基甲酮（光引发剂-184）和镇痉药环己基苯基甲醇，还可用作皮革处理剂。环己基苯基甲酮的合成，目前国内外主要采用傅-克酰基化法，该方法以环己基甲酸为起始原料，与 PCl_3、$SOCl_2$ 反应生成环己基酰氯，然后环己基酰氯与苯在无水 $AlCl_3$ 催化下发生傅-克酰基化反应生成环己基苯基甲酮。这条合成路线的缺点是工艺路线长、操作复杂、反应条件苛刻、间歇操作效率低、三废多，且有毒害等。

传统工艺：

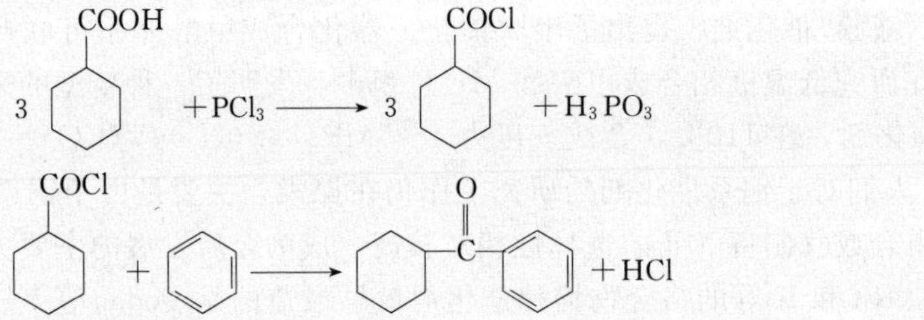

由环己基甲酸与苯甲酸进行"酸酸脱羧"反应合成环己基苯基甲酮，该反应在固定床反应器中一步完成，不但绿色、安全，而且成本低、效率高，经济效益显著。这条路线更重要的优势还在于，环己基甲酸由苯甲酸加氢还原制得，所以，可将苯甲酸部分加氢还原为环己基甲酸的混合粗产物，不经分离直接作为合成环己基苯基甲酮的原料，这样同时大大降低苯甲酸加氢成本和环己基苯基甲酮的生产成本，如此，可为光引发剂-184 等大宗化工产品新开辟一条具可行性的工业化路线。

新工艺：

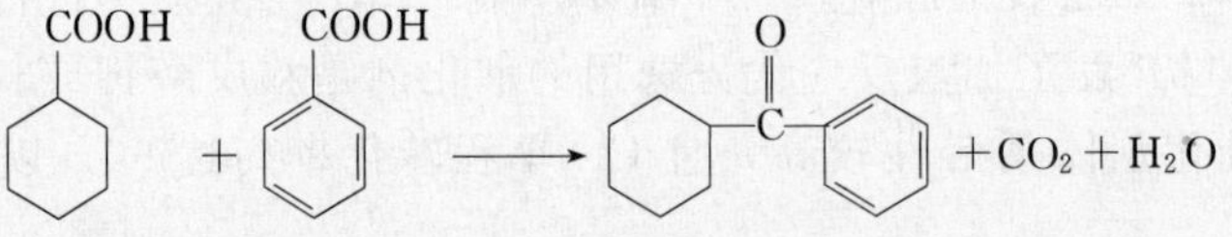

崇明本等[207]在固定床反应器中，以环己基甲酸和苯甲酸为原料，稀土复合氧化物为催化剂，气固相一步反应合成了环己基苯基甲酮，该催化剂由多种晶相组成，适宜的反应条件为：反应温度 440℃，环己基甲酸、苯甲酸与水的摩尔比 1.1:1:5，液体空速 $1.5h^{-1}$，此条件下可使得环己基甲酸转化率达 90.1%，环己基苯基甲酮选择性为 69.6%。

(8)环己烷液相亚硝化一步合成己内酰胺

己内酰胺主要用于生产尼龙 6。目前，己内酰胺工业化生产技术主要有环己酮-羟胺法、环己烷光亚硝化法和甲苯法 3 种。环己酮-羟胺法首先将环己烷氧化为环己酮，环己酮氨肟化生成环己酮肟，再经贝克曼重排生成己内酰胺；甲苯法采用环己烷羧酸在亚硝基硫酸和发烟硫酸的存在下反应生成己内酰胺；光亚硝化法是在汞灯照射下，环己烷与亚硝酰氯和氯化氢生成氯化氢肟，再重排生成己内酰胺。罗和安等[208]首次直接从环己烷出发利用液相亚硝化一步合成了己内酰胺。反应式如下：

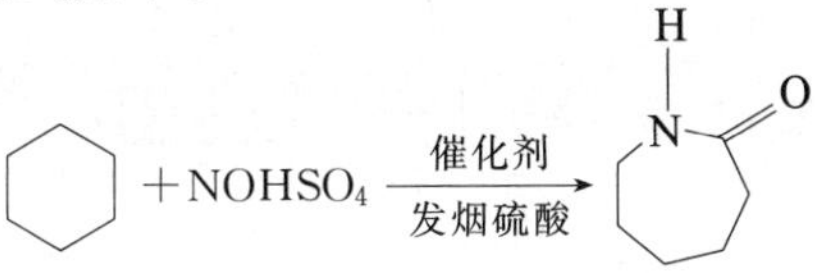

$$\text{（环己烷）} + NOHSO_4 \xrightarrow[\text{发烟硫酸}]{\text{催化剂}} \text{（己内酰胺）}$$

吴伯华等[209]采用正交设计试验法对乙酸锰催化环己烷液相亚硝化一步合成己内酰胺的新反应进行了研究。最佳的合成条件为：在81℃反应36h，催化剂乙酸锰用量为环己烷质量的2.5%，亚硝基硫酸与发烟硫酸的质量比为1:3。在此优化的条件下，环己烷液相亚硝化反应的转化率为8.12%，目标产物己内酰胺的选择性达10.5%。他们[210]还制备了还原-浸渍型的 Mn-AlVPO 催化剂，具有较佳的催化性能：环己烷的转化率为17.1%，目标产物己内酰胺的选择性高达75.6%。

(9) 催化氧化异戊醇一步合成异戊酸异戊酯

异戊酸异戊酯作为食用香精、食品赋香剂使用范围很广，还可用于合成医药、溶剂等。目前，我国工业合成异戊酸异戊酯采用以浓硫酸为催化剂，催化异戊醇和异戊酸酯化而来，然而浓硫酸对设备腐蚀严重，后续处理工艺常产生废酸废碱等，污染环境。因此，先后有研究采用杂多酸、脂肪酶、固体超强酸、硫酸盐、纳米级分子筛等催化剂替代浓硫酸，从而减轻了对设备的腐蚀，减少了废酸废碱，且催化效果较好。然而原料异戊酸仍旧要从高锰酸钾氧化异戊醇制得，所以原料来源困难，环境污染在所难免。

为此，有研究直接采用异戊醇为原料合成异戊酸异戊酯。该方法解决了浓硫酸对设备的腐蚀问题、环境污染问题，且缩短了工艺路线。反应式如下：

$$2(CH_3)_2CHCH_2CH_2OH + O_2 \longrightarrow (CH_3)_2CHCH_2CH_2OOCCH_2CH(CH_3)_2 + 2H_2O$$

章毅等[211]采用浸渍法制备了一系列不同 Fe_2O_3、ZnO 负载量的 Fe_2O_3-ZnO/SiO_2 催化剂。考察了以分子氧为氧化剂时，其对异戊醇一步合成异戊酸异戊酯的催化性能。在 Fe_2O_3/SiO_2 催化剂上引入适量 ZnO 后，提高了 Fe_2O_3 在 SiO_2 上的分散度，减小了 Fe_2O_3 的粒径，所制得的 Fe_2O_3-ZnO/SiO_2 催化剂有较大的比表面积、孔体积、孔径，催化性能优于 Fe_2O_3/SiO_2。其中，在 Fe_2O_3 与 ZnO 的协同作用下，6%Fe_2O_3-4%ZnO/SiO_2 催化性能最佳，常压下当催化剂用量为 0.9g（占反应物质量的3.5%），反应温度120℃，反应时间9h，异戊醇一步合成异戊酸异戊酯的选择性达54.5%，收率达31.4%。

6.4 宏观尺度零排放集成工艺

6.4.1 碳酸二甲酯洁净合成的绿色集成系统

基于"宏观尺度反应过程绿色集成系统"的思想，构建由 NH_3 与 CO_2、1,2-丙二醇(1,2-PG)与尿素、碳酸丙烯酯(PC)与甲醇三个反应过程组成的合成碳酸二甲酯(DMC)的宏观绿色集成系统，如图6-10所示。该系统在理想状态下可实现由甲醇和 CO_2 为原料、碳酸二甲酯为产品、只有 H_2O 排放的绿色化工过程。并通过以丙二醇及尿素为循环剂，解决了对石化产品环氧丙烷的依赖、热力学限制及 CO_2 的有效利用等问题。针对该宏观绿色集成系统，研究者开展了相应的绿色化学反应子系统的研究工作。

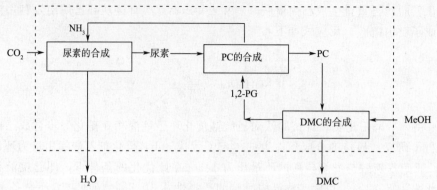

图 6-10　合成碳酸二甲酯的宏观绿色集成系统

① 尿素与丙二醇催化合成碳酸丙烯酯子系统[212,213]　为了解决现有酯交换法合成碳酸二甲酯工艺存在的副产物丙二醇量大，且原料 PC 来源受石化行业制约的问题，Zhao 等对将副产物丙二醇重新转化为原料——碳酸丙烯酯的反应过程进行了研究。在对均相乙酸锌催化反应体系和催化机理研究的基础上，系统研究了金属、金属氧化物及复合金属氧化物等固相催化剂的性能。经过大量实验，发现锌-铁复合氧化物催化剂对本反应具有良好的催化活性。并确定了催化剂的制备方法和适宜的反应条件。

② 碳酸丙烯酯与甲醇催化合成碳酸二甲酯子系统[214,215]　针对目前酯交换法催化剂存在的问题，陈英等设计并制备出了用于该反应的新型高效固相催化剂 ZnO-PbO，发现两者的协同作用提高了催化剂的活性；为了解决目前"反应-精馏"工艺存在的甲醇与碳酸二甲酯形成共沸物的问题，提出了以高效 ZnO-PbO 催化剂为基础的"反应-萃取"技术进行酯交换反应合成碳酸二甲酯的新工艺。

同样，可构建由 NH_3 与 CO_2、尿素与甲醇两个反应过程组成的合成碳酸二甲酯（DMC）的宏观绿色集成系统。

③ 尿素与甲醇合成碳酸二甲酯子系统[216~218]　Zhao 等开展了尿素与甲醇反应合成碳酸二甲酯的研究工作。在对均相催化反应体系和催化机理研究的基础上，分别采用沉淀法和溶胶-凝胶法结合超临界干燥技术制备出了 ZnO、PbO、ZnO-PbO、$ZnO-La_2O_3$ 等超细单一组分和二元组分金属氧化物催化剂，并将其用于催化尿素与甲醇反应合成碳酸二甲酯反应过程，获得了较高的产物收率。在连续操作方式下，$ZnO-La_2O_3$ 催化剂上碳酸二甲酯的收率达到了 45.8%。并发现纳米催化剂颗粒的形态和尺度对其催化性能有明显影响。

6.4.2　异氰酸酯洁净催化合成的宏观绿色集成系统

甲苯二异氰酸酯（TDI）、二苯甲烷二异氰酸酯（MDI）及萘二异氰酸酯（NDI）等均是聚氨酯工业的重要原料。目前，国内外的工业生产方法主要是光气法。基于"宏观尺度反应过程绿色集成系统"的思想，构建以甲醇为原料合成碳酸二甲酯、以碳酸二甲酯代替光气合成氨基甲酸甲酯及其分解为异氰酸酯三个反应过程组成的合成异氰酸酯的宏观绿色集成系统，如图 6-11 所示。该系统充分利用了合成异氰酸酯过程产生的副产物甲醇，既可实现生产过程的"零排放"，又可提高与光气工艺的经济竞争能力。

① 甲醇气相氧化羰基化直接催化合成碳酸二甲酯子系统　Wang 等[219]基于均相催化反应体系的氧化-还原机理和碱金属助剂作用机制及载体作用的研究结果，制备出了一种新型

高效固相化催化剂 PdCl₂-CuCl₂-KOAc/AC；明确了 KOAc 助剂的作用是促进活性物相 $Cu_2Cl(OH)_3$ 的形成和固定 Cl^- [220]。提出了合成碳酸二甲酯反应的 Pd^{2+} 和 Cu^+ 双活性中心催化作用机理，确定了催化剂失活原因并建立了有效的再生方法，发现通过有机氯化物预处理催化剂能大幅度提高催化剂活性和稳定性，从而建立了催化剂预处理新工艺。在优化的反应条件下，碳酸二甲酯时空收率为 785g/(L_{cat}·h)，实现了合成碳酸二甲酯的连续生产工艺[221]。

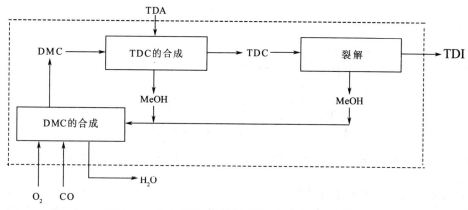

图 6-11　合成甲苯二异氰酸酯的宏观绿色集成系统

② TDC 洁净催化合成子系统　Wang 等[222]研究了用于甲苯二胺与碳酸二甲酯反应合成甲苯二氨基甲酸甲酯（TDC）的催化剂和适宜工艺条件。负载型乙酸锌、负载型硬脂酸锌等锌系催化剂可有效催化此反应。基于该反应体系的热力学、反应机理和动力学等基础研究的结果，开发出了 TDC 高效洁净合成新工艺[223]。建立了 TDC 合成和分解的反应动力学模型。提出了 TDC 合成的"动态变温操作反应新工艺"，显著地提高了 TDC 的选择性和收率。发现反应循环原料 DMC 中可以含有一定量的甲醇。这对于 TDC 生产中提高反应速率、提高 TDC 收率、降低分离成本是有利的。

③ TDC 催化（热）分解为 TDI 子系统　他们[222]研究了 TDC 气相热分解和催化分解反应。筛选出较为合适的溶剂及热载体，以邻苯二甲酸二异辛酯为热载体，邻苯二甲酸二甲酯作溶剂时收率最高，达到 77.8%；以邻苯二甲酸二甲酯为溶剂，锌粉为催化剂，邻苯二甲酸二异辛酯为热载体时，TDI 收率高达 99.4%。

6.4.3　碳酸二苯酯洁净催化合成的宏观绿色集成系统

碳酸二苯酯（DPC）是一种环境友好的有机化学品，以 DPC 和双酚 A 为原料合成高质量聚碳酸酯（PC）是环境友好的新工艺。DPC 传统的合成方法为光气法，开发 DPC 洁净合成工艺对我国的聚碳酸酯工业的发展具有重大意义。基于绿色化学和反应集成的思想，可以构建以合成碳酸二甲酯、碳酸二甲酯与苯酚酯交换两个反应过程组成的合成 DPC 宏观绿色集成系统，如图 6-12 所示。该系统充分利用了合成 DPC 过程产生的副产物甲醇。周炜清等[224]制备出一种用于酯交换法合成 DPC 的新型高效 PbO-ZnO 催化剂。建立了并流共沉淀的高效催化剂法制备方法，获得了催化剂制备条件对催化剂活性相结构和催化性能的影响规律。明确了 Pb_3O_4 是主催化剂、ZnO 是助催化剂，并以非晶态或微晶态存在于催化剂体系中。在优化条件下，DPC 收率达 45.6%。确定了催化剂的失活原因和再生方法[225]；发现溶胶-凝胶法制备的 Ti-PILC 层柱黏土催化剂对苯酚与 DMC 的酯交换反应具有良好的催化性能。将

$PbTiO_3$ 和 $(Pb_{0.67}Zn_{0.33})TiO_3$ 成功地插入膨润土层间，使催化剂比表面积和孔容增大，并提高了催化剂的活性和稳定性[226]。

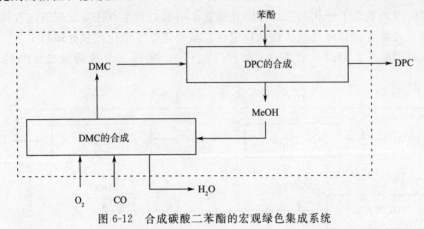

图 6-12　合成碳酸二苯酯的宏观绿色集成系统

6.4.4　生物甘油、烟气及苯为初始原料合成 MDI 的宏观绿色集成系统

针对资源高效利用和节能减排绿色工艺开发，建立生物柴油生产过程中的副产物丙三醇（生物甘油）、烟气（同时脱硫脱氮过程中制备的硫酸羟胺、CO_2）及苯为初始原料合成二苯甲烷二异氰酸酯（MDI）的新路线。烟气在同时脱硫脱氮过程中制备硫酸羟胺，羟胺与苯直接反应合成苯胺，苯胺与碳酸二甲酯（DMC）反应生成苯氨基甲酸甲酯（MPC）和甲醇，甲醇脱氢生成甲醛，甲醛与 MPC 缩合生成二苯甲烷二氨基甲酸甲酯（MDC），MDC 裂解得到 MDI 和甲醇。甲醇与碳酸丙烯酯（PC）酯交换得到 DMC，PC 由甘油氢解生成的 1,2-丙二醇（1,2-PG）与 CO_2 反应得到。绿色合成 MDI 集成系统如图 6-13 所示。

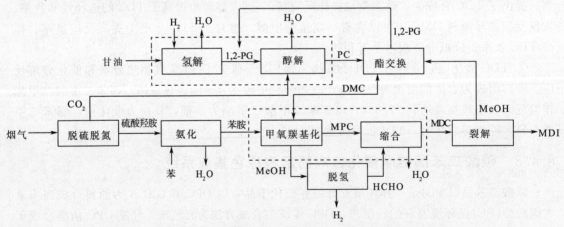

图 6-13　生物甘油、烟气及苯为初始原料合成 MDI 的宏观绿色集成系统

总体上讲，该路线只需甘油、烟气（硫酸羟胺、CO_2）及苯为外供原料。其特点是充分利用生物质和烟气资源，并且合成过程环境友好。

6.4.5　氧化羰化法 - 酯交换法合成碳酸二甲酯绿色集成系统

以煤化工产品甲醇（MeOH）、CO 和 O_2 为初始原料合成 DMC。首先 MeOH、CO 和 O_2 通过气相氧化羰基化一步法合成碳酸二甲酯，产物为 DMC 和少量的副产物甲酸甲酯（MF）和 H_2O。未反应的原料经分离循环到反应器。此工艺路线存在的问题：

① 原料单程转化率较低，大概 10%。分离和循环量大。

② 液相产物甲醇反应后要冷却，循环后还要再加热汽化，消耗大量能量。

③ 气相产物需 CO_2 先分离，然后在压缩 CO 与 O_2 的混合气循环到反应器，消耗能量，且存在混合物爆炸的安全问题。

为此，我们设计了由甲醇氧化羰基化合成 DMC 和酯交换法合成 DMC 构成的集成系统，目的是去除甲醇氧化羰基化法未反应原料的循环和气相产物分离单元，节约能量和解决气相混合物分离和循环过程的安全问题。

该集成系统由两个子集成系统组成：在同一反应器中将甲醇氧化羰基化反应与 CO 氧化低温转化反应构成床层尺度子集成系统，常温气相产物只有 CO_2；环氧氯丙烷、CO_2、甲醇为原料直接合成 DMC 的颗粒尺度子集成系统。

未反应的原料 CO 和 O_2 低温转化成 CO_2 后，与未反应的原料 MeOH 和环氧氯丙烷(ECH)通过酯交换法合成 DMC 和副产物 3-氯-1,2-丙二醇；同时 3-氯-1,2-丙二醇可脱水生成 ECH。绿色合成碳酸二甲酯的工艺路线如图 6-14 所示。

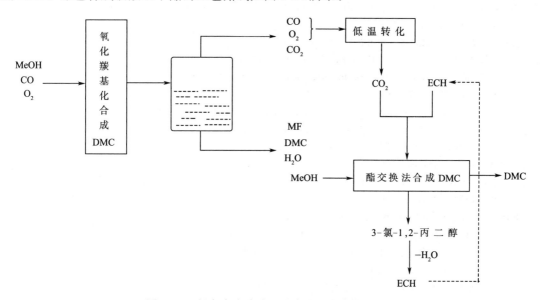

图 6-14　绿色合成碳酸二甲酯的工艺路线示意图

总体上讲，该路线仅需甲醇、一氧化碳、氧气和可循环使用的环氧氯丙烷为外供原料，是一种原料利用率高，以反应代替分离，降低能耗，环境友好及过程安全的合成过程。

参考文献

[1] 王延吉，胡洁，薛伟等. 化工学报，2007，58(11)：2689.

[2] 邓国才，马洪涛，刘维升等. CN 96100023. 1996.

[3] Dellar D V，Kruper W J. US 4663467 A. 1987.

[4] Kruper W J，Dellar D D. J Org Chem，1995，60(3)：725.

[5] 季东锋，吕小兵，何仁等. 催化学报，1999，20(6)：675.

[6] Green M J.（Bp Chem Int Ltd）. WO 1984003701 A1. 1984.

[7] 戚朝荣，江焕峰，刘海灵等. 高等学校化学学报，2007，28(6)：1084.

[8] 朱宏，陈立班，江英彦. 离子交换与吸附，1997，13(1)：78.

[9] 董调玲，周砚珠，江英彦. 分子催化，1989，3(1)：72.

[10] 赵天生，韩怡卓，孙予罕等. 石油化工，2000，29(2)：102.

[11] 张雪红，高岩磊，常永芳等. 天然气化工(C1 化学与化工)，2013，38(1)：15.

[12] 潘鹤林，田恒水，宋新杰等. 石油与天然气化工，2000，29(1)：5.

[13] 肖远胜，张雪峥，张书笈等. 精细石油化工，2000，(2)：1.

[14] 赵峰，刘绍英，李建国等. 天然气化工(C1 化学与化工)，2007，32(3)：41.

[15] 魏彤，王谋华，魏伟等. 石油化工，2002，31(12)：959.

[16] 杨彩虹，李文彬，柳玉琴等. 燃料化学学报，2002，30(6)：551.

[17] 陈英，赵新强，王延吉. 石油化工，2005，34(2)：105.

[18] 王慧，刘水刚，张文郁等. 化学学报，2006，64(24)：2409.

[19] Duranleau R G, Knifton J F, Nieh E C Y. US 4691041 A. 1987.

[20] Srinivas D, Srivastava R, Ratnasamy P. Catal Today, 2004, 96(3)：127.

[21] Feng X J, Lu X B, He R. Appl Catal A：Gen, 2004, 272(1-2)：347.

[22] 刘宗健，蔡晔. 化工生产与技术，1998，5(4)：13.

[23] Chang C D, Jiang Z Z, LaPierre R B, et al. US 6365767 B1. 2002.

[24] Li Y, Zhao X Q, Wang Y J. Appl Catal A：Gen, 2005, 279(1-2)：205.

[25] 王书明，江琦. 现代化工，2002，22(7)：30.

[26] 陈秀芝，胡长文，苏俊华等. 催化学报，2006，27(6)：485.

[27] Chen X Z, Hu C W, Gao Z M. Chem Res Chinese U, 2005, 21(6)：714.

[28] Cui H Y, Wang T, Wang F J, et al. Ind Eng Chem Res, 2003, 42(17)：3865.

[29] 崔洪友，刘宁，陈久标等. 化学反应工程与工艺，2008，24(2)：140.

[30] 刘宏伟. 合成气合成二甲醚反应动力学及催化剂失活研究［学位论文］. 上海：华东理工大学，2005.

[31] Clerici M G, Bellussi G, Romano U. J Catal, 1991, 129(1)：159.

[32] Jia M L, Li W Z, Xu H Y. J Mol Catal A：Chem, 2002, 16(1)：35.

[33] 毛东森，杨为民，张斌等. 催化学报，2006，27(6)：515.

[34] 张海燕，郝治富，吴玮等. 天然气化工，2011，36(5)：9.

[35] 毛东森，夏建超. 燃料化学学报，2012，40(2)：235.

[36] Kang S H, Bae J W, Jun K W, et al. Catal Commun, 2008, 9(10)：2035.

[37] Ereña J, Garoña R, Arandes J M, et al. Catal Today, 2005, 107-108：467.

[38] Aguayo A T, Ereña J, Sierra I, et al. Catal Today, 2005, 106(1-4)：265.

[39] 侯昭胤，费金华，齐共新等. 石油化工，2000，29(11)：819.

[40] 何凤仙，唐秀娟，费金华等. 燃料化学学报，2006，34(2)：191.

[41] 杨琦，王帅，唐秀娟等. 燃料化学学报，2012，40(3)：350.

[42] Moradi G R, Nosrati S, Yaripor F. Catal Commun, 2007, 8(3)：598.

[43] 栾友顺，徐恒泳，于春英等. 燃料化学学报，2008，36(1)：71.

[44] 郑晓斌，黄大富，张涛等. 化工进展，2010，29(增刊)：149.

[45] 赵博，刘恩周，樊君等. 石油化工，2012，41(10)：1207.

[46] 张雅静，邓据磊，吴静等. 分子催化，2013，27(1)：43.

[47] 赵彦巧，陈吉祥，张继炎. 化学工业与工程，2010，27(6)：476.

[48] 别良伟，王华，高文桂等. 化工进展，2009，28(8)：1365.

[49] 王嵩，毛东森，郭晓明等. 物理化学学报，2011，27(11)：2651.

[50] 陈高明，王华，高文桂等. 材料导报：研究篇，2010，24(7)：104.

[51] 王帅，杨琦，费金华等. 浙江大学学报(理学版)，2012，39(2)：177.

[52] 陈秋虹，张梦辉，林国栋等. 厦门大学学报(自然科学版)，2012，51(6)：1036.

[53] Notari B, Perego G, Taramasso M. US 4410501 A. 1983.

[54] Meiers R, Dingerdissen U, Hölderich W F. J Catal, 1998, 176(2)：376.

[55] Han Y F, Lunsford J H. J Catal, 2005, 230(2)：313.

[56] 刘文明，刘芬，李凤仪等. 南昌大学学报(理科版)，2005，29(4)：358.

[57] Lu J Q，Zhang X M，Bravo-Suárez J J，et al. J Catal，2007，250(2)：350.

[58] 潘小荣，张超，罗孟飞等. 分子催化，2010，24(6)：505.

[59] Sinha A K，Seelan S，Okumura M，et al. J Phys Chem B，2005，109：3956.

[60] 戴茂华，汤丁亮，袁友珠. 催化学报，2006，27(12)：1063.

[61] 刘义武，余欢，张小明等. 物理化学学报，2010，26(6)：1585.

[62] 张文敏，刘义武，李颢等. 分子催化，2011，25(3)：213.

[63] 武春敏，冯树波，于广欣等. 石油炼制与化工，2005，36(11)：40.

[64] Hoelderich W F. Appl Catal A：Gen，2000，194-195：487.

[65] 王瑞璞，郭新闻，王祥生等. 催化学报，2004，25(1)：55.

[66] 刘义武，余欢，张小明等. 分子催化，2008，22(5)：466.

[67] Nijhuis T A，Gardner T Q，Weckhuysen B M. J Catal，2005，236(1)：153.

[68] Nijhuis T A，Visser T，Weckhuysen B M. J Phys Chem B，2005，109(41)：19309.

[69] Nijhuis T A，Weckhuysen B M. Catal Today，2006，117(1-3)：84.

[70] Wells D H，Delgass W N，Thomson K T. J Am Chem Soc，2004，126(9)：2956.

[71] Taylor B，Lauterbach J，Blau G E，et al. J Catal，2006，242：142.

[72] Hayashi T，Tanaka K，Haruta M. J Catal，1998，178(2)：566.

[73] Nijhuis T A，Huizinga B J，Makkee M，et al. Ind Eng Chem Res，1999，38(3)：884.

[74] Qi C，Akita T，Okumura M，et al. Appl Catal A：Gen，2001，218(1-2)：81.

[75] Mul G，Zwijnenburg A，Van der Linden B，et al. J Catal，2001，201(1)：128.

[76] Lu J，Zhang X，Bravo-Suarez J J，et al. J Catal，2007，250(2)：350.

[77] Sinha A K，Seelan S，Tsubota S，et al. Angew Chem Int Ed，2004，43(12)：1546.

[78] Qi C，Akita T，Okumura M，et al. Appl Catal A：Gen，2003，253(1)：75.

[79] Yap N，Andres R P，Delgass W N. J Catal，2004，226(1)：156.

[80] Taylor B，Lauterbach J，Delgass W N. Appl Catal A：Gen，2005，291(1-2)：188.

[81] Stangland E E，Taylor B，Andres R P，et al. J Phys Chem B，2005，109(6)：2321.

[82] Jenzer G，Mallat T，Maciejewski M，et al. Appl Catal A：Gen，2001，208(1-2)：125.

[83] Beckman E J. Green Chem，2003，5(3)：332.

[84] 李景林，李斌，江丽等. 催化学报，2009，20(4)：429.

[85] 朱小学，叶秋云，李南锌. 天然气化工(C1化学与化工)，2007，32(2)：15.

[86] 李速延，封建利，高超等. 工业催化，2012，20(8)：35.

[87] 耿丽，余加祐，王少君等. 大连工业大学学报，2009，28(1)：30.

[88] 颜康，乔旭，陈群. 化工进展，2010，29(6)：1129.

[89] 周伟，谢敏明，马建新等. 工业催化，1998(1)：35.

[90] 王淑娟. 辽宁大学学报(自然科学版)，2003，30(2)：157.

[91] 金明善，翁永根，董和泉等. 复旦学报(自然科学版)，2003，42(3)：280.

[92] 曾崇余，乔旭. 南京化工学院学报，1993，15(7)：8.

[93] 陈文龙，刘海超. 物理化学学报，2012，28(10)：2315.

[94] 郭荷芹，李德宝，姜东等. 天然气化工，2010，35(2)：1.

[95] 郭荷芹，李德宝，陈从标等. 催化学报，2012，33(5)：813.

[96] 武建兵，王辉，秦张峰等. 燃料化学学报，2011，39(1)：64.

[97] Zhan E S，Li Y，Liu J L，et al. Catal Commun，2009，(10)：2051.

[98] Liu J W，Sun Q，Fu Y C，et al. J. Colloid Interface Sci，2009，335(2)：216.

[99] Zhao H，Bennici S，Shen J，et al. Appl Catal A：Gen，2010，385(1-2)：224.

[100] Zhao H，Bennici S，Cai J，et al. Catal Today，2010，152(1-4)：70.

[101] Zhao H，Bennici S，Shen J，et al. J Mol Catal A：Chem，2009，309(1-2)：28.

[102] Zhao H，Bennici S，Shen J，et al. J Catal，2010，272(1)：176.

[103] Sun Q，Liu J W，Cai J X，et al. Catal Commun，2009，11(1)：47.

[104] 穆仕芳，尚如静，魏灵朝等. 现代化工，2011，31(5)：11.

[105] Yuan Y Z, Liu H C, Imoto H, et al. J Catal, 2000, 195(1): 51.

[106] Yuan Y Z, Iwasawa Y. J Phys Chem B, 2002, 106: 4441.

[107] 袁友珠, 曹伟, 蔡启瑞等. 高等化学学校学报, 2002, 23(5): 902.

[108] 曹虎, 郑岩, 马珺等. 燃料化学学报, 2007, 35(3): 334.

[109] 李欢, 李军平, 肖福魁等. 燃料化学学报, 2009, 37(5): 613.

[110] Liu H C, Iglesia E. J Phys Chem B, 2005, 109(6): 2155.

[111] Liu H C, Iglesia E. J Phys Chem B, 2003, 107(39): 10840.

[112] Guo H Q, Li D B, Xiao H C, et al. J Chem Eng, 2009, 26(3): 902.

[113] Motokura K, Mizugaki T, Ebitani K, et al. Tetrahedron Lett, 2004, 45: 6029.

[114] Motokura K, Fujita N, Mori K, et al. Catalysts & Catalysis, 2005, 47(6): 439.

[115] Motokura K, Nishimura D, Mori K, et al. J Am Chem Soc, 2004, 126: 5662.

[116] Peschel W, Adrian T, Rust H, et al. ZL 03805208. 3. 2006.

[117] 薛伟, 王冬冬, 王延吉等. 石油学报(石油加工), 2008, 24(21): 73.

[118] 薛伟, 王冬冬, 李芳等. 高校化学工程学报, 2011, 25(6): 1026.

[119] Thomas J M, Raja R. PNAS, 2005, 102(39): 13732.

[120] Raja R, Thomas J M. Solid State Sci, 2006, 8(3-4): 326.

[121] Liu L M, Li F, Wang Y J, et al. Chin J Catal, 2007, 28(8): 667.

[122] Wang S F, Ma Y H, Wang Y J, et al. J Chem Technol Biotechnol, 2008, 83(14): 1466.

[123] 周银娟, 潘国祥, 项益智等. 化工学报, 2009, 60(8): 1988.

[124] He J J, Xu B L, Yoneyama Y, et al. Chem Lett, 2005, 34(2): 148.

[125] He J J, Yoneyama Y, Xu B L, et al. Langmuir, 2005, 21(5): 1699.

[126] Yang G H, He J J, Yoneyama Y, et al. Appl Catal A: Gen, 2007, 329: 99.

[127] Bao J, He J J, Zhang Y, et al. Angew Chem Int Ed, 2008, 47(2): 353.

[128] 郝青青, 胥娜, 刘昭铁等. 石油化工, 2009, 38(2): 207.

[129] 解荣永, 李德宝, 侯博等. 化工进展, 2010, 29(S1): 380.

[130] Motokura K, Fujita N, Mori K, et al. J Am Chem Soc, 2005, 127(27): 9674.

[131] Zhang Z, Zong B N. Chin J Catal, 2003, 24(11): 856.

[132] 杨晓艳, 孙松, 丁建军, 等. 物理化学学报, 2012, 28(8): 1957.

[133] An X, Zuo Y Z, Zhang Q, et al. Ind Eng Chem Res, 2008, 47(17): 6547.

[134] Zhang Q, Zuo Y Z, Han M H, et al. Catal Today, 2010, 150(1-2): 55

[135] Zha F, Ding J, Chang Y, et al. Ind Eng Chem Res, 2012, 51(1): 345.

[136] Yang G H, Tsubaki N, Shamoto J, et al. J Am Chem Soc, 2010, 132(23): 8130.

[137] Jin Q, Bao J, Sakiyama H, et al. Res Chem Intermed, 2011, 37: 177.

[138] 张雄福. 化学进展, 2008, 20(2-3): 386.

[139] Niwa S, Eswaramoorthy M, Nair J, et al. Science, 2002, 295: 105.

[140] 翟宏斌, 刘志煜. 有机化学, 2003, 23(8): 885.

[141] Itoh N, Niwa S, Mizukami F, et al Catal Commun, 2003, 4: 243.

[142] Sato K, Niwa S, Hanaoka T, et al. Catal Lett, 2004, 96(1-2): 107.

[143] Vulpescu G D, Ruitenbeek M, Lieshout L L, et al. Catal Commun, 2004, 5: 347.

[144] Kuznetsova N I, Kuznetsova L I, Detusheva L G, et al. J Mol Catal A: Chem, 2000, 161(1-2): 1.

[145] Zhu L F, Guo B, Tang D Y, et al. J Catal, 2007, 245(2): 446.

[146] Noonan S E. US 3919155 A. 1975.

[147] Noonan S E. US 3929889 A. 1975.

[148] DelPesco T W. US 4001260 A. 1977.

[149] DelPesco T W. US 4031106 A. 1977.

[150] 松田寿夫, 加藤高藏. (三井东亚株式会社). 公開特許公報 特開平 02-115138. 1990.

[151] Becker J, Hölderich W F. Catal Lett, 1998, 54: 125.

[152] 孟庆茹. 化工技术经济, 2006, 24(10): 35.

[153] 夏云生，祝良芳，李桂英等．物理化学学报，2005，21(12)：1337.

[154] Hoffmann N，Muhler M. Catal Lett，2005，103(1-2)：155.

[155] 陈彤，付真金，祝良芳等．化学学报，2003，61(11)：1701.

[156] Hagemeyer A，Borade R，Desrosiers P，et al. Appl Catal A：Gen，2002，227(1-2)：43.

[157] Zhu L F，Guo B，Tang D Y，et al. J Catal，2007，245(2)：446.

[158] Parida K M，Dash S S，Singha S. Appl Catal A：Gen，2008，351(1)：59.

[159] 李佳．苯与羟胺盐一步催化合成苯胺和苯酚反应工艺研究：[学位论文]．天津：河北工业大学，2011.

[160] Gao L Y，Zhang D S，Wang Y J，et al. React Kinet，Mech Catal，2011，102：377.

[161] 尹双凤，伍水生，代威力等．化学进展，2007，19(5)：735.

[162] 陈彤，付真金，祝良芳等．石油化工，2003，32(6)：530.

[163] Iwamoto M，Hirata J，Matsukami K，et al. J Phys Chem，1983，87(6)：903.

[164] Panov G I. Cattech，2000，4(1)：18.

[165] Liptakova B，Hronec M，Cvengrosova Z. Catal Today，2000，61(1-4)：143.

[166] Kharitonov A S，Aleksandrova T N，Vostrikova L A，et al. US 1805127. 1988.

[167] Hafele M，Reitzmann A，Roppelt D，et al. Appl Catal A：Gen，1997，150：153.

[168] Thangaraj A，Kumar R，Ratnasamy P. Appl Catal A：Gen，1990，57：1.

[169] Bhaumik A，Mukherjee P，Kumar R. J Catal，1998，178：101.

[170] 任永利，刘国柱，王莅等．催化学报，2004，25(5)：357.

[171] Zhang J，Tang Y，Li G Y，et al. Appl Catal A：Gen，2005，278：251.

[172] Jian M，Zhu L F，Wang J Y，et al. J Mol Catal A：Chem，2006，253：1

[173] Dimitrova R，Spassova M. Catal Commun，2007，8：693.

[174] Tanev P T，Chibwe M，Pinnavala T J. Nature，1994，368：321.

[175] Peng J J，Shi F，Gu Y L，et al. Green Chem，2003，5：224

[176] Liu H P，Fu Z H，Yin D L，et al. Catal Commun，2005，6：638.

[177] Li M Q，Jian X G，Han T M，et al. Chin J Catal，2004，25(9)：681.

[178] 石荣荣．绿色氧化剂双氧水氧化芳烃的催化剂和工艺研究［学位论文］．南京：南京工业大学，2005.

[179] Gao X H，Xu J. Appl Clay Sci，2006，33：1.

[180] Hamada R，Shibata Y，Nishiyama S，et al. Phys Chem Chem Phys，2003，5：956.

[181] Liptáková B，Báhidsky M，Hronec M. Appl Catal A：Gen，2004，263：33.

[182] Kusakari T，Sasaki T，Iwasawa Y. Chem Commun，2004：992.

[183] Kuznetsova N I，Kuznetsova L I，Likholobov V A，et al. Catal Today，2005，99(1-2)：193

[184] Zhang D S，Gao L Y，Xue W，et al. Chem Lett，2012，41：369.

[185] Zhang D S，Gao L Y，Wang Y J，et al. Catal Commun，2011，12：1109.

[186] 陈宜，刘洛娜，郭士岭等．精细化工，2005，22(12)：941.

[187] 王康军，左丹，吴静等．石油化工，2012，41(7)：754.

[188] 胡虹，孟璇，施力．天然气化工(C1化学与化工)，2007，32(4)：1.

[189] 胡虹，孟璇，施力．天然气化工(C1化学与化工)，2007，32(2)：19.

[190] 王惠颖，吴静，张轶等．沈阳化工学院学报，2008，22(3)：200.

[191] 邱显清，刘金尧，梁瑜等．催化学报，1998，19(6)：546.

[192] 耿彩军，吴静，汪海滨等．自主创新振兴东北高层论坛暨第二届沈阳科学学术年会．沈阳：沈阳出版社，2005.

[193] 刘翠改，吴静，王康军等．石油化工，2011，40(5)：550.

[194] 陈文凯，许娇，徐瑾等．科技通报，2002，18(6)：490.

[195] 王延吉，王淑芳，李芳等．ZL 200410019103.9. 2006.

[196] 方岩雄，张维刚，刘春英等．现代化工，2000，20(8)：37.

[197] 吕兴，毛丽秋，尹笃林．科技导报，2008，26(22)：63.

[198] 杨迎春，吴玉塘，陈文凯．天然气化工，1997，22(5)：39.

[199] 张一平，费金华，郑小明．精细石油化工，2003，(4)：49.

[200] Marchionna M，Lami M，Ancillotti F. (Snamprogetti S. P. A). EP 0375071 A2. 1992.

[201] 梁国华. 低温(≤90℃)液相合成甲酸甲酯和甲醇 [学位论文]. 成都：中科院成都有机化学研究所，1996.

[202] 李海燕. 合成气经甲酸甲酯制甲醇新催化过程和催化剂研究 [学位论文]. 厦门：厦门大学，1995.

[203] 李海燕，张鸿斌等. 第八届全国催化学术会议论文集. 厦门，1996. 455.

[204] Feder H M, Rathe J W. J Am Chem Soc, 1978, 100：3723.

[205] Mahajan D, Sapienza R S, Slegeir W, et al. US 4935395. 1990.

[206] 李有林，崔咪芬，乔旭等. 南京工业大学学报(自然科学版)，2010，32(3)：30.

[207] 崇明本，张千，王恒秀等. 化工生产与技术，2012，19(5)：40.

[208] 罗和安，毛丽秋，尹笃林等. CN 2006100312846 2006.

[209] 吴伯华，毛丽秋，尹笃林等. 应用化学，2008，25(4)：502.

[210] 戚行时，毛丽秋，尹笃林等. 化工进展，2011，30(2)：314.

[211] 章毅，赵彬侠，张小里等. 无机化学学报，2012，28(11)：2347.

[212] Zhao X Q, Zhang Y, Wang Y J. Ind Eng Chem Res, 2004, 43：4038.

[213] Zhao X Q, Jia Z G, Wang Y J. J Chem Teachnol Biotechnol, 2006, 81：794.

[214] 陈英，赵新强，王延吉. 石油化工，2005，34(2)：105.

[215] 陈英，赵新强，王延吉. 化学反应工程与工艺，2005，21(1)：17.

[216] Zhao X Q, Wang Y J, Shen Q B, et al. Acta Pet Sinica, 2002, 18(5)：47.

[217] 邬长城，赵新强，王延吉. 石油化工，2004，33(6)：508.

[218] Wu C C, Zhao X Q, Wang Y J. Catal Commun, 2005, 6(10)：694.

[219] Wang Y J, Zhao X Q, Yuan B G, et al. Appl Catal A：Gen, 1998, L171：255.

[220] Jiang R X, Wang S F, Zhao X Q, et al. Appl Catal A：Gen, 2003, 238(1)：131.

[221] Wang S F, Cui Y M, Zhao X Q, et al. J Chem Ind Eng, 2004, 55(12)：2008.

[222] Wang Y J, Zhao X Q, Li F, et al. J Chem Technol Biotechnol, 2001, 76：857.

[223] Wang G R, Wang Y J, Zhao X Q. Chem Eng Technol, 2005, 28(12)：1511.

[224] 周炜清，赵新强，王延吉. 催化学报，2003，24(10)：760.

[225] Li ZH, Wang YJ, Ding XS, et al. J Nat Gas Chem, 2009, 18(1)：104.

[226] 伍洲. 改性层柱黏土催化剂及其催化合成碳酸二苯酯反应性能的研究 [学位论文]. 天津：河北工业大学，2005.